Organikum

WILEY-VCH

Erfolgreiche Lehrbücher von WILEY-VCH

K.P.C. Vollhardt, N.E. Schore
Organische Chemie

Dritte Auflage
2000, ISBN 3-527-29819-3

A. Streitwieser, C.H. Heathcock, E.M. Kosower
Organische Chemie

Zweite Auflage
1994, ISBN 3-527-29005-2

F.A. Carey, R.J. Sundberg
Organische Chemie

Ein weiterführendes Lehrbuch
1995, ISBN 3-527-29217-9

T. Linker, M. Schmittel
**Radikale und Radikalionen
in der Organischen Synthese**

1998, ISBN 3-527-29492-9

Organikum

Organisch-chemisches Grundpraktikum

Von

Heinz G. O. Becker
Werner Berger
Günter Domschke
Egon Fanghänel
Jürgen Faust
Mechthild Fischer
Frithjof Gentz
Karl Gewald
Reiner Gluch

Roland Mayer
Klaus Müller
Dietrich Pavel
Hermann Schmidt
Karl Schollberg
Klaus Schwetlick
Erika Seiler
Günter Zeppenfeld

21., neu bearbeitete und erweiterte Auflage

Von

Heinz G. O. Becker
Rainer Beckert
Günter Domschke
Egon Fanghänel

Wolf D. Habicher
Peter Metz
Dietrich Pavel
Klaus Schwetlick

WILEY-VCH

Weinheim · New York · Chichester · Brisbane · Singapore · Toronto

Anschrift des Korrespondenzautors:
Prof. Dr. Klaus Schwetlick
Canalettostraße 32b
D-01307 Dresden

Die Maßnahmen zur Ersten Hilfe im Labor wurden zusammengestellt von Dr. med. Klaus Frach.

Die Deutsche Bibliothek – CIP-Einheitsaufnahme

Ein Titeldatensatz für diese Publikation ist bei Der Deutschen Bibliothek erhältlich

ISBN 3-527-29985-8

© WILEY-VCH Verlag GmbH, D-69469 Weinheim (Federal Republic of Germany), 2001

Gedruckt auf säurefreiem Papier.

Satz: Kühn & Weyh, D-79111 Freiburg
Druck und Verarbeitung: Fortuna Druck GmbH, D-76503 Baden-Baden
Printed in the Federal Republic of Germany.

Vorwort zur einundzwanzigsten Auflage

Ein Rezensent schrieb freundlich über die zwanzigste Auflage des Organikums: „es ist so frisch und aktuell wie je zuvor, wurde sukzessive erneuert und weiter verbessert, so daß es auch heute noch nicht nur für die Ausbildung der Chemie-Studenten ein unverzichtbares Lehrbuch, sondern auch für den in der Praxis arbeitenden Chemiker ein wichtiges Nachschlagewerk ist."

Die nun vorliegende einundzwanzigste Auflage wurde wiederum in mehreren Teilen überarbeitet und ergänzt.

Neu aufgenommen haben wir allgemeine Arbeitsvorschriften für die Chlorierung von Benzaldoximen mit *N*-Chlorsuccinimid, die Darstellung von Alkylthiocyanaten, die Herstellung von Aryliodiden aus Diazoniumsalzen und für eine Reihe palladiumkatalysierter Reaktionen, die Wacker-Oxidation, die Heck-Reaktion und die Sonogashira-Reaktion, sowie ein neues Kapitel über metallvermittelte Substitutionen an Aromaten. Überarbeitet und auf den neuesten Stand gebracht wurden auch die technischen Bezüge.

Wir danken allen Lesern und Fachkollegen, die durch wertvolle Hinweise und Anregungen zur Verbesserung des Buches beigetragen haben, besonders Herrn Prof. Dr. Claus Rüger für seine umfangreiche Kompilation zur aktuellen Arzneimittelsynthese.

Dresden, im Frühjahr 2000   Die Autoren

Inhalt

A Einführung in die Laboratoriumstechnik

D Organisch-präparativer Teil

Maßnahmen zur Ersten Hilfe im Labor: vorderer innerer Buchdeckel

**Bezeichnung besonderer Gefahren (R-Sätze) – Sicherheitsratschläge für gefähr-
liche Chemikalien (S-Sätze):** hinterer innerer Buchdeckel

Beilage
Tab. A.180: IR-, UV-, NMR- und MS-spektroskopische Daten wichtiger Strukturelemente
organischer Verbindungen

A Einführung in die Laboratoriumstechnik

1. Hilfsmittel und Methoden zur Durchführung organisch-chemischer Reaktionen

1.1. Glassorten und -verbindungen

Glas ist das im chemischen Laboratorium am häufigsten gebrauchte Konstruktionsmaterial für Apparate und Geräte.

Einfache, thermisch wenig beanspruchte Glasgeräte, z. B. Pipetten, Büretten, einige Ampullen u. a., werden häufig aus dem weichen *AR-Glas* (einem Kalknatronglas) hergestellt, das eine mittlere Wasserbeständigkeit (WB 3) besitzt. Es entspricht etwa dem früher gebräuchlichen *Thüringer Glas*, das heute als *Haselbacher Glas* (*Virtulan*) im Laboratorium besonders für die Eigenherstellung von einfachen Bauteilen, wie z. B. von Rührern, Gaseinleitungsrohren, Pipetten, Siedekapillaren u. a., genutzt werden kann. Vorteilhaft ist, daß dieses Material sich relativ leicht bearbeiten läßt, z. B. in der Gasgebläseflamme oder auch in der Flamme des Bunsenbrenners. Wegen seiner geringen Temperaturwechselbeständigkeit eignet es sich jedoch nicht für die Herstellung von thermisch beanspruchten Geräten, wie Destillationskolben, Kühlern usw.

Für spezielle Pipetten und für Reagenzgläser ist ein Spezialglas unter dem Namen *Durobax* (WB 1) im Handel.

Die meisten Geräte für die präparative Praxis bestehen aus *Duran*, einem Borosilikatglas. Es läßt sich mit allen anderen Borosilikatgläsern verschmelzen, z. B. mit *Pyrex*, *Simax* oder *Rasotherm-Glas*. Duran-Glas besitzt eine sehr gute Wasserbeständigkeit (WB 1) und eine relativ hohe Temperaturwechselbeständigkeit. Für Bombenrohre (vgl. A.1.8.1.) benutzt man starkwandiges Duran.

Auch das früher häufig verwendete *Jenaer Geräteglas 20* ist ein Borosilikatglas.

Für höchste thermische Beanspruchung werden Geräte aus *Quarzglas* oder *Quarzgut* eingesetzt. Als Quarzgut bezeichnet man ein milchig-trübes Quarzglas, das billiger als dieses ist. Bei höchster thermischer Belastbarkeit (Erweichungspunkt über $1400\,°C$) zeigen Quarzgläser infolge ihres sehr kleinen Ausdehnungskoeffizienten ($5,8 \cdot 10^{-7}$ cm $\cdot$ K^{-1}) sehr große Temperaturwechselbeständigkeit.

Da Quarzglas sich sehr schwer verarbeiten läßt, sind Quarzgeräte teuer. Glas ist weitgehend undurchlässig für UV-Licht. Wo es auf UV-Durchlässigkeit ankommt, müssen daher Bauteile aus Quarzglas verwendet werden (z. B. Tauchbrenner, vgl. Abb. 1.24).

Glasbauteile können miteinander verschmolzen werden, wobei die Ausdehnungskoeffizienten bei thermisch beanspruchten Teilen gleich sein müssen (gleiche Glassorte), bei thermisch nicht beanspruchten Teilen dürfen sie etwa um 10% voneinander abweichen. Auf diese Weise hergestellte größere Apparaturen sind jedoch weniger vielseitig zu verwenden und werden daher nur selten, z. B. für Arbeiten unter höchstem Vakuum, benutzt. Im allgemeinen verbindet man beim organisch-präparativen Arbeiten Apparateteile durch *Glasschliffe*, von denen die in Abbildung A.1 wiedergegebenen gebräuchlich sind.

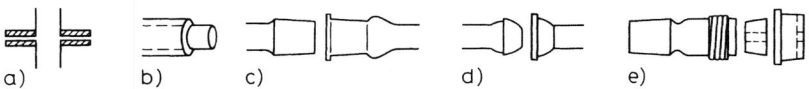

Abb. A.1
Schlifftypen
a) Planschliff, z. B. an Exsikkatoren; b) Zylinderschliff, z. B. bei KPG-Rührverschlüssen, vgl. Abb. A.6;
c) Kegelschliff (NS 29); d) Kugelschliff; e) Kegelschliff mit Schraubdichtung

Die meisten Laboratoriumsgeräte besitzen genormte und dadurch gegeneinander austauschbare Kegelschliffe (Normalschliffe, NS). Eine Kegelschliffverbindung besteht aus der Hülse (Mantelschliff) und dem Kern (Kernschliff). Durch zwei Zahlen bringt man ihre größte Weite und ihre Länge zum Ausdruck, z. B. NS 29/32, NS 29/42 („Langschliff" mit größerer Dichtungsfläche, z. B. für Arbeiten im Vakuum), NS 14,5/23, NS 45/40 usw.

Neben Laboratoriumsgeräten mit Normalschliffen gibt es auch solche mit genormten Schraubverbindungen (vgl. Abb. A.1,e).

Schliffe verschiedener Weite lassen sich mit sog. Übergangs- oder Reduzierstücken miteinander verbinden (Abb. A.2).

Abb. A.2
Reduzierstücke

Aus mit NS-Schliffen ausgerüsteten Laboratoriumsgeräten können nach dem „Baukastenprinzip" in kurzer Zeit auch kompliziertere Apparaturen aufgebaut werden.

Beim Arbeiten mit Kegelschliffgeräten beachte man folgendes:
a) Hülse und Kern sollten stets von gleicher Glassorte sein, notfalls kann die Hülse aus der Glassorte mit größerem Ausdehnungskoeffizienten bestehen.
b) Die beiden Teile eines Kegelschliffs werden unter leichtem Drehen miteinander verbunden.
c) Harzbildende, polymerisierende oder stark alkalische Substanzen sollen nach Möglichkeit von den Schliffen ferngehalten werden.

Kugelschliffe sind vor allem bei größeren Apparaturen angezeigt, da sie eine flexible Verbindung der einzelnen Apparateteile gestatten, die mit Kegelschliffen nur unter größerem Aufwand durch sog. Schliffketten erreichbar ist. Die Kugelschliffverbindung ist stets leicht lösbar. Kugelschliffe sind bei auch nur schwachem Überdruck häufig schwer dicht zu halten, eignen sich dagegen ausgezeichnet für Vakuumapparaturen. Sie sind teurer als Kegelschliffe.

Vor allem für Arbeiten im Vakuum müssen Schliffe gefettet bzw. geschmiert werden. Man sollte stets nur sparsam fetten, damit das Reaktionsgut bzw. Destillat nicht durch herausgelöstes Fett verunreinigt wird. Am besten legt man nur in die Mitte des Kegelschliffs einen Ring aus Schmiermittel und verteilt dieses gleichmäßig durch Drehen des Kerns in der Hülse. Ein richtig gefetteter dichter Schliff erscheint klar durchsichtig!

Als Schmiermittel werden verwendet: Vaseline für Hähne, Planschliffe (Exsikkatoren) und Kegelschliffe bei Arbeiten unter Normaldruck; Apiezonfette verschiedener Typen sowie Silicon-Schliffpasten unterschiedlicher Viskosität für Arbeiten im Vakuum. Für viele Arbeiten haben sich wasserlösliche Schlifffette, die sich leicht wieder entfernen lassen, bewährt. Bei hohen Temperaturschwankungen (–40 bis +200 °C) verwendet man vorteilhaft KWS-Schlifffett. Extreme Beständigkeit gegenüber agressiven Chemikalien bieten Pasten aus Polychlortrifluorethylen bzw. Polytetrafluorethylen.

Einen festgebackenen Schliff kann man durch Drehen meist nicht lösen. Man stemmt daher entweder die Daumen beider Hände nebeneinander an Kern und Hülse und kantet den Schliff in verschiedenen Lagen so mit den übrigen Fingern, als wollte man einen Stab zerbrechen, oder erwärmt die Hülse in einer leuchtenden Bunsenflamme leicht auf etwa 70 °C, wobei der Kern möglichst kalt bleiben soll. Klopfen mit einem Holzhammer lockert festgebackene Schliffe ebenfalls (Glasstopfen auf Flaschen!). Nach erfolglosen Versuchen und bei größeren und teuren Apparaturen sollte ein Glasbläser diese Arbeiten übernehmen.

Gegenüber den Glasschliffen haben Gummiverbindungen eine geringere Bedeutung. Gummistopfen, Gummischläuche usw. werden von Halogenen, starken Säuren u. a. m. angegriffen und quellen mit organischen Lösungsmitteln häufig stark. Für Arbeiten mit Chlor, Bromwasserstoff, Phosgen, Ozon usw. eignen sich Kunststoffschläuche aus Polyvinylchlorid oder Polyethylen. Sie werden kurz in kochendes Wasser gelegt und sind dann leicht über die Rohrenden zu ziehen.

Für den Aufbau von Reaktionsapparaturen lassen sich mit Vorteil Gummistopfen durch spezielle *Schraubverschlüsse* ersetzen (vgl. Abb. A.1,e). Mit Hilfe einer konischen Kunststoffdichtung – als besonders günstig erweist sich das chemikalienfeste Teflon (PTFE) – können Thermometer, Tropftrichter, Einleitungsrohre usw. in der Eintauchtiefe variabel und dennoch gasdicht im Reaktionskolben fixiert werden.

1.2.   Arbeitsgefäße

In der organisch-chemischen Laboratoriumspraxis werden zunächst die gleichen Gefäße verwendet wie in der anorganisch-chemischen, also Reagenzgläser, Bechergläser, Erlenmeyer-Kolben, Stehkolben usw. Für Halbmikrozwecke eignen sich vor allem kurze und weite Reagenzgläser (etwa 15×60 bis 80 mm), sog. Eprouvetten. Bechergläser dürfen für tiefsiedende und brennbare organische Lösungsmittel wegen der hohen Verdunstungsgefahr nicht verwendet werden. Ein viel geeigneteres Gefäß stellt der Erlenmeyer-Kolben dar (evtl. mit Normalschliff), der leicht durch einen Stopfen verschlossen werden kann.

Gefäße mit flachem Boden dürfen nicht evakuiert werden (Implosionsgefahr)!

Als Siedegefäße und Vorlagen bei Destillationen finden vor allem Rund-, Birnen- und Spitzkolben Verwendung. Spitzkolben sind besonders für Halbmikrodestillationen als Siedegefäße geeignet, weil aus ihnen bis auf einen sehr geringen Rückstand abdestilliert werden kann (vgl. Abb. A.59). Für kompliziertere Reaktionen werden Zwei-, Drei- und Vierhalskolben eingesetzt (vgl. Abb. A.4).

Man mache es sich zur Gewohnheit, auf jedes Glasgefäß die Tara des leeren Gefäßes mit Bleistift in den geätzten Kreis einzutragen!

1.3.   Kühler

Bei organisch-chemischen Reaktionen müssen die Komponenten meist erwärmt werden, häufig in einem Lösungsmittel.

Damit leichtflüchtige Stoffe nicht aus dem Reaktionsgefäß entweichen können, wird dieses mit einem Kühler versehen, an dessen Kühlflächen die gebildeten Dämpfe kondensieren und in die Reaktionsmischung zurücklaufen *(Rückflußkühler)*. Bei Destillationen leitet man das Kondensat nach außen ab *(Produktkühler)*. Die häufigsten Kühlertypen sind in Abbildung A.3 aufgeführt.

Der einfachste Kühler ist der *Luftkühler* (a). Wegen der geringen Kühlwirkung der Luft kommt er nur für hochsiedende Substanzen mit einer Siedetemperatur über 150 °C in Frage. Er findet als Rückflußkühler in Form des „Steigrohres" Anwendung, ist jedoch wenig wirksam, da in ihm laminare Strömung herrscht und die Substanz leicht „durchbricht". Die Ausführungs-form (b) ist als Rückflußkühler günstiger; sie wird vor allem bei Halbmikropräparationen ein-gesetzt, wo wegen der geringen abzuführenden Wärmemengen häufig auch bei niedriger sie-denden Stoffen Luftkühlung genügt. (Im Bedarfsfall kann der Kühler hier außerdem mit ange-feuchtetem Filtrierpapier umwickelt werden.) Die Ausführungsform (a) ist bei nicht zu großer Destillationsgeschwindigkeit etwa ab 150 °C außerdem als Produktkühler für hochsiedende Substanzen brauchbar.

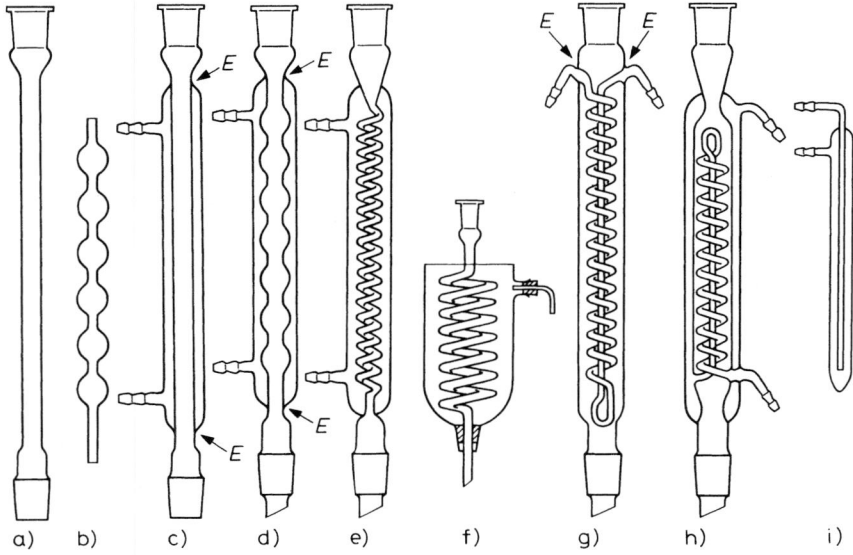

a)   b)   c)   d)   e)   f)   g)   h)   i)

Abb. A.3 Kühlertypen
a),b) Luftkühler; c) Liebig-Kühler; d) Kugelkühler; e) Schlangenkühler; f) Städeler-Kühler; g) Dimroth-Kühler; h) Intensivkühler; i) Einhängekühler, Kühlfinger

Eine Sonderform des Luftkühlers ist der Schwertansatz des Säbelkolbens (vgl. Abb. A.58), in dem Kühler und Destillatvorlage vereinigt sind.

Der *Liebig-Kühler* (c) wird vor allem als Produktkühler eingesetzt (bis etwa 160 °C). Als Kühlmittel dient bis etwa 120 °C fließendes, von 120 bis 160 °C stehendes Wasser. Als Rück-flußkühler ist der Liebig-Kühler wegen der kleinen Kühlfläche und der laminaren Strömung wenig wirksam und nur für relativ hochsiedende Substanzen ($Kp > 100$ °C) brauchbar. Das auf der gekühlten Außenwand kondensierende Wasser aus der Luft kann in Rückflußstellung des Kühlers durch die Kapillarräume des Schliffs in den Reaktionskolben laufen. Die Schliffe müs-sen deshalb gefettet werden. Man kann auch oberhalb des Schliffs eine Manschette aus trok-kenem Filtrierpapier anbringen.

Bei höher siedenden Substanzen kann es an den Einschmelzungen (*E* in Abb. A.3) zu Span-nungen und Glasbruch kommen. Man verwende deshalb keine Liebig-Kühler aus Thüringer Glas!

Der *Kugelkühler* (d) kommt nur als Rückflußkühler in Frage. Infolge der Erweiterung (Kugeln) wird die Dampfströmung turbulent und die Kühlwirkung gegenüber dem Liebig-Kühler erheblich verbessert. Auf der Außenwand schlägt sich Luftfeuchtigkeit nieder (s. oben). Die Einschmelzungen sind ebenfalls Gefahrenstellen.

Enge *Schlangenkühler* (e) dürfen niemals als Rückflußkühler verwendet werden, da das Kon-densat in der engen Schlange nicht gut ablaufen, oft oben aus dem Kühler herausgeschleudert wer-den und dadurch Unfälle verursachen kann. In *senkrecht absteigender* Stellung ist der Schlangenkühler aber ein ausgezeichneter Produktkühler, der vor allem für tiefsiedende Substanzen eingesetzt wird. In schräg absteigender Lage kann er nicht verwendet werden (warum?).

Eine Modifikation ist der *Städeler-Kühler* (f), dessen Kühlgefäß mit Eis/Kochsalz-Mischung, Kohlensäure/Aceton u. ä. beschickt werden kann, so daß sich auf diese Weise auch sehr tief siedende Substanzen kondensieren lassen.

Der *Dimroth-Kühler* (g) ist ein intensiv wirkender Rückflußkühler. Er kann auch als Produktkühler eingesetzt werden, falls auf die an der Kühlschlange hängenbleibenden, relativ großen Anteile an Destillat verzichtet werden kann. Die Einschmelzungen (*E*) befinden sich außerhalb der Zone mit großem Temperaturgefälle, so daß der Kühler ohne weiteres bis 160 °C verwendbar ist. Da sich seine Außenwand stets auf Raumtemperatur befindet, schlägt sich hier keine Luftfeuchtigkeit nieder (s. oben). Allerdings können tiefsiedende Substanzen aus dem gleichen Grunde an der Innenseite der Außenwand entlangkriechen und die Kühlzone durchbrechen. Der Dimroth-Kühler sollte deshalb nicht als Rückflußkühler bei sehr niedrig siedenden Stoffen (z. B. Diethylether) eingesetzt werden. Weiterhin schlägt sich am oberen offenen Ende des Kühlers leicht Wasser aus der Luft auf der Kühlschlange nieder. Man kann dies durch ein Trockenröhrchen verhindern, wie in Abbildung A.4,a gezeigt ist.

Der *Metallschlangenkühler* ist eine Variation des Dimroth-Kühlers (Abb. A.3,g), bei dem die innen befindliche Kühlwendel aus Metall gefertigt ist. Man verwendet ihn bei Trocknungen von Lösungsmitteln mit Alkalimetallen und Hydriden (Explosions- und Brandgefahr bei Glasbruch!).

Der *Intensivkühler* (h) stellt eine Vereinigung von Liebig-Kühler und Dimroth-Kühler dar. Seine Kühlwirkung ist sehr gut, tiefsiedende Lösungsmittel (Diethylether) können nur schwer durchbrechen. Auf der Außenwand wird Luftfeuchtigkeit kondensiert. Da Intensivkühler sehr teuer sind, sollten sie nicht unnötig eingesetzt werden. Man beachte ferner, daß der von Kühlwasser durchströmte Intensivkühler eine relativ hohe Masse besitzt. Er muß deshalb sorgfältig eingespannt werden.

Einhängekühler, Kühlfinger (i): Diese Sonderform eines Rückflußkühlers kann lose in eine Rückflußapparatur eingehängt werden und ist vor allem in Halbmikroapparaturen gebräuchlich. Wird der Kühlfinger mit einem Stopfen oder passendem Gummischlauch auf dem Reaktionsgefäß befestigt, wie etwa in Abbildung A.4,e,f gezeigt wird, muß eine Öffnung (Kerbe) bleiben!

Man achte stets darauf, daß die Kühlwasserzufuhr nicht unterbrochen wird, da dies zu gefährlichen Bränden und Explosionen führen kann.

Insbesondere beobachtet man häufig, daß die Dichtungen von Wasserhähnen etwas quellen und dadurch den zunächst störungsfreien Kühlwasserzufluß unterbrechen. Bei wertvollen Apparaturen (z. B. Quecksilber- und Öldiffusionspumpen) sollte stets eine Kühlwassersicherung eingebaut werden, die mit der Heizung gekoppelt ist. Derartige Geräte sind im Handel erhältlich.

Visuell läßt sich eine kontinuierliche Kühlwasserversorgung mit *Durchfluß-Monitoren* überwachen. Es handelt sich dabei um flache, durchsichtige Kunststoff-Hohlzylinder, in denen das Kühlwasser Turbinenräder oder eine farbige Kugel bewegt und damit die Durchströmung anzeigt.

1.4. Standardapparaturen für organisch-chemische Reaktionen

Die wichtigsten, aus Baukastenteilen mit Normalschliffen zusammenstellbaren Reaktionsapparaturen gibt Abbildung A.4 wieder.

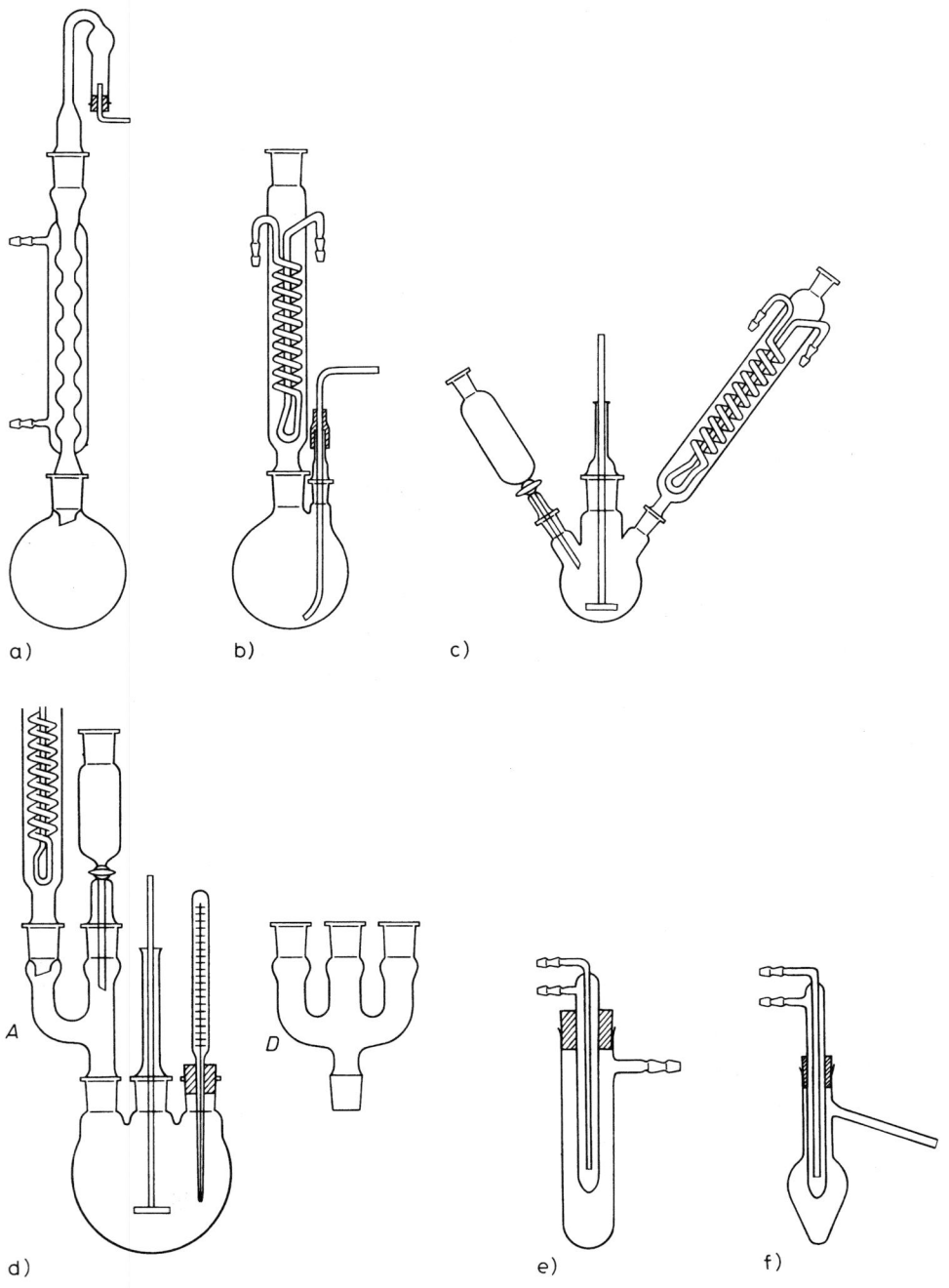

a)   b)   c)

A   D

d)   e)   f)

Abb. A.4
Reaktionsapparaturen
A Anschütz-Aufsatz; D Dreifachaufsatz

Die Apparatur (a) findet bei solchen Reaktionen Verwendung, bei denen die Reaktionspartner von vornherein zusammengegeben werden können, sowie beim Umkristallisieren (vgl. A.2.2.2.). Das Trockenröhrchen am Kühlerauslaß ist erforderlich, wenn die Reaktionsmischung vor Feuchtigkeit geschützt werden muß. Man prüfe es vor Gebrauch auf Durchlässigkeit (durchblasen!). Der Siedestein (vgl. A.1.7.2.) darf nicht vergessen werden.

Zwei- und *Dreihalskolben* sind Standardreaktionsgefäße der präparativen organischen Chemie. Sie werden verwendet, wenn mehrere Operationen gleichzeitig durchgeführt werden müssen, beispielsweise Gaseinleiten und Rückflußkühlen (b), Eintropfen, Rühren und Kühlen (c) usw. Mit Hilfe eines *Anschütz-Aufsatzes* (*A*) läßt sich der Dreihalskolben zum Vierhalskolben umgestalten, so daß jetzt z. B. unter Rückfluß gerührt, eine Komponente zugetropft und gleichzeitig die Innentemperatur gemessen werden kann. Einen Dreifachaufsatz zeigt Abb. A.4, *D*. Mehrhalskolben mit parallelstehenden Hälsen sind aus Platzgründen häufig am günstigsten. Lediglich bei kleineren Kolben, bei denen die geringe Entfernung zwischen den einzelnen Hälsen Schwierigkeiten für die Unterbringung von Rührmotor, Rückflußkühler usw. mit sich bringt, ist die sperrige Anordnung nach (c) vorzuziehen.

Zur Temperaturmessung benutzt man Schliffthermometer, deren Länge mit der Kolbengröße korrespondieren muß, oder die eine Schliffführung besitzen, mit der die Eintauchtiefe variabel eingestellt werden kann. Schlifflose Thermometer in PVC-Stopfen sind unter Umständen auch verwendbar.

Für Halbmikroansätze können Schliffapparaturen mit NS 14,5 verwendet werden. Auf Mehrhalskolben kann man im allgemeinen verzichten, wenn man die Komponenten durch den Kühler zugibt oder Aufsätze vom Typ des Anschütz-Aufsatzes bzw. (*D*) benutzt. Wegen der geringen Wärmemengen, die bei Halbmikroansätzen übertragen werden müssen, ist es außerdem meist nicht notwendig, die Temperatur im Reaktionsgefäß zu bestimmen. Sie kann durch Messung in einem äußeren Wärmebad genügend genau kontrolliert werden. Als Rührer eignet sich der Magnetrührer ganz vorzüglich (vgl. A.1.5.1.)

Für viskose Lösungen bzw. bei Reaktionen, die unter Ausscheidung von Feststoffen verlaufen, hat sich eine Apparatur entsprechend Abbildung A.5 bewährt. Sie besteht aus dem Reaktionskolben R mit Planschliff und einem Kolbenkopf, der außer dem Planschliff noch vier

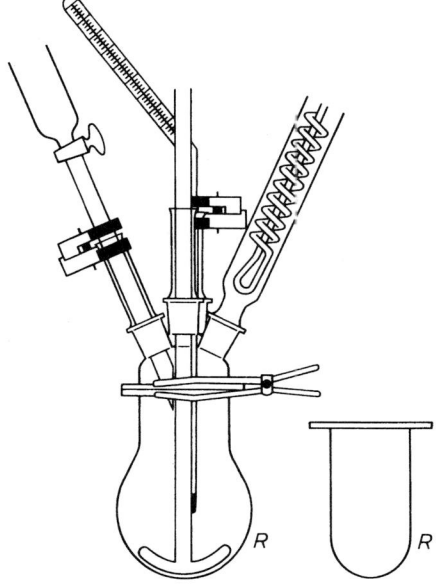

Abb. A.5
Planschliffapparatur
R Reaktionskolben

weitere Kegelschliffe (NS 14,5) besitzt. Zwei dieser Kegelschliffe sind senkrecht zum Reaktionsgefäß angeordnet und können Rührer sowie wahlweise Thermometer bzw. Tropftrichter aufnehmen. Außer dem Rührer sind auch der Thermometerschaft und das Auslaufrohr des Tropftrichters als KPG-Schliff (vgl. Abb. A.8,a) ausgebildet. Schliffhülsen mit Klammer zur Fixierung der Einschublänge komplettieren das Gerät.

Zwei einfache Anordnungen zum Erhitzen unter Rückfluß für Arbeiten im Halbmikro-Maßstab sind in Abbildung A.4,e und f dargestellt. Die zweite ist besonders vorteilhaft, wenn anschließend direkt aus der Lösung abdestilliert werden soll.

Beim *Einspannen der Apparaturen* beachte man, daß die verwendeten Klemmen innen mit Kork belegt bzw. die Greifer mit Schlauchstücken überzogen sind. Die Muffen sollen stets mit der offenen Seite nach oben an das Stativ angeschraubt werden.

Bei der Befestigung der Schliffkolben darf die (runde!) Klemme nur leicht angezogen werden, um eine Deformation des Schliffs zu vermeiden. (Der Kolben wird durch den Wulst an der Schliffoberseite getragen.) Aus dem gleichen Grunde spannt man größere Apparaturen nicht völlig starr ein. Die in Abbildung A.4 wiedergegebenen Apparaturen sollten stets an einem einzigen Stativ befestigt werden. Ist dies bei komplizierteren Apparaturen nicht möglich, verwendet man am besten eine Stativwand, deren einzelne Stäbe starr verbunden sind. Rührer, Destillationskolonnen usw. sind in genau senkrechter Lage einzuspannen.

1.5.   Rühren und Schütteln

Rühren und Schütteln haben in heterogenen Systemen die Aufgabe, die Komponenten gut durchzumischen. Will man übereinandergeschichtete, nicht mischbare Flüssigkeiten durcheinanderrühren, muß das Rührblatt zwischen die beiden Schichten eingesetzt werden. Auch in homogener Phase ist häufig Rühren nötig, beispielsweise um einen nach und nach zugegebenen Stoff schnell und gut in der Lösung zu verteilen oder um große örtliche Konzentrationen oder örtliche Überhitzungen zu vermeiden.

1.5.1.   Rührertypen

Rührer befinden sich für alle Anwendungen und in verschiedenen Größen im Handel. Als Materialien werden je nach Art der zu vermischenden Stoffe Glas, PTFE, Edelstahl und andere Metalle, gegebenenfalls beschichtet (PVC, PE), verwendet. Für mittel- und hochviskose Lösungen setzt man vorzugsweise Rührer mit U-förmigem Blatt ein (Abb. A.6,a). Diese sorgen bei niedrigen Drehzahlen auch in den Wandbereichen der Reaktionsgefäße für eine effektive Durchmischung. *Propellerrührer* (b und e) erzeugen eine axiale Strömung, die das Reaktionsgut ansaugt. Sie dienen als Standardrührer zum Aufwirbeln leichter Feststoffe bei mittleren bis hohen Drehzahlen. Eine Modifikation verwendet ein austauschbares Rührblatt (c), sie eignet sich vor allem für Durchmischungen in Gefäßen mit gewölbten Böden. Der *Turbinenrührer* (d) wird bei mittleren bis hohen Drehzahlen angewendet. In Reaktionsgefäßen mit engen Öffnungen setzt man Rührer mit kleinen Propellern (b, e) ein, besser geeignet sind jedoch *Zentrifugalrührer*, deren Flügel sich bei steigender Drehzahl spreizen (f). Zum Zerteilen von geschmolzenem Natrium kann man den aus Edelstahldraht gefertigten *Hershberg-Rührer* benutzen, hier erweisen sich aber vor allem bei größeren Ansätzen *Hochleistungsdispergiergeräte* als überlegen.

Diese in mehreren Größen (für Reagenzgläser bis großvolumige Technikumsgefäße) zur Verfügung stehenden Geräte eignen sich vorzüglich für Arbeiten in Zweiphasensystemen (flüssig-flüssig oder flüssigfest). Sie bestehen aus einem Antriebselement und einem Edelstahlrohr (Stator), in dem eine bewegliche

Welle (Rotor) angebracht ist. Diese Rotorwelle trägt je nach zu dispergierender Substanz (flüssig-flüssig oder fest-flüssig) einen Endaufsatz in Form eines Metallsiebes oder eines Flügelrührers aus Edelstahl. Die sehr hohen Drehzahlen (bis zu 40 000 U · min⁻¹) sorgen für eine effektive Dispergierung.

Für Reaktionen von suspendierten Feststoffen in Lösungsmitteln, z. B. bei der Herstellung von Grignard-Reagenzien oder Reduktionen mit Alkalimetallen empfiehlt sich auch eine Aktivierung mit Ultraschall (*Ultraschallbäder* oder *Sonotroden*).

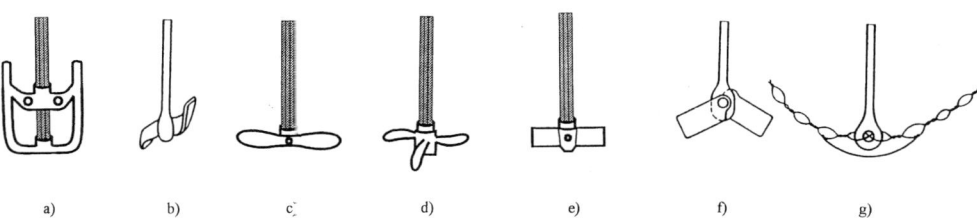

Abb. A.6
Rührertypen
a) Rührer mit U-Blatt; b) Propellerrührer; c) Propellerrührer mit austauschbarem Blatt; d) Turbinenrührer; e) Flügelrührer; f) Zentrifugalrührer g) Hershberg-Rührer

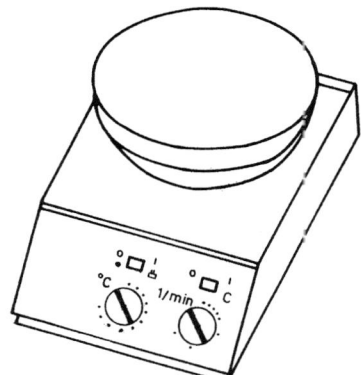

Abb. A.7
Heizplatte mit Magnetrührwerk

Der *Magnetrührer* (Abb. A.7, Abb. 4.125) erlaubt, in völlig abgeschlossenen Apparaturen zu rühren, und ist in vielen Modellen gleichzeitig mit einer Heizplatte kombiniert. Er besteht aus einem mittels Motor in Rotation versetzten Magneten, der im Reaktionsgefäß einen mit Glas, Teflon o. ä. überzogenen Eisenstab bewegt. Man verwendet ihn bei Hydrierungen, Arbeiten im Hochvakuum usw. Er kann bei kleineren Ansätzen meist andere Rührertypen ersetzen. Das Rührstäbchen muß allerdings dem Boden des Reaktionsgefäßes angepaßt sein. Gerade Stäbchen eignen sich also nur für Kolben mit flachem Boden, wie Erlenmeyer-Kolben, Bechergläser u. ä.

Ein in die Apparatur eingeleitetes (Inert-) Gas hat eine vor allem bei kleinen Ansätzen oft ausreichend durchmischende Wirkung.

1.5.2. Führungen und Abdichtungen

Als Rührerführung und -verschluß verwendet man gewöhnlich einen *KPG-Rührer* (a), der aus einem Präzisionsrohr mit genau passender Rührwelle (Toleranz ±0,01 mm) besteht (KPG = *k*erngezogene *P*räzisions-*G*lasgeräte). Spezielle Schmiermittel, die den Abrieb von Glas in

Grenzen halten und somit die Lebensdauer des KGP-Rührers erhöhen, befinden sich im Handel. Da sich KPG-Rührer bei hohen Tourenzahlen stark erwärmen, sollten sie nur bis zu $600\ U \cdot min^{-1}$ belastet werden.

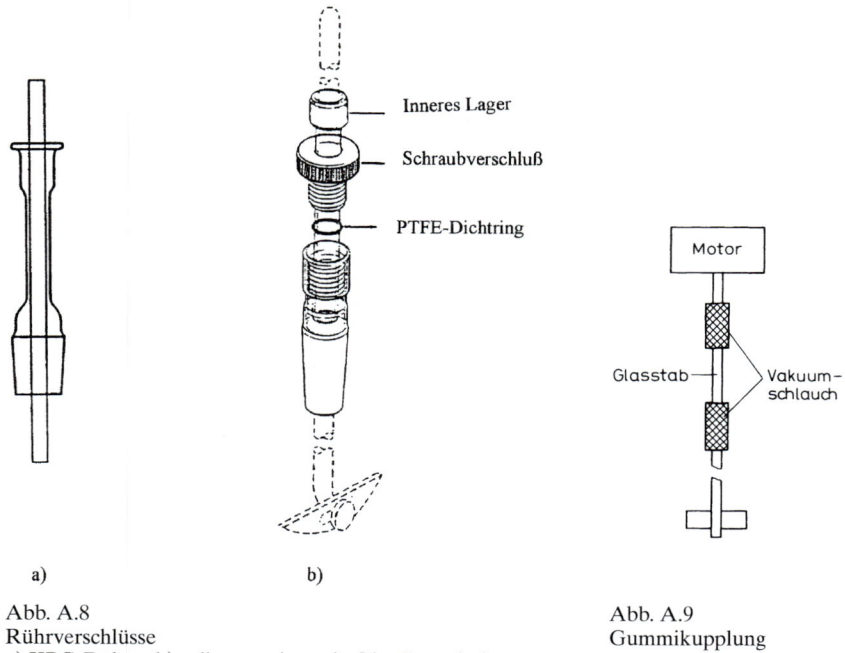

a)   b)

Abb. A.8   Abb. A.9
Rührverschlüsse   Gummikupplung
a) KPG-Rührer b) selbstzentrierende Glas-Lagerhülse

Für Arbeiten unter Vakuum sowie geringem Überdruck benutzt man spezielle Schraub-Rührverschlüsse, die Dichtelemente aus PTFE besitzen. Derartige Verschlüsse sind gasdicht bis 10^{-2} mbar bei Drehzahlen bis $800\ U \cdot min^{-1}$. Abb. A.8,b zeigt eine dreiteilige Konstruktion mit innerem Lager. Beim Verkanten der Rührwelle dreht sich das innere Lager mit und vermeidet so ein Festgehen des Rührers.

1.5.3. Antrieb

Rührer werden im allgemeinen mit Elektromotoren angetrieben. Die Drehzahl des Motors wird durch einen Widerstand oder über einen Regeltransformator eingestellt. Vor Beginn des Rührens überzeuge man sich durch Drehen des Rührers mit der Hand, ob dieser leicht beweglich ist und nicht an der Gefäßwand oder am Thermometer anstößt. Alle Klemmen, die die Apparatur halten, müssen so angezogen werden, daß die Apparatur spannungsfrei bleibt. Bei KPG-Rührern wird die Rührerhülse durch eine besondere Klemme zusätzlich eingespannt, da sie sich durch die Reibung der Rührerwelle leicht vom Kolben löst. Damit die Rührerführung nicht ausgeschliffen wird, sollten die starre Motor- und die Rührerwelle auf einer Geraden liegen. Beide werden über eine Kupplung aus zwei Vakuumschlauchstücken und einem Glasstab miteinander verbunden (Abb. A.9). Darüber hinaus sind flexible Kupplungen z. B. aus Neoprenschlauch, die mit dem Motor und dem Rührerschaft verschraubbar sind, im Handel.

Es ist zu beachten, daß die Elektromotoren im allgemeinen nicht explosionsgeschützt sind. Beim Arbeiten mit leicht entzündlichen Stoffen (z. B. Wasserstoff, Diethylether u. ä.) setzt man daher Wasserturbinen oder Luftmotoren ein.

Auch der Einsatz flexibler Motorwellen, die eine räumliche Trennung von Motor und Reaktionsgefäß ermöglichen, ist zu empfehlen.

1.5.4. Schütteln

Das Schütteln ist für die normale Laboratoriumstechnik von geringerer Bedeutung als das Rühren. Vorteile bietet es bei Arbeiten unter Überdruck (z. B. im Autoklav, s. A.1.8.2.), wenn schwere Bodenkörper, wie Zinkstaub oder Natriumamalgam, gut in der überstehenden flüssigen Phase verteilt werden sollen, oder bei Arbeiten im Halbmikromaßstab (z. B. Reagenzglasversuche). Bei siedenden Gemischen kann man im letzten Fall oft von einer zusätzlichen mechanischen Durchmischung überhaupt absehen.

Wenn längere Zeit geschüttelt werden muß, benutzt man Schüttelmaschinen, bei denen nicht immer Heiz- und Kühlmöglichkeiten vorhanden sind. Die Gefäße sind sehr sorgfältig zu befestigen!

1.6. Dosieren und Einleiten von Gasen

Gasmengen bestimmt man durch Messung ihres Volumens oder ihrer Masse.

Das Volumen der Gase wird direkt entweder durch Auffangen in einem kalibrierten Gefäß (Meßzylinder, Gasometer) oder mit einer Dosierpumpe oder Gasuhr bestimmt. Meistens benutzt man sog. „nasse Gasuhren" mit Wasserfüllung, in denen der Gasstrom eine mit der Anzeigevorrichtung gekoppelte Trommel dreht.

Indirekt werden Gasmengen mit Hilfe von Strömungsmessern und Rotametern ermittelt.

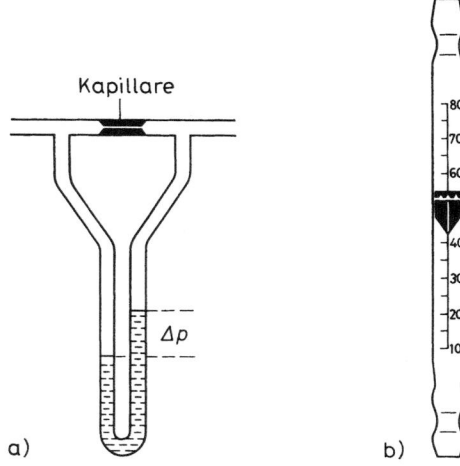

Abb. A.10
Meßgeräte zur Gasmengenmessung
a) Strömungsmesser; b) Rotameter

Bei den *Strömungsmessern* (Abb. A.10,a) wird durch eine Verengung (Kapillare) im Gasweg eine Druckdifferenz in einem parallelgeschalteten U-Rohr-Manometer erzeugt, die der Durchflußmenge proportional ist. Man eicht mit bekannten Durchflußmengen des betreffenden Gases und stellt ein Diagramm auf, in dem man Gasmenge pro Zeit gegen Δp aufträgt. Das Diagramm ist jeweils nur für eine Gasart gültig.

Rotameter (Abb. A.10,b) sind für verschiedene Meßbereiche im Handel erhältlich. Der rotierende Schwebekörper wird entsprechend der Durchflußmenge gehoben, da sich das graduierte Rohr nach unten verengt.

Ferner kann man Gase dosieren, indem man die Massenzunahme der Reaktionsgefäße oder bei größeren Gasmengen die Massenabnahme der Gasflasche (auf einer Dezimalwaage) ermittelt.

Leicht kondensierbare Gase (Ammoniak, Schwefelwasserstoff) können zur Dosierung auch verflüssigt werden. Die gewogene Flüssigkeitsmenge verdampft man und leitet den Dampf anschließend über einen Blasenzähler in das Reaktionsgefäß.

Beim Einleiten von Gasen befindet sich das Ende des Gaseinleitungsrohrs im allgemeinen unter der Flüssigkeitsoberfläche. Insbesondere bei Gasen, die sehr heftig absorbiert werden, besteht dabei jedoch die Gefahr, daß die Flüssigkeit in Teile der Apparatur zurücksteigt.

Daher ist vor der Reaktionsapparatur, in die das Gas eingeleitet werden soll, stets ein leeres Gefäß (z. B. eine Waschflasche) zu schalten, das groß genug sein muß, um die gesamte Reaktionslösung aufnehmen zu können. Ganz analog muß nach dem Gasentwickler (Gasflasche) ein Sicherheitsgefäß geschaltet werden.

Eine Standardapparatur ist in Abbildung A.11 skizziert.

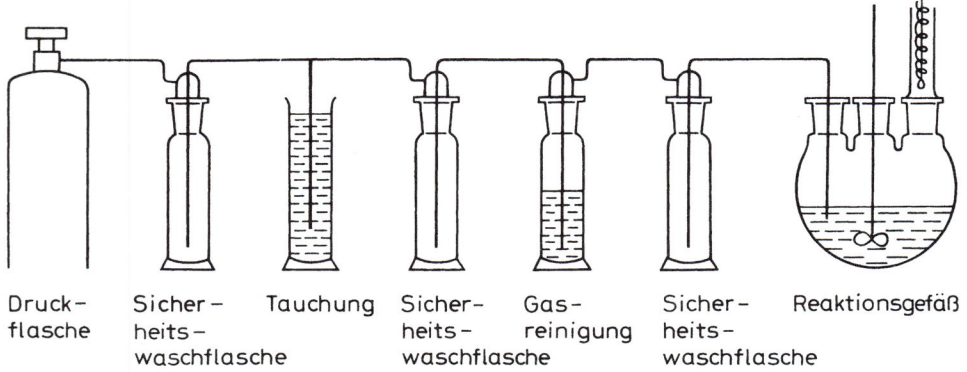

| Druck-flasche | Sicher-heits-waschflasche | Tauchung | Sicher-heits-waschflasche | Gas-reinigung | Sicher-heits-waschflasche | Reaktionsgefäß |

Abb. A.11
Anordnung zum Einleiten von Gasen

Bei Gasen, die gut absorbiert werden, kann man der Gefahr des Zurücksteigens der Lösung auch dadurch begegnen, daß man das Ende des Einleitungsrohrs über der Flüssigkeitsoberfläche enden läßt. Vor allem bei schnellem Rühren erreicht man auch so eine hohe Absorptionsgeschwindigkeit. Soll ein Gas in der Flüssigkeit fein verteilt werden, beispielsweise, um es gründlich zu waschen oder seine Absorptionsgeschwindigkeit zu erhöhen, leitet man es durch eine Fritte ein (Abb. A.12).

Scheidet sich beim Gaseinleiten ein Festkörper aus, u. U. schon dadurch, daß der Gasstrom Lösungsmittel am Einleitungsrohr verdampft, verstopft sich dessen Öffnung leicht. Diese Gefahr kann man durch das Erweitern des Rohrendes vermindern. Meist genügt es, ein gerades Trockenröhrchen mit einem Schlauchstück am eigentlichen Einleitungsrohr zu befestigen, falls der Schlauch durch das Reaktionsgemisch nicht angegriffen wird (Abb. A.13,a).

Bei der Anordnung nach Abbildung A.13,b kann man, ohne die Apparatur öffnen zu müssen, einen während der Reaktion gebildeten Substanzpfropfen aus dem Einleitungsrohr herausstoßen.

In vielen Fällen empfiehlt es sich, eine *Überdrucksicherung* in den Gasstrom einzubauen. Sie ist unbedingt erforderlich z. B. beim Einleiten von Gasen durch eine Kapillare, etwa bei

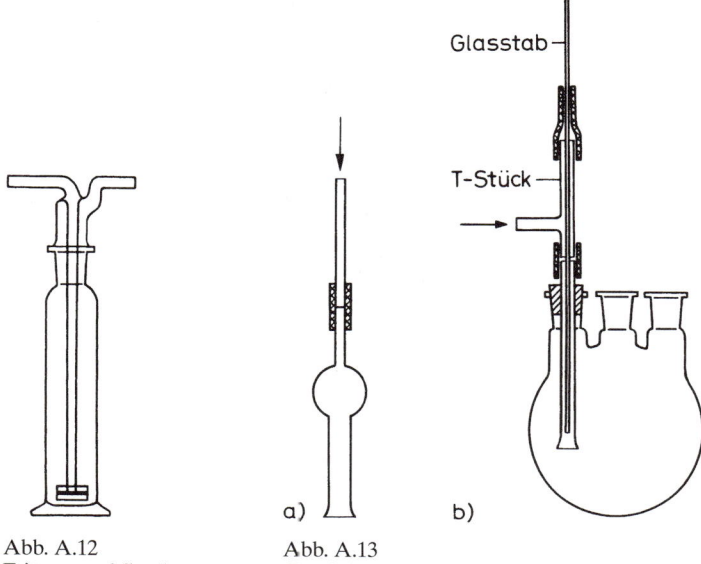

Abb. A.12
Frittenwaschflasche

Abb. A.13
Gaseinleiten beim Ausscheiden von Feststoffen

der Vakuumdestillation unter Inertgasatmosphäre. Die einfachste Form ist das *Bunsen-Ventil*. Es besteht aus einem Stück Gummischlauch, in dem in Längsrichtung mit der Rasierklinge ein 1 bis 2 cm langer Einschnitt angebracht wird.

Die Anordnung in Abbildung A.11 *(Tauchung)* gestattet es, besser zu beobachten, wenn Gas aus dem „Sicherheitsventil" entweicht. Durch verschieden hohe Füllung mit Flüssigkeiten unterschiedlicher Dichte (Wasser, Salzlösungen, Siliconöle) lassen sich in geschlossenen Apparaturen genau festgelegte Überdrücke halten.

In jeder Anordnung zum Einleiten von Gasen soll eine Kontrolle des Gasstroms leicht möglich sein. Ist sie nicht durch eine Waschflasche mit Waschflüssigkeit, einen Strömungsmesser oder ein Rotameter gegeben, schaltet man einen *Blasenzähler* (s. Abb. A.14) ein.

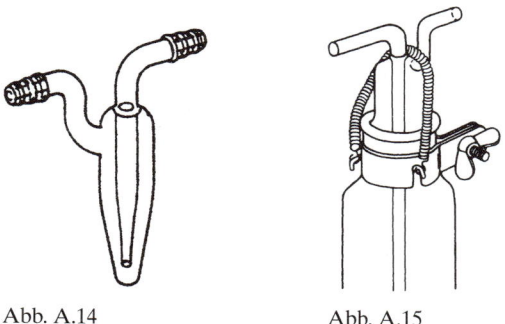

Abb. A.14
Blasenzähler

Abb. A.15
Federsicherung

Eine Gaseinleitungsapparatur überprüfe man vor ihrer Inbetriebnahme sorgfältig. Besonders gefährlich sind falsch angeschlossene Waschflaschen, da beim Durchleiten des Gases ihr Flüssigkeitsinhalt (z. B. konzentrierte Schwefelsäure) herausgedrückt werden kann. Zwischen Waschflaschen mit Lauge und Säure ist stets eine leere Flasche zu schalten. Alle Waschflaschen sind gut einzuspannen und gegen das Herausdrücken des Einsatzes mit einer Drahtspirale zu sichern (Abb. A.15). Weiterhin achte man darauf, daß im Reaktionsgefäß eine ausreichende Öffnung vorhanden ist und kein Überdruck entstehen kann. Calciumchloridrohre sind auf Durchlässigkeit zu prüfen.

1.7   Heizen und Kühlen

1.7.1.   Wärmequellen, Wärmeübertragung, Wärmebäder

Man kann Reaktionsgefäße mit Gas, mit Wasserdampf oder elektrisch beheizen. Die Wahl der Wärmequelle richtet sich nach der Heiztemperatur und -geschwindigkeit sowie nach den Arbeitsschutzvorschriften.

Mit der freien Flamme von Bunsen- und Teclu-Brennern kann man rasch verhältnismäßig hohe Temperaturen erreichen.

Geeignete elektrische Heizgeräte zum Erhitzen von Rundkolben sind Infrarotstrahler oder halbkugelförmige Glasfasergespinste mit eingeflochtenen Heizdrähten (sog. *Heizpilze*). In Form von Bändern lassen sich solche Gespinste auch zum Beheizen von Röhren verwenden.

Durch direkte elektrische oder Gasheizung kann es zu örtlichen Überhitzungen kommen. Daher lassen sich hier Temperaturen schlecht konstant halten und automatisch regeln. Außerdem verbieten die Arbeitsschutzbestimmungen das direkte Erhitzen brennbarer Lösungsmittel mit offener Flamme.[1]

Durch Benutzen von *Wärmebädern* versucht man, diese Nachteile zu umgehen. Als wärmeübertragende Medien eignen sich: Luft, Wasser, organische Flüssigkeiten, Salzschmelzen und Metalle.

Ein sehr einfaches Luftbad erhält man, wenn man zwischen freie Flamme und Kolben ein Drahtnetz bringt.

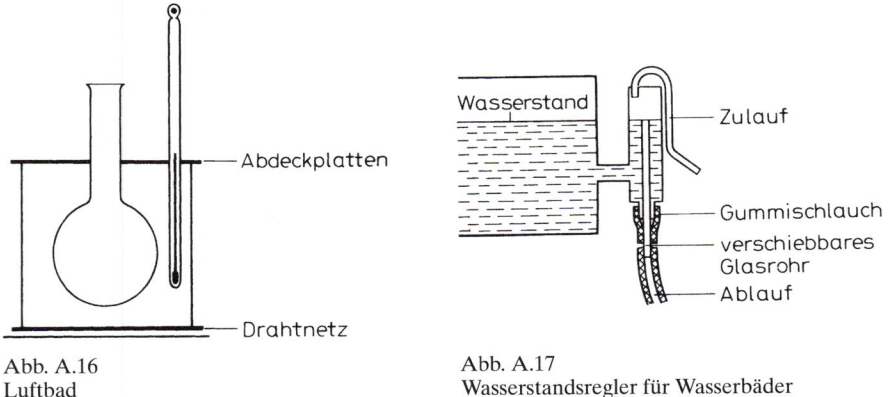

Abb. A.16
Luftbad

Abb. A.17
Wasserstandsregler für Wasserbäder

Viel besser ist ein *Luftbad* aus Jenaer Glas (Abb. A.16). Es ist sauber und nicht träge, aber ungeeignet zur Übertragung großer Wärmemengen. Bei Destillationen kann der Siedevorgang gut beobachtet werden. Das Luftbad ist oben mit passenden Keramikplatten sorgfältig abzudecken.

Brennbare oder thermisch instabile Stoffe dürfen auch über einem Drahtnetz oder in einem Luftbad nicht mit offener Flamme erhitzt werden!

---

[1] Glühende Heizspiralen, z. B. in einer (nicht explosionsgeschützten) Kochplatte, sind vom Standpunkt des Arbeitsschutzes einer offenen Flamme gleichzusetzen.

Sandbäder sind sehr träge und schwer in ihrer Temperatur zu regulieren. Sie können im allgemeinen durch andere Heizbäder ersetzt werden.

Wärmebäder, die sich flüssiger Wärmeübertragungsmedien bedienen, sind am besten zum schonenden, gleichmäßigen Erhitzen geeignet. Zum Erhitzen bis 100 °C sind *Wasserbäder* ziemlich universell verwendbar. Sie gestatten infolge ihrer geringen Trägheit eine sehr genaue automatische Temperaturregelung. Der Wasserstandsregler (Abb. A.17) ist stets an die Wasserleitung anzuschließen!

Mit Alkalimetallen, Metallhydriden oder anderen Substanzen, die mit Wasser heftig reagieren, darf auf dem Wasserbad nicht gearbeitet werden!

Für Temperaturen bis etwa 250 °C eignen sich *Siliconölbäder*. Sie sind verhältnismäßig träge. Man achte darauf, daß kein Wasser in das Bad gelangt, da sonst die Badflüssigkeit unangenehm schäumt oder beim Erhitzen verspritzt. Bei Rückflußapparaturen ist deshalb am unteren Ende des Rückflußkühlers eine Filterpapiermanschette anzubringen. Nach Beendigung der Arbeit wischt man das heiße Siliconöl sofort vom Kolben ab.

Häufig verwendet man *Glycolbäder* (Polyethylenglycol z. B. als Oxidwachs, Triethylenglycol, Diethylenglycol, Ethylenglycol), da eintropfendes Wasser keine Gefahrenquelle darstellt und am Kolben haftendes Glycol mit Wasser abgewaschen werden kann. Je nach Art des verwendeten Glycols sind diese Bäder bis zu Temperaturen von 150 bis 200 °C zu verwenden. Sie rauchen bei höheren Temperaturen stark und sind nur unter dem Abzug zu benutzen.

Oberhalb 100 °C sind *Metallbäder* universell anwendbar. Sie enthalten eine niedrig schmelzende Legierung (Woodsches oder Rosesches Metall, F 71 bzw. 94 °C) und gestatten infolge ihrer hohen Wärmeleitfähigkeit eine rasche und sehr gleichmäßige Wärmeübertragung. Nachteilig sind der hohe Preis und bei großen Bädern u. U. auch die große Masse.

Bäder sind standfest und so weit erhöht aufzubauen, daß sie nach unten von der Apparatur entfernt werden können. Für große Bäder ist ein Dreifuß erforderlich.

Zur Beheizung der Flüssigkeitsbäder verwendet man Gasbrenner oder vorzugsweise regelbare elektrische Kochplatten. Für Langzeitreaktionen benutzt man vorteilhaft Heizbäder mit stufenloser Regelung der Temperatur und integrierter Temperaturüberwachung in Form elektronisch geregelter Thermostate.

Wird zur Temperaturkontrolle zusätzlich ein Thermometer im Bad angebracht, so muß dieses bei Metall- und Paraffinbädern noch vor dem Erstarren der Schmelze wieder entfernt werden.

Zur *Erzeugung von Wasserdampf* im Laboratorium dient ein einfacher Rundkolben mit Dampfableitungs- und Steigrohr oder besser ein entsprechendes kupfernes Gefäß (Dampfkanne, vgl. Abb. A.80). Dieses Verfahren der Dampferzeugung dient hauptsächlich zur Wasserdampfdestillation.

1.7.2. Erhitzen brennbarer Flüssigkeiten

Brennbare Flüssigkeiten dürfen nur in Ausnahmefällen, z. B. in geringer Menge im Reagenzglas, mit offener Flamme erhitzt werden. Müssen sie offen verdampft werden, so darf das ebenfalls nur in ungefährlichen Mengen und nur in einem geschlossenen Abzug geschehen, in dem sich keine Zündquellen befinden. Auch kleine Mengen brennbarer Flüssigkeiten dürfen nicht in Trockenschränken verdampft werden.

Im übrigen erhitzt man brennbare Flüssigkeiten nur in mit Kühlern versehenen geschlossenen Apparaturen unter Verwendung von elektrischen Heizhauben oder Flüssigkeitsheizbädern. Die Heizquellen müssen jederzeit leicht von der Apparatur entfernt werden können, wozu am besten Laborhebebühnen geeignet sind.

Beim Erhitzen größerer Mengen brennbarer Flüssigkeiten müssen besondere Sicherheitsmaßnahmen ergriffen, z. B. Metallgefäße verwendet werden. Ist das Erhitzen in Glasgefäßen erforderlich, wird empfohlen, eine mit Glas- oder Steinwolle ausgelegte Auffangwanne unter die Apparatur zu stellen.

Im Falle eines Behälterbruches oder beim Verschütten brennbarer Flüssigkeiten, deren Temperatur über ihrem Flammpunkt liegt, sind sofort alle Zündquellen zu beseitigen. Der Raum ist zu lüften und die ausgelaufene Flüssigkeit aufzunehmen und zu entfernen.

Das Arbeiten mit Diethylether, Schwefelkohlenstoff und ähnlich tief siedenden und leicht brennbaren Stoffen erfordert besondere Vorsichtsmaßregeln. Mit größeren Mengen, die zu Raumexplosionen führen könnten, muß in einem besonderen explosionsgesicherten Raum gearbeitet werden, in dem sich keine zündfähigen Heizquellen, explosionsungeschützte elektrische Installationen, Rührmotoren usw. befinden dürfen.

Beim Erhitzen von Flüssigkeiten über ihren Siedepunkt können Siedeverzüge auftreten, bei deren Aufhebung die Flüssigkeit explosionsartig aufsieden kann. Diese erhebliche Gefahrenquelle beseitigt man in den meisten Fällen durch Zugabe von *Siedesteinen* (kleine unglasierte Tonscherben o. ä.), die aber niemals in die siedend heiße Flüssigkeit geworfen werden dürfen. Jeder Siedestein kann nur einmal benutzt werden, da er sich beim Abkühlen vollsaugt und seine Wirksamkeit verliert. Beim Erhitzen im Vakuum verwendet man eine Siedekapillare (vgl. A.2.3.2.2.).

1.7.3.   Kühlmittel

Die Wahl des Kühlmittels richtet sich nach der Kühltemperatur und der abzuführenden Wärmemenge. *Wasser* ist wegen seiner Billigkeit und wegen seiner hohen Wärmekapazität am gebräuchlichsten. Kolben von Apparaturen lassen sich mit Wasser kühlen, indem man sie in einen Trichter mit Abflußschlauch stellt und das fließende Wasser darüberleitet.

Eis wird fein zerkleinert (Eismühle). Um eine bessere Wärmeübertragung zu erreichen, mischt man es mit wenig Wasser zu einem Brei.

Eis-Kochsalz-Gemisch kühlt bis etwa –20 °C. Man vermischt fein zerkleinertes Eis mit einem Drittel seiner Masse an Steinsalz.

Mit Gemischen von *festem Kohlendioxid* („Trockeneis", „Kohlensäureschnee") und Methanol, Aceton oder einem anderen geeigneten Lösungsmittel *(Diethylether ist verboten!)* lassen sich Temperaturen bis –78 °C erreichen. Das feste Kohlendioxid wird zweckmäßigerweise im Überschuß zum Kälteüberträger gegeben, um ein hinreichend großes Kältereservoir zur Verfügung zu haben, da die Kühlkapazität einer solchen Kältemischung nicht sehr groß ist. Man bereitet sie in einem Dewar-Gefäß (Abb. A.18), um die Wärmeaufnahme aus der Umgebung gering zu halten.

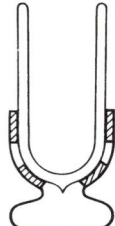

Abb. A.18
Dewar-Gefäß

Das Trockeneis ist in einem eisernen Mörser (nicht Porzellanmörser) gut zu pulvern. Schutzbrille und Handschuhe tragen! Vorsicht beim Eintragen in das Lösungsmittel, starkes Schäumen! Dewar-Gefäße sind wegen Implosionsgefahr mit Schnur o. ä. zu umwickeln oder durch einen Drahtkorb, Holzkasten usw. zu sichern. Besonders empfindlich ist der obere Rand des Dewar-Gefässes.

Genügt die Wirkung einer solchen Kältemischung nicht, kühlt man mit *flüssigem Stickstoff* (bis –196 °C). Das Dewar-Gefäß muß vor der Füllung einwandfrei trocken sein. Flüssiger Sauerstoff und flüssige Luft, die sich beim Stehen immer mehr mit Sauerstoff anreichert, dürfen wegen der Entzündungsgefahr nicht zum Kühlen organischer Stoffe benutzt werden.

Ein exaktes Temperieren bei niedrigen Temperaturen (bis etwa –80 °C) wird mit *Kälte-Thermostaten (Kryostaten)* gewährleistet. Durch elektronisch gesteuerte Umwälzpumpen, die eine hohe Temperaturkonstanz sichern, werden hierbei spezielle Kühlflüssigkeiten zur Kühlung von Reaktionsgefäßen und Meßvorrichtungen verwendet.

Sollen Substanzen längere Zeit bei niedrigen Temperaturen gehalten werden, benutzt man *Kühlschränke*. In diese dürfen nur fest verschlossene Gefäße gestellt werden, da sonst auf den Substanzen Wasser kondensiert und u. U. entweichende aggressive Gase den Kühlschrank angreifen bzw. organische Lösungsmittel Explosionen verursachen können. Die Gefäße sollen eindeutig beschriftet sein.

Kühlschränke sind zur Kühlung von brennbaren Flüssigkeiten nur zulässig, wenn sich innerhalb des Kühlraumes entweder keine elektrotechnischen oder nur explosionsgeschützte Einrichtungen befinden. Der Kühlraum muß gegenüber den nicht explosionsgeschützten elektrotechnischen Einrichtungen des Kühlschrankes abgedichtet sein.

1.8.   Arbeiten unter Druck

Soll eine Reaktion oberhalb des Siedepunktes der eingesetzten Komponenten durchgeführt werden oder ist eine hohe Konzentration eines Gases erforderlich (z. B. bei der Hydrierung, vgl. D.4.5.2.), so wird in einer geschlossenen Apparatur unter Druck gearbeitet. Bei geringen Substanzmengen und niedrigen Überdrücken verwendet man Einschlußrohre, für größere Ansätze und hohe Drücke Metalldruckgefäße (Autoklaven), bei denen man außerdem den Druck ständig messen und Gase einpressen kann.

Die gewöhnlichen Laboratoriumsapparaturen eignen sich nicht zum Arbeiten unter Überdruck. Für Reaktionen, bei denen nach beendetem Versuch kein Überdruck mehr vorhanden ist, können mitunter Druckflaschen aus Glas benutzt werden.

1.8.1.   Bombenrohre

Einschlußrohre aus starkwandigem *Duran-Glas* können durchschnittlich einem Druck von 2 bis 3 MPa (20 bis 30 atm) bei einer maximalen Temperatur von 400 °C ausgesetzt werden.

Das Reaktionsgemisch wird durch einen Trichter mit langem Stiel in das Einschlußrohr gefüllt. Drei Viertel des Rohres sollen als Gasraum verbleiben. Anschließend wird es in der Sauerstoffgebläseflamme zu einer starkwandigen Spitze ausgezogen, zugeschmolzen (am besten von einem Geräteglasbläser) und die Abschmelzung danach vorsichtig und langsam abgekühlt. Man bringt das Rohr in einen eisernen, teilweise mit Sand gefüllten Mantel, so daß das obere Ende 1 bis 2 cm herausragt. Der Mantel mit dem Rohr wird dann in den Bombenofen eingelegt, das offene Mantelende etwas erhöht gegen den Splitterfänger an der Wand gerichtet. Die Temperatur soll automatisch regelbar sein. Ein Schutzgitter sichert die Umgebung gegen Beschädigung. Nach beendeter Reaktion läßt man völlig erkalten, nimmt das Rohr mit dem eisernen Mantel aus dem Ofen (*Öffnung nicht zum Körper!*) und richtet vorsichtig eine spitze Gebläseflamme gegen das obere herausragende Ende (*Schutzbrille!*). Falls ein Überdruck im Rohr herrscht, wird das Glas an der erweichten Stelle aufgeblasen, bis die Gase durch ein entstehendes Loch entweichen. Das Absprengen des oberen Rohrteils überläßt man am besten dem Glasbläser.

Reaktionen im Einschlußrohr dürfen nur in dafür vorgesehenen Räumen unter Beachtung der oben geschilderten Arbeitsweise durchgeführt werden. Das Bombenrohr darf in zugeschmolzenem Zustand weder aus dem eisernen Mantel noch aus dem Bombenofenraum entfernt werden. Man informiere sich vorher in Tabellenwerken über die Dampfdrücke der eingesetzten Lösungsmittel und ermittle unter Berücksichtigung evtl. entstehender Gase den voraussichtlich auftretenden Druck.

1.8.2. Autoklaven

Ein im organisch-chemischen Laboratorium ziemlich universell brauchbarer Autoklaventyp ist der Schüttelautoklav nach Abbildung A.19,a: Inhalt 1 l, maximale Druckbelastung 35 MPa (350 atm), maximale Temperaturbelastung 350 °C, Material V2A- bzw. V4A-Stahl, automatische Widerstandsstrahlungsheizung. Der Autoklavenkörper soll aus der Heizung herausnehmbar sein. Deckel und Flansch sind abschraubbar. Der Kopf wird mit dem Flansch durch Bolzenschrauben verbunden; eine konische Abdichtung zwischen Deckel und Autoklavenkörper hat sich besonders bewährt. In Abbildung A.19,a sind Thermometer- und Manometerrohr eingezeichnet. Mit dem Manometerrohr ist ein Ventil verbunden, ein weiteres befindet sich an einer gesonderten Bohrung (in der Zeichnung nicht sichtbar). Der Autoklaveninhalt kann auch mit Hilfe eines Rührwerks durchmischt werden, besonders elegant in einem Magnetrührautoklav, bei dem die Kraftübertragung zwischen dem Rührwerk im Innern und dem äußeren Antrieb durch einen starken Elektromagneten erfolgt. Mit Stopfbuchsen abgedichtete Rührer erfordern sorgfältige Wartung und sind für den Laborbetrieb weniger günstig.

Man verschaffe sich zunächst Klarheit über die zu erwartenden Druckverhältnisse. Bei Reaktionen mit Gasen (z. B. Hydrierungen) berechne man nach den Gasgesetzen die theoretische Druckabnahme (vgl. auch D.4.5.2.).[1]

Der Autoklavenkörper wird gefüllt (bei Reaktionen mit Gasen mindestens ein Drittel Gasraum!), die Konusdichtung peinlich gesäubert, der Deckel vorsichtig aufgesetzt und verschraubt (jeweils gegenüberliegende Muttern nach und nach anziehen!) und der Autoklav in die Heizung eingesetzt. Bei Arbeiten mit komprimierten Gasen spült man zunächst durch ein- bis zweimaliges Aufpressen und Ablassen des Gases, dann wird bis zum gewünschten Druck aufgepreßt, geschüttelt und angeheizt. Das komprimierte Gas wird über Stahlrohrkapillaren entweder direkt aus einer Stahlflasche oder über einen Kompressor aufgedrückt.

Autoklaven müssen in gesonderten Räumen untergebracht sein, sie sind laufend zu überwachen und auf ihre Betriebssicherheit zu überprüfen. Angegebene Daten über Betriebsdruck und -temperatur dürfen keinesfalls überschritten werden. Nach Beendigung des Versuchs und völligem Erkalten werden vor dem Öffnen des Autoklavenkörpers die Ventile aufgedreht, und das noch vorhandene Gas wird durch eine Stahlrohrkapillare ins Freie geblasen. Heiße Autoklavenkörper dürfen niemals mit Wasser o.ä. gekühlt werden! Die Heizung muß so geregelt sein, daß ein Überhitzen ausgeschlossen ist. Vor Beginn des Versuchs informiere man sich, ob die verwendeten Substanzen das Autoklavenmaterial angreifen. V2A-Stahl ist z. B. gegen Halogenwasserstoffsäuren, Halogenidionen, Ameisensäure und Eisessig in der Hitze und gegen oxidierende Substanzen überhaupt unbeständig![2]

---

[1] Drucke werden in der angelsächsischen Literatur oft in lb/in^2 (pound/square inch, p.s.i.) angegeben; Umrechnung: 1 lb/in^2 = 6.9 kPa (0,068 atm).

[2] Genauere Informationen vgl. ULLMANNS Encyklopädie der Technischen Chemie. 4. Aufl. – Verlag Chemie, Weinheim/Bergstr. 1972. Bd.3, S. 14ff (3. Aufl.: Bd.16, S. 260ff).

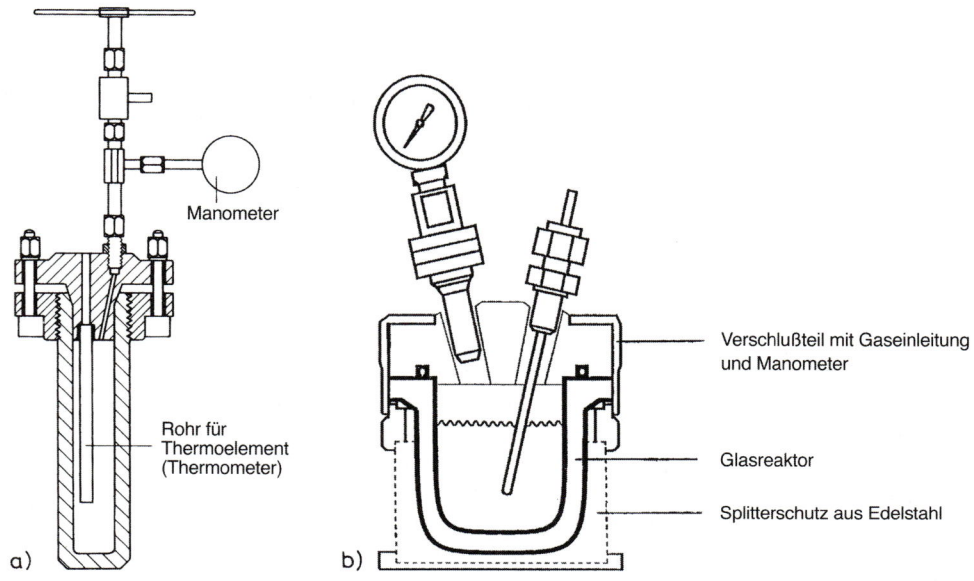

Abb. A.19
Autoklaven
a) Schüttelautoklav; b) Labortisch-Glasautoklav

Für Arbeiten im Bereich geringer Überdrucke und bei kleinen Ansätzen können vorteilhaft *Glasautoklaven* (Abb. A.19, b) verwendet werden. Diese Glasreaktoren mit einem Nennvolumen von ca. 100 ml eignen sich besonders für die Durchführung chemischer Reaktionen in wässerigen oder organischen Medien bis maximal 10 bar/100 °C oder 6 bar/150 °C. Der Autoklaveninhalt läßt sich bequem mit einem Magnetrührer durchmischen.

1.8.3. Druckgasflaschen

Die wichtigsten Gase sind komprimiert in Stahlflaschen im Handel, die sich in Farbe und Verschlußgewinde voneinander unterscheiden. Einige Typen und ihre Kennzeichnung findet man in Tabelle A.20.

Druckgasflaschen sind grundsätzlich wegen der bei Bränden bestehenden Gefahr des Zerknalls außerhalb der Laboratorien aufzustellen. Die Gase werden den Arbeitsplätzen durch festverlegte Rohrleitungen zugeführt.

Ist die Aufstellung von Druckgasflaschen außerhalb des Laboratoriums aus technischen Gründen nicht möglich, müssen Druckgasflaschen entweder in dauerbelüfteten, wärmeisolierten Schränken untergebracht oder nach Arbeitsschluß an einen sicheren Ort gebracht werden.

Druckgasflaschen mit sehr giftigen, giftigen, gesundheitsschädlichen und krebserzeugenden Gasen müssen, sofern sie im Labor aufgestellt werden, dauerabgesaugt sein, z. B. im Abzug. Für solche Gase sollten möglichst kleine Druckgasflaschen verwendet werden.

Druckgasflaschen müssen gegen Umstürzen gesichert sein, z. B. durch Ketten, Rohrschellen oder Einstellvorrichtungen.

Druckgasflaschen sind vor starker Erwärmung (z. B. durch Heizkörper, Sonneneinstrahlung) zu schützen und vor Stößen, besonders bei scharfem Frost, zu bewahren.

Druckgasflaschen sind mit geeigneten Druckminderventilen zu betreiben.

Tabelle A.20

Kennzeichnung von Druckgasflaschen

Gas	Farbe[1]	Verschlußgewinde
Wasserstoff	rot	links
Kohlenmonoxid	rot	links
Amine (Mono-, Dimethylamin usw.)	rot	links
Kohlenwasserstoffe	rot	links
Sauerstoff	blau	rechts
Stickstoff	grün	rechts
Chlor	grau	rechts
Schwefeldioxid	grau	rechts
Phosgen	grau	rechts
Kohlendioxid	grau	rechts
Ammoniak	grau	rechts
Acetylen	gelb	Spezialverschluß

[1] mitunter nur ein Ring in der betreffenden Farbe

Das Prinzip eines *Kegelventils* ergibt sich aus Abbildung A.21,a. Es kann als Reduzierventil für alle Gase (außer Acetylen) angewendet werden. Das *Druckminderventil* (Abb. A.21,b) dient zur Einstellung eines konstanten Gasstroms. Man öffnet es durch Anheben (Festdrehen der Stellschraube) des Ventilkegels bei geschlossenem Absperrventil (in Abb. A.21,b rechts), wonach das Niederdruckmanometer einen geringen Überdruck anzeigt. Durch vorsichtiges Öffnen des Absperrventils wird nun der Gasstrom einreguliert.

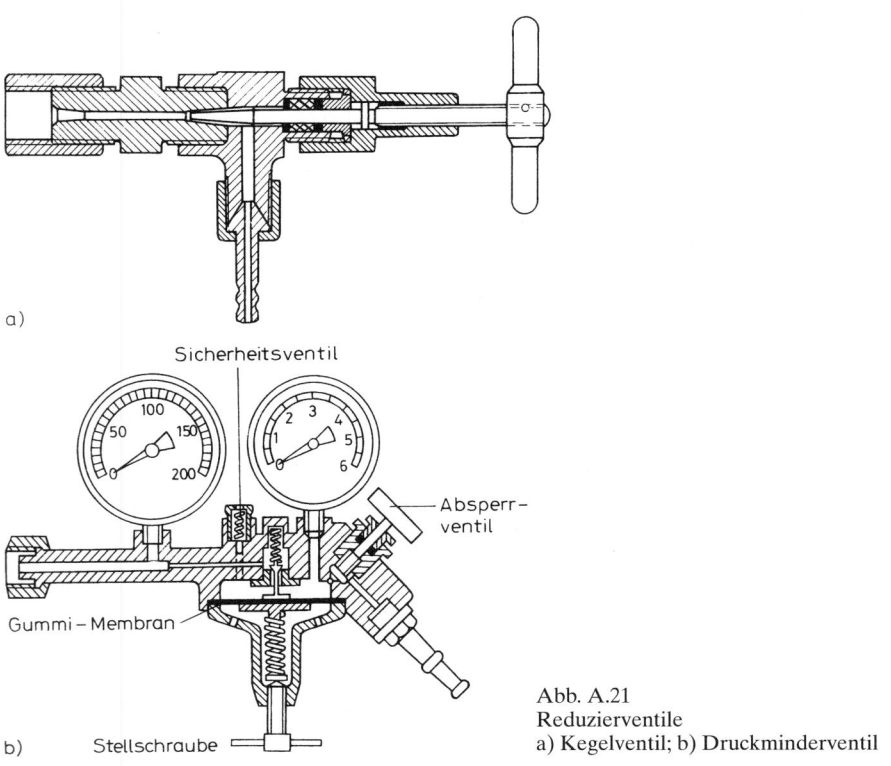

Abb. A.21
Reduzierventile
a) Kegelventil; b) Druckminderventil

Armaturen, Manometer, Dichtungen usw. für stark oxidierende Druckgase (z. B. Sauerstoff, sauerstoffhaltiges Distickstoffoxid) müssen frei von Öl, Fett und Glycerin gehalten werden. Sie dürfen auch nicht mit ölhaltigen Putzlappen oder mit fettigen Fingern berührt werden. Reste von Lösemitteln, die zum Entfetten verwendet werden, müssen durch Abblasen mit ölfreier Luft entfernt werden.

Für Sauerstoff dürfen nur Manometer verwendet werden, die blau gekennzeichnet sind und die Aufschrift „Sauerstoff! Öl- und fettfrei halten!" tragen.

Für Präparationen im Halbmikromaßstab haben sich kleine Druckgasflaschen mit Gasmengen zwischen 200–450 g, die bequem in jedem Abzug neben der entsprechenden Apparatur installierbar sind, bewährt. Eine Übersicht erhältlicher Gase befindet sich in vielen Feinchemikalien-Katalogen.

1.9. Arbeiten unter vermindertem Druck

Die Erzeugung von Vakuum im Laboratorium macht sich für die verschiedensten Zwecke notwendig. Als wichtigste seien hier genannt: die Destillation und Sublimation unter vermindertem Druck, das Trocknen, das Filtrieren (Absaugen) und die Wärmeisolation.

Die zur Aufbewahrung von Kältemischungen, Trockeneis, flüssiger Luft usw. dienenden Dewar-Gefäße (vgl. Abb.A.18) sind dünnwandige, innen versilberte, hochevakuierte ($< 1 \cdot 10^{-3}$ Pa ~ 10^{-5} Torr) Glasgefäße. Da ein solches Hochvakuum ein sehr schlechtes Wärmeleitvermögen hat, übertreffen diese Gefäße alle anderen Vorrichtungen in ihren wärmeisolierenden Eigenschaften. Auch bei den Mänteln von Destillationskolonnen findet das Prinzip des Dewar-Gefäßes Anwendung (innen versilberte Vakuum-Mäntel).

Vakuumdestillationen (A.2.3.2.2.) und -sublimationen (A.2.4.), das Trocknen im Vakuum (A.1.10.3.) und das Absaugen (A.2.1.) werden in den betreffenden Abschnitten besprochen.

1.9.1. Vakuumerzeugung

Man unterscheidet für praktische Zwecke folgende Druckbereiche:
Grobvakuum: 0,1 bis 100 kPa (1 bis 760 Torr)
Feinvakuum: 10^{-4} bis 10^{-1} kPa (0,001 bis 1 Torr)
Hochvakuum: $< 10^{-4}$ kPa ($< 10^{-3}$ Torr).

Im Laboratorium verwendet man zur Erzeugung eines Unterdrucks Wasserstrahlpumpen, Membranpumpen und Drehschieberpumpen.

Wasserstrahlpumpen haben einen relativ hohen Wasserverbrauch (1 l Wasser/0,6 l gefördertes Gas). Das erzielbare Vakuum ist durch den Dampfdruck des Wassers, je nach Wassertemperatur 1 bis 2 kPa (8 bis 15 Torr), begrenzt.

Aus Gründen der Wassereinsparung werden Wasserstrahlpumpen zunehmend durch elektrisch betriebene *Membranpumpen* ersetzt. Diese arbeiten ohne Öl, verbrauchen kein Wasser und erzeugen damit auch keine Abwässer. Durch ihre korrosionsbeständigen Materialien sind Membranpumpen weitgehend unempfindlich gegenüber aggressiven Chemikalien und Kondensaten. Abgepumpte Lösungsmittel werden in integrierten Abscheidern gesammelt und können anschließend entsorgt oder durch Recycling wiederverwendet werden. Im Handel befinden sich Typen mit einem Saugvermögen zwischen 2 und 11 m³/h und einem erzielbaren Vakuum zwischen 80 und 2 mbar (~ 60 und 2 Torr).

Drehschieberpumpen arbeiten nach dem Prinzip der Gaskompression in einem zweigeteilten Pumpraum in dem ein exzentrisch gelagerter Rotor ein angesaugtes Gasvolumen komprimiert und anschließend ausstößt. Diese zumeist ölgedichteten Drehschieberpumpen sind empfindlich gegenüber aggressiven und kondensierbaren Medien. Durch ein Gasballastventil sowie eine zwischen Apparatur und Pumpe geschaltene Kühlfalle (Abb. A.26,b, Füllung: Trockeneis/ Ethanol oder flüssiger Stickstoff) werden diese störenden Einflüsse minimiert.

Für Anwendungen mit korrosiven Substanzen und kondensierbaren Gasen verwendet man vorteilhaft eine *Hybridpumpe*, bei der eine chemikalienresistente Membranpumpe permanent den ölgedichteten Bereich einer Drehschieberpumpe evakuiert. Das mit Drehschieberpumpen erzielbare Vakuum beträgt bis zu 10^{-4} mbar (~ 10^{-4} Torr).

Zur Erzielung von *Hochvakuum* (< 10^{-4} kPa; < 10^{-3} Torr) werden Öl- oder Quecksilber-diffusionspumpen verwendet. Bezüglich des Aufbaus und Gebrauchs dieser Pumpen und der Methoden zur Messung von Hochvakuum sei auf die entsprechende Spezialliteratur verwiesen.

Zur Erzeugung und Regelung von Unterdrücken, die nicht der Endleistung einer Pumpe entsprechen, z. B. bei Destillationen und an Vakuumrotationsverdampfern, benutzt man *Vakuumkonstanthalter* (*Manostate*), von denen es verschiedene Typen gibt. Bequem sind handelsübliche elektronisch gesteuerte Geräte, die mit einem integrierten Belüftungsventil ausgestattet sind. Mit ihnen läßt sich einfach und zeitsparend das optimale Arbeitsvakuum auffinden und regeln. Ihr Arbeitsbereich liegt zwischen 0,1 und 100 kPa (~ 1 bis 750 Torr).

Abb. A.22
Hahnküken, an der Bohrung eingekerbt

Einfacher, jedoch für viele Zwecke genügend genau, lassen sich ohne Anwendung eines Manostaten Drücke von 1 bis 100 kPa (~ 10 bis 760 Torr) realisieren, wenn man über den Hahn an der Woulfeschen Flasche (vgl. Abb. A.25) eine geringe Luftmenge einströmen läßt. Die Regulierung der einströmenden Luft gelingt besser, wenn das Hahnküken an der Bohrung eingekerbt ist (Abb. A.22). Auch mit einer verstellbaren Schlauchklemme ist eine Feinregulierung möglich, wenn man durch einen in den Schlauch geschobenen dünnen Draht dafür sorgt, daß eine geringe Öffnung für den Luftzutritt bleibt.

1.9.2. Vakuummessung

Zur Messung von Drücken in der Größenordnung von 0,1 bis 25 kPa (~ 1 bis 200 Torr) dient das verkürzte Quecksilbermanometer, daß zum Schutz vor verspritzendem Quecksilber bei Glasbruch doppelwandig ausgeführt ist (Abb. A.23). Die Genauigkeit der Messung beträgt ±70 Pa (~ 0,5 Torr), jedoch treten des öfteren größere Fehler auf, wenn während des Gebrauchs Luftblasen bzw. Dämpfe in den abgeschlossenen Schenkel des Manometers gelangen. Man mache sich deshalb zur Regel, den Hahn des Manometers nur während der Ablesung zu öffnen. Eine einfache Möglichkeit, ein Manometer auf Verunreinigungen durch Luft oder flüchtige Bestandteile zu prüfen, besteht darin, es mit einer Ölpumpe auf < 30 Pa (~ 0,2 Torr) zu evakuieren. Das Quecksilber muß dann in beiden Schenkeln gleich hoch stehen. Verunreinigungen zeigen sich durch „negativen" Druck an.

Zur Druckmessung im Bereich von 10^{-1} bis 10^{-4} kPa (~ 1 bis 10^{-3} Torr) verwendet man Kompressionsvakuummeter. Am bekanntesten ist die Ausführung nach McLeod. Das Prinzip soll an der für die meisten Zwecke ausreichenden, verkürzten Ausführungsform nach Gaede erläutert werden (Abb. A.24): In waagerechter Stellung herrscht im Meßraum *M* derselbe Druck wie in der Apparatur. Durch Drehen des Vakuummeters um 90° in die gezeichnete Stellung komprimiert eine genau eingewogene Menge Quecksilber das im Raum *M* befindliche Gas auf ein kleineres Volumen. Dessen Ablesung an der (bereits in Druckeinheiten geeichten) Skala gestattet eine Messung des ursprünglichen Drucks. Bei Meßstellung des Gaedeschen Vakuummeters darf das Vakuum in der Apparatur nicht aufgehoben werden. Kompressionsvakuummeter zeigen nur dann den wahren Druck in der Apparatur an, wenn keine bei Zimmertemperatur kondensierbaren Dämpfe vorhanden sind.

Das Quecksilber muß gelegentlich gereinigt werden. Man beachte dabei die Arbeitsschutzbestimmungen über den Umgang mit Quecksilber; vgl. Reagenzienanhang.

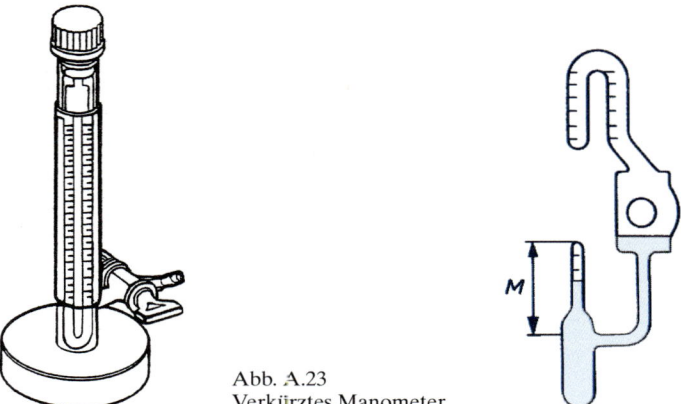

Abb. A.23
Verkürztes Manometer

Abb. A.24
Vakuummeter nach GAEDE

Eine präzise Bestimmung des Arbeitsvakuums gestatten quecksilberfreie, elektronische Vakuummeßgeräte. Diese zeichnen sich durch ihre robuste, platzsparende Bauweise und ihre Korrosionsbeständigkeit aus. Den jeweiligen Anwendungen entsprechende Typen eignen sich für Messungen im Grobvakuum bis hin zu 0,1 Pa (10^{-3} Torr).

1.9.3.   Arbeiten unter Vakuum

Fein- und Hochvakuumapparaturen sind so aufzubauen, daß der Druckabfall in der Apparatur klein bleibt und somit die Leistung der benutzten Pumpen voll ausgelastet werden kann. Man erreicht dies, indem man Stellen mit geringem Durchmesser, wie lange Vakuumschläuche, Hähne mit enger Bohrung, enge Ansätze an Vorstößen, dichtgepackte Füllkörperkolonnen usw., möglichst vermeidet. Weiterhin ist darauf zu achten, daß bei Vakuumdestillationen und -sublimationen nur Rundkolben verwendet werden, da Stand- und Flachkolben implodieren können.

Eine Wasserstrahlpumpe darf nur über eine Sicherheitsflasche (Woulfesche Flasche) an eine Apparatur angeschlossen werden, um ein Zurückschlagen des Wassers in das Manometer bzw. in die Apparatur (z. B. bei einem plötzlichen Abfall des Wasserdrucks) zu verhindern.

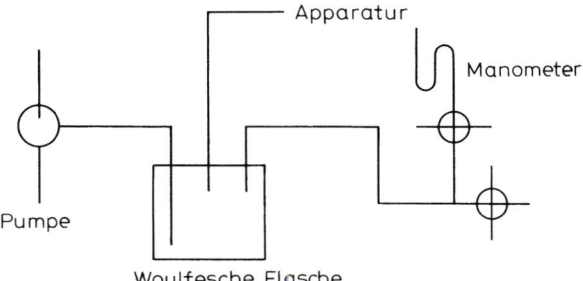

Abb. A.25
Anschluß einer Apparatur an eine Wasserstrahlpumpe

Das Manometer befindet sich am zweckmäßigsten im „Nebenschluß" an der Woulfeschen Flasche (Abb. A.25). Vor dem Abstellen der Wasserstrahlpumpe ist die Apparatur in jedem Falle über einen Hahn an der Woulfeschen Flasche bzw. am Manometer zu belüften.

Eine einfache Anlage zur Erzeugung von Feinvakuum ist in Abbildung A.26 skizziert. Zwischen Ölpumpe und Apparatur befinden sich ein Puffergefäß mit einem Volumen von etwa 1 l und die Kühlfalle.

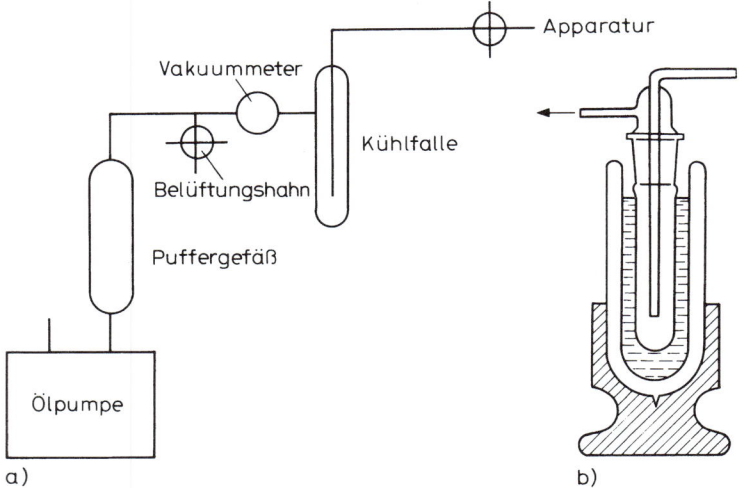

a)   b)

Abb. A.26
Anlage zur Erzeugung von Feinvakuum a) Schema; b) Kühlfalle im Dewar-Gefäß

War es notwendig, z. B. bei einer Vakuumdestillation, den Destillationskolben sehr stark zu erhitzen, so warte man mit dem Belüften der evakuierten Apparatur, bis sich der Kolben abgekühlt hat.

Das plötzliche Belüften der erhitzten Apparatur kann zu Explosionen des Dampf-Luft-Gemisches führen, das in der Apparatur entstanden ist.

Es sei nochmals nachdrücklich darauf hingewiesen, daß bei allen Arbeiten unter vermindertem Druck (Destillation, Sublimation, Trocknung – Vakuumexsikkator! –, Absaugen) und beim Umgang mit Dewar-Gefäßen und evakuierten Kolonnen unbedingt eine Schutzbrille zu tragen ist!

1.10. Trocknen

Ein wirksames Trockenmittel muß neben einer guten Trocknungsintensität auch eine hohe Trocknungskapazität besitzen.

Die maximal mit einem Trockenmittel erreichbare *Trocknungsintensität* wird von seinem Wasserdampfdruck bestimmt (Tab. A.27). Die Hydrate der genannten Trockenmittel, die mit zunehmender Wasseraufnahme entstehen, besitzen ein geringeres Trocknungsvermögen als die wasserfreien Verbindungen (vgl. Magnesiumperchlorat in der Tabelle). Je mehr Wasser ein Trocknungsmittel bei ausreichender Trocknungsintensität aufnehmen kann, desto größer ist seine *Trocknungskapazität*.

Tabelle A.27
Wasserdampfdruck über gebräuchlichen Trockenmitteln bei 20 °C

Trockenmittel	Wasserdampfdruck in kPa (Torr)	
P_4O_{10}	$3 \cdot 10^{-6}$	$(2 \cdot 10^{-5})$
$Mg(ClO_4)_2$ (Anhydron)	$7 \cdot 10^{-5}$	$(5 \cdot 10^{-4})$
$Mg(ClO_4)_2 \cdot 3H_2O$ (Dehydrit)	$3 \cdot 10^{-4}$	(0,002)
KOH (geschmolzen)	$3 \cdot 10^{-4}$	(0,002)
Al_2O_3	$4 \cdot 10^{-4}$	(0,003)
$CaSO_4$ (Drierite, Anhydrit)	$5 \cdot 10^{-4}$	(0,004)
H_2SO_4 (konz.)	$7 \cdot 10^{-4}$	(0,005)
Silicagel	$8 \cdot 10^{-4}$	(0,006)
NaOH (geschmolzen)	0,02	(0,15)
CaO	0,03	(0,2)
$CaCl_2$	0,03	(0,2)
$CuSO_4$	0,2	(1,3)

Stoffe wie Phosphor(V)-oxid, Schwefelsäure, Calciumchlorid, Magnesiumsulfat und Natrium-sulfat werden beiden Anforderungen gerecht und sind deshalb häufig angewandte Trocken-mittel. Calciumsulfat ist zwar ein intensives Trockenmittel, besitzt aber nur geringe Trock-nungskapazität.

1.10.1. Trocknen von Gasen

Das Trocknen von Gasen mit einem festen Trockenmittel erfolgt in einem Trockenturm (Abb. A.28a). Um ein Zusammenbacken der Füllung während des Trocknungsprozesses zu verhindern, werden nicht formbeständige Trockenmittel (z. B. Phosphor(V)-oxid) mit Stütz-substanzen (Glaswolle, Bimsstein) vermischt. Effektiver und raumsparend installierbar (z. B. senkrecht an einer Laborwand) sind *Trockenbatterien* (Abb. A.28b). Über einen Blasenzähler wird das Gas über zwei oder mehrere Glasrohre, gefüllt mit festem Trockenmittel geleitet, wobei auch mehrere verschiedene Trockenmittel angewendet werden können.

Chemisch indifferente Gase trocknet man meist in einer Waschflasche mit konzentrierter Schwefelsäure. Dabei sind Sicherheitswaschflaschen vorzuschalten (vgl. Abb. A.11) und Wasch-flaschensicherungen (vgl. Abb. A.15) zu benutzen! Frittenwaschflaschen (vgl. Abb. A.12) sollte man einfachen Waschflaschen vorziehen.

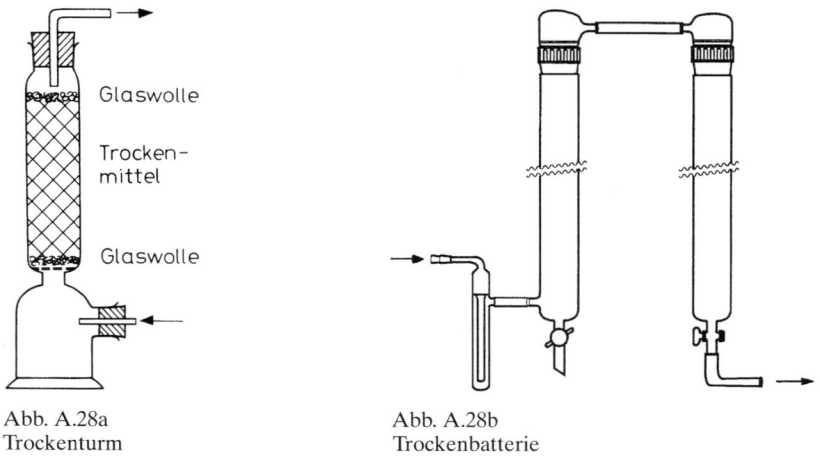

Glaswolle

Trocken-mittel

Glaswolle

Abb. A.28a
Trockenturm

Abb. A.28b
Trockenbatterie

Tiefsiedende Gase trocknet man durch Ausfrieren des Wassers und anderer kondensierbarer Verunreinigungen mit Hilfe einer Kühlfalle (vgl. Abb. A.26,b). Dabei werden sehr hohe Trockenwirkungen erreicht (Tab. A.29). Zum Kühlen werden Kohlensäureschnee/Methanol oder flüssiger Stickstoff verwendet (vgl. A.1.7.3.).

Tabelle A.29
Wasserdampfgehalt von Gasen bei verschiedenen Temperaturen

Temperatur in °C	Wasserdampfpartialdruck in kPa (Torr)	
+20	2,3	(17,5)
0	0,6	(4,6)
−10	0,1	(0,77)
−70	$3 \cdot 10^{-4}$	(0,002)
−100	$1 \cdot 10^{-6}$	$(1 \cdot 10^{-5})$

Zum Ausschluß von Luftfeuchtigkeit versieht man offene Apparaturen mit Trockenrohren, die mit Calciumchlorid, Natronkalk oder anderen geeigneten Trockenmitteln gefüllt sind (vgl. Abb. A.4,a). Das Trockenmittel wird vor dem Herausfallen auf jeder Seite durch Glaswollebüschel gesichert. Man prüfe gebrauchte Trockenrohre, ob sie noch genügend gasdurchlässig und nicht verstopft sind.

1.10.2. Trocknen von Flüssigkeiten

Die Auswahl der Trockenmittel für bestimmte Stoffklassen ist aus Tabelle A.31 ersichtlich. Über die Trocknung und Reinigung häufig gebrauchter Lösungsmittel informiere man sich im Reagenzienanhang.

Lösungsmittel können mit geeigneten Molsieben getrocknet werden. Nach der *statischen Methode* wird das Lösungsmittel mit dem Molsieb über Nacht stehen gelassen. Bei der bevorzugten *dynamischen Methode* filtriert man das Lösungsmittel über eine mit dem Molsieb gefüllte Säule, die zur Regenerierung des Molsiebs elektrisch beheizbar und evakuierbar sein sollte. Zur Regenerierung wird das Molsieb im Vakuum auf die vom Hersteller angegebene Temperatur erhitzt, abgekühlt und über ein mit $Mg(ClO_4)_2$ gefülltes Trockenrohr belüftet.

Metallisches Natrium als Trockenmittel wird als Draht verwendet, den man mit Hilfe einer Natriumpresse in die betreffende Flüssigkeit einpreßt. Die Natriumstücke befreit man vor dem Einlegen in die Presse von Krusten (Schutzbrille!). Die Natriumpresse muß nach Gebrauch unbedingt gründlich mit Alkohol, sodann mit Wasser gereinigt werden.

Eine effektive Methode der Trocknung von Kohlenwasserstoff- und Ether-Lösungsmitteln ist die *Ketyl-Trocknung*, bei der metallisches Natrium in Gegenwart von kleinen Mengen Benzophenon in Lösungsmittel-Umlaufapparaturen (Abb. A.30a) verwendet wird. Man informiere sich über dabei ablaufende Reaktionen (D.7.3.3.)!

Über Trocknung durch azeotrope Destillation vgl. A.2.3.5.

Für die Trocknung von Lösungen unbekannter Substanzen verwendet man stets ein chemisch indifferentes Trockenmittel, wie z. B. Magnesiumsulfat oder Natriumsulfat. Man läßt die zu trocknende Lösung mit dem fein verteilten Trockenmittel stehen, wobei man ab und zu kräftig durchschüttelt. Bei stark wasserhaltigen Flüssigkeiten ist es immer zweckmäßig, stufenweise zu trocknen (warum?), indem man kleine Portionen des Trockenmittels so oft durch neues ersetzt (dekantieren), bis keine merkliche Wasseraufnahme mehr feststellbar ist (Calciumchlorid bleibt körnig, Kupfersulfat farblos, Phosphor(V)-oxid klumpt nicht mehr zusammen).

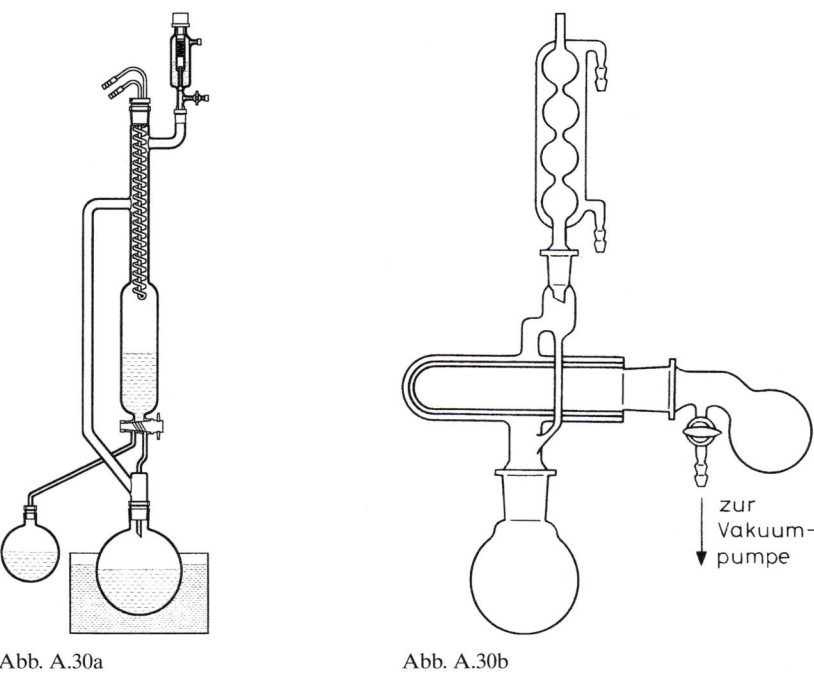

Abb. A.30a
Lösungsmittel-Umlauftrockner

Abb. A.30b
Trockenpistole

zur
Vakuum-
pumpe

1.10.3. Trocknen von Feststoffen

Zur physikalischen Charakterisierung und zur quantitativen analytischen Bestimmung müssen feste Stoffe frei von Wasser und organischen Lösungsmitteln sein.

Leicht flüchtige Bestandteile können von nicht hygroskopischen Substanzen durch Trocknen auf Tontellern oder Filterpapier oder bei thermostabilen Verbindungen im Trockenschrank beseitigt werden. Schonend und gründlich trocknet man im Exsikkator oder bei erhöhter Temperatur in einer Trockenpistole (Abb. A.30b). Sie wird durch die Dämpfe einer siedenden Flüssigkeit beheizt. Zur Beschleunigung der Trocknung werden Exsikkatoren und Trokkenpistolen normalerweise evakuiert.

Um sich bei evakuierten Exsikkatoren vor den Folgen einer möglichen Implosion zu schützen, umwickelt man den Exsikkator vor dem Evakuieren mit einem Handtuch o. ä. Zwischen Wasserstrahlpumpe und Schwefelsäureexsikkator ist unbedingt eine Woulfesche Flasche zu schalten, vgl. A.1.9.3.

Der Lufteinlaßhahn am Exsikkator soll entweder in einer Kapillare enden und nach oben gebogen oder das Rohr im Exsikkator mit einem Stückchen steifen Karton abgeschirmt sein, damit beim Aufheben des Vakuums keine Substanz weggeblasen werden kann.

Als Trockenmittel dienen Phosphor(V)-oxid bzw. Schwefelsäure, die neben Wasser auch Alkohole und Ketone (häufige Lösungsmittel) aufnehmen. Kohlenwasserstoffspuren (Hexan, Benzen, Ligroin) lassen sich in einer mit Paraffinschnitzeln beschickten Trockenpistole entfernen. Auch Kieselgel kann Lösungsmittelreste adsorptiv aufnehmen und ist deshalb eine gute Exsikkatorfüllung.

Tabelle A.31
Anwendbarkeit der gebräuchlichsten Trockenmittel

Trockenmittel	Anwendbar z. B. für	Nicht anwendbar z. B. für	Bemerkungen
P_4O_{10}	neutrale und saure Gase, Acetylen, Schwefelkohlenstoff, Kohlenwasserstoffe, Halogenkohlenwasserstoffe, Lösungen von Säuren (Exsikkator, Trockenpistole)	basische Stoffe, Alkohole, Ether, Chlorwasserstoff, Fluorwasserstoff	zerfließlich; bei Gastrocknung mit Stützsubstanz versehen (vgl. A.1.10.1.)
CaH_2	(inerte Gase), Kohlenwasserstoffe, Ketone, Ether, Tetrachlorkohlenstoff, Dimethylsulfoxid, Acetonitril, Ester	saure Stoffe, Alkohole, Ammoniak, Nitroverbindungen	nach Trocknung sind Gase mit H_2 verunreinigt, bei Lösungsmitteltrocknung Gasableitung ermöglichen
H_2SO_4	neutrale und saure Gase (Exsikkator, Waschflasche)	ungesättigte Verbindungen, Alkohole, Ketone, basische Stoffe, Schwefelwasserstoff, Iodwasserstoff	zur Vakuumtrocknung bei erhöhter Temperatur ungeeignet
Natronkalk, CaO, BaO	neutrale und basische Gase, Amine, Alkohole, Ether	Aldehyde, Ketone, saure Stoffe	für Gastrocknung besonders geeignet
NaOH, KOH	Ammoniak, Amine, Ether, Kohlenwasserstoffe (Exsikkator)	Aldehyde, Ketone, saure Stoffe	zerfließlich
K_2CO_3	Aceton, Amine	saure Stoffe	zerfließlich
Natrium	Ether, Kohlenwasserstoffe, tertiäre Amine	chlorierte Kohlenwasserstoffe (Vorsicht! Explosionsgefahr!) Alkohole und andere mit Natrium reagierende Verbindungen	Vorsicht bei der Vernichtung des Trockenmittels nach der Trocknung! Man verwende stets Alkohole, nie Wasser (Explosionsgefahr!)
$CaCl_2$	Kohlenwasserstoffe, Olefine, Aceton, Ether, neutrale Gase, Chlorwasserstoff (Exsikkator)	Alkohole, Ammoniak, Amine	billiges Trockenmittel, basische Verunreinigungen
$Mg(ClO_4)_2$	Gase, auch Ammoniak (Exsikkator)	leicht oxidierbare organische Flüssigkeiten	gut für analytische Zwecke geeignet
Na_2SO_4, $MgSO_4$	Ester, Lösungen empfindlicher Stoffe		
Kieselgel	(Exsikkator)	Fluorwasserstoff	nimmt Lösungsmittelreste auf
Molekularsiebe (Natrium-Aluminium-Silicate und Calcium-Aluminium-Silicate)	Strömende Gase (bis 100 °C), organische Lösungsmittel (Exsikkator)	ungesättigte Kohlenwasserstoffe, polare anorganische Gase	zur Trocknung von Lösungsmitteln hervorragend geeignet; regenerierbar durch Erhitzen im Vakuum auf 150 bis 300 °C; hohe Trocknungskapazität

Bei der Verwendung von Schwefelsäure als Trockenmittel im Exsikkator gibt man Füllkörper (Glasringe, Rasching-Ringe u. a.) in den unteren Exsikkatorteil, um ein Verspritzen der Säure zu vermeiden. In den Exsikkator stellt man häufig ein Schälchen mit Kaliumhydroxid, um saure Gase zu binden.

Für Trocknung im Feinvakuum und bei höheren Temperaturen ist Schwefelsäure ungeeignet.

1.10.4. Gebräuchliche Trockenmittel

In der Tabelle A.31 sind gebräuchliche Trockenmittel und ihre Anwendungsgebiete aufgeführt. Man beachte, daß Gase und Flüssigkeiten, wie in A.1.10.1. und A.1.10.2. erwähnt, normalerweise direkt mit dem Trockenmittel in Kontakt gebracht werden. Auch bei dessen richtiger Auswahl kann es dabei durch Verunreinigungen in der zu trocknenden Substanz zu heftigen Reaktionen kommen (vgl. z. B. Reagenzienanhang, Trocknen von Tetrahydrofuran). Man mache es sich deshalb zur Regel, in Zweifelsfällen zunächst mit kleineren Proben die Unbedenklichkeit des Trocknungsvorganges zu überprüfen!

1.11.   Arbeiten im Mikromaßstab

Unter Mikropräparationen versteht man Synthesen mit Ansatzgrößen von 15 bis 150 mg. Im Organikum wird der Begriff auch noch für den Bereich von 150 bis 500 mg verwendet.

Die meisten der im Organikum aufgeführten Arbeitsvorschriften eignen sich auch für Mikropräparationen. Die Reaktionszeiten sind allerdings in der Regel deutlich kürzer. Lösungsmittelmengen, die im Mikrobereich zu gering erscheinen, kann man ohne Gefahr vergrößern. Man sollte die Verdünnung aber nicht zu weit treiben, weil die Reaktionsgeschwindigkeit dadurch natürlich verringert wird und dies in einigen Fällen zu unerwünschten Effekten führen kann. Die in den Tabellen angegebenen Ausbeuten wird man meist nicht erreichen, da bei sehr kleinen Ansätzen schon geringe in der Apparatur verbleibende Substanzreste die Ausbeute merklich vermindern.

Für Arbeiten mit sehr geringen Substanzmengen sind spezielle Apparaturen und Techniken erforderlich.

Besonders die Handhabung von wenigen Millilitern einer Flüssigkeit sollte man üben! Flüssigkeiten werden im Mikromaßstab nie gegossen, sondern immer mit einer *Pipette* überführt. Einfache Glaspipetten mit Gummikappe (sog. *Pasteur-Pipetten*, Abb. A.33a) kann man sich aus Glasrohr leicht selbst herstellen. Ein 12 bis 15 cm langes Rohr wird an einem Ende, bei gleichbleibender Wandstärke, zu einer feinen Kapillare ausgezogen. Am anderen Ende wird der Rand des Röhrchens etwas nach außen gebogen oder zu einer Olive aufgeblasen, um einen festen Sitz der darüber gezogenen Gummikappe bzw. Pipettenpumpe zu gewährleisten. Es ist nützlich, die Pipetten zu kalibrieren, etwa für 0,5, 1,0, 1,5 und 2,0 ml Inhalt. Dazu zieht man aus einem kleinen Meßzylinder die entsprechende Menge Flüssigkeit ein und markiert den Flüssigkeitsstand z. B. mit selbstklebender transparenter Folie.

Aus der Pasteur-Pipette kann man mit wenig Mühe eine *Filterpipette* herstellen (Abb. A.32). Man gibt hierzu in die weite Öffnung der Pipette eine winzige Wattemenge und befördert diese zunächst mit einem Glasstab bis zur Verengung. Dann wird mit einem Stück Stahldraht der Wattepfropfen weiter bis an das Ende der Kapillare gestoßen. Man achte darauf, daß der Wattepfropfen nur 2 bis 3 mm des unteren Teils der Kapillare ausfüllt, aber nicht zu fest eingepreßt ist. Sollte sich jedoch der Pfropfen bei Gebrauch der Pipette herauslösen, wird er entwe-

der etwas fester eingepreßt,[1]) oder man extrahiert den Wattebausch zuvor mit Ethanol oder
sauberem Hexan und trocknet ihn, bevor man die eben beschriebene Prozedur durchführt.

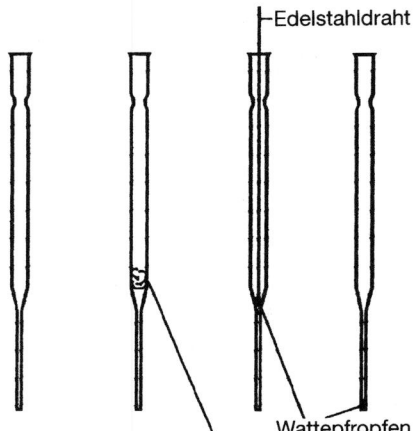

Abb. A.32
Glaspipette und Glasfilterpipette nach PASTEUR

Automatische Pipetten gestatten eine schnelle, sichere und reproduzierbare Dosierung von
Flüssigkeiten. Ihre Verwendung ist immer dann notwendig, wenn das Volumen von Reagenzien exakt zu messen ist.

Für das Arbeiten mit Festsubstanzen benötigt man *Mikrospatel*, etwa solche, wie sie in der
zahnärztlichen Praxis verwendet werden.

Als *Reaktionsgefäße* für Mikropräparationen haben sich neben *Rundkölbchen* von 5 und
10 ml Inhalt besonders *Spitzkölbchen* (3 und 5 ml Inhalt) bewährt. Wie auch die meisten übrigen Geräte für mikrochemische Arbeiten werden sie außer mit Schliffen zusätzlich mit einem
Glasaußengewinde angeboten (Abb. A.33a). Dadurch kann man das Gefäß mit einem
Schraubverschluß versehen. Eine normalerweise vorhandene Öffnung in der Verschlußkappe
wird mit einer Dichtung (Septum) z. B. aus Silikonkautschuk verschlossen. Die Kölbchen lassen sich natürlich auch mit einem Schliffstopfen verschließen. Legt man an Stelle der Dichtung
einen Nullring ein, lassen sich aufgesetzte Schliffe einfach durch Verschraubung fixieren. Für
Schliffverbindungen ohne Außengewinde erfüllen Spezialklemmen den gleichen Zweck. (Abb.
A.33b). Sie sind meist billiger und ebenso wirksam.

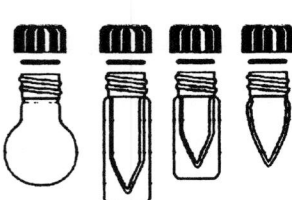

Abb. A.33a
Mikrokölbchen (3–5 ml),
Kappe mit Öffnung und
Dichtung bzw. Nullring

Abb. A.33b
Schliffverbindung
mit Klemme

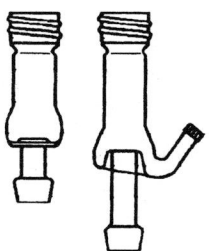

Abb. A.33c
Kragenaufsätze nach
HICKMAN und HICKMAN-
HINKLE

---

[1]) Zu fest eingepreßte Watte behindert das Aufsaugen von Flüssigkeiten.

Außer Spitzkölbchen mit überall gleicher Wandstärke sind solche mit planarem äußeren Boden und gleichbleibendem Außendurchmesser im Angebot (vgl. Abb. A.33a). Diese Kölbchen sind auch evakuierbar, die Wärmeübertragung beim Erhitzen in Metallblöcken mit geeigneten Bohrungen ist besonders günstig, und sie lassen sich zudem leicht auf ebenen Unterlagen abstellen. Sehr kleine Kölbchen dieser Art (etwa 0,1 ml Inhalt) dienen zur Aufnahme von Proben für die analytische Untersuchung.

Liebig- und *Luftkühler* sowie der *Zweihalsaufsatz* entsprechen den Normalausführungen in verkleinerter Form. Gleiches gilt für *Gasableitungs-* und *Trockenrohre* (vgl. Abb. A.34a).

Für *einfache Destillationen* verwendet man eine Apparatur, bestehend aus einem Spitzkölbchen mit Magnetrührer sowie einem *Kragenaufsatz* mit seitlichem Ansatz und aufgesetztem Rückflußkühler (Luft- oder Liebigkühler). Den Kragenaufsatz gibt es in einfacher Ausführung (nach HICKMAN) oder mit seitlich angebrachtem verschließbarem Entnahmerohr nach HICKMAN-HINKLE (Abb. A.33c), der für die meisten Anwendungen am besten geeignet ist. Ein Thermometer wird von oben eingeführt. Die Thermometerkugel muß sich kurz unterhalb des Kragenrandes befinden (vgl. Abb. A.34b). Der seitliche Ansatz des Aufsatzes ist mit einem Stopfen oder einer Kappe (Septum) verschlossen, durch die eine Kanüle zur tiefsten Stelle des Kragens geführt werden kann. Auf diese Weise läßt sich mittels Injektionsspritze der Vorlauf kontinuierlich absaugen. Es ist auch möglich, die Destillation zu unterbrechen, wenn die Temperatur des Dampfes den gewünschten Wert für den Hauptlauf nahezu erreicht hat. Man öffnet den seitlichen Ansatz, saugt mit der Pipette den Vorlauf quantitativ ab (evtl. mit einem Föhn Vorlaufreste von der Wandung des Kragenaufsatzes in den Kragen treiben), verschließt den seitlichen Ansatz wieder und destilliert den Hauptlauf. Dieser wird anschließend, wie soeben

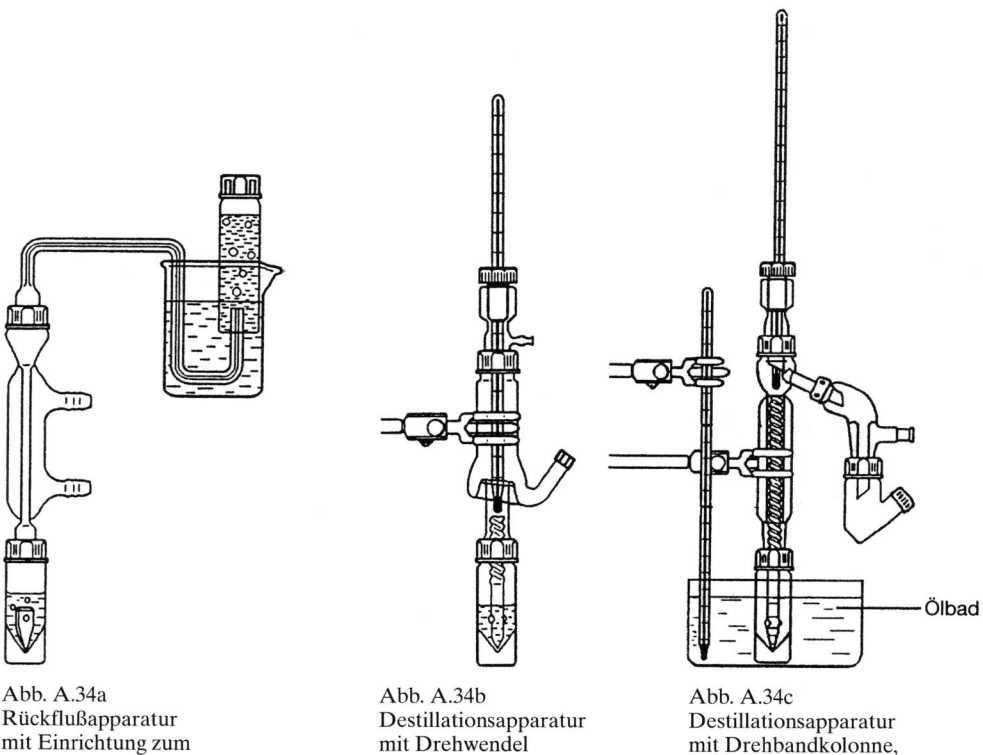

Abb. A.34a
Rückflußapparatur
mit Einrichtung zum
Auffangen von Gasen

Abb. A.34b
Destillationsapparatur
mit Drehwendel
und Kragenaufsatz

Abb. A.34c
Destillationsapparatur
mit Drehbandkolonne,
Vakuummantel und Vorlage

Ölbad

beschrieben, entnommen. Zum Rühren verwendet man einen Magneten, wie er in Abbildung A.34a zu sehen ist. Eine Drehwendel (Abb. A.34b) wird eingesetzt, wenn ein geringer Siedepunktsunterschied zwischen Vor- und Hauptlauf zu erwarten ist.

Fraktionierte Destillationen werden je nach gewünschtem Trenneffekt in Apparaturen mit Drehwendel (Abb. A.34b) durchgeführt oder mit Spezialkolonnen, z. B. *Drehbandkolonnen* mit einer einen Magneten enthaltenden Teflon-Wendel, die über ein Magnetrührwerk angetrieben wird. Die handelsübliche Drehbandkolonne nach Abbildung A.34c hat etwa 12 theoretische Böden bei 1 000 bis 1 500 Umdrehungen/Minute, die kleinere nach Abbildung A.34b etwa 6 theoretische Böden (vgl. Kapitel A.2.3.3.). Der in Abbildung A.34c gezeigte Destillationsaufsatz gestattet durch Drehen, die Destillationsgeschwindigkeit einzustellen. Es sollte möglichst langsam destilliert werden, damit die Kolonne nicht flutet. Bei richtiger Drehrichtung des Antriebsmotors muß der Rücklauf problemlos wieder in den Sumpf gelangen!

Die Temperatur in der Kolonne sollte 120 °C nicht wesentlich übersteigen. Bei höher siedenden Substanzen stellt man daher mittels eines Manostaten ein geeignetes Vakuum ein, das grundsätzlich erst dann angelegt wird, wenn sich der Rührer bewegt. Bei den kleinen Destillatmengen ist es wichtig, daß man zur Innentemperaturmessung ein empfindliches Thermometer verwendet, andernfalls wird eine zu niedrige Temperatur angezeigt. Als Wärmeüberträger können kleine Ölbäder oder mit entsprechenden Aussparungen versehene Metallblöcke, die auf einem heizbaren Magnetrührwerk sitzen, dienen.

Zur *Flüssig-Flüssig-Extraktion* und zum *Separieren* von Flüssigkeiten verwendet man keine Scheidetrichter, sondern schüttelt das Phasengemisch in einem mit einem Schliffstopfen verschlossenen Spitzkölbchen. Die Phasen werden getrennt, indem man mittels Pipette die *Unterphase* vollständig aufsaugt und anschließend in ein zweites Spitzkölbchen überführt. Meist ist es günstig, hierfür eine *Filterpipette* (vgl. Abb. A.32) zu verwenden, besonders, wenn man die substanzführende Phase aufnimmt (z. B. bei der Extraktion einer wäßrigen Phase mit einem Lösungsmittel, das schwerer als Wasser ist). Ausschütteln und Aufsaugen werden mehrfach wiederholt. Kontinuierliche Flüssig-Flüssig-Extraktionen werden in üblichen Extraktoren (Perforatoren) in entsprechend verkleinerter Form durchgeführt.

Das *Umkristallisieren* von Festsubstanzen geschieht im Mikromaßstab ähnlich wie bei größeren Substanzmengen. Man löst zunächst in einem geeigneten Lösungsmittel, filtriert durch Einziehen in eine Filterpipette, überführt durch Zurückdrücken über den Wattebausch in ein Spitzkölbchen, engt vorsichtig ein, bis in der Hitze gerade noch keine Kristallisation eintritt, und läßt langsam abkühlen, z. B. indem man das Kölbchen in ein Wasser- oder Ölbad hängt, das zuvor auf die Siedetemperatur des Lösungsmittels aufgeheizt wurde. Das Bad kühlt auf Grund seiner größeren Wärmekapazität sehr langsam ab, was meist zu gut ausgebildeten Kristallen führt. Sehr lange Kristallisationszeiten sind möglich, wenn man das Wasser- oder Ölbad durch ein Dewar-Gefäß mit heißer Flüssigkeit ersetzt. Sind ausreichend Kristalle vorhanden, sammelt man diese auf einem *Hirsch-Trichter* (Abb. A.38), wäscht mit einem Tropfen Lösungsmittel und trocknet anschließend evtl. in der Trockenpistole. Die Umkristallisation wird bis zur Konstanz der Schmelztemperatur wiederholt.

Sehr kleine Mengen an Festsubstanzen werden im *Craig-Röhrchen* mit Tefloneinsatz (Abb. A.35a für 2 bzw. 3 ml Inhalt) vom Lösungsmittel befreit. Man füllt es zunächst mit der Suspension bis maximal einige Millimeter unterhalb der Verengung, verschließt mit dem Tefloneinsatz und stülpt ein Zentrifugenröhrchen darüber (Teflonstab am Boden des Zentrifugenglases!). Durch das Loch im Tefloneinsatz wird ein Draht gezogen, der beiderseits aus dem Zentrifugenglas hängt. Man zentrifugiert vorsichtig, so daß sich das Teflon nicht verbiegt. Tefloneinsätze, die sich am herausragenden Ende nicht verjüngen, sind grundsätzlich vorzuziehen. Das beim Übergang vom breiten zum schmalen Teil etwas angeschliffene Röhrchen gestattet nur dem Lösungsmittel den Durchtritt. Die separierten Kristalle werden mit dem Mikrospatel vom Teflon und vom Röhrchen gesammelt, nachdem man mit Hilfe des Drahtes das Röhrchen vorsichtig aus dem Zentrifugenglas gezogen hat.

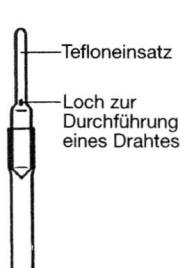

Tefloneinsatz

Loch zur
Durchführung
eines Drahtes

Abb. A.35a
Craig-Röhrchen zum
Umkristallisieren

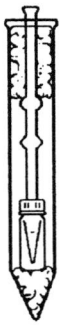

Abb. A.35b
GC-Röhrchen
mit Kölbchen im
Zentrifugenglas

Bei einigen Umsetzungen werden gasförmige Produkte gebildet, die man in einer Apparatur entsprechend Abbildung A.34a auffangen kann. Das kapillare Gasableitungsrohr garantiert ein geringes Totvolumen. Das Gas kann man in einem Zylinder mit Verschlußkappe und Septum sammeln und mittels Injektionsspritze und Kanüle zur Analyse entnehmen.

Werden bei Reaktionen Flüssigkeiten in einer Menge unter 100 μl gebildet, kann man diese nicht mehr destillieren. Zur Reinigung verwendet man dann die präparative Gaschromatographie. Das gereinigte Produkt kann man aus dem GC-Röhrchen in ein entsprechendes Fläschchen zentrifugieren (Abb. A.35b). Röhrchen und Flasche werden im Zentrifugenglas durch Watte fixiert.

2.   Trennverfahren

2.1.   Filtrieren und Zentrifugieren

Um Teilchen eines Feststoffes von einer Flüssigkeit abzutrennen, kann man im einfachsten Fall die Flüssigkeit abgießen (*dekantieren*). Hierdurch wird jedoch keine vollständige Trennung erreicht, so daß man, vor allem wenn der Feststoff rein erhalten werden soll, filtrieren oder zentrifugieren muß.

Die *Filtration* erfolgt am einfachsten durch einen Trichter mit weichem Papierfilter (Faltenfilter). Bei grobdispersen Teilchen treten keine Schwierigkeiten auf, feindisperse Teilchen (Trübungen) werden jedoch häufig nicht zurückgehalten. Läuft nur der erste Teil des Filtrats trüb durch, wird dieser Teil nochmals durch das gleiche Filter gegossen. Andernfalls wird vor der Filtration ein sogenanntes Filterhilfsmittel (Papierschnitzel, Kieselgur, Aktivkohle) in die Mischung eingerührt. Dieses Verfahren erleichtert auch die Abtrennung von Niederschlägen, die die Filterporen verstopfen. Es ist natürlich nur anwendbar, wenn auf das *Filtrat* Wert gelegt und der Niederschlag verworfen wird.

Soll ein kristalliner *Niederschlag* gewonnen werden, ist die gewöhnliche Filtration schlecht geeignet. Man bedient sich dann des *Absaugens* über Filtrierpapier. Bei größeren Substanzmengen wird der Büchner-Trichter mit Saugflasche (Abb. A.36) bzw. Wittschem Topf benutzt, die über eine Woulfesche Flasche mit einer Vakuumpumpe verbunden sind. Anstelle von durchbohrten Stopfen kann man hierzu auch konische Gummidichtungen unterschiedlicher Größen zwischen Saugflasche und Nutsche verwenden.

Die Größe der verwendeten Nutsche soll im richtigen Verhältnis zur abzusaugenden Substanzmenge stehen: Die Kristalle müssen die Fläche der Nutsche völlig bedecken, doch erschweren zu dicke Kristallkuchen das Absaugen und Auswaschen.

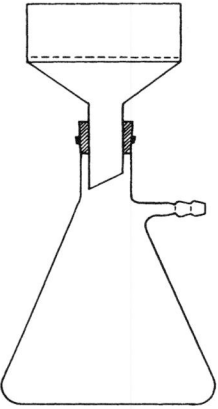

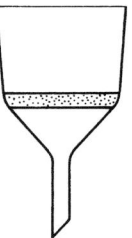

Abb. A.36
Saugflasche mit Büchner-Trichter

Abb. A.37
Glasfilternutsche

Das gut passende weiche Papierrundfilter wird zunächst auf der Filterplatte mit Lösungs-mittel befeuchtet und angedrückt bzw. angesaugt. Danach wird die zu filtrierende Mischung aufgebracht. Beim Absaugen soll nur der für eine mäßige Filtrationsgeschwindigkeit gerade nötige Unterdruck angewendet werden. Der Niederschlag wird mit der flachen Seite eines Glasstopfens fest angedrückt, bis keine Mutterlauge mehr abtropft. Es ist darauf zu achten, daß sich keine Risse im Filterkuchen bilden, da dies zu ungleichmäßigem, unvollständigem Absaugen und zu Verunreinigungen durch Verdunsten des Lösungsmittels führt. Zur Entfer-nung noch anhaftender Mutterlauge wird das feuchte Kristallisat danach mit kleinen Portionen desselben oder auch eines anderen geeigneten Lösungsmittels, in dem die Substanz schwer lös-lich ist, gewaschen. Die nötigenfalls vorgekühlte Waschflüssigkeit soll schon vor Beginn der Arbeit bereitstehen. Man durchtränkt den Niederschlag zunächst mit dem Lösungsmittel, das erst danach durch Anlegen des Vakuums abgesaugt wird. Nach dem Auswaschen wird der Rückstand getrocknet bzw. trockengesaugt. Vorher verdrängt man häufig zur Zeitersparnis hochsiedende Lösungsmittel durch andere, auch schwerlösende, aber niedrig siedende (etwa höhere Kohlenwasserstoffe durch Ligroin, höhere Alkohole durch Ethanol, Eisessig durch Ether usw.).

Bei Anwesenheit von starken Alkalien, Säuren, Anhydriden, Oxidationsmitteln usw., die die üblichen Papierfilter angreifen, saugt man durch eine *Glasfritte* mit der Porengröße G 2 bzw. G 3, die auch generell die Papierfilter ersetzen kann (Abb. A.37).

Hat man kleinere Substanzmengen abzusaugen, so benutzt man den Hirsch-Trichter mit Saugröhrchen (Abb. A.38) oder, insbesondere für kleinste Substanzmengen, den Glasnagel-Trichter nach Abbildung A.39. Der Glasnagel wird aus einem dünnen Glasstab hergestellt,

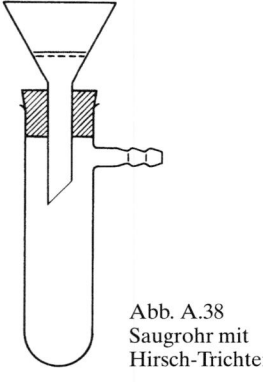

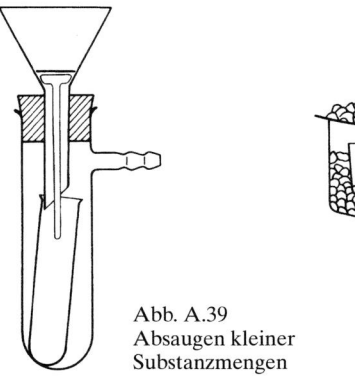

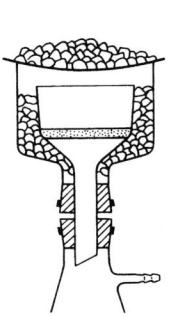

Abb. A.38
Saugrohr mit
Hirsch-Trichter

Abb. A.39
Absaugen kleiner
Substanzmengen

Abb. A.40
Absaugen unter
Kühlung

indem man ein Ende in der Flamme zum Erweichen bringt und dann plattdrückt. Das Filter muß genau abschließen und soll keinen stark nach oben gebogenen Rand besitzen. In das Saugröhrchen stellt man ein kleines Reagenzglas und kann so das Filtrat verlustlos entnehmen.

Verlangt der niedrige Schmelzpunkt des Kristallisats oder seine zu große Löslichkeit bei Zimmertemperatur ein *Absaugen bei tieferen Temperaturen,* so genügt bei kleinen Niederschlagsmengen u. U. das Vorkühlen des Trichters und der Lösung im Kühlschrank. Andernfalls benutzt man am einfachsten eine Kombination aus einer Saugflasche und einer abgesprengten Flasche, deren scharfe Kanten rund gefeilt oder geschmolzen sind (Abb. A.40). Als Kühlfüllung dienen Eis oder eine Kältemischung (vgl. A.1.7.3.).

Muß heiß filtriert werden, was normalerweise bei jedem Umkristallisieren erforderlich ist, benutzt man den *Heißwassertrichter* nach Abbildung A.41,a, bei dem grundsätzlich vor dem Filtrieren die offene Flamme zu löschen ist, oder den mit einer dampfbeheizten Schlange umgebenen Trichter (Abb. A.41,b). Einen mit Dampf zu beheizenden Büchner-Trichter zeigt Abbildung A.41,c. Es sind auch elektrisch heizbare Glasfritten im Handel. Der Trichterstiel muß weit und kurz sein, weil er sonst durch auskristallisierende Substanz leicht verstopfen kann.

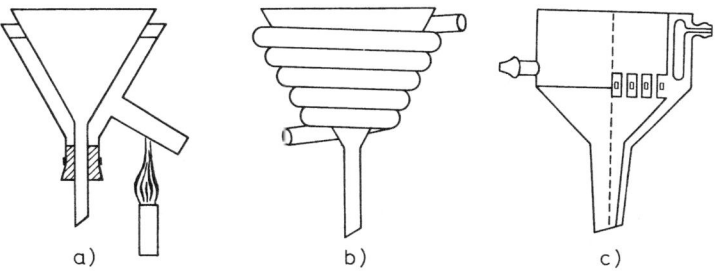

Abb. A.41
Beheizbare Trichter
a) Heißwassertrichter; b) Trichter mit dampfbeheizter Schlange; c) dampfbeheizter Büchner-Trichter

Vielfach ist ein Absaugen in der Hitze nicht möglich, da im Vakuum zuviel Lösungsmittel verdampft. Bei konzentrierten Lösungen verstopfen dadurch leicht die Filterporen und die Öffnungen im Nutschenboden. Man lege deshalb nur ein schwaches Vakuum an.

Das *Zentrifugieren* bietet im Laboratorium gegenüber der Filtration vor allem dann Vorteile, wenn kleine Substanzmengen möglichst verlustlos isoliert werden sollen oder das abzusaugende Produkt leicht die Poren des Filters verstopft. Die üblichen Laboratoriumszentrifugen für präparative Arbeiten sind Sedimentationszentrifugen und besitzen eine Umdrehungszahl von 2 000 bis 3 000 U · min⁻¹. Meist stehen keine größeren Modelle als die mit einem Fassungsvermögen von viermal 150 ml zur Verfügung. Die Suspension wird in die Zentrifugengläser (nicht Reagenzgläser!) gebracht, und die Einsätze einschließlich Inhalt werden durch Veränderung der Flüssigkeitsmenge auf gleiche Masse austariert. Wenn der Nieder-

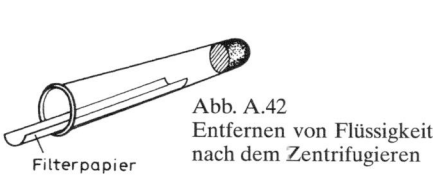

Filterpapier

Abb. A.42
Entfernen von Flüssigkeit
nach dem Zentrifugieren

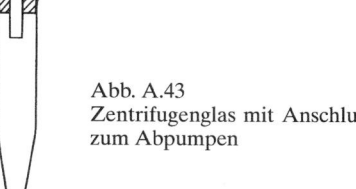

Abb. A.43
Zentrifugenglas mit Anschluß
zum Abpumpen

schlag nach dem Schleudern genügend fest am Boden der Gläser haftet, gießt man die darüberstehende Flüssigkeit ab, schlämmt zum Auswaschen mit wenig Waschflüssigkeit auf und zentrifugiert erneut. Mit einem Filterpapierstreifen läßt sich nach dem Zentrifugieren ein Großteil des anhaftenden Lösungsmittels aufsaugen (Abb. A.42). Zur Beseitigung des restlichen Lösungsmittels wird an das Zentrifugenglas nach Abbildung A.43 vorsichtig und langsam Vakuum angelegt, wobei man evtl. zusätzlich in einem Heizbad erwärmt.

2.2.   Kristallisieren

Die wichtigste Methode zur Reinigung fester Stoffe ist das Umkristallisieren: Man sättigt ein geeignetes Lösungsmittel in der Hitze mit dem Rohprodukt, filtriert von unlöslichen Bestandteilen noch heiß ab und läßt die Lösung erkalten, wobei die Substanz – in der Regel in reinerer Form – wieder auskristallisiert.

2.2.1.   Wahl des Lösungsmittels

Die Substanz soll in dem Lösungsmittel in der Kälte wenig, in der Hitze gut löslich sein, und die Verunreinigungen sollen eine möglichst hohe Löslichkeit besitzen. Auch die Verwendung eines Lösungsmittels, in dem die Verunreinigungen nur sehr wenig löslich sind und daher zuerst auskristallisieren bzw. gar nicht erst in Lösung gehen, führt u. U. zum Ziel. Hier erhält man meist erst durch mehrfache Kristallisation ein genügend reines Produkt. Wenn Art und Menge des anzuwendenden Lösungsmittels unbekannt ist, werden zunächst Vorversuche mit kleinsten Mengen im Reagenzglas ausgeführt. Die Auswahl des Lösungsmittels richtet sich dabei zunächst nach dem alten – vor allem bei Verbindungen einfacheren Baus gültigen – Erfahrungssatz, daß eine Substanz von einem chemisch nahestehenden Lösungsmittel gut gelöst wird. Einen Anhaltspunkt kann folgende Aufstellung geben:

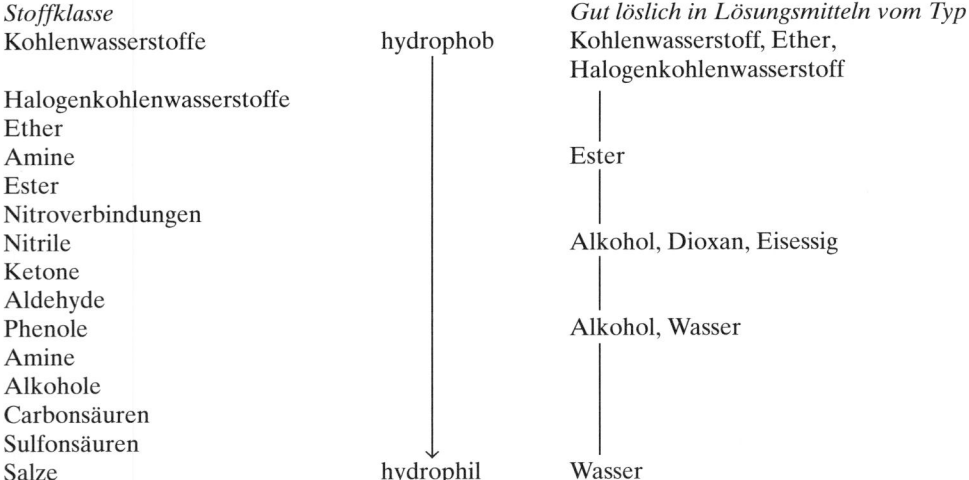

Stoffklasse		*Gut löslich in Lösungsmitteln vom Typ*
Kohlenwasserstoffe	hydrophob	Kohlenwasserstoff, Ether, Halogenkohlenwasserstoff
Halogenkohlenwasserstoffe		
Ether		
Amine		Ester
Ester		
Nitroverbindungen		
Nitrile		Alkohol, Dioxan, Eisessig
Ketone		
Aldehyde		
Phenole		Alkohol, Wasser
Amine		
Alkohole		
Carbonsäuren		
Sulfonsäuren		
Salze	hydrophil	Wasser

Selbstverständlich darf das Lösungsmittel die Substanz nicht chemisch verändern.
   Lösungsmittelkombinationen (z. B. Wasser/Alkohol, Wasser/Dioxan, Chloroform/Petrolether) können ebenfalls gut geeignet sein. Ihre günstigste Zusammensetzung muß man in Vorversuchen ermitteln.

2.2.2. Umkristallisieren

Die Substanz wird zunächst unter Beachtung der Arbeitsschutzvorschriften (vgl. A.1.7.2.) mit einer zur vollständigen Auflösung nicht ausreichenden Menge des Lösungsmittels erhitzt. Da normalerweise die Löslichkeitskurve in der Nähe des Lösungsmittelsiedepunkts steil ansteigt, sollte man beim Umkristallisieren immer bis zum Sieden erhitzen. Man gibt dann durch den Kühler vorsichtig so lange Lösungsmittel nach, bis sich in der Siedehitze alles aufgelöst hat. Bei Verwendung brennbarer Lösungsmittel sind dabei alle Flammen in der Umgebung zu löschen! Siedesteine werden unwirksam, wenn die Lösung (z. B. durch Zugabe von neuem Lösungsmittel) unter den Siedepunkt abkühlt (vgl. A.1.7.2.). Ist in Vorversuchen festgestellt worden, daß ungelöste Fremdstoffe als Rückstand bleiben, darf nicht in Erwartung einer klaren Lösung zuviel Lösungsmittel zugegeben werden!

Man mache es sich zur Gewohnheit, den Feststoff zu wägen und die Lösungsmittel zu messen, um den Prozeß stets quantitativ auswerten und reproduzieren zu können.

Bei Verwendung von Lösungsmittelgemischen löst man am besten in einer kleinen Menge des guten Lösungsmittels und gibt in der Hitze langsam so lange portionsweise das schlechtere Lösungsmittel zu, bis sich die an der Eintropfstelle bildende Fällung gerade wieder auflöst. Erscheint das Gesamtvolumen der Lösung zu klein, fügt man noch eine kleine Menge des besseren Lösungsmittels zu und wiederholt den Vorgang. Die Gefahr, daß zuviel Lösungsmittel verwendet wurde, ist beim Anfänger jedoch meist größer. Auch die umgekehrte Verfahrensweise (langsame Zugabe eines guten Lösungsmittels zur Suspension der Substanz im schlechten) ist mitunter vorteilhaft.

Wenn es notwendig ist, werden nach dem Auflösen der Substanz zur Entfärbung (vgl. A.2.6.1.) gepulverte Aktivkohle bzw. Tierkohle (1/20 bis 1/50 des Substanzgewichts) oder zur Klärung Filterschnitzel, Kieselgur usw. zugesetzt.

Man läßt die Lösung vorher etwas abkühlen, da diese Stoffe evtl. Siedeverzüge spontan aufheben und es zu heftigem, explosionsartigem Aufsieden kommen kann. Aus Aktivkohle entweicht viel Luft, die ein Aufschäumen verursacht.

Danach wird nochmals kurz aufgekocht und anschließend heiß filtriert (vgl. dazu A.2.1.). Das Gefäß wird verschlossen und dann zum Abkühlen stehengelassen. Zur Vermehrung der Ausfällung stellt man das Gefäß entweder in den Kühlschrank oder kühlt mit Eis bzw. Kältemischungen.

Die Neigung, *übersättigte Lösungen* zu bilden, ist bei organischen Substanzen sehr groß. Durch Einbringen eines „Impfkristalls" des gleichen oder eines isomorphen Stoffs kann die Übersättigung häufig aufgehoben werden. Auch das Reiben mit einem Glasstab an der Wandung des Gefäßes schafft Keime, an deren Vorhandensein die Kristallisation gebunden ist.

Die *Kristallisationsgeschwindigkeit* ist oft sehr klein und die Kristallisation einer erkalteten Lösung daher vielfach erst nach Stunden beendet. Vereinzelt bilden sich noch nach Wochen und Monaten Kristallfällungen. Man sollte daher Mutterlaugen nie vorzeitig verwerfen.

2.2.3. Kristallisation aus der Schmelze

Organische Substanzen bilden nicht nur übersättigte Lösungen, sondern leicht auch unterkühlte Schmelzen. So scheiden sich vor allem niedrig schmelzende Substanzen aus Lösungen auch unterhalb ihrer Schmelztemperatur oft ölig ab. In diesem Fall muß die Lösung noch etwas verdünnt und ganz langsam abgekühlt werden (z. B. durch Erkaltenlassen in einem vorher erhitzten Wasserbad). Keinesfalls darf beim Auflösen über die Schmelztemperatur der Substanz erhitzt werden, sondern höchstens bis $10\,°C$ unter die Schmelztemperatur. Man unterstützt die Kristallisation durch Anreiben mit dem Glasstab, Verreiben und Stehenlassen eines

Tropfens der Substanz auf einer angerauhten Glasfläche oder Anreiben einer Probe mit einem leicht flüchtigen Lösungsmittel auf einem Uhrglas.

Auch nach dem Abdestillieren von Lösungsmitteln bleiben feste organische Substanzen häufig unterhalb ihres Schmelzpunktes als Öl zurück. Sie sind manchmal nur sehr schwer zur Kristallisation zu bringen. Keimbildung und Kristallwachstum sind in verschiedener Weise temperaturabhängig. Nach der Tammannschen Regel liegt das Maximum der Keimbildung etwa 100 °C, das Maximum der Kristallisationsgeschwindigkeit 20 bis 50 °C unter der Schmelztemperatur (Abb. A.44).

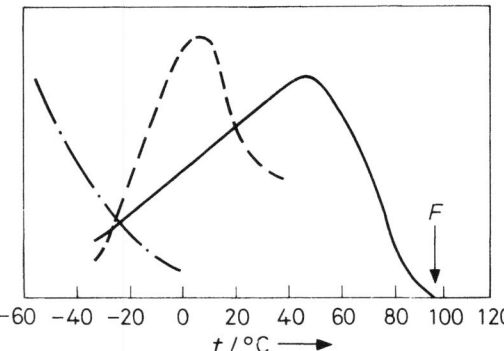

Abb. A.44
Keimbildungsgeschwindigkeit (− − − −),
Viskosität (−·−·−·−)
und Kristallisationsgeschwindigkeit (——)
in Abhängigkeit von der Temperatur

Um die für die Kristallisation optimale Temperatur zu erreichen, hält man die Substanz zur Keimbildung einige Stunden bei etwa 100 °C unter der mutmaßlichen Schmelztemperatur und erhöht dann die Temperatur um etwa 50 °C.

Häufig hemmen gelöste Verunreinigungen die Keimbildung und die Kristallisation. Da besonders mitgerissenes und gelöstes Schlifffett zur Kristallisationsverzögerung führen kann, sollte man die Schliffe nur sparsam oder bei speziellen und diffizilen Reinigungsoperationen überhaupt nicht fetten.

Will die Kristallisation nicht gelingen, muß nochmals anderweitig gereinigt werden (Feindestillation, Chromatographie, Verteilung). Sind Anhaltspunkte über die Art der Verunreinigung vorhanden, so kann u. U. ein nochmaliges Auswaschen des Öls mit speziellen Reagenzien zum Ziele führen. So lassen sich beispielsweise Säuren mit Sodalösung, Amine mit Säuren und Aldehyde mit Natriumhydrogensulfit entfernen.

2.3.   Destillation und Rektifikation

Die Destillation ist die wichtigste Trenn- und Reinigungsmethode für flüssige Substanzen. Im einfachsten Fall der Destillation wird eine Flüssigkeit durch Wärmezufuhr zum Sieden gebracht und der entstehende Dampf in einem Kühler als Destillat kondensiert. Da sich hier nur eine Phase bewegt, nämlich der Dampf, spricht man auch von *Gleichstromdestillation*. Wenn dagegen ein Teil des kondensierten Dampfs (der sog. *Rücklauf*) dem aufsteigenden Dampf entgegenläuft und dem Siedekolben ständig wieder zugeführt wird, haben wir es mit einer *Gegenstromdestillation* zu tun. Die Gegenstromdestillation oder *Rektifikation* wird in Destillationskolonnen durchgeführt.

2.3.1. Abhängigkeit der Siedetemperatur vom Druck

Der Dampfdruck einer Flüssigkeit steigt mit der Temperatur stark an. Wenn er gleich dem äußeren Druck ist, siedet die Flüssigkeit. Die Temperaturabhängigkeit des Dampfdrucks ist durch die Clausius-Clapeyronsche Gleichung gegeben:

$$\frac{\mathrm{d}\ln p}{\mathrm{d}T} = \frac{\Delta_V H}{R\,T^2} \qquad\qquad [A.45]$$

p Dampfdruck; $\Delta_V H$ molare Verdampfungsenthalpie; R Gaskonstante

Nach Integration erhält man:

$$\ln p = -\frac{\Delta_V H}{RT} + C \qquad\qquad [A.46]$$

($\Delta_v H$ wird dabei als von der Temperatur unabhängig angenommen.)

Wenn man den Logarithmus des Dampfdrucks über der reziproken absoluten Temperatur aufträgt, ergibt sich daher (annähernd) eine Gerade. Ein solches Diagramm ist in Abbildung A.47 gezeichnet. Die Steigung der Geraden ist durch die molare Verdampfungswärme festgelegt und bei chemisch ähnlichen Stoffen ähnlicher Siedetemperatur nicht sehr verschieden. Man kann deshalb aus dem Diagramm die Siedetemperaturen beliebiger organischer Verbindungen bei beliebigen Drücken annähernd bestimmen.

Zur groben Abschätzung kann folgende Faustregel dienen: eine Verminderung des äußeren Drucks um die Hälfte reduziert die Siedetemperatur um etwa 15 °C. So würde z. B. eine Verbindung mit einer Siedetemperatur von 180 °C bei Normaldruck (~ 100 kPa; 760 Torr) bei ~ 50 kPa (380 Torr) etwa bei 165 °C sieden, bei ~ 25 kPa (190 Torr) bei 150 °C usw.

2.3.2. Einfache Destillation

2.3.2.1. Physikalische Grundlagen des Trennvorgangs

Bei der Destillation eines binären Gemisches sind die Partialdrücke p_A bzw. p_B der beiden Komponenten im Dampfraum (ideales Verhalten vorausgesetzt. Dies ist bei chemisch ähnlichen Verbindungen, vor allem bei Homologen, weitgehend erfüllt):

$$
\begin{aligned}
p_A &= P_A x_A \qquad \text{Raoultsches Gesetz} \\
p_B &= P_B x_B
\end{aligned}
\qquad\qquad [A.48]
$$

P_A, P_B Dampfdruck der reinen Komponente A bzw. B; x_A, x_B Molenbruch der Komponente A bzw. B in der Flüssigkeit.

Da in einer binären Mischung $x_B = 1 - x_A$ ist, gilt für das Verhältnis der Partialdrücke im Dampfraum:

$$\frac{p_A}{p_B} = \frac{P_A}{P_B}\frac{x_A}{1-x_A} \qquad\qquad [A.49]$$

Der Partialdruck im Dampfraum p_A bzw. p_B ist mit dem Gesamtdruck p außerdem über die Molenbrüche der beiden Komponenten im Dampfraum y_A bzw. y_B verknüpft:

$$p_A = p y_A \qquad p_B = p y_B = p(1 - y_A) \qquad\qquad [A.50]$$

Durch Einsetzen in [A.49] erhält man:

$$\frac{y_A}{1-y_A} = \frac{P_A}{P_B}\frac{x_A}{1-x_A} \qquad\qquad [A.51]$$

Nach Übereinkommen werden y und x ohne Angabe eines Index stets für die *leichter flüchtige* Komponente gebraucht. Das Verhältnis der Dampfdrücke der reinen Komponenten erhält das Symbol α und wird als *relative Flüchtigkeit* bezeichnet. [A.51] wird damit zu:

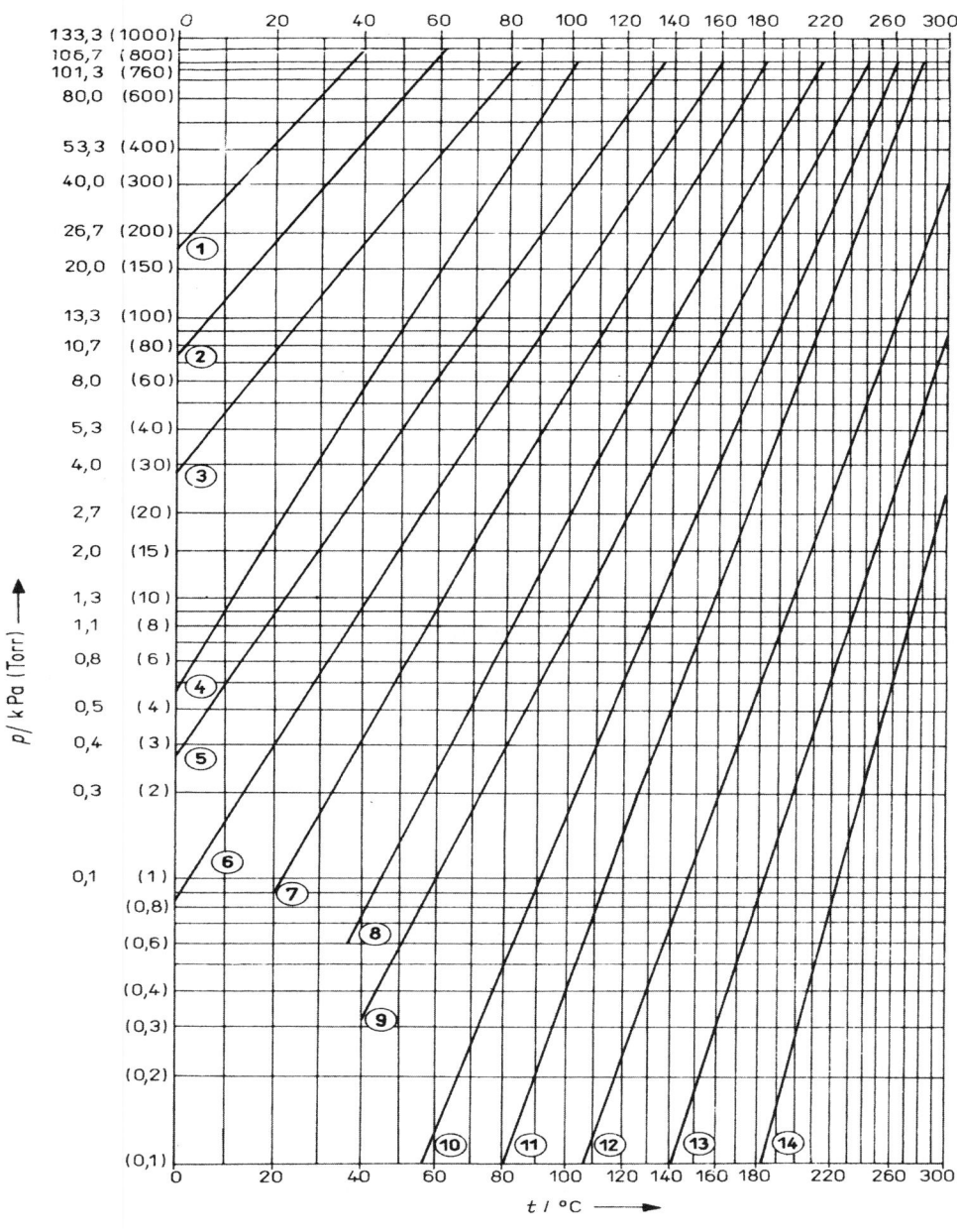

A.47
Abhängigkeit der Siedetemperatur vom Druck

1 Diethylether	8 Nitrobenzen
2 Aceton	9 Chinolin
3 Benzen	10 Dodecylalkohol
4 Wasser	11 Triethylenglycol
5 Chlorbenzen	12 Phthalsäuredibutylester
6 Brombenzen	13 Tetracosan
7 Anilin	14 Octacosan

$$\frac{y}{1-y} = \alpha \frac{x}{1-x} \quad \text{mit} \quad \frac{P_A}{P_B} = \alpha \qquad\qquad [A.52]$$

Die Gleichung erklärt den Zusammenhang zwischen der relativen Konzentration der leichter siedenden Komponente in der Dampfphase bzw. der Flüssigkeit. Man erkennt, daß ein Unterschied in der Zusammensetzung von Dampfphase und Flüssigkeit nur dann eintritt, wenn $\alpha > 1$ ist. Nur in diesem Falle ist eine Trennung durch Destillation möglich. Die Anreicherung der leichter flüchtigen Komponente im Dampf ist andererseits um so größer, je größer α ist, d. h. je mehr sich die Dampfdrücke der reinen Komponenten unterscheiden. Die Gleichung [A.52] gibt die Anreicherung der leichter flüchtigen Komponente an, die durch eine *einmalige Verdampfung* erreicht wird.

Unterscheiden sich die zu trennenden Substanzen in ihrer Flüchtigkeit nicht genügend, so lassen sie sich durch einmaliges Verdampfen und Kondensieren, d. h. durch einfache Destillation, nicht befriedigend trennen. In solchen Fällen muß der Verdampfungsvorgang mehrere Male wiederholt werden. Mit Hilfe von Destillationskolonnen läßt sich diese Forderung in einem Arbeitsgang verwirklichen (fraktionierte Destillation, Rektifikation, vgl. A.2.3.3.).

Der Anfänger ist sich oft nicht klar darüber, wann eine Rektifikation mit einer Kolonne nötig ist. Meist wird das Trennvermögen der einfachen Gleichstromdestillation überschätzt. Als Faustregel kann gelten, daß man in den Fällen eine Rektifikation anwenden muß, wo die Siedetemperaturdifferenz der zu trennenden Stoffe weniger als 80 °C beträgt.

2.3.2.2. Durchführung einer einfachen Destillation

Zweckmäßig führt man Destillationen bei Siedetemperaturen zwischen 40 °C und 150 °C aus, da sich oberhalb 150 °C viele Substanzen bereits merklich zersetzen, während der Dampf von Flüssigkeiten mit einer Siedetemperatur unter etwa 40 °C in einer gewöhnlichen Apparatur nicht mehr vollständig kondensiert werden kann.

Siedet ein Stoff bei Normaldruck oberhalb 150 °C, destilliert man ihn daher im Vakuum. In den meisten Fällen ist das Vakuum einer Wasserstrahlpumpe (etwa 1,1 bis 2,0 kPa; 8 bis 15 Torr) oder einer Drehschieberölpumpe (etwa 10^{-3} bis 10^{-1} kPa; 0,01 bis 1 Torr) ausreichend (vgl. A.1.9.).

Manche Stoffe vertragen nur eine sehr geringe thermische Belastung und müssen daher, auch wenn sie Normaldrucksiedetemperaturen unterhalb 150 °C besitzen, im (leichten) Vakuum destilliert werden (z. B. Methylvinylketon, vgl. D.3.1.6.).

Bei Vakuumdestillationen ist grundsätzlich eine Schutzbrille zu tragen (vgl. auch A.1.9.)!

Abbildung A.53 zeigt eine aus den üblichen Baukastenteilen zusammengestellte einfache Vakuumdestillationsapparatur. Sie ist (ohne Siedekapillare) auch für Destillationen unter Normaldruck brauchbar.

Als Destillationsblase dient im Laboratorium allgemein der *Rundkolben*. Seine Größe ist so zu wählen, daß er nicht mehr als bis zur Hälfte, bei Normaldruck zu zwei Dritteln gefüllt ist. Andererseits ist es falsch, zu große Kolben zu nehmen, da sie viel Rückstand zurückhalten.

Zum Beheizen des Kolbens verwendet man Heizbäder (vgl.A.1.7.1.) oder Spezialkolben mit elektrischer Innenheizung. Das Erhitzen auf dem Drahtnetz oder etwa mit freier Flamme ist wegen der Gefahr örtlicher Überhitzung grundsätzlich zu vermeiden. Die Wahl des Kühlers richtet sich nach der Siedetemperatur und der Verdampfungswärme der zu destillierenden Verbindung sowie nach der Destillationsgeschwindigkeit (vgl. A.1.3.).

Siedekolben und Kühler werden durch *Destillationsaufsätze* miteinander verbunden. Im Vakuum verwendet man den Claisen-Aufsatz (*A* in Abb. A.53), der auch bei Destillation unter Normaldruck benutzt werden kann. Einen einfacheren Aufsatz für Normaldruck zeigt Abbildung A.54.

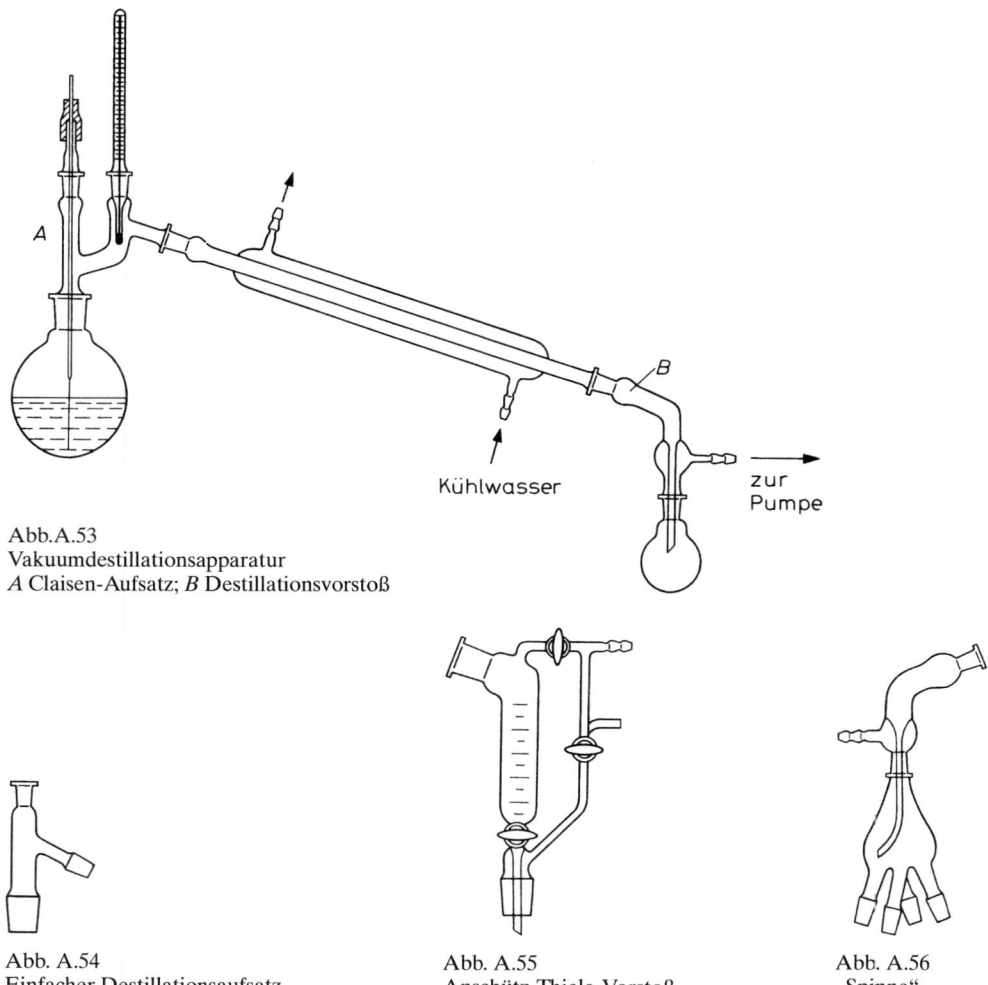

Abb. A.53
Vakuumdestillationsapparatur
A Claisen-Aufsatz; *B* Destillationsvorstoß

Abb. A.54
Einfacher Destillationsaufsatz

Abb. A.55
Anschütz-Thiele-Vorstoß

Abb. A.56
„Spinne"

Man achte darauf, daß die Thermometerkugel kurz unterhalb des Ansatzrohres steht (beim Kauf der Geräte beachten!), so daß sie vom Dampf vollkommen umspült wird. Bei Verwendung von Thermometern ohne Schliff ist eine Korrektur der abgelesenen Temperaturwerte notwendig (vgl. A.3.1.1.).

Das Tropfrohr des *Destillationsvorstoßes (B* in Abb. A.53) soll nicht zu eng sein (5 bis 6 mm Innendurchmesser). Zum Wechseln der Vorlage im Vakuum dient der Anschütz-Thiele-Vorstoß (Abb. A.55). Man mache sich seine Arbeitsweise klar. Dieser Vakuumvorstoß ist nur dann zu gebrauchen, wenn die Hähne einwandfrei eingeschliffen sind. Billiger und robuster ist eine sog. „Spinne" (Abb. A.56), bei der mehrere Vorlagen gleichzeitig unter Vakuum stehen. Die Zahl der ohne Unterbrechung der Destillation abnehmbaren Fraktionen ist hier natürlich begrenzt. Die Anordnung nach Abbildung A.57 kann demselben Zweck dienen, wobei der Zweihalskolben hier durch einen Vakuumvorstoß mit Rundkolben ersetzt werden kann.

Als Vorlagen kommen, am besten auch bei Destillationen unter Normaldruck, Rundkolben in Frage. Man tariere von vornherein eine genügende Anzahl von Rundkolben und vermerke die Masse mit Glastinte oder Bleistift auf dem eingeätzten Markenschild.

Bei Zimmertemperatur erstarrende Substanzen lassen sich in einem *Säbelkolben* (Abb. A.58) destillieren. Nachteilig ist dabei, daß sich nur eine Fraktion auffangen läßt. Günstiger ist hier ein Luftkühler in Verbindung mit der in Abbildung A.57 gezeigten einfachen Anordnung, die Hähne und enge Rohrstellen vermeidet. Im Kühler erstarrte Substanz bringt man durch *vorsichtiges* Fächeln mit der leuchtenden Gasflamme oder Bestrahlen mit einer Infrarotlampe zum Schmelzen.

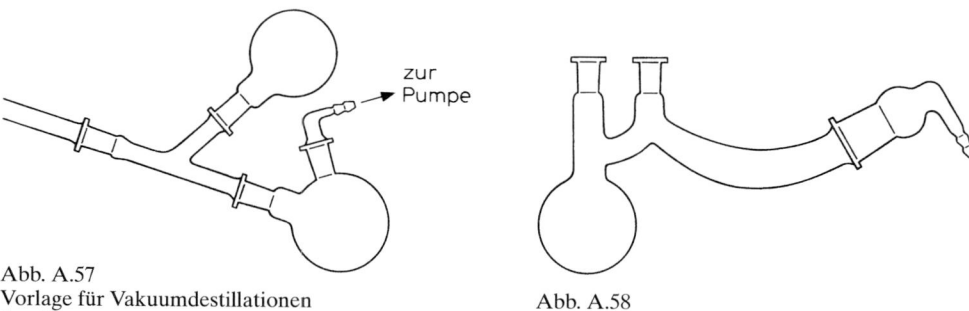

zur Pumpe

Abb. A.57
Vorlage für Vakuumdestillationen
(auch für erstarrende Stoffe geeignet)

Abb. A.58
Säbelkolben

Für die Destillation kleiner Mengen, wie sie bei Halbmikropräparationen oder beim analytischen Arbeiten anfallen, eignet sich die in Abbildung A.59 gezeigte Apparatur. Zur Verhinderung von Siedeverzügen genügen bei diesen kleinen Mengen anstelle einer Siedekapillare Siedesteine, ein in die Flüssigkeit gestellter Holzspan oder ein Glaswollebausch.

Es empfiehlt sich, die zu destillierende Substanz in den Destillationskolben einzuwägen, um am Ende der Destillation an Hand der Massen der Fraktionen, des Rückstandes und des Einsatzes eine Mengenbilanz der Destillation aufstellen zu können.

Zur Verhinderung von Siedeverzügen gibt man in die noch kalte Flüssigkeit zwei bis drei Stücke unglasierter Tonscherben („Siedesteinchen", vgl. A.1.7.2.). Wird die Destillation unterbrochen, so müssen vor ihrer Wiederaufnahme frische Siedesteine zugegeben werden.

Bei Vakuumdestillationen werden Siedeverzüge durch eine *Kapillare* verhindert. Man zieht sie aus einem dünnen, möglichst starkwandigen Glasrohr in der entleuchteten Flamme und gibt ihr dann durch abermaliges Ausziehen über der Sparflamme die genügende Feinheit. Beim Eintauchen der Kapillarenspitze in Aceton sollen beim Hineinblasen langsam und einzeln nur kleine Luftbläschen herausperlen. Die Kapillare wird mit Hilfe eines Schliffstückes mit darübergezogenem Gummischlauch (vgl. Abb. A.53) oder eines Gummistopfens in den Claisen-Aufsatz oder einen Hals des Mehrhalskolbens (vgl. Abb. A.73) eingesetzt. Man verwendet auch mit einem Schliffkern verschmolzene Glasrohre, die zur Kapillare ausgezogen werden. In Abschnitt A.1.6. wurde gezeigt, wie durch die Kapillare ein inertes Gas (meist Stickstoff) eingeführt werden kann. Ist eine Normaldruckdestillation unter Schutzgasatmosphäre erforderlich, ersetzt man die Kapillare durch ein Gaseinleitungsrohr und leitet das Gas langsam durch die zu destillierende Flüssigkeit.

Verwendet man zur Vakuumdestillation einen Kolben mit Magnetrührer, so kann auf die Siedekapillare verzichtet werden.

Bei Vakuumdestillationen wird zuerst das erforderliche Vakuum hergestellt, dann der Kolben beheizt (am Schluß zuerst Heizung entfernen, dann Vakuum vorsichtig aufheben).

Manche Flüssigkeiten schäumen stark beim Destillieren. In wäßrigen Lösungen kann man das Schäumen durch einen Tropfen Octanol oder Siliconöl („Antaphron") unterdrücken. Bei hartnäckigem Schäumen führt man unter Verzicht auf das Thermometer auch in den zweiten Hals des Claisen-Aufsatzes eine Kapillare ein. Der Luftstrom bringt die Blasen zum Platzen. Man kann auch zwischen Kolben und Destillieraufsatz einen *Schaumbrecher* (Abb. A.60) einbauen.

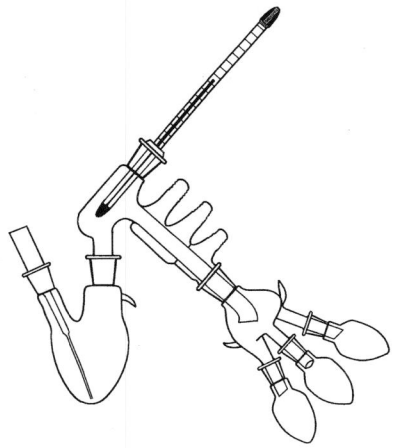

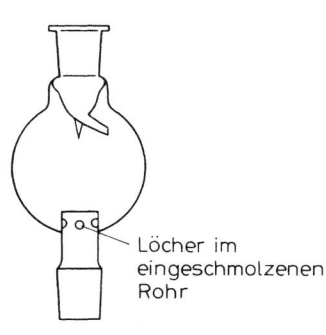

Löcher im
eingeschmolzenen
Rohr

Abb. A.59
Apparatur zur Destillation kleiner Substanzmengen

Abb. A.60
Schaumbrecher

Die Destillationsgeschwindigkeit wählt man im allgemeinen so, daß nicht mehr als 1 bis 2 Tropfen Destillat in der Sekunde übergehen.

Auch bei einfachen Destillationen ist es nützlich, eine Siedekurve aufzuzeichnen, d. h. die Siedetemperatur über der Destillatmenge (in ml) aufzutragen (Abb. A.61). Man verwendet dazu eine graduierte Vorlage (z. B. Meßzylinder, Anschütz-Thiele-Vorstoß) und nimmt etwa 20 Meßpunkte auf.

Muß vor dem gewünschten Produkt erst eine größere Menge Lösungsmittel abdestilliert werden, so beginnt man mit der Aufnahme der Siedekurve erst dann, wenn die Siedetemperatur zu steigen beginnt (Punkt a in Abbildung A.61). Hierbei wird die Vorlage gewechselt.

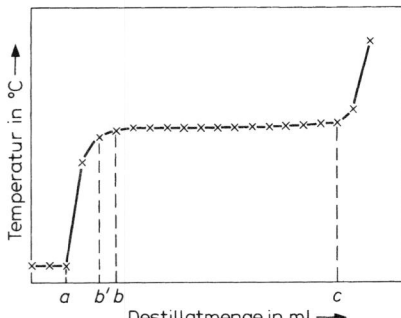

Abb. A.61
Siedekurve

Nach einer Zwischenfraktion (a–b) geht dann das gewünschte Produkt über (b–c). Die Zwischenfraktion ist um so größer, je näher beieinander die Siedepunkte der zu trennenden Substanzen liegen. Daneben bestimmen weitere Faktoren die Größe der Zwischenfraktionen , vgl. A.2.3.3.

Die Hauptfraktion (b–c) destilliert, wenn eine reine Verbindung vorliegt, bei nahezu konstanter Temperatur. Gegen Ende der Fraktion steigt die Temperatur gewöhnlich etwas an (um 1 bis 2 °C), da hier leicht Überhitzung des Dampfes eintreten kann. Findet man ein größeres Temperaturintervall, muß man erneut mit Hilfe einer Kolonne destillieren.

Manchmal ist das Ende einer Fraktion und der Übergang zur nächsten an der Schlierenbildung in der Vorlage zu sehen. Oft ist es jedoch schwierig, den Beginn einer neuen Fraktion eindeutig während der Destillation zu erkennen. Man erhöht dann zur Sicherheit die Zahl der Fraktionen (etwa *a–b'* und *b'–b*), die man dann anschließend an Hand der Siedekurve, die hier ihren Wert beweist, und weiterer zur Kontrolle bestimmter Konstanten (Brechungsindex, Dichte, Schmelztemperatur) vereinigt. Nach Beendigung der Destillation werden alle Fraktionen und der Destillationsrückstand gewogen.

2.3.2.3. Abdestillieren von Lösungsmitteln

Bei vielen Präparationen fällt eine Lösung des gewünschten Stoffs, in einem leichter siedenden Lösungsmittel an, aus der das Präparat durch Abdestillieren des Lösungsmittels gewonnen werden soll. Man arbeitet dabei zweckmäßig immer auf dem Wasser- bzw. Dampfbad, einmal wegen der Brennbarkeit der meisten organischen Lösungsmittel (vgl. dazu A.1.7.2.), zum anderen, um die Substanz nicht unnötig thermisch zu beanspruchen. Gegen Ende des Abdestillierens steigt der Siedepunkt der Lösung stark an (Raoultsches Gesetz, vgl. [A.48]), so daß auch leicht siedende Lösungsmittel, wie Alkohol, Benzen und sogar Diethylether, selbst auf dem siedenden Wasserbad nicht vollständig von dem höher siedenden Rückstand getrennt werden können. Man legt deshalb ein leichtes Vakuum an und vergrößert den Unterdruck in dem Maße, wie die Lösung an Lösungsmittel verarmt, um stets eine ausreichende Destillationsgeschwindigkeit zu erzielen. Bei temperaturempfindlichen Stoffen arbeitet man von vornherein im Vakuum. Beim Abdestillieren größerer Mengen niedrig siedender Lösungsmittel unter vermindertem Druck verwendet man einen Intensivkühler und kühlt zusätzlich die Vorlage mit Eis oder Eiskochsalzmischung.

Soll der nach dem Abdestillieren des Lösungsmittels erhaltene Rückstand ebenfalls destilliert werden, überführt man ihn in einen kleineren Kolben, wobei man mit wenig Lösungsmittel nachspült.

Man kann auch von vornherein in dem kleineren Kolben arbeiten, indem man die Lösung durch einen Tropftrichter, der auf einem Hals des Claisen-Aufsatzes angebracht ist, in dem Maße zutropfen läßt, wie das Lösungsmittel verdampft.

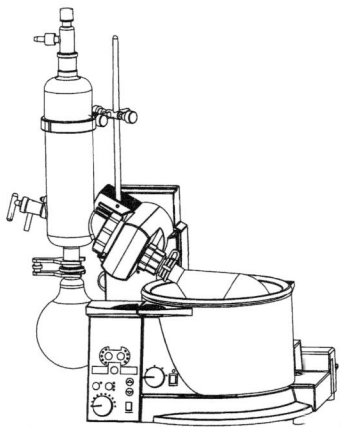

Abb. A.62
Rotationsverdampfer

Zum Abdampfen von Lösungsmitteln und Einengen von Lösungen werden häufig auch *Rotationsverdampfer* verwendet (Abb. A.62). Sie gestatten eine schnelle und schonende Entfernung des Lösungsmittels. Es verdampft unter Vakuum aus einem dünnen Flüssigkeitsfilm auf der Kolbeninnenwand, der durch Rotation des Kolbens ständig erneuert wird. Zum Ausgleich der Verdampfungswärme wird der Kolben in einem Wasserbad erwärmt. Um ein Überschäumen des Destillationsgutes zu vermeiden, wird das Vakuum bei rotierendem Kolben und vor dem Anheizen des Wasserbades angelegt.

Sind sehr große Flüssigkeitsmengen abzudestillieren, kann die Lösung aus einem Vorratsgefäß über eine Zuführung am Kühlerende und unter Verwendung eines entsprechenden lösungsmittelfesten Schlauches in den Destillationskolben gesaugt werden. Auskristallisierende Substanzen stören im Gegensatz zur normalen Vakuumdestillation nicht.

Achtung! Niedrigsiedende Lösungsmittel werden in den meisten Rotationsverdampfern bei Wasserkühlung nur unvollständig kondensiert. Zur weitgehenden Rückgewinnung des Lösungsmittels und auch zur Vermeidung von Abwasserbelastungen ist die Vorlage in diesen Fällen zusätzlich mit einem Eis- oder Kältebad (vgl. A.1.7.3.) zu kühlen.

Rotationsverdampfer gibt es in unterschiedlichen konstruktiven Varianten. In einigen Fällen sind mit passenden Zusatzgeräten neben dem Abdestillieren von Lösungsmitteln weitere Operationen, wie fraktionierte Destillation, Extraktion von Feststoffen, Sublimation, Gefriertrocknung und Trocknung von Feststoffen, möglich.

2.3.2.4. Kurzwegdestillation. Kugelrohrdestillation

Zur Reinigung empfindlicher und hochsiedender Substanzen verwendet man u. a. die *Kurzwegdestillation*. In der Apparatur bestehen sehr geringe Abstände zwischen Verdampfer- und Kondensatorflächen, und das Destillationsgut bildet einen dünnen Flüssigkeitsfilm. Gewöhnlich wird unter Vakuum gearbeitet.

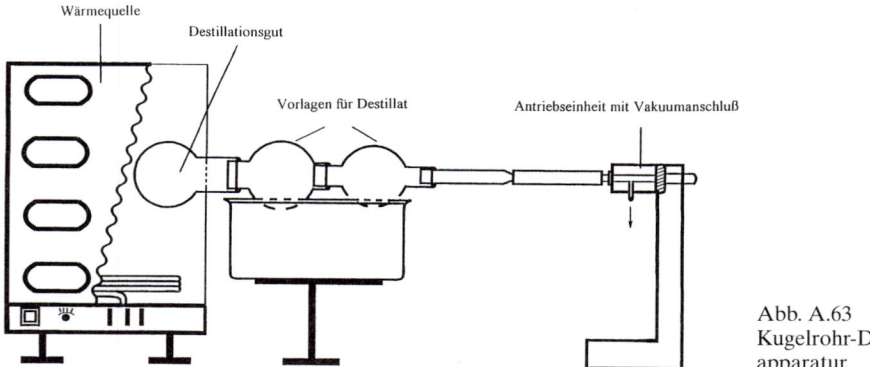

Abb. A.63
Kugelrohr-Destillations-
apparatur

Eine modifizierte Kurzwegdestillation ist die *Kugelrohrdestillation*, Abb. A.63. Destillationsgut und Kondensat befinden sich in rotierenden Glaskugeln. Es kann unter Vakuum gearbeitet werden. Man wendet die Methode vorteilhaft zur Trennung von Flüssigkeiten und niedrigschmelzenden Feststoffen von polymeren Begleitprodukten und teerartigen Verunreinigungen, bei sublimierbaren Substanzen und zur Entfernung hartnäckig festhaftender Lösungsmittel an. Im Handel befinden sich Modelle für Destillationen im Halbmikromaßstab bis zu Pilotanlagen-Größe mit regelbaren IR-Luftbädern, die eine schnelle und gleichmäßige Wärmeübertragung gewährleisten

2.3.3. Rektifikation

Unter Rektifikation versteht man die fraktionierte Destillation mit Hilfe von Destillationskolonnen. Sie wird angewandt, wenn eine einmalige einfache Destillation zur Trennung eines Gemisches nicht ausreicht. Das ist im allgemeinen dann der Fall, wenn die Differenz der Siedetemperaturen der Komponenten kleiner als 80 °C ist (vgl. A.2.3.2.1.).

2.3.3.1. Physikalische Grundlagen der Rektifikation

Bei der Verdampfung eines binären Gemisches der Konzentration x_1 wird die leichter siedende Komponente im Dampf entsprechend Gleichung [A.52] angereichert (auf y_1):

$$\frac{y_1}{1 - y_1} = \alpha \frac{x_1}{1 - x_1}$$ [A.64a]

x_1 Molenbruch der leichter siedenden Komponente in der flüssigen Phase, vgl. A.2.3.2.1
y_1 Molenbruch der leichter siedenden Komponente im Gasraum

Bei der vollständigen Kondensation dieses Dampfs ändert sich seine Konzentration natürlich nicht, so daß man eine neue flüssige Phase der Konzentration $x_2 = y_1$ erhält:

$$\frac{y_1}{1 - y_1} \xrightarrow{\text{Kondensation}} \frac{x_2}{1 - x_2} = \alpha \frac{x_1}{1 - x_1}$$ [A.64b]

Verdampft man die so erhaltene Flüssigkeit ein zweites Mal, so hat der nunmehr erhaltene Dampf die Zusammensetzung y_2:

$$\frac{y_2}{1 - y_2} = \alpha \frac{x_2}{1 - x_2} = \alpha^2 \frac{x_1}{1 - x_1}$$ [A.64c]

Nach n-maliger Wiederholung des Verdampfungs-Kondensations-Vorgangs erhält man schließlich:

$$\frac{y_n}{1 - y_n} = \alpha^n \frac{x_1}{1 - x_1}$$ [A.64d]

Hierdurch ist also eine Potenzierung der Trennwirkung erreicht worden.

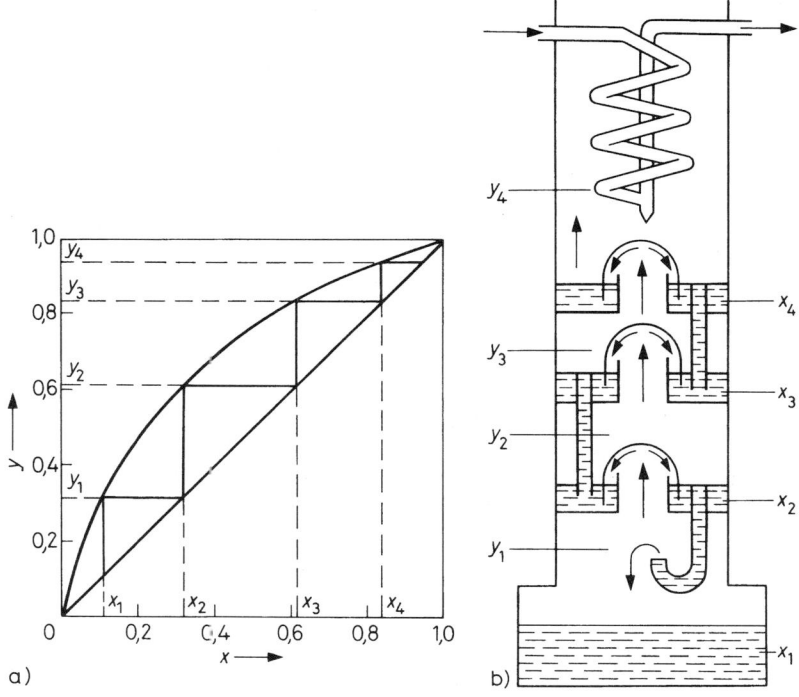

Abb. A.65
Konzentrationsänderungen bei der Rektifikation
a) graphische Bestimmung der theoretischen Bodenzahl; b) schematische Darstellung der Böden

Dieser Vorgang der „multiplikativen" Verdampfung und Kondensation („Rektifikation") läßt sich durch Destillationskolonnen realisieren, in denen Dampf und Flüssigkeit im Gegenstrom zueinander bewegt werden. Am einfachsten verständlich wird das bei der Betrachtung einer Glockenbodenkolonne, bei der jeder Glockenboden gewissermaßen eine neue Destillationsblase darstellt (Abb. A.65,b).

Als *theoretischer Boden (auch theoretische Trennstufe)* wird die (gedachte) Kolonneneinheit definiert, die eine Anreicherung an leichter flüchtiger Komponente entsprechend dem thermodynamischen Gleichgewicht zwischen Flüssigkeit und Dampf (entsprechend [A.64a]) bewirkt. Die „praktischen" Böden von Bodenkolonnen erreichen im allgemeinen die Wirkung eines theoretischen Bodens nicht

Die Zahl der notwendigen theoretischen Böden für die Trennung eines binären Gemisches wird in [A.64d] durch den Exponenten wiedergegeben und kann durch Auflösung der Gleichung nach n für eine gegebene Sumpf- und gewünschte Destillatzusammensetzung errechnet werden.

Wenn $\alpha = 1$ ist, stellt [A.52] die Gleichung einer Geraden $y = x$ dar, die durch den Koordinatenursprung geht und den Steigungsfaktor 1 besitzt (Abb. A.65,a, A.66). Für $\alpha > 1$ ergeben sich Kurven, die um so stärker gekrümmt sind, je größer α ist (*Gleichgewichtskurven*). In Abbildung A.66 sind drei solcher Gleichgewichtskurven eingezeichnet, außerdem noch eine weitere S-förmige Kurve. Man erkennt, daß beim Schnittpunkt dieser Kurve mit der 45°-Linie $\alpha = 1$ wird und hier eine destillative Trennung nicht mehr möglich ist. Es handelt sich um die Kurve eines *azeotropen Gemisches*. Ein solcher Fall kann durch Gleichung [A.52] nicht mehr beschrieben werden, da hierfür ein ideales Verhalten der Substanzen vorausgesetzt wurde. Näheres über azeotrope Destillation vgl. A.2.3.5.

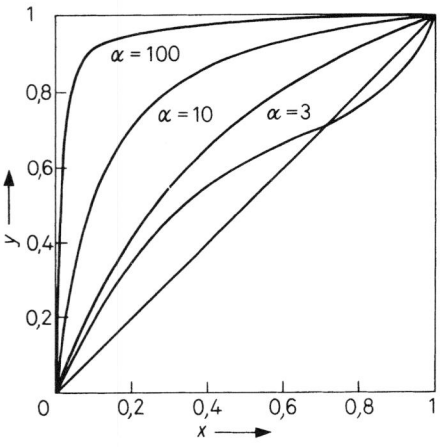

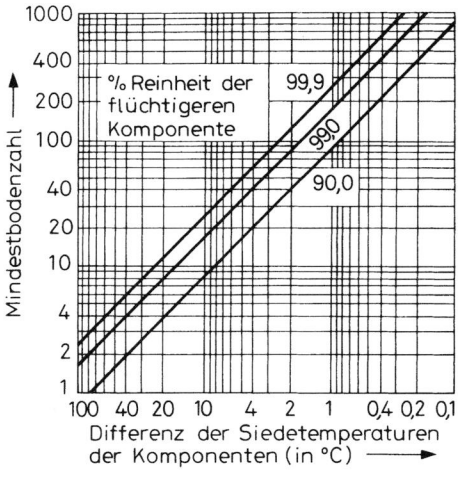

Abb. A.66
Gleichgewichtskurven

Abb. A.67
Bestimmung der theoretischen Bodenzahl aus der Siedepunktsdifferenz der Komponenten

Die bei einer Rektifikation erfolgende Konzentrationsänderung entsprechend Gleichungen [A.64a] bis [A.64d] läßt sich graphisch an der Gleichgewichtskurve im x/y-Diagramm ermitteln (Abb. A.65,a).

Verdampft man ein binäres Gemisch der Sumpfzusammensetzung x_1, so erhält man einen Dampf der Zusammensetzung y_1, bei dessen Abkühlung das Kondensat gleicher Zusammensetzung gebildet wird (x_2). Dieses Kondensat x_2 liefert bei erneuter Verdampfung den Dampf y_2 und beim Kondensieren das neue Kondensat x_3. Man schreitet also auf einer Stufenkurve zwischen der 45°-Linie (da $y_n = x_{n+1}$ ist) und der Gleichgewichtskurve fort, bis die gewünschte Destillatzusammensetzung erreicht ist. Die Zahl der Treppenschritte ist die Zahl der zur Trennung notwendigen theoretischen Böden. Man erkennt, daß diese Zahl um so kleiner wird, je bauchiger die Gleichgewichtskurve, d. h. je größer α ist.

Da jede Gleichgewichtskurve im Gebiet um $x = 1$ (100%ige Destillatreinheit) stets nahe der 45°-Linie verläuft, ist eine hohe Trennstufenzahl notwendig, um ein Destillat hoher Reinheit zu erhalten.

Bei Gültigkeit der Pictet-Trouton-Regel (Konstanz der Verdampfungsentropie, vgl. Lehrbücher der physikalischen Chemie), d. h. bei idealem Verhalten, läßt sich α auch aus den absoluten Siedepunkten der reinen Komponenten errechnen. In Abbildung A.67 ist die Zahl der für die Trennung eines binären äquimolaren Gemisches mindestens notwendigen Böden (bei totalem Rücklauf, s. unten) gegen die Siedepunktsdifferenz der zu trennenden Komponenten aufgetragen, und zwar für drei gewünschte Reinheitsgrade des Destillats. Man erkennt, daß die Anforderungen an die Kolonne für eine hohe Reinheit des Destillats rapide steigen.

Die vorstehenden Erörterungen gelten nur für den Fall, daß bei der Rektifikation *kein Destillat abgenommen* wird, sondern das *gesamte Kondensat* wieder durch die Kolonne *zurückfließt ("totaler Rückfluß")*.

Unter praktischen Verhältnissen wird jedoch dieses Gleichgewicht ständig gestört, indem ein Teil des Kondensats als Destillat abgenommen wird. Nur der übrige Teil des Kondensats fließt als Rücklauf im Gegenstrom zum Dampf in die Kolonne zurück. Es ergibt sich somit in einer Rektifikationsapparatur folgende Stoffbilanz:

Gesamtmenge verdampfter Flüssigkeit = Rücklauf + Destillat

$$G = R + D \qquad\qquad\qquad\text{[A.68]}$$

Um hieraus die absolute Menge der einzelnen Komponenten (hier an leichter siedender Substanz) zu erhalten, muß noch mit den entsprechenden Konzentrationsfaktoren multipliziert werden:

$$G_y = Rx + Dx_D \qquad\qquad\qquad\text{[A.69]}$$

y Konzentration der leichter siedenden Substanz im Dampf an einer beliebigen Stelle der Kolonne;
x Konzentration der leichter siedenden Substanz in der flüssigen Phase an einer beliebigen Stelle der Kolonne;
x_D Konzentration der leichter siedenden Substanz im Destillat

Durch Einsetzen von [A.68] läßt sich [A.69] umformen:

$$y = \frac{Rx}{R+D} + \frac{Dx_D}{R+D} \qquad\qquad\qquad\text{[A.70a]}$$

Durch Multiplikation von Zähler und Nenner der Brüche mit $1/D$ und Einführung des *Rücklaufverhältnisses* $v = R/D$ erhält man:

$$y = \frac{vx}{1+v} + \frac{x_D}{1+v} \qquad\qquad\qquad\text{[A.70b]}$$

Das ist die Gleichung einer Geraden mit der Steigung $v/(1+v)$ und dem Ordinatenabschnitt $x_D/(1+v)$.

Bei der graphischen Bestimmung der theoretischen Bodenzahl tritt diese Gerade an die Stelle der 45°-Linie der Abbildung A.65, und die Trennstufenkurve muß nunmehr zwischen diese *"Arbeitslinie"* und die Gleichgewichtskurve eingezeichnet werden. Die Verhältnisse sind in Abbildung A.71 wiedergegeben.

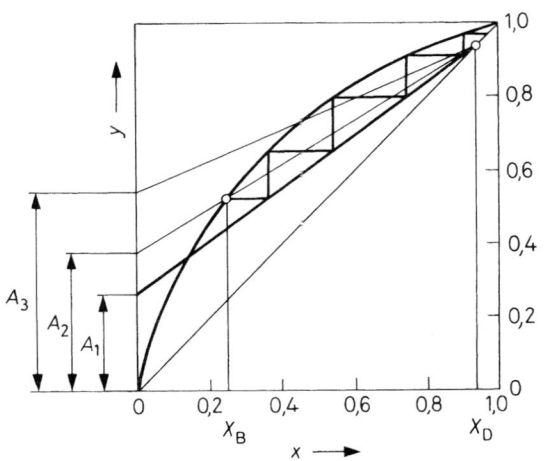

Abb. A.71
Graphische Ermittlung der theoretischen Bodenzahl bei gleichzeitiger Destillatabnahme

Die Konzentration x_D ist gegeben (gewünschte Destillatreinheit). Die Arbeitslinie geht von dem Punkt der 45°-Linie mit dem Abszissenwert x_D aus und besitzt eine vom Rücklaufverhältnis abhängende Steigung. In Abbildung A.71 sind drei Fälle eingezeichnet.

Die Gerade mit dem Ordinatenabschnitt A_2 geht durch den Punkt der Gleichgewichtskurve mit dem Abszissenwert x_B. In diesem Falle müßten unendlich viele Stufen eingezeichnet werden, bei dem zugehörigen Rücklaufverhältnis sind also unendlich viele Böden für die Trennung notwendig. Dieses Rücklaufverhältnis wird deshalb auch als *Mindestrücklaufverhältnis* bezeichnet.

Die Arbeitslinie mit dem Ordinatenabschnitt A_3 läßt eine Anreicherung auf x_D überhaupt nicht mehr zu. Die Arbeitslinie mit dem Ordinatenabschnitt A_1 dagegen kennzeichnet einen praktisch realisierbaren Fall (gezeichnete Treppenkurve).

Man erkennt, daß die Trennung mit um so weniger Trennstufen möglich ist, je größer das Rücklaufverhältnis ist, d. h. je kleiner der Ordinatenabschnitt wird. Bei unendlichem Rücklaufverhältnis geht die Arbeitslinie in die 45°-Linie über, womit sich gleichzeitig die *Mindestbodenzahl* für die betreffende Trennung ergibt. Innerhalb der beiden Grenzen Mindestbodenzahl und Mindestrücklaufverhältnis kann man eine fehlende Bodenzahl durch Erhöhung des Rücklaufverhältnisses ausgleichen und umgekehrt.

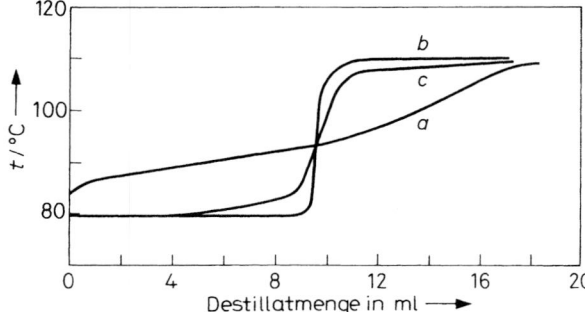

Abb. A.72
Siedekurve eines Benzen-Toluen-Gemisches

Abbildung A.72 zeigt, wie sich die bisher geschilderten Verhältnisse auf die destillative Trennung eines Benzen-Toluen-Gemisches ($\Delta Kp = 30\,°C$) auswirken. (*a*) stellt die Siedekurve dar, die bei einer einfachen Destillation ohne Kolonne erhalten wird. Die Trennwirkung einer solchen Destillation kann man einem theoretischen Boden gleichsetzen. Man sieht, daß keine der Komponenten rein isoliert werden konnte. Die Wirkung einer Kolonne (mit etwa 12 theoretischen Trennstufen, Rücklaufverhältnis 1:10) ist aus (*b*) ersichtlich. Der Einfluß des Rücklaufverhältnisses auf die Schärfe der Trennung wird aus einer Gegenüberstellung von (*b*) und (*c*) deutlich. In (*c*) wurde mit der gleichen Kolonne destilliert, aber hier wurde die gesamte am oberen Ende der Kolonne anfallende Dampfmenge als Destillat abgenommen.

2.3.3.2. Durchführung der Rektifikation

Eine *Rektifikationsapparatur* besteht aus folgenden Teilen (Abb. A.73):
– Kolben (Blase) zum Verdampfen der Flüssigkeit („Sumpf")
– Kolonne
– Kolonnenkopf; hier erfolgt die Messung der Temperatur, die Kondensation des Dampfes und die Teilung des Kondensats in Rücklauf und Destillat
– Vorlage; beim Arbeiten im Vakuum ist eine Einrichtung zum Wechseln der Fraktionen unter Vakuum nötig (Anschütz-Thiele-Vorlage).

Als Kolonnen kommen neben den bereits erwähnten Bodenkolonnen (Abb. A.65,b) leere Rohre und deren Modifikationen in Frage: Vigreux-Kolonnen (Abb. A.73) und Spaltrohrkolonnen (Abb. A.74), Kolonnen mit Drahtnetzeinsätzen, Füllkörperkolonnen (Abb. A.75) und Kolonnen mit rotierenden Einsätzen (Abb. A.34b und A.34c). Der für die Rektifikation notwendige Wärme- und Stoffaustausch zwischen Dampfphase und flüssiger Phase ist um so größer und die Wirksamkeit der Kolonne um so höher, je größer die Grenzfläche zwischen den beiden Phasen ist. Die Wahl der Kolonne richtet sich nach der Schwierigkeit der Trennung, der zu destillierenden Menge und dem Druckbereich, in dem destilliert werden soll.

Die Schwierigkeit der Trennung ist abhängig von der relativen Flüchtigkeit (*a*) der Komponenten oder in erster Näherung von ihrer Siedetemperaturdifferenz (vgl. Abb. A.67), der Konzentration der Komponenten im Gemisch und der gewünschten Destillatreinheit. Man mache sich die Zusammenhänge an Hand der Gleichgewichtskurve klar (Abb. A.66).

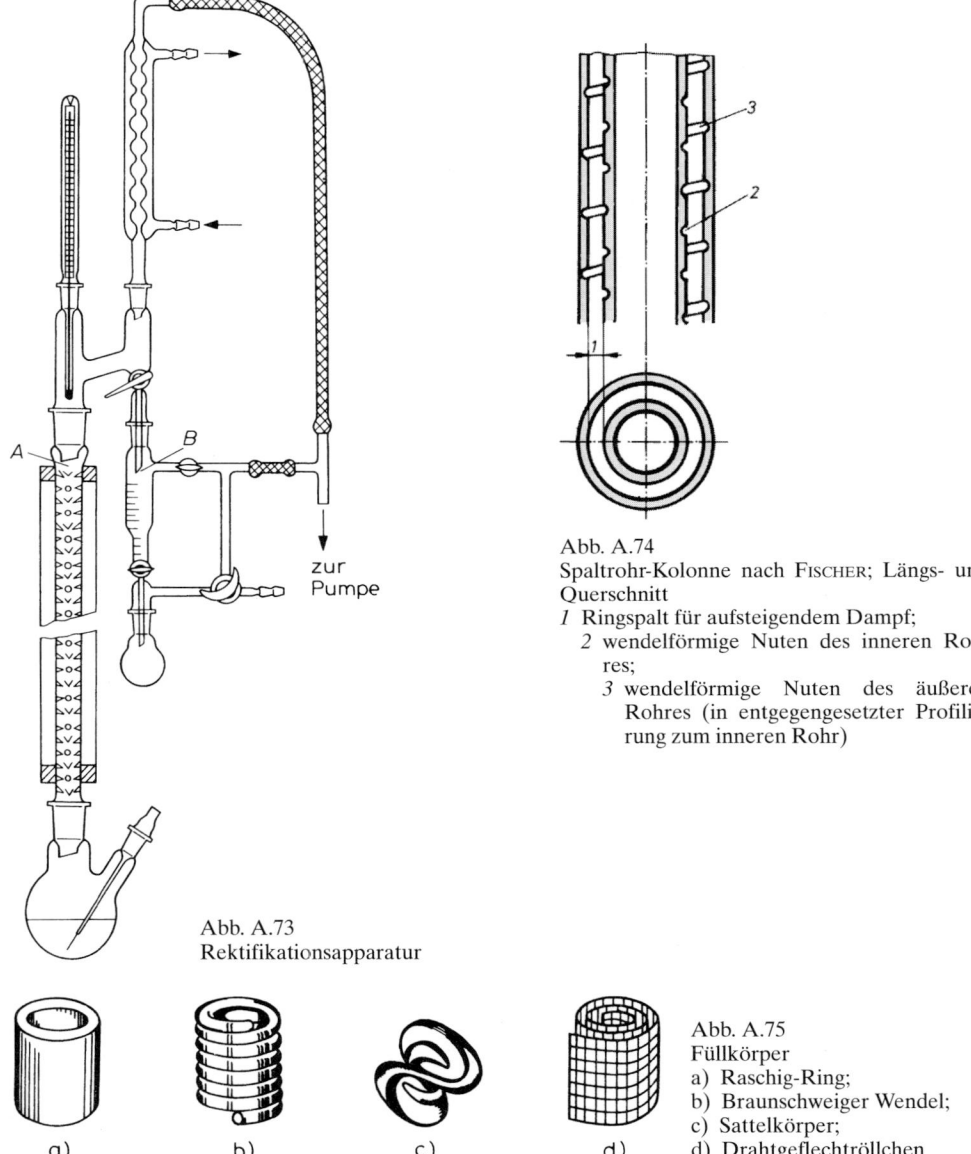

Abb. A.74
Spaltrohr-Kolonne nach FISCHER; Längs- und
Querschnitt
1 Ringspalt für aufsteigendem Dampf;
  2 wendelförmige Nuten des inneren Roh-
    res;
    3 wendelförmige Nuten des äußeren
      Rohres (in entgegengesetzter Profilie-
      rung zum inneren Rohr)

zur
Pumpe

Abb. A.73
Rektifikationsapparatur

a)   b)   c)   d)

Abb. A.75
Füllkörper
a) Raschig-Ring;
b) Braunschweiger Wendel;
c) Sattelkörper;
d) Drahtgeflechtröllchen

Die zu destillierende Menge muß im richtigen Verhältnis zur Größe der Kolonne stehen. Es ist ohne weiteres einzusehen, daß man 10 ml eines Gemisches nicht über eine Kolonne mit einem Querschnitt von 50 mm destillieren wird.

Es kann aber auch mit einer Kolonne von 10 mm Durchmesser und der für die Trennung erforderlichen Wirksamkeit der Fall eintreten, daß nur ein Teil der höher siedenden Komponente gewonnen werden kann, da die Kolonne zuviel Flüssigkeit „zurückhält". Die Kolonne hat, wie man sagt, einen zu großen *Betriebsinhalt*. Dieser ist in einer arbeitenden Destillationsapparatur definiert als Substanzmenge (Dampf und Flüssigkeit) zwischen der Flüssigkeitsoberfläche im Kolben und dem Kühler. Den im Kolben und in der Kolonne zurückgehaltenen Anteil der schwerer siedenden Komponente kann man übertreiben, indem man in den Destillationskolben einen „Schlepper" gibt, d. h. einen Stoff, dessen Siedepunkt genügend weit über dem der zurückgehaltenen Komponente liegt und der mit dieser kein Azeotrop bildet.

Die Größe des Betriebsinhalts der Kolonne wirkt sich auch auf die Schärfe der Trennung aus. Es gilt die Regel, daß die Menge jeder rein zu isolierenden Komponente im Ausgangsgemisch mindestens das Zehnfache des Betriebsinhalts der Kolonne betragen soll. Zur Destillation geringer Mengen und für analytische Destillationen verwendet man deshalb Kolonnen mit möglichst geringem Betriebsinhalt (leeres Rohr; Spaltrohrkolonne, Vigreux-Kolonne, Drehbandkolonne; vgl. Tab. A.76).

Für Destillationen im Vakuum kommt es auf einen möglichst niedrigen Wert des Druckverlustes der Kolonne an, da sich der Druck im Destillationskolben nicht unter diesen Wert senken läßt: Beträgt der Druckverlust einer Kolonne z. B. 1 kPa (7,5 Torr) und mißt man am Kolonnenkopf ein Vakuum von 0,1 kPa (0,75 Torr), so herrscht im Destillationskolben ein Druck von 1,1 kPa (8 Torr). Temperaturempfindliche Stoffe können sich dann schon zersetzen.

Tabelle A.76
Kolonnentypen

Kolonnenart	Durchmesser in mm	Belastung in ml · h^{-1}	Trennstufenhöhe in cm	Bemerkungen
Leeres Rohr	24	400	15	Geringer Betriebsinhalt und geringer Druckverlust;gut geeignet für Vakuum- und Halbmikrodestillation; geringe Wirksamkeit; extrem niedrige Belastungen und damit gute Wirksamkeit nur sehr schwierig realisierbar; Wirksamkeit sinkt mit steigendem Durchmesser (warum?).
	6	115	15	
	6	10	1,7	
Vigreux-Kolonne (Abb. A.73)	24	510	11,5	Ähnliche Daten wie leeres Rohr, aber durch größere Oberfläche etwas bessere Wirksamkeit, höherer Betriebsinhalt und Druckverlust; geeignet für Vakuum- und Halbmikrodestillation.
	12	294	7,7	
	12	54	5,4	
Spaltrohrkolonne (Abb. A.74)		700	1,7	Hohe Trennleistung und Belastbarkeit; sehr geringer Betriebsinhalt und Druckverlust; für Halbmikro- und Vakuumdestillationen sehr gut geeignet.
		300	0,8	
		200	0,6	
Kolonnen mit Drahtnetz-Einsätzen	15...30	500	1,2...3	Gute Wirksamkeit und Belastbarkeit.
Drehbandkolonne (Abb. A.34c)	5...10	50...200	1,9...2,7	Geringer Betriebsinhalt und Druckverlust; für Halbmikro- und Vakuumdestillationen gut geeignet
Füllkörperkolonne mit Glaskugeln 3 × 3 mm	24	100...800	6,0	Hohe Belastbarkeit bei Normaldruck; Wirksamkeit weitgehend unabhängig von Belastung; großer Betriebsinhalt; für Vakuum und Halbmikromengen ungeeignet
Füllkörperkolonne mit Sattelkörpern (Porzellan)				Für Grobvakuum besser geeignet als die anderen hier angeführten Füllkörper (geringer Strömungswiderstand); hohe Belastbarkeit; großer Betriebsinhalt
4 × 4 mm	30	400	5,3	
6 × 6 mm (Abb. A.75c)	30	400	8,2	

Tabelle A.76 (Fortsetzung)

Kolonnenart	Durch-messer in mm	Belastung in ml · h⁻¹	Trenn-stufenhöhe in cm	Bemerkungen
Füllkörperkolonne	24	600	8,2	Geringste Wirksamkeit von allen
mit Raschig-Ringen	24	500	7,6	Füllkörpern; für Vakuum schlecht
4,5 × 4,5 mm	24	400	7,0	geeignet; großer Betriebsinhalt
(Abb. A.75a)				
Füllkörperkolonne				Hohe Wirksamkeit; mäßige Belast-
mit Braunschweiger				barkeit; hoher Druckverlust; großer
Wendeln 2 × 2 mm	24	500	1,95	Betriebsinhalt
4 × 4 mm	24	500	2,86	
(Abb. A.75b)				
Glockenbodenkolonne	18...25	500	2...3	Hohe Belastbarkeit; hoher Betriebs-
(vgl. Abb. A.65b)				inhalt und Druckverlust; für Destil-
				lationen größerer Mengen (>1 l) bei
				Normaldruck

In Tabelle A.76 sind die für die Praxis wichtigen Kolonnenarten aufgeführt. Die Wirksamkeit wird durch die *Trennstufenhöhe* ausgedrückt; das ist die Höhe in cm, die einem theoretischen Boden entspricht. Die Trennstufenhöhe einer gegebenen Kolonne ist von der *Belastung*[1] abhängig: Bei den meisten Kolonnentypen steigt die Trennstufenhöhe (sinkt die Wirksamkeit) mit zunehmender Belastung. Bei einem bestimmten Wert der Belastung kann der Rücklauf nicht mehr zum Siedekolben abfließen und wird durch den entgegenkommenden Dampf in der Kolonne in der Schwebe gehalten. Die Kolonne „flutet" bzw. „staut". Unter diesen Bedingungen ist natürlich keine Rektifikation mehr möglich.

Die *Belastbarkeit* aller Kolonnen ist im Vakuum geringer, da das Dampfvolumen einer gegebenen Substanzmenge und damit die Dampfgeschwindigkeit dem Druck umgekehrt proportional sind. Die Kolonne flutet also bereits bei geringerer Belastung als unter Normaldruck.

Bei Vakuumrektifikationen ist außerdem dafür zu sorgen, daß der Druck während der Destillation konstant bleibt. Das läßt sich mit Hilfe von Manostaten erreichen (vgl. A.1.9.1.).

Die optimale Leistung einer Kolonne wird bei *adiabatischer Arbeitsweise* erreicht, d. h. die Wärmeverluste durch Konvektion, Wärmeleitung und Wärmestrahlung müssen auf ein Mindestmaß herabgesetzt werden. Bei Destillation von Stoffen mit einem Siedepunkt bis zu etwa 80 °C genügt oft das Einbetten der Kolonne in Glas- oder Schlackenwolle oder Isolieren mit geeigneten Schaumstoffschalen bzw. mit einem einfachen Luftmantel (vgl. Abb. A.73). Einen besseren Schutz gegen Wärmeverluste bieten versilberte Vakuummäntel oder elektrische Heizmäntel. Diese sollen die Wärmeverluste kompensieren, nicht jedoch die Kolonne aufheizen. Man hält deshalb die Temperatur des Heizmantels etwas unter der Kolonneninnentemperatur.

Das für die Trennung notwendige *Rücklaufverhältnis* läßt sich graphisch nach der in A.2.3.3.1. geschilderten Methode ermitteln. Das für Laborzwecke optimale Rücklaufverhältnis ist etwa gleich der Zahl der für die Trennung notwendigen theoretischen Böden. Wenn die Kolonne mehr theoretische Böden besitzt, als zur Trennung erforderlich sind, kann das Rücklaufverhältnis auch kleiner gewählt werden. Zur Realisierung eines bestimmten Rücklaufverhältnisses dienen *Kolonnenköpfe*. Ohne Kolonnenkopf kommt man im allgemeinen nur bei sehr leichten Trennaufgaben aus, beispielsweise bei Siedepunktsdifferenzen von mehr als etwa 40 °C, wenn keine größere Destillatreinheit als ungefähr 95 % erforderlich ist.

Am gebräuchlichsten sind Kolonnenköpfe mit totaler Kondensation des Dampfes (Abb. A.73). Dieses Kondensat wird bei einfachen und für die meisten Zwecke ausreichenden Aus-

---

[1] Die Belastung oder den Durchsatz einer Kolonne kennzeichnet man durch die Flüssigkeitsmenge, die in der Zeiteinheit im Destillationskolben verdampft wird; sie ist gleich der Summe aus Destillat und Rücklauf.

führungsformen durch einen Hahn in Rücklauf und Destillat geteilt. Das Rücklaufverhältnis ergibt sich mit genügender Genauigkeit als das Verhältnis der Tropfenzahl bei *A* und *B* (Abb. A.73). Die Einstellung wird durch Einkerbungen am Hahn erleichtert (vgl. Abb. A.22).

In der Technik wird an Stelle von Kolonnenköpfen oft mit sog. *Dephlegmatoren* gearbeitet. Diese wirken als Kühler und kondensieren einen Teil des Dampfs, noch bevor er das obere Ende der Kolonne erreicht. Der im Dephlegmator nicht kondensierte Dampf gelangt in den Produktkühler. Da die höher siedenden Anteile partiell kondensiert werden, besitzt der Dephlegmator eine gewisse Trennwirkung, die in der Größenordnung weniger theoretischer Trennstufen liegt. Die Einstellung eines bestimmten Rücklaufverhältnisses ist bei einem Dephlegmator sehr schwierig; deshalb wird er im Laboratorium meistens nicht verwendet. Für bestimmte Zwecke, z. B. beim Abdestillieren niedrig siedender Stoffe aus einem Reaktionsgemisch, kann jedoch mit Vorteil der sog. *Hahn-Aufsatz* (s.Abb. A.77) verwendet werden, der im Prinzip einen Dephlegmator darstellt. Das Gefäß *A* wird mit einer Flüssigkeit gefüllt, die einen ähnlichen Siedepunkt besitzt wie die abzudestillierende Substanz, am einfachsten mit dieser selbst.

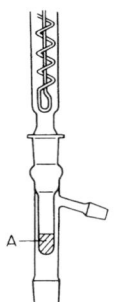

Abb. A.77
Hahn-Aufsatz

2.3.4.   Wasserdampfdestillation

Der Dampfdruck eines Gemisches zweier ineinander gelöster Stoffe ergibt sich aus den Dampfdrücken der Komponenten nach dem Raoultschen Gesetz [A.48]. Er liegt, von azeotropen Gemischen abgesehen, zwischen den Dampfdrücken der reinen Komponenten, die Siedetemperatur des Gemisches also zwischen den Siedetemperaturen der Einzelstoffe. Sind zwei Stoffe dagegen *ineinander unlöslich,* so beeinflussen sich auch ihre Dampfdrücke nicht.

$$p_A = P_A{}^{1)} \qquad p = P_A + P_B$$
$$p_B = P_B \hspace{7cm} \text{[A.78]}$$

Der Gesamtdruck p über dem heterogenen Gemisch ergibt sich einfach aus der Summe der Dampfdrücke der Komponenten. Er ist also größer als der Dampfdruck jeder Einzelkomponente, und die Siedetemperatur eines solchen Gemisches liegt stets tiefer als die Siedetemperatur des niedrigst siedenden Bestandteils.

Die Zusammensetzung des Destillats ist von der absoluten Menge der Komponenten nicht abhängig. Die beiden Stoffe finden sich darin im Verhältnis ihrer Dampfdrücke (bei der Siedetemperatur):

$$\frac{\text{Stoffmenge A}}{\text{Stoffmenge B}} = \frac{P_A}{P_B} \hspace{5cm} \text{[A.79]}$$

Gleichung [A.79] ist in der Mehrzahl der Fälle jedoch nur angenähert gültig, da die Voraussetzung der gegenseitigen Unlöslichkeit nicht völlig verwirklicht ist.

---

[1]) Bedeutung der Symbole vgl.[A.48].

Der praktisch wichtigste Fall einer solchen Zweiphasendestillation ist die *Wasserdampf-destillation*: Ein in Wasser (weitgehend) unlöslicher Stoff wird im Gemisch mit Wasser destilliert bzw. Wasserdampf in die Mischung eingeleitet. Auf diese Weise können auch Stoffe mit einer weit über 100 °C liegenden Siedetemperatur schonend destilliert werden.

Eine Wasserdampfdestillation führt man in einer Destillationsapparatur nach Abbildung A.80 durch. Wäßrige Lösungen erhitzt man vorher zweckmäßig bis nahe zum Sieden und unterstützt den Destillationsvorgang vor allem bei länger dauernden Versuchen auch während des Dampfeinleitens durch Heizen mit dem Brenner. Man vermeidet so, daß sich das Flüssigkeitsvolumen zu stark vergrößert.

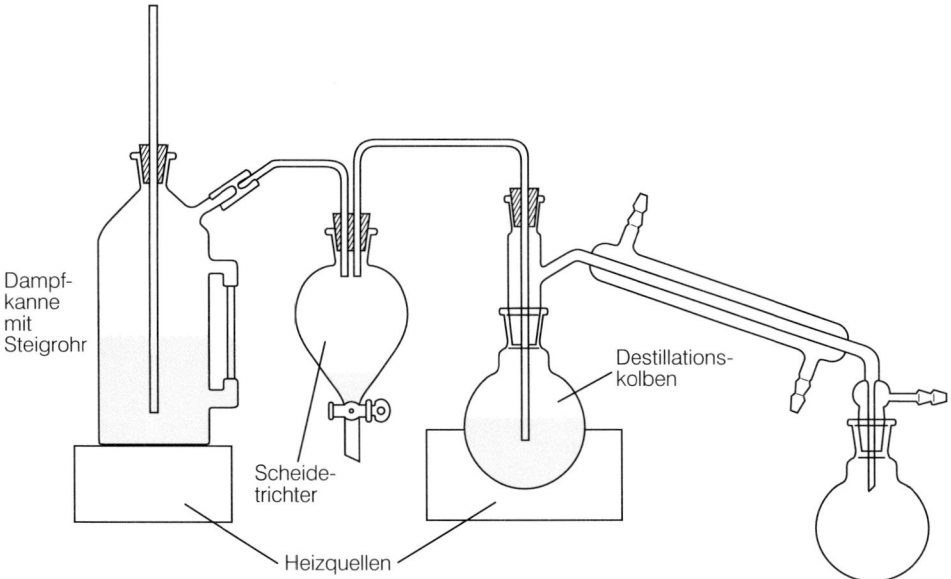

Abb. A.80
Wasserdampfdestillation

Wegen der großen Kondensationswärme des Wassers muß ein sehr wirksamer Kühler verwendet werden. Man destilliert in der Regel so lange, bis sich das Destillat nicht mehr in zwei Phasen trennt. Dann wird die Verbindung zwischen Dampfrohr und Einleitungsrohr gelöst, bevor man die Dampfzufuhr unterbricht (warum?).

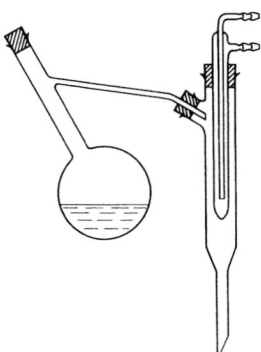

Abb. A.81
Wasserdampfdestillation kleiner Substanzmengen

Kleinere Substanzmengen können aus der in Abbildung A.81 gezeigten Apparatur mit Wasserdampf destilliert werden. Das Einblasen von Dampf erübrigt sich hier häufig; es genügt, die Substanz mit Wasser zum Sieden zu erhitzen.

2.3.5.   Azeotrope Destillation

Viele Stoffe bilden miteinander azeotrope Gemische (vgl. Tab.A.82), d. h., bei einem bestimmten Mischungsverhältnis besitzen sie ein Siedetemperaturmaximum oder -minimum. Ein azeotropes Gemisch läßt sich durch Destillation nicht in seine Komponenten trennen, da Flüssigkeits- und Dampfphase dieselbe Zusammensetzung besitzen (vgl. auch A.2.3.3. und Abb. A.66). Bekannte Azeotrope sind z. B. die „konstant siedende Bromwasserstoffsäure" (*Kp.* 126 °C, Siedetemperaturmaximum) und 96%iger wäßriger Alkohol (*Kp.* 78,15 °C, Siedetemperaturminimum).

Tabelle A.82

Häufig vorkommende azeotrope Gemische

Azeotropes Gemisch	Siedetemperatur der Komponenten in °C			Azeotrop-Zusammensetzung in Masse-%			Azeotrop-Siedetemperatur in °C
Wasser-Ethanol	100	78,3		4	96		78,15
Wasser-Ethylacetat	100	78		9	91		70
Wasser-Ameisensäure	100	100,7		23	77		107,3
Wasser-Dioxan	100	101,3		20	80		87
Wasser-Tetrachlorkohlenstoff	100	77		4	96		66
Wasser-Benzen	100	80,6		9	91		69,2
Wasser-Toluen	100	110,6		20	80		84,1
Ethanol-Ethylacetat	78,3	78		30	70		72
Ethanol-Benzen	78,3	80,6		32	68		68,2
Ethanol-Chloroform	78,3	61,2		7	93		59,4
Ethanol-Tetrachlorkohlenstoff	78,3	77		16	84		64,9
Ethylacetat-Tetrachlorkohlenstoff	78	77		43	57		75
Methanol-Tetrachlorkohlenstoff	64,7	77		21	79		55,7
Methanol-Benzen	64,7	80,6		39	61		48,3
Toluen-Essigsäure	110,6	118,5		72	28		105,4
Ethanol-Benzen-Wasser	78,3	80,6	100	19	74	7	64,9

Die Azeotropbildung kann man ausnutzen, um einen Stoff aus einem Gemisch „herauszuschleppen". Wichtig ist die *azeotrope Trocknung*: Man setzt der zu trocknenden Substanz einen Stoff zu, der mit Wasser ein Azeotrop bildet und mit Wasser in der Kälte nicht mischbar ist, z. B. Benzen, und erhitzt in einer Apparatur nach Abbildung A.83,a zum Sieden. Das Wasser geht mit dem Benzen azeotrop über und scheidet sich beim Abkühlen in Tropfen aus, die im graduierten Rohr des Wasserabscheiders nach unten sinken. Auf diese Weise ist das Ende der Wasserabscheidung leicht zu erkennen sowie die Wassermenge meßbar. Bei chemischen Umsetzungen, bei denen Wasser entsteht, kann man daher den Fortgang der Reaktion gut beobachten; durch die dauernde Entfernung des Reaktionswassers wird darüber hinaus das Gleichgewicht im gewünschten Sinne verschoben.

Gebräuchliche „Wasserschlepper" sind Benzen, Toluen, Xylen, Chloroform, Tetrachlorkohlenstoff. Da die beiden letzten spezifisch schwerer sind als Wasser, muß hier ein Wasserabscheider nach Abbildung A.83,b verwendet werden. Das graduierte Rohr wird vor Beginn des Erhitzens durch Ansaugen mit dem betreffenden Schleppmittel gefüllt. Sollen größere Wassermengen abdestilliert werden, eignet sich das in Abbildung A.83,c abgebildete Gerät besser, da

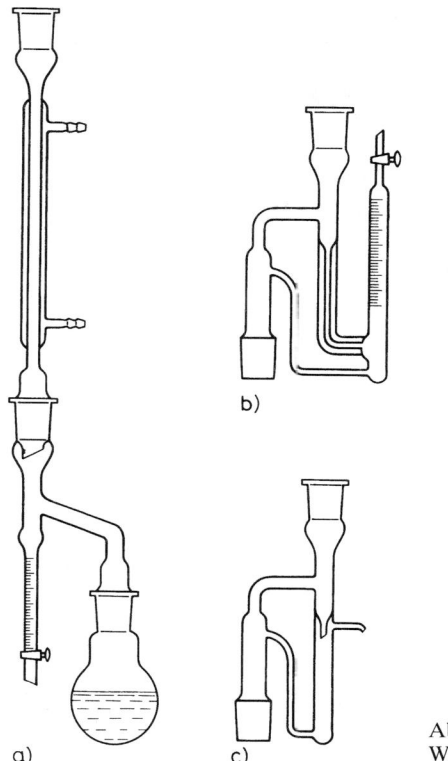

b)

c)

a)

Abb. A.83
Wasserabscheider

es ein kontinuierliches Ablaufen des Wassers ermöglicht. Das Gerät arbeitet nur dann einwandfrei, wenn es genau senkrecht eingespannt und erst durch das Destillat gefüllt wird.

Die genannten Lösungsmittel selbst lassen sich also bei nicht zu hohen Ansprüchen einfach durch Destillieren trocknen, indem man die ersten, trüb übergehenden Anteile des Destillats verwirft.

2.4.   Sublimation

Auch der Dampfdruck fester Stoffe erhöht sich mit steigender Temperatur. Viele Substanzen kann man, ohne sie zu schmelzen, verdampfen und die Dämpfe direkt in fester Form kondensieren. Man spricht dann von *Sublimation*.

Die *Sublimationstemperatur* ist die Temperatur, bei der der Dampfdruck des festen Stoffs gleich dem äußeren Druck ist. Bei dieser Temperatur verdampfen die Kristalle auch im Inneren, zerplatzen und verunreinigen u. U. das Sublimat. Man führt deshalb Sublimationen meist bei einer Temperatur aus, die unter der Sublimationstemperatur liegt, so daß der Dampfdruck kleiner als der äußere Druck bleibt. Die Trennwirkung bei Substanzen mit geringen Dampfdruckunterschieden ist im allgemeinen nicht hoch.

Einen Hinweis auf Sublimierbarkeit einer Substanz erhält man bei der Beobachtung des Schmelzvorganges unter dem Mikroskop (vgl. 3.1.2). Am oberen Deckgläschen scheiden sich noch vor Erreichen der Schmelztemperatur Kristalle ab.

Eine einfache Sublimationsapparatur besteht aus einer Porzellanschale und darübergestelltem Trichter (Abb. A.84,a). Der Trichter soll einen etwas kleineren Durchmesser als die Schale haben. Das Trichterrohr wird mit Watte lose verschlossen. Damit das Sublimat nicht in die Schale zurückfallen kann, bedeckt man diese mit einem Rundfilter, das an einigen Stellen durchlöchert ist.

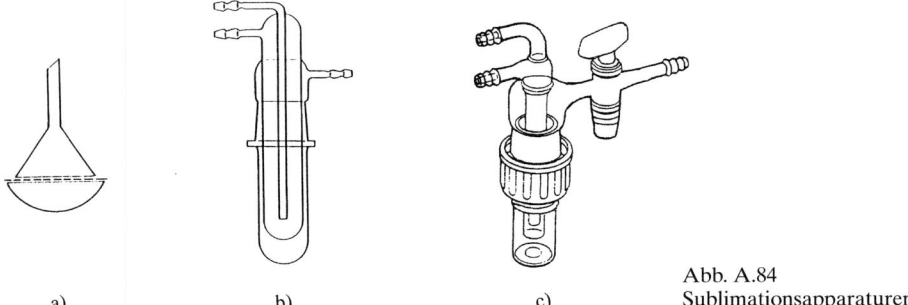

a)   b)   c)

Abb. A.84
Sublimationsapparaturen

Bei Normaldruck nicht oder nur sehr langsam sublimierende Stoffe lassen sich oft im Vakuum sublimieren. Hierfür kann man die Apparatur nach A.84,b und c benutzen. Apparatur erschütterungsfrei öffnen (Schliff erwärmen!), damit das Sublimat nicht vom Kühler abfällt!

Die Entfernung der Kühlfläche vom Sublimationsraum soll möglichst gering sein (höhere Sublimationsgeschwindigkeit!). Da die Sublimation von der Oberfläche her erfolgt, sollte die eingesetzte Substanz stets sehr fein gepulvert werden. Durch höhere Temperatur läßt sich zwar eine größere Sublimationsgeschwindigkeit erreichen, dadurch entsteht aber auch ein feinkristallines und meist weniger reines Sublimat.

Die Sublimation bietet gegenüber der Kristallisation oft Vorteile: Sie liefert meistens sehr saubere Produkte, und es können auch kleinste Mengen noch bequem sublimiert werden.

2.5.   Extraktion und Verteilung

Unter Extraktion versteht man die Überführung eines Stoffs aus einer Phase, in der er gelöst oder suspendiert ist, in eine andere *flüssige* Phase. Diese Überführung ist möglich, weil sich der Stoff in einem bestimmten Verhältnis auf die beiden Phasen verteilt. Der Begriff „Verteilung" wird in der wissenschaftlichen Literatur nicht einheitlich gebraucht. Im weiteren Sinne versteht man darunter die Verteilung zwischen beliebigen, im engeren Sinne die Verteilung zwischen zwei flüssigen Phasen.

Die Verteilung eines gelösten Stoffs auf zwei flüssige Phasen wird durch den *Nernstschen Verteilungssatz* bestimmt:

$$\frac{c_A}{c_B} = K \qquad\qquad\qquad\qquad\qquad\qquad\qquad\qquad\qquad\qquad\qquad\qquad\qquad [A.85]$$

Ist ein Stoff in zwei nicht miteinander mischbaren und im Gleichgewicht stehenden flüssigen Phasen A und B gelöst, so ist das Verhältnis seiner Konzentration in den beiden Phasen (c_A und c_B) bei einer bestimmten Temperatur eine Konstante (Verteilungskoeffizient K). In der gegebenen Form gilt der Nernstsche Verteilungssatz nur für geringe Konzentrationen (ideale Verhältnisse) und wenn der gelöste Stoff in beiden Phasen den gleichen Assoziationszustand besitzt.

Die Extraktion eines Stoffes ist demzufolge dann leicht möglich, wenn er im Extraktionsmittel viel leichter löslich ist als in der anderen Phase, der Verteilungskoeffizient also einen von 1 stark abweichenden Wert hat.

Bei Substanzen mit Verteilungskoeffizienten von $K < 100$ (wenn bei der Definition von K nach [A.85] die Konzentration im Extraktionsmittel mit c_A bezeichnet wird) reicht eine einfache Extraktion nicht aus. In diesen Fällen muß die Extraktion mit frischem Lösungsmittel mehrmals wiederholt werden.

Zwei Substanzen (mit den Verteilungskoeffizienten K_1 und K_2) verteilen sich im Idealfall unabhängig voneinander auf die beiden flüssigen Phasen.

Sind die Unterschiede ihrer Verteilungskoeffizienten genügend groß, lassen sie sich daher durch einfache Extraktion trennen. Die Schwierigkeit der Trennung wird durch den Trennfaktor β ($\beta \geq 1$; d. h., man dividiert den größeren Verteilungskoeffizienten durch den kleineren) bestimmt:

$$\beta = \frac{K_1}{K_2} \qquad\qquad\qquad\qquad\qquad\qquad\qquad\qquad\qquad\qquad [A.86]$$

Man vgl. mit der relativen Flüchtigkeit α bei der Destillation, [A.52].

Die beiden Substanzen lassen sich nur dann befriedigend durch einfache Extraktion trennen, wenn $\beta \gtrsim 100$ ist. Zur Trennung von Gemischen mit $\beta \lesssim 100$ müssen multiplikative Verteilungsverfahren angewendet werden (vgl. A.2.5.3.).

Ähnliche Verhältnisse lassen sich auch bei der Verteilung zwischen beliebigen anderen Phasen erwarten. Der Stoffaustausch ist bei allen Verteilungsverfahren nur an der Phasengrenzfläche möglich. Um die Einstellung des Gleichgewichts zu beschleunigen, ist daher die Phasengrenzfläche möglichst groß zu gestalten. Flüssigkeiten werden geschüttelt oder durch Fritten fein verteilt, Feststoffe vor der Extraktion pulverisiert. Dennoch wird in vielen praktischen Fällen, besonders wenn feste Phasen beteiligt sind, das Verteilungsgleichgewicht nicht vollständig erreicht.

2.5.1. Extraktion von Feststoffen

2.5.1.1. Einmalige einfache Extraktion

Man erhitzt die Substanz mit dem Lösungsmittel im Kolben unter Rückfluß, filtriert in der Hitze oder dekantiert. Bei kleinen Substanzmengen arbeitet man im Reagenzglas mit eingehängtem Kühlfinger bzw. aufgesetztem Steigrohr.

2.5.1.2. Wiederholte einfache Extraktion

Um die Extraktion zu vervollständigen, muß man im allgemeinen die beschriebene Operation mehrmals wiederholen. Hierfür verwendet man zweckmäßig automatisch arbeitende Apparaturen. Solche bestehen aus einem Kolben, einem Extraktionsaufsatz und einem Rückflußkühler. Das im Kolben befindliche Lösungsmittel wird teilweise verdampft; das Kondensat

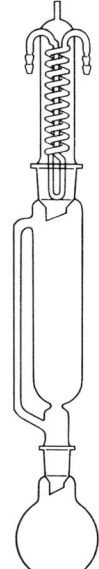

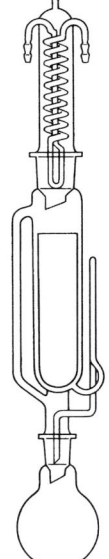

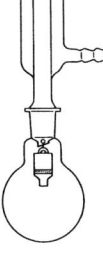

Abb. A.87
Durchflußextraktor

Abb. A.88
Soxhlet-Extraktor

Abb. A.89
Halbmikroextraktion

tropft auf das in einer Extraktionshülse befindliche Extraktionsgut und wird anschließend in den Kolben zurückgeführt. Dabei reichert sich die abzutrennende Komponente im Lösungsmittel an.

Extraktionsaufsätze

Im *Durchflußextraktor* (Abb. A.87) wird die Substanz von dem im Kühler kondensierten, noch heißen Lösungsmittel ständig durchrieselt; die Extraktionslösung strömt kontinuierlich in den Kolben.
    Der *Soxhlet-Extraktor* (Abb. A.88) unterscheidet sich vom Durchflußextraktor durch ein seitlich angebrachtes Heberohr, das die Extraktionslösung jeweils erst in den Kolben zurückführt, sobald der Flüssigkeitsstand im Extraktionsraum das obere Heberknie erreicht hat. Das Extraktionsgut soll spezifisch schwerer sein als das Lösungsmittel.
    Zur Halbmikroextraktion und zur Extraktion mit hochsiedenden Lösungsmitteln verwendet man als Extraktionshülse eine Glasfritte (Abb. A.89). Sie wird am Rückflußkühler so befestigt, daß sie im Lösungsmitteldampf des Kolbens hängt und gleichzeitig vom kondensierten Lösungsmittel durchrieselt wird. Halbmikroextraktionen lassen sich auch in den oben beschriebenen Extraktoren kleinerer Bauart durchführen.

2.5.2.   Extraktion von Flüssigkeiten

Die Extraktion von Substanzen aus (meistens wäßrigen) Lösungen ist eine sehr wichtige Grundoperation in der organischen Laboratoriumspraxis. Die diskontinuierliche Extraktion wird auch als „Ausschütteln" bezeichnet, die kontinuierliche als „Perforation".

2.5.2.1.   Ausschütteln von Lösungen bzw. Suspensionen

Die auszuschüttelnde wäßrige Lösung oder seltener die Suspension wird in einem Scheidetrichter (Abb. A.90) mit etwa einem Fünftel bis einem Drittel ihres Volumens an Extraktionsmittel versetzt. Ist dieses brennbar, müssen alle offenen Flammen in der Umgebung gelöscht werden. Der Scheidetrichter soll höchstens zu etwa zwei Drittel gefüllt sein. Man verschließt ihn mit einem Stopfen und schüttelt zunächst vorsichtig, wobei man sowohl das Hahnküken als auch den Stopfen festhält.

Abb. A.90
Scheidetrichter

    Dann wird der Scheidetrichter mit dem Auslauf nach oben gerichtet und der Überdruck aufgehoben, indem man den Hahn vorsichtig öffnet. Schütteln und Lüften müssen so lange wiederholt werden, bis der Gasraum im Scheidetrichter mit dem Lösungsmitteldampf gesättigt ist und der Druck unverändert bleibt. Erst jetzt wird etwa 1 bis 2 Minuten kräftig umgeschüttelt.

    Arbeitet man mit stark sauren, basischen oder ätzenden Stoffen, ist unbedingt eine Schutzbrille zu tragen!

Beim Stehenlassen trennen sich die Phasen. Man läßt die Unterphase durch den Hahn des Scheidetrichters ab, während die Oberphase stets durch die obere Öffnung ausgegossen wird. In Zweifelsfällen prüft man, welches die wäßrige Phase ist, indem man einer Phase einen Tropfen entnimmt und diesen in etwas Wasser gibt. Bei in Wasser verhältnismäßig leicht löslichen Substanzen kann man die wäßrige Schicht mit Ammoniumsulfat oder Kochsalz sättigen. Manche Systeme neigen zur Bildung von Emulsionen. In solchen Fällen schüttelt man den Scheidetrichter nicht, sondern schwenkt ihn nur. Entstandene Emulsionen lassen sich brechen, wenn man etwas Antischaummittel oder Pentylalkohol zugibt, die wäßrige Phase mit Kochsalz sättigt oder die gesamte Lösung filtriert. Das sicherste Mittel ist stets, längere Zeit stehenzulassen.

Die am häufigsten gebrauchten Extraktionsmittel sind:

- *leichter als Wasser:* Diethylether (niedriger Siedepunkt, leicht brennbar, neigt zur Bildung explosiver Peroxide, löst sich zu etwa 8% in Wasser), Toluen (brennbar);
- *schwerer als Wasser:* Methylendichlorid (niedriger Siedepunkt, *Kp* 41 °C), Chloroform, Tetrachlorkohlenstoff (durchweg nicht brennbar).

Beim einfachen einmaligen Ausschütteln kann im günstigsten Fall einer vollständigen Gleichgewichtseinstellung jeweils nur die durch den Nernstschen Verteilungssatz und die angewandte Menge Extraktionsmittel festgelegte Menge der zu extrahierenden Substanz in das Extraktionsmittel übergehen. Aus diesem Grunde muß man im allgemeinen wiederholt ausschütteln. Substanzen, die in Wasser schwer löslich sind, schüttelt man drei- bis viermal aus, während die Operation bei gut wasserlöslichen Stoffen u. U. viele Male wiederholt werden muß. In solchen Fällen ist eine kontinuierliche Extraktion (Perforation, vgl. A.2.5.2.2.) günstiger.

Es ist auch stets zweckmäßiger, mit wenig Lösungsmittel mehrere Male auszuschütteln, als die ganze Menge Extraktionsmittel auf einmal einzusetzen. Um zu erkennen, ob eine Extraktion beendet ist, trocknet man eine kleine Menge des letzten Extrakts und dampft das Lösungsmittel auf einem Uhrglas ab. Bei gefärbten Lösungen erkennt man das Ende der Extraktion auch häufig daran, daß das Extraktionsmittel bei Wiederholung des Ausschüttelns farblos bleibt.

Die Extraktionslösung muß normalerweise noch von gelösten Fremdstoffen, häufig Säuren oder Basen, befreit werden. Hierzu „wäscht", d. h. schüttelt man sie mit wäßrigen verdünnten Lösungen von Laugen (meist Natriumcarbonat bzw. -hydrogencarbonat) oder Säuren und schließlich mehrfach mit Wasser. Abschließend wird die Extraktionslösung mit geeigneten Mitteln getrocknet (vgl. A.1.10.2.).

Man achte stets darauf, daß beim Waschen mit Alkalicarbonaten durch entstehendes Kohlendioxid ein erheblicher Überdruck im Scheidetrichter entstehen kann, so daß mehrfach vorsichtig entlüftet werden muß.

2.5.2.2. Perforation

Mit Hilfe von Perforatoren (Abb. A.91 und A.92) kann man Flüssigkeiten mit einer sehr geringen Menge an Extraktionsmittel kontinuierlich „ausschütteln". Das Lösungsmittel wird dabei in einem Kolben ständig verdampft, in einem Rückflußkühler kondensiert, durchströmt fein verteilt die zu extrahierende Lösung und fließt durch einen Überlauf in den Siedekolben zurück. Auf diese Weise sind auch Extraktionen von Substanzen mit Verteilungskoeffizienten $K < 1,5$ möglich.

Man beachte, daß sich die Phasen beim Erwärmen ausdehnen. Die (kalte) Unterphase darf deshalb bei Perforatoren für leichte Extraktionsmittel (Abb. A.91,a und A.92) nicht ganz bis zum Überlauf eingefüllt werden. Bei Perforatoren für schwere Extraktionsmittel (Abb. A.91,b) muß stets zunächst etwas Unterphase eingefüllt werden, ehe man die zu extrahierende Lösung zugibt (warum?).

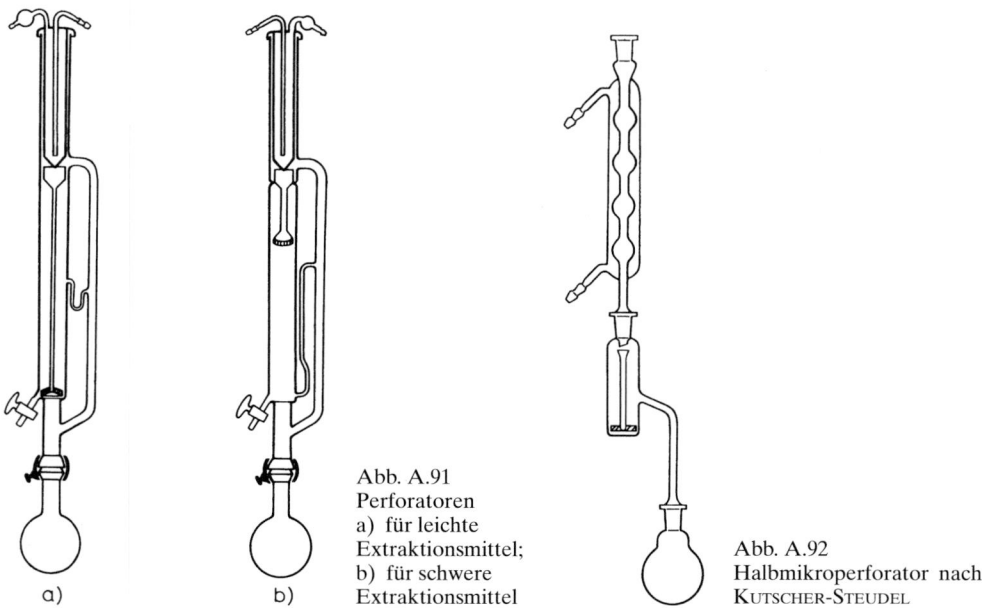

Abb. A.91
Perforatoren
a) für leichte
Extraktionsmittel;
b) für schwere
Extraktionsmittel

Abb. A.92
Halbmikroperforator nach
KUTSCHER-STEUDEL

Geringe Abmessungen bei guter Durchmischung besitzt der Rotationsperforator mit Magnetrührwerk nach Abb.A.93,a (für leichtere Lösungsmittel als Wasser). Das Lösungsmittel gelangt dampfförmig durch die Öffnung *1* in den Kühler, läuft von dort in das rotierende, in der Höhe verstellbare Perforationsrohr (*3*) und tritt durch Zentrifugalkraft aus den Löchern (*5*) unterhalb des Magneten (*4*) aus. Der verschiebbare, perforierte Teflonring (*2*) dient der besseren Phasentrennung; der Füllstand liegt wenig darunter. Abb.A.93,b zeigt den analogen Perforator für schwerere Lösungsmittel als Wasser.

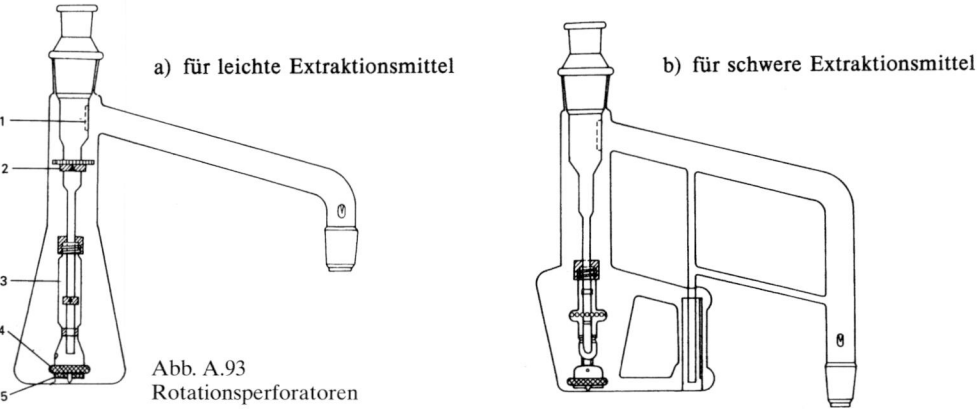

a) für leichte Extraktionsmittel

b) für schwere Extraktionsmittel

Abb. A.93
Rotationsperforatoren

2.5.3. Multiplikative Verteilung

Bei der multiplikativen Verteilung handelt es sich um eine Vielstufenextraktion, bei der die beiden flüssigen Phasen im Gegenstrom zueinander bewegt und ständig ins Gleichgewicht gebracht werden. Das heißt, teilweise mit gelöstem Stoff angereicherter Extrakt kommt mit frischer Substanzlösung in Berührung und teilweise extrahierte Lösung mit frischem Extraktionsmittel (Abb. A.94a).

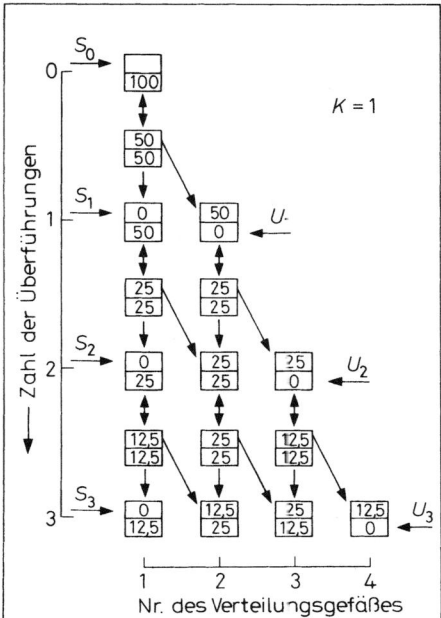

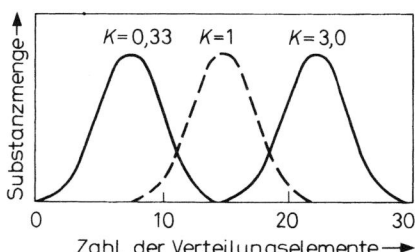

Abb. A.94a
Multiplikative Verteilung

Abb. A.94b
Verteilung bei verschiedenen Verteilungskoeffizienten

Die Methode hat praktische Bedeutung zur Trennung von Substanzgemischen mit Trennfaktoren, die etwas größer als eins sind.

Multiplikative Verteilung und Extraktion verhalten sich zueinander wie Rektifikation und einfache Destillation. Auch der Begriff der Trennstufe hat eine analoge Bedeutung.

Das Verhalten einer Substanz bei der multiplikativen Verteilung geht aus Abbildung A.94a hervor. Im ersten Verteilungsgefäß (z. B. Scheidetrichter) werden 100 Teile der Substanz in der Unterphase gelöst und mit dem gleichen Volumen Extraktionsmittel (Oberphase, S_0) versetzt. Die Phasen müssen stets gegeneinander abgesättigt sein! Dann wird geschüttelt (durch Doppelpfeil angedeutet), bis sich das Gleichgewicht eingestellt hat. Bei einem Verteilungskoeffizienten von $K = 1$ befinden sich danach je 50 Substanzteile in der Ober- bzw. Unterphase. Damit ist der erste Verteilungsschritt abgeschlossen. Die Oberphase wird in das nächste Verteilungselement überführt und mit frischer Unterphase (U_1), die substanzbeladene Unterphase mit frischer Oberphase (S_1) versetzt. Diesen Vorgang bezeichnet man als erste Überführung. Nach erneuter Gleichgewichtseinstellung wird wieder überführt (zweite Überführung) usw. Nach drei Überführungen befinden sich im Verteilungsgefäß 1 und 4 je 12,5 Teile Substanz, in den Gefäßen 2 und 3 dagegen 37,5 Teile. Das Maximum der Substanzmenge befindet sich also in den mittleren Verteilungsgefäßen. Für eine größere Anzahl Verteilungsgefäße erhält man für die Substanzverteilung eine Glockenkurve (vgl. gestrichelte Linie in Abb. A.94b).

Ist der Verteilungskoeffizient einer Substanz von eins verschieden, so verschiebt sich das Substanzmaximum auf Verteilungselemente mit höherer oder tieferer Nummer. Für $K = 3$ und $K = 0,33$ sind die Verhältnisse in Abbildung A.94b eingezeichnet. Das durch die beiden Kurven dargestellte Ergebnis wird ebenfalls erhalten, wenn die beiden Substanzen mit $K = 3$ bzw. $K = 0,33$ gemeinsam in der Ausgangslösung enthalten waren, d. h., sie sind durch die Verteilung getrennt (fraktioniert) worden.

Es sind automatische Verteilungsapparaturen mit mehreren hundert Verteilungselementen (Stufen) entwickelt worden. Zur näheren Unterrichtung vgl. die am Ende des Kapitels genannte Literatur.

2.6. Adsorption

Unter Adsorption versteht man die Anreicherung eines Stoffs an der Oberfläche fester Substanzen. Die Unterschiede verschiedener Feststoffe in ihrer Affinität zu organischen Verbindungen werden in der organischen Laboratoriumspraxis zur Trennung von Substanzgemischen ausgenutzt.

Der adsorbierende Feststoff wird als Adsorbens oder Adsorptionsmittel bezeichnet, der adsorbierte Stoff als Adsorbat. Man unterscheidet unpolare und polare Adsorptionsmittel:
– unpolare Adsorptionsmittel: Aktivkohle, gewisse organische Harze (z. B. Wofatit EW), Molsiebe;
– polare Adsorptionsmittel: Eisenoxid (Fe_2O_3), Aluminiumoxid, Kieselgel, Kohlenhydrate (Stärke, Zucker, Cellulose).
Ihre Wirksamkeit fällt in der angegebenen Reihenfolge.

Von besonderer Bedeutung sind die *polaren Adsorptionsmittel*. Ihre Affinität zum betreffenden Adsorbat wächst verständlicherweise mit dessen Polarität. Aus diesem Grunde wird Wasser besonders fest adsorbiert, und die aktive Oberfläche des Adsorbens ist um so weniger zur Adsorption anderer, schwächer polarer Stoffe fähig, je mehr sie bereits mit Wassermolekeln belegt ist. Beim Aluminiumoxid – dem am häufigsten gebrauchten Adsorptionsmittel – lassen sich mit Hilfe von Testfarbstoffen fünf konventionelle Aktivitätsstufen einstellen[1]), die den folgenden Wassergehalt besitzen: I (aktivste Form) 0 %, II 3 %, III 4,5 bis 6 %, IV 9,5 %, V 13 %. Aluminiumoxid wird außerdem in neutraler, saurer und basischer Einstellung geliefert.

Die Adsorbierbarkeit organischer Verbindungen wird neben ihrer Polarität außerdem durch ihre Molekülgröße und ihre Polarisierbarkeit bestimmt. Die einzelnen Stoffklassen ordnen sich etwa in die folgende Reihe steigender Affinität zu polaren Adsorptionsmitteln: Halogenkohlenwasserstoffe < Ether < tert. Amine, Nitroverbindungen < Ester < Ketone, Aldehyde < prim. Amine < Säureamide < Alkohole < Carbonsäuren.

Die gleichen Betrachtungen gelten auch für das Lösungsmittel. Daraus folgt, daß ein organischer Stoff aus einem unpolaren Lösungsmittel stärker adsorbiert wird als aus einem polaren. Ein bereits adsorbierter Stoff kann umgekehrt nur dann durch ein Lösungsmittel vom Adsorbens verdrängt werden, wenn dieses eine größere Affinität zum Adsorbens aufweist. Nach der Fähigkeit, einen adsorbierten Stoff vom Adsorbens zu lösen (zu „eluieren"), kann man die Lösungsmittel in einer *„eluotropen" Reihe* anordnen (Tab. A.95).

Tabelle A.95
Eluotrope Reihe

Pentan	Diethylether	Acetonitril
Hexan	Chloroform	Pyridin
Petrolether	Methylendichlorid	Butanol
Cyclohexan	Tetrahydrofuran	Ethanol
Schwefelkohlenstoff	Ethylmethylketon	Methanol
Tetrachlorkohlenstoff	Aceton	Essigsäure
Benzen	Essigsäureethylester	Wasser

Für Aktivkohle als unpolares Adsorbens sind die Verhältnisse annähernd umgekehrt.

Berücksichtigt werden muß, daß mit der Adsorption stets eine Polarisierung des Moleküls verbunden ist und dadurch die Empfindlichkeit gegenüber Licht, Luft, Feuchtigkeit und Oxidationsmitteln gesteigert sein kann.

2.6.1.   Entfärben von Lösungen

Beim Entfärben von Lösungen sollen verunreinigende, färbende Nebenprodukte (meist höhermolekulare Verbindungen), die häufig die Kristallisation des Hauptprodukts einer Reaktion erschweren, entfernt werden. Wenn diese Verunreinigungen physikalisch und chemisch

---

[1]) Einstellungs- und Testverfahren: HESSE, G., u. a. Angew. Chem. 64 (1952), 103; Trocknungsvorschrift für Aluminiumoxid auf Aktivitässtufe I: BROCKMANN, H.; SCHODDER, H., Ber. Deut. Chem. Ges. **74** (1941), 73.

wesentliche Unterschiede zum Hauptprodukt aufweisen, so können sie durch Zusatz eines geeigneten Adsorptionsmittels selektiv aus der betreffenden Lösung beseitigt werden. Die adsorbierten Verunreinigungen werden mit dem Adsorptionsmittel verworfen.

Um Verluste an Hauptprodukt zu vermeiden, muß mit möglichst geringer Menge an Adsorptionsmitteln gearbeitet werden. Sie sollte etwa 1 bis maximal 5% der zu reinigenden Substanz betragen. Lösungen in polaren Lösungsmitteln entfärbt man mit Aktivkohle; in unpolaren Lösungsmitteln (Hexan bis Chloroform; vgl. eluotrope Reihe, Tab. A.95) arbeitet man mit Aluminiumoxid. Wofatit EW findet nur für wäßrige Lösungen Verwendung.

Beim *Einrührverfahren* (hauptsächlich für Aktivkohle angewandt) wird die kalte, zu entfärbende Lösung mit Aktivkohle versetzt und einige Zeit gerührt oder gekocht.

> Vorsicht beim Zusatz von Aktivkohle zu heißen Lösungen! Durch Aufhebung von Siedeverzügen und Abgabe adsorbierter Luft kann heftiges Schäumen eintreten!

Das Adsorptionsmittel wird durch Filtration, wenn nötig unter Zusatz von Filterhilfsmitteln (z. B. Kieselgur), oder Zentrifugieren abgetrennt. Nötigenfalls wiederholt man die Entfärbung. Man beachte beim Entfärben mit Aktivkohle, daß empfindliche Stoffe durch adsorbierten Sauerstoff besonders in der Hitze leicht oxidiert werden.

Beim *Filtrationsverfahren*, hauptsächlich für Wofatit EW und Aluminiumoxid angewandt, wird die zu entfärbende Lösung kalt über eine Schicht des Adsorptionsmittels in einer kurzen, breiten Säule, auf einem Büchner-Trichter oder einem Glasfiltertrichter filtriert. Am Durchlaufen der dunklen Zone erkennt man bei farblosen Adsorptionsmitteln dessen Erschöpfung.

2.7. Chromatographie

Chromatographische Methoden sind Verfahren zur Trennung von Stoffen durch Verteilung zwischen einer ruhenden (stationären) Phase und einer diese durchströmenden fluiden (mobilen) Phase. Die Komponenten eines auf die stationäre Phase gegebenen Stoffgemisches werden von dieser unterschiedlich stark festgehalten, wandern daher mit unterschiedlicher Geschwindigkeit mit der mobilen Phase und werden so getrennt.

Die mobile Phase kann eine Flüssigkeit oder ein Gas sein; die Methoden bezeichnet man dann als *Flüssigchromatographie* (englisch *liquid chromatography, LC*) bzw. *Gaschromatographie* (*GC*). Die stationäre Phase ist entweder ein Feststoff oder eine auf einem festen Träger fixierte Flüssigkeit. Sie befindet sich feinkörnig in einer Säule (*Säulenchromatographie*) oder in einer dünnen Schicht auf einer inerten Folie oder Platte (*Dünnschichtchromatographie*). Auch spezielle Filterpapiere können als stationäre Phasen dienen (*Papierchromatographie*).

Vorrangig werden zwei physikalisch-chemische Vorgänge für chromatographische Trennungen ausgenutzt, die multiplikative Verteilung auf Grund von Löslichkeitsunterschieden der Komponenten in den beiden Phasen (siehe A.2.5.3.) und die fraktionierte Adsorption auf Grund unterschiedlicher Adsorption der Komponenten an der stationären Phase (vgl. A.2.6.). Je nach dem dominierenden Vorgang spricht man von *Verteilungschromatographie* oder *Adsorptionschromatographie*.

Die beiden Vorgänge sind oft nicht streng getrennt, sondern mehr oder weniger gemeinsam wirksam. Die als Träger für die flüssigen stationären Phasen der Verteilungschromatographie verwendeten porösen Feststoffe können eine gewisse Adsorptionskapazität besitzen, und die festen Adsorbentien für die Adsorptionschromatographie können sich mit Anteilen der mobilen Phase oder des Substanzgemisches beladen, die dann zusätzlich eine Verteilung bewirken.

Weitere chromatographische Trennverfahren beruhen auf *Ionenaustausch* (an Ionenaustauscherharzen und -gelen, womit Ionen getrennt werden können), *Gelpermeation* (an porösen Feststoffen, die nach der Molekülgröße trennen) oder *Bioaffinität* (an mit bestimmten Liganden modifizierten stationären Phasen, durch die Enzyme, Proteine, Lipide u. a. selektiv adsorbiert werden). Man informiere sich darüber in der Spezialliteratur.

Als stationäre Phasen für die *Adsorptionschromatographie* sind vor allem Kieselgele und Aluminiumoxide (neutral, sauer oder basisch) gebräuchlich, deren Aktivität von ihrem Wassergehalt abhängt. An diesen polaren Adsorptionsmitteln werden die zu trennenden Stoffe, wie in Abschnitt A.2.6 beschrieben, entsprechend ihrer Polarität adsorbiert. Als mobile Phasen sind Kohlenwasserstoffe (Pentan, Hexan, Heptan, Isooctan), Chlorkohlenwasserstoffe (Dichlormethan, Chloroform, Tetrachlorkohlenstoff), Ether (Tetrahydrofuran, Dioxan) und Acetonitril geeignet. Ihre eluierende Wirkung steigt entsprechend der eluotropen Reihe, Tabelle A.95. Die Zusammensetzung der mobilen Phase richtet sich nach der Polarität der zu trennenden Stoffe. Man geht zunächst von einem unpolaren Lösungsmittel aus und erhöht wenn nötig dessen Elutionskraft durch Zumischen eines polareren Lösungsmittels.

Für die *Verteilungschromatographie* verwendet man Kieselgele als Trägermaterialien, die mit einer Flüssigkeit als stationärer Phase beladen sind. Polare und hydrophile stationäre Phasen sind Wasser, Ethylenglycol, Ethylendiamin, Cyanalkylether oder Dimethylsulfoxid. Als Elutionsmittel werden weniger polare, mit der stationären Phase nicht mischbare Flüssigkeiten verwendet, vor allem die eben genannten Kohlenwasserstoffe und Chlorkohlenwasserstoffe. Hiermit werden wie bei der Chromatographie an polaren Adsorbentien die zu trennenden Stoffe um so schneller eluiert, je weniger polar sie sind (vgl. A.2.6.): Alkane > Halogenverbindungen > Ether > Ester, Aldehyde, Ketone > Alkohole, Amine > Amide > Carbonsäuren.

Besonders bewährt haben sich demgegenüber sogenannte *Umkehrphasen* (*reversed phases*, *RP*), das sind unpolare, hydrophobe stationäre Phasen, z. B. Kieselgele, deren Oberfläche durch chemisch gebundene hydrophobe Alkyl-Reste modifiziert ist.

Eine solche Modifizierung wird erreicht, indem man die Silanol-Gruppen auf der Oberfläche des Silicagels mit Alkylchlorsilanen umsetzt, z. B.:

$$
\underset{|}{\overset{|}{Si}}-OH \ + \ Cl-\underset{\underset{CH_3}{|}}{\overset{\overset{CH_3}{|}}{Si}}-R \ \longrightarrow \ \underset{|}{\overset{|}{Si}}-O-\underset{\underset{CH_3}{|}}{\overset{\overset{CH_3}{|}}{Si}}-R \ + \ HCl \qquad\qquad [A.96]
$$

Meistens ist R ein *n*-Octadecylrest $C_{18}H_{37}$, aber auch Octyl-, Cyclohexyl- und Phenylreste und mit polaren Cyan-, Nitro- oder Amino-Gruppen substituierte Alkylreste können so aufgebracht werden. Phasen für die Trennung von *Enantiomeren* enthalten chirale Gruppen, wie modifizierte Cellulosen, Cyclodextrine (Cyclen aus 6 bis 8 Glucoseeinheiten) oder andere Reste mit Asymmetriezentren. Chromatographische Trennungen an Umkehrphasen lassen sich nicht eindeutig der Verteilungs- oder Adsorptionschromatographie zuordnen.

Umkehrphasen werden mit stark polaren Lösungsmitteln eluiert, mit Wasser oder Wasser-Methanol- oder Wasser-Acetonitril-Gemischen. Die Reihenfolge der Elution unterschiedlich polarer Stoffe kehrt sich dabei im Vergleich zur Chromatographie mit polaren stationären Phasen um. Sie werden um so schneller eluiert, je polarer sie sind: Carbonsäuren > Alkohole, Phenole > Amine > Ester, Aldehyde > Ketone > Halogenverbindungen.

Bei der Chromatographie von Stoffgemischen, deren Komponenten sich sehr in ihrer Polarität unterscheiden, kommt es vor, daß die langsam wandernden Verbindungen sehr spät oder gar nicht eluiert werden. Es ist dann angebracht, im Verlauf der Chromatographie die Elutionskraft der mobilen Phase durch kontinuierliche Zugabe eines besser eluierenden Lösungsmittels zu erhöhen (*Gradientenelution*). Moderne Chromatographen machen das automatisch in vorwählbaren Mischungsgrenzen.

Die Trennleistung einer stationären Phase steigt mit abnehmender Korngröße, mit der sich andererseits auch der Strömungswiderstand erhöht. Um ausreichende Fließgeschwindigkeiten zu erhalten, muß bei Partikelgrößen unter etwa 50 μm die mobile Phase unter Druck durch die stationäre Phase gepreßt werden. Da die Trennleistung bei feinkörnigen festen Phasen weniger stark von der Fließgeschwindigkeit der mobilen Phase abhängt, kann man dann bei hohen Fließgeschwindigkeiten arbeiten und kommt mit kurzen Trennzeiten aus.

2.7.1.   Dünnschichtchromatographie (DC)

Bei der Dünnschichtchromatographie arbeitet man in einer „offenen Säule", deren stationäre Phase aus einer dünnen, auf einer inerten Unterlage aufgebrachten Schicht eines Adsorbens besteht. Als Träger der Schicht dienen plane Glasplatten, Aluminium- und Polyesterfolien.

Als Adsorbentien werden vorwiegend mit Gips als Bindemittel vermischte Kieselgele oder Aluminiumoxide eingesetzt. Zur Herstellung von Schichten gleichmäßiger Dicke verwendet man spezielle Streichgeräte. Naß aufgetragene Schichten werden an der Luft getrocknet und bei erhöhter Temperatur (105 bis 150 °C) aktiviert. Die Aktivität steigt mit Abnahme des Wassergehaltes. Die aktivierten Platten bewahrt man bis zu ihrem Gebrauch im Exsikkator auf.

Vorteilhaft verwendet man handelsübliche vorgefertigte Schichten. Für die aufsteigende Chromatographie schneidet man sich aus einer beschichteten Folie Streifen geeigneter Breite (~ 1,5 cm je Probe) und etwa 10 cm Höhe, für die zweidimensionale Chromatographie Quadrate von 10 × 10 cm zurecht.

Für die Wahl des *Fließmittels* gelten die in A.2.6. und A.2.7. behandelten Gesichtspunkte. Bei unbekannten Gemischen verwendet man zuerst Cyclohexan, dann Toluen und Chloroform. Je nach dem erzielten Ergebnis geht man danach zu polareren Lösungsmitteln über. Auch Lösungsmittelgemische, z. B. Cyclohexan mit steigendem Essigsäureethylesteranteil (5, 10, 20% usw.) haben sich als Fließmittel bewährt.

Für Vorversuche zur Auswahl geeigneter Fließmittel kann die Mikrozirkulartechnik angewandt werden. Hierzu läßt man auf das Zentrum des Probenfleckes aus einer feinen Kapillare Lösungsmittel fließen und schätzt aus der Ausbildung definierter radialer Zonen den Trenneffekt ab.

Es kann aufsteigend, absteigend, radial-horizontal und auch zweidimensional chromatographiert werden. Die apparativ leicht durchzuführende aufsteigende Chromatographie besitzt dabei die größte Bedeutung.

Die Substanzen werden als etwa 1%ige Lösung in einem unpolaren Lösungsmittel aufgetragen. Die Substanzmenge ermittelt man zweckmäßig in einem Vorversuch. Zu große Mengen verschlechtern den Trenneffekt und führen zur Schwanzbildung. Die gut chromatographierbare Substanzmenge steigt mit der Aktivität und der Schichtdicke des Adsorbens.

Man trägt die Substanzlösungen 1 bis 1,5 cm vom unteren Rand (Start) bzw. von den seitlichen Rändern entfernt in Abständen von 1 bis 2 cm mit einer feinen Kapillare (z. B. einem ausgezogenem Schmelzpunktröhrchen) auf, wobei sich durch die Kapillarkräfte die Kapillare beim Eintauchen in die Lösung von selbst füllt. Die Startflecken müssen möglichst klein sein (Durchmesser 2 bis 3 mm). Sehr verdünnte Lösungen werden mehrmals aufgetragen, wobei man das Lösungsmittel immer erst verdunsten läßt. Bei zweidimensionaler Entwicklung wird die Substanz 1,5 cm von jeder Kante entfernt in die Ecke der quadratischen Platte aufgetragen.

Das *Entwickeln* des Chromatogramms geschieht in einer dicht verschließbaren Kammer, deren Atmosphäre mit den Dämpfen des Fließmittels gesättigt ist. Zur Sättigung kleidet man die Kammer mit Filterpapierstreifen aus und läßt mit dem Fließmittel 30 Minuten stehen. Die Platte bzw. Folie, die fast senkrecht in die Kammer gestellt wird, soll etwa 5 mm in die Flüssigkeit eintauchen. Für orientierende Untersuchungen genügt zur Entwicklung des Chromatogramms oft ein Becherglas mit eingelegter Filterpapiermanschette, das mit einem Uhrglas abgedeckt wird. Eine Steighöhe von etwa 10 cm ist zur Trennung im allgemeinen ausreichend. Danach nimmt man die Platte aus der Kammer und markiert sofort mit einem spitzen Gegenstand (Spatel, Bleistift) die Laufmittelfront.

Die entwickelte Platte wird an der Luft getrocknet. Farblose Verbindungen, die fluoreszieren, kann man durch Betrachten der Platte im ultravioletten Licht erkennen. Wurde dem Adsorbens ein Fluoreszenzindikator zugemischt, erscheinen beim Bestrahlen der Platte mit der Anregungsfrequenz des Indikators im UV absorbierende und die Fluoreszenz löschende Stoffe als dunkle Flecken auf der schwach fluoreszierenden Schicht.

Tabelle A.97

Sprühreagenzien für die Dünnschichtchromatographie

Nachzuweisende Verbindungsklasse	Reagens	Bemerkungen, Zusammensetzung des Reagens
Aldehyde	2,4-Dinitrophenyl-hydrazin/Schwefelsäure	1 g 2,4-Dinitro-phenylhydrazin in einer Mischung aus 25 ml Ethanol, 8 ml Wasser und 5 ml konz. Schwefelsäure
Alkohole, höhere	Vanillin/Schwefelsäure	0,5 g Vanillin in einer Mischung aus 80 ml Schwefelsäure und 20 ml Ethanol; Erhitzen auf 120 °C
Amine	4-Dimethylamino-benz-aldehyd/Salzsäure Ninhydrin	1 g 4-Dimethylamino-benzaldehyd in einer Mischung von 25 ml konz.Salzsäure und 75 ml Methanol 0,3 g Ninhydrin in 100 ml Butanol und 3 ml Eisessig
Amine, aromatische	diazotierte Sulfanilsäure	Diazotierung (vgl. D.8.2.1.), mit 1%iger Lösung besprühen, mit 1%iger Natriumcarbonatlösung nachbesprühen
Aminosäuren	Ninhydrin	vgl. Amine
Carbonsäureester, -amide, -anhydride, Lactone	Hydroxylamin/ Eisen(III)-chlorid	*Lösung I*: 2 g Hydroxylaminhydrochlorid in 5 ml Wasser lösen und mit 15 ml Ethanol verdünnen *Lösung II*: 5 g Kaliumhydroxid in wenig Wasser lösen und mit Ethanol auf 50 ml auffüllen *Sprühreagens I*: Lösungen I und II vereinigen und filtrieren *Sprühreagens II*: 1 g Eisen(III)-chlorid in 2 ml konz. Salzsäure und 20 ml Ether lösen Besprühen mit Sprühreagens I, Trocknen (Raumtemperatur); Besprühen mit Reagens II
Ketone	o-Dianisidin 2,4-Dinitro-phenyl-hydrazin	gesättigte Lösung von 4,4′-Diamino-3,3′-di-methoxydiphenyl (o-Dianisidin) in Eisessig vgl. Aldehyde
Methylketone, aktive Methylenverbindungen	Natriumnitroprussid/ Natronlauge	1 g Natriumnitroprussid in einer Mischung aus 50 ml Ethanol und 50 ml 2 N Natronlauge lösen auf 150 °C erhitzen
Kohlenwasserstoffe	konz. Schwefelsäure Schwefelsäure/ Formaldehyd	0,2 ml Formalin (37%ig) in 10 ml konz. Schwe-felsäure
Phenole	diazotierte Sulfanilsäure Eisen(III)-chlorid Vanillin/Schwefelsäure	vgl. Amine 1 bis 5%ige Lösung in 0,5 N Salzsäure vgl. Alkohole
Stickstoffverbindungen, organische	Dragendorffs Reagens	*Lösung I*: 0,085 g basisches Bismutnitrat in einer Mischung aus 1 ml Eisessig und 4 ml Wasser *Lösung II*: 2 g Kaliumiodid in 5 ml Wasser *Sprühreagens*: 1 ml Lösung I, 1 ml Lösung II im Gemisch mit 4 ml Eisessig und 20 ml Wasser
Ungesättigte Verbindungen, reduzierende Verbindungen	Kaliumpermanganat Molybdatophosphor-säure	0,5%ige Lösung in 1 N Natronlauge oder 0,5%ige Lösung in Wasser 10%ige Lösung in Ethanol, erhitzen auf 120 °C bis zur optimalen Fleckenausbildung
Zucker	Anisaldehyd/ Schwefelsäure Kaliumpermanganat	0,5 ml Anisaldehyd in 50 ml Eisessig und 1 ml Schwefelsäure gelöst, Platte auf 100 °C erwärmen vgl. ungesättigte Verbindungen

In den meisten Fällen gelingt es, aufgetrennte farblose Verbindungen durch Bedampfen mit Iod sichtbar zu machen. Hierzu legt man das Chromatogramm in ein verschließbares Gefäß, das einige Iodkristalle enthält. Substanzen erscheinen als braune Flecken auf hellem Grund oder, bei längerer Einwirkung des Ioddampfes, auch als helle Flecken auf dunklem Grund. Andere Methoden sind: Behandeln mit Bromdampf oder Besprühen mit Kaliumpermanganatlösung bzw. anderen geeigneten Sprühreagenzien (Tab. A.97), wobei man einen Zerstäuber verwendet (Abb. A.98). Als allgemeine Methode empfiehlt sich auch das Besprühen der getrockneten und damit lösungsmittelfreien Platten mit 2%iger, vor Gebrauch frisch hergestellter ammoniakalisch-alkoholischer Silbernitratlösung und anschließendes Erhitzen (2 bis 5 Minuten) auf 105 °C. Viele Substanzen erscheinen als schwarze Flecken auf dunklem Untergrund.

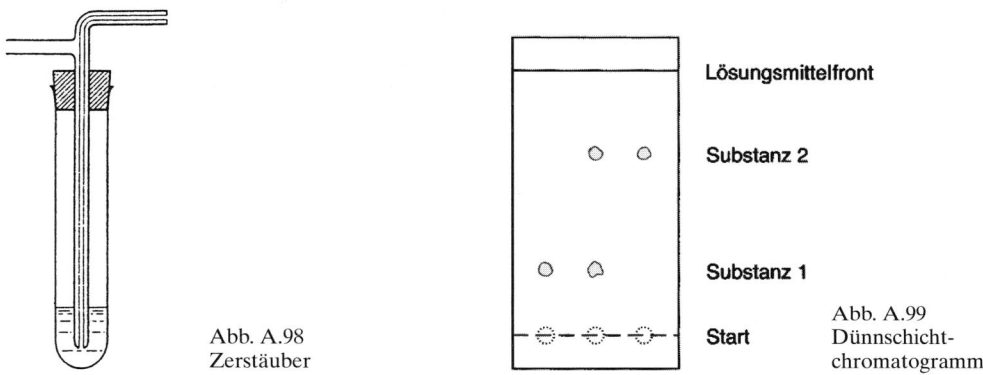

Abb. A.98
Zerstäuber

Lösungsmittelfront

Substanz 2

Substanz 1

Abb. A.99
Start   Dünnschicht-
chromatogramm

Die Lage der Substanzflecken nach der Entwicklung (Abb. A.99) wird durch den R_F-Wert (engl. *ratio of fronts*) charakterisiert:

$$R_\text{F} = \frac{\text{Entfernung Start} \ - \text{Substanzfleck (Mitte)}}{\text{Entfernung Start} \ - \text{Lösungsmittelfront}} \qquad [\text{A.100}]$$

Er ist eine für jede Verbindung charakteristische Größe. R_F-Werte vieler Substanzen sind tabelliert und können zu deren Identifizierung herangezogen werden. Ihre Reproduzierbarkeit hängt u. a. von der Konstanz der Aktivität des Adsorbens, der Schichtdicke, der Sättigung der Kammer und der Temperatur ab. Es ist deshalb zum Beweis der Identität zweier Substanzen zweckmäßig, Probe und authentische Verbindungen nebeneinander zu chromatographieren und die Übereinstimmung der R_F-Werte unter Verwendung von zwei unterschiedlichen Fließmitteln zu überprüfen. Man kann auch auf einem Chromatogramm unbekannter Stoffe eine bekannte Substanz mitlaufen lassen. Unterscheidet sich deren R_F-Wert vom tabellierten, müssen auch alle anderen R_F-Werte im gleichen Verhältnis korrigiert werden.

Zur weiteren spektroskopischen Charakterisierung getrennter Substanzen können gefärbte und fluoreszierende Verbindungen mit dem Adsorbens von der Platte gekratzt und direkt massenspektroskopisch oder nach Elution UV-VIS-spektroskopisch untersucht werden.

Zur Trennung von Milligrammengen verwendet man dicke Schichten (1 bis 3 mm). Die Probe wird in geschlossener Front an der Startlinie aufgetragen und nach dem Verdunsten des Lösungsmittels wie üblich entwickelt. Zur Sichtbarmachung der getrennten Zonen wird die Platte bis auf einen beiderseits 2 cm breiten Randstreifen abgedeckt und besprüht. Danach entfernt man mit dem Spatel die substanzführenden, nicht besprühten Zonen und extrahiert die Verbindungen mit geeigneten Lösungsmitteln. Man beachte dabei, daß polare Solventien, wie Alkohole, in gewissem Umfang auch Kieselgel kolloidal lösen.

Die Dünnschichtchromatographie eignet sich auch sehr gut als Vorversuch für säulenchromatographische Trennungen. Berücksichtigt werden muß jedoch, daß die Trennschärfe in der „geschlossenen" Säule geringer ist als in der „offenen".

2.7.2. Säulenflüssigchromatographie

Einfach kann man eine Flüssigchromatographie in einer „Trennsäule" durchführen, d. h. in einem senkrecht stehendem Glasrohr, das mit einer geeigneten stationären Phase beschickt ist. Die zu trennenden oder zu reinigenden Stoffe werden in Lösung oben auf die Säulenfüllung gegeben und mit weiterem Lösungsmittel durch die Säule transportiert, wobei sie je nach ihrer Affinität zur stationären Phase und zum Lösungsmittel verschieden schnell wandern.

Als Trennsäulen verwendet man Glasrohre der in Abbildung A.101 gezeigten Form. Je nach der zu trennenden Substanzmenge sind Abmessungen wie 15×1 cm, 25×2 cm, 40×3 cm und 60×4 cm gebräuchlich. Der untere Teil wird mit Watte oder Glaswolle lose verschlossen, weite Rohre auch durch eine Siebplatte aus Porzellan. Das Lösungsmittel gibt man aus einem Tropftrichter zu.

Abb. A.101
Chromatographierohr

Als stationäre Phase sind vor allem Adsorptionsmittel wie Aluminiumoxid oder Silicagel mit Korngrößen zwischen 65 und 200 μm gebräuchlich. Für den Erfolg einer Trennung ist es äußerst wichtig, die Säule ganz gleichmäßig zu füllen. Luftblasen, ungleichmäßige Schüttung oder gar Risse in der stationären Phase müssen unbedingt vermieden werden. Das vorher evtl. sorgfältig getrocknete Adsorptionsmittel wird am besten in dem später anzuwendenden Lösungsmittel aufgeschwemmt und die Suspension langsam unter Klopfen des Rohrs in die Säule gegossen, in der sich schon etwas Lösungsmittel befindet. Das Adsorptionsmittel wird schließlich mit etwas grobem Sand oder Watte oben abgedeckt. Man achte darauf, daß die Säule zu keinem Zeitpunkt trocken läuft, da sich dann Risse bilden. Das Verhältnis Adsorbat : Adsorbens soll etwa 1 : 100 betragen.

Bewährt hat sich auch die *trockene Säulenfüllung*, bei der die zu trennende Substanz in einer geringen Menge eines Lösungsmittels gemeinsam mit dem Trägermaterial im Vakuumrotationsverdampfer zur Trockne eingeengt wird. Anschließend wird diese beladene stationäre Phase auf eine mit weiterem trockenem Adsorptionsmittel gefüllte Säule gegeben und mit entsprechenden Lösungsmitteln eluiert.

Als Träger flüssiger stationärer Phasen für die Verteilungschromatographie in Trennsäulen wird Kieselgel oder Cellulosepulver eingesetzt. Das Mengenverhältnis Substanz zu Träger liegt zwischen 1 : 1 000 bis 1 : 3 000.

Für die Wahl der mobilen Phase gelten die in A.2.6. und A.2.7 behandelten Gesichtspunkte.

Das zu trennende Gemisch bringt man als möglichst konzentrierte Lösung auf die Säule, wobei ein Lösungsmittel geringer eluotroper Kraft, am besten die mobile Phase, verwendet wird. Sobald die Lösung eingesickert ist, gibt man das gleiche Lösungsmittel nach. Die Durchflußgeschwindigkeit darf nicht zu hoch sein, damit sich das Verteilungsgleichgewicht zwischen mobiler und stationärer Phase gut einstellen kann (etwa 3 bis 4 ml/min bei einer 40-cm-Säule).

Tropft das Eluat zu langsam ab, so wendet man geringen Überdruck an, indem man die Flüssigkeitssäule auf der Säulenfüllung erhöht. Überdruck kann auch durch Pumpen erzeugt werden oder durch technische Gase (Pressluft, Stickstoff, Argon) über druckgeprüfte Schraubverschlussflaschen aus Duranglas, die gleichzeitig die Zudosierung der Eluentien sichern.

Im Idealfall befindet sich jede einzelne Substanz getrennt innerhalb einer schmalen Zone der Säulenfüllung. Falls die Substanzen farbig oder anderweitig, z. B. durch Fluoreszenz im UV-Licht, leicht sichtbar zu machen sind, kann die vorsichtig herausgestoßene Füllung der Trennsäule an den betreffenden Stellen zerschnitten und können die einzelnen Teile getrennt extrahiert werden. Diese mechanische Aufarbeitung ist nur noch wenig gebräuchlich.

Man zieht es vor, die einzelnen Substanzen durch weiteres Lösungsmittel fraktioniert aus der Säule herauszuwaschen (zu „eluieren") und das Eluat in Fraktionen von etwa 0,5 bis 10 ml aufzufangen. Dieser Vorgang läßt sich mit Hilfe von Fraktionssammlern automatisieren, bei denen entweder die in das Auffanggefäß einfallenden Tropfen elektrisch gezählt werden (Photozelle) oder das Volumen der Fraktion zur Steuerung des Apparates ausgenutzt wird. In den aufgefangenen Fraktionen wird durch geeignete analytische Methoden festgestellt, ob sie eluierte Substanz enthalten. Bei festen Substanzen wird man meistens die Fraktionen im schwachen Vakuum abdunsten und die Schmelztemperatur des Rückstands bestimmen. Bewirkt das angewandte Lösungsmittel keine Eluierung oder folgen nach der Elution einer Substanz nur noch Fraktionen, die reines Lösungsmittel enthalten, so muß die Elutionskraft des Lösungsmittels erhöht werden. Hierzu setzt man ihm steigende Mengen – beginnend bei 1 bis 2 % – eines in der eluotropen Reihe tiefer stehenden Lösungsmittels zu und stellt fest, ob nunmehr eine weitere Substanz aus der Säule eluiert wird. Dies wird fortgesetzt, bis praktisch die gesamte eingesetzte Substanz eluiert worden ist.

Anwendungsbeispiel: *Isolierung von Coffein* aus Kaffee (oder Tee) und chromatographische Reinigung des Rohcoffeins an Aluminiumoxid neutral nach Connor, R. O., J. Chem. Educ. **42** (1965), 493.

Trennleistung und Geschwindigkeit einer Säulenchromatographie lassen sich wesentlich erhöhen, wenn man stationäre Phasen kleinerer Korngröße (40 μm) und enger Korngrößenverteilung verwendet und das Elutionsmittel durch ein Inertgas, z. B. Stickstoff aus einer Gasflasche, unter einem Druck von 1,5 bis 2 bar durch die Säule preßt. Diese Ausführung wird als *Blitzchromatographie (flash chromatography)* bezeichnet. Sie vereinigt die geringen Kosten der einfachen Säulenchromatographie mit der Schnelligkeit der aufwendigeren Mitteldruckchromatographie (vgl. A.2.7.3.), erreicht deren Wirksamkeit jedoch nicht.

Abb. A.102
Lösungsmittelreservoir (a) und Flußregler (b)
für die Flash-Chromatographie

Die Flash-Chromatographie wird im wesentlichen zu präparativen Trennungen und zur Reinigung von Substanzen in Mengen von 0,01 bis 25 g eingesetzt. Je nach Probengröße verwendet man Glastrennsäulen von 35–60 cm Länge und 10–40 mm Innendurchmesser. Üblich sind kurze Trennsäulen und eine Sorbenshöhe von ~ 15 cm. Der untere Teil der Säule wird mit Glaswolle und geglühtem Seesand gefüllt, die stationäre Phase trocken eingefüllt und aus einem auf die Säule aufgesetzten Lösungsmittelreservoir mit mobiler Phase überschichtet. Durch Anlegen eines Inertgases (z. B. Stickstoff aus einer Gasflasche) unter einem Druck von 1,5 bis 2 bar komprimiert man die Säulenfüllung und befreit sie von Luftblasen. Zur Druckregulierung dient ein Flußregler mit Nadelventil, der auf das Lösungsmittelreservoir aufgesetzt wird (Abb. A.102). Alle Schliffverbindungen der Apparatur werden durch Klemmen oder Schraubverschlüsse gesichert.

Als stationäre Phasen verwendet man außer den polaren Adsorbentien Kieselgel und Aluminiumoxid auch die unpolaren, hydrophoben Umkehrphasen (vgl. A.2.7.). Für die Chromatographie an Kieselgel und Aluminiumoxid werden n-Hexan, Petrolether, Methylenchlorid, Toluol, Tetrahydrofuran und Ethylacetat als Elutionsmittel eingesetzt, häufig Gemische aus Ethylacetat und n-Hexan oder Petrolether. DC-Vorversuche eignen sich für die Auswahl des Trennsystems. Das Mengenverhältnis von Probe, Adsorbens und mobiler Phase soll etwa 1 : 100 : 1 000 betragen.

Die in der mobilen Phase gelöste Probe wird auf die stationäre Phase aufgebracht, das Lösungsmittelreservoir aufgesetzt und über den Flußregler eine Fließgeschwindigkeit des Elutionsmittels von ~ 5 cm/min eingestellt. Wie bei der einfachen Säulenchromatographie wird das Eluat per Hand oder automatisch in Fraktionen geeigneter Größe gesammelt. Die eluierten Substanzen können durch DC, IR- oder UV-VIS-Spektroskopie, feste Stoffe auch durch Schmelzpunktbestimmung des Rückstands nachgewiesen werden. Ein Stoffgemisch kann innerhalb von 5 bis 10 Minuten getrennt werden.

2.7.3. Hochdruckflüssigchromatographie (HPLC)

Die Hochdruckflüssigchromatographie (engl. *high pressure liquid chromatography*), auch Hochleistungsflüssigchromatographie (*high performance liquid chromatography*), HPLC genannt, ist eine sehr leistungsfähige, schnelle Säulenflüssigchromatographie für die Trennung von Substanzgemischen im analytischen und präparativen Maßstab. Es werden stationäre Phasen sehr kleiner Korngröße (3 bis 10 μm) und enger Korngrößenverteilung verwendet, durch die das Elutionsmittel unter hohem Druck (50 bis 500 bar) gepreßt wird. Hierfür stehen automatisierte kommerzielle Geräte zur Verfügung, deren Aufbau schematisch Abbildung A.103 zeigt. Die Säule besteht gewöhnlich aus Edelstahl und hat bei analytischen Anwendungen einen Durchmesser von 2 bis 5 mm. Die verwendeten Trägermaterialien ergeben dichte und regelmäßige Säulenpackungen hoher Trennwirkung, so daß kurze Säulen von 5 bis 25 cm Länge ausreichen. Sie haben Trennstufenzahlen [A.105] von 1 000 bis zu 100 000.

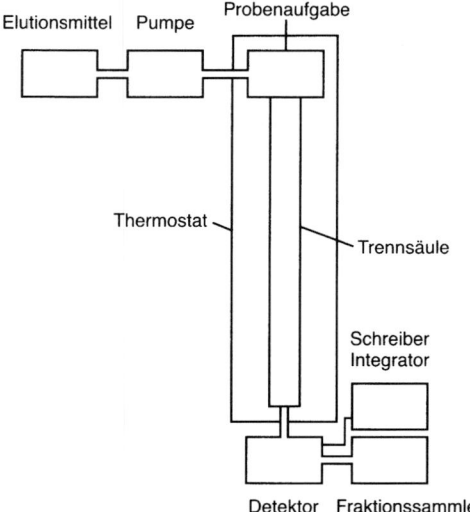

Abb. A.103
Schematischer Aufbau eines
Hochdruck-Flüssigchromatographen

Die HPLC kann sowohl als Adsorptions- als auch als Verteilungschromatographie durchgeführt werden. Meist werden Umkehrphasen angewandt. Zur Auswahl der stationären Phasen und Elutionsmittel siehe A.2 7.

Das zu trennende Substanzgemisch wird am Säulenanfang in den Elutionsmittelstrom injiziert, und die eluierten Stoffe werden am Säulenende durch einen geeigneten Detektor angezeigt und registriert. Zur Detektion läßt sich eine beliebige meßbare Stoffeigenschaft heranziehen, z. B. die Fluoreszenz-Emission, das Elektrodenpotential oder die elektrische Leitfähigkeit (bei ionischen Substanzen). Meist werden die UV-Absorption bei einer bestimmten Wellenlänge, z. B. 254 nm, oder der Brechungsindex verwendet.

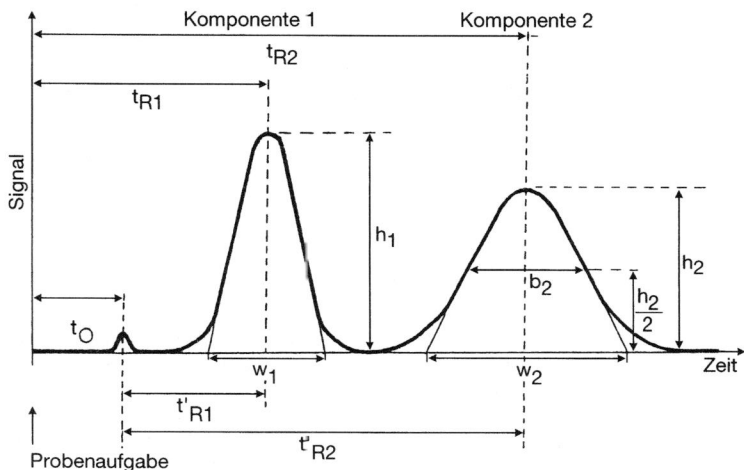

Abb. A104
Chromatogramm

Die getrennten Stoffe erscheinen im Chromatogramm als Peaks (Berge, Banden) in bestimmter Lage und Größe, Abb. A.104. Als *Retentionszeit* t_R bezeichnet man die Zeit, die vom Einspritzen der Probe bis zum Auftreten des Peakmaximums verstreicht, als *Netto-Retentionszeit* t_R' die Retentionszeit minus Durchflußzeit: $t_R = t_R' + t_0$. Die *Durchflußzeit* oder *Totzeit* t_0 ist die Zeit, die die mobile Phase benötigt, um durch die stationäre zu fließen. Bei konstanter Strömungsgeschwindigkeit des Elutionsmittels entspricht die Retentionszeit einem Volumen, das *Retentionsvolumen* V_R genannt wird. Retentionszeit bzw. Retentionsvolumen sind für eine Substanz in demselben Sinne charakteristisch wie der R_F-Wert (vgl. [A.100]). Sie hängen natürlich auch von der Art der stationären Phase, der Länge der Trennsäule, der Art und Strömungsgeschwindigkeit der mobilen Phase und der Temperatur ab.

Aus der Retentionszeit läßt sich die Zahl n der Trennstufen oder theoretischen Böden berechnen, die in Analogie zur Rektifikation (vgl. A.2.3.3.1.) und multiplikativen Verteilung (vgl. A.2.5.3.) ein Maß für die Wirksamkeit einer Trennsäule ist. Unter konstanten Versuchsbedingungen gilt:

$$n = 16 \left(\frac{t_R}{w}\right)^2 \qquad w \quad \text{Basisbreite des Peaks} \qquad [A.105]$$

Die *Peakfläche* ist der Menge der getrennten Substanz proportional und wird daher zu deren quantitativen Analyse herangezogen. Moderne HPLC-Geräte integrieren die Peakflächen automatisch. Näherungsweise kann man sie nach der „Dreiecksmethode" durch Multiplizieren der Peakhöhe h mit der Halbwertsbreite b oder durch Ausschneiden und Auswägen bestimmen. Höhe und Fläche eines Peaks hängen natürlich auch von der Empfindlichkeit des Detektors für eine bestimmte Substanz ab, z. B. bei der UV-Detektion von ihrem Extinktionskoeffizienten bei der verwendeten Wellenlänge. Der Zusammenhang zwischen Peakfläche und Stoffmenge muß daher durch Aufnahme von Eichkurven festgestellt werden, am besten unter Zugabe einer bestimmten Menge einer Bezugssubstanz, eines *inneren Standards*, auf dessen Peakfläche die Peakflächen der Eichsubstanzen bezogen werden.

Mit Säulen größeren Durchmessers (5 mm bis 20 cm) und Arbeitsdrucken zwischen 70 und 80 bar kann die Hochdruckflüssigchromatographie auch für Stofftrennungen im päparativen Maßstab (1 mg bis 10 g) angewendet werden (*präparative HPLC*).

Eine apparativ weniger aufwendige und damit billigere Variante der Hochdruckflüssigchromatographie ist die sog. *Mitteldruckflüssigchromatographie (medium pressure liquid chromatography, MPLC)*, bei der mit Drücken zwischen etwa 5 und 50 bar gearbeitet wird. Sie dient hauptsächlich zur Isolierung und Reinigung von Substanzen in Mengen von 1 mg bis 100 g.

Auch für die MPLC werden handelsübliche Geräte eingesetzt. Im allgemeinen benutzt man kunststoffummantelte zylindrische Glassäulen, die beidseitig mit Flanschverbindungen ausgestattet sind, mit Durchmessern zwischen 15 und 100 mm und Längen von 25 oder 50 cm. Die Säulen mit größerem Durchmesser sind weniger druckbelastbar. Als stationäre Phasen werden Adsorbentien, wie Kieselgel und Aluminiumoxid, sowie Polyamide und Umkehrphasen eingesetzt. Die Korngrößen liegen zwischen 15 und 50 μm. Die geeignete Zusammensetzung der mobilen Phase kann durch Vorversuche mittels DC, kleiner MPLC-Säulen oder analytischer HPLC ermittelt werden.

Die Probelösung wird in eine Probeschlaufe injiziert und durch Schaltung der Probeschlaufe zwischen Pumpe und Säule auf die Säule gebracht. Das aus der Säule austretende Eluat durchläuft einen UV-Detektor (ungeeignet für nicht UV-aktive Substanzen) oder einen Brechungsindex-Detektor (nicht geeignet bei Gradientenelution) und wird durch einen automatischen Fraktionssammler in Fraktionen wählbarer Größe aufgefangen. Die Detektoren müssen auf die hohe Durchflußgeschwindigkeit des Eluats ausgelegt sein. Die Detektorsignale zeichnet ein Schreiber als Chromatogramm auf.

2.7.4.   Gaschromatographie

In der Gaschromatographie wird ein Inertgas als mobile Phase und ein festes Adsorbens oder meist eine Flüssigkeit auf einem festen Träger als stationäre Phase angewandt (*Gas-Fest-Adsorptionschromatographie* bzw. *Gas-Flüssig-Verteilungschromatographie*). Sie ist auf Stoffe beschränkt, die ohne Zersetzung verdampft werden können oder die bei ihrer thermischen Zersetzung definierte, gasförmige Produkte ergeben.

Die Gaschromatographie ist ein sehr leistungsfähiges und schnelles Trennverfahren, das vorwiegend zur qualitativen und quantitativen Analyse, aber auch zur präparativen Trennung von Stoffgemischen eingesetzt wird. Es werden kommerzielle Geräte verwendet, deren Aufbau schematisch in Abbildung A.106 dargestellt ist

Als *Trennsäule* oder *Kolonne* werden Rohre aus Kupfer, Stahl, Glas oder Quarz mit Durchmessern von 3 bis 8 mm und Längen von 1 bis 6 m verwendet, in denen sich die stationäre Phase auf einem festen Trägermaterial befindet. Auch sog. Kapillarsäulen (Durchmesser 0,1–0,5 mm, Länge 10–300 m) sind gebräuchlich, die eine außerordentlich hohe Trennleistung besitzen. Bei ihnen befindet sich die stationäre Phase als Flüssigkeitsfilm direkt auf der Kolonnenwand *(Dünnfilm-Kapillaren)* oder auf einer dünnen Schicht des Trägermaterials *(Dünnschicht-Kapillaren)*. Mit gepackten Säulen können Substanzmengen von 0,5–30 mg, mit Kapillarsäulen Mengen im μg-Bereich getrennt werden.

Die Trennsäule wird von einem Gas (Stickstoff, Helium, Argon, Wasserstoff) durchströmt, in das am Kopf der Kolonne das zu trennende Stoffgemisch aufgegeben, bei Flüssigkeiten meist injiziert wird. Die im Gaschromatographen herrschende Arbeitstemperatur (0 bis 400 °C) soll etwa 100–200 °C unterhalb der mittleren Siedetemperatur der zu trennenden Substanzen liegen. Sie wird durch einen Thermostaten aufrechterhalten und kann im Laufe der

Trennung kontinuierlich erhöht werden, was der Gradienten-Elution bei der Flüssigchromatographie entspricht.

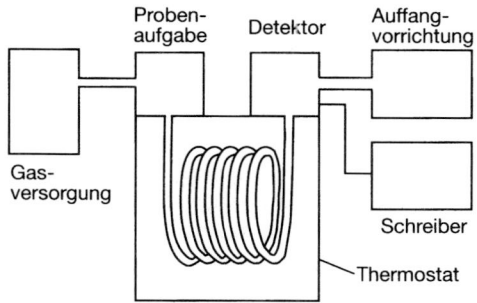

Abb. A.106
Schematische Darstellung eines
Gaschromatographen

Als stationäre Phase für die Gasverteilungschromatographie finden organische Flüssigkeiten mit einem niedrigen Dampfdruck (< 0,1 kPa (< 1 Torr) bei der Arbeitstemperatur) Verwendung, z. B. Squalan (ein verzweigtes C_{30}-Alkan), Apiezonfette (Erdölfraktionen), Silicon-öle, Phthalsäureester, Polyglycole (sog. Carbowachse), Polyester u. a. Als Trägermaterial eignen sich Stoffe, die bei geringer Adsorptionsaktivität eine große Oberfläche besitzen, vor allem Kieselgure und Kieselgele. Sie ermöglichen eine großflächige Verteilung der Trennflüssigkeit, ohne dabei das Verteilungsgleichgewicht zwischen Flüssigkeit und Gas durch Adsorptionskräfte zu stören.

Zur Messung der am Ende der Kolonne gasförmig austretenden Komponenten in einem *Detektor* können im Prinzip alle physikalischen Eigenschaften der Gase oder Dämpfe benutzt werden. Verbreitet ist die Messung der Wärmeleitfähigkeit (Wärmeleitfähigkeitsdetektor, Katharometer) und die Messung des Ionenstromes bei der Verbrennung bzw. Bestrahlung des Gases (Flammenionisationsdetektor, Strahlungsionisationsdetektor). Auch IR-spektroskopische Detektion ist üblich, besonders bei Gaschromatographen, die direkt an ein Massenspektrometer gekoppelt sind. Die Detektorsignale werden von einem empfindlichen Kompensationsschreiber registriert oder nach Digitalisierung einem Rechner zugeführt. Man erhält das Gaschromatogramm, das genau so wie ein Flüssigchromatogramm aussieht (Abb. A.104).

Die Fläche der Peaks (Berge, Banden) ist, wie in A.2.7.3. beschrieben, der Menge der getrennten Stoffe proportional. Als *Retentionszeit* t_R bezeichnet man die Zeit, die von der Injektion bis zum Substanzmaximum verstreicht (vgl. Abb. A.104). Bei konstanter Strömungsgeschwindigkeit entspricht diese Zeit dem *Retentionsvolumen* V_R. Retentionszeit bzw. Retentionsvolumen sind für eine Substanz charakteristische Größen. Statt der absoluten Werte verwendet man meist die *relativen Retentionen*, die man auf eine Standardsubstanz bezieht, die in dem zu charakterisierenden Stoffgemisch enthalten ist oder ihm zugegeben wird:

$$R_{rel} = \frac{t_{R2}}{t_{R1}} \qquad\qquad [A.107]$$

Auch die die Trennleistung der Säule charakterisierende Anzahl der theoretischen Böden n (vgl. A.2.3.3.1.) wird analog der HPLC nach Formel [A.105] berechnet. Sie nimmt mit steigender Säulenlänge zu. Außerdem hängt n von einer Anzahl anderer Parameter, wie Art und Menge der stationären Phase, Kolonnentemperatur, Strömungsgeschwindigkeit sowie Art und Druck des Trägergases ab. Mit kommerziellen Geräten für die Gaschromatographie erreicht man bei einer Kolonnenlänge von 2 m eine Trennwirkung von etwa 2 000 theoretischen Böden. Bei Verwendung von Kapillarkolonnen mit einer Länge von 30 m ist die Trennwirkung um das Zehn- bis Zwanzigfache höher. Sie läßt sich mit Präzisionsgeräten auf 500 000 theoretische Böden steigern.

Für die Trennwirkung der Kolonnen ist die Wahl der richtigen stationären Phase entscheidend. Hierfür gelten folgende allgemeine Gesichtspunkte:

– Gemische unpolarer Substanzen werden an einer unpolaren Trennflüssigkeit in der Reihenfolge ihrer Siedepunkte getrennt.
– Polare Gemische wandern an unpolaren Trennflüssigkeiten schneller als unpolare.
– Mit steigender Polarität der Trennflüssigkeit werden die polaren Komponenten stärker zurückgehalten als unpolare Stoffe gleicher Siedetemperatur.

So sind Paraffinwachse, Siliconöle und Tricresylphosphat für die Trennung von Kohlenwasserstoffen und Kohlenwasserstoffderivaten geringer Polarität (Halogenkohlenwasserstoffe) geeignet, während Dialkylphthalate darüber hinaus zur Trennung von sauerstoffhaltigen Verbindungen (Ether, Ester, Ketone, Aldehyde u. a.) empfohlen werden. Wasserhaltige Gemische lassen sich gut an Polyglycolen trennen.

Reicht die Selektivität einer Trennflüssigkeit, d. h. ihre Fähigkeit, Substanzen unterschiedlicher chemischer Struktur verschieden stark zurückzuhalten, für ein gegebenes Trennproblem nicht aus, kombiniert man Kolonnen mit Phasen unterschiedlicher Polarität.

Bei der Reinheitsprüfung chromatographiert man eine Substanz an mindestens zwei stationären Phasen unterschiedlicher Polarität. Tritt in beiden Fällen nur ein Peak auf, kann man die Substanz im allgemeinen als einheitlich betrachten.

Zur Identifizierung bestimmt man zunächst die relative Retention der zu untersuchenden Substanzen. Als Standards haben sich Nonan und andere Normalkohlenwasserstoffe bewährt. Der Vergleich der ermittelten relativen Retention mit tabellierten Daten gestattet es oft schon, Schlüsse auf die Konstitution der Komponenten zu ziehen. Die Wahrscheinlichkeit eines Fehlschlusses läßt sich durch nochmalige Trennung an einer stationären Phase anderer Polarität verringern. Durch Zumischen einer authentischen Probe der zu identifizierenden Substanz kann die Sicherheit der Aussage weiter erhöht werden. In neuerer Zeit wendet man zur qualitativen Analyse der gaschromatographisch getrennten Komponenten die Massenspektroskopie an (vgl. A.3.7.), indem direkt an den Ausgang einer Trennsäule, im allgemeinen einer Kapillarkolonne, ein Massenspektrometer angeschlossen wird.

Für die *quantitative Auswertung* eines Gaschromatogramms kann man in erster Näherung die Verhältnisse der Flächen unter den Peaks verwenden.

Unter der Voraussetzung, daß
a) die Zahl der Komponenten in der Probe der der aufgetrennten Peaks entspricht,
b) der Detektor über einen großen Konzentrationsbereich linear arbeitet und
c) es sich im Gemisch um chemisch verwandte Substanzen handelt,
verhalten sich die Flächen (F_i) wie die Massenprozente der Komponenten (m_i):

$$m_i = \frac{100 F_i}{\sum F_i} \qquad \text{[A.108]}$$

Die Peakflächen werden bei modernen Geräten durch elektronische Integration erhalten. Andernfalls können sie nach der „Dreieckmethode" durch Multiplikation der Peakhöhe h mit der Halbwertsbreite b (vgl. Abb.A.104), durch Auszählen der Flächen oder durch Ausschneiden und anschließendes Wägen bestimmt werden.

Die Bestimmung der absoluten Konzentration einer oder mehrerer Komponenten der Analysenprobe ist durch äußere (Aufnahme einer Eichkurve) oder vorteilhaft durch innere Eichung (Methode des inneren Standards) möglich. Bei innerer Eichung wird zum Analysengemisch eine genau dosierte Menge einer Standardsubstanz gegeben. Die Standardsubstanz sollte mit den zu trennenden Komponenten chemisch verwandt sein und eine ähnliche Retentionszeit besitzen wie diese, sich aber nicht mit den Peaks der Probe überlagern.

Aus den Flächenverhältnissen ergeben sich die Massenprozente der unbekannten Substanz nach folgender Beziehung:

$$m_i = \frac{M_i}{M_i + M_{St}} \frac{100 F_i}{F_{St}} \qquad M_{St} = \text{Menge der Standardsubstanz} \qquad [A.109]$$

Bei der quantitativen Analyse strukturell sehr unterschiedlicher Substanzen muß man durch Flächenkorrekturfaktoren die substanzspezifische Anzeige des Detektors ausgleichen.

Die Gaschromatographie wird auch zur *präparativen Trennung* von Substanzgemischen benutzt. Mit Hilfe von Kühlfallen am Kolonnenende friert man die getrennten Substanzen aus.

3. Bestimmung physikalischer Eigenschaften organischer Verbindungen

Organische Verbindungen sind im allgemeinen durch ihre Elementarzusammensetzung und die Molmasse nicht ausreichend charakterisiert. Man muß daher weitere, vor allem physikalische Eigenschaften dieser Verbindungen zu ihrer Identifizierung heranziehen. Die wichtigsten sind die Schmelztemperatur, die Siedetemperatur, die Dichte, die Lichtbrechung, in bestimmten Fällen die Drehung der Ebene des polarisierten Lichtes sowie die Absorption elektromagnetischer Schwingungen verschiedener Energie (UV-VIS-, IR-, NMR-Spektrum) und unter Umständen der Zerfall ionisierter Moleküle in der Gasphase (Massenspektrum).

Alle diese Eigenschaften können gleichzeitig als Reinheitskriterien eines Stoffes dienen, der dann als rein gilt, wenn sich seine physikalischen Eigenschaften bei wiederholten Reinigungsprozessen, wie Destillieren, Umkristallisieren, Chromatographieren usw., nicht ändern.

3.1. Schmelztemperatur

Die *Schmelztemperatur* eines Stoffes, meist auch als Schmelzpunkt bezeichnet, ist die Temperatur, bei der die feste Substanz mit ihrer Schmelze im Gleichgewicht steht. Reine Substanzen haben eine scharfe Schmelztemperatur, ihre exakte Bestimmung (auf etwa 0,01 °C genau) ist nur durch Aufnahme von Schmelzkurven möglich.

Bei den üblichen einfachen Bestimmungsmethoden, die im folgenden beschrieben werden, beobachtet man im allgemeinen Schmelzintervalle von einigen Zehnteln bis zu einem Grad. Geringe Verunreinigungen, auch durch höher schmelzende Stoffe, erniedrigen die Schmelztemperatur zum Teil beträchtlich. Man beobachtet außerdem ein größeres Schmelzintervall (> 1 °C). Man nutzt diese Tatsache auch aus, um die Identität zweier Stoffe gleicher Schmelztemperatur zu prüfen. Dazu werden gleiche Mengen der beiden Stoffe gut miteinander verrieben. Ist die Schmelztemperatur dieser Mischung („Mischschmelzpunkt") unverändert, so handelt es sich um denselben Stoff, wird sie erniedrigt, um zwei verschiedene Substanzen. Isomorphe Verbindungen zeigen auch bei chemischer Verschiedenheit keine Schmelztemperaturdepression.

Man mache es sich zur Gewohnheit, die Identität zweier Stoffe zuerst durch diese einfache und schnelle Methode zu überprüfen, bevor man zu den aufwendigeren spektroskopischen Verfahren greift.

Viele organische Substanzen schmelzen unter Zersetzung, die sich äußerlich meist durch Verfärbung und Gasentwicklung zeigt. Diese *Zersetzungstemperatur* ist im allgemeinen unscharf sowie von der Erhitzungsgeschwindigkeit abhängig (schnelles Erhitzen: höhere Zersetzungstemperatur) und daher nicht genau reproduzierbar. Manche Stoffe haben überhaupt keine charakteristische Umwandlungstemperatur und verkohlen beim starken Erhitzen.

Zwischen der Schmelztemperatur und dem Molekülbau eines Stoffs bestehen gewisse Zusammenhänge. Es läßt sich angenähert voraussagen, daß Stoffe mit symmetrischen Molekülen bei höheren Temperaturen schmelzen als solche mit weniger symmetrischem Bau. So haben z. B. Normalparaffine eine höhere Schmelztemperatur als die Isoparaffine gleicher C-Zahl. Bei stereoisomeren Verbindungen hat die *trans*-Verbindung meist die höhere Schmelztemperatur (beispielsweise Maleinsäure (*Z, cis*) *F* 130 °C, Fumarsäure (*E, trans*) *F* 287 °C.

Die Schmelztemperatur steigt mit dem Assoziationsgrad einer Verbindung an. So schmelzen die nicht zu Wasserstoffbrückenbindungen befähigten Ester wesentlich tiefer als die Carbonsäuren.

3.1.1. Bestimmung der Schmelztemperatur in der Kapillare

Die fein pulverisierte, gut getrocknete Substanz wird in einer 2 bis 4 mm hohen Schicht in ein etwa 1 mm weites, einseitig zugeschmolzenes Kapillarröhrchen gebracht. Dazu taucht man die Kapillare in die Substanzprobe und klopft das Pulver vorsichtig auf den Kapillarboden bzw. läßt das Röhrchen mehrfach durch ein langes, senkrecht auf einer harten Unterlage stehendes Glasrohr fallen.

Die Schmelztemperatur sublimierender Substanzen wird in einer auf beiden Seiten zugeschmolzenen Kapillare bestimmt, deren gesamter abgeschmolzener Teil sich im Heizbad befinden muß.

Das sogenannte Schmelzpunktröhrchen wird im einfachsten Falle (Abb. A.110) mit einem Stückchen Gummischlauch an einem (möglichst geeichten) Thermometer befestigt – die Substanzprobe muß sich dabei in Höhe der Quecksilberkugel des Thermometers befinden – und in einem Becherglas mit Paraffinöl oder Siliconöl (als Wärmeüberträger für Temperaturen bis etwa 250 °C geeignet) langsam (4 bis 6 °C pro Minute, in der Nähe der Schmelztemperatur 1 bis 2 °C pro Minute) bis auf die Schmelztemperatur erhitzt.

Günstiger als die beschriebene Einrichtung ist wegen der gleichmäßigeren Wärmeübertragung die Apparatur zur Bestimmung der Schmelztemperatur nach THIELE (Abb. A.111).

Bei diesen Schmelztemperaturbestimmungen ist unbedingt eine Schutzbrille zu tragen!

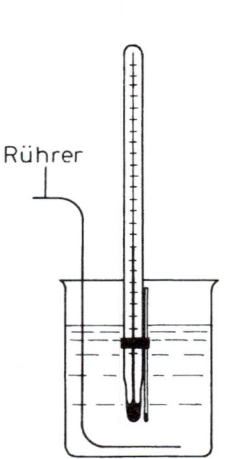

Abb. A.110
Einfache Apparatur zur Bestimmung des Schmelztemperatur

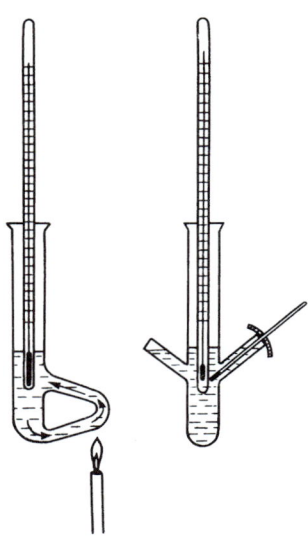

Abb. A.111
Apparatur zur Bestimmung der Schmelztemperatur nach THIELE

Als Schmelztemperatur liest man die Temperatur ab, bei der die Substanz *klar geschmolzen* ist. Die Schmelztemperaturangabe ist höchstens auf ± 0,5 °C genau. Bei unreinen Substanzen gibt man das Temperaturintervall vom Auftreten erster Anteile flüssiger Phase bis zur klaren Schmelze an. Die auf diese Weise bestimmte Schmelztemperatur bzw. das Schmelzintervall liegen im allgemeinen etwa 1 °C höher als der auf einem Heiztisch (vgl. A.3.1.2.) ermittelte Wert.

Die Schmelztemperatur sehr hoch schmelzender Verbindungen (> 250 °C) bestimmt man im Metallblock (Kupfer, Aluminium). Kapillaren mit der Probe und Thermometer werden in Bohrungen des Blockes eingeführt, eine weitere Bohrung, die mit Glimmerfenstern verschlossen sein kann, dient zur Beobachtung des Schmelzvorganges.

Die Schmelztemperaturbestimmung in der Kapillare ist ohne größeren Aufwand auch bis zu Temperaturen von etwa –50 °C möglich. Man arbeitet am einfachsten in einem Becherglas mit einer Kältemischung aus Kohlensäureschnee/Methanol (Abb. A.110). Man kühlt zunächst so weit, daß die Substanz in der Kapillare erstarrt und läßt dann die Kältemischung sich langsam unter Rühren erwärmen.

Da das Thermometer nicht mit seiner ganzen Länge in das Flüssigkeitsbad eintaucht, macht sich eine *Thermometerkorrektur* erforderlich. Wenn ϑ_a^0 die abgelesene Temperatur ist, errechnet sich die wahre Temperatur ϑ_w^0 zu:

$$\vartheta_w^0 = \vartheta_a^0 + n\gamma\left(\vartheta_a^0 - \vartheta_f^0\right)$$

[A.112]

ϑ_f^0 mittlere Temperatur des herausragenden Fadens; γ Konstante, abhängig von der Art des Thermometers, für Quecksilberthermometer in Jenaer Glas ist $\gamma = 0{,}000\,16$; n Anzahl der Grade, die der Faden aus dem Bad herausragt.

3.1.2. Mikroschmelztemperaturbestimmung auf dem Heiztisch

Die mikroskopische Beobachtung des Schmelzvorgangs bei 50- bis 100facher Vergrößerung bietet gegenüber der Bestimmung der Schmelztemperatur in der Kapillare verschiedene Vorteile: Der Substanzverbrauch ist sehr gering, so daß im Mikro- und Submikromaßstab gearbeitet werden kann (mg bis μg). Veränderungen der Substanz beim Erwärmen lassen sich unter dem Mikroskop (Abb. A.113) sehr genau beobachten (Wasserabspaltung aus Hydraten, Umwandlung polymorpher Substanzen, Sublimation und Zersetzungsprozesse). Es sind daher elektrisch geheizte Objekttische für Mikroskope konstruiert worden KOFLER, BOETIUS), die es gestatten, die gewünschte Geschwindigkeit des Temperaturanstiegs über einen Regelwiderstand einzustellen. In der seitlichen Bohrung der Heizplatte ist ein Thermometer angebracht, das mit Hilfe geeigneter Testsubstanzen in Verbindung mit dem Heiztisch geeicht wurde. Die erhaltenen Werte stellen daher korrigierte Schmelztemperaturen dar; eine Fadenkorrektur ist nicht erforderlich.

Zur Vorbereitung der Probe werden zunächst wenige Kriställchen zwischen einem planges chliffenen Spezialobjektträger und ein zugehöriges Deckgläschen gebracht. Größere Kristalle muß man zunächst zwischen zwei Objektträgern zerreiben. Der Objektträger wird mit einem Führungsring auf dem mit einer Glasplatte abgedeckten Heiztisch in das Beobachtungsfeld des Mikroskopes gebracht.

Die Schmelztemperatur kann auf zweierlei Art bestimmt werden. In der *„durchgehenden"* *Arbeitsweise* läßt man die Temperatur des Heiztisches ohne Unterbrechung bis zum vollständigen Schmelzen der Substanz ansteigen (in der Nähe der Schmelztemperatur 2 bis 4 °C pro Minute). Als Schmelzbeginn betrachtet man die Temperatur, bei der sich die Ecken und Kanten größerer Kristalle runden. Die Temperatur, an der alle Kristalle verschwunden sind, wird als Ende des Schmelzintervalls angegeben. Bei der exakteren *Bestimmung der Schmelztemperatur im „Gleichgewicht"* wird durch Regulierung der Heizung diejenige Temperatur eingestellt, bei der Gleichgewicht zwischen fester und flüssiger Phase herrscht.

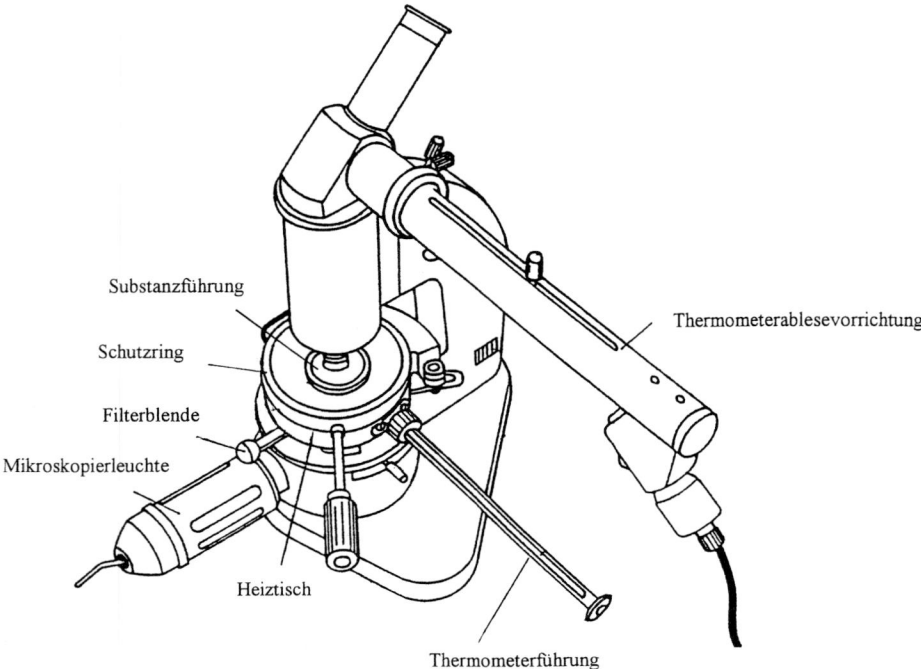

Substanzführung

Schutzring

Filterblende

Mikroskopierleuchte

Thermometerablesevorrichtung

Heiztisch

Thermometerführung

Abb. A.113
Heiztischmikroskop zur Bestimmung der Schmelztemperatur

Die Schmelztemperaturen sublimierender Substanzen bestimmt man in flachen, zugeschmolzenen Küvetten (Fischer-Küvetten).

Zur Bestimmung des Mischschmelzpunkts gibt man je ein Kriställchen der beiden Substanzen eng nebeneinander auf einen Objektträger und bringt sie durch leichtes Drücken und Bewegen mit dem Eckglas in innige Berührung.

3.2.   Siedetemperatur

Die Siedetemperatur (der „Siedepunkt") ist im Gegensatz zur Schmelztemperatur stark druckabhängig (vgl. [A.45]) und ihre exakte Bestimmung mit einem größeren Aufwand verbunden.

Meist wird als Siedetemperatur das beim Destillieren einer Substanz beobachtete Siedeintervall angegeben. Hierbei können durch Überhitzung des Dampfs und fehlerhafte Apparatedimensionen (z. B. falscher Sitz des Thermometers, vgl. A.2.3.2.2.) Abweichungen vom wirklichen Wert auftreten. Weitere Fehlerquellen entstehen auch, wenn die Thermometerkorrektur nicht berücksichtigt wird (vgl. [A.112]) oder die Druckmessung nicht exakt erfolgt (z. B. durch fehlerhafte Manometeranzeige des Vakuums). Daher findet man in der Literatur häufig unterschiedliche Siedetemperaturangaben für die gleiche Substanz.

Der Einfluß von Verunreinigungen auf die Siedetemperatur ist stark von der Art des verunreinigenden Stoffes abhängig. So findet man beträchtliche Einflüsse, wenn Reste leichtflüchtiger Lösungsmittel vorhanden sind. Dagegen hat der Zusatz eines Stoffes gleicher Siedetemperatur (bei idealem Verhalten) überhaupt keinen Einfluß (vgl. Raoultsches Gesetz [A.48]). Meist wirken sich kleine Verunreinigungen auf die Siedetemperatur weniger aus als auf die Schmelztemperatur.

Aus allen diesen Gründen hat die Siedetemperatur zur Charakterisierung eines Stoffes und als Reinheitskriterium nicht die gleiche Bedeutung wie die Schmelztemperatur.

Molekülgröße und intermolekulare Wechselwirkungen bestimmten weitgehend die Höhe der Siedetemperatur. So steigt die Siedetemperatur der Normalparaffine von C_4 bis C_{12} jeweils um 20 bis 30 °C pro C-Atom an. Verzweigte Verbindungen besitzen generell eine niedrigere Siedetemperatur als entsprechende geradkettige. In der Reihe Ether < Aldehyd < Alkohol hat bei gleicher C-Zahl der Alkohol die höchste Siedetemperatur, da die intermolekulare Wechselwirkung (Assoziation) in demselben Maße zunimmt (Wasserstoffbrücken bei den Alkoholen).

Eine genaue Siedetemperaturbestimmung ist mit Hilfe von *Ebulliometern* möglich. Im Prinzip wird dabei die Flüssigkeit unter Rückfluß zum Sieden erhitzt und die Temperatur gemessen. Durch geeignete Konstruktion werden Wärmeverluste und auch Überhitzungen des Dampfs verhindert. Es sind aber im allgemeinen relativ große Substanzmengen erforderlich (mindestens einige ml). Stehen diese zur Verfügung ($\geq$ 10 ml), so kann man eine Siedekurve einfacher in einer Destillationsapparatur aufnehmen. Dabei ist zu beachten, daß die Thermometerkugel vollständig von Dampf umspült wird, von Flüssigkeit benetzt ist und nicht zu tief in den überhitzten Dampf hineinragt (vgl. A.2.3.2.2.).

3.3. Refraktometrie

Zur Identifizierung einer flüssigen Substanz und zur Prüfung ihrer Reinheit kann auch der *Brechungsindex n* herangezogen werden. Wird monochromatisches Licht an der Grenzfläche zweier Medien gebrochen (Abb. A.114), gilt das Snelliussche Gesetz. Im allgemeinen dient Luft als Bezugsmedium.

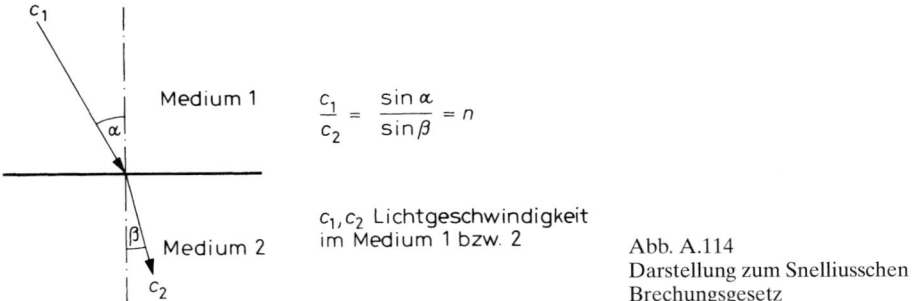

$$\frac{c_1}{c_2} = \frac{\sin \alpha}{\sin \beta} = n$$

c_1, c_2 Lichtgeschwindigkeit im Medium 1 bzw. 2

Abb. A.114
Darstellung zum Snelliusschen
Brechungsgesetz

Der Brechungsindex ist stark von der Temperatur abhängig. Bei organischen Flüssigkeiten nimmt er mit steigender Temperatur um etwa 4 bis $5 \cdot 10^{-4}$ pro Grad ab. Darüber hinaus ändert sich der Brechungsindex mit der Wellenlänge des Lichts (Dispersion). Im allgemeinen gibt man Brechungsindizes bei der Spektrallinie des gelben Natriumlichts (D-Linie, 589 nm) an. Temperatur und Wellenlänge bzw. Spektrallinie werden als Indizes vermerkt, z. B. n_D^{25}.

Man bestimmt Brechungsindizes mit Hilfe von *Refraktometern*. Das Standardgerät für organisch-chemische Laboratorien ist das Abbe-Refraktometer. Es benutzt als Meßprinzip die Bestimmung des Grenzwinkels der Totalreflexion und ist so konstruiert, daß auch bei Verwendung von polychromatischem Licht (z. B. Tageslicht) der Brechungsindex bei der D-Linie erhalten wird. Man benötigt für eine Messung nur wenige Tropfen Flüssigkeit, die Genauigkeit beträgt $\pm$ 0,000 1.[1] Um diese Genauigkeit zu erreichen, muß die Temperatur während der Messung mit Hilfe eines Thermostaten auf $\pm$ 0,2 °C konstant gehalten werden. Man mißt

---

[1] Man überprüfe Refraktometer von Zeit zu Zeit z. B. durch Messung einer Flüssigkeit mit genau bekanntem Brechungsindex (etwa dest. Wasser, n_D^{20} = 1,3330) und justiere gegebenenfalls nach!

zweckmäßig bei 20 °C oder 25 °C bzw. bei niedrig schmelzenden festen Stoffen wenig oberhalb der Schmelztemperatur.

Der Brechungsindex ist konzentrationsabhängig. Daher wird die Refraktometrie auch zur Konzentrationsbestimmung von Lösungen, zur Reinheitsprüfung und zur Kontrolle von Trennprozessen, z. B. analytischer Destillationen, angewandt. Der Brechungsindex binärer Mischungen ist linear von der Konzentration (in Volumenprozent) der Komponenten abhängig, wenn bei ihrer Mischung keine Volumenänderung auftritt. Im anderen Falle treten Abweichungen von der Linearität auf; für genaue Konzentrationsbestimmungen müssen dann Eichkurven aufgestellt werden.

Aus dem Brechungsindex eines Stoffes und seiner Dichte kann man mit Hilfe der Lorentz-Lorenzschen Gleichung [A.115] die *Molrefraktion* M_R berechnen, die eine temperaturunabhängige Konstante darstellt:

$$M_R = \frac{n^2 - 1}{n^2 + 2} \frac{M}{D} = \frac{3}{4} \pi N_A \alpha \qquad\qquad \text{[A.115]}$$

M Molmasse; D Dichte; N_A Avogadro-Konstante

Die Molrefraktion gestattet Aussagen über die Konstitution des Moleküls. Man informiere sich darüber in Lehrbüchern. Sie ist darüber hinaus der Elektronenpolarisierbarkeit des Moleküls direkt proportional (vgl. [A.115]).

3.4.   Polarimetrie

Gewisse chemische Verbindungen sind „optisch aktiv", d. h. wenn sie von linear polarisiertem Licht durchstrahlt werden so drehen sie die Schwingungsebene des Lichts um einen bestimmten Betrag, den Drehwinkel α. Optische Aktivität tritt auf, wenn die Moleküle der betreffenden Verbindungen chiral sind. Man informiere sich in diesem Zusammenhang in Kapitel C.7.3.1 über Chiralität und Enantiomerie!

Die Drehung der Polarisationsebene kann sowohl nach rechts (+; für den Beobachter im Uhrzeigersinn) als auch nach links (−) erfolgen. Der Drehwinkel α ist bei einem gegebenen Lösungsmittel abhängig von der Konzentration c (in g/100 ml Lösung), der Schichtdicke l (in dm) der durchstrahlten Substanz, der Temperatur t und der Wellenlänge λ[1]). Für eine bestimmte Wellenlänge und Temperatur gilt:

$$\alpha = [\alpha]_\lambda^t \frac{cl}{100} \qquad\qquad \text{[A.116]}$$

$[\alpha]_\lambda^t$ wird als spezifische Drehung bezeichnet. Man mißt im allgemeinen mit dem Licht der D-Linie des Natriumlichts bei Temperaturen von 20 °C oder 25 °C. Die Angabe erfolgt z. B. als $[\alpha]_D^{20}$.

Die Größe des Drehwinkels α läßt sich mit Hilfe von *Polarimetern* bestimmen. Ein visuelles Polarimeter (Abb. A.117) besteht im Prinzip aus einer monochromatischen Lichtquelle (A), deren Licht in einem Nicolschen Prisma (B; Polarisator) polarisiert wird und danach durch die Küvette (C) mit der Lösung der zu untersuchenden Substanz hindurchtritt. Die dabei erfolgende Drehung der Ebene des polarisierten Lichts läßt sich mit Hilfe eines zweiten drehbaren Nicolschen Prismas (D; des Analysators) feststellen, das mit einer graduierten Skala fest verbunden ist. Dabei muß das durch ein Okular (E) beobachtete, in zwei oder drei Teile unterschiedlicher Helligkeit geteilte Sehfeld auf gleichmäßige Helligkeit gebracht werden.

---

[1]) Die Abhängigkeit der Drehung der Polarisationsebene von der Wellenlänge bezeichnet man als Rotationsdispersion; man vergleiche hierzu die am Ende des Kapitels angegebene Literatur.

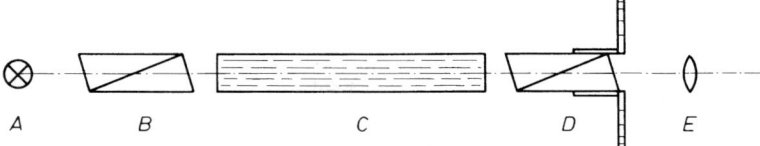

Abb. A.117
Schematische Darstellung eines Polarimeters

Die hierzu notwendige Drehung des Analysators wird auf der Skala abgelesen. Zur Kontrolle des Nullpunkts des Geräts führt man in gleicher Weise eine Messung ohne die zu untersuchende Substanzlösung durch.

Ein so gefundener Winkel $+ \alpha$ kann sowohl einer Rechtsdrehung um α (oder $\alpha + 180°$) als auch einer Linksdrehung um $180° - \alpha$ (oder $360° - \alpha$) entsprechen. Der Drehungssinn muß daher durch eine zweite Messung, z. B. mit der halben Schichtdicke oder Konzentration, gesondert ermittelt werden. Erhält man dabei einen Drehwinkel von $\alpha/2$ (oder $\alpha/2 + 90°$), so liegt Rechtsdrehung vor, während ein Winkel von $90° - \alpha/2$ (oder $180° - \alpha/2$) Linksdrehung anzeigt. Da die Abhängigkeit der spezifischen Drehung von der Temperatur nicht sehr groß ist, kommt man im allgemeinen ohne eine Thermostatierung der Meßküvette aus. Bei genauen Messungen ist sie jedoch nötig.

Wegen der Wechselwirkung des gelösten Stoffs mit dem Lösungsmittel ist die spezifische Drehung stark vom Lösungsmittel und unter Umständen auch von der Konzentration abhängig. Daher müssen Lösungsmittel und Konzentration angegeben werden, z. B. $[\alpha]_D^{25} = 27,3°$ in Wasser ($c = 0,130$ g·ml^{-1}).

Polarimetrische Messungen dienen außer zur Kennzeichnung reiner optisch-aktiver Verbindungen auch zur quantitativen Bestimmung in Lösungen. So kann z. B. der Gehalt von Zuckerlösungen polarimetrisch bestimmt werden (Saccharimeter).

3.5.   Optische Spektroskopie

Wird ein Stoff von elektromagnetischen Wellen durchstrahlt, so kann er mit der Strahlung in Wechselwirkung treten und Energie absorbieren, wenn eine seiner Eigenfrequenzen mit der entsprechenden Frequenz der Strahlung übereinstimmt. Je nach der Frequenz der absorbierten Strahlung unterscheidet man Röntgen-, UV-VIS-, Infrarot- und Mikrowellenspektroskopie.

Für Routineuntersuchungen in der organischen Chemie sind der Ultraviolettbereich (UV), der sichtbare Bereich (VIS) und der Infrarotbereich (IR) besonders interessant, weil hier preiswerte Spektrometer verfügbar und die erhaltenen Spektraldaten relativ einfach empirisch auswertbar sind.

Derartige Geräte arbeiten wie folgt: Die von der Strahlungsquelle kommende polychromatische Strahlung durchsetzt die Probe, wo ein Teil entsprechend den angeregten Eigenfrequenzen der Substanz absorbiert wird. In einem (meist nachgeschalteten) Monochromator wird das polychromatische Licht in die einzelnen Frequenzen getrennt, danach verstärkt und schließlich die Intensität relativ zu einem Vergleichsstrahl gemessen, der unmittelbar durch den Monochromator (IR-Spektroskopie) oder durch eine Vergleichsküvette geschickt wird, die nur das Lösungsmittel enthält (UV-VIS-Spektroskopie). Im letzten Fall werden die Eigenabsorption des Lösungsmittels und Reflexionsverluste an der Küvettenoberfläche kompensiert („Zweistrahlspektrometer"). Der Monochromator wird schrittweise auf die einzelnen Frequenzen eingestellt und so der gesamte interessierende Spektralbereich durchfahren. Die Absorptionsintensität wird über der Wellenlänge oder der Frequenz in Form einer Kurve (Spektrum) und/oder digital registriert.

In neuentwickelten UV-VIS-Spektrometern entfällt die Variation der Frequenz durch einen Monochromator, statt dessen wird das polychromatische Licht durch ein geeignetes Dispersionselement in die einzelnen Frequenzen aufgetrennt, die durch entsprechend angeordnete Photodioden registriert, elektrisch verstärkt und aufgezeichnet werden (Dioden-Array-Spektrometer). Mit derartigen Geräten läßt sich ein UV-VIS-Spektrum innerhalb von Millisekunden erhalten. Auch bei IR-Spektrometern gibt es Weiterentwicklungen (Fourier-Transform-IR-Spektrometer).

Im UV-VIS- bzw. IR-Spektrum sind die Lage des Signals auf der Energiekoordinate (Wellenlänge bzw. Frequenz) und seine Intensität von Bedeutung. Für die absorbierte Energie ΔE gilt

$$\Delta E = h v = \frac{hc}{\lambda} \tag{A.118}$$

v Frequenz, λ Wellenlänge, h Planck-Wirkungsquantum, c Lichtgeschwindigkeit

Durch Multiplikation mit der Avogadro-Konstante erhält man die pro Mol bei der jeweiligen Wellenlänge aufgenommene Strahlungsenergie:

$$\Delta E = \frac{119,6 \cdot 10^3}{\lambda / \text{nm}} \text{kJ} \cdot \text{mol}^{-1} \tag{A.119}$$

UV-VIS- und IR-Spektrometer zeichnen die Absorptionsintensität entweder über der Wellenlänge und/oder Frequenz auf. Die Registrierung über der Frequenz hat den Vorteil, daß die Abszisse linear von der Energie dargestellt wird. Die Frequenz hat jedoch unhandlich große Zahlenwerte, und man verwendet deshalb die Wellenzahl $\tilde{v}$ (in cm^{-1}):

$$\tilde{v} = \frac{v}{c} = \frac{10^7}{\lambda / \text{nm}} \text{ cm}^{-1} \tag{A.120}$$

$\tilde{v}$ eignet sich gut für IR-Spektren, ist jedoch für UV-VIS-Spektren noch immer unhandlich groß; hier wird noch häufig benutzt: 10^3 cm^{-1} = kK („kilo-Kayser").

Mit den obigen Beziehungen lassen sich die Frequenz- und Energiebereiche der optischen Spektroskopie angeben; vgl. Tabelle A.121.

Tabelle A.121
Frequenz- und Energiebereiche der optischen Spektroskopie

	Vakuum-Ultraviolett[1]) (VUV)	Ultraviolett-bereich (UV)	Sichtbares Gebiet (VIS)	Infrarot-gebiet (IR)
$\tilde{v}/10^3$ cm^{-1}	>55	55...28	28...13	<13
$\lambda/$nm	<180	180...360	360...750	>750
$\Delta E/$kJ$\cdot$mol^{-1}	>665	665...335	335...160	<160

[1]) Der Vakuum-UV-Bereich spielt für Routineuntersuchungen in der organischen Chemie bisher keine Rolle.

Die Absorption folgt – sofern keine Assoziation der Substanz vorliegt – dem *Gesetz von Lambert und Beer*:

$$A = \lg \frac{I_0}{I} = \varepsilon c d \tag{A.122}$$

I_0 Intensität des in die Probe eintretenden Lichts, I Intensität des durchgelassenen Lichts

Die *Absorbanz A* (früher *Extinktion E*) ist danach der Konzentration c, der Schichtdicke d (gewöhnlich in cm) und dem molaren dekadischen *Absorptionskoeffizienten* (früher *Extinktionskoeffizienten*) ε proportional. ε (das gewöhnlich in $cm^2 \cdot mol^{-1}$ angegeben wird) ist eine wellenlängenabhängige Stoffkonstante.

Die Absorption von Stoffgemischen setzt sich bei Abwesenheit starker zwischenmolekularer Wechselwirkungen additiv aus den Absorptionen der einzelnen Komponenten zusammen.

Die Absorptionskoeffizienten im UV-VIS-Bereich können sehr große Werte bis über $10^5 \, cm^2 \cdot mol^{-1}$ erreichen, so daß UV-VIS-spektroskopisch sehr empfindliche Konzentrationsbestimmungen möglich sind.

Die im optischen Bereich absorbierte Energie verteilt sich auf Elektronen- und Molekülschwingungen. Absorptionen im UV-VIS-Bereich beruhen in erster Linie auf der Anregung von Elektronenübergängen. Die UV-VIS-Spektroskopie wird deshalb auch als *Elektronenspektroskopie* bezeichnet. Molekülschwingungen werden nur untergeordnet sichtbar (als sogenannte Feinstrukturen). Die IR-Spektroskopie registriert dagegen überwiegend Kern-(Molekül-)Schwingungen, während Elektronenübergänge allenfalls im nahen IR-Bereich (750...1200 nm) mit angeregt werden.

Da Elektronenübergänge nicht so unmittelbar mit dem Molekülbau verknüpft sind wie Molekülschwingungen, ist die UV-VIS-Spektroskopie der IR-Spektroskopie für die Strukturermittlung weit unterlegen.

Es sind moderne, mit Computern gekoppelte Spektrometer verfügbar, die in einer umfangreichen Software zahlreiche typische Spektren gespeichert enthalten. Die Strukturen unbekannter Proben lassen sich dann durch Spektrenvergleiche im Dialogverfahren ermitteln.

3.5.1. UV-VIS-Spektroskopie

Die meisten organischen Verbindungen, die Doppelbindungen und/oder freie Elektronenpaare enthalten, absorbieren oberhalb 180 nm. Die für die Lichtabsorption verantwortlichen Gruppierungen werden auch als *Chromophore* bezeichnet.

Bei der Lichtanregung entsteht aus dem Grundzustand des Moleküls ein angeregter Zustand, der gewissermaßen ein neues Molekül mit veränderter Struktur (Bindungsabstände, Bindungswinkel und Elektronenverteilung) darstellt. Er ist energiereich und hat gewöhnlich eine Lebensdauer im Nanosekundenbereich. Angeregte Zustände können auch chemische Reaktionen eingehen (Photochemie).

Die mitangeregten Molekülschwingungen werden – vor allem infolge Schwingungswechselwirkung mit dem Lösungsmittel – meistens nicht aufgelöst, sondern man beobachtet Absorptionsbanden, denen in unpolaren Lösungsmitteln manchmal *Feinstrukturen* überlagert sein können, in denen die Molekülschwingungen zum Ausdruck kommen, vgl. Abb. A.123.

Nach einem einfachen qualitativen quantenchemischen Modell ist die Lichtanregung mit dem Übergang eines Elektrons von einem besetzten Molekülorbital des Grundzustandes in ein antibindendes Molekülorbital verbunden, vgl. Abb. A.124. Die antibindenden Orbitale werden gewöhnlich durch ein Sternchen gekennzeichnet. Es lassen sich Übergänge bzw. angeregte Zustände der folgenden Typen unterscheiden:

$\pi\pi^*$-Übergänge	meist $\varepsilon > 10^4 \, cm^2 \cdot mol^{-1}$	vgl. Abb. A.123
$n\pi^*$-Übergänge	$\varepsilon < 1000 \, cm^2 \cdot mol^{-1}$	z. B. in Carbonylverbindungen, vgl. Abb. A.123
$n\sigma^*$-Übergänge	$\varepsilon < 1000 \, cm^2 \cdot mol^{-1}$	z. B. in gesättigten Alkoholen, Aminen usw.
$\sigma\sigma^*$-Übergänge	$\varepsilon > 10^4 \, cm^2 \cdot mol^{-1}$	in gesättigten Verbindungen.

Die σ^*-Übergänge liegen weit unterhalb 200 nm und spielen für Routineuntersuchungen keine Rolle.

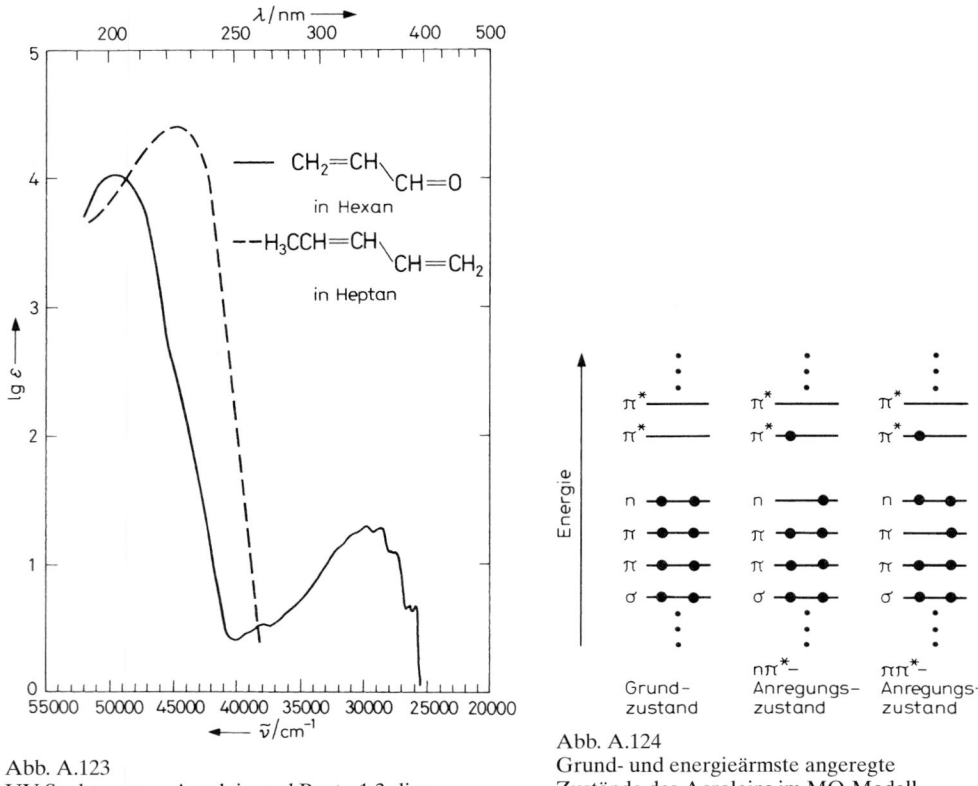

Abb. A.123
UV-Spektren von Acrolein und Penta-1,3-dien

Abb. A.124
Grund- und energieärmste angeregte
Zustände des Acroleins im MO-Modell

Die unterschiedliche Intensität der Absorptionsbanden, vgl. Abb. A.123, beruht darauf, daß die Elektronenübergänge Symmetriebedingungen unterliegen. Man unterscheidet zwischen „erlaubten" Übergängen (Absorptionskoeffizient $\varepsilon > 10^4$ cm$^2 \cdot$ mol^{-1}) und mehr oder weniger stark „verbotenen" Übergängen (Absorptionskoeffizient $\varepsilon < 10^4$ cm$^2 \cdot$ mol^{-1}). Die nπ*-Übergänge von Carbonylgruppen sind relativ stark verboten ($\varepsilon \approx 10...100$ cm$^2 \cdot$ mol^{-1}).

$\pi\pi$*-Zustände sind gewöhnlich stärker polar, nπ*-Zustände dagegen schwächer polar als die entsprechenden Grundzustände. Absorptionsbanden mit $\pi\pi$*-Charakter werden deshalb bei Erhöhung der Lösungsmittelpolarität zu niedrigeren Energien (längeren Wellenlängen, „bathochrom") verschoben („positive Solvatochromie"), Banden mit nπ*-Charakter dagegen kurzwellig („hypsochrome Verschiebung", „negative Solvatochromie"). Das kann – verbunden mit den Unterschieden in den Intensitäten von erlaubten $\pi\pi$*-Übergängen und verbotenen nπ*-Übergängen – zur Identifizierung des Anregungstyps dienen.

Besonders große bathochrome bzw. hypsochrome Effekte treten auf, wenn bei der Lichtanregung ein Elektron weitgehend von einem Elektronendonor auf einen Elektronenacceptor im gleichen Molekül (in Salzen usw. auch intermolekular) übergeht (*charge transfer-Übergänge*), z. B. im *p*-Nitranilin (positive Solvatochromie) bzw. im 1-Methyl-4-methoxycarbonyl-pyridinium-iodid I oder im Pyridinio-phenolat II (starke negative Solvatochromie). Da die solvatochrome Verschiebung mit steigender Polarität des Lösungsmittels zunimmt, können I nach KOSOWER („Z-Werte") und II nach REICHARDT und DIMROTH („E_T-Werte") zur Charakterisierung der Lösungsmittelpolarität benützt werden (vgl. C.3.3.).

COOCH$_3$

I$^\ominus$

N$^\oplus$
CH$_3$

[A.124a]

Ph

Ph   N$^\oplus$ Ph

Ph   Ph

O$^\ominus$

I   **II**

Obwohl die UV-VIS-Spektroskopie für die Strukturanalytik nicht sehr gut geeignet ist, lassen sich doch einige allgemeine Aussagen zum *Zusammenhang zwischen Molekülstruktur und UV-VIS-Spektren* machen (vgl. auch die Literaturhinweise unter A.6.):

$\pi\pi^*$-Übergänge sind im gesamten UV-VIS-Bereich zu finden. Nicht konjugierte Doppel- oder Dreifachbindungen absorbieren unterhalb 200 nm. Ihre Absorptionen werden jedoch durch Konjugation mit weiteren Doppelbindungen (C=C, C≡C, C=O, C=N, N=N) bathochrom verschoben. Der Grund wird aus Abbildung A.125 ersichtlich, in der das π-Elektronensystem durch Konjugation zweier isolierter Doppelbindungen zusammengesetzt wird. Einige Beispiele konjugiert-ungesättigter Verbindungen sind in Tabelle A.126 zusammengestellt. Man erkennt, daß in den konjugierten Polyenen der bathochrome Einfluß zusätzlicher Doppelbindungen immer kleiner wird. β-Caroten (11 konjugierte Doppelbindungen) hat das längstwellige Absorptionsmaximum bei 494 nm ($\varepsilon = 150\,000$ cm$^2 \cdot$mol^{-1}), und für unendliche Konjugation ist eine Konvergenzgrenze bei ca. 610 nm zu erwarten. Der Absorptionskoeffizient nimmt mit zunehmender Anzahl („Konzentration") an Doppelbindungen zu. In ähnlicher Weise wie zusätzliche Doppelbindungen wirken auch sogenannte *auxochrome* (farbvertiefende) Gruppen, z. B. $\overline{O}H$, $\overline{O}R$, $\overline{S}R$, $\overline{N}R_2$, wenn Konjugation des freien Elektronenpaars mit den Doppelbindungen möglich ist. Derartige Gruppen sind in vielen Farbstoffen enthalten und wesentlich für den Farbstoffcharakter verantwortlich. Zwei derartige Farbstofftypen (Polymethinfarbstoffe) – Cyanine (II) und Oxonole (III) – sind in Tabelle A.126 mit aufgeführt. In den Polymethinen bleibt die Wirkung zusätzlicher C=C-Gruppierungen konstant, so daß Farbstoffe erhältlich sind, die weit im IR-Bereich absorbieren (oberhalb 1200 nm).

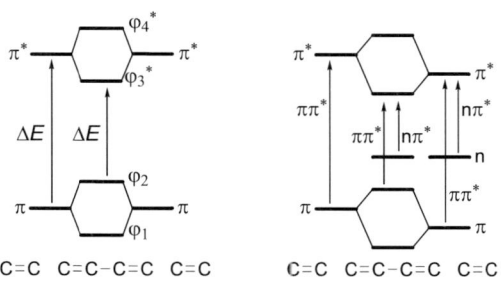

Abb. A.125
Wirkung zusätzlicher Konjugation auf die Lichtabsorption von Olefinen und Carbonylverbindungen

Tabelle A.126

Einfluß zunehmender Konjugation in Polyenen (I), Cyaninen (II) und Oxonolen (III)
λ_{max} in nm, lg ε in Klammern

n	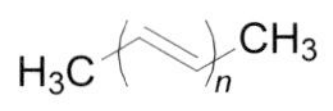 I in Hexan	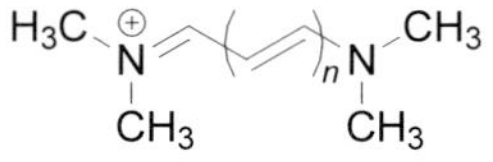 II in CH$_2$Cl$_2$	 III in DMF
0		224 (4,16)	190
1	174 (4,38)	312 (4,81)	268 (4,43)
2	227 (4,38)		
3	275 (4,48)	416 (5,08)	362 (4,75)
4	310 (4,88)	519 (5,32)	455 (4,88)
5	342 (5,09)	625 (5,47)	548 (4,80)
6	380 (5,17)	734 (5,55)	644

Isolierte C=O-Gruppen von Aldehyden und Ketonen zeigen nπ*-*Absorptionen* in einem verhältnismäßig schmalen Bereich um 280...300 nm. Obwohl diese Übergänge verboten und die Banden demzufolge nur schwach sind, kann die UV-Spektroskopie hier einen wertvollen Beitrag zur Gruppenanalytik leisten. Das gilt auch für weitere Gruppen, vgl. Tab. A.127.

Tabelle A.127

Absorption von Chromophoren mit nπ*-Banden (in aliphatischen Kohlenwasserstoff-Lösungsmitteln)

Atomgruppierung	λ_{max}/nm	lg ε	Atomgruppierung	λ_{max}/nm	lg ε
C=O	280	1,3	—N=N—	350	1,1
C=S	500	1,0	—N=O	660	1,3
C=N—	240	2,2	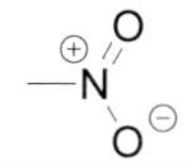 —N(+)(O)(O−)	270	1,3

Im Gebiet des C=N-Chromophors absorbieren auch Semicarbazone und Thiosemicarbazone (die außerdem eine Bande bei ca. 280 nm, $\varepsilon \approx 20\,000$ cm$^2 \cdot$ mol^{-1} aufweisen). Die entsprechenden α,β-ungesättigten Verbindungen absorbieren ca. 20 nm längerwellig. In 2,4-Di-nitro-phenylhydrazonen ist dagegen der charge-transfer-Übergang bei 360 nm ($\varepsilon \approx 20\,000$ cm$^2 \cdot$ mol^{-1}) prominent.

Wie aus den Abbildungen A.125 und A.123 hervorgeht, wird die nπ*-Absorption in α,β-ungesättigten Verbindungen bathochrom verschoben (meist ca. 20...50 nm). Heteroatome unmittelbar an der C=O-Gruppe mit einem einsamen Elektronenpaar, wie z. B. in Carbonsäuren, Carbonsäureestern und Säureamiden, verschieben die nπ*-Absorptionen der C=O-Gruppe hypsochrom (λ_{max} ca. 200...220 nm):

$$H_3C - C \underset{H}{\overset{O}{\Vert}}$$

λ_{max} = 277 nm
lg ε = 0,70
in Wasser

$$H_3C - C \underset{OH}{\overset{O}{\Vert}}$$

λ_{max} = 208 nm
lg ε = 1,50
in Ethanol

$$H_3C - C \underset{NH_2}{\overset{O}{\Vert}}$$

λ_{max} = 205 nm
lg ε = 2,21
in Methanol

[A.128]

Aromatische Kohlenwasserstoffe besitzen 2 bis 3 mittelstarke Banden im Gebiet 200...400 nm, die in unpolaren Lösungsmitteln oft Feinstrukturen zeigen. In höherkondensierten Aromaten sind die Banden nach größeren Wellenlängen verschoben (Abb. A.129). Eine ähnlich bathochrome Verschiebung bewirken auch konjugationsfähige Substituenten, und zwar sowohl Acceptor- als auch Donatorgruppen (Abb. A.130).

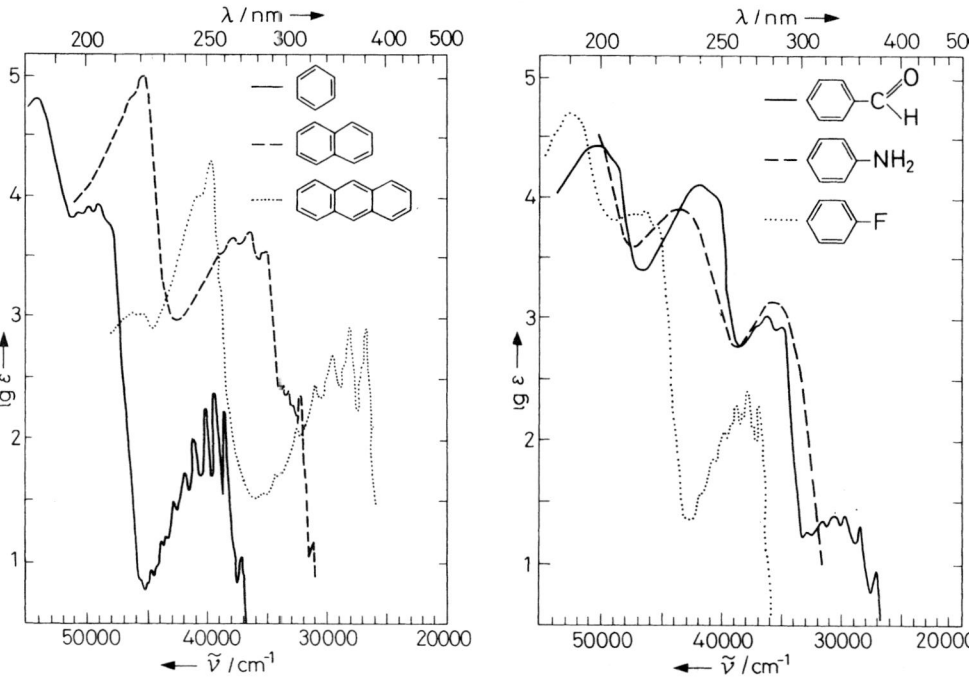

Abb. A.129
UV-Spektren von Benzen, Naphthalen
und Anthracen

Abb. A.130
UV-Spektren von Benzaldehyd, Anilin
und Fluorbenzen

Die Absorption von aromatischen Heterocyclen ähnelt häufig der von Aromaten, z. B.:

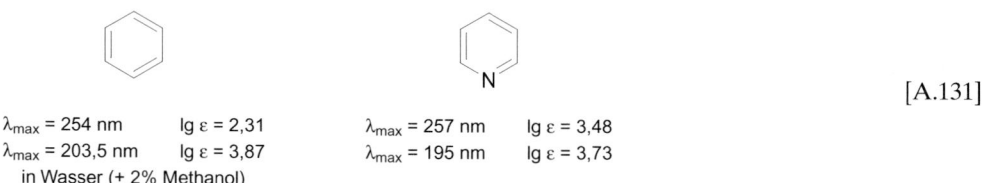

[A.131]

λ_{max} = 254 nm   lg ε = 2,31
λ_{max} = 203,5 nm   lg ε = 3,87
          in Wasser (+ 2% Methanol)

λ_{max} = 257 nm   lg ε = 3,48
λ_{max} = 195 nm   lg ε = 3,73

UV-VIS-Spektren organischer Verbindungen werden routinemäßig von einer Lösung der Substanz bestimmt. Um sowohl die starken als auch die schwachen Absorptionen zu erfassen, muß man Lösungen unterschiedlicher Konzentration vermessen. Die experimentell ermittelten Absorbanzen werden in Absorptionskoeffizienten umgerechnet und als dekadische Logarithmen $\lg \varepsilon$ über λ bzw. $\tilde{v}$ aufgetragen (vgl. Abb. A.123, A.129, A.130). Die verwendeten Lösungsmittel sollen hochrein (spektroskopisch rein) sein und möglichst wenig Wechselwirkungen mit der gelösten Substanz eingehen. Aus diesem Grunde sind die besten Informationen in Hexan oder Cyclohexan gewinnbar, hier vor allem Feinstrukturen. Das Lösungsmittel darf natürlich im Bereich der erwarteten Absorptionen nicht selbst absorbieren. Aus diesem Grunde sollte man handelsübliches absolutes Ethanol nicht verwenden, da dieses häufig noch Spuren Benzen (aus der Azeotropdestillation) enthält. Organische Farbstoffe werden besser in Acetonitril oder Ethanol aufgenommen als in Wasser, da dieses die Bildung von Dimeren begünstigt. Im Bereich 180...200 nm absorbiert bereits Sauerstoff, der gesamte optische Teil des Spektrometers muß hier deshalb mit Argon oder Stickstoff gespült werden. Einige häufig benutzte Lösungsmittel sind in Tab. A.132 aufgeführt.

Tabelle A.132

Lösungsmittel für die UV-VIS-Spektroskopie
Es ist die Grenzwellenlänge (in nm) angegeben, oberhalb derer Lösungen
in 1 cm Schichtdicke gemessen werden können.

Hexan	<180	Ethanol	204
Cyclohexan	<180	Diethylether	215
Wasser	190	Methylendichlorid	220
Acetonitril	190	Chloroform	237
Methanol	203	Tetrachlorkohlenstoff	257

Infolge der oft großen Absorptionskoeffizienten im UV-VIS-Bereich hat die UV-VIS-Spektroskopie eine besonders große Bedeutung für die zerstörungsfreie Konzentrationsanalytik und im Zusammenhang damit für die Untersuchung von Gleichgewichten und Geschwindigkeiten organisch-chemischer Reaktionen.

Auch in der präparativen organischen Chemie ist es häufig zweckmäßig, laufende Reaktionen anhand von UV-VIS-Spektren zu verfolgen oder überhaupt in der Küvette eines Spektrometers zu simulieren. Dabei wird häufig gefunden, daß sich alle Spektren in einem Punkt gleicher Extinktion (isosbestischer Punkt) schneiden. Das ist ein Hinweis darauf, daß eine einheitliche Reaktion vorliegt, bei der die Ausgangsstoffe ohne im Untersuchungsgebiet absorbierende langlebige Zwischenprodukte in die Endprodukte übergehen.

Auch die Zusammensetzung von Reaktionsgemischen kann häufig durch UV-VIS-Spektroskopie quantitativ ermittelt werden, wenn man die Absorptionskoeffizienten der beteiligten Stoffe kennt.

Sich überlappende Absorptionsbanden können rechentechnisch getrennt werden. Es ist aber auch möglich, die Trennschärfe von Konzentrationsbestimmungen dadurch zu erhöhen, daß man die ersten, zweiten oder höhere Ableitungen der Absorptionskurven rechentechnisch bildet (*Derivativ-Spektroskopie*).

3.5.2. Infrarotspektroskopie

Im infraroten Bereich ist die Absorption von Strahlung mit der Anregung von Molekülschwingungen verbunden, die bei Zimmertemperatur im allgemeinen thermisch nicht angeregt sind. Bei der Schwingungsanregung gehen die Moleküle aus dem Schwingungszustand $v = 0$ vorrangig in den ersten angeregten Schwingungszustand $v = 1$ über. Schwingungen dieser Art werden als *Grundschwingungen, Eigen- oder Normalschwingungen* bezeichnet. Sie liegen in einem Wellenzahlbereich von 400 bis 4 000 cm^{-1} (25 bis 2,5 μm [1])) und entsprechen Anregungsenergien von etwa 4 bis 40 kJ·mol^{-1} (~ 1 bis 10 kcal·mol^{-1}). Man vergleiche diesen Wert mit den zur Elektronenanregung notwendigen Energiebeträgen!

Die Zahl der Grundschwingungen ergibt sich aus der Anzahl der Schwingungsfreiheitsgrade des Moleküls. Ein Molekül, das aus n Atomen besteht, hat *3n* Bewegungsfreiheitsgrade. Von den $3n$ Freiheitsgraden des Moleküls entfallen 3 auf die Translation, und 3 (bei linear gebauten Molekülen 2) werden von der Rotation beansprucht. Für die Schwingung eines Moleküls stehen also $3n - 6$ (bei linearen Molekülen $3n - 5$) Freiheitsgrade zur Verfügung. Ebenso viele Grundschwingungen sind zu erwarten. Ein Molekül kann aber nur dann infrarote Strahlung aus einem elektromagnetischen Wechselfeld aufnehmen, wenn der damit verbundene Übergang in ein höheres Schwingungsniveau mit der Änderung des elektrischen Dipolmoments des Moleküls verbunden ist. Nur solche Übergänge sind erlaubt. Stark polare Gruppen in einem Molekül ergeben deshalb besonders intensive Absorptionen, z. B. >C=O, –NO$_2$, –SO$_2$– usw., während unpolare Gruppierungen, wie sie in symmetrisch substituierten Olefinen (R$_2$C=CR$_2$) oder Azoverbindungen (R–N=N–R) vorliegen, IR-spektroskopisch inaktiv sind. IR-verbotene Übergänge werden dagegen in der Raman-Spektroskopie erfaßt, die deshalb eine wertvolle Ergänzung zur IR-Spektroskopie darstellt.

Neben den Grundschwingungen können im oben angegebenen Energiebereich auch *Oberschwingungen* (Übergänge in höhere Schwingungsniveaus: $v = nv_1$, $n = 2,3...$) und *Kombinationsschwingungen* (Kopplung von Schwingungen: $v = v_1 + v_2$ oder $v = v_2 - v_1$) angeregt werden. Ihre Intensität ist im allgemeinen gering.

Da jeder Schwingungsübergang mit einer Änderung des Rotationszustandes des Moleküls verbunden ist, stellt das Infrarotspektrum ein Rotationsschwingungsspektrum dar, das durch die Vielzahl der Einzelabsorptionen und durch die Wechselwirkungen der Moleküle im festen oder flüssigen Zustand nicht als Linienspektrum, sondern als Bandenspektrum erhalten wird (vgl. auch A.3.5.1.).

Die Grundschwingungen unterteilt man in *Valenz-* oder *Streckschwingungen*, bei denen sich die Abstände der Atome in Bindungsrichtung ändern, und verschiedene Arten von *Deformationsschwingungen*, die auf einer Änderung der Bindungswinkel beruhen. Für Valenzschwingungen zweiatomiger Moleküle gilt näherungsweise das Hooksche Gesetz, das für die harmonische Schwingung zweier durch eine Feder verbundener Kugeln abgeleitet wurde:

$$\tilde{v} = \frac{1}{2\pi c}\sqrt{\frac{K}{\mu}} \qquad \mu = \frac{m_1 m_2}{m_1 + m_2} \qquad \text{[A.133]}$$

μ reduzierte Masse; K Kraftkonstante (Maß für die Bindungsstärke)

Dieses Gesetz kann mit Erfolg auch zum Verständnis der Lage von Valenzschwingungen zweiatomiger Strukturelemente herangezogen werden. Danach steigt die Frequenz dieser Schwingungen mit steigender Bindungsstärke zwischen den Atomen und mit abnehmender Atommasse. In Übereinstimmung damit steigt die Absorptionsfrequenz z.B. von der C–C-Einfachbindung (< 1 200 cm^{-1}) über die C=C-Doppelbindung (~ 1 600...1 700 cm^{-1}) zur C≡C-Dreifachbindung (~ 2 200 cm^{-1}) an.

Man leite in gleicher Weise die Abstufung der Absorptionsfrequenzen der Strukturelemente O–H, N–H, C–H, S–H sowie O–H, O–D oder C–H, C–D ab und überprüfe das Ergebnis mit Hilfe von Tabelle A.135.

---

[1]) $\tilde{v}/\text{cm}^{-1} = \frac{10^4}{\lambda/\mu m}$

Da bei vergleichbaren Massen der schwingenden Atome die Anregungsenergien für Winkeldeformationen wesentlich kleiner sind als für Abstandsänderungen in Bindungsrichtung, liegen Valenzschwingungen im allgemeinen bei höheren Frequenzen als Deformationsschwingungen. Abbildung A.134 gibt diese Verhältnisse für die drei Eigenschwingungen des Wassers wieder (man vgl. auch Tab. A.135).

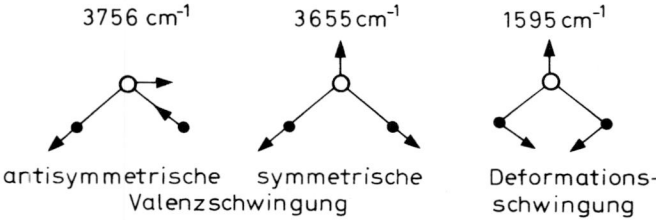

Abb. A.134
Eigenschwingungen des Wassermoleküls

In Tabelle A.135 findet man eine Zusammenstellung der Valenz- und Deformationsschwingungen für die wichtigsten charakteristischen Gruppen und für einige definierte organische Verbindungen. Bandenlage und -form lassen sich aus den angeführten Abbildungen entnehmen. Es ist deshalb günstig, die in Kapitel E abgebildeten Spektren gut zu studieren.

Tabelle A.135

Charakteristische Gruppen- und Gerüstfrequenzen im IR-Gebiet

Wellenzahl[1]) in cm^{-1}	Schwingungstyp	Verbindungen
3 700...3 600 m (scharfe Bande)	–O–H-Valenz (unassoziiert)	Alkohole, Phenole, Säuren, Oxoalkohole, Hydroxyester(vgl. Abb. E.55, E.56)
3 600...3 200 s (breite Bande)	–O–H-Valenz (assoziiert)	(vgl. Abb. E.43, E.52)
3 550...3 350 m	–N–H-Valenz (unassoziiert)	primäre (2 Banden) und secundäre Amine und Amide (vgl. Abb. E.6, E.8)
3 500...3 100 m	–N–H-Valenz (assoziert)	
3 300...3 250 w	≡C–H-Valenz	monosubstituierte Acetylene (vgl. Abb .E.67)
3 350...3 150 m–s,b	–NH$_3^{\oplus}$-Valenz	Aminosäurehydrochloride, Aminhydrochloride (vgl. Abb. E.16)
3 200...2 400 m, sb	–O–H-Valenz (assoziiert)	Carbonsäuren, Chelate (vgl. Abb. E.36, E.39, E.70)
3100...3 000 m–w	=C–H-Valenz	Aromaten, Olefine (vgl. Abb. E.6, E.25, E.39, E.40, E.44, E.55, E.65, E.67)
3 000...2 800 s–m	–C–H-Valenz	gesättigte Kohlenwasserstoffe und Kohlenwasserstoffreste
2 960, 2 870 s–m	–CH$_3$-Valenz	gesättigte Kohlenwasserstoffe und Kohlenwasserstoffreste (vgl. Abb. E.19, E.24, E.48, E.52, E.58)
2 925, 2 850 w	–CH$_2$-Valenz	gesättigte Kohlenwasserstoffe und Kohlenwasserstoffreste (vgl. Abb. E.44, E.48, E.58)
2 900...2 400 m	–O–D-Valenz –N–D-Valenz	Amine, Alkohole
2 830...2 815 m	–O–CH$_3$-Valenz	Methylether (vgl. Abb. E.6)
2 820... 2 760 m	–N–CH$_3$-Valenz	N-Methyl-amine(vgl. Abb. E.13)
2 820...2 720 m	–C(O)–H-Valenz	Aldehyde
2 600...2 550 w	–S–H-Valenz	Thiole, Thiophenole (vgl. Abb. E.70)

Tabelle A.135 (Fortsetzung)

Wellenzahl[1]) in cm^{-1}	Schwingungstyp	Verbindungen
2 300...2 100 m–s	–C≡X-Valenz (X=C,N,O)	Acetylene, Nitrile, Kohlenmonoxid
2 270... 2 000 s	–Y=C=X-Valenz (Y=N,C;X=O,S) –N$_3$-Valenz	Ketene, Isocyanate, Isothiocyanate, Azide
2 260...2 190 w	–C≡C-Valenz	1,2-disubstituierte Acetylene
2 260 m	–N≡N-Valenz	Diazoniumverbindungen
2 260...2 210 m	–C≡N-Valenz	Nitrile (vgl. Abb. E.8)
2 185...2 120 m	–N=C-Valenz	Isocyanide
2 140...2 100 m	–C≡C-Valenz	monosubstituierte Acetylene (vgl. Abb. E.67)
1 850...1 600 s	–C=O-Valenz	Carbonylverbindungen
1 785...1 700 s	–C=O-Valenz	Carbonsäurehalogenide
1 840...1 780 s	–C=O-Valenz	Carbonsäureanhydride (vgl. Abb. E.40)
1 780...1 720 s		(2 Banden)
1 780...1 750 s	–C=O-Valenz	Carbonsäurephenyl- bzw. -vinylester
1 760...1 700 s	–C=O-Valenz	gesättigte Carbonsäuren (vgl. Abb. E.36)
1 720...1 690 s	–C=O-Valenz	α,β-ungesättigte und aromatische Carbonsäuren (vgl. Abb. E.30, E.70)
1 750...1 730 s	–C=O-Valenz	gesättigte Carbonsäurealkylester
1 730...1 710 s	–C=O-Valenz	gesättigte Aldehyde und Ketone, α,β-ungesättigte und aromatische Carbonsäureester (vgl. Abb. E.19, E.24)
1 745 s	–C=O-Valenz	Cyclopentanon
1 715 s	–C=O-Valenz	Cyclohexanon
1 705 s	–C=O-Valenz	Cycloheptanon
1 715...1 680 s	–C=O-Valenz	α,β-ungesättigte und aromatische Aldehyde (vgl. Abb. E.20, E.21)
1 690...1 630 s	–C=N- Valenz	Azomethine, Oxime usw.
1 690...1 660 s	–C=O-Valenz	α,β-ungesättigte und aromatische Ketone
1 690...1 650 s	–C=O-Valenz	primäre, secundäre und tertiäre Carbonsäureamide (Amidbande I)
1 675...1 630 m	–C=C-Valenz	Aromaten, Olefine (vgl. Abb. E.39, E.65)
1 650...1 620 m	–NH$_2$-Deform.	primäre Säureamide (Amidbande II)
1 650...1 550 m	–N–H-Deform.	primäre und secundäre Amine (vgl. Abb. E.6, E.8, E.9)
1 630...1 615 m	H–O–H-Deform.	Kristallwasser in Hydraten
1 610...1 590 m	Ringschwingung	Aromaten (vgl. Abb. E.8, E.25, E.36, E.55, E.67)
1 610...1 560 ss	–CO-Valenz in COO$^{\ominus}$	Salze von Carbonsäuren
1 600...1 775 1 500	–NH$_3^{\oplus}$-Deform.	Ammoniumsalze (2 Banden)
1 570...1 510 m	–N–H-Deform.	secundäre Säureamide (Amidbande II)
1 560...1 515 s	–NO$_2$-Valenz	Nitroalkane und aromatische Nitroverbindungen (vgl. Abb. E.9, E.56)
1 500...1 480 m	Ringschwingung	Aromaten (vgl. Abb. E.8, E.36, E.55, E.67)
1 470...1 400 s–m	–CH$_3$- u.–CH$_2$-Deform.	gesättigte Kohlenwasserstoffe und Kohlenwasserstoffreste (vgl. Abb. E.16, E.24, E.25, E.48, E.52, E.58)
1 420...1 330 s	–SO$_2$-Valenz	organische Sulfonylverbindungen
1 400–1 300 s,b	–CO-Valenz in COO$^{\ominus}$	Salze von Carbonsäuren
1 390...1 370 s	CH$_3$-Deform.	gesättigte Kohlenwasserstoffe und Kohlenwasserstoffreste (vgl. Abb. E.16, E.24, E.25, E.48, E.52, E.58)
1 360...1 030 m–s	–C–N-Valenz	Amide, Amine
1 350...1 240 s	–NO$_2$-Valenz	Aliphatische und aromatische Nitroverbindungen (vgl. Abb. E.9, E.56)

Tabelle A.135 (Fortsetzung)

Wellenzahl[1]) in cm^{-1}	Schwingungstyp	Verbindungen
1 200...1 145 s	$-SO_2$-Valenz	organische Sulfonylverbindungen
1 300...1 020 m–s	$-C-O-C$-Valenz	Ether, Ester, Anhydride, Acetale
1 300...1 050	$-C-O-C$-Valenz	gesättigte Ester, Anhydride (2 Banden)
1 275...1 200 ss	$-C-O-C$-Valenz	aromatische und Vinylether
1 075...1 020 s		(2 Banden) (vgl. Abb. E.6)
1 150...1 020 ss	$-C-O-C$-Valenz	aliphatische und alicyclische Ether (vgl. Abb. E.13, E.43, E.44)
1 260...1 200 s	$-C-O$-Valenz	Phenole (vgl. Abb. E.55, E.56)
1 200...1 150 s	$-C-O$-Valenz	tertiäre Alkohole
1 150...1 100 m	$-C-O$-Valenz	secundäre Alkohole (vgl. Abb. E.52)
1 050...1 010 s	$-C-O$-Valenz	primäre Alkohole
1 070...1 030 s	$-S=O$-Valenz	Sulfoxide
970...960 s	$=C-H$-Deform.	1,2-disubstituierte Ethylene (*trans*)
995...985 s	$=C-H$-Deform.	monosubstituierte Ethylene
915...905 s		(2 Banden) (vgl. Abb. E.65)
920 b	$O-H\cdots O$-Deform.	Carbonsäuren (dimer) (vgl. Abb. E.36, E.39, E.70)
810...750 s	$=C-H$-Deform.	1,3-disubstituierte Benzene
710...690 s		(2 Banden)
890 s	$=C-H$-Deform.	1,1-disubstituierte Ethylene
840...810 s	$=C-H$-Deform.	1,4-disubstituierte Benzene (vgl. Abb. E.56, E.62)
800...500 m–w	$-C-Hal$-Valenz	aromatische und aliphatische Halogenverbindungen
770...735 s	$=C-H$-Deform.	1,2-disubstituierte Benzene (vgl. Abb. E.8, E.9, E.70)
770...730 s	$=C-H$-Deform.	monosubstituierte Benzene (2 Banden)
710...690 s		(vgl. Abb. E.25, E.36, E.44, E.55, E.65, E.67)
780...720 m	$-CH_2$-Deform.	*n*-Paraffine mit mehr als 4 CH_2-Gruppen
800...600 m–w	$-C-S$-Valenz	organische Schwefelverbindungen (Thiole, Thioether usw.)
730...680 m	$=C-H$-Deform.	1,2-disubstituierte Ethylene (*cis*)
670 s	$=C-H$-Deform.	Benzen

[1]) ss = sehr stark, s = stark, m = mittel, w = schwach, b = breit, sb = sehr breit

Aus den dargelegten Zusammenhängen von Struktur und Absorptionsfrequenz ergibt sich die Möglichkeit, aus dem Infrarotspektrum viele Informationen über die Konstitution chemischer Verbindungen zu erhalten. Es hat sich gezeigt, daß Strukturelemente (z. B. O–H, N–H, C–H, C=C, C≡C, C=O, NO_2, u. a.) in einem für sie typischen Erwartungsbereich absorbieren. Die für diese Absorptionen verantwortlichen Normalschwingungen, an denen ja alle Atome des Moleküls beteiligt sind, werden also besonders durch die Schwingung dieser Strukturelemente geprägt, woraus sich der diagnostische Wert der entsprechenden Absorptionen ergibt. Derartige charakteristische Absorptionsfrequenzen sind in Tabelle A.135 für eine Anzahl von Strukturelementen aufgeführt.

Es ist sehr wichtig, daß fast alle Strukturelemente Absorptionen in mehreren Gebieten des Spektrums zeigen, da verschiedene Typen von Valenz- und Deformationsschwingungen gleichzeitig angeregt sind, d. h., zu einer besonders prominenten „Schlüsselfrequenz" gehören stets noch andere Absorptionsfrequenzen. Nur wenn man alle diese Absorptionsfrequenzen im Spektrum findet, kann die Zuordnung zu dem betreffenden Strukturelement als einigermaßen sicher gelten. Die im Abschnitt A.3.8. gegebene Anleitung zur Aufklärung unbekannter Strukturen beruht auf dieser Forderung.

Tritt im Infrarotspektrum einer unbekannten Substanz eine Schlüsselfrequenz auf, kann man sehr oft aus ihrer Lage innerhalb des für sie typischen Bereiches Aussagen über die nähere Umgebung der sie verursachenden Atomgruppierung machen (Nachbargruppeneffekte, Konjugation, Wasserstoffbrückenbindung). Bei OH- und NH-Gruppierungen unterscheidet man z. B. zwischen der Valenzschwingung der „freien", d. h. nicht in eine Wasserstoffbrücke einbezogenen, und der Valenzschwingung der „gebundenen", in eine Wasserstoffbrücke einbezogenen Gruppierung. Die „gebundenen" O–H und N–H-Valenzschwingungen sind im allgemeinen breit und unscharf (vgl. Abb. A.137, a und b) und gegenüber den entsprechenden „freien" nach kleineren Wellenzahlen verschoben.

Im Bereich von $1\,400$ bis $700\ cm^{-1}$ sind die Infrarotspektren vieler organischer Moleküle so kompliziert, daß die Zuordnung aller Absorptionsbanden zu einzelnen Strukturelementen auch bei vorliegendem großen Erfahrungsmaterial erhebliche Schwierigkeiten bereitet. Aber gerade dieses Gebiet ist für den wissenschaftlich exakten Konstitutionsbeweis einer unbekannten Verbindung von Bedeutung. Wie die Erfahrung lehrt, ist die Konstitution zweier Stoffe (z. B. eines Naturstoffes und seines synthetischen Analogons) dann identisch, wenn die Infrarotspektren beider Stoffe in diesem Gebiet in allen Einzelheiten völlig übereinstimmen. Deshalb wird dieser Bereich auch als „finger-print"-Gebiet bezeichnet.

Bei der Auswertung des Infrarotspektrums einer unbekannten Substanz ermittelt man zweckmäßig zuerst das Kohlenstoffgerüst der Verbindung. Dafür dienen der Bereich der C–H-Valenzschwingungen ($3\,300$ bis $2\,800\ cm^{-1}$), der Bereich der C–H-Deformationsschwingung ($1\,540$ bis $650\ cm^{-1}$) und der Bereich der Gerüstschwingungen ($1\,700$ bis $600\ cm^{-1}$). Mit Hilfe dieser Frequenzen und der in Tabelle A.135 angegebenen Zuordnungen kann man in den meisten Fällen entscheiden, ob eine aromatische, olefinische, aliphatische oder gemischt aromatisch-aliphatische Verbindung vorliegt.

Aromaten und Olefine erkennt man an ihren =C–H-Valenzschwingungen zwischen $3\,100$ und $3\,000\ cm^{-1}$ und an den =C–H-Deformationsschwingungen zwischen 650 und $950\ cm^{-1}$. Für die Aromaten sind darüber hinaus die Ringschwingungen um $1\,600\ cm^{-1}$ und $1\,500\ cm^{-1}$ typisch, während die wenig intensive C=C-Valenzschwingung der Olefine im allgemeinen oberhalb $1\,600\ cm^{-1}$ ($1\,600$ bis $1\,660\ cm^{-1}$) liegt. Unsymmetrische Substitution des Olefins erhöht die Intensität der Bande.

In günstigen Fällen läßt sich im =C–H-Deformationsschwingungsbereich aus der Zahl der Banden und ihrer Lage der Substitutionstyp des Benzens ableiten (vgl. Tab. A.135).

Fehlen die typischen Aromaten- und Olefinbanden und treten dagegen Absorptionen zwischen $2\,800$ und $2\,900\ cm^{-1}$ (C–H-Valenzschwingungen) auf, kann man mit Sicherheit auf Anwesenheit eines Aliphaten schließen. Werden Schwingungen beider Verbindungsklassen beobachtet, handelt es sich um eine gemischt aliphatisch-aromatische (oder aliphatisch-olefinische) Verbindung.

Nach der Zuordnung des Gerüsttyps ermittelt man mit Hilfe der charakteristischen Frequenzen im Spektrum die funktionellen Gruppen der Probe. Von großem Wert ist hierfür die Kenntnis der qualitativen Zusammensetzung der Verbindung, da auf diese Weise bestimmte Gruppen von vornherein ausgeschlossen werden können.

Leicht lassen sich die O–H- und N–H-Gruppen durch ihre relativ intensiven Banden zwischen $3\,700$ und $3\,100\ cm^{-1}$, die Dreifachbindungssysteme durch Banden zwischen $2\,300$ und $2\,100\ cm^{-1}$ – einem normalerweise sehr bandenarmen Gebiet – Carbonylverbindungen durch intensive Absorption zwischen $1\,900$ und $1\,600\ cm^{-1}$ herausfinden.

Die Lage der Carbonylschwingung wird stark von den Substituenten am Carbonylkohlenstoff beeinflußt. Am kürzestwelligen, im allgemeinen oberhalb $1\,740\ cm^{-1}$, absorbieren Carbonsäurechloride, Carbonsäureanhydride sowie mehrfach α-halogenierte Carbonylverbindungen; einen mittleren Bereich ($1\,750$ bis $1\,700\ cm^{-1}$) nehmen die Carbonsäureester, Aldehyde und Ketone ein, während Carbonsäureamide und die heteroanalogen Carbonylverbindungen, wie z. B. die Azomethine und Oxime (C=N-Valenzschwingung), unter $1\,700\ cm^{-1}$ absorbieren.

Bei Zuordnungen muß man außerdem berücksichtigen, daß die Konjugation einer Carbonyl-gruppe mit einem ungesättigten Rest zu einer Verschiebung der Carbonylabsorption nach niedrigeren Wellenzahlen führt (~ 20 cm^{-1}) und eine α-Halogenierung auf Grund induktiver Wirkung eine Erhöhung der Wellenzahl zur Folge hat. Die in Tabelle A.135 angegebenen Werte sind deshalb nur Erwartungsbereiche; Abweichungen nach oben oder unten findet man nicht selten.

Als einfaches Beispiel für die Anwendung der Infrarotspektroskopie sei hier die Synthese von Acrylester aus 2-Chlor-ethanol erläutert, deren Verlauf in jeder einzelnen Stufe spektroskopisch verfolgt wurde:

$$HO-CH_2-CH_2-Cl \longrightarrow HO-CH_2-CH_2-C{\equiv}N \longrightarrow H_2C{=}CH-C{\equiv}N \longrightarrow H_2C{=}CH-C{\overset{O}{\underset{OC_2H_5}{\diagup\diagdown}}} \qquad [A.136]$$

$$\mathbf{a} \qquad\qquad \mathbf{b} \qquad\qquad \mathbf{c} \qquad\qquad \mathbf{d}$$

Das IR-Spektrum des 2-Chlor-ethanols (Ethylenchlorhydrin; Abb. A.137, a) weist außer den C–H- und den Gerüstschwingungen typische Banden für die Hydroxygruppe (3 360 cm^{-1}, „gebundene" O–H-Valenz-schwingungen; 1 080 cm^{-1}, C–O-Valenzschwingung; 1 393 cm^{-1} O–H-Deformationsschwingung) und die C–Cl-Bindung (663 cm^{-1}, C–Cl-Valenzschwingung) auf.

Durch Umsetzung des 2-Chlor-ethanols mit Kaliumcyanid erhält man das β-Hydroxy-propionitril (b). In dessen IR-Spektrum sind alle für die Hydroxygruppe typischen Banden noch vorhanden. Die C–Cl-Valenz-schwingungsbande ist verschwunden. Wir beobachten eine neue Bande bei 2 252 cm^{-1}, die der C$\equiv$N-Valenzschwingung entspricht.

Das aus dem β-Hydroxy-propionitril durch Dehydratisierung entstehende Acrylonitril (c) zeigt ein wesent-lich verändertes IR-Spektrum. Die für die Hydroxygruppe typischen Banden sind verschwunden. Es treten nun Banden auf, die für das Strukturelement CH$_2$=CH- typisch sind: 1 620 cm^{-1} (C=C-Valenzschwingung), 3 038 und 3 070 cm^{-1} (C–H-Valenzschwingungen ungesättigter Verbindungen), 1 420 cm^{-1} und 980 cm^{-1} (C–H-Defor-mationsschwingungen von Olefinen mit Vinylgruppierungen). Die C$\equiv$N-Valenzschwingung ist durch den Ein-fluß der Konjugation mit der C=C-Doppelbindung auf 2 230 cm^{-1} erniedrigt.

Das Infrarotspektrum des aus Acrylonitril durch Alkoholyse entstandenen Acrylsäureesters (d) zeigt nun die für die Estergruppierung typischen Banden bei 1 735 cm^{-1} (C=O-Valenzschwingung) und 1 205 cm^{-1} (C–O-Valenzschwingung). Die Absorptionsbande für die C$\equiv$N-Gruppe ist nicht mehr vorhanden, die für die Vinylgruppe typischen Banden sind erhalten geblieben.

Man studiere in diesem Zusammenhang auch die in Kap. E angegebenen IR-Spektren!

IR-Spektren von Flüssigkeiten ohne Lösungsmittel nimmt man in dünner Schicht zwischen zwei KBr-Scheiben auf. Feststoffe werden in Substanz in Form von Preßlingen mit KBr als Einbettungsmittel gemes-sen. Zur Herstellung dieser Tabletten ist es notwendig, Substanz und Einbettungsmittel im Vibrator zunächst zu vermahlen. Da das KBr im allgemeinen etwas Wasser enthält, muß man im Gebiet der Wasser-banden mit der Zuordnung vorsichtig sein. Um keine Dispersionseffekte zu bekommen, müssen außerdem die Teilchengröße kleiner als die Wellenlänge der Strahlung sein und die Brechungsindizes von Probe und Einbettungsmittel übereinstimmen. Alternativ kann als Einbettungsmittel beispielsweise auch NaCl ver-wendet werden. Bei Messungen in Lösungen ist zu berücksichtigen, daß alle Lösungsmittel Absorptions-banden im IR-Spektrum zeigen. Deshalb werden die Spektren in zwei Lösungsmitteln, deren Absorptionen möglichst nicht im gleichen Spektralgebiet liegen, registriert; im allgemeinen verwendet man CCl$_4$ und CS$_2$.

Durch Vergleich mit den Spektren der reinen Lösungsmittel sind bei der Auswertung zuerst die Bereiche der Lösungsmittelabsorptionen zu kennzeichnen, um Fehler bei der Interpretation auszuschließen.

Das Lambert-Beer-Gesetz gilt im allgemeinen auch für die IR-Spektroskopie. Die Infrarot-spektroskopie kann deshalb auch zur quantitativen Bestimmung der Bestandteile von Gemi-schen eingesetzt werden, sofern die typischen Banden im Spektrum hinreichend weit vonein-ander entfernt sind.

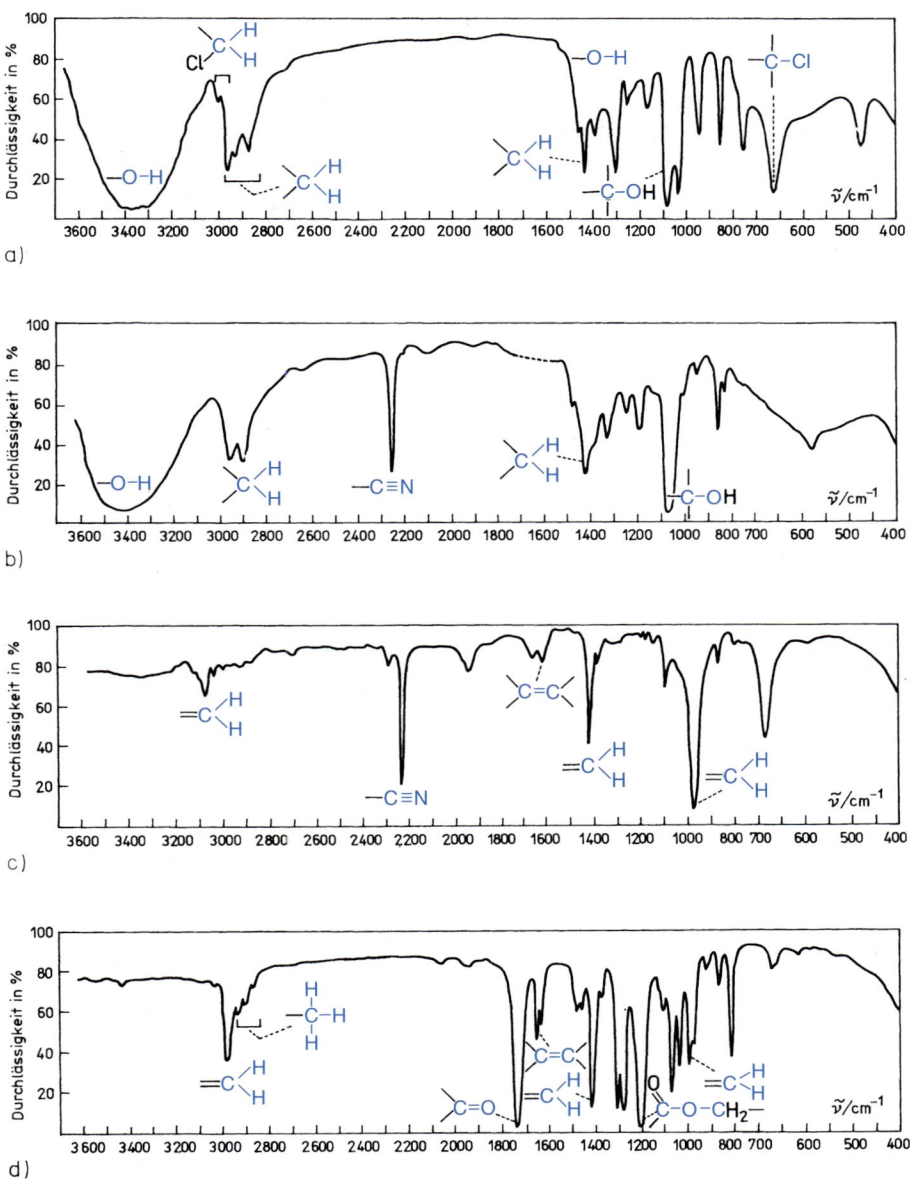

Abb. A.137
Infrarotspektren aufgenommen mit dem Spektrographen UR 10 (Carl Zeiss Jena)
a) 2-Chlor-ethanol; b) β-Hydroxy-propionitril; c) Acrylnitril; d) Acrylsäureethylester

3.6. Kernmagnetische Resonanzspektroskopie

Eine besondere Art der Absorptionsspektroskopie ist die kernmagnetische Resonanzspektroskopie, kurz als NMR-Spektroskopie (Nuclear Magnetic Resonance) bezeichnet. Das Resonanzspektrum entsteht dabei durch Absorption elektromagnetischer Strahlung durch *magnetische Atomkerne*, die sich in einem statischen äußeren Magnetfeld befinden. Ein magnetisches Moment besitzen solche Atomkerne, die eine ungerade Zahl von Neutronen oder Protonen aufweisen (Tab. A.138).

Tabelle A.138

Magnetische Eigenschaften einiger Atomkerne

Kern	Protonen	Neutronen	Spin I	Magnetisches Moment μ_I in Kernmagnetonen	Natürliche Häufigkeit in%
^{1}H	1	0	½	2,792 68	99,985
^{2}H (D)	1	1	1	0,857 387	0,015
^{13}C	6	7	½	0,702 199	1,11
^{14}N	7	7	1	0,403 47	99,63
^{15}N	7	8	½	0,282 98	0,37
^{19}F	9	10	½	2,627 27	100
^{31}P	15	16	½	1,130 5	100

Befindet sich ein magnetischer Kern in einem statischen Magnetfeld, so hat er auf Grund seines magnetischen Kernmomentes verschiedene Orientierungsmöglichkeiten, die durch die magnetische Kernspinquantenzahl m_I bestimmt werden. m_I kann alle Werte von $+I$, $(I-1)$… bis $-I$ annehmen (I = Kernspin). Wirkt auf den Kern zusätzlich ein elektromagnetisches Wechselfeld ein, dessen magnetischer Vektor senkrecht auf dem statischen Magnetfeld steht, kann eine Umorientierung der Kernmomentachsen erzwungen werden, wobei Energie aus dem Hochfrequenzfeld aufgenommen wird (Kernresonanz); vgl. Abb. A.139. Diese Energie (ΔE) und die ihr entsprechende Frequenz der absorbierten Strahlung hängt von den magnetischen

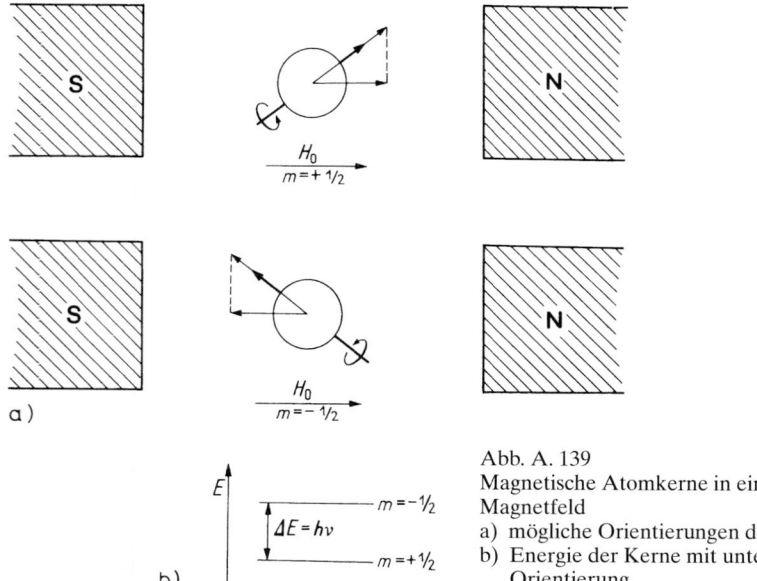

Abb. A. 139
Magnetische Atomkerne in einem statischen Magnetfeld
a) mögliche Orientierungen der Momentachsen;
b) Energie der Kerne mit unterschiedlicher Orientierung

Eigenschaften des Atomkerns (μ_I = magnetisches Kernmoment; I = Kernspin) ab und ist der Stärke des äußeren Magnetfeldes H_0 proportional:

$$\Delta E = h\nu = \frac{\mu_I H_0}{I} \qquad \text{[A.140]}$$

Besonders günstig erweisen sich für NMR-spektroskopische Untersuchungen Kerne, bei denen das Verhältnis μ_I/I und damit der Wert von ΔE relativ groß ist. Dazu gehören Kerne mit einem Kernspin $I = \frac{1}{2}$, wie ^{1}H, ^{13}C, ^{15}N, ^{19}F und ^{31}P (vgl. Tab. A.138; Gl. [A.140]). Nicht nachweisbar sind dagegen die in der organischen Chemie häufig vorkommenden Elemente ^{12}C, ^{16}O und ^{32}S, da ihr Kernspin Null ist.

Zur Messung des Resonanzfalles bringt man eine Probe der zu untersuchenden Substanz (flüssig oder in Lösung) in das statische Magnetfeld H_0. Die Substanz ist von einer Induktionsspule umgeben, in der ein hochfrequentes Wechselfeld mit der Frequenz ν erzeugt wird. Die Feldstärke H_0 wird so lange variiert, bis der Resonanzfall eintritt (s. auch unten). In diesem Moment nimmt die Probe Energie aus dem Wechselfeld auf, was sich in einer Veränderung des Stromes, der zur Erzeugung des Wechselfeldes gebraucht wird, anzeigt. Diese Stromänderung (*Resonanzsignal*) läßt sich messen und registrieren. Man erhält das kernmagnetische Resonanzspektrum (vgl. z. B. Abb. A.145).

Man kann nach Gleichung [A.140] zur Messung der Kernresonanz auch bei konstantem H_0 und variabler Frequenz arbeiten. Die Frequenzen der im Resonanzfall absorbierten Strahlung liegen dann bei einem äußeren Magnetfeld von 10^4 Gauß in der Größenordnung von 1 bis 50 MHz (Radiowellenbereich). Die maximale Auflösung des Spektrums liegt bei leistungsfähigen Geräten zwischen 0,1 und 0,2 Hz. Als untere Erfassungsgrenze gelten 10^{18} magnetische Kerne.

Die bisherigen Feststellungen bezogen sich auf Atomkerne, die keine Elektronenhülle tragen. Wird der Kern jedoch von einer Elektronenhülle abgeschirmt, so wird das äußere Magnetfeld in der Umgebung des Kerns durch die Elektronenhülle geschwächt (diamagnetische Abschirmung):

$$H_{\text{eff}} = H_0 - \sigma H_0 \qquad \sigma \text{ magnetische Abschirmung} \qquad \text{[A.141]}$$

Das Resonanzsignal erscheint also erst bei einer gegenüber dem nicht abgeschirmten Kern größeren äußeren Feldstärke. Dieser Effekt wird als *chemische Verschiebung* (chemical shift) bezeichnet, weil er von der elektronischen, d. h. chemischen Umgebung des Kerns abhängt.

In der Praxis bezieht man die chemische Verschiebung (Δ) auf das Resonanzsignal einer Standardsubstanz S, die der Lösung zugegeben wird (innerer Standard). Als Maßzahl für die chemische Verschiebung kann man dann einfach die Differenz der Resonanzfeldstärken bzw. Resonanzfrequenzen von Standardverbindung und untersuchter Substanz $H_S - H_i$ bzw. $\nu_S - \nu_i$ angeben. Bei einer Senderfrequenz von z. B. 100 MHz können die Frequenzdifferenzen für Protonen bis zu 2000 Hz betragen; vgl. [A.143]. Sie sind natürlich dem äußeren Magnetfeld bzw. der Senderfrequenz proportional. Kommerzielle Spitzengeräte werden heute mit supraleitenden Magneten ausgerüstet und erreichen Leistungen bis ~ 800 MHz.

Um eine von der Feldstärke des angewandten Magnetfeldes bzw. von der Senderfrequenz unabhängige Maßzahl für die chemische Verschiebung zu erhalten, teilt man die Feldstärke bzw. Frequenzdifferenzen noch durch H_0 bzw. ν_0 und erhält:

$$\delta_i = \frac{H_S - H_i}{H_0} = \frac{\nu_i - \nu_S}{\nu_0} \qquad \text{[A.142]}$$

δ_i ist dimensionslos und liegt in der Größenordnung von 10^{-5} bis 10^{-7}. Man gibt es daher in Einheiten von 10^{-6}, ppm (parts per million), an.

Für die NMR-spektroskopische Untersuchung von ^{1}H- und ^{13}C-Kernen wird Tetramethylsilan (TMS) als innerer Standard benutzt, da es nur eine Resonanzfrequenz hat, die von der Konzentration und der chemischen Zusammensetzung der Lösung weitgehend unabhängig ist.

Außerdem besitzt es eine so starke chemische Verschiebung, daß die Protonen (bzw. ^{13}C-Kerne) der meisten Substanzen bei kleineren Feldstärken absorbieren. TMS erhält den Wert $\delta = 0$ ppm, während alle bei tieferem Feld liegenden Signale durch Werte mit $\delta > 0$ ppm gekennzeichnet sind.[1])

Durch Multiplikation der in ppm angegebenen δ-Werte mit der Senderfrequenz (in MHz) erhält man die chemische Verschiebung in Hertz:

$$\Delta/Hz = \delta/ppm \cdot \nu/MHz \qquad\qquad [A.143]$$

Gewöhnlich werden die Kopplungskonstanten (s. unten) in Hz angegeben.

3.6.1. ¹H-NMR-Spektroskopie

In Tabelle A.144 sind charakteristische ¹H-NMR-spektroskopische chemische Verschiebungen für einige Strukturelemente zusammengestellt. Die Werte lassen erkennen, daß die chemische Verschiebung von der Elektronendichte in der Umgebung der betreffenden Protonen abhängt: Elektronenanziehende Substituenten setzen die magnetische Abschirmung herab, Elektronendonatoren erhöhen sie. Sie steht deshalb häufig in linearer Beziehung zur Elektronegativität und zu den Hammett-σ-Konstanten (vgl. Tab. C.76).

Außer der Elektronendichte beeinflussen aber auch noch andere Faktoren die Größe der chemischen Verschiebung. Das ist vor allem an Wasserstoffkernen in Nachbarschaft zu π-Bindungen zu erkennen (vgl. Tabelle A.144). Das angelegte Magnetfeld induziert nämlich an diesen π-Elektronen-Systemen ein zusätzliches Feld. Die Überlagerung mit dem ursprünglichen Feld führt zu magnetisch anisotropen Bezirken. Die Auswirkung auf die chemische Verschiebung zeigt sich beispielsweise deutlich bei Aldehyden (Tab. A.144), bei Acetylenen und bei Benzen.

In Abb. A.145 ist das ¹H-NMR-Spektrum von *p*-Xylen wiedergegeben. Das Spektrum zeigt zwei Resonanzsignale, die von den chemisch äquivalenten Wasserstoffkernen der zwei CH₃-Gruppen und den vier Methingruppen des aromatischen Ringes herrühren. Die Intensität (Fläche) der Signale verhält sich wie die Anzahl der Protonen in den Gruppen, im vorliegenden Falle wie 3:2.

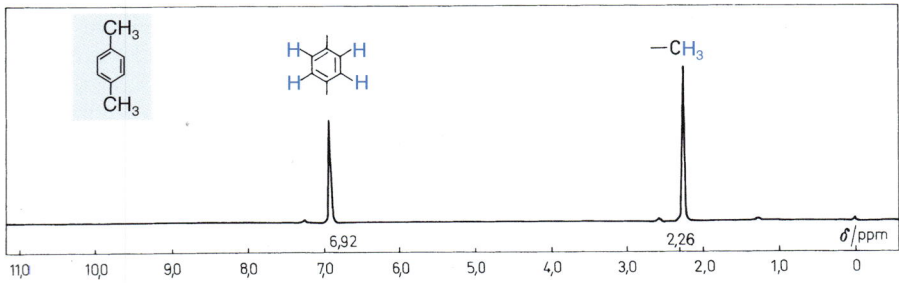

Abb. A.145
¹H-NMR-Spektrum von *p*-Xylen

---

[1]) In einer früher gebräuchlichen Skala, der τ-Skala, gibt man dem TMS den Wert 10 ppm. Alle bei tieferem Feld liegenden Signale haben dann τ-Werte < 10 ppm. Es gilt: $\tau + \delta = 10$.

Tabelle A.144

^{1}H-chemische Verschiebung in ppm (Standard: Tetramethylsilan, TMS)

Gruppe	Chemische Verschiebung	Gruppe	Chemische Verschiebung
$(CH_3)_4Si$	0	$-\overset{\mid}{\underset{\mid}{C}}-CH_2-Cl$	3,3...3,7
$H_3C-\overset{/}{C}-$ [1]	0,8...1,3	$-\overset{\mid}{\underset{\mid}{C}}-CH_2-NO_2$	4,3...4,6
$H_3C-C\equiv C-$	1,8...2,1	$Ar-CH_2-O-$	4,3...5,3
$H_3C-C=C\overset{/}{\underset{\backslash}{}}$	1,6...2,1	$\overset{\backslash}{\underset{/}{C}}H-$ [1]	1,3...2,1
$H_3C-\overset{\mid}{C}=O$	1,9...2,7	$\overset{\backslash}{\underset{/}{C}}H-OH$	4,0
H_3C-S-	2,0...2,6	$-CHBr_2$	5,9
H_3C-Ar	2,1...2,7	$-C\equiv CH$	2,4
$H_3C-\overset{/}{N}\underset{\backslash}{}$	2,1...3,1	$\underset{H\,(b)}{\overset{R}{\underset{\backslash}{C}}=CH_2\,(a)}$	a: 4,7...5,0 b: 5,6...5,8
H_3C-O-	2,3...4,0	$R-CH=CH-$ (cis / trans)	5,5
$H_3C-O-\overset{\mid}{C}=O$	3,6	$=C-\overset{\mid}{\underset{\mid}{C}}=CH_2$	5,1...5,7
H_3C-I	2,2	$Ar-SH$	2,8...3,6[4]
H_3C-Br	2,7	C_6H_5-OH	4,5[2][4]
H_3C-Cl	3,05	$R-OH$	0,7...5,5[3][4]
H_3C-F	4,3	$Ar-H$	6...9
H_3C-NO_2	4,3	C_6H_6	7,27
$-CH_2-$ [1]	0,9...1,6	$R-\overset{O}{\overset{\|}{C}}-H$	9,7...10,1
$-\overset{\backslash}{\underset{/}{C}}-CH_2-\overset{\mid}{C}=$	1,1...2,4	$R-\overset{O}{\overset{\|}{C}}-OH$	9,7...13,0[4]
$-\overset{\backslash}{\underset{/}{C}}-CH_2-S-$	2,4...3,0	$\overset{\backslash}{\underset{/}{C}}=N-OH$	8,8...10,2[4]
$-\overset{\backslash}{\underset{/}{C}}-CH_2-\overset{/}{N}$	2,3...3,6	$\overset{\backslash}{\underset{/}{C}}=\overset{\mid}{C}-OH$	15...16[4]
$-\overset{\backslash}{\underset{/}{C}}-CH_2-Ar$	2,6...3,3		
$-\overset{\backslash}{\underset{/}{C}}-CH_2-O-$	3,3...4,5		

[1]) in gesättigten Kohlenwasserstoffen   [2]) nicht assoziiert
[3]) Die Lage des Signals ist stark vom Assoziationsgrad abhängig.
[4]) Das Signal verschwindet beim Schütteln der Probe mit D_2O.

Die Ursache für den hohen δ-Wert der Benzenprotonen ist ein magnetischer Ringstrom, der als Resultierende der magnetischen Induktion im 6-π-Elektronen-System des aromatischen Rings erzeugt wird. Wie man aus Abbildung A.146 erkennen kann, erhöht dieser Ringstrom in der Ringebene außerhalb des Rings die effektive magnetische Feldstärke, was zur Absorption bei relativ niedrigem äußerem Feld führt. Bei Acetylen sind die Verhältnisse gerade umgekehrt.

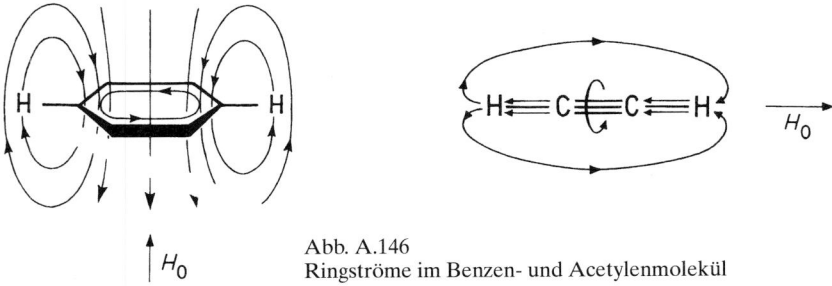

Abb. A.146
Ringströme im Benzen- und Acetylenmolekül

Die Kernresonanzspektren hoher Auflösung werden durch einen weiteren Umstand komplizierter, aber auch leichter auswertbar gemacht. Die entsprechend der diamagnetischen Abschirmung bei verschiedenen Feldstärken auftretenden Signale sind nämlich häufig durch sogenannte *Spin-Spin-Kopplung* noch weiter in Dubletts, Tripletts usw. aufgespalten. Diese Signalaufspaltung tritt ein, wenn sich das betrachtete Proton in Nachbarschaft zu einem oder mehreren magnetischen Kernen befindet. Die Magnetfelder dieser Kerne verstärken bzw. schwächen durch ihre unterschiedlichen Spinorientierungen (vgl. Abb. A.139) das äußere Magnetfeld, so daß z. B. bei einem Proton als Nachbar durch dessen Kernspin $m_I = +\frac{1}{2}$ bzw. $-\frac{1}{2}$ in Wirklichkeit zwei um einen kleinen Betrag unterschiedliche Magnetfelder auf das betrachtete Proton einwirken. Man erhält in diesem Falle folglich für das betrachtete Proton ein Signaldublett. Gewissermaßen findet durch diese Spin-Spin-Wechselwirkung nochmals eine Kernresonanzspektroskopie im Kleinen statt. Die dadurch hervorgerufenen Magnetfeldänderungen sind klein, so daß auch die Aufspaltungen der Signale im allgemeinen nur wenige Hz betragen. Ihre Größe ist von der Entfernung im koppelnden Molekül, von den räumlichen Verhältnissen und der chemischen Umgebung der beiden Protonen abhängig.

Die Spin-Spin-Wechselwirkung nimmt mit der Entfernung der koppelnden Kerne schnell ab, so daß in der Regel nur Kopplungen über maximal drei bis vier Bindungen hinweg durch entsprechende Signalaufspaltungen zu beobachten sind. Protonen in gleicher chemischer (magnetischer) Umgebung führen nicht zu Signalaufspaltungen.

Ein Maß für die Spin-Spin-Wechselwirkung ist die *Spin-Kopplungskonstante J*, die den Abstand der aufgespalten Linien in Hertz angibt. Sie ist im Gegensatz zur chemischen Verschiebung unabhängig von der äußeren Feldstärke. Je höher die Senderfrequenz des Spektrographen ist, desto besser sind beide Effekte zu unterscheiden. Die Größe der Kopplungskonstante J ermöglicht häufig Rückschlüsse auf die Lage der koppelnden Kerne zueinander. In Tabelle A.147 sind einige Strukturelemente mit ihren Kopplungskonstanten zusammengestellt.

Tabelle A.147

Kopplungskonstanten J einiger an Kohlenstoff gebundener Protonen[3])

Strukturelement	J/Hz	Strukturelement	J/Hz
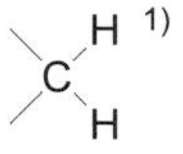 C(H)(H) [1)] (geminal)	10...20 (vgl. Abb. E.50)	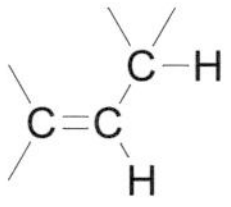 C=C(C–H)(H)	4...10 (vgl. Abb. E.38)
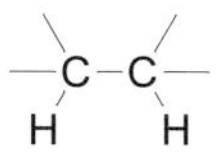 –C(H)–C(H)–	2...9 (vgl. Abb. E.5; E.50)	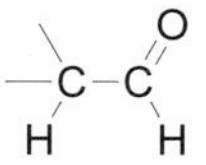 –C(H)–C(H)(=O)	1...3
H_3C–CH_2–	6,7...7,2 (vgl. Abb. E.7; E.42) 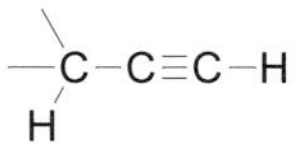	–C(H)–C≡C–H	2...3
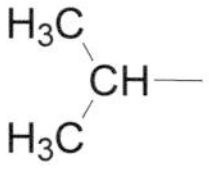 H_3C / H_3C CH–	5,7...6,8 (vgl. Abb. E.53; E.63)	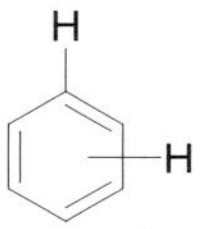 Benzolring: o	7...10 (vgl. Abb. E.7; E.10, E.22; E.23)
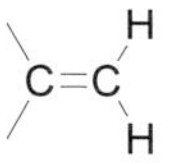 C=C(H)(H)	0...3,5	m	2...3 (vgl. Abb. E.10; E.11)
H–C=C–H (trans)	11...18 (vgl. Abb. E.38; E.42)	p	1
C=C(H)(H)	6...14	Cyclohexan $a–a$ [2)]	8...10
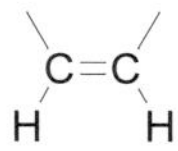 C=C(C–H)(H)	0,5...2 (vgl. Abb. E.38)	$a–e$	2...3
		$e–e$	2...3

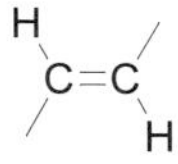

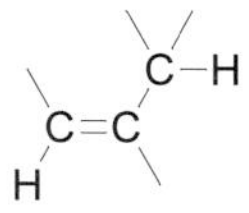

[1)] bei Nichtäquivalenz der beiden Protonen
[2)] Kopplungskonstanten über 3 Bindungen, ^3J; a axial, e äquatorial, vgl. Abb. C.84.
[3)] In den Abbildungen in Kapitel A und E entspricht 1 ppm 90 Hz.

Die Zahl der durch Spin-Spin-Wechselwirkung auftretenden Signale (Multiplizität M) hängt von der Zahl n_1, n_2,... und dem Kernspinmoment I der magnetisch nicht äquivalenten Kerne ab, die die Aufspaltung verursachen. Es gilt die Beziehung:

$$M = (2n_1I + 1)(2n_2I + 1) \qquad [A.148]$$

bzw. für nur eine Art koppelnder Kerne:

$$M = 2nI + 1 \qquad [A.149]$$

und für Wasserstoff ($I = \frac{1}{2}$):

$$M = n + 1 \qquad [A.150]$$

Eine CH-Gruppe spaltet also die Absorption benachbarter äquivalenter Protonen in ein Dublett auf, die CH_2-Gruppe führt zu einem Triplett und eine CH_3-Gruppe zu einem Quadruplett.

Man leite sich die Aufspaltung des Signals eines Protons ab, das mit einem Atom D ($I = 1$), ^{13}C ($I = \frac{1}{2}$), ^{14}N ($I = 1$), ^{15}N ($I = \frac{1}{2}$) bzw. ^{19}F ($I = \frac{1}{2}$) koppelt!

Die Intensitäten (Flächen unter den Signalen, näherungsweise deren Höhe) eines durch Spin-Spin-Kopplung aufgespaltenen Signals verhalten sich wie die n-ten Binominalkoeffizienten: Dublett 1 : 1, Triplett 1 : 2 : 1, Quadruplett 1 : 3 : 3 : 1. Auch an diesen typischen Intensitätsverhältnissen sind Spin-Spin-Aufspaltungen erkennbar.

Zur Veranschaulichung der Kopplungs- und Intensitätsverhältnisse bei Spin-Spin-Wechselwirkung sei das Spektrum des Ethanols betrachtet (Abb. A.151). Die drei Protonensorten (OH, CH_2, CH_3) befinden sich in unterschiedlicher chemischer Umgebung, so daß drei Grundsignale auftreten müssen. Das OH-Proton befindet sich zusätzlich im Feld der beiden CH_2-Protonen. Durch das erste dieser Protonen ergibt sich ein Dublett, dessen Signale 4,5 Hz voneinander entfernt sind (Kopplungskonstante $J_{1,2} = 4,5$ Hz). Auf das OH-Proton wirkt jedoch auch das zweite Proton der CH_2-Gruppe in gleicher Weise, so daß Dublett nochmals in je zwei Dubletts aufspalten müßte und vier Signale auftreten sollten. Da jedoch die Kopplungskonstante ebenfalls 4,5 Hz beträgt, fallen die beiden mittleren Signale zu einem Signal doppelter Intensität zusammen. Insgesamt erhält man also durch die Wirkung der CH_2-Protonen für das OH-Proton ein Triplett der Intensität 1:2:1. Ein Triplett wird auch durch [A.150] gefordert. Der mittlere ppm-Wert dieser Signale entspricht der chemischen Verschiebung des unbeeinflußten Protons. In gleicher Weise ergibt sich für die innerhalb der Gruppe äquivalenten CH_3-Protonen durch Kopplung mit den beiden CH_2-Protonen ein Triplett der Intensität 1:2:1. Die äquivalenten CH_2-Protonen koppeln mit den drei CH_3-Protonen, so daß man infolge Überlagerung einzelner Signale zunächst ein Quartett der Intensität 1 : 3 : 3 : 1 erhält. Da jedoch außerdem das Magnetfeld des OH-Protons einwirkt, wird jedes Signal des Quartetts nochmals in ein Dublett ($J = 4,5$ Hz) aufgespalten. Infolge der unterschiedlichen Kopplungskonstanten $J_{2,3}$ bzw. $J_{1,2}$ fallen hier keine Signale zusammen, und man findet ein Oktett der angegebenen Intensitätsverteilung (vgl. [A.148]). Wie sich aus Abbildung A.151 ablesen läßt, sind die zueinandergehörenden Kopplungen durch gleiche Kopplungskonstanten erkennbar: $J_{1,2} = J_{2,1}$, $J_{2,3} = J_{3,2}$.

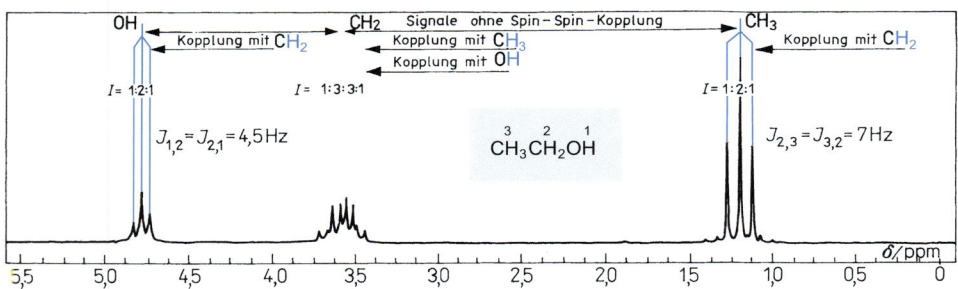

Abb. A.151
Hochaufgelöstes ^{1}H-NMR-Spektrum von wasserfreiem Ethanol (bei Anwesenheit von Säure- bzw. Wasserspuren wird die CH_2–OH-Kopplung nicht beobachtet)

In manchen Spektren ist es schwierig, die Kopplung zwischen zwei Protonen nur mit Hilfe der Kopplungskonstante bzw. der Intensitätsverteilung der Signale nachzuweisen. Diesen Nachweis kann man mit modernen NMR-Geräten durch die sog. „Doppelresonanz" führen. Hierbei wird die Kopplung zwischen den betreffenden Partnern aufgehoben, indem man die Resonanzfrequenz eines der koppelnden Protonen in die Probe einstrahlt. Die Energieaufnahme führt zu einer schnellen Spinumkehr des absorbierenden Protons, so daß der koppelnde Partner nicht mehr zwischen den unterschiedlichen Spinorientierungen dieses Protons differenzieren kann. Die vom bestrahlten Proton ursprünglich hervorgerufene Signalaufspaltung wird aufgehoben.

Je nach dem Verhältnis von chemischer Verschiebung Δ zur Größe der Kopplungskonstante J unterscheidet man verschiedene Typen von Spektren. Ist die chemische Verschiebung groß im Vergleich zur Kopplungskonstanten ($\Delta > J$), so bezeichnet man die koppelnden Kerne mit weit im Alphabet voneinander stehenden großen Buchstaben (A, X), gilt dagegen $\Delta \sim J$, so wählt man benachbarte Buchstaben (A, B). Die Zahl der äquivalenten Kerne wird als Index angegeben.

Man leite den Spektrentyp des Ethyliodids ab und gebe die Art der Aufspaltung und die Intensitätsverteilung der Multipletts an!

Bei A_xB_y-Typen sind die Aufspaltungen weniger übersichtlich als in A_xX_y-Typen. Zum Beispiel weicht in AB-Spektren die Intensitätsverteilung der Signale von der Binominalverteilung ab. Man beobachtet den sog. „Dacheffekt". Die Intensität der inneren Signale eines Multipletts wächst auf Kosten der äußeren Signale an (Abb. A.152). Der Dacheffekt kann für das Erkennen zueinandergehörender Signale und damit für die Interpretation eines Spektrums von Nutzen sein.

Enthält eine Substanz drei nicht äquivalente Protonen, die miteinander koppeln, wählt man zur Bezeichnung des Spektrentyps nach dem oben angegebenen Prinzip drei Buchstaben des Alphabetes aus. Ein $A_xM_yX_z$-Typ (große Abstände zwischen den Buchstaben) charakterisiert ein Spektrum, in dem $\Delta > J$ ist.

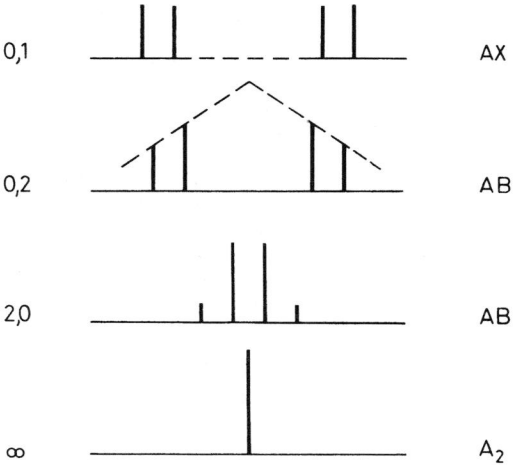

Abb. A.152
Kopplungsschema zweier Protonen in Abhängigkeit vom J/Δ -Verhältnis

Man erläutere an Hand der Abbildungen A.145 und A.151 die Spektrentypen des *p*-Xylens und des Ethanols!

Aus den in Kapitel E angegebenen Spektren gehen die ^{1}H-NMR-Kopplungsmuster der folgenden wichtigen Gruppen hervor:

$$H_3C-CH_2-\qquad -CH_2-CH_2-\qquad H_3C-CH-\qquad H_3C-CH_2-CH_2-$$

[A.152a]

3.6.2. ^{13}C-NMR-Spektroskopie

Neben der ^{1}H-NMR-Spektroskopie hat die ^{13}C-NMR-Spektroskopie für die Strukturaufklärung organischer Moleküle außerordentliche Bedeutung erlangt, da sie das Kohlenstoffgerüst einer Verbindung und die chemische Umgebung der einzelnen Kohlenstoffkerne zu erfassen gestattet.

Auf Grund der geringen natürlichen Häufigkeit des ^{13}C-Isotops (1,108%) und seines niedrigen magnetischen Moments (vgl. Tab. A.138) ist allerdings die Empfindlichkeit der ^{13}C-NMR-Spektroskopie im Vergleich zur ^{1}H-NMR-Spektroskopie um den Faktor $1{,}8{\cdot}10^{-4}$ geringer, woraus sich die Notwendigkeit einer anderen Technik der Spektrenaufnahme ergibt.

Im Routinebetrieb werden ^{13}C-Spektren (und auch die anderer magnetisch aktiver Kerne) nach der Puls-Fourier-Transform-Technik (PFT) aufgenommen. Hierbei regt man mit einem starken Hochfrequenzimpuls alle Resonanzfrequenzen einer Kernsorte (z. B. der ^{13}C-Kerne) gleichzeitig an. Nach dieser kurzzeitigen „Störung" kehren die Kerne in den Gleichgewichtszustand zurück. Der damit verbundene Abfall der induzierten Magnetisierung senkrecht zum H_o-Feld (vgl. Abb. A.139; free induction decay, FID) wird gemessen und gespeichert. Der FID ist ein komplexes Interferogramm aus überlagerten Schwingungen. Durch eine mathematische Operation, die Fourier-Transformation, erhält man das normale Kernresonanzspektrum. Durch wiederholte Pulsanregung in kurzer Zeitfolge (Pulsabstand im Sekundenbereich) und Akkumulation des FID in einem Computer werden auf diesem Wege trotz der geringen Empfindlichkeit der ^{13}C-NMR-Spektroskopie ausgezeichnete Spektren erhalten (vgl. z. B. Abb. E.31).

Der Zeitaufwand für die Aufnahme eines ^{13}C-Spektrums wird ganz entscheidend von der Löslichkeit der Substanz im eingesetzten Lösungsmittel bestimmt: Je höher die Konzentration, desto geringer der Zeitaufwand! Als Orientierung gilt, daß pro erwartetes Signal mindestens 5 mg der Verbindung in 1 ml Lösungsvolumen enthalten sein sollten. ^{13}C-Spektren werden im allgemeinen unter Verwendung deuterierter Lösungsmittel aufgenommen.

Das ^{13}C-NMR-Spektrum kann insbesondere wegen der vielen möglichen C–H-Nah- und -Fernkopplungen sehr komplex sein. Um es zu vereinfachen, wird im Routinebetrieb ein intensives Frequenzband, das den gesamten Protonenverschiebungsbereich erfaßt, gleichzeitig eingestrahlt. Dadurch erreicht man, daß die ^{13}C–^{1}H-Kopplungen aufgehoben werden (^{1}H-Breitband-Entkopplung). Bei dieser Entkopplung erhält man für jeden mit Wasserstoff verbundenen Kohlenstoff durch Zusammenfall der Multipletts zum Singulett ein einzelnes Signal höherer Intensität. Für diese ^{13}C-Kerne kommt es außerdem durch den *Kern-Overhauser-Effekt (NOE)* zu einem zusätzlichen Intensitätsgewinn der Signale. Das Verhältnis der Signalintensität im ^{13}C-PFT-Spektrum entspricht nicht wie in normalen ^{1}H-NMR-Spektren dem Verhältnis der Zahlen der entsprechenden Kerne (vgl. Abb. E.31).

Bei der *Protonen-Off-Resonanz-Technik* wird gleichzeitig ein Frequenzband eingestrahlt, das etwa 100 bis 500 Hz vom Resonanzbereich der Protonen entfernt liegt. Dadurch wird das ^{13}C–^{1}H-Kopplungsmuster der direkt am Kohlenstoff gebundenen Protonen sichtbar. Mit dessen Hilfe kann entschieden werden, ob eine CH_3- (Quadruplett), CH_2-(Triplett) oder CH-Gruppe (Dublett) bzw. ein quartäres Kohlenstoffatom (Singulett) vorliegt.

Zusätzlich zur off-resonance existieren weitere Pulsprogramme wie z. B. *DEPT* (englisch *d*istortionless *e*nhancement by *p*olarization *t*ransfer), die eine schnelle Unterscheidung zwischen quartären, tertiären, sekundären und primären C-Atomen erlauben. Diese Programme werden vor allem bei linienreichen (Naturstoff)-Spektren angewendet, da sonst die hohe Anzahl von C-Atomen zu vielen Überlagerungen der Multipletts und damit zur erschwerten Auswertung führt.

Der hohe Informationswert der ^{13}C-NMR-Spektroskopie für die Strukturaufklärung organischer Verbindungen ergibt sich aus den im Vergleich zur ^{1}H-NMR-Spektroskopie signifikant größeren Unterschieden in der chemischen Verschiebung. Während ^{1}H-chemische Verschiebungen nur etwa 15 ppm umfassen, überstreichen ^{13}C-chemische Verschiebungen mehr als 250 ppm. Geringe Unterschiede in der chemischen Umgebung eines Kohlenstoffkerns spiegeln sich dadurch im allgemeinen deutlich im Spektrum wieder. In ^{1}H-Breitband-entkoppelten ^{13}C-Spektren auch komplizierter Verbindungen (z. B. von Steroiden) findet man in der Regel für jedes chemisch nicht äquivalente Kohlenstoffatom ein Signal. Neben der chemischen Verschiebung kann die geringe Intensität quartärer Kohlenstoffatome im ^{1}H-Breitband-entkoppelten Spektrum als Zuordnungshilfe genutzt werden.

Bestimmend für die chemische Verschiebung der C-Atome und damit ihrer Signallage sind ihr Bindungszustand und die elektronischen Einflüsse der Umgebung (induktive und mesomere Substituenteneffekte und sterische Wechselwirkungen). Magnetische Anisotropieeffekte leisten im Gegensatz zur ^{1}H-NMR-Spektroskopie keinen wesentlichen Beitrag zur chemischen Verschiebung. Charakteristische ^{13}C-chemische Verschiebungen sind in Tabelle A.153 zusammengestellt.

Tabelle A.153

^{13}C-chemische Verschiebung in ppm (Standard: Tetramethylsilan, TMS)

Gruppe	Chemische Verschiebung	Gruppe	Chemische Verschiebung
H_3C-C	0...35	C_3C-C	30...75
H_3C-S	10...45	C_3C-S	45...70
H_3C-N	25...55	C_3C-N	50...80
H_3C-O	40...55	C_3C-O	50...90
H_3C-F	75,2	C_3C-Hal	35...110
H_3C-Cl	24,9	$\backslash C=C /$	90...155
H_3C-Br	10,0	$-C\equiv C-$	70...110
H_3C-I	−20,7	C Ar	95...165
$C-CH_2-C$	15...45	C Heteroar.	100...175
$C-CH_2-S$	20...60	$\backslash C=N-$	145...170
$C-CH_2-N$	35...70	$-C\equiv N$	105...130
$C-CH_2-O$	45...85	$\backslash C=O$, O	165...185
$C-CH_2-Hal$	0...85	$\backslash C=O$, $-N\backslash$	165...185
C_2CH-C	20...70	$\backslash C=O$, Cl	165...180
C_2CH-S	45...70	$\backslash C=O$, H	180...205
C_2CH-N	45...80	$C=O$	185...225
C_2CH-O	50...90		
$C_2CH-Hal$	35...100		

Typisch für ^{13}C-chemische Verschiebungen ist, daß sich Substituenteneinflüsse oft additiv verhalten. Bei genügend großem Vergleichmaterial können die Signalzuordnungen mit Hilfe von Inkrement-Beziehungen überprüft werden.

Im folgenden werden einige allgemeine Regeln zur Signalzuordnung zusammengefaßt.

Bei höchstem Feld (0 bis 50 ppm) absorbieren sp^3-hybridisierte Kohlenstoffatome, danach folgen sp-hybridisierte (60 bis 100 ppm) und bei tiefstem Feld die Signale der sp^2-hybridisierten C-Atome (100 bis 200 ppm). Diese Abstufung korrespondiert mit der der ^{1}H-Signale entsprechender CH-Baugruppen. Für aliphatische Kohlenwasserstoffe lassen sich die Verschiebungswerte leicht nach der Lindemann-Adams-Regel berechnen.[1]):

$$\delta_i = A_n + \sum_{m=0}^{2} N_m^\alpha \alpha_{nm} + N^\gamma \gamma_n + N^\delta \delta_n \qquad \text{[A.154]}$$

n Anzahl der mit dem Kohlenstoffatom i verbundenen H-Atome; m Anzahl der H-Atome am α-Kohlenstoffatom; N_m^α Anzahl der CH$_m$-Gruppen in α-Position ($m = 0, 1, 2$; α-CH$_3$-Gruppen werden nicht berücksichtigt); N^γ Anzahl der γ-Kohlenstoffatome; N^δ Anzahl der δ-Kohlenstoffatome; es gilt: $-C^iH_n-C^\alpha H_m-C^\beta-C^\gamma-C^\delta-$; der Einfluß des β-C-Atoms ist in den anderen Gliedern enthalten; A_n von n abhängige empirische Konstante

Man berechne anhand der in Tabelle A.155 angeführten Werte die ^{13}C-chemischen Verschiebungen von n-Pentan und vergleiche das Ergebnis mit den gemessenen Werten (δ-Werte in ppm: C^1 = 13,5; C^2 = 22,4; C^3 = 34,3).

Tabelle A.155
Inkremente zur Lindeman-Adams-Regel

n	A_n	m	α_{nm}	γ_n	δ_n
3	6,80	2	9,56	–2,99	0,49
		1	17,83		
		0	25,48		
2	15,34	2	9,75	–2,69	0,25
		1	16,70		
		0	21,43		
1	23,46	2	6,60	–2,07	0
		1	11,14		
		0	14,70		
0	27,77	2	2,26	+0,86	0
		1	3,96		
		0	7,35		

Erwartungsgemäß wird in substituierten aliphatischen Kohlenwasserstoffen das den Substituenten tragende Kohlenstoffatom um so weniger abgeschirmt, je größer die Elektronegativität des mit ihm verknüpften Elements ist (vgl. hierzu Tab. A.156).

---

[1]) Verschiebungswerte lassen sich analog nach der Grant-Paul-Regel berechnen. Man erhält dabei jedoch häufig eine größere Abweichung von den experimentellen Werten

Tabelle A.156

Verschiebungsänderung an 1-substituierten *n*-Alkanen in Abhängigkeit
von der Elektronegativität E des Substituentenzentralatoms X

Substituent X	E_X	$\delta_{RCH_2X} - \delta_{RCH_3} = \Delta$
H	2,1	0
CH$_3$	2,5	+9
SH	2,5	+11
NH$_2$	3,0	+29
Cl	3,0	+31
OH	3,5	+48
F	4,0	+68

In mesomeriefähigen Verbindungen werden die ^{13}C-chemischen Verschiebungen durch Donor- bzw. Acceptorsubstituenten stark beeinflußt. So rufen z. B. in α,β-ungesättigten Verbindungen Donoren Hochfeld- und Acceptoren Tieffeldverschiebungen in β-Position hervor, wie aus dem Vergleich der entsprechenden Werte von Acrolein, Methylvinylether und Ethylen als Bezugssystem zu ersehen ist:

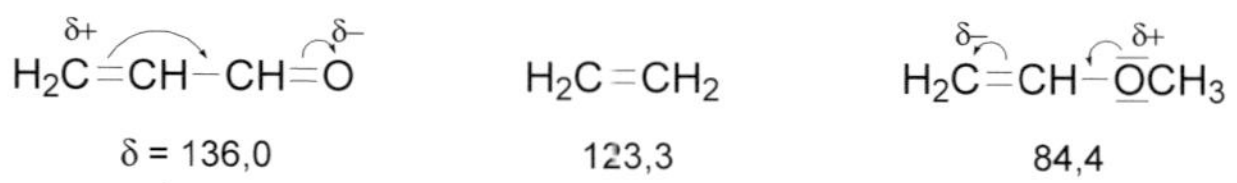

$$H_2C \overset{\delta+}{=} CH - CH \overset{\delta-}{=} O \qquad H_2C = CH_2 \qquad H_2C \overset{\delta-}{=} CH - OCH_3 \overset{\delta+}{} \qquad [A.157]$$

$$\delta = 136,0 \qquad\qquad 123,3 \qquad\qquad 84,4$$

In analoger Weise lassen sich mit Hilfe von elektronischen Substituenteneffekten die ^{13}C-chemischen Verschiebungen in substituierten Benzenen erklären und darüber hinaus mit Substituenteninkrementen vorausberechnen.

Diskutieren Sie unter Verwendung von Tabelle A.158 die ^{13}C-chemischen Verschiebungen von Anisol, Anilin und Benzonitril!

Tabelle A.158

Inkremente zur Abschätzung ^{13}C-chemischer Verschiebungen substituierter Benzene nach $\delta_i = 128,5 + I_{1i} + I_{2i} + \ldots$[1])

Substituent	Substituierte Position	o	m	p
H	–	–	–	–
—CH$_3$	9,3	0,6	0,0	–3,1
—C$_2$H$_5$	15,7	–0,6	–0,1	–2,8
—HC(CH$_3$)$_2$	20,1	–2,0	0,0	–2,5
—CH$_2$Cl	9,1	0,0	0,2	–0,2
—CH$_2$OR	13,0	–1,5	0,0	–1,0
—CF$_3$	2,6	–2,6	–0,3	–3,2
—CH=CH$_2$	7,5	–1,8	–1,8	–3,5
—C$_6$H$_5$	13,0	–1,1	0,5	–1,0
—CH=O	7,5	0,7	–0,5	5,4
—CO—CH$_3$	9,3	0,2	0,2	4,2
—COOH	2,4	1,6	–0,1	4,8
—COOR	2,0	1,0	0,0	4,5
—COCl	4,6	2.9	0,6	7,0
—CONR$_2$	5,5	–0,5	–1,0	5,0
—C≡N	–16,0	3,5	0,7	4,3

Tabelle A.158 (Fortsetzung)

Substituent	Substituierte Position	*o*	*m*	*p*
—OH	26,9	–12,6	1,6	–7,6
—OCH$_3$	31,3	–15,0	0,9	–8,1
—OC$_6$H$_5$	29,1	–9,5	0,3	–5,3
—O—COR	23,0	–6,0	1,0	–2,0
—NH$_2$	19,2	–12,4	1,3	–9,5
—NR$_2$	21,0	–16,0	0,7	–12,0
—NHCOR	11,1	–9,9	0,2	–5,6
—N=N—C$_6$H$_5$	24,0	–5,8	0,3	2,2
—NO$_2$	19,6	–5,3	0,8	6,0
—N=C=O	5,7	–3,6	1,2	–2,8
—SH	2,2	0,7	0,4	–3,1
—SR	8,0	0,0	0,0	–2,0
—SO$_3$H	15,0	–2,2	1,3	3,8
—F	35,1	–14,3	0,9	–4,4
—Cl	6,4	0,2	1,0	–2,0
—Br	–5,4	3,3	2,2	–1,0
—I	–32,3	9,9	2,6	0,4

[1]) Eine umfassende Zusammenstellung von Inkrementen für ^{13}C-chemische Verschiebungen von substituierten Benzenen findet man bei EWING, D. F., Org. Magn. Reson. **12** (1979), 499.

Zur Berechnung der ^{13}C-chemischen Verschiebungen von Benzen-Derivaten addiert man zum Basiswert des Benzens $\delta = 128,5$ je nach Art und Stellung des Substituenten die in Tabelle A.158 angegebenen Verschiebungsinkremente. Größere Abweichungen der berechneten von den gemessenen Werten ergeben sich bei starken elektronischen und sterischen Wechselwirkungen der Substituenten (z. B. bei *ortho*-disubstituierten Benzenderivaten).

Neben der ^{13}C-chemischen Verschiebung liefern die ^{13}C–H-Kopplungen über Größe und Kopplungsmuster (s. oben) wichtige Informationen zur Struktur einer Verbindung. Stark ausgeprägt sind ^{13}C–H-Kopplungen über eine Bindung. Die Kopplungskonstanten $^1J_{CH}$ liegen zwischen +120 und 320 Hz. Mit steigendem s-Anteil der Hybridisierung und deshalb auch mit wachsender Elektronegativität der Substituenten steigt der Betrag der Kopplungskonstanten an. Man vergleiche hierzu die Werte für Ethan, Ethylen und Acetylen sowie für die Chlormethane in Tabelle A.159. Erwartungsgemäß sinkt die Größe der Kopplungskonstanten mit wachsender Entfernung der koppelnden Kerne ($^2J_{CH}$: –10 bis +60 Hz). Einige Zusammenhänge zwischen Größe der Kopplungskonstanten und Struktur der Verbindung kann man Tabelle A.159, in der auch Kopplungen zu anderen Kernen aufgeführt sind, entnehmen.

Man diskutiere an Hand dieser Informationen auch die in Kapitel E gegebenen ^{13}C-NMR-Spektren!

Mit modernen Hochleistungs-NMR-Spektrometern können komplizierte Strukturen mit vertretbaren Zeitaufwand aufgeklärt werden. Man benutzt dazu u. a. *zweidimensionale*, sogenannte *2D-Spektren*, die durch Kopplungsphänomene über mehrere Bindungen genaue Zuordnungen erlauben. Die Ausnutzung des *Kern-Overhauser-Effektes*, dem Dipol-Dipol-Wechselwirkungen zwischen zwei Kernen mit einem bestimmten räumlichen Abstand zueinander zugrunde liegen, erlaubt Aussagen zur räumlichen Anordnung von Molekülen z. B. zur relativen Konfiguration. Durch Anwendung von Metallkomplexen mit chiralen Liganden ist man auch in der Lage, schnell und relativ präzise Angaben zu Enantiomerenverhältnissen bei stereoselektiven Synthesen zu erhalten.

Tabelle A.159

^{13}C–^1H-Kopplungskonstanten in Hz

Verbindung	$^1J_{CH}$	Verbindung	$^1J_{CH}$
H_3C-CH_3	125	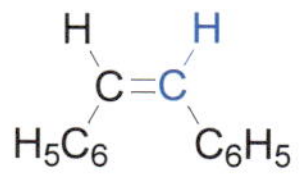 $\begin{smallmatrix}H & & H\\ & C=C & \\ H_5C_6 & & C_6H_5\end{smallmatrix}$	155
$H_2C=CH_2$	156	$\begin{smallmatrix}H\\ O=C\\ CH_3\end{smallmatrix}$	172
$HC\equiv CH$	248	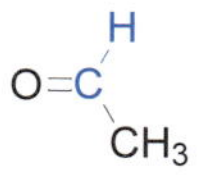	
$N\equiv C-CH_3$	136	$\begin{smallmatrix}H\\ O=C\\ OH\end{smallmatrix}$	222
$HOOC-CH_3$	130	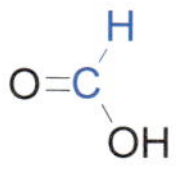	
CH_4	145	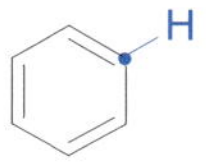 (Benzen) H	159
$Cl-CH_3$	150	H_o	
Cl_2CH_2	178	H_m H_o $^2J_{CH}$: 1,0	
Cl_3C-H	209	H_p H_m $^3J_{CH}$: 7,4	
		H_p $^4J_{CH}$: –1,1	

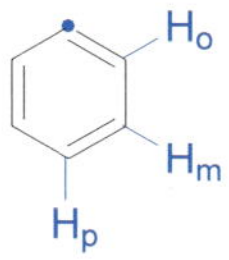

Weitere für die Strukturermittlung wichtige Informationen lassen sich aus Kopplungen zwischen ^{13}C und anderen magnetischen Kernen erhalten. Dieses über mehrere Bindungen meßbare Phänomen liefert Hinweise zum Substitutionstyp, zum Aggregationsgrad u. a. m. Da durch physikalische Größen (Gyromagnetisches Verhältnis) einige Kopplungskonstanten negative Werte aufweisen, sind in Tabelle A.160 die Absolutwerte von heteronuklearen Kopplungen aufgeführt.

Tabelle A.160

^{13}C–X-Kopplungskonstanten ausgewählter Verbindungen in Hz (Absolutwerte)

Verbindung	$|^1J_{CX}|$	$|^2J_{CX}|$	$|^3J_{CX}|$	$|^4J_{CX}|$
H_3C-F	162			
H_5C_6-F	245	21	8	3
$H_5C_6-CF_3$	272	32	4	1
$H_5C_6-^{15}NH_2$	11,4	2,7	1,3	<1
$H_5C_6-PPh_3$	13	20	7	0,3
$H_5C_6-P(O)Ph_2$	104	10	12	2
$(EtO)_2P(O)O-C_2H_5$		6	7	
$H_5C_6-^6Li$	8,0			
$H_5C_6-Si(CH_3)_3$	66,5			
$H_5C_6-BPh_4^\ominus Na^\oplus$	49,4	1,5	2,7	0,5

3.7.   Massenspektroskopie

Die Massenspektroskopie (MS) ist ein analytisches Verfahren, mit dem man Aussagen über die Molmasse, die Elementarzusammensetzung und die Struktur organischer Verbindungen erhalten kann. Der Substanzbedarf ist äußerst gering, so daß Massenspektrometer als Detektoren in der Gas- (GC) oder Flüssigchromatographie (LC) verwendet werden können (GC/MS- bzw. LC/MS-Kopplung).

In Abbildung A.161 ist schematisch ein Massenspektrometer dargestellt. Die Substanz wird zunächst im Hochvakuum verdampft und in einer Ionenquelle ionisiert. Die ionisierten Moleküle und zusätzlich gebildete ionische Bruchstücke werden in einem elektrischen Feld beschleunigt und zu einem Strahl gebündelt. In einem Magnetfeld werden die Ionen auf Kreisbahnen abgelenkt, deren Radius von ihrem Masse/Ladung-Verhältnis abhängt, und dadurch getrennt. Anschließend werden sie in einer Nachweisvorrichtung quantitativ, d. h. nach Masse und Häufigkeit registriert.

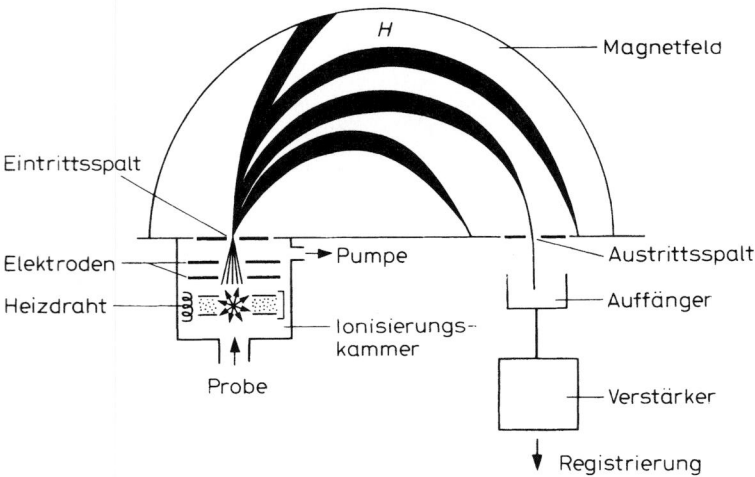

Abb. A.161
Schematische Darstellung eines Massenspektrometers

Die Ionisierung der Moleküle geschieht gewöhnlich durch *Elektronenstoß* (*electron impact,* EI), wobei Molekülionen (Radikalkationen) gebildet werden:

$$M + e^{\ominus} \longrightarrow M^{\oplus}\!\cdot + 2e^{\ominus} \qquad\qquad [A.162]$$

Da die Energie der Stoßelektronen gewöhnlich höher gewählt wird (meist 70 eV) als zur Ionisierung nötig ist – die Ionisierungsenergie (appearance potential) organischer Verbindungen liegt zwischen 8 und 15 eV –, zerfällt das gebildete Molekülion weiter in geladene und ungeladene Bruchstücke (Fragmentierung):

$$M^{\oplus}\!\cdot \longrightarrow A^{\oplus} + B\cdot \qquad\qquad [A.163]$$

$$M^{\oplus}\!\cdot \longrightarrow C^{\oplus}\!\cdot + D \qquad\qquad [A.164]$$

Neben der Elektronenstoßionisation sind noch andere Ionisierungsmethoden möglich. Wichtig ist die *chemische Ionisation* (CI), bei der zunächst ein in großem Überschuß zugesetztes Reaktandgas (z. B. CH_4, H_2, Edelgase) ionisiert wird, das dann seine Ladung durch Zusammenstoß auf die zu untersuchenden Moleküle überträgt. Die Fragmentierung ist dann geringer als beim direkten EI. Bei der Ionisierung durch *Felddesorption* (FD) werden einer festen Probe durch ein starkes elektrisches Feld Elektronen entzogen und die positiven Ionen desorbiert. Im Gegensatz zur EI- und CI-Massenspektroskopie sind damit auch nicht verdampfbare Substanzen analysierbar. Dasselbe ist mittels *Fast Atom Bombardment* (FAB) möglich: eine Lösung oder Suspension der Probe in einer Matrix (z. B. Glycerol, Thioglycerol, Polyethylenglycole) wird in der Ionenquelle des Massenspektrometers mit schnellen neutralen Atomen (Argon) beschossen, wobei Molekül- und Fragmentionen der zu untersuchenden Substanz als auch der Matrix entstehen.

Im Massenspektrometer wird der Ionenstrom entweder direkt oder nach Verstärkung gemessen und über einen Schreiber aufgezeichnet. In modernen Geräten werden die Analogiesignale über einen Computer direkt digitalisiert und als Zahlenreihen bzw. Strichspektren ausgedruckt.

Da bei den üblichen massenspektroskopischen Verfahren die Bildungswahrscheinlichkeit negativer Ionen um mehrere Zehnerpotenzen geringer als die positiver Ionen ist, werden meist nur diese registriert.

Die Darstellung der Teilchenhäufigkeiten über deren Massenzahlen nennt man *Massenspektrum* (vgl. Abb. A.178). Die Massenzahlen werden in m/z-Werten ausgedrückt, wobei man m in atomaren Masseneinheiten u[1]) angibt, z ist die Ladungszahl. Bei den normalerweise auftretenden einfach positiv geladenen Ionen ($z = 1$) entspricht m/z der Massenzahl.

Die Auflösung eines Massenspektrometers ist maßgebend dafür, bis zu welcher Massenzahl zwei nebeneinanderliegende Massen noch sauber getrennt werden.

Weil die Atommassen nicht ganzzahlig sind, ist bei einer Genauigkeit der Massebestimmung auf etwa ±1 mu (Millimasse) eine exakte Festlegung der Summenformel möglich. Ionen der gleichen Massenzahl, aber unterschiedlicher Zusammensetzung haben auch unterschiedliche m/z-Werte.

An hochauflösenden Geräten ist es möglich, einzelne Peaks durch Massenvergleich (peak matching) mit einer Referenzmasse auf einige Millimassen genau zu vermessen oder das gesamte Spektrum hochauflösend zu registrieren. Der Vorteil liegt dann darin, daß allen Molekül- und Fragmentionen Summenformeln zugeordnet werden können. Da die massenspektroskopischen Fragmentierungen von der Struktur und dem Substituentenmuster abhängig sind, ist bei entsprechender Erfahrung meist auch die zugehörige Struktur der Ionen formulierbar. Für die Zuordnung von Summenformeln zu den hochauflösend vermessenen Peaks gibt es einfache Computerprogramme. Zur Auswertung ohne Computer, die kaum mehr Zeit beansprucht, sei auf die sehr praktischen Tabellen von HENNEBERG und CASPER[2]) verwiesen.

Am einfachsten sind in der Regel Massenspektren auswertbar, die durch chemische Ionisation bzw. „weiche", d. h. ohne Verdampfen der Substanz auskommende Ionisationstechniken erzielt wurden. Hier findet man entweder nur das Molekülion oder das Molekülion mit relativ wenigen zusätzlichen Fragmenten. Zu beachten ist allerdings, daß auch Massen oberhalb des Molpeaks beobachtet werden können, z. B. durch Anlagerungsreaktionen bei zu geringem Vakuum (Elektronenanlagerungs-MS), Reaktionen mit dem Reaktandgas (CI), Anlagerung von Kationen (FD) sowie H-Anlagerungen (z. B. aus dem Lösungsmittel bei FAB).

Bei N-freien Verbindungen muß der Molpeak geradzahlig sein. Die beobachteten Mol- (bzw. Teilchen-)Massen sind nicht mit dem chemischen Molgewicht identisch. Dieser Unterschied sei am Beispiel des Methylbromids CH_3Br erläutert.

---

[1]) 1/12 der Masse des Nuclids ^{12}C wird als atomare Masseneinheit u bezeichnet; 1 u = $1,660 \cdot 10^{-24}$ g = 931 501 keV.

[2]) HENNEBERG, D.; CASPER, K., Z. Analyt. Chem. **227** (1967) 241–260; vgl. auch BENZ, W.; HENNEBERG, D.: Massenspektroskopie organischer Verbindungen. – Leipzig 1969.

Das chemische Molgewicht 94,939 ist der Mittelwert aller Isotopenkombinationen entsprechend ihrer natürlichen Häufigkeit also: $^{12}C^1H_3^{79}Br$, $^{12}C^1H_3^{81}Br$, $^{13}C^1H_3^{79}Br$, $^{13}C^1H_3^{81}Br$, $^{12}C^1H_2^2H^{79}Br$ usw. Die massenspektroskopische Molmasse bezieht sich definitionsgemäß nur auf das Molekül $^{12}C^1H_3^{79}Br$, also auf die Kombination der leichtesten Isotope (MZ 94; exakt 93,941 823). Die anderen Isotopenkombinationen erscheinen im Massenspektrum getrennt bei den jeweiligen Massenzahlen, die Intensitäten richten sich (sofern nicht künstlich angereicherte Isotope eingesetzt wurden) nach den natürlichen Häufigkeiten. Für Methylbromid findet man also im Massenspektrum neben der massenspektroskopischen Molmasse 94 die Isotopenpeaks bei (M + 1) ($^{13}C^1H_3^{79}Br$; $^{12}C^1H_2^2H^{79}Br$), (M + 2)($^{12}C^1H_3^{81}Br$; $^{13}C^1H_2^2H^{79}Br$; $^{12}C^1H_2^2H_2^{79}Br$ usw.). Die Beiträge von ^{13}C und ^2H sind wegen deren geringen natürlichen Häufigkeiten vernachlässigbar im Verhältnis zur relativen natürlichen Häufigkeit von ^{81}Br(^{79}Br: $^{81}Br \approx 1:1$). Bei Methylbromid wird demnach ein Isotopenpeak bei MZ (M + 2) = 96 registriert, der etwa die gleiche Intensität besitzt wie der massenspektroskopische Molpeak bei MZ 94. Eine organische Verbindung, die ein Boratom enthält, wird hingegen einen Isotopenpeak bei (M + 1) mit etwa vierfach höherer Intensität als der Molpeak zeigen; man mache sich das anhand der Werte aus Tabelle A.165 klar!

Tabelle A.165
Intensitäten I des intensivsten Peaks einiger Elemente aufgrund der natürlichen Isotopenverteilung

Element	MZ	M I in %	(M + 1) I in %	(M + 2) I in %	(M + 3) I in %	(M + 4) I in %
B	10	24,4	100			
Si	28	100	5,1	3,4		
Si$_2$	56	100	10,2	7,0	0,3	0,1
S	32	100	0,8	4,4		0,01
S$_2$	64	100	1,6	8,9	0,1	0,2
Cl	35	100		32,4		
Cl$_2$	70	100		64,8		10,5
Br	79	100		98,1		
Br$_2$	158	51,1		100		48,9

Bei hohen Kohlenstoffzahlen ist der (M + 1)-Peak ebenfalls verhältnismäßig intensiv, was bei der Untersuchung der Isotopenpeaks berücksichtigt werden muß. Sind im Molekül nur C,H,N und O enthalten und kann man (M + H) ausschließen, so gilt annähernd:

$$\text{C-Zahl} = \frac{\text{Intensität (M + 1) in \% von M}}{1,1} \qquad [\text{A.166}]$$

Enthält ein Ion noch Schwefel, so erkennt man dies am (M + 2)-Peak (Tab. A.165). Generell sind bei bekannter Elementarzusammensetzung der Probe an den Mol- bzw. Fragmentpeaks bestimmte Heteroatome (Cl, Br, S, Si, B) visuell anhand ihrer charakteristischen Isotopenpeaks leicht zu erkennen.

Fragmentierungsspektren werden in tabellarischer Form (*m/z*-Werte und zugehörige Intensitäten, bezogen auf den intensivsten Peak = Basispeak = 100%) bzw. als graphische Darstellung (Strichspektrum) ausgewertet. Auch hier wird der bei der höchsten Massenzahl auftretende Peak meist dem Molpeak M (Molekülion) entsprechen (über Peaks mit Massenzahlen oberhalb des Molpeaks s. o.).

Insbesondere bei der EI-Massenspektroskopie fehlt der Molpeak oft ganz oder ist sehr wenig intensiv. Das ist vor allem dann der Fall, wenn im Molekül leicht abspaltbare Gruppen (z. B. Wasser) enthalten sind, so daß der höchste (nicht intensivste!) Peak bereits ein Eliminierungsprodukt darstellt.

Für die Interpretation des Spektrums ist es nützlich, Differenzen signifikanter Peaks zu notieren: die Massendifferenz zum Nachbarpeak (oder zum übernächsten Nachbarn) entspricht dem abgespaltenen Teilchen und gibt Hinweise auf die Struktur des unbekannten Fragments. Als Unterstützung bei der Auswertung von Massenspektren befinden sich in zahlreichen Monographien häufig auftretende Ionen und charakteristische Massendifferenzen tabellarisch aufgeführt. Wird hochauflösend vermessen, kann man die exakte Summenformel des registrierten Teilchens feststellen und hat so meist gute Hinweise auf die gesuchte Verbindungsklasse. Aus den Isotopenpeaks erkennt man, wie bereits ausgeführt, Cl, Br, S und Si.

Man versucht nunmehr, fortschreitend von höheren zu niederen Massenzahlen, den auftretenden Peaks Summen- und Strukturformeln zuzuordnen. Bei höheren Massenzahlen sollte man alle Peaks untersuchen, im Bereich niederer Massenzahlen interessieren zunächst nur die intensivsten Peaks.

Für das Verständnis und die Interpretation von Massenspektren sind Kenntnisse über wichtige Fragmentierungsmechanismen unerläßlich. Das Primärion (Molekülion) zerfällt in der Regel zu den thermodynamisch stabilsten Kationen. Dabei brechen bevorzugt Einfachbindungen auf. Sterische Einflüsse (vgl. McLafferty-Umlagerung) sind in einigen Fällen wichtig.

Je größer das Molekül, um so komplexer ist das Massenspektrum. Viele kleine Peaks, die durch energiereiche Reaktionen entstehen, sind unspezifisch für die Struktur. Wichtig sind spezifische Fragmentierungen, die an bestimmte Strukturmerkmale geknüpft sind. Zur Interpretation des Massenspektrums nutzt man insbesondere den Molpeak (parent peak), die intensivsten Peaks und Peaks bei speziellen Massenzahlen.

Einige wichtige *Fragmentierungsreaktionen* sollen im folgenden kurz besprochen werden.

a) Alkane und Verbindungen mit längeren Alkylgruppen fragmentieren nach:

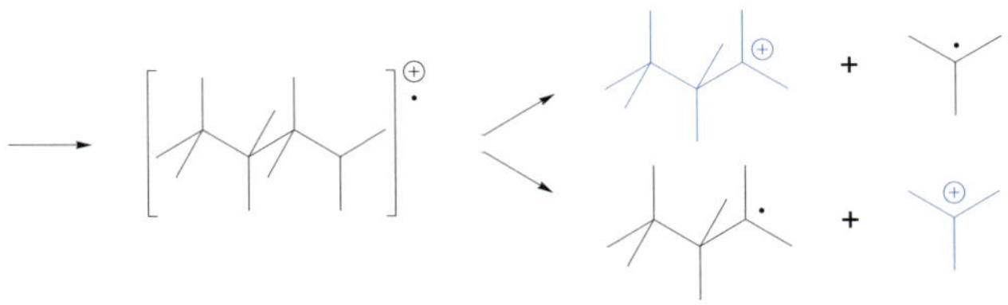

[A.167]

Dabei sind die neugebildeten Carbeniumionen in der üblichen Reihenfolge *prim < sec < tert* zunehmend bildungsbegünstigt.

b) Bei Alkylhalogeniden, Ethern, Alkoholen, Sulfiden usw. wird der Rest X abgespalten:

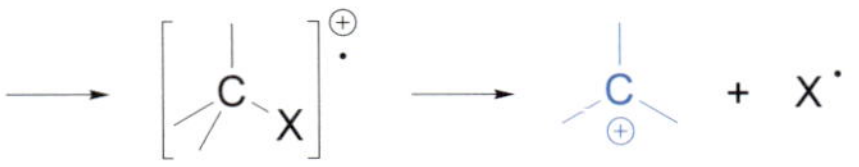

[A.168]

c) Alkylgruppen fragmentieren auch unter Abspaltung von Olefinen:

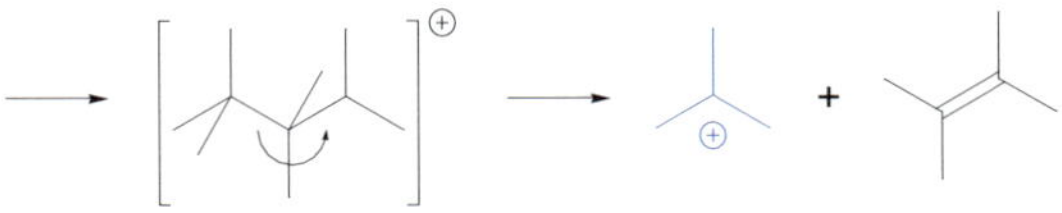

[A.169]

d) Olefine mit mindestens 4 C-Atomen können einer Allylspaltung unterliegen:

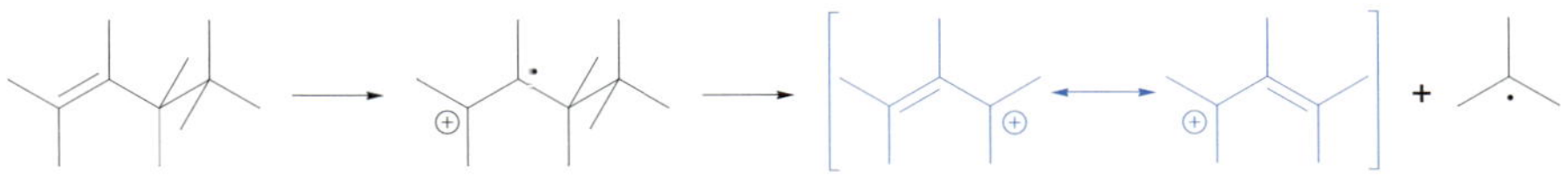

[A.170]

e) Benzylverbindungen führen in der Regel zu intensiven Benzylpeaks:

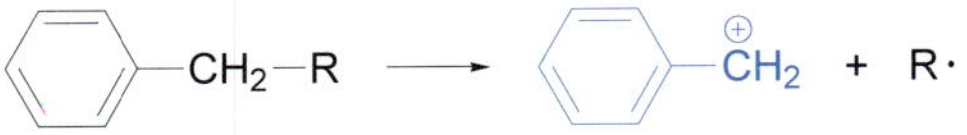

$$\text{[Struktur]} \longrightarrow \text{[Struktur]} \overset{\oplus}{C}H_2 + R\cdot \qquad \text{[A.171]}$$

Durch Stoßaktivierungsmassenspektroskopie konnte gezeigt werden, daß sich, im Gegensatz zu früheren Annahmen, meist nur Anteile in ein Tropylium-Ion umlagern:

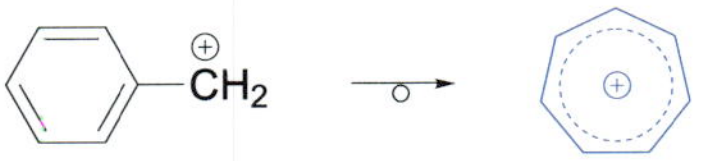

$$\text{[Struktur]} \overset{\oplus}{C}H_2 \dashrightarrow \text{[Struktur]} \qquad \text{[A.172]}$$

f) An Kohlenstoff gebundene Heteroatome mit freiem Elektronenpaar begünstigen die Spaltung einer benachbarten C–C-Bindung:

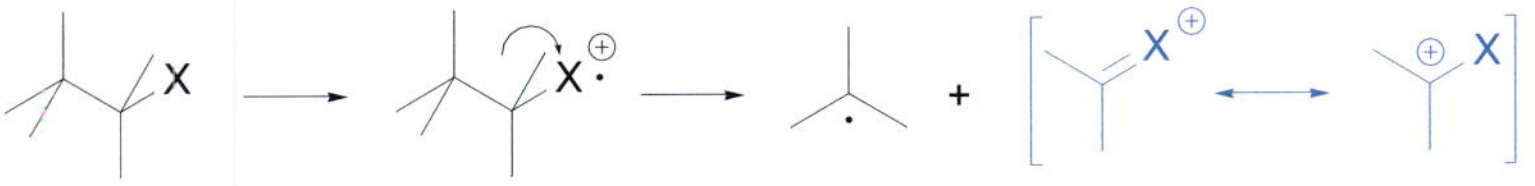

$$\text{[Struktur]} X \longrightarrow \text{[Struktur]} \overset{\oplus}{\overset{\cdot\cdot}{X}} \longrightarrow \text{[Struktur]} + \left[\text{[Struktur]} \overset{\oplus}{X} \longleftrightarrow \overset{\oplus}{[Struktur]} X \right] \qquad \text{[A.173]}$$

Diese als *Oniumspaltung* bezeichnete Fragmentierung ist in der Reihenfolge Cl < O < S < N begünstigt. Bei Anionen dominiert diese Spaltung oft gegenüber allen anderen Fragmentierungen.

g) Doppelt gebundene Heteroatome mit einsamem Elektronenpaar führen sowohl zur C–C- als auch zur C–X-Spaltung am Nachbaratom, z. B.:

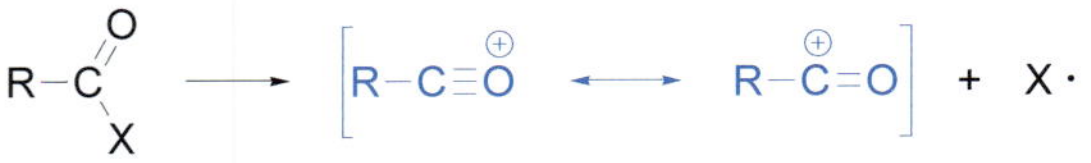

$$R-\overset{\overset{\displaystyle O}{\|}}{\underset{\displaystyle X}{C}} \longrightarrow \left[R-C\overset{\oplus}{\equiv}O \longleftrightarrow R-\overset{\oplus}{C}=O \right] + X\cdot \qquad \text{[A.174]}$$

h) Systeme, die man formal als Diels-Alder-Addukte auffassen kann, unterliegen masssenspektroskopisch einer *Retro-Diels-Alder-Reaktion* (RDA); da andere Mechanismen häufig dominieren, erscheinen die Peaks der entsprechenden Fragmentionen oft nur mit geringer Intensität.

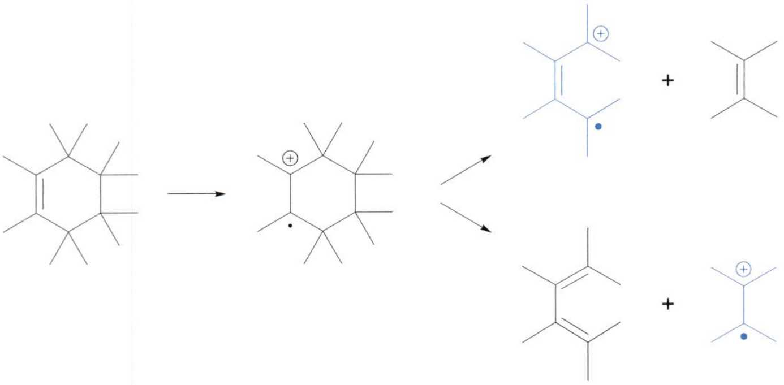

$$\text{[Struktur]} \qquad \text{[A.175]}$$

i) Eine wichtige Fragmentierung unter H-Wanderung ist die nach ihrem Entdecker benannte *McLafferty-Umlagerung*:

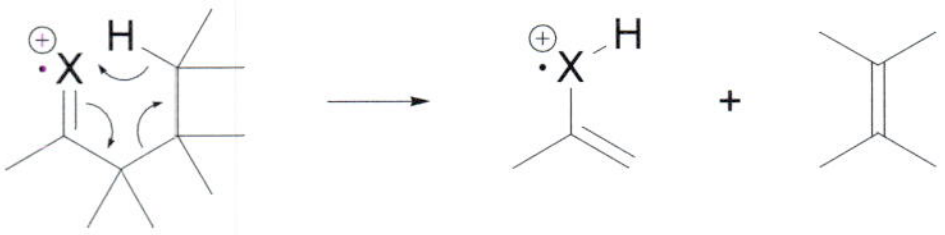

$$\text{[Struktur]} \longrightarrow \text{[Struktur]} + \text{[Struktur]} \qquad \text{[A.176]}$$

sowie:

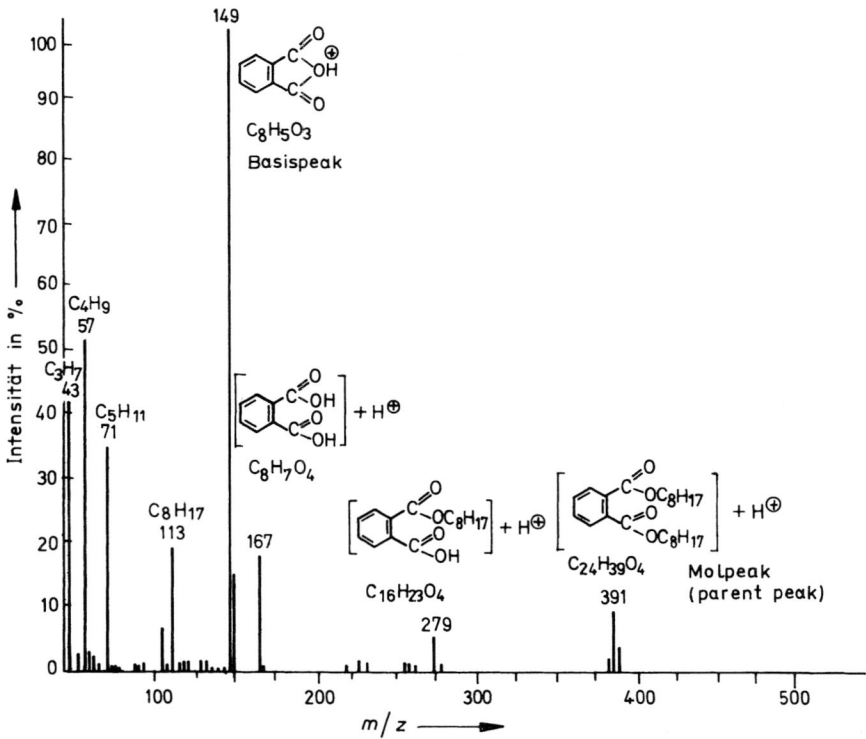

[A.177]

Sie verläuft über einen sechsgliedrigen Übergangszustand unter Einbeziehung einer Doppelbindung.

Neben diesen Typen sind noch weitere Spaltungs- und Umlagerungsreaktionen bekannt, man orientiere sich hierzu in der Spezialliteratur.

Im Massenspektrum können auch doppelt geladene Ionen, die bei der scheinbaren Masse $m/2$ registriert werden, erscheinen und zu Fehlinterpretationen führen. Sie haben allerdings Auftrittsenergien um 30 eV und fehlen in Aufnahmen bei niedrigeren Energien.

Wird der Ionenstrom direkt registriert, so findet man in einigen Fällen kleinere breite Peaks bei nicht ganzzahligen m/z-Werten. Diese gehören zu sogenannten metastabilen Ionen der scheinbaren Masse m^*, die erst auf dem Wege zwischen Ionenquelle und Magnetfeld entstanden sind. Zerfällt ein Ion der Masse m_1 erst nach Passieren des Beschleunigungsfeldes unter Bildung eines Ions der Masse m_2, so wird es nicht bei m_2, sondern bei $m^* = m_2^2/m_1$ registriert. Das Auftreten von m^* ist demnach ein Beweis für die Bildung von m_2 aus m_1. Für die Auswertung metastabiler Peaks verwendet man z. B. Tabellen oder Nomogramme; hierzu sei auf die Spezialliteratur verwiesen.

Abb. A.178
CI-Massenspektrum des Phthalsäuredioctylesters

Das in Abbildung A.178 dargestellte Strichspektrum des Phthalsäuredioctylesters ist ein CI-Spektrum, bei EI-Aufnahmen fehlt der Molpeak, der Basispeak ist in beiden Fällen gleich. Der Peak bei der höchsten Massenzahl ist im Spektrum ungerade (*MZ* 391), obwohl die Verbindung nur die Elemente C, H und O enthält. Der Vergleich mit einer kryoskopischen Molmassebestimmung (≈ 379) zeigt, daß die *MZ* 391 offensichtlich einem (M + H)-Peak zuzuordnen ist. Der Isotopenpeak (*MZ* 392 etwa 30% von 391) deutet nach Gleichung A.166 auf 27 C-Atome (tatsächlicher Wert 24). Der Basispeak entsteht durch gleichzeitige oder nacheinander ablaufende Oniumspaltung und McLAFFERTY-Umlagerung:

$$\text{(Phthalsäureester-Struktur)} \xrightarrow{-\,e^{\ominus}} \text{(Phthalsäureanhydrid-Kation)}-H \;+\; \diagdown\!\diagup R' \;+\; \cdot OR \qquad [A.179]$$

Einfache McLAFFERTY-Umlagerung und Protonierung führen zu *MZ* 149, doppelte McLAFFERTY-Umlagerung führt zu *MZ* 167. Die Peaks bei den Massenzahlen, 113, 71, 57 und 43 sind Alkylkationen, die sich aus den Octylresten durch Alkylspaltung bilden.

Werden die Massen *MZ* 149, 167 und 391 zusätzlich hochauflösend vermessen, erhält man genauere experimentelle Werte, die man in eine Tabelle einträgt. Tabellarisch oder mit Hilfe des Computers werden anschließend diejenigen Massen bestimmt, die unter Berücksichtigung des maximal möglichen Fehlers einer sinnvollen Summenformel entsprechen.

Der Peak bei *MZ* 149 ist ein sog. *Schlüsselpeak*, er tritt in allen Massenspektren von Phthalsäureestern auf und ist meist der Basispeak. Findet man beim Massenspektrum einer unbekannten Substanz einen intensiven Peak bei dieser Massenzahl, so wäre auf Phthalsäureester zu prüfen. Da derartige Ester als Weichmacher für verschiedene Plasterzeugnisse Verwendung finden, können in Proben, die in solchen Behältnissen aufbewahrt wurden, Phthalsäureester eingeschleppt sein und zu Fehlinterpretationen führen.

3.8.   Hinweise zur Strukturaufklärung mit Hilfe spektroskopischer Methoden

Spektroskopische Methoden gestatten es, die Struktur organischer Verbindungen mit viel geringerem Zeitaufwand zu bestimmen, als dies mit rein chemischen Methoden möglich ist. Mit einer einzelnen spektroskopischen Methode ist man jedoch normalerweise nicht in der Lage, ohne zusätzliche Kenntnisse sichere Aussagen zu machen. Dagegen liefert die Kombination mehrerer spektroskopischer Methoden infolge der gegenseitigen Bestätigung der Aussagen fundierte Informationen über die Struktur einer Verbindung.

Auch quantenchemische Molekülberechnungen liefern Vorhersagen physikochemischer Parameter, wie z. B. NMR-Verschiebungen, Bindungslängen und -winkel und UV-Absorptionen, und erlauben in vielen Fällen die Einschränkung von Synthesewegen. Geeignete Computerprogramme (HyperChem, MOPAC) verbunden mit entsprechenden Datenbanken können ebenfalls Zeit und Kosten einsparen.

In der Tabelle A.180 (s. Beilage) sind die Aussagen der IR-, UV-, NMR- und Massenspektroskopie synoptisch für typische Strukturelemente zusammengestellt. Als Anordnungsschema wurden dabei IR-Schlüsselbanden in der Reihenfolge abnehmender Wellenzahlen benutzt. Um Fehlzuordnungen zu vermeiden, müssen stets weitere in der Tabelle angegebene typische spektrale Kennzeichen herangezogen werden.

3.9.   Röntgen-Strukturanalyse

Probleme der spektroskopischen Strukturanalytik ergeben sich bei Verbindungen mit wenigen Wasserstoff- und vielen ähnlich gebundenen Kohlenstoffatomen, bzw. bei vielen Metallkomplexen, wo auf Grund paramagnetischer Eigenschaften der Metallatome die sonst so aussagekräftigen NMR-Techniken versagen oder nur Aussagen für kleine Teilstrukturen gestatten. Überwunden werden diese Schwierigkeiten durch die Röntgen-Strukturanalyse, mit der an einem Einkristall durch Beugung von Röntgenstrahlen an den Elektronenhüllen der Atome einer Verbindung die Koordinaten der Atome in der Elementarzelle und die Anordnung der Moleküle im Kristall bestimmt werden.

Dem Wellencharakter der elektromagnetischen Strahlung entsprechend, treten bei der Wechselwirkung von Röntgenstrahlen mit den Elektronen Beugungseffekte auf. In der Bragg'schen Gleichung wird die Bedingung für eine Interferenz der Strahlung wiedergegeben.

$$n \, \lambda = 2 \, d \sin \Theta \qquad\qquad\qquad [\text{A.181}]$$

d Abstand der Netzebenen; Θ Einfallswinkel der Röntgenstrahlung

Sie bildet die Grundlage für die Auswertung der Röntgenbeugungsaufnahmen. Es werden nur dann alle Netzebenenscharen zur Reflexion gebracht, wenn der Kristall während der Durchstrahlung gedreht wird. Durch die Drehbewegung entstehen die Reflexe immer dann, wenn eine Netzebenenschar die von der Bragg'schen Gleichung geforderte Orientierung gegenüber dem Primärstrahl durchläuft. Für die Kristallstrukturermittlung organischer Verbindungen benutzt man Vierkreis-Diffraktometer unter Verwendung monochromatischer Röntgenstrahlung wie die der Cu-K_α-Linie (λ = 153,9 pm) oder der Mo-K_α-Linie (λ = 71 pm). Durch computergesteuertes Einstellen von vier voneinander unabhängigen Kreisen werden beliebige Kristallorientierungen ermöglicht, und es können nacheinander alle Reflexe gemessen und deren Intensitäten ermittelt werden.

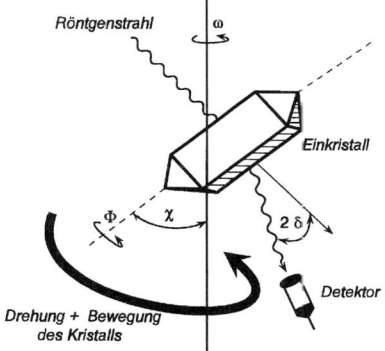

Abb. A.182
Schematische Darstellung eines Vierkreis-Diffraktometers

Je nach Leistungsfähigkeit der Detektorsysteme können Einkristalle mit Abmessungen $\geq 5 \, \mu$m eingesetzt werden. Mit Hilfe von Computerprogrammen werden aus den gemessenen Intensitäten die Atomkoordinaten gewonnen und daraus Strukturparameter wie Bindungslängen und -winkel, Torsionswinkel u. a. m. abgeleitet.

Im Gegensatz zu anderen Methoden der Strukturaufklärung ist die Röntgen-Strukturanalyse eine *direkte Methode*, d. h. man erhält nicht nur Aussagen über Teilstrukturen wie das chromophore System (UV/VIS), durch Kopplungen verbundene magnetische Kerne (NMR) oder durch Schwingungen anregbare funktionelle Gruppen (IR) sondern sofort die gesamte Struktur einer Verbindung. Von Bedeutung ist auch die Detektion von intra- und intermolekularen Wasserstoffbrücken im Kristall. Nicht geeignet ist diese Methode für die Verfolgung dynamischer Prozesse wie Rotationen, Tautomerien und *E*/*Z*-Isomerisierungen, da diese vorrangig in Lösungsmitteln ablaufen.

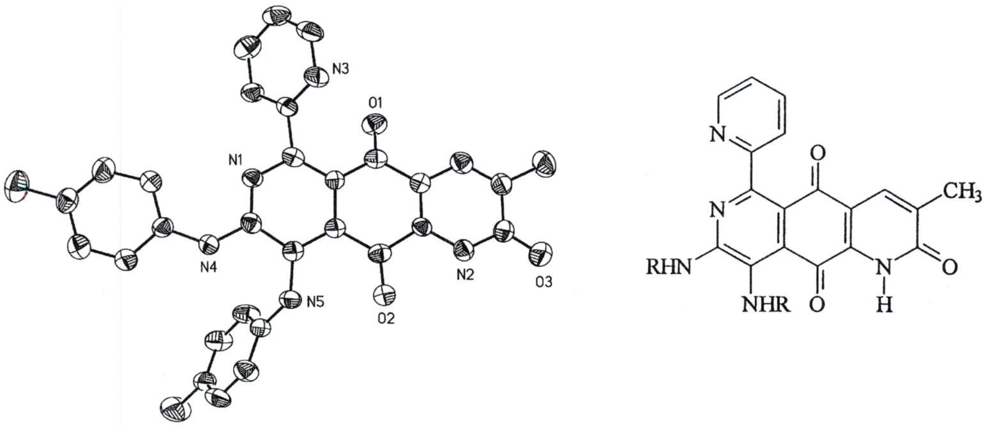

Abb. A.183
ORTEP-Darstellung eines heterocyclischen Chinons

Für die bildliche Darstellung der Strukturen existieren eine Vielzahl von Möglichkeiten, von denen die *ORTEP-Darstellung* weit verbreitet ist, Abb. A.183. Die Atomlagen werden in Form der charakteristischen Schwingungsellipsoide gezeichnet, die beschreiben, wie die Elektronendichte durch die Abweichung des Kristalls vom idealen, perfekt periodischen Gitter verschmiert wird.

4. Aufbewahrung von Chemikalien, Entsorgung gefährlicher Abfälle[1])

4.1. Aufbewahrung von Chemikalien

Zur Aufbewahrung der im Laboratorium gebrauchten Chemikalien dienen in den meisten Fällen Glasflaschen mit Schraubverschluß oder mit eingeschliffenem Glasstopfen (zweckmäßig Normalschliffe). Die sog. Pulverflaschen für feste Substanzen oder hochviskose Stoffe haben weite Öffnungen. Enghalsige Flaschen sind vor allem für Flüssigkeiten geeignet. Für Verbindungen, die mit Glas reagieren (z. B. Flußsäure), verwendet man Kunststoff- oder Metallgefäße, notfalls auch innen mit Paraffin überzogene Glasflaschen. Alkalimetalle werden unter Petroleum, gelber Phosphor wird unter Wasser aufbewahrt.

Lichtempfindliche Stoffe – dazu gehören auch Ether, die besonders unter Lichteinwirkung zur Peroxidbildung neigen (vgl. D.1.5.) – bewahrt man in dunklen Glasflaschen auf.

Kleine Substanzmengen und empfindliche Stoffe schmilzt man häufig in Ampullen ein. Man zieht dazu ein Reagenzglas entsprechend Abbildung A.184 in der Gebläseflamme aus. Die Ampulle sollte nur bis höchstens zur Hälfte gefüllt werden. Um zu verhindern, daß Substanzteilchen an die Abschmelzstelle gelangen, verwendet man zum Einfüllen einen kleinen Trichter

---

[1]) In den Arbeitsvorschriften (Kap. D), im Reagenzienanhang (Kap. F) und im Gefahrstoffanhang (Kap. G) findet man bei den einzelnen besprochenen Chemikalien auch Angaben über Gefährlichkeit, Besonderheiten der Aufbewahrung und Erste Hilfe bei Unfällen (dazu siehe auch vorderer innerer Buchdeckel).

mit lang ausgezogenem, dünnem Rohr. Während des Abschmelzens in einer spitzen Gebläse-flamme kühlt man die Ampulle bei leichtsiedenden Stoffen in einem geeigneten Kühlbad.

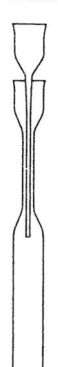

Abb. A.184
Füllen von Ampullen

Der Umgang mit Chemikalien ist in der Bundesrepublik Deutschland durch das Chemika-liengesetz, die Gefahrstoffverordnung und weitere Vorschriften gesetzlich geregelt.[1]) Danach sind Gefahrstoffe so aufzubewahren, daß sie die menschliche Gesundheit und die Umwelt nicht gefährden.

Gefährliche Stoffe dürfen nicht in Behältnissen aufbewahrt werden, deren Form oder Bezeichnung zur Verwechslung des Inhalts mit Lebensmitteln führen kann.

Sämtliche Chemikalienbehälter sind deutlich und dauerhaft zu beschriften. Standflaschen, in denen gefährliche Stoffe für den Handgebrauch enthalten sind, müssen mindestens mit der Bezeichnung des Stoffes, den Gefahrsymbolen und den dazugehörigen Gefahrenbezeichnun-gen (vgl. Kap. G) gekennzeichnet sein. Es empfiehlt sich darüber hinaus, sie mit dem Standort (Labor-, Arbeitsplatznummer) sowie dem Namen des Besitzers zu versehen.

Die üblichen Papieretiketten werden zweckmäßig mit Bleistift oder Tusche beschriftet und zur besseren Haltbarkeit mit durchsichtigem Klebeband überdeckt. Tinte und Kopierstift blei-chen an der Laborluft schnell aus und verwischen leicht und sollten daher nicht verwendet wer-den. Alte Etiketten müssen entfernt und dürfen nicht überklebt werden, da das Abfallen des oberen Etiketts zu Verwechslungen führen kann. Für gebräuchliche aggressive Substanzen, die die Aufschrift zerstören würden, sind Flaschen mit geätzter Aufschrift im Handel.

Ätzende (C), reizende (Xi) und gesundheitsschädliche (Xn) Stoffe sind so aufzubewahren, daß sie dem unmittelbaren Zugriff durch Betriebsfremde nicht zugänglich sind.

Giftige (T) und sehr giftige (T+) Stoffe müssen unter Verschluß gehalten werden.

Brennbare Flüssigkeiten der Gefahrklassen AI und B[2]) dürfen an Arbeitsplätzen für den Handgebrauch nur in Gefäßen von höchstens 1 l Fassungsvermögen aufbewahrt werden. Die Anzahl der Gefäße ist auf das unbedingt nötige Maß zu beschränken.

---

[1]) Vgl. Literaturhinweise am Ende des Kapitels.
[2]) Die Verordnung über brennbare Flüssigkeiten (VbF) teilt diese in folgende Gefahrklassen ein:
A. Flüssigkeiten, die einen Flammpunkt unter 100 °C haben und mit Wasser nicht mischbar sind. Sie gehören zur
– Gefahrklasse AI, wenn sie einen Flammpunkt unter 21 °C haben;
– Gefahrklasse AII, wenn ihr Flammpunkt zwischen 21 bis 55 °C liegt;
– Gefahrklasse AIII, wenn sie einen Flammpunkt von 55 bis 100 °C haben.
B. Flüssigkeiten mit einem Flammpunkt unter 21 °C, die mit Wasser mischbar sind.
Zur Gefahrklasse AI gehören danach z. B. Schwefelkohlenstoff, Ether, Benzen, Leichtbenzin, wäh-rend Alkohol, Aceton u.ä. in die Gefahrklasse B einzuordnen sind.

Beim Transport werden gefüllte Chemikalienflaschen nicht am Flaschenhals getragen, sondern am Boden unterstützt bzw. in einen Eimer, Korb oder Tragekasten eingestellt.

4.2.   Abfälle und ihre Entsorgung

Chemikalien, die im Labor als Restmengen oder Rückstände anfallen, sind in der Regel gefährliche Stoffe, die nicht in den Hausmüll oder das Abwasser gegeben werden dürfen, sondern zu entsorgen sind. Grundsätzlich sollte die Menge solcher Abfälle durch exakte Versuchsvorbereitung und -planung, durch Minimierung der Ansatzgröße und weitgehendes Recycling so gering wie möglich gehalten werden. Man sollte stets auch prüfen, ob nach einer eventuellen Vorbehandlung (z. B. Destillation, chemische Umwandlung) Reste oder Rückstände wieder verwendet werden können. Trotz Beachtung aller dieser Regeln anfallende Abfälle sind entsprechend den gültigen gesetzlichen Vorschriften – auch in Kleinmengen – zu sammeln oder sofort unschädlich zu machen. Über die Unschädlichmachung und Beseitigung bzw. Entsorgung über Dienstleistungsunternehmen ist ein Nachweis zu führen.

Um Laborabfälle fachgerecht entsorgen zu können, werden sie in geeigneten Behältern getrennt nach ihrer chemischen Beschaffenheit gesammelt. Solche Behälter sollten vorhanden sein für

● halogenfreie organische Lösungsmittel und Lösungen halogenfreier Substanzen
● halogenhaltige organische Lösungsmittel und Lösungen halogenhaltiger Stoffe
● Salzlösungen, Säuren und Laugen, deren pH-Wert auf 6 bis 8 einzustellen ist
● feste organische Laborchemikalien[1]
● feste anorganische Stoffe[1]
● giftige anorganische Stoffe sowie Schwermetallsalze und ihre Lösungen[1]
● Quecksilber und anorganische Quecksilberverbindungen[1]
● giftige brennbare Verbindungen[1]
● Bunt- und Edelmetalle bzw. -Verbindungen, getrennt nach Metallart
● iodhaltige Verbindungen
● Filter und Aufsaugmassen, Chromatographieplatten und Füllungen von Chromatographiesäulen
● Glasabfälle.

Kleine Mengen giftiger, ätzender, reizender, selbstentzündlicher oder explosibler Stoffabfälle sollte man selbst durch geeignete chemische Reaktionen in ungefährliche Verbindungen überführen.

Säuren und Basen werden in wäßriger Lösung vorsichtig mit Natriumhydrogencarbonat oder Natriumhydroxid bzw. verd. Salz- oder Schwefelsäure neutralisiert (pH-Wert 6–8 kontrollieren).

Säurehalogenide und -anhydride wandelt man durch Zutropfen in einen Überschuß Methanol in die Methylester um.

Anorganische Säurechloride und hydrolyseempfindliche Reagenzien werden vorsichtig unter Rühren und Eiskühlung in 10%ige Natronlauge eingetropft (pH 6–8).

Fluoride wandelt man mit Calciumhydroxid in Calciumfluorid um.

Organische Peroxide werden mit Natriumsulfit oder dessen wäßriger Lösung reduziert.

Anorganische Peroxide, Brom und Iod reduziert man durch Zutropfen zu saurer Natriumthiosulfatlösung.

---

[1] in der Originalverpackung der Hersteller oder in festverschlossener bruchsicherer Verpackung mit sichtbarer und haltbarer Kennzeichnung

Nitrile und Thiole werden durch mehrstündiges Rühren mit höchstens 15%iger Natriumhypochloritlösung im Überschuß oxidiert. Überschüssiges Natriumhypochlorit zerstört man mit Natriumthiosulfat.

Wasserlösliche Aldehyde werden mit einer konz. wäßrigen Natriumhydrogensulfitlösung in die Bisulfitaddukte überführt.

Diazoalkane wandelt man durch Reaktion mit Essigsäure in Ester um.

Hydrolyseempfindliche Organoelementverbindungen (z. B. Alkalimetall- und Grignard-Verbindungen), die gewöhnlich in organischer Lösung vorliegen, werden im Abzug vorsichtig unter Rühren in n-Butanol getropft. Entstehende brennbare Gase leitet man mittels Schlauch direkt in den Abzugskanal. Nach Beendigung der Gasentwicklung wird noch 1 Stunde gerührt und danach ein Überschuß Wasser zugegeben.

Die Desaktivierung weiterer gefährlicher Verbindungen ist im Reagenzienanhang (Kap. F) beschrieben.

5.   Die erste Ausrüstung

1 Liebig-Kühler	2 × NS 14,5	400 mm
1 Luftkühler	2 × NS 14,5	400 mm
1 Dimroth-Kühler	2 × NS 29	
1 Claisen-Aufsatz	NS 29 und	
	3 × NS 14,5	
1 Thermometer	NS 14,5	360 °C
1 Thermometer		360 °C
1 Vakuumvorstoß	2 × NS 14,5	
1 Übergangsstück	Kern NS 29,	
	Hülse NS 14,5	
1 Rund- oder Spitzkolben	NS 14,5	10 ml
je 2 Rundkolben	NS 14,5	25, 50, 100 ml
je 2 Rundkolben	NS 29	100, 250 ml
je 1 Rundkolben	NS 29	500, 1000 ml
1 Zweihalskolben	NS 29	250 ml
(mit schrägem Ansatz)	NS 14,5	
1 Dreihalskolben	3 × NS 29	1000 ml
1 Vigreux-Kolonne	2 × NS 29	20 cm (wirksame Länge)
1 Vigreux-Kolonne	2 × NS 14,5	10 cm (wirksame Länge
2 Stopfen	NS 29	
2 Stopfen	NS 14,5	
1 Scheidetrichter		500 ml
1 Tropftrichter	NS 14,5 oder 29	50 oder 100 ml
1 Saugflasche oder Wittscher Topf		500 ml
1 Büchner-Trichter		8 cm ∅
1 Hirsch-Trichter		10 mm Siebplatte
1 Glastrichter		etwa 8 cm ∅
1 Glastrichter		etwa 4 cm ∅
je 2 Bechergläser		10, 25, 50, 250, 600 ml
1 Becherglas		1000 ml
je 2 Erlenmeyer-Kolben		25, 50, 100, 300 ml
1 Erlenmeyer-Kolben		500 ml

20 Reagenzgläser		130 × 15 mm
20 Reagenzgläser		70 × 15 mm
20 Reagenzgläser		70 × 7 mm
10 Glühröhrchen		
100 Schmelzpunktröhrchen		
3 Uhrgläser		
5 Objektträger, Deckgläschen		
1 Calciumchloridrohr	evtl. NS 29	
je 1 Meßzylinder		10, 100 ml
1 Luftbad (Glas) mit		16 cm ∅
2 Keramikabdeckscheiben		
Flaschen (enghalsig)		
Flaschen (weithalsig)		30, 50, 100, 250, 500ml
Glasrohr		
Glasstäbe		

Darüber hinaus werden benötigt:

Reagenzglasgestell, Reagenzglashalter, Pinzette, Metallspatel, Gas-, Wasser- und Vakuum-schläuche, Gummistopfen, Drahtnetze, Rund- und Faltenfilter, Korkringe, Klemmen, Muffen, Stative und Brenner.

Wenn möglich, sollten auch folgende Geräte angeschafft werden:

1 Dreihalskolben	NS 14,5; 29; 14,5	500 ml
1 Zweihalskolben	NS 29; 14,5	100 ml
1 Übergangsstück	Hülse NS 29,	
	Kern NS 14,5	
1 KPG-Rührer	NS 29	

mehrere verschiedene Magnetrührer (für Rund- und Flachkolben)
2 Waschflaschen

Alle übrigen Geräte, z. B. größere Kolben und Bechergläser, Exsikkatoren, wirksame Kolonnen, Kolonnenköpfe, Rührmotoren, Heizgeräte mit Magnetrührern und Geräte für Mikropräparationen, sollten ausgeliehen werden.

6.   Literaturhinweise

Ausführliche Darstellungen der in diesem Kapitel behandelten Methoden findet man in:

HOUBEN-WEYL: Methoden der organischen Chemie. 4. Aufl. Bd. 3. Hrsg.: E. MÜLLER. – Georg Thieme Verlag, Stuttgart 1955.
Technique of Organic Chemistry. Bd. 1–11. Hrsg.: A. WEISSBERGER. – Interscience Publishers, New York.
ULLMANNS Encyklopädie der technischen Chemie. 3. Aufl. – Urban & Schwarzenberg, München/Berlin 1961. Bd. 2/1: Anwendung physikalischer und physikalisch-chemischer Methoden im Laboratorium; 4. neubearb. u. erw. Aufl. – Verlag Chemie, Weinheim, Deerfield Beach/Florida, Basel 1980. Bd. 5: Analysen- und Meßverfahren. Hrsg.: H. KELKER.
Analytikum. Methoden der analytischen Chemie und ihre theoretischen Grundlagen. – Deutscher Verlag für Grundstoffindustrie, Leipzig 1990.

Darüber hinaus können zur Information über spezielle Gebiete dienen:

Umgang mit Chemikalien; Arbeitssicherheit

BENDER, H. F.: Sicherer Umgang mit Gefahrstoffen. – VCH Verlagsgesellschaft, Weinheim 1995.
BERNABEI, D.: Sicherheit. Handbuch für das Labor. – GIT Verlag, Darmstadt 1991.

Einführung in die chemische Laboratoriumspraxis. Von E. FANGHÄNEL u. a. – Deutscher Verlag für Grund-
stoffindustrie, Leipzig 1992.
Gefährliche chemische Reaktionen, Hrsg.: L. ROTH, U. WELLER. – Ecomed Verlagsgesellschaft, Landsberg/
Lech 1991.
RINZE, P.: Gefahrstoffe an Hochschulen, Hrsg.: Gesellschaft Deutscher Chemiker. – VCH Verlagsgesell-
schaft, Weinheim 1992.
ROTH, L.; WELLER, U.: Sicherheitsfibel Chemie. – Ecomed Verlagsgesellschaft, Landsberg/Lech 1991.
SCHÄFER, H. K.: Sicherheit in der Chemie. – Carl Hanser Verlag, München, Wien 1981.
Sicheres Arbeiten in chemischen Laboratorien. Von A. WEISS u. a. – Gesellschaft Deutscher Chemiker,
Frankfurt am Main 1989. – (Schriftenreihe des BAGUV zur Theorie und Praxis der Unfallverhütung).
Sicherheit in chemischen und verwandten Laboratorien. Hrsg.: F. HESKE. – Verlag Chemie, Weinheim 1983.
PICOT, A.; GRENOUILLET, P.: Safety in the Chemistry and Biochemistry Laboratory. – VCH, New York 1995.

Wichtige, chemische Arbeiten betreffende Gesetze, Verordnungen und Vorschriften

Gesetz zum Schutz vor gefährlichen Stoffen (Chemikaliengesetz – ChemG); BGBl 1994, I, S.1704.
Verordnung zum Schutz vor gefährlichen Stoffen (Gefahrstoffverordnung – GefStoffV); BGBl 1993, I,
S.1782; 1996, S. 818; 1996 S. 1498.
Verordnung über brennbare Flüssigkeiten (VbF); BArBl 3/1980, S.106; 7–8/1982, S.55.
Gesetz über explosionsgefährliche Stoffe (Sprengstoffgesetz – SprengG); BGBl 1986, I, S. 578.
Kreislaufwirtschafts- und Abfallgesetz (KrW/AbfG); BGBl 1986, I, S.1410, 1501; 1990, I, S.205.
Rechtsvorschriften für gefährliche Stoffe. Bd.1–2. – Kommission der EG. – Bundesanzeiger, Köln 1987.
Technische Regeln Druckbehälter (TRB)
    TRB 700   Betrieb von Druckbehältern
Technische Regeln Druckgase (TRG)
    TRG 280   Allgemeine Anforderungen an Druckgasbehälter. Betreiben von Druckgasbehältern
Technische Regeln für brennbare Flüssigkeiten (TRbF)
    TRbF 003   Einstufung brennbarer Flüssigkeiten
    TRbF 100   Allgemeine Sicherheitsanforderungen
    TRbF 200   Allgemeine Sicherheitsanforderungen
Technische Regeln für Gefahrstoffe (TRGS)
    TRGS 102   Technische Richtkonzentrationen (TRK) für gefährliche Stoffe
    TRGS 451   Umgang mit Gefahrstoffen im Hochschulbereich
    TRGS 500   Schutzmaßnahmen beim Umgang mit krebserzeugenden Gefahrstoffen
    TRGS 514   Lagern sehr giftiger und giftiger Stoffe in Verpackungen und ortsbeweglichen Behältern
    TRGS 515   Lagern brandfördernder Stoffe in Verpackungen und ortsbeweglichen Behältern
    TRGS 900   MAK-Werte
    TRGS 903   BAT-Werte
    TRGS 905   Verzeichnis krebserzeugender, erbgutverändernder oder fortpflanzungsgefährdender Stoffe

Arbeiten mit kleinen Substanzmengen

LIEB, H.; SCHÖNIGER, W.: Anleitung zur Darstellung organischer Präparate mit kleinen Substanzmengen. –
Springer-Verlag, Wien 1961.
MA, T. S.; HORAK, V.: Microscale Manipulation in Chemistry. – John Wiley & Sons, New York, Sidney,
Toronto 1976.
MAYO, D. W.; PIKE, R. M.; TRUMPER, P. K.: Microscale Organic Laboratory. – John Wiley & Sons, New York
1994.
HARWOOD, L. M.; MOODY, C. J.; PERCY, J. M.: Experimental Organic Chemistry, Standard and Microscale. –
Blackwell Science, Oxford 1998.

Destillation und Rektifikation

KRELL, E.: Handbuch der Laboratoriumsdestillation. – Deutscher Verlag der Wissenschaften, Berlin 1976.
Einführung in die Trennverfahren. Von E. KRELL u. a. – Deutscher Verlag für Grundstoffindustrie, Leipzig
1975.
STAGE, H., CZ-Chem.Techn. **1** (1972), 263–272.

Chromatographie

GRITTER, R. J.; BOBITT, J. M.; SCHWARTING, A. E.; Einführung in die Chromatographie. – Springer-Verlag,
Berlin, Heidelberg 1987.

HRAPIA, H.: Einführung in die Chromatographie. – Akademie-Verlag, Berlin 1977.
KRAUSS, G.-J.; KRAUSS, G.: Experimente zur Chromatographie. – Deutscher Verlag der Wissenschaften, Berlin 1981.
SCHWEDT, G.: Chromatographische Trennmethoden. – Georg Thieme Verlag, Stuttgart, New York 1994.

Dünnschichtchromatographie

FREY, H. P.; ZIELOFF, K.: Qualitative und quantitative Dünnschichtchromatographie. – VCH-Verlagsgesellschaft, Weinheim 1992.
Dünnschicht-Chromatographie. Von H. JORK u. a. – VCH Verlagsgesellschaft, Weinheim 1989.
KRAUS, L.; KOCH, A.; HOFFSTETTER-KUHN, S.: Dünnschichtchromatographie. – Springer-Verlag, Berlin, Heidelberg 1996.
RANDERATH, K.: Dünnschicht-Chromatographie. – Verlag Chemie, Weinheim 1972.
STAHL, E.: Thin-layer Chromatography. – Springer-Verlag, Berlin, Göttingen, Heidelberg 1988.

Hochleistungs-Flüssigchromatographie

ACED, G.; MÖCKEL, H. J.: Liquidchromatographie. – VCH Verlagsgesellschaft, Weinheim 1991.
ENGELHARDT, H.; Hochdruck-Flüssigkeits-Chromatographie. – Springer-Verlag, Berlin, New York, Heidelberg 1977.
EPPERT, G. J.; Flüssigchromatographie. HPLC – Theorie und Praxis. – Vieweg-Verlag, Wiesbaden 1997.
GOTTWALD, W.: RP-HPLC für Anwender. – VCH Verlagsgesellschaft, Weinheim 1993.
Handbuch der HPLC. Hrsg.: K. K. UNGER. – GIT Verlag, Darmstadt 1995.
MEYER, V. R.: Fallstricke und Fehlerquellen der HPLC in Bildern. – Wiley-VCH, Weinheim 1999.
MEYER, V. R.: Praxis der Hochleistungs-Flüssigchromatographie. – Verlag Moritz Diesterweg; Otto Salle Verlag; Verlag Sauerländer, Frankfurt/Main 1990.

Gaschromatographie

BEREZKIN, V. G.; ZEEUW, J. DE: Capillary Gas Adsorption Chromatography. – Hüthig Verlag, Heidelberg 1996.
ETTRE, L. S.; HINSHAW, J. V.; ROHRSCHNEIDER, L.: Grundbegriffe und Gleichungen der Gaschromatographie. – Hüthig Verlag, Heidelberg 1996.
GOTTWALD, W.: GC für Anwender. – VCH Verlagsgesellschaft, Weinheim 1995.
Handbuch der Gaschromatographie, Hrsg.: E. LEIBNITZ, H. G. STRUPPE. – Akademische Verlagsgesellschaft Geest & Portig, Leipzig 1984.
JENTSCH, D.; Gaschromatographie, – Franckh'sche Verlagshandlung, Stuttgart 1975.
KOLB, B.: Gaschromatographie in Bildern. – Wiley-VCH, Weinheim 1999.
RÖDEL, W.; WÖLM, G.: Grundlagen der Gaschromatographie. – Deutscher Verlag der Wissenschaften, Berlin 1982.
SCHOMBURG, G.: Gaschromatographie. – VCH Verlagsgesellschaft, Weinheim 1986.
WOLLRAB, A.: Gaschromatographie. – Verlag Moritz Diesterweg; Otto Salle Verlag, Frankfurt am Main; Verlag Sauerländer, Aarau 1982.

Spektroskopie (UV-, IR-, NMR-, Massenspektroskopie)

BORSDORF, R.; SCHOLZ, M.: Spektroskopische Methoden in der organischen Chemie. – Akademie-Verlag, Berlin 1982.
COOPER, J.W.: Spectroscopic Techniques for Organic Chemists. – John Wiley & Sons, New York, Chichester, Brisbane, Toronto 1980.
DERKOSCH, J.: Absorptionsspektralanalyse im ultravioletten, sichtbaren und infraroten Bereich. – Akademische Verlagsgesellschaft Geest & Portig, Leipzig 1967.
FAHR, E.; MITSCHKE, M.: Spektren und Strukturen organischer Verbindungen. – Verlag Chemie, Weinheim 1979.
HESSE, M.; MEIER, H.; ZEEH, B.: Spektroskopische Methoden in der organischen Chemie. – Georg Thieme Verlag, Stuttgart 1991.
PRETSCH, E.; CLERC, J. T.: Spectra Interpretation of Organic Compounds. – VCH Verlagsgesellschaft, Weinheim 1997.
SILVERSTEIN, R. M.; WEBSTER, F. X.: Spectrometric Identification of Organic Compounds. – John Wiley & Sons, New York 1997.
SIMON, W.; CLERC, TH.: Strukturaufklärung organischer Verbindungen mit spektroskopischen Methoden. – Akademische Verlagsgesellschaft Geest & Portig, Leipzig 1967.

STERNHELL, S.; KALMAN, J. R.: Organic Structures from Spectra. – John Wiley & Sons, New York 1992.
Strukturanalytik. Von E. STEGER u. a. – Deutscher Verlag für Grundstoffindustrie. Leipzig, Stuttgart 1992.
WILLIAMS, D. H.; FLEMING, J.: Strukturaufklärung in der organischen Chemie. – Georg Thieme Verlag, Stuttgart, New York 1991.

Spektroskopie im sichtbaren und UV-Bereich

DMS-UV-Atlas. Bd.I–V. Hrsg.: H.-H. PERKAMPUS; I. SANDEMANN; C. J. TIMMONS. – Butterworth, London; Verlag Chemie, Weinheim 1966–1971.
GAUGLITZ, G.: Praxis der UV-VIS-Spektroskopie. – Attempto Verlag, Tübingen 1983.
Organic Electronic Spectral Data. Bd. 1–21. – J. Wiley & Sons, New York 1960–1985.
FABIAN, J.; HARTMANN, H.: Light Absorption of Organic Colorants Theoretical Treatment and Empirical Rules. – Springer-Verlag, Berlin, Heidelberg, New York 1980.
LANG, L.: Absorptionsspektren im ultravioletten und im sichtbaren Bereich. Bd. 1–9. – Akadémiai Kiadó, Budapest 1959–67.
PERKAMPUS, H.-H.: UV-VIS-Spektroskopie und ihre Anwendungen. – Springer-Verlag, Berlin, Heidelberg, New York, Tokyo 1986.
PERKAMPUS, H.-H.: UV-VIS-Atlas of Organic Compounds. – VCH Verlagsgesellschaft, Weinheim 1992
PESTEMER, M.: Anleitung zum Messen von Absorptionsspektren im Ultraviolett und Sichtbaren. – Georg Thieme Verlag, Stuttgart 1964.

Infrarotspektroskopie

BELLAMY, L. J.: Ultrarotspektrum und chemische Konstitution. – Dr. Dietrich Steinkopff Verlag, Darmstadt 1974.
The IR-Spectra of Complex Molecules. – Chapman & Hall, London 1975.
BRÜGEL, W.: Einführung in die Ultrarotspektroskopie. – Dr. Dietrich Steinkopff Verlag, Darmstadt 1969.
FALDINI, A.; SCHNEPFEL, F.M.: Schwingungsspektroskopie. – Georg Thieme Verlag, Stuttgart, New York 1985.
GOTTWALD, W.; WACHTER, G.: IR-Spektroskopie für Anwender. – VCH Verlagsgesellschaft, Weinheim 1997.
GÜNZLER, H.; HEISE, H.M.: IR-Spektroskopie. – VCH Verlagsgesellschaft, Weinheim 1996.
HOLLY, S.; SOHAR, P.: Infrarotspektroskopie. Hrsg.: G. MALEWSKI. – Akademie-Verlag, Berlin 1974; Absorption Spectra in the Infrared Region. – Akadémiai Kiadó, Budapest 1975.
PACHLER, K. G.; MATLOK, F.; GREMLICH, H.-U.: Merck FT-IR Atals. – VCH Verlagsgesellschaft, Weinheim 1987.
POUCHERT, C. J.: The Aldrich Library of FT-IR Spectra. Bd. 1–3. – Aldrich Chemical Company 1985–1989.
SCHRADER, B.: Raman/Infrared Atlas of Organic Compounds. – VCH Verlagsgesellschaft, Weinheim 1991.
VOLKMANN, H.: Handbuch der Infrarot-Spektroskopie. – Verlag Chemie, Weinheim 1972.
WEIDLEIN, J.; MÜLLER, U.; DEHNICKE, K.: Schwingungsspektroskopie. – Georg Thieme Verlag, Stuttgart, New York 1988.

NMR-Spektroskopie

BREITMAIER, E.; VOELTER, W.: 13-C-NMR-Spektroskopie. – Verlag Chemie, Weinheim 1989.
BREITMAIER, E.: Vom NMR-Spektrum zur Strukturformel organischer Verbindungen. – B. G. Teubner, Stuttgart 1992.
ERNST, L.: Kohlenstoff-13-NMR-Spektroskopie. – Dr. Dietrich Steinkopff Verlag, Darmstadt 1970.
FRIEBOLIN, H.: Ein- und zweidimensionale NMR-Spektroskopie. – Wiley-VCH, Weinheim 1999.
GÜNTHER, H.: NMR-Spektroskopie. – Georg Thieme Verlag, Stuttgart 1992.
HERZOG, W.-D.; MESSERSCHMIDT, M.: NMR-Spektroskopie für Anwender. – VCH Verlagsgesellschaft, Weinheim 1994.
KALINOWSKI, H.-O.; BERGER, S.; BRAUN, S.: ^{13}C-NMR-Spektroskopie. – Georg Thieme Verlag, Stuttgart, New York 1984.
KLEINPETER, E.: NMR-Spektroskopie. Struktur, Dynamik und Chemie des Moleküls. – J. A. Barth, Leipzig, Berlin, Heidelberg 1992.
KLEINPETER, E.; BORSDORF, R.: ^{13}C-NMR-Spektroskopie in der Organischen Chemie. – Akademie-Verlag, Berlin 1981.
SUHR, H.: Anwendung der kernmagnetischen Resonanz in der organischen Chemie. – Springer-Verlag, Berlin, Heidelberg, New York 1965.

WEHRLI, F. W.; MARCHAND, A. P.; WIRTGLIN, T.: Interpretation of Carbon ^{13}C-NMR-Spectra. – John Wiley & Sons, New York 1988.
ZSCHUNKE, A.: Kernmagnetische Resonanzspektroskopie in der organischen Chemie. – Akademie-Verlag, Berlin 1977.

Massenspektroskopie

BENZ, W.: Massenspektrometrie organischer Verbindungen. – Akademische Verlagsgesellschaft Geest & Portig, Leipzig 1969.
BUDZIKIEWICZ, H.: Massenspektrometrie. – Wiley-VCH, Weinheim 1998.
McLAFFERTY, F. M.: Interpretation of Mass Spectra. – W. A. Benjamin, New York 1973.
REMANE, H.; HERZSCHUH, R.: Massenspektrometrie in der organischen Chemie. – Akademie-Verlag, Berlin 1977.
SPITELLER, G.: Massenspektroskopische Strukturanalyse organischer Verbindungen. – Akademische Verlagsgesellschaft Geest & Portig, Leipzig 1966.

Optische Rotationsdispersion

CRABBÉ, P.: ORD und CD in Chemistry and Biochemistry. – Academic Press, New York, London 1972.
DJERASSI, C.: Optical Rotatory Dispersion: Application to Organic Chemistry. – McGraw Hill Book Comp., New York 1960.[Kaps]
SNATZKE, G.: Optical Rotatory Dispersion and Circular Dichroism in Organic Chemistry. – Heyden & Son, London 1967.

Röntgenstrukturanalyse

BUERGER, M. J.: Kristallographie. – Walter de Gruyter, Berlin 1977.
DUNITZ, J. D.: X-Ray Analysis and Structure of Organic Compounds. – VHCA, Basel 1995.
MASSA, W.: Kristallstrukturbestimmung. – B. G. Teubner, Stuttgart 1996.
WÖLFEL, E. R.: Theorie und Praxis der Röntgenstrukturanalyse. – Vieweg, Braunschweig 1987.

B Organisch-chemische Literatur. Protokollführung

Das vorliegende Praktikumsbuch ersetzt kein Lehrbuch. Die den Vorschriften vorangestellten erläuternden Passagen sollten deshalb grundsätzlich durch das Studium eines entsprechenden Lehrbuches vertieft werden. Darüber hinaus ist es unumgänglich, sich frühzeitig mit der chemischen Literatur vertraut zu machen. Diese besteht im wesentlichen aus

– der Originalliteratur[1]), in der Autoren Originalarbeiten über eigene Forschungsergebnisse in Fachzeitschriften oder in Patentschriften veröffentlichen.
– Zusammenfassungen und Übersichten, meist auf der Grundlage einer kritisch ausgewerteten Originalliteratur über einen bestimmten Zeitraum zu einer speziellen Thematik.
– der referierenden Literatur mit einer umfassenden Auswertung von Originalarbeiten und Informationen über Zusammenfassungen und Übersichten.
– Tabellenbüchern u. ä.

Diese Publikationen sind außer in gedruckter Form zunehmend auch online über das Internet verfügbar.[2])

Man mache es sich zum Grundsatz, die Literatur in jedem Falle so gründlich wie möglich durchzusehen, denn oft erspart eine Stunde Literaturarbeit viele Tage Arbeit im Laboratorium!

1. Originalliteratur

1.1. Fachzeitschriften

Originalarbeiten zu einer bestimmten, meist eng begrenzten Thematik werden im allgemeinen in einer Fachzeitschrift veröffentlicht. Bei Arbeiten mit präparativem Inhalt sollte man nicht nur die im experimentellen Teil enthaltene Vorschrift, sondern auch die am Anfang des Artikels beschriebenen allgemeinen Gesichtspunkte studieren. Einige für den organischen Chemiker wichtige Zeitschriften und deren Abkürzungen nach Chemical Abstracts[3]) werden nachstehend aufgeführt. Manche Publikationen verwenden andere Abkürzungen, z. B. BEILSTEIN (vgl. B.3.1.).

Acta Chemica Scandinavica (Acta Chem. Scand.)
Angewandte Chemie (Angew. Chem.)
Australian Journal of Chemistry (Aust. J. Chem.)

---

[1]) Die Originalliteratur zählt man bibliothekarisch zur sog. *Primärliteratur*, während Monographien, Handbücher, Referateorgane usw. zur *Sekundärliteratur* gehören.
[2]) Vgl. Nachr. Chem. Tech. Lab. **46** (1998), 1188–1193.
[3]) Vgl. *Chemical Abstracts Service Source Index* (CASSI). Eine „List of Periodicals" findet man auch in C. A. **55** (1961) im Anschluß an das Autoren- bzw. Patentregister; Veränderungen und neuere Zeitschriftentitel werden in letzter Zeit am Ende des Referateteils eines Bandes angegeben.
  Die Kürzungen sollten auch in Protokollen, Diplomarbeiten und Dissertationen sowie in Publikationen usw. verwendet werden.

Bulletin of the Chemical Society of Japan (Bull. Chem. Soc. Japan)
Bulletin de la Société Chimique de France (Bull. Soc. Chim. France)
Canadian Journal of Chemistry (Can. J. Chem.)
Chemische Berichte (Chem. Ber.) (bis 1997)
Chemical Communications (Chem. Commun.)
Chemistry A European Journal (Chem. Eur. J.)
Chemistry Letters (Chem. Lett.)
Collection of Czechoslovak Chemical Communications (Collect. Czech. Chem. Commun.)
European Jounal of Organic Chemistry (Eur. J. Org. Chem.)
Helvetica Chimica Acta (Helv. Chim. Acta)
Heterocycles (Heterocycles)
Izvestiya Akademii Nauk, Seriya Khimicheskaya (Izv. Akad. Nauk, Ser. Khim.)
Journal of the American Chemical Society (J. Am. Chem. Soc.)
Journal of the Chemical Society, Perkin Transactions 1 und *2* (J. Chem. Soc., Perkin Trans. 1 bzw. 2)
Jounal of Heterocyclic Chemistry (J. Heterocycl. Chem.)
Journal of Organic Chemistry (J. Org. Chem.)
Journal of Organometallic Chemistry (J. Organomet. Chem.)
Journal für praktische Chemie (J. Prakt. Chem.)
Liebigs Annalen der Chemie (Liebigs Ann. Chem.) (bis 1997)
Monatshefte für Chemie (Monatsh. Chem.)
Organometallics (Organometallics)
Organic Letters (Org. Letters)
Synlett (Synlett)
Synthetic Communications (Synth. Commun.)
Synthesis (Synthesis)
Tetrahedron (Tetrahedron)
Tetrahedron: Asymmetry
Tetrahedron Letters (Tetrahedron Lett.)
Zhurnal Obshchei Khimii (Zh. Obshch. Khim.)
Zhurnal Organicheskoi Khimii (Zh. Org. Khim.)

1.2.   Patentschriften

Für den präparativ arbeitenden Chemiker sind häufig auch die in der Patentliteratur enthaltenen Vorschriften zur Darstellung chemischer Verbindungen von Bedeutung.

In den meisten Ländern erfolgt heute die Einordnung der Patentschriften nach der *Internationalen Patentklassifikation*, die die nationalen Patentklassifikationen abgelöst hat. Um Verfahren zur Darstellung bestimmter Verbindungsklassen zu suchen, informiere man sich zunächst über deren exakte Einordnung in der neuesten Ausgabe der Internationalen Patentklassifikation. Verfahren zur Herstellung von 1,2,4-Thiadiazolen würde man beispielsweise unter Int. Cl.[3] C 07 D /285/08 finden, wobei bedeutet:

Int.Cl.[3]   Internationale Patentklassifikation, 3.Ausgabe
    C   *Sektion* Chemie und Hüttenwesen
    07   *Klasse* Organische Chemie
    D   *Unterklasse* Heterocyclische Verbindungen
    285   *Gruppe* Heterocyclische Verbindungen, die Ringe mit Stickstoff- und Schwefelatomen als einzige Ringglieder enthalten
    08   *Untergruppe* 1,2,4-Thiadiazole.

Zur Recherche über 1,2,4-Thiadiazole muß man dann alle unter dieser Klassifikation eingeordneten Patentschriften einzeln durchsehen.

In Deutschland ist die Internationale Patentklassifikation seit 1975 verbindlich. Zu der früher verwendeten Deutschen Patentklassifikation existiert eine Konkordanzliste.

In Deutschland wurden Erfindungsbeschreibungen zunächst in Offenlegungsschriften (OS) niedergelegt und nach entsprechenden Prüfungsverfahren diese dann als Auslege- (AS) und schließlich als Patentschriften (PS) herausgegeben. Ab 1981 fielen die Auslegeschriften weg.

Die Deutschen Reichspatente (DRP) sind in FRIEDLÄNDER, *Fortschritte der Teerfarbenproduktion*, Springer-Verlag, Berlin, bis etwa 1940 enthalten.

Die *Chemical Abstracts* und das *Referativnyi Zhurnal* (s. B.3.2.) referieren die Patentschriften chemischen Inhalts aller wichtigen Länder. Daneben gibt es Patentdatenbanken (DPCI, IFIPAT, INPADOC, JAPIO, PATDPA, WPINDEX/WPIDS/WPIX) die auf elektronischem Weg über CD-ROM oder auch online über eine Netzwerkverbindung zu einem Zentralcomputer vollständige Patentrecherchen erlauben (s. B.6.3.)[1].

2.   Zusammenfassungen und Übersichten

Zusammenfassende Arbeiten und Übersichtsartikel ermöglichen einen schnellen Zugang zu der Originalliteratur, die ausgewertet und zitiert wird. Sie garantieren aber nicht die Vollständigkeit der angegebenen Literaturstellen zur behandelten Thematik.

Zeitschriften, die z. T. neben Originalarbeiten Zusammenfassungen über größere Arbeitsgebiete veröffentlichen, sind:

Accounts of Chemical Research (Acc. Chem. Res.)
Angewandte Chemie (Angew. Chem.)
Chemical Reviews (Chem. Rev.)
Chemical Society Reviews (Chem. Soc. Rev.)
Synthesis (Synthesis)
Tetrahedron (Tetrahedron)
Uspekhi Khimii (Usp. Khim.)

Zusammenfassungen und Fortschrittsberichte erscheinen weiterhin in den folgenden Buchserien:

Advances in Heterocyclic Chemistry. Hrsg.: A. R. KATRITZKY. – Academic Press, New York, London (Adv. Heterocycl. Chem.)
Advances in Organic Chemistry. Hrsg.: R. A. RAPHAEL, E. C. TAYLOR, H. WYNBERG. – Interscience Publishers. New York, London (Adv. Org. Chem.)
Advances in Physical Organic Chemistry. Hrsg.: D. BETHELL. – Academic Press, New York, London (Adv. Phys. Org. Chem.)
Advances in Organometallic Chemistry. Hrsg.: F. G. A. STONE, R. WEST. – Academic Press, San Diego (Adv. Organomet. Chem.)
Annual Reports in Organic Synthesis. Hrsg.: J. MCMURRAY, R. B. MILLER. – Academic Press, New York (Ann. Rep. Org. Synth.)
Contemporary Organic Synthesis. Royal Society of Chemistry, London (Contemp. Org. Synth.)
Neuere Methoden der organischen Chemie. Hrsg.: W. FOERST. –Verlag Chemie, Weinheim/ Bergstraße (Neuere Methoden)
Organic Reactions. – John Wiley & Sons, New York, London (Org. React.)
Organic Synthesis Highlights. Hrsg.: J. MULZER, H. WALDMANN, u. a. Wiley-VCH, Weinheim
Progress in Organic Chemistry. Hrsg.: J. COOK, W. CARRUTHERS. – Butterworth, London (Prog. Org. Chem.)
Progress in Physical Organic Chemistry. Hrsg.: S. G. COHEN, A. STREITWIESER JR., R. W. TAFT. – Interscience Publishers, New York, London (Prog. Phys. Org. Chem.)

---

[1] Zu kostenlosen Patentinformationen im Internet s. Nachr. Chem. Tech. Lab. **47** (1999), 567–569

Reakcii i Methody Issledovaniya organicheskikh Soedinenii. – Chimiya, Moskva (Reaktsii i Metody Issled. Org. Soedin.)

Synthetic Reagents. Hrsg.: J. S. PIZEY. – Ellis Horwood Ltd., Chichester

Topics in Current Chemistry – Fortschritte der chemischen Forschung. – Springer-Verlag, Berlin, Göttingen, Heidelberg (Top. Curr. Chem. – Fortschr. Chem. Forsch.)

Zusammenfassungen und Fortschrittsberichte erscheinen auch als Handbücher, Methoden- und Vorschriftensammlungen. Die umfangreichste, vielbändige Sammlung von Methoden zur Darstellung von Substanzklassen ist: HOUBEN-WEYL, *Methoden der organischen Chemie*, Hrsg.: E. MÜLLER, 4.Auflage, Georg Thieme Verlag, Stuttgart (HOUBEN-WEYL); sie enthält neben den allgemeinen chemischen Methoden auch umfangreiche Teile über Analyse, Laboratoriumstechnik und physikalische Methoden.

Eine Auswahl wichtiger Methoden der präparativen organischen Chemie findet man in: WEYGAND-HILGETAG, *Organisch-chemische Experimentierkunst*, 4.Auflage, Johann Ambrosius Barth, Leipzig 1970. Ein Vorteil ist, daß man das Register sowohl nach Substanzklassen als auch nach Methoden (Bindungsknüpfung, -spaltung, -umgruppierungen usw.) befragen kann.

Das genannte Registrierprinzip wurde übernommen und ausgebaut von W. THEILHEIMER, *Synthetische Methoden der organischen Chemie (Synthetic Methods of Organic Chemistry)*, Verlag S. Karger, Basel, New York; Band 1 bis 4 in deutscher, ab Band 5 in englischer Sprache. Die jährlich herauskommenden Ergänzungen referieren eine aus organisch-präparativer Sicht repräsentative Auswahl von Originalarbeiten. Das Auffinden einer bestimmten Reaktion wird erleichtert durch eine eigene Symbolik.

Zahlreiche Literaturhinweise auf Methoden der organ. Chemie enthalten die Lehrbücher:

J. MARCH, *Advanced Organic Chemistry.* – John Wiley & Sons, New York 1992

F. A. CAREY, R. J. SUNDBERG, *Organische Chemie.* – VCH, Weinheim 1995

J. FUHRHOP, G. PENZLIN, *Organic Synthesis.* – *Concepts, Methods, Starting Materials,* VCH Weinheim 1994

R. O. C. NORMAN, J. M. COXON, *Principles of Organic Synthesis.* – Blackie, London 1993

K. C. NICOLAOU, E. J. SORENSEN, *Classics in Total Synthesis.* – VCH, Weinheim 1996.

Neuere Entwicklungen der organischen Chemie sind zusammengefaßt in:

Methodicum Chemicum. Hrsg.: F. KORTE. – Georg Thieme Verlag, Stuttgart; Academic Press, New York, San Francisco, London

Comprehensive Organic Synthesis. Hrsg.: B. M. TROST, I. FLEMMING. – Pergamon Press, Oxford 1991

The Chemistry of Functional Groups. Hrsg.: S. PATAI. – Interscience Publishers, John Wiley & Sons, London, New York, Sydney

Comprehensive Organic Functional Group Transformations. Hrsg.: A. R. KATRITZKY, O. METH-COHN, C. W. REES. – Pergamon, Elsevier Science, Oxford 1995

The Chemistry of Heterocyclic Compounds. Hrsg.: A. WEISSBERGER. – Interscienc Publishers, New York, London

Heterocyclic Compounds. Hrsg.: R. C. ELDERFIELD. – John Wiley & Sons, New York; Chapman & Hall, London.

Sehr nützlich sind die umfassenden Zusammenstellungen von Reagenzien für die organische Synthese:

Reagents for Organic Synthesis. Von M. FIESER, L. F. FIESER. – Wiley-Interscience, New York

Encyclopedia of Reagents for Organic Synthesis. Hrsg.: L. A. PAQUETTE. – John Wiley & Sons, Chichester 1995.

Eine Sammlung gut ausgearbeiteter Arbeitsvorschriften enthalten: *Organic Syntheses.* – John Wiley & Sons, New York (Org. Synth.).

3.   Referierende Literatur

3.1.   Beilsteins Handbuch der Organischen Chemie

Die wichtigste Informationsquelle für den organischen Chemiker ist Beilsteins Handbuch der Organischen Chemie (BEILSTEIN), das seit 1918 in der 4.Auflage herausgegeben wird. Nach einem bestimmten System[1]) geordnet, findet man die in der wissenschaftlichen Literatur publizierten Angaben über Herstellung und Eigenschaften aller Kohlenstoffverbindungen; die aufgenommenen Fakten sind kritisch überprüft. Es werden erfaßt: Konstitution und Konfiguration; natürliches Vorkommen und Gewinnung aus Naturprodukten; Herstellung, Bildung, Reinigung; Struktur- und Energiegrößen des Moleküls; physikalische Eigenschaften; chemisches Verhalten; Charakterisierung und Analyse; Salze und Additionsverbindungen.

Achtung: Die im BEILSTEIN zitierte Originalliteratur wird nicht in der in B.1.1. beschriebenen üblichen Weise abgekürzt. Man informiere sich in den Zeitschriftenzusammenstellungen am Anfang des jeweiligen BEILSTEIN-Bandes.

Das Gesamtwerk des Beilstein gliedert sich z. Z. in sechs Serien (Hauptwerk und fünf Ergänzungswerke) mit folgenden Literaturerfassungszeiträumen:

Serie	Abkürzungen	Literatur vollständig erfaßt
Hauptwerk	H	bis 1909
I. Ergänzungswerk	E I	1910–1919
II. Ergänzungswerk	E II	1920–1929
III. Ergänzungswerk	E III	1930–1949
III./IV. Ergänzungswerk	E III/IV (Bd.17–27)	1930–1959
IV. Ergänzungswerk	E IV	1950–1959
V. Ergänzungswerk	E V	1960–1979

Normalerweise geht die Aktualität der einzelnen Serien über das angegebene Jahr der vollständigen Literaturerfassung hinaus.

Der BEILSTEIN umfaßt 27 Textbände, von denen bei den neueren Ergänzungswerken die meisten mehrfach unterteilt sind, sowie ein General-Sach- und ein General-Formelregister (nur H bis E II umfassend!). Zusätzlich befindet sich am Ende eines jeden Beilstein-Bandes ein Sachregister und seit Beginn des E III auch noch ein Formelregister. Sammelregister existieren für jeweils einen oder mehrere Bände des Hauptwerks einschließlich der Ergänzungswerke I bis IV. E III und E IV sind für die Bände 17 bis 27 (heterocyclische Verbindungen) zu einer gemeinsamen Ausgabe zusammengefaßt.

Man beachte, daß mit E III/IV bzw. E IV eine Nomenklaturänderung der registrierten Verbindungen erfolgte. Während früher die Präfixe nach „zunehmender Komplexität" (s. E III, Bd. 5, 1. Teilband, „blaue Seiten") geordnet wurden, werden sie nunmehr in alphabetischer Reihenfolge geschrieben (s. IV. Ergänzungswerk, Gesamtregister für Bd. 17/18 „gelbe Seiten"). Weitere Nomenklaturänderungen sind auf die Einhaltung der IUPAC-Regeln zurückzuführen.

---

[1]) Vgl. hierzu Hauptwerk, Band 1, S. XIX–XXIX, XXX–XXXV und 1–46.

O. WEISSBACH: Beilstein-Leitfaden. – Springer Verlag, Berlin, Heidelberg, New York 1975.

E. HOFFMANN, J. SUNKEL, R. LUCKENBACH: Beilsteins Handbuch der organischen Chemie – Aufbau, Inhalt, Benutzungshinweise und Bedeutung. – Chem. Labor Betrieb **33** (1982), 205–214; 403; 451.

Kennen Sie Beilstein? Erläuterungen zu Beilsteins Handbuch der Organischen Chemie. – Beilstein-Institut, Frankfurt am Main.

Käufliche Computerprogramme (*Beilstein Key*, *Sandra*) ermöglichen es – ohne Kenntnisse über das Registriersystem – den Beilstein-Band festzustellen, in den eine gesuchte Verbindung einzuordnen ist, auch wenn sie noch nicht synthetisiert wurde.

Die im Beilstein-Handbuch enthaltenen Informationen sind auch auf elektronischem Weg über die Inhouse-Version *Beilstein CrossFire* (Beilstein Informationssysteme, Frankfurt am Main) verfügbar.

3.2.   Referateorgane

Auch der versierte Chemiker kann nur relativ wenige Fachzeitschriften regelmäßig durchsehen, zumal deren Umfang und Zahl ständig wachsen. Zur umfassenden Information und für Recherchen nutzt man deshalb Referateorgane, von denen die gesamte chemische Literatur erfaßt wird. Die einzelnen Originalarbeiten werden dort nach fachlichen Gesichtspunkten geordnet und ohne Wertung kurz besprochen. Ein Referat enthält u. a. folgende Angaben: Autor(en), Originalliteraturstelle, Titel der Arbeit, Inhaltsangabe.

Die American Chemical Society gibt seit 1907 die *Chemical Abstracts* (C. A.) in gedruckter Form heraus. Sie referieren die chemische Literatur vollständig. In neuerer Zeit hat der C. A.-Service (CAS) unter Einbeziehung des früheren gedruckten Referatedienstes Datenbanken für Online-Recherchen nach Sachverhalten, Verbindungen, Substrukturen und anderen Fragestellungen aufgebaut, die über STN International (s. B.6.3.) angeboten werden. Die Benutzung dieser Dateien setzt den Anschluß an einen entsprechenden Host (Datenbankanbieter), die Ausrüstung mit einem geeigneten Terminal und die Beherrschung der Kommandosprache voraus. Zuverlässigkeit, Kosten- und Zeitrentabilität sind sowohl bei manuellen als auch Online-Recherchen nur zu erreichen, wenn die Suchprofile für Verbindungen und Sachverhalte im genormten Vokabular der C. A. zutreffend formuliert werden. Dafür ist die genaue Kenntnis des Aufbaus und der Registriergeflogenheiten der C. A. erforderlich.

An Registern können für jeden Band der C. A. genutzt werden:
- Subject Index; seit 1972 geteilt in
- General Subject Index
- Chemical Substance Index (zu Aufbau und Gebrauch s. auch B.6.1.1.; B.6.2.)
- Formula Index (geordnet nach dem Hill-System)
- Author Index
- Numerical Patent Index und Patent Concordance; seit 1981 zu einem Register zusammengefaßt
- Ring Index
- Index Guide

Der seit 1968 erscheinende Index Guide gibt im alphabetischen Teil Querverweise für Verbindungsnamen, wie sie in der Literatur gebräuchlich sind, auf die systematischen C. A.-Registriernamen bzw. von allgemeinen Sachverhalten auf das genormte Vokubalar der C. A. Für die 5jährigen Registrierperioden liegt seit 1967 jeweils ein Cumulative Index Guide vor. Sowohl im General Subject Index als auch im Chemical Substance Index findet man Hinweise auf den jeweils gültigen Index Guide.

Wichtigen Aufschluß über Aufbau und Benutzung der C. A. geben die vier Anhänge des Index Guide.

Anhang I enthält die Hierarchie des genormten Vokabulars der Suchbegriffe von Sachverhalten für den General Subject Index, dazu ein alphabetisches Register, an dem man u. a. einen gewählten Suchbegriff überprüfen kann.

Anhang II informiert über Aufbau und Benutzung der o. g. Bandregister.

Anhang III erläutert die Wahl der Suchbegriffe im General Subject Index.

Anhang IV enthält die Nomenklaturregeln für die Bildung der systematischen Registriernamen von chemischen Verbindungen. Sie basieren im wesentlichen auf den IUPAC-Regeln (s. B.5.).

Seit 1969 erhalten alle in C. A. erfaßten chemischen Individuen eine Registriernummer, die auch in den Referaten und Registern angegeben ist. Sie wird für Online-Recherchen von chemischen Verbindungen verwendet. Die Aufbereitung von Informationen wird ständig weiterentwickelt. Deshalb ist es unerläßlich, daß man sich laufend selbständig über Änderungen bzw. Neuerungen informiert.

Seit 1953 erscheint das *Referativnyj Zhurnal, Seriya Chimiya* (Ref. Zh.) in russischer Sprache, herausgegeben vom Institut für wissenschaftliche und technische Information Moskau. Es referiert die gesamte chemische Literatur und enthält außer den Referaten der periodisch erscheinenden Zeitschriften kurze Zusammenfassungen über neue Bücher, Monographien, Broschüren und andere nicht ständig erscheinende Publikationen sowie über Rezensionen, Dissertationen und Patente. Autoren-, Formel- und Sachregister sind vollständig vorhanden.

Das älteste chemische Referateorgan, das deutschsprachige *Chemische Zentralblatt* (C.), hat 1969 sein Erscheinen eingestellt. Über Aufbau und Inhalt des Zentralblatts s. z. B. die 15. Auflage des Organikums.

3.3. Schnellreferatedienste

Zur laufenden Information über bestimmte Arbeitsgebiete sollen Schnellreferate und die meist weniger nützlichen Zusammenstellungen der Titel von Originalarbeiten dienen. Im allgemeinen wird nur eine begrenzte Auswahl von Zeitschriften berücksichtigt, eine vollständige Recherche ist nach diesen Informationsquellen nicht möglich.

Ein Referatedienst dieser Art ist der seit 1970 vom Verlag Chemie, Weinheim/Bergstraße, herausgegebene *Chemische Informationsdienst* (ChemInform). Die wesentlichsten Fachzeitschriften werden ausgewertet, die Referate enthalten übersichtliche Formelschemata; Patentreferate fehlen jedoch.

Die *Current Contents* herausgegeben vom Institute for Scientific Information, Philadelphia, enthalten die Inhaltsverzeichnisse von über 5000 Zeitschriften. Eine Suche nach Autoren mit bibliographischen Angaben und nach Schlüsselworten aus den einzelnen Aufsatztiteln ist möglich.

4. Tabellenbücher

Das umfangreichste Tabellenbuch, das in einer größeren Zahl von Einzelbänden erscheint, ist: LANDOLT-BÖRNSTEIN, *Zahlenwerte und Funktionen aus Physik, Chemie, Astronomie, Geophysik und Technik*, 6.Aufl., sowie LANDOLT-BÖRNSTEIN, Neue Serie, Hrsg.: K.-H. HELLWEGE, Springer-Verlag, Berlin, Göttingen, Heidelberg 1961ff.

Ein einbändiges Tabellenbuch, das physikalische Konstanten der wichtigsten anorganischen und organischen Verbindungen sowie Zahlenwerte und Funktionen in umfassender Form enthält, ist das *Handbook of Chemistry and Physics*, CRC Press, Cleveland, Ohio. Da es jährlich überarbeitet wird, sind die enthaltenen Daten sehr aktuell.

Deutschsprachige Tabellenwerke ähnlichen Inhalts sind: D'ANS-LAX: *Taschenbuch für Chemiker und Physiker*, Bd. 1/1991, Bd. 2/1983, Bd. 3/1970, Springer-Verlag, Berlin, Heidelberg, New York; *Chemikerkalender*, Hrsg.: C. SYNOWITZ, K. SCHÄFER, Springer-Verlag, Berlin, Heidelberg, New York 1984; *Tabellenbuch Chemie*, Deutscher Verlag für Grundstoffindustrie, Leipzig 1990.

5.   Nomenklaturrichtlinien

Die chemische Nomenklatur hat sich im Laufe der Zeit stark verändert. Zunächst herrschten Trivialnamen vor, die auch heute in vielen Fällen noch verwendet werden können. Der erste Versuch einer systematischen Namensgebung war die Genfer Nomenklatur, die heutigen Anforderungen aber nicht mehr genügt.

Die z. Z. gültigen Regeln wurden von der IUPAC (International Union of Pure and Applied Chemistry) in englischer Sprache ausgearbeitet und für das Organikum mit einem Minimum an orthographischen Veränderungen, die bei der Übertragung ins Deutsche notwendig sind, übernommen.

Traditionell sind im deutschsprachigen Raum auch abweichende Bezeichnungen (z. B. Benzol, Toluol, Naphthalin, Glycerin statt Benzen, Toluen, Naphthalen, Glycerol) gebräuchlich; diese Namen werden auch in der chemischen Literatur weiter verwendet bzw. können nebeneinander benutzt werden.

Nach den IUPAC-Regeln setzt sich der Name einer organisch-chemischen Verbindung aus dem Namen des Verbindungsstamms, der im allgemeinen das Kohlenstoffgerüst widerspiegelt, und den Namen der Substituenten sowie deren Anzahl und Verknüpfungsstellen zusammen. Bei Substituenten unterscheidet man Reste (über ein C-Atom gebundene Alkyl- oder Arylgruppen bzw. Heterocyclen), die als Präfixe in alphabetischer Reihenfolge in den Verbindungsnamen eingehen, und charakteristische Gruppen (z. B. $-OH$, $-NH_2$, $-Cl$, $>C=O$, $-COOH$ und deren Derivate), für die es eine Prioritätsskala gibt. Der in einer Verbindung enthaltene jeweils ranghöchste Substituent dieser Skala (s. Tab. B.1) wird als Hauptgruppe bezeichnet (substitutive Nomenklatur) bzw. bildet den funktionellen Klassennamen (radikofunktionelle Nomenklatur) und geht als Suffix in den Namen ein. Er erhält in der Numerierung des Grundgerüsts stets die niedrigste mögliche Ziffer. Alle weiteren charakteristischen Gruppen werden dem Stammnamen gemeinsam mit den Resten als Präfixe in alphabetischer Reihenfolge vorangestellt.

Substitutive und radiofunktionelle Nomenklatur sind Möglichkeiten der Namensgebung innerhalb der IUPAC-Regeln. Bei der erstgenannten wird der Ersatz eines H-Atoms im Verbindungsstamm durch einen Substituenten, der als Präfix oder Suffix bezeichnet werden kann, ausgedrückt, z. B.:

$$\overset{2}{C}l-\overset{}{C}H_2-\overset{1}{C}H_2-OH$$

Verbindungsstamm: Ethan
Charakteristische Gruppen: Cl, OH
Hauptgruppe: OH; -ol
Name: 2-Chlor-ethanol

$$HO-\overset{4}{C}H_2-\overset{3}{C}H_2-\overset{2}{\underset{\underset{O}{\|}}{C}}-\overset{1}{C}H_3$$

Verbindungsstamm: Butan
Charakteristische Gruppen: OH, =O
Hauptgruppe: =O; -on
Name: 4-Hydroxy-butan-2-on

Für die radiofunktionelle Namensgebung prüft man anhand der charakteristischen Gruppen, ob die Verbindung einen Klassennamen besitzt (s.Tab.B.1). Diesem (bei mehreren Möglichkeiten dem ranghöchsten) setzt man den oder die Reste alphabetisch geordnet als Präfixe voran. Weitere charakteristische Gruppen werden ebenfalls als Präfixe den sie tragenden Resten beigefügt.:

$$Cl-CH_2-CH_2-OH$$

Charakteristische Gruppen: Cl, OH
Klassenname: Alkohol
Restname: Ethyl
Name: 2-Chlor-ethylalkohol

Tabelle B.1

Charakteristische Gruppen in der IUPAC-Nomenklatur nach abnehmender Priorität

Charakteristische Gruppe	Bezeichnung als Präfix	Bezeichnung als Suffix	
		substitutiv	Radiko-funktionell
Anionen, z.B. —O$^{\ominus}$	-ato-		
Kationen, z.B. —NR$_4^{\oplus}$	-onia-	-(on)ium	
—COOH	Carboxy-	-carbonsäure	
—(C)OOH[1])		-säure	
—C$\overset{\displaystyle S}{\underset{\displaystyle OH}{\diagup}}$ (Thiocarboxyl)	Thiocarboxy-	thioncarbonsäure	
—SO$_3$H	sulfo-	-sulfonsäure	
—COOAlkyl	Alkoxycarbonyl-	carbonsäurealkylester	
—SO$_3$Alkyl	Alkoxysulfonyl-	-sulfonsäurealkylester	
—COHal	Halogenformyl-	-carbonsäurehalogenid	
—(C)OHal[1])		-säurehalogenid -oylhalogenid	
—SO$_2$Hal	Halogensulfonyl-	-sulfo(nsäure)halogenid	
—CONH$_2$	Carbamoyl-	-carbonsäureamid	
—SO$_2$NH$_2$	sulfamoyl-	-sulfon(säure)amid	
—C≡N	Cyan-	-carbonitril	-cyanid
—(C)≡N[1])		-nitril	
$\diagdown$C=O (H)	Formyl-	-carbaldehyd	
$\diagdown$(C)=O[1]) (H)	Oxo-	-al	
$\diagdown$C=O			-keton
$\diagdown$(C)=O[1])	Oxo-		
$\diagdown$C=S			-thioketon
$\diagdown$(C)=S[1])	thioxo-	-thion	
—OH	Hydroxy-	-ol	-alkohol
—SH	Sulfanyl-, Mercapto-	-thiol	
—OOH	Hydroperoxy-		-hydroperoxid
—NH$_2$	Amino-	-amin	amin
=NH	Imino-	-imin	
—PH$_2$	Phosphino		-phosphin
—OAlkyl	Alk(yl)oxy-		-alkylether
—SAlkyl	Alkylsulfanyl-, Alkylthio-		-alkylsulfid
—Halogen	Halogen-		-halogenid
—NO	Nitroso-		
—NO$_2$	Nitro-		

[1]) Das in Klammern stehende C-Atom wird durch Präfix bzw. Suffix nicht mit ausgedrückt, z. B. CH$_3$CH$_2$COOH: Propansäure (Propionsäure) oder Ethancarbonsäure.

HO—CH$_2$—CH$_2$—C—CH$_3$ Charakteristische Gruppen: OH, C=O
                   ‖
                   O   Klassenname: Keton
                                  Restnamen: Ethyl, Methyl
                                    Name: (2-Hydroxy-ethyl)methylketon

Neben diesen beiden Nomenklaturvarianten, die im Organikum nach pragmatischen Gesichtspunkten angewandt werden, gibt es für spezifische Verbindungsklassen (z. B. Heterocyclen, bestimmte Naturstoffe usw.) noch weitere Nomenklatursysteme bzw. spezielle Regeln. Zur Ergänzung sei auf die Literaturhinweise am Ende des Kapitels verwiesen.

Mit den Computerprogrammen *ACD/Name* (Advanced Chemistry Development) und *AUTONOM* (Beilstein) lassen sich sehr schnell die exakten IUPAC-Namen einer Verbindung aus der chemischen Strukturformel generieren.[1)]

6.   Durchführung einer Recherche

Art und Umfang der Literaturdurchsicht hängen wesentlich von der Aufgabenstellung ab. Wir beschränken uns auf einige häufig vorkommende Fälle.

6.1.   Recherche über eine definierte chemische Verbindung

6.1.1.   Vollständige Literaturrecherche

Man beginnt mit der Ableitung der Summenformel aus der bekannten Struktur und (oder) mit der Benennung nach den Nomenklaturprinzipien des BEILSTEIN (E III, Bd. 5, blaue Seiten; E IV, Gesamtregister zu Bd. 17/18, gelbe Seiten). Durch Nachschlagen im General-Formel- bzw. General-Sachregister des BEILSTEIN ermittelt man, ob die Verbindung bis 1929 beschrieben wurde. Ist dies der Fall, so sucht man zusätzlich in E III bzw. E IV unter der gleichen Systemnummer. Sie ist in der Kopfzeile angegeben. Dort findet man auf den ungeradzahligen Textseiten der Ergänzungswerke auch einen Konkordanzverweis. Er gibt an, auf welcher Seite des Hauptwerkes die gleiche Verbindung besprochen wird bzw. hätte eingeordnet werden müssen, wenn sie vor 1909 bekannt gewesen wäre. Auf Seiten verschiedener Ergänzungswerke gleicher Bandzahl, die im Konkordanzverweis übereinstimmen, werden demnach Verbindungen mit gleicher oder eng verwandter Konstitution besprochen. Sind in den Ergänzungswerken sehr viele Seiten mit dem gleichen Konkordanzverweis durchzusehen, so nutzt man besser das Formel- bzw. Sachregister des jeweiligen Bandes.

Ist die zu suchende Verbindung in den Generalregistern nicht aufgeführt (kein Hinweis bis 1929), so muß man mit Hilfe des Beilstein-Systems in E III, E III/IV und E IV recherchieren. Man informiere sich z. B. im Hauptwerk, Band 1, im *System* über den für die Einordnung der gesuchten Verbindung in Frage kommenden Band. Es ist vorteilhaft, in den für diesen Band zuständigen Gesamtformel- bzw. -sachregistern, die das Hauptwerk und die Ergänzungswerke I bis IV umfassen, zu suchen oder die Rechercheprogramme (vgl. B.3.1.) zu benutzen.

Die sorgfältige Durchsicht des gedruckten BEILSTEIN ist von relativ geringer Mühe und liefert die gesamte Literatur zur fraglichen Verbindung bis 1949 bzw. 1959. Für den Zeitraum danach schließt sich die Recherche in den C. A. an: Man beginnt grundsätzlich mit dem neusten Formula

---

[1)] ACD/Name: Advanced Chemistry Development Inc., Toronto; WWW: http://www.acdlabs.com.
AUTONOM: Beilstein Informationssysteme, Frankfurt a. M.; WWW: http.//www.beilstein.com

Index bzw. Chemical Substance Index. Um den Registernamen der gewünschten Substanz zu finden, ist es ab Vol. 69 (1968) notwendig, zunächst im Index Guide nachzuschlagen. Da in den einzelnen Registrierperioden Nomenklaturänderungen vorgenommen wurden, müssen alle im 5-Jahres-Abstand erscheinenden Cumulative Index Guides durchgesehen werden. Man informiere sich über die Aufgaben des Index Guide in den Ausgaben von 1991 (Vol. 75) und insbesondere von 1977. Hat man den Registriernamen gefunden, so wird jeder einzelne Chemical Substance Index (bzw. Subject Index) bzw. das entsprechende Sammelregister durchgesehen. Man findet eine Referatenummer bzw. bis Vol. 65 (1966) die Seitenzahl des Textteiles; aus dem zugehörigen Kurzreferat ist die Originalliteraturstelle zu entnehmen. Falls aus dem Referat nicht eindeutig hervorgeht, ob die Arbeit für das in Frage stehende Problem Bedeutung besitzt, ist grundsätzlich der Artikel im Original einzusehen. Da alle in der Originalarbeit vorkommenden Verbindungen zwar registriert, aber nicht unbedingt im Referat aufgenommen werden, wundere man sich nicht, wenn die gesuchte Verbindung im Referat nicht erscheint.

Bei der Durchsicht der C. A. geht man bis zu dem Jahrgang zurück, der dem Ende der vollständigen Literaturerfassung des BEILSLTEIN entspricht.

6.1.2.   Suche nach einer günstigen Darstellungsmöglichkeit

Wird für eine definierte organische Verbindung eine günstige Darstellungsmöglichkeit gesucht, die nicht im ORGANIKUM enthalten ist, so schlage man zunächst in L. und M. FIESER, *Reagents for Organic Syntheses*, nach. Fehlt auch hier eine Information, so ist der entsprechende Band des HOUBEN-WEYL zu Rate zu ziehen. Weitere Informationsquellen sind die unter B.2. genannten Vorschriftensammlungen und wiederum BEILSTEIN und C. A. (s. a. B.6.3.1.). Es ist zu empfehlen, die neuesten Register der C. A., wie schon in B.6.1.1. besprochen, einzusehen und jede zugängliche Literaturstelle im Original zu prüfen, auch wenn nur Reaktionen der fraglichen Verbindung beschrieben sind. Häufig findet man nämlich in den Literaturzitaten auch das gesuchte günstige Darstellungsverfahren, das sich auf diese Weise sehr leicht ermitteln läßt.

6.2.   Recherche über Verbindungsklassen

Will man eine in der Literatur noch nicht beschriebene Verbindung synthetisieren, so informiere man sich am besten zunächst allgemein über Methoden zur Darstellung von Substanzen, die der gleichen Stoffklasse angehören. Eine vollständige Information darüber ist nicht leicht zu erhalten, aber meist auch nicht notwendig. Findet man im ORGANIKUM keinen Hinweis (vgl. Sachregister sowie die zusammenfassende Literatur am Ende der einzelnen Kapitel), so können folgende Informationsquellen benutzt werden, die man etwa in dieser Reihenfolge einsehen sollte:

WEIGAND-HILGETAG, HOUBEN-WEYL, THEILHEIMER (vgl.B.2.). Auch in den C. A. ist eine Information über methodische Probleme möglich: Im General Subject Index findet man Stichworte wie *Alkylation, Arylation, Addition reaction* u. ä., aber auch eingeführte Namenreaktionen wie *Cannizzaro reaction, Claisen rearrangement, Fischer indole synthesis, Grignard reaction* usw. (man überprüfe den gewählten Suchbegriff im Index Guide, Anhang IV; vgl. B.3.2.).

Die Konzipierung eines Syntheseweges für neue Verbindungen, aber auch von Alternativsynthesen für schon bekannte Produkte, erfordert in der Regel größere Erfahrungen. Vgl. dazu Kapitel C.8.

Häufig ist auch die Frage zu beantworten, ob Verbindungen bekannt sind, deren Strukturen zwar nicht exakt derjenigen der gewünschten Substanz entsprechen, die aber strukturell ähnlich sind. Im BEILSTEIN findet man diese im gleichen Band, es sei denn, daß durch bestimmte funktionelle Gruppen eine Registrierung an einer späteren Stelle im System, d. h. in einem späteren Band erfolgen muß (Prinzip der letzten Stelle). Es ist daher notwendig, das schon erwähnte Beilstein-System[1]) und andere, vom Beilstein-Institut herausgegebene Erläuterungen zu Rate zu ziehen oder die Rechercheprogramme (vgl. B.3.1.) zu benutzen. Für die Auswertung der Literatur ab 1949 (bzw. 1959) empfiehlt sich wiederum die Durchsicht der C. A. Im Chemical Substance Index bzw. Subject Index findet man die chemischen Verbindungen jeweils unter ihren Grundkörpern zusammengefaßt.

Beispielsweise werden alle Pyridiniumverbindungen gemeinsam unter *pyridinium compounds* registriert, durch Komma getrennt folgen in alphabetischer Reihenfolge die Substituenten. Auf diese Weise sind Informationen über zu der gesuchten Verbindung analoge Strukturen leicht zugänglich.[2])

6.3.   Computergestützte Recherche

Die computergestützte Literatursuche ist eine sehr leistungsfähige Methode, die Recherchen erlaubt, die manuell nicht oder nur mit einem hohen zeitlichen Aufwand möglich wären. Voraussetzungen sind ein Personalcomputer, der über Telekommunikationseinrichtungen mit einem Datenbanksystem verbunden ist, und eine Zugriffsberechtigung (Loginid, Paßwort).

Auf dem Gebiet der Online-Recherchen zu chemischen Sachverhalten hat der Host *STN (Scientific and Technical Network) International* eine führende Position inne und erlaubt Hochschulen, im Rahmen des *academic program* kostengünstig Recherchen durchzuführen.[3])

Für Informationen über chemische Fragestellungen sind die *Chemical Abstracts* (CA) die umfassendste Quelle. Die Online-Version der Chemical Abstracts besteht aus dem File CA mit den bibliographischen Angaben und den Abstracts, dem File REGISTRY mit Strukturen und der Nomenklatur für alle durch den *Chemical Abstracts Service* (CAS) registrierten Verbindungen und dem File CAOLD mit den CAS-Registry- und den Abstract-Nummern. Die beiden ersten Files erfassen die Literatur seit 1967 und das CAOLD-File für den Zeitraum 1957–1966.

Eine hervorragende Ergänzung zu den CA-Datenbanken ist die Datenbank BEILSTEIN (online oder auch als Inhouse-Version BEILSTEIN CrossFire), eine Struktur- und Faktendatenbank, die die wichtigste organisch-chemische Literatur seit 1779 ausgewertet enthält.

Neben diesen verbindungsorientiert aufgebauten Datenbanken gewinnen spezielle *Reaktionsdatenbanken* zunehmend an Bedeutung, wie z. B. CASREACT oder CHEMINFORMRX, vgl. C.6.3.3. Mit SPECINFO steht bei STN auch eine *Spektrendatenbank* mit integrierten Programmen zur Spektrensimulation zur Verfügung. Zahlreiche *Patentdatenbanken* (INPADOC, WPIDS/WPINDEX, PATDPA u. a.) werden ebenfalls online angeboten. Für komplexe bibliographische Fragestellungen gibt es bei STN-online eine Multifile-Suchfunktion. Sie erlaubt, Recherchen gleichzeitig in mehreren Datenbanken (sog. *Clustern*) durchzuführen.

Alle über STN angebotenen Datenbanken können mit einer einzigen benutzerfreundlichen und leicht erlernbaren Kommandosprache *Messenger* recherchiert werden.

Von den ca. 20 Messenger-Kommandos reichen für einfache Online-Recherchen die folgenden vier Hauptbefehle aus:

FILE oder FIL   – Auswahl der gewünschten Datenbank
EXPAND, EXP oder E   – Durchsuchen eines Index der Datenbank nach einem Suchbegriff
SEARCH, SEA oder S   – Durchsuchen eines Files nach Einträgen
DISPLAY, DIS oder D   – Anzeige der aufgefundenen Einträge oder Anzeige eines Eintrages mit
                         einer spezifischen Registernummer.

---

[1]) Vgl. Fußnote 1 zu Kap. B.3.1.

[2]) Achtung! Die Stammverbindung, die den Registrierort bedingt, kann wechseln! Statt *indole, 3-acetyl* findet man beispielsweise *ethanone, 1-(indol-3-yl)*. Indol-3-essigsäure ist hingegen unter *indole-3-acetic acid* eingeordnet. Man informiere sich deshalb unbedingt immer zunächst im Index Guide.

[3]) Die STN-Datenbanken sind auch über das Internet zugänglich: http://stnweb.fiz-karlsruhe.de; http://stneasy.fiz-karlsruhe.de

Durch verschiedene Operatoren (logische oder Boolesche Operatoren: OR, AND, NOT; Nachbar-schafts- oder Proximity-Operatoren: W, A, L, S, P ; numerische Operatoren: =, <, >,= < oder <= , => oder > =, –) ist eine Verknüpfung der Suchbegriffe und die Festlegung von Abstand und Folge von Suchbegrif-fen möglich. Mit Hilfe von Maskierungszeichen (?, !, #) können Buchstabenfolgen, die Teile von Worten sind, gesucht oder auch unbekannte bzw. unterschiedliche Schreibweisen berücksichtigt werden. Zu beach-ten ist, daß einige sehr häufig benutzte Worte und Zeichen, sog. *stop words* (Artikel, Präposition, alle Begriffe der Kommandosprache, aber auch Klammern, Schrägstriche, Maskierungssymbole und Hochkom-mas) von Messenger als Teile der Kommandosprache angesehen und daher nicht gesucht werden können. Sind diese reservierten Worte und Zeichen Bestandteil der Suchbegriffe, dann müssen sie oder der gesamte Suchbegriff z. B. durch Hochkommas gekennzeichnet werden.

Die Suchbegriffe können in Form von Text (Namen von chemischen Verbindungen, Schlagworten, Auto-ren) oder Graphik (Strukturformeln) eingegeben werden. Eine korrekte Formulierung der Fragestellung und die exakte Eingabe sind Voraussetzung für eine erfolgreiche Recherche.

Da alle STN-Datenbanken einen weitgehend einheitlichen Aufbau haben, können datenbankübergrei-fende Suchen (*crossfile searching*) mit denselben Suchbegriffen (ausgenommen in datenbankspezifischen Feldern) durchgeführt, Suchergebnisse in andere Files transferiert (*file crossover*) und für weitere Recher-chen eingesetzt werden.

Nach der LOGON-Prozedur gelangt man bei den STN-Datenbanken zuerst in das HOME-File. Ein Pfeil zeigt in der Suchsprache Messenger an, daß das System auf die Eingabe eines Kommandos wartet. Das gewünschte File kann nun aufgerufen werden, das *CA-File* z. B. durch Eingabe von FILE CA. Mit dem Kommando SEARCH (oder SEA oder S) und der Eingabe der Suchbegriffe wird die Suche gestartet.[1]) Gibt man z. B. S TOCOPHEROL ein, so erscheint auf dem Bildschirm danach

L1   12308   TOCOPHEROL

Jeder Antwortsatz erhält während der Online-Sitzung eine Listen(L)-Nummer, die direkt für weitere Suchen an Stelle der Suchterms verwendet werden kann. Die Zahl 12308 sagt aus, daß in 12308 Abstracts der Begriff Tocopherol enthalten ist.

Man beachte, daß im Basic-Index des CA-Files nur CAS-Registernummern und Einzelworte aus Titeln, Abstracts und Registerbegriffen als Suchterms eingesetzt werden können, zusammengesetzte Worte wer-den zerlegt und alle nicht alphanumerischen Zeichen entfernt.

Der große Vorteil der Online-Recherche liegt in der Möglichkeit, verschiedene Suchbegriffe unter Verwendung der Operatoren AND, OR oder NOT miteinander zu verknüpfen und so gleichzeitig zu suchen. Gibt man z. B. S ASYMMETRIC AND SYNTHESIS AND AMINES ein, so wird auf dem Bildschirm angezeigt:

23683	ASYMMETRIC
618994	SYNTHESIS
138857	AMINES
L2 543	ASYMMETRIC AND SYNTHESIS AND AMINES

Es wurden 543 Einträge mit den gesuchten Begriffen gefunden, die jedoch in den Abstracts auch ohne direkte Beziehung zueinander auftreten könnten. Um dies auszuschließen kann die gewünschte Stellung der Begriffe im Kontext durch Nachbarschaftsoperatoren festgelegt wer-den. Nach der Eingabe von z. B. S ASYMMETRIC(W)SYNTHESIS(1W)AMINES erhält man als Antwort

L3   12   ASYMMETRIC(W)SYNTHESIS(1W)AMINES

---

[1]) In vielen Fällen ist es sehr vorteilhaft, vor der eigentlichen Suche mit Hilfe des Expand-Befehls (EXP, E) in bestimmten alphabetisch geordneten Registern (Basic Index (BI), Author Index (AU), Chemical Name Index (CN)) das Vorhandensein der Suchbegriffe zu überprüfen und diese zu präzisieren. Die in der Expand-Liste angezeigten E-Nummern können bei der weiteren Suche wie Suchterms verwendet werden (z. B. S E2–E5).

nur Publikationen, in denen der Begriff Synthesis direkt dem Wort Asymmetric folgt und vom Suchbegriff Amines durch ein Wort getrennt ist. Der W-Operator (nW) erlaubt die Suche von Begriffen, die in einem Abstand von maximal n Worten hintereinander stehen. Analog dazu ist mit dem A-Operator (nA) die Suche von Begriffen in einer beliebigen Reihenfolge und einem maximalen Abstand von n Worten möglich. Der Link- oder L-Operator (L) dagegen begrenzt die Suche zweier Begriffe, die in beliebiger Reihenfolge angeordnet und beliebig weit voneinander entfernt sein können, auf die gleiche Informationseinheit.

Ein weiteres nützliches Hilfsmittel bei der Formulierung der Suchbegriffe sind die Maskierungszeichen. Ein Fragezeichen (?) an einen Wortstamm angefügt (Rechtsmaskierung; eine entsprechende Linksmaskierung ist nicht immer möglich) kann beliebig viele Zeichen ersetzen. Der Ausdruck CATALY? könnte also zur Suche der Begriffe CATALYST, CATALYSIS oder CATALYTIC eingesetzt werden. Ein Ausrufungszeichen (!) in einem Suchbegriff kann exakt für ein Zeichen stehen (z. B. STABILI!ER für STABILISER oder STABILIZER), und ein Doppelkreuz (#) am Ende eines Begriffes (z. B. AMIN#) ersetzt ein oder auch kein Zeichen und berücksichtigt so die Pluralendung des Begriffes.

Die Zahl der Antworten einer Online-Literatursuche kann eine Größe erreichen, die nicht mehr vernünftig auswertbar ist und daher sinnvoll reduziert werden muß. Dazu bestehen mehrere Möglichkeiten. So kann der zeitliche Umfang der Recherche eingeschränkt werden, z. B. ergibt die Eingabe von S L1 RANGE=(1990,) als Antwort L4 4715 TOCOPHEROL und erfaßt die Literatur der Liste 1 seit 1990. Es könnten nur Publikationen in ausgwählten Sprachen (wie Deutsch, Englisch und Französisch) gesucht (z. B. führt die Eingabe von S L4 AND (GER OR ENG OR FR)/LA zu L5 mit 3514 Antworten) oder Patente ausgeschlossen werden (S L5 NOT P/DT reduziert die Zahl der Antworten von L5 auf 3132).

Publikationen bestimmter Autoren sind sehr schnell durch Eingabe von S NAME, VORNAME bzw. INITIALEN/AU zu ermitteln. Auch hier ist es angebracht, vor der Suche mit dem Expand-Befehl im Autorenregister(/AU) die Schreibweise des Namens und die benutzten Abkürzungen des Vornamens zu prüfen und ggf. mehrere E-Nummern als Suchterme zu verwenden. Eine Verknüpfung von allgemeinen Suchbegriffen bzw. Antworten mit einem oder mehreren Autoren ist ebenfalls häufig von Interesse (z. B. S L1 AND INGOLD, K?/AU oder S FULLEREN? AND DIEDERICH, F?/AU).

Durch Eingabe von DISPLAY (DIS oder D) und der Listen(L)-Nummer, der Nummer der anzuzeigenden Antworten und des Formates der anzuzeigenden Datenfelder (im CA-File AN für CA-Abstract-Nummern, BIB für bibliographische Angaben und Abstract-Nummern, ABS für Abstracts und Abstract-Nummern, AU für Autoren), z. B. D L1 1-10 BIB, ABS werden die erhaltenen Antworten auf dem Bildschirm angezeigt. Die Online-Suche kann dann in anderen Datenbanken unter Verwendung der erhaltenen L-Nummern fortgeführt oder durch den Befehl LOGOFF oder LOG Y beendet werden.

6.3.1. Suche nach chemischen Verbindungen und ihrer Synthese

In den Files *CAS-Registry* und *Beilstein* sind Online-Recherchen nach einer einzelnen Verbindung mit einer exakten Struktur (und damit auch einer CAS-Registernummer) unter Verwendung des chemischen Namens (oder chemischer Namensfragmente) oder der chemischen Strukturformel (s. a. Substruktur-Recherche) als Suchterm möglich. Der erste Weg ist häufig schneller und billiger, aber auch weniger zuverlässig, da er gute Kenntnisse der chemischen Nomenklatur und der Namensgebung in den Chemical Abstracts voraussetzt, die nicht immer mit den IUPAC-Regeln übereinstimmt.

Vor Beginn der Online-Suche ist der Name der chemischen Verbindung so zu formulieren, wie er nach dem Expand- oder Search-Befehl eingesetzt werden soll. In Namen mit Sonderzeichen sind alle hoch- und tiefgestellten Zeichen in eine Linie mit regulären Zeichen zu setzen, kursive

Buchstaben wie normale zu schreiben, griechische Buchstaben auszuschreiben und in Punkte zu setzen (z. B. .ALPHA.-TOCOPHEROL), eckige Klammern durch runde auszutauschen (z. B. BICYCLO(2.2.2)OCT-2-ENE) und Begriffe, die Apostrophe enthalten, sind in Hochkommas zu setzen (z. B. 'N,N'-DIISOPROPYL BENZIDINE' oder N,N!-DIISOPROPYL BENZIDINE). Das letztere ist beim Search-Befehl auch für Begriffe der Fall, die runde Klammern enthalten.

Nach diesen Vorbereitungen sollte mit dem Expand-Befehl (kostenfrei) im Feld CN nachgesehen werden, ob die gesuchte Verbindung im Index vorhanden ist.[1] Beispielsweise ergibt die Eingabe von E BICYCLO(2.2.2)OCT-2-ENE/CN auf dem Bildschirm:

```
=> E BICYCLO(2.2.1)OCT-2-ENE/CN
E1          1          BICYCLO(2.2.1)OCT-2-EN-2-OL, SODIUM SALT/CN
E2          1          BICYCLO(2.2.1)OCT-2-EN-2-YL KETONE/CN
E3          1     ->   BICYCLO(2.2.1)OCT-2-ENE/CN
E4          1          BICYCLO(2.2.1)OCT-2-ENE,
                       1,2,3,4,5,5,6,6,7,7,8,8-DODECAFLUORO-/CN
```

Bei Fehlen einer Eintragung (E = 0) oder bei mehr als einem Eintrag ist der eingegebene Name hinsichtlich Schreibweise und Vollständigkeit zu überprüfen.

Danach wird mit dem Search-Befehl die eigentliche Suche gestartet, z. B. durch Eingabe von S 'BICYCLO(2.2.2)OCT-2-ENE'/CN. An Stelle des Namens kann auch die erhaltene E-Nummer als Suchbegriff eingegeben werden, z. B.: S E3/CN oder S E1 - E4/CN oder S E1, E3/CN.

Bei komplizierten chemischen Verbindungen und den damit verbundenen Unsicherheiten bei der richtigen Namensfindung kann eine Substanz auch mit Hilfe von *Namensfragmenten* (CNS), die chemisch sinnvolle Bruchstücke des vollständigen Namens darstellen und maskiert sein können, gesucht werden. Diese sind im Registry-File und im Beilstein-File sowohl im Basic Index als auch im Chemical Name Segment Index (/CNS) zu finden. Es empfiehlt sich jedoch, das CNS-Feld zur Suche zu benutzen, da hier sowohl die Links- als auch die Rechtsmaskierung (bei Fragmenten mit mindestens 4 Buchstaben) möglich ist.[2] Die Namensfragmente können mit den verschiedensten Operatoren, z. B. (nW) (nA), (L) oder AND, miteinander oder auch mit anderen Suchbegriffen verbunden und für die Suche eingesetzt werden. Die Eingabe von S QUINOLINE(L)METHOXY(L)METHYLAMINO(L)CHLORO/CNS würde so zu Antworten führen, in denen Chinolinderivate mit mindestens einem Chloratom und einer Methoxy- und Methylamino-Gruppe beschrieben sind. Die Verknüpfung mit der Summenformel kann bei größeren Molekülen die Zahl der Antworten stark einschränken (beispielsweise: S ?ISOINDOL?/CNS AND C9H8Cl3NO2S/MF).

Mit dem Display-Befehl ist dann wieder die Anzeige der erhaltenen Antworten in den im Registry-File bzw. Beilstein-File verfügbaren Formaten möglich. Mit den durch D RN ausgegebenen Registry-Nummern oder mit den im Registry-File erhaltenen Antwort(L)-Nummern muß danach im *CA-File* nach weiteren Informationen zu diesen chemischen Verbindungen gesucht werden. So findet man mit S L-Nummer/P (P für preparation) oder mit der CAS-Register-Nummer (RN) und einem unmittelbar angefügten P (z. B. im Falle des α-Tocopherols: S 10191-41-0P) die Literatur über die Synthese der Verbindungen.[3]

---

[1] Die Angabe des CN-Feldes ist erforderlich, weil sonst im Basic Index (BI) gesucht wird, der nur Namensfragmente an stelle vollständiger chemischer Namen enthält.

[2] Die Nutzung des Expand-Kommandos (E Namensfragment?/CN oder E LEFT Namensfragment/CNS) zur Vorbereitung der Suche ist auch hier vorteilhaft.

[3] Verläßliche und vollständige Informationen über einzelne chemische Verbindungen lassen sich online in den CA-Datenbanken nur mit der CAS-Registry-Nummer (RN) erhalten. Bei einfachen Verbindungen eignen sich als Quellen zum Auffinden der RN gedruckte Verzeichnisse wie der CA Chemical Substance Index, CA Index Guides, der Merck Index, das Dictionary of Organic Compounds und die zahlreichen Chemikalien-Kataloge. Für weniger gebräuchliche Verbindungen ist dieser Weg durch die beschriebene Online-Suche im CAS-Registry-File oder auch dem Beilstein-File zu ersetzen.

6.3.2. Struktur-Recherchen

Die Recherche über die Nomenklatur ist mühsam oder gar nicht möglich, wenn nach Verbindungen gesucht wird, die gemeinsame Strukturelemente enthalten, darüber hinaus jedoch variable Substituenten tragen. Solche Substruktursuchen sind online im CAS-Registry-File und Beilstein-File (offline auch mit der Datenbank *Beilstein CrossFire*) möglich. Innerhalb von Sekunden bis wenigen Minuten können die in diesen Files gespeicherten Millionen von Verbindungen nach der eingegebenen Struktur oder Substruktur durchsucht werden. Chemische Strukturen und Substrukturen können online durch Verwendung von Zeichen-Befehlen (GRA, NODE, BOND, HCOUNT u. a.) im *STRUCTURE mode* des Registry-Files eingegeben werden. Die Kenntnis der Befehle und etwas Übung sind erforderlich, um besonders auch komplizierte Strukturen in einer vertretbaren Zeit im Online-Betrieb aufbauen zu können.

Mit der Front-End-Software STN EXPRESS ist ein Programm verfügbar, mit dem Strukturen offline gezeichnet, anschließend gespeichert und zur gegebenen Zeit im Online-Betrieb in das Strukturfile geladen und gesucht werden können.

Bevor jedoch die kostenintensiven Substruktur-Recherchen durchgeführt werden, sollte man sich entsprechende Fähigkeiten im Strukturaufbau durch Üben in einem Lernfile (L Registry, L Beilstein) aneignen.

6.3.3. Recherche von chemischen Reaktionen

Zur Suche nach Reaktionen eignen sich neben dem Beilstein-File (hier sind nach einer Struktursuche mit dem Display-Befehl REA Informationen über chemische Reaktionen anzeigbar) besonders die dafür konzipierten *Reaktionsdatenbanken* CASREACT (Zitate zu Reaktionen seit 1985) und CHEMINFORMRX (ausgewählte chemische Reaktionen aus dem Referatedienst Cheminform seit 1991). Die Reaktionen von Verbindungen werden über die entsprechenden Register-Nummern oder Strukturen gesucht. Besondere Optionen erlauben eine genaue Präzisierung und Definition der jeweiligen Reaktionszentren (*atom mapping*).

Da die Reaktionsdatenbanken noch im Aufbau begriffen sind und somit nur die neuere Literatur erfassen, ist man für zeitlich und inhaltlich umfassende Recherchen auch noch auf die vorrangig verbindungsorientierten Datenbanken CA und Beilstein angewiesen.

Die Beilstein-Datenbank erlaubt ebenso wie das Registry-File, Strukturrecherchen durch Eingabe von definierten Strukturen oder Substrukturen und die Suche nach chemischen Verbindungen mit chemischen Namen (CN), Namensfragmenten (CNS), der Summenformel (MF) und der CAS-Register-Nummer (RN). Nach dem Auffinden der chemischen Verbindung und der Anzeige der Identifikationsinformation (Eingabe von D) sollte man durch Aufruf des Feldes Availability (Eingabe von D FA) feststellen, welche Informationen verfügbar und wieviel Einträge in den einzelnen Feldern vorliegen. Diese können nun nachfolgend separat aufgerufen werden (z. B. D PRE für Präparationen, D REA für chemische Reaktionen, D MP für Schmelztemperaturen, D EAS für Elektronenabsorptionsspektren u. a.). Das für den synthetisch arbeitenden Chemiker besonders interessante Präparations(PRE)- und Reaktions(REA)-Feld hat weitere suchbare subfields, wie z. B. PRE.EDT (für Edukte), PRE.RGT (für Reagenzien, Lösungsmittel, Katalysatoren usw.), PRE.BPRO (für Nebenprodukt), REA.RP (für Reaktionspartner) oder REA.PRO (für Reaktionsprodukte), deren Anwendung zu präziseren Antworten führt. Die zahlreichen Möglichkeiten, die die Beilstein-Datenbank bietet, sind jedoch nur auszunutzen, wenn die Vielfalt der Such- und Anzeigefelder beherrscht wird. Das ist nicht ohne Training möglich.

Eine vorteilhafte Alternative für die Suche von chemischen Reaktionen bietet die menügesteuerte Inhouse-Datenbank *CrossFireplusReactions*, die Informationen über 10 Millionen chemische Reaktionen enthält.

7.   Protokollführung

Während der Darstellung eines Präparats trägt man alle Daten und Beobachtungen in ein *Laborjournal* ein, beispielsweise Größe der Ansätze, beabsichtigte oder unbeabsichtigte Abweichungen von der Versuchsanweisung, Farbveränderungen, Temperaturerhöhungen, Ausbeuten usw. Das Laborjournal soll ein fest gebundenes Heft mit fortlaufend numerierten und jeweils mit Datum versehenen Seiten sein. In das Laborjournal wird auch die Versuchsvorschrift eingetragen, falls diese nicht gedruckt vorliegt (z. B. bei den gesonderten, aus der Literatur zu entnehmenden Vorschriften oder bei den Literaturpräparaten).

Nach beendetem Versuch wird aus der Versuchsanleitung und den im Laborjournal festgehaltenen Beobachtungen ein *Versuchsprotokoll* angefertigt, das die praktische Durchführung des Versuches beschreibt. Es soll enthalten: die Bezeichnung der dargestellten Verbindung (IUPAC-Nomenklatur, auch Trivialname), Literaturkonstanten (Siedetemperatur, Schmelztemperatur, Dichte, Brechungsindex), gefundene Konstanten, Reaktionsgleichung, Größe des Ansatzes (alle Angaben in Gramm und Mol), verwendete Apparatur, genaue Beschreibung der praktischen Durchführung der Synthese, bei durch Destillation gereinigten Substanzen Siedediagramm bzw. Siedebilanz, Ausbeute und Ausbeuteberechnung.

Die Ausbeute wird in Prozent der theoretischen Ausbeute angegeben (abgekürzt: % d. Th.), die sich aus den eingesetzten Mengen und der Reaktionsgleichung errechnet. Bei nicht äquimolaren Ansätzen bezieht man auf die im Unterschuß eingesetzte Komponente. Falls in der Literatur eine Ausbeuteangabe gegeben wurde, vergleiche man mit der erhaltenen Ausbeute und versuche, eventuelle Abweichungen zu erklären.

Bei der Literaturzusammenstellung für die *Literaturpräparate* wird man oft unter einer großen Anzahl von Verfahren zu entscheiden haben. Es macht sich daher notwendig, diese Verfahren zu ordnen und in einem übersichtlichen Schema zusammenzustellen, um das günstigste Verfahren herausfinden zu können. Bei den einzelnen Stufen werden besondere Hinweise, wie Druck- und Temperaturangaben, Ausbeute usw., vermerkt.

Es ist notwendig, auch im Protokoll alle bekannten Verfahren (mit den Literaturstellen) anzuführen. Das Protokoll enthält weiter eine kurze Begründung zum ausgewählten Verfahren sowie die ausführliche Versuchsbeschreibung mit den aus dem Laborjournal entnommenen Beobachtungen. Für jede Stufe wird eine getrennte Ausbeuteberechnung durchgeführt; eine Berechnung der Gesamtausbeute (Ausbeute bezogen auf Ausgangssubstanz der ersten Stufe) folgt im Anschluß an die letzte Stufe. Schließlich diskutiere man das durchgeführte Verfahren und vergleiche die erzielten Ergebnisse mit den in der Literatur angegebenen Ausbeuten.

Aus dem Protokoll über *Stoffanalysen* (Identifizierungen organischer Substanzen) muß klar zu entnehmen sein, daß die gefundene Substanz eindeutig charakterisiert ist. Der Weg, der zur Lösung der Analyse beschritten wurde, wird kurz beschrieben.

8.   Literaturhinweise

Chemische Literatur

Mücke, M.: Die chemische Literatur – ihre Erschließung und Benutzung. – Verlag Chemie, Weinheim 1982.
Maizell, R. E.: How to find chemical information. – Wiley & Sons, New York, 1998.
Loewenthal, H. J. E.; Zass, E.: Der clevere Organiker. – Johann Ambrosius Barth, Edition Deutscher Verlag der Wissenschaften, Leipzig, Berlin, Heidelberg 1993.
Pichler, H. R.: Online-Recherchen für Chemiker. – VCH Verlagsgesellschaft, Weinheim 1986
Schulz, H.; Georgy, U.: Von CA bis CAS online. – Springer-Verlag, Berlin, Heidelberg 1994

Datenbankbeschreibungen

Using CAS Online. – Chemical Abstracts Service, Columbus, Ohio, 1985.
REGISTRY. – STN International, Fachinformationszentrum Karlsruhe, 1988.
CA, CApreviews, CAOLD. – STN International, Fachinformationszentrum Karlsruhe, 1989.
BEILSTEIN, CHEMINFORMRX. – STN International, Fachinformationszentrum Karlsruhe, 1993.
Focus on CASREACT. – STN International, Chemical Abstracts Service, Columbus, Ohio, 1992.
Kurzanleitung zur Retrievalsprache Messenger, Version S94.1, April 1994.
Detaillierte Datenbankbeschreibungen werden von den Datenbankbetreibern herausgegeben (z. B. von STN International, c/o Fachinformationszentrum Karlsruhe; WWW: http://www.fiz-karlsruhe.de).

Nomenklatur

IUPAC, Organic Chemistry Division, Commission on Nomenclature of Organic Chemistry: *Nomenclature of Organic Chemistry*, Section A (Hydrocarbons), B (Fundamental heterocyclic systems), C (Characteristic groups containing carbon, hydrogen, oxygen, nitrogen, halogen, sulfur, selenium, and/or tellurium), D (Organic compounds containing elements which are not exclusively carbon, hydrogen, oxygen, nitrogen, halogen, sulfur, selenium, and tellurium), E (Stereochemistry), F (Natural products and related compounds), H (Isotopically modified compounds). – Pergamon Press, Oxford 1979.
Internationale Regeln für die chemische Nomenklatur und Terminologie. Bd.1. Hrsg.: Deutscher Zentralausschuß für Chemie. – Verlag Chemie, Weinheim 1978-1990.
Nomenklatur der Organischen Chemie. Hrsg.: G. KRUSE. – VCH, Weinheim 1997.
Handbuch zur Anwendung der Nomenklatur organisch-chemischer Verbindungen. Hrsg.: W. LIEBSCHER. – Akademie-Verlag, Berlin 1979.
HELLWICH, K.-H.: Chemische Nomenklatur. – Govi-Verlag, Eschborn 1998.
REIMLINGER, H.: Nomenklatur Organisch-Chemischer Verbindungen. – Walter de Gruyter, Berlin 1998.

C Einige allgemeine Grundlagen

1. Klassifizierung organisch-chemischer Reaktionen

Reaktionen lassen sich nach verschiedenen Gesichtspunkten klassifizieren:

a) Eine sehr allgemeine Klassifizierung geht davon aus, daß bei chemischen Reaktionen Elektronen umgruppiert werden. Nach der Art der Umgruppierung unterscheidet man:

- *Elektronenübertragungsreaktionen*, z. B.:

$$R_3N\text{:} \;+\; M^{3\oplus} \;\rightleftharpoons\; R_3N^{\oplus}_{\text{.}} \;+\; M^{2\oplus} \qquad\qquad [C.1]$$

  Dazu gehören viele Oxidations- und Reduktionsreaktionen (vgl. D.6). Außer Einelektronenübertragungen sind auch Zweielektronenübertragungen möglich.

- Reaktionen unter Umgruppierungen von Bindungen

  - *homolytische (Radikal-) Reaktionen*
    Hierbei werden Bindungen „symmetrisch" unter Bildung von Radikalen gespalten bzw. aus Radikalen gebildet:
    homolytische Spaltung von Molekülen bzw. Kombination von Radikalen unter Bindungsbildung, z. B.:

$$Cl\text{---}Cl \;\rightleftharpoons\; Cl\cdot \;+\; Cl\cdot \qquad\qquad [C.2]$$

    homolytischer (Radikal-) Austausch, z. B.:

$$Cl\cdot \;+\; H\text{--}R \;\longrightarrow\; Cl\text{---}H \;+\; R\cdot \qquad\qquad [C.3]$$

  - *heterolytische (polare, ionische) Reaktionen*
    Hierbei werden Bindungen „unsymmetrisch" unter Erhalt des Elektronenpaares gespalten bzw. gebildet:
    heterolytische Spaltung von Molekülen bzw. Kombination von elektrophilen mit nucleophilen Reagenzien:

$$R\text{--}Cl \;\rightleftharpoons\; R^{\oplus} \;+\; Cl^{\ominus} \qquad\qquad [C.4]$$

    heterolytischer (ionischer) Austausch:

$$I^{\ominus} \;+\; R\text{--}Cl \;\rightleftharpoons\; I\text{--}R \;+\; Cl^{\ominus} \qquad\qquad [C.5]$$

$$B\text{:} \;+\; H\text{--}A \;\rightleftharpoons\; \overset{\oplus}{B}\text{--}H \;+\; \text{:}A^{\ominus} \qquad (\text{B: Base, HA Säure}) \qquad [C.6]$$

    Bei der heterolytischen Bindungsbildung fungiert stets einer der Partner als Elektronenpaar-Donor (*Lewis-Base, Nucleophil*), der andere als Elektronenpaar-Acceptor (*Lewis-Säure, Elektrophil*).
    Bei heterolytischen Bindungsspaltungen wird die Abgangsgruppe, die das Bindungselektronenpaar übernimmt, als *nucleofug*, diejenige, die es zurückläßt, als *elektrofug* bezeichnet.

● *pericyclische Reaktionen*

Hierbei werden mehrere Bindungen gleichzeitig (konzertiert, synchron) über einen cyclischen Übergangszustand gebildet und gespalten, wobei weder Ionen noch Radikale entstehen.

Zu dieser Klasse gehören z. B. Diels-Alder-Reaktionen (vgl. D.4.4.3) und die Cope-Umlagerung (vgl. D.9.2):

$$\left\lgroup \vcenter{} \right. \!\! + \; \| \;\; \rightleftharpoons \;\; \left[\vcenter{} \right]^{\ddagger} \;\; \longrightarrow \;\; \bigcirc \hspace{3cm} [C.7]$$

b) Nach den Strukturänderungen im Substrat einer Reaktion ergibt sich eine andere Klassifizierung:

– *Substitutionsreaktionen*, z. B.:

$$Ar{-}H + HNO_3 \longrightarrow Ar{-}NO_2 + H_2O \hspace{3cm} [C.8]$$

– *Additionsreaktionen*, z. B.:

$$H_2C{=}CH_2 + Br_2 \longrightarrow BrCH_2{-}CH_2Br \hspace{3cm} [C.9]$$

– *Eliminierungsreaktionen*, z. B.:

$$H_3C{-}CH_2OH \longrightarrow H_2C{=}CH_2 + H_2O \hspace{3cm} [C.10]$$

– *Umlagerungen* und *Isomerisierungen*, z. B.:

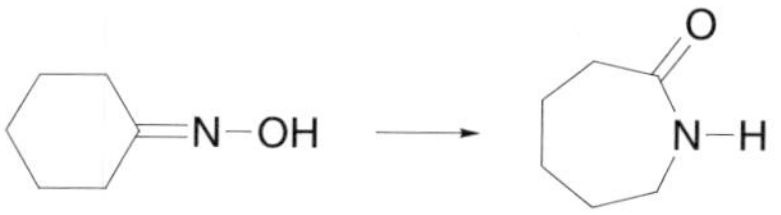

$$\bigcirc{=}N{-}OH \longrightarrow \text{(Caprolactam)} \hspace{3cm} [C.11]$$

Diese Begriffe können mit denen des unter a) genannten Systems verknüpft werden, so daß z. B. von einer homolytischen, heterolytischen oder pericyclischen Addition usw. gesprochen werden kann. Derartige Kombinationen wurden bei der Anordnung der meisten Stoffkapitel des vorliegenden Buches gewählt.

c) In einer Klassifizierung nach molekular-kinetischen Gesichtspunkten wird zum Ausdruck gebracht, wie viele Moleküle am geschwindigkeitsbestimmenden Schritt einer Reaktion beteiligt sind (Molekularität einer Reaktion, vgl. C.3.). Man unterscheidet:

– *monomolekulare Reaktionen*
– *bimolekulare Reaktionen*
– *trimolekulare Reaktionen*.

2.   Energieänderungen bei chemischen Reaktionen

Chemische Reaktionen sind stets mit einer Energieumverteilung verbunden: Die innere Energie der Reaktionspartner verändert sich, und es wird Energie mit der Umgebung ausgetauscht.

Bei Laborsynthesen ist es wünschenswert, Kenntnisse über die Energiebilanz zu haben, um die Reaktionsbedingungen entsprechend wählen zu können; bei chemisch-technischen Synthesen sind derartige Kenntnisse unerläßlich.

Die Energieänderung im Verlauf einer einstufigen chemischen Reaktion (Elementarreaktion) entlang des energetisch günstigsten Reaktionsweges von den Ausgangsstoffen zu den Produkten („Reaktionskoordinate") ist in Abbildung C.12 schematisch wiedergegeben.

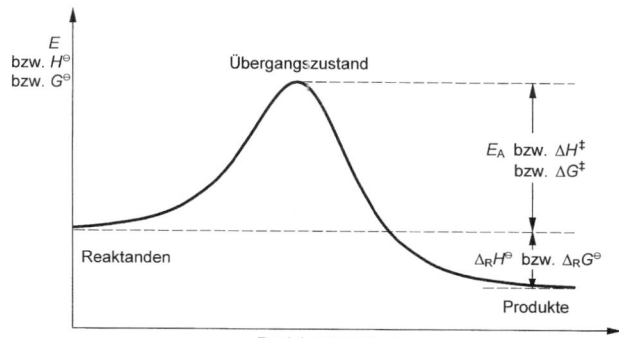

Abb. C.12
Energieänderung im Verlauf einer chemischen Elementarreaktion

Die inneren Energien, Enthalpien und Gibbs-Energien[1]) der Ausgangs- und Endstoffe sind unabhängig vom Reaktionsweg, sie stellen Zustandsgrößen dar, die mit Hilfe der *chemischen Thermodynamik* behandelt werden.

Die Differenz der molaren Standard-Gibbs-Bildungsenergien ($\Delta_B G^{\ominus}$) von End- und Ausgangsstoffen ist die molare Standard-Gibbs-Reaktionsenergie $\Delta_R G^{\ominus}$:

$$\Delta_R G^{\ominus} = \Delta_B G_E^{\ominus} - \Delta_B G_A^{\ominus} \tag{C.13}$$

Sie hängt unmittelbar mit der thermodynamischen Gleichgewichtskonstanten K der Reaktion zusammen:

$$K = e^{-\frac{\Delta_R G^{\ominus}}{RT}} \tag{C.14}$$

K ist um so größer, je kleiner $\Delta_R G^{\ominus}$ ist:

$$\Delta_R G^{\ominus} < 0 \qquad K > 1 \quad \text{(vgl. Abb. C.12)} \tag{C.15}$$

$$\Delta_R G^{\ominus} > 0 \qquad K < 1 \tag{C.16}$$

Ist $K > 1$, so liegt das Reaktionsgleichgewicht auf Seiten der Endprodukte. Eine Reaktion mit $K < 1$ kann man unter Umständen durch laufende Entfernung eines Endproduktes aus dem Gleichgewicht in Richtung der Endstoffe zwingen (vgl. z. B. Veresterung D.7.1.4.1.).

Die Differenz der molaren Standardbildungsenthalpien ($\Delta_B H^{\ominus}$) von End- und Ausgangsstoffen ist die molare Standardreaktionsenthalpie $\Delta_R H^{\ominus}$:

$$\Delta_R H^{\ominus} = \Delta_B H_E^{\ominus} - \Delta_B H_A^{\ominus} \tag{C.17}$$

Sie gibt die Reaktionswärme (Wärmetönung der Reaktion) an und bestimmt (entsprechend der van't-Hoffschen Reaktionsisobare) die Temperaturabhängigkeit der Gleichgewichtskonstanten:

$$\Delta_R H^{\ominus} < 0: \text{ exotherme Reaktion (Abb. C.12)} \tag{C.18}$$
$$\qquad \text{Abnahme von } K \text{ bei Temperaturerhöhung}$$
$$\Delta_R H^{\ominus} > 0: \text{ endotherme Reaktion} \tag{C.19}$$
$$\qquad \text{Zunahme von } K \text{ bei Temperaturerhöhung}$$

Da Standardbildungsenthalpien in Tabellenwerken zu finden sind bzw. mit Hilfe von Inkrementsystemen berechnet werden können, läßt sich eine Vorstellung über die zu erwartende Wärmetönung einer Reaktion gewinnen und die Versuchsdurchführung entsprechend gestalten.

---

[1]) Die Gibbs-Energie wurde früher als „freie Enthalpie", im Englischen auch als „freie Energie" bezeichnet.

Nach dem Hessschen Wärmesatz ist $\Delta_R H^\ominus$ gleich der Differenz der Bindungsdissoziations-enthalpien der in der Reaktion gespaltenen und gebildeten Bindungen:

$$\Delta_R H^\ominus = \sum_{\substack{\text{gespaltene}\\\text{Bindungen}}} \Delta_D H^\ominus - \sum_{\substack{\text{gebildete}\\\text{Bindungen}}} \Delta_D H^\ominus \qquad\qquad [C.20]$$

Anstelle der Standardbildungsenthalpien können deshalb zur Berechnung von $\Delta_R H^\ominus$ auch die Dissoziationsenthalpien der in die Reaktion verwickelten Bindungen verwendet werden (vgl. D.1.3.).

$\Delta_R G^\ominus$ und $\Delta_R H^\ominus$ sind über die Gibbs-Helmholtz-Gleichung verknüpft:

$$\Delta_R G^\ominus = \Delta_R H^\ominus - T\Delta_R S^\ominus \qquad\qquad [C.21]$$

$\Delta_R S^\ominus$, die molare Standardreaktionsentropie, ist gleich der Differenz der molaren Standard-entropien von End- und Ausgangsstoffen. Die Entropie kann als Maß für die „Unordnung" eines Systems (im Sinne von höheren Bewegungsmöglichkeiten seiner Teile) interpretiert werden:

$\Delta_R S^\ominus > 0$: „Unordnung" nimmt beim Übergang der Ausgangsstoffe in die Endstoffe zu; $\qquad$ [C.22]
$\qquad\qquad$ z. B. Zahl der Reaktanden < Zahl der Produkte
$\qquad\qquad\qquad$ Ringverbindung → offenkettige Verbindung
$\Delta_R S^\ominus < 0$: „Ordnung" nimmt zu (obige Beispiele in umgekehrter Richtung) $\qquad\qquad$ [C.23]

Nach [C.21] kann eine negative Standard-Gibbs-Reaktionsenergie ($K > 1$) auf einer negativen Reaktionsenthalpie (exotherme Reaktion) oder einer positiven Reaktionsentropie beruhen. K wird besonders groß ausfallen, wenn $\Delta_R H^\ominus < 0$ und $\Delta_R S^\ominus > 0$ sind.

Die Anwendung von Gleichung [C.21] läßt sich am Beispiel der Hydrierung/Dehydrierung erläutern:

$$\begin{array}{c}\diagdown\quad\diagup\\C=C\\\diagup\quad\diagdown\end{array} + H_2 \underset{\text{Katalysator}}{\overset{\text{Katalysator}}{\rightleftarrows}} \begin{array}{c}\diagdown\quad\diagup\\H-C-C-H\\\diagup\quad\diagdown\end{array} \qquad [C.24]$$

Für die Hydrierung (Reaktion [C.24] von links nach rechts) ist $\Delta_R H^\ominus$ negativ (exotherme Reaktion) und $\Delta_R S^\ominus$ ebenfalls negativ (die Unordnung nimmt ab, da rechts nur ein Teilchen, links dagegen zwei stehen), d. h. das Entropieglied ($-T\Delta_R S^\ominus$) wird positiv. Da es aber bei Raumtemperatur viel kleiner als $\Delta_R H^\ominus$ ist, erhält $\Delta_R G^\ominus$ nach [C.21] einen negativen Wert, d. h., das Reaktionsgleichgewicht liegt auf Seiten der Hydrierungsprodukte. Wenn die Temperatur gesteigert wird, vergrößert sich das Entropieglied und kann schließlich $\Delta_R H^\ominus$ überkompensieren, so daß $\Delta_R G^\ominus$ positiv wird und die Hydrierung nicht mehr ablaufen kann. Bei dieser Temperatur (ca. 200 bis 300 °C) erfolgt dann umgekehrt die Dehydrierung (Reaktion [C.24] von rechts nach links), die zwar endotherm, aber durch einen positiven Wert von $\Delta_R S^\ominus_{\text{rück}}$, d. h. durch einen negativen Wert von $T\Delta_R S^\ominus$ charakterisiert ist.

Die Gibbs-Reaktionsenergie $\Delta_R G^\ominus$ sagt zwar etwas über die thermodynamische Möglichkeit einer Reaktion aus, sie gibt aber keine Auskunft darüber, mit welcher Geschwindigkeit die Reaktion tatsächlich abläuft. Vielmehr können Reaktionshemmungen vorliegen, die überwunden werden müssen, wie z. B. im freiwillig reagierenden System $H_2 + O_2$ (Knallgas), dessen Komponenten sich erst nach Zündung, dann aber explosionsartig umsetzen.

Auch einer thermodynamisch möglichen Reaktion steht, wie in Abbildung C.12 dargestellt, eine Energiebarriere entgegen, die auf dem Wege der Ausgangs- in die Endstoffe überwunden werden muß. Die Differenz der Energie (bzw. Gibbs-Energie) des dabei durchlaufenen Übergangszustandes ÜZ (aktivierter Komplex) und der der Ausgangsstoffe ist die Aktivierungsenergie E_A (bzw. die Gibbs-Aktivierungsenergie $\Delta G^{\ddagger}$). Sie bestimmt die Geschwindigkeitskonstante k der Reaktion. Nach den Gesetzen der *chemischen Kinetik* gilt:

$$k = A\mathrm{e}^{-\frac{E_A}{RT}} \qquad\qquad \text{Arrhenius-Gleichung} \qquad\qquad [C.25]$$

$$k = \frac{k_B T}{h}\mathrm{e}^{-\frac{\Delta G^{\ddagger}}{RT}} = \frac{k_B T}{h}\mathrm{e}^{\frac{\Delta S^{\ddagger}}{R}}\mathrm{e}^{-\frac{\Delta H^{\ddagger}}{RT}} \qquad \text{Eyring-Gleichung} \qquad [C.26]$$

Danach ist k um so größer, je kleiner $\Delta G^{\neq}$, $\Delta H^{\neq}$ bzw. E_A[1]) und je größer $\Delta S^{\neq}$ bzw. A sind.

Der präexponentielle Faktor A in der Arrhenius-Gleichung bzw. die Aktivierungsentropie $\Delta S^{\neq}$ in der Eyring-Gleichung sind ein Maß für die sterischen Anforderungen beim Übergang der Ausgangsstoffe in den Übergangszustand. A bzw. $\Delta S^{\neq}$ sind um so kleiner, je höher geordnet der Übergangszustand im Verhältnis zu den Ausgangsstoffen ist (vgl. auch [C.22] und [C.23]).

Aus Abbildung C.12 läßt sich auch entnehmen, daß die Gibbs-Aktivierungsenergie (bzw. die Aktivierungsenergie) der Rückreaktion die Differenz aus der Gibbs-Aktivierungsenergie (bzw. Aktivierungsenergie) der Hinreaktion und der Gibbs-Reaktionsenergie (bzw. Reaktionsenthalpie) darstellt. Damit wird ein Zusammenhang zwischen Thermodynamik und Kinetik hergestellt, der zu folgender Beziehung führt:

$$K = \frac{k_{\mathrm{hin}}}{k_{\mathrm{rück}}} \qquad\qquad\qquad \text{[C.27]}$$

Die Aktivierungsenergie kann grundsätzlich nicht kleiner werden als die Reaktionsenthalpie. Sie ist jedoch häufig um so kleiner, je stärker exotherm eine Reaktion ist, d. h. je energiereicher die Ausgangsstoffe und je energieärmer die Endprodukte sind (Abb. C.28).

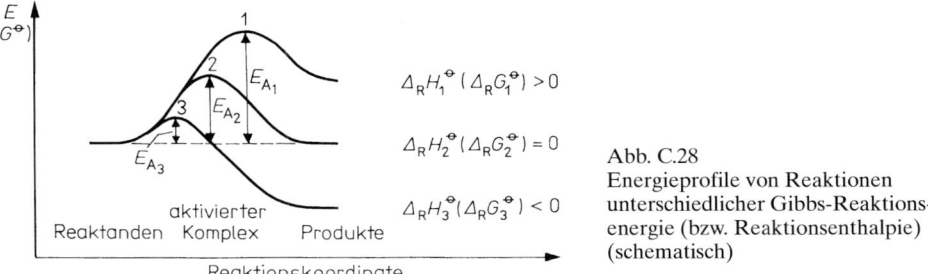

Abb. C.28
Energieprofile von Reaktionen unterschiedlicher Gibbs-Reaktions-energie (bzw. Reaktionsenthalpie) (schematisch)

Nach EVANS und POLANYI kann zwischen beiden eine lineare Beziehung bestehen:

$$E_A = \alpha\, \Delta H^{\neq} + \beta \qquad\qquad\qquad \text{[C.29]}$$

Eine analoge Beziehung besteht häufig auch zwischen der Gibbs-Reaktionsenergie und der Gibbs-Aktivierungsenergie (*Lineare-Freie-Energie-(LFE)-Beziehung*, vgl. C.5.2.):

$$\Delta G^{\neq} = a\, \Delta_R G^{\ominus} + b \qquad\qquad\qquad \text{[C.30]}$$

Diese empirisch gefundenen Beziehungen gelten allerdings nur befriedigend innerhalb von Reihen ähnlicher Reaktionen.

An Hand von Abbildung C.28 ist weiterhin erkennbar, daß ein Zusammenhang zwischen der Wärmetönung (bzw. $\Delta_R G^{\ominus}$) einer Reaktion und der Lage des Übergangszustandes auf der Reaktionskoordinate besteht (*Hammond-Postulat*): Der aktivierte Komplex einer *exothermen Reaktion* sollte „früh" auf der Reaktionskoordinate liegen und in Energie und Struktur den Reaktanden ähnlich sein. Für *endotherme Reaktionen* ist dagegen ein „spät" auf der Reaktionskoordinate liegender, produktähnlicher Übergangszustand wahrscheinlich. Für Abschätzungen kann man in diesem Falle die Endprodukte als Modell für den Übergangszustand verwenden und $\Delta G^{\neq} \approx \Delta_R G^{\ominus}$ setzen, so daß die Bildungsgeschwindigkeit der Reaktionsprodukte um so kleiner sein sollte, je energiereicher diese sind (vgl. D.1.3., D.2.1.1., D.5.1.2. u. a.).

Mit Hilfe des Hammond-Postulates können Selektivitäts-Reaktivitäts-Beziehungen begründet werden, vgl. D.1.3.

---

[1]) Zwischen E_A und $\Delta H^{\neq}$ besteht die Beziehung $\Delta H^{\neq} = E_A - RT$.

3.   Zum zeitlichen Ablauf organisch-chemischer Reaktionen

Die Geschwindigkeit v einer chemischen Reaktion, z. B.

$$A + B \longrightarrow C \qquad\qquad\qquad [C.31]$$

hängt in charakteristischer Weise von der Art und Konzentration der Reaktionspartner ab. In einfachen Fällen gelten Geschwindigkeitsgleichungen des Typs:

$$v = k\,[A]^a[B]^b\ldots \qquad\qquad\qquad [C.32]$$

k ist die *Reaktionsgeschwindigkeitskonstante,* deren Größe entsprechend [C.26] von den Reaktionshemmungen ($\Delta G^{\neq}$) bestimmt wird und die daher ein Maß für die Reaktivität von A und B ist; k hängt außerdem nach [C.25] bzw. [C.26] von der Temperatur ab.

Nach einer Faustregel steigt die Geschwindigkeit vieler organisch-chemischer Reaktionen bei einer Temperaturerhöhung um 10 °C auf das Zwei- bis Dreifache.

Die Summe der Exponenten ($a + b + \ldots$), mit denen die Konzentrationen [A],[B],... im Zeitgesetz erscheinen, ist die *Reaktionsordnung.* Welche Reaktionspartner im Geschwindigkeitsgleichung auftreten, wird durch den Mechanismus der Reaktion bestimmt. Aus dem experimentell bestimmbaren Zeitgesetz können daher Rückschlüsse auf den Reaktionsmechanismus gezogen werden.

Besonders einfach sind die Verhältnisse bei in einem Schritt verlaufenden Elementarreaktionen. Hier erscheinen die Konzentrationen aller Ausgangsstoffe im Zeitgesetz, und die Reaktionsordnung stimmt mit der *Molekularität,* d. h. der Zahl der an der Reaktion beteiligten Moleküle, überein. In einem solchen Fall hängt die Reaktionsgeschwindigkeit von der Konzentration aller Ausgangsstoffe ab und steigt, wenn deren Konzentration erhöht wird.

3.1.   Folgereaktionen

Die meisten organisch-chemischen Umsetzungen verlaufen nicht in einem Reaktionsschritt, sondern in mehreren Schritten über eine Folge von Elementarreaktionen. Der Reaktionsmechanismus wird dabei durch die Art und Zahl dieser Elementarreaktionen, ihre zeitliche Folge und die auftretenden Zwischenprodukte bestimmt.

Eine Reaktion nach der stöchiometrischen Gleichung [C.31] kann z. B. in zwei Schritten über ein Zwischenprodukt Z verlaufen:

$$A \underset{k_{-1}}{\overset{k_1}{\rightleftharpoons}} Z \qquad\qquad\qquad [C.33]$$

$$Z + B \xrightarrow{\ k_2\ } C \qquad\qquad\qquad [C.34]$$

Wie in Abbildung C.35 angedeutet, ist das Zwischenprodukt Z häufig eine energiereiche Verbindung, z. B. ein Ion oder Radikal, und daher sehr reaktionsfähig ($\Delta G^{\neq}_{-1}$, $\Delta G^{\neq}_2 \ll \Delta G^{\neq}_1$; k_{-1}, $k_2 \gg k_1$). Es wird in dem Maße, wie es entsteht, sofort wieder verbraucht und liegt nur in sehr geringer Konzentration vor (Bodenstein'sches Stationaritätsprinzip). Für die Gesamtreaktion ergibt sich dann die Geschwindigkeitsgleichung:

$$v = \frac{k_1 k_2 [A][B]}{k_{-1} + k_2[B]} \qquad\qquad\qquad [C.36]$$

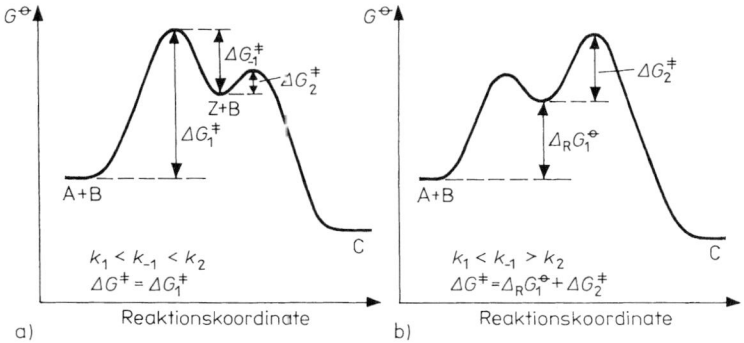

Abb. C.35
Energieprofile für eine Zweistufenreaktion ([C.33]/[C.34])

Dieses komplizierte Zeitgesetz geht für zwei praktisch wichtige Sonderfälle in ein einfacheres über:
a) Wenn $k_{-1} \ll k_2[B]$ ist (Abb. C.35a), ergibt sich aus [C.36]

$$v = k_1[A],$$ [C.37]

ein Zeitgesetz erster Ordnung, das mit dem für den ersten Reaktionsschritt [C.33] übereinstimmt. Die Bildung des Zwischenprodukts Z ist demzufolge hier der geschwindigkeitsbestimmende Schritt der Reaktion [C.31]. Im Zeitgesetz für die Gesamtreaktion erscheint nur die Konzentration der an diesem Schritt beteiligten Reaktionspartner, also nur die Konzentration von A und nicht die der an den folgenden Schritten beteiligten Stoffe (B), die Reaktionsgeschwindigkeit läßt sich also durch die Erhöhung von [B] nicht vergrößern.

Charakteristische Beispiele für diesen Fall sind monomolekulare nucleophile Substitutionen (D.2.1.1.) sowie monomolekulare Eliminierungen (D.3.1.1.1.).

b) Wenn andererseits $k_{-1} \gg k_2[B]$ ist (Abb. C.35b), kann $k_2[B]$ im Nenner von [C.36] vernachlässigt werden, und man erhält ein Zeitgesetz zweiter Ordnung

$$v = \underbrace{\frac{k_1}{k_{-1}} k_2}_{k}[A][B] = \underbrace{K_1 k_2}_{k}[A][B],$$ [C.38]

dessen Geschwindigkeitskonstante k das Produkt aus der Geschwindigkeitskonstante des zweiten Reaktionsschrittes k_2 und der Gleichgewichtskonstante des diesem vorgelagerten ersten Reaktionsschrittes K_1 ist. Eine große Reaktionsgeschwindigkeitskonstante k kann deshalb sowohl auf einer hohen Reaktivität (k_2) als auch auf einer hohen Bildungstendenz (Konzentration) ([Z] ~ K_1) des Zwischenproduktes Z beruhen. Gewöhnlich haben in hoher Konzentration gebildete Zwischenstoffe eine geringe Reaktivität; großen Werten von K_1 stehen kleine von k_2 gegenüber und umgekehrt. Es gibt häufig ein Optimum von k bei mittleren Reaktivitäten der Zwischenprodukte.

Beispiele für den Fall (b) [C.38] sind viele säure-(base-)katalysierte Reaktionen, bei denen reaktionsfähige Zwischenprodukte (Z) auftreten, die durch Protonierung (bzw. Deprotonierung) aus dem Substrat (A) in einem vorgelagerten Säure-Base-Gleichgewicht gebildet werden (z. B. D.4.1.3., D.7.1.4. u. a.).

3.2.   Konkurrenzreaktionen

Bei organisch-chemischen Umsetzungen muß man häufig mit Nebenreaktionen (Parallel-, Konkurrenz-, Simultanreaktionen) rechnen. Eine Verbindung A reagiert also gleichzeitig z. B. mit zwei Stoffen B und C zu den Produkten D und E:

$$A + B \xrightarrow{k_1} D$$

$$A + C \xrightarrow{k_2} E$$ [C.39]

Bei irreversiblen Konkurrenzreaktionen gleicher Ordnung ist das Verhältnis der Konzentrationen der gebildeten Produkte D und E während der gesamten Reaktion konstant und damit ein Maß für die *relative Reaktivität* der Verbindungen B und C gegenüber A (vgl. hierzu auch die Reaktivitätsreihen in D.1.3. und D.2.2):

$$\frac{[D]}{[E]} = \frac{k_1[B]}{k_2[C]} \qquad\qquad [C.40]$$

Es ist nicht notwendig, daß B und C unterschiedliche Verbindungen darstellen, es kann sich auch um zwei verschiedene Positionen innerhalb desselben Moleküls handeln, die zur Reaktion mit A befähigt sind. Substanzen mit derartigen Eigenschaften bezeichnet man als *ambifunktionell* oder *ambident* (vgl. Abb. C.80, Kap. D.2.3., D.5.1.2., D.7.2.1.10., D.7.4.2.1.).

Kompliziertere Verhältnisse liegen vor, wenn eine oder mehrere Konkurrenzreaktionen umkehrbar sind. Ein Stoff A reagiere z. B. reversibel zu B und außerdem nicht umkehrbar zu C:

$$C \xleftarrow{k_2} A \underset{k_{-1}}{\overset{k_1}{\rightleftarrows}} B \qquad\qquad [C.41]$$

Es gelte $k_1 > k_{-1} \gg k_2$.

Von den Konkurrenzprodukten sei C das thermodynamisch stabilere. Kurze Zeit nach Beginn der Reaktion wird sich infolge des hohen Werts von k_1 bzw. der günstigen Gleichgewichtslage der Reaktion A $\rightleftharpoons$ B ($K = k_1/k_{-1}$) eine relativ große Menge B gebildet haben, während von C infolge der kleinen Geschwindigkeitskonstante k_2 nur wenig entstanden ist. Bricht man die Reaktion zu diesem Zeitpunkt ab, läßt sich B als bevorzugtes Produkt isolieren. Man spricht in diesem Falle von *kinetischer Kontrolle* der Reaktion. Läßt man die Reaktion dagegen weiterlaufen, so wird das Produkt A dem Gleichgewicht A $\rightleftharpoons$ B in der langsamen Konkurrenzreaktion zu C (k_2) entzogen. Entsprechend der Gleichgewichtslage muß deshalb weiteres B in A übergehen, das zu C reagiert, so daß schließlich die gesamte Menge B in das thermodynamisch stabilere C umgewandelt wird. C läßt sich deswegen als hauptsächliches Reaktionsprodukt isolieren, wenn man die Reaktion bis zum Ende führt. Man spricht in diesem Falle von einem *„thermodynamisch kontrollierten Reaktionsprodukt"*. Beispiele hierfür sind die Sulfonierung von Naphthalen, vgl. [5.21], und die Friedel-Crafts-Alkylierung, vgl. D.5.1.7.

Da Konkurrenzreaktionen normalerweise nicht die gleichen Aktivierungsenergien haben, sprechen ihre Reaktionsgeschwindigkeiten auf eine Änderung der Reaktionstemperatur unterschiedlich an (vgl. [C.25]). Reaktionen mit hohen Aktivierungsenergien werden bei Temperaturerhöhung stärker beschleunigt als solche mit niedrigeren.

Auch die Lage von Gleichgewichten von Konkurrenzreaktionen wird durch Temperaturänderungen unterschiedlich beeinflußt.

3.3.   Einfluß von Lösungsmitteln auf die Reaktivität

Da die Solvatation auf Coulomb-, Dispersions-, Pol/Dipol-Kräften und spezifischen chemischen Wechselwirkungen (z. B. Wasserstoffbrücken, Elektronenpaardonator-Acceptor-Wechselwirkungen) beruht, hängen ihre Art und Intensität sowohl von den Eigenschaften der gelösten Teilchen als auch von denen des Lösungsmittels ab.

Durch Solvatation wird die Energie von Verbindungen und Übergangszuständen (vgl. Abb. C.12) in Lösungen gegenüber der im Gaszustand z. T. drastisch erniedrigt. Das Solvatationsvermögen der Lösungsmittel kann dadurch die Geschwindigkeit und auch die Gleichgewichtslage von Reaktionen beeinflussen. Deshalb kommt der Kenntnis des Solvatationsvermögens der Lösungsmittel für die gezielte Auswahl geeigneter Reaktionsmedien große Bedeutung zu.

Ein grobes Maß für die Solvatationseigenschaften von Lösungsmitteln ist z. B. die Dielektrizitätskonstante (ε), die im wesentlichen die elektrostatischen Wechselwirkungen mit Ionen und polaren Substanzen bestimmt. Je höher die Dielektrizitätskonstante, um so polarer ist in erster Näherung ein Lösungsmittel und desto größer ist sein Solvatationsvermögen gegenüber geladenen oder polaren Stoffen. Die Dielektrizitätskonstante ist jedoch eine makroskopische Größe und beschreibt deshalb die spezifischen Wechselwirkungen zwischen Lösungsmittel und gelösten Stoff im molekularen Bereich nicht zutreffend. Es gibt deshalb eine Reihe von Versuchen, den Lösungsmitteleinfluß auf bestimmte Reaktionstypen durch empirische Parameter (z. B. E_T-Werte, vgl. A.3.5.1.) in Ein- und Mehrparametergleichungen zu erfassen. Sie stellen Anwendungen der linearen Beziehung zwischen Gibbs-Energien (freien Enthalpien) dar (zu LFE-Beziehungen vgl. [C.30] und C.5.2.).

Man unterscheidet die folgenden Gruppen von Lösungsmitteln:

– *unpolare und schwach polare Lösungsmittel*
Zu dieser Gruppe gehören Kohlenwasserstoffe ($\varepsilon = 2$) und Ether, wie z. B. Dioxan ($\varepsilon = 2{,}2$), Diethylether ($\varepsilon = 4{,}2$), Tetrahydrofuran ($\varepsilon = 7{,}4$). Die Ether besitzen nucleophile Eigenschaften.

– *polare protonische Lösungsmittel*
Diese Gruppe umfaßt solche wichtigen Lösungsmittel wie Wasser ($\varepsilon = 78$), Alkohole, Carbonsäuren, Ammoniak und Formamid ($\varepsilon = 109$). Infolge ihrer hohen Dielektrizitätskonstante wirken sie dissoziierend auf Ionenpaare und Salze. Außerdem können sie durch ihre freien Elektronenpaare Stoffe mit Elektronenunterschußzentren (z. B. Kationen) nucleophil und durch ihre aciden Wasserstoffatome Elektronenüberschußzentren (z. B. Anionen) elektrophil durch Solvatation stabilisieren. Diese Eigenschaften kommen bereits darin zum Ausdruck, daß diese Lösungsmittel normalerweise assoziiert vorliegen.
Die Tendenz zur Wasserstoffbrückenbildung steigt mit der Säurestärke des Lösungsmittels an und ist daher z. B. bei der Ameisensäure besonders ausgeprägt.

– *polare aprotonische Lösungsmittel*
In diese Gruppe nucleophiler Lösungsmittel gehören: Aceton ($\varepsilon = 20$), Acetonitril ($\varepsilon = 37$), Nitromethan ($\varepsilon = 37$), Dimethylsulfoxid ($\varepsilon = 47$), Tetrahydrothiophen-1,1-dioxid (Sulfolan, $\varepsilon = 44$), Dimethylformamid ($\varepsilon = 37$), Hexamethylphosphorsäuretriamid ($\varepsilon = 30$), Tetramethylharnstoff ($\varepsilon = 23$), *N,N′*-Dimethyl-propylenharnstoff (DMPU), Ethylen- und Propylencarbonat ($\varepsilon = 65$), Diether des Ethylenglycols u. a.
Da diese Verbindungen keine ausreichend aciden Wasserstoffatome besitzen, können Anionen nicht durch Wasserstoffbrückenbindungen, sondern nur durch die wesentlich schwächeren Dispersionskräfte solvatisiert werden. Vertreter mit einem $\varepsilon > 30$ wirken auf Ionenpaare und Salze dissoziierend.

3.4.   Katalyse

Viele Reaktionen lassen sich beschleunigen, indem man einen Katalysator zusetzt. Der Katalysator reagiert mit einem Ausgangsstoff unter Bildung eines reaktiven Zwischenprodukts, das sich unter Rückbildung des Katalysators zu den Produkten umsetzt. Dadurch wird ein neuer Reaktionsweg zum Endprodukt eröffnet, der eine niedrigere Aktivierungsenergie benötigt als die nicht katalysierte Reaktion.

Die energetischen Beziehungen zwischen den Ausgangs- und Endstoffen bleiben dabei unverändert, so daß ein Katalysator keinerlei Einfluß auf die Lage eines Gleichgewichts hat; er beschleunigt Hin- und Rückreaktion gleichermaßen.

Wir betrachten die durch $H^\oplus$-Ionen katalysierte Enolisierung eines Methylketons:

$$\underset{\substack{R}}{H_3C-\overset{\overset{\textstyle O}{\|}}{C}} + H^\oplus \underset{k_{-1}}{\overset{k_1}{\rightleftharpoons}} \underset{\substack{R}}{H_3C-\overset{\overset{\textstyle OH}{|}}{\overset{\oplus}{C}}} \overset{k_2}{\longrightarrow} \underset{\substack{R}}{H_2C=\overset{\overset{\textstyle OH}{|}}{C}} + H^\oplus \qquad [C.42]$$

Mit Hilfe des Bodenstein-Prinzips erhält man das Zeitgesetz [C.43a]:

$$r = \underset{(a)}{\frac{k_1 k_2 [\text{Keton}][H^\oplus]}{k_{-2} + k_2}} = \underset{(b)}{k[H^\oplus][\text{Keton}]} = \underset{(c)}{k'[\text{Keton}]} \qquad [C.43]$$

Da der Katalysator $H^\oplus$ in der Reaktion nicht verbraucht wird, bleibt seine Konzentration konstant, und man erhält bei der experimentellen Bestimmung das Zeitgesetz [C.43c] mit einer Reaktionsgeschwindigkeitskonstante $k' = k\,[H^\oplus]$. Wird die $H^\oplus$-Konzentration erhöht, so steigt auch der Wert von k' und damit die Reaktionsgeschwindigkeit. Division von k' durch die $H^\oplus$-Konzentration liefert k des Geschwindigkeitsgesetzes (b).

Ein Katalysator ist demnach ein Stoff, der in die Geschwindigkeitsgleichung, nicht aber in die stöchiometrische Gleichung der Reaktion eingeht.

Beispiele für säure- und base-katalysierte Reaktionen finden sich im Kapitel D.7., für die Katalyse durch Lewis-Säuren in D.2.2.1., D.5.1.5., D.5.1.7. u. a., für die Katalyse durch Übergangsmetallkomplexe in D.4.5.

Bei heterogen katalysierten Reaktionen, in denen ein Feststoff als Katalysator eingesetzt wird, werden die Zwischenstoffe durch Chemisorption der Reaktanden auf der Katalysatoroberfläche gebildet. Hier kommen zu den chemisch-kinetischen Vorgängen die Transportvorgänge der Andiffusion der Ausgangsstoffe an den Katalysator und der Abdiffusion der Reaktionsprodukte vom Katalysator hinzu, so daß sich häufig recht komplizierte Geschwindigkeitsgleichungen ergeben. Beispiele für heterogen katalysierte Reaktionen vgl. D.4.5.2. und D.6.3.2. Transportvorgänge spielen auch bei der in D.2.4.2. näher beschriebenen *Phasentransferkatalyse* eine Rolle.

4.   Säure-Base-Reaktionen

Säure-Base-Reaktionen sind typische Gleichgewichtsreaktionen. Da sehr viele organisch-chemische Umsetzungen heterolytisch, d. h. als Säure-Base-Reaktionen verlaufen (vgl. C.1.), hat ihre quantitative Erfassung allgemeine Bedeutung für das Problem der Reaktivität in der organischen Chemie. Nach BRÖNSTED sind Verbindungen, die Protonen abzugeben vermögen, Säuren (Protonendonatoren) und Stoffe, die Protonen aufnehmen können, Basen (Protonenacceptoren):

$$\underset{\text{Säure}}{A-H} \rightleftharpoons \underset{\text{Base}}{A^\ominus} + \underset{\text{Proton}}{H^\oplus} \qquad [C.44a]$$

Die protonierte Base (A–H) wird auch als konjugierte Säure der Base ($A^\ominus$) bezeichnet.

Der Säure-Base-Charakter ist nicht an einen bestimmten Ladungszustand des Moleküls gebunden (man vergleiche die Säuren H–Cl, $H-NH_3^\oplus$, $HSO_4^\ominus$).

Die Reaktion zwischen einer Brönsted-Säure und einer Brönsted-Base besteht in der Übertragung eines Protons von der Säure auf die Base:

$$\underset{\text{Säure 1}}{A-H} + \underset{\text{Base 2}}{B} \rightleftharpoons \underset{\text{Base 1}}{A^\ominus} + \underset{\text{Säure 2}}{H-B^\oplus} \qquad [C.44b]$$

Aus der Gleichung ergibt sich, daß Acidität und Basizität stets miteinander korrespondieren, also nicht voneinander losgelöst vorhanden sein können. Acidität und Basizität sind relative Größen, die vom jeweiligen Reaktionspartner und vom Reaktionsmedium abhängen.

In der wäßrigen Lösung einer Säure fungiert Wasser als Base:

$$A{-}H \; + \; H_2O \; \rightleftharpoons \; A^{\ominus} \; + \; H_3O^{\oplus} \tag{C.44c}$$

Die mit der Wasserkonzentration multiplizierte Gleichgewichtskonstante dieser Reaktion, die konventionelle Aciditätskonstante K_s

$$K_s = \frac{[H^{\oplus}][A^{\ominus}]}{[AH]} \tag{C.45}$$

ist ein Maß für die Acidität einer Brönsted-Säure in wäßriger Lösung. Ihr negativer dekadischer Logarithmus wird in Analogie zum pH-Wert als pK_s-Wert bezeichnet („Dissoziationsexponent"):

$$-\lg K_s = pK_s \tag{C.46}$$

Er ist um so kleiner, je stärker sauer die Verbindung A–H ist.

In der wäßrigen Lösung einer Base B fungiert das Wasser als Säure:

$$B \; + \; H_2O \; \rightleftharpoons \; HB^{\oplus} \; + \; OH^{\ominus} \tag{C.47}$$

Als Maß für die Basizität dient analog der pK_B-Wert, der negative dekadische Logarithmus der konventionellen Basizitätskonstanten K_B der Base.

Die Acidität von $HB^{\oplus}$, der korrespondierenden Säure der Base B, läßt sich durch dessen pK_s-Wert pK_B erfassen:

$$HB^{\oplus} \; + \; H_2O \; \rightleftharpoons \; B \; + \; H_3O^{\oplus} \tag{C.48}$$

Da in wäßriger Lösung Acidität und Basizität eines korrespondierenden Säure-Base-Paares über das Ionenprodukt des Wasser ($K_w = 10^{-14}$ l$^2 \cdot$mol^{-2} bei 25 °C) verknüpft sind, gilt:

$$pK_B + pK_{HB^{\oplus}} = 14 \quad \text{bzw.} \quad pK_{HA} + pK_{A^{\ominus}} = 14 \tag{C.49}$$

Zur besseren Vergleichbarkeit gibt man auch bei Basen häufig den Dissoziationsexponenten in der pK_s-Skala an, man benutzt also den Säure-Dissoziationsexponenten der korrespondierenden Säure $pK_{HB^{\oplus}}$ als Maß für die Stärke der Base B.

Die korrespondierende Säure einer Base ist um so schwächer, d. h. der $pK_{HB^{\oplus}}$-Wert um so größer, je stärker die Base ist.

Eine Auswahl von pK_s-Werten ist in Tabelle C.50 zusammengestellt. Die Werte lassen erkennen, daß Acidität und Basizität empfindlich von den Substituenten im Molekül abhängen. pK_s-Werte werden deshalb auch herangezogen, um Substituenteneffekte quantitativ zu charakterisieren (vgl. C.5.2.).

Da die Energie der an einer Säure-Base-Reaktion beteiligten Ionen sehr von ihrer Solvatation abhängt, sind Acidität und Basizität stark lösungsmittelabhängig. In aprotonischen Medien sind z. B. Anionen sehr viel schwächer solvatisiert als in protonischen Lösungsmitteln, die zu Wasserstoffbrückenbindungen mit Anionen befähigt sind (s. C.3.3.). Darauf beruht die enorme Zunahme der Basizität (und Nucleophilie) von Anionen beim Übergang von Wasser in aprotonische Lösungsmittel.

Man vergleiche die großen Unterschiede der pK_s-Werte von Halogenwasserstoffen, Carbonsäuren, Phenolen und Alkoholen in Wasser und DMSO. Zum Beispiel haben Carboxylationen in Wasser eine um 6 pK-Einheiten geringere Basizität als aliphatische Amine, in DMSO dagegen sind sie basischer als diese!

Tabelle C.50

pK_s-Werte (in Wasser und Dimethylsulfoxid, 25 °C)

Säure	Wasser	DMSO	Säure	Wasser	DMSO
H_3C-H	≈50	56	H_2N-H	35	41
CH_3CH_2-H	≈50		CH_3NH-H	35	
$C_6H_5CH_2-H$	≈40	43	C_6H_5NH-H	25	30,6
$H_2C=CHCH_2-H$	≈40	44	$CH_3CONH-H$	17	25,5
$H_2C=CH-H$	≈40		$C_2H_5\overset{\oplus}{N}H_2-H$	10,6	11,0
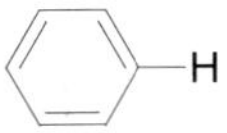 ⬡—H	≈40		$(C_2H_5)_3\overset{\oplus}{N}-H$	9,76	9,0
$HC\equiv C-H$	≈25		$H_3\overset{\oplus}{N}-H$	9,24	10,5
$N\equiv CCH_2-H$	≈25	31,3	$C_6H_5\overset{\oplus}{N}H_2-H$	4,6	3,6
CH_3COCH_2-H	20	26,5	$CH_3\overset{\oplus}{C}ONH_2-H$	–1	
$N\equiv C-H$	9,2	12,9	$CH_3C\equiv\overset{\oplus}{N}-H$	–10	
$HO-H$	15,74	31,2	$HS-H$	7,00	
CH_3O-H	16	29,0	C_2H_5S-H	10,6	
C_6H_5O-H	10,0	18,0	C_6H_5S-H	6,5	10,3
CH_3COO-H	4,76	12,3	$(CH_3)_2\overset{\oplus}{S}-H$	–5	
C_6H_5COO-H	4,21	11,1	$CH_3\overset{\oplus}{S}H-H$	–7	
$H_2\overset{\oplus}{O}-H$	–1,74				
$CH_3\overset{\oplus}{O}H-H$	–2,2				
$(CH_3)_2\overset{\oplus}{O}-H$	–3,8		$F-H$	3,2	15
$CH_3C(O-H)_2^{\oplus}$	–6		$Cl-H$	–7	1,8
$(CH_3)_2C=\overset{\oplus}{O}-H$	–7		$Br-H$	–9	0,9
			$I-H$	–10	

Für viele organische Reaktionen ist es wichtig, daß amphotere Verbindungen, wie HO–H, RO–H, RCOO–H, je nach dem Reaktionspartner sowohl als Säuren wie als Basen reagieren können, so daß sie durch zwei pK_s-Werte, pK_{HA} bzw. p$K_{HB^\oplus}$, charakterisiert sind, z. B.:

$$CH_3CH_2\overset{\oplus}{O}H_2 \ + \ H_2O \ \rightleftharpoons \ CH_3CH_2OH \ + \ H_3\overset{\oplus}{O} \qquad \text{p}K_{HB^\oplus} = 2.2 \qquad \text{[C.51]}$$

$$CH_3CH_2OH \ + \ H_2O \ \rightleftharpoons \ CH_3CH_2\overset{\ominus}{O} \ + \ H_3\overset{\oplus}{O} \qquad \text{p}K_{HA} = 18 \qquad \text{[C.52]}$$

Die protonierte Form der Alkohole [C.51] hat u. a. Bedeutung bei der durch Mineralsäuren katalysierten Bildung von Ethern (s. D.2.5.2.), der Veresterung durch anorganische Säuren (s. D.2.5.1.) und der sauer katalysierten Olefinbildung (s. D.3.1.4.). Die protonierte Form von Carbonsäuren R–C(OH)$_2^\oplus$ ist bei der Esterbildung mit Alkoholen wichtig (vgl. [7.39]).

Man beachte, welch außerordentlich starke Säuren durch die Protonierung von Carbonyl- und Carboxylgruppen zustande kommen (vgl. Tab. C.50)!

Nach der Definition von Lewis bezeichnet man Verbindungen, die infolge einer unvollstän-dig besetzten äußeren Elektronenschale als Elektronenpaar-Acceptoren fungieren, als *Lewis-*

Säuren, während *Lewis-Basen* Verbindungen mit n- oder π-Elektronen sind, die als Elektronenpaar-Donatoren wirken, z. B.:

Lewis-Säuren

$H^{\oplus}$, $R_3C^{\oplus}$, BF_3, $AlCl_3$, R_2Cl (Carbene), $R-Hal$, $R_2C{=}O$ (am C=) [C.53]

Lewis-Basen

Anionen, $|NR_3$, $R-\overline{O}-R$, $R_2C{=}CR_2$, Aromaten, $R_2C{=}\overline{O}$ (am =O) [C.54]

Die Säure-Base-Definitionen von Brönsted und Lewis decken sich nicht. Man mache sich das an den Beispielen [C.53] und [C.54] klar.

Bei polaren Reaktionen sind die elektrophilen Reaktionspartner Lewis-Säuren, die nucleophilen Lewis-Basen. Ihre Reaktivität geht häufig ihrer Lewis-Acidität bzw. -Basizität parallel. Als Maße für die *nucleophile Reaktivität (Nucleophilie)* von Reagenzien werden die Geschwindigkeitskonstanten ihrer Reaktionen mit einem bestimmten elektrophilen Substrat verwendet. Analog dienen als Maße für die *Elektrophilie* die Geschwindigkeitskonstanten der Reaktionen elektrophiler Reagenzien mit einem bestimmten Nucleophil. Nucleophilie und Elektrophilie sind also (im Gegensatz zu Acidität und Basizität) kinetisch definiert. Es handelt sich um relative Größen, die vom Reaktionspartner und vom Reaktionsmedium abhängen. Gegenüber verschiedenen elektrophilen (nucleophilen) Reaktionspartnern und in verschiedenen Lösungsmitteln gelten meist auch unterschiedliche Reihenfolgen und Abstufungen der Nucleophilie (Elektrophilie) von Reagenzien; vgl. hierzu nucleophile Substitutionen, D.2.2.2.

Die Stärke und Reaktivität von Lewis-Säuren (Elektrophilen) und -Basen (Nucleophilen) hängen wesentlich davon ab, ob sie „hart" oder „weich" sind.

Harte Lewis-Säuren reagieren bevorzugt mit harten Basen und weiche Säuren bevorzugt mit weichen Basen (HSAB-Konzept[1]) nach Pearson: vgl. hierzu auch C.6.).

Die Härte einer Lewis-Säure oder -Base nimmt mit steigender Ladungsdichte und abnehmender Polarisierbarkeit zu, die Weichheit umgekehrt mit abnehmender Ladungsdichte und steigender Polarisierbarkeit.

Demnach sind harte Säuren z. B. $H^{\oplus}$, BF_3, $AlCl_3$, SO_3, $\overset{\oplus}{RC{=}O}$, harte Basen z. B. H_2O, $HO^{\ominus}$, $F^{\ominus}$, $CH_3COO^{\ominus}$, ROH, NH_3.

Zu den weichen Lewis-Säuren gehören vor allem Übergangsmetallionen in niedrigen Ladungsstufen, Radikale (z. B. Cl·, Br·, RO·, R·) und Carbene; zu den weichen Basen R_2S, RSH, R_3P, $I^{\ominus}$, $SCN^{\ominus}$, $CN^{\ominus}$, Olefine, Aromaten, $H^{\ominus}$ und $R^{\ominus}$.

5. Einflüsse von Substituenten auf die Elektronendichteverteilung und die Reaktivität organischer Moleküle

5.1. Polare Effekte von Substituenten

Polare Substituenten verändern auf Grund ihres Elektronendonator- bzw. -acceptorvermögens die Elektronendichteverteilung (Ladungsverteilung) in organischen Molekülen. Sie beeinflussen daher deren Reaktionsverhalten.

Elektronenacceptorsubstituenten (X) erniedrigen im Vergleich zu X = H die Elektronendichte am Reaktionszentrum (Z) einer Verbindung. Sie begünstigen den Angriff eines nucleophilen Reagens ($|Nu$) und hemmen den eines elektrophilen Partners (E):

---

[1]) **H**ard and **S**oft **A**cids and **B**ases

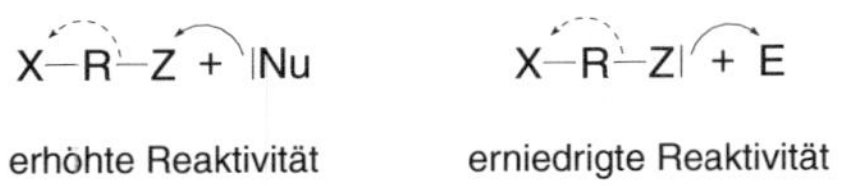

$$X-R-Z + |Nu \qquad X-R-Z| + E$$

erhöhte Reaktivität   erniedrigte Reaktivität

[C.55]

Elektronendonatorsubstituenten (Y) dagegen erhöhen die Elektronendichte am Reaktionszentrum verglichen mit Y = H. Sie erniedrigen die Reaktivität der Verbindung gegenüber nucleophilen Reagenzien und erhöhen sie gegenüber Elektrophilen:

$$Y-R-Z + |Nu \qquad Y-R-Z| + E$$

erniedrigte Reaktivität   erhöhte Reaktivität

[C.56]

Die Kenntnis der polaren Substituenteneffekte gestattet somit, die Reaktivität organischer Verbindungen abzuschätzen.

Induktionseffekt

Der Induktions- (oder Feld-)effekt beruht im wesentlichen auf der elektrostatischen Anziehung oder Abstoßung zwischen Substituent und Molekülrest. Er gehorcht dem Coulomb-Gesetz und klingt demzufolge bereits nach kurzer Entfernung vom Substituenten (Kette von mehr als drei C-Atomen) ab.

Zur Klassifizierung ordnet man einem Substituenten einen –I-Effekt zu, wenn er bei Bindung an ein Kohlenstoffatom die Bindungselektronen stärker anzieht als ein Wasserstoffatom. Das Umgekehrte gilt für den +I-Effekt.

Der I-Effekt nimmt mit steigender Elektronegativität (Positivität) und Ladung der Substituenten zu. Der –I-Effekt ist um so größer, je weiter rechts und je weiter oben das Zentralatom eines Substituenten im Periodensystem steht. Ungesättigte Gruppen üben ohne Ausnahme einen –I-Effekt aus, der mit zunehmendem s-Charakter der Hybridorbitale ansteigt (Doppelbindung < Dreifachbindung).

Relative Größe und Richtung des Induktionseffekts verschiedener Substituenten sind im folgenden zusammengestellt:

–I: $-NR_2 < -OR < -F$ $\qquad\qquad$ $-I < -Br < -Cl < -F$

$\overset{\oplus}{-NR_3} < \overset{\oplus}{-OR_2}$ $\qquad\qquad$ $-NR_2 < =NR < \equiv N$

$-CR=CR_2 < \langle\!\!\!\bigcirc\!\!\!\rangle < -C\equiv CR$ $\qquad$ [C.57]

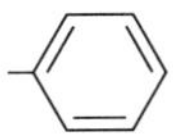

+I: $-\overline{O}|^{\ominus} < -\overset{\ominus}{\underline{N}}-R$

Auch den Alkylgruppen wurde lange Zeit ein +I-Effekt zugeschrieben. Dieser ist aber nur sehr klein, annähern gleich null. Alkylgruppen sind jedoch auf Grund ihrer Polarisierbarkeit befähigt, sowohl benachbarte positive als auch negative Ladungen zu stabilisieren. Dieser *Polarisierbarkeitseffekt* steigt mit der Größe der Substituenten in der Reihe an:

$$-CH_3 < -CH_2-CH_3 < -\underset{CH_3}{\overset{CH_3}{CH}} < -\underset{CH_3}{\overset{CH_3}{C}}-CH_3 \qquad [C.58]$$

Als Maß für Größe und Richtung des Induktionseffektes eines Substituenten kann man die induktive Substituentenkonstante σ_I heranziehen, vgl. Tab. C.74. (Man beachte, daß die Vorzeichengebung umgekehrt wie bei den Substituentenkonstanten ist!)

Der Induktionseffekt ist sowohl in gesättigten als auch ungesättigten Verbindungen wirksam. In gesättigten Molekülen ist er der allein wirkende polare Effekt eines Substituenten.

Mesomerieeffekt

Neben dem Induktionseffekt üben Substituenten einen Mesomerieeffekt aus, wenn sie an ein ungesättigtes System oder ein Atom mit einsamen Elektronenpaar gebunden sind und mit diesem in Konjugation treten können.

Als Konjugation wird nach dem quantenchemischen Modell die Überlappung eines doppelt-, einfach- oder unbesetzten p-Orbitals des Substituenten mit dem π-MO einer benachbarten Doppelbindung aufgefaßt. Auf diese Weise ist eine Delokalisation der π-Elektronen möglich, und es ergeben sich charakteristische Änderungen gegenüber nicht konjugierten Verbindungen, wie ein geringerer Energieinhalt (Stabilisierung), eine Verkürzung der (formalen) Einfachbindungslängen und eine modifizierte Ladungsverteilung. Die Elektronenverteilung in konjugierten Verbindungen läßt sich deshalb nicht mehr durch eine einzige Strukturformel erfassen. Man beschreibt den tatsächlichen Zustand eingrenzend durch mehrere Grenzformeln, die sich eng an die klassischen Strukturformeln anlehnen, z. B.:

$$H_3C-CH=CH-CH=\overset{\cdot\cdot}{\underset{\cdot\cdot}{O}} \quad \longleftrightarrow \quad H_3C-\overset{\oplus}{C}H-CH=CH-\overset{\cdot\cdot}{\underset{\cdot\cdot}{O}}|^{\ominus} \quad \equiv \quad H_3C-\overset{\delta^+}{C}H\dot{=}CH\dot{=}CH\dot{=}\overset{\delta^-}{O} \qquad [C.59]$$

$$H_2\overset{\cdot\cdot}{N}-CH=\overset{\cdot\cdot}{\underset{\cdot\cdot}{O}} \quad \longleftrightarrow \quad H_2\overset{\oplus}{N}=CH-\overset{\cdot\cdot}{\underset{\cdot\cdot}{O}}|^{\ominus} \quad \equiv \quad H_2\overset{\delta^+}{N}\dot{=}CH\dot{=}\overset{\delta^-}{O} \qquad [C.60]$$

$$H_2C=CH-\overset{\cdot\cdot}{\underset{\cdot\cdot}{C}l}| \quad \longleftrightarrow \quad H_2\overset{\ominus}{C}-CH=\overset{\cdot\cdot}{\underset{\cdot\cdot}{C}l}^{\oplus} \quad \equiv \quad H_2\overset{\delta^-}{C}\dot{=}CH\dot{=}\overset{\delta^+}{C}l \qquad [C.61]$$

Die Grenzformeln sind lediglich Schreibhilfen; sie haben keine physikalische Realität. Deshalb darf der Doppelpfeil keinesfalls mit dem Symbol $\rightleftharpoons$ für Gleichgewichte verwechselt werden. Die reale Elektronendichteverteilung ergibt sich ungefähr durch die Überlagerung der Grenzformeln und kann durch die jeweils rechts stehenden Formeln in [C.59] bis [C.61] ausgedrückt werden. Solche Formeln haben allerdings den Nachteil, daß sie die Zahl der delokalisierten Elektronen nicht erkennen lassen.

Die Erscheinung, daß die tatsächliche Struktur eines Moleküls zwischen den zu ihrer Beschreibung benutzten (fiktiven) Grenzformeln liegt, wird als *Mesomerie* („zwischen den Teilen") bezeichnet. Der Mesomerie-Effekt eines Substituenten erhält jeweils das Vorzeichen, das die Ladung der betrachteten Gruppe annimmt.[1] Zum Beispiel besitzt in [C.59] und [C.60] die C=O-Gruppe einen –M- und in [C.61] das Cl-Atom einen +M-Effekt.

Der +M-Effekt ist um so größer, je weiter links der Substituent innerhalb einer Periode des Periodensystems steht und je höher seine (negative) Ladung ist. Das Umgekehrte gilt für den –M-Effekt. Über einige Abstufungen unterrichtet die nachfolgende Zusammenstellung:

---

[1] Die Vorzeichengebung ist umgekehrt wie bei den Substituentenkonstanten σ, vgl. C.5.2.

+M: $-\overline{\underline{F}}| \quad < \quad -\overline{\underline{O}}R \quad < \quad -\overline{N}R_2$

$-\overline{\underline{I}}| \quad < \quad -\overline{\underline{B}}r| \quad < \quad -\overline{\underline{C}}l| \quad < \quad -\overline{\underline{F}}|^{*)}$ [C.62]

$-\overline{\underline{O}}R \quad < \quad -\overline{\underline{O}}|^{\ominus}$

−M: $=\overline{N}R \quad < \quad =\overset{\oplus}{N}R_2$

$=CR_2 \quad < \quad =\overline{N}R \quad < \quad =\overline{\underline{O}}$ [C.63]

$\equiv CR \quad < \quad \equiv N|$

*) Diese Reihenfolge beruht darauf, daß sich die für eine Konjugation in Frage kommenden Elektronen beim Kohlenstoffatom in einem 2p-Orbital (bzw. dem entsprechenden Hybrid-Orbital) befinden und ebenso im Fluoratom. Die entsprechenden Orbitale des Chlor-, Brom- und Iodatoms sind dagegen vom Typ 3p, 4p und 5p, wodurch die räumlichen Verhältnisse für die Überlappung mit dem Kohlenstoff-2p-Orbital ungünstiger werden.

In geringerem Ausmaß sind auch die σ-Elektronen gesättigter Reste in der Lage, mit π-Elektronensystemen in Konjugation zu treten (*Hyperkonjugation*). Darauf beruhen die kleinen +M-Effekte von Alkylgruppen.

Mesomeriefähige Gruppen üben stets noch einen Induktionseffekt aus, der dem Mesomerieeffekt gleichgerichtet oder entgegengerichtet sein kann. Beim Cl überwiegt der –I- den +M-Effekt, so daß Cl (an einen ungesättigten Rest gebunden) insgesamt ein Elektronenacceptor ist; im Gegensatz dazu gilt für NR_2: –I < +M, und NR_2 besitzt insgesamt Donoreigenschaften. Da die Größe vor allem des M-Effekts stark vom übrigen Molekülteil abhängt (vgl. hierzu die elektrophile Zweitsubstitution am Aromaten, D.5.1.2.), ist die Abschätzung des summarischen Effekts nicht immer leicht. In dieser Hinsicht sind die Hammett-Substituentenkonstanten (vgl. Tab. C.74) wertvoll, die die gemeinsame Wirkung des induktiven und mesomeren Effekts eines an einen Benzenring gebundenen Substituenten wiedergeben.

Durch geeignete Zerlegung dieser summarischen Substituentenkonstante läßt sich ein quantitatives Maß für den Mesomerieeffekt in Form der Konstante σ_R gewinnen, vgl. Tab. C.76.

Die Formeln [C.59] lassen erkennen, daß bei der Mesomerie die positive Partialladung $\delta+$ der C=O-Gruppe teilweise auf das Kohlenstoffatom C^3 verlagert wird. Die Methylgruppe erhält dadurch ähnliche Eigenschaften, als wäre sie unmittelbar an die Carbonylgruppe gebunden (H_3C–CH=O). Eine solche Weiterleitung des Substituenteneffekts über die Vinylengruppe wird als *Vinylogie-Prinzip* bezeichnet.

Entsprechend besitzt die Aminogruppe im β-Amino-crotonsäureester [C.64] nicht die Eigenschaften eines Amins, sondern die eines Säureamids. Das Gleiche gilt für die Aminogruppe im 4-Amino-acetophenon [C.65]. Der letzte Fall ist ein Beispiel für das analoge *Phenylogie-Prinzip*:

$$\begin{array}{c} H_3C \\ \diagdown \\ C=CH-C \\ \diagup \diagdown \\ H_2\overline{N}| OR \end{array} \qquad\qquad \text{[C.64]}$$

$$H_2\overline{N}-\!\!\bigcirc\!\!-C\!\!\diagup^{\!\!\nearrow O}_{\searrow CH_3} \qquad\qquad \text{[C.65]}$$

Man diskutiere an Hand des Vinylogie-Prinzips die Ladungsverteilung im Enamin [C.66]:

$$R_2\overline{N}-CH=C\overset{\displaystyle H}{\underset{\displaystyle Ar}{\big\langle}} \qquad\qquad\qquad\qquad\qquad\qquad\qquad [C.66]$$

und die chemische Verschiebung des zur Carboxylgruppe vinylogen Protons im ^{1}H-NMR-Spektrum der Crotonsäure (vgl. Abb. E.38).

5.2. Quantitative Behandlung von polaren Substituenteneffekten. Hammett-Gleichung

Empirisch wurde gefunden, daß polare Substituenten in der gleichen Reihenfolge, wie sie die Acidität von Säuren und die Basizität von Basen verändern, auch die Reaktivität organischer Verbindungen beeinflussen. Im Falle der Reaktionen *m*- und *p*-substituierter Benzenderivate kann diese Korrelation quantitativ beschrieben werden. Die Logarithmen der Geschwindigkeitskonstanten der Reaktionen substituierter Benzene stehen mit den Logarithmen der Dissoziationskonstanten K_s ($= -pK_s$) der entsprechend substituierten Benzoesäuren in einer linearen Beziehung (Abb. C.68):

$$\lg k = \rho \lg K_s + b \qquad \rho \text{ Reaktionskonstante} \qquad\qquad\qquad [C.67]$$

[C.67] ist eine Form der bereits in [C.30] vorgestellten linearen Beziehung zwischen den Gibbs-Energien (freien Enthalpien) $\Delta_R G^\ominus$ und $\Delta G^{\ddagger}$. Sie ergibt sich aus [C.30] durch Einsetzen von [C.14] und [C.26].

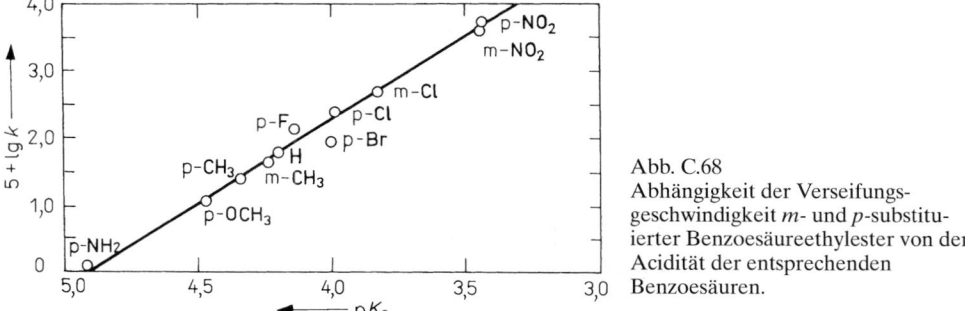

Abb. C.68
Abhängigkeit der Verseifungsgeschwindigkeit *m*- und *p*-substituierter Benzoesäureethylester von der Acidität der entsprechenden Benzoesäuren.

Wird von [C.67] die entsprechende Gleichung für die unsubstituierte Verbindung subtrahiert (X = H; $k = k_0$, $K = K_0$), so ergibt sich:

$$\lg \frac{k}{k_0} = \rho\sigma \qquad \text{Hammett-Gleichung} \qquad\qquad\qquad [C.69]$$

mit:

$$\sigma \equiv \lg \frac{k}{K_0} \qquad \sigma \text{ Substituentenkonstante} \qquad\qquad\qquad [C.70]$$

Die Hammett-Beziehung gilt für viele Reaktionen *m*- und *p*-substituierter Benzenderivate und kann sowohl auf deren Geschwindigkeitskonstanten als auch auf deren Gleichgewichtskonstanten angewendet werden.

Die Substituentenkonstanten σ sind Maße für die elektronischen Effekte von Substituenten in *m*- und *p*-Stellung. Sie geben die Summe ihres Induktions- und Mesomerieeffektes wieder. σ erhält ein positives (bzw. negatives) Vorzeichen, wenn der Substituent das Reaktionszentrum positiviert (bzw. negativiert). Einige Werte sind in Tabelle C.74 aufgeführt.

Die Reaktionskonstante ist ein Maß für die Empfindlichkeit einer Reaktion gegenüber dem Einfluß polarer Substituenten. Reaktionen, die um so schneller oder vollständiger ablaufen, je positiver (bzw. negativer) das Reaktionszentrum am Substrat wird, erhalten ein positives (bzw. negatives) ρ-Vorzeichen, so daß gilt:

nucleophile Reaktionen: ρ positiv, Beschleunigung durch Elektronenacceptoren
elektrophile Reaktionen: ρ negativ, Beschleunigung durch Elektronendonoren

Die Hammett-Beziehung wird gewöhnlich graphisch ausgewertet, indem man auf der Abszisse die σ-Werte für die einzelnen Substituenten und auf der Ordinate die experimentellen Werte $\lg(k/k_0)$ aufträgt (Abb. C.71). Als Steigung erhält man dann die Reaktionskonstante ρ, deren Vorzeichen in der eben genannten Art Rückschlüsse auf den Mechanismus der Reaktion zuläßt.

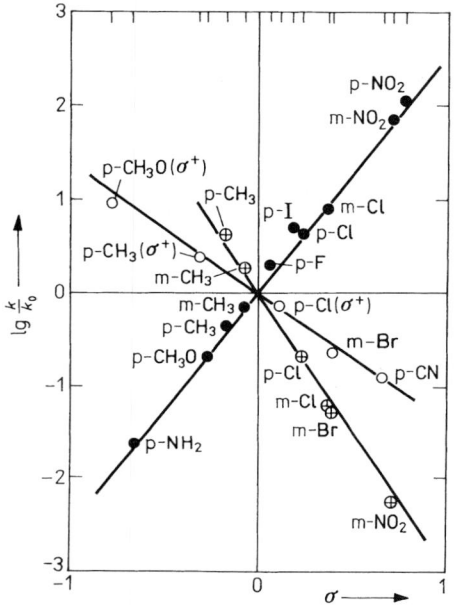

Abb. C.71
Abhängigkeit der Reaktionsgeschwindigkeiten von den Hammettschen σ-Werten
●—● Alkalische Hydrolyse von Benzoesäureethylestern; 25 °C, $\rho = +2{,}54$
⊕—⊕ Reaktion von substituierten Anilinen mit Benzoylchlorid; 25 °C, $\rho = -2{,}78$
○—○ Bromierung von substituierten Toluenen; 80 °C, $\rho = -1{,}39$ (mit σ^+-Werten, s. unten)

Die Hammett-Gleichung ist nicht anwendbar, wenn außer den elektronischen Effekten der Substituenten noch andere, z. B. sterische, auf das Reaktionszentrum einwirken, wie z. B. bei Reaktionen o-substituierter Benzenderivate und aliphatischer Verbindungen. Weiterhin treten Abweichungen von der Hammett-Gleichung auf, wenn eine direkte Konjugationswechselwirkung (Mesomerie) zwischen dem Substituenten X und dem Reaktionszentrum Y besteht. So erhöhen –M-Substituenten in p-Stellung (p-NO$_2$, p-CN u. a.) z. B. die Acidität von Phenolen oder Aniliniumionen viel stärker, als ihren σ-Konstanten entspricht, weil sie durch Konjugation das Phenolation bzw. das Anilin zusätzlich stabilisieren:

[C.72]

Man ist daher gezwungen, in solchen Fällen besondere Substituentenkonstanten, die σ^--Werte, zu verwenden.

Umgekehrt erhöhen Elektronendonorsubstituenten (+M-Gruppen) in p-Stellung Reaktionen mit einem positiven Reaktionszentrum (mit Carbeniumionencharakter) viel stärker, als ihren normalen σ-Werten entspricht. In solchen Fällen müssen daher sog. σ^+-Konstanten für diese Substituenten verwendet werden, die auch die zusätzliche Stabilisierung des positivierten Reaktionszentrums wiedergeben, wie z. B. bei

S_N1-Reaktionen (vgl. D.2.1.) substituierter α,α-Dimethyl-benzylhalogenide (Cumylhalogenide), wo als Zwischenprodukt das entsprechende Kation auftritt:

[C.73]

Tabelle C.74

Substituentenkonstanten

Nr.	Substituent	σ_m	σ_p	σ_p^+	σ_I	σ_R	$\sigma_m - \sigma_p$ ($\approx \pm$M)
1	N(CH₃)₂	−0,21	−0,83	−1,7	0,10		0,62
2	NH₂	−0,16	−0,66	−1,3	0,10	−0,76	0,50
3	OH	0,12	−0,37	−0,92	0,25	−0,61	0,49
4	OCH₃	0,12	−0,27	−0,78	0,25	−0,50	0,39
5	CH₃	−0,07	−0,17	−0,31	−0,05	−0,13	0,10
6	C(CH₃)₃	−0,10	−0,20	−0,26	−0,07	−0,13	0,10
7	C₆H₅	0,06	−0,01	−0,18	0,10	−0,09	0,07
8	H	0	0	0	0	0	0
9	F	0,34	0,06	−0,07	0,52	−0,44	0,28
10	Cl	0,37	0,23	0,11	0,47	−0,24	0,14
11	Br	0,39	0,23	0,15	0,45	−0,22	0,16
12	I	0,35	0,18	0,14	0,39	−0,10	0,17
13	COOC₂H₅	0,37	0,45	0,48	0,30	0,20	−0,08
14	COCH₃	0,38	0,50		0,28	0,25	−0,12
15	CN	0,56	0,66	0,66	0,58	0,07	−0,10
16	SO₂CH₃	0,60	0,72		0,59	0,14	−0,12
17	NH₂	0,71	0,78	0,79	0,63	0,15	−0,07
18	N(CH₃)₃⁺	0,88	0,82	0,41	0,86	0,00	0,06

Die σ^+-Konstanten sind von besonderer Bedeutung, weil sie auf die elektrophilen aromatischen Substitutionsreaktionen (vgl. D.5.1.2.) angewendet werden können. Einige Werte sind in Tabelle C.74 angegeben.

Die σ-, σ^-- und σ^+-Konstanten für m-Substituenten sind erwartungsgemäß praktisch identisch, da aus der m-Position heraus keine nennenswerte konjugative Elektronenwechselwirkung (Mesomerie) möglich ist. Man sollte daher erwarten, daß σ_m ein Maß allein für den Induktionseffekt und, da σ_p die Summe von Induktions- und Mesomerieeffekt wiedergibt, die Differenz $\sigma_p - \sigma_m$ ein Maß für den Mesomerieeffekt eines Substituenten ist. Es zeigt sich jedoch, daß diese beiden Erwartungen nicht ganz erfüllt sind, sondern auch von der m-Position aus das Reaktionszentrum (indirekt) konjugativ beeinflußt wird. Bezeichnet man mit σ_I den Anteil der σ-Konstanten, der durch den Induktionseffekt bedingt ist, und mit σ_R den Anteil, der durch den Mesomerieeffekt hervorgerufen wird, so ergibt sich nämlich:

$$\sigma_p = \sigma_I + \sigma_R \tag{C.75}$$

$$\sigma_m = \sigma_I + \tfrac{1}{3}\,\sigma_R \tag{C.76}$$

σ_I-Konstanten lassen sich am einfachsten aus den pK_s-Werten substituierter Essigsäuren X–CH₂COOH ermitteln. σ_I- und σ_R-Konstanten sind in Tabelle C.74 mit aufgenommen. Man erkennt, daß diese Konstanten die in C.5.1. erörterten Induktions- und Mesomerieeffekte der Substituenten richtig wiedergeben.

5.3.   Sterische Effekte

Außer durch elektronische (polare) Effekte wird die Reaktivität auch durch sterische Effekte der Substituenten beeinflußt.

Wenn durch voluminöse Substituenten die Annäherung der Reaktionspartner erschwert wird („sterische Hinderung"), ist eine höhere Aktivierungsenergie erforderlich, um diesen Einfluß zu überwinden. Außerdem wird bei sterischer Hinderung die Aktivierungsentropie $\Delta S^{\ddagger}$

negativer. Weiterhin beeinflussen Konformationseffekte (stereoelektronische Effekte) die Reaktivität. Dies wird an speziellen Beispielen in D.3.1.3. behandelt.

Gespannte Ringsysteme (z. B. Cyclopropyl-, Cyclobutyl-, Bicyclo[2.2.1]-heptylsysteme) sind infolge der Deformation von Bindungswinkeln energiereich und demzufolge dann besonders reaktiv, wenn die Ringspannung bei der Reaktion abgebaut werden kann.

6.   Zur störungstheoretischen Behandlung der chemischen Reaktivität

Fragen der chemischen Reaktivität lassen sich mit Hilfe der Störungstheorie behandeln. Man kann damit das Anfangsstadium von Reaktionen, d. h. die Anfangssteigung der Energiekurve zum Übergangszustand, beschreiben (vgl. Abb. C.12), indem man die wechselseitige Annäherung der Reaktanden und die dabei auftretenden Energieänderungen betrachtet. Zutreffende Aussagen über den Übergangszustand und die Gesamtreaktion folgen daraus nur, wenn bereits in diesem Anfangsstadium der weitere Reaktionsverlauf bestimmt wird (vgl. Abb. C.28).

Als Grundlagen für die störungstheoretische Behandlung der Reaktivität benötigt man die quantenchemisch zu berechnenden Energien E der Molekülorbitale (MO) und die zugehörigen Koeffizienten c nach Betrag und Vorzeichen, wie sie in Abbildung C.77 für die π-C=O-Bindung dargestellt sind. Diese Daten werden durch das Verfahren der Linearkombination von Atomorbitalen (LCAO) erhalten.

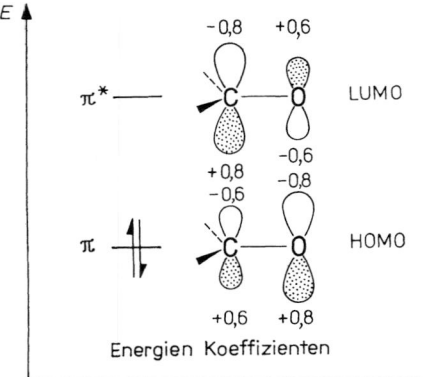

Abb. C.77
Darstellung der Energien und Koeffizienten von HOMO und LUMO der π-C=O-Bindung. Die Koeffizientenquadrate entsprechen den Elektronendichten an den Atomen. Als HOMO wird hier das höchste besetzte π-Orbital angegeben.

Das höchste besetzte Orbital der $\rangle$C=O-Gruppe ist eigentlich ein n-Orbital.

In der Regel genügen derartige Informationen für das höchste besetzte (HOMO, *Highest Occupied Molecular Orbital*) und das niedrigste unbesetzte (LUMO, *Lowest Unoccupied Molecular Orbital*) MO der Reaktionspartner, die man auch als *Grenzorbitale* (frontier orbitals) bezeichnet.

Für die Grenzorbitalenergien sind auch experimentell zugängliche Werte einsetzbar. Ein Maß für die Energie des HOMO (E_{HOMO}) ist die Ionisierungsenergie der betreffenden Verbindung (bezogen auf die Energie des Elektrons im Vakuum, $-E_{HOMO} \triangleq$ Ionisierungsenergie) bzw. das elektrochemische Oxidationspotential.

Als Maß für die Energie des LUMO (E_{LUMO}) wird die Elektronenaffinität der betreffenden Verbindung (bezogen auf die Energie des Elektrons im Vakuum, $-E_{LUMO} \triangleq$ Elektronenaffinität) bzw. das elektrochemische Reduktionspotential benutzt. Ionisierungsenergien und Elektronenaffinitäten lassen sich z. B. aus der Lichtabsorption von Charge-Transfer-Komplexen gewinnen, Ionisierungsenergien auch aus Photoelektronenspektren.

Der Anstieg der Energiekurve zum Übergangszustand und die Höhe der Aktivierungsenergie werden durch gegenläufig wirkende Faktoren bestimmt. Energieerhöhend sind dabei insbesondere die Wechselwirkung zwischen den besetzten Orbitalen der Reaktanden sowie die Aufweitung der Bindungsabstände innerhalb der reagierenden Moleküle. Die energiesenkenden

Beiträge, die im folgenden ausführlicher behandelt werden, sind zwar wesentlich schwächer, beeinflussen jedoch den Verlauf der Energiekurve und in der Regel auch die Größe der Aktivierungsenergie in charakteristischer Weise.

Bei der störungstheoretischen Behandlung der energiesenkenden Faktoren berücksichtigt man:

a) die Coulomb-Wechselwirkung bei geladenen oder polaren Reaktanden (Coulomb-Term, [C.78]);

b) die Wechselwirkung zwischen besetzten Orbitalen des einen und unbesetzten Orbitalen des anderen Reaktionspartners (Grenzorbitalterm, [C.78]).

Man betrachtet meist nur die Energien von HOMO und LUMO der Reaktanden (weil Wechselwirkungen zwischen anderen besetzten und unbesetzten MOs normalerweise zu einem wesentlich kleineren Energiegewinn führen).

Die HOMO-Energie charakterisiert dabei ein Nucleophil, das als Elektronendonator das Elektronenpaar in die Kovalenz einbringt. Das Elektrophil wird analog durch die Energie des LUMO beschrieben.

Für den Energiegewinn ΔE gilt die folgende Gleichung:

$$\Delta E = -\frac{Q_n Q_e}{\varepsilon R} \;+\; \frac{2(c_n c_e \beta)^2}{E_{HOMO(n)} - E_{LUMO(e)}} \qquad \text{[C.78]}$$

$$\underbrace{\hphantom{-\frac{Q_n Q_e}{\varepsilon R}}}_{\substack{\text{Coulomb-}\\\text{term}}} \quad \underbrace{\hphantom{\frac{2(c_n c_e \beta)^2}{E_{HOMO(n)} - E_{LUMO(e)}}}}_{\text{Grenzorbitalterm}}$$

Q Gesamtladung an Nucleophil (n) und Elektrophil (e); ε lokale Dielektrizitätskonstante; R Abstand der Zentren in Nucleophil und Elektrophil, die miteinander in Wechselwirkung treten; c Koeffizienten der Orbitale im HOMO bzw. LUMO von Nucleophil und Elektrophil; β Resonanzintegral (Wechselwirkungsenergie zwischen den beiden Atomorbitalen in Nucleophil und Elektrophil); E Energie von HOMO bzw. LUMO

Überwiegt der Coulomb-Term, so bezeichnet man die Reaktion als *ladungskontrolliert*. Überwiegt der Grenzorbitalterm, so spricht man von einer *orbitalkontrollierten* Umsetzung. Die meisten Reaktionen werden in unterschiedlichem Maße von beiden Faktoren beeinflußt.

Im folgenden sollen nur die im wesentlichen orbitalkontrollierten Reaktionen näher betrachtet werden. Aus dem Grenzorbitalterm [C.78] ist ersichtlich, daß der Energiegewinn bei einer Reaktion um so größer ist

a) je größer die Koeffizientenbeträge der in Wechselwirkung tretenden Zentren sind;

b) je geringer die Energiedifferenz zwischen dem HOMO des einen und dem LUMO des anderen Reaktionspartners ist.

Das bedeutet, daß jeweils diejenige HOMO-LUMO-Wechselwirkung mit der geringeren Energieaufwendung bevorzugt ist (Abb. C.79). Das korrespondiert mit der Zuordnung der Reaktionspartner als Nucleophil bzw. Elektrophil, vgl. auch C.1. und C.4.

Mit Hilfe der Grenzorbitalenergien wird die qualitative Charakterisierung von Nucleophilen und Elektrophilen durch das HSAB-Konzept theoretisch fundiert (vgl. C.4.):

– *Harte Säuren (Elektrophile)* haben ein relativ energiereiches LUMO (relativ niedrige Elektronenaffinität), relativ hohe positive Ladungsdichte und geringe Polarisierbarkeit.

Weiche Säuren (Elektrophile) haben dagegen ein weniger energiereiches LUMO (relativ hohe Elektronenaffinität) und hohe Polarisierbarkeit.

– *Harte Basen (Nucleophile)* haben ein relativ energiearmes HOMO (relativ hohe Ionisierungsenergie), relativ hohe negative Ladungsdichte und eine geringe Polarisierbarkeit.

Weiche Basen (Nucleophile) haben dagegen ein weniger energiearmes HOMO (vergleichsweise niedrige Ionisierungsenergie) und hohe Polarisierbarkeit.

Da weiche Basen ein hochliegendes HOMO aufweisen, weiche Säuren dagegen ein tiefliegendes LUMO, ist die Orbitalenergiedifferenz kleiner als für die Kombination einer weichen Base (hochliegendes HOMO) mit einer harten Säure (hochliegendes LUMO), und die Weich-weich-Reaktion ist bevorzugt.

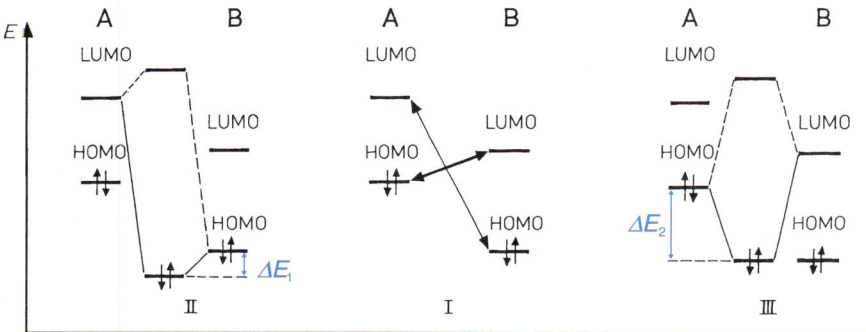

Abb. C.79
Unterschiede in der Energiedifferenz von HOMO (LUMO) zu LUMO (HOMO) zweier Reaktanden A und B (I) und der bei ihrer Wechselwirkung erzielbare Energiegewinn (II bzw. III).
Die HOMO-LUMO-Wechselwirkungen sind in beiden Fällen für den gleichen Punkt am Beginn der Energiekurve (vgl. z. B. Abb. C.12) dargestellt.

Zwischen harten Basen (tiefliegendes HOMO) und harten Säuren (hochliegendes LUMO) ist die Energiedifferenz dagegen relativ groß, und die Reaktion verläuft deshalb weitgehend ladungskontrolliert, d. h., in [C.78] wird der Coulomb-Term bestimmend.

Der Einfluß von Substituenten auf Nucleophilie oder Elektrophilie eines Reaktanden läßt sich ebenfalls erfassen. Vergleicht man beispielsweise die Ionisierungsenergien (als Maß für die HOMO-Energien) unterschiedlich substituierter Benzene, so wird die abnehmende Nucleophilie in folgender Reihe deutlich: N,N-Dimethyl-anilin −7,51 eV; Benzen −9,40 eV; Nitrobenzen −10,26 eV. Den gleichen Gang findet man qualitativ bei der Betrachtung des mesomeren Effekts der Substituenten auf das Benzenmolekül (vgl. C.5.) und quantitativ aus der Größe und dem Vorzeichen der Hammettschen Substituentenkonstanten (vgl. Tab.C.76).

Zum Einfluß von Donator- und Acceptorsubstituenten auf die HOMO- und LUMO-Energien von Olefinen vgl. D.4.4.

Orbitalkontrollierte Umsetzungen an Reaktanden mit mehreren elektrophilen und nucleophilen Zentren (d. h. ambifunktionellen oder ambidenten Systemen) lassen sich durch die Orbitalenergien unter zusätzlicher Berücksichtigung der Koeffizienten beschreiben:
- *Bei ambidenten Elektrophilen* besitzt das Zentrum mit dem größten Koeffizientenbetrag im LUMO die höchste Elektrophilie.
- *Bei ambidenten Nucleophilen* besitzt das Zentrum mit dem größten Koeffizientenbetrag im HOMO die höchste Nucleophilie.

Das folgt aus dem Grenzorbitalterm [C.78].

Abbildung C.80 zeigt Beispiele für ambidente Nucleophile (vgl. auch D.2.3.). Für die Wechselwirkung mit dem Elektrophil stehen beim Cyanidion zwei Orbitale mit relativ geringem Energieunterschied zur Verfügung: Das höchste besetzte π-MO sowie das höchste besetzte σ-MO (in Abb. C.80 ist für dieses Beispiel die Charakteristik beider MOs in einem Bild vereinigt). Bei der Besprechung der Regioselektivität von Cycloadditionen (vgl. D.4.4.) wird auch auf die Ambivalenz des elektrophilen Reaktionspartners eingegangen.

Das Konzept der Grenzorbitalbetrachtung von vorzugsweise orbitalkontrollierten Reaktionen wird durch eine Reihe von Faktoren, insbesondere in Hinsicht auf Voraussagemöglichkeiten von Reaktionsabläufen eingeschränkt. Probleme ergeben sich beispielsweise aus der Zugänglichkeit der Orbitalenergien. So können quantenchemisch berechnete HOMO- und LUMO-Energien nur verglichen werden, wenn sie konsistent sind, d. h. mit den gleichen Näherungen ermittelt wurden. Experimentell sind insbesondere genaue Werte für LUMO-Energien relativ schwer zugänglich.

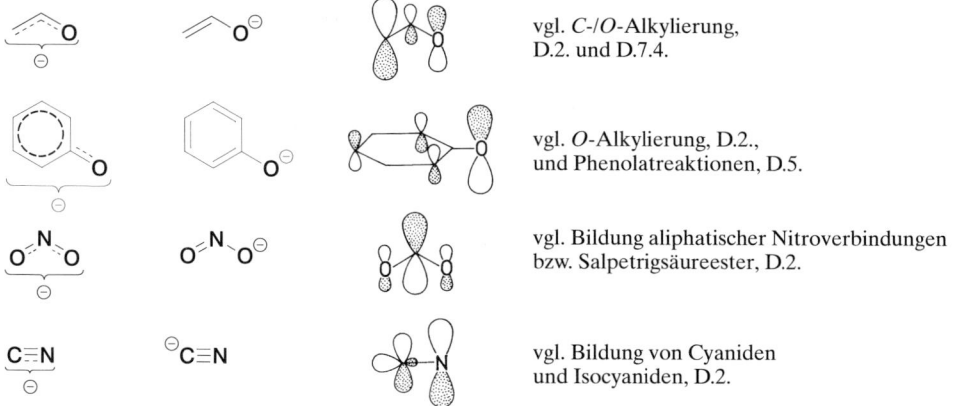

Abb. C.80
Ambidente (ambifunktionelle) Nucleophile
Darstellung mit delokalisierter negativer Ladung; gebräuchliche mesomere Grenzformel; Koeffizienten im HOMO

Die quantenchemisch berechneten Orbitalenergien sowie die Ionisierungsenergien und Elektronenaffinitäten gelten exakt nur für den Gaszustand. Die Berücksichtigung von Solvatationseffekten ist schwierig. Zudem sind die Reaktionen zu unterschiedlichen Anteilen ladungs- und orbitalkontrolliert.

Aus diesen Gründen sind die Reaktionsfähigkeit eines Moleküls und die relativen Reaktivitäten verschiedener Reagenzien (vgl. C.3.2.) keine absoluten, unter allen Umständen feststehenden Größen, sondern sie hängen entscheidend von der Art der Reaktion, vom Reaktionspartner und vom Medium ab.

7. Stereoisomerie

Verbindungen gleicher Konstitution (Topologie, Verknüpfung der Atome), die sich nur durch die räumliche Anordnung ihrer Atome unterscheiden, nennt man *Stereoisomere*. Sie können unterschiedliche physikalische Eigenschaften und chemische Reaktivitäten haben.

7.1. Konformation

Stereoisomere, die durch Drehung um eine Einfachbindung zustande kommen, heißen *Konformere* und die dementsprechende räumliche Anordnung der Atome eines Moleküls *Konformation*.

Einige der bei der Drehung um eine C–C-Bindung, z. B. der zentralen C–C-Bindung des Butans, durchlaufenen Konformationen sind in [C.81] dargestellt.

Da sich die Substituenten an den beiden C-Atomen in Abhängigkeit vom Drehwinkel um die C–C-Bindung unterschiedlich beeinflussen, sind die Energien der einzelnen Konformeren verschieden, vgl. Abb. C.82. In der Regel sind Konformationen wie I und II, [C.81], in denen die Substituenten an den benachbarten C-Atomen *gestaffelt* (engl. *staggered*) angeordnet sind, wegen der geringeren sterischen Behinderung energieärmer als die *ekliptischen* (engl. *eclipsed*) Konformationen III und IV. Am stabilsten ist gewöhnlich die voll gestaffelte *antiperiplanare* Konformation, in der sich die größten Substituenten in *anti-(trans)*-Stellung befinden. Die größte sterische Behinderung liegt in der voll ekliptischen *synperiplanaren* Konformation IV vor, in der die großen Substituenten *syn-(cis)*-ständig sind. Sie ist daher meist die energiereichste.

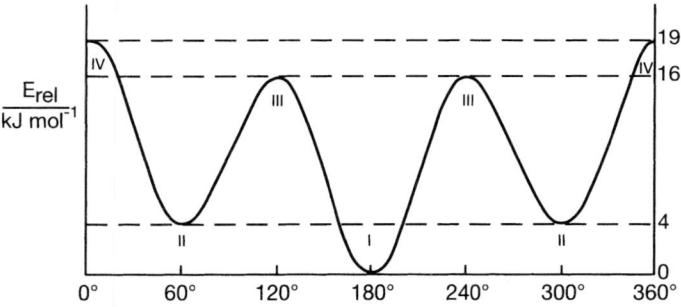

[C.81]

I	II	III	IV
gestaffelt	(schief) gestaffelt	ekliptisch	(voll) ekliptisch
antiperiplanar	synclinal	anticlinal	synperiplanar
anti, trans	engl. auch *gauche, skew*		*cis*

Zur Darstellung von Konformeren auf dem Papier sind verschiedene Projektionen gebräuchlich. In der sog. *Sägebock*-Schreibweise zeichnet man die C–C-Bindung diagonal und etwas verlängert und projiziert die Substituenten an den beiden C-Atomen in die Papierebene, s. [C.81] oben. In der *Newman-Projektion* wird die C–C-Bindung senkrecht zur Papierebene angeordnet und zwischen die C-Atome eine Kreisscheibe gezeichnet, [C.81] unten.

Abb. C.82
Energie von Butan in Abhängigkeit von der Drehung um die innere C–C-Bindung

Wenn jedoch zwischen den Substituenten an den beiden C-Atomen eine attraktive Wechselwirkung besteht, wie z. B. zwischen zwei Hydroxylgruppen, die über eine Wasserstoffbrücke verbunden sind, können die synclinale und die synperiplanare Konformation stabiler sein als die antiperiplanare und anticlinale.

In offenkettigen Verbindungen sind die Energieunterschiede zwischen den einzelnen Konformationen im allgemeinen klein, z. B. beim Butan [C.81] zwischen der gestaffelten Konformation I und der schief gestaffelten II etwa 4 kJ·mol^{-1}, zwischen I und der ekliptischen III etwa 16 kJ·mol^{-1}, vgl. Abb. C.82. Unter normalen Bedingungen ist daher die Rotation um die C–C-Bindung nur wenig behindert, und die verschiedenen Konformeren lassen sich nicht einzeln isolieren.

Einer (Gibbs)-Energie-Differenz von –4 kJ·mol^{-1} entspricht nach Gleichung [C.14] eine Gleichgewichtskonstante K von 5,0 bei 25 °C und einer (Gibbs-)Energie-Barriere von 16 kJ·mol^{-1} nach Gleichung [C.26] eine Geschwindigkeitskonstante k von $1,0 \cdot 10^{11}$ s^{-1}, d. h., im thermodynamischen Gleichgewicht liegen zwar die Konformeren I und II im Verhältnis 5 : 1 vor, aber sie wandeln sich mit so großer Geschwindigkeit ineinander um, daß sie sich nicht einzeln isolieren lassen.

Wenn jedoch die Substituenten an den benachbarten C-Atomen so groß sind, daß die freie Drehbarkeit um die C–C-Bindung nicht mehr möglich ist, so lassen sich Konformere einzeln

isolieren, wie z. B. im Falle von 1,1,2,2-Tetra-*tert*-butylethan oder von *o*-substituierten Diphe-
nylen. In diesen sog. *Atropisomeren* sind die beiden Benzenringe um etwa 90° verdrillt.

[C.83]

Bei unterschiedlichen *o*-Substituenten verhalten sich die beiden Atropisomeren wie Bild und Spiegelbild, die nicht miteinander zur Deckung gebracht werden können, und sind daher *Enantiomere*, siehe Kapitel C.7.3.1.

In *alicyclischen* Verbindungen ist die Zahl der möglichen Konformationen begrenzt, da die
vollständige Drehung um eine C–C-Bindung im Ring nicht möglich ist.

Vom *Cyclohexan* gibt es zwei Konformationen, in denen die C–C-Bindungswinkel tetraedrisch und daher ringspannungsfrei sind, die *Sessel-* und die *Wannenform*:

[C.84]

| Sesselform | Wannenform | Twistform |
| a: axial, e: äquatorial | | |

Die Wannenform, die jedoch ekliptische Konformationen enthält, ist um etwa 27 kJ · mol^{-1}
energiereicher als die Sesselform, in der nur gestaffelte Konformationen vorkommen. Etwas
weniger gespannt ist die verdrillte *Twistform*, aber immer noch 21 kJ · mol^{-1} energiereicher als
die Sesselform. Cyclohexan und die meisten seiner Derivate liegen daher bevorzugt in der Sesselform vor. Die einzelnen Sesselformen gehen durch Drehung um die C–C-Bindungen und
„Umklappen" des Ringes über die Twistform sehr schnell ineinander über. Die Aktivierungsenergie dafür beträgt 45 kJ · mol^{-1} und die Geschwindigkeitskonstante 10^4–10^5 s^{-1} bei 25 °C.

In substituierten Cyclohexanen können die Bindungen zwischen einem Ringkohlenstoff-
atom und einem Substituenten entweder *axial* (a), d. h. parallel zur Symmetrieachse des Ringes, oder *äquatorial* (e, vom engl. *equatorial*), d. h. angenähert in der Ringebene liegend, sein,
vgl. [C.84]. Axiale und äquatoriale Konformere liegen wegen des leicht möglichen Umklap-
pens der Sesselformen ineinander im Gleichgewicht vor, das um so weiter auf der Seite der
energieärmeren äquatorialen Konformation liegt, je größer der Substituent ist.

$\Delta_R G^\ominus = -7{,}5$ kJ · mol^{-1}, $K = 21$ [C.85]

So ist z. B. die äquatoriale Form des Methylcyclohexans [C.85] 7,5 kJ · mol^{-1} energieärmer als die axiale
und liegt im Gleichgewicht zu 95,4% vor ($K = 21$). Für *tert*-Butylcyclohexan betragen die entsprechenden
Werte 20 kJ · mol^{-1} und 99,97% ($K = 3200$).

Bei chemischen Reaktionen von Cyclohexanen, z. B. Eliminierungen (vgl. D.3.1.3.), ist stets
mit den Umwandlungen der äquatorialen und axialen Konformationen zu rechnen.[1]

---

[1] Wenn besondere konstitutionelle Faktoren das Molekül starr machen, ist eine solche Umwandlung nicht
möglich, z. B. in kondensierten Ringsystemen wie dem *trans*-Decalin [C.90].

7.2.   *cis-trans*-Isomerie

Verbindungen mit zwei Substituenten an Atomen, um deren Bindung eine Rotation nicht möglich ist, kommen als *cis-trans-Isomere* vor (früher als *geometrische Isomere* bezeichnet). Das ist bei Verbindungen mit Doppelbindungen und bei cyclischen Verbindungen der Fall.

In substituierten *Alkenen* stehen im *cis*-Isomer die Substituenten auf der gleichen Seite der Doppelbindung, im *trans*-Isomer auf gegenüberliegenden Seiten, z. B.:

$$
\underset{\substack{\text{HOOC} \quad \text{COOH} \\ \text{C}=\text{C} \\ \text{H} \qquad \text{H}}}{} \qquad\qquad\qquad \underset{\substack{\text{HOOC} \quad \text{H} \\ \text{C}=\text{C} \\ \text{H} \qquad \text{COOH}}}{} \qquad\qquad\text{[C.86]}
$$

cis- oder (*Z*)-Ethen-1,2-dicarbonsäure   *trans*- oder (*E*)-Ethen-1,2-dicarbonsäure
       Maleinsäure   Fumarsäure

Da bei Verbindungen mit mehr als zwei verschiedenen Substituenten die *cis-trans*-Zuordnung nicht eindeutig ist, werden heute die Isomere nach dem *E/Z*-System benannt. Stehen die beiden Substituenten mit der höchsten Priorität nach den Sequenzregeln von CAHN, INGOLD und PRELOG (vgl. C.7.3.1.) auf derselben Seite der Doppelbindung, so handelt es sich um das (*Z*)-Isomere (von *zusammen*), andernfalls liegt das (*E*)-Isomere (von *entgegen*) vor.

$$
\underset{\substack{\text{H}_3\text{C} \quad \text{COOH} \\ \text{C}=\text{C} \\ \text{H} \qquad \text{CH}_3}}{} \qquad\qquad\qquad \underset{\substack{\text{H}_3\text{C} \quad \text{CH}_3 \\ \text{C}=\text{C} \\ \text{H} \qquad \text{COOH}}}{} \qquad\qquad\text{[C.87]}
$$

          (*Z*)   (*E*)

Man beachte, daß *cis* und *Z* bzw. *trans* und *E* nicht notwendigerweise korrespondieren.

(*E*)- und (*Z*)-Alken sind verschiedene chemische Species mit unterschiedlichen physikalischen und chemischen Eigenschaften.

Die Schmelztemperaturen von Malein- und Fumarsäure [C.86] z. B. betragen 130 bzw. 286 °C, und ihre Aciditätskonstanten sind $pK_S = 1,8$ bzw. 3,0.

(*E*)- und (*Z*)-Alken sind nach der in C.7.3.2. gegebenen Definition *Diastereomere*.

Die *E/Z*-Bezeichnung wird auch bei anderen Doppelbindungen, z. B. C=N und N=N, angewandt.

$$
\underset{\substack{\text{Ph} \quad \text{OH} \\ \text{C}=\text{N} \\ \text{H}}}{} \qquad\qquad\qquad \underset{\substack{\text{Ph} \\ \text{C}=\text{N} \\ \text{H} \qquad \text{OH}}}{} \qquad\qquad\text{[C.88]}
$$

(*Z*)- oder *syn*-Benzaldehydoxim   (*E*)- oder *anti*-Benzaldehydoxim

Daneben sind die älteren Bezeichnungen *syn* und *anti* gebräuchlich.

Disubstituierte *cyclische Verbindungen* werden ebenfalls mittels der *cis-trans*-Symbolik benannt. Im *cis*-Isomer stehen die beiden Substituenten auf der gleichen Seite des Ringes, im *trans*-Isomer auf verschiedenen Seiten.

$$
\text{[C.89]}
$$

cis-1,2-Dimethyl-cyclopropan   *trans*-1,2-Dimethyl-cyclopropan

Auch bei diesen Verbindungen handelt es sich entsprechend C.7.3.2. um Diastereomere. Die substituierten Ring-C-Atome sind jedoch hier Chiralitätszentren mit vier verschiedenen Substituenten, so daß die *cis*-

trans-Isomeren in jeweils zwei optisch aktiven *enantiomeren* Formen vorkommen, die gewöhnlich als racemisches Gemisch vorliegen, vgl. C.7.3.3.1. Sind wie in [C.90] die an den beiden Ring-C-Atomen gebundenen Substituenten identisch, so ist das *cis*-Isomere nicht chiral und kommt nur in einer Form, der optisch inaktiven *meso*-Verbindung vor.

Die Bezeichnungen *cis* und *trans* werden analog bei höhergliedrigen Ringen, die nicht eben sind, gebraucht und dann auch zur Charakterisierung der Verknüpfung in kondensierten Ringsystemen, z. B.:

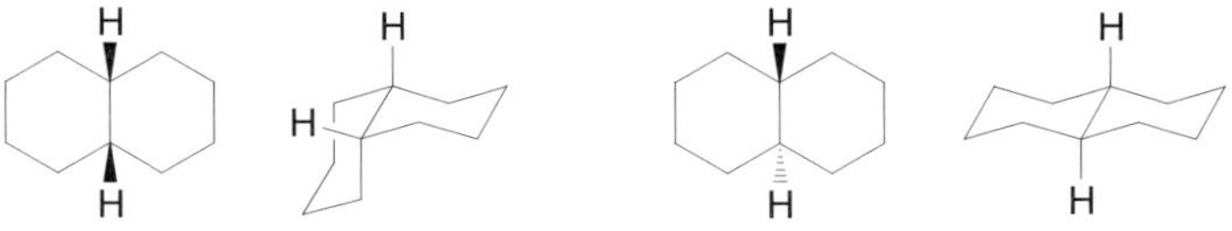

[C.90]

cis-Decalin   *trans*-Decalin

In [C.90] sind wie meist üblich (vgl. C.7.3.1.) die oberhalb der Ringebene stehenden Substituenten mit keilförmigen und die unterhalb der Ebene stehenden mit gestrichelten Bindungen dargestellt.

7.3.   Chiralität und Stereoisomerie

7.3.1.   Enantiomerie

Eine Verbindung mit einem Kohlenstoffatom, das tetraedrisch von vier verschiedenen Substituenten umgeben ist, wie z. B. Glyceraldehyd (Glycerinaldehyd) [C.91], kommt in zwei Stereoisomeren vor, die Spiegelbilder, aber nicht deckungsgleich sind. Solche Objekte, die nicht mit ihrem Spiegelbild zur Deckung gebracht werden können, nennt man *chiral* (vom griechischen *cheir*, Hand) und die beiden Stereoisomere *Enantiomere* (früher auch *optische Isomere* oder *Antipoden*).

[C.91]

(+)-Glyceraldehyd   Spiegelebene   (–)-Glyceraldehyd

Das zentrale Kohlenstoffatom bezeichnet man als *asymmetrisch* und die Anordnung der Substituenten um das Zentralatom als *Konfiguration*.[1]) Das asymmetrische C-Atom ist ein *stereogenes Zentrum* oder *Chiralitätszentrum*.[2])

Die beiden Enantiomere haben die gleiche Konstitution und unterscheiden sich nur durch ihre Konfiguration (Topographie). In achiraler Umgebung besitzen sie daher die gleichen physikalischen und chemischen Eigenschaften , z. B. die gleiche Energie, gleiche Schmelz- und Siedetempe-

---

[1]) Auch Verbindungen mit anderen asymmetrischen Atomen, z. B. Si, N, P, sind chiral.

[2]) Außer einem Chiralitätszentrum kann Chiralität u. a. auch durch eine *Chiralitätsachse*, wie in Atropisomeren [C.83] und Allenen, oder eine *Chiralitätsebene*, wie in Cycloalkenen, bedingt sein.

Allen   Cycloalken

raturen, Löslichkeiten, Spektren und gleiche Reaktivität. In einer chiralen Umgebung dagegen verhalten sie sich unterschiedlich, z. B. gegenüber polarisiertem Licht und chiralen Reagenzien.

Eine Lösung des einen Enantiomeren dreht die Ebene des linear polarisierten Lichtes nach rechts, die Lösung des anderen Enantiomeren um den gleichen Betrag nach links, was mit (+) bzw. (–) gekennzeichnet wird. Man bezeichnet dieses Verhalten als *optische Aktivität,* auf Grund derer beide Enantiomere unterscheidbar und quantitativ erfaßbar sind, s. Kap. A.3.4. Polarimetrie. In einem Gemisch aus gleichen Teilen der beiden Enantiomere kompensieren sich die Drehungen der (+)- und (–)-Form, und ein solches *racemisches Gemisch* oder *Racemat* ist optisch inaktiv.

Um die räumliche Konfiguration einer chiralen Verbindung mit asymmetrischem Zentral-atom auf der Papierebene darzustellen, legt man wie in [C.91] zwei der vier Bindungen in die Papierebene und verbindet die vor bzw. hinter der Ebene liegenden Substituenten mit einer keilförmigen bzw. gestrichelten Linie. Längere Kohlenstoffketten zeichnet man zick-zack-för-mig und läßt die C- und H-Atome weg, wie in [C.93].

Nach einer älteren auf EMIL FISCHER zurückgehenden Übereinkunft projiziert man das Tetraeder in die Zeichenebene, indem man zwei der Substituenten vor der Papierebene in eine Waagerechte legt und die beiden hinter der Ebene liegenden Substituenten ober- und unter-halb davon anordnet. Die längste Kohlenstoffkette wird dabei gewöhnlich senkrecht mit der am höchsten oxidierten Gruppe oben gezeichnet, siehe [C.92]. Da die OH-Gruppe im (+)-Enantiomer dann rechts (lateinisch *dexter*) vom asymmetrischen C-Atom und im (–)-Enantio-mer links (*laevus*) davon steht, werden diese Konfigurationen mit D bzw. L bezeichnet.

[C.92]

D-(+)-Glyceraldehyd   L-(–)-Glyceraldehyd

Man beachte, daß man eine Fischer-Projektionsformel in der Papierebene nur um 180° drehen kann, ohne die Konfiguration zu verändern. Beim Drehen um 90° in der Papierebene oder um 180° um die Längsachse des Moleküls müssen zwei gegenüberliegende Substituenten vertauscht werden, wie an Hand der Stereoformeln erkennbar ist, vgl. [C.92] L-(–)-Glyceraldehyd.

Der Drehsinn des betreffenden Enantiomers im Polarimeter, (+) bzw. (–), hängt nicht in ein-facher Weise mit seiner Konfiguration, D bzw. L, zusammen, d. h. auch D-Verbindungen können links- und L-Verbindungen rechtsdrehend sein, wie z. B. die Tetrosen [C.93].

Da das D,L-System bei komplizierten Verbindungen zu Problemen führt, wurde von CAHN, INGOLD und PRELOG ein eindeutiges System für die Beschreibung der Konfiguration eingeführt (nach den Autoren abgekürzt *CIP-System* genannt). Es legt die Reihenfolge (Sequenz) der vier Substituenten am asymmetrischen Zentrum entsprechend ihrer *Priorität* fest. Die Priorität sinkt
– mit abnehmender Ordnungszahl des gebundenen Atoms
– bei gleichem Atom in der ersten Bindungssphäre mit der Priorität des Atoms in der zweiten und dann in der dritten Bindungssphäre
– von dreifach über zweifach zu einfach gebundenen Atomen.

Auf diese Weise ergibt sich die folgende Reihe der Prioritäten:

$$I > Br > Cl > SO_3H > SR > F > OR > OH > NR_2 > NHR > NH_2 > COOR$$
$$> COOH > CHO > CH_2OH > CR_3 > CHR_2 > CH_2R > CH_3 > H.$$

Betrachtet man nun das Tetraeder von der Seite her, die dem Substituenten der niedrigsten Priorität abgewandt ist, d. h. im Falle des Glyceraldehyds [C.91] und [C.92] (3. und 4. Formel) von vorn (H liegt hinten), dann wird das betreffende Enantiomere mit R (von lateinisch *rectus,* rechts) bezeichnet, wenn man vom Substituenten der höchsten Priorität zum Substituenten der niedrigsten Priorität im Uhrzeigersinn vorgehen muß bzw. entgegen dem Uhrzeigersinn mit S (von lat. *sinister,* links). (+)-Glyceraldehyd ist demnach (R)-Glyceraldehyd und (–)-Glyceraldehyd entsprechend (S)-Glyceraldehyd.

7.3.2   Diastereomerie

Verbindungen mit zwei (allgemein n) asymmetrischen C-Atomen treten in vier (2^n) optisch aktiven Formen auf, wie z. B. die einfachsten Zucker der Struktur HOCH$_2$-CHOH-CHOH-CHO (Tetrosen) [C.93]. Davon sind (+)- und (–)-Erythrose sowie (+)- und (–)-Threose jeweils Spiegelbilder, also Enantiomerenpaare. Dagegen ist keine der Erythrosen Spiegelbild einer Threose. Stereoisomere, die keine Spiegelbilder sind, heißen *Diastereomere.*[1] Sie unterscheiden sich im Gegensatz zu Enantiomeren in ihren physikalischen und chemischen Eigenschaften.

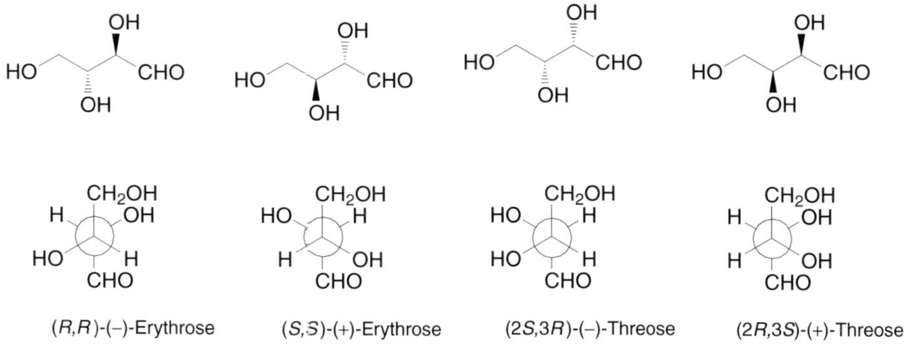

[C.93]

(R,R)-(–)-Erythrose   (S,S)-(+)-Erythrose   (2S,3R)-(–)-Threose   (2R,3S)-(+)-Threose

In [C.93] sind die vier Tetrosen auch in der Newman-Projektion ihrer gestaffelten Konformationen dargestellt. Ihre Konfiguration ist nach dem CIP-System bezeichnet, die Zahlen geben die Nummern der betreffenden C-Atome (beginnend mit der CHO-Gruppe) an.

Nach dem D,L-System unter Zugrundelegung der Fischer-Projektionen ergeben sich die in [C.94] genannten Bezeichnungen. Für die Zuordnung zur D- bzw. L-Konfiguration ist die Stellung der OH-Gruppe an dem von der CHO-Gruppe am weitesten entfernten asymmetrischen C-Atom ausschlaggebend.

---

[1] In diesem Sinne sind auch die E/Z-Isomeren von Olefinen Diastereomere (vgl. C.7.2.). Sie sind jedoch nicht chiral.

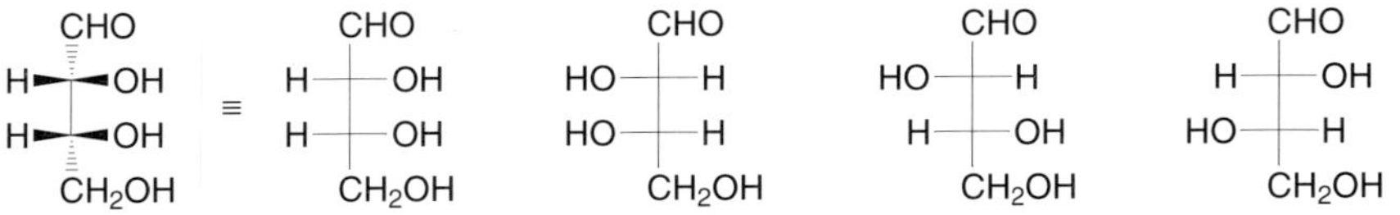

| D-(–)-Erythrose | L-(+)-Erythrose | D-(–)-Threose | L-(+)-Threose |

[C.94]

In Anlehnung an die Konfiguration der Tetrosen werden die Bezeichnungen *erythro* und *threo* auch für andere Diastereomere mit zwei benachbarten asymmetrischen C-Atomen verwendet, s. z. B. [7.155]. In einer gestaffelten Sägebock- oder Newman-Projektion einer *erythro*-Form stehen Substituenten entsprechender Priorität in *anti*-Stellung, in einer *threo*-Form in *syn*-Stellung. In den voll ekliptischen Fischer-Projektionen dagegen sind diese Substituenten in der *erythro*-Form *syn*-ständig und in der *threo*-Form *anti*-ständig, vgl. [C.93] und [C.94].

Verbindungen mit zwei asymmetrischen C-Atomen, die die gleichen Substituenten tragen, kommen nur in drei stereoisomeren Formen vor, wie z. B. die Weinsäuren:

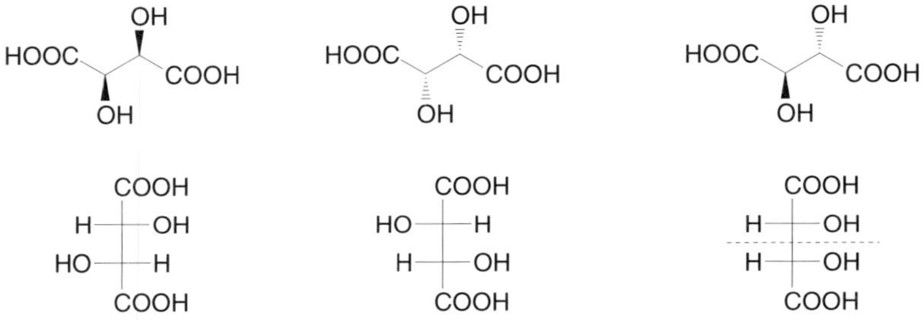

| (*R*,*R*)-(+) oder L-(+) | (*S*,*S*)-(–) oder D-(–) | (*R*,*S*)- oder *meso*-Weinsäure |

[C.95]

Zwei von ihnen sind Enantiomere und optisch aktiv, während die zu diesen diastereomere *meso*-Weinsäure optisch inaktiv ist. Sie enthält eine Symmetrieebene (⋯ in [C.95] senkrecht zur Papierebene), so daß ihr Spiegelbild mit ihr zur Deckung gebracht werden kann. Die optische Aktivität der beiden asymmetrischen C-Atome ist quasi intern kompensiert.

7.3.3. Synthese chiraler Verbindungen

Voraussetzung für die Synthese einer chiralen Verbindung aus einer achiralen ist eine *prochirale* Ausgangsverbindung. Ein achirales Molekül oder Molekülteil heißt prochiral, wenn es durch die Einführung eines neuen achiralen Substituenten in ein chirales überführt werden kann. Prochiral sind Moleküle mit C-Atomen, die drei verschiedene Substituenten tragen. Das können trigonal ebene C-Verbindungen mit zwei verschiedenen Resten und einer Doppelbindung [C.96] sein oder tetraedrische C-Verbindungen mit vier Resten, von denen zwei gleich sind [C.97]. Wird in diese Moleküle ein weiterer Substituent durch Addition an die Doppelbindung (wie in [C.96]) bzw. durch Substitution einer der beiden gleichen Reste (wie in [C.97]) eingeführt, so entsteht ein asymmetrisches C-Atom, und die Produkte sind chiral.

Eine prochirale Verbindung hat eine Symmetrieebene, die das Molekül in zwei Hälften teilt, die Spiegelbilder sind. Die beiden Seiten werden dann als *enantiotop* bezeichnet. Je nach dem, von welcher Seite der vierte Substituent eingeführt wird, entsteht das eine oder andere Enantiomere des Produktes.

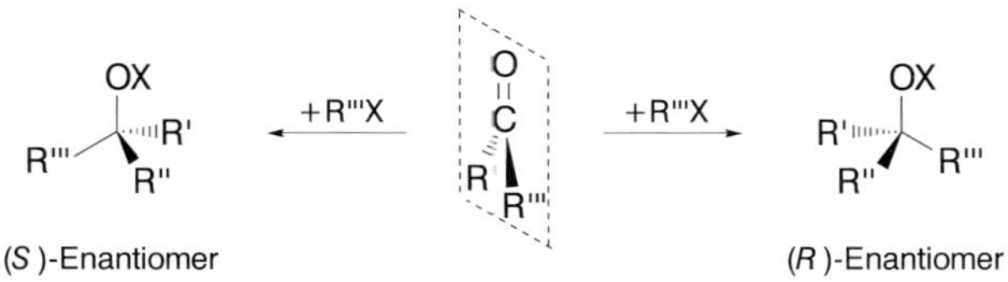

Prioritäten OX > R''' > R'' > R'   [C.96]

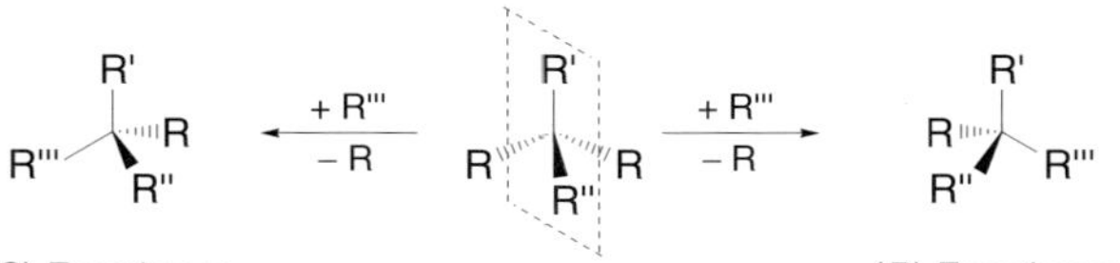

(S)-Enantiomer   (R)-Enantiomer

Prioritäten: R''' > R'' > R' > R   [C.97]

(S)-Enantiomer   (R)-Enantiomer

Besitzt das Substrat außer einer prochiralen Einheit zusätzlich ein Chiralitätszentrum, so teilt eine entsprechend durch das Molekül gelegte Ebene dieses in zwei sog. *diastereotope* Seiten. Bei der Einführung des neuen Substituenten von unterschiedlichen Seiten entstehen dann Diastereomere, vgl. [C.99].

7.3.3.1. Racematspaltung

In achiraler Umgebung sind die beiden enantiotopen Seiten einer prochiralen Verbindung gleichwertig. Die Addition an die Carbonylgruppe [C.96] bzw. die Substitution am C-Atom [C.97] führen dann zu einem racemischen Gemisch (Racemat), da beide Enantiomere über Übergangszustände gleicher Energie mit gleicher Aktivierungsenergie und gleicher Reaktionsgeschwindigkeit gebildet werden. Aus dem Racemat können die reinen Enantiomeren mit verschiedenen Methoden gewonnen werden.

Man kann z. B. das racemische Gemisch mit einer chiralen Verbindung umsetzen, wobei Diastereomere gebildet werden. Diese haben im Gegensatz zu den Enantiomeren unterschiedliche physikalische Eigenschaften, z. B. Löslichkeiten, und können daher durch fraktionierte Kristallisation oder Chromatographie getrennt werden. Aus den getrennten Diastereomeren spaltet man die optisch aktive Hilfsverbindung wieder ab und gewinnt so die reinen Enantiomeren. Diese Methode ist besonders dann einfach anwendbar, wenn die zu trennenden Enantiomere saure oder basische Gruppen haben, die mit optisch aktiven Basen (z. B. Chinin, Brucin, α-Phenyl-ethylamin) bzw. Säuren (z. B. Weinsäure) diastereomere Salze bilden:

(R)-B + (S)-HA $\longrightarrow$ (R)-BH$^{\oplus}$(S)-A$^{\ominus}$ [C.98]

(S)-B + (S)-HA $\longrightarrow$ (S)-BH$^{\oplus}$(S)-A$^{\ominus}$

Racemat   Diastereomere

Ähnliche Wechselwirkungen wie bei der Salzbildung liegen auch bei der Komplexbildung von Enantiomeren mit einem chiralen Partner (vgl. Trennung von D,L-α-Phenyl-ethylamin, Abschn. D.7.1.7.1.) und bei der Adsorption an einem chiralen Feststoff vor (vgl. A.2.7. Chromatographische Trennung von Racematen an chiralen stationären Phasen).

Schließlich können racemische Gemische rasch und ökonomisch durch *kinetische Racematspaltung* getrennt werden, indem in einer stereoselektiven Reaktion mit einem chiralen Reagens, z. B. einem Enzym, nur eines der beiden Enantiomere umgesetzt wird und das andere zurückbleibt, s. unten.

7.3.3.2. Stereoselektive Synthese

In einer chiralen Umgebung sind die beiden Seiten oder Reste einer prochiralen Verbindung nicht mehr gleichwertig. Sie reagieren in den Umwandlungen [C.96] bzw. [C.97] mit unterschiedlicher Geschwindigkeit, und eines der beiden Enantiomere wird bevorzugt gebildet (*stereoselektive* oder *asymmetrische Synthese*).

Die für eine stereoselektive Synthese notwendige Chiralitätsinformation, die die Stereodifferenzierung am Reaktionszentrum bewirkt, wird als *asymmetrische Induktion* bezeichnet. Sie kann auf verschiedene Weise erreicht werden.

Substratinduktion liegt vor, wenn einer der Ausgangsstoffe bereits ein chirales Strukturelement besitzt. Enthält z. B. das Substrat eine chirale Gruppe, wie die Carbonylverbindung mit asymmetrischem C-Atom in [C.99], so verläuft die Reaktion über diastereomere Übergangszustände, die unterschiedliche Energien haben. Eines der beiden diastereomeren Produkte wird daher bevorzugt gebildet (*diastereoselektive Synthese*).

Gut untersucht sind diese Verhältnisse bei nucleophilen Additionen an chirale Carbonylverbindungen (vgl. z. B. D.7.3.1.1.).

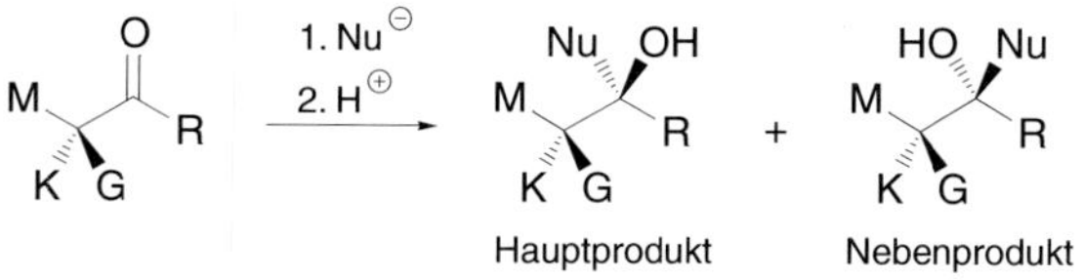

$$[\text{C.99}]$$

K: kleiner, M: mittelgroßer, G: großer Rest;
Nu$^\ominus$: Hydrid oder C-Nukleophil

Wenn die Reste am asymmetrischen C-Atom unterschiedlich groß sind (K<M<G), geht man davon aus, daß im Übergangszustand der größte Rest G senkrecht zur Carbonylgruppe angeordnet ist und das Reagens Nu$^\ominus$ von der ihm gegenüberliegenden Seite in einem Winkel eintritt, der etwa dem Nu–C–O-Bindungswinkel im Reaktionsprodukt entspricht (*Felkin-Anh-Modell* [C.100]). Von den beiden möglichen Konformationen I und II ist dann die, in der Nu dem kleinen Rest K benachbart ist (II), energieärmer als die, in der es neben dem größeren Rest M steht (I). Es wird also das Diastereomer (III) bevorzugt gebildet, in dem Nu zwischen dem kleinen Rest (K) und dem mittelgroßen Rest (M) und die OH-Gruppe zwischen M und dem größten Rest (G) zu stehen kommt.

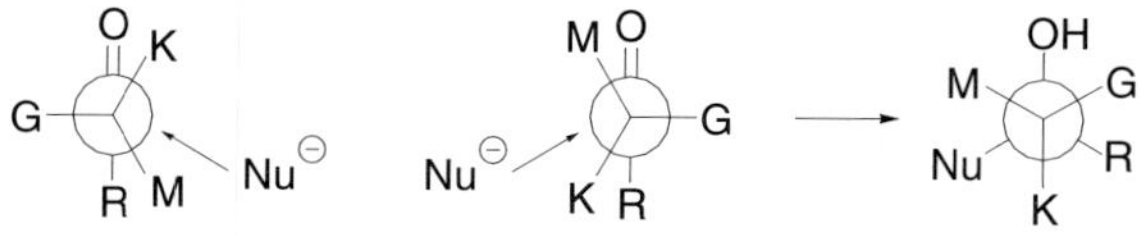

$$[\text{C.100}]$$

Von *Auxiliarinduktion* spricht man, wenn ein prochirales Substrat durch Umsetzung mit einem chiralen Hilfsstoff (*Auxiliar*) in ein chirales Zwischenprodukt überführt wird, mit dem man anschließend die stereoselektive Synthese durchführt. Aus dem Reaktionsprodukt wird der chirale Hilfsstoff wieder abgespalten (und kann zurückgewonnen und wiederverwendet werden). Zum Beispiel lassen sich Carbonylverbindungen mit chiralen Hydrazinen in chirale Hydrazone umwandeln, deren Reaktion bevorzugt eines der Enantiomere ergibt, vgl. D.7.4.2.1. [7.305] (*enantioselektive Synthese*).

Reagensinduktion liegt vor, wenn ein prochirales Substrat direkt mit einem geeigneten chiralen Reagens in ein chirales Produkt umgewandelt wird. Die stereochemische Information kann dabei entweder mit dem in stöchiometrischer Menge eingesetzten Reagens oder vorteilhafterweise mit einem chiralen Katalysator übertragen werden (*asymmetrische Katalyse*). Da bei Reagensinduktion im Gegensatz zur Auxiliarinduktion keine diastereomeren Zwischen-produkte auftreten, sollten solche Reaktionen hoch enantioselektiv verlaufen. Als Beispiel für die stöchiometrische Variante sei die asymmetrische Hydroborierung (vgl. D.4.1.8.) erwähnt; synthetisch bedeutende Beispiele für die asymmetrische Katalyse sind die Hydrierung in Gegenwart von Metallkomplexen mit chiralen Liganden (s. D.4.5.1.), die asymmetrische Epoxidierung und Dihydroxylierung (s. D.4.1.6.) sowie enzymkatalysierte Reaktionen (s. D.7.3.1.6.).

Reagiert ein chirales Substrat mit einem chiralen Reagens, so liegt *doppelte Diastereodiffe-renzierung* vor. Entsprechend den dabei auftretenden unterschiedlichen Wechselwirkungen zweier chiraler Reaktionspartner werden zwei Fälle unterschieden. Ergänzen sich die Induk-tionen von Substrat und Reagens positiv, so spricht man von einem *gleichsinnigen Paar* (eng-lisch *matched pair*). Bewirken die beiden Reaktanden andererseits eine entgegengesetzte stereochemische Steuerung, handelt es sich um ein *ungleichsinniges Paar* (*mismatched pair*).

Erklärt sei dies am Beispiel der Sharpless-Katsuki-Epoxidierung (D.4.1.6.) eines vom D-Glyceraldehyd abgeleiteten Allylalkohols.

$$[C.101]$$

ohne Weinsäureester	2,3	:	1
(+)-Diethyltartrat	1	:	2
(−)-Diethyltartrat	90	:	1

Während ohne Zusatz von Weinsäureester die beiden diastereomeren Epoxide im Verhältnis 2,3:1 erhal-ten werden, hat der Zusatz eines zweiten chiralen Reaktionspartners (hier einer der beiden enantiomeren Weinsäureester, die am katalytisch wirksamen Komplex beteiligt sind) eine Veränderung des Diastereo-merenverhältnisses zur Folge. Beim Einsatz des natürlichen (+)-*R,R*-Weinsäurediethylesters wird nun das andere Diastereomer bevorzugt gebildet, wobei die Selektivität allerdings nur gering ist. Der enantiomere (−)-*S,S*-Weinsäurediethylester hingegen bewirkt eine wesentlich stärkere Differenzierung und erzeugt mit großem Überschuß das Diastereomer, das auch in Abwesenheit von Weinsäureester hauptsächlich ent-steht. Demzufolge handelt es sich im ersten Fall um das ungleichsinnige, im zweiten Fall um das gleichsin-nige Paar. Da die Chiralität des Weinsäureesters, der in Kombination mit Titanalkoholat und *tert*-Butyl-hydroperoxid einen sterisch anspruchsvollen Komplex bildet, in beiden Fällen dominant ist, liegt hier − wenn auch z. T. nur schwache − *Reagenskontrolle* vor.

Eine stark ausgeprägte Reagenskontrolle im stöchiometrischen oder katalytischen Sinn gestattet hingegen die effiziente Synthese des gewünschten Produktstereoisomers allein durch Wahl des benötigten Reagensenantiomers unabhängig von bereits im Substrat vorhandenen Chiralitätselementen. Sie ist daher höchst wünschenswert.

Reagenskontrolle kann auch zur *kinetischen Racematspaltung* genutzt werden, wenn sich die Reaktionsgeschwindigkeiten der beiden Enantiomere des Substrats deutlich voneinander unterscheiden. Mit der Hilfe von Enzymen, aber auch mittels moderner chiraler Reagenzien können so zahlreiche racemische Gemische rasch und ökonomisch durch selektive Umsetzung nur eines der beiden Enantiomere gespalten werden.

Als Maß für die bevorzugte Bildung eines Enantiomers bei einer enantioselektiven Synthese wird meist der *Enantiomerenüberschuß* (*enantiomeric excess, ee*) in Prozent angegeben:

$$ee/\% = \frac{E_+ - E_-}{E_+ + E_-} \cdot 100$$

E_+ Masse des im Überschuß gebildeten Enantiomeren
E_- Masse des im Unterschuß gebildeten Enantiomeren

$$[C.102]$$

Aus Gleichung [C.26] folgt, daß die Stereoselektivität um so höher ist, je größer der Unterschied der Gibbs-Energien (freien Enthalpien) der zu den beiden Enantiomeren führenden diastereomeren Übergangszustände und je niedriger die Temperatur ist:

$$\ln \frac{E_+}{E_-} = \frac{\Delta\Delta G^{\ddagger}}{RT} \qquad\qquad\qquad [C.103]$$

Beträgt der Energieunterschied z.B. 10 kJ·mol^{-1}, so wird bei 25 °C bereits ein Verhältnis $E_+ : E_-$ von 56,5 : 1 erzielt, was einem Enantiomerenüberschuß von 96,5 % entspricht. Bei –78 °C steigen diese Werte auf $E_+/E_- = 475$ und $ee = 99,6$ %. Stereoselektive Synthesen werden daher bei möglichst niedrigen Temperaturen durchgeführt.

8.   Syntheseplanung

Sowohl im Laboratorium als auch in der industriellen Produktion sind Stoffe bestimmter Struktur mit speziellen Eigenschaften, wie Pharmaka, Pflanzenschutzmittel, Riechstoffe, Farbstoffe, das Ziel der organischen Synthese. Es gelingt gewöhnlich nicht, das Zielprodukt in einem einzigen Reaktionsschritt aus verfügbaren Ausgangsstoffen zu synthetisieren, sondern es muß schrittweise in mehreren Stufen aufgebaut werden, wobei meist mehrere verschiedene Reaktionsfolgen möglich sind. Bei komplizierten Molekülen, wie vielen Naturstoffen und Arzneimitteln, kann die Zahl der möglichen Reaktionswege und der erforderlichen Reaktionsstufen sehr groß werden, und es ist keine triviale Aufgabe, den optimalen Reaktionsweg zu finden. Man wird unter den vorhandenen Möglichkeiten natürlich diejenige anstreben, die mit der geringsten Stufenzahl und der höchsten Gesamtausbeute zum Ziel führt. Weiterhin spielen ökonomische und ökologische Gesichtspunkte als Auswahlkriterien eine Rolle, wie die Kosten, die Toxizität der Ausgangs-, Zwischen- und Nebenprodukte, sowie die Menge und Entsorgbarkeit (möglichst Recycling) der Abfallprodukte und Lösungsmittel.

8.1   Retrosynthese

Den optimalen Syntheseweg zu planen, erleichtert die *retrosynthetische Analyse* (englisch *disconnection approach*).

Man prüft mögliche Varianten, nach denen das Zielmolekül aus Teilstrukturen durch bekannte und effiziente Reaktionen aufgebaut werden könnte. Dazu zerlegt man es (auf dem Papier) durch Spaltung einer geeigneten Bindung in Bruchstücke, die als *Synthons* (Syntheseäquivalente) bezeichnet werden. Diesen Synthons ordnet man dann reale Reagenzien zu, deren Umsetzung wieder das Molekül ergibt. Die so erhaltenen Vorläufer des Zielmoleküls werden nun ihrerseits als neue Zielstrukturen betrachtet und weiter in Bruchstücke gespalten. Diese Prozedur wird so lange wiederholt, bis man zu käuflichen oder einfach synthetisierbaren bekannten Verbindungen als Ausgangsstoffe gelangt. Das Zielmolekül wird sozusagen rückwärts schrittweise in Zwischenprodukte zerlegt, aus denen es wieder synthetisiert werden kann.

Die einzelnen retrosynthetischen Schritte werden gewöhnlich durch einen speziellen Pfeil ($\Rightarrow$) symbolisiert.

In vielen Fällen werden durch die bei der Synthese verwendeten Reagenzien funktionelle Gruppen eingeführt, die nicht denen im Zielmolekül entsprechen und die daher noch umgewandelt werden müssen. Man bezeichnet diese Operation als *Umwandlung funktioneller Gruppen* (englisch *functional group interconversion*, kurz *FGI*).

Bei der retrosynthetischen Analyse wird gewöhnlich berücksichtigt, daß die überwiegende Zahl der Synthesemethoden *polare* Reaktionen verwendet, in denen ein elektrophiles und ein nucleophiles Reagens miteinander reagieren. Man spaltet daher bei der Zerlegung der Moleküle die Bindungen *heterolytisch*, so daß Synthons mit elektrophilen Elektronenacceptorzentren und nucleophilen Donorzentren entstehen. Im Molekül vorhandene funktionelle Gruppen steuern dabei durch ihre polaren Substituenteneffekte (vgl. Kapitel C.5.1), welcher Bindungspartner das Bindungselektronenpaar übernimmt, welche Ladung also die Bruchstücke erhalten.

Es kann vorkommen, daß bei der Zerlegung eines Moleküls ein Synthon mit unnatürlicher Ladung entsteht, dem kein Reagens mit einem Reaktionszentrum entsprechender Polarität zugeordnet werden kann. In diesem Falle ist eine *Umpolung* erforderlich, man muß ein Acceptorzentrum (Elektrophil) durch geeignete Reaktionen in ein Donorzentrum (Nucleophil) umwandeln oder umgekehrt. Möglichkeiten dieser Reaktivitätsinversion werden am Beispiel der Carbonylfunktion in Kapitel D.7.2.1.6 dieses Buches illustriert.

Eine einfache retrosynthetische Analyse sei am Beispiel der Synthese von *3-Benzoyl-propionsäure-diethylamid* erläutert (Abb. C.104). Man sieht sofort, daß es mehrere Möglichkeiten gibt, das Molekül durch Spaltung einer Bindung zu zerlegen. Sie führen zu verschiedenen Synthons und weiter zu unterschiedlichen Reagenzien und Synthesewegen.

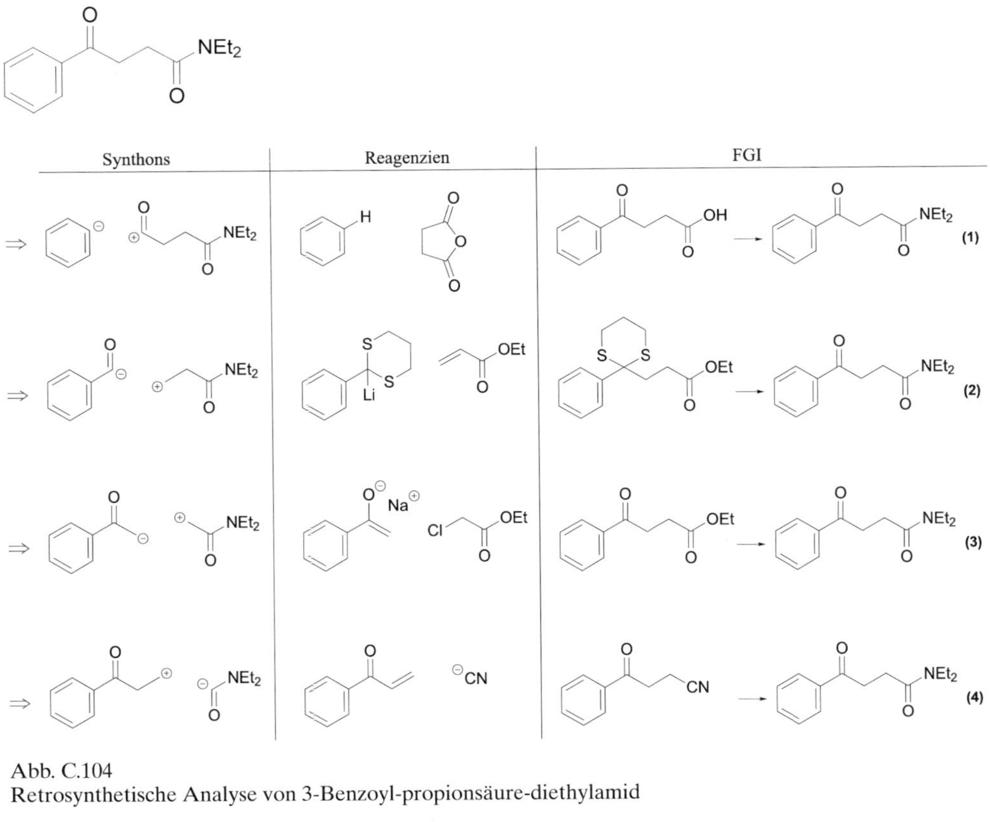

Abb. C.104
Retrosynthetische Analyse von 3-Benzoyl-propionsäure-diethylamid

Zerlegung (1) spaltet die C–C-Bindung zwischen dem Phenylrest und der Ketogruppe. Den gebildeten Synthons können die Reagenzien Benzen und Bernsteinsäureanhydrid zugeordnet werden, die in einer Friedl-Crafts-Reaktion (D.5.1.8.1) die 3-Benzoyl-propionsäure ergeben. In einem weiteren Syntheseschritt muß dann noch die Carboxygruppe in das Diethylamid umgewandelt werden.

Der zweiten Zerlegung liegt eine Spaltung in ein Acylanion und einen Acrylester zugrunde. Während im Esterteil durch das α,β-ungesättigte Carbonylsystem ein Michael-Acceptor vorhanden ist, muß die zweite Komponente durch Umpolung der Normalreaktivität aus Benzaldehyd hergestellt werden. Ein hier vorgestelltes metalliertes 1,3-Dithian ist prinzipiell synthetisch zugänglich, neigt aber vorzugsweise zum nucleophilen Angriff der Carbonylgruppe (1,2-Addition als Konkurrenz zur 1,4-Addition).

In der dritten Zerlegung wird eine Alkylierung des Enolats des Acetophenons mit Chloressigsäureester vorgestellt. Allerdings findet hier zunächst eine Umprotonierung, bedingt durch die höhere CH-Acidität des Chloressigsäureesters statt. Eine sich anschließende Aldolreaktion, gekoppelt mit der intramolekularen Abspaltung von Chlorid führt statt zum gewünschten Produkt zu einem Glyzidester (Darzens-Claisen-Reaktion, D.7.2.1.3.).

Schließlich ist die Zerlegung in den Michael-Acceptor Phenylvinylketon (D.7.4.1.3.) und Cyanidionen als Nucleophil aufgeführt.

Obwohl für dieses Beispiel vier verschiedene (neben weiteren, nicht aufgeführten) retrosynthetische Varianten existieren, eignen sich nur Nr. 1 und 4 für den Aufbau des Zielmoleküls.

Bei Vielstufensynthesen sollte aus ökonomischen und ökologischen Gründen der kürzeste Syntheseweg beschritten werden. Dabei unterscheidet man *lineare* und *konvergente* Synthesen. Beim ersten Typ wird das Zielprodukt Schritt für Schritt aus einem Ausgangsstoff synthetisiert. Bei einer fünfstufigen linearen Synthese, z. B., deren Einzelstufen mit der jeweils hohen Ausbeute von 90% verlaufen, beträgt dann die Gesamtausbeute lediglich $0{,}9^5 = 0{,}59 = 59\ \%$. In zunehmendem Maße bedient man sich daher vor allem bei Naturstoffsynthesen der konvergenten Strategie, wobei zunächst zwei oder mehrere Teilstrukturen dargestellt werden, deren Vereinigung durch geeignete Verknüpfungsreaktionen in einem Finalschritt zum gewünschten Produkt führt. Als sehr elegant und ökonomisch erweisen sich Kaskaden von mehreren aufeinanderfolgenden Reaktionen (sogenannte Tandem- oder Domino-Reaktionen), wodurch ein rascher Aufbau komplexer Moleküle ermöglicht wird.

8.2   Schutzgruppen

Bei vielen Synthesen ist eine temporäre Desaktivierung im Molekül vorhandener funktioneller Gruppen erforderlich, um zu verhindern, daß sie an der Reaktion teilnehmen. Dazu bedient man sich sogenannter Schutzgruppen, die in die funktionelle Gruppe eingeführt und nach der Reaktion wieder entfernt werden. Gängige Schutzgruppen, die in den folgenden Kapiteln dieses Buches erwähnt werden, sind in Tabelle C.105 aufgeführt.

Tabelle C.105

Schutzgruppen

Zu schützende Gruppe	Schutzgruppe geschützte Gruppe	Einführung durch Umsetzung mit	Abspaltung durch
Hydroxy- HO–	*tert*-Alkyl- (Ether) R_3CO-	Isobuten, Triphenylmethylchlorid vgl. D.4.1.3. und D.2.6.2.	saure Hydrolyse
	Benzyl- (Benzylether) $PhCH_2O-$	Benzylhalogenid vgl. D.2.6.2.	Hydrogenolyse, Lewis-Säuren
	Trialkylsilyl- (Silylether) R_3SiO-	Trimethylsilylchlorid u. a. vgl. D.2.7.	saure Hydrolyse
	Acetale ROCHRO–	Carbonylverbindungen (vgl. D.7.1.2.), Vinylethern (vgl. [9.21]) oder Alkoxyalkylchloriden	saure Hydrolyse, Lewis-Säuren

Tabelle C.105 (Fortsetzung)

Zu schützende Gruppe	Schutzgruppe geschützte Gruppe	Einführung durch Umsetzung mit	Abspaltung durch
Amino- H_2N-	*tert*-Butyloxycarbonyl- (BOC) *t*-BuOCONH–	Di-*tert*-butyldicarbonat u. a. vgl. D.7.1.4.2.	Trifluoressigsäure, *p*-Toluensulfonsäure
	Benzyloxycarbonyl- PhCH$_2$OCONH–	Chlorkohlensäurebenzylester vgl. D.7.1.4.2.	Hydrogenolyse mit H$_2$, Pd/C
	Phthalimide vgl. [2.78]	Phthalimid vgl. D.2.6.4.	Hydrazinolyse vgl. [2.80]
	Benzyl- (PhCH$_2$)$_2$N–	Benzylbromid vgl. D.2.6.4.	Hydrogenolyse
	Trialkylsilyl- (R$_3$Si)$_2$N–	Trimethylsilylchlorid vgl. D.2.7.	Hydrolyse
Carbonyl- –CO–	*O,O*-, *S,S*- und *O,S*-Acetale vgl. [7.28], [7.32]	Ethandiol, Ethandithiol, 2-Mercapto-ethanol vgl. D.7.1.2. und D.7.1.3.	saure Hydrolyse
Carboxy- –COOH	Alkyl- (Alkylester) –COOR	Veresterung vgl. D.7.1.4.1. und D.2.6.3.	basische Hydrolyse
	Benzyl- (Benzylester) –COOCH$_2$Ph	Benzylbromid vgl. D.2.6.4.	Hydrogenolyse
	1,3-Oxazoline vgl. [7.48]	2-Amino-alkanolen oder Aziridinen vgl. D.7.1.4.2.	saure Hydrolyse

Wichtige Kriterien für die Auswahl einer Schutzgruppe sind:
– Die Einführung und Abspaltung sollten unter möglichst milden Bedingungen und mit annähernd quantitativen Ausbeuten ohne Veränderung des restlichen Moleküls möglich sein.
– Die zur Einführung der Schutzgruppe nötigen Reagenzien sollten gut zugänglich sein und eine möglichst geringe Toxizität aufweisen.
– Eine geschützte funktionelle Gruppe muß unter den Bedingungen der beabsichtigten Synthesereaktionen stabil sein.

Neben Schutzgruppen, die durch rein chemische Methoden wieder abgespalten werden, haben sich auch solche bewährt, die photochemisch, elektrochemisch oder enzymatisch entfernbar sind. Bei Peptid- und Nucleotid-Synthesen sowie in der kombinatorischen Chemie bedient man sich vor allem polymer-gebundener Schutzgruppen.

9.   Literaturhinweise

Zur umfassenden Unterrichtung über die in diesem Kapitel behandelten Probleme können Lehrbücher der physikalischen organischen bzw. physikalischen Chemie dienen; weiterhin:

Thermodynamik organisch-chemischer Verbindungen

BARIN, I.: Thermochemical Data of Pure Substances. – VCH Verlagsgesellschaft, Weinheim 1993.
BENSON, S. W.: Thermochemical Kinetics. – John Wiley & Sons, New York 1968.
BENSON, S. W.; CRUICKSHANK, F. R.; GOLDEN, D. M.; HAUGEN, G. R.; O'NEAL, H. E.; RODGERS, A. S.; SHAW, R.; WALSH, R., Chem. Rev. 69 (1969), 279–324.
COX, J. D.; PILCHER, G.: Thermochemistry of Organic and Organometallic Compounds. – Academic Press, London 1970.
STULL, D. R.; WESTRUM, E. F.; SINKE, G. C.: The Chemical Thermodynamics of Organic Compounds. – John Wiley & Sons, New York 1969.

Kinetik

FROST, A. A.; PEARSON, R. G.: Kinetik und Mechanismen homogener chemischer Reaktionen. – Verlag Chemie, Weinheim 1964.

HOMANN, K. H.: Reaktionskinetik. – Dr. Dietrich Steinkopff Verlag, Darmstadt 1975.

HUISGEN, R., in: HOUBEN-WEYL. Bd. 3/1 (1955), S. 99–162.

LAIDLER, K. J.: Reaktionskinetik. – Bibliographisches Institut, Mannheim 1970.

LOGAN, S. R.: Grundlagen der chemischen Kinetik. – VCH Verlagsgesellschaft, Weinheim 1997.

SCHWETLICK, K.: Kinetische Methoden zur Untersuchung von Reaktionsmechanismen. – Deutscher Verlag der Wissenschaften, Berlin 1971.

Techniques of Chemistry, Hrsg.: A. WEISSBERGER. Bd. 6/1–2. – John Wiley & Sons, New York 1974.

Lösungsmitteleffekte

PARKER, A. J.; Chem. Rev. **69** (1969), 1–32.

REICHARDT, C., Angew. Chem. **91** (1979), 119.

REICHARDT, C.: Solvents and Solvent Effects in Organic Chemistry. – VCH Verlagsgesellschaft, Weinheim 1988.

WADDINGTON, T.C.; Nicht-wäßrige Lösungsmittel. – Hüthig-Verlag, Heidelberg 1972.

Säuren und Basen

BELL, K. P.: The Proton in Chemistry. – Chapman and Hall, London 1973.

BORDWELL, F. G., Acc. Chem. Res. **21** (1988), 456–463.

CHALBNA, JU. L., Usp. Khim. **49** (1980), 1174.

DJUMAEV, K. M.; KOROLEV, B. A., Usp. Khim. **49** (1980), 2065–2085.

EBEL, H. F.: Die Acidität der CH-Säuren. – Georg Thieme Verlag, Stuttgart 1969.

IZUTZU, K.: Acid Base Dissociation Constants in Dipolar Aprotic Solvents. – Blackwell Scientific Publications, Oxford 1990.

JENSEN, W. B., Chem. Rev. **78** (1978), 1–22.

JENSEN, W. B.: The Lewis Acid-Base Concepts. – John Wiley & Sons, New York 1980.

JONES, J. R.: The Ionisation of Carbon Acids. – Academic Press, London 1973.

KORTÜM, G.; VOGEL, W.; ANDRUSSOW, K.: Dissociation Constants of Organic Acids in Aqueous Solution. – Butterworths, London 1961.

PERRIN, D. D.: Dissociation Constants of Organic Bases in Aqueous Solution. – Butterworths, London 1965.

REUTOV, O. A.; BELETSKAYA, I. P.; BUTIN, K. P.: CH-Acids. – Pergamon Press, New York 1979.

SERJEANT, E. P.; DEMPSEY, B.: Ionisation Constants of Organic Acids in Aqueous Solution. – Pergamon Press, New York 1979.

Hammett-Beziehung

Correlation Analysis in Chemistry. Hrsg.: N. B. CHAPMAN, J. SHORTER. – Plenum Press, New York, London 1978.

JAFFE, H. H., Chem. Rev. **53** (1953), 191.

JOHNSON, C. D.: The Hammett Equation. – Cambridge University Press, Cambridge 1973.

PAL'M, V. A.: Grundlagen der quantitativen Theorie organischer Reaktionen. – Akademie-Verlag, Berlin 1971.

RITCHIE, C. D.; SAGER, W. F., Progr. Phys. Org. Chem. **2** (1964), 323.

SHORTER, J., Quart. Rev. **24** (1970), 433.

WELLS, P. R.: Chem. Rev. **63** (1963), 171.

Störungstheorie organischer Reaktionen

Chemical Reactivity and Reaction Paths. Hrsg.: G. KLOPMAN. – John Wiley & Sons, New York 1974.

FLEMING, I.: Grenzorbitale und Reaktionen organischer Verbindungen. – Verlag Chemie, Weinheim 1979.

HUDSON, R. F., Angew. Chem. **85** (1973), 63–84.

Stereoisomerie

IUPAC. Rules for the Nomenclature of Organic Chemistry. Section E: Stereochemistry. Pure Appl. Chem. **54** (1976), 13–30.

BÄHR, W.; THEOBALD, H.: Organische Stereochemie – Begriffe und Definitionen. – Springer-Verlag, Berlin, Heidelberg, New York 1973.

ELIEL, E. L.; WILEN, S. H.: Organische Stereochemie. – Wiley-VCH, Weinheim, 1998.
HAUPTMANN, S.; MANN, G.: Stereochemie. – Spektrum Akademischer Verlag, Heidelberg, Berlin, Oxford 1996.
KAGAN, H. B.: Organische Stereochemie. – Georg Thieme Verlag, Stuttgart 1977.

Stereoselektive Synthese

Stereoselective Synthesis. Hrsg.: G. HELMCHEN, R. W. HOFMANN, J. MULZER, E. SCHAUMANN: HOUBEN-WEYL, Vol. E 21. – Georg Thieme Verlag, Stuttgart, New York 1995.
Asymmetric Synthesis. Hrsg.: J. D. MORRISON. – Academic Press, New York 1983–1985.
AGER, D. J.; EAST, M. B.: Asymmetric Synthetic Methodology. – CRC Press, Boca Raton 1996.
AITKEN, R. A. ; KILENYI, S. N. :Asymmetric Synthesis. – Blackie Academic & Professional 1994.
ATKINSON, R. S.: Stereoselective Synthesis. – John Wiley & Sons, New York 1995.
CERWINKA, O.: Enantioselective Reactions in Organic Chemistry. – Harwood, London 1994.
GAWLEY, R. E.; AUBE, J.: Principles of Asymmetric Synthesis. – Pergamon, Oxford 1996.
IZUMI, Y.; TAI, A.: Stereodifferentiating Reactions. – John Wiley & Sons, New York 1995.
MANDER, L. N.: Stereoselektive Synthese. – Wiley-VCH, Weinheim 1998.
MORRISON, J. D.; MOSHER, H. S.: Asymmetric Organic Reactions. – Prentice-Hall, Englewood Cliffs 1971.
NOGRADI, M.: Stereoselective Synthesis. – VCH Verlagsgesellschaft, Weinheim, New York 1995.
OTTO, E.; SCHÖLLKOPF, K.; SCHULZ, B.-G.: Stereoselective Synthesis. – Springer-Verlag, Berlin, Heidelberg, New York 1993.
RAHMAN, A.-U.; SHA, Z.: Stereoselective Synthesis in Organic Chemistry. – Springer-Verlag, New York 1993.
STEPHENSON, G. R.: Advanced Asymmetric Synthesis. – Blackie Academic & Professional 1996
WINTERFELD, E.: Prinzipien und Methoden der stereoselektiven Synthese. – Vieweg Verlag, Braunschweig, Wiesbaden 1988.
Catalytic Asymmetric Synthesis. Hrsg.: I. OHMA. – VCH Publishers, New York 1993.
Comprehensive Asymmetric Catalysis. Hrsg.: E. N. JACOBSEN, A. PFALTZ, H. YAMAMOTO. – Springer Verlag, Berlin, Heidelberg, New York 1999.
BRUNNER, H.; ZETTLMEYER, W.: Handbook of Enantioselective Catalysis. – VCH Verlagsgesellschaft, Weinheim 1993.
NOYORI, R.: Asymmetric Catalysis in Organic Synthesis. – John Wiley & Sons, New York 1994.

Syntheseplanung

WILLIS, C. L.; WILLS, M.: Syntheseplanung in der Organischen Chemie. – VCH, Weinheim 1997.
WARREN, S.: Organische Retrosynthese. – B. G. Teubner, Stuttgart 1997
WARREN, S.: The Disconnection Approach. – John Wiley & Sons, Chichester 1982.
COREY, E. J.; CHENG, X.-M.: The Logic of Chemical Synthesis. – J. Wiley & Sons, New York 1999.
FUHRHOP, J.; PENZLIN, G.: Organic Synthesis – Concepts, Methods, Starting Materials. – VCH, Weinheim 1994
LAROCK, R. C.: Comprehensive Organic Transformations. – VCH, Weinheim 1989
SEEBACH, D.: Methoden der Reaktivitätsumpolung. – Angew. Chem. **91** (1979), 259–278
Umpoles Synthons. A Survey of Sources and Uses in Synthesis. Hrsg.: T. P. HASE. – J. Wiley & Sons, New York 1987.
TSE-LOK HO: Tandem Organic Reactions. – John Wiley & Sons, New York 1992
TIETZE, L. F.; BEIFUSS, U.: Sequentielle Tranformationen in der Organischen Chemie – eine Synthesestrategie mit Zukunft. – Angew. Chem. **105** (1993), 137–170.
TIETZE, L. F.: Domino Reactions in Organic Synthesis. – Chem. Rev. **96** (1996), 115–136.

Schutzgruppen

GREENE, T. W.; WUTS, P. G. M.: Protecting Groups in Organic Synthesis. – John Wiley & Sons, New York 1999.
KOCIENSKI, P. J.: Protecting Groups. – Georg Thieme Verlag, Stuttgart 1994.
SCHELHAAS, M.; WALDMANN, H., Angew. Chem. **108** (1996), 2192–2219.

D Organisch-präparativer Teil

Zur Benutzung der Arbeitsvorschriften und Tabellen

Für die Darstellung der einzelnen Präparate werden in der Mehrzahl *Allgemeine Arbeitsvorschriften* angegeben, die als Standardvorschriften für die betreffende Methode gelten können. Ihr Anwendungsbereich geht über die in den Tabellen aufgeführten Beispiele hinaus. Bei Übertragung auf andere Verbindungen und Verbindungstypen müssen deren chemische Besonderheiten – vor allem bei der Aufarbeitung der Reaktionsprodukte – berücksichtigt werden. Die allgemeinen Arbeitsvorschriften geben zwar das Wesentliche der betreffenden Methode wieder, gestatten aber nicht in jedem Einzelfall, optimale Ausbeuten zu erzielen. Hierzu sind, wie stets in der organischen Chemie, sorgfältig zu ermittelnde spezielle Bedingungen notwendig.

> Vor Aufnahme der Experimente informiere man sich unbedingt im Reagenzienanhang (Kap. F) und im Gefahrstoffanhang (Kap. G) und in den dort angegebenen einschlägigen Quellen über die Gefährlichkeit der verwendeten Chemikalien.

Die wichtigsten der in den Arbeitsvorschriften vorkommenden Substanzen sind in Tabelle G.1 entsprechend der Gefahrstoffverordnung durch Gefahrensymbole, Hinweise auf besondere Gefahren (R-Sätze) und Sicherheitsratschläge (S-Sätze) gekennzeichnet (vgl. hinterer innerer Buchdeckel). In Tabelle G.1 sind jedoch nur solche Chemikalien aufgeführt, über deren Gefährlichkeit Angaben im Anhang der Gefahrstoffverordnung und in der TRGS 900 vorliegen. Darüber hinaus gehende Hinweise, auch über Stoffe, die nicht in Tabelle G.1 enthalten sind, sind den Katalogen und Sicherheitsdatenblättern der Chemikalienhersteller und Sicherheitsdatensammlungen, die in Kapitel G angegeben sind, zu entnehmen.

> Stoffe, über deren Gefährlichkeit keine Angaben vorliegen, sollten aus Vorsorgegründen grundsätzlich als gefährlich betrachtet und mindestens nach den S-Sätzen 22, 23, 24 und 25 behandelt werden.

Auf die Pflicht, sich vor Aufnahme der Versuche über die Gefährlichkeit der verwendeten Chemikalien zu informieren, wird im folgenden in jeder Arbeitsvorschrift durch das nebenstehende Symbol hingewiesen.

> Die Gefahrenhinweise und Sicherheitsratschläge sind Bestandteil der Arbeitsvorschriften.

Es wird empfohlen, das Versuchsprotokoll in Form einer Betriebsanweisung (gemäß § 22 der Gefahrstoffverordnung) zu gestalten, die das Gefährdungspotential der Reagenzien, der Reaktionen und der Produkte zusammen mit Schutzmaßnahmen und Verhaltensregeln im Gefahrfall, Erste-Hilfe-Maßnahmen und Hinweisen für die sachgerechte Entsorgung enthält.

Die Arbeitsvorschriften sind, wenn nicht anderes vermerkt ist, sowohl für Präparationen im Makro- als auch im Halbmikro- und Mikromaßstab geeignet.

Unter einem „Makroansatz" ist ein Ansatz in der Größenordnung von 0,l bis 1 mol zu verstehen, unter einem „Halbmikroansatz" ein Ansatz im Bereich von 1 bis 10 mmol ($\approx$ 0,1 bis 2 g) und unter einem „Mikroansatz" eine Ansatzgröße von 15 bis 150 mg. Über die notwendigen Unterschiede in der Arbeitstechnik orientiere man sich im Kapitel A.

Einige Vorschriften sind speziell für analytische Zwecke bestimmt, wodurch sich Besonderheiten ergeben können. So wird hier z. B. das Hauptaugenmerk nicht auf hohe Ausbeuten gelegt, sondern auf eine möglichst umfassende Gültigkeit der angegebenen Vorschrift. Ausgesprochene *Analysenvorschriften* werden daher als solche gekennzeichnet.

Schmelz- und Siedetemperaturen sind Literaturwerte oder durch Testung ermittelt. Bei der Destillation sollte der jeweilige Siedebereich vom Experimentator nach Abschnitt A.2.3.2.2. selbst festgelegt werden.

Der Druck bei einer Siedetemperatur ist generell in kPa (in Klammern in Torr) angegeben. Die Druckangabe soll gleichzeitig als Anleitung verstanden werden, ob bei Normaldruck, im Wasserstrahl- oder im Feinvakuum zu destillieren ist.

Die Angabe eines Lösungsmittels in Klammern hinter der Schmelztemperatur weist darauf hin, daß dieses Lösemittel zum Umkristallisieren des betreffenden Stoffs geeignet ist.

Neben den Arbeitsvorschriften sind an zahlreichen Stellen noch weitere Präparationsmöglichkeiten als *Literaturzitate* angeführt. Es werden hier vor allem Vorschriften in englischer, russischer oder französischer Sprache zitiert, um dem Studenten bereits während der Grundpräparate Gelegenheit zu geben, seine Sprachkenntnisse zu vertiefen. In sachlicher Hinsicht handelt es sich um Präparate, die entweder die voranstehende allgemeine Arbeitsvorschrift illustrieren oder aber eine Variante der Methode zur Darstellung der abgehandelten Stoffklasse wiedergeben. In einigen Fällen beziehen sich die Literaturangaben auf die Darstellung von Ausgangsprodukten, die für die in der Tabelle aufgeführten Präparationen benötigt werden.

Im folgenden sind einige wichtige Abkürzungen zusammengefaßt:

Ac	Acetyl	Ph	Phenyl	ε	Dielektrizitäts-
Ac$_2$O	Acetanhydrid	PhH	Benzen		konstante
AcOH	Essigsäure (Eisessig)	PhMe	Toluen	F	Schmelztemperatur
Bu	Butyl	Pr	Propyl	korr.	korrigiert
BuOH	Butanol	PrOH	Propanol	Kp	Siedetemperatur bei
i-BuOH	Isobutanol	*i*-PrOH	Isopropylalkohol		Normaldruck
t-BuOH	*tert*-Butylalkohol	Tetra	Tetrachlor-	$Kp_{x(y)}$	Siedetemperatur im
Chlf.	Chloroform		kohlenstoff		Vakuum bei x kPa
DMF	Dimethylformamid	THF	Tetrahydrofuran		bzw. y Torr
Et	Ethyl	W.	Wasser	Min.	Minute(n)
EtOH	Ethanol			n_D^{20}	Brechungsindex (bei
Et$_2$O	Diethylether				20 °C für D-Linie)
HMPT	Hexamethyl-	$[\alpha]_D^{20}$	spezifische optische	Sek.	Sekunde(n)
	phosphorsäuretriamid		Drehung	Std.	Stunde(n)
Me	Methyl		(für D-Linie bei 20 °C)	std.	stündlich
MeOH	Methanol	Ausb.	Ausbeute	Vol.	Volumen, Volumina
Me$_2$CO	Aceton	D_4^{20}	Dichte (bei 20 °C,	wss.	wäßrig(e)
			bezogen auf Wasser	Zers.	Zersetzung(en)
			von 4 °C)		

D.1   Radikalische Substitution

In einer Substitutionsreaktion wird in einem Substrat (RX) ein Substituent (X) durch einen anderen (Y), ersetzt:

$$R-X + Y-Z \longrightarrow R-Y + X-Z \tag{1.1}$$

Solche Reaktionen können nach verschiedenen Mechanismen verlaufen (vgl. z. B. Kapitel D.2., D.5. und D.7.1.4.). An einem gesättigten Kohlenstoffatom sind Substitutionen nach einem radikalischen (homolytischen) Mechanismus möglich.

Wichtige radikalische Substitutionsreaktionen sind in Tabelle 1.2 aufgeführt.

Tabelle 1.2
Radikalische Substitutionen

$R-H + Y-Y \longrightarrow R-Y + H-Y$ Y = F, Cl, Br	Halogenierung mit molekularen Halogenen
$R-H + Cl-Z \longrightarrow R-Cl + H-Z$ Z = $-NR_2'$, $-SO_2Cl$, $-PCl_4$, $-COCl$, $-OC(CH_3)_3$, $-CCl_3$	Chlorierung mit *N*-Chloraminen, *N*-Chlor-succinimid, Sulfurylchlorid, Phosphorpentachlorid, Phosgen, *tert*-Butylhypochlorit, Tetrachlormethan
$R-H + Br-Z \longrightarrow R-Br + H-Z$ Z 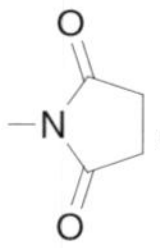 = Succinimidyl, $-OC(CH_3)_3$, $-CCl_3$	Bromierung mit *N*-Bromsuccinimid, *tert*-Butyl-hypochlorit, Bromtrichlormethan
$R-H + O_2 \longrightarrow R-O-O-H$	Peroxygenierung
$R-H + SO_2 + Cl_2 \longrightarrow R-SO_2Cl + H-Cl$	Sulfochlorierung
$2\,R-H + 2\,SO_2 + O_2 \longrightarrow 2\,R-SO_3H$	Sulfoxidation
$R-H + NO_2-Z \longrightarrow R-NO_2 + H-Z$ Z = $-OH$, $-NO_2$	Nitrierung
$R-X + H-MR_3' \longrightarrow R-H + X-MR_3'$ X = $-Hal$, $-OSO_2R'$, $-OCS_2R'$ M = Sn, Si	Reduktion von Halogenverbindungen, Sulfonsäureestern und Dithiokohlensäureestern mit Trialkylstannanen und -silanen

Radikalische Substitutionsreaktionen [1.1] verlaufen nach einem Kettenmechanismus (siehe unten, D.1.2.), in dem „freie" Radikale (R· und Y·) als kurzlebige Zwischenprodukte auftreten.

Radikale[1]) sind Atome oder Moleküle mit einem oder mehreren ungepaarten Elektronen, aus diesem Grunde valenzmäßig ungesättigt und meist sehr instabil und reaktionsfähig.

Um eine radikalische Substitutionsreaktion auszulösen, zu „starten", muß zunächst eins der beiden Radikale R· oder Y· in einer „Startreaktion" aus den Ausgangsstoffen RX oder YZ gebildet werden.

---

[1]) Radikale sind nicht mit den Resten R in chemischen Formeln zu verwechseln.

1.1.   Erzeugung und Stabilität von Radikalen

Die wichtigste Art, Radikale zu bilden, ist die als *Homolyse* bezeichnete „symmetrische" Spaltung einer homöopolaren Bindung unter Entkopplung des Bindungselektronenpaares.

$$Y{-}Z \longrightarrow Y\cdot \;+\; \cdot Z$$

$$Cl{-}Cl \longrightarrow Cl\cdot \;+\; \cdot Cl \tag{1.3}$$

Bei einer derartigen homolytischen Spaltung muß dem Molekül die Bindungsdissoziationsenergie zugeführt werden (vgl. Tab.1.4.). Da man diese in verschiedener Weise aufbringen kann, ergeben sich folgende Möglichkeiten der Radikalerzeugung:

Tabelle 1.4

Molare Standardbindungsdissoziationsenthalpien ($\Delta_D H^{\ominus}$ in kJ · mol^{-1} bei 25 °C)

H–H	432		
F–F	155	H–F	566
Cl-Cl	239	H–Cl	428
Br–Br	190	H–Br	363
I–I	149	H–I	295
H_3C–CH_3	370	HO–H	499
H_2N–NH_2	253	HOO–H	375
HO–OH	214	$(CH_3)_3CO$–H	435
H_3C–H	435	$(CH_3)_3CO$–$OC(CH_3)_3$	157
CH_3CH_2–H	411	C_6H_5COO–$OCOC_6H_5$	126
$(CH_3)_2CH$–H	396	CH_3–N=N–CH_3	210
$(CH_3)_3C$–H	385	$N{\equiv}C(CH_3)_2C$–N=N–$C(CH_3)_2C{\equiv}N$	131
C_6H_5–H	458	$(CH_3)_3Sn$–H	293
$CH_2{=}CHCH_2$–H	371	$(CH_3)_3Sn$–CH_3	255
$C_6H_5CH_2$–H	356	CH_3Hg–CH_3	218

Bindungsspaltung durch Wärmeenergie (Thermolyse)

Das Dissoziationsgleichgewicht von Bindungen kleiner Spaltungsenergie liegt schon bei niedrigeren Temperaturen merklich auf Seiten der Dissoziationsprodukte. So ist z. B. das 3-Triphenylmethyl-6-diphenylmethylen-cyclohexa-1,4-dien[1] ($\Delta_D H^{\ominus}_{C-C}$ = 46 kJ · mol^{-1}) in 0,1molarer benzenischer Lösung bei Zimmertemperatur zu 2% in Triphenylmethylradikale dissoziiert:

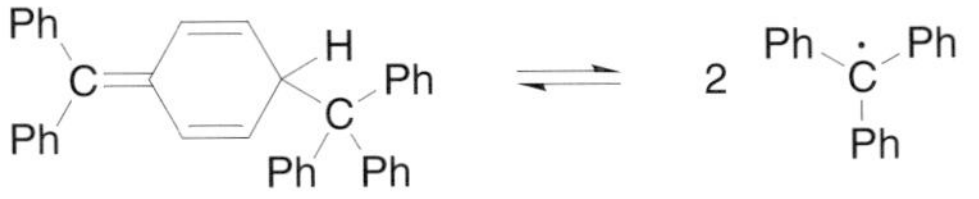

$$\tag{1.5}$$

Bindungen mit Dissoziationsenthalpien von 120 bis 170 kJ · mol^{-1}, wie sie in Peroxiden und aliphatischen Azoverbindungen vorliegen, werden bei wenig erhöhten Temperaturen (70 bis 150 °C) gespalten. Solche Verbindungen sind daher als Radikalgeneratoren z. B. für die Initiierung von Kettenreaktionen geeignet (s. unten).

Bei Temperaturen über 800 °C werden auch die stabilen Kohlenwasserstoffbindungen gespalten. Deswegen laufen die meisten organisch-chemischen Reaktionen bei solchen Temperaturen radikalisch ab (Pyrolysen, Crackprozesse).

---

[1] Dem lange Zeit als Hexaphenylethan angesehenen Dimeren des Triphenylmethylradikals wurde bereits im Jahre 1905 von P. Jacobson die hier angegebene Struktur zugeordnet. Spätere Untersuchungen konnten dies bestätigen.

Bindungsspaltung durch Strahlungsenergie (Photolyse[1]*), Radiolyse*[2]*))*

Die Energie eines Lichtquants ist nach der Planckschen Gleichung: $E = h\nu$. Demnach hat z. B. UV-Licht der Wellenlänge $\lambda = 300$ nm eine Energie von 400 kJ · mol^{-1}. Bei einem Vergleich mit Tabelle 1.4 wird deutlich, daß durch Bestrahlung mit kurzwelligem (ultraviolettem) Licht die meisten Bindungen gespalten werden können.

Man berechne die Energie von gelbem ($\lambda = 600$ nm) und violettem ($\lambda = 400$ nm) Licht und überlege, ob rotes Licht ($\lambda = 700$ nm) in der Lage ist, das Chlormolekül zu spalten!

Nur solche Strahlung ist photochemisch wirksam, die absorbiert wird. Hierbei ist es nicht immer erforderlich, daß die Absorption durch die reagierenden Stoffe erfolgt; vielmehr kann auch ein nicht unmittelbar an der Reaktion beteiligter *Sensibilisator* das Licht absorbieren und die aufgenommene Energie dann auf den reagierenden Partner übertragen. Als Sensibilisatoren können organische Farbstoffe, Ketone u. a. dienen.

Radikalbildung durch Redoxprozesse (chemische Energie)

Viele Redoxprozesse sind mit einem Ein-Elektronen-Übergang unter Bildung von Radikalen verbunden, z. B.:

$$R{-}\overline{\underline{O}}{-}\overline{\underline{O}}{-}H + Fe^{2\oplus} \longrightarrow R{-}\overline{\underline{O}}\cdot + {}^{\ominus}|\overline{\underline{O}}H + Fe^{3\oplus} \qquad [1.6]$$

Man vergleiche dazu D.1.5. Auch die Kolbesche Synthese von Kohlenwasserstoffen durch Elektrolyse der Salze von Carbonsäuren schließt einen solchen Prozeß ein:

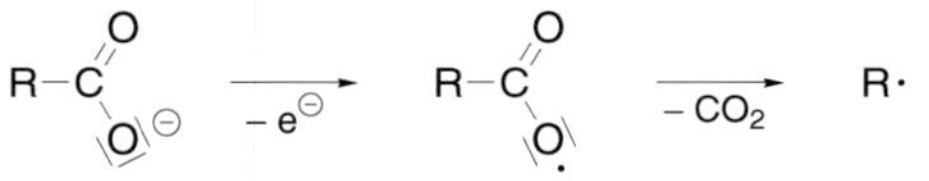

[1.7]

$$2\,R\cdot \longrightarrow R{-}R$$

Bindungsspaltung durch mechanische Energie

Ultraschall, sehr schnelles Rühren oder Vermahlen von Substanzen in einer Schwingmühle können zu Bindungsspaltungen führen (*Mechanochemie*).

Man erkennt aus Tabelle 1.4, daß die einzelnen Bindungen sehr unterschiedliche Dissoziationsenthalpien besitzen. Selbst der Wert für eine bestimmte Bindung (z. B. C–H) ist stark von der Struktur des übrigen Moleküls abhängig. Generell ist die Dissoziationsenthalpie einer Bindung um so niedriger, je energieärmer (stabiler) die bei der Spaltung entstehenden Radikale sind. Die thermodynamische Stabilität eines Radikals hängt davon ab, inwieweit das freie Radikalelektron im Molekül delokalisiert werden kann. Zu einer Delokalisation sind konjugationsfähige Substituenten, z. B. Phenyl- und Allylgruppen in der Lage:

[1.8]

[1]) Photolyse: Bindungsspaltung durch Einwirkung von sichtbarem oder UV-Licht

[2]) Radiolyse: Bindungsspaltung durch energiereiche Strahlung

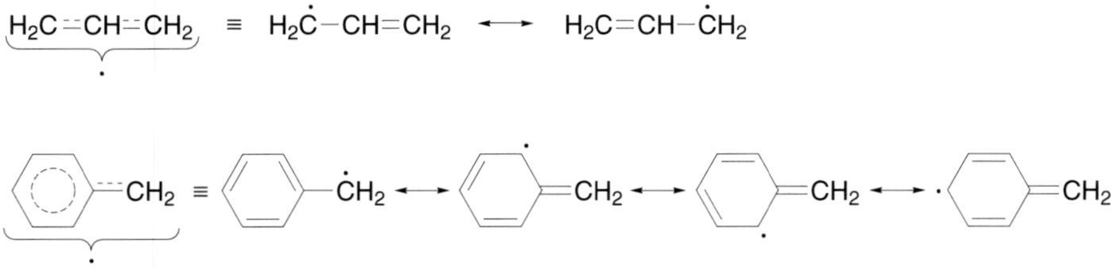

Die Dissoziationsenthalpie der Benzyl–H-Bindung (Allyl–H-Bindung) erhält dadurch den im Vergleich mit anderen C–H-Bindungen niedrigen Wert von 356 kJ · mol^{-1}.

Man beachte in diesem Zusammenhang die besonders niedrige Dissoziationsenthalpie von Bindungen, bei deren Spaltung Triphenylmethylradikale entstehen (z. B. nach [1.5])!

Auch sterische Substituenteneffekte üben einen großen Einfluß auf die Dissoziationsenthalpie einer Bindung aus. Da Alkylradikale eben gebaut sind, geht bei der homolytischen Spaltung einer C–X-Bindung das C-Atom aus einer tetraedrischen Konfiguration in eine trigonal ebene über. Substituenten an diesem C-Atom rücken dabei weiter auseinander, wodurch sie sich sterisch weniger behindern. Mit zunehmender Größe der Substituenten nimmt demzufolge die Dissoziationsenthalpie einer Bindung ab. Solche sterischen Effekte sind die Ursache für den Abfall der Dissoziationsenthalpie von einer primären über eine secundäre zu einer tertiären C–H-Bindung (vgl. C–H-Bindungen in Methan, Ethan, Propan und Isobutan).

1.2. Reaktionen und Lebensdauer von Radikalen. Radikalkettenreaktionen

Radikale können reagieren:

a) unter Verlust der Radikaleigenschaften

   Man unterscheidet:

   – Kombination zweier Radikale[1]), z. B.:

$$2\ \;C_6H_5\!-\!\dot{C}H_2 \longrightarrow C_6H_5\!-\!CH_2\!-\!CH_2\!-\!C_6H_5 \qquad\qquad [1.9]$$

   – Disproportionierung von Radikalen, z. B.:

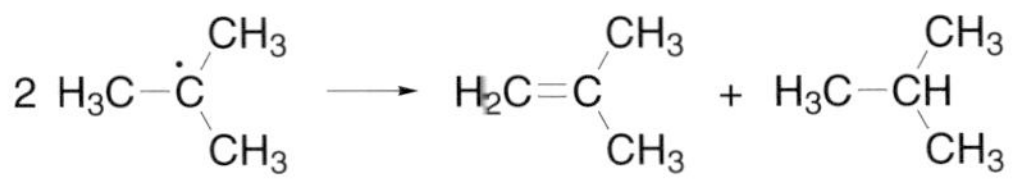

$$2\ H_3C\!-\!\overset{\displaystyle\cdot}{\underset{\displaystyle CH_3}{\overset{\displaystyle CH_3}{C}}} \longrightarrow H_2C\!=\!\underset{\displaystyle CH_3}{\overset{\displaystyle CH_3}{C}} \ +\ H_3C\!-\!\underset{\displaystyle CH_3}{\overset{\displaystyle CH_3}{CH}} \qquad [1.10]$$

b) unter Übertragung der Radikaleigenschaften

   Hierbei unterscheidet man:

   – Zersetzung oder Isomerisierung von Radikalen, z. B.:

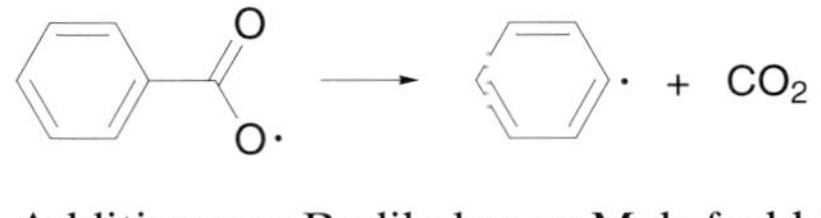

$$C_6H_5\!-\!C(\!=\!O)\!-\!O\cdot \longrightarrow C_6H_5\cdot\ +\ CO_2 \qquad\qquad [1.11]$$

   – Addition von Radikalen an Mehrfachbindungen, z. B.:

$$Br\cdot\ +\ H_2C\!=\!CH_2 \longrightarrow Br\!-\!CH_2\!-\!\dot{C}H_2 \qquad\qquad [1.12]$$

   Dieser Reaktionstyp wird in D.4.3. behandelt.

   – Abspaltung von Atomen oder Gruppierungen durch Radikale, z. B.:

$$R\!-\!H\ +\ Cl\cdot \longrightarrow R\cdot\ +\ H\!-\!Cl \qquad\qquad [1.13]$$

   Reaktionen dieser Art sind die wesentlichen Teilschritte radikalischer Substitutionen (s. unten).

Die angeführten Reaktionen können auch neben- und nacheinander auftreten.

---

[1]) Bei der Kombination zweier Radikale wird die Dissoziationsenergie der neu geknüpften Bindung frei. Mehratomige Moleküle sind in der Lage, diese Energie aufzunehmen. Bei Kombinationsreaktionen von Atomen muß sie jedoch durch Stoß mit einem dritten Partner (Molekül, Wand) abgeführt werden.

Die meisten Radikale sind sehr reaktionsfähig (s. D.1.3.). Sie liegen daher nur in niedrigen Konzentrationen vor und haben eine sehr geringe Lebensdauer ($< 10^{-3}$ s). In Anwesenheit eines geeigneten Reaktionspartners, der auch das Lösungsmittel sein kann, reagieren sie mit diesem schnell unter Addition [1.12] bzw. Substitution [1.13]. Ihre Selbstreaktionen unter Kombination [1.9] bzw. Disproportionierung [1.10] sind dann von untergeordneter Bedeutung. Diese spielen jedoch als Abbruchreaktionen von Radikalreaktionsfolgen, z. B. von Kettenreaktionen (s. unten), eine Rolle.

In Abwesenheit eines genügend reaktiven Partners und bei Radikalen geringerer Reaktionsfähigkeit, die ein gegebenes Substrat oder das Lösungsmittel nur langsam angreifen können, sind dagegen Rekombination und Disproportionierung oft die einzige Reaktionsmöglichkeit. Diese Vorgänge werden außerdem durch die in diesem Fall höhere Konzentration der Radikale begünstigt.

Im Grenzfall kann die Reaktivität eines Radikals so gering sein, daß es nicht mehr zur vollständigen Dimerisierung befähigt ist. Solche Radikale können in Abwesenheit von O_2 in hohen Konzentrationen vorliegen und eine lange Lebensdauer haben (z. B. $Ph_3C\cdot$ [1.5]).

Radikale geringer Reaktivität mit einer Lebensdauer im Bereich von Sekunden bis Jahren bezeichnet man als *persistent* (langlebig). Ist ihre Persistenz so hoch und ihre Reaktivität so gering, daß sie in Substanz isoliert und gehandhabt werden können, spricht man von *stabilen Radikalen* (z. B. Diphenylpicrylhydrazyl, DPPH; 2,2,6,6-Tetramethyl-piperidin-1-oxyl, TEMPO):

$$O_2N \qquad \qquad Ph_2N-\overset{\cdot}{N}-\!\!\!\!\bigcirc\!\!\!\!-NO_2 \quad DPPH \qquad \qquad Me-\!\!\!\!\bigcirc\!\!\!\!-Me \quad TEMPO \qquad [1.14]$$

Reaktivität und Lebensdauer von Radikalen werden sehr wesentlich durch sterische Effekte von Substituenten beeinflußt. Große Substituenten (Ph, *t*-Bu) in Nachbarschaft zum Radikalelektron behindern dessen Annäherung an einen Reaktionspartner und senken die Reaktivität des Radikals, wie z. B. im Triphenylmethyl oder DPPH. Auch thermodynamisch nicht stabile Radikale können dadurch persistent werden, wie z. B. TEMPO oder $(t\text{-Bu})_2CH\cdot$, das in sauerstofffreier Lösung bei 25 °C eine mittlere Lebensdauer von 1 Minute besitzt.

Radikalkettenreaktionen

Die Übertragung der Radikaleigenschaften auf andere Moleküle kann sich in bestimmten Zyklen viele Male wiederholen, so daß *Radikalkettenreaktionen* ablaufen. Beispielsweise ist die radikalische Halogenierung organischer Verbindungen, bei der in einer C–H-Bindung ein Wasserstoffdurch ein Halogenatom *substituiert* wird, eine solche Kettenreaktion (Y = Halogen):

$$Y-Y \longrightarrow 2\,Y\cdot \qquad\qquad \text{Kettenstartreaktion} \qquad\qquad [1.15a]$$

$$Y\cdot + R-H \longrightarrow R\cdot + H-Y \qquad\qquad \text{Kettenfortpflanzungsreaktionen} \qquad\qquad [1.15b]$$

$$R\cdot + Y-Y \longrightarrow R-Y + Y\cdot \qquad\qquad \text{usw.} \qquad\qquad [1.15c]$$

Dieser Zyklus wiederholt sich bis zum Kettenabbruch. Die wichtigsten Kettenabbruchreaktionen sind Kombinationen und Disproportionierungen der „Kettenträger" ($R\cdot$, $Y\cdot$):

$$Y\cdot + Y\cdot \longrightarrow Y-Y$$

$$R\cdot + Y\cdot \longrightarrow R-Y \qquad\qquad \text{Kettenabbruchreaktionen} \qquad\qquad [1.15d]$$

$$R\cdot + R\cdot \longrightarrow R-R$$

Der Kettenabbruch kann auch durch Reaktion der Kettenträger mit Lösungsmittelmolekülen oder zugesetzten Stoffen, sog. *Inhibitoren,* erfolgen. Inhibitoren sind entweder selbst Radikale (Sauerstoff [1.42], Stickoxid, stabile Radikale), die mit den Kettenträgern kombinieren, oder Verbindungen (Arylamine, Phenole, Chinone), die durch Reaktion mit den Kettenträgern Radikale ergeben, die zu energiearm sind, um die Kette fortzupflanzen (vgl. z. B. [1.19]).

In der Kettenstartreaktion werden die reaktionsfähigen Kettenträger gebildet. Dafür kommen alle in D.1.1. genannten Radikalbildungsreaktionen in Frage. So liefert z. B. die Photolyse des Chlormoleküls 2 Chloratome, die Kettenträger bei radikalischen Chlorierungen sind (vgl. [1.15]). Häufig startet man eine Kette auch durch Zusatz eines *Initiators,* d. h. einer Verbindung, die bereits bei geringer Energiezufuhr in Radikale zerfällt (Peroxide, Azoverbindungen; vgl. Tab.1.4). Die dabei entstehenden Radikale bilden dann in einer Folgereaktion einen Kettenträger, z. B.:

$$(H_3C)_3CO\!-\!OC(CH_3)_3 \longrightarrow 2\ (H_3C)_3CO\cdot$$

$$(H_3C)_3CO\cdot\ +\ R\!-\!H \longrightarrow (H_3C)_3CO\!-\!H\ +\ R\cdot$$

[1.16]

Man formuliere die bei der Einwirkung von Brom auf Toluen mit Azo-bis-isobutyronitril bzw. Benzoylperoxid als Initiator ablaufende Kettenreaktion!

Die Zahl der Reaktionszyklen einer Kettenreaktion pro Startradikal bezeichnet man als *Kettenlänge.* Bei der photochemischen Initiierung definiert man als *Quantenausbeute* die Zahl der durch ein absorbiertes Lichtquant ausgelösten Reaktionszyklen.

1.3. Reaktivität und Selektivität bei radikalischen Substitutionen

Im allgemeinen sind radikalische Substitutionsreaktionen durchführbar, wenn die Umsetzung mit einem Energiegewinn verbunden ist, d. h. exotherm verläuft[1]). Bei solchen Kettenreaktionen muß die Summe der Reaktionsenthalpien aller Schritte des Reaktionszyklus negativ bleiben, auch wenn einzelne Schritte endotherm sind.

Die molare Standardreaktionsenthalpie $\Delta_R H^\ominus$ läßt sich aus den Dissoziationsenthalpien der in der Reaktion gespaltenen und neu gebildeten Bindungen nach [C.20] berechnen. Sie ist um so kleiner (stärker exotherm), je schwächer die zu spaltende und je stärker die gebildete Bindung ist. Beispielsweise gilt für die erste Kettenfortpflanzungsreaktion [1.15b] der Chlorierung von Ethan:

$$Cl\cdot\ +\ H\!-\!CH_2CH_3 \longrightarrow Cl\!-\!H\ +\ \cdot CH_2CH_3$$

[1.17]

$$\Delta_R H^\ominus_{298} = \Delta_D H^\ominus_{CH_3CH_2-H} - \Delta_D H^\ominus_{H-Cl} = (411-428)\ kJ\cdot mol^{-1} = -17\ kJ\cdot mol^{-1}$$

Das Chloratom vermag die stabile C–H-Bindung im Ethan anzugreifen, weil dabei die noch stabilere H–Cl-Bindung gebildet wird. Da auch der zweite Kettenfortpflanzungsschritt [1.15c] der Ethanchlorierung exotherm ist, läuft die gesamte Umsetzung als Kettenreaktion ab, wenn sie einmal durch ein Chloratom, das durch homolytische Bindungsspaltung aus dem Chlormolekül gebildet werden kann, gestartet worden ist.

---

[1]) Diese Feststellung gilt nicht allgemein für chemische Reaktionen (vgl. [C.21]). Tatsächlich beweist jedoch ein großes Erfahrungsmaterial, daß sie bei Radikalreaktionen sehr weitgehend gültig ist.

Das Iodatom ist dagegen nicht in der Lage, mit Ethan zu reagieren, und die direkte Iodierung von Kohlenwasserstoffen gelingt daher normalerweise nicht. Zwar ist für die Spaltung des Iodmoleküls eine geringere Energie notwendig als für die Spaltung des Chlormoleküls, aber der Energiegewinn bei der Bildung der H–I-Bindung beträgt nur 295 kJ $\cdot$ mol^{-1} [1]), die Reaktion des Iodatoms mit Ethan wäre endotherm:

$$I\cdot \;+\; H{-}CH_2CH_3 \longrightarrow I{-}H \;+\; \cdot CH_2CH_3 \qquad [1.18]$$

$$\Delta_R H_{298}^{\ominus} = \Delta_D H_{CH_3CH_2-H}^{\ominus} - \Delta_D H_{I-H}^{\ominus} = (411-295)\ kJ \cdot mol^{-1} = 116\ kJ \cdot mol^{-1}$$

Iod wirkt deshalb umgekehrt als Inhibitor von Radikalreaktionen, indem es die Radikaleigenschaften übernimmt, aber nicht erneut auf das Substrat zu übertragen imstande ist:

$$R\cdot \;+\; I{-}I \longrightarrow R{-}I \;+\; I\cdot$$
$$I\cdot \;+\; R{-}H \;\xrightarrow{\;/\!/\;}\; H{-}I \;+\; R\cdot \qquad [1.19]$$

Obwohl sich mit Hilfe der Thermodynamik zunächst nur feststellen läßt, ob eine radikalische Substitutionsreaktion möglich ist oder nicht und nichts über ihre Geschwindigkeit ausgesagt wird (vgl. C.2.), findet man jedoch, daß stark exotherme Radikalreaktionen schneller ablaufen als weniger exotherme (vgl. Abb. C.28). Man kann daher mit Hilfe der angestellten thermodynamischen Betrachtungen auch die Reaktivitäten von Radikalen und Bindungen abschätzen.

Die Reaktionsfähigkeit eines Radikals gegenüber einem gegebenen Substrat ist danach um so größer, je höher der Energiegewinn bei der Bildung der neu zu knüpfenden Bindung, d. h. je größer die Dissoziationsenergie dieser Bindung ist.

Bei Reaktionen eines gegebenen Radikals mit verschiedenen C–H-Bindungen ist die Umsetzung um so stärker exotherm, je niedriger die Dissoziationsenergien dieser Bindungen sind. Aus diesem Grunde ist die Reaktionsfähigkeit der tertiären (3°)-C–H-Bindungen größer als die der secundären (2°) und primären (1°).[2] Besonders leicht angegriffen werden C–H-Bindungen in Benzyl- und Allylstellung (z. B. im Propen und Toluen). Man mache sich das an Hand der Tabelle 1.4 verständlich!

Ein Maß für die Reaktivität eines Radikals ist die Geschwindigkeitskonstante seiner Reaktion mit einem gegebenen Partner. Zur Bestimmung relativer Reaktivitäten (vgl. C.3.2.) verschiedener Radikale setzt man diese mit dem gleichen Substrat (z. B. Toluen) um und bezieht die gefundenen Reaktionsgeschwindigkeitskonstanten auf die eines der Radikale. Aus solchen Untersuchungen ist die folgende Reaktivitätsreihe gefunden worden:

$$F\cdot \;>\; HO\cdot \;>\; Cl\cdot \;>\; \cdot CH_3 \;>\; Br\cdot \;>\; ROO\cdot \qquad [1.20]$$

Zur Bestimmung der relativen Reaktivitäten etwa der (1°)-, (2°)- und (3°)-C–H-Bindung hält man andererseits das Reagens konstant, setzt also mit dem gleichen Radikal um und bezieht z. B. auf die primäre C–H-Bindung, die in diesem Fall sogar im gleichen Molekül vorhanden sein kann. Ein Ergebnis derartiger Bestimmungen zeigt Tabelle 1.21. In dieser Tabelle sind jeweils nur die in einer Waagerechten stehenden Werte miteinander vergleichbar. Man erkennt, daß gegenüber allen drei tabellierten Halogenradikalen jeweils die tertiäre C–H-Bindung am reaktionsfähigsten ist, weniger leicht wird die secundäre C–H-Bindung angegriffen und am schwersten die primäre C–H-Bindung.

---

[1]) Man erkennt daran deutlich, daß das Vermögen, eine Bindung anzugreifen, nicht ohne weiteres mit der Stabilität (der Leichtigkeit der Bildung) eines Radikals gleichgesetzt werden darf. Man vergleiche auch die niedrige Dissoziationsenergie des Fluormoleküls mit der außerordentlich hohen Reaktivität des Fluorradikals.

[2]) Häufig wird die Kurzbezeichnung (1°)-, (2°)-, (3°)-C–H-Bindung für die primäre, secundäre und tertiäre C–H-Bindung benutzt.

Tabelle 1.21

Relative Reaktivität der C–H-Bindungen in Butan bzw. Isobutan gegenüber Halogenatomen (Gasphase; 27 °C)

Radikal	Primäre C–H-Bindung	Secundäre C–H-Bindung	Tertiäre C–H-Bindung
F·	1	1,2	1,4
Cl·	1	3,9	5,1
Br·[1])	1	32	1600

[1]) bei 127 °C

Als weiteres wichtiges Ergebnis läßt sich aus Tabelle 1.21 entnehmen, daß die relativen Reaktivitäten der drei Typen von C–H-Bindungen nicht für alle Reaktionen konstant sind. Sie unterscheiden sich beispielsweise bei der Fluorierung nur ganz wenig voneinander, sind dagegen bei der Bromierung um Größenordnungen verschieden.

Das läßt sich mit Hilfe des Hammond-Postulats (s. C.2.) erklären: Das reaktive F-Atom reagiert mit einer R–H-Bindung in exothermer Reaktion, der Übergangszustand ist reaktandähnlich (Kurve 3 in Abb. C.28). Die Reaktionen des weniger reaktiven Br-Atoms dagegen sind (meist) endotherm, und der aktivierte Komplex ist produktähnlich (Kurve 1 in Abb.C.28). Im Übergangszustand R···H···F ist daher die R–H-Bindung nur wenig gedehnt, im R···H···Br dagegen schon weitgehend gespalten. Unterschiedlich starke R–H-Bindungen wirken sich daher auf die Geschwindigkeit der Reaktion mit dem hoch reaktiven F· nur wenig aus, die Selektivität ist gering. Mit dem weniger reaktiven Br· dagegen reagieren diese R–H-Bindungen mit stark unterschiedlichen Reaktionsgeschwindigkeiten (hoher Selektivität).

Häufig gilt: *Große Reaktivität bedingt eine geringe Selektivität und umgekehrt.* In Übereinstimmung damit nimmt die Selektivität von Radikalreaktionen bei Temperaturerhöhung ab, da die Reaktivität der Radikale mit der Temperatur ansteigt. Allerdings ist dieser Einfluß nicht groß. Man findet z. B. für die relativen Reaktivitäten der C–H-Bindungen (1° : 2° : 3°) in gesättigten Kohlenwasserstoffen gegenüber Chloratomen in flüssiger Phase bei –50 °C das Verhältnis 1 : 7,2 : 11,8, während es bei +50 °C 1 : 2,9 : 4,5 beträgt.

In der Technik bedient man sich solcher Radikalreaktionen in großem Umfange (Pyrolysen, Crackprozesse, Halogenierungen, Oxidationen), da man sich hier vielfach mit Isomerengemischen begnügen kann.

Die bisher angestellten Betrachtungen sind häufig nicht ausreichend, den Verlauf von Radikalreaktionen hinreichend zu erklären. Vor allem sind oft *polare Einflüsse* auf die Reaktivität der Radikale und auch auf die relativen Reaktivitäten der anzugreifenden C–H-Bindungen zu berücksichtigen.

Tabelle 1.22

Relative Reaktivitäten und Isomerenverteilung bei der Chlorierung von C–H-Bindungen

Isomerenverteilung in %	31	64	5	
	H_3C—CH_2—CH_2—$COOH$[1])			
relative Reaktivität	1	3,1	0,24	
	31	69	0	
	H_3C—CH_2—CH_2—CN			
	1	3,3	0	
	21	47	22	9
	H_3C—CH_2—CH_2—CH_2—Cl			
	1	3,4	1,6	0,7

[1]) Die Chlorierung von Carbonylverbindungen ist auch nach einem polaren Mechanismus in Gegenwart von Halogenüberträgern möglich und führt dann vorrangig zu den α-Substitutionsprodukten, vgl. D.7.4.2.2.

Entsprechend ihrer Stellung im Periodensystem besitzen Radikale unterschiedliche Elektronenaffinitäten. So ist z. B. bei Halogenatomen und Sauerstoffradikalen (HO·, HOO·, RO·, ROO·) der elektrophile Charakter ausgeprägt. Sie greifen daher bevorzugt Stellen hoher Elektronendichte an. Aus diesem Grunde erhöhen +I- und +M-Substituenten die Reaktivität benachbarter C–H-Bindungen gegenüber solchen Radikalen, während –I- und –M-Gruppen sie herabsetzen. Einige in Tabelle 1.22 aufgeführte Beispiele sollen das veranschaulichen.

Zur Berechnung der bei der betreffenden Reaktion auftretenden Isomerenverteilung aus den relativen Reaktivitäten muß man außer der Reaktivität auch die Anzahl der betreffenden C–H-Bindungen berücksichtigen, z. B. bei der Chlorierung von Butyronitril: drei primäre C–H-Bindungen mit der Reaktivität 1, zwei β-C–H-Bindungen mit der Reaktivität 3,3. Die Isomerenverteilung ergibt sich daraus zu $(3 \cdot 1):(2 \cdot 3,3)$ = 31 % : 69 %. Man berechne die Isomerenverteilung bei der Gasphasenchlorierung von n-Butan und Isobutan mit Hilfe der Werte der Tabelle 1.21!

Die polaren Eigenschaften von Radikalen lassen sich mit Hilfe der Störungstheorie gut verstehen (vgl. C.6). Das Grenzorbital eines Radikals R· ist einfach besetzt, man bezeichnet es als SOMO (Singly Occupied MO). Es kann mit dem LUMO, aber auch mit dem HOMO des Reaktionspartners S in Wechselwirkung treten. In beiden Fällen ergibt sich ein Energiegewinn. In Abbildung 1.23b ist das ohne weiteres zu erkennen, in Abbildung 1.23a beträgt der Energiegewinn $2\Delta E_2 - \Delta E_1$, da das neu gebildete energieärmere Orbital mit zwei, das energiereichere aber nur mit einem Elektron besetzt ist.

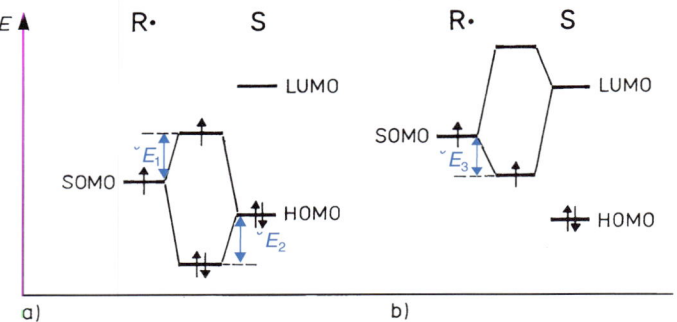

Abb.1.23
HOMO-SOMO- bzw. LUMO-SOMO-Wechselwirkungen bei Radikalreaktionen
a) elektrophiles Radikal; b) nucleophiles Radikal

Radikale mit einem energetisch tief liegenden SOMO, wie z. B. das Chloratom (ε_{SOMO} = 13 eV), bei dem sich das Radikalelektron an einem elektronegativen Atomkern befindet, bezeichnet man als elektrophil. Derartige Radikale treten vorzugsweise mit dem HOMO von S in Wechselwirkung, vgl. a) in Abbildung 1.23. Wenn dagegen die Energie des SOMO hoch liegt, wie z. B. im $tert$-Butylradikal, ε_{SOMO} = –6,9 eV, ist die Wechselwirkung mit dem LUMO von S günstiger, und dieses Radikal reagiert bevorzugt nucleophil, vgl. b) in Abbildung 1.23. In Übereinstimmung damit abstrahieren Chlorradikale bzw. Methylradikale Wasserstoff aus der α- bzw. β-Position von Propionsäure in den nachstehend angegebenen Verhältnissen:

$$
\begin{array}{cc}
\overset{\text{Cl·}}{50 \big(\quad \big) 1} & \overset{\text{·CH}_3}{1 \big(\quad \big) 5} \\
\underset{\substack{H_2C-CH-COOH \\ \beta \quad \alpha}}{\overset{H \; H}{| \; |}} & \underset{\substack{H_2C-CH-COOH \\ \beta \quad \alpha}}{\overset{H \; H}{| \; |}}
\end{array}
\qquad [1.24]
$$

σ-C–H-Orbitale haben generell eine niedrige Energie. Die COOH-Gruppe senkt durch ihren Induktionseffekt die Energie für das α-C–H-Orbital stärker als für das β-C–H-Orbital. Nach Abbildung 1.23a muß deshalb das energetisch höher liegende HOMO für die β-C–H-Bindung einen kleineren Energieabstand zum SOMO des Chlorradikals haben als für die α-C–H-Bindung und damit eine höhere Reaktivität. Bei der Reaktion mit Methylradikalen wird dagegen die SOMO-LUMO-Wechselwirkung entscheidend. Die LUMO-Energien von C–H-Orbitalen (σ^*) liegen generell sehr hoch. Durch die elektronenziehende COOH-Gruppe wird die LUMO-Energie für die α-C–H-Bindung stärker gesenkt als für die β-C–H-Bindung; das Orbital für die α-C–H-Bindung rückt auf diese Weise näher an das SOMO des Methylradikals heran, und die α-H-Abstraktion wird zur bevorzugten Reaktion.

1.4.   Radikalische Halogenierungen

Der Ersatz von Wasserstoff durch Halogen[1]) ist eine präparativ wichtige radikalische Substitutionsreaktion, die als typische Kettenreaktion abläuft. Die einzelnen Schritte der Kette wurden bereits formuliert (vgl. [1.15]).

Die Reaktivität der Halogene ist sehr unterschiedlich (vgl. D.1.3.). Bei der Einwirkung von elementarem Fluor auf organische Stoffe tritt in den meisten Fällen explosionsartige Umsetzung zu hochfluorierten Verbindungen unter teilweiser Crackung des Moleküls (Bildung von Kohlenstoff, Kohlenstofftetrafluorid) ein. Um definierte Fluorverbindungen zu erhalten, sind daher Umwege nötig (vgl. D.2.6.7. und D.8.3.1.).

Demgegenüber ist das Iod nicht mehr in der Lage, C–H-Bindungen radikalisch unter Substitution anzugreifen (vgl. D.1.3.). Hier wird vielmehr die umgekehrte Reaktionsrichtung eingeschlagen: Alkyliodide, die z. B. leicht aus den entsprechenden Alkoholen erhältlich sind (vgl. D.2.5.1.), werden durch Iodwasserstoff zu Kohlenwasserstoffen reduziert:

$$RI + HI \longrightarrow RH + I_2 \qquad\qquad [1.25]$$

Nur die Chlorierung und die Bromierung sind deswegen von praktischer Bedeutung.

1.4.1.   Chlorierung

Die Chlorierung mit elementarem Chlor verläuft zwar glatt, ihre Selektivität ist jedoch gering. Präparative Bedeutung besitzt die Reaktion daher hauptsächlich zur Chlorierung von Alkylaromaten in der Seitenkette, weil die Reaktivität der α-C–H-Bindungen wesentlich größer als die der C–H-Bindungen im Phenylrest ist. Darüber hinaus sind auch die Unterschiede in den relativen Reaktivitäten der α-C–H-Bindungen z. B. im Toluen, Benzylchlorid und Benzylidendichlorid so groß, daß man bei rechtzeitigem Abbrechen der Chlorierung alle drei möglichen Chlorierungsprodukte erhalten kann.

Benzylidendichloride und Trichlormethylbenzene sind wegen ihrer Hydrolysierbarkeit zu Aldehyden bzw. Carbonsäuren von Bedeutung.

Bei der Durchführung von Chlorierungen muß darauf geachtet werden, daß keine Friedel-Crafts-Katalysatoren (Lewis-Säuren; vgl. D.5.1.5., D.5.1.7.) vorhanden sind, die die ionische Substitution im Kern beschleunigen. Aus diesem Grund darf z. B. auch nicht in Eisengefäßen gearbeitet werden.

Zur Initiierung von Chlorierungen wird vornehmlich energiereiches Licht verwendet. Die Quantenausbeute der Photochlorierung kann bis zu 40 000 betragen. In Gegenwart geringer Mengen Sauerstoff, der als Inhibitor wirkt, ist sie jedoch meist nicht höher als 2000.

---

[1]) Die Substitution des Wasserstoffs einer C–H-Bindung durch Halogen entspricht einer Oxidation, vgl. D.6.1.

Allgemeine Arbeitsvorschrift für die Photochlorierung von Alkylaromaten (Tab.1.27)
Wegen der schwierigen Dosierbarkeit des Chlorgases eignet sich die nachstehende Vorschrift vor allem für Makroansätze.

Achtung! Augen bei der Arbeit mit der Tauchlampe vor gefährlicher UV-Strahlung schützen, auch die benachbarten Arbeitsplätze beachten! Chlor ist giftig und gesundheitsschädlich[1]), man arbeite unter einem wirksamen Abzug. Benzylhalogenide sind stark haut- und schleimhautreizend (vgl. hierzu auch D.1.4.2. Photobromierung). Alle Geräte sind nach Abschluß der Präparation noch unter dem Abzug mit methanolischem KOH zu spülen, Gummihandschuhe verwenden!

Die Chlorierung wird am besten in einem Dreihalskolben mit Quecksilbertauchlampe, Gaseinleitungsrohr und intensiv wirkendem Rückflußkühler durchgeführt (Abb. 1.26). Steht keine Quecksilbertauchlampe zur Verfügung, kann man mit einer 500-Watt-Photolampe von außen belichten oder im direkten Sonnenlicht chlorieren. Die Reaktion verläuft dann etwas langsamer, auch sind die Ausbeuten meist geringer. Das Chlor wird einer Druckgasflasche entnommen und durch Leiten durch eine Waschflasche mit konz. Schwefelsäure getrocknet. Zu beiden Seiten dieser Waschflasche ist je eine leere Waschflasche als Sicherheitsgefäß anzuschließen.[2])

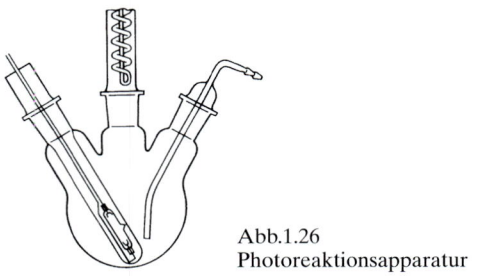

Abb.1.26
Photoreaktionsapparatur

Der Kohlenwasserstoff wird in der oben beschriebenen Apparatur unter Benutzung eines den Arbeitsschutzvorschriften entsprechenden Heizbades zum Sieden erwärmt und ein lebhafter Chlorstrom eingeleitet. Höher siedende Kohlenwasserstoffe werden bei 180 °C chloriert. Aus dem Kühler soll kein Chlor austreten (Farbe!). Man chloriert bis zur berechneten Massenzunahme oder bis der lebhaft siedende Kolbeninhalt eine empirisch festgelegte Temperatur (im Sumpf) erreicht hat (vgl. Tab.1.27).

Beim Abkühlen fest werdende Chlorierungsprodukte können direkt durch Absaugen und Umkristallisieren gereinigt werden. Flüssigkeiten fraktioniert man unter Zusatz einer Spatelspitze Natriumhydrogencarbonat durch eine 20-cm-Vigreux-Kolonne im Vakuum. Soll das Chlorierungsprodukt auf Alkohol, Aldehyd oder Carbonsäure weiterverarbeitet werden, genügt ein Siedeintervall von 10 °C. Für die Darstellung eines reineren Stoffs rektifiziert man die Hauptfraktion nochmals und fängt Fraktionen in engeren Grenzen auf. Die Destillation ist zu bilanzieren, und die einzelnen Fraktionen sind durch ihre physikalischen Konstanten zu charakterisieren (vgl. A.2.3.3.2.).

---

[1]) Vgl. Reagenzienanhang.
[2]) Vgl. dazu auch A.1.6. und A.1.10.1.

Tabelle 1.27

Photochlorierung von Alkylaromaten

Produkt	Ausgangs-verbindung	Endtemperatur in °C[1])	Kp (bzw. F) in °C[2])	n_D^{20}	Ausbeute in %
Benzylchlorid	Toluen	157	$69_{2,0(15)}$	1,5390	80
Benzylidendichlorid	Toluen	187	$86_{1,9(14)}$	1,5509	80
(Trichlormethyl)benzen	Toluen		$111_{3,1(23)}$	1,5581	90
o-Methyl-benzylchlorid	o-Xylen	175	$91_{2,4(18)}$	1,5427	70
1-Phenyl-ethylchlorid[3])	Ethylbenzen		$77_{2,0(15)}$	1,5273	60
o-Chlor-benzylchlorid	o-Chlor-toluen	205	$92_{1,6(12)}$	1,5621	85
o-Chlor-benzylidendichlorid	o-Chlor-toluen		$100_{1,3(10)}$	1,5633	75
p-Chlor-benzylchlorid	p-Chlor-toluen		$92_{1,3(10)}$[4])	1,5651[5])	85
p-Chlor-benzylidendichlorid	p-Chlor-toluen		$129_{2,9(22)}$		85
p-Nitro-benzylidendichlorid	p-Nitro-toluen		$F\,46$ (EtOH/Hexan)		80

[1]) Man chloriert, bis die angegebene Innentemperatur erreicht ist. Diese gilt nur bei Belichtung von außen. Bei Verwendung eines Tauchbrenners stelle man die Massenzunahme fest!

[2]) Die physikalischen Konstanten (Kp, F, n_D) beziehen sich hier und in den folgenden Tabellen – wenn nicht anders angegeben – auf die Produkte. Die Indizes geben für die jeweilige Siedetemperatur den Druck in kPa (Torr) an.

[3]) Daneben entstehen 15...20% 2-Phenyl-ethylchlorid.

[4]) $F\,28\,°C$

[5]) n_D^{25} unterkühlte Schmelze

Leicht und selektiv chlorieren lassen sich auch aromatische Aldehyde und deren *N*-Derivate (Oxime, Hydrazone, Azine, vgl. D.7.1.), wobei Carbonsäurechloride (bzw. deren *N*-Derivate) entstehen (vgl. auch [1.32]):

$$R-\overset{\displaystyle X}{\underset{\displaystyle H}{C}} \;+\; Cl_2 \;\longrightarrow\; R-\overset{\displaystyle X}{\underset{\displaystyle Cl}{C}} \;+\; HCl \qquad\qquad [1.28]$$

$$=X:\quad =O,\quad =N-OH,\quad =N-NR'_2\quad \text{u. a.}$$

o-Chlor-benzoylchlorid aus Benzaldehyd: CLARKE, H. T.; TAYLOR, E. R.: Org. Synth., Coll. Vol. I (1956), 155.

Außer elementarem Chlor können auch andere Chlorverbindungen als Reagenzien für Chlorierungen eingesetzt werden, z. B. Tetrachlorkohlenstoff CCl_4, Phosgen $O=CCl_2$, *N*-Chlorsuccinimid (NCS, s. [1.32]), Phosphorpentachlorid PCl_5, *tert*-Butylhypochlorit $(CH_3)_3COCl$ oder Sulfurylchlorid SO_2Cl_2, vgl. Tabelle 1.2. Sie reagieren nach Radikalkettenmechanismen analog dem mit elementarem Halogen beschriebenen [1.15] und bedürfen im allgemeinen des Kettenstarts durch Peroxide (z. B. [1.16]) oder UV-Licht.

Eine präparativ wichtige Methode ist die Chlorierung von Kohlenwasserstoffen mit Sulfurylchlorid in Gegenwart eines Initiators:

$$RH \;+\; SO_2Cl_2 \;\longrightarrow\; RCl \;+\; SO_2 \;+\; HCl \qquad\qquad [1.29]$$

Die Chlorierung mit Sulfurylchlorid ist selektiver als die mit elementarem Chlor, und die Darstellung z. B. von Trichlormethylbenzen aus Toluen gelingt mit SO_2Cl_2 nicht mehr. Das deutet darauf hin, daß nicht Chloratome, sondern bevorzugt die weniger reaktiven SO_2Cl-Radikale die eigentlichen Kettenträger sind:

Initiator $\longrightarrow$ 2 R'·

$\qquad$ Kettenstart

R'· + SO$_2$Cl$_2$ $\longrightarrow$ R'Cl + $\dot{S}$O$_2$Cl

RH + $\dot{S}$O$_2$Cl $\longrightarrow$ R· + HCl + SO$_2$

$\qquad$ Kettenfortpflanzung

R· + SO$_2$Cl$_2$ $\longrightarrow$ RCl + $\dot{S}$O$_2$Cl

[1.30]

Bei Alkylaromaten, die Brom im Kern enthalten, findet ein Austausch sowohl des Halogens im Kern als auch des Wasserstoffs in der Seitenkette statt, so daß keine einheitlichen Reaktionsprodukte entstehen.

Wegen der bequemen Dosierbarkeit des Sulfurylchlorids ist die Reaktion gut für Präparationen im Halbmikromaßstab geeignet und dann der Chlorierung mit molekularem Chlor häufig vorzuziehen.

Allgemeine Arbeitsvorschrift für die Chlorierung von Kohlenwasserstoffen mit Sulfurylchlorid (Tab.1.31)

Achtung! Zum Arbeitsschutz vgl. vorstehende AAV! Bei der Reaktion entstehen Schwefeldioxid und Chlorwasserstoff. Unter dem Abzug arbeiten! Da Kegelschliffe bei der Umsetzung leicht verkleben, zwischen Kern und Hülse eine Polytetrafluorethylenfolie legen. Man kann auch Schraubverschlüsse mit PTFE-(Teflon-)Dichtung nach Abbildung A.1.e) bzw. PTFE-beschichtete Schliffe verwenden.

Zur Darstellung der Monochlorverbindungen wählt man ein Molverhältnis von Kohlenwasserstoff zu Sulfurylchlorid wie 1,2:1, zur Darstellung von Benzylidendichloriden ein Molverhältnis von 1:2.

Kohlenwasserstoff und Sulfurylchlorid werden nach Zusatz von 2 mmol Benzoylperoxid oder noch besser Azo-bis-isobutyronitril (bezogen auf 1 mol Sulfurylchlorid) in einem Rundkolben mit *sehr gut wirkendem* Rückflußkühler (warum?) und Calciumchloridrohr zum Sieden erhitzt. Nach jeweils 1 Stunde setzt man nochmals die gleiche Menge Kettenstarter zu. Die Reaktion ist beendet, wenn keine Gasentwicklung mehr zu beobachten ist (8 bis 10 Stunden). Man läßt abkühlen, wäscht mit Wasser[1]), trocknet mit Magnesiumsulfat und fraktioniert durch eine 20-cm-Vigreux-Kolonne. Die Ausbeuten in der Tabelle 1.31 sind auf Sulfurylchlorid bezogen.

Tabelle 1.31

Chlorierung von Kohlenwasserstoffen mit Sulfurylchlorid

Produkt	Ausgangs-verbindung	Kp (bzw. F) in °C	n_D^{20}	Ausbeute in %
Chlorcyclohexan	Cyclohexan	$67_{8,3(62)}$	1,4626	60
Benzylchlorid	Toluen	$61_{1,3(10)}$	1,5390	80
o-Chlor-benzylchlorid	o-Chlor-toluen	$92_{1,6(12)}$	1,5621	75
p-Chlor-benzylchlorid	p-Chlor-toluen	$92_{1,3(10)}$ $F\,28$	1,5651[1])	70
1-Phenyl-ethylchlorid	Ethylbenzen	$77_{2,0(15)}$	1,5278	85[2])
Benzylidendichlorid	Toluen	$86_{1,9(14)}$	1,5503	75

[1]) n_D^{25} (unterkühlte Schmelze)

[2]) nicht völlig rein, enthält etwas 1-Chlor-2-phenyl-ethan

---

[1]) Vgl. A.2.5.2.1.

Für die Herstellung kleiner Mengen fester Arylhydroximsäurechloride, die als Precursor für Nitriloxide verwendet werden (s. [4.91]), eignet sich die Chlorierung von Araldoximen mit *N*-Chlorsuccinimid (NCS):

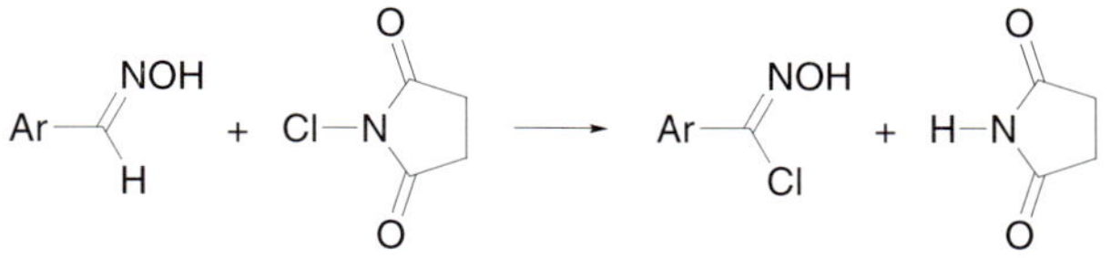

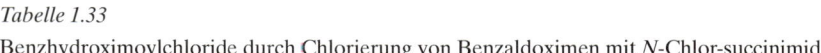

[1.32]

Allgemeine Arbeitsvorschrift für die Chlorierung von substituierten Benzaldoximen mit *N*-Chlorsuccinimid[1]) (Tab. 1.33)

In einem 500-ml-Dreihalskolben, versehen mit Rührer und Thermometer, löst man 0,3 mol substituiertes Benzaldoxim[2]) in 250 ml Dimethylformamid, erwärmt auf 25–30 °C und setzt unter Rühren 1/10 bis 1/5 von 0,3 mol *N*-Chlorsuccinimid (NCS) zu. Innerhalb von 10 Minuten muß ein leichter Temperaturanstieg von mindestens 3 °C erfolgen. Springt die Reaktion nicht an, werden ca. 20 ml HCl-Gas eingeleitet. Sobald die Reaktion beginnt, ist die Temperatur unter 35 °C zu halten, während der Rest des NCS in Portionen zugegeben und zeitweise mit Eis/Kochsalz gekühlt wird. Nach Abklingen der Reaktion erkennt man deren Ende an der schwachen oder negativen Reaktion eines Tropfens der Lösung mit feuchtem Kaliumiodid-Stärke-Papier. Danach wird in das vierfache Volumen Eiswasser eingerührt und zweimal mit je 250 ml Ether ausgeschüttelt. Der Etherextrakt wird dreimal mit Wasser gewaschen, mit Na_2SO_4 getrocknet und der Ether bei 30–40 °C im Vakuum verdampft. Das anfallende Produkt kann nach Schmelzpunktkontrolle für Nitriloxidreaktionen eingestzt werden.

Tabelle 1.33

Benzhydroximoylchloride durch Chlorierung von Benzaldoximen mit *N*-Chlor-succinimid

Subst. Benzhydroximoylchlorid (Produkt)	Subst. Benzaldoxim[2]) (Ausgangsstoff)	F in °C	Rohausbeute in %
3-Chlor-	3-Chlor-	58–61	86
4-Chlor-	4-Chlor-	87–89	89
2-Methoxy-	2-Methoxy-	105–108	85
4-Trifluormethyl-	4-Trifluormethyl-	89–91	80
2,4,6-Trimethyl-	2,4,6-Trimethyl-	62–69	80

Mit ungewöhnlicher Selektivität lassen sich Chlorierungen mit *N*-Chlor-aminen und Schwefelsäure in Gegenwart von Metallsalzen oder unter Bestrahlung durchführen:

$$RH + R'_2NCl \longrightarrow RCl + R'_2NH$$ [1.34]

Die Reaktion verläuft nach einem Kettenmechanismus, an dem als Kettenträger Kationradikale von Aminen, die durch Eineelektronenübertragung gebildet werden, beteiligt sind:

[1]) Nach Kou-Chang Liu, Shelton, B. R., Howe, R. K.; J. Org. Chem. **45** (1980), 3916.
[2]) Herstellung siehe D.7.1.1.

$$R_2'\bar{N}Cl + H^\oplus \rightleftharpoons R_2'\overset{\oplus}{N}HCl$$

$$Fe^{2\oplus} + R_2'\overset{\oplus}{N}HCl \longrightarrow Fe^{3\oplus} + R_2'\overset{\oplus}{N}H\cdot + Cl^\ominus$$

$$R_2'\overset{\oplus}{N}H\cdot + RH \longrightarrow R_2'\overset{\oplus}{N}H_2 + R\cdot$$

$$R\cdot + R_2'\overset{\oplus}{N}HCl \longrightarrow RCl + R_2'\overset{\oplus}{N}H\cdot$$

[1.35]

Alkylhalogenide, Alkohole, Fettsäuren und deren Ester werden hierbei vorrangig in $(\omega - 1)$-Stellung chloriert, z. B.:

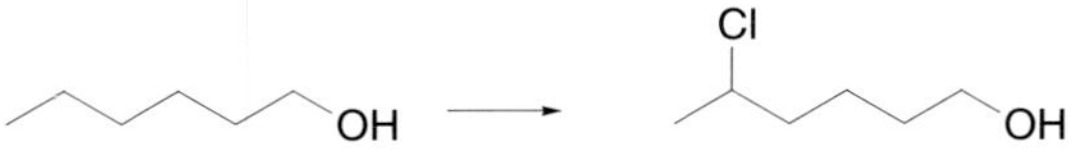

[1.36]

In der Technik wird die Chlorierung von Methan, Ethan, Pentan, höheren Paraffinen, Propylen und Toluen mit elementarem Chlor in größtem Umfange durchgeführt. Über die Verwendung der dabei entstehenden Produkte gibt Tabelle 1.37 eine Übersicht.

Tabelle 1.37

Technisch wichtige Chlorkohlenwasserstoffe

Chlorierungsprodukt	Verwendung
Methylchlorid	Kältemittel
	→ Silicone
	→ Methylcellulose
Methylendichlorid	Lösungs- und Extraktionsmittel für Öle, Fette, Kunststoffe (Acetylcellulose, PVC) und Lacke
Chloroform	Lösungsmittel für Fette, Öle, Harze, Penicillin u. a.
	→ $CHF_2Cl \to C_2F_4 \to$ Polytetrafluorethylen (PTFE)
Tetrachlorkohlenstoff	Lösungsmittel für Öle, Fette, Harze und Lacke
	Reinigungsmittel für Textilien und Metalle
Ethylchlorid	→ Ethylcellulose
	Kältemittel
	Narkotikum, Anästhetikum
	Lösungs- und Extraktionsmittel
Monochlorpentane (Pentylchloride)	→ Pentylalkohole → Pentylester (Lösungsmittel und Weichmacher)
Polychlorcyclopentane	→ Hexachlorcyclopentadien → Schädlingsbekämpfungsmittel
höhere Monochlorparaffine	→ Alkylbenzensulfonate (Waschmittel)
	→ Alkylnaphthalene (Schmierölzusätze)
Allylchlorid	→ Allylalkohol ⤴ Allylester (Weichmacher) → Polymere / ↘ Acrolein ⤴ Glycerol
	→ Epichlorhydrin (1-Chlor-2,3-epoxy-propan) → Epoxidharze
	→ Allylamin
Benzylchlorid	→ Benzylcellulose
	→ Benzylalkohol
	→ Benzylcyanid u. a.
Benzylidendichlorid	→ Benzaldehyd
(Trichlormethyl)benzen	→ Benzoylchlorid
	→ (Trifluormethyl)benzen (Pflanzenschutzmittel) → Pharmaka, Farbstoffe

1.4.2. Bromierung

Für präparative Arbeiten ist die Bromierung mit elementarem Brom der Chlorierung wegen der leichteren Dosierbarkeit des Halogenierungsmittels und der größeren Selektivität häufig überlegen. Für technische Zwecke ist Brom allerdings zu teuer.

Aus den gleichen Gründen, die bei der Chlorierung besprochen wurden, findet die Bromierung präparativ hauptsächlich zur Darstellung der Benzyl- und Benzylidendibromide Anwendung. Kernsubstituierte Alkylaromaten reagieren ebenso wie unsubstituierte recht glatt. Die Geschwindigkeit, mit der ein zweites Bromatom in die Seitenkette eintritt (Bildung der Benzylidendibromide), ist meist deutlich geringer als die Bildung des entsprechenden Benzylbromids. Tribrommethylbenzene werden nicht mehr gebildet.

Die kinetische Kettenlänge radikalischer Bromierungen ist klein, da die Reaktionen nur noch schwach exotherm sind. So beträgt z. B. die Quantenausbeute der Bromierung von Cyclohexan bei Zimmertemperatur ≈ 2. Sichtbares Licht ist zur Initiierung gut geeignet.

Allgemeine Arbeitsvorschrift für die Photobromierung von Alkylaromaten in der Seitenkette (Tab.1.38)

Achtung! Benzylbromide und ähnliche Bromalkylaromaten sind meist stark haut- und tränenreizende Stoffe. Man arbeite deshalb stets im Abzug und trage beim Ausschütteln usw. Gummihandschuhe und Schutzbrille (vgl. auch D.1.4.1., Photochlorierung). Bei Verätzungen der Haut stets erst mit Alkohol waschen und nicht mit Wasser! Solange nicht alle Substanzen von den betroffenen Stellen entfernt sind, darf *keine* Salbe angewandt werden, da diese lediglich die Resorption fördern würde. Bei Verätzungen der Augen mit schwach basischem Wasser spülen (stark verd. Natriumhydrogencarbonatlösung).

0,2 mol des Alkylaromaten werden in der fünffachen Menge trockenem Tetrachlorkohlenstoff (vgl. Reagenzienanhang) gelöst und in einen Zweihalskolben mit Rückflußkühler und gut eingespanntem[1]) Tropftrichter gegeben. Das Auslaufrohr des Tropftrichters soll in die Flüssigkeit eintauchen, um Verluste an Brom einzuschränken. Man erhitzt zum Sieden und tropft 0,205 mol vorher durch Ausschütteln mit konz. Schwefelsäure getrocknetes Brom (Br_2!) zu. Sollen zwei bzw. vier Wasserstoffatome ersetzt werden, verwendet man die zwei- bzw. vierfache Menge an Brom. Während des Zutropfens wird mit einer 500-Watt-Photolampe bestrahlt. Die Geschwindigkeit der Bromzugabe ist so zu regeln, daß der vom Rückflußkühler abtropfende Tetrachlorkohlenstoff immer nahezu farblos bleibt. Bei den Monobromverbindungen sind hierzu etwa 30 Minuten bis 2 Stunden, bei den Dibromverbindungen 2 bis 10 Stunden erforderlich.

Den entweichenden Bromwasserstoff leitet man durch den Rückflußkühler, der einen durchbohrten Stopfen mit einem Glasrohr und Gummischlauch (besser PVC-Schlauch) trägt, in einen zur Hälfte mit Wasser gefüllten Erlenmeyer-Kolben. Das Einleitungsrohr soll dabei nicht eintauchen, sondern etwa 1 cm über der Wasseroberfläche enden (warum?). Die entstehende verdünnte Bromwasserstoffsäure wird durch Destillation über eine kurze Kolonne gewonnen: Man fängt die bei *Kp* 126 °C azeotrop siedende 48%ige Bromwasserstoffsäure auf (Verwendung für Veresterungen und Etherspaltungen, vgl. D.2.5.2.).

Nach Beendigung der Reaktion unterbricht man die Bestrahlung. Sofern ein festes Produkt zu erwarten ist, gießt man die heiße Lösung sofort in einen Erlenmeyer-Kolben (Vorsicht! Abzug, Gummihandschuhe, Schutzbrille), läßt auskristallisieren (wenn nötig, im Kühlschrank) und reinigt durch Umkristallisation.

Bei festen Produkten, die nicht oder nur in ungenügender Menge aus der Reaktionslösung auskristallisieren, und bei Flüssigkeiten wäscht man die abgekühlte Lösung rasch mit Eiswasser, sodann mit eiskalter wäßriger Natriumhydrogencarbonatlösung und nochmals mit Eiswas-

---

[1]) Brom hat die Dichte 3,14 g·cm^{-3}! Tropftrichter und Kolben am selben Stativ einspannen!

ser, trocknet mit Magnesiumsulfat und dampft den Tetrachlorkohlenstoff auf dem Wasserbad im schwachen Vakuum ab. Der Rückstand wird umkristallisiert oder im Vakuum unter Zusatz einer Spatelspitze Natriumhydrogencarbonat mit einem Heizbad destilliert.

Um optimale Ausbeuten zu erhalten, verwendet man reine Ausgangsprodukte und arbeitet die Mutterlaugen auf. Hierzu dampft man sie im Vakuum auf dem Wasserbad ein und kristallisiert den Rückstand um.

Die Benzylbromide neigen oberhalb 150 °C zur Zersetzung. Beim Stehen färben sie sich rot und werden am besten bald weiterverarbeitet. Ihre Hydrolysebeständigkeit ist gering.

Tabelle 1.38

Photobromierung von Alkylaromaten

Produkt	Ausgangsverbindung	Kp (bzw. F) in °C	Ausbeute in %
Benzylbromid	Toluen	$78_{2,0(15)}$	70
o-Methyl-benzylbromid	o-Xylen	$104_{1,9(14)}$ $F\,21$	80
o-Chlor-benzylbromid	o-Chlor-toluen	$104_{1,6(12)}$	80
m-Chlor-benzylbromid	m-Chlor-toluen	$109_{1,3(10)}$ $F\,17,5$	60
p-Chlor-benzylbromid	p-Chlor-toluen	$124_{2,7(20)}$ $F\,50$ (EtOH oder Petrolether)	70
o-Brom-benzylbromid	o-Brom-toluen	$130_{1,6(12)}$ $F\,31$ (EtOH oder Ligroin)	80
m-Brom-benzylbromid	m-Brom-toluen	$126_{1,6(12)}$ $F\,41$ (EtOH)	75
p-Brom-benzylbromid	p-Brom-toluen	$F\,61$ (EtOH)	65
p-Nitro-benzylbromid	p-Nitro-toluen	$F\,99$ (EtOH)	70
Benzylidendibromid	Toluen	$120_{2,0(15)}$	80
p-Chlor-benzylidendibromid	p-Chlor-toluen	$145_{1,6(12)}$	50
Essigsäure(3-dibrommethyl-phenyl)ester	m-Cresylacetat	$167_{1,5(11)}$	70
p-Nitro-benzylidendibromid	p-Nitro-toluen	$F\,78$ (EtOH)	75
2,4-Dichlor-benzylidendibromid	2,4-Dichlor-toluen	$90_{0,1(0,8)}$	65
1,2-Bis(dibrommethyl)benzen	o-Xylen	$F\,116$ (Chlf.)	50
1,3-Bis(dibrommethyl)benzen	m-Xylen	$F\,107$ (Chlf.)	50
1,4-Bis(dibrommethyl)benzen	p-Xylen	$F\,170$ (Chlf.)	80

Durch radikalische Bromierung werden technisch im größeren Maßstab Methylbromid zur Verwendung als Bodendesinfektionsmittel und höher bromierte Kohlenwasserstoffe als Feuerlöschmittel für elektrische Anlagen und Kraftfahrzeuge gewonnen.

Anstelle von elementarem Brom können auch andere Bromverbindungen für radikalische Bromierungen verwendet werden, z. B. Bromtrichlormethan BrCCl$_3$, *tert*-Butylhypobromit BrOC(CH$_3$)$_3$ oder *N*-Brom-succinimid, vgl. Tabelle 1.2.

Ein vielbenutztes Bromierungsreagens ist *N-Brom-succinimid*. Seine größte Bedeutung besteht darin, daß man Olefine in Allylstellung substituierend bromieren kann, wobei die Doppelbindung erhalten bleibt:

[1.39]

Es handelt sich dabei um eine Radikalkettenreaktion, bei der molekulares Brom, das in geringer Konzentration aus dem N-Brom-succinimid gebildet wird, als bromierendes Agens wirkt.

C–H-Bindungen in Nachbarschaft zu einem aromatischen Kern verhalten sich wie allylständige C–H-Bindungen, so daß auch α-Brom-alkylaromaten durch Bromierung mit N-Brom-succinimid zugänglich sind.

Als Reaktionsmedium verwendet man Tetrachlorkohlenstoff, in dem das N-Brom-succinimid unlöslich ist. Lösungen des Reagens in polaren Solventien führen zu anderen Reaktionen, z. B. Bromaddition und Kernsubstitution, wie überhaupt polare Substanzen (Salze, Säuren) schon in geringer Menge diese Nebenreaktionen begünstigen.

Allgemeine Arbeitsvorschrift für Bromierungen mit N-Brom-succinimid in Allylstellung (Tab. 1.40)

Achtung! Benzylbromide und ähnliche Verbindungen sind stark haut- und tränenreizend (s. oben).

0,1 mol der zu halogenierenden Substanz wird in 100 ml über Phosphor(V)-oxid getrocknetem Tetrachlorkohlenstoff[1]) gelöst, mit 0,1 mol getrocknetem, nicht umkristallisiertem N-Brom-succinimid[1]) und 0,2 g Azobisisobutyronitril versetzt. Diese Mischung erwärmt man im Rundkolben vorsichtig unter Rückfluß, bis die Reaktion anspringt, was sich an der Wärmeentwicklung (stärkeres Sieden!) erkennen läßt. Notfalls muß man dann etwas kühlen, hat dabei aber darauf zu achten, daß die Reaktion nicht zum Stillstand kommt.

Das Ende der Umsetzung ist daran zu erkennen, daß sich das spezifisch schwerere N-Brom-succinimid aufgelöst hat und in Succinimid übergegangen ist, das auf der Oberfläche schwimmt. Man erhitzt zur Sicherheit noch 10 Minuten zum Sieden. Die Reaktion mit Olefinen ist in etwa einer Stunde beendet, Alkylaromaten erfordern eine längere Zeit. Nach dem Abkühlen wird abgesaugt, das Succinimid[2]) mit etwas Tetrachlorkohlenstoff gewaschen und aus den vereinigten Filtraten der Tetrachlorkohlenstoff im schwachen Vakuum auf dem Wasserbad abdestilliert. Den Rückstand läßt man, falls ein festes Produkt erwartet wird, im Kühlschrank oder in einer Kältemischung kristallisieren, saugt ab und reinigt durch Umkristallisation. Flüssige Produkte werden unter Verwendung eines Heizbades im Vakuum destilliert.

Die Methode ist für Präparationen im Halbmikromaßstab gut geeignet.

Tabelle 1.40

Bromierungen mit N-Bromsuccinimid

Produkt	Ausgangsverbindung	Kp (bzw. F) in °C	Ausbeute in %
3-Brom-cyclohexen	Cyclohexen[1])	$75_{2,0(15)}$ n_D^{20} 1,5285	40
1-(Brommethyl)naphthalen	1-Methyl-naphthalen	$175_{1,3(10)}$ F 53 (EtOH)	60
2-(Brommethyl)naphthalen	2-Methyl-naphthalen	$150...170_{2,1(16)}$ F 56 (EtOH)	60
2-Chlor-benzylbromid	2-Chlor-toluen	$104_{1,6(12)}$	80

[1]) 1 Stunde über P_4O_{10} kochen und destillieren.

---

[1]) Vgl. Reagenzienanhang.

[2]) Das zurückgewonnene Succinimid wird gesammelt und wieder zur Darstellung von N-Brom-succinimid verwendet (vgl. Reagenzienanhang).

1.5.   Peroxygenierung

Das Sauerstoffmolekül ist ein Diradikal ·O–O·. Es kann daher mit gewissen organischen Verbindungen nach einem Radikalmechanismus reagieren, wobei zunächst Hydroperoxide gebildet werden:

$$R–H \;+\; O_2 \longrightarrow R–O–O–H \qquad\qquad\qquad\qquad [1.41]$$

Solche Reaktionen verlaufen oft langsam bereits unter milden Bedingungen, z. B. bei Zimmertemperatur. Man bezeichnet sie auch als *Autoxidationen*.

Es handelt sich um Kettenreaktionen mit folgenden Teilschritten:

$$R–H \;+\; ·O–O· \longrightarrow R· \;+\; HOO· \qquad \text{Kettenstart}$$

$$R· \;+\; ·O–O· \longrightarrow R–O–O· \qquad \text{Kettenfortpflanzung} \qquad [1.42]$$

$$R–O–O· \;+\; H–R \longrightarrow R–O–O–H \;+\; R·$$

Der Kettenabbruch erfolgt vorrangig durch Reaktion der Kettenträger ROO· miteinander.

Die Oxidation wird durch Radikalgeneratoren (Peroxide, Azoverbindungen), Belichtung und Spuren von Schwermetallionen beschleunigt. Da Peroxide im Verlauf der Reaktion gebildet werden, verläuft sie autokatalytisch. Die katalytische Wirkung von Schwermetallionen beruht auf der Bildung von Radikalen aus den Peroxiden, z. B. (vgl. auch [1.6]):

$$ROOH \;+\; M^{2\oplus} \longrightarrow ROO· \;+\; H^{\oplus} \;+\; M^{\oplus} \qquad\qquad [1.43]$$

$$ROOH \;+\; M^{\oplus} \longrightarrow RO· \;+\; OH^{\ominus} \;+\; M^{2\oplus} \qquad\qquad [1.44]$$

$$RO· \;+\; H–R \longrightarrow ROH \;+\; R· \qquad\qquad\qquad\qquad [1.45]$$

Das Peroxylradikal ist wenig reaktiv (vgl. $\varDelta_D H^{\ominus}_{HOO–H} = 378\ \text{kJ}\cdot\text{mol}^{-1}$) und deshalb recht selektiv. Es greift also bevorzugt C–H-Bindungen hoher Reaktivität (in Nachbarstellung zum aromatischen Kern, in Allylstellung, tertiäre C–H-Bindungen, C–H-Bindungen in Nachbarstellung zum Sauerstoff wie in Aldehyden, Ethern) an.

Von technischer Bedeutung sind die Oxidationen von Isobutan zu *tert*-Butylhydroperoxid und von Isopropylbenzen (Cumen) zu α,α-Dimethyl-benzylhydroperoxid (Cumylhydroperoxid). Man formuliere die Schritte dieser Kettenreaktionen! *tert*-Butylhydroperoxid dient als Oxidant bei der Herstellung von Propylenoxid aus Propylen (vgl. D.4.1.6). Bei der Säurebehandlung von Cumylhydroperoxid werden Phenol und Aceton gebildet (vgl. D.9.1.3.). Beide Peroxide werden außerdem als Initiatoren für Polymerisationsreaktionen und als Reagenzien für die Vernetzung von Polymeren verwendet.

Bei Temperaturen über 100 °C werden in Gegenwart von Peroxiden und Schwermetallsalzen auch secundäre C–H-Bindungen angegriffen. Darauf beruhen die technisch wichtigen Oxidationen von Paraffinen (vgl. D.6.5.).

Auch die als Trocknung bezeichnete Verharzung gewisser stark ungesättigter Öle in Gegenwart von Schwermetallsalzen („Siccative") ist ein Autoxidationsprozeß, der zunächst in der reaktionsfähigen Allylstellung einsetzt. Ähnliche Reaktionen verlaufen unerwünscht beim Ranzigwerden von Fetten und Ölen und beim Altern von Kautschuk und anderen Polymeren. Von Bedeutung ist weiterhin die Autoxidation von Aldehyden, die zunächst entsprechend der oben formulierten Radikalkette zu einer Peroxycarbonsäure führt, die sich dann in einer säurekatalysierten polaren Folgereaktion mit weiterem Aldehyd zur Säure umsetzt:

$$R-\overset{\overset{\displaystyle O}{\|}}{\underset{\underset{\displaystyle H}{}}{C}} + O_2 \longrightarrow R-\overset{\overset{\displaystyle O}{\|}}{\underset{\underset{\displaystyle OOH}{}}{C}} \xrightarrow{+ \ R-CHO \ (H^{\oplus})}$$

[1.46]

$$\underset{R}{\overset{HO}{\diagdown}}\underset{O-O}{\overset{H \ \ O}{C}}\underset{}{\overset{\|}{C}}-R \longrightarrow 2 \ R-\overset{\overset{\displaystyle O}{\|}}{\underset{\underset{\displaystyle OH}{}}{C}}$$

Diese Reaktion wird technisch zur Darstellung von Essigsäure aus Acetaldehyd angewendet. Sie verläuft darüber hinaus oft unerwünscht bei der Aufbewahrung von Aldehyden besonders in Gegenwart von Metallsalzspuren und im Licht. Aromatische Amino- und Hydroxyverbindungen (z. B. Hydrochinon) inhibieren die Kettenreaktion (vgl. D.1.2.) und werden infolgedessen als „Antioxidantien" zugesetzt.

> Die meisten Peroxyverbindungen sind energiereich und neigen deshalb zum explosiven Zerfall. Besonders gefürchtet sind Etherperoxide, die z. B. aus Diethylether, Diisopropylether, Tetrahydrofuran und Dioxan beim Stehen an der Luft und im Licht leicht gebildet werden[1]). Sie sind weniger flüchtig als die Ether und reichern sich deshalb beim Abdestillieren dieser Lösungsmittel im Destillationsrückstand an.
>
> Man prüfe Ether daher stets vor ihrer Verwendung auf Peroxidfreiheit, indem man sie mit einer wäßrigen schwefelsauren Titan(IV)-sulfat- oder essigsauren Kaliumiodidlösung schüttelt. Gelbfärbung zeigt Peroxide an.
>
> Als saure Verbindungen bilden Hydroperoxide mit Alkali Salze, die in Ether unlöslich sind. Aus diesem Grunde bewahrt man die genannten Lösungsmittel stets über Ätzkali in braunen Flaschen auf.

Allgemeine Arbeitsvorschrift zur Darstellung von Hydroperoxiden aus Kohlenwasserstoffen (Tab. 1.47)

Reinigung der Kohlenwasserstoffe

Die zu oxydierenden Kohlenwasserstoffe müssen frei von Olefinen sein. Man schüttelt sie mit ungefähr 1/10 ihres Volumens an konz. Schwefelsäure aus (Vorsicht! Unter Umständen Erwärmung!) und wiederholt diese Prozedur, bis die Schwefelsäure nicht mehr braun oder gelb wird. Anschließend wird zweimal mit Wasser gewaschen, über festem Kaliumhydroxid getrocknet und über Natrium destilliert.

Ausführung der Oxidation

In einen Kolben mit gut wirkendem Rückflußkühler, Gaseinleitungsrohr und Sicherheitswaschflasche (vgl. A.1.6.) gibt man 0,2 mol des gereinigten Kohlenwasserstoffs und 0,1 g Azobisisobutyronitril, erhitzt den Kolben in einem Wasser- bzw. Glycolbad auf die angegebene Temperatur und leitet 8 bis 10 Stunden langsam Sauerstoff in den Kohlenwasserstoff ein.

Bestimmung des Hydroperoxidgehaltes

0,2 bis 0,5 g der Reaktionslösung werden in einem 200-ml-Erlenmeyer-Kolben mit Schliffstopfen genau eingewogen. Man gibt 1 g Kaliumiodid und 10 ml Essigsäureanhydrid p.a. zu, schüttelt mehrmals um, bis sich das Iodid gelöst hat, und versetzt nach 10 Minuten mit 50 ml Wasser. Dann wird 1/2 Minute kräftig geschüttelt und das ausgeschiedene Iod mit 0,1 N Natriumthiosulfatlösung und Stärke als Indikator titriert.

$$\text{Hydroperoxidgehalt der Lösung (in \%)} = \frac{\text{Verbrauch Na}_2\text{S}_2\text{O}_3 \text{ (in ml)} \cdot \text{Molmasse des Peroxids}}{\text{Einwaage (in g)} \cdot 200}$$

Die Hydroperoxidbestimmung wird alle 2 Stunden wiederholt.

---

[1]) Auch ungesättigte Kohlenwasserstoffe, Tetralin und Ketone neigen zur Peroxidbildung

Tabelle 1.47

Hydroperoxide aus Kohlenwasserstoffen

Produkt	Ausgangsverbindung	Reaktions-temperatur in °C	Hydroperoxid-gehalt der Lösung in %
α,α-Dimethyl-benzylhydroperoxid (Cumylhydroperoxid)	Cumen	80	20
α-Ethyl-α-methyl-benzylhydroperoxid	*sec*-Butylbenzen	120	12[1])
1,2,3,4-Tetrahydro-naphth-1-ylhydro-peroxid (Tetralinhydroperoxid)	1,2,3,4-Tetrahydro-naphthalen (Tetralin)	80	20
Decalin-9-ylhydroperoxid	Decalin	80	20
1-Methyl-cyclohexylhydroperoxid	Methylcyclohexan	80	3,5

[1]) nach 20 Stunden: 20%

1.6.   Weitere radikalische Substitutionsreaktionen

Die gemeinsame Einwirkung von Chlor und Schwefeldioxid, die sog. *Sulfochlorierung* höherer Paraffine (C_{12} bis C_{18}), findet technische Anwendung. Auch diese Reaktion ist eine über Radikale verlaufende Kettenreaktion:

$$Cl_2 \xrightarrow{\text{Licht}} 2 \ Cl\cdot$$

$$R-H + Cl\cdot \longrightarrow R\cdot + HCl$$

$$R\cdot + SO_2 \longrightarrow R-\overset{O}{\underset{O}{\overset{\|}{\underset{\|}{S}}}}\cdot \qquad [1.48]$$

$$R-\overset{O}{\underset{O}{\overset{\|}{\underset{\|}{S}}}}\cdot + Cl_2 \longrightarrow R-\overset{O}{\underset{O}{\overset{\|}{\underset{\|}{S}}}}-Cl + Cl\cdot$$

Die bei der Verseifung der Alkansulfochloride entstehenden alkansulfonsauren Salze sind gute Waschrohstoffe:

$$RSO_2Cl + 2 \ NaOH \longrightarrow RSO_3Na + NaCl + H_2O \qquad [1.49]$$

Die Sulfochloride selbst werden als Gerbstoffe verwendet.

In einer analogen Kettenreaktion entstehen bei der Oxidation von Paraffinen mit Sauerstoff in Gegenwart von Schwefeldioxid („*Sulfoxidation*") zunächst Peroxosulfonsäuren:

$$R-H + SO_2 + O_2 \longrightarrow R-SO_2-O-O-H \qquad [1.50]$$

Sie gehen in Folgereaktionen mit H_2O und SO_2 in Alkansulfonsäuren und H_2SO_4 über.

Unter geeigneten Reaktionsbedingungen gelingt auch die *Nitrierung* aliphatischer Kohlenwasserstoffe. Technisch führt man die Nitrierung der niederen (gasförmigen) Kohlenwasserstoffe bei etwa 450 °C mit Salpetersäuredampf durch. Für höhere Kohlenwasserstoffe ist dieses Verfahren nicht geeignet, da weitgehende Crackung der Verbindungen eintritt. Man nitriert diese z. B. bei 170 bis 180 °C in flüssiger Phase, evtl. unter Druck, mit Salpetersäure bzw. Distickstofftetroxid. In großem Umfang wird technisch Propan nitriert. Dabei fallen Nitromethan, Nitroethan und die Nitropropane an, die wichtige Lösungsmittel und Zwischenprodukte sind. Nitrocyclohexan gewinnt als Ausgangsprodukt zur Darstellung von ε-Caprolactam an Bedeutung. Das durch Nitrierung von Cyclohexan zugängliche Nitrocyclohexan läßt sich katalytisch zu Cyclohexanonoxim hydrieren, aus dem ε-Caprolactam hergestellt wird (vgl. D.7.1.4.2. und D.9.1.2.4.).

Die radikalische *Nitrosierung* von aliphatischen und araliphatischen Kohlenwasserstoffen ist mit Stickstoffmonoxid bei höherer Temperatur oder unter der Einwirkung energiereicher Strahlung möglich. Sie gelingt auch mit einem NO/Cl$_2$-Gemisch bzw. mit Nitrosylchlorid, NOCl, unter Bestrahlung mit UV-Licht, wobei HCl als Nebenprodukt entsteht. Unter seinem Einfluß lagern sich zunächst gebildete primäre und secundäre Nitrosoverbindungen in Oxime um. Auf diese Weise wird Cyclohexanonoxim (Vorprodukt für ε-Caprolactam, s. oben) durch Photonitrosierung von Cyclohexan technisch hergestellt. Man formuliere die entsprechenden Reaktionsgleichungen!

Die bisher behandelten radikalischen Substitutionen betrafen ausschließlich den Ersatz von Wasserstoff durch verschiedene funktionelle Gruppen. Es ist umgekehrt auch möglich, funktionelle Gruppen in organischen Verbindungen durch Wasserstoff zu substituieren. Solche *radikalischen Reduktionen* gelingen mit gewissen Metallhydriden, wie Stannanen R$_3$SnH, Germanen R$_3$GeH und Silanen R$_3$SiH, z. B.:

$$R{-}X \ + \ Bu_3Sn{-}H \longrightarrow R{-}H \ + \ Bu_3Sn{-}Cl \qquad\qquad [1.51]$$

Sie verlaufen nach einem Radikalkettenmechanismus und werden durch die üblichen Initiatoren (Azoverbindungen, Peroxide, UV-Licht) gestartet:

$$
\begin{array}{lll}
\text{Initiator} \longrightarrow \quad 2\,R'{\cdot} & & \text{Kettenstart} \\[4pt]
R'{\cdot} \ + \ Bu_3SnH \longrightarrow R'H \ + \ Bu_3Sn{\cdot} & & \text{Kettenfortpflanzung} \\[4pt]
RX \ + \ Bu_3Sn{\cdot} \longrightarrow R{\cdot} \ + \ Bu_3SnX & & \\[4pt]
R{\cdot} \ + \ Bu_3SnH \longrightarrow RH \ + \ Bu_3Sn{\cdot} & &
\end{array}
\qquad [1.52]
$$

Mit Tri-*n*-butylzinnhydrid, das meist verwendet wird, lassen sich auf diese Weise Nitroverbindungen (R–NO$_2$), Halogenverbindungen (R–Cl, R–Br, R–I) und Ester anderer anorganischer und organischer Säuren, wie *p*-Toluensulfonsäurealkylester (R-OSO$_2$C$_6$H$_4$CH$_3$) und Dithiokohlensäureester (R-OCS$_2$CH$_3$) zu den entsprechenden Kohlenwasserstoffen reduzieren[1]. Die beiden zuletzt genannten Reaktionen sind auch gut zur Überführung von Alkoholen in Kohlenwasserstoffe geeignet:

$$R{-}OH \longrightarrow R{-}X \longrightarrow R{-}H \qquad\qquad [1.53]$$

Man stellt, wie in den Kapiteln D.3.2. und D.8.5. beschrieben, aus den Alkoholen zunächst die genannten Ester her und reduziert diese dann mit Tributylzinnhydrid.

In allen Fällen findet man in Abhängigkeit von der Natur von R folgende Abstufung der Reaktivität:

Allyl, Benzyl > *tert*-Alkyl > *sec*-Alkyl > *prim*-Alkyl ≫ Aryl   [1.54]

(warum?). Sterisch gehinderte Verbindungen RX, die nach ionischen Mechanismen schwer oder gar nicht reagieren, lassen sich daher leicht reduzieren. Außerdem ist die Reaktion mit Vinyl–X und unter Umständen auch mit Aryl–X möglich.

1-Chlor-2-methyl-2-phenyl-cyclopropan aus 1,1-Dichlor-2-methyl-2-phenyl-cyclopropan: McKINNEY, M. A.; NAGARAJAN, S. C.: J. Org. Chem. **44** (1979), 2233.

7-Chlor-bicyclo[4.1.0]heptan aus 7,7-Dichlor-bicyclo[4.1.0]heptan: SEYFERTH, D.; YMAZAKI, H.; ALLESTON, D. L.: J. Org. Chem. **28** (1963), 703.

3-Desoxy-1,2:5,6-di-O-isopropyliden-α-D-ribo-hexofuranose aus Isopropyliden-glucofuranose: IACONO, S.; RASMUSSEN, J. R.: Org. Synth. **64** (1986), 57.

---

[1] Auch andere Methallhydride, z. B. LiAlH$_4$ oder NaBH$_4$ (vgl. D.7.3.1.1.), sind zur Reduktion der genannten Verbindungen befähigt. Sie reagieren jedoch nach ionischen Mechanismen (nucleophile Substitutionen) und daher mit anderer Selektivität.

1.7   Literaturhinweise

Allgemeines über Radikalreaktionen

C-Radikale. Hrsg.: M. REGITZ, B. GIESE, in: HOUBEN-WEYL. Bd. E19a (1989), S. 1–1567.
CURRAN, D. P., Synthesis **1988**, 417–439; 489–513.
CURRAN, D. P.; PORTER, N. A.; GIESE, B.: Stereochemistry of Radical Reactions. – VCH Verlagsgesellschaft, Weinheim 1996.
DAVIES, D. I.; PARROTT, M. J.: Free Radicals in Organic Synthesis. – Springer-Verlag, Berlin, Heidelberg 1978.
FOSSEY, J.; LEFORT, D.; SORBA, J.: Free Radicals in Organic Chemistry. – John Wiley & Sons, New York 1995.
Free Radicals. Hrsg.: J. K. KOCHI. Bd. 1–2. – John Wiley & Sons, New York 1973.
LINKER, T.; SCHMITTEL, M.: Radikale und Radikalionen in der Organischen Synthese. – Wiley-VCH, Weinheim 1998.
MOTHERWELL, W. B.; CRICH, D.: Free Radical Chain Reactions in Organic Synthesis. – Academic Press, London 1992.
NONHEBEL, D. C.; TEDDER , J. M.; WALTON, J. C.: Radicals. – Cambridge University Press, Cambridge 1979.
NONHEBEL, D. C.; WALTON, J. C.: Free-radical Chemistry. – Cambridge University Press, Cambridge 1974.
PERKINS, M. J.: Radical Chemistry. – Ellis Horwood, New York 1994.
PRYOR, W. A.: Einführung in die Radikalchemie. – Verlag Chemie, Weinheim 1974.
RAMAIAH, M.; Tetrahedron **43** (1987), 3541–3676.
RÜCHARDT, CH.: Steric Effects in Free Radical Chemistry. – In: Topics in Current Chemistry. Bd. 88. – Springer-Verlag, Berlin, Heidelberg, New York 1980. S. 1–32.
TEDDER, J. M., Angew. Chem. **94** (1982), 433–442.

Halogenierung mit N-Halogen-aminen (und andere homolytische Substitutionen)

DENO, N. C., Methods Free Radical Chem. **3** (1972), 135–154.
MINISCI, F.; Synthesis **1973**, 1–36.
SOSNOVSKY, G.; RAWLINSON, D. J., Adv. Free-Radical Chem. **4** (1972), 703–284.

Chlorierung

POUTSMA, M. L., Methods Free Radical Chem. **1** (1969), 79.
STROH, R., in: HOUBEN-WEYL. Bd. 5/3 (1962), S. 511–528; 564–650; 735–748.

Bromierung

ROEDIG, A., in: HOUBEN-WEYL. Bd. 5/4 (1960), S. 153–162; 331–347.
THALER, W. A., Methods Free Radical Chem. **2** (1969), 121.

mit N-Brom-succinimid

HORNER, L.; WINCKELMANN, E. H., in: Neuere Methoden. Bd. 3 (1961), S. 98–135; Angew. Chem. **71** (1959), 349–365.

Reduktionen mit Tributylzinnhydrid

KUIVILA, H. G., Synthesis **1970**, 499–509.
NEUMANN, W. P., Synthesis **1987**, 665–683.

Oxidation mit molekularem Sauerstoff (s. auch D.6.7.)

Autoxidation von Kohlenwasserstoffen. Von W. PRITZKOW u. a. – Deutscher Verlag für Grundstoffindustrie, Leipzig 1981.
CRIEGEE, R., in: HOUBEN-WEYL. Bd. 8 (1952), S. 9–27.
EMANUEL, N. M.: Teoriya i praktika zhidkofaznogo okisleniya. – Izd. Nauka, Moskva 1974.
EMANUEL, N. M.; DENISOV, E. T.; MAJZUS, E. K.: Cepnie reakcii okisleniya ugle`vodorodov v zhidko faze. – Izd. Nauka, Moskva 1965.
HIATT, R., in: Organic Peroxides. Bd. 2. Hrsg. D. SWERN. – Wiley-Interscience, New York 1971.
KROPF, H.; MÜLLER, W.; WEICKMANN, A., in: HOUBEN-WEYL, Bd. 4/1a (1981), S. 77–87.
KROPF, H.; MUNKE, S.; in: HOUBEN-WEYL, Bd. E13/1 (1988), S.59–126.

D.2   Nucleophile Substitution am gesättigten Kohlenstoffatom

2.1.   Allgemeiner Verlauf und Mechanismus der Reaktion

Bei der nucleophilen Substitution am gesättigten C-Atom ersetzt ein Reagens Nu ein an Kohlenstoff gebundenes Atom oder eine Atomgruppe X, wobei Nu das Elektronenpaar für die zu bildende Bindung liefert und X mit beiden Bindungselektronen aus dem Substrat verdrängt:

$$Nu| + R\text{--}X \longrightarrow Nu\text{--}R + X| \tag{2.1}$$

Die Reaktionspartner Nu werden als nucleophile Reagenzien bezeichnet; die wichtigsten Vertreter sind Neutralstoffe mit einem freien Elektronenpaar oder Anionen, z. B.:

$$Nu| = |\overline{C}l|^{\ominus}, |\overline{B}r|^{\ominus}, |\overline{I}|^{\ominus}, H\overline{O}|^{\ominus}, R\overline{O}|^{\ominus}, H\overline{S}|^{\ominus}, R\overline{S}|^{\ominus}, |N{\equiv}C|^{\ominus}, H\text{--}\overline{O}\text{--}H, R\text{--}\overline{O}\text{--}H, \overline{N}H_3, R\overline{N}H_2, R_2\overline{N}H \tag{2.2}$$

Die Reaktionen von Carbanionen, die sich von CH-aciden Verbindungen (Ketonen, Estern u. a.) ableiten, werden in Kapitel D.7.4.2.1. behandelt.

Auch ungesättigte Kohlenwasserstoffe und Aromaten können als nucleophile Reagenzien fungieren, z. B. in der Friedel-Crafts-Alkylierung (vgl. Tab. 2.4.). Dieser Reaktionstyp wird in Kapitel D.5. als elektrophile Substitution am Aromaten besprochen.

Der zu ersetzende Substituent X stellt allgemein eine elektronenanziehende Gruppierung dar, die durch ihren Induktionseffekt die C–X-Bindung polarisiert, z. B.

$$\text{--}X = \text{--}Cl, \text{--}Br, \text{--}I, \text{--}O\text{--}SO_2\text{--}OH, \text{--}O\text{--}SO_2\text{--}OR, \text{--}O\text{--}SO_2\text{--}\langle\text{--}\rangle\text{--}CH_3,$$

$$\tag{2.3}$$

$$\overset{\oplus}{\underset{H}{\text{--}O}}\overset{H^{*)}}{\diagup}, \quad \overset{\oplus}{\underset{H}{\text{--}O}}\overset{R^{*)}}{\diagup}, \quad \overset{\oplus}{\text{--}NR_3}{}^{*)}, \quad \overset{\oplus}{\text{--}N}{\equiv}N \quad \text{u. a.}$$

Die nucleophile Substitution am gesättigten Kohlenstoffatom ist ein häufig vorkommender Reaktionstyp, wie die Übersicht in Tabelle 2.4. zeigt.

Eine nucleophile Substitutionsreaktion umfaßt zwei Vorgänge, den nucleophilen Angriff des Reagens Nu auf RX unter Bildung der Nu–C-Bindung und den nucleofugen Abgang des Substituenten X unter Spaltung der C–X-Bindung:

$$Nu| \quad \diagdown C\text{--}X \tag{2.5}$$

Diese beiden Prozesse können gleichzeitig in einem Reaktionsschritt oder nacheinander in zwei Schritten erfolgen. Es ergeben sich damit drei Möglichkeiten des Reaktionsablaufes:

a) Die Spaltung der C–X-Bindung geht der Bildung der C–X-Bindung voraus. Im geschwindigkeitsbestimmenden ersten Reaktionsschritt entsteht zunächst ein Carbeniumion als Zwischenprodukt, das in einem zweiten Schritt schnell mit dem Nucleophil Nu reagiert. Die Energie ändert sich dabei wie in Abbildung C.35a gezeigt. Am geschwindigkeitsbestimmenden Schritt ist nur RX beteiligt; und dieser Mechanismus wird deshalb als *monomolekulare nucleophile Substitution* (S_N1) bezeichnet.

---

*) HO-, RO- und R_2N-Gruppen sind allgemein nicht unmittelbar, sondern erst nach Protonierung bzw. Alkylierung (bei R_2N) ersetzbar, vgl. D.2.2.1.

Tabelle 2.4

Nucleophile Substitution am gesättigten Kohlenstoff und am Silicium

R—OH + HX	$\rightleftharpoons$	R—X + H$_2$O	Veresterung von Alkoholen mit Halogenwasserstoffsäuren und anderen Säuren (s. auch D.7.1.4.1.); saure Hydrolyse von Alkylhalogeniden, -sulfaten u. a.
+ R'OH	$\rightleftharpoons$	R—OR' + H$_2$O	saure Veretherung; Etherspaltung
R—X[1)] + $\overset{\ominus}{O}$H	$\longrightarrow$	R—OH + X$^\ominus$	alkalische Hydrolyse
+ $\overset{\ominus}{O}$R'	$\longrightarrow$	R—OR' + X$^\ominus$	Williamson-Ethersynthese
+ $\overset{\ominus}{O}$COR'	$\longrightarrow$	R—OCOR' + X$^\ominus$	Synthese von Carbonsäureestern
+ $\overset{\ominus}{S}$H	$\longrightarrow$	R—SH + X$^\ominus$	Synthese von Thiolen
+ $\overset{\ominus}{S}$R'	$\longrightarrow$	R—SR' + X$^\ominus$	Synthese von Sulfiden
+ $\overset{\ominus}{S}$CN	$\longrightarrow$	R—SCN + X$^\ominus$	Synthese von Alkylthiocyanaten
+ SR'$_2$	$\longrightarrow$	R—$\overset{\oplus}{S}$R'$_2$ + X$^\ominus$	Bildung von Sulfoniumverbindungen
+ NHR'$_2$	$\longrightarrow$	R—NR'$_2$ + HX	Alkylierung von Aminen
+ NR'$_3$	$\longrightarrow$	R—$\overset{\oplus}{N}$R'$_3$ + X$^\ominus$	Quaternisierung von Aminen
+ CN$^\ominus$	$\longrightarrow$	R—CN + X$^\ominus$ (+ R—NC)	Kolbe-Nitrilsynthese (Synthese von Isocyaniden)
+ NO$_2$$^\ominus$	$\longrightarrow$	R—NO$_2$ + X$^\ominus$ (+ R—ONO)	Synthese von Nitroalkanen (Salpetrigsäureestern)
+ X'$^\ominus$	$\longrightarrow$	R—X' + X$^\ominus$	Finkelstein-Reaktion
R—X + $\overset{\ominus}{|}$CH(COR')$_2$	$\longrightarrow$	R—CH(COR')$_2$ + X$^\ominus$	Alkylierung von CH-aciden Verbindungen (s. D.7.4.2.1.)
R—X + H—Ar	$\xrightarrow{\text{AlCl}_3}$	R—Ar + HX	Friedel-Crafts-Alkylierung (s. D.5.1.7.)
$\overset{|}{\underset{|}{Si}}$—X + NHR$_2$	$\longrightarrow$	$\overset{|}{\underset{|}{Si}}$—NR$_2$ + HX	Synthese von Trialkylsilylaminen
+ CN$^\ominus$	$\longrightarrow$	$\overset{|}{\underset{|}{Si}}$—CN + X$^\ominus$	Synthese von Trialkylsilylcyanid
+ N$_3$$^\ominus$	$\longrightarrow$	$\overset{|}{\underset{|}{Si}}$—N$_3$ + X$^\ominus$	Synthese von Trialkylsilylazid

---

[1)] —X = —Cl, —Br, —I, —O—SO$_2$OH (Alkylhydrogensulfate),   —O—SO$_2$OR (Dialkylsulfate),

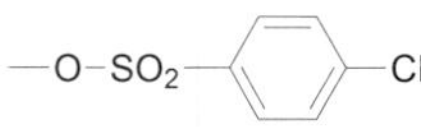

—O—SO$_2$—⟨benzene ring⟩—CH$_3$ (Toluensulfonate, "Tosylate")

b) C–Nu-Bindungsbildung und C–X-Bindungsbruch erfolgen gleichzeitig konzertiert in einem einzigen Reaktionsschritt (Energieverlauf entsprechend Abb. C.12). An diesem bimolekularen Elementarschritt sind beide Reaktionspartner beteiligt, ein solcher Mechanismus wird als *bimolekulare nucleophile Substitution* (S_N2) bezeichnet.

c) Die C–Nu-Bindungsbildung geht der C–X-Bindungsspaltung voraus. Es entsteht zunächst in einem ersten Reaktionsschritt ein Zwischenprodukt Nu–R–X, das in einem zweiten Schritt X abspaltet. Dieser Fall einer nicht konzertierten nucleophilen Substitution ist am gesättigten Kohlenstoffatom nicht möglich, da eine Aufweitung der Achtelektronenschale am Kohlenstoffatom zu hohe Energie erfordern würde. Er kommt aber z. B. an Si-Verbindungen vor (vgl. D.2.7.), und auch die nucleophilen Substitutionen an aktivierten Aromaten (vgl. D.5.2.1.) und Carboxylverbindungen (vgl. D.7.1.4.) verlaufen in dieser Weise.

2.1.1.   Monomolekulare nucleophile Substitution (S_N1)

Entsprechend dem oben Gesagten läßt sich dieser Mechanismus wie folgt formulieren:

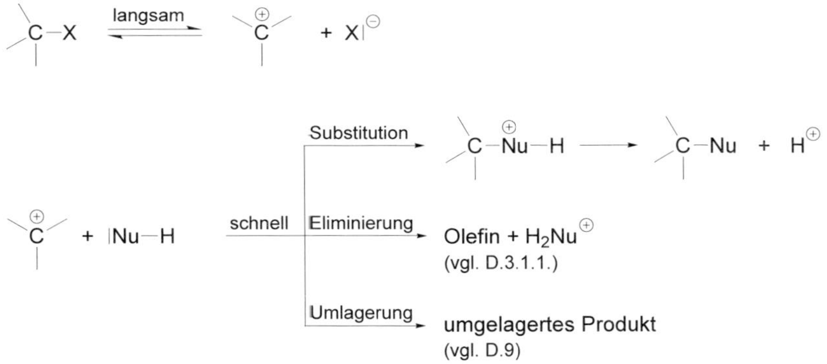

[2.6]

Geladene Nucleophile $Nu^{\ominus}$ reagieren analog: das Endprodukt der nucleophilen Substitution bildet sich dann unmittelbar aus dem Carbeniumion.

Das Carbeniumion[1] ist ein energiereiches Zwischenprodukt (vgl. Abb. C.35a), das sein eigenes Schicksal hat und sehr schnell und wenig selektiv zum Substitutionsprodukt und weiteren Produkten (Olefinen, Umlagerungsprodukten) reagiert.

Allgemein sind S_N1-Reaktionen an folgenden typischen Merkmalen zu erkennen:

a) Die S_N1-Reaktion gehorcht in der Anfangsperiode[2] einem Geschwindigkeitsgesetz erster Ordnung:

$$-\frac{d[RX]}{dt} = k_1[RX]$$

[2.7]

Da der Reaktionspartner Nu nicht in den geschwindigkeitsbestimmenden Schritt der Reaktion eingreift, führt eine Erhöhung seiner Konzentration nicht zur Steigerung der Reaktionsgeschwindigkeit.

---

[1] Der Übergangszustand, der bei der Bildung des Carbeniumions durchlaufen wird, ist diesem ähnlich, da er spät auf der Reaktionskoordinate liegt, vgl. Hammond-Postulat C.2.

[2] Im weiteren Verlauf kommt die Rückreaktion mit $X^{\ominus}$ ins Spiel, und die Verhältnisse werden relativ kompliziert, vgl. C.3.1.

b) Im Verlauf der S_N1-Reaktion geht das zentrale Kohlenstoffatom des Substrates RX aus der vierbindigen, tetraedrischen Form in die dreibindige des Carbeniumions über, das ein ebenes Dreieck mit dem Kohlenstoff in der Mitte darstellt. An diese Zwischenstufe kann der im zweiten Schritt reagierende Partner Nu mit gleicher Wahrscheinlichkeit von jeder Seite herantreten, wobei zwei spiegelbildlich gleiche tetraedrische Reaktionsprodukte RNu entstehen [2.8]. Optisch aktive Verbindungen werden deshalb im Verlauf der S_N1-Reaktion racemisiert.

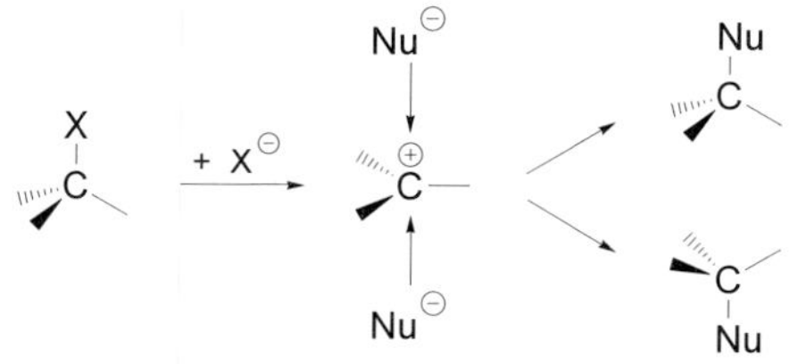

$$[2.8]$$

S_N1-Reaktionen über sehr reaktionsfähige Carbeniumionen und in weniger polaren Lösungsmitteln verlaufen meist überwiegend unter Inversion der Konfiguration (wie S_N2-Reaktionen, vgl. [2.9]). In diesen Fällen bleibt während der Reaktion die Abgangsgruppe $X^\ominus$ mit dem intermediären Carbeniumion als Ionenpaar verbunden, so daß das Reagens Nu nur von der durch $X^\ominus$ nicht abgeschirmten Seite an das Carbeniumion herantreten kann.

c) Bei S_N1-Reaktionen treten im allgemeinen Olefine bzw. umgelagerte Verbindungen als Nebenprodukte auf. Olefine bilden nicht selten sogar den Hauptanteil der Reaktionsprodukte (über das Verhältnis von Eliminierung zu Substitution vgl. D.3.1.1.).

d) Da im geschwindigkeitsbestimmenden Schritt der S_N1-Reaktion Ionen entstehen, die solvatisiert werden, hat das Solvatationsvermögen des Lösungsmittels einen großen Einfluß auf die Reaktionsgeschwindigkeit (vgl. D.2.2.1.).

e) Die Aktivierungsentropien von S_N1-Reaktionen liegen meist um 0, weil das intermediäre Carbeniumkation ohne hohe sterische Anforderungen gebildet werden kann (vgl. dazu C.2.).

2.1.2. Bimolekulare nucleophile Substitution (S_N2)

Bei diesem Reaktionstyp erfolgen Bindungsbruch und Bindungsbildung gleichzeitig (konzertiert): Der Reaktionspartner Nu nähert sich dem polarisierten Molekül R–X von der dem Substituenten X entgegengesetzten Seite her und tritt mit R in Wechselwirkung. Synchron mit der Bildung der R–Nu-Bindung vergrößert sich der Bindungsabstand zwischen R und X. Dabei wird ein Übergangszustand durchlaufen, in dem Nu noch nicht sehr fest gebunden und X noch nicht völlig vom Rest gelöst ist:

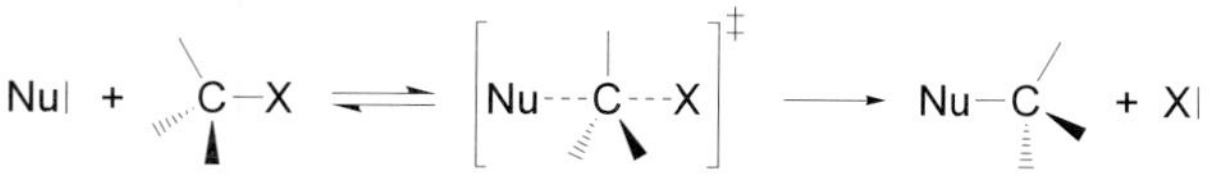

$$[2.9]$$

Dieser Übergangszustand ist der Zustand höchster Energie auf der Reaktionskoordinate (vgl. Abb. C.12).

S_N2-Reaktionen zeigen folgende charakteristische Merkmale:

a) Da sich die beiden Reaktionspartner Nu und RX in einem einzigen Reaktionsschritt zu den Produkten RNu und X umsetzen, gehorcht die S_N2-Reaktion einem Geschwindigkeitsgesetz zweiter Ordnung:

$$-\frac{d[RX]}{dt} = k_2[RX][Y] \qquad [2.10]$$

Eine Erhöhung der Konzentration an Nu bewirkt also auch eine Steigerung der Reaktionsgeschwindigkeit.

b) Da das Reagens Nu von der X gegenüberliegenden Seite an das zentrale Kohlenstoffatom herantritt [2.9], bleibt die optische Aktivität asymmetrischer Kohlenstoffatome voll erhalten, und es entsteht ein der Ausgangsverbindung spiegelbildlich analoges Molekül (Umkehr der Konfiguration, „Inversion"). Dieser Vorgang, der dem Umstülpen eines Regenschirmes vergleichbar ist, wird als *Walden-Umkehr* bezeichnet.

c) Bei S_N2-Reaktionen läßt sich im Gegensatz zu S_N1-Reaktionen die Bildung von Olefinen und Umlagerungsprodukten durch geeignete Wahl der Reaktionsbedingungen vermeiden.

d) Die Aktivierungsentropie von S_N2-Reaktionen ist meist stark negativ, weil der Übergangszustand ein Gebilde hohen Ordnungsgrades darstellt, bei dessen Bildung hohe sterische Anforderungen gestellt werden.

2.2. Faktoren, die den Verlauf nucleophiler Substitutionen beeinflussen

Reaktionen vom reinen S_N1- bzw. S_N2-Typ sind Grenzfälle, zwischen denen es ein kontinuierliches Spektrum von Übergängen gibt. Inwieweit eine Substitution mehr nach einem S_N1- oder S_N2-Mechanismus verläuft, hängt in erster Linie von der Struktur des Substrates RX und von den Reaktionsbedingungen (vor allem vom Lösungsmittel und von Katalysatoren) ab und läßt sich in gewissem Umfang voraussagen (s. D.2.2.1.).

Für die präparative Praxis ist wichtig, daß man Reaktionen, die im Grenzgebiet zwischen S_N1 und S_N2 verlaufen, durch geeignete Wahl der Reaktionsbedingungen in Richtung auf den S_N1- bzw. S_N2-Typ verschieben kann, da die Art der Reaktionsprodukte vom Reaktionstyp abhängt: Während bei der S_N2-Reaktion sowohl Eliminierungs- als auch Umlagerungsprodukte bei geeigneter Wahl der Reaktionsbedingungen meist vermieden werden können, ist das beim S_N1-Typ normalerweise nicht möglich (vgl. D.3.1.1.).

Aber auch die Substitution selbst führt bei Konkurrenzreaktionen verschiedener nucleophiler Reagenzien bzw. bei Reaktionen bifunktioneller Nucleophile je nach dem Substitutionstyp zu verschiedenen Reaktionsprodukten. Darauf wird in Abschnitt D.2.3. näher eingegangen.

2.2.1. Reaktivität des Substrates RX

Substituenten am zentralen Kohlenstoffatom beeinflussen ausgeprägt die Reaktivität des Substrates RX sowohl in S_N1- als auch in S_N2-Reaktionen.

So steigt die Reaktivität von RX in S_N1-Reaktionen an, wenn die positive Ladung des im geschwindigkeitsbestimmenden Schritt sich bildenden Carbeniumions $R^\oplus$ durch Substituenten mit +I- und/oder +M-Effekt stabilisiert (delokalisiert) werden kann. Aus diesem Grunde erhöht sich die Tendenz zu S_N1-Reaktionen von der Methyl- zur *tert*-Butylverbindung:

$$H_3C-X \ < \ H_3C-CH_2-X \ < \ \begin{matrix} H_3C \\ \diagdown \\ CH-X \\ \diagup \\ H_3C \end{matrix} \ \ll \ \begin{matrix} H_3C \\ | \\ H_3C-C-X \\ | \\ H_3C \end{matrix} \qquad [2.11]$$

In der gleichen Richtung wirken sich die sterischen Substituenteneffekte der Alkylgruppen aus. Beim Übergang der tetraedrischen Ausgangsverbindung RX in das trigonal-planare Carbeniumion rücken die Substituenten weiter auseinander, so daß sterische Spannungen zwischen ihnen abgebaut werden. Das ist bei den voluminösen tertiären Alkylresten stärker ausgeprägt als bei den secundären und am wenigsten bei den primären, so daß auch dadurch die

Tendenz zur heterolytischen Spaltung der R–X-Bindung, die geschwindigkeitsbestimmend in der S_N1-Reaktion ist, von primären über secundäre zu tertiären RX zunimmt (Tab.2.12)

Tabelle 2.12
Solvolyse[1] von Alkylbromiden in 80%igem Ethanol bei 55 °C

Mechanis-mus	Reaktionsgeschwindigkeits-konstante	CH_3Br	CH_3CH_2Br	$(CH_3)_2CHBr$	$(CH_3)_3CBr$
S_N1	$10^5 k_1/s^{-1}$	0,35	0,14	0,24	1 010
S_N2	$10^5 k_2/l \cdot mol^{-1} \cdot s^{-1}$	2 040	171	5,0	sehr klein
	k_2/k_1	5 840	1 230	21	0

[1] Solvolyse: Reaktion, bei der das Lösungsmittel gleichzeitig das nucleophile Reagens ist

Die Reaktivität von RX in einer S_N2-Reaktion dagegen wird durch die sterischen Effekte von Alkylgruppen gerade in umgekehrter Reihe verändert. Die Alkylgruppen im Ethyl-, Iso-propyl- und *tert*-Butylhalogenid erschweren zunehmend den Angriff eines Nucleophils auf das zentrale Kohlenstoffatom „von der Rückseite" der C–X-Bindung [2.9] und verlangsamen des-halb die S_N2-Reaktion (Tab.2.12).

Es gilt demzufolge allgemein: Tertiäre Alkylverbindungen reagieren in nucleophilen Substitu-tionen normalerweise monomolekular (S_N1), primäre Verbindungen dagegen bimolekular (S_N2). Secundäre Alkylverbindungen stellen häufig „Grenzgebietsfälle" dar, die sowohl Merkmale der S_N2- wie der S_N1-Reaktion zeigen. In diesem Fall kann durch ein geeignetes Lösungsmittel, vgl. D.2.2.1., häufig der gewünschte Verlauf nach S_N1 oder S_N2 erzwungen werden.

Ganz ähnlich wie bei den Alkylsystemen gibt es einen Übergang vom S_N2- zum S_N1-Typ in der Reihe Benzyl-, Diphenylmethyl- und Triphenylmethylhalogenid bzw. Benzyl-, 2-Methoxy-benzyl-, 2,4-Dimethoxy-benzylhalogenid. In diesen Fällen kann ein Carbeniumion durch die +M-Effekte der Arylgruppen bzw. der Methoxygruppen stabilisiert werden. Man formuliere dies!

Auch der S_N2-Übergangszustand kann durch Mesomerieeffekte stabilisiert werden. Aus die-sem Grunde reagieren Benzyl- und Allylsysteme ca. 100- bis 200mal schneller als die entspre-chenden Alkylverbindungen, jedoch ebenfalls nach S_N2. Diese Stabilisierung beruht auf einer Überlappung der π-Orbitale mit den sich im Übergangszustand der S_N2-Reaktion entwickeln-den quasi-p-Orbitalen, wie die nachstehende Formulierung zeigt:

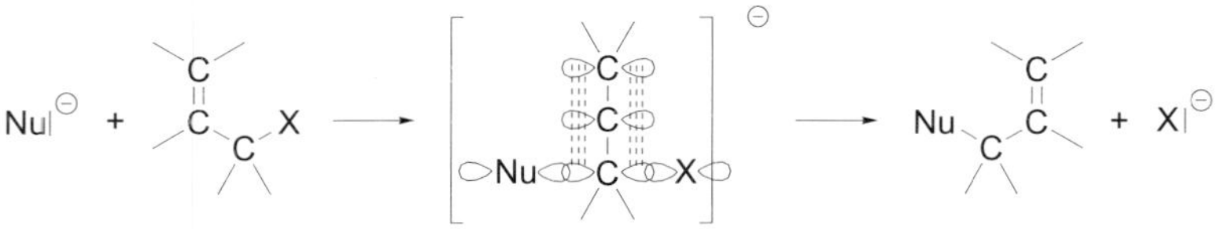

[2.13]

Für derartige Verbindungen ergeben sich auf diese Weise hohe Reaktionsgeschwindigkei-ten, z. B. für die Umsetzung mit KI in Aceton bei 60 °C:

$H_3C-CH_2-CH_2-Cl$	$H_2C=CH-CH_2-Cl$	$Ph-CH_2-Cl$	$EtOOC-CH_2-Cl$
k_{rel} 1	90	250	1600

[2.14]

$N\equiv C-CH_2-Cl$	$Ph-CO-CH_2-Cl$
2800	32 000 (75 °C)

Man nützt diese hohe Reaktivität bei der selektiven Umsetzung von Chloressigsäureestern zu Aminoessigsäureestern, zur Darstellung „aktivierter Ester" aus dem Salz einer Carbonsäure und z. B. Chloracetonitril und von Phenacylestern, vgl. D.2.6.3.

Außer durch direkte Konjugation kann ein Substituent das Reaktionszentrum auch aus einer sterisch günstigen Position durch intramolekulare nucleophile Wechselwirkung beeinflussen:

$$
\begin{array}{c}
\text{C} \overset{(CH_2)_n}{\frown} \text{C} \overset{X}{\frown} \\
\overset{|}{Z|}
\end{array}
\xrightarrow{-X^\ominus}
\left[
\begin{array}{c}
\text{C} \overset{(CH_2)_n}{\frown} \text{C} \\
Z \\
\oplus
\end{array}
\right]
\xrightarrow{+ |Nu^\ominus}
\begin{array}{c}
\text{C} \overset{(CH_2)_n}{\frown} \text{C} \overset{Nu}{} \\
\overset{|}{Z|}
\end{array}
\qquad [2.15]
$$

Durch diese „Nachbargruppenwirkung" der nucleophilen Gruppe Nu (R_2N-, RS–, RO–, Halogen, vor allem I–, Aryl–) wird die Energie eines sich bildenden Carbeniumions gesenkt und die Geschwindigkeit von S_N1-Reaktionen erhöht. Derartige Reaktionen sind mit zweimaliger Walden-Umkehr verbunden, so daß insgesamt Retention der Konfiguration am Reaktionszentrum eintritt. Man informiere sich im Lehrbuch.

Reaktivitätssenkende sterische Effekte treten in S_N2-Reaktionen nicht nur bei Verbindungen auf, die am α-Kohlenstoffatom mehrfach durch sperrige Gruppen substituiert sind, sondern ganz ausgeprägt auch bei entsprechenden Substitutionen am β-Kohlenstoffatom. So reagieren Neopentylverbindungen (t-$BuCH_2X$) ca. 10^6mal langsamer als Verbindungen des Typs CH_3CH_2X.

In Vinyl- und Arylhalogeniden ist das Halogen im Verhältnis zu den Alkylhalogeniden nur unter wesentlich schärferen Bedingungen nucleophil austauschbar. Die Bindungsenergien von Phenylhalogenverbindungen liegen gegenüber den Werten in Tabelle 2.15 um ca. 60 kJ·mol^{-1} höher, und die nucleophile Substitution verläuft gewöhnlich nach anderen Mechanismen, vgl. D.5.2.

Der *Substituent X* löst sich entsprechend [2.5] im Verlauf der nucleophilen Substitution mit beiden Bindungselektronen aus dem Substrat R–X. Dabei muß die Energie für die heterolytische Spaltung der R–X-Bindung aufgebracht werden, die sich aus der homolytischen Bindungsdissoziationsenergie, der Ionisierungsenergie von R· und der Elektronenaffinität von X· zusammensetzt.

Tabelle 2.16

Heterolytische Bindungsdissoziationsenergien (in $kJ·mol^{-1}$) in der Gasphase[1])

Me–NH$_2$	Me–OH	Me–OCH$_3$	Me–F	Me–Cl	Me–Br	Me–I
1 240	1 150	1 150	1 070	950	920	890

[1]) In Lösung sind die Werte infolge von Solvationseffekten drastisch erniedrigt, vgl. auch D.2.2.1.

In Tabelle 2.16 sind einige heterolytische Bindungsdissoziationsenergien aufgeführt. In Übereinstimmung damit steigt die Reaktivität von R–X (in Dimethylformamid) in der Reihe:

$$R-NH_2 \ll R-OH \ll R-F \ll R-Cl < R-Br < R-I \qquad [2.17]$$

Diese Reihenfolge gilt sowohl für S_N1- als auch S_N2-Reaktionen. Sie entspricht zugleich der abnehmenden Basizität der Anionen $X^\ominus$, d. h., die Abspaltungstendenz einer Gruppe X ist in erster Näherung um so größer, je schwächer basisch sie ist. Aus diesem Grunde haben Alkylamine, Alkohole und Alkylfluoride als Substrate RX trotz der hohen Elektronegativität ihrer Heteroatome eine extrem niedrige Reaktivität in nucleophilen Substitutionsreaktionen.

Die Basizität einer Abgangsgruppe läßt sich durch die Einführung von Substituenten beeinflussen. Die niedrige Abspaltungstendenz der OH-Gruppe wird z. B. stark erhöht, wenn sie in die viel schwächer basische p-Toluensulfonatgruppe („Tosylat"-Gruppe, TsO–) übergeführt wird. Eine noch höhere Reaktivität haben Trifluormethansulfonate („Triflate", $R-OSO_2CF_3$), die die von Tosylaten bis um das 10^4fache übertrifft.

Entsprechend ihrer Basizität sollte die *p*-Toluensulfonatgruppe eine Abspaltungstendenz haben, die zwischen der von Chlorid und Bromid liegt. Tatsächlich jedoch können Alkyltosylate auch sehr viel reaktiver als Alkylbromide und -iodide sein, was zeigt, daß die Basizität nicht das einzige Kriterium für die Abspaltungstendenz einer Gruppe ist. Sie hängt darüber hinaus noch von der Natur des Restes R und des Reagens Nu sowie vom Lösungsmittel ab, so daß es keine allgemein gültige Reihenfolge der Abspaltungstendenz gibt.

So beobachtet man bei S_N2-Reaktionen, daß sich Substrate, in denen die austretende Gruppe X leicht polarisierbar („weich") ist (z. B. $I^\ominus$), schneller mit weichen Reagenzien umsetzen, während Abgangsgruppen mit schwach polarisierbarem („hartem") Heteroatom (z. B. $TsO^\ominus$) schneller durch harte Nucleophile verdrängt werden. Die relative Reaktivität von Methyltosylat und Methyliodid gegenüber verschiedenen nucleophilen Reagenzien $Nu^\ominus$ in Methanol bei 25 °C beträgt z. B.:

$Nu^\ominus$	$N_3^\ominus$	$CH_3O^\ominus$	$Cl^\ominus$	$Br^\ominus$	$SCN^\ominus$	$I^\ominus$	
k_{MeOTs} / k_{MeI}	6,6	4,6	2,8	0,72	0,28	0,13	[2.18]

In S_N1-Reaktionen in protonischen Lösungsmitteln sind gewöhnlich Alkylsulfonate ebenfalls reaktiver als Alkyliodide.

Die Abspaltungstendenz der HO- bzw. RO-Gruppe läßt sich auch durch Protonierung so stark erhöhen, daß nucleophile Substitutionen möglich werden, z. B. bei der Bildung von Estern anorganischer Säuren oder der Spaltung von Ethern, vgl. D.2.5.1. und D.2.5.2. Aminogruppen sind in ähnlicher Weise nach Quaternisierung abspaltbar, was bei der analogen E2-Reaktion (Hofmann-Eliminierung, vgl. D.3.) präparativ genutzt wird.

Primäre Aminogruppen können außerdem durch Diazotierung in Diazoniumgruppen umgewandelt werden (vgl. D.8.). Alkyldiazoniumkationen sind nicht stabil und zerfallen spontan in Carbeniumionen und elementaren Stickstoff. Die Diazoniumgruppe ist daher der am leichtesten abspaltbare Substituent und wird stets nach einem S_N1-Mechanismus substituiert.

Die nucleofuge Abspaltung des Substituenten X aus RX läßt sich schließlich durch protonische Lösungsmittel beschleunigen. Protonische Lösungsmittel sind besonders zur Solvatation von Anionen über Wasserstoffbrücken befähigt (vgl. C.3.3.), wodurch die Stabilität der entstehenden Anionen $X^\ominus$ erhöht und ihre Abspaltung erleichtert wird. Dieser Lösungsmitteleffekt ist um so stärker ausgeprägt, je H-acider das Lösungsmittel und je härter die Abgangsgruppe X ist. Die Unterschiede zwischen den einzelnen Abgangsgruppen sind außerdem erheblich kleiner als in polaren aprotischen Lösungsmitteln; d. h., protonische Lösungsmittel nivellieren die Abspaltungstendenzen in einem gewissen Umfang.

Da die H-Brückenbindung in protonischen Lösungsmitteln andererseits die Nucleophilie des Reagens senkt (vgl. D.2.2.2.), verschiebt sich der Übergangszustand der Reaktion um so weiter in Richtung zum S_N1-Gebiet, je stärker sauer das Lösungsmittel ist. Wie groß der Lösungsmitteleinfluß auf S_N1-Reaktionen ist, zeigen die Relativgeschwindigkeiten für die Solvolyse von *tert*-Butylchlorid (Bildung des *tert*-Butylkations):

Lösungsmittel	EtOH	MeOH	HCOOH	Wasser	
k_{rel} (25 °C)	1	9	12 200	335 000	[2.19]

Eine ähnliche Wirkung wie durch protonische Lösungsmittel ist auch durch Lewis-Säuren erzielbar, die als elektrophile Katalysatoren mit freien Elektronenpaaren von Substituenten X in Wechselwirkung treten. Hier sind vor allem zu nennen: $Ag^\oplus$, $SnCl_4$, BF_3, $AlCl_3$, $FeCl_3$, $ZnCl_2$, $SbCl_5$, die besonders starke Wechselwirkungen mit Halogenverbindungen eingehen. Davon wird bei der Friedel-Crafts-Alkylierung Gebrauch gemacht, vgl. D.5.1.7.

2.2.2.   Nucleophilie von Reagenzien

Im Verlauf einer nucleophilen Substitution entsteht zwischen dem nucleophilen Reagens Nu und dem elektrophilen Substrat RX (bzw. dem Carbeniumion $R^{\oplus}$ bei der S_N1-Reaktion) eine neue C–Nu-Bindung, deren heterolytische Bindungsenergie dabei freigesetzt wird. Da beide Bindungselektronen vom Reagens geliefert werden, nimmt die Elektronendichte am Reagens ab; anionische Nucleophile $Nu^{\ominus}$ gehen in neutrale Produkte RNu, neutrale Nucleophile, wie Alkohole oder Amine, in Kationen $RNu^{\oplus}$ über:

$$Nu^{\ominus} + R-X \longrightarrow [\overset{\delta^-}{Nu}\cdots R\cdots\overset{\delta^-}{X}]^{\ddagger} \longrightarrow Nu-R + X^{\ominus} \qquad [2.20]$$

$$Nu + R-X \longrightarrow [\overset{\delta^+}{Nu}\cdots R\cdots\overset{\delta^-}{X}]^{\ddagger} \longrightarrow \overset{\oplus}{Nu}-R + X^{\ominus} \qquad [2.21]$$

Mit diesen Ladungsänderungen sind bei Reaktionen in polaren Lösungsmitteln Solvationsänderungen und damit Energieänderungen verbunden. Im Falle [2.20] wird das Nucleophil $Nu^{\ominus}$ beim Übergang in den aktivierten Komplex partiell desolvatisiert, wozu Energie aufgebracht werden muß, im Falle [2.21] sind Übergangszustand und Reaktionsprodukte stärker solvatisiert als die Reaktanden, was mit einer Energieabnahme verbunden ist.

Diese beiden Faktoren, Energiefreisetzung infolge R–Nu-Bindungsbildung und die Energieänderungen infolge Solvatationsänderungen, bestimmen die Reaktivität eines nucleophilen Reagens, seine *Nucleophilie.*

Wegen der unterschiedlichen Beeinflussung dieser Faktoren durch unterschiedliche Lösungsmittel und unterschiedliche Reaktionspartner ist die Reihenfolge der Nucleophilie verschiedener Reagenzien nicht in allen Reaktionen die gleiche, sondern hängt von der Natur des elektrophilen Partners und des Lösungsmittels ab. Als Maß für die Nucleophilie benutzt man die Relativgeschwindigkeiten gegenüber einem bestimmten elektrophilen Substrat.

Am einfachsten liegen die Verhältnisse in polaren aprotischen Lösungsmitteln wie Dimethylformamid (DMF), Dimethylsulfoxid (DMSO) oder Hexamethylphosphorsäuretriamid (HMPT). In ihnen sind Nucleophile nicht so stark solvatisiert wie in protischen Lösungsmitteln (s. C.3.3.), und der Energiewinn bei der Bildung der Nu–R-Bindung, d. h. die Affinität des nucleophilen Reagens zum elektrophilen Partner R, wird ausschlaggebend für seine Reaktivität. Es zeigt sich, daß in erster Näherung die Nucleophilie eines Reagens um so größer ist, je höher seine (Brönsted-)Basizität ist. Das gilt besonders gut in einer Reihe ähnlicher Nucleophile, z. B. solcher mit gleichem nucleophilen Atom:

$$RO^{\ominus} > PhO^{\ominus} > RCOO^{\ominus} > ROH > PhOH > RCOOH \qquad [2.22]$$

Auch die Nucleophilie der Halogenidionen geht in aprotischen Lösungsmitteln ihrer Basizität parallel (s. [2.25]).

Der Zusammenhang zwischen Nucleophilie und Basizität ist verständlich, da sowohl in der nucleophilen Substitutionsreaktion als auch in der Brönsted-Säure-Base-Reaktion das Reagens Nu als Elektronenpaardonator (Lewis-Base) fungiert. Allerdings wird die Brönsted-Basizität durch das thermodynamische Gleichgewicht eines Elektronendonators mit dem $H^{\oplus}$-Ion charakterisiert, während die Nucleophilie die Reaktionsgeschwindigkeit mit einem mehr oder weniger positivierten Kohlenstoffatom wiedergibt.

Da nach dem HSAB-Konzept (s. C.4.) Alkylhalogenide und -sulfonate „weiche" Elektrophile sind (im Gegensatz zum „harten" $H^{\oplus}$), reagieren sie leichter mit „weichen" Basen. Darauf beruht, daß in S_N2-Reaktionen weiche, hoch polarisierbare Nucleophile häufig reaktiver als harte Nucleophile gleicher Basizität sind, z. B.:

$$RSe^{\ominus} > RS^{\ominus} > RO^{\ominus}{}^{1)} \tag{2.23}$$

Neben der Basizität bestimmt daher noch die Polarisierbarkeit eines Reagens seine Nucleophilie. Im einzelnen ist schwer abzuschätzen, welcher Faktor überwiegt.

Tabelle 2.24

Geschwindigkeitskonstanten der S_N2-Reaktion von Methyliodid mit verschiedenen Nucleophilen $Nu^{\ominus}$ in Dimethylformamid und Methanol (bei 0 °C)

$Nu^{\ominus}$	$k\,/\,\mathrm{l \cdot mol^{-1} \cdot s^{-1}}$		$\dfrac{k_{\mathrm{MeOH}}}{k_{\mathrm{DMF}}}$
	in DMF	in MeOH	
$CN^{\ominus}$	30	$3{,}3 \cdot 10^{-5}$	$1 \cdot 10^{-6}$
$CH_3COO^{\ominus}$	2,0	$4{,}5 \cdot 10^{-8}$	$2 \cdot 10^{-8}$
$4\text{-}NO_2C_6H_4S^{\ominus}$	1,36	$5{,}7 \cdot 10^{-3}$	$4 \cdot 10^{-3}$
$N_3^{\ominus}$	0,31	$3{,}0 \cdot 10^{-6}$	$1 \cdot 10^{-5}$
$F^{\ominus}$	0,1	$6{,}3 \cdot 10^{-8}$	$6 \cdot 10^{-7}$
$Cl^{\ominus}$	0,24	$1{,}0 \cdot 10^{-7}$	$4 \cdot 10^{-7}$
$Br^{\ominus}$	0,12	$1{,}8 \cdot 10^{-6}$	$1 \cdot 10^{-5}$
$I^{\ominus}$		$1{,}6 \cdot 10^{-4}$	
$SeCN^{\ominus}$	$9{,}2 \cdot 10^{-2}$	$4{,}0 \cdot 10^{-4}$	$4 \cdot 10^{-3}$
$SCN^{\ominus}$	$6{,}9 \cdot 10^{-3}$	$3{,}0 \cdot 10^{-5}$	$4 \cdot 10^{-3}$
$4\text{-}NO_2C_6H_4O^{\ominus}$	$1{,}4 \cdot 10^{-3}$	$9{,}6 \cdot 10^{-8}$	$7 \cdot 10^{-5}$

Experimentell wurde in der S_N2-Reaktion mit Methyliodid in Dimethylformamid (Tabelle 2.24) folgende Reihe zunehmender Nucleophilie gefunden:

$$SCN^{\ominus} < I^{\ominus} < Br^{\ominus} < Cl^{\ominus} < F^{\ominus} < N_3^{\ominus} < CH_3COO^{\ominus} < CN^{\ominus} \tag{2.25}$$

Diese Reihe kann sich für die Reaktionen mit anderen Substraten RX ändern, was sich zur Steuerung der Selektivität ambidenter Nucleophile ausnutzen läßt (s. D.2.3.).

Auch in aprotischen Medien hat die Natur des Lösungsmittels einen erheblichen Einfluß auf die Nucleophile. Da anionische Nucleophile beim Übergang in den aktivierten Komplex der S_N2-Reaktion partiell desolvatisiert werden, ist ihre Reaktivität um so größer, je schwächer solvatisiert sie von vornherein sind. Mit zunehmender Lewis-Acidität des Lösungsmittels (Fähigkeit zur Anionensolvatation) sinkt daher die Nucleophilie anionischer Reagenzien in aprotischen Solventien etwa in der Reihe Hexamethylphosphorsäuretriamid > Aceton > Dimethylformamid > Propylencarbonat ≈ Acetonitril ≈ Dimethylsulfoxid > Nitromethan.

Bei der Reaktion neutraler Nucleophile, wie Alkohole oder Amine, ist dagegen der Übergangszustand stärker solvatisiert als die Ausgangsstoffe, und die Reaktionsgeschwindigkeit steigt mit zunehmender Lewis-Acidität des aprotischen Lösungsmittels in der umgekehrten Reihenfolge.

In *protonischen Lösungsmitteln* sind nucleophile Reagenzien wesentlich stärker solvatisiert als in aprotischen, da sich Wasserstoffbrücken zwischen $Nu^{\ominus}$ und dem Lösungsmittel bilden. Dadurch steigt der Energieaufwand für die Desolvatation von $Nu^{\ominus}$ beim Übergang in den aktivierten Komplex der S_N2-Reaktion [2.9], und die Nucleophilie sinkt entsprechend. Da die aciden Wasserstoffatome der protonischen Lösungsmittel im Sinne des HSAB-Konzepts „hart" sind, bilden sich feste Wasserstoffbrücken besonders zu „harten", d. h. stark basischen und schwach polarisierbaren Nucleophilen aus, deren Reaktivität deshalb besonders stark erniedrigt wird (vgl. Tab. 2.19). Umgekehrt bilden „weiche", d. h. schwach basische und stark polari-

---

1) Da in der Gasphase die umgekehrte Reihenfolge der Nucleophilie dieser Ionen beobachtet wird, die der ihrer Basizität entspricht, ist möglicherweise die Reaktivitätsabstufung in Lösung auf Solvatationseffekte zurückzuführen. Die kleinen Ionen sind auch in aprotischen Lösungsmitteln stärker solvatisiert und damit weniger reaktiv als die größeren.

sierbare Nucleophile nur schwache H-Brücken aus, und ihre Reaktivität wird durch das protonische Lösungsmittel nicht so stark herabgesetzt. Die Reihenfolge der Nucleophilie kehrt sich infolgedessen ungefähr um, wenn man von den polaren aprotonischen Lösungsmitteln (vgl. [2.25]) zu protonischen Lösungsmitteln übergeht:

$$CH_3COO^\ominus \approx F^\ominus < Cl^\ominus < OH^\ominus < Br^\ominus \approx I^\ominus < CN^\ominus < SCN^\ominus \ll S_2O_3^{2\ominus} \qquad [2.26]$$

In protonischen Lösungsmitteln geht also die Nucleophilie nicht mehr der Basizität, sondern überwiegend der Polarisierbarkeit dieser Ionen parallel.

Der Reaktivitätsabfall beim Übergang von polaren aprotonischen zu protonischen Lösungsmitteln ist deshalb besonders bei harten Nucleophilen sehr groß, z. B. in der Reaktion von RBr in Aceton bzw. Wasser mit $X^\ominus$ beim $F^\ominus$ $8 \cdot 10^6$, $Cl^\ominus$ $1 \cdot 10^4$, $I^\ominus$ $1 \cdot 10^2$.

Die Verhältnisse komplizieren sich dadurch, daß ionische nucleophile Reagenzien (als Salze in die Reaktion eingesetzt) nur nucleophil wirken, wenn sie als freie Ionen vorliegen, während *Ionenpaare* (z. B. $Li^\oplus Br^\ominus$) praktisch nicht reagieren. In die experimentell zu beobachtende Bruttogeschwindigkeitskonstante der S_N2-Reaktion geht also noch die Dissoziationskonstante des betreffenden Salzes im vorliegenden Lösungsmittel ein. Die Dissoziation und damit die Reaktivität des Salzes steigen in erster Näherung mit der Polarität (Dielektrizitätskonstante) des Lösungsmittels und mit der Größe von Kation und Anion an, also z. B. in den Reihen

LiCl < NaCl < KCl   bzw.   LiF < LiCl < LiBr < LiI   [2.27]

In den weniger polaren Lösungsmitteln mit $\varepsilon < 30$ (z. B. Aceton) sind die Salze kleiner Ionen nicht vollständig dissoziiert, und man findet dann eine Abhängigkeit der Nucleophilie von der Größe der Ionen entsprechend [2.27]. Für die Halogenide ist diese Reihe gerade umgekehrt wie die der freien Ionen in aprotonischen Lösungsmitteln [2.25], was aber durch die unvollständige Dissoziation der Ionenpaare bedingt ist. Um die nucleophile Reaktivität anionischer Nucleophile voll auszunutzen, wird man also besser das Kaliumsalz als das Lithiumsalz einsetzen. Als geeignete Kationen kommen auch Tetraalkylammoniumionen in Frage. Die entsprechenden Salze leiten bereits zu den Phänomenen der Phasentransferkatalyse über, die in D.2.4.2. besprochen wird.

Die Dissoziation eines Ionenpaares und damit die Reaktivität eines Salzes läßt sich darüber hinaus durch ein Lösungsmittel hoher Polarität und guter Potenz zur Kationensolvatisierung steigern, die für aprotonische Lösungsmittel etwa in folgender Reihe ansteigen:

Et_2O < THF < $MeOCH_2CH_2OMe$ $\ll$ DMF < DMSO   [2.28]

Analoge, aber besonders drastische Effekte lassen sich erzielen, wenn man Cryptanden, z. B. Kronenether (vgl. D.2.4.1.) oder Polyglycole, als Komplexbildner zusetzt, die Metallkationen (im Gegensatz zu den Anionen) stabilisieren. Ihre Wirkung kann so groß sein, daß z. B. KF in derartig komplexierter Form in Acetonitril oder Benzen gut löslich wird. Infolge der hohen Basizität des Fluoridions (vgl. [2.25]) sind dann nucleophile Substitutionen möglich, die in protonischen Lösungsmitteln nicht gelingen, z. B.:

$$R{-}OSO_2Ar + K^\oplus F^\ominus \xrightarrow{\text{DMF oder} \atop \text{Cryptand / Acetonitril}} R{-}F + ArSO_3^\ominus K^\oplus \qquad [2.29]$$

$$R{-}X + CH_3COO^\ominus Na^\oplus \xrightarrow{\text{Cryptand / Acetonitril}} CH_3COOR + X^\ominus Na^\oplus \qquad [2.30]$$

Außer den soweit behandelten elektronischen und Solvatationsfaktoren beeinflussen natürlich auch *sterische Effekte* ausgeprägt die Reaktivität eines Nucleophils. Große raumfüllende Gruppen im Reagens erschweren oder verhindern sogar dessen Annäherung an das elektrophile C-Atom des Substrates RX und erniedrigen die Nucleophilie. Diese Effekte werden andererseits ausgenutzt, um mit sterisch gehinderten Basen Substitutionsreaktionen zurückzudrängen, wo diese unerwünscht sind, wie z. B. bei baseinduzierten Eliminierungen, siehe D.3.1.1.2.

2.3.   Zur Regioselektivität ambifunktioneller Nucleophile

Einige nucleophile Reagenzien besitzen nicht nur ein reaktives Zentrum, sondern zwei (oder mehrere) reaktive Positionen. Sie werden deshalb als ambifunktionell oder ambident bezeichnet. Sie liefern je nach Reaktionsbedingungen und Struktur des Substrates RX unterschiedliche Produkte, z. B.:

$$X^{\ominus} + R-O-N=O \longleftarrow O=N-\overline{\underline{O}}|^{\ominus} + R-X \longrightarrow R-\overset{\oplus}{N}\overset{O^{\ominus}}{\underset{O}{}} + X^{\ominus} \qquad [2.31]$$

Salpetrigsäure-   Nitro-
ester   verbindung

$$X^{\ominus} + R-\overset{\oplus}{N}\equiv\overset{\ominus}{C}| \longleftarrow |\overline{C}\equiv N|^{\ominus} + R-X \longrightarrow R-C\equiv N| + X^{\ominus} \qquad [2.32]$$

Isocyanid   Nitril

$$X^{\ominus} + R-N=C=S \longleftarrow |N\equiv C-\overline{\underline{S}}|^{\ominus} + R-X \longrightarrow R-S-C\equiv N + X^{\ominus} \qquad [2.33]$$

Isothiocyanat   Thiocyanat
(Senföl)   (Rhodanid)

$$X^{\ominus} + \overset{OR}{\underset{}{C=C}} \longleftarrow \overset{O^{\ominus}}{\underset{}{C=C}} + R-X \longrightarrow R-C-C\overset{O}{\underset{}{}} + X^{\ominus} \qquad [2.34]$$

O-Alkylprodukt   C-Alkylprodukt
(Enolether)   (vgl. 7.4.2.1)

Das Verhältnis der beiden Isomeren hängt vom Lösungsmittel und vom Reaktionstyp (und damit vom Substrat RX) ab, vor allem aber davon, ob die Umsetzung ladungs- oder orbitalkontrolliert verläuft (vgl. C.6.).

a) Der Lösungsmitteleinfluß auf die Regioselektivität bei S_N-Reaktionen ambidenter Reagenzien beruht darauf, daß die Solvatation und damit die Nucleophilie der beiden Positionen in verschiedenen Lösungsmitteln unterschiedlich sein kann. So ist in aprotonischen Lösungsmitteln die Position mit der höheren Ladungsdichte gewöhnlich das stärker basische der beiden Zentren und reagiert bevorzugt mit RX.

In protonischen Lösungsmitteln, und zwar zunehmend mit deren H-Acidität, ist dieses Zentrum jedoch über Wasserstoffbrücken stärker solvatisiert und seine Nucleophilie erniedrigt, so daß besonders in den stark H-aciden Lösungsmitteln (Phenol, Trifluorethanol) die Reaktion am weniger solvatisierten und damit nucleophileren weicheren Zentrum eintritt.

Ein typisches Beispiel ist die S_N2-Reaktion von Phenolat (das dem Enolat in [2.34] entspricht) mit Allylbromid. Im aprotonischen Ethylenglycoldimethylether und in den schwach aciden protonischen Lösungsmitteln Methanol (pK_{HA} 16) und Wasser (pK_{HA} 15,7) entstehen 100 % Allylphenylether (O-Allyl-produkt), während im stärker aciden Phenol (pK_{HA} 10) 77 % o- und p-Allyl-phenol (C-Allyl-produkt) und nur 23 % Allylphenylether gebildet werden.

b) In einem gegebenen aprotonischen Lösungsmittel hängt die Regioselektivität außerdem vom Substrat R–X ab. So liefert z. B. die Alkylierung von Propiophenonenolat mit R–X in HMPT die folgenden Mengen an O-Alkylprodukt: R–I 15 %, R–Br 40 %, R–Cl 67 %, R–OTs 85 %. Die Reaktion folgt in allen Fällen dem S_N2-Mechanismus. Diese Abstufung der Reaktivität läßt sich im Rahmen des HSAB-Konzepts erklären: Im ambidenten Enolat ist das Sauerstoffatom ein „hartes", das β-Kohlenstoffatom dagegen ein „weiches" Zentrum. Auf der anderen Seite hängt die Härte des α-Kohlenstoffatoms im Substrat R–X vom Substituenten X ab. Alkyliodide und -bromide haben ein „weiches" Reaktionszentrum, Alkylchloride und -tosylate dagegen ein „hartes" Reaktionszentrum. Da stets die Reaktionsrichtung „hart"-„hart" bzw. „weich"-„weich" gegenüber der Kombination „hart"-„weich" bevorzugt ist, lassen sich die beobachteten Regioselektivitäten zwanglos interpretieren:

[2.35]

c) Die Härte des zentralen Kohlenstoffatoms im Substrat R–X steigt auch beim Übergang vom S_N2- zum S_N1-Mechanismus, da dann als Zwischenprodukt ein Carbeniumion entsteht und die Härte von Verbindungen mit steigender positiver Ladung ansteigt. Aus diesem Grunde liefern z. B. primäre Alkylhalogenide mit Silbernitrit (S_N2-Reaktion) 70 bis 80% Nitroalkane, tertiäre Alkylhalogenide dagegen keine Nitroalkane, sondern nur noch ca. 60% *tert*-Alkylnitrite (neben erheblichen Mengen Olefinen, die auf den S_N1-Verlauf hinweisen).

d) Besondere Verhältnisse herrschen in den Metallchelaten von β-Dicarbonylverbindungen, die infolge ihres quasi-aromatischen Charakters auch in stark polaren aprotonischen Lösungsmitteln nicht mehr dissoziieren. Sie liefern deshalb gewöhnlich ausschließlich die *C*-Alkyl-produkte, und nur mit den härtesten Alkylierungsmitteln (Dimethylsulfat, $R–O–SO_2CF_3$) entstehen größere Mengen an *O*-Alkyl-derivaten.

Die vorstehend diskutierten Hart-weich-Beziehungen entsprechen den Aussagen der Grenzorbitaltheorie (vgl. Kap. C.6.): Harte Zentren reagieren bevorzugt ladungskontrolliert, weiche Zentren dagegen orbitalkontrolliert.

Wie in neuerer Zeit gefunden wurde, kann jedoch die Regioselektivität bei der Alkylierung ambidenter Anionen auch darauf beruhen, daß die Reaktion am (harten) Ladungszentrum in der vorstehend diskutierten Weise über einen S_N1- oder S_N2-Mechanismus abläuft, die Reaktion am weichen Zentrum dagegen die Folge einer Ein-Elektronenübertragung ist, d. h. eine Reaktion von Radikalen und Radikalanionen darstellt. Die Regioselektivitäten kommen auf diese Weise durch die Konkurrenz von zwei grundsätzlich unterschiedlichen Reaktionsmechanismen zustande. Man vergleiche die am Ende des Kapitels zitierte Literatur.

2.4. Reaktionsbedingungen nucleophiler Substitutionen mit anionischen Nucleophilen

2.4.1. Möglichkeiten der Reaktionsführung

Die Wahl von Reaktionsbedingungen, unter denen nucleophile Substitutionen mit ausreichender Geschwindigkeit verlaufen, bietet bei der Umsetzung von ungeladenen Nucleophilen, z. B. Aminen, im allgemeinen keine besonderen Probleme. Anders ist das bei den in Form von Alkalisalzen eingesetzten anionischen Nucleophilen, weil sie zwar in Wasser gut, in den meisten organischen Lösungsmitteln jedoch nur unzureichend oder nicht löslich sind. Die Substrate sind dagegen in Wasser oft unlöslich, gut löslich aber in den gängigen organischen Lösungsmitteln.

Experimentell hat sich daher eine Reihe von Möglichkeiten der Reaktionsführung bewährt, bei denen die Umsetzung in homogener Phase ablaufen kann.

Für Alkalisalze verwendet man mit Wasser mischbare Lösungsmittel (z. B. Alkohol, Aceton) und setzt soviel Wasser zu, daß das Salz gerade gelöst ist, das Substrat sich jedoch nicht wieder ausscheidet. Der einfachen Durchführbarkeit steht bei dieser Reaktionsführung oft der Nachteil gegenüber, daß das Substrat schon bei geringem Zusatz von Wasser wieder ausfällt oder daß das Salz nur in einer sehr geringen Konzentration in Lösung gehalten werden kann.

Da Alkalisalze auch in einigen polaren protonischen (Ethylenglycol) und polaren aprotonischen Lösungsmitteln (DMF, DMSO) begrenzt löslich sind, eignen sich diese Lösungsmittel gut als Reaktionsmedien für nucleophile Substitutionen (man vgl. auch D.2.2.2.). Als Nachteil sind der Preis dieser Lösungsmittel und z. T. ihre schwierigere Entfernung bei der Aufarbeitung des Reaktionsgemisches zu nennen.

In eleganter Weise lassen sich Alkalisalze mit Hilfe von Kronenethern sogar in unpolaren Lösungsmitteln in Lösung bringen. Dabei werden die Alkaliionen von Kronenethern und zum Teil bereits auch von Polyglycolethern über die Wechselwirkung mit den freien Elektronenpaaren der Sauerstoffatome der überwiegend lipophilen Ether komplexiert. Die Komplexierung eines Kaliumsalzes mit dem cyclischen Polyether 18-Krone-6[1]) ist in [2.36] formuliert:

$$\text{[2.36]}$$

Zur Reaktivität der nucleophilen Anionen in diesen Komplexen vgl. D.2.2.2. Die Kronenether sind jedoch teuer und recht toxisch, was einer breiten Anwendung Grenzen setzt.

Gut lösen sich anionische Nucleophile auch in Form ihrer quartären Ammoniumsalze, insbesondere, wenn die Ammoniumgruppe durch eine genügend große Anzahl von Kohlenstoffatomen in den Alkylresten (in der Summe 16 oder mehr) ausgeprägt lipophile Eigenschaften besitzt. Da viele Anionen durch quartäre Ammoniumionen quantitativ als Ionenpaare aus der wäßrigen in die organische Phase überführt werden, müssen entsprechende Salze nicht in Substanz hergestellt werden. Häufig sind die Anionen mit einem gegebenen Ammoniumrest um so besser „extrahierbar", je polarisierbarer (je größer) sie sind. Eine Abstufung der Extrahierbarkeit von Tetrabutylammoniumsalzen aus Wasser durch Chloroform ist in [2.37] gegeben:

$$CH_3COO^{\ominus} < Cl^{\ominus} < C_6H_5COO^{\ominus} < Br^{\ominus} < NO_3^{\ominus} < I^{\ominus} \qquad \text{[2.37]}$$

Methodisch vorteilhaft angewendet wird diese Ionenpaarextraktion in der phasentransferkatalysierten Reaktionsführung von nucleophilen Substitutionen.

2.4.2.   Phasentransferkatalyse

Unter Phasentransferkatalyse versteht man die Beschleunigung von Reaktionen im Zweiphasensystem, z. B. Wasser/organisches Lösungsmittel oder Alkalisalz/organisches Lösungsmittel, wobei sich das Substrat in der lipophilen organischen Phase, das Reagens in der wäßrigen bzw. festen Phase befindet und durch sogenannte Phasentransferkatalysatoren der Transport des Reagens zum Substrat über die Phasengrenzfläche bewirkt wird. Als Phasentransferkatalysatoren werden für flüssig/flüssig-Systeme vor allem lipophile quartäre Ammoniumsalze mit möglichst hartem Anion wie Hydrogensulfat oder Chlorid, z. B. Tetrabutylammoniumhydrogensulfat, Aliquat 336 bzw. Adogen 464 (technische Produkte, die hauptsächlich aus Methyltridecylammoniumchlorid bestehen) verwendet, für fest/flüssige Systeme insbesondere Kronenether (vgl. D.2.2.2.). Nucleophile Substitutionen werden unter Phasentransferkatalyse meist im System Wasser/Methylenchlorid, Wasser/Chloroform oder Wasser/Dichlorethan durchgeführt.

Das lipophile quartäre Ammoniumsalz transportiert das anionische Nucleophil als Ionenpaar aus der wäßrigen in die organische Phase, wo die Reaktion mit RX stattfindet. Danach übernimmt das Ammoniumion das freigesetzte $X^{\ominus}$, überführt es in die wäßrige Phase, und der Zyklus beginnt von neuem, so daß katalytische Mengen des Ammoniumsalzes genügen. Eine Katalyse auf Grund dieses Prinzips ist begünstigt, wenn $X^{\ominus}$ aus R–X härter ist und in Wasser

---

[1]) Cyclische Polyether dieses Typs werden als Kronenether bezeichnet. Vor dem Namen gibt man die Anzahl der Ringglieder, dahinter die Anzahl der Ethersauerstoffatome an.

stärker hydratisiert wird als das anionische Nucleophil $Nu^\ominus$. Für phasentransferkatalysierte nucleophile Substitutionen sind deshalb Alkylchloride und -bromide günstiger als Alkyliodide, da nach [2.37] das während der Reaktion freiwerdende Iodidion den Rücktransport des Katalysators in die wäßrige Phase drastisch vermindert.

Für die Umsetzung des Azidions mit Alkylhalogenid ist der phasentransferkatalysierte Reaktionsverlauf in [2.38] formuliert. Das Ionenpaar ($Q^\oplus N_3^\ominus$) wird gemeinsam mit seiner Hydrathülle in die organische Phase überführt, so daß die Nucleophilie des Anions etwa der in wäßriger Lösung entspricht:

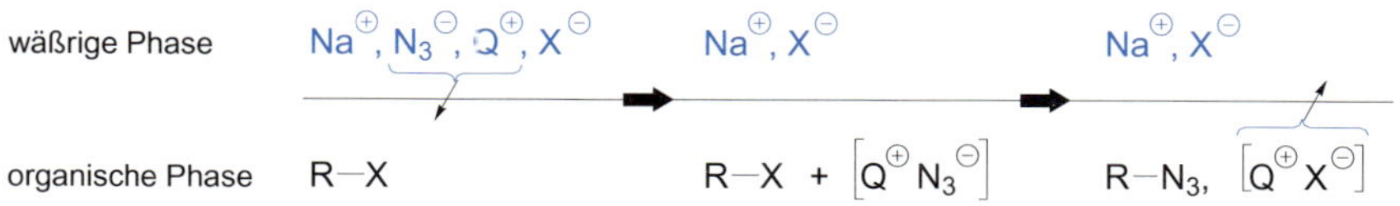

wäßrige Phase $\quad$ $Na^\oplus$, $N_3^\ominus$, $Q^\oplus$, $X^\ominus$ $\qquad$ $Na^\oplus$, $X^\ominus$ $\qquad\qquad$ $Na^\oplus$, $X^\ominus$

$$\text{organische Phase} \quad R{-}X \qquad\qquad R{-}X + \left[Q^\oplus N_3^\ominus\right] \qquad R{-}N_3, \; \left[Q^\oplus X^\ominus\right] \qquad [2.38]$$

Als Vorzüge einer nucleophilen Substitution im Zweiphasensystem flüssig/flüssig im Vergleich zur Reaktion in homogener Phase sind zu nennen:

– hohe Umsätze bei niedrigen Reaktionstemperaturen und damit schonenden Reaktionsbedingungen
– bequeme Aufarbeitung des Reaktionsgemisches (das Reaktionsprodukt befindet sich ausschließlich in der organischen Phase)
– Verwendung billiger Lösungsmittel, die zudem nicht wasserfrei sein müssen (s. auch unten).

Der Einsatz von Phasentransferkatalysatoren vom Typ der quartären Ammoniumsalze erweist sich auch als vorteilhaft für die intermediäre Darstellung solch präparativ wichtiger nucleophiler Reagenzien wie Alkoholat-, Thiolat- oder Carbeniationen, die als Salze nicht sehr beständig oder nicht handelsüblich sind und im allgemeinen in wasserfreien Lösungsmitteln aus den entsprechenden schwachen Säuren und starken Basen (Alkoholat, Natriumamid usw.) hergestellt werden müssen.

Im Zweiphasensystem kann man dagegen unter Verwendung von quartären Ammoniumsalzen mit wäßrigem Alkali arbeiten. Die quartären Ammoniumsalze beeinflussen dabei das Deprotonierungsgleichgewicht der schwachen Säure dadurch, daß sie die nach der Deprotonierung in der Grenzfläche befindlichen lipophilen Anionen in das Innere der organischen Lösung transportieren, wo sie mit dem elektrophilen Substrat reagieren. Für die Deprotonierung des Chloroforms mit 40%iger Kalilauge zum Trichlormethanid ($Cl_3C^\ominus$) ist dieser Reaktionsverlauf in [2.39] formuliert:

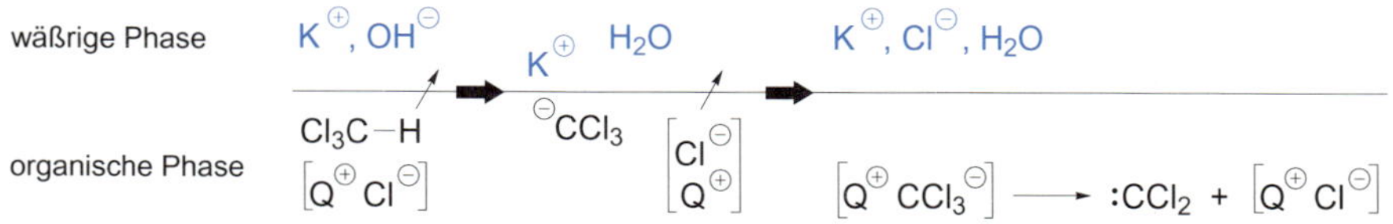

wäßrige Phase $\quad$ $K^\oplus$, $OH^\ominus$ $\qquad$ $K^\oplus$ $\;\;H_2O$ $\qquad$ $K^\oplus$, $Cl^\ominus$, H_2O

$$\text{organische Phase} \quad \begin{array}{l} Cl_3C{-}H \\ \left[Q^\oplus Cl^\ominus\right] \end{array} \qquad {}^\ominus CCl_3 \quad \begin{array}{l} Cl^\ominus \\ Q^\oplus \end{array} \qquad \left[Q^\oplus CCl_3^\ominus\right] \longrightarrow :CCl_2 + \left[Q^\oplus Cl^\ominus\right] \qquad [2.39]$$

An der Grenzfläche geben Chloroformmoleküle ein Proton in die wäßrige Phase unter Bildung von Wasser ab. Das lipophile Trichlormethanidion wird in der organischen Phase an der Grenzfläche fixiert, da das hydratisierte Alkaligegenion $K^\oplus$ aus der wäßrigen Schicht nicht in die organische Phase übertreten kann. Das in der organischen Phase befindliche lipophile Ammoniumion (Ionenpaar $[Q^\oplus X^\ominus]$) kann dagegen unter Abgabe von $X^\ominus$ in die wäßrige Phase das Trichlormethanidion von der Phasengrenze ablösen und als Ionenpaar in das Innere der organischen Phase transportieren, wo es zum Dichlorcarben weiterreagiert (vgl. auch D.3., D.4.).

Unter diesen einfachen und bequemen Reaktionsbedingungen können auch relativ schwach acide Verbindungen in ihre nucleophilen Anionen überführt und weiter zur Reaktion gebracht werden (vgl. z. B. auch Tab. 7.306).

2.5.   Nucleophile Substitution an Alkoholen und Ethern

Wie bereits im Abschnitt D.2.2.1. begründet, sind Hydroxyl- und Alkoxylgruppen schlechte nucleofuge Abgangsgruppen und ihr nucleophiler Austausch nur nach vorangegangener Aktivierung durch Einführung einer Elektronenacceptorgruppe möglich. Am einfachsten kann die Aktivierung durch Addition eines Protons an das O-Atom erreicht werden[1]), aber auch die Substitution des H-Atoms der OH-Gruppe durch eine Sulfonyl- oder eine Phosphoniumgruppe (wie bei der Mitsunobu-Reaktion, s. unten [2.58]) kann dafür genutzt werden.

Für die Protonierung der Hydroxyl- und Alkoxylgruppe sind starke Säuren nötig. Die Veresterung der Alkohole mit starken anorganischen Säuren gelingt daher leicht und ist eine präparativ wichtige Substitutionsreaktion:

$$R{-}OH \; + \; H^{\oplus} \; \rightleftharpoons \; R{-}\overset{\oplus}{O}H_2$$

$$R{-}\overset{\oplus}{O}H_2 \; + \; HX \; \rightleftharpoons \; R{-}X \; + \; H_2O \; + \; H^{\oplus} \tag{2.40}$$

HX = Halogenwasserstoffsäure, Schwefelsäure, Salpetersäure, Borsäure

Die saure Hydrolyse eines Alkylhalogenids, -sulfats usw. stellt die Umkehrung dieser Reaktion dar; sie wird im Abschnitt D.2.6.1. besprochen. Die wichtigsten Nebenprodukte sind Olefine (durch Eliminierung; s. D.3.1.4.) und Ether. Die Bildung eines Ethers beruht darauf, daß der im Reaktionsgemisch vorhandene Alkohol ebenfalls als nucleophiles Reagens fungieren kann:

$$R{-}\overset{\oplus}{O}H_2 \; + \; R{-}OH \; \xrightarrow{-H_2O} \; R{-}\overset{\overset{\displaystyle R}{|}}{\underset{\displaystyle H}{\overset{\oplus}{O}}} \; \xrightarrow{-H^{\oplus}} \; R{-}O{-}R \tag{2.41}$$

Temperaturerhöhung begünstigt die Etherbildung, gleichzeitig aber auch die Eliminierung. Ein Alkoholüberschuß fördert die Etherbildung, Säureüberschuß die Veresterung. Das Ausmaß der Etherbildung hängt darüber hinaus von der Struktur des Alkohols ab: Die Tendenz zur Bildung der symmetrischen Ether ist bei den tertiären Alkoholen aus sterischen Gründen am geringsten.

Auch die Veretherung verläuft reversibel, und die sonst sehr reaktionsträgen Ether lassen sich in Gegenwart starker Säuren spalten. Dabei wird der Ether zunächst protoniert und im zweiten Schritt nucleophil durch das Säureanion substituiert:

$$R{-}\overset{\overset{\displaystyle R}{|}}{\underset{\displaystyle H}{\overset{\oplus}{O}}} \; + \; HX \; \rightleftharpoons \; R{-}X \; + \; ROH \; + \; H^{\oplus} \qquad (S_N1 \; oder \; S_N2) \tag{2.42}$$

Diese Reaktion ist der Veresterung der Alkohole durch anorganische Säuren [2.40] völlig analog.

---

[1]) Die Oniumsalzbildung kann auch mit Lewis-Säuren (ZnCl$_2$, BF$_3$) erfolgen, z. B.:

$$\underset{\displaystyle H}{\overset{\displaystyle R}{\diagdown}}O \; + \; BF_3 \; \longrightarrow \; \underset{\displaystyle H}{\overset{\displaystyle R}{\diagdown}}\overset{\oplus}{O}{-}\overset{\ominus}{BF_3}$$

2.5.1. Ersatz der Hydroxylgruppe in Alkoholen durch anorganische Säurereste

Die einfachste Methode der Bildung von Alkylhalogeniden ist die Umsetzung von Alkoholen mit Halogenwasserstoffsäuren:

$$ROH + HX \xrightarrow{\ H^{\oplus}\ } R{-}X + H_2O \qquad\qquad [2.43]$$

Die Reaktivität der Halogenwasserstoffsäuren fällt in der Reihe HI > HBr > HCl > HF (abnehmende Säurestärke, abnehmende Nucleophilie der Anionen, vgl. [2.26]).

Iodwasserstoffsäure und Bromwasserstoffsäure reagieren in den meisten Fällen leicht, während Chlorwasserstoffsäure bereits so wenig aktiv ist, daß nur noch die reaktionsfähigeren Alkohole (tertiäre Alkohole, Benzylalkohole) ohne Schwierigkeiten von wäßriger Salzsäure verestert werden. In den anderen Fällen muß die Konzentration des Chlorwasserstoffs durch Sättigen des Alkohols mit gasförmigem Chlorwasserstoff möglichst hoch gehalten und evtl. im Einschlußrohr bei höherer Temperatur gearbeitet werden. Ein Zusatz von wasserfreiem Zinkchlorid erhöht sowohl die Reaktivität des Alkohols als auch die der Salzsäure, bewirkt aber gleichzeitig in verstärktem Maße Nebenreaktionen (Umlagerungen und Isomerisierung vor allem bei Reaktionen, die im S_N1-Gebiet verlaufen).

Für die Substitution der OH-Gruppe von Alkoholen durch Fluor hat sich die Lösung von Fluorwasserstoff in Pyridin bewährt. Kationische Polymerisationen und Umlagerungen treten hierbei nur in untergeordnetem Maße ein.

Die Reaktivität der Alkohole nimmt mit wachsender Kettenlänge ab. Die Veresterungsgeschwindigkeit steigt vom primären zum tertiären Alkohol an. Primäre Alkohole reagieren mit Halogenwasserstoffsäuren normalerweise bimolekular zum Alkylhalogenid, tertiäre monomolekular, secundäre nach einem Grenzgebietsmechanismus.

Da es sich bei der Veresterung von Alkoholen mit anorganischen Säuren um eine typische Gleichgewichtsreaktion handelt, ergeben sich aus dem Massenwirkungsgesetz Möglichkeiten, die Ausbeute optimal zu gestalten:
a) Erhöhung der Konzentration eines der beiden Reaktanden
b) Abführung von Reaktionsprodukten.

Das bei der Veresterung entstehende Wasser läßt sich entweder mit wasserentziehenden Mitteln (z. B. konzentrierter Schwefelsäure) oder mitunter durch Destillation mit einem „Schlepper" als azeotropes Gemisch (vgl. A.2.3.5.) aus dem Reaktionsgemisch entfernen.

Schwefelsäure als wasserentziehendes Mittel empfiehlt sich nicht bei secundären und tertiären Alkoholen, da sich leicht Olefine bilden können. Aus dem gleichen Grund arbeitet man bei der Veresterung dieser Alkohole bei möglichst tiefer Temperatur.

Bei den niederen Alkylhalogeniden kann auch der gebildete Ester häufig abdestilliert werden, da er einen niedrigeren Siedepunkt besitzt als der Alkohol (warum?). Mitunter ist der Ester auch durch Extraktion aus dem Gleichgewicht entfernbar (extraktive Veresterung; vgl. Beispiel D.7.1.4.1.).

Iodwasserstoff kann auf gebildetes Alkyliodid reduzierend wirken, wobei der Kohlenwasserstoff entsteht (vgl. [1.25]). Diese Reaktion tritt besonders leicht bei tertiären Alkyliodiden ein, die man daher besser aus Alkohol, Iod und rotem Phosphor (vgl. Tab.2.52) oder durch Finkelstein-Austausch (vgl. D.2.6.7.) darstellt.

In den Fällen, in denen die Reaktion infolge der Struktur der Alkohole weitgehend nach einem S_N1-Mechanismus abläuft, sind neben der Olefinbildung besonders Umlagerungen als Nebenreaktionen zu erwarten. Bereits bei der Veresterung secundärer Alkohole besteht diese Gefahr! Ein Alkan-2-ol liefert teilweise 3-Halogen-alkan. Bei in α-Stellung verzweigten primären und secundären Alkoholen werden Gerüstumlagerungen u. U. zur Hauptreaktion, wobei tertiäre Alkylhalogenide entstehen (vgl. [2.6] und D.9.), z. B.:

$$
\begin{array}{l}
\mathrm{H_3C} \\
\mathrm{H_3C-C-CH_2OH} \\
\mathrm{H_3C}
\end{array}
\underset{-\,\mathrm{H}^{\oplus},\,+\,\mathrm{H_2O}}{\overset{+\,\mathrm{H}^{\oplus},\,-\,\mathrm{H_2O}}{\rightleftharpoons}}
\begin{array}{l}
\mathrm{H_3C} \\
\mathrm{H_3C-\overset{\oplus}{C}-CH_2} \\
\mathrm{H_3C}
\end{array}
\longrightarrow
\begin{array}{l}
\mathrm{H_3C}\ \ \oplus \\
\ \ \ \ \mathrm{C-CH_2-CH_3} \\
\mathrm{H_3C}
\end{array}
$$

[2.44]

$$
\xrightarrow{+\,\mathrm{Br}^{\ominus}}
\begin{array}{c}
\mathrm{CH_3} \\
\mathrm{Br-C-CH_2-CH_3} \\
\mathrm{CH_3}
\end{array}
$$

In diesen Fällen stellt man die Alkylhalogenide am besten mit PX$_3$/Pyridin, SOCl$_2$/Pyridin oder über die entsprechenden Tosylate her (vgl. D.2.6.7.)

Allgemeine Arbeitsvorschrift für die Veresterung von Alkoholen mit Bromwasserstoffsäure (Tab. 2.45)

1 mol des betreffenden primären Alkohols wird unter Kühlung zunächst mit 0,5 mol konz. Schwefelsäure und dann mit 1,5 mol Bromwasserstoff (in Form von 48%iger konstant siedender Säure) versetzt und das Gemisch zum Sieden erhitzt. Secundäre und tertiäre Alkohole werden ohne Zusatz von H$_2$SO$_4$ verestert, um die Bildung von Olefinen einzuschränken.

Variante A: Leicht flüchtige Alkylbromide destilliert man direkt aus dem Reaktionsgemisch ab (20-cm-Vigreux-Kolonne, absteigender Kühler, Destillationsgeschwindigkeit 2 bis 3 Tropfen pro Sekunde).

Variante B: Zur Darstellung der schwerer flüchtigen Alkylbromide wird 6 Stunden unter Rückfluß gekocht. Dann destilliert man mit Wasserdampf und trennt das Alkylbromid im Scheidetrichter ab.

Reinigung der Rohprodukte nach Variante A bzw. B

Das Rohprodukt wird zweimal mit etwa 1/5 seines Volumens kalter konz. Schwefelsäure oder dem gleichen Volumen konz. Salzsäure im Scheidetrichter vorsichtig geschüttelt (Gefahr der Emulsionsbildung!), um den als Nebenprodukt entstandenen Ether herauszulösen. Man wäscht das rohe Bromid mit Wasser bzw. oberhalb 100 °C siedende Alkylbromide zweimal mit je 75 ml 40%igem wäßrigem Methanol. Dann entsäuert man mit Natriumhydrogencarbonatlösung, wäscht nochmals mit Wasser, trocknet über Calciumchlorid und destilliert über eine 20-cm-Vigreux-Kolonne.

Achtung! Bei allen Extraktionen prüfe man stets, in welcher Schicht sich das Alkylbromid befindet (vgl. A.2.5.2.1.)!

Die Vorschrift ist für Halbmikropräparationen geeignet.

Tabelle 2.45

Veresterung von Alkoholen mit Bromwasserstoff

Produkt	Kp in °C	n_D^{20}	D_4^{20}	Ausbeute in %	Variante	Bemerkungen
Ethylbromid	38	1,4239	1,4586	90	A	Vorlage mit Eiswasser kühlen
Propylbromid	71	1,4341	1,3539	80	A	
Isopropylbromid	59	1,4251	1,425	80	A	ohne Schwefelsäure

Tabelle 2.45 (Fortsetzung)

Produkt	Kp in °C	n_D^{20}	D_4^{20}	Ausbeute in %	Variante	Bemerkungen
Allylbromid	70	1,4689	1,432	80	A	ohne Schwefelsäure
Butylbromid	100	1,4398	1,2829	80	B	
sec-Butylbromid	91	1,435	1,2556	80	A	ohne Schwefelsäure
Isobutylbromid	92	1,437	1,256	80	A	
tert-Butylbromid	73	1,4283	1,2220	60	A	ohne Schwefelsäure
Pentylbromid	129	1,4446	1,219	80	B	
Hexylbromid	154	1,4478	1,175	80	B	
Cyclohexylbromid	164	1,4956		65	B	ohne Schwefelsäure
Heptylbromid	$59_{1,3(10)}$	1,4506	1,140	80	B	
Octylbromid	$93_{2,9(22)}$	1,4526	1,112	80	B	
Decylbromid	$118_{2,1(16)}$	1,4559	1,0683	90	B	
Dodecylbromid	$148_{2,1(16)}$	1,4581	1,0382	90	B	
2-Phenyl-ethylbromid	$98_{1,9(14)}$	1,556	1,359	70	B	
1,3-Dibrom-propan	167	1,5233	1,9822	80	B	
1,4-Dibrom-butan	$98_{1,6(12)}$	1,5175	1,8080	80	B	

Alkylchloride können in prinzipiell gleicher Weise dargestellt werden, indem man pro mol Alkohol 2 mol konzentrierte Salzsäure und 2 mol wasserfreies Zinkchlorid einsetzt: VOGEL, A. I., J. Chem. Soc. **1943**, 635.

Darstellung von *tert-Butylchlorid*: NORRIS, J. F.; OLMSTED, A. W., Org. Synth. I (Asmus), (1937), 137.

In der Technik werden Methyl- und Ethylchlorid durch Veresterung von Methyl- bzw. Ethylalkohol mit Chlorwasserstoff hergestellt. Eine andere wichtige Darstellungsweise und die Verwendung dieser Produkte wurden bereits in Kapitel D.1.4.1., Tab. 1.37 beschrieben.

Alkylhalogenide lassen sich aus Alkoholen auch mit anorganischen Säurehalogeniden, wie Phosphortrichlorid, Phosphorpentachlorid und Thionylchlorid, herstellen:

$$3\ ROH + PX_3 \longrightarrow 3\ RX + H_3PO_3 \qquad [2.46]$$

$$ROH + PX_5 \longrightarrow RX + HX + POX_3 \qquad [2.47]$$

$$ROH + SOCl_2 \longrightarrow RCl + HCl + SO_2 \qquad [2.48]$$

Die Reaktionen verlaufen nach komplizierten Mechanismen. Die anorganischen Säurechloride setzen sich mit den Alkoholen zunächst zu Estern der entsprechenden anorganischen Säuren um, PCl_3 z. B. zu Phosphorigsäureestern:

$$ROH + PCl_3 \xrightarrow[-HCl]{} ROPCl_2 \xrightarrow[-HCl]{+ROH} (RO)_2PCl \xrightarrow[-HCl]{+ROH} (RO)_3P \qquad [2.49]$$

Die Ester reagieren dann mit dem entstandenen Halogenwasserstoff unter Substitution zu Alkylhalogeniden weiter, z. B.:

$$H-Cl + R-OPCl_2 \longrightarrow R-Cl + HOPCl_2 \qquad [2.50]$$

Wenn diese Substitution nach einem S_N2-Mechanismus verläuft und das Reaktionszentrum chiral ist, tritt Inversion der Konfiguration von R (Walden-Umkehr) ein.

Bei der Umsetzung von Phosphortrihalogeniden mit Alkoholen kann man Säurefänger, z. B. Pyridin, zusetzen. Man vermeide jedoch äquimolare Mengen davon, da sonst als Hauptprodukte die Phosphorigsäureester [2.49] und nicht die Alkylhalogenide gebildet werden.

Auch bei der Umsetzung von Thionylchlorid mit Alkoholen entsteht zunächst der Schwefligsäureester [2.51], der auf zwei verschiedenen Wegen weiterreagieren kann. In Gegenwart von Pyridin wird er von einem Chloridion in einer S_N2-Reaktion angegriffen, wobei RCl unter Inversion der Konfiguration entsteht. In Abwesenheit von Pyridin läuft eine „innere nucleophile Substitution" (S_Ni) ab, die zum Alkylchlorid mit der Konfiguration des Ausgangsalkohols (Retention der Konfiguration) führt:

$$\text{C}\!\!-\!\!\text{OH} \;+\; \text{Cl}\!-\!\underset{O}{\overset{Cl}{S}} \;\xrightarrow{-\,HCl}\; \text{C}\!-\!\text{O}\!-\!\underset{O}{\overset{Cl}{S}} \;\longrightarrow\; \text{C}\!-\!\text{Cl} \;+\; \text{O}\!=\!\text{S}\!=\!\text{O} \qquad [2.51]$$

Bei der Umsetzung von Thionylchlorid mit Alkoholen arbeitet man meist unter Zusatz eines Säurefängers wie Pyridin oder andere tertiäre Amine. Es gelingt so, die Reaktion schonend bei niedriger Temperatur durchzuführen.

Phosphorylchlorid POCl₃ liefert im allgemeinen nur die betreffenden Phosphorsäureester und ist daher wenig gebräuchlich. Im PCl₅ läßt sich maximal nur ein Chloratom ausnutzen, und deshalb ist es nicht zu empfehlen.

Die Darstellung von Alkylhalogeniden mit Hilfe anorganischer Säurehalogenide ist bei hochverzweigten primären und bei secundären und tertiären Alkoholen der direkten Veresterung mit Halogenwasserstoffsäuren überlegen. Vor allem bei niedriger Temperatur entstehen weniger Olefine und umgelagerte Verbindungen als Nebenprodukte.

Die anorganischen Säurehalogenide werden normalerweise im Überschuß eingesetzt. Man muß darauf achten, daß sie vom Reaktionsprodukt destillativ abtrennbar sind.

Phosphortribromid und -triiodid lassen sich während der Reaktion aus rotem Phosphor und dem betreffenden Halogen erzeugen. Diese Methode ist besonders gut zur Darstellung von Iodalkanen geeignet, weil so ein Überschuß an Iodwasserstoff, der Iodalkane reduzieren kann (vgl. [1.25]), vermieden wird.

Allgemeine Arbeitsvorschrift zur Darstellung von Iodalkanen aus Alkoholen, Iod und rotem Phosphor (Tab. 2.52)

Man arbeitet in einer Apparatur nach Abbildung A.87. Die Extraktionshülse wird mit 0,5 mol Iod beschickt. In den Rundkolben gibt man 1 mol des betreffenden (absoluten!) Alkohols[1]) und 0,33 mol roten Phosphor. Dann wird zum Sieden erhitzt. Der vom Kühler zurücklaufende Alkohol löst Iod auf. Die Badtemperatur wird so einreguliert, daß die Geschwindigkeit der Iodextraktion eine gut kontrollierte Reaktion ermöglicht. Die auftretende Reaktionswärme deckt mitunter den gesamten Wärmebedarf für die Destillation des Alkohols. Nach Beendigung der Reaktion kann folgendermaßen aufgearbeitet werden:

Variante A: Siedet das Reaktionsprodukt unterhalb 100 °C, destilliert man es direkt. Dann wird mit wenig Wasser gewaschen, über Magnesiumsulfat getrocknet und redestilliert.

Variante B: Bei höheren Iodalkanen verdünnt man die abgekühlte Reaktionslösung mit Wasser, trennt die organische Phase ab und ethert die wäßrige Phase aus. Organische Phase und Etherauszüge werden vereinigt und über Natriumsulfat getrocknet; der Ether wird abdestilliert und das Produkt fraktioniert.

Variante C: Im allgemeinen destilliert man das Reaktionsprodukt mit Wasserdampf. Das Wasserdampfdestillat wird ausgeethert, der Extrakt getrocknet und fraktioniert.

Bei Präparationen im Halbmikromaßstab setzt man die Reaktionsteilnehmer in einem Rundkolben mit Rückflußkühler um.

---

[1]) Zur Trocknung von Alkoholen vgl. Reagenzienanhang.

Tabelle 2.52

Iodalkane aus Alkoholen, Iod und rotem Phosphor

Produkt	Kp in °C	n_D^{20}	Ausbeute in %	Aufarbeitung
Methyliodid	42,5	1,5320	80	A
Ethyliodid	72	1,5140	80	C oder A
Propyliodid	102	1,5050	80	C
Isopropyliodid	89	1,4996	80	A
Butyliodid	130	1,5006	80	C oder B
Hexyliodid	$60_{1,7(13)}$	1,4926	80	B oder C
Cyclohexyliodid	$82_{2,7(20)}$	1,5475	80	C oder B
1-Methyl-heptyliodid	$92_{1,6(12)}$	1,4888	90	B oder C

Pentylchlorid aus Pentan-1-ol und Thionylchlorid in Gegenwart von Pyridin: WHITEMORE, F. C.; KARNATZ, F. A.; POPKIN, A. H., J. Am. Chem. Soc. **60** (1938), 2540.

Die direkte Veresterung anderer anorganischer Säuren wird im Laboratorium seltener durchgeführt. In der Technik jedoch besitzen vor allem Schwefelsäure- und Salpetersäureester eine große Bedeutung:

$$R-OH + HO-SO_2-OH \longrightarrow RO-SO_2-OH + H_2O \qquad [2.53]$$

Die Natriumsalze höherer Alkylhydrogensulfate (fälschlich oft „Fettalkoholsulfonate" genannt) sind wichtige Wasch-, Reinigungs- und Flotationsmittel.

Über das Ethylhydrogensulfat ist je nach den Reaktionsbedingungen Diethylether oder Ethylen aus Alkohol zugänglich (s. D.2.5.2. und D. 3.1.4.).

Aus Methylhydrogensulfat („Methylschwefelsäure") wird durch Erhitzen das wichtige Methylierungsmittel Dimethylsulfat hergestellt:

$$2\ CH_3OSO_2OH \longrightarrow (CH_3)_2SO_2 + H_2SO_4 \qquad [2.54]$$

Ein weiteres Verfahren geht von Dimethylether (s. Tab. 2.61) und Schwefeltrioxid aus:

$$CH_3OCH_3 + SO_3 \longrightarrow (CH_3O)_2SO_2 \qquad [2.55]$$

Salpetersäureester von Polyhydroxyverbindungen sind wichtige Sprengstoffe: Glycoldinitrat („Nitroglycol"), Diglycoldinitrat, Cellulosedinitrat (Kollodium), Cellulosetrinitrat („Schießbaumwolle"), Mannitolhexanitrat und Pentaerythritoltetranitrat („Nitropenta"). Cellulosedinitrat wird darüber hinaus als Kunststoff (Celluoid) und als Lackrohstoff verwendet („Nitrolack"). Glyceroltrinitrat („Nitroglycerin", früher ein wichtiger Sprengstoff) und „Nitropenta" finden bei akuten Herzbeschwerden als Arzneimittel zur verbesserten Sauerstoffversorgung des Herzens Verwendung.

Borsäureester sind ebenfalls durch direkte Veresterung von Borsäure oder Bortrioxid zugänglich. Da solche Ester Lewis-Säuren darstellen, lagern sie ein weiteres Molekül Alkohol unter Komplexbildung an. Die Lösung der so gebildeten einbasischen Säure leitet den elektrischen Strom besser als Borsäure selbst. Man benutzt diese Tatsache, um zu entscheiden, ob in cyclischen 1,2-Diolen (z. B. in Zuckern) die beiden OH-Gruppen in *cis*- oder *trans*-Stellung zueinander stehen, da nur in ersterem Fall eine Esterbildung sterisch möglich ist:

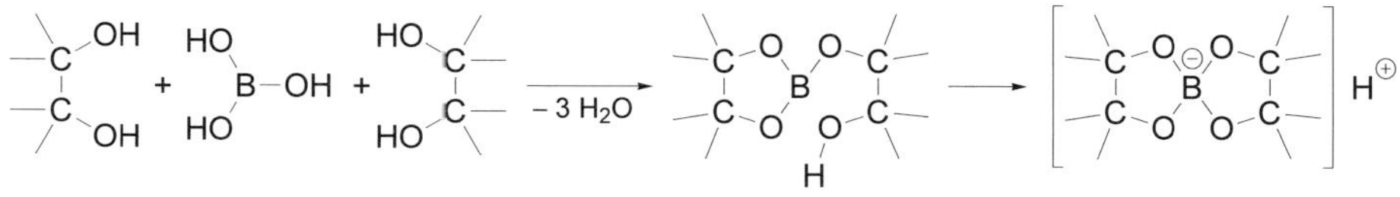

Eine weitere Möglichkeit, einen Alkohol zur Umsetzung mit einer Säure HX zu befähigen, besteht darin, ihn intermediär in ein Alkoxyphosphoniumsalz zu überführen, was durch Reaktion mit Triphenylphosphin und Azodicarbonsäurediethylester geschehen kann (*Mitsunobu-Reaktion*):

$$\text{ROH} + \text{HX} \xrightarrow[\text{– EtOOC–NHNH–COOEt – Ph}_3\text{P=O}]{\text{+ EtOOC–N=N–COOEt + Ph}_3\text{P}} \text{RX} \qquad [2.57]$$

Zunächst bildet sich aus dem Triphenylphosphin, dem Azodicarbonsäurediethylester und HX ein Hydrazophosphoniumsalz, das sich mit dem Alkohol unter Abspaltung von Hydrazodicarbonsäurediethylester zum Alkoxyphosphoniumsalz umsetzt. Dieses reagiert dann mit dem Nucleophil X$^{\ominus}$ zum Endprodukt RX, wobei Triphenylphosphinoxid als gute Abgangsgruppe abgespalten wird:

$$[2.58]$$

An einem chiralen Kohlenstoffatom, das die Hydroxylgruppe trägt, tritt Inversion ein (Mitsonobu-Inversion). Das Nucleophil greift – wie bei der Walden-Umkehr – von der der Abgangsgruppe entgegengesetzten Seite an (vgl. [2.9]).

In der Mitsunobu-Reaktion können auch schwach acide Verbindungen HX, wie Stickstoffwasserstoffsäure, Carbonsäuren, Phenole, Imide, Thiole, Thioamide und β-Dicarbonylverbindungen, durch Alkohole alkyliert werden. Man formuliere diese Reaktionen!

cis-1-Azido-2-chlor-cyclohexan aus *trans*-2-Chlor-cyclohexanol: Leubner, H.; Zbiral, E., Helv. Chim. Acta **59** (1976), 2100.

(2S)-(+)-Octanthiol aus Thioglycolsäure: Volante, R. P.; Tetrahedron Lett. **22** (1981), 3119.

Eng verwandt mit der Mitsunobu-Reaktion ist die *Redoxkondensation nach Mukaiyama*. Hier erzeugt man ein Phosphoniumsalz (Ph$_3$PY$^{\oplus}$; X$^{\ominus}$) aus Triphenylphosphin und Verbindungen, die über eine schwache Heteroatom-Heteroatom- bzw. Heteroatom-Kohlenstoff-Bindung verfügen (X–Y = Hal–Hal, Hal–CHal$_3$, PhS–SPh, RSe–CN u. a.). Das Phosphoniumion reagiert mit dem Alkohol unter Freisetzung des Nucleophils X$^{\ominus}$, das dann das Alkoxyphosphoniumion unter Abspaltung von Triphenylphosphinoxid zu RX substituiert:

$$\text{Ph}_3\text{P} + \text{Y–X} \longrightarrow \text{Ph}_3\overset{\oplus}{\text{P}}\text{–Y} + \text{X}^{\ominus} \xrightarrow[\text{– HY}]{\text{+ ROH}} \text{Ph}_3\overset{\oplus}{\text{P}}\text{–OR} + \text{X}^{\ominus} \longrightarrow \text{Ph}_3\text{PO} + \text{RX} \qquad [2.59]$$

Man formuliere die Reaktionen der angegebenen Verbindungen X–Y mit dem Alkohol ROH!

2.5.2.   Saure Veretherung von Alkoholen. Etherspaltung

Die in [2.41] formulierte Darstellung von Dialkylethern aus Alkoholen in Gegenwart von starken Säuren hat im Laboratorium nur geringe Bedeutung. Sie ist meist eine unerwünschte Nebenreaktion. In der Technik jedoch wird diese Methode in großem Umfang angewandt, u. a. zur Darstellung von Diethylether aus Ethanol, von Tetrahydrofuran aus Butan-1,4-diol und von Dioxan aus Ethylenglycol.

Eine Variante des Verfahrens ist die Veretherung in der Gasphase an dehydratisierenden Kontakten (Aluminiumoxid, Aluminiumsulfat).

Man kann die saure Veretherung von Alkoholen auch in zwei Stufen durchführen, indem man zuerst aus dem Alkohol und Schwefelsäure das Alkylhydrogensulfat herstellt [2.53], das dann mit weiterem Alkohol bei erhöhter Temperatur zum Ether umgesetzt wird:

$$\text{RO–SO}_2\text{–OH} + \text{HOR} \longrightarrow \text{ROR} + \text{H}_2\text{SO}_4 \qquad [2.60]$$

Da Alkylhydrogensulfate auch durch Addition von Schwefelsäure an Olefine zugänglich sind (vgl. [4.16a]), ist es möglich, Dialkylether aus Olefinen und Schwefelsäure darzustellen.

Aus dem gleichen Grunde treten bei allen durch Säure katalysierten Additionen von Wasser an Olefine Ether als Nebenprodukte auf. Einige technisch wichtige Ether sind in Tabelle 2.61 angeführt.

Tabelle 2.61

Technisch wichtige Ether und ihre Verwendung

Ether	Verwendung
Dimethylether[1]	Methylierungsmittel → Dimethylsulfat
Diethylether	Lösungsmittel, z. B. im Gemisch mit Alkohol für Kollodium (Celluloid), viel gebrauchtes Lösungsmittel im Laboratorium
Diisopropylether[2]	hochklopffester Treibstoff, Zusatz zu Vergaserkraftstoffen, Lösungsmittel
Methyl-*tert*-butylether (MTBE)	hochklopffester Treibstoff, Zusatz zu Vergaserkraftstoffen, Lösungsmittel
Bis(2-chlorethyl)ether	Lösungsmittel für Ethylcellulose, Harze und Fette → Thioplaste
Tetrahydrofuran	Lösungsmittel für Polymere → Polytetramethylenglycol → Polyurethane → 1,4-Dichlor-butan vgl. [2.62]
1,4-Dioxan	Lösungsmittel

[1] Fällt bei der Methanolsynthese aus Kohlenmonoxid als Nebenprodukt an.
[2] Fällt bei der Synthese von Isopropylalkohol aus Propen und Schwefelsäure als Nebenprodukt an (s. Tab. 4.20).

In Umkehrung der Bildung wird die Spaltung der Ether durch starke Säuren im Laboratorium vor allem für analytische Zwecke häufig angewandt.

Aliphatische Ether werden am besten mit konstant siedender Iodwasserstoffsäure gespalten (hohe Reaktivität des Iodwasserstoffs, leichtere Isolierung der niederen Alkyliodide gegenüber den Bromiden).

Auch araliphatische Ether sind mit Iodwasserstoffsäure spaltbar. Es treten dabei jedoch Nebenreaktionen auf (z. B. Iodierung des aromatischen Kerns). Diarylether werden im allgemeinen von Iodwasserstoffsäure nicht gespalten, man identifiziert sie durch Substitution am aromatischen Kern (Chlorsulfonierung, vgl. D.5.1.4.).

An Stelle der teuren Iodwasserstoffsäure kann zur Etherspaltung 48%ige Bromwasserstoffsäure in Eisessig im Verhältnis 1:1 verwendet werden. Da die niederen Alkylbromide leicht flüchtig sind, ist diese Variante nur für höhere Ether geeignet, ebenso auch für Phenolether mit niederem Alkylrest, wenn auf den Nachweis des aliphatischen Restes verzichtet werden kann.

Etherspaltung (Allgemeine Arbeitsvorschrift für die qualitative Analyse)

Variante A: Der symmetrische[1] aliphatische Ether wird mit etwa dem 5fachen Volumen konstant siedender Iodwasserstoffsäure 3 bis 4 Stunden unter Rückfluß gekocht. Danach setzt man die 4fache Menge Wasser zu und destilliert das Alkyliodid mit Wasserdampf über, extrahiert die organische Phase mit wenig Ether, trocknet und identifiziert das Alkyliodid als *S*-Alkylthiouroniumsalz (vgl. D.2.6.6.).

Variante B: Man kocht 0,5 g Phenolether mit 5 ml eines Gemisches aus Eisessig und der gleichen Menge 48%iger Bromwasserstoffsäure 1 Stunde unter Rückfluß. Danach schüttet man

[1] Unsymmetrische Ether können analog identifiziert werden, wenn das Gemisch der entstehenden Alkylhalogenide destillativ zu trennen ist oder der gaschromatographische Nachweis der Alkylhalogenide gelingt.

das Ganze in 20 ml Wasser, macht mit Natronlauge schwach alkalisch und ethert nicht umgesetzten Phenolether und eventuell noch vorhandenes Alkylbromid aus. Nach dem Ansäuern mit verd. Schwefelsäure ethert man das Phenol aus und identifiziert es durch ein geeignetes Derivat (vgl. E.2.5.3.).

Beispiele für die präparative Anwendung der Etherspaltung:

1,4-Dichlor-butan aus Tetrahydrofuran: FRIED, S.; KLEENE, R. D., J. Am. Chem. Soc. **63** (1941), 2691; Reppe, W., Liebigs Ann. Chem. **596** (1955), 90; 118.

    1,4-Dibrom-butan aus Tetrahydrofuran: FRIED, S.; KLEENE, R. D., J. Am. Chem. Soc. **62** (1940), 3258.

Analytische Anwendung findet die Etherspaltung zur quantitativen Bestimmung von Methoxygruppen, wobei das bei der Einwirkung von Iodwasserstoffsäure entstehende Methyliodid abdestilliert und anschließend titrimetrisch bestimmt wird.

In der Technik wendet man die Etherspaltung z. B. zur Darstellung von 1,4-Dichlor-butan aus Tetrahydrofuran und Chlorwasserstoff an:

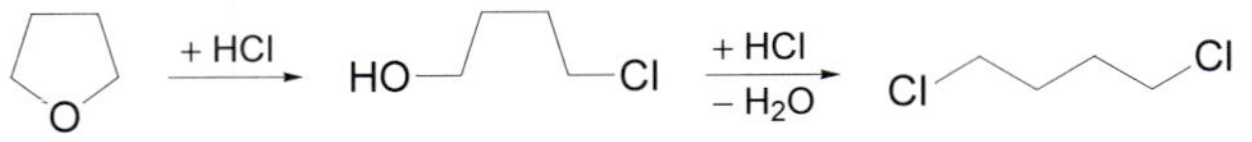

[2.62]

1,4-Dichlor-butan ist ein Ausgangsprodukt zur Darstellung von Nylon (s. [2.111]).

2.6.   Nucleophile Substitution an Alkylhalogeniden, -sulfaten und -sulfonaten

2.6.1.   Hydrolyse

In Umkehrung ihrer Bildung reagieren Alkylhalogenide mit Wasser zu Alkoholen und Halogenwasserstoffsäure:

$$RX + HOH \longrightarrow ROH + HX$$ [2.63]

Wasser stellt jedoch ein Reagens von geringer Nucleophilie dar, so daß sich nur sehr reaktionsfähige Alkylhalogenide mit ihm glatt hydrolysieren lassen (s. unten, Darstellung von Triphenylmethanol).

Man kann den fehlenden Elektronendruck des Wassers durch erhöhten Elektronenzug auf das zu ersetzende Halogen ausgleichen, indem man z. B. Lewis-Säuren, wie Eisen(III)-chlorid u. a., zusetzt:

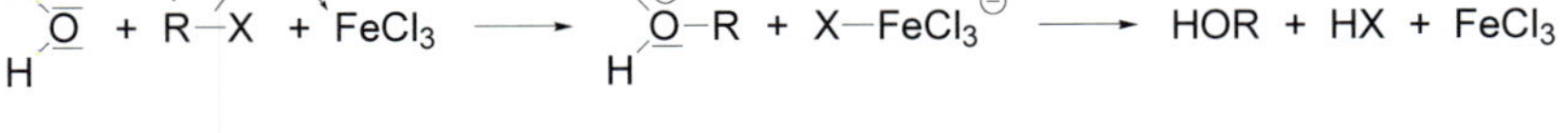

[2.64]

Die Hydrolyse von Alkylhalogeniden läßt sich auch durch Zusatz von Lauge beschleunigen. Die Nucleophilie bzw. die Basizität des Hydroxylions sind bedeutend größer als die des Wassers. Außerdem wird durch den Laugezusatz die Lage des Gleichgewichts in Richtung der Hydrolyseprodukte verschoben, da die Rückreaktion im alkalischen Medium nicht möglich ist.

Alkylhalogenide sind in Wasser nicht löslich. Die Hydrolyse kann daher nur an der Phasengrenzfläche stattfinden. Um eine homogene Mischung zu erhalten, setzt man häufig Alkohol als Lösungsmittel zu oder arbeitet im Zweiphasensystem unter Bedingungen der Phasentransferkatalyse.

Sowohl der bei der Hydrolyse gebildete als auch der zur Homogenisierung zugesetzte Alkohol geben Anlaß zu Nebenreaktionen. Der Alkohol steht im (allerdings weit links liegenden)

Gleichgewicht mit den Hydroxylionen, so daß geringe Mengen Alkoholat entstehen, die mit dem Alkylhalogenid zum Ether reagieren (diese Reaktion läßt sich auch zur Hauptreaktion gestalten: Williamson-Synthese, vgl. D.2.6.2.):

$$R{-}O{-}H \; + \; {}^{\ominus}OH \; \rightleftharpoons \; R{-}O^{\ominus} \; + \; H_2O \qquad\qquad\qquad [2.65a]$$

$$R{-}O^{\ominus} \; + \; R{-}X \; \longrightarrow \; R{-}O{-}R \; + \; X^{\ominus} \qquad\qquad\qquad [2.65b]$$

Außer zur als Nebenreaktion zu befürchtenden Etherbildung führen starke Basen häufig zur Eliminierung von Halogenwasserstoffen, so daß Olefine oder Acetylene gebildet werden (vgl. D.3.).

Man erkläre das Auftreten von Ethern bei der sauren Hydrolyse von Alkylhalogeniden, -sulfaten usw.!

Die genannten Nebenreaktionen bei der Hydrolyse von Alkylhalogeniden lassen sich umgehen, wenn man in Gegenwart von feuchtem Silberoxid („Silberhydroxid") mit Wasser arbeitet. Die Reaktion läuft an der Oberfläche des festen „Silberhydroxids" ab.

Darstellung von Triphenylmethanol (Tritylalkohol)

Triphenylmethylchlorid wird 10 Minuten lang in wäßriger Suspension unter Rückfluß erhitzt. Nach dem Abkühlen saugt man das Triphenylmethanol ab und kristallisiert um. Ausbeute: 95 %, F 162 °C (Tetrachlorkohlenstoff[1]) oder EtOH[1])).

Auch die geminalen Dihalogenide und Trihalogenide lassen sich im sauren oder alkalischen Medium hydrolysieren. Bei der Hydrolyse von 1,1-Dihalogeniden, die Halogenwasserstoffsäureester von Aldehydhydraten darstellen, werden Aldehyde gebildet:

$$R{-}\underset{\underset{\displaystyle H}{|}}{\overset{\overset{\displaystyle Cl}{|}}{C}}{-}Cl \; \xrightarrow[-\,HCl]{+\,H_2O} \; R{-}\underset{\underset{\displaystyle H}{|}}{\overset{\overset{\displaystyle OH}{|}}{C}}{-}Cl \; \xrightarrow{-\,HCl} \; R{-}\overset{\overset{\displaystyle O}{\|}}{C}\diagdown_H \qquad [2.66]$$

Trihalogenide ergeben Carbonsäuren als Hydrolyseprodukte. Die Reaktion läßt sich bei (Trichlormethyl)aromaten auch auf der Stufe des Säurechlorids aufhalten:

$$R{-}\underset{\underset{\displaystyle Cl}{|}}{\overset{\overset{\displaystyle Cl}{|}}{C}}{-}Cl \; \xrightarrow[-\,HCl]{+\,H_2O} \; R{-}\underset{\underset{\displaystyle Cl}{|}}{\overset{\overset{\displaystyle OH}{|}}{C}}{-}Cl \; \xrightarrow{-\,HCl} \; R{-}\overset{\overset{\displaystyle O}{\|}}{C}\diagdown_{Cl} \qquad [2.67]$$

Für die Hydrolyse der geminalen Dihalogenide dürfen keine starken Basen angewendet werden, da die entstehenden Aldehyde gegen Alkalien empfindlich sind. Man arbeitet daher in Gegenwart von Calciumcarbonat, Natriumformiat oder Kaliumoxalat. Für zwei solcher Fälle werden unten Literaturzitate angegeben.

Benzylidendichloride und -bromide werden in vielen Fällen sehr glatt zu den entsprechenden Benzaldehyden hydrolyisert, wenn man sie mit konzentrierter Schwefelsäure behandelt. Elektronendonatoren im Kern (z. B. Hydroxylgruppen) erleichtern die Hydrolyse, Elektronenacceptoren erschweren sie (warum?). Im letzten Fall müssen die Reaktionstemperaturen erhöht werden, wobei als obere Grenze etwa 110 °C gelten, da die entstehenden Aldehyde oberhalb 90 °C durch die Schwefelsäure z. T. bereits merklich oxidiert werden.

---

[1]) Vgl. Reagenzienanhang.

Allgemeine Arbeitsvorschrift für die Hydrolyse von Benzylidendihalogeniden in konzentrierter Schwefelsäure (Tab. 2.68)

> *Achtung!* Benzylidenhalogenide sind stark haut- und schleimhautreizende Stoffe. Im Abzug arbeiten! Schutzhandschuhe tragen!

Das betreffende Benzylidendichlorid oder -bromid wird in einem Dreihalskolben mit Rührer, Rückflußkühler und einer als Gaseinleitungsrohr dienenden weiten Kapillare unter Rühren mit der 8fachen Menge (Masse) konz. Schwefelsäure versetzt. Man leitet durch die Kapillare Stickstoff und legt gleichzeitig am oberen Ende des Rückflußkühlers ein leichtes Vakuum an. Bei den reaktionsfähigen Benzylidendihalogeniden setzt bereits bei 0 °C eine kräftige Halogenwasserstoffentwicklung ein. Die reaktionsträgeren Benzylidendihalogenide werden im Wasserbad oder Glycolbad auf die in der Tabelle angegebenen Temperaturen erwärmt. Das Reaktionsgemisch färbt sich in allen Fällen stark rotbraun.

Wenn die Halogenwasserstoffentwicklung abgeklungen ist – in den angegebenen Fällen etwa nach ¾ bis 2 Stunden –, gießt man auf Eis und ethert den gebildeten Aldehyd dreimal aus. Die Etherextrakte werden mit Natriumhydrogencarbonatlösung entsäuert, dann mit Wasser gewaschen und über Magnesiumsulfat getrocknet. Nach Verdampfen des Ethers wird im Vakuum destilliert oder bei höher schmelzenden Aldehyden umkristallisiert. Aus der Hydrogencarbonatlösung kann mitgebildete Säure durch Ansäuern gewonnen werden. Sie entsteht entweder aus Trihalogenmethylbenzen, das meist als Nebenprodukt im nicht sorgfältig gereinigten Benzylidendihalogenid enthalten ist, oder infolge einer Oxidation des gebildeten Aldehyds durch konz. Schwefelsäure bzw. Luft.

Bei einem Halbmikroansatz arbeitet man unter Normaldruck in einem offenen Erlenmeyer-Kolben. Auf einen Rührer kann verzichtet werden, da das Reaktionsgemisch durch den Gasstrom hinreichend durchmischt ist.

Tabelle 2.68

Aldehyde durch Hydrolyse von Benzylidendihalogeniden mit konzentrierter Schwefelsäure

Produkt	Ausgangsverbindung	Reaktions-temp. in °C	Kp (bzw. F) in °C	n_D^{20}	Ausb. in %
Benzaldehyd	Benzylidendichlorid, Benzylidendibromid	0	$64_{1,7(12)}$	1,5446	65
4-Chlor-benzaldehyd	4-Chlor-benzyliden-dichlorid, 4-Chlor-benzyliden-dibromid	20	$111_{2,7(20)}$ F 48 (Ligroin)		70
2-Chlor-benzaldehyd	2-Chlor-benzyliden-dichlorid	20	$84_{1,3(10)}$	1,5670	70
2,4-Dichlor-benzaldehyd	2,4-Dichlor-benzyliden-dichlorid, 2,4-Dichlor-benzyliden-dibromid	90[1]	F 71 (Ligroin)		80
4-Nitro-benzaldehyd	4-Nitro-benzyliden-dibromid	90[1]	F 196 (Et$_2$O/Petrol-ether)[2]		85
Terephthal-aldehyd	1,4-Bis(dibrommethyl)-benzen	90[1]	F 115 (90 W./ 10 MeOH)		80

[1] Die Reaktion kann auch bei 110 °C durchgeführt werden und ist dann in wenigen Minuten beendet.
[2] Kann auch durch Wasserdampfdestillation gereinigt werden.

Phthalaldehyd und *Isophthalaldehyd* durch Hydrolyse von 1,2- bzw. 1,3-Bis(dibrommethyl)-benzen in Alkohol/Wasser in Gegenwart von Kaliumoxalat; THIELE, J.; GÜNTHER, O., Liebigs Ann. Chem. **347** (1906), 106.

3-Hydroxy-benzaldehyd durch Hydrolyse von Essigsäure(3-dibrommethyl-phenyl)ester in Alkohol/Wasser in Gegenwart von Natriumformiat: ELIEL, E. L.; NELSON, K. W., J. Chem. Soc. **1955**, 1628.

In manchen Fällen ist zur Hydrolyse von Alkylhalogeniden der Umweg über einen Carbonsäureester zweckmäßig (vgl. D.2.6.3.):

$$R-X + {}^{\ominus}O-CO-R' \longrightarrow R-O-CO-R' + X^{\ominus}$$

$$R'COOR + H_2O \longrightarrow R'COOH + ROH$$

[2.69]

Die Umsetzung des Alkylhalogenids mit dem Säureanion verläuft im allgemeinen ohne Bildung von Olefin, weil das Säureanion zwar eine ausreichende Nucleophilie (Reaktionsvermögen gegenüber dem Kohlenstoff im Alkylhalogenid), aber eine zu geringe Basizität (Reaktionsvermögen gegenüber einem Proton) besitzt.

Ähnlich wie Alkylhalogenide lassen sich die Ester anderer anorganischer Säuren hydrolysieren.

Die Hydrolyse von Alkylchloriden und -sulfaten stellt eine wichtige technische Synthesemethode für Alkohole dar. Die Chloride werden dabei entweder durch Chlorierung von Kohlenwasserstoffen (vgl. D.1.) oder durch Addition von Chlor bzw. unterchloriger Säure an Olefine (s. D.4.) hergestellt. Die Alkylhydrogensulfate erhält man allgemein durch Addition an Olefine (s. D.4.). Auf diese Weise werden in größerem Umfang technisch erzeugt: Pentanol, Allylalkohol (vgl. Tabelle 1.37), Ethylenglycol, Glycerol (vgl. Tabelle 4.26), Ethanol, Isopropylalkohol und Butanole (vgl. Tabelle 4.20).

2.6.2.   Synthese von Ethern aus Alkoholaten bzw. Phenolaten

Bei der Umsetzung von Alkylhalogeniden, Dialkylsulfaten, Toluensulfonsäureestern usw. mit den Alkalisalzen von Alkoholen oder Phenolen bilden sich Ether:

$$R-O^{\ominus} + R'-X \longrightarrow R-O-R' + X^{\ominus}$$

[2.70]

Diese Reaktion wurde bereits als Nebenreaktion bei der alkalischen Hydrolyse von Alkylhalogeniden in Gegenwart von Alkohol ([2.65]) beschrieben.

Die Darstellung der Alkalisalze der Phenole gelingt infolge der relativ hohen Acidität der Phenole bereits mit wäßriger Natronlauge, während das Gleichgewicht der Alkoholatbildung in diesem Falle noch weit auf der Seite des freien Alkohols liegt (vgl. [2.65]). Warum sind Phenole wesentlich saurer als Alkohole?

Zur Darstellung von Methylethern setzt man meist das reaktive und billige Dimethylsulfat und nur selten das leicht flüchtige und teure Methyliodid ein. Unter den üblichen Reaktionsbedingungen (wäßrige Lösung, niedrige Temperatur) wird allerdings nur eine Methylgruppe des Dimethylsulfats zur Alkylierung ausgenutzt, z. B.:

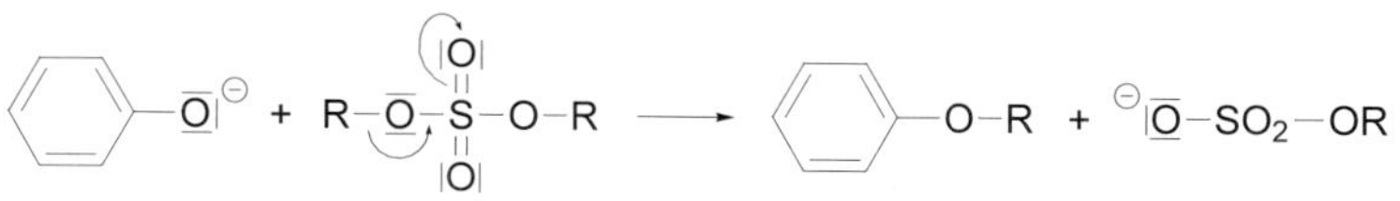

[2.71]

Das Gleiche gilt für die Darstellung der Ethylether mit Diethylsulfat. Die Alkylbromide oder -iodide sind die bevorzugten Reagenzien zur Darstellung höherer Ether.

Allgemeine Arbeitsvorschrift zur Veretherung von Phenolen mit Dimethylsulfat (Tab. 2.72)

Achtung! Dimethylsulfat ist ein starkes Gift! Es wirkt im Tierversuch krebserregend. Im Abzug arbeiten! Schutzhandschuhe tragen!

Das betreffende Phenol wird in einem Dreihalskolben, der mit Rückflußkühler, Rührer, Innenthermometer und Tropftrichter versehen ist, unter Rühren rasch mit 1,25 mol Ätzkali pro saure Gruppe in Form einer 10%igen Lauge versetzt. Bei den Polyphenolen färbt sich der Kolbeninhalt infolge Oxidation durch den Luftsauerstoff sofort dunkel. Man schließt die Apparatur in diesem Falle gegen den Luftsauerstoff mit Hilfe eines Bunsen-Ventils[1] ab. Danach wird aus dem Tropftrichter unter gutem Rühren für jede zu verethernde phenolische[2] Hydroxylgruppe 1 mol Dimethylsulfat derart zugesetzt, daß die Temperatur unter 40 °C bleibt (Wasserkühlung). Um die Reaktion zu vervollständigen und nicht umgesetztes Dimethylsulfat zu zerstören, wird noch 30 Minuten auf dem siedenden Wasserbad erhitzt. Nach dem Erkalten trennt man bei flüssigen Produkten die organische Schicht ab und extrahiert die wäßrige Lösung mit Ether. Die vereinigten organischen Phasen werden mit verd. Natronlauge, dann mit Wasser gewaschen, mit Calciumchlorid getrocknet und fraktioniert. Feste Reaktionsprodukte werden unter Verwendung einer Glasfritte abgesaugt, mit Wasser gewaschen und umkristallisiert. Durch Ansäuern und Ausethern der wäßrigen Reaktionslösung und der Waschlauge ist nicht umgesetztes Phenol zurückzugewinnen.

In den Fällen, wo partiell veretherte Phenole dargestellt werden sollen bzw. als Nebenprodukte entstehen (wann ist das der Fall?), macht man die Reaktionslösung alkalisch und ethert zunächst den neutralen Phenolether aus. Durch Ansäuern der wäßrigen Lösung mit konz. Salzsäure werden die partiell veretherten Phenole ausgefällt und in der oben beschriebenen Weise aufgearbeitet. Das Waschen der Etherextrakte mit Natronlauge entfällt (warum?).

Phenolethercarbonsäuren isoliert man ebenso wie partiell veretherte Phenole.

Bei Halbmikropräparationen schüttelt man die Komponenten in einem mit Stopfen verschlossenen Rundkölbchen, erhitzt wie angegeben abschließend unter Verwendung eines Rückflußkühlers auf dem Wasserbad und arbeitet wie oben auf. Auf die Temperaturkontrolle in der Reaktionsmischung kann man verzichten.

Tabelle 2.72

Phenolether durch Methylierung mit Dimethylsulfat

Produkt	Ausgangsverbindung	Kp (bzw. F) in °C	n_D^{20}	Ausbeute in %
Methylphenylether (Anisol)	Phenol	154	1,5173	85
o-Cresyl-methylether	*o*-Cresol	$64_{1,9(14)}$	1,5179	80
m-Cresyl-methylether	*m*-Cresol	$65_{1,9(14)}$	1,5130	80
p-Cresyl-methylether	*p*-Cresol	$65_{1,9(14)}$	1,512	80
Methyl-*β*-naphthylether (Nerolin)	*β*-Naphthol	F 72 (PhH)		73
Hydrochinonmonomethylether[1]	Hydrochinon	$128_{1,6(12)}$ F 56 (Petrolether)		60
Hydrochinondimethylether[2]	Hydrochinon	$109_{2,7(20)}$ F 56 (EtOH)		95
Resorcinolmonomethylether	Resorcinol	$144_{3,3(25)}$		50

[1] Der Rückflußkühler wird mit einem Stopfen verschlossen, durch den ein Glasrohr mit einem kurzen Stück Gummischlauch führt. Der Schlauch erhält mit einer Rasierklinge einen kurzen Schnitt in Längsrichtung und wird auf der anderen Seite mit einem Stopfen oder einer Schlauchklemme verschlossen.

[2] Carboxylgruppen reagieren infolge der geringeren Nucleophilie schwerer als phenolische Hydroxylgruppen. Daher gelingt die Darstellung von aromatischen Alkoxycarbonsäuren.

Tabelle 2.72 (Fortsetzung)

Produkt	Ausgangsverbindung	Kp (bzw. F) in °C	n_D^{20}	Ausbeute in %
Resorcinoldimethylether	Resorcinol	$110_{2,7(20)}$	1,5223	85
4-Methoxy-benzoesäure (Anissäure)	4-Hydroxy-benzoesäure	F 184 (W./AcOH)		75
3,4,5-Trimethoxy-benzoesäure	3,4,5-Trihydroxy-benzoe- säure (Gallussäure)	F 170 (EtOH/W.)		70
3,4-Dimethoxy-benzaldehyd (Veratrumaldehyd)[3]	4-Hydroxy-3-methoxy- benzaldehyd (Vanillin)[3]	$153_{1,0(8)}$ F 46 (Ligroin)		70
2-Nitro-anisol	2-Nitro-phenol	$133_{1,5(11)}$	1,5620	50

[1] Nicht wasserdampfflüchtig, daneben entsteht der Dimethylether.

[2] flüchtig mit Wasserdampf

[3] Um das Natriumsalz des Vanillins stets in Lösung zu halten, wird auf dem siedenden Wasserbad gearbeitet.

Vanillin und Veratrumaldehyd sind gegen Alkali stabil. Veratrumaldehyd ist gegen Luftsauerstoff empfindlich, in gut schließender Flasche aufzubewahren!

Alkylarylether durch Alkylierung von Phenolen unter Phasentransferkatalyse: McKillop, A.; Fiaud, J.-C., Hug, R. R., Tetrahedron **30** (1974), 1379.

Allgemeine Arbeitsvorschrift zur Veretherung von Alkoholen und Phenolen mit Alkylhalogeniden, Alkyl-*p*-toluensulfonaten oder Dimethylsulfat (Williamson-Synthese) (Tab. 2.73)

Achung! Dimethylsulfat ist ein starkes Gift! Es wirkt im Tierversuch krebserregend. Im Abzug arbeiten! Schutzhandschuhe tragen!

Zur Darstellung der aliphatischen Ether stellt man zunächst in einem Dreihalskolben mit Rührer und Rückflußkühler eine Alkoholatlösung aus 0,25 mol Natrium und 1,2 mol des betreffenden abs. Alkohols her.[1] Hierzu gibt man 0,2 mol Alkyliodid, -bromid oder -*p*-toluensulfonat bzw. 0,14 mol Dimethylsulfat[2] sowie bei Verwendung der reaktionsträgeren Alkylbromide eine Spatelspitze Kaliumiodid (wasserfrei) und erhitzt unter Feuchtigkeitsausschluß und Rühren 5 Stunden unter Rückfluß.[3]

Zur Darstellung der Phenolether stellt man analog zunächst eine Natriummethylatlösung aus 0,25 mol Natrium und 300 ml abs. Ethanol[1] her, in die man 0,2 mol des in wenig abs. Ethanol gelösten Phenols einträgt. Nach Zusatz des Alkylierungsmittels wird wie oben verfahren. Das Phenolat reagiert infolge seiner höheren Nucleophilie leichter mit dem Alkylierungsmittel als der Alkohol.

Aufarbeitung

Variante A: Das Reaktionsgemisch wird nach Abkühlen in die 5fache Menge Wasser gegeben, der Ether abgetrennt, nochmals mit Wasser gewaschen, mit Calciumchlorid getrocknet und destilliert.

Variante B: Aus dem Reaktionsgemisch destilliert man den Alkohol unter Rühren über eine 20-cm-Vigreux-Kolonne weitgehend ab, gießt den erkalteten Destillationsrückstand in 100 ml 5%ige Natronlauge, nimmt die organische Phase mit Diethylether auf, wäscht mit Wasser, trocknet mit Calciumchlorid, destilliert das Lösungsmittel ab und fraktioniert bzw. kristallisiert um.

[1] Darstellung vgl. Reagenzienanhang. Bei niedermolekularen Alkoholen (C_1 bis C_3) kann man die 3fache Menge nehmen, um eine besser rührbare Reaktionsmischung zu erhalten.

[2] Unter den angegebenen Bedingungen werden beide Methylgruppen des Dimethylsulfats ausgenutzt.

[3] Bei Verwendung leicht flüchtiger Alkylierungsmittel sollte mit einem Intensivkühler gearbeitet werden.

Variante C: Unter gutem Rühren wird das Reaktionsprodukt direkt aus dem Gemisch heraus-destilliert, bis die Siedetemperatur des verwendeten Alkohols erreicht ist. Das Destillat, das aus dem Ether und dem eingesetzten Alkohol besteht, wird anschließend in engeren Grenzen durch eine 30-cm-Vigreux-Kolonne fraktioniert. Man schneidet mehrere Fraktionen und bestimmt deren Brechungsindizes. Diejenigen Fraktionen, die hiernach den Hauptteil des gewünschten Ethers enthalten, werden vereinigt und über 5% Natrium redestilliert, bis der angegebene Brechungsindex erreicht ist.

Für Halbmikro- und Mikropräparationen eignen sich solche Kombinationen, die nach Variante A oder B aufgearbeitet werden können. Auf einen Rührer kann man dann meist ver-zichten. Die Produkte sollten grundsätzlich fraktioniert destilliert werden, für Mikropräpara-tionen verwendet man eine Apparatur nach Abb. A.34c.

Tabelle 2.73

Ether durch Williamson-Synthese

Produkt	Kp (bzw. F) in °C n_D^{20}	Ausgangs-verbindung	Kp in °C n_D^{20}	Alkylierungsmittel	Variante	Aus-beute in %
Butylmethylether	71 1,3736	Butanol	117 1,3993	CH_3–I, –OTs,[1]) Dimethylsulfat	C	80
		Methanol		C_4H_9–Br, –OTs	A	80
Butylethylether	92 1,3818	Butanol	117 1,3993	C_2H_5–Br, –OTs	C	80
		Ethanol		C_4H_9–Br, –OTs	A	80
Methylpentyl-ether[2])	99 1,3873	Pentanol	138 1,4099	CH_3–I, –OTs, Dimethylsulfat	C	80
Hexylmethyl-ether[2])	126 1,3972	Hexanol	156 1,4179	CH_3–I, –OTs, Dimethylsulfat	C	80
Ethylhexylether[2])	142 1,4008	Hexanol	156 1,4179	C_2H_5–Br, –OTs	C	80
Ethoxybenzen (Phenetol)	57$_{1,6(12)}$ 1,5080	Phenol		C_2H_5–Br, –I, –OTs	B	80
Propoxybenzen	81$_{1,6(12)}$ 1,5014	Phenol		C_3H_7–Br, –I, –OTs	B	80
Butoxybenzen	87$_{1,2(9)}$ 1,5049	Phenol		C_4H_9–Br, –OTs	B	80
Benzylphenylether	F 40 (EtOH)	Phenol		Benzylchlorid	B	80
p-Nitro-phenetol	F 60 (EtOH/W.)	*p*-Nitro-phenol		C_2H_5–Br, –I, –OTs	B	60

[1]) R–OTs: Alkyl-*p*-toluensulfonat.
[2]) Gut auch aus der umgekehrten Kombination nach Variante A erhältlich.

Beispiele für eine Variante der Williamson-Veretherung von Phenolen, bei der die Darstel-lung von Natriumethylat umgangen wird (Reaktion in Gegenwart von Kaliumcarbonat in Ace-ton), finden sich bei ALLEN, C. F. H., und GATES, J. W., Org. Synth., Coll. Vol. III (1955), 140, die eine Reihe von Alkylethern des *o*-Nitro-phenols darstellen.

Allylphenylether: TARBELL, D. S., Org. React. **2** (1944), 26.

Durch Veretherung kann man Hydroxylgruppen „blockieren". Soll eine Verbindung z. B. unter Erhalt der Hydroxylgruppe oxidiert werden, kann man sie vor der Reaktion veretvern und die Etherbindung nach vollzogener Oxidation wieder spalten. Besonders geeignet für die Blockierung primärer Hydroxylgruppen ist das Triphenylmethylchlorid (Tritylchlorid), das in Pyridinlösung leicht mit primären Alkoholen reagiert.

Die Triphenylmethylether lassen sich bereits in der Kälte sauer hydrolysieren. Diese auch als Tritylierung bezeichnete Reaktion wird vor allem in der Chemie der Zucker häufig angewendet.

Die Veretherung mit Dimethylsulfat und besonders mit Chloressigsäure besitzt Bedeutung zur Identifizierung von Phenolen:

$$\langle\text{Ph}\rangle\text{—OH} + \text{Cl—CH}_2\text{—COOH} + 2\,\text{NaOH} \longrightarrow \langle\text{Ph}\rangle\text{—O—CH}_2\text{—COONa} + \text{NaCl} + 2\,\text{H}_2\text{O} \qquad [2.74]$$

Analog lassen sich 2,4-Dichlor- und 2,4,5-Trichlor-phenoxyessigsäure darstellen, die als Pflanzenwuchsstoffe und Unkrautvernichtungsmittel Verwendung finden.

Nach dem Prinzip der Williamson-Synthese werden großtechnisch Celluloseether aus Alkalicellulose und Alkylchloriden bzw. Chloressigsäure hergestellt. Methyl- und Carboxymethylcellulose sind wasserlöslich und für die Herstellung von Klebstoffen, Anstrichstoffen, Textilhilfsmitteln und Waschmitteln von Bedeutung. Die wasserunlöslichen Ethyl- und Benzylcellulosen stellen wichtige Lackrohstoffe, Klebstoffe und Kunststoffe dar.

Auf dem Wege einer intramolekularen Williamson-Synthese gewinnt man die technisch wichtigen Ethylenoxide aus Chlorhydrinen (s. D.4.1.4.).

2.6.3. Synthese von Carbonsäureestern

Analog wie mit den Anionen der Alkohole oder Phenole reagieren Alkylhalogenide, -sulfate und -sulfonate auch mit den Anionen von Carbonsäuren. Auch hierbei wird eine Etherbindung geknüpft, die jedoch einer Carbonylgruppe benachbart ist, so daß ein Carbonsäureester entsteht. Dem Mechanismus nach ist das eine grundsätzlich andere Reaktion als die normale (sauer katalysierte) Veresterung einer Carbonsäure mit einem Alkohol (vgl. D.7.1.4.1.), bei der das Ether-Sauerstoffatom des Esters aus dem Alkohol stammt.

Präparativ ist die Estersynthese durch Alkylierung von Carbonsäureanionen nur in speziellen Fällen von Interesse. Sie hat aber Bedeutung zur Identifizierung von Carbonsäuren. Man verwendet hierfür p-substituierte Phenacylbromide und p-Nitro-benzylbromid, die sehr reaktiv sind und gut kristallisierende Ether ergeben:

$$\text{Br—}\langle\text{Ph}\rangle\text{—CO—CH}_2\text{—Br} + {}^{\ominus}\text{O—CO—R} \longrightarrow \text{Br—}\langle\text{Ph}\rangle\text{—CO—CH}_2\text{—O—CO—R} + \text{Br}^{\ominus} \quad [2.75]$$

Da die genannten Halogenide alkalisch sehr leicht verseift werden, führt man die Reaktion entweder in sehr schwach saurer wäßriger Lösung oder in Aceton/Triethylamin-Lösung durch. Das Triethylamin vermag den entstehenden Halogenwasserstoff zu binden und verschiebt das Reaktionsgleichgewicht in Richtung der Esterbildung.

Allgemeine Arbeitsvorschrift zur Darstellung von Benzoesäureestern (Phasentransferkatalyse) (Tab. 2.76)

> Achtung! Phenacylbromide sind stark haut- und schleimhautreizend! Im Abzug arbeiten! Schutzhandschuhe tragen!

In einem 500-ml-Mehrhalskolben mit Rührer und Rückflußkühler wird ein Gemisch von 0,2 mol Natriumbenzoat, 0,2 mol Alkylbromid, 0,01 mol Aliquat 336 (vgl. D.2.4.2.) und 100 ml Wasser unter intensivem Rühren 4 Stunden unter Rückfluß erhitzt. Nach dem Erkalten trennt man die wäßrige Schicht ab und ethert zweimal mit je 60 ml Ether aus. Die vereinigten organischen Phasen werden mit 20 ml Wasser gewaschen, über MgSO$_4$ getrocknet und destilliert.

Tabelle 2.76

Benzoesäureester durch phasentransferkatalysierte Veresterung

Produkt	Ausgangsverbindung	Kp in °C	Ausbeute in %
Benzoesäurebutylester	Butylbromid	250 $110_{1,3(10)}$	70
Benzoesäureallylester	Allylbromid	230 $106_{1,6(12)}$	60
Benzoesäurehexylester	Hexylbromid	$138...140_{1,1(8)}$	80
Benzoesäurebenzylester	Benzylchlorid[1])	$172...173_{1,3(10)}$	70

[1]) 2 g NaI zusetzen.

Darstellung von Phenacyl- und *p*-Nitro-benzylestern (Allgemeine Arbeitsvorschrift für die qualitative Analyse)

Variante A: für reine Säuren

1 mmol Triethylamin, gelöst in 2 ml trockenem Aceton[1]), wird mit der betreffenden Säure neutralisiert und zu dieser Mischung eine Lösung von 0,5 mmol des Phenacylbromids (Phenacylbromid, *p*-Brom-phenacylbromid, *p*-Phenyl-phenacylbromid) in 3 ml trockenem Aceton gegeben. Nach kurzer Zeit fällt ein Niederschlag von Triethylammoniumbromid aus. Man läßt 3 Stunden bei Raumtemperatur stehen, verdünnt mit 10 ml Wasser, saugt den ausgefallenen Ester ab und wäscht gründlich mit 5%iger Natriumhydrogencarbonatlösung und anschließend mit Wasser. Dann wird aus verd. Alkohol umkristallisiert.

Die *p*-Nitro-benzylester lassen sich nach derselben Vorschrift darstellen; man muß jedoch hier wegen der geringeren Reaktionsfähigkeit des *p*-Nitro-benzylchlorids etwa 10 mg Natriumiodid zusetzen und 2 Stunden unter Rückfluß erhitzen. An Stelle von Aceton lassen sich bei dieser Reaktion auch Alkohole als Lösungsmittel verwenden.

Variante B: für Säuren in wäßriger Lösung

2 ml einer schwach salzsauren Lösung mit einem ungefähren Gehalt von 0,1 g Carbonsäure werden mit 2 ml einer Lösung von 0,2 g Phenacylbromid in Alkohol versetzt und unter Rückfluß erhitzt (Monocarbonsäuren 1 Stunde, Dicarbonsäuren 2 Stunden, Tricarbonsäuren 3 Stunden). Gelegentlich werden während des Kochens Kristalle ausgeschieden, die man durch Zusatz von wenig Alkohol wieder in Lösung bringt. Nach beendeter Reaktion läßt man abkühlen, saugt ab und kristallisiert um.

2.6.4.   Alkylierung von Ammoniak und Aminen

Alkylhalogenide, -sulfate usw. setzen sich mit Ammoniak um:

$$R{-}X + NH_3 \longrightarrow R{-}\overset{\oplus}{N}H_3 + X^{\ominus} \rightleftharpoons R{-}NH_2 + HX$$

$$R{-}X + R{-}NH_2 \longrightarrow R_2\overset{\oplus}{N}H_2 + X^{\ominus} \rightleftharpoons R_2NH + HX$$

[2.77]

Das zunächst entstehende primäre Amin konkurriert als starke Base mit dem Ammoniak um weiteres Alkylhalogenid. Aus diesem Grunde entstehen nicht nur primäre, sondern auch secundäre und in analoger Weise tertiäre Amine und quartäre Ammoniumverbindungen. Formulieren Sie diese Umsetzungen!

[1]) Vgl. Reagenzienanhang

Durch einen großen Ammoniaküberschuß bzw. Zusatz von Ammoniumcarbonat oder -chlorid kann man die Ausbeute an primärem Amin erhöhen.

Zur Darstellung reiner primärer und secundärer Amine muß man jedoch wegen der Bildung höherer Alkylierungsprodukte häufig Umwege wählen. In allen Fällen wird dabei ein reversibel blockiertes Derivat des Ammoniaks, das nur noch ein freies Wasserstoffatom enthält, mit dem Alkylhalogenid umgesetzt. Die blockierende Gruppe spaltet man nach der Alkylierungsreaktion wieder ab. Für diese reversible Blockierung eignet sich z. B. das Phthalimid (Gabriel-Synthese). Die Aminogruppe des Phthalimids bzw. der Sulfonamide ist infolge des Elektronenzuges der beiden Carbonylgruppen bzw. der Sulfonylgruppe für die Reaktion mit Alkylhalogeniden nicht mehr basisch genug. Sie besitzt im Gegenteil sauren Charakter, so daß mit Alkalihydroxiden Salze entstehen, die in die Reaktion eingesetzt werden müssen:

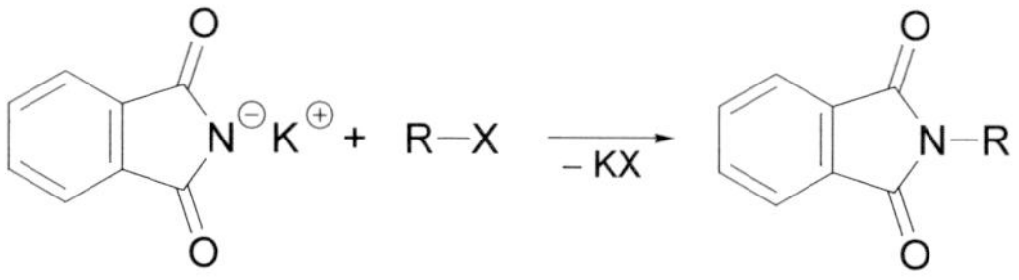

$$\text{(Phthalimid-N}^{\ominus}\text{K}^{\oplus}) + \text{R–X} \xrightarrow{-\text{KX}} \text{(N–R)} \qquad [2.78]$$

Das gebildete *N*-Alkyl-phthalimid kann als Säureamid zur Phthalsäure und dem reinen primären Amin hydrolysiert werden:

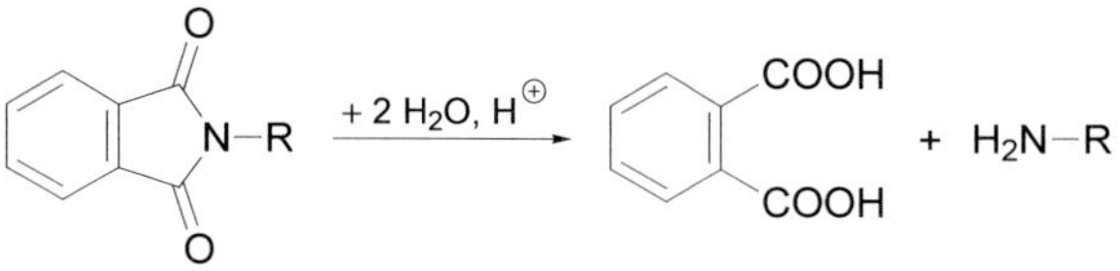

$$\text{(N–R)} \xrightarrow{+2\,H_2O,\,H^{\oplus}} \text{(COOH, COOH)} + H_2N\text{–R} \qquad [2.79]$$

Da man die Hydrolyse im allgemeinen bei hohen Temperaturen unter Druck durchführen muß, ist die Hydrazinolyse günstiger:

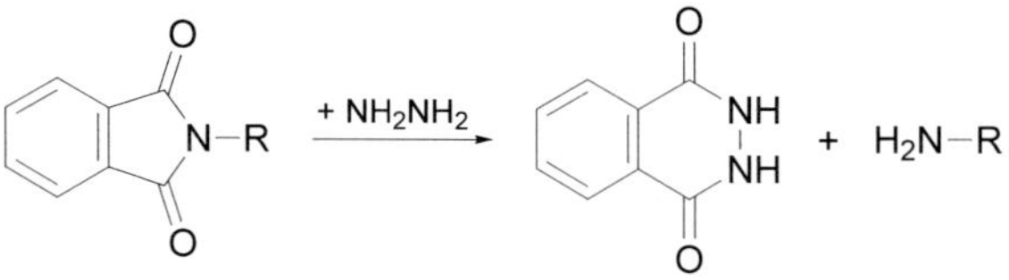

$$\text{(N–R)} \xrightarrow{+\,NH_2NH_2} \text{(NH–NH)} + H_2N\text{–R} \qquad [2.80]$$

Zur Synthese secundärer Amine mit unterschiedlichen Alkylresten kann man die Umsetzung von Alkylhalogeniden mit Sulfonamiden primärer Amine verwenden, z. B.:

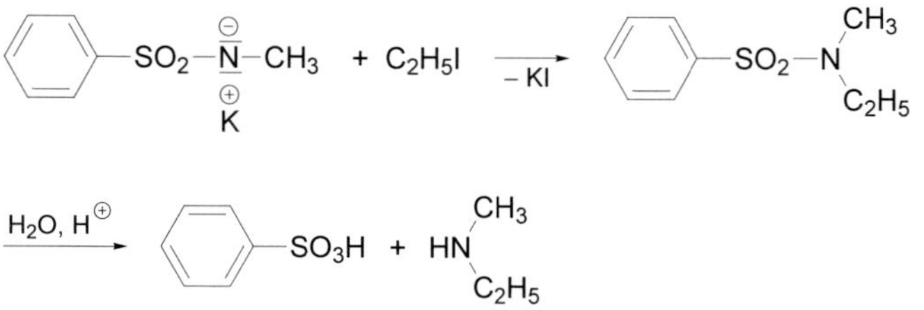

$$\text{Ph–SO}_2\text{–}\overset{\oplus}{\underset{K}{N}}\text{–CH}_3 + C_2H_5I \xrightarrow{-KI} \text{Ph–SO}_2\text{–N}\begin{smallmatrix}CH_3\\C_2H_5\end{smallmatrix}$$

$$[2.81]$$

$$\xrightarrow{H_2O,\,H^{\oplus}} \text{Ph–SO}_3H + HN\begin{smallmatrix}CH_3\\C_2H_5\end{smallmatrix}$$

Auch Azomethine[1]) sind für denselben Zweck geeignet:

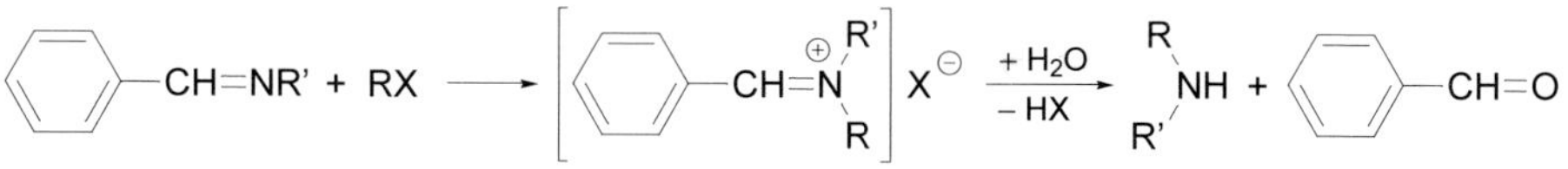

$$\text{Ph–CH=NR'} + RX \longrightarrow \left[\text{Ph–CH=}\overset{\oplus}{N}\begin{smallmatrix}R'\\R\end{smallmatrix}\right] X^{\ominus} \xrightarrow{+\,H_2O \atop -\,HX} \underset{R'}{\overset{R}{N}}H + \text{Ph–CH=O} \quad [2.82]$$

_____

[1]) Über die Darstellung und Hydrolysierbarkeit von Azomethinen bzw. Urotropin vgl. D.7.1.1.

Die Reaktion von Urotropin[1]) mit Alkylhalogeniden liefert ebenfalls quartäre Salze, die mit verdünnten Säuren zum primären Amin hydrolysiert werden können (Delepine-Reaktion).

$$RX + (CH_2)_6N_4 \longrightarrow N_3(CH_2)_6\overset{\oplus}{N}R\ X^{\ominus} \xrightarrow{\ H_3O^{\oplus}\ } RNH_2 \qquad\qquad [2.83]$$

Die leicht durchführbare Reaktion von primären Aminen mit Benzylhalogeniden zu zweifach aralkylierten (tertiären) Aminen kann man zur Blockierung der Aminogruppe bei Umsetzungen von Aminoverbindungen ausnutzen. Soll beispielsweise eine Aminosäure mit Lithiumaluminiumhydrid zu einem Aminoalkohol reduziert werden (vgl. D.7.3.1.1.), so führt man sie zunächst mit Benzylbromid in die *N,N*-Dibenzylverbindung über. Hierbei wird auch die Carboxylgruppe in den Benzylester umgewandelt. Die beiden Benzylreste an der Aminogruppe wirken als Schutzgruppen und werden nach durchgeführter Reduktion der Estergruppe wieder abgespalten. Das ist einfach hydrogenolytisch, z. B. durch Hydrierung mit Palladiumkohle als Katalysator, möglich, wobei die Benzylreste in Toluen übergehen.

$$R{-}\underset{NH_2}{\overset{|}{CH}}{-}COOH + 3\ PhCH_2Br \xrightarrow[-\ 3\ HBr]{} R{-}\underset{N(CH_2Ph)_2}{\overset{|}{CH}}{-}COOCH_2Ph$$

$$[2.84]$$

$$R{-}\underset{N(CH_2Ph)_2}{\overset{|}{CH}}{-}COOCH_2Ph \xrightarrow{LiAlH_4} R{-}\underset{N(CH_2Ph)_2}{\overset{|}{CH}}{-}CH_2OH \xrightarrow[-\ 2\ PhCH_3]{+\ 2\ H_2} R{-}\underset{NH_2}{\overset{|}{CH}}{-}CH_2OH$$

(*S*)-*N,N*-Dibenzyl-alaninbenzylester[2])

0,2 mol (*S*)-Alanin, 50 ml 2 N NaOH und 36 g Kaliumcarbonat werden in 100 ml Ethanol suspendiert und auf etwa 40 °C erhitzt. Man tropft innerhalb von 15 Minuten unter gutem Rühren 0,65 mol frisch destilliertes Benzylbromid zu und erhitzt anschließend unter weiterem Rühren über Nacht unter Rückfluß. Die von der organischen Schicht abgetrennte wäßrige Phase wird noch zweimal mit je 75 ml Ether extrahiert, anschließend wäscht man die vereinigten organischen Phasen mit gesättigter Kochsalzlösung und trocknet mit Magnesiumsulfat. Nach Abdestillieren des Lösungsmittels und überschüssiger Ausgangsverbindung (bis 110 °C Badtemperatur bei 1,3 kPa [10 Torr]) wird bei einer Badtemperatur von 40 bis 50 °C (0,002 kPa [0,015 Torr]) im rotierenden Kugelrohr destilliert. Ausbeute 65 %. Das Produkt wird ohne weitere Reinigung weiterverarbeitet, vgl. Tab. 7.231.

Darstellung von Dicyclohexylethylamin

In einem 1-l-Dreihalskolben mit Rückflußkühler, Rührer und Tropftrichter werden unter Feuchtigkeitsausschluß 2 mol *N,N*-Dicyclohexylamin innerhalb von 2 Stunden auf dem siedenden Wasserbad mit 2 mol Diethylsulfat versetzt. Man rührt noch 15 Stunden bei dieser Temperatur. Dann werden in die abgekühlte Mischung 2,5 mol 50%ige Kalilauge eingerührt; das abgeschiedene Amin wird abgetrennt und die wäßrige Phase viermal ausgeethert. Das Amin und die Etherauszüge vereinigt man und trocknet über Nacht mit Ätzkali, destilliert den Ether ab und fraktioniert das Amin über eine 30-cm-Vigreux-Kolonne im Vakuum. $Kp_{1,9(14)}$ 138 °C, Ausbeute 337 g (94%, bezogen auf umgesetztes Amin). Als Vorlauf geht nicht umgesetztes Dicyclohexylamin (etwa 15%) über; $Kp_{2,1(16)}$ 125 °C. Man prüfe das Produkt gaschromatographisch auf seine Reinheit.[3])

---

[1]) Über die Darstellung und Hydrolysierbarkeit von Azomethinen bzw. Urotropin vgl. D.7.1.1.

[2]) H.-U. REISSIG, Privatmitteilung

[3]) Folgende Bedingungen sind zur Trennung von Dicyclohexylamin und Dicyclohexylethylamin geeignet: Kolonnenlänge: 1 m; Phase: Hexamannitpropiononitrilether (10 %); Träger: Kieselgur; Temperatur: 195 °C; Gasstrom: 4 l H₂/Stunde.

Dicyclohexylethylamin ist ein tertiäres Amin mit starker Abschirmung des Stickstoffatoms durch die raumfüllenden Cyclohexylgruppen. Es ist ein wichtiges Reagens zur Darstellung von Olefinen (vgl. D.3.1.5.).

Analog den Alkylhalogeniden lassen sich auch α-Halogen-carbonsäuren ammonolysieren. Dabei entstehen α-Amino-carbonsäuren. Bei den höheren Fettsäuren werden am besten die α-Bromderivate eingesetzt, da die entsprechenden Chloride sehr lange Reaktionszeiten erfordern.

Allgemeine Arbeitsvorschrift zur Darstellung von *α*-Amino-carbonsäuren aus *α*-Halogencarbonsäuren (Tab. 2.85)

In einem Rundkolben mit Rückflußkühler werden 8 mol Ammoniumcarbonat in 140 ml Wasser auf 55 °C erwärmt und unter Schütteln auf 40 °C gekühlt; bei dieser Temperatur werden 6 mol konz. wäßrige Ammoniaklösung zugegeben. Diese Mischung läßt man 30 Minuten stehen. Dann wird 1 mol der betreffenden α-Halogencarbonsäuren nach und nach zugesetzt und das Gemisch im Falle der Bromverbindungen 24 Stunden, im Falle der Chlorverbindungen 40 Stunden bei 40 bis 50 °C belassen. Im Abzug werden Ammoniak und Kohlendioxid anschließend durch Erhitzen in einer Porzellanschale auf freier Flamme vertrieben, und dabei wird die Lösung eingeengt, bis die Innentemperatur 110 °C erreicht hat. Man kühlt auf 60 °C und setzt 3 l Methanol zu. Nach Stehen über Nacht im Kühlschrank wird filtriert und mit Methanol gewaschen. Die Aminosäure fällt in hoher Reinheit an.

Tabelle 2.85

α-Amino-carbonsäure aus α-Halogen-carbonsäuren

Produkt	Ausgangsverbindung	F in °C	Ausbeute in %
α-Amino-essigsäure (Glycin)	$ClCH_2COOH$	232	70
α-Amino-propionsäure (Alanin)	$CH_3CHBrCOOH$	295	60
α-Amino-buttersäure	$CH_3CH_2CHBrCOOH$	Zers.	60
α-Amino-valeriansäure (Norvalin)	$CH_3(CH_2)_2CHBrCOOH$	303 (geschl. Rohr)	60
1-Amino-3-methyl-butancarbonsäure (Leucin)	$(CH_3)_2CHCH_2CHBrCOOH$	292 (geschl. Rohr)	50
1-Amino-pentancarbonsäure (Norleucin)	$CH_3(CH_2)_3CHBrCOOH$	275	65

Tertiäre Amine reagieren mit Alkylierungsmitteln zu quartären Ammoniumsalzen und können so identifiziert werden.

Quaternisierung von tertiären Aminen (Allgemeine Arbeitsvorschrift für die qualitative Analyse)

0,5 g des betreffenden tertiären Amins und 1 g Quaternisierungsmittel (Methyliodid, *p*-Toluensulfonsäuremethylester u. a.) werden für sich im doppelten Volumen Nitromethan, Acetonitril oder Alkohol gelöst. (Die genannten Lösungsmittel eignen sich etwa in der angegebenen Reihenfolge abnehmend für die Quaternisierung.) Die Lösungen werden vereinigt, 1 Stunde stehengelassen und anschließend noch 30 Minuten auf dem Wasserbad erwärmt. Die quartären Salze scheiden sich mitunter direkt ab, anderenfalls dampft man im Vakuum ein und kristallisiert aus trockenem Essigester/Alkohol um.

Quartäre Salze mit einem höheren Alkylrest (C_{12} bis C_{18}) sind oberflächenaktiv und bakterizid und werden daher als Textilhilfsmittel, Flotationsmittel und Desinfektionsmittel verwendet. Quartäre Salze von Dipyridylen, z. B. Paraquat, finden als Herbizide Verwendung.

Ein wirtschaftlich sehr bedeutendes Herbizid ist Glyphosat, *N*-(Phosphonomethyl)-glycin, das durch Alkylierung von Glycin mit Chlormethylphosphonsäure hergestellt wird.

Me—$\overset{\oplus}{N}$=⟨ ⟩=⟨ ⟩=$\overset{\oplus}{N}$—Me 2 Cl$^{\ominus}$

Paraquat

$(HO)_2\overset{\overset{O}{\|}}{P}$—$CH_2$—NH—$CH_2$—COOH

Glyphosat

Cyclophosphamid

[2.85a]

Die alkylierende Wirkung von Bis(β-chlorethyl)aminen (Stickstofflosten) auf die Desoxyribonuclein-
säure (DNA) nutzt man in der Chemotherapie des Krebses. Ein Arzneimittel dieser Art ist Cyclophosphamid.

Niedere aliphatische primäre, secundäre und tertiäre Amine gewinnt man in der Technik aus Ammoniak
und Alkoholen durch katalytische Wasserabspaltung an Aluminiumoxidkontakten. Die anfallenden Gemische werden destillativ aufgearbeitet.

2.6.5. Alkylierung von Phosphorverbindungen

2.6.5.1. Alkylierung von tertiären Phosphinen

Ebenso wie tertiäre Amine lassen sich auch die entsprechenden Phosphine durch Alkylierungsmittel quarternisieren:

$$R—X + PR'_3 \longrightarrow \left[R—\overset{\oplus}{P}R'_3\right] X^{\ominus} \qquad\qquad [2.86]$$

**Allgemeine Arbeitsvorschrift zur Darstellung von Alkyltriphenylphosphoniumsalzen
(Tab. 2.87)**

0,1 mol Triphenylphosphin wird mit einer gut gekühlten Lösung von 0,1 mol Alkylhalogenid in
150 ml abs. Toluen versetzt und 20 Stunden im Autoklaven auf 130 °C erhitzt. Der Niederschlag
wird abgesaugt und gut mit heißem Toluen ausgewaschen.

Bei kleineren Ansätzen verwendet man ein Bombenrohr; über 80 °C siedende Alkylhalogenide kann man auch in Toluenlösung mit dem Phosphin 48 Stunden unter Rückfluß erhitzen.

Tabelle 2.87

Alkyltriphenylphosphoniumhalogenide

Produkt	Alkylhalogenid	F in °C	Ausbeute in %
Methyltriphenylphosphoniumbromid	Methylbromid	228	90
Methyltriphenylphosphoniumiodid	Methyliodid	185	90
Ethyltriphenylphosphoniumbromid	Ethylbromid	209	90
Isopropyltriphenylphosphoniumbromid	Isopropylbromid	238	80
Butyltriphenylphosphoniumbromid	Butylbromid	243	80
Benzyltriphenylphosphoniumbromid	Benzylbromid	280	80

Zur Umsetzung der aus Alkyltriphenylphosphoniumsalzen zugänglichen Ylide bei der Car-
bonylolefinierung (Wittig-Reaktion) vgl. D.7.2.1.7.2.

2.6.5.2. Michaelis-Arbuzov-Reaktion

Bei der Michaelis-Arbuzov-Reaktion wird das Phosphoratom in Estern von Säuren des dreiwertigen Phosphors alkyliert. Dabei quaternisiert das Alkylierungsmittel zunächst den nucleophilen dreiwertigen Phosphor [2.88], I unter Bildung von [2.88], II. Dieses instabile Zwischenprodukt geht unter den Reaktionsbedingungen in die Verbindung des fünfwertigen Phosphors
[2.88], III über:

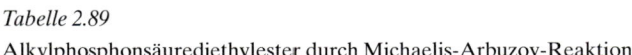

$$R-X + P\overset{Y}{\underset{Z}{|}}-OR' \longrightarrow R-\overset{\oplus Y}{\underset{Z}{|}}P-OR' + X^{\ominus} \longrightarrow R-\overset{Y}{\underset{Z}{|}}P=O + R'-X \qquad [2.88]$$

I   II   III

Aus Phosphorigsäureestern (Y = Z = O-Alkyl) entstehen so Alkylphosphonsäurediester, aus Phosphonigsäurediestern (Y = Alkyl, Z = O-Alkyl) Dialkylphosphinsäureester und aus Phosphinigsäureestern (Y = Z = Alkyl) Trialkylphosphinoxide.

Allgemeine Arbeitsvorschrift zur Herstellung von Alkylphosphonsäurediethylestern (Michaelis-Arbuzov-Reaktion) (Tab. 2.89)

Achtung! Hautkontakte mit phosphororganischen Verbindungen vermeiden!

0,5 mol Triethylphosphit erhitzt man zusammen mit 0,55 mol Alkylhalogenid auf 150 bis 155 °C (~ 160 °C Badtemperatur) und hält anschließend 1,5 bis 2 Stunden (bei reaktiven) und 3 bis 5 Stunden (bei weniger reaktiven Alkylhalogeniden) bei dieser Temperatur. Für Alkylchloride wird dabei ein Kolben mit Rückflußkühler benutzt und das entstehende Ethylchlorid abgeleitet oder in einer Kühlfalle aufgefangen. Für Alkylbromide und -iodide benutzt man eine Destillationsapparatur mit langer Vigreux-Kolonne, destilliert das entstehende Ethylhalogenid laufend ab und verfolgt so gleichzeitig die Reaktion. Anschließend wird destilliert.

Tabelle 2.89

Alkylphosphonsäurediethylester durch Michaelis-Arbuzov-Reaktion

Produkt	Ausgangsverbindung	Kp in °C	Ausbeute in %	Reaktionsdauer in h
Cyanmethylphosphonsäure-diethylester	Chloracetonitril[1])	$148...150_{1,3(10)}$	80	1,5
Benzylphosphonsäure-diethylester	Benzylchlorid Benzylbromid	$169...171_{3,3(25)}$	90	5
Naphth-1-yl-methylphosphonsäurediethylester	1-Chlormethyl-naphthalen	$205...206_{0,7(5)}$	80	4
(2-Brom-ethyl)phosphonsäurediethylester	1,2-Dibrom-ethan	$86...87_{0,3(2)}$[2])	65	3
Butylphosphonsäure-diethylester	Butylbromid[3])	$74_{0,1(1)}$	85	2
Ethylphosphonsäure-diethylester	0,5 g NaI zusetzen[4])	$80...83_{1,5(11)}$	90	3

[1]) Bei 150 °C zutropfen.
[2]) Diese Temperatur nicht überschreiten.
[3]) Bei 110 °C beginnen, Temperatur so steigern, daß nur C_2H_5Br übergeht.
[4]) Aus Triethylphosphit entsteht intermediär Ethyliodid.

Benzylphosphonsäurediethylester, aus Diethylphosphit und Benzylbromid: FEDORYNSKI, F.; WOJCIECHOWSKI, K.; MATACZ, Z.; MAKOSZA, M., J. Org. Chem. **43** (1978), 4682.

Methylphosphonsäurediisopropylester aus Triisopropylphosphit und Methyliodid: FORDMOORE, A. H.; PERRY, B. J., Org. Synth., Coll. Vol. **IV** (1963), 325.

Ethylphosphonsäurediethylester aus Triethylphosphit und Ethyliodid: KOSOLAPOFF, G. M., Org. React. **6** (1951), 286.

3-Brom-prop-1-ylphosphonsäure aus Triethylphosphit und 1,3-Dibrom-propan: KOSOLAPOFF, G. M., Org. React. **6** (1951), 287.

Phosphonsäureester sind Ausgangsprodukte für die auch technisch wichtige Horner-Wadsworth-Emmons-Reaktion, vgl. D.7.2.1.7.1.

Phosphororganische Verbindungen anderer Struktur finden als Insektizide Verwendung (z. B. Parathion, E 605 [Diethyl(4-nitro-phenyl)thionphosphat]; Chlorthion [(3-Chlor-4-nitro-phenyl)dimethylthionphosphat]).

Die sogenannten Ultragifte DFP (Diisopropylfluorphosphat), Soman (Methylphosphonsäurefluoridpinacolylester), Sarin (Methylphosphonsäurefluoriddisopropylester), Tammelinscher Ester (Methylphosphonsäurefluoridcholinester) u. a. sind Phosphor- bzw. Phosphonsäurefluoride. Sie wirken als Cholinesterasehemmer. Die Cholinesterase ist verantwortlich für die Spaltung des bei der Reizleitung im vegetativen Nervensystem gebildeten Acetylcholins in Cholin und Essigsäure. Die Ultragifte blockieren diese Wirkung durch Phosphorylierung der Cholinesterase. $5 \cdot 10^{-7}$ g/l Luft dieser Verbindungen können beim Menschen schon nach 1 bis 2 Minuten starke Vergiftungserscheinungen hervorrufen. Die Ultragifte wurden als chemische Kampfstoffe vorgeschlagen. Auf Grund einer internationalen Konvention ist Produktion, Lagerung und Einsatz dieser Stoffe verboten.

2.6.6.   Alkylierung von Schwefelverbindungen

In Analogie zur alkalischen Hydrolyse lassen sich Alkylhalogenide, -sulfate u. a. mit Natriumhydrogensulfid zu Thiolen umsetzen:

$$R{-}X + {}^{\ominus}S{-}H \longrightarrow R{-}S{-}H + X^{\ominus} \tag{2.90}$$

Als Nebenprodukte entstehen hierbei symmetrische Dialkylsulfide, da das in der alkalischen Lösung aus dem Thiol gebildete Thiolation mit noch nicht umgesetztem Alkylhalogenid reagiert:

$$R{-}X + {}^{\ominus}S{-}R \longrightarrow R{-}S{-}R + X^{\ominus} \tag{2.91}$$

Diese Reaktion wird zur Hauptreaktion, wenn man 2 mol Alkylhalogenid mit Natriumsulfid umsetzt:

$$2\,R{-}X + Na_2S \longrightarrow R{-}S{-}R + 2\,NaX \tag{2.92}$$

bzw. in Analogie zur Williamson-Synthese Thiolate mit Alkylhalogeniden zur Reaktion bringt. Hierdurch sind auch unsymmetrische Dialkylsulfide zugänglich.

Allgemeine Arbeitsvorschrift zur Darstellung symmetrischer Dialkylsulfide (Tab. 2.93)

Achtung! Viele Thiole und manche Dialkylsulfide haben einen äußerst unangenehmen, noch in großer Verdünnung lästigen Geruch! Im Abzug und mit Schutzhandschuhen arbeiten! Zur Verminderung der Geruchsbelästigung Reaktionsgefäße nach Abschluß der Präparation mit Kaliumpermanganatlösung behandeln!

In einem Dreihalskolben mit Rückflußkühler (Intensivkühler), Tropftrichter und Rührer werden 1,2 mol Natriumsulfid (Na$_2$S · 9H$_2$O) in 250 ml Wasser und 100 ml Methanol gelöst. Dann setzt man 2 mol des betreffenden Alkylbromids zu und kocht unter sehr kräftigem Rühren 5 Stunden unter Rückfluß. Die Etherschicht wird nach dem Abkühlen abgetrennt und die wäßrige Lösung nochmals ausgeethert; die vereinigten organischen Phasen werden mit 10%iger Natronlauge und anschließend mit Wasser gewaschen. Nach dem Trocknen mit Calciumchlorid wird destilliert. Feste Endprodukte saugt man ab, wäscht mit Wasser und kristallisiert um.

Bei Halbmikroansätzen kann man auf den Rührer verzichten und im Rundkolben mit Rückflußkühler arbeiten.

Tabelle 2.93

Dialkylsulfide durch Alkylierung von Natriumsulfid

Produkt	Alkylierungsmittel	Kp (bzw. F) in °C	n_D^{20}	Ausbeute in %
Diethylsulfid	Ethylbromid	91	1,4426	65
Dipropylsulfid	Propylbromid	142	1,4473	70
Dibutylsulfid	Butylbromid	$75_{1,3(10)}$	1,4529	70
Dibenzylsulfid	Benzylchlorid	F 49 (MeOH)		85

2,2'-Dihydroxy-diethylsulfid (Thiodiglycol) aus 2-Chlor-ethanol (Ethylenchlorhydrin): Faber, E. M.; Miller, G. E., Org. Synth., Coll. Vol. **II** (1943), 576.

Wertvolle Zwischenprodukte für weitere Umsetzungen, wie die Darstellung von Alkylthiolen, Thioethern und Dialkyldisulfiden, sind *Alkylthiocyanate (Alkylrhodanide)*, die aus primären und secundären Alkylhalogeniden und Alkalithiocyanaten leicht zugänglich sind:

$$R-X + \overset{\ominus}{S}-C{\equiv}N \longrightarrow R-S-C{\equiv}N + X^{\ominus} \qquad [2.94]$$

Das ambidente Nucleophil greift dabei das Substrat RX bevorzugt mit dem Zentrum höchster Polarisierbarkeit, dem Schwefel, an (Orbitalkontrolle). Mit Alkylhalodeniden, die bevorzugt nach einem S_N1-Mechanismus reagieren, wie z. B. *tert*-Butylhalogenide, bilden sich dagegen Gemische aus Alkylthiocyanat und -isothiocyanat (zum Reaktionsverhalten ambifunktioneller nucleophiler Reagenzien vgl. C.6. und D.2.3.). Da die Alkylisothiocyanate die thermodynamisch stabilen Produkte sind, lassen sich in Fällen der leichten Bildung eines Alkyl-, Benzhydryl- oder Allylkations die Thiocyanate thermisch (ggf. unter Zusatz einer Lewis-Säure) in die entsprechenden Isothiocyanate (Senföle) umlagern. Man vergleiche die angegebene Literatur zur Darstellung von *tert*-Butylisothiocyanat sowie die am Ende des Kapitels.

Die Reaktivität der Alkylthiocyanate wird durch die leichte Spaltbarkeit der S–CN-Bindung durch Basen bestimmt. So lassen sich diese Verbindungen durch alkalische Spaltung leicht in Alkylthiolate überführen ([2.95]) bzw. als maskierte Alkylsulfenverbindungen zur Substitution von C-Nucleophilen wie Acetyliden heranziehen ([2.96]):

$$RS-CN + \overset{\ominus}{O}H + H_2O \longrightarrow RS^{\ominus} + NH_3 + CO_2 \qquad [2.95]$$

$$RS-CN + |\overset{\ominus}{C}{\equiv}C-R' \longrightarrow RS-C{\equiv}C-R' + CN^{\ominus} \qquad [2.96]$$

In der nachfolgenden Vorschrift werden die Alkylthiocyanate über eine Festphasenreaktion gewonnen, indem das Alkylthiocyanat auf Silicagel aufgebracht und in dieser Form mit dem Alkylhalogenid in Substanz (ohne Lösungsmittelzusatz) umgesetzt wird. Die Reaktion verläuft einheitlich und mit hohen Ausbeuten.

Allgemeine Arbeitsvorschrift zur Darstellung von Alkylthiocyanaten über an Kieselgel aktiviertem Kaliumthiocyanat (Tab. 2.97)[1]

> *Achtung!* Arylmethylhalogenide sind stark haut- und schleimhautreizend. Abzug! Schutzhandschuhe tragen!

In einem Rundkolben werden 7,5 g (0,075 mol) Kaliumthiocyanat in 25 ml destilliertem Wasser gelöst. Dazu gibt man in einem Schwung 7,5 g Silicagel 60, destilliert das Wasser unter einem Vakuum von 20 mbar und einer Badtemperatur von 50 °C im Rotationsverdampfer ab, und

---

[1] Vorschrift in Anlehnung an: Kodomari, M.; Kuzuoka, T.; Yoshitomi, S., Synthesis **1983**, 141

trocknet das Siligagel unter diesen Bedingungen weitere 4 Stunden. Zum abgekühlten Reagens wird 0,025 mol Alkylhalogenid gegeben. Ist die Substanz bei Raumtemperatur fest, so wird das Gemisch im Wasserbad auf eine Temperatur kurz oberhalb der Schmelztemperatur des Alkyl-halogenids erwärmt, der Kolben verschlossen und mehrmals umgeschüttelt. Unter wiederhol-tem Schütteln läßt man 48 Stunden bei Raumtemperatur stehen. Danach wird das Silicagel auf eine Glasfritte gegeben und das Reaktionsprodukt unter Anlegen eines schwachen Vakuums mit fünf Portionen von jeweils 20 ml Methylenchlorid extrahiert. Nach Abdestillation des Lösungsmittels wird das Produkt durch Vakuumdestillation oder im Falle der Feststoffe durch Umkristallisation aus Ethanol gewonnen.

Tabelle 2.97

Alkylthiocyanate aus Alkylhalogeniden

Produkt	Alkylhalogenid	Kp (bzw. F) in °C	Ausbeute in %
Butylthiocyanat	Butyliodid	$64_{1,6(12)}$	85
Hexylthiocyanat	Hexyliodid	$93_{1,3(10)}$	87
Benzylthiocyanat	Benzylchlorid Benzylbromid	39 (EtOH)	95
4-Methyl-benzylthiocyanat	4-Methyl-benzylchlorid 4-Methyl-benzylbromid	$151_{2,7(20)}$	93
2-Methyl-benzylthiocyanat	2-Methyl-benzylchlorid 2-Methyl-benzylbromid	18 (EtOH)	90
1,4-Bis(thiocyanatomethyl)-benzen	1,4-Bis(dibrommethyl)benzen	33 (EtOH)	92
4-Methoxy-benzylthiocyanat	4-Methoxy-benzylchlorid	$134_{0,1(1)}$	90
2-Brom-benzylthiocyanat	2-Brom-benzylbromid	$113_{0,01(0,13)}$	96
1-Thiocyanatomethyl-naphthalen	1-Chlormethyl-naphthalen	91 (EtOH)	98
2-Thiocyanatomethyl-naphthalen	2-Brommethyl-naphthalen	101 (EtOH)	95

Gemisch von *tert-Butylthiocyanat* und *tert-Butylisothiocyanat* aus *tert*-Butylchlorid und Alkalithiocyanat sowie Umlagerung des Gemisches zum *tert-Butylisothiocyanat*: SCHMIDT, E.; STRIEWSKY, W.; SEEFELDER, M.; HITZLER, F., Liebigs Ann. Chem. **568** (1950) 193.

Wie die tertiären Amine und Phosphine reagieren auch Sulfide mit Alkylhalogeniden zu ter-tiären Sulfoniumsalzen:

$$R{-}X + SR_2' \longrightarrow \left[R{-}\overset{\oplus}{S}R_2 \right] X^{\ominus} \tag{2.98}$$

Auch der Schwefel im Thioharnstoff besitzt eine hohe Nucleophilie, so daß er leicht alkylier-bar ist. Mit Alkylhalogeniden bilden sich die *S*-Alkyl-thiouroniumsalze (von thiourea = Thio-harnstoff):

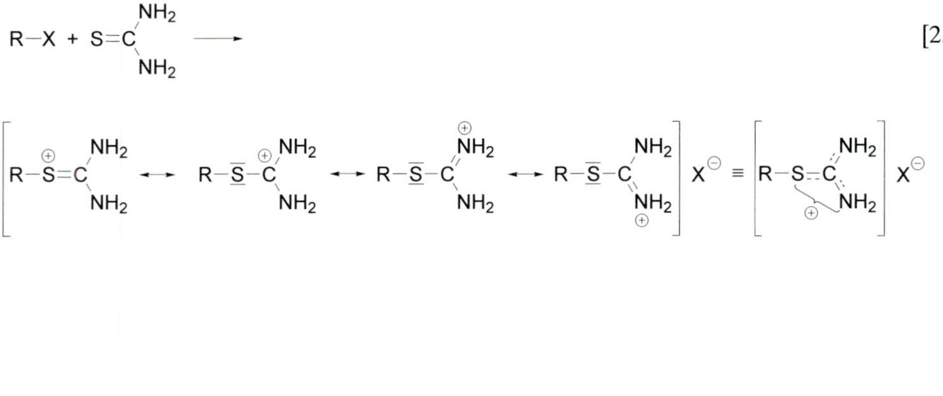

$$R{-}X + S{=}C\begin{smallmatrix} NH_2 \\ \\ NH_2 \end{smallmatrix} \longrightarrow \tag{2.99}$$

Sie finden Anwendung zur Identifizierung von Alkylhalogeniden, indem sie in die besser kristallisierenden Prikrate umgewandelt werden, deren Schmelzpunkte tabelliert sind (vgl. Tab. E.45).

Darstellung von S-Alkyl-thiouroniumpikraten (Allgemeine Arbeitsvorschrift für die qualitative Analyse)

0,2 g des Alkylhalogenids werden zu einer Lösung von 0,2 g Thioharnstoff in 0,6 ml Wasser und 0,4 ml Ethanol gegeben. Man erwärmt die Mischung so lange auf dem Wasserbad unter Rückfluß, bis die Alkylhalogenidschicht verschwunden ist. Dann wird noch 15 Minuten weiter erhitzt. Man gibt daraufhin die Lösung noch heiß zu 40 ml einer siedenden wäßrigen 1%igen Pikrinsäurelösung. Nach dem Erkalten werden die ausgeschiedenen Kristalle abgesaugt, mit Wasser gewaschen und aus wäßrigem Alkohol umkristallisiert.

Äquivalentmassebestimmung von S-Alkyl-thiouroniumpikraten:

0,3 bis 0,35 g eines S-Alkyl-thiouroniumpikrats werden genau eingewogen, in 25 bis 50 ml Eisessig gelöst und mit einer 0,1 N Perchlorsäure in Eisessig[1]) gegen Kristallviolett titriert.

Berechnung

$$\text{Äquivalentmasse (Pikrat)} = \frac{\text{Einwaage (in g)} \cdot 1000}{\text{HClO}_4\text{-Lösung (in ml)} \cdot \text{Normalität}}$$

Äquivalentmasse (Alkohol) = Äquivalentmasse (Pikrat) – 288,2

S-Benzyl-thiouroniumchlorid bildet mit Sulfonsäuren und vielen Carbonsäuren schwerlösliche, gut kristallisierende S-Benzyl-thiouroniumsalze dieser Säuren, die zu deren Identifizierung geeignet sind.

S-Alkyl-thiouroniumsalze lassen sich alkalisch leicht verseifen, wobei Thiole entstehen:

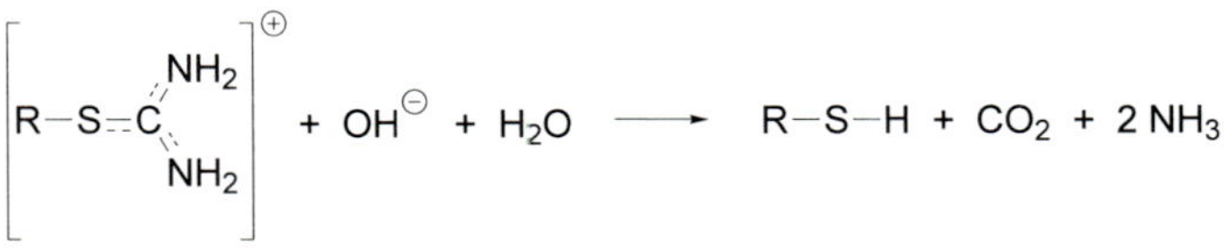

$$\left[R-S-C \underset{NH_2}{\overset{NH_2}{}} \right]^{\oplus} + OH^{\ominus} + H_2O \longrightarrow R-S-H + CO_2 + 2\,NH_3 \qquad [2.100]$$

Allgemeine Arbeitsvorschrift zur Darstellung von Thiolen über S-Alkyl-thiouroniumsalze (Tab. 2.101)

Achtung! Wegen des äußerst unangenehmen Geruchs der Thiole arbeite man in einem besonderen Stinkraum unter einem sehr gut ziehenden Abzug und benutze bei der Aufarbeitung, zum Reinigen der Geräte usw. Gummihandschuhe. Beim Reinigen der benutzten Gefäße spüle man diese mit konz. Salpetersäure oder Kaliumpermanganatlösung. Die Thiole werden dabei oxidiert, und die Geruchsbelästigung wird vermindert.

In einem Rundkolben wird zu 1,1 mol Thioharnstoff und 50 ml 95%igem Ethanol 1 mol Alkylbromid bzw. Alkylchlorid oder 0,5 mol Dialkylsulfat gegeben und 6 Stunden unter Rückfluß erhitzt. Zur Darstellung von Dimercaptoalkanen setzt man die doppelte Menge Thioharnstoff und Alkohol ein. Beim Abkühlen kristallisiert das Alkylthiouroniumsalz aus. Es wird abgesaugt und ohne weitere Reinigung zum Thiol verseift. Bleibt die Kristallisation aus, wird das Reaktionsgemisch gleich verseift. Hierzu versetzt man im Zweihalskolben 1 mol Thiouroniumsalze (im Falle der Thiouroniumsulfate nur 0,5 mol) mit 600 ml 5 N Natronlauge und erhitzt

---

[1]) Vgl. Reagenzienhang

bei schwachem Einleiten von Stickstoff 2 Stunden unter Rückfluß. Zur Verminderung der Geruchsbelästigung wird der thiolhaltige Stickstoff durch eine Kaliumpermanganatlösung geleitet. Die abgekühlte Reaktionsmischung säuert man mit 2 N Salzsäure an, trennt die Thiol-schicht ab, trocknet mit Magnesiumsulfat, wäscht bei den hochsiedenden Verbindungen ($Kp >$ 130 °C) das Trockenmittel mit Ether nach und fraktioniert über eine Vigreux-Kolonne. Die Vakuumdestillationen führt man unter Stickstoffatmosphäre aus.[1])

Vor allem bei den höheren Thiolen ist die Bildung von Disulfiden nicht ganz zu vermeiden. Sie bleiben im Destillationsrückstand.

Die Vorschrift ist zur Halbmikropräparation geeignet.

Tabelle 2.101

Thiole über *S*-Alkylthiouroniumsalze

Produkt	Kp in °C	n_D (°C)	Ausbeute in %
Butan-1-thiol	98	1,4401 (25)	90
2-Methyl-propan-1-thiol	88	1,4358 (25)	55
Butan-2-thiol	85	1,4338 (25)	60
Hexan-1-thiol	151	1,4473 (25)	70
Dodecan-1-thiol	$154_{2,7(20)}$	1,4575 (20)	70
Phenylmethanthiol	$73_{1,3(10)}$	1,5730 (20)	70
2-Phenyl-ethan-1-thiol	$105_{3,1(23)}$	1,5642 (18)	70
Propan-1,3-dithiol	$57_{1,6(12)}$	1,5403 (20)	70
Hexan-1,6-dithiol	$119_{2,0(15)}$		60

Darstellung von *Dithioglycol* aus 1,2-Dibrom-ethan und Thioharnstoff: SPEZIALE, A. J., Org. Synth., Coll. Vol. **IV** (1963), 401.

Einige Mercaptoverbindungen besitzen technische Bedeutung, z. B. als Vulkanisationsbeschleuniger, Alterungsschutzmittel u. ä. Thioglycolsäure, die aus dem Natriumsalz der Chloressigsäure und Natriumhydrogensulfid oder Natriumthiosulfat hergestellt wird, ist der wirksame Bestandteil der Kaltwellenpräparate. Dodecylthiol (aus Dodecylchlorid und Natriumhydrogensulfid) wird als Regler bei der Butadienpolymerisation verwendet.

2.6.7.   Synthese von Alkylhalogeniden durch Finkelstein-Reaktion

Halogenatome in Alkylhalogeniden lassen sich in einer Gleichgewichtsreaktion durch andere Halogene austauschen (Finkelstein-Reaktion):

$$R-X + Y^{\ominus} \longrightarrow R-Y + X^{\ominus} \qquad [2.102]$$

Die Reaktion wird meist zur Synthese von Alkylfluoriden und primären Alkyliodiden, die sich aus dem betreffenden Alkohol und Iodwasserstoffsäure häufig nicht erhalten lassen, angewandt.

Primäre Alkyliodide werden aus den entsprechenden Chloriden und Bromiden gewonnen. Als Lösungsmittel dient Aceton, in dem zwar Natriumiodid, nicht aber Natriumchlorid und -bromid löslich sind. Das bei der Umsetzung gebildete Natriumchlorid bzw. -bromid fällt aus, wodurch sich das Gleichgewicht zugunsten der Bildung des Alkyliodids verschiebt. Bei secundären und vor allem tertiären Alkylverbindungen versagt diese Reaktion.

---

[1]) Vgl. A.2.3.2.2.

Das Fluoridion kann auf diese Weise ebenfalls eingeführt werden. Da das Fluoridion eine schlechte Abgangsgruppe ist (vgl. D.2.2.1.), verlagert sich das Gleichgewicht [2.102] zugunsten der Bildung des Alkylfluorids. Man setzt hierbei am besten die reaktionsfähigen Alkyliodide oder -tosylate mit Kaliumfluorid in polaren aprotonischen Lösungsmitteln (z. B. Dimethylformamid, Tetramethylensulfon) um. Die Ausbeuten lassen sich zum Teil beträchtlich steigern, wenn man in Acetonitril oder Toluen in Gegenwart eines Kronenethers (vgl. D.2.4.1.) oder unter den Bedingungen der Phasentransferkatalyse arbeitet (vgl. D.2.4.2.). Die Reaktion kann auch in Gegenwart von Lewis-Säuren, AgF, HgF_2, HF/SbF_3 (vgl. auch [2.104]), durchgeführt werden.

Der Austausch des Tosylatrestes gegen Brom (mit Lithiumbromid in Aceton, Natriumbromid in Dimethylsulfoxid oder Calciumbromid in Alkohol) und Iod (mit Kaliumiodid in Aceton) ist für die Darstellung solcher Alkylhalogenide bedeutungsvoll, die im sauren Gebiet zu Umlagerungen neigen (vgl. D.2.5.1.).

Darstellung von *secundären Alkylbromiden* aus den Tosylaten mit Natriumbromid in Dimethylsulfoxid: CASON, J.; CORREIA, J. S., J. Org. Chem. **26** (1961), 3645.

Darstellung von *Alkyl- und Benzyliodiden und Iodessigsäureethylester* aus den Bromiden mit wasserfreiem Natriumiodid in Aceton: FINKELSTEIN, H., Ber. Deut. Chem. Ges. **43** (1910), 1528. Zur Entfernung von Iod kann an Stelle von Quecksilber mit einer verdünnten Natriumthiosulfatlösung oder Natriumhydrogensulfitlösung ausgeschüttelt werden.

Allgemeine Arbeitsvorschrift zur Darstellung von Alkylfluoriden aus Alkyltosylaten (Tab. 2.103)

Achtung! Alkylfluoride sind starke Gifte![1]) Im Abzug arbeiten!

In einer Destillationsapparatur mit einem in die Flüssigkeit eintauchenden Thermometer (Kolben mit zusätzlichem, schrägem Ansatz, vgl. Abb. A.4) werden 1,5 mol fein gepulvertes, trockenes Kaliumfluorid in der acht- bis zehnfachen Masse Diethylenglycol bei etwa 50 °C gelöst. Dann setzt man 1 mol des betreffenden *p*-Toluensulfonsäureesters zu und erhitzt etwa 1 Stunde auf 110 bis 120 °C. Dabei destillieren die niederen Alkylfluoride (bis etwa C_5) zum Teil ab. Der Rest wird danach bei einer Kolbeninnentemperatur von etwa 200 °C überdestilliert, bei den Alkylfluoriden mit Kettenlängen über C_7 legt man zum Schluß schwaches Vakuum an.

Das Destillat wird mit Wasser gewaschen, über Natriumsulfat getrocknet und über eine 20-cm-Vigreux-Kolonne fraktioniert.

Tabelle 2.103

Alkylfluoride aus Alkyltosylaten

Produkt	Kp in °C	n_D^{20}	Ausbeute in %
Butylfluorid	33	1,3398	50
Pentylfluorid	64	1,3600	50
Hexylfluorid	93	1,3750	50
Heptylfluorid	120	1,3872	60
Octylfluorid	142	1,3960	60

In der Technik werden Fluorchlorkohlenwasserstoffe (FCKW) aus Polychloralkanen und wasserfreier Flußsäure in Gegenwart von Lewis-Säuren, vor allem Antimonpentachlorid, hergestellt. Der Katalysator verschiebt die Reaktion in Richtung auf einen S_N1-Typ:

---

[1]) Vgl. hierzu PATTISON, F. L. M.; NORMAN, J. J., J. Am. Chem. Soc. **79** (1959), 2311.

$$R - Cl + SbCl_5 \longrightarrow R^{\oplus} + SbCl_6^{\ominus}$$

$$H-F + R^{\oplus} \longrightarrow R-F + H^{\oplus}$$

[2.104]

Technisch bedeutungsvoll ist Chlordifluormethan, das durch Pyrolyse bei 700 °C zu Tetrafluorethylen umgesetzt wird, aus dem das chemisch inerte Polytetrafluorethylen (Teflon) gewonnen wird.

Die früher als Kältemittel und Treibgase eingesetzten FCKW (CF_2Cl_2, $CFCl_3$, CF_2Cl–$CFCl_2$) tragen zum Abbau der stratosphärischen Ozonschicht bei, deshalb wurden Produktion und Verwendung in Deutschland 1995 eingestellt.

2.6.8. Darstellung von Nitroalkanen[1])

Alkyliodide und -bromide setzen sich mit Metallnitriten zu Gemischen aus Nitroalkanen und Salpetrigsäureestern (Isonitroalkanen) um. Zur Reaktionsweise ambifunktioneller nucleophiler anionischer Reagenzien vgl. C.6., D.2.3. und [2.31].

Aus primären Halogeniden entstehen überwiegend Nitroalkane. Selbst bei Verwendung von Silbernitrit bilden sich keine größeren Mengen Alkylnitrit, sofern man in unpolaren Lösungsmitteln (Ether) arbeitet.

Bei den secundären Iodiden und Bromiden werden mit Silbernitrit in Ether nur noch etwa 15% Nitroverbindung erhalten. Tertiäre Halogenide geben praktisch keine Nitroalkane, sondern Salpetrigsäureester und durch Eliminierung vor allem Olefine.

Bei der Umsetzung primärer und auch secundärer Halogenide mit Natriumnitrit z. B. in Dimethylformamid als Lösungsmittel entstehen auch im Falle der secundären Halogenide überwiegend die Nitroalkane. Die Reaktion mit tertiären Halogeniden führt auch unter diesen Bedingungen hauptsächlich zu Olefinen.

Silbernitrit liefert zwar recht gute Ausbeuten an primären Nitroalkanen (wegen seiner hohen Reaktionsfähigkeit und der Bildung unlöslichen Silberhalogenids), Natriumnitrit ist dagegen viel billiger, so daß etwas niedrigere Ausbeuten in Kauf genommen werden können. Bei der Umsetzung secundärer Alkylhalogenide ist Natriumnitrit in Dimethylformamid vorzuziehen.

Dimethylformamid ist wegen seines relativ guten Lösungsvermögens für beide Reaktionspartner und seiner geringen Fähigkeit, Anionen zu solvatisieren, als Reaktionsmedium gut geeignet.

Allgemeine Arbeitsvorschrift zur Darstellung von Nitroalkanen (Tab. 2.105)

0,3 mol des betreffenden Alkylhalogenids werden rasch zu einer Mischung von 0,5 mol Natriumnitrit und 0,5 mol Harnstoff (zur Erhöhung der Löslichkeit des Nitrits im Dimethylformamid) in 600 ml trockenem Dimethylformamid[2]) gegeben und – je nach Reakvitität des Halogenids – 1 bis 6 Stunden bei Raumtemperatur gerührt. Danach wird in 1,5 l Eiswasser gegossen, mehrmals mit Ether extrahiert, über Calciumchlorid getrocknet und über eine 30-cm-Vigreux-Kolonne rektifiziert. Als Vorlauf läßt sich der tiefer siedende, als Nebenprodukt entstandene Salpetrigsäureester gewinnen.

---

[1]) Zur Darstellung durch direkte Nitrierung aliphatischer Kohlenwasserstoffe vgl. D.1.6.
[2]) Vgl. Reagenzienanhang.

Tabelle 2.105

Nitroalkane und Salpetrigsäureester aus Alkylhalogeniden

Nitroalkan	Ausgangs-verbindung	Zeit in h	Kp in °C	n_D^{20}	Ausb. in %	Alkylnitrit Kp in °C	n_D^{20}	Ausb. in %
2-Nitro-propan	Isopropyl-iodid [1]	4	120	1,3971	26	48[2]		
1-Nitro-hexan	Hexylbromid	4	$82_{2,0(15)}$	1,4235	52	$32_{2,0(15)}$	1,3990	23
	Hexyliodid	1						
1-Nitro-octan	Octylbromid	4	$111_{2,0(15)}$	1,4323	55	$85_{2,0(15)}$	1,4301	27
2-Nitro-octan	1-Methyl-heptyliodid	8	$98_{1,9(14)}$	1,4279	50	$60_{1,9(14)}$	1,4082	28
Phenylnitro-methan	Benzyl-bromid	5[3]	$93_{0,4(3)}$	1,5323	52	$66_{9,4(3)}$	1,5010	25

[1] Das Isopropyliodid muß vorher von Spuren von Iodwasserstoff befreit werden. Hierzu schüttelt man mit eiskalter Sodalösung aus, wäscht mit Eiswasser, trocknet stufenweise mit Magnesiumsulfat und verwendet das undestillierte Produkt.
[2] destilliert mit dem Ether
[3] Bei –20 bis –15 °C arbeiten.

Darstellung *primärer Nitroalkane* durch Umsetzung von Alkylbromiden oder -iodiden mit Silbernitrit in Ether: KORNBLUM, N.; TAUB, B.; UNGNADE, H. E. J., J. Am. Chem. Soc. **76** (1954), 3209; Org. Synth. Coll. Vol. **IV** (1963), 724.

Nitromethan stellt man im Laboratorium am besten durch Reaktion des Natriumsalzes der Chloressigsäure mit Natriumnitrit in wäßriger Lösung dar. (Warum kann man nicht die freie Chloressigsäure einsetzen, sondern muß erst neutralisieren?) Die entstehende Nitroessigsäure decarboxyliert beim Erhitzen. Man formuliere diese Reaktion! Eventuell entstandene Isonitroverbindungen kann nicht gefaßt werden, weil sie in der Reaktionslösung hydrolysiert.

Darstellung von Nitromethan[1]

1,05 mol Chloressigsäure werden in einem großen Becherglas in 200 ml Wasser gelöst, mit Soda neutralisiert und mit einer Lösung von 1 mol Natriumnitrit in 120 ml Wasser versetzt. 100 ml dieser Lösung werden in einer Destillationsapparatur (500-ml-Kolben) auf dem Drahtnetz erhitzt, wobei unter Kohlendioxidentwicklung das gebildete Nitromethan gemeinsam mit Wasser abdestilliert. Durch einen auf dem Thermometerstutzen angebrachten Tropftrichter läßt man den Rest der Reaktionslösung so zur erhitzten Destillationslösung fließen, daß die Reaktion gut unter Kontrolle gehalten werden kann. Sobald in das Destillat keine Öltropfen mehr einfallen, wechselt man die Vorlage und destilliert noch 100 ml Wasser über. Das Nitromethan wird von der ersten Fraktion getrennt; die beiden wäßrigen Lösungen werden vereinigt und mit Kochsalz gesättigt. Danach wird nochmals etwa ¼ von dieser Lösung abdestilliert, wobei ein weiterer Anteil Nitromethan erhalten wird, das man ebenfalls abtrennt. Nach Trocknen mit Calciumchlorid wird erneut destilliert. Kp 101 °C; n_D^{20} 1,3827; Ausbeute etwa 20 bis 24 g (33 bis 39 %).

Mit etwa der gleichen Ausbeute läßt sich Dimethylsulfat mit Natriumnitrit zu *Nitromethan* umsetzen: DECOMBE, M. J., Bull. Soc. Chim. France **1953**, 1038.

Die Überführung von Alkylhalogeniden in Nitroverbindungen kann man zur Unterscheidung primärer, secundärer und tertiärer Alkylhalogenide (bzw. der entsprechenden Alkohole) heranziehen. Die dabei gebildeten primären und secundären Nitroverbindungen ergeben nämlich mit salpetriger Säure leicht unterscheidbare Reaktionsprodukte (vgl. D.8.2.3.), während tertiäre Nitroverbindungen überhaupt nicht erhalten werden (s. oben).

[1] STEINKOPF, W.; KIRCHHOFF, G., Ber. Deut. Chem. Ges. **42** (1909), 3438.

2.6.9.   Darstellung von Alkylcyaniden (Kolbe-Nitrilsynthese)

Bei der Umsetzung von Alkylhalogeniden mit Metallcyaniden sind wie bei der Reaktion mit Nitriten zwei Möglichkeiten für den Angriff am ambidenten Cyanidion gegeben, und es entstehen normalerweise Gemische von Nitrilen und Isocyaniden:

$$R{-}X \; + \; |\overset{\ominus}{C}{\equiv}\overline{N} \diagdown \begin{array}{l} R{-}C{\equiv}\overline{N} \; + \; X^{\ominus} \\ \text{Nitril} \\[2mm] R{-}\overset{\oplus}{N}{\equiv}\overset{\ominus}{C}| \; + \; X^{\ominus} \\ \text{Isocyanid} \end{array} \tag{2.106}$$

Das Verhältnis von Nitril zu Isocyanid hängt vom Reaktionstyp und von den Reaktionsbedingungen ab; zum Reaktionsverhalten ambifunktioneller nucleophiler Reagenzien vgl. C.6. und D.2.3.

Bei aliphatischen primären Alkylhalogeniden und Benzylhalogeniden verläuft die Reaktion mit Alkylcyaniden auch in protonischen Lösungsmitteln (z. B. Alkohol, Alkohol/Wasser-Gemischen) weitgehend zum Nitril, und die unerwünschten Isocyanide, die sich durch ihren äußerst unangenehmen charakteristischen Geruch erkennen lassen, werden nur in untergeordnetem Maße gebildet. Bei substituierten Benzylhalogeniden, z. B. solchem mit +I- und +M-Substituenten (Alkyl- und Alkoxygruppen; vgl. D.2.2.1.), ist es ratsam, in einem protonen-freien Lösungsmittel zu arbeiten. Dadurch wird außerdem die bei diesen reaktionsfähigen Halogeniden mögliche Solvolyse zu Benzylalkoholen oder Benzylalkylethern verhindert.

Secundäre Bromide oder Chloride lassen sich nur mit schlechten Ausbeuten umsetzen, während tertiäre Halogenide nicht mehr in der gewünschten Weise reagieren.

Halogenalkohole, Halogenether und Halogencarbonsäuren (nach Neutralisation der Carboxylgruppe) reagieren glatt. An Stelle der Alkylhalogenide lassen sich häufig die entsprechenden Sulfate oder Sulfonate verwenden.

Silbercyanid liefert in Ether in erwarteter Weise hauptsächlich Isocyanide.

Allgemeine Arbeitsvorschrift zur Darstellung von Nitrilen (Tab. 2.107)

Achtung! Alkalicyanide sind giftig! Besonders gefährlich ist die beim Ansäuern frei werdende Blausäure. Ein gutziehender Abzug ist unbedingt erforderlich. Größte Vorsicht beim Vernichten der Rückstände! Siehe auch Reagenzienanhang. Halogenmethylaromaten sind stark haut- und schleimhautreizend. Schutzhandschuhe tragen!

Variante A: Umsetzung reaktionsfähiger Halogenide

In einem mit Rückflußkühler versehenen 2-l-Zweihalbskolben wird 1 mol des betreffenden Halogenids mit 1,5 mol fein gepulvertem und bei 105 °C getrocknetem Natriumcyanid, 0,05 mol Natriumiodid und 500 ml trockenem Aceton unter Feuchtigkeitsausschluß 20 Stunden unter Rückfluß erhitzt. Dann kühlt man ab und saugt vom Salz ab, das mit 200 ml Aceton gewaschen wird. Der Filterrückstand wird unter Beachtung der notwendigen Vorsichtsmaß-regeln[1] vernichtet (enthält noch Natriumcyanid). Von den vereinigten Filtraten destilliert man das Aceton ab und fraktioniert den Rückstand im Vakuum.

Bei Halbmikroansätzen wird im Rundkölbchen ohne Rührer gearbeitet.

Variante B: Umsetzung reaktionsträger Halogenide

Variante B.1. Man arbeitet unter Verwendung von 90%igem Alkohol statt Aceton nach Variante A. Beim Abdestillieren des Lösungsmittels fällt häufig etwas Salz aus, das vor der Destillation des Produkts abgetrennt wird.

---

[1] Vgl. Reagenzienanhang.

Variante B.2. In einem 1-l-Dreihalskolben mit Rührer, Rückflußkühler und Innenthermometer werden 250 ml Triethylenglycol, 1,25 mol gut gepulvertes, trockenes Natriumcyanid und 1 mol Alkylbromid oder Alkylchlorid unter gutem Rühren vorsichtig erhitzt. Der Beginn der stark exothermen Reaktion ist bei den niederen Alkylhalogeniden daran zu erkennen, daß die Lösung aufsiedet. Man steigert die Temperatur langsam auf 140 °C, bei der Umsetzung von Benzylhalogeniden nur auf 100 °C, und rührt bei dieser Temperatur noch 30 Minuten.

Die Aufarbeitung richtet sich nach dem Siedepunkt des gebildeten Nitrils und seiner Löslichkeit in Wasser:

2.1. Die niederen, leicht wasserlöslichen und leicht flüchtigen Nitrile (Alkylkette kleiner als C_5) werden direkt aus der Reaktionsmischung, evtl. im schwachen Vakuum, abdestilliert, mit gesättigter Kochsalzlösung gewaschen, über Calciumchlorid getrocknet und über eine 30-cm-Vigreux-Kolonne redestilliert.

2.2. Bei höheren Nitrilen gießt man die Reaktionsmischung in Wasser (etwa 1 l) und extrahiert viermal mit je 150 ml Chloroform. Anhaftendes Isocyanid kann aus den vereinigten Chloroformextrakten entfernt werden, indem man etwa 5 Minuten mit 100 ml 5%iger Schwefelsäure schüttelt, mit verdünnter Natriumhydrogencarbonatlösung entsäuert, anschließend nochmals mit Wasser wäscht und über Calciumchlorid trocknet; das Nitril wird durch Destillation gereinigt.

Bei Halbmikroansätzen arbeitet man ohne Rührer und Innenthermometer und kontrolliert die Temperatur im Heizbad.

Tabelle 2.107

Nitrile aus Alkylhalogeniden

Produkt	Ausgangsverbindung	Variante	Kp (bzw. F) in °C	n_D^{25}	Ausbeute in %
Benzylcyanid	Benzylchlorid	A	$109_{1,7(13)}$	1,5211	80
4-Methoxy-benzyl-cyanid	4-Methoxy-benzylchlorid	A	$94_{0,03(0,3)}$	1,5288	80
3,4-Dimethoxy-benzyl-cyanid	3,4-Dimethoxy-benzyl-chlorid	A	$150_{0,2(1,5)}$ F 68 (EtOH)		80
2,5-Dimethoxy-benzyl-cyanid	2,5-Dimethoxy-benzyl-chlorid	A	$162_{1,6(12)}$ F 55 (EtOH)		70
2,4-Dimethyl-benzyl-cyanid	2,4-Dimethyl-benzyl-chlorid	A	$138_{1,5(11)}$		70
2,5-Dimethyl-benzyl-cyanid	2,5-Dimethyl-benzyl-chlorid	A	$102_{0,1(1)}$ F 28 (EtOH)		70
2,4,6-Trimethyl-benzylcyanid	2,4,6-Trimethyl-benzyl-chlorid	A	$163_{2,9(22)}$ F 80 (Petrol-ether)		90
2-Chlor-benzylcyanid	2-Chlor-benzylchlorid	B.2.2	$120_{1,5(11)}$		80
	2-Chlor-benzylbromid	B.2.2	F 24		80
3-Chlor-benzylcyanid	3-Chlor-benzylbromid	B.2.2	$136_{2,1(16)}$		80
4-Chlor-benzylcyanid	4-Chlor-benzylchlorid	B.2.2	$139_{1,6(12)}$		80
	4-Chlor-benzylbromid		F 32		
2-Brom-benzylcyanid	2-Brom-benzylbromid	B.2.2	$146_{1,7(13)}$		80
3-Brom-benzylcyanid	3-Brom-benzylbromid	B.2.2	$147_{1,3(10)}$		80
4-Brom-benzylcyanid	4-Brom-benzylbromid	B.2.2	$156_{1,6(12)}$		80
Naphth-1-yl-acetonitril	1-Chlormethyl-naphthalen	A	$176_{1,5(11)}$	1,6173	80
Acetonitril	Dimethylsulfat[1]	B.2.1	81	1,3418	75
Propiononitril	Diethylsulfat[1]	B.2.1	97	1,3656	90
Butyronitril	Propylbromid	B.2.1	118	1,3815	60

Tabelle 2.107 (Fortsetzung)

Produkt	Ausgangsverbindung	Variante	Kp (bzw. F) in °C	n_D^{25}	Ausbeute in %
Valeronitril	Butylbromid Butylchlorid	B.2.1	139	1,3939	80
Hexannitril	Pentylbromid Pentylchlorid	B.2.2 B.1	$80_{6,6(50)}$	1,4050	80
Heptannitril	Hexylbromid Hexylchlorid	B.2.2 B.1	$96_{6,6(50)}$	1,4125	80
Nonannitril	Octylbromid	B.2.2	$98_{1,3(10)}$	1,4235	75
Undecannitril	Decylbromid	B.2.2	$131_{1,6(12)}$	1,4312	80
Dodecannitril	Undecylbromid	B.2.2	$142_{1,6(12)}$	1,4341	90
Tridecannitril	Dodecylbromid Dodecylchlorid	B.2.2 B.1	$160_{2,4(18)}$	1,4389	80
Tetradecannitril	Tridecylbromid	B.2.2	$167_{1,3(10)}$ F 19	1,4392	85
Succinonitril	1,2-Dibrom-ethan	B.1	$114_{0,3(2)}$ F 53		50
Glutaronitril	1,3-Dibrom-propan, 1,3-Dichlor-propan	B.1	$101_{0,2(1,5)}$	1,4339	60
Adiponitril	1,4-Dibrom-butan, 1,4-Dichlor-butan	B.1	$115_{0,1(1)}$	1,4369	60

[1]) Das Sulfat wird wegen seiner höheren Siedetemperatur eingesetzt. Unter den Reaktionsbedingungen treten beide Alkylgruppen in Reaktion. Das Endprodukt wird nicht mit Kochsalzlösung gewaschen.

Aliphatische Nitrile lassen sich mit ausgezeichneten Ausbeuten auch in Dimethylsulfoxid als Lösungsmittel darstellen: SMILEY, R. A.; ARNOLD, C., J. Org. Chem. **25** (1960), 257; FRIEDMAN, L.; SHECHTER, H., J. Org. Chem. **25** (1960), 877 (Arbeiten mit zahlreichen Beispielen).

Nitrile sind präparativ sehr wertvolle Verbindungen, da sie leicht zugänglich und zu vielfältigen Reaktionen befähigt sind. So lassen sie sich durch Hydrolyse in Carbonsäureamide und weiter in Carbonsäuren (vgl. D.7.1.5.) und durch Reduktion in Alkylamine (vgl. D.7.1.7. und D.7.3.1.1.) überführen:

$$R-C\equiv N + H_2O \longrightarrow R-\overset{O}{\underset{NH_2}{C}} \xrightarrow{+ H_2O} NH_3 + R-\overset{O}{\underset{OH}{C}} \qquad [2.108]$$

$$R-C\equiv N + 2\,H_2 \longrightarrow R-CH_2-NH_2 \qquad [2.109]$$

Die Umsetzung von Alkylcyaniden mit Halogenverbindungen wird aus diesen Gründen auch technisch durchgeführt, z. B.:

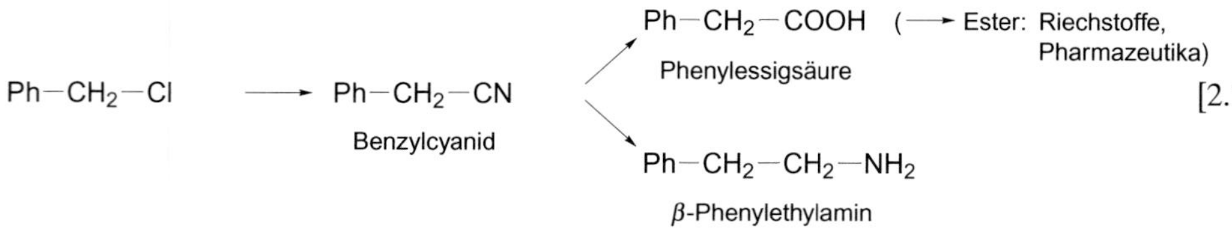

$$Ph-CH_2-Cl \longrightarrow Ph-CH_2-CN \Big\langle \begin{matrix} Ph-CH_2-COOH \quad (\longrightarrow \text{Ester: Riechstoffe,} \\ \text{Phenylessigsäure} \qquad\qquad \text{Pharmazeutika}) \\ \\ Ph-CH_2-CH_2-NH_2 \end{matrix}$$

Benzylcyanid

β-Phenylethylamin

[2.110]

$$Cl-CH_2-COOH \longrightarrow NC-CH_2-COOH \longrightarrow HOOC-CH_2-COOH \quad (\longrightarrow \text{Pharmazeutika})$$

| | Cyanessigsäure | Malonsäure | | [2.111] |

$$i\text{-Bu}-\bigcirc-CH_2-Cl \longrightarrow i\text{-Bu}-\bigcirc-CH_2-CN \xrightarrow{\text{NaH, CH}_3\text{I}}$$

4-Isobutyl-benzylcyanid

[2.112]

$$i\text{-Bu}-\bigcirc-\underset{\underset{CH_3}{|}}{CH}-CN \longrightarrow i\text{-Bu}-\bigcirc-\underset{\underset{CH_3}{|}}{CH}-COOH$$

Ibuprofen
(Antiphlogistikum, Antirheumatikum)

2.7. Nucleophile Substitution an substituierten Silanen

Gewisse Organosiliciumverbindungen sind in der Lage, wie die analogen Kohlenstoffverbindungen zu reagieren. So können Silane mit geeigneter Abgangsgruppe am Silicium nucleophil substituiert werden. Chlortrimethylsilan reagiert mit Aminen, Amiden, Alkoholen und anderen Nucleophilen zu Trimethylsilylaminen, -amiden, Trimethylalkoxysilanen und anderen trimethylsilylierten Verbindungen, z. B.:

$$\underset{\underset{H_3C}{\overset{H_3C}{|}}}{H_3C-Si-Cl} + 2\,HNR_2 \longrightarrow \underset{\underset{H_3C}{\overset{H_3C}{|}}}{H_3C-Si-NR_2} + R_2\overset{\oplus}{N}H_2Cl^{\ominus} \qquad [2.113]$$

Es handelt sich dabei um eine S_N2-Si-Reaktion. Aus den Reaktanden gebildete Additionsverbindungen mit fünfbindigem Silicium, an denen sich das Si-Atom mit den d-Elektronen beteiligt, werden als Zwischenprodukte nur in speziellen Fällen diskutiert.

Viele Trimethylsilylverbindungen werden nicht direkt mit Chlortrimethylsilan hergestellt, sondern vorteilhafter durch Austausch mit einem zunächst synthetisierten silylierten secundärem Amin oder Amid, z. B.:

$$Me_3Si-NEt_2 + H_2N-R \xrightarrow[-HNEt_2]{} Me_3Si-NH-R \qquad [2.114]$$

Die Reaktion kann durch Säure, mitunter auch bereits mit Ammoniumsulfat katalysiert werden.

Allgemeine Arbeitsvorschrift für die Trimethylsilylierung von Amino- und Hydroxyverbindungen (Tab. 2.115)

Achtung! Alle Agenzien und verwendeten Geräte müssen wasserfrei sein! Im Abzug und mit Schutzhandschuhen arbeiten!

In einem 250-ml-Dreihalskolben mit Rührer, Tropftrichter und Rückflußkühler, der mit einem CaCl$_2$-Rohr versehen ist, legt man 100 ml trockenen Ether, 0,2 mol der Ausgangsverbindung und 0,2 mol Triethylamin, für Hydroxyverbindungen 0,2 mol Pyridin vor. Für die Umsetzung von Amiden verwendet man 100 ml Toluen als Lösungsmittel. Innerhalb 20 bis 30 Minuten wird eine Lösung von 0,2 mol frisch destilliertem Chlortrimethylsilan in 50 ml des verwendeten Lösungsmittels zugetropft. Anschließend erhitzt man bei Aminoverbindungen 2 Stunden im Wasserbad unter Rückfluß. Alle Ansätze bleiben gut verschlossen ca. 12 Stunden stehen. Dann wird abgesaugt, der Rückstand mit 30 ml Lösungsmittel gewaschen, das Lösungsmittel im Vakuum abdestilliert und der Rückstand fraktioniert.

Tabelle 2.115

Trimethylsilylierung von Amino- und Hydroxyverbindungen

Produkt	Ausgangsverbindung	*Kp* in °C	n_D^{20}	Ausbeute in %
N-Trimethylsilyl-diethylamin	Diethylamin[1])	126 $40_{2,7(20)}$	1,4112	75
N-Trimethylsilyl-piperidin	Piperidin	161 $66_{3,3(25)}$	1,4423	60
N-Trimethylsilyl-acetamid[2])	Acetamid	$84_{1,7(13)}$ $78_{1,1(8)}$	1,4179	65
N-Methyl-*N*-trimethylsilyl-formamid	*N*-Methyl-formamid	$64_{1,6(12)}$	1,4408	70
Butoxytrimethylsilan	Butanol	123…124	1,3930	50
Cyclohexyloxytrimethylsilan	Cyclohexanol	169…170 $53_{1,3(10)}$	1,4315	65
(*p*-Brom-phenoxy)trimethylsilan	*p*-Brom-phenol	$113_{1,9(14)}$	1,5145	55

[1]) 0,4 mol vorlegen; der Triethylaminzusatz unterbleibt.
[2]) F 29…33 °C; falls das Produkt im Kühler erstarrt, wird das Kühlwasser abgestellt und der Wassermantel evtl. erwärmt.

Chlortrimethylsilan ist ein Hilfsmittel in der organischen Synthese. Der Trimethylsilylrest dient als leicht hydrolysierbare Schutzgruppe für die Carboxylgruppe, z. B. bei speziellen Peptidsynthesen (s. z. B. [7.54]). Silylenolether sind wichtige Zwischenprodukte für Substitutionen von Carbonylverbindungen in β-Stellung (vgl. D.7.4.2.). Der Trimethylsilylrest kann gezielt durch Elektrophile ersetzt werden, z. B. bei der Reaktion mit Alkylhalogeniden. In der Analytik werden Gemische von amino- oder hydroxylgruppenhaltigen Verbindungen, die selbst nur unter Zersetzung flüchtig sind, trimethylsilyliert und anschließend gaschromatographisch getrennt. Chlortrimethylsilan dient aber auch zur Maskierung bekannter nucleophiler Agenzien:

$$\text{Me}_3\text{Si}-\text{CN} \xleftarrow[-\text{KCl}]{\text{KCN}} \text{Me}_3\text{Si}-\text{Cl} \xrightarrow[-\text{NaCl}]{\text{NaN}_3} \text{Me}_3\text{Si}-\underset{}{\overset{\oplus}{\text{N}}}=\overset{\ominus}{\text{N}}=\text{N}| \qquad [2.116]$$

Trimethylsilylcanid ist für einige Reaktionen besser geeignet als Blausäure selbst (vgl. [7.150]). Trimethylsilylazid benutzt man vorteilhaft an Stelle der explosiven Stickstoffwasserstoffsäure.

Trimethylsilylazid: BIRKHOFER, L.; WEGENER, P., Org. Synth. **50** (1970), 107.

Chlortrimethylsilan wird technisch aus Methylchlorid und Silicium (Müller-Rochow-Synthese) hergestellt. Es hydrolysiert leicht zum Trimethylsilanol, das rasch intermolekular zum Hexamethyldisiloxan kondensiert. Diese Eigenschaft der Chlorsilane nützt man aus bei der technischen Herstellung der Silicone. Dabei werden Dialkyl- oder Diaryldichlorsilane zu disubstituierten Silandiolen hydrolysiert, die unter Polykondensation weiterreagieren.

Silicone sind makromolekulare Polysiloxane und als Siliconöle, -harze und -kautschuk im Handel.

Persilylierung von Cellulose mit Trimethylsilylchlorid ergibt ein in Kohlenwasserstoffen lösliches Cellulosederivat, wodurch für dieses Biopolymer neue Anwendungsmöglichkeiten erschlossen werden.

Über die Fluorid-induzierte Spaltung von speziellen, cyclische Peroxide enthaltenden Silylethern, die zu Chemilumineszenz führt, und über die Bedeutung dieser Reaktion in der medizinisch-biochemischen Analytik vgl. : ALBRECHT, S.; BRANDL, H.; ADAM, W., Chem. unserer Zeit **24** (1990), 227–238

2.8.   Literaturhinweise

Zum Mechanismus der nucleophilen Substitution am gesättigten Kohlenstoffatom

BENTLEY, T. W.; SCHLEYER, P. v. R., Adv. Phys. Org. Chem. **14** (1977), 1.
BUNTON, C. A.: Nucleophilic Substitution at a Saturated Carbon Atom. – Elsevier, Amsterdam, London, New York 1963.
GOMPPER, R., Angew. Chem. **76** (1964), 412–423.
HARRIS, J. M., Progr. Phys. Org. Chem. **11** (1974), 89–173.
HARTSHORN, S. R.: Aliphatic Nucleophilic Substitution . – Cambridge University Press, Cambridge 1973.
DE LA MARE, P. B. D.; SWEDLUND, B. E., in: The Chemistry of the Carbon-Halogen Bond. Hrsg.: S. PATAI. – John Wiley & Sons, London, New York, Sydney, Toronto 1973, S. 407–490.
PARKER, A. K., Quart. Rev. **16** (1962), 163–187; Adv. Org. Chem. **5** (1965), 1; Adv. Phys. Org. Chem. **5** (1967), 173.
RUBAKOV, E. S.; KOZHEVNIKOV, I. V.; SAMASHIKOV, V. V., Usp. Khim. **43** (1974), 707–726.
STREITWIESER jun., A.: Solvolytic displacement reactions. – McGraw Hill Book Comp., New York 1962; Chem. Rev. **56** (1956), 571–752.
THORNTON, E. R.: Solvolysis Mechanism. – Ronald Press Comp., New York 1964.

Nucleophile Substitution über Radikalanionen

BELECKAJA, I. P.; DROZD, V. N., Usp. Khim. **48** (1979), 793–828.
CHANON, N.; TOBE, M. L., Angew. Chem. **94** (1982), 27.
KORNBLUM, N., Angew. Chem. **87** (1975), 797–808.

Nucleophile Substitutionen unter Phasentransferkatalyse

DEHMLOW, E. V., Angew. Chem. **89** (1977), 521; **86** (1974), 187.
DEHMLOW, E.V.; DEHMLOW, S. S.: Phase Transfer Catalysis. – Verlag Chemie Weinheim/Bergstr., Deerfield Beech/Florida, Basel 1980.
STARKS, C. M.; LIOTTA, C.: Phase Transfer Catalysis. – Academic Press, New York 1978.
WEBER, W. P.; GOKEL, G. W.: Phase Transfer Catalysis in Organic Syntheses. – Springer Verlag, Berlin, Heidelberg, New York 1977.

Darstellung von Alkylhalogeniden aus Alkoholen

ROEDIG, A., in: HOUBEN-WEYL. Bd. 5/4 (1960), S. 361–411, 610–628.
STROH, R. in: HOUBEN-WEYL. Bd. 5/3 (1962), S. 830–838, 862–870.

Mitsunobu-Reaktion

MITSUNOBU, O., Synthesis **1981**, 1–28.
HUGHES, D. L., Org. React. **42** (1992), 335–656.

Hydrolyse von geminalen Dihalogeniden zu Aldehyden

BAYER, O., in: HOUBEN-WEYL. Bd. 7/1 (1954), S. 211–220.

Darstellung von Ethern

MEERWEIN, H., in: HOUBEN-WEYL. Bd. 6/3 (1965), S. 10–40.

Etherspaltung

BHATT, M. V.; KULKARNI, S. U., Synthesis **1983**, 249–282.
BURWELL JR., R. L., Chem. Rev. **54** (1954), 615–685.
MEERWEIN, H., in: HOUBEN-WEYL. Bd. 6/3 (1965), S. 143–171.
ROTH, H.; MEERWEIN, H., in: HOUBEN-WEYL. Bd. 2 (195), S.423–426.

Darstellung von Thiolen, Thioethern und Thiocyanaten

FIELD, L., Synthesis **1972**, 101–133: **1978**, 713–740.
GUNDERMANN, K.-D.; HÜMKE, K.. in: HOUBEN-WEYL. Bd. E 11/1 (1985), S. 32–63; 158–187.
SCHÖBERL, A.; WAGNER, A., in: HOUBEN-WEYL. Bd. 9 (1955), S. 7–19; 97–113.

BÖGEMANN, M.; PETERSEN, S.; SCHULTZ, O.-E.; SÖLL, H., in: HOUBEN-WEYL. Bd. 9 (1955), 856–867
HARTMANN, A., in: HOUBEN-WEYL. Bd. E 4 (1983), S. 834–883; 940–970.

Darstellung von Carbonsäureestern durch Alkylierung von Carbonsäuresalzen

HENECKA, H., in: HOUBEN-WEYL. Bd. 8 (1952), S. 514–543.
PIELARTZIK, H.; IRMISCH-PIELARTZIK, B.; EICHER, T., in: HOUBEN-WEYL.Bd. E 5/1 (1985), S. 684–690.

Finkelstein-Reaktion

MILLER, J. A.; NUNN, M. J., J. Chem. Soc., Perkin Trans. I **1976**, 416.
ROEDIG, A., in: HOUBEN-WEYL. Bd. 5/4 (1960), S. 595–605.

Darstellung von Fluoriden

BOCKEMÜLLER, W., in: Neuere Methoden, Bd. 1 (1944), S. 217–236.
FORCHE, W. E., in: HOUBEN-WEYL. Bd. 5/3 (1962), S. 1–397.
HENNE, A. L.: Org. React. **2** (1949), 49–93.

Darstellung aliphatischer Nitroverbindungen

KORNBLUM, N.: Org. React. **12** (1962), 101–156.
PADEKEN, H. G., u. a., in: HOUBEN-WEYL. Bd. 10/1 (1971), S. 46–60.

Darstellung von Nitrilen aus Alkylhalogeniden, -sulfaten u. a.

GUNDERMANN, C., in: HOUBEN-WEYL. Bd. E 5/2 (1985), S. 1447–1485.
KURTZ, P., in: HOUBEN-WEYL. Bd. 8 (1952), S. 290–311.
MOWRY, D. T., Chem. Rev. **42** (1948). 189–284.

Darstellung von Aminen aus Halogenverbindungen

GIBSON, M. S.; BRADSHAW, R. W., Angew. Chem. **80** (1968), 986.
SPIELBERGER, G., in: HOUBEN-WEYL. Bd. 11/1 (1975), S. 24–108.

Darstellung quartärer Ammoniumverbindungen

GOERDELER, J., in: HOUBEN-WEYL. Bd. 11/2 (1958), S. 591–630.

Darstellung quartärer Phosphoniumverbindungen

JÖSDEN, K., in: HOUBEN-WEYL. Bd. E 1 (1982), S. 491–572.
SASSE, K., in: HOUBEN-WEYL. Bd. 12/1 (1963), S. 79–104.

Michaelis-Arbuzov-Reaktion

BHATTACHARVA, A. K.; THYAGARAJAN, G., Chem. Rev. **81** (1981), 415–430.
HEYDT, H.; REGITZ, M., in: HOUBEN-WEYL. Bd. E 2 (1982), S. 19–23; 198–204; 366–377.
SASSE, K., in: HOUBEN-WEYL. Bd. 12/1 (1963), S. 150–152; 251–257; 433–446.

Nucleophile Substitutionen an Halogentrialkylsilanen

BURKHOFER, L.; STUHL, O., in: Topics in Current Chemistry. Bd. 88. Springer-Verlag, Berlin, Heidelberg,
    New York 1980. S. 33–88.
KLEBE, J. F., in: Advances in Organic Chemistry. Bd. 8. Wiley-Interscience, New York, London 1972. S. 97–
    178.

D.3   Eliminierung unter Bildung von C–C-Mehrfachbindungen

Bei Eliminierungsreaktionen werden zwei Atome oder Atomgruppen (z. B. Y und X) aus einem Molekül abgespalten. Die Stellung dieser beiden Gruppen zueinander bestimmt die Struktur des Endproduktes und kann zur Klassifizierung der Eliminierungsreaktion dienen. Die wichtigsten Fälle sind:

a) *α,β- (bzw. 1,2-)Eliminierungen,*
   die unter Bildung von Mehrfachbindungen verlaufen:

$$Y-\overset{|}{\underset{|}{C}}-\overset{|}{\underset{|}{C}}-X \longrightarrow \overset{\diagdown}{}C=C\overset{\diagup}{} \qquad\qquad\qquad [3.1]$$

b) *α,α- (bzw. 1,1-)Eliminierungen,*
   die zu Systemen mit Elektronensextett, z. B. zu Carbenen, führen:

$$Y-\overset{|}{\underset{|}{C}}-X \longrightarrow |C\overset{\diagup}{\underset{\diagdown}{}} \qquad\qquad\qquad [3.2]$$

Eliminierungen können nach ionischen, radikalischen oder pericyclischen Reaktionsmechanismen verlaufen.

3.1. Ionische *α,β*-Eliminierungen

Die wichtigsten ionischen α,β-Eliminierungsreaktionen findet man in Tabelle 3.3.

Tabelle 3.3
Wichtige ionische Eliminierungsreaktionen

$H-\overset{|}{\underset{|}{C}}-\overset{|}{\underset{|}{C}}-OH \longrightarrow \,\diagdown C=C\diagup + H-OH$		Dehydratisierung (α,β-Hydro-hydroxyeliminierung[1])
$H-\overset{|}{\underset{|}{C}}-\overset{|}{\underset{|}{C}}-OR \longrightarrow \,\diagdown C=C\diagup + H-OR$		α,β-Hydro-alkoxyeliminierung[1]
$H-\overset{|}{\underset{|}{C}}-\overset{|}{\underset{|}{C}}-Hal \longrightarrow \,\diagdown C=C\diagup + H-Hal$		α,β-Dehydrohalogenierung (α,β-Hydro-haloeliminierung[1])
$\underset{H}{\overset{\diagdown}{}}C=C\underset{Hal}{\overset{\diagup}{}} \longrightarrow -C\equiv C- + H-Hal$		
$H-\overset{|}{\underset{|}{C}}-C\overset{\overset{O}{\diagup}}{\underset{Cl}{\diagdown}} \longrightarrow \,\diagdown C=C=O + H-Cl$		Ketensynthese
$H-\overset{|}{\underset{|}{C}}-\overset{\overset{\oplus}{|}}{\underset{\underset{OH^{\ominus}}{|}}{C}}-NR_3 \longrightarrow \,\diagdown C=C\diagup + H-\overset{\oplus}{N}R_3 \; OH^{\ominus}$ $\qquad\qquad \hat{=} NR_3 + H_2O$		Hofmann-Abbau quaternärer Ammoniumsalze (α,β-Hydro-trialkylamino-eliminierung[1])

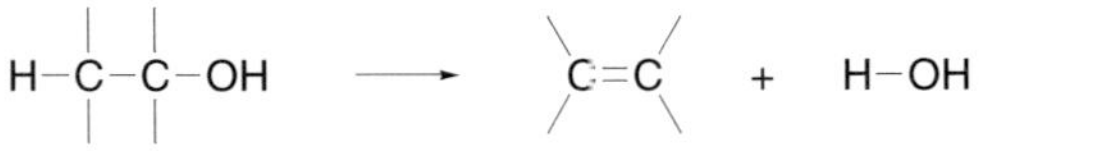

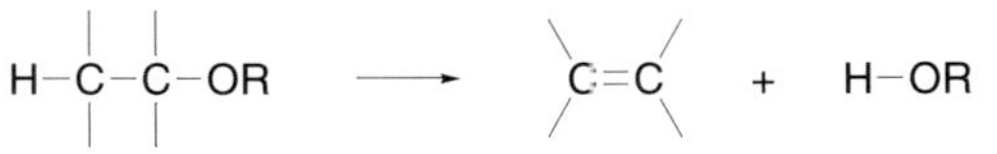

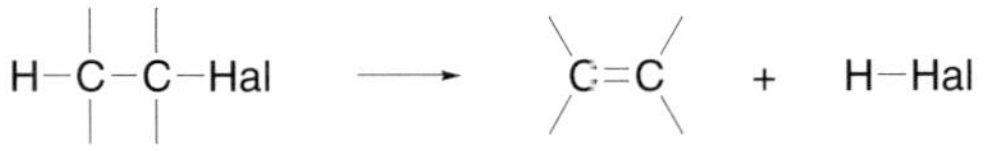

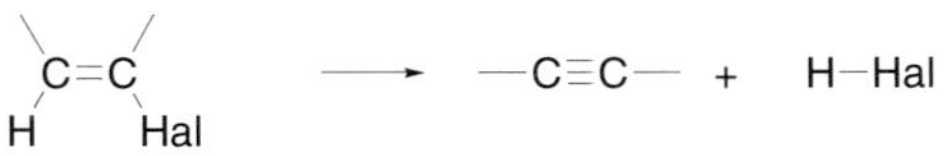

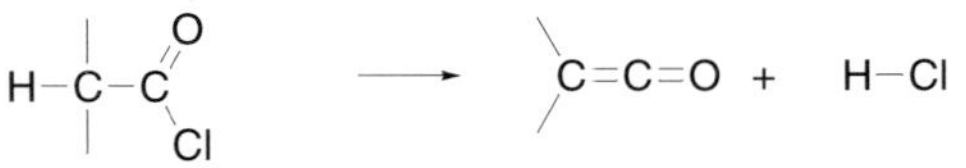

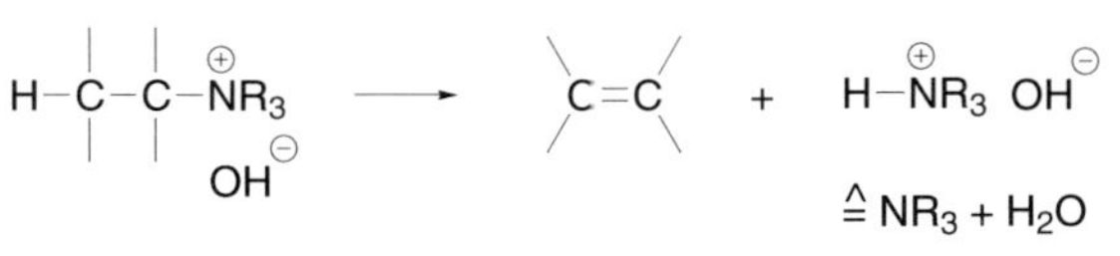

---

[1] IUPAC-Nomenklatur

Durch α,β-Eliminierung sind außer Olefinen und Acetylenen auch heteroanaloge ungesättigte Verbindungen (z. B. >C=N–, –C≡N) präparativ zugänglich.

3.1.1.   Substitution und Eliminierung als Konkurrenzreaktionen. Mechanismus ionischer Eliminierungen

Nucleophile Substitutionen (D.2.) und ionische Eliminierungen sind Umsetzungen, die nach verwandten Mechanismen ablaufen. In beiden Fällen handelt es sich um die Reaktion einer Lewis-Base B| mit einem Substrat RX, wobei X nucleofug aus RX verdrängt wird. Im Falle der nucleophilen Substitution reagiert B| als Nucleophil und verbindet sich mit R zu R–B [2.5], im Falle der Eliminierung reagiert es jedoch als Base und spaltet ein Proton vom β-C-Atom des Restes R ab, wobei ein Olefin entsteht:

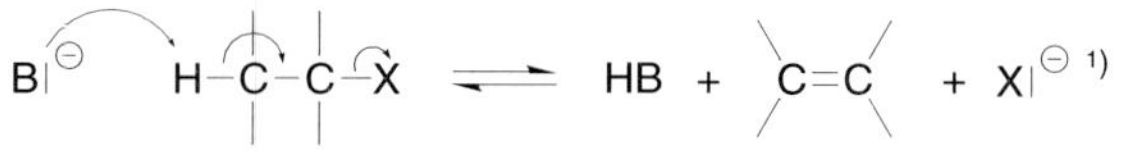

$$B|^{\ominus} \quad H-C-C-X \;\rightleftharpoons\; HB \;+\; C=C \;+\; X|^{\ominus \;1)} \tag{3.4}$$

Außer dem Proton kann aus geeigneten Substraten auch ein anderes, positiv geladenes Molekülfragment abgespalten werden, z. B.:

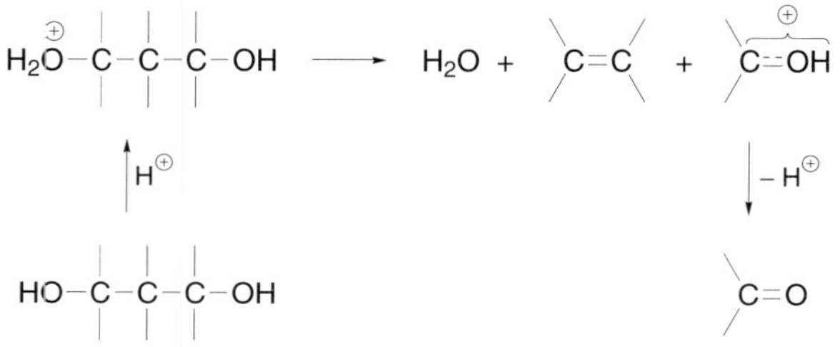

$$H_2O-C-C-C-OH \;\longrightarrow\; H_2O \;+\; C=C \;+\; C=OH^{\oplus}$$

$$\uparrow H^{\oplus} \qquad\qquad\qquad \downarrow -H^{\oplus} \tag{3.5}$$

$$HO-C-C-C-OH \qquad\qquad\qquad C=O$$

Reaktionen dieses Typs werden als *Fragmentierungen* bezeichnet.[2]) Die Eliminierung kann formal als Spezialfall einer Fragmentierung aufgefaßt werden.

Bei ionischen α,β-Eliminierungen lassen sich je nach dem Verhältnis der Geschwindigkeiten der Spaltung der C–X-Bindung und der Spaltung der C–H-Bindung folgende Grenzfälle unterscheiden:

Monomolekulare Eliminierung E1

Die Spaltung der C–X-Bindung geht der C–H-Bindungsspaltung voraus. Es entsteht zunächst wie bei der S_N1-Reaktion ein Carbeniumion, aus dem in einem zweiten Reaktionsschritt das $H^{\oplus}$-Ion abgespalten und das Olefin gebildet wird:

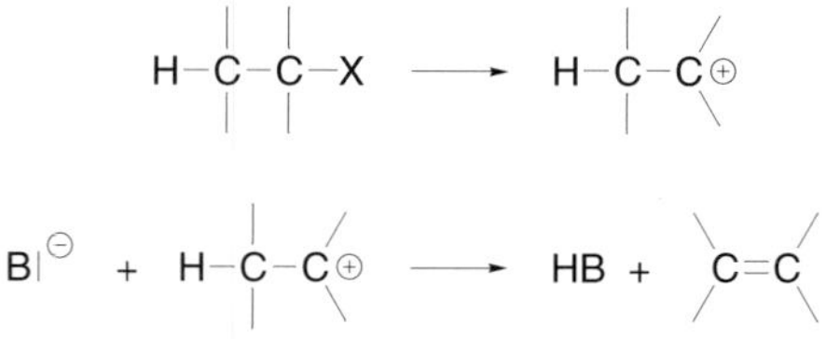

$$H-C-C-X \;\longrightarrow\; H-C-C^{\oplus}$$

$$B|^{\ominus} \;+\; H-C-C^{\oplus} \;\longrightarrow\; HB \;+\; C=C \tag{3.6}$$

---

[1]) Sowohl das basische Agens als auch die Abgangsgruppe können auch nicht geladene Verbindungen sein.
[2]) Vgl. Grob, C. A.; Schiess, P. W., Angew. Chem. **79** (1967), 1; Grob, C. A., Angew. Chem. **81** (1969), 543.

Geschwindigkeitsbestimmend ist der erste Schritt; in das Zeitgesetz einer E1-Reaktion geht daher nur die Konzentration des Substrates RX ein, die Konzentration der Base B hat keinen Einfluß auf die Reaktionsgeschwindigkeit.

Für Verbindungen, die am β-Kohlenstoff deuteriert sind, wird ein secundärer Isotopeneffekt k_H/k_D von 1,1 bis 1,2 gefunden. Elektronendonorsubstituenten am α-Kohlenstoffatom erhöhen erwartungsgemäß die Eliminierungsgeschwindigkeit. Für entsprechende Substrate wird eine negative Reaktionskonstante in der Hammett-Beziehung gefunden (vgl. C.5.2.).

Bimolekulare Eliminierung E2

Die Umgruppierung der Bindungen verläuft konzertiert in einem Reaktionsschritt über einen Übergangszustand, an dem Substrat und Reagens beteiligt sind:

$$B^{\ominus} + H{-}\overset{|}{\underset{|}{C}}{-}\overset{|}{\underset{|}{C}}{-}X \longrightarrow \left[\overset{\delta^-}{B}{\cdots}H{\cdots}\overset{|}{\underset{|}{C}}{\cdots}\overset{|}{\underset{|}{C}}{\cdots}\overset{\delta^-}{X} \right]^{\ddagger} \longrightarrow HB + \overset{\diagdown}{\underset{\diagup}{C}}{=}\overset{\diagup}{\underset{\diagdown}{C}} + X^{\ominus} \qquad [3.7]$$

Substrat *und* basisches Reagens gehen in das Geschwindigkeitsgesetz ein. Bei am β-C-Atom deuterierten Verbindungen wird ein großer primärer Isotopeneffekt ($k_H/k_D = 3...7$) gefunden. Die Hammettsche Reaktionskonstante für Eliminierungen entsprechender Substrate ist positiv und liegt zwischen 2 und 3.

Monomolekulare Eliminierung E1cB

Die Spaltung der C–H-Bindung geht der der C–X-Bindung voraus. Im ersten Reaktionsschritt entsteht zunächst ein Carbanion, die konjugierte Base („cB") des Substrates, aus der X in einem zweiten monomolekularen Schritt abgespalten wird:

$$B^{\ominus} + H{-}\overset{|}{\underset{|}{C}}{-}\overset{|}{\underset{|}{C}}{-}X \rightleftharpoons HB + \overset{\ominus|}{\underset{\diagup}{C}}{-}\overset{|}{\underset{|}{C}}{-}X$$

$$[3.8]$$

$$\overset{\ominus|}{\underset{\diagup}{C}}{-}\overset{|}{\underset{|}{C}}{-}X \longrightarrow \overset{\diagdown}{\underset{\diagup}{C}}{=}\overset{\diagup}{\underset{\diagdown}{C}} + X^{\ominus}$$

Bei am β-C-Atom deuterierten Verbindungen wird kein kinetischer Isotopeneffekt gefunden. Die Reaktionskonstante ist bei diesem Reaktionstyp stark positiv.[1]

Die meisten tatsächlich beobachteten Mechanismen liegen zwischen diesen Grenzfällen, d. h., in der Regel findet eine konzertierte, aber nicht synchrone Abspaltung von X und H statt.

Das Verhältnis von Eliminierung zu Substitution wird von den folgenden Faktoren beeinflußt:
– *Elektronische und sterische Effekte in Substrat und Reagens; Lösungsmitteleffekte*
– *Temperatur:* Erhöhte Temperaturen begünstigen ganz allgemein die Eliminierung.

$$C_2H_5OH \xrightarrow{H_2SO_4,\ 180\ ^{\circ}C} H_2C{=}CH_2 + H_2O \qquad \text{(Eliminierung)} \qquad [3.9]$$

$$2\ C_2H_5OH \xrightarrow{H_2SO_4,\ 130\ ^{\circ}C} C_2H_5{-}O{-}C_2H_5 + H_2O \qquad \text{(Substitution)} \qquad [3.10]$$

---

[1] Ein solcher E1cB-Verlauf tritt nur ein, wenn intermediär ein sehr stabiles Carbanion entsteht.

3.1.1.1. Monomolekulare Eliminierung

Für präparative Zwecke ist die E1-Umsetzung im allgemeinen nicht erwünscht, weil das intermediär entstehende Kation nicht nur durch Eliminierung weiterreagieren, sondern auch in Substitutionen und Umlagerungen ausweichen kann. Zudem verläuft die E1-Reaktion oft reversibel (vgl. D.4.1., elektrophile Addition). Ist die konkurrierende S_N1-Reaktion dagegen irreversibel, so verschiebt sich bei thermodynamischer Kontrolle der Umsetzung das Gleichgewicht zugunsten des Substitutionsprodukts (vgl. C.3.2.).

Bei kinetischer Kontrolle der Reaktion wirken sich die obengenannten Faktoren in der folgenden Weise auf das Verhältnis von Substitution zu Eliminierung aus:

Einfluß elektronischer und sterischer Effekte in Substrat und Reagens

Wie bei der S_N1-Reaktion neigen Substrate, bei denen das Carbeniumion durch Substituenten mit +I- und/oder +M-Effekten stabilisiert wird, stark zu E1-Reaktionen. Entscheidend für das Ausmaß der Olefinbildung ist die Struktur des Alkylrests im Substrat. So steigt bei der sauer katalysierten Dehydratisierung von Alkoholen der Anteil an Olefin gegenüber dem Substitutionsprodukt (Ether) in der Reihe *prim*-Alkohol < *sec*-Alkohol < *tert*-Alkohol. Besonders begünstigt sind die Bildung des Carbeniumions und der E1-Mechanismus bei der säurekatalysierten Dehydratisierung von sekundären und tertiären Alkoholen, z. B.:

$$H_3C-\underset{\underset{\displaystyle H_3C}{|}}{\overset{\overset{\displaystyle H_3C}{|}}{C}}-OH + H^{\oplus} \xrightarrow{\text{schnell}} H_3C-\underset{\underset{\displaystyle H_3C}{|}}{\overset{\overset{\displaystyle H_3C}{|}}{C}}-\overset{\oplus}{O}H_2 \xrightarrow{\text{langsam}} H_3C-\overset{\oplus}{C}\overset{\diagup CH_3}{\diagdown} + H_2O \longrightarrow H_2C=C\overset{\diagup CH_3}{\diagdown CH_3} + H_3O^{\oplus} \quad [3.11]$$

$$\qquad\qquad\qquad\qquad\qquad\qquad\quad \text{I} \qquad\qquad\qquad\qquad\qquad \text{II}$$

In einer dem geschwindigkeitsbestimmenden Schritt vorgelagerten schnellen Protonierungsreaktion wird zunächst das Oxoniumion I gebildet, das monomolekular in das Carbeniumion II und ein energiearmes Wassermolekül zerfällt.

Ähnlich wie unter D.2.2. gesagt, wird im intermediären Carbeniumion und im Olefin sterische Spannung voluminöser Substituenten abgebaut, so daß die Eliminierung um so stärker begünstigt wird, je verzweigter die Reste am Carbeniumkohlenstoff sind. Zum Beispiel entstehen bei der Solvolyse von *tert*-Pentylchlorid 34% Olefin, aus 4-Chlor-2,2,4-trimethyl-pentan 65% und aus 4-Chlor-2,2,4,6,6-pentamethyl-heptan sogar 100% Olefin. (Man formuliere die Reaktionen!)

Bei reinem monomolekularem Verlauf hat die Natur der Abgangsgruppe keinen Einfluß auf das Verhältnis von Substitution zu Eliminierung, da sie lediglich die Bildung des Carbeniumions beeinflußt.

Begünstigt wird die Eliminierung aber durch Substituenten X mit hoher Abgangstendenz ($F \ll Cl < Br < I < N_2^{\oplus}$). Typische Austrittsgruppen X sind außerdem H_2O bei der sauer katalysierten Dehydratisierung von Alkoholen und $ROSO_3^-$ bzw. RSO_3^- bei der Olefinbildung aus Schwefelsäure- bzw. Sulfonsäureestern.

Da die Deprotonierung aus dem sehr energiereichen Kation erfolgt, findet sie meist sehr rasch statt. Ein Einfluß der Basizität des Reagens B ist deshalb im allgemeinen nicht festzustellen.

Einfluß des Reaktionsmediums

Stark solvatisierende polare protonische Lösungsmittel (H_2O, primäre Alkohole, HCOOH) stabilisieren Anionen und Carbeniumionen und begünstigen dadurch die monomolekulare Reaktion. Nach einem E1-Mechanismus verlaufen beispielsweise solvolytische Dehydrohalogenierungen von secundären und tertiären Alkylhalogeniden:

[3.12]

und Solvolysen von Schwefelsäure- bzw. Sulfonsäureestern:

[3.13]

Welches Nebenprodukt ist bei der Reaktion [3.13] zu erwarten?

3.1.1.2. Bimolekulare Eliminierung

Die Mechanismen von E2- und S_N2-Reaktionen unterscheiden sich wesentlich stärker als diejenigen von E1- und S_N1-Reaktionen. Bei der E2-Reaktion greift B an einem Wasserstoff am β-C-Atom des Substrats, also an der Peripherie des Moleküls an; bei der S_N2-Reaktion dagegen am α-C-Atom. Aus diesem Grunde läßt sich das Verhältnis von Substitution zu Eliminierung bei bimolekularem Verlauf stärker beeinflussen. Dazu nutzt man die Wirkung von elektronischen, sterischen und Lösungsmitteleffekten aus. Der E2-Verlauf ist auch deshalb präparativ erwünscht, weil im allgemeinen keine Umlagerungen als Nebenreaktion zu erwarten sind. Insbesondere Eliminierungsreaktionen an secundären Alkylverbindungen, die häufig im Grenzgebiet zwischen E1 und E2 verlaufen, können in das präparativ vorteilhaftere E2-Gebiet gedrängt werden. Das gleiche gelingt sogar mit tertiären Alkylverbindungen, die normalerweise bevorzugt zur Ausbildung eines Carbeniumions und damit zur E1-Eliminierung neigen.

Einfluß elektronischer Effekte

Ein Angriff der Base auf den Wasserstoff am β-C-Atom des Substrats ist bevorzugt, wenn das α-C-Atom ein möglichst weiches elektrophiles Zentrum darstellt, d. h. durch die Abgangsgruppe X nicht zu stark positiv polarisiert wird. Eine geringe Austrittstendenz von X begünstigt gleichzeitig den synchronen Verlauf der drei Teilschritte der Eliminierung. Zur bimolekularen Eliminierung neigen besonders die Substituenten $-NR_3^{\oplus}$, $-PR_3^{\oplus}$ und $-SR_2^{\oplus}$ (Hofmann-Eliminierung an Ammonium-, Phosphonium- und Sulfoniumhydroxiden).

Bei der E2-Reaktion ist B der Reaktionspartner des Protons. Maßgebend für die Reaktionsfähigkeit von B ist deshalb seine Basizität (vgl. C.4.). Aus diesem Grunde wird für $OH^{\ominus}$ und Alkoholationen die folgende Abstufung der Reaktivität gefunden: $OH^{\ominus} < MeO^{\ominus} < EtO^{\ominus} < i\text{-}PrO^{\ominus} < t\text{-}BuO^{\ominus}$. Neben Hydroxid- und Alkoholationen werden als Reagenzien häufig auch geeignete Basen wie R_3N, $NH_2^{\ominus}$ sowie $RCOO^{\ominus}$ eingesetzt. Wesentlich ist jedoch, daß die Basizität der Reagenzien nicht durch protische Lösungsmittel abgeschwächt wird.

Durch Anwendung möglichst starker und konzentrierter Basen (die Konzentration von B geht in das Geschwindigkeitsgesetz der E2-Reaktion ein!) hat man es häufig in der Hand, eine Eliminierungsreaktion in das E2- bzw. E1cB-Gebiet zu verschieben. So sind mit starken Basen auch andere als die oben aufgeführten nucleofugen Gruppen bimolekular eliminierbar, wie z. B. Cl–, Br–, I– bei der Dehydrohalogenierung von Alkylhalogeniden und $-OSO_2R$ bzw. $-OSO_2OR$ bei der Olefinbildung aus Sulfonsäure- bzw. Schwefelsäureestern. (Man formuliere einige Beispiele!)

Einfluß sterischer Effekte

Sterische Abschirmung des α-C-Atoms im Substrat durch stark verzweigte Alkylreste erschwert die Substitutionsreaktion gegenüber der Eliminierung, bei der B an der Peripherie des Moleküls angreift.

Auch durch den Einsatz voluminöser Basen, die nur den Wasserstoff am β-C-Atom, nicht aber das α-C-Atom erreichen können, läßt sich die Eliminierung gegenüber der Substitution begünstigen.

Bei der Einwirkung von voluminösen starken Basen auf tertiäre Alkylhalogenide wird deshalb ausschließlich Halogenwasserstoff abgespalten, und es tritt keine Substitution am α-C-Atom ein. Letztere läßt sich an derartigen Substraten lediglich unter solvolytischen Bedingungen erreichen.

Als besonders raumfüllende Basen kommen z. B. Alkali-*tert*-butanolat und Dicyclohexylethylamin sowie einige Amidine, wie 1,5-Diazabicyclo[4.3.0]non-5-en (DBN) und 1,8-Diazabicyclo[5.4.0]undec-7-en (DBU) [3.14] in Frage.

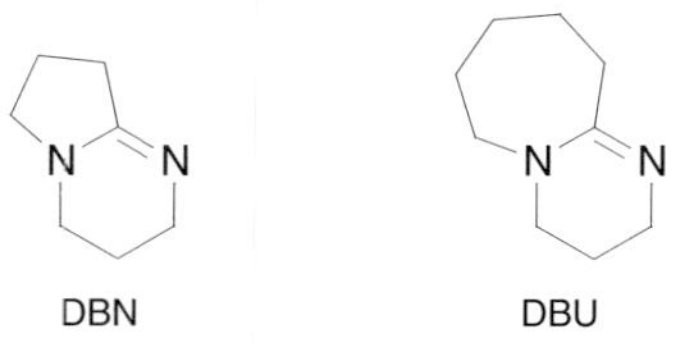

[3.14]

DBN   DBU

Aus Octylbromid erhält man beispielsweise bei der Eliminierung mittels Dicyclohexylethylamin 99% Oct-1-en; Substitution (Quaternisierung des Amins) tritt praktisch nicht ein. Die genannten Amidine[1]) ermöglichen Eliminierungsreaktionen bei niedriger Temperatur, z. B. Dehydrohalogenierungen an empfindlichen Substraten.

Einfluß des Reaktionsmediums

Aprotonische Lösungsmittel, wie Dimethylformamid und Dimethylsulfoxid, können Anionen nur wenig stabilisieren und unterstützen deshalb nicht die Abspaltung von X aus RX. Da derartige Lösungsmittel auch nicht die Basizität des Reagens B durch die Bildung von Wasserstoffbrücken abschwächen, sind sie geeignete Reaktionsmedien für bimolekulare Eliminierungen.

Um Eliminierungen in den präparativ vorteilhaften E2-Verlauf zu verschieben, wählt man Abgangsgruppen X mit niedriger Abspaltungstendenz, verwendet voluminöse, starke Basen in hoher Konzentration und arbeitet in polaren aprotonischen Lösungsmitteln.

3.1.2.   Einfluß der Molekularität und der allgemeinen räumlichen Verhältnisse auf die Richtung der Eliminierung

Bei secundären und tertiären Ausgangsverbindungen kann die Eliminierung in zwei Richtungen erfolgen und zu Olefinen mit verschiedener Lage der Doppelbindungen führen:

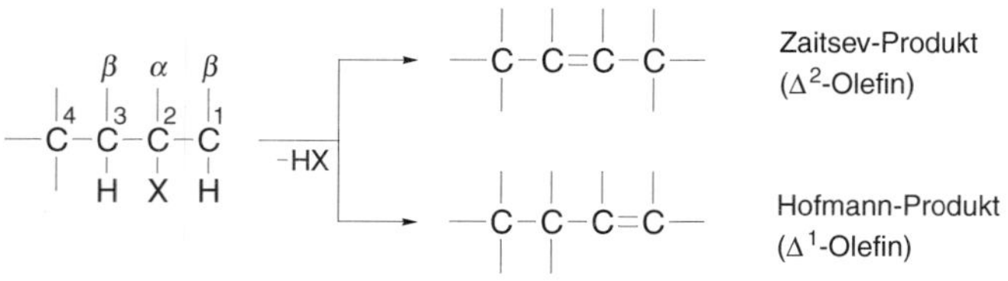

[3.15]

[1]) Diese Amidine sind präparativ gut zugänglich, vgl. D.7.1.5. Über ihre Verwendung bei Eliminierungsreaktionen vgl. OEDIGER, H.; MÖLLER, F.; EITER, K., Synthesis **1972**, 591.

Von Zaitsev-Eliminierung bzw. -Orientierung spricht man, wenn das Olefin mit der größten Anzahl Alkylgruppen an der Doppelbindung entsteht. Das abgespaltene Proton stammt hier von dem β-Kohlenstoffatom, das die meisten Alkylgruppen trägt. Hofmann-Eliminierung bzw. -Orientierung liegt vor, wenn das Olefin mit der kleineren Anzahl Alkylgruppen an der Doppelbindung entsteht. Das eliminierte Proton stammt hier von dem β-Kohlenstoffatom mit der geringeren Anzahl von Alkylgruppen. Im allgemeinen ist das Zaitsev-Produkt thermodynamisch stabiler als das Hofmann-Produkt.

Die monomolekulare Eliminierung liefert meistens überwiegend das Zaitsev-Produkt, z. B. die solvolytische Dehydrohalogenierung von secundären und tertiären Alkylhalogeniden und von Tosylaten sowie die Dehydratisierung von secundären und tertiären Alkoholen:

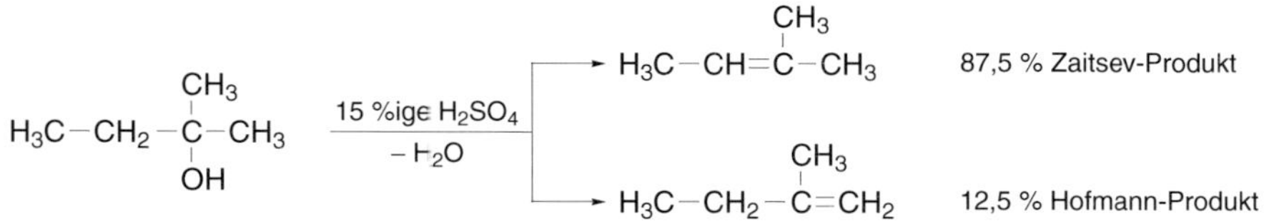

$$
\begin{array}{l}
\underset{\substack{|\\ \text{OH}}}{\overset{\substack{\text{CH}_3\\ |}}{H_3C-CH_2-C-CH_3}} \quad \xrightarrow[-H_2O]{15\,\%ige\ H_2SO_4}
\left\{
\begin{array}{ll}
H_3C-CH=\overset{\substack{\text{CH}_3\\ |}}{C}-CH_3 & 87{,}5\ \%\ \text{Zaitsev-Produkt}\\[2ex]
H_3C-CH_2-\overset{\substack{\text{CH}_3\\ |}}{C}=CH_2 & 12{,}5\ \%\ \text{Hofmann-Produkt}
\end{array}
\right.
\end{array}
\qquad [3.16]
$$

Es sei bemerkt, daß noch ein statistischer Faktor das in [3.16] angegebene Ergebnis beeinflußt: Für eine Eliminierung zum Hofmann (Δ^1-)Olefin stehen insgesamt sechs Wasseratome zur Verfügung gegenüber nur zwei für die Zaitsev-Eliminierung. Rein statistisch sollte also in diesem Falle die Hofmann-Orientierung dreimal wahrscheinlicher sein als die Bildung des Δ^2-Olefins. Man beachte diesen statistischen Einfluß auch bei der Beurteilung der Eliminierungsrichtung in anderen Fällen!

Bei bimolekularen Eliminierungen ist häufig nicht das thermodynamisch stabilere Olefin bevorzugt.

Die Hofmann-Orientierung wird begünstigt:
– mit abnehmender Abspaltungstendenz der nucleofugen Gruppe

$$N_2^{\oplus} > I^{\ominus} > Br^{\ominus} > Cl^{\ominus} > OTs^{\ominus} > R_2S^{\oplus} > F^{\ominus} > R_3N^{\oplus} \qquad [3.17]$$

Tabelle 3.18

Abhängigkeit der Eliminierungsrichtung von der Austrittstendenz des zu eliminierenden Substituenten

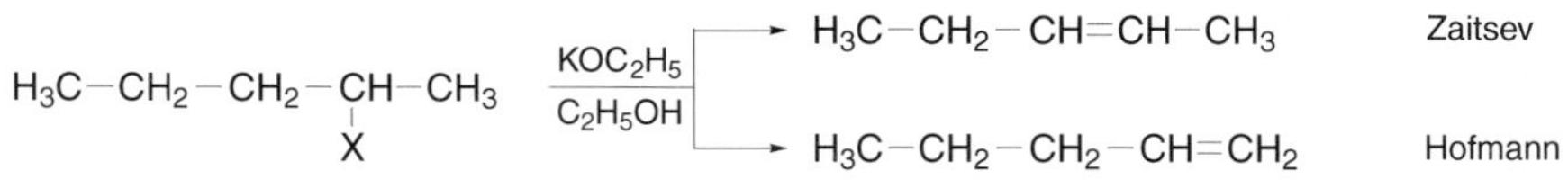

$$
\underset{\substack{|\\ \text{X}}}{H_3C-CH_2-CH_2-CH-CH_3} \quad \xrightarrow[C_2H_5OH]{KOC_2H_5}
\left\{
\begin{array}{ll}
H_3C-CH_2-CH=CH-CH_3 & \text{Zaitsev}\\[2ex]
H_3C-CH_2-CH_2-CH=CH_2 & \text{Hofmann}
\end{array}
\right.
$$

X	F	Cl	Br	I
Zaitsev-Produkt (%)	17	64	75	80
Hofmann-Produkt (%)	83	36	25	20

Tabelle 3.18 bestätigt diese allgemeine Regel. Sie zeigt, daß leichter austretende Gruppen die Zaitsev-Orientierung begünstigen. Substrate mit positiv geladenen Gruppen, z. B. Trialkylammoniumgruppen, ergeben normalerweise hauptsächlich das Hofmann-Produkt. Die thermische Zersetzung von Trialkylammoniumhydroxiden wird im engeren Sinne als Hofmann-Eliminierung bezeichnet.

– mit zunehmender Raumerfüllung und Basizität der Base und zunehmender sterischer Abschirmung des Substrats.

Tabelle 3.19

Hofmann-Orientierung bei der Dehydrobromierung von 2-Brom-2-methyl-butan in Abhängigkeit vom Raumbedarf der eingesetzten Basen (Kaliumalkoholate)

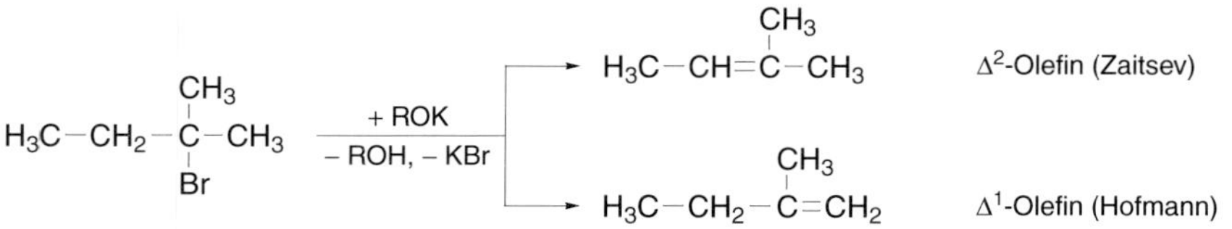

Base	H_3C-CH_2-OK	$H_3C-\underset{CH_3}{\overset{CH_3}{C}}-OK$	$H_3C-\underset{CH_2}{\overset{CH_3}{C}}-OK$ H_3C-CH_2	H_3C-CH_2 $H_3C-CH_2-\overset{}{C}-OK$ H_3C-CH_2
Δ^1-Olefin (%)	38	73	78	89
Δ^2-Olefin (%)	62	27	22	11

Einige Beispiele für den Einfluß der Base sind in Tabelle 3.19 aufgeführt. Mit dem weniger voluminösen Kaliummethanolat entsteht noch überwiegend Zaitsev-Produkt, während sperrige Basen überwiegend zur Hofmann-Eliminierung führen. Es ist zu erwarten, daß die Hofmann-Orientierung um so mehr begünstigt ist, je schwerer die protonenablösende Base an den für die Zaitsev-Orientierung zu lösenden „inneren" Wasserstoff gelangen kann. Dieser sterischer Einfluß kann sowohl vom Reagens als auch vom Substrat ausgehen. So findet man bei der Dehydratisierung von 2,4,4-Trimethyl-pentan-2-ol überwiegend das Hofmann-Produkt (Weg A):

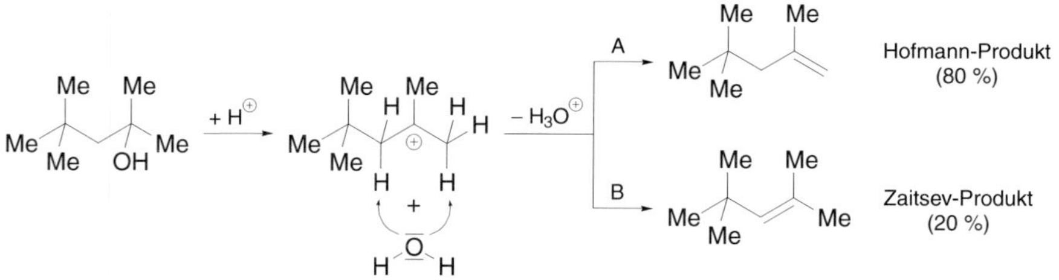

[3.20]

Das beruht darauf, daß die zur Ablösung des Protons notwendige Base (hier: Wasser) nur schwer an den Wasserstoff am Kohlenstoffatom 3 heran kann (Weg B), da dieser durch die voluminösen Methylgruppen abgeschirmt wird. Es liegt hier einer der relativ seltenen Fälle vor, wo eine E1-Eliminierung vorwiegend das Hofmann-Produkt ergibt, während die protonenablösende Base sonst meistens ohne Hinderung an den „inneren" Wasserstoff herantreten kann.

3.1.3. Stereoelektronische Verhältnisse und Richtung der Eliminierung. Sterischer Verlauf von Eliminierungen

Es ist günstig, wenn die beiden p-Atomorbitale, die sich bei der Eliminierung am α- und β-C-Atom ausbilden, parallel zueinander stehen, so daß ihre Überlappung unmittelbar zur Ausbildung der π-Bindung führen kann. Dieser stereoelektronische Einfluß auf Eliminierungsreaktionen muß zusätzlich zu den vorstehend betrachteten allgemeinen räumlichen Verhältnissen berücksichtigt werden.

Es gilt die Regel von INGOLD, daß bimolekulare Eliminierungen besonders dann glatt verlaufen, wenn die abzuspaltenden Substituenten in einer gestaffelten *anti-periplanaren* Konformation (vgl. [C.81], I) zueinander stehen. Die vier an der Reaktion beteiligten Zentren X, C, C, Y liegen dann in einer Ebene. Man spricht deshalb auch von *anti*-Eliminierung. Die Bedingung der Coplanarität ist ebenso in der ekliptischen *syn-periplanaren* Konformation ([C.81], IV) erfüllt, weshalb in speziellen Fällen auch aus dieser Konformation heraus eine E2-Eliminierung möglich ist (*syn*-Eliminierung). Da jedoch eine solche Konformation energetisch ungünstig ist (vgl. Kapitel C.7.1), verlaufen im allgemeinen E2-Reaktionen stereospezifisch als *anti*-Eliminierungen (Tab. 3.21).

Tabelle 3.21

Sterischer Verlauf bimolekularer Eliminierungen von HX

Von Bedeutung ist der stereoelektronische Verlauf von bimolekularen Eliminierungen bei acyclischen Verbindungen dann, wenn das entstehende Olefin Z,E-Isomere[1]) bilden kann. Das soll am Beispiel der HBr- bzw. DBr-Eliminierung aus *erythro*-2-Brom-1-deutero-1,2-diphenyl-ethan gezeigt werden. Unter Einwirkung von Alkoholat wird *E*-Stilben gebildet, wobei das Molekül 91% des Deuteriums verliert.

[3.22]

Die Eliminierung erfolgt *anti*-coplanar aus der Konformation [3.23], IV. Sie ist energetisch begünstigt, weil sich die beiden voluminösen Phenylreste sterisch nicht beeinträchtigen:

[3.23]

I	II	III	IV	V	VI

Aus den Konformationen II und V ist weder *syn*- noch *anti*-coplanare Eliminierung, aus I und III ist *syn*-coplanare und aus IV und VI ist *anti*-coplanare Eliminierung möglich. Diskutieren Sie, ob jeweils HBr oder DBr abgespalten wird und ob das *E*- oder *Z*-Olefin entsteht.

Wichtig wird der Einfluß der Konformation vor allem bei alicyclischen Verbindungen, da hier die relative Lage der Substituenten durch die Ringbildung festgelegt wird. Wir wollen uns das am Beispiel des Cyclohexansystems verdeutlichen: In ihm ist aus Gründen der Ringspannung keine ebene Anordnung der Kohlenstoffatome möglich, sondern das Molekül liegt in der sog. *Sesselform* bzw. der sog. *Wannenform* vor, siehe Kapitel C.7.1:

Die Anwendung der oben genannten Ingoldschen Regel auf solche alicyclischen Systeme führt nach BARTON zu folgender Aussage: Bimolekulare Eliminierungen an Cyclohexanen erfolgen nur dann glatt,

---

[1]) Zur Benennung von *cis-trans*-Isomeren nach dem *E/Z*-System siehe Kapitel C.7.2.

wenn beide abzuspaltenden Substituenten die axiale (*trans*-) Lage (volle gestaffelte Konformation) einneh-men. Bimolekulare Eliminierungen zweier Substituenten aus der bis-äquatorialen (*trans*-) Lage sind im all-gemeinen nicht möglich. Verbindungen, in denen zwei benachbarte Substituenten axial/äquatorial zueinan-der angeordnet sind (*syn*-Position), reagieren sehr schwer oder überhaupt nicht.

Die *e,e*-Konformation der zu eliminierenden Substituenten kann allerdings nach obigen Erörterungen leicht in die für die bimolekulare Eliminierung nötige *a,a*-Lage übergehen (vgl. auch [3.24]). Man mache sich verständlich, daß durch „Umklappen" des Ringes dagegen niemals aus *a,e*- bzw. *e,a*-Substituenten *a,a*- bzw. *e,e*-ständige Substituenten werden können!

Die praktischen Konsequenzen dieser Gesetzmäßigkeiten für das Ergebnis einer bimolekularen Elimi-nierung sollen am Beispiel der Eliminierung von *p*-Toluensulfonsäure aus *p*-Menth-3-yl-tosylat mit Alko-holat erläutert werden:

$$[3.24]$$

$$\text{I} \qquad\qquad\qquad \text{II} \qquad\qquad\qquad \text{III}$$

Im *p*-Menthyltosylat I liegt die Tosylgruppe in der äquatorialen Konformation vor. Sie kann deshalb erst nach Umklappen des Ringes (I→II) bimolekular eliminiert werden. In dieser Konformation steht nur ein axiales Wasserstoffatom für die Eliminierung zur Verfügung, und es entsteht ausschließlich das *p*-Menth-2-en (III)[1]. Analog haben auch andere bimolekulare Eliminierungen in alicyclischen Verbindungen, z. B. die Überführung von 1,2-Dibromverbindungen in Olefine mit Kaliumiodid in Aceton, ebenfalls die bis-axiale (*anti*-)Stellung der Bromatome zur Voraussetzung:

$$[3.25]$$

Obwohl E2-Reaktionen bevorzugt unter *anti*-Eliminierung verlaufen, kann *syn*-Eliminierung auftreten, wenn besondere strukturelle Bedingungen eine *anti*-Eliminierung erschweren oder unmöglich machen.

In den deuterierten Norbornylderivaten [3.26], z. B., ist es wegen der Starrheit des bicyclischen Ring-systems unmöglich, daß der Rest X und das *β*-H-Atom eine *anti*-coplanare Position einnehmen können. Die Reaktion verläuft daher weitgehend unter *syn*-Eliminierung von DX zum deuteriumfreien Norbornen.

$$X = \text{Br, OTs, NMe}_3^{\oplus} \qquad [3.26]$$

Auch in anderen Ringsystemen, in denen im Gegensatz zum Cyclohexan ein Umklappen des Ringes nicht möglich ist, um die *anti*-Konformation der zu eliminierenden Reste zu erreichen, ist die *syn*-Eliminie-rung bevorzugt, wie Tabelle 3.27 am Beispiel von Cycloaliphaten verschiedener Ringgröße zeigt.

---

[1]) Für das Menthangerüst ist folgende Numerierung der C-Atome üblich (die gestrichelt gezeichneten Bin-dungen liegen hinter der Zeichenebene).

In 3-substituierten *p*-Menthanen und *p*-Neomenthanen sind Methyl- und Isopropylrest bis-axial (bzw. bisäquatorial) angeordnet. Beim *p*-Methanderivat stehen die Methylgruppe und der Substituent in 3-Stellung bisaxial (bzw. bisäquatorial), beim *p*-Neomenthanderivat äqua-torial/axial (bzw. axial/äquatorial) zueinander.

Tabelle 3.27

Anteil der *syn*-Eliminierung bei der E2-Reaktion von Deuterocycloalkyltrimethylammoniumhydroxiden

Ringgröße	*syn*-Eliminierung (%)	Ringgröße	*syn*-Eliminierung (%)
Cyclobutyl	90	Cyclopentyl	4
Cyclohexyl	46	Cycloheptyl	37

Allgemein zeigen Tetraalkylammoniumverbindungen eine erhöhte Tendenz, *syn*-Eliminierungsprodukte zu ergeben. Man nimmt an, daß die Base mit dem Substrat einen cyclischen Komplex bildet, in dem die *syn*-Lage der abzuspaltenden Substituenten fixiert ist:

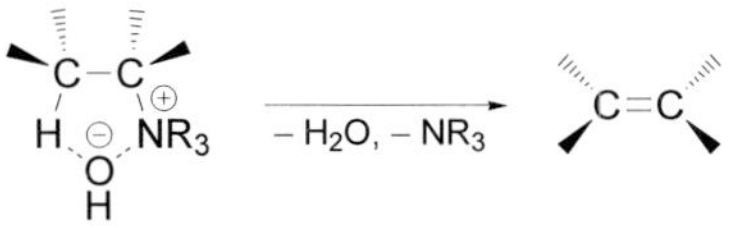

$$- H_2O, - NR_3 \qquad [3.28]$$

Die anderen, früher besprochenen Faktoren, wie Substituenteneinflüsse, Bau und Basizität der Basen usw., bleiben auch hier gültig, sind aber bei cyclischen Verbindungen dem stereoelektronischen Einfluß untergeordnet. Wenn jedoch von der Konformation her keine Eliminierungsrichtung bevorzugt ist, sind sie auch bei cyclischen Verbindungen bestimmend. Das zeigt die Eliminierung von Chlorwasserstoff aus Neomenthylchlorid mittels Natriummethanolat. Hier stehen sowohl am C-Atom 2 als auch am C-Atom 4 zum Chlor *anti*ständige (axiale) Wasserstoffatome zur Verfügung. Daher entsteht ein den thermodynamischen Verhältnissen entsprechendes Gemisch aus 75% *p*-Menth-3-en und 25% *p*-Menth-2-en (bevorzugte Bildung des Zaitsev-Produkts):

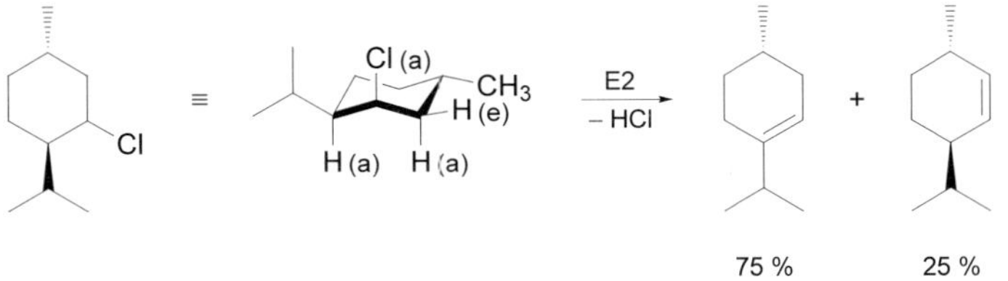

$$[3.29]$$

75%   25%

Monomolekulare Eliminierungen sind wegen des ebenen Carbeniumions bzw. Carbanions als Zwischenstufe sowohl aus der *syn*- als auch aus der *anti*-Lage möglich. Sie sind normalerweise nicht stereospezifisch. Anders liegen die Dinge z. B. bei ungesättigten Verbindungen, wo die betreffenden Substituenten durch die nicht mehr frei drehbaren Doppelbindungen fixiert sind:

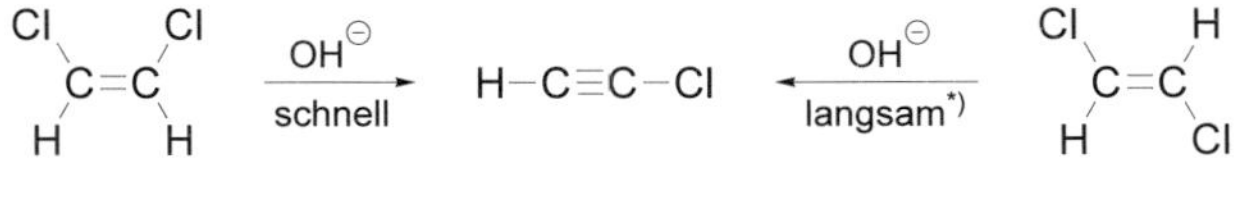

$$[3.30]$$

3.1.4. Eliminierung von Wasser aus Alkoholen (Dehydratisierung) und von Alkoholen aus Ethern

In Gegenwart starker Säuren läßt sich aus Alkoholen in flüssiger Phase häufig sehr glatt Wasser abspalten. Die Leichtigkeit der Eliminierung steigt vom primären zum tertiären Alkohol, da im wesentlichen ein E1-Mechanismus durchlaufen wird. Man erhält Zaitsev-Orientierung. (Formulieren!)

Um das Verhältnis Substitution (Bildung von Estern des Alkohols, Bildung von Ethern) zu Eliminierung weitestgehend zugunsten der Eliminierung zu verschieben, sind bei primären Alkoholen hohe Temperaturen (vgl. D.3.1.1.) (180 bis 200 °C) und für eine ausreichende Reaktionsgeschwindigkeit hohe Konzentrationen an starken Säuren (Schwefelsäure, Phosphorsäure) nötig.

---

[*] vermutlich überhaupt nur nach intermediärer Umlagerung der *E*- in die *Z*-Verbindung

Infolge dieser drastischen Bedingungen entstehen erhebliche Mengen an Nebenprodukten (s. unten), und die sauer katalysierte Dehydratisierung von primären Alkoholen ist der katalytischen Dehydratisierung an Aluminiumoxid unterlegen.

Secundäre Alkohole reagieren dagegen bereits bei etwa 140 °C in Gegenwart von Phosphorsäure sehr glatt. Bei tertiären Alkoholen bewirkt bereits Oxalsäure oder Phosphorsäure bei etwa 100 °C die gewünschte Eliminierung von Wasser. Auch katalytische Mengen von *p*-Toluensulfonsäure eignen sich gut.

Sehr leicht reagieren auch β-Hydroxy-carbonylverbindungen (Aldoladdukte, vgl. Tab. 7.123), da die Eliminierung von Wasser hier zu den energiearmen α,β-ungesättigten Carbonylverbindungen führt. Die für tertiäre Alkohole genannten Bedingungen sind auch hier anwendbar. Besonders vorteilhaft kann die Wasserabspaltung in diesen Fällen auch in Gegenwart von etwa 1% Iod erreicht werden, wobei wahrscheinlich die entstehende Iodwasserstoffsäure der eigentliche Katalysator ist.

Infolge des E1-Charakters der Reaktion sind allerdings Umlagerungen im intermediären Carbeniumion die Regel, wenn sie zu einem energieärmeren Carbeniumion führen können (vgl. [2.52] und [4.17]). Es bilden sich dann doppelbindungsisomere Olefine[1]), und es gelingt in diesen Fällen nicht, durch saure Dehydratisierung von Alkoholen einheitliche Olefine zu erhalten.

$$H_3C-CH_2-CH_2-CH_2-OH \xrightarrow[-H_2O]{+H^\oplus} H_3C-CH_2-CH_2-\overset{\oplus}{C}H_2 \xrightarrow[-H^\oplus]{} H_3C-CH_2-CH=CH_2$$

Bildung des
energieärmeren Ions   [3.31]

$$H_3C-CH_2-\overset{\oplus}{C}H-CH_3 \xrightarrow[-H^\oplus]{} H_3C-CH=CH-CH_3$$

aber:

$$H_3C-CH_2-\underset{OH}{CH}-CH_3 \xrightarrow[-H_2O]{+H^\oplus} H_3C-CH_2-\overset{\oplus}{C}H-CH_3$$

$$\nearrow\!\!\!/\!\!\!\!/ \quad H_3C-CH_2-CH_2-\overset{\oplus}{C}H_2$$
(energiereicher)   [3.32]
$$\xrightarrow[-H^\oplus]{} H_3C-CH=CH-CH_3$$

In anderen Fällen (vgl. D.9.1.1.2., Wagner-Meerwein-Umlagerung) entstehen bei der Dehydratisierung bevorzugt im Kohlenstoffgerüst umgelagerte Produkte. So bildet sich bei der Dehydratisierung von 3,3-Dimethylbutan-2-ol nicht 3,3-Dimethylbut-1-en, sondern 2,3-Dimethyl-but-2-en:

$$\underset{H_3C}{\overset{H_3C}{|}}\!\!\!\underset{|}{\overset{|}{C}}\!-CH-CH_3 \xrightarrow[-H_2O]{H^\oplus} \underset{H_3C}{\overset{H_3C}{>}}C=C\underset{CH_3}{\overset{CH_3}{<}}$$ [3.33]

Bei der Dehydratisierung von Alkoholen in Gegenwart von Säuren kann leicht Polymerisation der Olefine als weitere Nebenreaktion eintreten (vgl. D.4.1.9.).

Um das Dehydratisierungsgleichgewicht in die gewünschte Richtung zu verschieben, destilliert man, wenn möglich, das gebildete Olefin direkt ab (und schützt es so gleichzeitig vor Folgereaktionen, wie Isomerisierung, Polymerisation) oder schleppt bei hochsiedenden olefinischen Produkten das Wasser azeotrop mit Toluen o. ä. aus dem Reaktionsgemisch heraus.

---

[1]) Es ist bekannt, daß Olefine durch Säuren isomerisiert werden können. Man kann daher auch eine nachträgliche Isomerisierung des gebildeten Olefins, etwa entsprechend [4.17] annehmen.

Die Dehydratisierung von Alkoholen gelingt ebenfalls glatt in der Gasphase bei Temperaturen von 300 bis 400 °C an Aluminiumoxid, Aluminiumphosphat, Thoriumoxid, Titandioxid usw. Dabei findet man, auch bei primären Alkoholen, weniger Nebenprodukte. Bei der Verwendung von Aluminiumoxid können Umlagerungsreaktionen fast ganz vermieden werden, wenn man die sauren Zentren des Katalysators mit Piperidin oder anderen Basen partiell vergiftet.

Allgemeine Arbeitsvorschrift zur Dehydratisierung von secundären und tertiären Alkoholen und von Aldoladdukten in Gegenwart von Säuren (Tab. 3.34)

Secundäre Alkohole werden mit 50% (bezogen auf die Masse des Alkohols) 85%iger Phosphorsäure, tertiäre Alkohole mit 20% wasserfreier Oxalsäure oder 5% 85%iger Phosphorsäure und β-Hydroxy-ketone oder -aldehyde mit 1% Iod versetzt.

Dieses Gemisch erhitzt man in einer Destillationsapparatur im Metall- oder Ölbad auf 120 bis 160 °C, so daß das gebildete Olefin ständig abdestilliert. Man achte darauf, daß nur das Olefin überdestilliert. Bei den tiefsiedenden Olefinen muß eine 20-cm-Vigreux-Kolonne verwendet und die Vorlage zusätzlich mit Eiswasser gekühlt werden.

Das Destillat wird im Scheidetrichter von der wäßrigen Phase abgetrennt, mit Natriumsulfat getrocknet und redestilliert. Bei den empfindlicheren Verbindungen (Diene, α,β-ungesättigte Carbonylverbindungen) gibt man dabei zweckmäßig Polymerisationsinhibitoren (z. B. Hydrochinon) zu und destilliert überdies bei möglichst tiefer Temperatur.

Die Methode ist in der beschriebenen Form für Halbmikropräparationen geeignet.

Tabelle 3.34

Saure Dehydratisierung von Alkoholen

Produkt	Ausgangs-verbindung	Kp in °C	n_D^{20}	Ausbeute in %	Bemerkungen
Pent-2-en	Pentan-2-ol	37	1,3830	70	[1]
2-Methyl-but-2-en	2-Methyl-butan-2-ol	38	1,3859	80	[2]
1,1-Diphenyl-ethen	1,1-Diphenyl-ethanol	$134_{1,3(10)}$	1,6085	70	
2,3-Dimethyl-but-2-en	2,3-Dimethyl-butan-2-ol	$73^{[3]}$	1,4115	80	
Cyclohexen	Cyclohexanol	83	1,4464	80	
Cyclopenten	Cyclopentanol	45	1,4223	80	
3-Methyl-but-3-en-2-on[4]	4-Hydroxy-3-methyl-butan-2-on	$36_{13,3(100)}$	1,4432	85	
4-Methyl-pent-3-en-2-on (Mesityloxid)	4-Hydroxy-4-methyl-pentan-2-on (Diacetonalkohol)	131	1,4425	90	
3-Methyl-pent-3-en-2-on[4]	4-Hydroxy-3-methyl-pentan-2-on	$63_{6,65(50)}$	1,4489	80	enthält 10% $Δ^1$-Isomeres
But-2-enal[5] (Crotonaldehyd)	3-Hydroxy-butanal (Acetaldol)	102	1,4366	80	

[1] Stellen Sie durch Aufnahme und Auswertung der entsprechenden Banden des Infrarotspektrums fest, ob neben Pent-2-en auch Pent-1-en entstanden ist und ob Pent-2-en in Z- oder E-Form vorliegt.
   Pent-1-en: 912, 994, 1642, 3083 cm⁻¹
   E-Pent-2-en: 964, 1670, 3027 cm⁻¹
   Z-Pent-2-en: 933, 964, 1406, 1658, 3018 cm⁻¹

[2] Man untersuche das Isomerengemisch (2-Methyl-but-1-en, 2-Methyl-but-2-en und 3-Methyl-but-1-en) gaschromatographisch und schätze die Mengenverhältnisse der entstandenen Isomeren ab! Für die Trennung sind folgende Bedingungen geeignet: Länge der Kolonne: 1 m; Trägermaterial: Kieselgur; Phase: Paraffinöl; Temperatur: 20 °C; Gasstrom: Wasserstoff 5 l/Std.
   Relative Retentionen (bezogen auf Ether): 2-Methyl-but-1-en 1,0;
   2-Methyl-but-2-en 1,45; 3-Methyl-but-1-en 0,55.

[3] Als Vorlauf wird wenig 2,3-Dimethyl-but-1-en, Kp 55 °C, erhalten.

[4] Im Vakuum redestillieren, mit je 0,5% Eisessig und Hydrochinon stabilisieren.

[5] Bei Redestillation mit je 0,5% Eisessig und Hydrochinon stabilisieren.

Darstellung einiger *Styrene* durch Dehydratisierung von (α-Hydroxyethyl)benzenen: OVER-BERGER, C. G.; SAUNDERS, J. H., Org. Synth., Coll. Vol. **III** (1955), 204.

Darstellung von *Methacrylsäureamid* aus Acetoncyanhydrin: WILEY, R. H.; WADDEY, W. E., Org. Synth., Coll. Vol. **III** (1955), 560.

In prinzipiell gleicher Weise wie Wasser aus Alkoholen lassen sich Alkohole aus Ethern eliminieren. Dieses Verfahren besitzt meist gegenüber der Dehydratisierung keinen Vorteil. Aus Acetalen lassen sich jedoch so Enolether darstellen:

$$R-CH_2-CH(OR')_2 \quad \xrightarrow[-R'OH]{H^\oplus} \quad R-CH=CH-OR' \qquad [3.35]$$

Diese Reaktion wird bereits durch etwa 0,5% Phosphorsäure katalysiert, da als Zwischenprodukt ein relativ energiearmes Carbeniumion entsteht (warum?). Den abgespaltenen Alkohol destilliert man aus dem Reaktionsgemisch heraus. Das führt dann zu Schwierigkeiten, wenn der eliminierte Alkohol und der entstehende Enolether einen ähnlichen Siedepunkt besitzen (niedrige Glieder der homologen Reihen). In diesen Fällen muß mit einer wirksamen Kolonne gearbeitet werden.

Es sei vermerkt, daß sich Acetale auch in der Gasphase an Aluminiumoxid zu Alkoholen und Enolethern spalten lassen.

Allgemeine Arbeitsvorschrift zur Darstellung von Enolethern aus Acetalen durch Eliminierung von Alkohol (Tab. 3.36)

Das betreffende Acetal wird mit 0,5% 85%iger Phosphorsäure und 1,2% Pyridin versetzt und in einem Rundkolben mit Hahn-Aufsatz (vgl. Abb. A.77) und absteigendem Kühler zum Sieden erhitzt. Als Kühlflüssigkeit im Hahn-Aufsatz verwendet man den jeweils im Acetal gebundenen Alkohol. Der in der Reaktion langsam gebildete Alkohol destilliert ab und wird in einem Meßzylinder aufgefangen, so daß der Fortgang der Umsetzung leicht verfolgt werden kann.

Nach Beendigung der Alkoholabspaltung destilliert man den Kolbeninhalt.

Tabelle 3.36

Enolether aus Acetalen

Produkt	Ausgangsverbindung	Kp in °C	n_D^{20}	Ausbeute in %
2-Ethoxy-hex-1-en	Butylmethylketondiethylacetal	135	1,4180	90
α-Ethoxy-styren	Acetophenondiethylacetal	$89_{1,5(11)}$	1,5292	95
β-Methoxy-styren	Phenylacetaldehyddimethylacetal	$99_{1,7(13)}$	1,5620	90
1-Ethoxy-cyclohexen	Cyclohexanondiethylacetal	160	1,4580	95

In ähnlicher Weise läßt sich *2-Ethoxy-buta-1,3-dien* aus Methylvinylketon (über 1,3,3,-Triethoxy-butan) darstellen (formulieren!): DYKSTRA, H. B., J. Am. Chem. Soc. **57** (1935), 2255.

Weitere Beispiele: NAZAROV, I. N.; MARKIN, S. M.; KRUPTSOV, B. K., Zh. Obshch. Khim. **29** (1959), 3692.

Die Dehydratisierung von Hydroxyverbindungen hat technische Bedeutung zur Herstellung von Olefinen und Vinylderivaten, die wichtige Zwischenprodukte und Monomere für Kunststoffe und Kunstfasern sind (Tab. 3.37). Die Hauptmenge der technisch wichtigen Olefine wird jedoch durch Dehydrierungs- und Pyrolyseprozesse aus Erdölkohlenwasserstoffen hergestellt (s. D.6.6.).

Tabelle 3.37

Technisch wichtige ungesättigte Verbindungen, die durch Dehydratisierung hergestellt werden, und ihre Verwendung

Ausgangsprodukt	Produkt	Verwendung
Acetaldol (s. D.7.2.1.3)	Crotonaldehyd	→ Crotonsäure → Copolymere
		→ Sorbinsäure (Konservierungsmittel)
		→ 3-Methoxy-butanol (Hydraulikflüssigkeit) → 3-Methoxy-butylacetat (Lösungsmittel für Lacke)
Acetoncyanhydrin	Methacrylsäuremethylester	→ Polymethacrylsäuremethylester (Plexiglas)
Acetanhydrid	Keten	→ Acetylierungsmittel

Ein analytisches Anwendungsbeispiel der sauren Dehydratisierung ist die quantitative Bestimmung von tertiären Alkoholen im Gemisch mit primären und secundären. Hierbei wird das Gemisch zusammen mit Xylen unter Verwendung eines Wasserabscheiders in Gegenwart einer kleinen Menge Zinkchlorid oder Iod unter Rückfluß gekocht. Unter diesen Bedingungen wird nur der tertiäre Alkohol dehydratisiert. Sein Anteil läßt sich aus der gebildeten Wassermenge errechnen.

3.1.5. Eliminierung von Halogenwasserstoff aus Alkylhalogeniden

Obwohl für die Darstellung von Olefinen aus Alkoholen die direkte Dehydratisierung am einfachsten ist, wählt man häufig den Umweg über die Dehydrohalogenierung der entsprechenden Alkylhalogenide bzw. die Detosylierung der *p*-Toluensulfonsäureester, vor allem dann, wenn die Abspaltung von Wasser wegen ihres E1-Charakters zu Olefingemischen oder Umlagerungsprodukten führen kann. Es gelingt nämlich fast immer, durch Anwendung von hohen Konzentrationen an starken Basen die genannten Reaktionen in das bimolekulare Gebiet zu lenken.

Als Basen finden meist Verwendung: Alkalihydroxide in Alkoholen oder in polaren aprotonischen Lösungsmitteln, Alkalialkoholate im entsprechenden Alkohol oder in Dimethylsulfoxid, Alkaliamide in inerten Lösungsmitteln und tertiäre organische Basen wie Pyridin, Chinolin, Dimethylanilin, Dicyclohexylethylamin sowie die Amidine DBN und DBU [3.14].

Die Art der Base und des Lösungsmittels sowie die Temperatur müssen dem jeweiligen Substrat und dem gewünschten Olefin angepaßt werden. So neigen z. B. primäre Alkylhalogenide zu Substitutionsreaktionen und bilden bei der Behandlung mit Alkalihydroxid-Alkohol oder Alkalialkoholat hauptsächlich die entsprechenden Ether (vgl. D.2.6.2.). Für die Darstellung von Olefinen verwendet man deshalb in diesen Fällen voluminöse Basen, wie Dicyclohexylethylamin, oder Basen mit hohem pK_B-Wert, wie Kalium-*tert*-butanolat, und arbeitet bei erhöhten Temperaturen, u. U. in Gegenwart eines geeigneten Lösungsmittels. Weniger anspruchsvolle Reaktionsbedingungen erfordern secundäre und tertiäre Alkylhalogenide.

Dehydrohalogenierungen gelingen mit NaOH auch in zweiphasigen Systemen unter Verwendung von Phasentransferkatalysatoren (vgl. D.2.4.2. und die Präparate vor Abschnitt D.3.1.6.).

Elektronenacceptorgruppen in Nachbarstellung zum abzuspaltenden H-Atom beschleunigen die Eliminierung, da sie die Acidität der C–H-Bindung erhöhen und damit die Abspaltung des Protons erleichtern. Die konkurrierende nucleophile Substitution tritt in den Hintergrund. β-Chlor-propionsäure reagiert schon mit verdünnter Natronlauge zu Acrylsäure, aus β-Chlorethylmethylketon und *N,N*-Diethyl-anilin entsteht Methylvinylketon (s. auch D.3.1.6.). Man formuliere diese Umsetzungen!

In β-Stellung zu Elektronenacceptorgruppen lassen sich auch solche Substituenten, die sich im allgemeinen nicht als Abgangsgruppen eignen, eliminieren. Man formuliere als Beispiel die basenkatalysierte Spaltung von 1-Phenyl-3-piperidino-propan-1-on zu Phenylvinylketon und

Piperidin! Carbonsäurehalogenide mit nachbarständiger CH-Bindung reagieren mit Triethylamin bereits unterhalb 0 °C, wobei Ketene entstehen:

$$
\underset{H}{\overset{R}{>}}CH-\overset{O}{\underset{Cl}{C}} \quad \xrightarrow[-\ HCl]{Et_3N} \quad \underset{H}{\overset{R}{>}}C=C=O \qquad [3.38]
$$

Unter den Reaktionsbedingungen sind die meisten Ketene nicht beständig, da das Amin die Dimerisierung katalysiert. Sie können jedoch in Secundärreaktionen abgefangen werden (vgl. [7.314]). Aus Diphenylacetylchlorid erhält man mit Triethylamin das stabile Diphenylketen (formulieren!).

In analoger Weise entstehen aus aliphatischen Sulfonsäurechloriden die nicht in freier Form faßbaren Sulfene ($R_2C=SO_2$).

In der Technik findet die Dehydrohalogenierung vor allem zur Darstellung von halogenierten Olefinen Anwendung:
1,2-Dichlor-ethan → Vinylchlorid (→ Polyvinylchlorid)
1,1,2,2-Tetrachlor-ethan → Trichlorethylen (Lösungsmittel) → Chloressigsäure
2,4-Dichlor-2-methyl-butan → Isopren (→ Polymere)
chlorierte Cyclopentane → Hexachlorcyclopentadien (→ Insektizide)
Hexachlorcyclohexan → 1,2,4-Trichlor-benzen (→ 2,4-Dichlor-phenol → 2,4-Dichlor-phenoxyessigsäure, vgl. D.2.6.2.).

In prinzipiell gleicher Weise wie die Olefine lassen sich durch Dehydrohalogenierung von 1,1- oder 1,2-Dihalogeniden Acetylene (Alkine) darstellen:

$$
\left. \begin{array}{c} \underset{X\quad X}{\overset{H\quad H}{-C-C-}} \\[2mm] \underset{H\quad X}{\overset{H\quad X}{-C-C-}} \end{array} \right\} \quad \xrightarrow[-\ 2\ HB,\ -\ 2\ X^\ominus]{+\ 2\ B^\ominus} \quad -C\equiv C- \qquad [3.39]
$$

Im allgemeinen erfordert die Abspaltung von zwei Molekülen Halogenwasserstoff energische Reaktionsbedingungen; am häufigsten werden Suspensionen von Alkaliamiden in unpolaren Lösungsmitteln bzw. deren Lösungen in flüssigem Ammoniak sowie alkoholische Lösungen von Ätzkali oder Alkalialkoholaten verwendet.

Da unter dem Einfluß starken Alkalis und höherer Temperaturen die C≡C-Bindung dazu neigt, sich in das Innere des Moleküls zu verlagern oder zur Allen-Gruppierung >C=C=C< zu isomerisieren, empfiehlt sich zur Darstellung von Alkinen mit endständiger Dreifachbindung die Verwendung von Natriumamid in flüssigem Ammoniak (die erforderlichen Reaktionstemperaturen liegen z.T. unter –30 °C) oder von unpolaren Lösungsmitteln, wie z.B. Ligroin. In diesem Medium ist das Natriumsalz des Alk-1-ins unlöslich und wird so der weiteren Reaktion entzogen.[1]) Präparativ einfacher ist die Dehydrohalogenierung mit Ätzkali/Triethylenglycol („Triglycol")[2]), die sich allerdings bei Verbindungen mit alkaliempfindlichen Gruppen verbietet. Auch hier bleibt die Gefahr einer Bindungsisomerisierung gering, da das Alkin sofort aus dem Reaktionsgemisch herausdestilliert.

---

[1]) Umgekehrt bewirkt Natriumamid bei Alkinen mit innenständiger Dreifachbindung deren Isomerisierung zum Alk-1-in.

[2]) $HO–CH_2CH_2–O–CH_2CH_2–O–CH_2CH_2–OH$, α-Hydro-ω-hydroxy-tri(oxyethylen); Trivialnamen sind jedoch sehr gebräuchlich. Sie werden deshalb in diesem Buch auch verwendet, obwohl sie in den Nomenklaturregeln nicht vorgesehen sind.

Allgemeine Arbeitsvorschrift zur Dehydrohalogenierung von Alkylhalogeniden mit Dicyclohexylethylamin[1]) (Tab. 3.40)

In einem 250-ml-Dreihalskolben mit Destillationsaufsatz und absteigendem Kühler (Variante A) bzw. Innenthermometer, Rührer und Rückflußkühler mit Calciumchloridrohr (Variante B) werden 0,1 mol des Alkylhalogenids und 0,15 mol Dicyclohexylethylamin unter kräftigem Rühren auf 180 °C erhitzt, bei tiefer siedenden Alkylhalogeniden auf eine Temperatur, die 20 °C über dem Siedepunkt des Alkylhalogenids liegt. Wegen ihres höheren Siedepunkts sind die Alkylbromide besser geeignet als die Chloride. (Wieso ist der höhere Siedepunkt vorteilhaft?)

Unterhalb 130 °C siedende Olefine werden direkt aus dem Reaktionsgemisch herausdestilliert (Variante A). Gegen Schluß, wenn nur noch geringe Mengen Olefin übergehen, steigert man die Kolbentemperatur auf 230 °C. Nach beendeter Reaktion (Dauer etwa 15 bis 20 Stunden) wird das abdestillierte Olefin über Calciumchlorid getrocknet und rektifiziert.

Bei oberhalb 130 °C siedenden Olefinen (Variante B) erhitzt man unter Rühren 20 Stunden unter Rückfluß, läßt abkühlen und saugt vom ausgeschiedenen Dicyclohexylethylammoniumsalz ab. Der Filterrückstand wird mit Petrolether gewaschen. Aus den vereinigten Filtraten wird zunächst der Petrolether abdestilliert und der Rückstand über eine 20-cm-Vigreux-Kolonne im Vakuum fraktioniert.

Das Dicyclohexylethylamin ist in jedem Falle zurückzugewinnen: Bei Variante B wird der Destillationsrückstand der Fraktionierung des Olefins, der in der Hauptsache aus dem Amin besteht, bis zur sauren Reaktion mit verd. Salzsäure versetzt, die wäßrige Lösung zur Entfernung nicht umgesetzten Bromids und restlichen Olefins ausgeethert, mit dem abgesaugten Dicyclohexylethylammoniumbromid vereinigt und mit überschüssiger 50%iger Kalilauge das Amin in Freiheit gesetzt. Weitere Verarbeitung s. siehe D.2.6.4.

Bei Variante A wird der Kolbenrückstand analog aufgearbeitet: Lösen in Salzsäure (saure Reaktion prüfen!), ausethern, mit Kalilauge alkalisch machen, Amin abtrennen usw.

Tabelle 3.40

Dehydrohalogenierung von Alkylbromiden mit Ethyldicyclohexylamin

Produkt	Ausgangsverbindung (Kp in °C)	Variante	Kp in °C	n_D^{20}	Ausbeute in %
Hex-1-en	Hexylbromid (156)	A	63	1,3877	80
Hept-1-en	Heptylbromid (178)	A	93	1,3998	90
Oct-1-en	Octylbromid (200)	A	122	1,4091	95
Dec-1-en	Decylbromid	B	$52_{1,5(11)}$	1,4215	80
Dodec-1-en	Dodecylbromid	B	$96_{2,0(15)}$	1,4308	90

Allgemeine Arbeitsvorschrift zur Dehydrohalogenierung (Detosylierung) mit Ätzkali/Triglycol (Tab. 3.41)

In einem Zweihalskolben mit Rührer, Destillationsaufsatz und absteigendem Kühler löst man pro 0,1 mol abzuspaltendem Halogenwasserstoff 0,25 mol Ätzkali in 60 ml Triglycol unter Erwärmen im Metallbad auf etwa 100 °C (Braunfärbung)[2]). Man kühlt die Lösung etwas ab, gibt das betreffende Alkylhalogenid oder -tosylat zu und erhitzt danach langsam auf 200 °C Badtemperatur, wobei das Eliminierungsprodukt abdestilliert. Man verwende kein Innenthermometer, da das Glas durch die heiße Ätzkalilösung sehr stark angegriffen wird! Die Reaktion kann plötzlich und unter Schäumen eintreten, daher muß vorsichtig geheizt werden. Die Reaktion ist meist in etwa 30 Minuten beendet.

---

[1]) Es kann auch Dicyclohexylmethylamin, DBN oder DBU (vgl. [3.14]) verwendet werden.

[2]) Das Volumen des Kolbens soll mindestens doppelt so groß wie das des Reaktionsgemisches sein.

Das Reaktionsprodukt wird vom Wasser (aus dem Lösungsmittel und aus Nebenreaktionen) abgetrennt und die wäßrige Schicht ausgeethert; die vereinigten organischen Phasen werden mit Natriumsulfat getrocknet. Nach Abdestillieren des Ethers wird das Eliminierungsprodukt fraktioniert.

Die Präparationen sind auch im Halbmikromaßstab durchführbar. Man verzichtet in diesem Falle auf den Rührer und arbeitet in einer einfachen Destillationsapparatur.

Tabelle 3.41

Dehydrohalogenierung (Detosylierung) mit Ätzkali/Triglycol

Produkt	Ausgangsverbindung	Kp in °C	n_D^{20}	Ausbeute in %
Hex-1-in	1,2-Dibrom-hexan	71	1,3960	60
Oct-1-in	1,2-Dibrom-octan	127	1,4134	60
Dec-1-in	1,2-Dibrom-decan	$69_{1,3(10)}$	1,4242	80
Dodec-1-in	1,2-Dibrom-dodecan	$95_{2,0(15)}$	1,4351	80
Phenylacetylen	1,2-Dibrom-ethylbenzen	143	1,5460	90
Cyclohexen[1]	Bromcyclohexan	83	1,4438	90
Cyclohexa-1,3-dien[1][2]	1,2-Dibrom-cyclohexan[2]	80	1,4730	65
(+)p-Menth-2-en[3]	(–)p-Menth-3-yl-tosylat	$56_{2,0(15)}$	1,4506	85

[1] Nicht ausethern! Organische Phase abtrennen, trocknen, destillieren.
[2] Man gibt nur ein Viertel der Ausgangsverbindung zum Reaktionsgemisch, erhitzt dann bis zum Anspringen der Reaktion und tropft anschließend den Rest des Dibromides zu. Das Produkt enthält 10 bis 15% Cyclohexa-1,4-dien.
[3] Über Natrium redestillieren. Man ermittle polarimetrisch (vgl. A.3.4.) den Gehalt an *p*-Menth-2-en: *p*-Menth-2-en: $[\alpha]_D^{20} = +132°$, *p*-3-Menthen: $[\alpha]_D^{20} = +110°$ (gemessen in Substanz).

Darstellung von Diketen

Vorsicht! Diketen ist giftig und reizt die Atmungsorgane sowie die Haut! Abzug! Schutzhandschuhe tragen! Geräte mit verdünnter Lauge reinigen!

1 mol Acetylchlorid wird in 400 ml Diethylether gelöst und unter gutem Rühren tropfenweise mit einer Mischung aus 1 mol Triethylamin und 400 ml Ether versetzt. Man reguliert die Zugabe so, daß die Reaktion nicht zu heftig wird. Die etherische Lösung wird danach vom gebildeten Triethylaminhydrochlorid abgesaugt, indem man eine Fritte entsprechend Abbildung 3.42 in den Reaktionskolben einführt. Man destilliert anschließend im schwachen Vakuum über eine 20-cm-Vigreux-Kolonne. $Kp_{13,3(100)}$ 72 °C; Ausbeute 55%.

Für weitere Umsetzungen des Diketens ist es normalerweise nicht notwendig, das Produkt zu destillieren. Da die Trennung vom Diethylether relativ schwierig ist, sollte man die Folgereaktionen direkt in der erhaltenen Etherlösung durchführen.

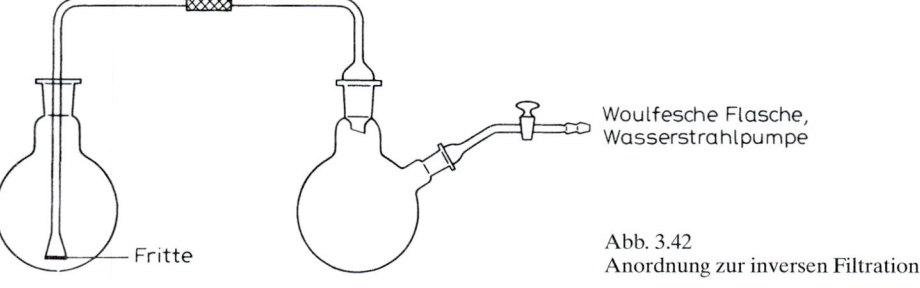

Woulfesche Flasche, Wasserstrahlpumpe

Fritte

Abb. 3.42
Anordnung zur inversen Filtration

Ketendiethylacetal aus Bromacetaldehyddiethylacetal: McElvain, S. M.; Kundiger, D., Org. Synth., Coll. Vol. **III** (1955), 506;

Acroleindiethylacetal aus β-Chlor-propionaldehydacetal: Witzemann, E. J.; Hass, H.; Schroeder, E. F., Org. Synth., Coll. Vol. **II** (1943), 17;

2-Vinyl-thiophen aus 2-(1-Chlorethyl)thiophen: Emerson, W. S.; Patrick, T. M., Org. Synth., Coll. Vol. **IV** (1963), 980;

Diphenylketen aus Diphenylacetylchlorid: Taylor, E. C.; McKillop, A.; Hawks, G. H., Org. Synth. **52** (1972), 36.

Beispiele für die Darstellung von Alkinen durch Dehydrobromierung mit Ätzkali/Alkohol:
Acetylendicarbonsäure aus *meso*-Dibrombernsteinsäure: Abbott, T. W.; Arnold, R. T.; Thompson, R. B., Org. Synth., Coll. Vol. **II** (1943), 10;

Phenylpropiolsäure aus α,β-Dibrom-zimtsäureethylester: Abbott, T. W., Org. Synth., Coll. Vol. **II** (1943), 515;

Tolan aus 1,2-Dibrom-stilben: Smith, L. J.; Falkoff, M. M., Org. Synth., Coll. Voll. **III** (1955) 350;

Dehydrobromierung unter Verwendung von Phasentransferkatalysatoren: *Propinaldiethylacetal* aus 2,3-Dibrom-propionaldehyddiethylacetal und andere Beispiele: Le Coq, A.; Gorgues, A., Org. Synth. **59** (1979), 10.

3.1.6. Eliminierung von Trialkylamin aus quartären Ammoniumbasen (Hofmann-Abbau)[1])

Durch Alkylierung von Aminen mit überschüssigem Alkylierungsmittel (man verwendet meist Methyliodid oder Dimethylsulfat) erhält man die quartären Ammoniumsalze, die sich mit Silberhydroxid bzw. unter Verwendung von Ionenaustauschern leicht in die quartären Ammoniumhydroxide überführen lassen. Diese zerfallen beim einfachen Erhitzen oder Eindampfen der wäßrigen Lösung in Olefin, tertiäres Amin und Wasser:

$$H-\overset{|}{\underset{|}{C}}-\overset{|}{\underset{|}{C}}-\overset{\oplus}{N}(CH_3)_3 \ + \ \overset{\ominus}{OH} \longrightarrow \ \overset{\diagdown}{\underset{\diagup}{C}}=\overset{\diagup}{\underset{\diagdown}{C}} \ + \ N(CH_3)_3 \ + \ H_2O \qquad [3.43]$$

Bei Anwesenheit mehrerer β-H-Atome im Molekül verläuft diese bimolekulare Eliminierung in vielen Fällen nach der Hofmann-Regel, z. B.

$$H_3C-\underset{\overset{|}{\oplus N(CH_3)_3}}{CH}-CH_2-CH_3 \ + \ \overset{\ominus}{OH} \ \overset{\Delta}{\Longrightarrow} \ \begin{cases} H_2C=CH-CH_2-CH_3 & 95\% \\ H_3C-CH=CH-CH_3 & 5\% \end{cases} \qquad [3.44]$$

Wenn eine Eliminierung nicht möglich ist, weil kein β-ständiger Wasserstoff vorhanden ist, beobachtet man Substitutionen, z. B.:

$$CH_3\overset{\oplus}{N}(CH_3)_3 \ + \ \overset{\ominus}{OH} \longrightarrow \ CH_3OH \ + \ N(CH_3)_3 \qquad [3.45]$$

Der Hofmann-Abbau ist vor allem für die Konstitutionsermittlung von stickstoffhaltigen, aus Naturprodukten isolierten Verbindungen (Alkaloiden) von großer Bedeutung gewesen. Das Prinzip besteht darin, daß man das betreffende Amin mit überschüssigem Methyliodid quaterniert („erschöpfende Methylierung") und das nach der Pyrolyse entstehende Olefin untersucht. Auf diese Weise bestimmte Hofmann die Struktur des Piperidins:

---

[1]) Man verwechsle nicht mit dem Hofmann-Abbau von Säureamiden (vgl.D.9.)!

$$\text{[3.46]}$$

Piperylen (Penta-1,3-dien)

Man informiere sich in den Lehrbüchern über die klassischen Arbeiten von R. WILLSTÄTTER (Abbau von Pseudopelletierin zu Cyclooctatetraen).

Der Hofmann-Abbau wird heute im Laboratorium mitunter angewandt, wenn definierte Olefine (z. B. mit endständiger Doppelbindung) unter relativ milden Bedingungen dargestellt werden sollen. In manchen Fällen ist es dabei unnötig, das quartäre Ammoniumsalz in die Ammoniumbase überzuführen. So lassen sich die Salze von Mannich-Basen der Struktur

$$\left[R-CO-CH_2-CH_2-\overset{\oplus}{\underset{\underset{H}{\mid}}{N}}\overset{R}{\underset{}{\mid}}R \right] X^{\ominus} \qquad \text{[3.47]}$$

(vgl. D.7.2.1.5.) glatt in die entsprechenden Vinylketone umwandeln, indem man sie auf 100 bis 150 °C erwärmt. Die Spaltung gelingt häufig auch durch Destillation mit Wasserdampf. Die leichte Eliminierung ist darauf zurückzuführen, daß ein relativ energiearmes konjugiertes Elektronensystem entstehen kann. Man formuliere das nachstehende Beispiel!

Darstellung von Methylvinylketon

Vorsicht! Methylvinylketon ist stark giftig, ruft auf der Haut Verätzungen hervor und reizt die Atmungsorgane. Abzug! Schutzhandschuhe tragen! Geräte mit Permanganatlösung reinigen!

1 mol 4-Dimethylamino-butan-2-on-hydrochlorid oder 4-Diethylamino-butan-2-on-hydrochlorid[1]) wird in der eben zureichenden Menge Wasser gelöst und mit 1 g Hydrochinon und 1 ml Eisessig versetzt. Man läßt diese Lösung im Verlauf von 1 bis 2 Stunden unter Rühren zu 250 ml Phthalsäurediethylester (als „innerer" Wärmeüberträger) zutropfen, der sich in einem 1-l-Dreihalskolben mit KPG-Rührer, Tropftrichter, Innenthermometer und Destillationsaufsatz mit absteigendem Kühler befindet und auf 160 °C erhitzt ist. Das gebildete Methylvinylketon destilliert zusammen mit dem Reaktionswasser ab. Die Vorlage wird über einen Vakuumvorstoß mit dem Kühler verbunden, zusätzlich in Eiswasser gekühlt und zur Stabilisierung des Methylvinylketons mit 0,5 g Hydrochinon und 0,5 ml Eisessig beschickt.

Nach Beendigung der Reaktion sättigt man das Destillat mit Kaliumcarbonat, trennt das Methylvinylketon ab, trocknet mit Natriumsulfat und destilliert im schwachen Vakuum[2]), wobei man sowohl in den Siedekolben als auch in die Vorlage 0,5 g Hydrochinon und 0,5 ml Eisessig gibt. Die Vorlage muß dabei in Eis/Kochsalz-Mischung gekühlt werden. Kp$_{13,3(100)}$ 33 °C; Ausbeute 80%.

Darstellung von *Hex-1-en* durch Hofmann-Abbau aus Hexylamin: COPE, A. C.; TRUMBULL, E. R., Org. React. **11** (1960), 381.

---

[1]) Es kann das in der Mannich-Reaktion unmittelbar abgeschiedene Hydrochlorid ohne Reinigung verwendet werden. Bei Verwendung der freien, destillierten Mannich-Base wird mit der äquimolaren Menge konzentrierter Salzsäure unter Eiskühlung neutralisiert.

[2]) Man muß bei möglichst niedriger Siedetemperatur destillieren. Bei vollem Wasserstrahlvakuum liegt der Siedepunkt jedoch bereits unter der Zimmertemperatur.

Alkene durch Hofmann-Eliminierung unter Verwendung von Ionenaustauschern für die Herstellung der quaternären Ammoniumhydroxide: Diphenylmethylvinylether: Kaiser, C.; Weinstock, J., Org. Synth. **55** (1976), 3.

3.2.   Thermische *syn*-Eliminierungen

Das Prinzip dieser Eliminierungen sei am klassischen Beispiel der Chugaev-Reaktion erläutert: Aus einem Kaliumalkoholat wird zunächst mit Schwefelkohlenstoff das entsprechende Kalium-O-alkyl-dithiocarbonat (Kaliumxanthogenat) hergestellt ([3.48a]). Durch Alkylierung dieses Salzes (man verwendet meist Methyliodid) gewinnt man den Dithiokohlensäure-O,S-dialkylester (Xanthogensäurealkylester) (b), der beim trockenen Erhitzen in ein Olefin, Alkylthiol und Kohlenoxidsulfid zerfällt (c):

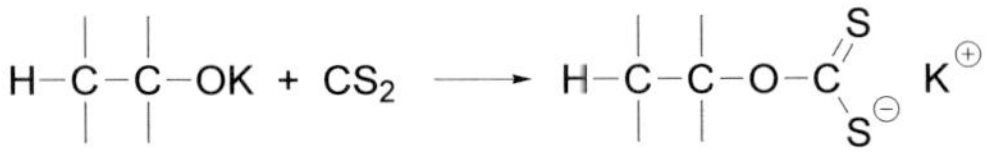

$$\text{H}-\overset{|}{\underset{|}{\text{C}}}-\overset{|}{\underset{|}{\text{C}}}-\text{OK} + \text{CS}_2 \longrightarrow \text{H}-\overset{|}{\underset{|}{\text{C}}}-\overset{|}{\underset{|}{\text{C}}}-\text{O}-\text{C}\overset{\text{S}}{\underset{\text{S}^\ominus}{}}\ \text{K}^\oplus \qquad [3.48a]$$

$$\text{H}-\overset{|}{\underset{|}{\text{C}}}-\overset{|}{\underset{|}{\text{C}}}-\text{O}-\text{C}\overset{\text{S}}{\underset{\text{S}^\ominus}{}} \xrightarrow[-\text{I}^\ominus]{+\text{RI}} \text{H}-\overset{|}{\underset{|}{\text{C}}}-\overset{|}{\underset{|}{\text{C}}}-\text{O}-\text{C}\overset{\text{S}}{\underset{\text{SR}}{}} \qquad [3.48b]$$

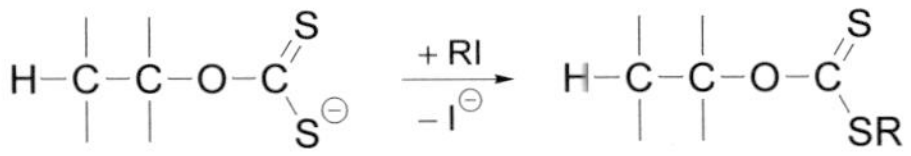

$$\text{H}-\overset{|}{\underset{|}{\text{C}}}-\overset{|}{\underset{|}{\text{C}}}-\text{O}-\text{C}\overset{\text{S}}{\underset{\text{SR}}{}} \xrightarrow{200\,°\text{C}} \text{C}=\text{C} + \text{RSH} + \text{COS} \qquad [3.48c]$$

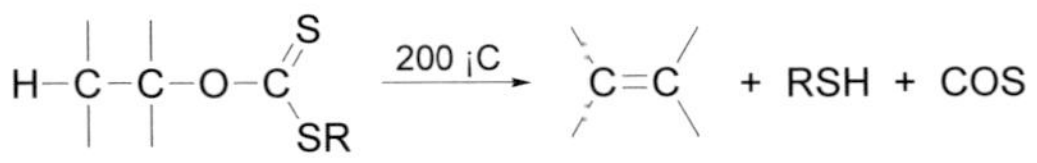

Diese Pyrolyse ist eine monomolekulare Reaktion. Sie verläuft jedoch im Gegensatz zur E1-Reaktion nicht über freie Ionen, sondern über einen cyclischen Übergangszustand, in dem Bindungsbruch und -bildung annähernd gleichzeitig erfolgen. Durch die Ringstruktur des Übergangszustandes ist gleichzeitig der sterische Verlauf als *syn*-Eliminierung festgelegt:

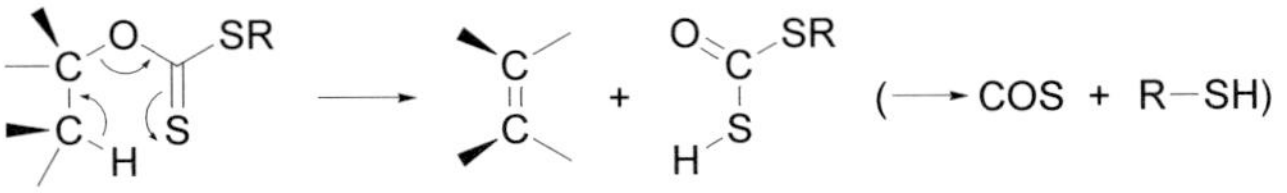

$$[3.49]$$

So werden bei der Chugaev-Eliminierung aus (–)-Menthol 66% *p*-Menth-3-en (neben 34% *p*-Menth-2-en) gebildet, woraus auf *syn*-Eliminierung zu schließen ist, da am C-Atom 4 kein zur OH-Gruppe *anti*-ständiger Wasserstoff zur Verfügung steht:

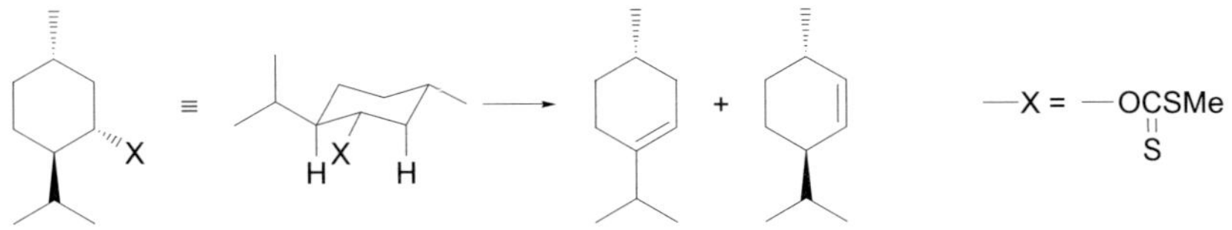

$$\qquad -\text{X} = -\text{OCSMe} \atop \hspace{2em} \overset{\|}{\text{S}} \qquad [3.50]$$

Man vergleiche das Ergebnis mit dem einer bimolekularen Eliminierung, z. B. am Menthyltosylat (D.3.1.3.)! Ähnlich lassen sich auch andere Ester, z. B. Urethane, Kohlensäure- und Carbonsäureester, Selen- und Sulfoxide, sowie Aminoxide (Cope-Eliminierung) pyrolysieren, wobei die Tendenz zur Pyrolyse in folgender Reihe abnimmt:

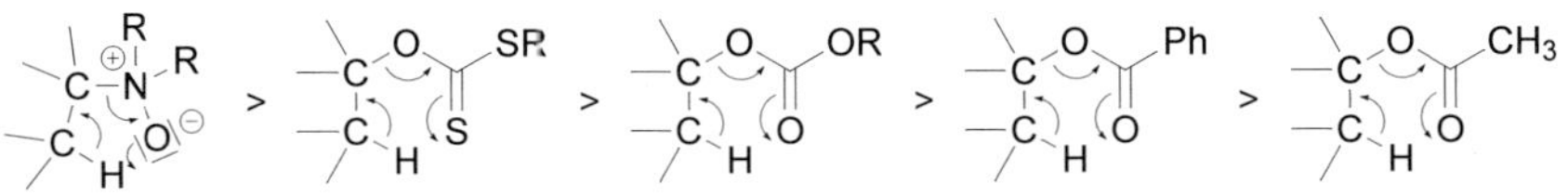

$$[3.51]$$

So erfordert z. B. die Pyrolyse der Essigsäureester Temperaturen von 400 bis 500 °C, während Dithiokohlensäure-O,S-dialkylester (Xanthogensäureester) bei 120 bis 200 °C und Aminoxide schon bei 80 bis 160 °C umgesetzt werden können. Sulfoxide unterliegen einer thermischen Eliminierung bei ca. 80 °C, Selenoxide zersetzen sich dagegen schon häufig während ihrer Herstellung bei Raumtemperatur.

Formulieren Sie die angegebenen Reaktionen im einzelnen!

Die Abspaltungsrichtung ist bei solchen thermischen Eliminierungen meist uneinheitlich. Bei offenkettigen Verbindungen kompensieren sich häufig sterische (konformative) und thermodynamische Einflüsse, so daß die Eliminierungsrichtung im wesentlichen statistisch bestimmt ist (vgl. D.3.1.2.). Bei der Pyrolyse von But-2-yl-acetat erhält man z. B. 51% But-1-en und 49% But-2-en.

Bei cyclischen Verbindungen kann die Konformation bestimmend werden. Sind von der Konformation her zwei Eliminierungsrichtungen möglich, wird überwiegend das thermodynamisch stabilere Produkt gebildet. 1-Methyl-cyclohexylacetat ergibt z. B. 75% 1-Methyl-cyclohex-1-en und 25% Methylencyclohexan.

Obwohl recht scharfe Pyrolysebedingungen notwendig sind, um Essigsäureester in die Olefine zu überführen, werden die Acetate als leicht herstellbare Ester doch häufig als Ausgangsmaterial verwendet, zumal ihre Pyrolyse trotz der häufig notwendigen hohen Temperatur mit beachtlich wenig Nebenreaktionen bzw. Isomerisierungen der Doppelbindung verläuft. So erhält man aus Alkylacetaten ziemlich reine Δ^1-Olefine. Selbst das Acetat des 2,2-Dimethylpentan-3-ols liefert neben 77% des normalen Eliminierungsproduktes (4,4-Dimethyl-pent-2-en) nur etwa 7% umgelagertes Olefin, während bei einer sauren Dehydratisierung weitgehende Skelettisomerisierung eintritt (vgl. auch [3.33].) Nitrilgruppen, Methoxygruppen, Nitrogruppen oder weitere Estergruppen stören die Reaktion im allgemeinen nicht, so daß auch die Darstellung von α,β-ungesättigten Nitrilen, Nitroverbindungen und Estern aus den α- oder β-Acyloxyverbindungen möglich ist. Auch konjugierte Diene lassen sich glatt erhalten. Die Acetate secundärer und tertiärer Alkohole reagieren bei 400 bis 500 °C praktisch vollständig, während unter diesen Temperaturbedingungen bei den Acetaten primärer Alkohole häufig nennenswerte Mengen unumgesetzt bleiben.

Darstellung von ungesättigten Verbindungen durch Pyrolyse von Acetaten: Organikum, 20. Aufl., Wiley-VCH, Weinheim 1999, S. 274.

Acrylonitril, Acrylester: BURNS, H.; JONES, D. T.; RORCHIE, P. D., J. Chem. Soc. **1935**, 400; *Buta-1,3-dien-1-carbonitril*: GUDGEON, H.; HILL, R.; ISAACS, E., J. Chem. Soc. **1951**, 1926; α,β-ungesättigte Ketone aus Essigsäure(2-oxo-alkyl)estern: COLONGE, J.; DUBIN, J.-C., Bull. Soc. Chim. France **1960**, 1180.

Beispiele für Chugaev-Eliminierungen an stark verzweigten secundären Alkoholen vom Typ des *3,3-Dimethyl-butan-2-ols*: NACE, H. R., Org. React. **12** (1962), 57.

Darstellung von *Methylencyclohexan* durch Cope-Eliminierung: COPE, A. C.; CIGANEK, E., Org. Synth. **39** (1959), 40.

Nach dem gleichen cyclischen Mechanismus wie die beschriebenen Esterpyrolysen verlaufen auch einige andere Reaktionen, von denen hier die Decarboxylierung von Malonsäuren und von β-Oxo-carbonsäuren formuliert sei. Auch dabei handelt es sich im Grunde um die pyrolytische Bildung eines Olefins, das aber hier ein Enol ist und sofort in die energieärmere Ketoform übergeht. Daher sind β-Oxo-carbonsäuren dann vollständig stabil, wenn sie kein Enol liefern können, wie die Camphercarbonsäure, wo die Bredt-Regel[1]) die Ausbildung der Enoldoppelbindung nicht zuläßt:

---

[1]) Bredt-Regel: In Brücken-Bicyclen kann die Ausbildung einer von einem Brückenkopf ausgehenden Doppelbindung verhindert werden, wenn die Anordnung zu sehr großer Spannung führt.
Bicyclo[x.y.z]alk-1-ene sind nur stabil, wenn x + y + z ≧ 7.

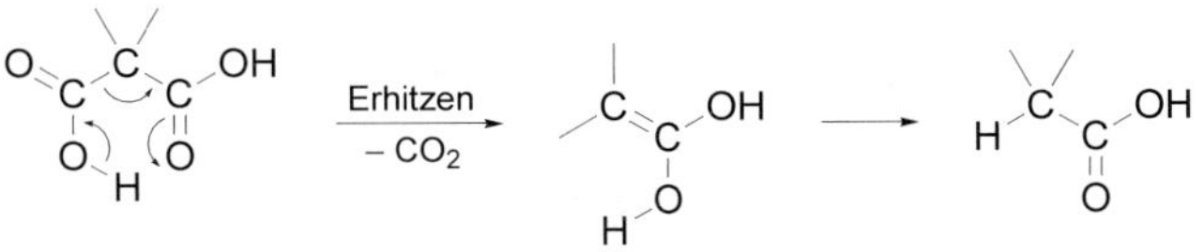

[3.52]

substituierte Malonsäure   substituierte Essigsäure

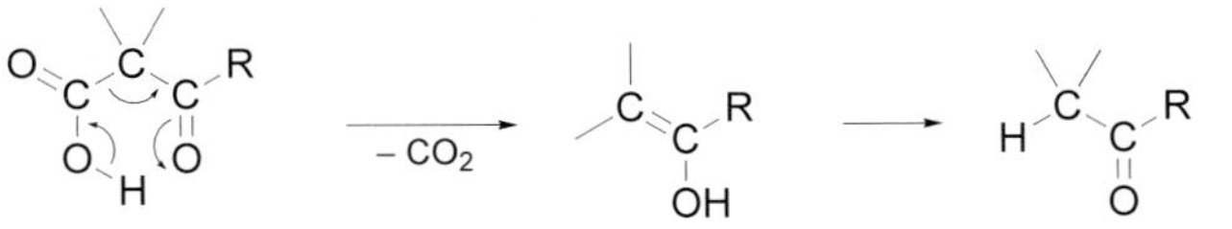

[3.53]

β-Oxocarbonsäure   Keton

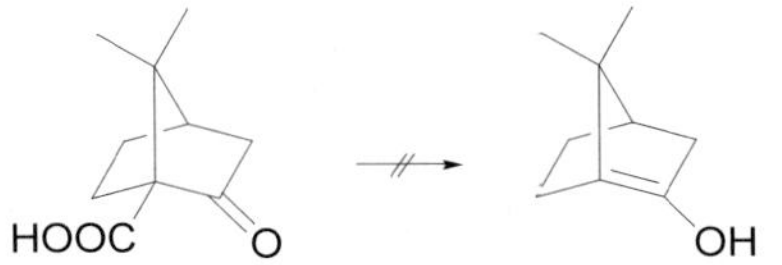

[3.54]

Da das bei der Decarboxylierung eliminierte Kohlendioxid besonders energiearm ist, erfolgen diese Eliminierungen bereits bei niederen Temperaturen (Malonsäuren 140 bis 160 °C, β-Oxo-carbonsäuren unter 100 °C). Über die präparative Durchführung dieser Reaktionen vgl. D.7.1.4.3.

Analog verläuft die Pyrolyse von Acetanhydrid zu Keten

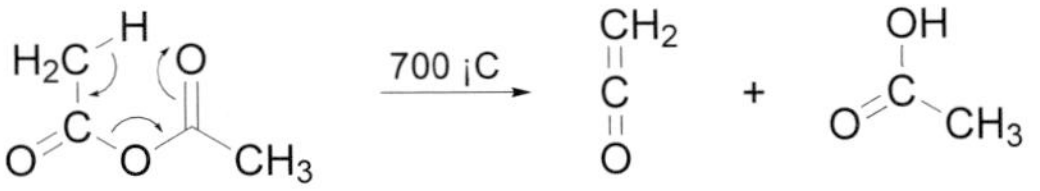

[3.55]

Keten läßt sich auch durch thermische Spaltung von Aceton herstellen:

$$H_3C-CO-CH_3 \longrightarrow H_2C=C=O + CH_4$$

[3.56]

Die beiden Verfahren werden auch technisch durchgeführt. Zu einigen Reaktionen des Ketens vgl. D.7.1.6. und D.7.4.2.3.

3.3. α,α-Eliminierung

Durch α,α-Eliminierung geminal angeordneter Substituenten entstehen Carbene R_2C: Sie treten meistens als kurzlebige, sehr reaktive Zwischenprodukte auf. So bilden sich kurzlebige Halogencarbene Hal(H)C|, bzw. Hal$_2$C|, durch Dehydrohalogenierung von Di- und Trihalogenmethanen sowie von Di- und Trihalogenessigsäuren (unter Decarboxylierung):

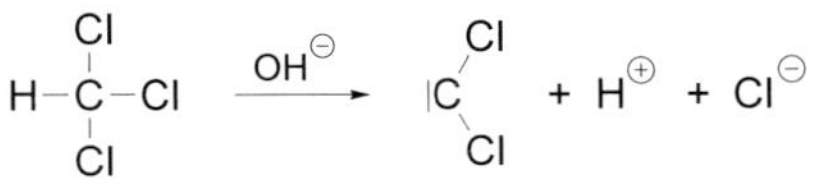

[3.57]

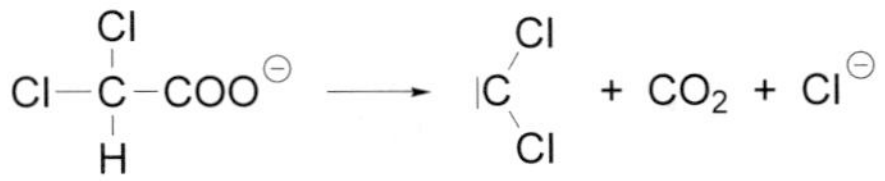

[3.58]

Methylene R$_2$C|, (R = Alkyl, Aryl oder H) dagegen entstehen aus aliphatischen Diazover-bindungen (vgl. D.8.4.) durch Pyrolyse, beim Bestrahlen mit UV-Licht oder in Gegenwart von Katalysatoren, vgl. auch die Zersetzung von α-Diazo-ketonen [8.41].

In Analogie zur Carbenbildung aus Diazoalkanen bilden sich bei der Thermolyse bzw. Photolyse von Aziden Nitrene als kurzlebige Zwischenverbindungen, z. B.:

$$R-\overset{\ominus}{\underline{N}}-N\overset{\oplus}{\equiv}\overline{N} \longrightarrow R-\overline{\underline{N}} + N_2 \tag{3.59}$$

Sie gehen analoge Reaktionen ein wie die Carbene (s. u.), außerdem dimerisieren sie leicht zu Azover-bindungen (man informiere sich in einem Lehrbuch).

Wegen des Elektronensextetts am Carbenkohlenstoff reagieren Carbene im allgemeinen als elektrophile Agenzien. Die beiden freien Elektronen am Carbenkohlenstoff können entgegengesetzten Spin haben. Sie liegen dann als Elektronenpaar vor. Man bezeichnet diesen Zustand als *Singulettzustand*. Sind die beiden Elektronen ungepaart (Diradikal), so spricht man vom *Triplettzustand*. Viele Carbene entstehen im Singu-lettzustand und gehen dann in den energieärmeren Triplettzustand über, dessen Reaktionen über radikali-sche Zwischenstufen verlaufen. Der Spinzustand der Carbene beeinflußt in starkem Maße den Mechanis-mus und damit auch den sterischen Ablauf ihrer Reaktionen. Man informiere sich hierüber in der am Ende des Kapitels gegebenen Literatur.

Die wichtigsten Reaktionen der Carbene sind:
- Der Einschub in kovalente Bindungen, z. B. in C–H-Bindungen (Insertion). So isoliert man bei der Pho-tolyse von Diazomethan in Diethylether neben kleinen Mengen Ethylen ein Gemisch aus Ethylpropyle-ther und Ethylisopropylether:

$$C_2H_5-O-CH_2-CH_3 \xrightarrow{+ |CH_2|} \begin{array}{l} C_2H_5-O-CH_2-CH_2-CH_3 \\[2mm] \underset{|}{C_2H_5-O-\underset{CH_3}{CH}-CH_3} \end{array} \tag{3.60}$$

Alkylcarbene bilden durch intramolekularen C–H-Einschub leicht Cyclopropane (formulieren!).
Seit langem bekannte Einschubreaktionen des in Gegenwart von Natronlauge aus Chloroform entste-henden Dichlorcarbens sind beispielsweise die *Carbylaminreaktion*, die sowohl zur präparativen Darstel-lung von Isocyaniden als auch zum analytischen Nachweis primärer Amine (vgl. E.1.2.8.1.) genutzt wird, und die *Synthese von o-Hydroxy-benzaldehyden*. Man informiere sich über die Reimer-Tiemann-Syn-these!
- Die elektrophile Anlagerung von Carbenen an Mehrfachbindungen, vgl. D.4.4.1.
- Die intra- und intermolekulare H-Abspaltung und Folgereaktionen der sich bildenden Radikale:

$$R-\overset{..}{C}H + H-R' \longrightarrow R-\overset{.}{C}H_2 + \overset{.}{R}' \tag{3.61}$$

Auf diese Weise können sich z. B. durch Radikalkombination Einschubprodukte bilden.
Im Gegensatz zur hohen Reaktivität der beschriebenen kurzlebigen Carbene können sich aus geeigneten *N*- oder *S,N*-Heterocycliumsalzen durch Deprotonierung reaktionsträge, stabile Carbene bilden, die in Substanz isolier- und charakterisierbar sind. Die Stabilität dieser Carbene resultiert aus der Mesomerie zwischen dem Elektronenpaar am Kohlenstoff und dem nachbarständigen Heteroatom, z. B.:

$$\tag{3.62}$$

Man informiere sich über stabile Carbene in der am Ende des Kapitels angegebenen Literatur.

3.4. Literaturhinweise

Zum Mechanismus von Eliminierungsreaktionen

ALESKEROV, M. A.; JUFIT, S. S.; KUCHEROV, V. F., Usp. Khim. **47** (1978), 233–259.
BANTHORPE, D. V.: Elimination Reactions. – Elsevier, Amsterdam, London, New York 1963.
BUNNETT, J. F., Angew.Chem. **74** (1962), 731–741.
COCKERILL, A. F.; HARRISON, R. G., in: The Chemistry of Doublebonded Funktional Groups. Hrsg.: S. PATAI. – John Wiley & Sons, London 1977.
INGOLD, C., Proc. Chem. Soc. **1962**, 265–274.
SAUNDERS, Jr., W. H., in: The Chemistry of Alkenes. Hrsg.: S. PATAI. – Interscience Publishers, London, New York, Sydney 1964.
SAUNDERS, W. H.; COCKERILL, A. F.: Mechanisms of Elimination Reactions. – John Wiley & Sons, New York 1973.
SICHER, J., Angew. Chem. **84** (1972), 177–191.

Synthese von Olefinen

HOUBEN-WEYL. Bd. 5/1b. – Georg Thieme Verlag, Stuttgart 1972.
HUBERT, A. J.; REIMLINGER, H., Synthesis **1969**, 97; **1970,** 405–430.
KNÖZINGER, H., Angew. Chem. **80** (1968), 778–792.
LEVINA, R. JA.; SKVARCHENKO, V. R., Usp. Khim. **18** (1949), 515–545.

Hofmann- und Cope-Eliminierung

COPE, A. C.; TRUMBULL, E. R., Org. React. **11** (1960), 317–493**.**

Chugaev-Eliminierung

NACE, H. R., Org. React. **12** (1962), 57–100.

Synthese von Acetylenen

CRAIG, J. C.; BERGENTHAL, M. D.; FLEMING, I.; HARLEY-MASON, H., Angew. Chem. **81** (1969), 437–446.
FRANKE, W., u. a. Angew. Chem. **72** (1960), 391–400;
„Neuere Methoden", Bd. 3 (1961), S. 261–279.
JACOBS, T. L., Org. React. 5 (1949), 1–78.
KÖBRICH, G., Angew. Chem. **77** (1965), 75–94.
LEVINA, R. JA.; VIKTOROVA, E. A., Reakts. Metody Issled. Org. Soedin. 7 (1951), 7–98.

Darstellung von Ketenen

HANFORD, W. E.; SAUER, J. C., Org. React. **3** (1946), 108–140.
SCHAUMANN, E.; SCHEIBLICH, S., in: HOUBEN-WEYL. Bd. E15/2 (1993), S. 2353–2530.
TIDWELL, T. T.: Ketenes. – John Wiley & Sons, New York 1994.

Carbene (Methylene), Nitrene

BURKE, ST. D.; GRIECO, P. A., Org. React. **26** (1979), 361–475.
Carbene (Carbenoide). Hrsg, M. REGITZ, in HOUBEN-WEYL. Bd. E19b (1989), S. 1–2214.
CHINOPOROS, E., Chem. Rev. **63** (1963), 235–255.
DAVE, V.; WARNHOFF, E. W., Org. React. **18** (1970), 217–401.
GILCHRIST, T. L.; REES, C. W.: Carbenes, Nitrenes, Arynes. – Th. Nelson & Sons, London 1969.
JONES, M., JR.; MOSS, R. A.: Carbenes. Bd. 1–2. – John Wiley & Sons, New York 1973–1975.
KIRMSE, W., Angew. Chem. **71** (1959), 537–541; **73** (1961), 161–166; **77** (1965), 1–10;
Prog. Org. Chem. **6** (1964), 164–216;
Carbene Chemistry. – Academic Press, New York 1964;
Carbene, Carbenoide und Carbenanalyse. – Verlag Chemie, Weinheim/Bergstr. 1969.
LWOWSKI, L., Angew.Chem. **79** (1967), 922–931.
ROZANCEV, G. G.; FAJNZIL'BERG, A. A.; NOVIKOV, S. S.; Usp. Khim. **34** (1965), 177–218.
WENTRUP, C., in: Topics in Current Chemistry. Bd. 62. – Springer-Verlag, Berlin, Heidelberg, New York 1976. S. 173–251.

Dihalogencarbene durch Phasentransferreaktion

WEBER, W. P.; GOKEL, G. W., in: Phase Transfer Catalysis in Organic Synthesis. – Springer-Verlag, Berlin, Heidelberg, New York 1977, S. 18–72.

Stabile Carbene aus Heterocycliumsalzen

ARDUENGO, A. J.; KRAFCYK, R., Chem. unserer Zeit **32** (1998) 6–XX
HERRMANN, W. A.; KÖCHER, C., Angew. Chem. **109** (1997), 2256–2282.

D.4   Addition an nichtaktivierte C–C-Mehrfachbindungen

Typisch für C–C-Doppel- und Dreifachbindungen sind Additionsreaktionen entsprechend [4.1]:

$$\ce{C=C} + X-Y \rightleftharpoons X-\ce{C-C}-Y \qquad [4.1a]$$

$$-C{\equiv}C- + X-Y \rightleftharpoons \ce{C=C}\overset{X}{\underset{Y}{}} \qquad [4.1b]$$

Formal handelt es sich dabei um die Umkehrung der in D.3. besprochenen Eliminierungen. Wichtige Additionsreaktionen sind in Tabelle 4.2 zusammengestellt.

Tabelle 4.2
Wichtige Additionsreaktionen an Alkene und Alkine

$\ce{C=C}$ + H–Hal ⟶ H–C–C–Hal		HCl-, HBr-, HI-Addition unter Bildung von Alkylhalogeniden
+ H–OSO$_3$H ⟶ H–C–C–OSO$_3$H		H$_2$SO$_4$-Addition zu sauren Schwefelsäureestern
+ H–OH $\xrightarrow{H^{\oplus}}$ H–C–C–OH		Saure Hydratisierung zu Alkoholen
+ H–OR $\xrightarrow{H^{\oplus}}$ H–C–C–OR		Alkoholaddition zu Ethern
+ Hal–Hal ⟶ Hal–C–C–Hal		Halogen- bzw. Interhalogen-addition zu vicinalen Dihalogeniden
+ HO–Cl ⟶ HO–C–C–Cl		Hypochloritaddition zu Chlorhydrinen
+ AcOHg$^{\oplus}$ / OH$^{\ominus}$ ⟶ AcOHg–C–C–OH		Oxymercurierung
$\xrightarrow{\text{Red.}}$ H–C–C–OH		Reduktion der Oxymercurie-rungsprodukte zu Alkoholen

Tabelle 4.2 (Fortsetzung)

Reaktion	Bezeichnung
$\text{C=C} + \text{H–B} \longrightarrow \text{H–C–C–B}$	Hydroborierung
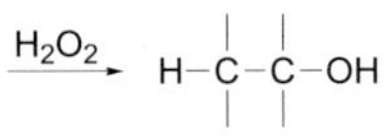 $\xrightarrow{\text{H}_2\text{O}_2} \text{H–C–C–OH}$	Oxidation der Organoborane zu Alkoholen
$+ \tfrac{1}{2}\,\text{O}_2 \longrightarrow \underset{\text{O}}{\text{C–C}}$	Epoxidierung
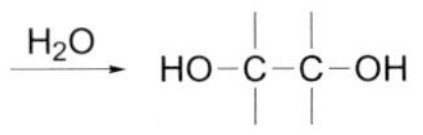 $\xrightarrow{\text{H}_2\text{O}} \text{HO–C–C–OH}$	Dihydroxylierung zu vicinalen Dihydroxyverbindungen
 $+ \;:\!\text{C} \longrightarrow \underset{\text{C}}{\text{C–C}}$	Cycloaddition mit Carbenen und Carbenoiden zu Cyclopropanen
$+ \text{O}_3 \longrightarrow$ (Ozonid)	Ozonierung
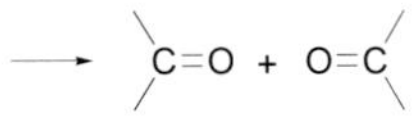 $\longrightarrow \text{C=O} + \text{O=C}$	Reduktion der Ozonide zu Aldehyden bzw. Ketonen
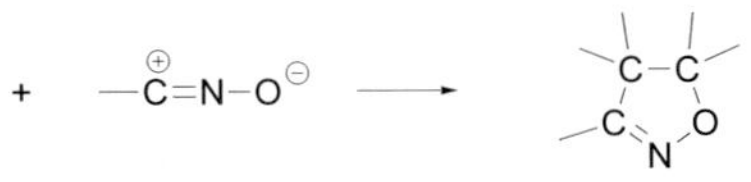 $+ \;-\overset{\oplus}{\text{C}}=\text{N–O}^{\ominus} \longrightarrow$ (5-Ring)	Cycloaddition mit 1,3-Dipolen zu 5-Ringheterocyclen (z. B. zu Δ^2-1,2-Oxazolinen)
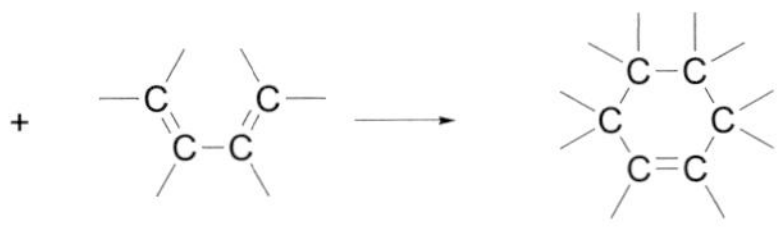 $+ \;\text{Dien} \longrightarrow$ (Cyclohexen)	Cycloaddition mit Dienen zu Cyclohexenen (Diels-Alder-Reaktion)
$+ \text{H}_2 \xrightarrow{\text{Kat.}} \text{H–C–C–H}$	Hydrierung
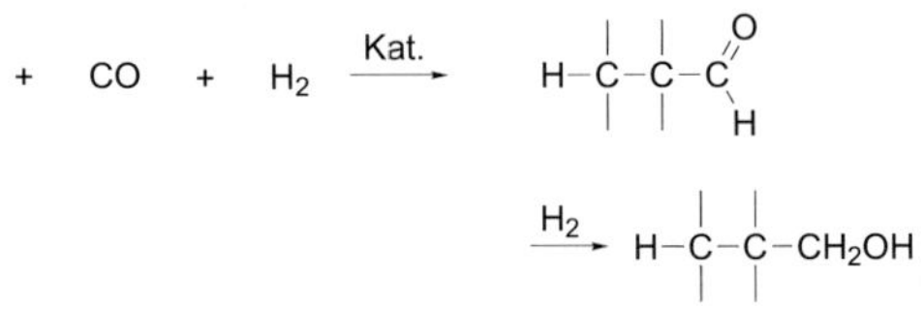 $+ \text{CO} + \text{H}_2 \xrightarrow{\text{Kat.}} \text{H–C–C–C}\overset{\text{O}}{\underset{\text{H}}{}}$	Umsetzung mit CO/H$_2$ zu Aldehyden (Hydroformylierung, Oxosynthese) bzw. Alkoholen
$\xrightarrow{\text{H}_2} \text{H–C–C–CH}_2\text{OH}$	
 $n\,\text{C=C} \xrightarrow{\text{Kat.}} \left(\!\text{C–C}\!\right)_{n-1}\!\text{C–C}$	Oligomerisierung, Cyclisierung und Polymerisation
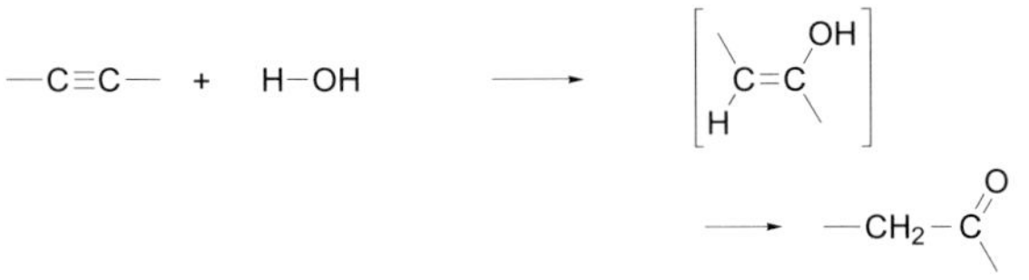 $-\text{C}\equiv\text{C}- + \text{H–OH} \longrightarrow \left[\underset{\text{H}}{\text{C=C}}\overset{\text{OH}}{}\right]$	Hydratisierung von Acetylenen zu Aldehyden bzw. Ketonen
$\longrightarrow -\text{CH}_2\text{–C}\overset{\text{O}}{}$	
 $+ \text{H–OR} \longrightarrow \underset{\text{H}}{\text{C=C}}\overset{\text{OR}}{}$	Alkoholaddition an Acetylene zu Enolethern

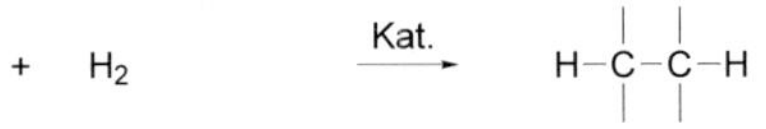

Tabelle 4.2 (Fortsetzung)

Reaktion	Produkt	Bezeichnung
−C≡C− + H−OCOR ⟶	C=C mit OCOR und H	Carbonsäureaddition an Acetylene zu Enolestern
+ H−N⟨ ⟶	C=C mit N⟨ und H	Aminaddition an Acetylene zu Enaminen
+ Hal−Hal ⟶	C=C mit Hal und Hal	Halogenaddition an Acetylene zu vicinalen Dihalogenalkenen

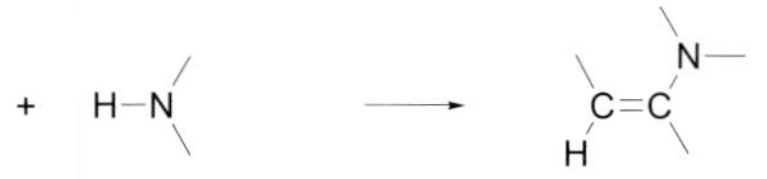

Alkene besitzen leicht polarisierbare π-Bindungen. Ihre nucleophilen Eigenschaften kommen auch in ihren relativ energiereichen π-HOMOs[1]) zum Ausdruck (vgl. C.6.). Bei der nichtkonjugierten olefinischen Doppelbindung überwiegt deshalb die Fähigkeit, elektrophil angegriffen zu werden.

Alkine haben energieärmere π-HOMOs als Olefine[2]). Sie reagieren folgerichtig bevorzugt mit nucleophilen Reagenzien.

Sowohl Doppel- als auch Dreifachbindungen gehen außerdem Radikalreaktionen ein.

Man unterscheidet demzufolge:
a) elektrophile Additionen (Symbol Ad$_E$)
b) nucleophile Additionen (Symbol Ad$_N$)
c) radikalische Additionen (Symbol Ad$_R$).

Insbesondere konjugationsfähige Substituenten steigern die Polarität von C–C-Mehrfachbindungen. +M-Substituenten, wie –NR$_2$, –OR und –OH, erhöhen die Elektronendichte an einer benachbarten Doppelbindung[1]). Sie begünstigen die Reaktion mit Elektrophilen (vgl. D.7.4.2.). –M-Substituenten, wie Carbonyl-, Nitril- und Nitrogruppen, vermindern die Elektronendichte benachbarter Doppelbindungen[1]) und erhöhten dadurch ihre Reaktivität gegenüber nucleophilen Reagenzien (vgl. D.7.4.1.).

Bei den „elektronenreichen" donor-substituierten Olefinen (z. B. *N*-alkylierte Tetraaminoethene) ist die Tendenz zur Elektronenabgabe so groß, daß sie in organischen Lösungsmitteln als lösliche Reduktionsmittel wirken. Im Gegensatz dazu sind die „elektronenarmen" acceptor-substituierten Olefine (z. B. Tetracyanethen) Oxidationsmittel.

4.1.   Elektrophile Addition an Olefine und Acetylene

4.1.1.   Mechanismus der elektrophilen Addition

Die elektrophile Addition an Olefine läßt sich als Säure-Base-Beziehung auffassen. Reaktionen dieses Typs verlaufen um so besser, je basischer (genauer: je nucleophiler) das Olefin und je saurer (genauer: je elektrophiler) das Reagens ist.

---

[1]) Die π-HOMO-Energien nichtaktivierter Olefine liegen bei ~ –10,5 eV, die LUMO-Energien bei ~ –1,5 eV. Für elektronendonorsubstituierte Olefine betragen die entsprechenden Energiewerte ~ –9,0 eV bzw. ~ +3,0 eV und für elektronenacceptorsubstituierte Olefine ~ –10,9 eV bzw. ~ 0 eV.

[2]) Die HOMO-Energien von Alkinen liegen zwischen etwa –10,9 und –11,4 eV und die LUMO-Energien zwischen etwa +1,1 und +0,6 eV.

Der schon erwähnte Einfluß von +M- und +I- bzw. von –M- und –I-Substituenten läßt sich aus folgender experimentell ermittelter Reihenfolge der zunehmenden Basizität von Olefinen entnehmen:

$$Cl-CH=CH_2 \approx HOOC-CH=CH_2 < H_2C=CH_2 < Alk-CH=CH_2$$

$$< (Alk)_2C=CH_2 < Alk-CH=CH-Alk < (Alk)_2C=C(Alk)_2$$

[4.3]

Als elektrophile Agenzien addieren sich an Olefine Protonen- und Lewis-Säuren, wie z. B. Halogenwasserstoffe, Schwefelsäure, Salpetersäure, $H_3O^{\oplus}$, Halogene, Interhalogene[1]), unterhalogenige Säuren u. a.

Die freien Halogene sind potentielle Lewis-Säuren, weil sie durch elektrophile Partner (Lösungsmittel oder Katalysatoren, wie $AlCl_3$, $ZnCl_2$, BF_3 u. ä.) polarisiert werden können. Die Reaktivität der zu addierenden Reagenzien nimmt mit ihrer Acidität zu, z. B. bei den Halogenwasserstoffsäuren HF $\ll$ HCl < HBr < HI, bei den Halogenen in der Reihe I_2 < Br_2 < Cl_2. Sie läßt sich durch elektrophile Katalysatoren steigern.

Das elektrophile Agens tritt zunächst mit der π-Bindung in Wechselwirkung, wobei es zur Ausbildung eines π-Komplexes (Ladungsübertragungskomplex) kommen kann.

π-Komplexe sind auch bei Aromaten möglich. Als Beweis für ihre Bildung dienen beispielsweise charakteristische Absorptionsbanden im UV-Gebiet. Augenfällig wird das Auftreten solcher Komplexe etwa durch die tiefe Farbe der Lösungen von Iod oder $AlCl_3$ in aromatischen Kohlenwasserstoffen.

Im ersten Schritt der Additionsreaktion bildet sich nach [4.4] ein Carbeniumion I. In einem weiteren rasch ablaufenden Schritt addiert sich ein im Reaktionsgemisch vorhandener nucleophiler Partner an das Carbeniumion, wobei das Endprodukt [4.4] II entsteht. Bei der in [4.4] formulierten Addition von Chlor fungiert E als elektrophiler Partner (Lösungsmittel oder Katalysator), der das Chlormolekül polarisiert:

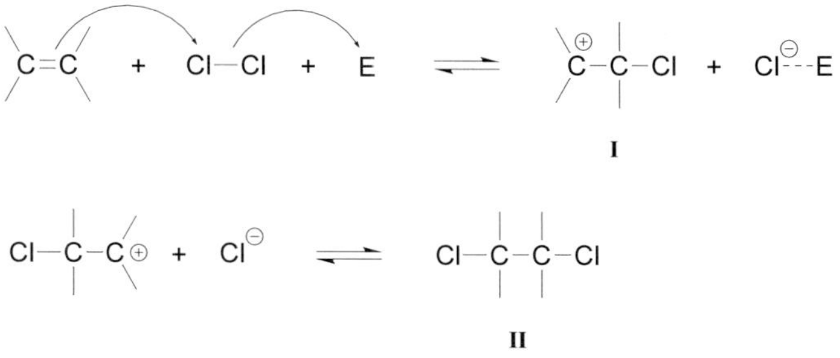

I

[4.4]

II

Bis zum Carbeniumion I verläuft die elektrophile Chlorierung von Aromaten analog (vgl. D.5.1.5.).

Der zweistufige Mechanismus der elektrophilen Addition wird dadurch bewiesen, daß in der zweiten Stufe der Reaktion auch andere nucleophile Partner um das Carbeniumion konkurrieren können, z. B. bei der Reaktion von Chlor mit Olefinen in Gegenwart von Natriumbromid, Wasser und Alkohol:

---

[1]) Interhalogene: ICl, BrCl usw.

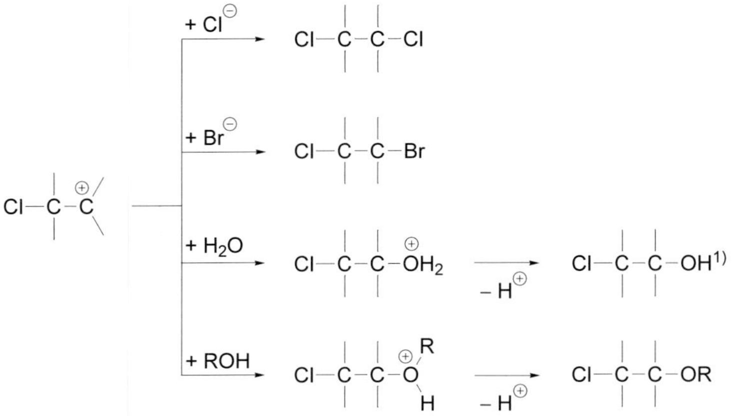

$$\text{Cl}-\overset{|}{\underset{|}{\text{C}}}-\overset{\oplus}{\underset{\diagdown}{\text{C}}}\diagup$$

$+ \text{Cl}^{\ominus} \longrightarrow \text{Cl}-\overset{|}{\underset{|}{\text{C}}}-\overset{|}{\underset{|}{\text{C}}}-\text{Cl}$ [4.5a]

$+ \text{Br}^{\ominus} \longrightarrow \text{Cl}-\overset{|}{\underset{|}{\text{C}}}-\overset{|}{\underset{|}{\text{C}}}-\text{Br}$ [4.5b]

$+ \text{H}_2\text{O} \longrightarrow \text{Cl}-\overset{|}{\underset{|}{\text{C}}}-\overset{|}{\underset{|}{\text{C}}}-\overset{\oplus}{\text{OH}_2} \xrightarrow[-\text{H}^{\oplus}]{} \text{Cl}-\overset{|}{\underset{|}{\text{C}}}-\overset{|}{\underset{|}{\text{C}}}-\text{OH}^{1)}$ [4.5c]

$+ \text{ROH} \longrightarrow \text{Cl}-\overset{|}{\underset{|}{\text{C}}}-\overset{|}{\underset{|}{\text{C}}}-\overset{\oplus}{\underset{\text{H}}{\text{O}}}\diagdown^{\text{R}} \xrightarrow[-\text{H}^{\oplus}]{} \text{Cl}-\overset{|}{\underset{|}{\text{C}}}-\overset{|}{\underset{|}{\text{C}}}-\text{OR}$ [4.5d]

Das Ausmaß, in dem die einzelnen Konkurrenzreaktionen ablaufen, richtet sich nach der Reaktivität und Konzentration der nucleophilen Partner und kann durch geeignete Wahl der Reaktionsbedingungen (z. B. der Konzentration) beeinflußt werden.

Bei der Reaktion elektrophiler Reagenzien mit konjugierten Dienen wird im ersten Schritt der Addition ebenfalls ein Carbeniumion gebildet. Seine positive Ladung ist aber über das gesamte konjugierte System delokalisiert. Deshalb kann es den nucleophilen Partner im zweiten Schritt sowohl am C-Atom 2 als auch am C-Atom 4 addieren, z. B.:

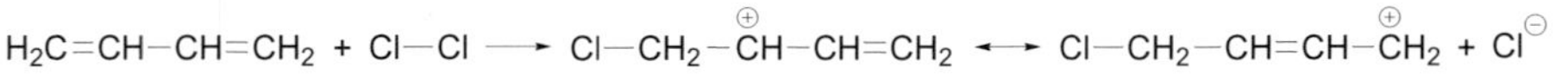

$$\text{H}_2\text{C}=\text{CH}-\text{CH}=\text{CH}_2 + \text{Cl}-\text{Cl} \longrightarrow \text{Cl}-\text{CH}_2-\overset{\oplus}{\text{CH}}-\text{CH}=\text{CH}_2 \longleftrightarrow \text{Cl}-\text{CH}_2-\text{CH}=\text{CH}-\overset{\oplus}{\text{CH}}_2 + \text{Cl}^{\ominus} \quad [4.6a]$$

$$\text{Cl}-\text{CH}_2-\overset{\frown}{\overset{\oplus}{\text{CH}}=\text{CH}}=\text{CH}_2 + \text{Cl}^{\ominus} \diagup \begin{array}{l} \text{Cl}-\text{CH}_2-\text{CH}=\text{CH}-\text{CH}_2-\text{Cl} \quad \text{(1,4-Addukt)} \\[2em] \text{Cl}-\text{CH}_2-\underset{\text{Cl}}{\text{CH}}-\text{CH}=\text{CH}_2 \quad \text{(1,2-Addukt)} \end{array} \quad [4.6b]$$

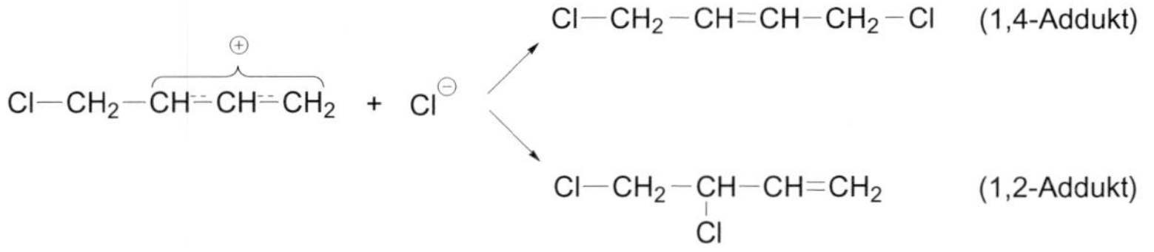

Es werden daher im allgemeinen Gemische von 1,2- und 1,4-Addukten erhalten. Das thermodynamisch stabilere ist das 1,4-Addukt, das auch häufig in größerer Menge entsteht (im angeführten Beispiel: 1,2- zu 1,4-Addukt = 1 : 4).

4.1.2. Zur Additionsrichtung und zum sterischen Verlauf elektrophiler Additionen

Die meisten elektrophilen Reaktionspartner, die im ersten Schritt [4.4] an das Olefin addiert werden, können als „Nucleophil" intramolekular mit dem Carbeniumkohlenstoff in Wechselwirkung treten („Verbrückung") und ihn dadurch zeitweilig stabilisieren.

Es lassen sich dafür die folgenden Grenzfälle formulieren:

---

1) entspricht der Addition von unterchloriger Säure

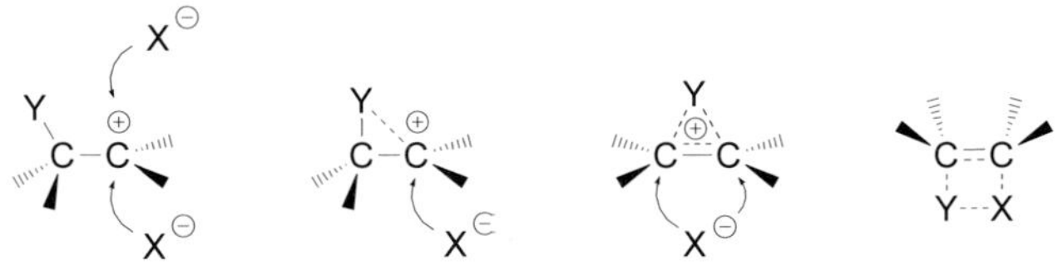

[4.7]

I   II   III   IV

Mit ihrer Hilfe können die Additionsrichtung bei unsymmetrischen Olefinen und der sterische Verlauf von Additionen erklärt werden.

In [4.7], I liegt ein klassisches Carbeniumion vor. Das nucleophile X| kann im zweiten Additionsschritt von beiden Seiten an den trigonal ebenen Carbeniumkohlenstoff herantreten. Die Addition verläuft nicht stereoselektiv. Das Carbeniumion [4.7], II ist unsymmetrisch verbrückt. Es läßt nur eine stereoselektive *anti*-Addition von X| zu. Bei symmetrischer Verbrückung [4.7], III kann aus dem gleichen Grunde nur *anti*-Addition eintreten. [4.7], III ist auch als delokalisierter π-Komplex aufzufassen. Die Additionsrichtung von X und Y an unsymmetrische Olefine ist hier nicht mehr eindeutig festgelegt. Ist die Heterolyse des Agens X–Y erschwert, so kann die Addition über einen Vierzentrenübergangszustand [4.7], IV als *syn*-Addition verlaufen (vgl. z. B. Hydroborierung).

Wird ein unsymmetrisches Reagens, wie z. B. Halogenwasserstoffsäure oder H_2O, an ein unsymmetrisches Olefin addiert, so entsteht eines der beiden formulierbaren Additionsprodukte nahezu ausschließlich:

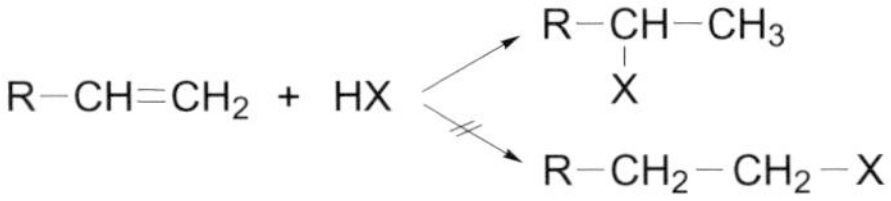

$$R-CH=CH_2 + HX \diagdown \begin{array}{c} R-CH-CH_3 \\ \quad\ X \\ R-CH_2-CH_2-X \end{array}$$ [4.8]

Das im ersten Schritt addierte Proton ist nicht in der Lage, das Carbeniumion zu überbrücken. Es entsteht nur das energieärmere der beiden möglichen klassischen Carbeniumionen. Aus Propen und HCl bildet sich beispielsweise [4.9] I, in dem die positive Ladung durch den +I-Effekt und durch die Hyperkonjugationswirkung der beiden Methylgruppen stabilisiert ist. Als Endprodukt erhält man Isopropylchlorid:

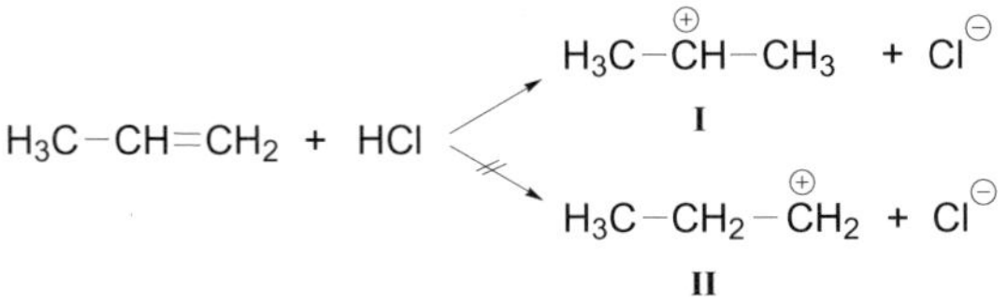

$$H_3C-CH=CH_2 + HCl \diagdown \begin{array}{c} H_3C-\overset{\oplus}{C}H-CH_3 + Cl^{\ominus} \\ \mathbf{I} \\ H_3C-CH_2-\overset{\oplus}{C}H_2 + Cl^{\ominus} \\ \mathbf{II} \end{array}$$ [4.9]

Dieser Befund läßt sich verallgemeinern.

Die elektrophile Addition einer Protonensäure an Olefine verläuft über das stabilste Kation; d. h.: *Bei der elektrophilen Addition von Protonensäuren an unsymmetrisch substituierte Olefine tritt das Wasserstoffatom an das wasserstoffreichere Kohlenstoffatom der Doppelbindung (Regel von* Markovnikov*).*

Die Regel läßt sich sinngemäß auch auf unterhalogenige Säuren und Interhalogene erweitern. Hier treten jedoch mit zunehmender Möglichkeit zur symmetrischen Verbrückung nach [4.7], III Abweichungen von der Markovnikov-Regel auf.

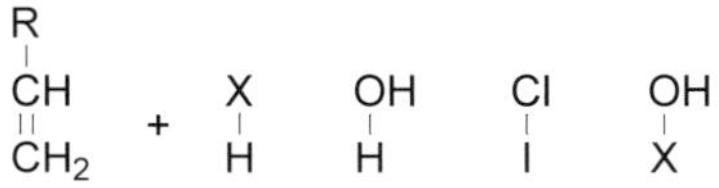

$$\begin{array}{llllll} R & & & & & \\ | & & & & & \\ CH & & X & OH & Cl & OH \\ \| & + & | & | & | & | \\ CH_2 & & H & H & I & X \end{array}$$ [4.10]

Die Markovnikov-Regel wird aber im allgemeinen auch befolgt, wenn ein Vierzentren-übergangszustand [4.7], IV durchlaufen wird (vgl. D.4.1.8., Addition von Borwasserstoff an Olefine).

Bei nucleophilen und radikalischen Additionen gilt die Markovnikov-Regel nicht!

Der sterische Verlauf der Addition ist für die entstehenden Produkte nur von Bedeutung, wenn durch die Addition zwei asymmetrische C-Atome entstehen bzw. bei cyclischen Verbindungen, bei denen die freie Drehbarkeit um die C–C-Einfachbindung aufgehoben ist. Die konfigurationserhaltende Wirkung des im ersten Schritt an das Olefin addierten elektrophilen Agens steigt dabei mit seiner Polarisierbarkeit an: Cl < Br < I.

Bei der Addition von Brom wird ein weitgehend symmetrisch verbrücktes Carbeniumion durchlaufen, an das das Bromidion im zweiten Schritt nur unter *anti*-Addition herantreten kann:

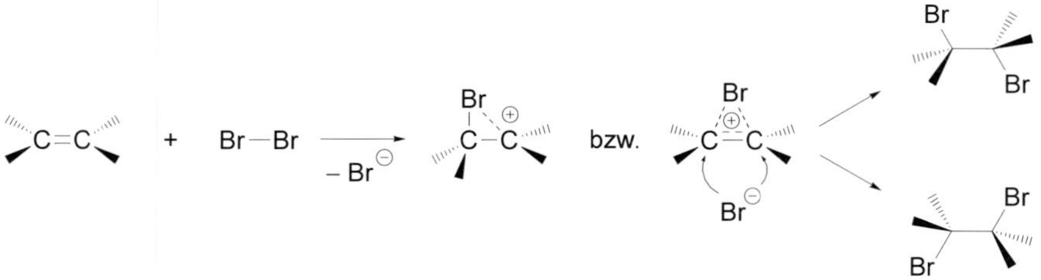

[4.11]

Bei der Addition von Brom an Maleinsäure entsteht mit 80%iger Ausbeute racemische Dibrombernsteinsäure. Fumarsäure liefert bei der gleichen Reaktion *meso*-Dibrombernsteinsäure:

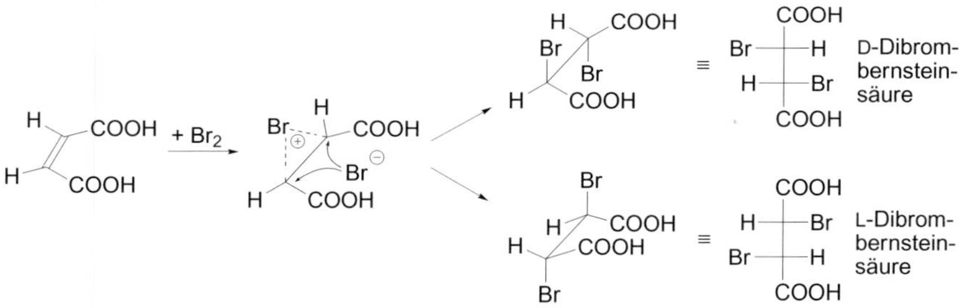

[4.12a]

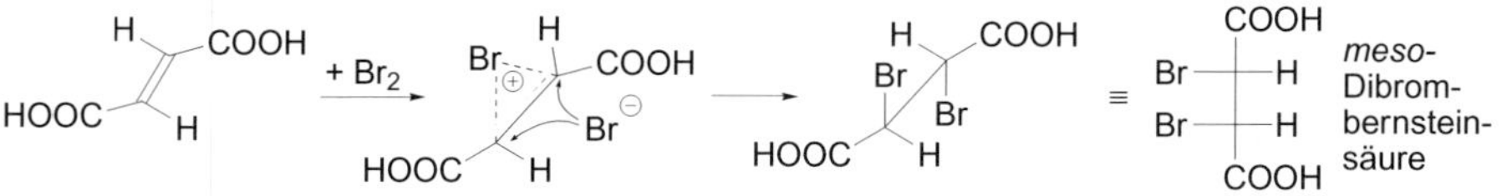

[4.12b]

Bei Cyclohexenen entsteht von den beiden möglichen *trans*-Formen normalerweise primär nur das Produkt der bis-axialen Addition (vgl. Abb. 3.25), das anschließend durch „Umklappen" des Sessels eine Konformation mit bis-äquatorialer Orientierung der Bromatome einnehmen kann:

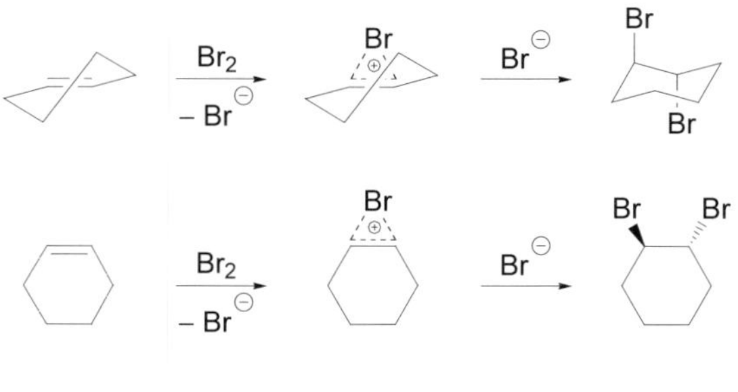

[4.13]

4.1.3.   Addition von Protonensäuren und Wasser an Olefine und Acetylene

Die Anlagerung starker Säuren (Halogenwasserstoffsäuren, Schwefelsäure usw.) an Olefine erfolgt entsprechend dem in D.4.1.1. geschilderten Mechanismus als Zweistufenprozeß, in dessen erster Phase ein Proton addiert wird, während das Anion erst im zweiten Schritt reagiert:

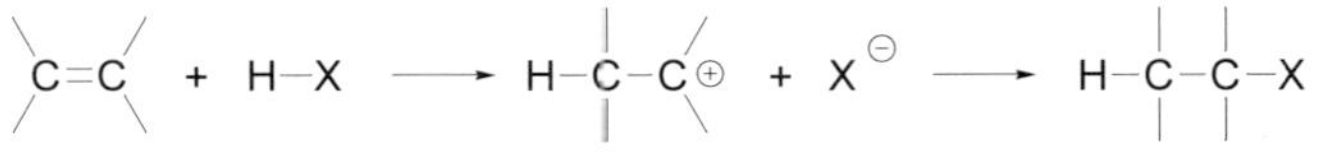

$$
\text{C=C} + \text{H—X} \longrightarrow \text{H—C—C}^{\oplus} + \text{X}^{\ominus} \longrightarrow \text{H—C—C—X} \qquad [4.14]
$$

Bei der Addition von Halogenwasserstoffsäuren entstehen so Alkylhalogenide, während Schwefelsäure Monoalkylsulfate ergibt.

Wasser läßt sich allein nicht an Olefine addieren, da seine Acidität ($H_3O^{\oplus}$-Konzentration) zu niedrig ist. Die Addition gelingt dagegen leicht in Gegenwart starker Säuren, wie Schwefelsäure, Salpetersäure u. a. Sie ist ein direkter Prozeß und verläuft nicht intermediär über die Säureester:

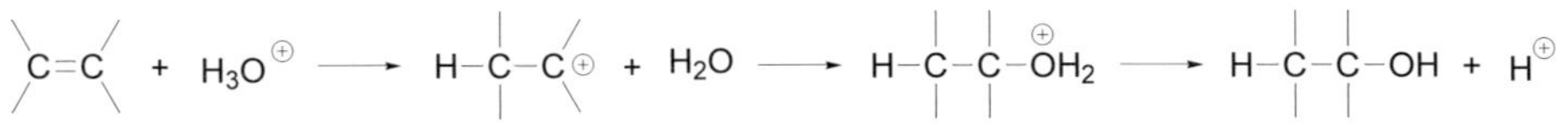

$$
\text{C=C} + \text{H}_3\text{O}^{\oplus} \longrightarrow \text{H—C—C}^{\oplus} + \text{H}_2\text{O} \longrightarrow \text{H—C—C—}\overset{\oplus}{\text{O}}\text{H}_2 \longrightarrow \text{H—C—C—OH} + \text{H}^{\oplus} \quad [4.15]
$$

Genauso wie das Wasser können auch die anderen im Reaktionsgemisch vorhandenen nucleophilen Reagenzien, z. B. das Anion der als Katalysator verwendeten Säure (vgl. [4.14]), der bereits gebildete Alkohol und das noch nicht umgesetzte Olefin mit dem intermediären Carbeniumion reagieren. So laufen beispielsweise bei der Umsetzung von Olefinen mit wäßriger Schwefelsäure die in Gleichung [4.16] aufgeführten Konkurrenzreaktionen ab.

Mit wasserfreien oder hochkonzentrierten Säuren können praktisch nur die Bildung der Ester und die Polymerisation erfolgen, wobei große Mengen Säure die Esterbildung begünstigen, während eine hohe Basizität des Olefins die Polymerisation fördert. In Gegenwart verdünnterer Säuren gewinnt in zunehmendem Maße die direkte Hydratisierung an Bedeutung, bei der stets Ether als Nebenprodukte auftreten.

Über die Reaktivität der Olefine und Säuren gilt das in D.4.1.1. gesagte. Je reaktionsträger die Olefine sind, desto stärker oder höher konzentriert muß die verwendete Säure sein. So setzt sich z. B. Ethylen mit konzentrierter wäßriger Salzsäure nicht um, wohl aber mit Bromwasserstoffsäure und Iodwasserstoffsäure. Isobuten reagiert dagegen leicht mit Chlorwasserstoff, der sich in Gegenwart saurer Katalysatoren, wie Aluminiumchlorid, auch mit Ethylen umsetzt. Mit Schwefelsäure reagieren Isobuten und andere tertiäre Olefine bereits glatt bei 0 °C, wobei eine 65%ige Säure genügt. Für Propen und n-Buten muß man eine 85%ige Säure verwenden, während sich Ethylen erst mit 98%iger Schwefelsäure in der Wärme schnell umsetzt. Man kann daher z. B. leicht aus der C_4-Fraktion der Crackgase das Isobuten mit 60 bis 65%iger Schwefelsäure „auswaschen".

$$\text{H}-\overset{|}{\underset{|}{\text{C}}}-\overset{|}{\underset{|}{\text{C}}}-\text{OSO}_2\text{OH} \qquad [4.16\text{a}]$$

$+\,\text{HO}-\text{SO}_2-\text{O}^{\ominus}$

Alkylhydrogensulfat

$+\,\text{H}-\overset{|}{\underset{|}{\text{C}}}-\overset{|}{\underset{|}{\text{C}}}-\text{OSO}_2\text{O}^{\ominus}$

$$\text{H}-\overset{|}{\underset{|}{\text{C}}}-\overset{|}{\underset{|}{\text{C}}}-\text{O}-\text{SO}_2-\text{O}-\overset{|}{\underset{|}{\text{C}}}-\overset{|}{\underset{|}{\text{C}}}-\text{H} \qquad [4.16\text{b}]$$

Dialkylsulfat

$$\text{H}-\overset{|}{\underset{|}{\text{C}}}-\overset{|}{\underset{|}{\text{C}}}-\overset{\oplus}{\text{O}}\text{H}_2 \xrightarrow{-\text{H}^{\oplus}} \text{H}-\overset{|}{\underset{|}{\text{C}}}-\overset{|}{\underset{|}{\text{C}}}-\text{OH} \qquad [4.16\text{c}]$$

$+\,\text{H}_2\text{O}$

Alkohol

$\text{H}-\overset{|}{\underset{|}{\text{C}}}-\overset{|}{\underset{\diagdown}{\text{C}}}{}^{\oplus}$

$+\,\text{H}-\overset{|}{\underset{|}{\text{C}}}-\overset{|}{\underset{|}{\text{C}}}-\text{OH}$

$$\text{H}-\overset{|}{\underset{|}{\text{C}}}-\overset{|}{\underset{|}{\text{C}}}-\overset{\oplus}{\underset{\text{H}}{\text{O}}}-\overset{|}{\underset{|}{\text{C}}}-\overset{|}{\underset{|}{\text{C}}}-\text{H} \xrightarrow{-\text{H}^{\oplus}} \text{H}-\overset{|}{\underset{|}{\text{C}}}-\overset{|}{\underset{|}{\text{C}}}-\text{O}-\overset{|}{\underset{|}{\text{C}}}-\overset{|}{\underset{|}{\text{C}}}-\text{H} \qquad [4.16\text{d}]$$

Ether

$+\,\overset{\diagup}{\underset{\diagdown}{\text{C}}}=\overset{\diagup}{\underset{\diagdown}{\text{C}}}$

$$\text{H}-\overset{|}{\underset{|}{\text{C}}}-\overset{|}{\underset{|}{\text{C}}}-\overset{|}{\underset{|}{\text{C}}}-\overset{\diagup}{\underset{\diagdown}{\text{C}}}{}^{\oplus} \xrightarrow{-\text{H}^{\oplus}} \text{H}-\overset{|}{\underset{|}{\text{C}}}-\overset{|}{\underset{|}{\text{C}}}-\overset{|}{\text{C}}=\text{C}\overset{\diagup}{\diagdown} \quad \text{usw.} \qquad [4.16\text{e}]$$

Dimeres, Polymere

Bei den hohen Schwefelsäurekonzentrationen, die bei diesen technisch in großem Umfang durchgeführten Reaktionen angewendet werden, wird die neben der Hydratisierung ablaufende Bildung der Monoalkylsulfate zur Hauptreaktion. Außerdem findet man auch Dialkylsulfat im Reaktionsgemisch, das gewöhnlich durch saure Hydrolyse bzw. Alkoholyse zu Alkohol bzw. Ether verarbeitet wird (vgl. D.2.5.2. und Tab. 4.20).

Bei Additionen von Säuren und Wasser an Olefine findet man nicht nur das einheitliche, nach der Markovnikov-Regel zu erwartende Additionsprodukt, sondern Gemische. Das nach der Addition eines Protons an die Doppelbindung des Olefins [4.17], I entstandene Carbeniumion II kann sich in ein energieärmeres umlagern (III). Durch Wiederabspaltung des Protons bildet sich das Olefin IV (vgl. dazu auch [3.31]):

$$\text{H}_3\text{C}-\text{CH}_2-\text{CH}_2-\text{CH}=\text{CH}_2 \underset{-\text{H}^{\oplus}}{\overset{+\text{H}^{\oplus}}{\rightleftharpoons}} \text{H}_3\text{C}-\text{CH}_2-\text{CH}_2-\overset{\oplus}{\text{C}}\text{H}-\text{CH}_3 \quad \textbf{II}$$

$$\textbf{I}$$

$$\underset{-\text{H}^{\oplus}}{\diagup} \qquad\qquad \diagdown \qquad\qquad [4.17]$$

$$\text{H}_3\text{C}-\text{CH}_2-\text{CH}=\text{CH}-\text{CH}_3 \underset{-\text{H}^{\oplus}}{\overset{+\text{H}^{\oplus}}{\rightleftharpoons}} \text{H}_3\text{C}-\text{CH}_2-\overset{\oplus}{\text{C}}\text{H}-\text{CH}_2-\text{CH}_3$$

$$\textbf{IV} \qquad\qquad\qquad\qquad \textbf{III}$$

So addiert sich z. B. konzentrierte Schwefelsäure bei $-10\,^{\circ}\text{C}$ an Dodec-1-en zu einem Gemisch aller stellungsisomeren Dodecylsulfate. Aus dem gleichen Grunde wird unter dem Einfluß von Säuren in Olefinen leicht die Doppelbindung verschoben. Es entstehen bei ausreichender Reaktionszeit die verschiedenen möglichen Olefine im Verhältnis ihrer thermodynamischen Stabilität.

Die elektrophile Addition von Wasser, Alkoholen und Säuren an Acetylene verläuft nur in Gegenwart spezieller Katalysatoren (Quecksilber- und Kupfersalze), weil die Acetylenbindung gegenüber elektrophilen Reagenzien relativ wenig reaktionsfähig ist (vgl. D.4., Einleitung). Der Mechanismus ist noch nicht in allen Einzelheiten geklärt.

Die bei der Addition von Wasser an Acetylene gebildeten Enole lagern sich sofort in Carbonylverbindungen um:

$$—C{\equiv}C— \;+\; H_2O \xrightarrow{\;H_2SO_4,\; HgSO_4\;} \underset{H}{\overset{}{\diagdown}}C{=}C\underset{\diagdown}{\overset{OH}{\diagup}} \longrightarrow —\underset{H}{\overset{H}{C}}-C\overset{O}{\diagup} \qquad [4.18]$$

Aus Acetylen selbst entsteht Acetaldehyd, während aus substituierten Acetylenen Ketone gebildet werden. Es lassen sich so auch α,β-ungesättigte Ketone und α-Hydroxyketone aus den entsprechenden Acetylenen darstellen. Olefinische Doppelbindungen reagieren im allgemeinen unter den Hydratisierungsbedingungen für Acetylene nicht.

Allgemeine Arbeitsvorschrift für die Hydratisierung von Acetylenen (Tab. 4.19)

In einem 500-ml-Dreihalskolben mit Rührer, Rückflußkühler und Tropftrichter werden 8 ml konz. Schwefelsäure, 5 g Quecksilber(II)-sulfat und 200 ml Wasser vorgelegt, auf 60 °C erwärmt und innerhalb einer Stunde 0,5 mol des betreffenden Alkins unter gutem Rühren zugetropft. Dann rührt man noch 3 Stunden bei 60 °C, kühlt im Eisbad ab und extrahiert fünfmal mit je 40 ml Ether. Die vereinigten Etherextrakte werden mit gesättigter Kochsalzlösung neutral gewaschen und mit Natriumsulfat getrocknet. Nach Entfernen des Ethers destilliert man das Keton. Bei höheren Ketonen kann man die Reaktionstemperatur auf 80 °C steigern.

Für *Halbmikroansätze* kann wie folgt verfahren: Zunächst wird aus 100 mg rotem Quecksilberoxid, 10 mg Trichloressigsäure, 0,25 ml Methanol und 0,15 ml Bortrifluoridetherat der Additionskatalysator hergestellt, indem man in einem Reagenzglas 1 Minute auf 50 bis 60 °C erwärmt. 1 g des betreffenden Acetylens wird in 3 ml Methanol gelöst, mit der Katalysatorlösung versetzt und 30 Minuten auf 50 bis 60 °C erwärmt. Es entsteht durch Addition von 2 mol Alkohol das Acetal, wobei sich ein grauer Niederschlag bildet. Man hydrolysiert das Acetal zum Keton durch Zugabe von 2 bis 3 ml Wasser, dem zur Bindung der Säure 10% Kaliumcarbonat zugesetzt wurde. Dann wird ausgeethert und wie oben aufgearbeitet.

Diese Variante eignet sich zur analytischen Identifizierung von Acetylenen, indem die entstandenen Ketone (Rohprodukte) durch geeignete Derivate charakterisiert werden.

Tabelle 4.19

Ketone durch Hydratisierung von Alkinen

Produkt	Ausgangsverbindung	Kp (bzw. F) in °C	n_D^{25}	Ausbeute in %
Hexan-2-on	Hex-1-in	126	1,3985	78
Heptan-2-on	Hept-1-in	148	1,4066	85
Octan-2-on	Oct-1-in	168	1,4134	90
(1-Hydroxy-cyclohexyl)-methylketon	1-Ethinyl-cyclohexanol	$93_{2,0(15)}$	1,4670	65
(1-Hydroxy-cyclopentyl)-methylketon	1-Ethinyl-cyclopentanol	$77_{1,3(10)}$	1,4619	65
3-Hydroxy-3-methyl-pentan-2-on	3-Methyl-pent-1-in-3-ol	$72_{6,7(50)}$	1,4200	60

Weitere *Hydratisierungen von Acetylenderivaten* finden sich bei KUPIN, B. S.; PETROV, A., Zh. Obshch. Khim. 31 (1961), 2963.

Hydratisierung von 1,1-disubstituierten Propargylalkoholen, auch unter gleichzeitiger Dehydratisierung des tertiären Alkohols zu α,β-ungesättigten Ketonen in Gegenwart von Ionenaustauschern: NEWMAN, M. S., J. Am. Chem. Soc. **75** (1953), 4740.

Die Addition von anorganischen Säuren und Wasser an Olefine ist präparativ von geringer Bedeutung. Die einfachen Halogenide sind anders meist leichter zugänglich, beispielsweise aus Alkoholen, und dienen umgekehrt oft zur Darstellung der Olefine.

Industriell dagegen findet die Anlagerung von Chlorwasserstoff, Schwefelsäure und Wasser an Olefine sowie die Addition von Wasser, Chlorwasserstoff, Blausäure und Essigsäure an Acetylen[1]) häufig Anwendung. Die wichtigsten Produkte sind in Tabelle 4.20 aufgeführt.

Tabelle 4.20

Technisch wichtige Additionsprodukte von anorganischen Säuren, Wasser und Alkoholen an Alkene und Alkine

Produkt	Verwendung
Ethylchlorid (vgl. Tab. 1.37)	→ Ethylcellulose (vgl. D.2.6.2.)
Ethanol	Lösungsmittel
	→ Acetaldehyd → Essigsäure
	→ Diethylether (vgl. Tab. 2.61)
	→ Ester (Lösungsmittel)
	→ Chloral → DDT (vgl. D.5.1.8.5.) u. a. Schädlingsbekämpfungsmittel
Isopropylalkohol	Lösungsmittel
	→ Ester (Lösungsmittel)
sec-Butylalkohol	→ Ethylmethylketon (Lösungsmittel)
tert-Butylalkohol	Alkylierungsmittel (→ tert-Butylphenol u. a.)
Alkylhydrogensulfate (C$_{12}$ bis C$_{16}$)	Waschmittel
tert-Butylmethylether (MTBE)	Kraftstoffzusatz
Vinylchlorid[1])	→ Polyvinylchlorid (vgl. Tab.3.37)
Vinylacetat[1])	→ Polyvinylacetat (→ Polyvinylalkohol)
	→ Mischpolymerisate (z. B. mit Vinylchlorid)
Acetaldehyd[1])	→ Essigsäure, Acetanhydrid
	→ Essigsäureethylester (Claisen-Tishchenko- Reaktion, vgl. D.7.3.1.3.)
	→ Acetaldol → Crotonaldehyd (vgl. Tab. 3.37)
	→ Pentaerythritol
	→ Choral → DDT (vgl. D.5.1.8.5.)
	→ Peressigsäure
	→ Glyoxal
	→ Pyridin und Alkylpyridine
2-Chlor-buta-1,3-dien	→ Chloropren

[1]) Diese Produkte werden überwiegend nicht aus Acetylen, sondern auf Ethylenbasis hergestellt.

Für die Wasseraddition an Alkene wird neben der schwefelsäurekatalysierten Reaktion (vgl. [4.15]) auch ein Gasphasenprozeß genutzt, bei dem das Alken mit Wasserdampf bei erhöhter Temperatur und Druck (ca. 300 °C, 7 MPa) über saure Katalysatoren (Phosphorsäure auf Kieselgur, WO$_3$/Fe$_2$O$_3$, TiO$_2$/Fe$_2$O$_3$) geleitet wird.

4.1.4. Addition von Halogenen und unterhalogenigen Säuren an Olefine und Acetylene

Die Addition von Chlor und Brom ist eine charakteristische Reaktion der C=C-Doppelbindung, die leicht und in vielen Fällen quantitativ verläuft. Die Reaktivität (Basizität) verschiedener Olefine geht aus [4.3] hervor.

Es gibt einzelne Olefine, die infolge zu geringer Elektronendichte an der C=C-Doppelbindung oder auch aus sterischen Gründen nur sehr schwer oder gar nicht Brom addieren (z. B. Tetracyanethylen, Tetraphenylethylen, α,β-ungesättigte Säuren und Ketone).

Die Addition von Iod gelingt wegen der verminderten Reaktivität dieses Halogens (vgl. D.4.1.1.) im allgemeinen nicht. Sie verläuft nur bei sehr reaktionsfähigen Olefinen befriedigend

[1]) Weitere technisch wichtige Vinylierungsprodukte vgl. D.4.2.2.

(z. B. bei Styren, Allylalkohol u. a.). Dagegen ist die Umsetzung von Fluor mit C=C-Doppel-bindungen so heftig, daß im allgemeinen das Olefin in Bruchstücke kleinerer Kohlenstoffzahl gespalten wird.

Olefine, die an der C=C-Doppelbindung eine Verzweigung tragen, wie 2-Methyl-propen (Isobuten), Trimethylethylen, reagieren mit Chlor unter Substitution, wobei die Doppelbin-dung erhalten bleibt:

$$H_3C \diagdown C=CH_2 + Cl_2 \longrightarrow H_2C \diagdown C-CH_2-Cl + HCl \qquad [4.21]$$
$$H_3C \diagup \qquad\qquad H_3C \diagup$$

Methallylchlorid

Auch hier werden Chlorkationen addiert. Das entstehende Carbeniumion eliminiert jedoch ein Proton, wobei das Halogenolefin gebildet wird.

Bei höheren Temperaturen (400 bis 500 °C, „Heißchlorierung") lassen sich auch n-Olefine, allerdings radikalisch, in der Allylstellung substituierend chlorieren (vgl. auch D.1.4.1.)

$$H_2C=CH-CH_3 + Cl_2 \xrightarrow{500 °C} H_2C=CH-CH_2Cl + HCl \qquad [4.22]$$

Allylchlorid

Die C≡C-Dreifachbindung ist gegenüber Halogenen weniger reaktionsfähig als die C=C-Doppelbindung (vgl. D.4., Einleitung). Das zeigt z. B. folgende Reaktion:

$$H_2C=CH-CH_2-C≡CH \xrightarrow{+ Br_2} H_2C-CH-CH_2-C≡CH \qquad [4.23]$$
$$\qquad\qquad\qquad\qquad\qquad\qquad\quad | \quad | $$
$$\qquad\qquad\qquad\qquad\qquad\qquad\ Br \ Br$$

Führt man die Halogenaddition an Olefine in wäßriger Lösung durch, so erhält man die Halogenhydrine (Halogenhydroxyalkane) (vgl. [4.5c]). Um die Halogenidionenkonzentration niedrig zu halten und damit die als Nebenreaktion stets ablaufende Halogenaddition zu unter-drücken, bricht man den Prozeß im allgemeinen bereits nach einem Umsatz von wenigen Pro-zenten ab. Daher ist präparativ die Darstellung von Chlorhydrinen durch direkte Addition von unterhalogeniger Säure (z. B. aus Chloramin T, tert-Butylhypochlorit) günstiger.

Die Halogenaddition ist die wichtigste präparative Methode zur Darstellung vicinaler Diha-logenide. Diese spielen eine Rolle bei der Darstellung von Acetylenen (vgl. [3.39]) und Die-nen. Man kann die Bromaddition auch zur Reinigung von Olefinen benutzen, indem man aus den leichter zu reinigenden Dibromiden das Halogen mit Zinkstaub oder mit Kaliumiodid in Aceton wieder abspaltet (vgl. [3.28]).

Allgemeine Arbeitsvorschrift für die Addition von Brom an Olefine und Acetylene (Tab. 4.24)

> Vorsicht beim Arbeiten mit Brom (vgl. Reagenzienanhang)! Abzug benutzen, Gummihand-schuhe tragen!

In einem Dreihalskolben mit Rührer, Tropftrichter und Innenthermometer wird die ungesät-tigte Verbindung in der 2- bis 3fachen Menge Tetrachlorkohlenstoff oder Chloroform auf 0 °C gekühlt. Bei 0 bis 5 °C tropft man die äquimolare Menge Brom in etwa dem doppelten Volu-men des gleichen Lösungsmittels unter gutem Rühren so zu, daß die Temperatur in den ange-gebenen Grenzen gehalten wird und keine größere Konzentration unverbrauchten Broms auf-tritt (Farbe!). Das Additionsprodukt fällt aus und wird abgesaugt; anderenfalls destilliert man das Lösungsmittel ab und reinigt den Rückstand durch Destillation oder Umkristallisation.

Die Reaktion ist gut im Halbmikromaßstab durchführbar. Man verzichtet dann auf Rührer und Innenthermometer und schüttelt bei der Zugabe des Brom gut um.

Tabelle 4.24

Addition von Brom an C–C-Mehrfachbindungen

Produkt	Ausgangsver-bindung	Kp (bzw. F) in °C	n_D^{20}	Ausbeute in %
1,2-Dibrom-hexan	Hex-1-en	$90_{2,4(18)}$	1,5010	90
1,2-Dibrom-heptan	Hept-1-en	$103_{1,6(12)}$	1,5015	90
1,2-Dibrom-octan	Oct-1-en	$117_{1,9(14)}$	1,4956	90
1,2-Dibrom-decan	Dec-1-en	$160_{2,4(18)}$	1,5010	90
1,2-Dibrom-dodecan	Dodec-1-en	$174_{3,3(25)}$		90
trans-1,2-Dibrom-cyclohexan[1])	Cyclohexen	$96_{1,5(11)}$	1,5540	95
1,2-Dibrom-1-phenyl-ethan[2])	Styren	$133_{2,5(19)}$ F 74		95
meso-Dibrom-bernsteinsäure[3])	Fumarsäure	F 256		80
1,2,3-Tribrom-propan	Allylbromid	$100_{2,4(18)}$	1,5868	90
(*E*)-1,2-Dibrom-stilben[4])	Diphenylacetylen	F 211 (EtOH)		60
1,2-Dibrom-styren	Phenylacetylen	$133_{2,0(15)}$ F 74 (EtOH)		78
DL-Dibrom-bernsteinsäure[5])	Maleinsäureanhydrid	F 166 … 167 (W.)		80

[1]) Mit 10% weniger Brom arbeiten, da sonst als Nebenreaktion auftretende Substitution die Ausbeute vermindert. Zusätzliche Reinigung: Rohprodukt mit 1/3 seines Volumens 20%iger alkoholischer Kalilauge 5 Minuten schütteln, mit dem gleichen Volumen Wasser verdünnen, alkalifrei waschen, mit Natriumsulfat trocknen und destillieren. Die Reinigung ist mit etwa 10% Verlust verbunden.
[2]) Frisch destilliertes Styren verwenden! Vorsicht, Produkt reizt die Haut, Gummihandschuhe tragen!
[3]) Fumarsäure im doppelten Volumen siedendem Wasser suspendieren, Brom ohne Lösungsmittel in der Siedehitze zutropfen. Das Additionsprodukt fällt beim Abkühlen auf −10 °C aus und wird mit Wasser bromfrei gewaschen.
[4]) In Ether arbeiten, der das gleichzeitig entstehende Z-Produkt (F 64 °C) leicht löst.
[5]) Reaktion bei 50 °C durchführen. Nach dem Abkühlen ausgefallenes Reaktionsprodukt abtrennen und aus heißem Wasser umkristallisieren.

Die Bromaddition dient darüber hinaus zum *qualitativen Nachweis der C=C-Doppelbindung:*

Qualitativer Nachweis von C=C-Doppelbindungen mittels Bromaddition

Man tropft eine verdünnte Lösung von Brom in Chloroform oder Tetrachlorkohlenstoff langsam in eine Lösung des Olefins in demselben Lösungsmittel. Wird das Brom schlagartig entfärbt, ist die Anwesenheit einer Doppelbindung sehr wahrscheinlich. Bei langsamer Entfärbung oder gleichzeitigem Auftreten von Bromwasserstoffnebeln ist die Probe wenig beweiskräftig, da auch Verbindungen mit gesättigtem Charakter, wie z. B. manche Alkohole, Ketone, Amine und Aromaten, Brom verbrauchen (Substitution, Oxidation). Andererseits reagieren, wie schon erwähnt, manche Olefine mit Brom nicht oder nur langsam.

Zur quantitativen Bestimmung von C=C-Doppelbindungen wird gewöhnlich die Bromaddition (Bromzahl, Bromverbrauch), weniger die Iodaddition (Iodzahl) genutzt. Bei Substanzgemischen hat man jedoch stets mit Nebenreaktionen zu rechnen, die einen zu hohen Wert vortäuschen können. Einige Alkene addieren das Halogen nicht in der äquivalenten Menge (z. B. 1,4-Addition an konjugierte Diene), so daß die Methode nur einen Richtwert für den ungesättigten Charakter der zu untersuchenden Probe gibt.

Die Addition von Chlor an Alkene und Alkine sowie die Herstellung von Chlorhydroxyalkanen (Chlorhydrinen) werden vielfach im industriellen Maßstab durchgeführt (Tab. 4.26).

Durch die Addition von Dischwefeldichlorid an C=C-Doppelbindungen werden beim Kaltvulkanisierverfahren die ungesättigten Polymerketten durch S–S-Brücken vernetzt:

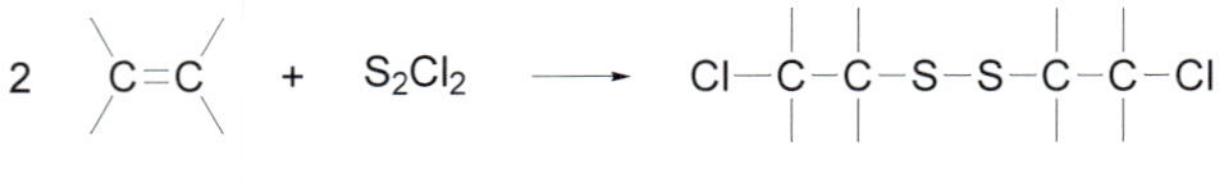

$$2 \quad \text{C=C} \ + \ S_2Cl_2 \ \longrightarrow \ Cl-C-C-S-S-C-C-Cl \qquad [4.25]$$

Tabelle 4.26

Technisch wichtige Additionsprodukte von Halogenen und unterhalogenigen Säuren an Alkene und Alkine

Produkt	Ausgangsstoffe	Verwendung
1,2-Dichlor-ethan (Ethylendichlorid)	Ethylen	Lösungsmittel z. B. für Harze, Kautschuk → Vinylchlorid (vgl. Tab. 4.20 u. D.3.1.5.) → Trichlorethan → Vinylidendichlorid → Tetrachlorethan → Trichlorethylen → Ethylendiamin
2,3-Dichlor-but-1-en	Butadien	→ 2-Chlor-buta-1,3-dien → Chloropren
1,4-Dichlor-but-2-en	Butadien	→ But-2-en-1,4-dicarbonitril → Adiponitril (vgl. Tab. 2.107) → Hexamethylendiamin → Polyamide, Polyurethanlacke
1,1,2,2-Tetrachlor-ethan	Acetylen	→ Trichlorethylen (Lösungsmittel) → Chloressigsäure
2,3-Dichlor-propan-1-ol (1,2-Dichlor-hydrin)	Allylchlorid	→ Epichlorhydrin (1-Chlor-2,3-epoxy-propan) → Epoxidharze → Glycerol (vgl.Tab. 4.34)
3-Chlor-propan-1,2-diol (1-Chlor-hydrin)	Allylalkohol	→ Glycerol (vgl. D.4.1.6.)

4.1.5. Oxymercurierung

Quecksilber(II)-ionen lassen sich aufgrund ihrer hohen Elektrophilie leicht an Olefine addieren. Mit Quecksilber(II)-acetat in wäßrigem Medium in Gegenwart eines Lösungsvermittlers wird zunächst das Carbeniumion (vgl. [4.27], I) gebildet (vgl. auch [4.7], II), das durch Reaktion mit Wasser das Oxymercurierungsprodukt [4.27], II liefert. Meist wird dieses sofort zum entsprechenden Alkohol III reduziert. Die Methode stellt, insbesondere bei weniger reaktiven Olefinen, eine wertvolle Ergänzung der Alkenhydratisierung dar, wobei im allgemeinen die nach der Markovnikov-Regel zu erwartenden Alkohole gebildet werden:

$$R-CH=CH_2 \xrightarrow[\text{HgOAc}]{\oplus} R-\overset{\oplus}{CH}-CH_2 \underset{-H^{\oplus}}{\overset{+H_2O}{\rightleftharpoons}} \underset{\underset{OH}{|}}{R-CH}-CH_2-HgOAc \xrightarrow[-Hg, -HOAc]{NaBH_4, OH^{\ominus}} \underset{\underset{OH}{|}}{R-CH}-CH_3 \quad [4.27]$$

I II III

Allgemeine Arbeitsvorschrift für die Herstellung von Alkoholen durch Oxymercurierung (Tab. 4.28)

Achtung! Quecksilberacetat ist giftig! Bei der Reaktion entstehendes Quecksilber nicht in den Ausguß schütten, sondern zur Aufarbeitung sammeln!

In einem 250-ml-Erlenmeyerkolben mit Magnetrührer wird eine Lösung von 0,05 mol Quecksilber(II)-acetat in 50 ml Wasser bereitet. Man gibt dazu nacheinander 50 ml peroxidfreies Tetrahydrofuran[1]) und 0,05 mol Olefin. Die Innentemperatur soll dabei 30 °C nicht übersteigen. Man rührt so lange weiter, bis bei einer Probe des Reaktionsgemisches auf Zusatz von Natronlauge kein Quecksilberoxid mehr ausfällt, versetzt dann mit 50 ml 3 N Natronlauge, tropft eine Lösung von 0,025 mol Natriumborhydrid in 50 ml 3 N Natronlauge zu und rührt noch weitere 60 Minuten. Das ausgefallene Quecksilber wird in einem Scheidetrichter abgetrennt, die wäßrige Lösung mit Kochsalz gesättigt und zweimal mit je 50 ml Ether extrahiert. Man trocknet mit Natriumsulfat, destilliert das Lösungsmittel ab und reinigt durch Umkristallisieren oder Vakuumdestillation.

---

[1]) Vgl. Reagenzienanhang

Tabelle 4.28

Alkohole durch Oxymercurierung von Alkenen

Produkt	Ausgangsverbindung	Kp (bzw. F) in °C	n_D^{20}	Ausbeute in %
Octan-2-ol	Oct-1-en	$87_{2,7(20)}$	1,4260	85
Decan-2-ol	Dec-1-en	$105\dots106_{1,7(13)}$	1,4306	90
1-Phenyl-ethanol	Styren	$94_{1,6(12)}$ $F\,20$	1,5275	95
Norbornan-2-*endo*-ol	Norbornen	$F\,149\dots150$		90

4.1.6. Epoxidierung und Dihydroxylierung

Sauerstoff addiert sich an Olefine zu Oxiranen (Epoxiden). Als elektrophiles Reagens kann entweder molekularer Sauerstoff oder chemisch gebundener Sauerstoff dienen, wie er in den Peroxysäuren (z. B. Perbenzoesäure, *m*-Chlor-perbenzoesäure, Monoperoxyphthalsäure, Perameisensäure, Peressigsäure, Perwolframsäure), Hydroperoxiden und im Wasserstoffperoxid vorliegt:

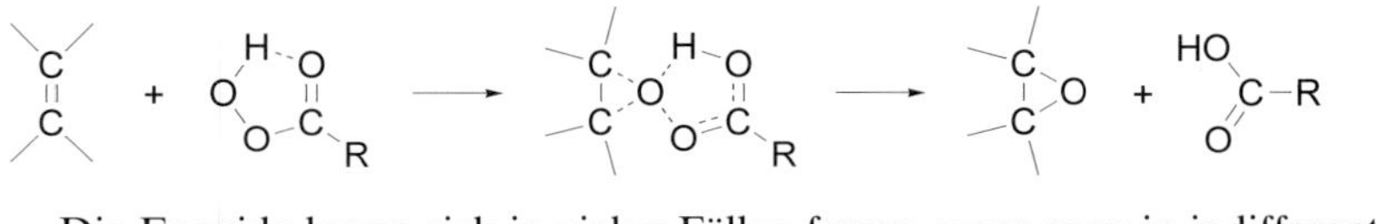

[4.29]

Die Epoxide lassen sich in vielen Fällen fassen, wenn man in indifferenten Lösungsmitteln arbeitet, z. B. mit Perbenzoesäure in Ether oder Chloroform (Reaktion von Prilezhaev). Andernfalls unterliegt das Epoxid in der Reaktionslösung einer Hydrolyse bzw. Solvolyse zum entsprechenden 1,2-Diol bzw. seinen Estern.

Unter sehr milden Bedingungen in neutralem Milieu lassen sich Olefine mit Dioxiranen, cyclischen Peroxiden, epoxidieren:

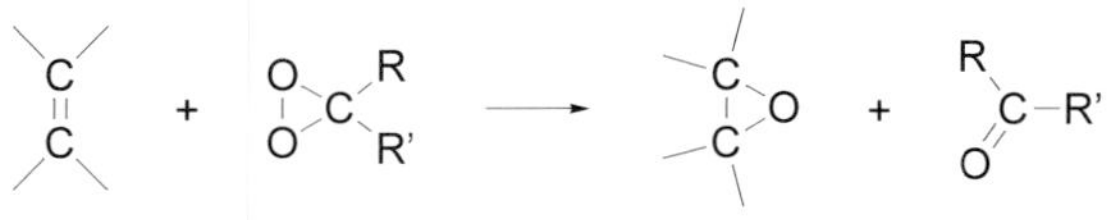

[4.29a]

Die Dioxirane können leicht aus Ketonen und Kaliumhydrogenperoxysulfat hergestellt und in situ (ohne Isolation als Substanz) eingesetzt werden. Man kann auch mit katalytischen Mengen Keton und Peroxysulfat als Oxidans arbeiten. Verwendet werden Oxirane aus einfachen Ketonen, wie Aceton oder Trifluoraceton, und aus chiralen Ketonen, z. B. Fructose-Derivaten, mit denen die Epoxidierung enantioselektiv verläuft.

Die Ringöffnung von Epoxiden in verdünnten Säuren oder Laugen ist eine S_N2-Reaktion, die daher ausgehend von *cis*-Epoxiden zu *trans*-1,2-Diolen führt:

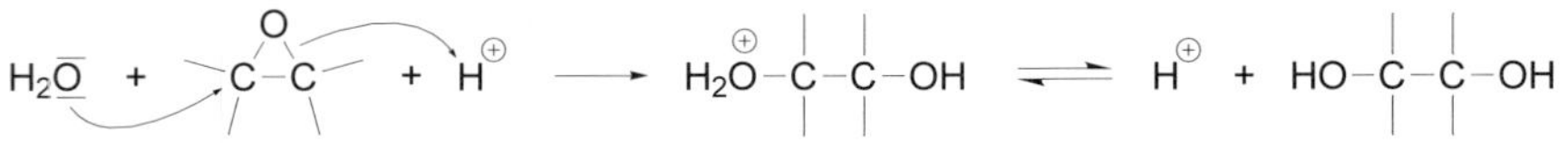

[4.30]

Man formuliere die basische Hydrolyse eines Epoxids!

Auch die Dihydroxylierung von *Z*-Olefinen mit Wasserstoffperoxid in Gegenwart katalytischer Mengen von Metalloxiden führt über die Stufe der Epoxide zu *trans*-Diolen. In Ameisensäure oder Essigsäure entstehen intermediär Perameisensäure bzw. Peressigsäure; als Reaktionsprodukte können auch die Ameisensäure- oder Essigsäureester der *trans*-Diole erhalten werden.

Die Epoxidierung in einem indifferenten bzw. die Dihydroxylierung im sauren Medium erfordern ein relativ stark basisches Olefin (durch Alkyl- oder Arylgruppen substituiertes Ethylen). α,β-ungesättigte Ketone oder Aldehyde reagieren nicht, lassen sich jedoch im schwach alkalischen Medium mit Wasserstoffperoxid epoxidieren.

Primäre Allylalkohole können nach SHARPLESS und KATSUKI mit *tert*-Butylhydroperoxid in Gegenwart von (R,R)- bzw. (S,S)-Weinsäurediethylester und Titan(IV)isopropoxid enantioselektiv in Epoxide überführt werden.

Diese „AE"-Reaktion (asymmetric epoxidation) verläuft über einen Komplex, in dem sowohl der Weinsäureester, als auch der Allylalkohol und das Hydroperoxid koordinativ an Titan gebunden sind. Dabei steuert die absolute Konfiguration des verwendeten Weinsäureesters vorhersagbar die Konfiguration des gebildeten Epoxids, vgl. C.7.3.3.2. Die chemischen Ausbeuten der Reaktion liegen bei 70–90%; die resultierenden Epoxide weisen meist einen Enantiomerenüberschuß von >90% auf und sind wertvolle chirale Ausgangsstoffe für die Synthese von Kohlenhydraten, Terpenen, Antibiotika usw.

(2S,3S)-3-Propyl-oxiranmethanol aus *E*-Hex-2-en-1-ol: HILL, J. G., SHARPLESS, K. B.; EXON, C. M.; REGENYE, R., Org. Synth. **63** (1985), 66.

Allgemeine Arbeitsvorschrift zur Epoxidierung von Olefinen (Tab. 4.31)

> *Achtung!* Epoxidierungen und Dihydroxylierungen können sehr heftig verlaufen. Die Reaktionen sind stets hinter einem Schutzschild durchzuführen. Bei unbekannten Substanzen sind Vorversuche mit kleinen Substanzmengen anzustellen. Die Reaktionsprodukte dürfen erst destilliert werden, wenn keine Peroxysäure mehr nachweisbar ist, s. u.!

Zu einer Lösung von 0,30 mol Perbenzoesäure in 500 ml Ether gibt man bei 0 °C vorsichtig 0,29 mol des betreffenden Olefins. Die Lösung bleibt unter häufigem Umschütteln 24 Stunden bei 0 °C stehen. Man kann den Fortgang der Reaktion verfolgen, indem man von Zeit zu Zeit 2 ml der Lösung entnimmt, diese zu einem Gemisch von 15 ml Chloroform, 10 ml Eisessig und 2 ml gesättigter wäßriger Kaliumiodidlösung gibt und 5 Minuten stehen läßt. Nach Zugabe von 75 ml Wasser titriert man das ausgeschiedene Iod mit 0,1 N Thiosulfat. Die Reaktionslösung wird nach Beendigung der Epoxidierung mehrmals mit 10%iger Natronlauge, sodann mit Wasser gewaschen, über Magnesiumsulfat getrocknet und fraktioniert.

Tabelle 4.31

Epoxide aus Alkenen

Produkt	Ausgangsverbindung	Kp (bzw. F) in °C	n_D^{20}	Ausbeute in %
1,2-Epoxy-cyclohexan	Cyclohexen	132	1,4519	80
1,2-Epoxy-cyclopentan	Cyclopenten	100	1,4341	30
1,2-Epoxy-ethylbenzen	Styren	$77_{1,5(11)}$	1,5361	70

Darstellung von *trans*-Cyclohexan-1,2-diol (*trans*-Dihydroxylierung mit Ameisensäure/Wasserstoffperoxid)

In einem 250-ml-Dreihalskolben mit Rührer, Rückflußkühler und Tropftrichter wird zu einer Mischung von 100 ml 98%iger Ameisensäure[1]) und 0,12 mol 30%igem Wasserstoffperoxid (Perhydrol) innerhalb von 5 Minuten 0,1 mol Cyclohexen zugetropft. Dabei erwärmt sich die Reaktionslösung auf 65 bis 70 °C und wird homogen.[2]) Man hält danach in einem Wasserbad

---

[1]) Es kann auch die entsprechende Menge 88%ige Säure verwendet werden.

[2]) Bei größeren Ansätzen als dem angegebenen kann bei der beschriebenen Arbeitsweise die Temperatur den genannten Wert überschreiten und die Reaktion außer Kontrolle geraten. Es macht sich dann eine Variation der Vorschrift erforderlich; vgl. ROEBUCK, A.; ADKINS, H., Org. Synth., Coll. Voll. III (1955), 217.

noch 2 Stunden auf dieser Temperatur. Dann darf eine Probe aus einer Kaliumiodidlösung kein Iod mehr ausscheiden, andernfalls muß das Erwärmen fortgesetzt werden. Die Hauptmenge der Ameisensäure und des Wassers werden im Vakuum abdestilliert, und der Rückstand wird 45 Minuten mit 50 ml 20%iger Natriumhydroxidlösung auf dem Dampfbad erhitzt, um den Ameisensäureester zu verseifen. Dann läßt man abkühlen, neutralisiert mit verd. Salzsäure und dampft auf dem Wasserbad im Vakuum das Lösungsmittel ab. Der Rückstand wird mehrfach mit warmem Essigsäureethylester extrahiert und der vom Lösungsmittel befreite Extrakt umkristallisiert oder destilliert. $Kp_{1,9(14)}$ 120 °C; F 103 °C (EtOH); Ausbeute 70%.

Die Reaktion ist auch im Halbmikromaßstab durchführbar. Die Mischung wird dabei geschüttelt, bis sie homogen ist, und dann wie oben weiterverarbeitet.

Phenylethan-1,2-diol läßt sich in gleicher Weise aus Styren gewinnen. F 67 °C (Ligroin); Ausbeute 40%.

Darstellung von Glycerol aus Allylalkohol (Dihydroxylierung mit Perwolframsäure/Wasserstoffperoxid)

In einem Dreihalskolben mit Rührer, Rückflußkühler und Tropftrichter wird eine 9%ige wäßrige Lösung von Allylalkohol auf 70 °C erwärmt und unter gutem Rühren Perhydrol (10% Überschuß) zugetropft, in dem vorher 3% Wolframtrioxid (bezogen auf Allylalkohol) gelöst wurden. Man erhitzt anschließend solange auf 70 °C, bis die Probe auf Peroxide mit angesäuerter Kaliumiodidlösung negativ bleibt (etwa 3 Stunden). Dann wird im Vakuum destilliert. $Kp_{1,7(13)}$ 180 °C; Ausbeute 90%.

Die vorstehende Vorschrift ist eine Illustration eines modernen technischen Verfahrens zur Darstellung von *Glycerol*. Weitere Verfahren s. Tabellen 1.37 und 4.26. Glycerol ist ein wichtiges Erzeugnis der chemischen Industrie (s. Tab. 4.34).

Die herkömmlichen technischen Gewinnungsverfahren für Epoxide über die Chlorhydrine oder die Oxidation mit Peroxyverbindungen werden gegenwärtig vorzugsweise für die Synthese von Propylenoxid angewendet, da die direkte Oxidation mit molekularem Sauerstoff oder Hydroperoxiden an der Methylgruppe des Propylens einsetzt und hauptsächlich zu Acrolein führt. Besondere Bedeutung erlangte die Oxidation von Ethylen zu Ethylenoxid mit Sauerstoff am Silberkontakt und die Reaktion von Propylen mit Hydroperoxiden in Gegenwart von Metallen der V. und VI. Nebengruppe. Auch andere Olefine können, insbesondere mit Molybdän- und Vanadiumverbindungen als Katalysatoren, unter relativ milden Bedingungen mit Hydroperoxiden (wie *tert*-Butylhydroperoxid, *tert*-Pentylhydroperoxid, α,α-Dimethyl-benzylhydroperoxid) epoxidiert werden. Als Beiprodukte fallen Alkohole an.

Epoxide sind sehr reaktionsfähige Verbindungen, die außer Wasser und Säuren (vgl. [4.30]) auch andere nucleophile Reagenzien, z. B. Alkohole, Thiole, Amine, Grignard-Verbindungen, in Gegenwart saurer oder basischer Katalysatoren addieren. In der Technik werden solche Reaktionen, ausgehend von Ethylenoxid, in großem Umfang durchgeführt. Die dabei entstehenden Verbindungen können selbst wieder an Ethylenoxid angelagert werden, so daß bei der Reaktion mit Wasser außer Ethylenglycol auch Di-, Tri- und Polyethylenglycole[1]), bei der Addition von Alkoholen Mono- und Polyethylenglycolether und beim Umsatz mit Ammoniak Mono-, Di- und Triethanolamin entstehen:

$$\text{+ H}_2\text{O} \quad \text{HO}-\text{CH}_2-\text{CH}_2-\text{OH} \longrightarrow \text{HO}-\text{CH}_2-\text{CH}_2-\text{O}-\text{CH}_2-\text{CH}_2-\text{OH} \quad \text{usw.} \quad [4.32a]$$

$$\text{H}_2\text{C}\overset{\text{O}}{-}\text{CH}_2 \quad \text{+ ROH} \quad \text{HO}-\text{CH}_2-\text{CH}_2-\text{OR} \longrightarrow \text{HO}-\text{CH}_2-\text{CH}_2-\text{O}-\text{CH}_2-\text{CH}_2-\text{OR} \quad \text{usw.} \quad [4.32b]$$

$$\text{+ NH}_3 \quad \text{HO}-\text{CH}_2-\text{CH}_2-\text{NH}_2 \longrightarrow (\text{HO}-\text{CH}_2-\text{CH}_2)_2\text{NH} \longrightarrow (\text{HO}-\text{CH}_2-\text{CH}_2)_3\text{N} \quad [4.32c]$$

Bei großem Ethylenoxidüberschuß erhält man vorzugsweise höhermolekulare Produkte.

---

[1]) α-Hydro-ω-hydroxy-di-, -tri- bzw. -poly-(oxyethylene)

Reaktionen analog [4.32c] nutzt man für die Aushärtung von Epoxidharzen, wobei als Amin (Härter) z. B. Bis(2-amino-ethyl)amin verwendet wird.

Die Addition von Blausäure an Ethylenoxid liefert β-Hydroxy-propionitril (Ethylencyanhydrin), während Grignard-Verbindungen (vgl. D.7.3.1.5.) primäre Alkohole ergeben, wobei der Alkylrest der Grignard-Verbindung um zwei Kohlenstoffatome verlängert wird:

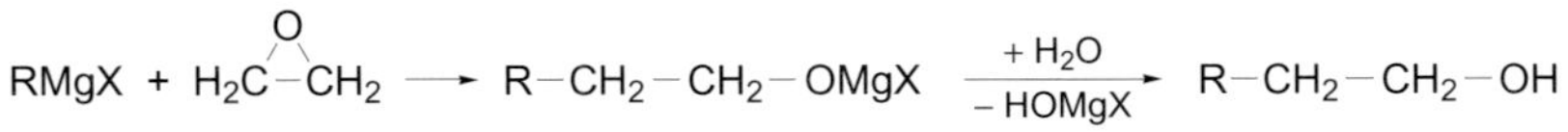

$$RMgX \ + \ H_2C\overset{O}{\overbrace{}}CH_2 \ \longrightarrow \ R-CH_2-CH_2-OMgX \ \xrightarrow[- HOMgX]{+ H_2O} \ R-CH_2-CH_2-OH \qquad [4.33]$$

In Tabelle 4.34 sind technisch wichtige Folgeprodukte von Ethylen- und Propylenoxid aufgeführt.

Tabelle 4.34

Technische Verwendung von Folgeprodukten aus Epoxiden

Produkte	Verwendung
aus Ethylenoxid (Epoxyethan, Oxiran):	
Ethylenglycol	Gefrierschutzmittel (Glysantin)
	→ Polyester mit Terephthalsäure (Polyesterfasern)
	→ Dinitrat (Sprengstoff vgl. D.2.5.1.)
Diethylenglycol	Weichmacher für Cellophan
Triethylenglycol	Flüssigkeit für Hydrauliksysteme (z. B. Bremsflüssigkeit)
	→ Polyester mit Maleinsäure (härtbare Polyesterharze)
	→ Dinitrat (Sprengstoff)
Polyethylenglycol	→ Polyurethane (mit Diisocyanaten vgl. D.7.1.6.)
	→ Polyesterharze (Alkoholkomponente)
Mono- bzw. Diethylenglycolmonoalkylether niederer Alkohole (C_1 bis C_4)	Lösungsmittel für Lacke u. a. (Cellosolve bzw. Carbitole)
Polypropylenglycolalkyl- und monoarylether höherer Alkohole (C_{12} bis C_{18}) und Alkylphenole (Alkyl: C_9 bis C_{12})	Nichtionogene, härtebeständige, biologisch abbaubare Tenside, Textilhilfsmittel, Emulgatoren (Dispersal)
Ethanolamine	Absorptionsmittel in Gaswäschen (H_2S-, CO_2-Entfernung)
	→ Fettsäurederivate als Emulgatoren für Mineralöle
aus Propylenoxid:	
Ethylen-Propylenoxid-Polymere	schaumarme, nichtionische Tenside
Epichlorhydrin	→ Glycerol
1-Chlor-2,3-epoxy-propan	→ Epoxidharze (Epilox) durch Umsetzung mit Bisphenol A
2,3-Epoxy-propanol	→ Alkydharz (Glyptale) durch Umsetzung mit Phthalsäure u. a. mehrbasischen Säuren
	→ Glycerol Befeuchtungsmittel für Tabak, Kosmetika Frostschutzmittel Weichmacher (Cellophan)
	→ Kondensate mit Ethylen- und Propylenoxid zu Glyceroltripolyethern
	→ oberflächenaktive Substanzen
	→ Polyurethane und Alkydharze (Alkoholkomponente)
	→ Trinitrat (Sprengstoff)

Auch in der Natur wird die Epoxidierung zum Abbau z. B. von kondensierten aromatischen Kohlenwasserstoffen im tierischen Organismus genutzt. So bildet sich mit Hilfe des Ferments Cytochrom P 450 in der Leber aus Benzpyren ein Diepoxid, dem eine starke cancerogene Wirkung zugeschrieben wird:

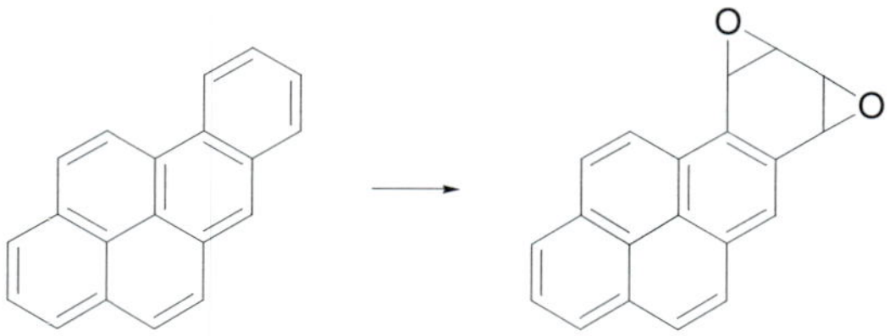

[Reaction scheme 4.35]

[4.35]

Bei der Einwirkung von Lewis-Säuren (z.B. Bortrifluorid) werden Epoxide in Aldehyde bzw. Ketone umgelagert (vgl. [9.17]). Diese Reaktion läßt sich zur Identifizierung von Olefinen heranziehen.

Die Epoxidierung eignet sich auch zur *quantitativen Bestimmung der C=C-Doppelbindung*. Als Reagens dient eine Lösung von Perbenzoesäure oder Monoperoxyphthalsäure in wasserfreien Lösungsmitteln. Man stellt die Zahl der in ungesättigten Systemen vorhandenen Doppelbindungen durch iodometrische Titration der unverbrauchten Peroxysäure fest.

Während die Dihydroxylierung von Z-Olefinen über *cis*-Epoxide zu *trans*-Diolen führt ([4.30]), erhält man bei der Dihydroxylierung mit Kaliumpermanganat in der Kälte in neutraler oder alkalischer Lösung bzw. mit Osmiumtetroxid *cis*-Diole:

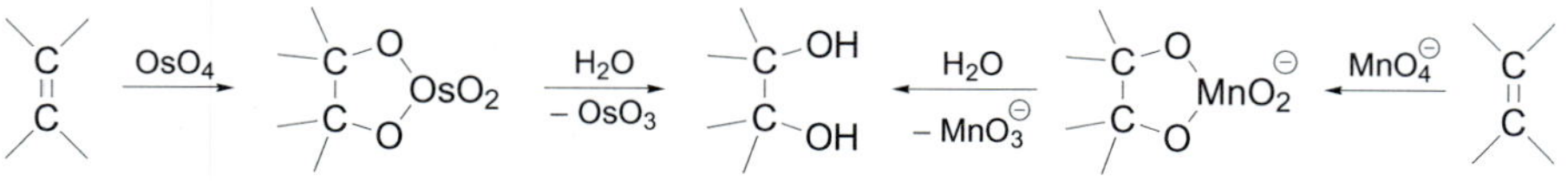

[Reaction scheme 4.36]

[4.36]

Die Hydrolyse der intermediär entstehenden cyclischen Ester greift am Metallatom an, so daß die *cis*-Diol-Struktur erhalten bleibt.

Die Reaktion mit Osmiumtetroxid verläuft in sehr guten Ausbeuten. Das Reagens ist jedoch toxisch und sehr teuer. Diese Nachteile können durch Verfahren, die mit katalytischen Mengen an Osmiumtetroxid auskommen, minimiert werden. Als stöchiometrische Oxidationsmittel lassen sich hier Aminoxide wie *N*-Methylmorpholin-*N*-oxid (NMO), *tert*-Butylhydroperoxid, Bariumchlorat und Wasserstoffperoxid verwenden, die das gebildete Osmiumtrioxid wieder zum Tetroxid reoxidieren.

Eine Vielzahl unterschiedlich substituierter, prochiraler Olefine kann nach SHARPLESS mit katalytischen Mengen Kaliumosmat und Kaliumhexacyanoferrat(III) als stöchiometrischem Oxidans in Gegenwart von Phthalazinderivaten der enantiomerenreinen Alkaloide Dihydrochinin bzw. Dihydrochinidin hoch enantioselektiv dihydroxyliert werden. Mit dieser „AD"-Reaktion (**a**symmetric **d**ihydroxylation) läßt sich durch wahlweise Verwendung der Reagenzmischungen „AD-mix-α" (enthält das Dihydrochinin-Derivat) oder „AD-mix-β" (enthält das Dihydrochinidin-Derivat) vorhersagbar das eine oder andere Enantiomer des Produkts synthetisieren.

Die Dihydroxylierung mit Kaliumpermanganat führt leicht zur C–C-Spaltung und weiteren Oxidation der Spaltprodukte zu Aldehyden und Säuren, vgl. D.6.5. Die Cyclohexendihydroxylierung ist ein Beispiel für die Umsetzung von Olefinen mit Permanganat in neutralem Medium.

Darstellung von *cis*-Cyclohexan-1,2-diol

In einem durch Eis-Kochsalz gekühlten 750-ml-Dreihalskolben mit Innenthermometer, Tropftrichter und Rührer wird zu 0,1 mol Cyclohexen, gelöst in 200 ml Ethanol, unter kräftigem Rühren eine Lösung von 0,09 mol Kaliumpermanganat und 10 g Magnesiumsulfat in 250 ml Wasser so zugetropft, daß die Innentemperatur zwischen 0 und 5 °C bleibt. Man rührt anschließend weitere zwei Stunden und saugt vom ausgeschiedenen Braunstein ab. Der Filterkuchen wird dreimal mit je 50 ml Aceton gewaschen. Man engt die vereinigten Filtrate im Wasserstrahlvakuum auf etwa 120 ml ein, sättigt den Rückstand mit Kochsalz und extrahiert vier- bis fünfmal mit je 50 ml Chloroform. Nach dem Trocknen mit Natriumsulfat wird das Chloroform abdestilliert und der Rückstand aus Benzen umkristallisiert. *F* 99 bis 120 °C, $Kp_{1,9(14)}$ 118 °C; Ausbeute 65 %.

cis-Cyclohexan-1,2-diol aus Cyclohexen und *N*-Methylmorpholin-*N*-oxid unter OsO_4-Katalyse: VAN RHEENEN, V.; CHA, D. Y.; HARTLEY, W. H., Org. Synth. **58** (1978), 43.

2-Methyl-propan-1,2-diol aus Isobuten mit Osmiumtetroxid: MILAS, N.A.; SUSSMAN, S., J. Am. Chem. Soc. **58** (1936), 1302.

cis-1,2-Diole durch Reaktion von Olefinen mit Kaliumpermanganat unter Anwendung der Phasentransferkatalyse: WEBER, W. P.; SHEPARD, J. P.; Tetrahedron Lett. **1972**, 4907.

(R,R)-1,2-Diphenyl-1,2-ethandiol (Stilbendiol) aus Stilben durch asymmetrische Dihydroxylierung: MCKEE, B. H.; GILHEANY, D. G.; SHARPLESS, K. B., Org. Synth. **70** (1992), 47–53.

4.1.7. Ozonierung

Die Reaktion von Ozon mit Olefinen und Aromaten, die Ozonierung, hat präparative Bedeutung zur Herstellung anderweitig nur schwer zugänglicher Carbonylverbindungen.

Der erste Schritt der Reaktion ist eine pericylische 1,3-Dipoladdition von Ozon an die Doppelbindung (vgl. Cycloadditionen, D.4.4.):

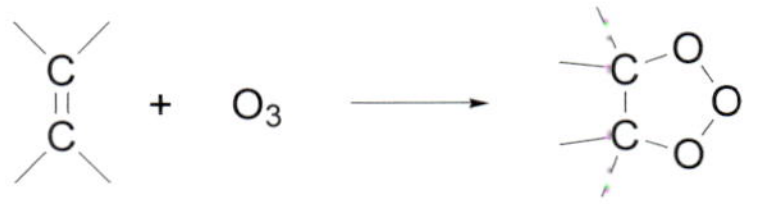

$$\text{[Struktur]} \qquad [4.37]$$

Das Cycloaddukt zerfällt in einer Folgereaktion (Cycloreversion), und die Bruchstücke vereinigen sich im Sinne einer 1,3-Dipol-Cycloaddition zum eigentlichen Ozonid:

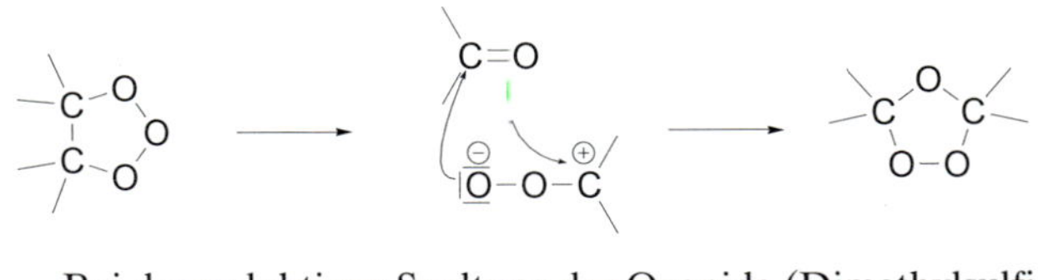

$$\text{[Struktur]} \qquad [4.38]$$

Bei der reduktiven Spaltung der Ozonide (Dimethylsulfid, Zinkstaub in Essigsäure, katalytische Hydrierung an Palladium auf Calciumcarbonat, Natriumdithionit u. a.) entstehen Aldehyde bzw. Ketone:

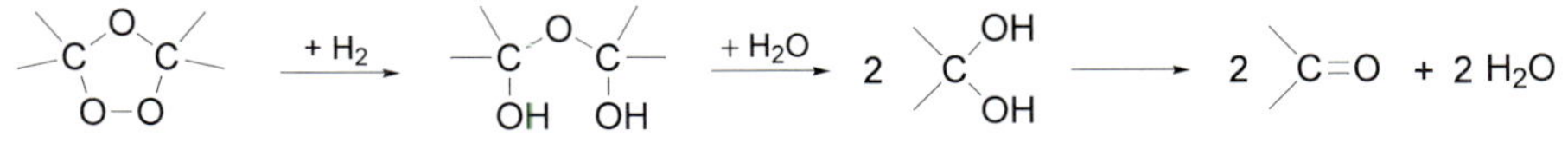

$$\text{[Struktur]} \qquad [4.39]$$

Da bei tiefen Temperaturen nur die C=C-Bindung in Alkenen, nicht aber in Aromaten und Alkinen angegriffen oder andere Gruppen oxidiert werden, benutzt man die Ozonolyse zur Strukturaufklärung ungesättigter Verbindungen, insbesondere von Elastomeren und Naturstoffen. Ozon wird teilweise technisch genutzt, um aus Ölsäure Azelainsäure, aus Cyclododecatrien über das entsprechende Monocycloalken Dodecandisäure, aus Isoeugenol Vanillin und aus Isosafrol Heliotropin herzustellen.

Ozonierungsapparatur sowie allgemeine Arbeitsvorschrift und Einzelvorschriften für die Ozonierung: Organikum, 15.Aufl.. Deutscher Verlag der Wissenschaften, Berlin 1976ff., S. 332f.

Biphenyl-2,2'-dicarbaldehyd (Diphenylaldehyd) und 2'-Formyl-biphenyl-2-carbonsäure (Diphenaldehydsäure): BAILEY, P. S.; ERICKSON, R. E., Org. Synth. **41** (1961), 41, 46.

4.1.8. Hydroborierung

Durch die leicht und quantitativ verlaufende *syn*-Addition von Borwasserstoff an die nichtaktivierte C=C-Doppelbindung erhält man Alkylborane. An endständige Olefine lagert sich Boran entsprechend der Markovnikov-Regel an, indem das Boratom als Elektrophil fungiert (vgl. z. B. auch [4.9]). Dabei wird ein Vierzentrenübergangszustand durchlaufen.

Hydroborierungen werden im allgemeinen mit Diboran[1]) durchgeführt, das gewöhnlich in situ erzeugt wird, beispielsweise aus $NaBH_4$ und BF_3-Etherat in Diglym oder auch in saurer Lösung aus $NaBH_4$ (vgl. allgemeine Arbeitsvorschrift). Bei der Reaktion mit dem Alken bildet sich durch Substitution aller Wasserstoffatome des Diborans das entsprechende Trialkylboran:

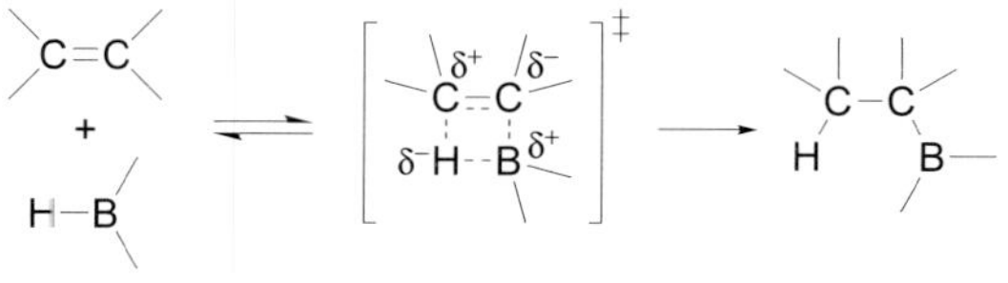

[4.40]

$$3\ RCH{=}CH_2 + BH_3 \longrightarrow (RCH_2CH_2)_3B$$

Die Hydroborierung ist als vielseitiges Syntheseverfahren eine wichtige Methode der präparativen organischen Chemie. Die Organoborane werden meist ohne Isolierung weiterverarbeitet. In [4.41] sind die wesentlichsten Folgeprodukte zusammengestellt:

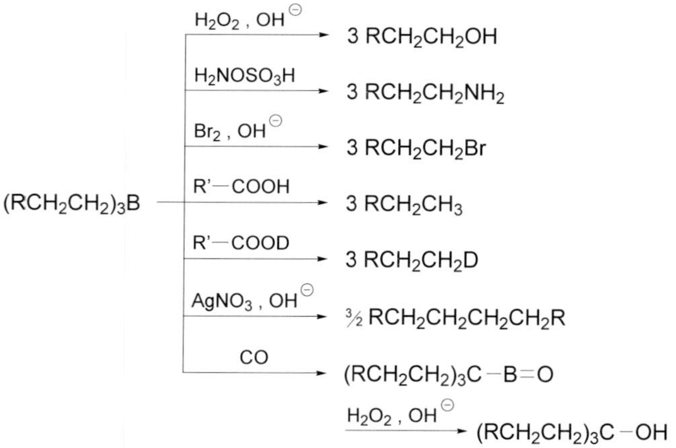

[4.41]

Die weitaus größte Bedeutung hat die Oxidation der Organoborane mit alkalischem Wasserstoffperoxid zum Alkohol[2]), der somit formal durch *anti*-Markovnikov-Addition von Wasser an das Ausgangsolefin entsteht.

---

[1]) Eigentlich Diboran(6): Die Zahl der Wasserstoffatome wird bei Boranen durch eine arabische Zahl angegeben, die in Klammern unmittelbar dem Namen folgt.

[2]) Es handelt sich hierbei um eine 1,2-Umlagerung am Sauerstoffatom, vgl. D.9.1.3.

Allgemeine Arbeitsvorschrift für die Herstellung von Alkoholen durch Hydroborierung[1]) (Tab. 4.42)

Achtung! Das bei der Reaktion entstehende gasförmige Diboran ist stark giftig. Unter gut wirkendem Abzug arbeiten. Geräte nach Benutzung mit Natronlauge oder wäßrigem Ammoniak einige Stunden stehen lassen.

Boranhaltige Lösungen nicht aufbewahren, da sie zu explosionsartigen Zersetzungen neigen.

In einem trockenen 500-ml-Dreihalskolben mit Tropftrichter, Innenthermometer, N_2-Einleitung und Rückflußkühler mit Calciumchloridröhrchen sowie Magnetrührer werden 0,1 mol Alken (wasserfrei)[2]) und 0,037 mol Natriumborhydrid in 250 ml wasserfreiem Tetrahydrofuran[3]) gelöst. Unter Eiskühlung tropft man langsam eine Lösung von 0,037 mol wasserfreier Essigsäure[2]) in 50 ml wasserfreiem Tetrahydrofuran vorsichtig zu und hält dabei die Innentemperatur auf 10 bis 20 °C. Nach beendetem Zutropfen wird noch 2 Stunden weitergerührt und dann vorsichtig eine Lösung von 4 g Ätznatron in 20 ml Wasser und danach 14 ml 30%iges Wasserstoffperoxid zugetropft. Nach weiterem 2stündigem Rühren wird die sich bildende organische Phase abgetrennt, die wäßrige Phase noch dreimal mit je 10 ml Ether extrahiert und die vereinigten Extrakte mit Magnesiumsulfat getrocknet. Das Lösungsmittel destilliert man dann ab und destilliert den Rückstand im Vakuum oder kristallisiert um.

Tabelle 4.42

Alkohole durch Hydroborierung

Produkt	Ausgangsverbindung	Kp (bzw. F) in °C	n_D^{20}	Ausbeute in %
Octan-1-ol	Oct-1-en	$100_{2,7(20)}$	1,4925	80
Decan-1-ol	Dec-1-en	$111\ldots113_{1,5(11)}$	1,4368	80
2-Phenyl-ethanol[1])	Styren	$98\ldots110_{1,6(12)}$	1,5240	70
(±)-Norbornan-2-*exo*-ol[2])	Norbornen	F 128 (Petrolether)		70
(−)-Isomyrtanol[3])	(−)-β-Pinen	$118_{2,0(15)}$	1,4910	70
[(1S,2R)-Pinan-10-ol]	(+)-α-Pinen	$72_{0,4(3)}$	$[\alpha]_D^{20}$ −32,8°	75
(−)-Isopinocampheol		F 56	(10% in Toluen)	
[(1R,2R,3R)-Pinan-3-ol]				

[1]) Im Reaktionsprodukt sind 20% 1-Phenyl-ethanol $Kp_{1,6(12)}$ 94 °C enthalten.

[2]) 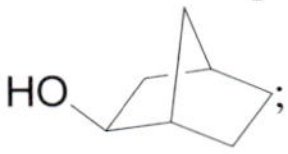 HO‎⟨Struktur⟩; nach dem Umkristallisieren Produkt im Wasserstrahlvakuum sublimieren.

[3]) $[\alpha]_D^{20}$ −20,9° (4% in CHCl$_3$); beim Arbeiten in Diglym und Erhitzen der Reaktionslösung auf 140 °C vor der Zugabe der Wasserstoffperoxidlösung bildet sich (−)-Myrtanol [(1S,2S)-Pinan-10-ol], $[\alpha]_D^{20}$ −28,5° (4% in CHCl$_3$)

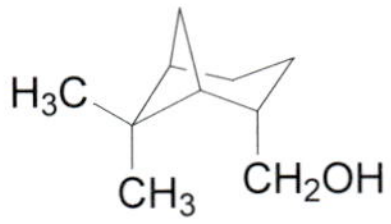

(−)-Isomyrtanol 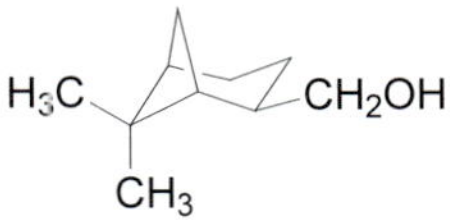   (−)-Myrtanol 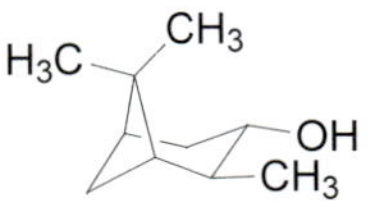   (−)-Isopinocampheol

---

[1]) nach Hach, V., Synthesis **1974**, 340
[2]) mit Molekularsieb 4Å trocknen
[3]) Vgl. Reagenzienanhang

Dialkylborane mit sterisch anspruchsvollen Substituenten, wie z. B. Disiamylboran (BMB) (darstellbar durch Addition von Diboran an 2-Methyl-but-2-en), sind wertvolle selektive Hydroborierungsagenzien. Bei der Addition an *(Z)*-4-Methyl-pent-2-en bildet sich, wie aus Tabelle 4.43 ersichtlich, die C–B-Bindung bevorzugt am sterisch weniger gehinderten C-Atom 2 aus. Dagegen entsteht bei der Hydroborierung mit Diboran eine Mischung der beiden isomeren Alkohole. Einheitliche Alkan-1-ole kann man in diesem Fall erhalten, wenn man die Eigenschaft der Borane ausnutzt, bei etwa 160 °C zu isomerisieren. Das Bor wandert dabei über einen Eliminierungs-Additions-Mechanismus an das endständige C-Atom.

Tabelle 4.43

Orientierung der Addition verschiedener Hydroborierungsagenzien an *(Z)*-4-Methyl-pent-2-en

Ausgangsverbindung	Produkt	Hydroborierungsagens in %	
		B_2H_6	BMB
Z-4-Methyl-pent-2-en	4-Methyl-pentan-2-ol	57	97
	2-Methyl-pentan-3-ol	43	3

Die Hydroborierung von (–)-α-Pinen führt zu (+)-Diisopinocampheylboran (+)-(Ipc)$_2$BH, das als chirales Hydroborierungsagens genutzt werden kann. So liefert die Hydroborierung prochiraler *Z*-Alkene mit (+)-(Ipc)$_2$BH mit nachfolgender Oxidation Alkohole in hohen Enantiomerenüberschüssen:

Norbornen   exo-Norborneol   [4.44]
(Bicyclo[2.2.1]hept-2-en)   (Bicyclo[2.2.1]heptan-2-ol)
                         83% optische Reinheit

4.1.9. Kationische Oligomerisierung und Polymerisation

Unter der katalysierenden Wirkung von Säuren können Olefine polymerisieren. Das nach der Addition eines Protons an ein Olefin gebildete Carbeniumion ist als Lewis-Säure ein elektrophiles Reagens, das ebenso wie das Proton, Chlorkation usw. an ein weiteres Molekül Olefin addiert werden kann. Das Ergebnis ist dann nach Wiederabspaltung des Protons eine Dimerisierung bzw. bei Wiederholung dieses Vorgangs eine Polymerisation des Olefins (vgl. [4.16e]). Der Reaktionsablauf soll am Beispiel des Isobutens formuliert werden:

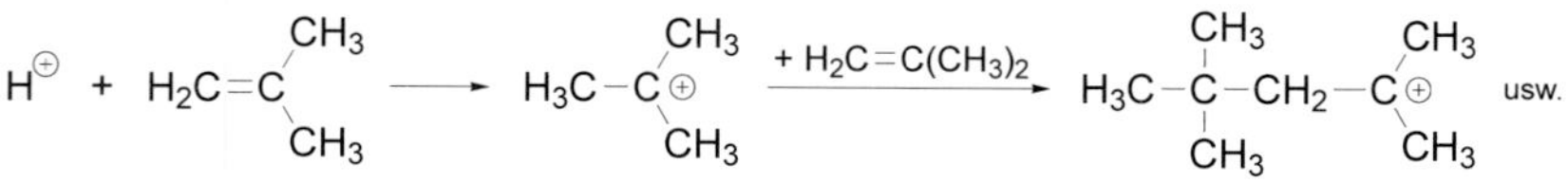

Die Addition folgt auch hier der Regel von MARKOVNIKOV.

Der Abbruch der Reaktionskette erfolgt meist durch Abspaltung eines Protons, wobei Alk-1-en und Alk-2-en nebeneinander entstehen (vgl. [3.20]):

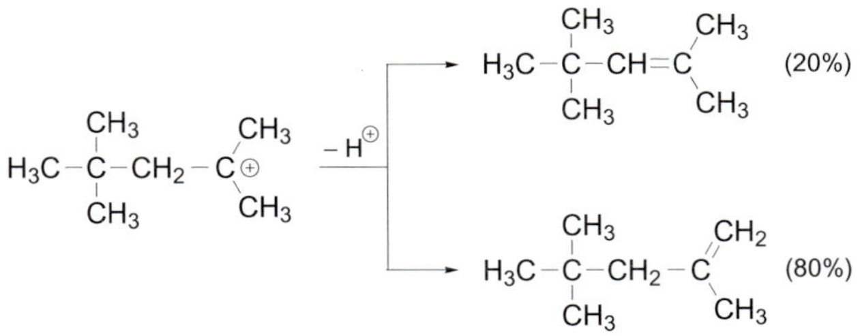

$$\begin{array}{c}
\underset{\substack{|\\CH_3}}{\overset{\substack{CH_3\\|}}{H_3C-C-CH_2-C\oplus}} \quad -H^\oplus
\end{array}$$

$$H_3C-\underset{\substack{|\\CH_3}}{\overset{\substack{CH_3\\|}}{C}}-CH=\underset{\substack{|\\CH_3}}{\overset{\substack{CH_3\\|}}{C}} \quad (20\%)$$

$$H_3C-\underset{\substack{|\\CH_3}}{\overset{\substack{CH_3\\|}}{C}}-CH_2-\underset{\substack{|\\CH_3}}{\overset{\substack{CH_2\\\|}}{C}} \quad (80\%)$$

[4.46]

Die Polymerisation ist, wie schon erläutert, eine Nebenreaktion bei der säurekatalysierten Hydratisierung der Olefine (vgl. [4.16]). Besonders leicht lassen sich Olefine vom Typ des Isobutens kationisch polymerisieren, da einerseits die intermediär auftretenden *tert*-Alkylkationen energetisch besonders begünstigt sind (vgl. D.2.2.1.), andererseits das Isobuten eine hohe Basizität besitzt und deshalb schnell mit dem Kation reagieren kann. Der Polymerisationsgrad ist je nach Katalysator und Temperatur verschieden. Die Länge der Kette wächst mit fallender Temperatur und steigender Reinheit des eingesetzten Olefins. Die Durchschnittsmolmasse kann bis 10^5 steigen.

Darstellung von Isoocten (Isomerengemisch entsprechend Gl. [4.46])

170 g kalte 60%ige Schwefelsäure werden mit 50 g *tert*-Butylalkohol gut vermischt und 20 Stunden auf dem Wasserbad erhitzt. Das sich bildende Dimerisat scheidet sich als ölige Schicht während des Erhitzens ab. Es wird mit Wasser und Sodalösung gewaschen, über Magnesiumsulfat getrocknet und schließlich 5 Stunden über metallischem Natrium unter Rückfluß gekocht. Nach dem Fraktionieren über eine wirksame Kolonne (warum?) werden 25 g Diisobuten-Isomeren-Gemisch vom *Kp* 100 bis 128 °C (Redestillation *Kp* 100 bis 105 °C) erhalten.

Auch auf andere Weise erzeugte Carbeniumionen können entsprechend [4.45] mit Alkenen reagieren. So läßt sich z. B auch Styren leicht kationisch polymerisieren:

Kationische Polymerisation von Styren

Katalysatorherstellung: In einem 100 ml-Dreihalskolben, der sich in einem Wasserbad befindet, mit Rückflußkühler, Rührer und Tropftrichter werden 20 g wasserfreies Aluminiumchlorid mit 30 g Toluen auf etwa 100 °C erhitzt, und dann werden langsam 0,6 ml Wasser zugetropft. Unter heftiger Reaktion (HCl-Entwicklung) bildet sich der rotbraune Katalysatorkomplex. Nach beendeter Wasserzugabe wird noch 5 min. bei 90 °C gerührt.

Polymerisation: In einem auf ca. 15 °C gekühlten Wasserbad werden in einem 250 ml Sulfierkolben mit Rührer, Thermometer, Rückflußkühler und Tropftrichter 20 g Styren und 80 ml Toluen vorgelegt. Unter Kühlen und starkem Rühren werden 0,5 ml der oben hergestellten Katalysatorlösung dazugetropft. Dabei darf die Innentemperatur nicht über 25 °C steigen. Nach beendeter Zugabe wird noch weitere 15 min. gerührt und weitere 30 min. stehen gelassen. Durch Dekantieren trennt man die Polymerisationslösung ab, wäscht diese mit 4 ml Wasser und danach mit 4 ml 15%iger Natronlauge und trocknet mit Natriumsulfat. Die Farbe der Polymerisationslösung muß bei der Wäsche von rotbraun nach gelb umschlagen. Durch Vakuumdestillation werden das Lösungsmittel und Niederpolymere abgetrennt. Der Rückstand besteht aus dem Harz.

Ausbeute ca. 80–85%, schwach gelb, Erweichungspunkt ca. 50–100 °C, Molmasse ca. 500–1000 g/mol.

Tabelle 4.47

Industrielle Anwendung der kationischen Dimerisierung und Polymerisation von Alkenen

Alken	Verwendungszweck
C_3/C_4-Alkene	Alkylatbenzin
Isobuten	$\rightarrow$ Isoocten $\rightarrow$ Isooctan (Eichkraftstoff, OZ = 100)
	$\xrightarrow{BF_3}$ Polyisobuten
	$\xrightarrow{AlCl_3}$ Butylkautschuk (im Gemisch mit 2% Isopren)
Propen	$\rightarrow$ „Tetrapropylen" ($\rightarrow$ Alkylbenzensulfonate)
Ethylen	$\rightarrow$ synthetische Schmieröle
Styren/Inden und Methylhomologe	$\rightarrow$ Kohlenwasserstoffharze (Inden-Cumaron-Harze), Komponenten für Kleber, Lacke, Druckfarben und Isoliermassen

Auch mit wasserfreier Flußsäure kann man aus einem Alken (Propen, Buten) ein Carbeniumkation erzeugen, das mit zugesetztem Isobutan durch H-Übertragung unter Bildung eines *tert*-Butylkations reagiert. Dieses addiert sich dann im Sinne einer Ad_E-Reaktion an das Alken. Auf diese Weise werden die sogenannten Alkylatbenzine aus Isobutan und Propen/ Buten/Isobuten-Gemischen erzeugt (HF-Alkylierung).

Wichtige industriell genutzte, kationisch verlaufende Oligo- und Polymerisationen sind in Tabelle 4.47 zusammengestellt.

4.2.   Nucleophile Addition

4.2.1.   Anionische Polymerisation von Olefinen

Olefine sind infolge ihres basischen Charakters normalerweise nicht in der Lage, nucleophile Reagenzien zu addieren[1]) (vgl. D.4.1.1.). Die Nucleophilie einiger metallorganischer Verbindungen ist allerdings so hoch, daß eine nucleophile Addition erzwungen wird. Der wichtigste Fall dieses Reaktionstyps ist die anionische Polymerisation von Monoolefinen und konjugierten Dienen.

Die Diene sind dabei infolge der stärker delokalisierten Elektronenwolke und der damit verbundenen größeren Polarisierbarkeit der Doppelbindungen etwas reaktionsfähiger als Monoolefine und in der Lage, Natrium zu addieren.

Als Initiatoren der in Lösung durchgeführten Polymerisationen nach [4.48] fungieren vorzugsweise metallorganische Verbindungen, wie z. B. Phenyllithium, Naphthylnatrium sowie Natriumamid:

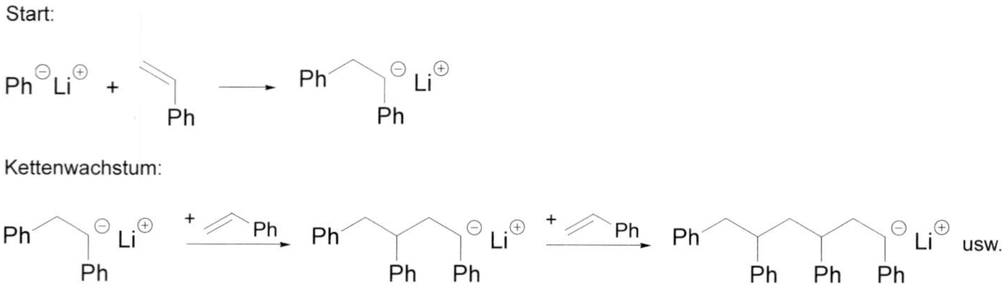

Start:

Kettenwachstum: [4.48]

Ein Kettenabbruch durch Rekombination ist bei der anionischen Polymerisation nicht möglich. Verhindert man den durch Verunreinigungen bedingten Kettenabbruch, so behalten die polymeren Anionen als „lebende" Polymere beliebig lange die Fähigkeit, mit erneut zugegebenen Monomeren weiterzuwachsen. Diese Tatsache nutzt man für die Blockcopolymerisation z. B. von Styren mit Butadien zu thermoplastisch

---

[1]) Vgl. aber auch D.7.4.

verformbaren Elastomeren aus. Diese bestehen aus relativ langen Sequenzen von polymerem Styren und polymerem Butadien. In lebende Polymere können beispielsweise durch Umsetzung mit Ethylenoxid auch reaktive Endgruppen eingeführt werden. Diese Gruppen lassen sich durch Polykondensationsreaktionen ebenfalls zu Blockcopolymerisationen ausnutzen.

Man formuliere die Umsetzung [4.48] mit Butadien und mit Ethylenoxid!

Die Substanzpolymerisation von Butadien mit Natrium wurde früher zur Herstellung der sogenannten Zahlen-Buna-Typen verwendet.

4.2.2. Nucleophile Addition an Acetylene

Infolge der größeren Neigung der Acetylene zu nucleophilen Additionen (vgl. D.4., Einleitung) lagern sich z. B. die stark basischen Anionen von Alkoholen leicht an die Dreifachbindung an:

$$—C≡C— \quad + \quad R—\overset{\ominus}{\underset{|}{O}}| \quad \longrightarrow \quad \overset{\ominus}{C}=C\overset{OR}{\underset{}{}} \quad \xrightarrow{+ ROH} \quad RO^{\ominus} \quad + \quad \overset{H}{\underset{}{}}C=C\overset{OR}{\underset{}{}} \qquad [4.49]$$

$$\quad\quad\quad\quad\quad\quad\quad\quad\quad\quad\quad\quad\quad\quad\quad\quad\quad\quad\quad I \quad\quad\quad\quad\quad\quad\quad\quad\quad\quad\quad\quad\quad\quad\quad\quad\quad II$$

Das zunächst entstehende stark basische Carbanion I entreißt einem Molekül Alkohol ein Proton, wobei der Vinylether II entsteht. Da dabei das Alkoholation zurückgebildet wird, genügen katalytische Mengen davon. Auch bei der Addition von Alkohol in Gegenwart von Natriumhydroxid ist das Alkoholation das wirksame Agens (vgl. [2.65a]).

In gleicher Weise können an Acetylen Carbonsäuren, Phenole, Thiole sowie gewisse Amide, sekundäre Amine usw. nucleophil addiert werden. Ein Teil dieser Vinylierungen[1]) gelingt auch in Gegenwart von Schwermetallsalzen nach einem elektrophilen Mechanismus ([4.18]).

Die Darstellung von Vinylethern verläuft leicht und mit hohen Ausbeuten. Um die notwendige Reaktionstemperatur und eine brauchbare Reaktionsgeschwindigkeit zu erreichen, muß man jedoch im allgemeinen unter Druck arbeiten. Dabei sind gewisse Sicherheitsmaßnahmen strikt zu beachten (s. unten).

Allgemeine Arbeitsvorschrift zur Vinylierung von Alkoholen (Tab. 4.50)

Achtung! Der bei diesen Reaktionen verwendete Autoklav muß mindestens das Zehnfache des Drucks aushalten, der bei normalem Reaktionsverlauf zu erwarten ist (Prüfdruck 35 MPa, 350 atm). Da Acetylen mit Silber und Kupfer explosive Verbindungen ergibt, dürfen Autoklav und Zubehör (Manometer!) keine Teile aus diesen Metallen enthalten, die mit dem Acetylen in Berührung kommen können. Der Autoklav muß unbedingt dicht sein, damit kein explosives Acetylen-Luft-Gemisch im Arbeitsraum auftreten kann. Aus dem gleichen Grunde muß beim Spülen des Autoklavs und beim Ablassen des Drucks das Acetylen ins Freie geleitet werden (vgl. auch A.1.8.).

Da das Arbeiten mit Acetylen unter Druck unvorhergesehene Gefahren in sich bergen kann, ist die Durchführung dieses Versuches nur ratsam, wenn entsprechende Sicherheitsvorkehrungen getroffen werden.

Siehe auch REPPE, W.: Neue Entwicklungen auf dem Gebiet der Chemie des Acetylens und Kohlenoxids. – Springer-Verlag, Berlin 1949; REPPE, W.: Chemie und Technik der Acetylen-Druck-Reaktion. – Verlag Chemie, Weinheim/Bergstr. 1951.

---

[1]) Die Anlagerung von Acetylen an OH-, SH-, NH-acide Verbindungen wird allgemein als Vinylierung bezeichnet.

1 mol des betreffenden Alkohols bzw. Phenols wird mit etwa 10 Masse-% feingepulvertem Ätzkali in einen Edelstahl-Rühr- oder Schüttelautoklav gefüllt, der mindestens das 5fache (besser 10fache) Volumen der Reaktionslösung haben soll. Bei der Vinylierung von Phenolen wird außerdem etwas Wasser zugesetzt (15 bis 17 ml pro mol Phenol), um die Bildung von Harzen einzuschränken. Dann verschließt man, verdrängt die Luft sorgfältig durch Acetylen oder Stickstoff, leitet Acetylen bis zu einem Druck von 0,8–1,6 MPa (8 bis 16 atm) ein und erwärmt langsam, bei Phenolen auf etwa 180 °C, bei Alkoholen auf etwa 140 °C. Sobald kein Acetylen mehr verbraucht wird und der Druck konstant bleibt, läßt man wieder abkühlen und preßt erneut Acetylen bis auf 0,8–1,6 MPa (8 bis 16 atm) auf. Dann wird wieder auf die oben genannte Temperatur erhitzt. Dies wiederholt man, bis die berechnete Menge Acetylen[1]) aufgenommen bzw. keine Reaktion mehr erkennbar ist. Bei den aliphatischen Alkoholen verläuft die Addition an das Acetylen sehr rasch, so daß man meist unmittelbar nach Erreichen der Reaktionstemperatur wieder abkühlen und erneut Acetylen aufdrücken kann. Wenn die Vinylierung beendet ist, wird nach dem Abkühlen des Autoklavs entspannt.

Phenolvinylether werden aus der Reaktionslösung mit Wasserdampf abgetrieben, Vinylether von Alkoholen destilliert man, gegebenenfalls im Vakuum, direkt aus der Reaktionslösung über eine 20-cm-Vigreux-Kolonne ab.

Man trocknet die Vinylether mit Kaliumcarbonat und destilliert erneut. Dabei setzt man zweckmäßigerweise eine kleine Menge Kaliumcarbonat zu, um sauer katalysierte Folgereaktionen der Vinylether auszuschalten.

Tabelle 4.50

Vinylierung von Alkoholen und Phenolen

Produkt	Ausgangsverbindung	Kp in °C	n_D^{20}	Ausbeute in %
Ethylvinylether	Ethanol	36	1,3790	80
Propylvinylether	Propanol	65	1,3913	90
Butylvinylether	Butanol	94	1,4017	75
Isobutylvinylether	Isobutanol	83	1,3981	80
Cyclohexylvinylether	Cyclohexanol	$53_{3,1(23)}$	1,4547	68
Benzylvinylether	Benzylalkohol	$47_{2,0(15)}$	1,5185	63
Phenylvinylether[1])	Phenol	156	1,5224	70
(2-Methoxyphenyl)vinylether[1])	Guajacol	$112_{4,0(30)}$	1,5356	60
1,2-Divinyloxy-ethen[2])	Ethylenglycol	127	1,4338	60
Acetaldehydethylenacetal[3])	Ethylenglycol	82	1,3972	68

[1]) 1 mol Wasser zusetzen.
[2]) Acetylen bis zur Sättigung einleiten; daneben 14% Acetaldehydethylenacetal.
[3]) Reaktionstemperatur 190 °C; nach beendeter Acetylenabsorption noch 3 Std. auf 190 °C halten; daneben 8% 1,2-Divinyloxy-ethen.

Die *drucklose Vinylierung von Butanol* in Gegenwart einer sehr großen Menge Ätzkali (um die notwendige Temperatur von etwa 140 °C zu erreichen) wird beschrieben bei: DUHAMEL, A., Bull. Soc. Chim. France **1956**, 156.

---

[1]) Man kann die aufgenommene Acetylenmenge mit genügender Genauigkeit nach der allgemeinen Gasgleichung aus der Druckabnahme berechnen. Die Druckablesungen erfolgen jeweils bei abgekühltem Autoklav, da hier die Dampfdrücke der flüssigen Reaktionspartner vernachlässigt werden können. Für die vollständige Vinylierung des Alkohols wird etwas mehr als die berechnete Acetylenmenge verbraucht (Nebenreaktionen, Löslichkeit des Acetylens in Vinylether).

Wegen ihrer sehr reaktionsfähigen Doppelbindungen besitzen die Vinylether für verschiedene Synthesen präparative Bedeutung. So lassen sie sich z. B. als Dienophil bei Cycloadditionen verwenden (vgl. D.4.4.).

Vinylether addieren in saurer Lösung leicht Wasser zum Acetaldehydhalbacetal, das in Acetaldehyd und Alkohol zerfällt (s. D.7.1.2.):

$$H_2C{=}C\overset{OR}{\underset{H}{}} \xrightarrow{+ H_2O;\ H^{\oplus}} H_3C-\overset{OR}{\underset{H}{C}}-OH \rightleftharpoons H_3C-C\overset{O}{\underset{H}{}} + ROH \qquad [4.51]$$

Vinylverbindungen haben große technische Bedeutung für die Gewinnung von Polymeren (vgl. D.4.3.) mit unterschiedlichsten Eigenschaften und Verwendungszwecken. Auch zur Copolymerisation werden spezielle Vinylverbindungen genutzt.

Eine präparativ einfach durchführbare Reaktion ist die Addition von Aminen an substituierte Acetylene. Beispielsweise gelingt die Addition von Ammoniak, primären und sekundären Aminen an Acetylenmono- bzw. Dicarbonsäureester leicht und in hohen Ausbeuten. Die Produkte sind als Enamine mit zur Carbonylgruppe konjugierter Doppelbindung recht stabil; befinden sich chelatisierbare H-Atome am Stickstoff, wird die Z-Form bevorzugt:

$$R''NH_2 + R-C{\equiv}C-COOR' \longrightarrow R''{-}N\overset{H\cdots O}{\underset{\underset{R\quad H}{C{=}C}}{}}C-OR' \qquad [4.52]$$

Diese Enamine sind insbesondere für Heterocyclensynthesen interessant, vgl. [7.288].

Allgemeine Arbeitsvorschrift zur Addition von Aminen an Acetylendicarbonsäuredialkylester (Tab.4.53)

| *Achtung!* Acetylendicarbonsäureester sind tränenreizend. Unter dem Abzug arbeiten!

In einem 250-ml-Dreihalskolben mit Rührer, Rückflußkühler mit Calciumchloridrohr, Innenthermometer und Tropftrichter wird unter starkem Rühren zu einer Lösung von 0,11 mol wasserfreiem Amin (mit Ätzkali trocknen) in 100 ml wasserfreiem Ether eine Lösung von 0,1 mol Acetylendicarbonsäureester in 50 ml wasserfreiem Ether so zugetropft, daß die Innentemperatur nicht über 15 bis 20 °C steigt (notfalls mit Eiswasser von außen kühlen). Gasförmige Amine werden nach dem Trocknen[1]) in die etherische Esterlösung unter Kühlen (15 bis 20 °C Innentemperatur) langsam eingeleitet, bis ein kleiner Überschuß erreicht ist. Man läßt noch 5 Stunden bei Zimmertemperatur stehen und destilliert nach dem Abdampfen des Ethers im Vakuum.

Tabelle 4.53

Aminaddition an Acetylendicarbonsäuredialkylester

Produkt	Ausgangsverbindung[1])	Kp (bzw. F) in °C	n_D^{20}	Ausbeute in %
Aminofumarsäuredimethylester[2])	Ammoniak, M	$62_{0,09(0,7)}$ F 30	1,5106	80
Aminofumarsäurediethylester	Ammoniak, E	$136_{2,1(16)}$	1,4928	75
N-Methyl-aminofumarsäurediethylester	Methylamin, E	$140_{2,4(18)}$	1,5130	90

---

1) Vgl. Reagenzienanhang (Ammoniak).

Tabelle 4.53 (Fortsetzung)

Produkt	Ausgangsverbindung[1])	Kp (bzw. F) in °C	n_D^{20}	Ausbeute in %
N-Benzyl-aminofumarsäure-diethylester	Benzylamin, E	$154_{0,09(0,7)}$	1,5568	80
Anilinofumarsäuredimethylester	Anilin, M	$132_{0,03(0,2)}$	1,5820	90
N-tert-Butyl-aminofumarsäure-dimethylester	*tert*-Butylamin, M	$85_{0,04(0,3)}$	1,4880	85
N,N-Dimethyl-aminomalein-säuredimethylester[3])	Dimethylamin, M	F 83 (MeOH)		70

[1]) M Acetylendicarbonsäuredimethylester; E Acetylendicarbonsäurediethylester.
[2]) Es entsteht zunächst vorzugsweise der Aminomaleinsäuremethylester (*E*-Form): F 92 °C (EtOEt), der bei der Destillation in die *Z*-Form übergeht.
[3]) Nach dem Abdestillieren des Ethers Rückstand umkristallisieren.

4.3.   Radikalische Additions- und Polymerisationsreaktionen

C–C-Mehrfachbindungen können auch Radikale addieren. Die radikalische Addition verläuft ebenso wie die radikalische Substitution (vgl. D.1.) als Kettenreaktion. Ein z. B. durch Thermo- oder Photolyse erzeugtes Initiatorradikal R′· reagiert zunächst mit dem Addenden X–Y

$$R' \cdot \ + \ Y{-}X \ \longrightarrow \ R{-}Y \ + \ X \cdot \qquad\qquad [4.54]$$

unter Bildung eines X-Radikals, das an das Olefin addiert wird. Hierbei entsteht ein β-substituiertes Alkylradikal, das im zweiten Kettenfortpflanzungsschritt mit X–Y unter Y-Radikalübertragung reagiert:

$$X \cdot \ + \ \overset{\diagup}{\underset{\diagdown}{C}}{=}\overset{\diagdown}{\underset{\diagup}{C}} \ \longrightarrow \ X{-}\overset{|}{\underset{|}{C}}{-}\overset{|}{\underset{|}{C}} \cdot \qquad\qquad [4.54a]$$

$$X{-}\overset{|}{\underset{|}{C}}{-}\overset{|}{\underset{|}{C}} \cdot \ + \ Y{-}X \ \longrightarrow \ X{-}\overset{|}{\underset{|}{C}}{-}\overset{|}{\underset{|}{C}}{-}Y \ + \ X \cdot \qquad\qquad [4.55b]$$

Der Kettenabbruch erfolgt durch Rekombination der X- und β-X-Alkylradikale.

In [4.56] ist die Addition von Br_2 an Ethylen formuliert. Das elektrophile Bromatom, dessen SOMO relativ energiearm ist (vgl. Abb.1.23), tritt mit dem HOMO des Olefins in Wechselwirkung:

$$Br \cdot \ + \ H_2C{=}CH_2 \ \longrightarrow \ Br{-}CH_2{-}\overset{\cdot}{C}H_2 \qquad \Delta_R H^\ominus = -21 \ kJ \cdot mol^{-1} \qquad [4.56a]$$

$$Br{-}CH_2{-}\overset{\cdot}{C}H_2 \ + \ Br_2 \ \longrightarrow \ Br{-}CH_2{-}CH_2{-}Br \ + \ Br \cdot \qquad \Delta_R H^\ominus = -60 \ kJ \cdot mol^{-1} \qquad [4.56b]$$

Beide Schritte der Kettenreaktion sind exotherm. Die Reaktion verläuft freiwillig, die Kettenlänge ist groß.

Chlor, dessen SOMO-Energie niedriger liegt als die von Brom, reagiert leichter mit dem Alken. Zudem ist wegen der über 50 kJ · mol⁻¹ höheren Dissoziationsenergie der C–Cl- gegenüber der C–Br-Bindung der erste Schritt (analog [4.56a]) entsprechend stärker exotherm (vgl. auch [C.17]). Das Iodradikal ist dagegen normalerweise nicht mehr reaktionsfähig genug, um die π-Bindung anzugreifen, da der erste Schritt mit etwa 50 kJ · mol⁻¹ endotherm ist.

Zur radikalischen Addition an Olefine sind weiterhin Bromwasserstoff, Aldehyde, Alkohole, Ester, Polyhalogenalkane (Haloforme, Tetrachlorkohlenstoff), Schwefelwasserstoff, Thiole, Thiolsäuren, Hydrogensulfit und viele andere befähigt:

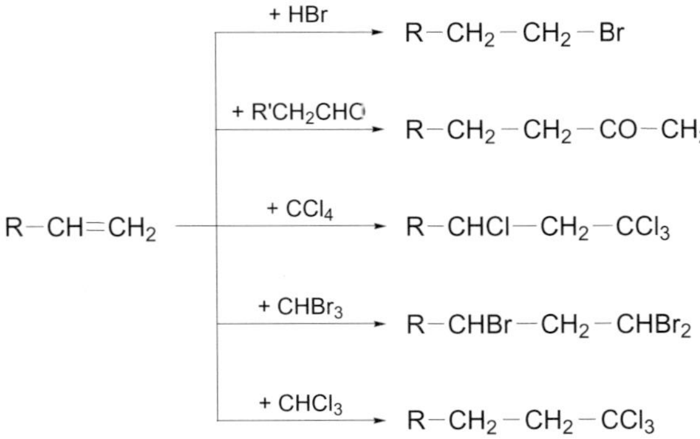

$$R-CH=CH_2 \quad
\begin{cases}
\xrightarrow{\;+\,HBr\;} & R-CH_2-CH_2-Br \\[1em]
\xrightarrow{\;+\,R'CH_2CHO\;} & R-CH_2-CH_2-CO-CH_2-R' \\[1em]
\xrightarrow{\;+\,CCl_4\;} & R-CHCl-CH_2-CCl_3 \\[1em]
\xrightarrow{\;+\,CHBr_3\;} & R-CHBr-CH_2-CHBr_2 \\[1em]
\xrightarrow{\;+\,CHCl_3\;} & R-CH_2-CH_2-CCl_3
\end{cases}
\qquad [4.57]$$

(Man formuliere die Kettenreaktionen!)

Iodwasserstoff und Chlorwasserstoff werden im Gegensatz zu Bromwasserstoff nicht radikalisch an Olefine addiert. Beim Iodwasserstoff ist der erste Schritt der Kettenreaktion (Iodradikal + Olefin) nicht möglich, da das Iodradikal zu wenig reaktiv ist, während beim Chlorwasserstoff die homolytische Spaltung der H–Cl-Bindung zu hohe Energie erfordert, wodurch der zweite Schritt der Kettenreaktion endotherm wird und nicht abläuft.

Kohlenstoffradikale, beispielsweise aus Polyhalogenmethanen, bei denen die Spindichte am Radikalzentrum durch Elektronenacceptorsubstituenten vermindert ist, reagieren leicht mit stärker basischen Olefinen (z. B. Vinylethern) und normalen Olefinen. Mit Ethendicarbonsäureestern dagegen ist das analog [4.54a] im ersten Schritt der Reaktion gebildete Radikal so energiearm, daß es nicht mehr in der Lage ist, die Kettenreaktion durch einen Übertragungsschritt entsprechend [4.55b] zu ermöglichen.

Aliphatische Aldehyde und Alkohole addieren sich mit teilweise sehr guten Ausbeuten radikalisch an Perfluorolefine und α,β-ungesättigte Carbonylverbindungen, speziell an Maleinsäureester.

In α-Stellung verzweigte Aldehyde geben nur in untergeordnetem Maße die gewünschten Ketone, da das zunächst entstehende Acylradikal in erster Linie decarbonyliert (wie ist das zu erklären?):

$$R_3C-CHO \longrightarrow R_3C-\overset{\bullet}{C}O \longrightarrow R_3\overset{\bullet}{C} + CO \qquad [4.58]$$

Unter homolytischen Bedingungen läßt sich selbst an Benzen Chlor addieren, wobei ein Gemisch stereoisomerer Hexachlorcyclohexane entsteht[1])

Unter diesen ist das mit etwa 15% Ausbeute anfallende γ-Isomere (Gammexan, γ-HCH, Hexa) als Insektizid verwendet worden.

Auch die Addition von Halogenen an Acetylene verläuft wahrscheinlich radikalisch. Aus den in D.4. (Einleitung) genannten Gründen ist die elektrophile Addition erschwert.

Man beachte, daß die aufgeführten radikalischen Additionen entgegen der Regel von MARKOVNIKOV verlaufen. Das ist verständlich, da von den beiden im ersten Schritt der Kettenreaktion möglichen Radikalen, beispielsweise

---

[1]) Unter welchen Bedingungen kann die substituierende Chlorierung des Benzens, die stets merkliche Konkurrenzreaktion ist, zurückgedrängt werden (vgl. D.5.1.5.)?

$$R-CH=CH_2 \ + \ Br\cdot \quad \begin{cases} R-\overset{\cdot}{C}H-CH_2-Br \quad \textbf{(I)} \\ \\ R-\underset{\underset{Br}{|}}{CH}-\overset{\cdot}{C}H_2 \quad \textbf{(II)} \end{cases} \qquad [4.59]$$

das Radikal I aus den in Kapitel D.1. genannten Gründen energieärmer ist als das Radikal II.

Es ist also möglich, Bromwasserstoff radikalisch, z. B. in Gegenwart von Peroxiden, entgegen der Regel von MARKOVNIKOV an Olefine zu addieren („Peroxideffekt").

In den Fällen, bei denen ein Reagens sowohl ionisch als auch radikalisch addiert werden kann, hängt es von den Reaktionsbedingungen ab, welche Reaktion die Oberhand gewinnt. So läßt sich der Peroxideffekt bei der Addition von Bromwasserstoff unterdrücken, wenn man in Gegenwart einer Lewis-Säure, z. B. Aluminiumbromid, arbeitet. Die Reaktion verläuft dann ionisch, entsprechend der Regel von MARKOVNIKOV.

Allgemeine Arbeitsvorschrift für die radikalische Addition an Olefine (Tab. 4.60)

 Achtung! Augen bei der Arbeit mit der Tauchlampe vor gefährlicher UV-Strahlung schützen. Dabei auch die benachbarten Arbeitsplätze beachten!

Um die Bildung von Telomeren (vgl. D.4.3.) zurückzudrängen, setzt man das Olefin im Unterschuß ein. Die Ausbeuten werden auf Umsatz berechnet.

Man arbeitet in einem Dreihalskolben mit Gaseinleitungsrohr, Intensivkühler und Innenthermometer. Bei photochemisch initiierten Reaktionen ist außerdem eine gekühlte (!) Quecksilbertauchlampe erforderlich.[1]) Soweit die zu addierende Verbindung nicht gasförmig ist, arbeitet man unter Stickstoff und leitet auch während der Reaktion langsam sauerstofffreien[2]) Stickstoff ein.

Wenn gute Ausbeuten erhalten werden sollen, ist es unbedingt notwendig, die angegebene Temperatur genau einzuhalten. Bei kleineren Temperaturintervallen erweist sich ein Metallbad mit Regeleinrichtung (vgl. A.1.7.1.) oder ein Thermostat als günstig.

Die Reaktionslösung wird im Vakuum über eine 40-cm-Vigreux-Kolonne destilliert. Nach Fraktionen, die u. a. aus nicht umgesetzten Ausgangsprodukten bestehen (zurückgewinnen!), geht das Additionsprodukt über. Als Destillationsrückstand verbleiben gewöhnlich Polymere und Telomere (vgl. D.4.3.).

Falls das Addukt in einem größeren Temperaturbereich destilliert, rektifiziere man über eine 60-cm-Vigreux-Kolonne. Fällt das Reaktionsprodukt während der Reaktion fest aus, läßt man über Nacht im Kühlschrank stehen, saugt ab und kristallisiert um.

Variante A: Addition von Tetrachlorkohlenstoff. 1 mol Olefin, 4 mol Tetrachlorkohlenstoff und 0,06 mol Benzoylperoxid werden 5 Stunden unter Rückfluß erhitzt.

Variante B: Addition von Aldehyden. 1 mol Olefin, 4 mol Aldehyd und 0,06 mol Benzoylperoxid werden 24 Stunden auf die angegebene Temperatur erhitzt. Die Hälfte des Peroxids fügt man erst nach 8 Stunden zu.

Variante C: Addition von Thiolen. 1 mol Olefin und 1 mol Thiol werden 5 Stunden bei Zimmertemperatur bestrahlt.

Variante D: Addition gasförmiger Verbindungen. Man leitet unter Bestrahlung so lange Gas ein, bis nichts mehr aufgenommen wird oder das Endprodukt auszukristallisieren beginnt. In

---

[1]) UV-Bestrahlung von außen liefert selbst bei Verdopplung der Reaktionszeit geringere Ausbeute, es sei denn, man verwendet einen Kolben aus Quarz oder Uviolglas. Zur Addition von Chlor genügt eine neben dem Kolben angebrachte 200-W-Glühlampe.

[2]) Vgl. Reagenzienanhang.

diesem Falle (Verstopfungsgefahr!) benutzt man ein Gaseinleitungsrohr mit glockenförmig erweitertem Ende oder eine Anordnung nach Abbildung A.13.

Die Präparation ist für Halbmikroansätze weniger geeignet.

Tabelle 4.60

Radikalische Addition an Alkene

Produkt	Ausgangsverbindungen	Variante	Kp (bzw. F) in °C	n_D^{20}	Ausbeute in %
1,1,1,3-Tetra-chlor-octan	Hept-1-en, Tetrachlor-kohlenstoff	A	$130_{2,5(19)}$	1,4772	50
1,1,1,3-Tetrachlor-nonan	Oct-1-en, Tetrachlor-kohlenstoff	A	$78_{0,01(0,1)}$	1,4770	40
Butyrylbernsteinsäure-diethylester[1]	Maleinsäurediethylester, Butanal	B	$112_{0,1(1)}$	1,4376	75
Heptanoylbernsteinsäure-diethylester[2]	Maleinsäurediethylester, Heptanal	B	$113_{0,07(0,5)}$	$1,4392^{[2]}$	55
1-Benzylthio-2-phenyl-ethan[3]	Styren, Phenylmethanthiol	B	$156_{0,4(3)}$	1,5894	80
1-Phenyl-2-phenylthio-ethan	Styren, Thiophenol	C	$188_{2,0(15)}$	1,6042	70
β-Phenylthio-propionitril	Acrylnitril, Thiophenol	C	$154_{1,1(8)}$	1,5735	80
α-Hexachlor-cyclohexan[4]	Benzen, Chlor	D	F 158 (Benzen)		70
1,3-Dibrom-propan[5]	Allylbromid, Brom-wasserstoff	D	167	1,5232	95
1-Brom-3-chlor-propan[5]	Allylchlorid, Brom-wasserstoff	D	142	1,4950	95

[1] Unter Rückfluß erhitzen.
[2] Bei 82 bis 85 °C arbeiten; angegebener Brechungsindex n_D^{25}!
[3] Auf dem Wasserbad erhitzen.
[4] In der Siedehitze trockenes Chlor einleiten; trockenes, thiophenfreies Benzen verwenden.
[5] Eiskühlung.

(2-Acetoxy-ethyl)malonsäurediethylester durch Addition von Malonsäurediethylester an Vinylacetat: GRITTER, R., Org. React. **13** (1963), 119.

Die beiden in einer radikalischen Addition an ein Olefin addierten Teile X und Y können auch aus zwei Ausgangsprodukten stammen.

Synthetisch wichtige Additionen dieser Art sind die *Reaktionen von Olefinen mit Alkylhalogeniden (RX) in Gegenwart von Organometallhydriden*, z. B. Tributylzinnhydrid $(C_4H_9)_3$Sn–H:

$$R{-}X \;+\; \overset{}{\underset{}{C}}{=}\overset{}{\underset{}{C} \;+\; H{-}Sn(C_4H_9)_3 \;\longrightarrow\; R{-}\overset{|}{\underset{|}{C}}{-}\overset{|}{\underset{|}{C}}{-}H \;+\; X{-}Sn(C_4H_9)_3 \qquad [4.61]$$

Die Radikalkettenreaktion umfaßt nach dem Start (z. B. mittels Azobisisobutyronitril/AIBN):

$$R'{-}N{=}N{-}R' \;\longrightarrow\; 2\,R'{\cdot} \;+\; N_2$$

$$R'{\cdot} \;+\; H{-}SnBu_3 \;\longrightarrow\; R'{-}H \;+\; {\cdot}SnBu_3 \qquad [4.62]$$

die folgenden drei Kettenfortpflanzungsschritte:

$$R{-}X \ + \ {\cdot}SnBu_3 \longrightarrow R{\cdot} \ + \ X{-}SnBu_3$$

$$R{\cdot} \ + \ H_2C{=}CH{-}Z \longrightarrow R{-}CH_2{-}\overset{\cdot}{C}H{-}Z \qquad\qquad [4.63]$$

$$R{-}CH_2{-}\overset{\cdot}{C}H{-}Z \ + \ H{-}SnBu_3 \longrightarrow R{-}CH_2{-}CH_2{-}Z \ + \ {\cdot}SnBu_3$$

Im Endergebnis läuft Reaktion [4.61] auf eine Addition von R–H an das Olefin hinaus. Auf diese Weise lassen sich unter milden Reaktionsbedingungen radikalisch C–C-Verknüpfungen verwirklichen, die eine Vielzahl von Verbindungen zugänglich machen (Z = CN, COR, COOR, OR, Aryl u. a.).

1-Desoxy-2,3,4,6-tetra-O-acetyl-1-(2-cyan-ethyl)-α-D-glucopyranose: GIESE, B.; DUPUIS, J.; NIX, M., Org. Synth. **65** (1987), 236–242.

Eine ähnliche Addition gelingt mit Organoquecksilberhydriden:

$$R{-}Hg{-}H \ + \ \overset{\diagdown}{\underset{\diagup}{C}}{=}\overset{\diagup}{\underset{\diagdown}{C}} \longrightarrow R{-}\overset{|}{\underset{|}{C}}{-}\overset{|}{\underset{|}{C}}{-}H \ + \ Hg \qquad\qquad [4.64]$$

Die RHgH werden *in situ* aus Organoquecksilberverbindungen und Metallhydriden erzeugt und starten, da die R–Hg-Bindung sehr schwach ist (s. Tab.1.4), die Reaktion spontan:

$$RHgX \xrightarrow{\ NaBH_4\ } RHgH \xrightarrow{\ spontan\ } R{\cdot} \qquad\qquad [4.65]$$

Sie reagieren mit dem Olefin nach folgendem Radikalkettenmechanismus:

$$R{\cdot} \ + \ H_2C{=}CH{-}Z \longrightarrow R{-}CH_2{-}\overset{\cdot}{C}H{-}Z$$

$$R{-}CH_2{-}\overset{\cdot}{C}H{-}Z \ + \ H{-}HgR \longrightarrow R{-}CH_2{-}CH_2{-}Z \ + \ {\cdot}HgR \qquad\qquad [4.66]$$

$$R{-}Hg{\cdot} \longrightarrow R{\cdot} \ + \ Hg$$

Die Quecksilberverbindungen RHgX können aus RX über Grignard-Verbindungen und Quecksilberhalogenide

$$RX \xrightarrow{\ Mg\ } RMgX \xrightarrow[{-\,MgX_2}]{+\,HgX_2} RHgX \qquad\qquad [4.67]$$

oder aus Olefinen über Organoborane (s. Hydroborierung, D.4.1.8.) und Quecksilberacetat gewonnen werden:

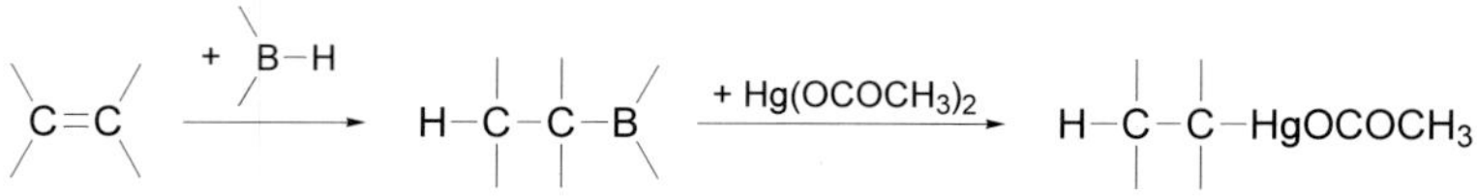

$$\overset{\diagdown}{\underset{\diagup}{C}}{=}\overset{\diagup}{\underset{\diagdown}{C}} \xrightarrow{+\ \overset{\diagup}{\underset{\diagdown}{B}}{-}H} H{-}\overset{|}{\underset{|}{C}}{-}\overset{|}{\underset{|}{C}}{-}B \xrightarrow{+\ Hg(OCOCH_3)_2} H{-}\overset{|}{\underset{|}{C}}{-}\overset{|}{\underset{|}{C}}{-}HgOCOCH_3 \qquad [4.68]$$

Die addierten Reste R stammen also aus Alkylhalogeniden und Olefinen, die auf diese Weise mit den Substratolefinen $H_2C{=}CHZ$ verknüpft werden können. Die Reaktion ist daher vielseitig für Synthesen unter C–C-Bindungsbildung geeignet.

Die genannten Reaktionen können auch für intramolekulare Additionen genutzt werden und führen dann zu Cyclisierungen:

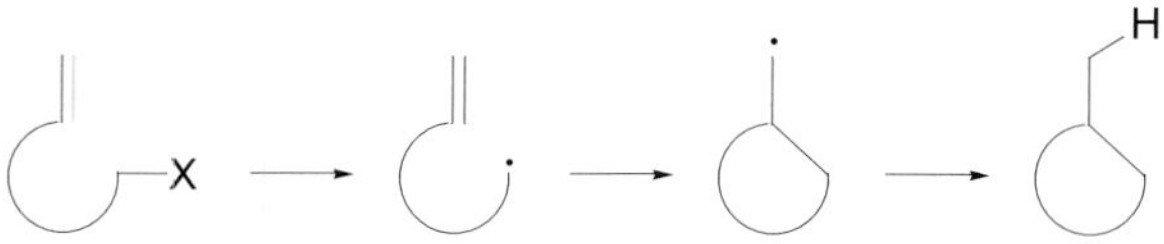

$$[4.69]$$

Hex-5-en-1-yl- und Hept-6-en-1-ylverbindungen RX ergeben so Cyclopentyl- und Cyclohexylverbindungen. Man formuliere diese Reaktionen!

Radikalische Polymerisation

Das im ersten Schritt einer radikalischen Addition nach [4.70a] gebildete Kohlenstoffradikal kann auch mit einem weiteren Olefinmolekül reagieren (b). Diese Reaktion kann sich im gleichen Sinne fortsetzen (Wachstumsreaktion) und führt dann zu kettenförmigen Makromolekülen (c):

[4.70a]

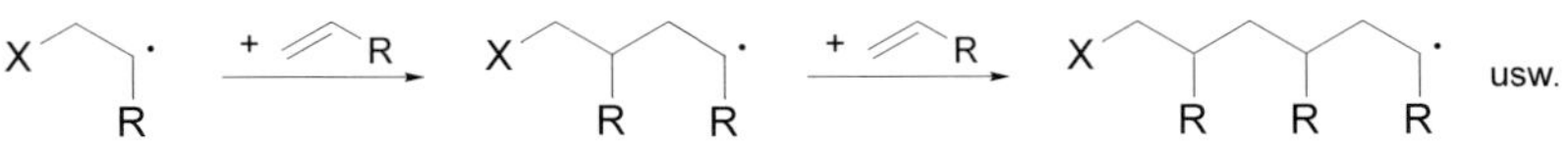

usw.   [4.70b]

Die Polymerisation tritt häufig als unerwünschte Nebenreaktion bei der radikalischen Addition auf; die gezielte radikalische Polymerisation führt hingegen zu technisch wichtigen Polymeren.

Mit sinkender Temperatur, abnehmender Startradikalkonzentration und steigender Monomerenkonzentration wächst die Größe des entsprechenden Makromoleküls. Sie kann bis zu einer Durchschnittsmolmasse von 10^7 ansteigen.

Nicht alle Olefine sind gleich gut zu radikalischen Polymerisationen befähigt. Besonders geeignet sind solche, deren Substituenten die während der Wachstumsreaktion entstehenden Radikale stabilisieren, wie z. B. Vinyl-, Aryl- und Carbonylgruppen (vgl. D.1.1.). Kettenabbruch erfolgt durch Disproportionierung (a) oder Kombination (Dimerisierung) (b) der Makroradikale:

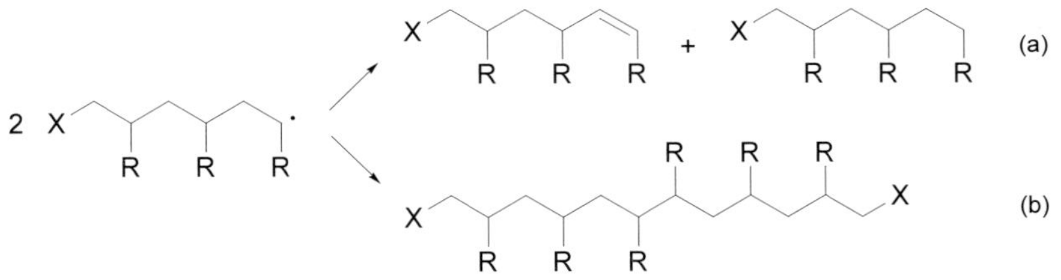

[4.71]

Damit bricht die Radikalkette überhaupt ab. Kettenabbruch kann auch durch Übertragung der Radikalfunktion auf ein anderes Molekül im System (Lösungsmittel, bereits vorhandenes Makromolekül, weitere zugesetzte Stoffe, die zur Radikalbildung befähigt sind, z. B. Regler) eintreten. Dabei geht das wachsende Polymere in ein „totes" Polymeres über, und das neu gebildete Radikal kann eine weitere Kette starten.

Diese Übertragungsreaktion nutzt man bewußt bei der Telomerisation. Bei der „gezielten Polymerisation" kann man durch Wahl geeigneter Reaktionsbedingungen (z. B. der Konzentrationen) Telomere, d. h. Polymere von niedrigem Polymerisationsgrad, herstellen, die bestimmte Endgruppen tragen. Bei den Telomeren sind die Endgruppen wegen des niedrigen Polymerisationsgrads in weit höherem Maße für die Eigenschaften der erzeugten Produkte verantwortlich als bei den Hochpolymeren. Als Endgruppenbildner werden meist Tetrachlorkohlenstoff, Chloroform u. a. eingesetzt, wobei durch geeignete (relativ hohe) Konzentration dieser Stoffe die oben genannte Zwischenstellung der Telomerisation erreicht wird, z. B.:

Startreaktion: R'OOR' $\longrightarrow$ 2 R'O·

Wachstum:

$$R'O· \; + \; H_2C=CHR \; \longrightarrow \; R'OCH_2\overset{\cdot}{C}HR$$

$$R'OCH_2\overset{\cdot}{C}HR \; + \; n\,H_2C=CHR \; \longrightarrow \; R'OCH_2CH(CH_2CH)_{n-1}CH_2\overset{\cdot}{C}H$$
$$\qquad\qquad\qquad\qquad\qquad\qquad\qquad\qquad R \qquad\quad R \qquad\quad R$$

Kettenübertragung:

$$R'OCH_2CHCH_2\overset{\cdot}{C}H \; + \; CCl_4 \; \longrightarrow \; R'OCH_2CHCH_2CHCl \; + \; ·CCl_3$$
$$\quad\;\; R \qquad R \qquad\qquad\qquad\qquad\qquad R \qquad R$$

Wachstum: $Cl_3C· \; + \; H_2C=CHR \; \longrightarrow \; Cl_3CCH_2\overset{\cdot}{C}HR$

[4.72]

Die bei der Telomerisation eingesetzten Verbindungen werden als Taxogen (Monomeres) und Telogen (z. B. CCl_4, $HSiCl_3$, ROH, HCl) bezeichnet.

Darstellung von Polystyren (Lösungspolymerisation)

In einem Reagenzglas mit Kühlfinger werden 2 g über wenig Schwefel frisch destilliertes Styren in 10 ml Xylen gelöst, 50 mg Benzoylperoxid zugesetzt und 2 Stunden auf dem Wasserbad auf etwa 80 °C erwärmt. Dann wird die Lösung unter Rühren in 100 ml Methanol gegossen, das sich in einem Mörser befindet. Um eingeschlossenes Monomeres und Xylen zu entfernen, wird das ausgefallene Produkt gut zerrieben, nach 2 Stunden filtriert, mit Methanol gewaschen und im Vakuumexsikkator getrocknet.

Suspensionspolymerisation von Styren und Emulsions-Copolymerisation von Styren/Isopren: SORENSON, W. R., J. Chem. Educ. **42** (1965), 8.

Copolymerisation von Fumarsäuredimethylester und Vinylacetat: ABELL, P. J., in: KOCHI, J. K.: Free Radicals. - John Wiley & Sons, New York 1973. Bd. 2, S. 96.

Die radikalische Polymerisation von Vinylverbindungen ist die wichtigste Methode zur Erzeugung von Plasten (Kunststoffen), synthetischen Fasern und künstlichem Kautschuk.

Die große Vielfalt (Tab. 4.73) der heute gebräuchlichen Polymeren wird insbesondere durch Polymerisation von Monomergemischen erreicht. Die Monomeren können alternierend, unregelmäßig oder blockweise im Polymer vorliegen.

Tabelle 4.73

Technisch wichtige Polymere aus Monomeren und ihre Verwendung

Monomere	Verwendung der Polymeren
Ethen	Hochdruckpolyethylen: Folien, Verpackungsmittel, Behälter, Rohre, Isolationsmaterial
Vinylchlorid (VC)	Polyvinylchlorid (PVC): Folien, säurebeständige Rohrleitungen, Behälter, Platten, Kabelisolation
Styren (S)	Polystyren: Elektroindustrie, Folien, Styropor (Verpackungsmaterial)
Tetrafluorethen	Polytetrafluorethen (PTFE, Teflon): hohe Chemikalienbeständigkeit, Auskleidung von Apparaturen, Schläuche, Dichtungen
Acrylnitril (AN)	Polyacrylnitril (PAN): Fasern
Butadien (B)	Polybutadien (Buna): Elastomere
Vinylacetat (VA)	Polyvinylacetat: Latex (PVAc), Kaugummi
Methacrylsäureester	Polymethacrylat (Plexiglas): organisches Glas
B + S	Buna S, elastisches oder schlagzähes Polystyren
B + S + AN	ABS-Copolymere: bruchunempfindliches Polymer
B + AN	Buna N (Perbunan)

Tabelle 4.73 (Fortsetzung)

Monomere	Verwendung der Polymeren
S + AN	schlagfestes Polystyren
Ethen + VA	EVA-Copolymere: thermoplastisches, weiches Material
	Oligomere: Additive für Dieselkraftstoff, Fließverbesserer
VC + Vinylidendichlorid	Fasern und Borsten
S + ungesättigte Polyester	glasfaserverstärkte Polyesterharze, Laminate

Durch Copolymerisation unterschiedlicher Vinylmonomerer lassen sich die Eigenschaften der Polymeren gezielt beeinflussen.

Man unterscheidet Block-, Emulsions- und Lösungspolymerisation. Auch Perlpolymerisate, bei denen in Suspension gearbeitet wird, sind von Interesse. Als Initiatoren dienen Peroxyverbindungen, z. B. Benzoylperoxid, Kaliumpersulfat und α,α-Dimethyl-benzylhydroperoxid in Gegenwart von Eisen(II)-sulfat. Auch die Telomeren gewinnen ein ständig steigendes technisches Interesse. Beispielsweise kann man durch Umsetzung von $\alpha,\alpha,\alpha,\omega$-Tetrachlor-paraffinen mit Ammoniak und nachfolgender Hydrolyse ω-Aminocarbonsäuren darstellen, deren Lactame zu Polyamiden polymerisieren.

4.4.   Cycloadditionen

Additionsreaktionen an Olefine, die zu cyclischen Reaktionsprodukten führen, bezeichnet man als Cycloadditionen. Nach Art und Anzahl der Atome, die beide Reaktionspartner in die cyclische Verbindung einbringen, unterteilt man die Bildung von Carbo- bzw. Heterocyclen in folgende Typen.

[1 + 2]-Cycloadditionen

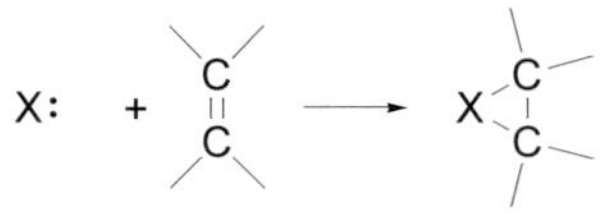

[4.74]

Hierher gehören die Additionen von Carbenen (X: = R_2C:) und Nitrenen (X: = R–$\underline{N}$:) an Olefine, aber auch die Alken-Epoxidierung (vgl. D.4.1.6.) und die Thiiran-Bildung.

[2 + 2]-Cycloadditionen

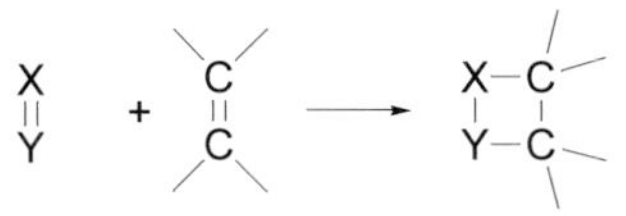

[4.75]

Zu dieser Gruppe zählen die thermisch relativ seltenen, aber photochemisch leicht verlaufenden Cycloadditionen von Olefinen an Olefine unter Bildung von Cyclobutanen, die Addition von Singulettsauerstoff ($\overline{O}=\overline{O}$) an Olefine unter Bildung cyclischer Peroxide (Dioxetane) und die photochemische Addition von Ketonen oder Aldehyden an Olefine unter Bildung von Oxetanen (Paterno-Büchi-Reaktion).

[3 + 2]-Cycloadditionen (1,3-Dipoladditionen)

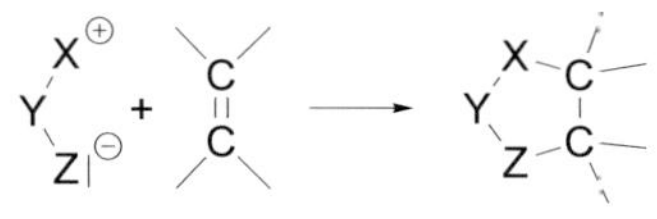

[4.76]

Diese thermisch leicht verlaufenden Additionsreaktion sind insbesondere zur Synthese von Heterocyclen bedeutungsvoll, wobei als 1,3-Dipole $\left(\overset{\oplus}{X}{-}Y{-}\overset{\ominus}{Z}\right)$ z. B. Diazoverbindungen $\overset{\oplus}{N}{=}\underline{N}{-}\underline{C}H{-}R$ (vgl. D.8.4.), Azide $\overset{\oplus}{N}{=}\underline{N}{-}\overset{\ominus}{\underline{N}}{-}R$, Nitriloxide $R{-}\overset{\oplus}{C}{=}\underline{N}{-}\overset{\ominus}{\underline{O}}|$, Nitrilimine $R{-}\overset{\oplus}{C}{=}\underline{N}{-}\overset{\ominus}{\underline{N}}{-}R$ und Nitrilylide $R{-}\overset{\oplus}{C}{=}\underline{N}{-}\overset{\ominus}{\underline{C}}R_2$ fungieren, die häufig erst im Reaktionsgemisch erzeugt werden.

[4 + 2]-Cycloadditionen (Diels-Alder-Reaktionen)

$$
\begin{array}{ccc}
\begin{matrix} X{\nwarrow}^{\displaystyle W} \\ | \\ Y{\searrow}_{\displaystyle Z} \end{matrix}
&+&
\begin{matrix} {\diagdown}C{\diagup} \\ \| \\ {\diagup}C{\diagdown} \end{matrix}
\end{array}
\longrightarrow
\begin{matrix} X{\diagdown}^{\displaystyle W}{\diagdown}C{-} \\ | \qquad | \\ Y{\searrow}_{\displaystyle Z}{-}C{-} \end{matrix}
\qquad\qquad [4.77]
$$

Die wichtigste [4 + 2]-Cycloaddition ist die thermisch leicht verlaufende Diels-Alder-Reaktion. Als 1,3-Dien (W=X–Y=Z) können sowohl offenkettige (z. B. Buta-1,3-dien) als auch cyclische Verbindungen (z. B. Cyclopentadien, Cyclohexa-1,3-dien usw.) eingesetzt werden. Mit hetero-analogen Dienen (α,β-ungesättigte Aldehyde, α,β-ungesättigte Ketone, Azine u. a.) erhält man Sechsringheterocyclen. Anstelle des Olefins (Dienophil) kann z. B. auch Singulettsauerstoff treten. Bei der Reaktion entstehen dann sechsgliedrige cyclische Peroxide.

Cycloadditionen können in einem Schritt als pericyclische Reaktionen verlaufen. Die beteiligten Elektronen unterliegen dabei einer konzertierten Verschiebung in einem cyclischen Übergangszustand; der Ringschluß ist stereospezifisch und die Reaktionsgeschwindigkeit nahezu unabhängig vom Lösungsmittel. Nichtstereospezifische Cycloadditionen verlaufen meist in zwei Stufen über Radikale oder Ionen. Bei ionischem Mechanismus hängt die Reaktionsgeschwindigkeit von der Art des Lösungsmittels ab.

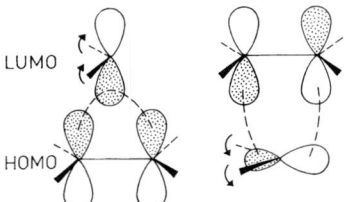 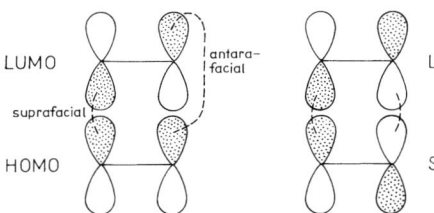

[2+1]-Cycloaddition thermisch erlaubt, Konfiguration des Olefins bleibt erhalten

[2+2]-Cycloaddition
a) thermisch verboten, allenfalls als supra–antarafaciale Addition möglich
b) photochemisch erlaubt (supra-suprafaciale Addition)

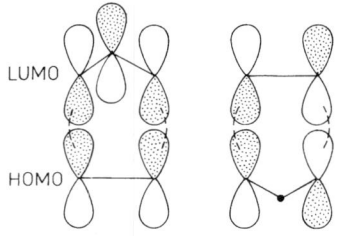 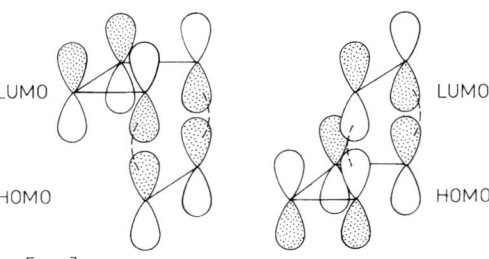

[3+2]-Cycloaddition, thermisch erlaubt, suprafaciale Addition

[4+2]-Cycloaddition, thermisch erlaubt, suprafaciale Addition

Abb. 4.78
Behandlung von Cycloadditionen nach dem Grenzorbitalkonzept

Der sterisch einheitliche Verlauf pericyclischer Cycloadditionen sowie die Aussage, ob die betreffende Reaktion thermisch oder photochemisch erlaubt ist, lassen sich mit Hilfe des Grenzorbitalkonzepts ableiten.[1]) Diese Erklärung setzt die Kenntnis der Vorzeichen der Koeffizienten des HOMO, LUMO bzw. SOMO für beide Reaktionspartner voraus. Kovalenzbildung ist bekanntlich nur zu erwarten, wenn bei den Reaktanden Orbitalbereiche gleichen Vorzeichens überlappen. Ist diese Bedingung mindestens für eine der beiden möglichen HOMO-LUMO-Wechselwirkungen der reagierenden Moleküle erfüllt, so ist eine konzertierte Cycloaddition thermisch möglich. Damit ist aber gleichzeitig auch ihr stereochemischer Verlauf festgelegt.

Von Ausnahmefällen abgesehen, ist für diese thermisch erlaubten Reaktionen typisch, daß die beiden neuen σ-Bindungen jeweils von einer Seite der π-Systeme aus gebildet werden. Man nennt einen solchen Verlauf suprafacial. Bei antarafacialem Verlauf treten Orbitallappen gleicher Phase von entgegengesetzten Seiten der beiden π-Systeme in Wechselwirkung (Abb. 4.78).

Thermisch erlaubt sind nach Abbildung 4.78 pericyclische [1 + 2]-Cycloadditionen von Singulettcarbenen an Olefine sowie [3 + 2]- und [4 + 2]-Cycloadditionen. Konzertierte [2 + 2]-Cycloadditionen dagegen sind thermisch im allgemeinen nicht möglich. Die Bindungsbildung zwischen dem HOMO des einen und dem LUMO des zweiten Olefinmoleküls könnte nur zwischen zwei Atomen suprafacial verlaufen. Die zweite Bindung erfordert eine antarafaciale Wechselwirkung. Reagiert dagegen eines der beiden Olefinmoleküle im photochemisch angeregten Zustand, so ist zwischen seinem SOMO und dem LUMO des zweiten Olefinmoleküls die Überlappung von Orbitalbereichen gleichen Vorzeichens suprafacial möglich. Eine pericyclische [2 + 2]-Cycloaddition ist photochemisch erlaubt. Der nach dem Grenzorbitalkonzept mögliche Mechanismus muß jedoch von einem reagierenden System nicht befolgt werden. Es kann auch in einen Zweistufenmechanismus ausweichen.

4.4.1.   [1 + 2]-Cycloadditionen. Addition von Carbenen und Carbenoiden

Carbene addieren sich an Olefine entsprechend [4.74] unter Bildung von Cyclopropanen. Eine stereospezifische Synchronaddition läßt sich allerdings nur für das Singulettcarben erwarten [4.79], während das in Lösung normalerweise entstehende Triplettcarben keine Synchronreaktion und damit keine stereospezifische Reaktion ermöglicht [4.80].

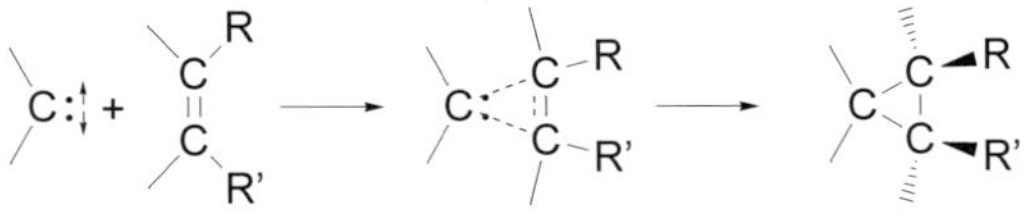

[4.79]

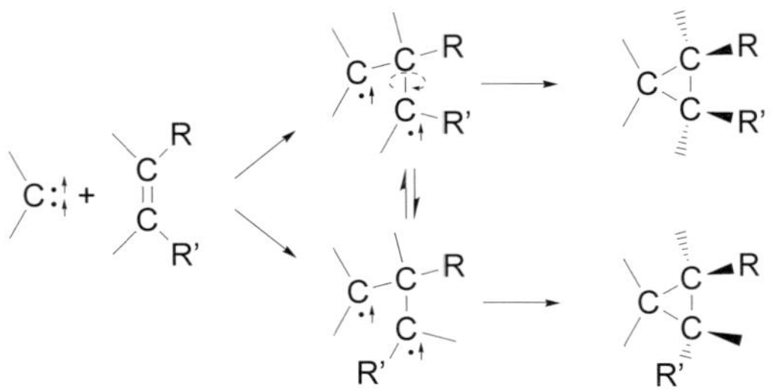

[4.80]

Auch Aromaten addieren Carbene, wobei zunächst Bicyclo[4.1.0]heptadiene (Norcaradiene) entstehen, die valenztautomer mit Cycloheptatrienen sind und leicht zu diesen isomerisieren. Dadurch ist eine präparativ einfache Ringerweiterungsreaktion zu den sonst nur schwer zugänglichen Cycloheptatrienen gegeben:

---

[1]) Diese Erklärung ist eine Anwendung der Woodward-Hoffmann-Regeln über die Erhaltung der Orbitalsymmetrie.

$$\text{[Benzol]} + \; :CH_2 \longrightarrow \text{[Norcaradien]} \longrightarrow \text{[Cycloheptatrien]} + \text{(Toluol CH}_3\text{)} \qquad [4.81]$$

Allgemeine Arbeitsvorschrift zur Addition von Dichlorcarben an Olefine (Tab. 4.82)

0,1 mol Olefin und 1 mmol Benzyltriethylammoniumchlorid werden in 0,4 mol Chloroform unter Zusatz von 1 ml Ethanol gelöst. Nach der Zugabe von 0,4 mol eiskalter, frisch bereiteter 50%iger Natronlauge rührt man intensiv 1 Stunde bei Raumtemperatur, danach 5 Stunden bei 50 °C. Das erkaltete Gemisch wird in 500 ml Wasser eingegossen, die organische Phase abgetrennt und die wäßrige Schicht mit 100 ml Chloroform ausgeschüttelt. Nach dem Trocknen der vereinigten organischen Phasen über Na_2SO_4 dampft man das Lösungsmittel im Vakuum ab und destilliert den Rückstand oder kristallisiert festes Produkt um.

Tabelle 4.82

1,1-Dichlor-cyclopropane durch Dichlorcarbenaddition

Produkt	Ausgangsverbindung	Kp (bzw. F) in °C	n_D^{20}	Ausbeute in %
7,7-Dichlor-bicyclo[4.1.0]heptan	Cyclohexen	$78...79_{2,0(15)}$	1,5028	78
1,1-Dichlor-2-phenyl-cyclo-propan	Styren	$114_{1,7(13)}$	1,5515	84
1,1-Dichlor-2-methyl-2-phenyl-cyclopropan	α-Methyl-styren	$66_{0,08(0,6)}$	1,5410	75
1,1-Dichlor-2,2-diphenyl-cyclo-propan	1,1-Diphenyl-ethen	$F\,114\;(Et_2O)$		70
1,1-Dichlor-2-hexyl-cyclopropan	Oct-1-en	$50...52_{0,07(0,5)}$	1,4555	60
1,1-Dichlor-2,2-dimethyl-cyclo-propan	Isobuten[1])	$118...120$	1,4499	60

---

[1]) Zunächst bei –10 °C einleiten, dann unter allmählicher Temperatursteigerung bei Raumtemperatur rühren.

1,1-Dichlor-trans-2,3-diphenyl-cyclopropan aus *trans*-Stilben und Dichlorcarben unter Phasentransferkatalyse: DEHMLOW, E. V.; SCHÖNFELD, J., Liebigs Ann. Chem. **744** (1971), 42.

Als Quelle für Carbene kommen außer der α-Eliminierung von Halogenalkanen (vgl. D.3.3) auch andere Carbenbildungsreaktionen, wie die Zersetzung von aliphatischen Diazoverbindungen (vgl. D.8.4.2. und D.9.1.1.3.), in Frage. Werden diese Verbindungen in Gegenwart von Übergangsmetallkatalysatoren (Cu-, Rh- o. a. Salzen) zersetzt, entstehen intermediär keine freien Carbene, sondern Metall-Carbenkomplexe (vgl. [4.120]), die mit den Olefinen zu Cyclopropanen reagieren.

Aus 2,5-Dimethyl-hexa-2,4-dien und Diazoessigsäureethylester kann auf diese Weise, auch industriell, Chrysanthemumsäureethylester, hergestellt werden.

$$\text{[2,5-Dimethyl-hexa-2,4-dien]} + N_2CHCOOEt \xrightarrow{\text{Cu-Kat.}} \text{[Cyclopropan]–COOEt} + N_2 \qquad [4.83]$$

Ester der Chrysanthemumsäure und ähnlich strukturierter Säuren kommen im Pyrethrum, einem aus den Blüten verschiedener Chrysanthemumarten gewonnenen Naturstoff mit insektizider Wirkung, und verwandten synthetischen Produkten, den sog. Pyrethroiden vor, die als Insektizide angewendet werden.

exo-Tricyclo(3.3.1.0²,⁴)octan-3-anti-carbonsäureethylester aus Norbornen und Diazoessigsäureethylester in Gegenwart von CuCN: SAUERS, R. R.; SONNETT, P. E., Tetrahedron **20** (1964), 1029.

2,3-Dimethyl-cyclopropancarbonsäureethylester aus But-2-en und Diazoessigsäureethylester in Gegenwart von CuOSO₂CF₃: SALOMON, R. G.; KOCHI, J. K., J. Am. Chem. Soc. **95** (1973), 3300.

2-Acetoxy-cyclopropancarbonsäureethylester aus Vinylacetat und Diazoessigsäureethylester in Gegenwart von Rh₂(OCOCH₃)₄: ANCIAUX, A. J.; HUBERT, A. J.; NOELS, A. F.; PETINIOT, N.; TEYSSIE, P., J. Org. Chem. **45** (1980), 695.

Verbindungen, die mit Olefinen zu Cyclopropanen reagieren, ohne daß intermediär freie Carbene auftreten, nennt man *Carbenoide*. Zu ihnen gehören auch die sog. *Simmons-Smith-Reagenzien*, z. B. Diiodmethan und ein Zink-Kupfer-Paar (aus Zink-Staub und Cu₂Cl₂, CuSO₄ oder Cu(OAc)₂), die mit Olefinen stereospezifisch unter *syn*-Addition die entsprechenden Cyclopropane ergeben. Die eigentlich reagierenden Agenzien sind zinkorganische Verbindungen, die in einer Art Schlenk-Gleichgewicht [7.195] stehen:

$$2\ ICH_2ZnI \;\rightleftharpoons\; (ICH_2)_2Zn + ZnI_2 \qquad\qquad [4.84]$$

$$[4.85]$$

Alternativ kann CH₂I₂ oder ein anderes Dihalogenalkan und Diethylzink verwendet werden.

Bicyclo[4.1.0]heptan (Norcaran) aus Cyclohexen und Diiodmethan in Gegenwart von Zink/CuCl: RAWSON, R. J.; HARRISON, I. T., J. Org. Chem. **35** (1970), 2057.

4.4.2.   [2 + 2]-Cycloadditionen

Diese zu carbo- und heterocyclischen Vierringen führende Reaktion [4.75] ist, wie Abb. 4.78 erkennen läßt, als pericyclischer Prozeß *photochemisch* erlaubt, *thermisch* dagegen, da sie eine geometrisch unmögliche supra-antarafaciale Orbitalwechselwirkung umfassen würde, für Olefine verboten.

Diese Einschränkung entfällt, wenn wie in den Heterocumulenen (z. B. Ketenen und Isocyanaten) ein weiteres senkrecht zu den p-π-Orbitalen angeordnetes p-Orbital eines sp-hybridisierten Kohlenstoffatoms für die Addition genutzt werden kann,

LUMO
Keten

HOMO
Alken

$$[4.86]$$

siehe unten.

Durch die photochemische Variante der [2 + 2]-Cycloaddition können Olefine in *Cyclobutane* überführt werden. Sind hier Singulettzustände involviert, verlaufen die Reaktionen als *syn*-Additionen. Die intramolekulare Version dieser Photocycloaddition bietet einen wichtigen Zugang zu polycyclischen Verbindungen mit Cyclobutanringen.

$$\xrightarrow{h\nu} \qquad\qquad [4.87]$$

Norbornadien   Quadricyclan

Oft jedoch verläuft die Addition nicht als pericyclischer Prozeß, sondern in mehreren Reaktionsschritten, und es sind offenkettige Intermediate in Form von 1,4-Diradikalen oder 1,4-Dipolen nachweisbar. Ist in diesen die Bindungsrotation rascher als der Ringschluß, geht die *cis*-Selektivität verloren.

Eine weitere Variante der photochemisch initiierten [2 + 2]-Cycloaddition ist die *Paterno-Büchi-Reaktion*. Durch Cyclisierung einer Aldehyd- oder Ketocarbonylgruppe mit einer C=C-Doppelbindung entstehen synthetisch wichtige Oxetane.

Darstellung von *3-Methyl-6β-propionyloxymethyl-2,7-dioxabicyclo[3.2.0]hept-3-en und 1β-Methyl-6β-propionyloxymethyl-2,7-dioxabicyclo[3.2.0]hept-3-en* durch Paterno-Büchi-Reaktion: JUST, G., in: Photochemical Key Steps in Organic Synthesis. Hrsg. J. MATTAY, A. G. GRIESBECK. – VCH, Weinheim 1994, 43–44.

Wird Triplettsauerstoff in Gegenwart von Sensibilisatoren bestrahlt, entsteht Singulettsauerstoff. Dieser wird bei Anwesenheit strukturell geeigneter Olefine zu *1,2-Dioxetanen* addiert. Die resultierenden energiereichen Vierring-Peroxide neigen bei chemischer oder thermischer Aktivierung zum Zerfall in zwei Carbonylverbindungen, wobei angeregte Zustände erzeugt werden. Deren überschüssige Energie kann in Form von Licht abgegeben werden (Chemilumineszenz).

Ketene, die über ein energetisch tiefliegendes LUMO verfügen, vermögen ebenfalls mit C=C-Doppelbindungen zu reagieren. Durch eine supra- und eine antarafaciale Wechselwirkung mit dem HOMO der Doppelbindung des Reaktionspartners wird eine symmetrieerlaubte *thermische* [2 + 2]-Cycloaddition ermöglicht (s. oben). Synthetische Anwendung findet hier besonders die intramolekulare Keten-Olefin-Cycloaddition, wobei die Ketene z. B. leicht in situ aus Carbonsäurechloriden (vgl. D.3.1.5) erzeugt werden können.

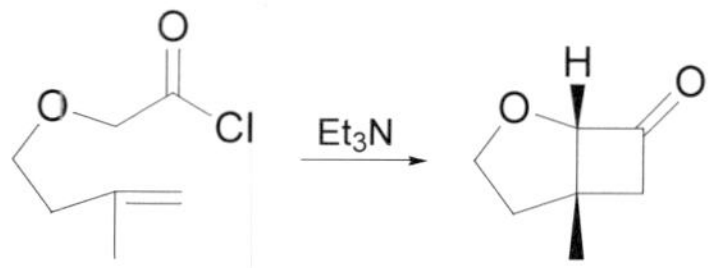

[4.88]

Darstellung von *5-Methyl-2-oxabicyclo[3.2.0]heptan-7-on* nach [4.88]: SNIDER, B. B.; HUI, R. A. H. F., J. Org. Chem. **50** (1985), 5167–5176.

In Abwesenheit eines Reaktionspartners cyclodimerisieren zahlreiche Ketene. Keten selbst bildet dabei *Diketen*.

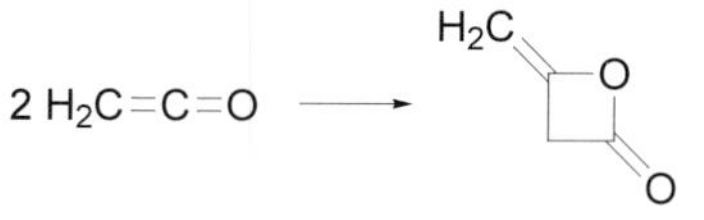

[4.89]

4.4.3.   [3 + 2]-Cycloadditionen (1,3-Dipoladditionen)

Aufgrund der Vielzahl von möglichen 1,3-Dipolen sind durch [3 + 2]-Cycloadditionen carbo- und insbesondere heterocyclische 5-Ringe mit unterschiedlichsten Strukturen zugänglich. Beispielsweise lassen sich die nach D.8.4. erhältlichen Diazoalkane mit Dipolarophilen entsprechend [4.90] in *Δ1-Pyrazoline* überführen (vgl. auch [4.76]):

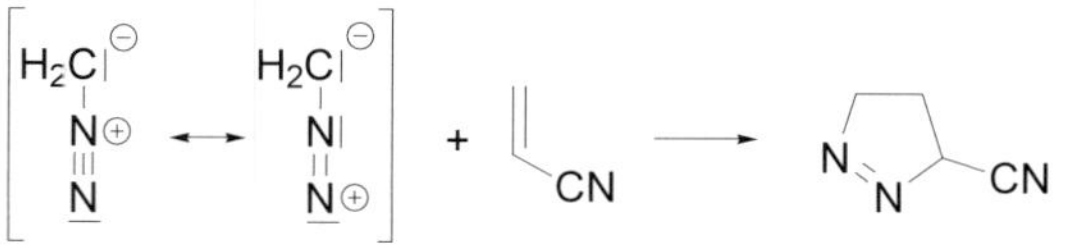

[4.90]

Die Regioselektivität der Reaktion läßt sich, wie in [4.90] angedeutet, anhand der Polarität der beiden Komponenten meist gut voraussagen.

Neben weiteren, ebenfalls in Substanz zugänglichen 1,3-Dipolen, wie Ozon (vgl. D.4.1.7.), Distickstoffoxid und Aziden (man formuliere die 1,3-Dipole!), werden andere häufig erst im Reaktionsgemisch, beispielsweise durch HCl-Abspaltung (Nitrilimine, Nitriloxide usw.) erzeugt. Die für die Synthese von Δ^2-1,2-Oxazolinen III und -Oxazolen IV benötigten Nitriloxide [4.91], II erhält man analog aus Hydroximoylchloriden I in wasserfreiem Medium. Das intermediär entstehende Nitriloxid reagiert in Anwesenheit eines Dipolarophils weiter zum Heterocyclus:

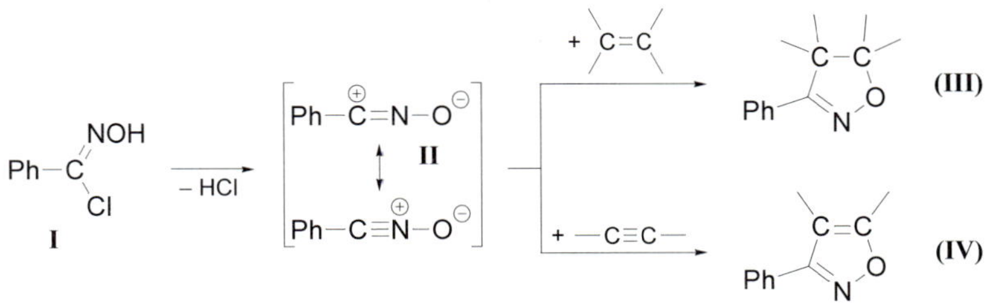

[4.91]

Man formuliere unter Verwendung der angegebenen 1,3-Dipole weitere Beispiele für Synthesen von Fünfringheterocyclen!

Allgemeine Arbeitsvorschrift für die Synthese von 3-(4-Chlorphenyl)-Δ^2-1,2-oxazolinen und 3-(4-Chlorphenyl)-1,2-oxazolen durch 1,3-Dipolcycloaddition (Tab. 4.92)

In einem 250-ml-Dreihalskolben mit Rührer und Tropftrichter werden zu einer Lösung von 0,02 mol 4-Chlor-benzhydroximoylchlorid[1]) in 50 ml Dichlormethan 0,06 mol Alken zugesetzt. Zu dieser Lösung tropft man innerhalb von 45 Minuten eine Lösung von 0,023 mol Triethylamin in 30 ml Dichlormethan. Nach beendeter Zugabe wird noch 1 Stunde gerührt und dann durch Zugabe von 10 ml Wasser das ausgeschiedene Triethylammoniumchlorid aufgelöst. Man trennt die organische Phase ab, wäscht diese noch zweimal mit etwas Wasser und trocknet mit Natriumsulfat. Nach dem Abdestillieren des Lösungsmittels im Vakuum kristallisiert man den Rückstand aus abs. Ethanol um.

Tabelle 4.92

3-(4-Chlorphenyl)-Δ^2-1,2-oxazoline und 3-(4-Chlorphenyl)-1,2-oxazole durch 1,3-Dipol-Cycloaddition von 4-Chlor-benzonitriloxid an Alkene und Alkine

Produkt	Ausgangs-verbindung	F in °C	Ausbeute in %
3-(4-Chlorphenyl)-5-phenyl-Δ^2-1,2-oxazolin	Styren	132…133	80
3-(4-Chlorphenyl)-Δ^2-1,2-oxazolin-5-carbonitril	Acrylonitril	122…123	65
Essigsäure[3-(4-chlorphenyl)-Δ^2-1,2-oxazolin-5-yl]ester	Vinylacetat	81…83	87
3-(4-Chlorphenyl)-5-phenyl-1,2-oxazol	Phenylacetylen	177…179	72

---

[1]) Herstellung vgl. Kap. D.1.4.1.

4.4.4.   [4 + 2]-Cycloadditionen (Diels-Alder-Reaktion)

Die wichtigste [4 + 2]-Cycloaddition ist die Diels-Alder-Reaktion. Sie wurde bereits in [4.77] und in Abbildung 4.78 formuliert. Diels-Alder-Reaktionen verlaufen dann besonders gut, wenn das Dien elektronenreich und das En (Dienophil) elektronenarm ist oder umgekehrt. Im letzteren Fall spricht man von „Diels-Alder-Reaktionen mit inversem Elektronenbedarf".

Typische Diene sind Buta-1,3-dien, in 1- bzw. 2-Stellung alkylierte Buta-1,3-diene, Cyclopentadien, Cyclohexa-1,3-dien, Anthracen (Addition an der 9,10-Position) und Furan. Hierfür geeignete Dienophile sind Alkene und Alkine mit elektronenanziehenden Gruppen an der Mehrfachbindung, wie Chlor, Carbonyl-, Alkoxy-, Nitro-, Cyan- und andere. Häufig werden als Dienophile α,β-ungesättigte Carbonylverbindungen wie Maleinsäureanhydrid, *p*-Benzochinon, Acrolein und Methylvinylketon eingesetzt:

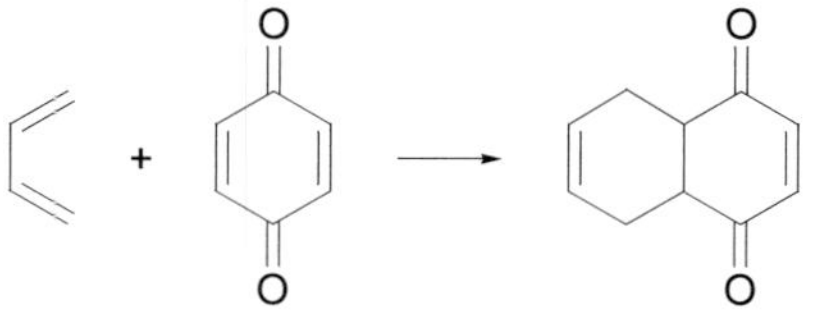

[4.93]

Als Dienophile können auch Arine fungieren, die auf diese Weise durch Cycloaddition an Furan oder Anthracen nachweisbar sind. Man formuliere diese Reaktionen!

Die Diels-Alder-Reaktion ist auf *s-cis*-Diene beschränkt, *s-trans* fixierte Systeme, wie z.B. 1,2,3,5,6,7-Hexahydro-naphthalen, reagieren nicht. Der Reaktionsverlauf ist stereospezifisch, wie es auch durch die Orbitalbetrachtung gemäß Abbildung 4.78 für den pericyclischen Verlauf vorausgesagt wird, z. B.:

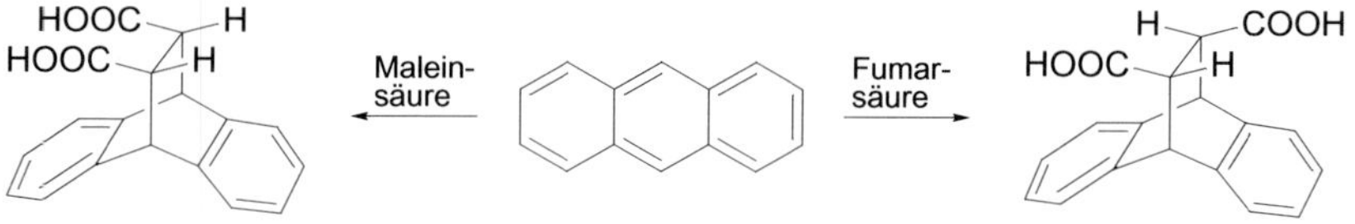

[4.94]

Diene können bei Diels-Alder-Reaktionen gleichzeitig auch als Dienophil reagieren, was beispielsweise bei der Dimerisierung von Cyclopentadien der Fall ist. Diese Dimerisierung läuft bereits beim Aufbewahren des Monomeren ab, das Adukt ist aber, wie häufig bei Produkten der Diels-Alder-Reaktion, thermisch, z. B. durch einfache Destillation, rückspaltbar.

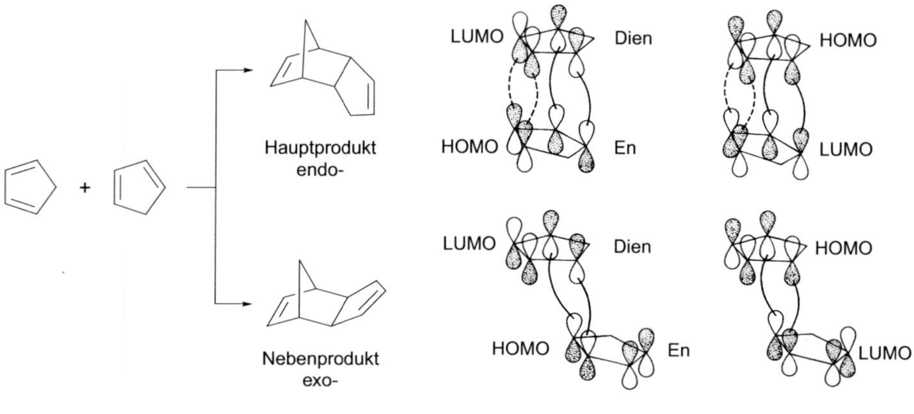

[4.95]

Bei dieser Reaktion entsteht das thermodynamisch weniger stabile *endo*-Produkt, was durch eine Grenzorbitalbetrachtung interpretiert werden kann.

Beide Cyclopentadienmoleküle orientieren sich so zueinander, daß eine Stabilisierung durch sekundäre (in [4.95] punktiert angedeutete) Orbitalwechselwirkungen möglich wird.

Analog können auch α,β-ungesättigte Carbonylverbindungen, wie Acrolein, Methylvinylketon u. a., dimerisieren, indem sie gleichzeitig als Dien und Dienophil reagieren, z. B.:

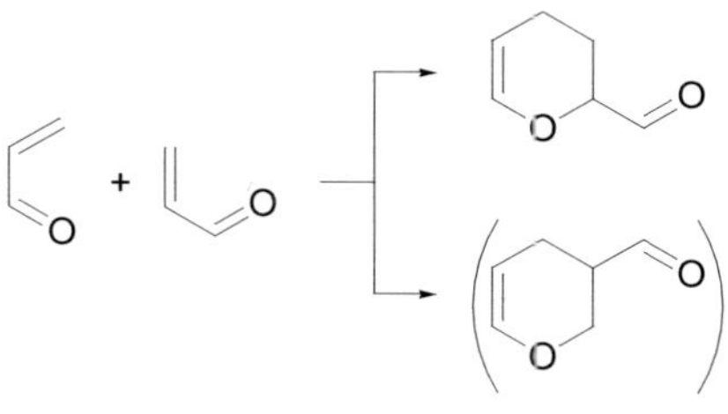

[4.96]

Eine derartige, bei der Diels-Alder-Reaktion sehr häufig auftretende Regioselektivität läßt sich mit Hilfe des Grenzorbitalkonzepts (vgl. C.6.) erklären. Man benötigt hierzu die Energien sowie die Beträge und Vorzeichen der Koeffizienten für HOMO und LUMO beider Reaktionspartner. Bei der Diels-Alder-Reaktion sind beide in Frage kommende HOMO-LUMO-Wechselwirkungen (HOMO$_{Dien}$-LUMO$_{Olefin}$ bzw. LUMO$_{Dien}$-HOMO$_{Olefin}$) grundsätzlich bindender Natur.

Um das bevorzugte Reaktionsprodukt zu ermitteln, geht man folgendermaßen vor:
- Man ordnet bei der Formulierung die HOMO-LUMO-Paare der Reaktionspartner zunächst so an, daß die Atome mit den jeweils größten Koeffizienten der Orbitale miteinander in Wechselwirkung treten können.
- Ergibt sich in beiden Fällen die gleiche Verbindung, so ist diese das Hauptprodukt.
- Ergeben sich bei dem Koeffizientenvergleich für die beiden HOMO-LUMO-Kombinationen unterschiedliche Produkte, so ist zu ermitteln, welches HOMO-LUMO-Paar den größten Quotienten aus dem Koeffizientenquadrat und der HOMO-LUMO-Energiedifferenz $(c_a/c_b)^2/(E_{HOMO(a)}-E_{LUMO(b)})$ besitzt (vgl. [C.78]). Diese Kombination ergibt dann das Hauptprodukt. Bei ähnlichen Koeffizientenquadraten ist das die mit der geringeren HOMO-LUMO-Energiedifferenz, bei ähnlicher HOMO-LUMO-Energiedifferenz die mit dem größten Koeffizientenquadrat.

Bei der Reaktion von 2-Phenyl-buta-1,3-dien mit Styren (vgl. [4.79]) läßt sich durch Koeffizientenvergleich [4.97a] als Hauptprodukt erwarten. Tatsächlich entstehen 1,4-Diphenyl-cyclohex-1-en und 2,4-Diphenyl-cyclohex-1-en im Verhältnis 20:1:

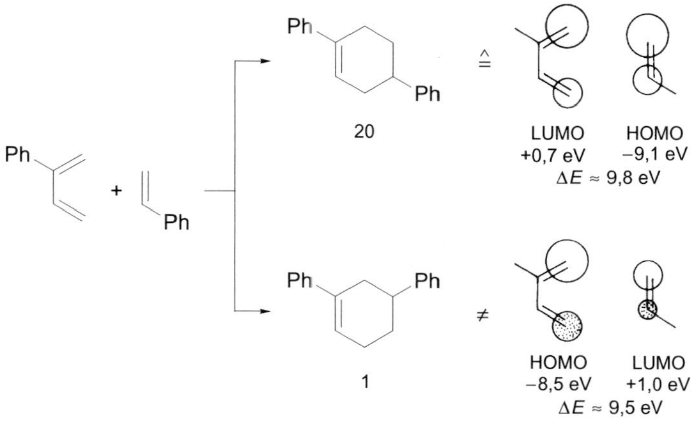

[4.97a]

[4.97b]

Die Umsetzung von 1-Ethoxy-buta-1,3-dien mit Acrolein führt nahezu ausschließlich zu 2-Ethoxy-cyclohex-3-en-1-carbaldehyd. Der Koeffizientenvergleich zeigt, daß die Reaktion zwar prinzipiell nach [4.98a] bzw. [b] verlaufen kann, ΔE spricht jedoch eindeutig zugunsten von [a] (vgl. hierzu auch [C.78]):

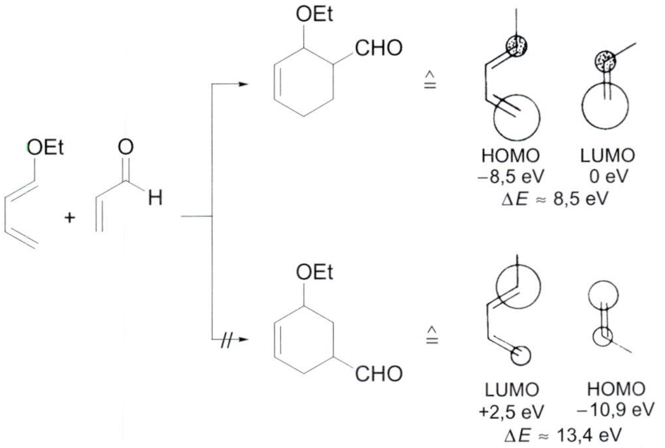

[4.98a]

[4.98b]

Da viele Diels-Alder-Reaktionen in der Wärme reversibel ablaufen, arbeitet man bei möglichst niedrigen Temperaturen. Normalerweise benötigt man keinen Katalysator, obwohl Brönsted- und Lewis-Säuren (Trichloressigsäure, Aluminiumchlorid) in einigen Fällen Reaktionsgeschwindigkeit und Regioselektivität erhöhen können.[1]) Bei Reaktanden, die zur Polymerisation neigen, setzt man geeignete Polymerisationsinhibitoren (z. B. Hydrochinon) zu.

Ineinander lösliche Reaktanden werden meist ohne Lösungsmittel umgesetzt, in anderen Fällen oder bei sehr heftig ablaufenden Reaktionen kann man in einem inerten Lösungsmittel (Toluen, Xylen) arbeiten.

Allgemeine Arbeitsvorschrift für Diels-Alder-Reaktionen (Tab. 4.99)

0,1 mol des Dienophils wird in der gerade notwendigen Menge Lösungsmittel gelöst und im angegebenen Molverhältnis mit dem im gleichen Lösungsmittel gelösten Dien vermischt. Bei flüssigen Dienen kann man häufig auf das Lösungsmittel verzichten und diese im Überschuß einsetzen. Gasförmige Reaktanden löst man zuvor im angegebenen Lösungsmittel oder kondensiert sie in das Druckgefäß ein. Nach Abklingen einer eventuell auftretenden Reaktionswärme verfährt man entsprechend den in der Tabelle angegebenen Bedingungen weiter. Zur Aufarbeitung werden flüssige Produkte nach Abdampfen des Lösungsmittels im Vakuum destilliert, Feststoffe saugt man ab und kristallisiert anschließend um.

Die Reaktion eignet sich auch als Halbmikropräparation.

Furane und ähnliche Fünfringheterocyclen reagieren glatt als Diene. Die bicylischen Addukte gehen mit Säuren unter Öffnung der Sauerstoffbrücke in aromatische Verbindungen über. Addukte aus Acetylen-Dienophilen isomerisieren zu Phenolen, z. B.:

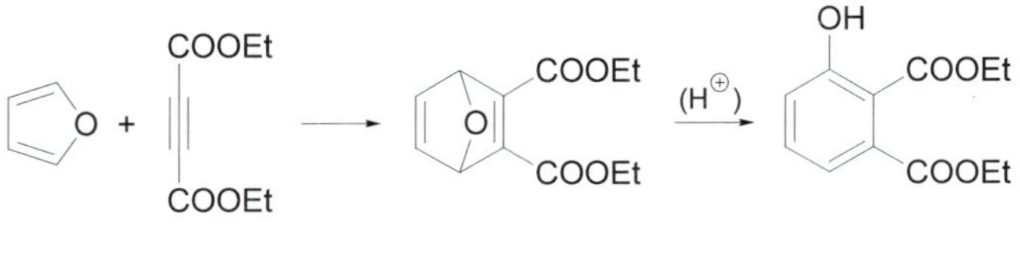

[4.100]

---

[1]) Durch die Protonierung werden z. B. bei α,β-ungesättigten Carbonylverbindungen die HOMO- und LUMO-Energien gesenkt, so daß nunmehr das HOMO des Diens und das LUMO der Carbonylverbindung enger zusammenrücken, und daher diese Wechselwirkung bei weitem dominiert.

Tabelle 4.99

Diels-Alder-Reaktionen

Produkt	Dien : Dienophil (Molverhältnis)	Lösungsmittel	Bedingungen	Kp (bzw. F) in °C	Ausbeute in %
cis-Cyclohex-4-en-1,2-dicarbonsäureanhydrid	Buta-1,3-dien : Maleinsäureanhydrid 1 : 1	Benzen	5 Std. 100 °C, Bombenrohr oder Autoklav	F 103 (Ligroin)	90
Cyclohex-3-en-1-carbaldehyd	Buta-1,3-dien : Acrolein 1 : 1	ohne	1 Std.100 °C, Bombenrohr oder Autoklav	$51_{1,7(13)}$	90
Bicyclo[2.2.1]hept-5-en-2-carbonsäure[1]) (Δ^5-Norbornen-2-carbonsäure)	Cyclopentadien[2]) : Acrylsäure 1 : 2	Diethylether	6 Std. Rückfluß	$132_{2,9(22)}$	80
cis-Bicyclo[2.2.2]oct-5-en-2,3-dicarbonsäureanhydrid	Cyclohexadien[3]) : Maleinsäureanhydrid 1 : 1	Benzen	30 Min. Rückfluß	F 147 (Ligroin)	90
1,4,4a,5,8,8a,9a,10a-Octahydro-1,4;5,8-diethanoanthrachinon	Cyclohexadien[3]) : *p*-Benzochinon 4 : 1	ohne	24 Std. Rückfluß	F 196 (EtOH)	80
cis-9,10-Dihydro-9,10-ethanoanthracen-11,12-dicarbonsäureanhydrid	Anthracen : Maleinsäureanhydrid 1 : 1	Xylen	10 Min. Rückfluß	F 262 (Xylen)	90
2-Ethoxy-3,4-dihydro-2*H*-pyran	Acrolein[4]) : Ethylvinylether 4 : 5	ohne	2 Std. 185 °C, Bombenrohr oder Autoklav	$109_{13(100)}$ n_D^{20} 1,4420	85

[1]) Zur rationellen Bezeichnung der häufig bei Diels-Alder-Reaktionen entstehenden bicyclischen Systeme folgen nach dem Präfix „Bicyclo" in eckigen Klammern die Zahlen der in den Brücken befindlichen Ringglieder mit Ausnahme derjenigen in den Brückenköpfen. Dann folgt der Name, der sich aus der Zahl aller Ringglieder ergibt. Die Zählung beginnt an einem Brückenkopf. Dann numeriert man die längste Brücke, geht auf der nächstkürzeren zurück und numeriert schließlich die letzte:

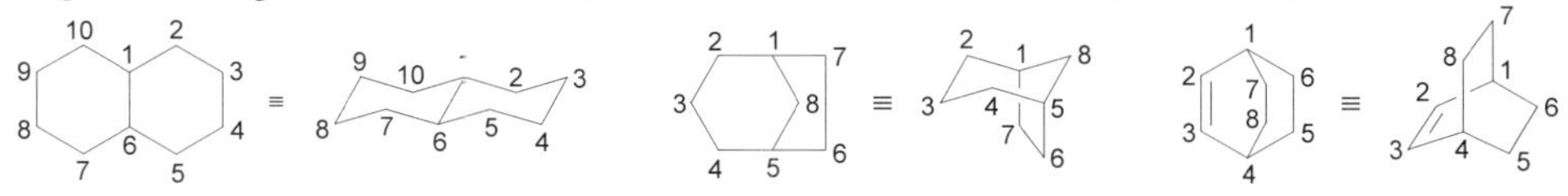

Bicyclo[4.4.0]decan   Bicyclo[3.2.1]octan   Bicyclo[2.2.2]oct-2-en

[2]) Aus „Dicyclopentadien" durch Destillation bei Normaldruck.
[3]) Über etwas Natrium frisch destilliert.
[4]) Unter Zusatz von etwas Hydrochinon frisch destilliert, wobei auch in die Vorlage etwa 1% Hydrochinon gegeben wird, das bei der Diels-Alder-Reaktion eine Polymerisation verhindert.

Addukte aus olefinischen Dienophilen können unter Wasserabspaltung aromatisieren. Aus Oxazolen lassen sich auf diese Weise Pyridine gewinnen.

Solche Reaktionen werden bei der technischen Synthese von Pyridoxin (Vitamin B_6) aus Oxazolen, z. B. [7.53b], und cyclischen Acetalen des But-2-en-1,4-diols genutzt:

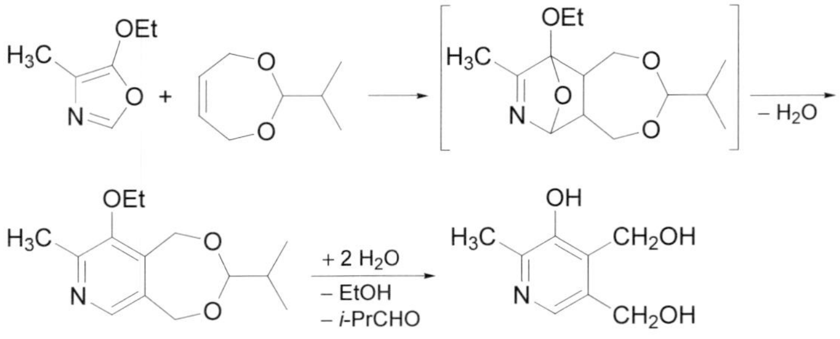

[4.101]

4.5.   Metall- und metallkomplexkatalysierte Umsetzungen von Olefinen

4.5.1.   Homogenkatalysierte Reaktionen von Olefinen und Acetylenen

In Gegenwart von Metallkomplexen als Katalysatoren sind Olefine und Acetylene speziellen C–C- und C–H-Verknüpfungsreaktionen zugänglich.

Voraussetzung für die Katalyse ist die Aktivierung des ungesättigten Substrates durch koordinative Bindung an das Zentralatom eines Übergangsmetallkomplexes, wobei ein π-Komplex entsteht. Olefine bilden solche π-Komplexe mit den Salzen und Komplexen vieler Übergangsmetalle (z. B. Fe, Co, Ni, Pd(II), Cu(I), Ag(I) u. a.).

Nach dem LCAO-MO-Modell besteht diese Koordination aus einem π-Acceptoranteil zwischen einem unbesetzten AO des Metalls und dem besetzten π-HOMO des Olefins sowie einem π-Donatoranteil (back donation) zwischen einem besetzten AO des Zentralatoms und dem LUMO (π^*-Orbital) des Olefins (Abb. 4.102). Überwiegt der π-Acceptoranteil der Bindung, so wird das Olefin einem *nucleophilen*, am freien Olefin nicht möglichen, Angriff zugänglich.

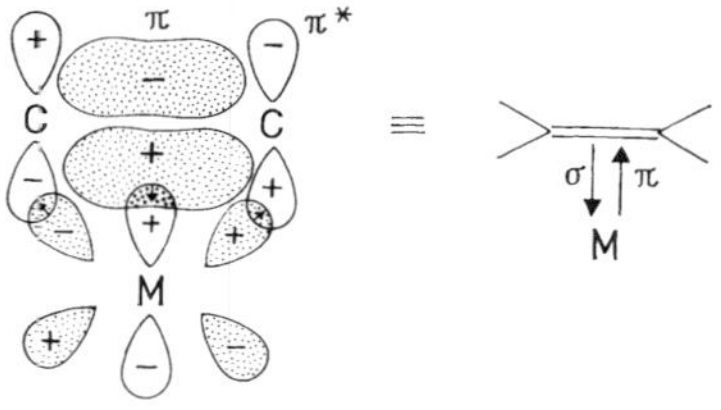

Abb. 4.102
Bindungsverhältnisse in Olefinkomplexen der Übergangsmetalle

Die erhöhte Reaktionsfähigkeit des Olefins im Komplex zeigt sich auch an der mit der Koordination zunehmenden Bindungslänge der C=C-Doppelbindung der ungesättigten Verbindung.

Maßgebend für die Reaktivität des Olefins und für den Reaktionsablauf ist die Elektronendichteverteilung im π-Komplex. Sie hängt von Art und Ladung des Übergangsmetalls und von der Natur der Liganden ab. Häufig entsteht der eigentliche Katalysator erst in einem sogenannten Formierungsschritt im Reaktionsgemisch (vgl. [4.115]).

Die wichtigsten komplexkatalysierten Reaktionen liefern substituierte Olefine oder Additionsprodukte der Olefine. Sie verlaufen im allgemeinen als komplizierte Folgereaktionen, für die eine Reihe von Elementarschritten typisch ist.

Bei der Synthese *substituierter Olefine* wird das im π-Komplex koordinierte Olefinmolekül zunächst formal zwischen Metall und einen Liganden eingeschoben, wobei sich der Ligand nucleophil an die β-Position des Olefins addiert. Diese *nucleophile Ligandenaddition (Einschubreaktion)* ist ein wichtiger Elementarschritt bei der Komplexkatalyse:

$$\text{[4.103]}$$

Das Substitutionsprodukt wird vom Zentralatom unter Eliminierung eines Hydridions aus der β-Stellung abgelöst. Diese β-Hydrideliminierung ist ein weiterer wichtiger Elementarschritt komplexkatalysierter Reaktionen. Das Hydridion tritt zunächst mit dem Metall in Wechselwirkung.

Nach diesem Schema verläuft beispielsweise die *Wacker-Oxidation*, ein wichtiges industrielles Verfahren zur Herstellung von Acetaldehyd aus Ethylen und Sauerstoff in Gegenwart katalytischer Mengen Palladiumchlorid und Kupferchlorid:

$$\text{[4.104]}$$

Im ersten Reaktionsschritt addiert sich Wasser an das Pd-aktivierte Alken. Der entstehende Hydroxyalkylpalladium-Komplex unterliegt der charakteristischen β-Hydrideliminierung unter Bildung des Enols des Acetaldehyds und einer H–Pd–Cl-Spezies, die anschließend in HCl und Pd(0) zerfällt. Das Pd(0) wird durch $CuCl_2$ wieder zu Pd(II) oxidiert und das dabei gebildete Cu(I) durch Sauerstoff wieder zu Cu(II):

$$2\,CuCl + \tfrac{1}{2}O_2 + 2\,HCl \longrightarrow 2\,CuCl_2 + H_2O \qquad \text{[4.105]}$$

Die Wacker-Oxidation läßt sich auf eine Vielzahl insbesondere terminaler Alkene anwenden, die regioselektiv zu Methylketonen reagieren. Das Verfahren ist auch hinsichtlich der Natur des Nucleophils verallgemeinerungsfähig und z. B. zur Herstellung von Vinylacetat, Acrylnitril und Vinylchlorid aus Ethylen geeignet.

Allgemeine Arbeitsvorschrift für die Wacker-Oxidation von terminalen Olefinen (Tab. 4.106)[1])

In einem 250 ml Dreihalskolben mit Tropftrichter mit Druckausgleich legt man 10 mmol $PdCl_2$, 0,1 mol CuCl und 80 ml eines Dimethylformamid-Wasser-Gemisches (DMF : H_2O = 7 : 1) vor.[2]) Der Tropftrichter wird mit 0,1 mol des entsprechenden Olefins gefüllt. An einem zweiten Kolbenhals wird ein Sauerstoffballon befestigt (alle Stopfen und Schliffe müssen gesichert werden!). Man läßt die Mischung 1 Stunde zur Sauerstoffaufnahme rühren. Danach gibt man langsam (ca. 20 min) unter starkem Rühren das entsprechende Olefin über den Tropftrichter zu. Die Lösung färbt sich innerhalb von 15 min von grün zu schwarz und wird dann allmählich wieder grün. Nach 24 Stunden gießt man die Reaktionsmischung auf kalte 3N HCl (300 ml) und extrahiert fünfmal mit je 100 ml Ether. Die vereinigten organischen Phasen werden sorgfältig mit 150 ml gesättigter $NaHCO_3$-Lösung und 150 ml gesättigter NaCl-Lösung gewaschen und anschließend über $MgSO_4$ getrocknet. Nach Filtration und Entfernung des Lösungsmittels am Rotationsverdampfer rektifiziert man den Rückstand über eine Vigreux-Kolonne.

[1]) nach Tsuji, J.; Nagashima, H.; Nemoto, H., Org. Synth. **62** (1984), 9.
[2]) DMF vor Gebrauch destillieren.

Tabelle 4.106

Methylketone aus terminalen Olefinen[1])

Produkt	Ausgangsverbindung	Kp (bzw. F) in °C	n_D^{25}	Ausbeute in %
Decan-2-on	Dec-1-en[2])	$43...50_{0,13\,(1)}$	1,4253	65
Dodecan-2-on	Dodec-1-en	$105...108_{0,66\,(5)}$ $F\ 17...20$	1,4348	60
Octan-2-on	Oct-1-en	168	1,4134	60

[1]) Das verwendete CuCl reagiert selektiver als $CuCl_2$ (das das Produkt chlorieren kann).
[2]) vor Gebrauch frisch destillieren

Wiederholt sich die Einschubreaktion in [4.103] mehrmals hintereinander, ohne daß sich das Produkt vom Zentralatom ablöst, so entstehen Oligomere bzw. Polymere.

Ein wichtiges Beispiel ist die von ZIEGLER und NATTA entdeckte Niederdruckpolymerisation des Ethylens und anderer Olefine. Als katalytisch aktives System wird eine Übergangsmetallverbindung, z. B. $TiCl_3$, und eine metallorganische Verbindung der ersten bis dritten Hauptgruppe, z. B. $(C_2H_5)_3Al$, eingesetzt. Durch Alkylierung entsteht ein Alkyl-Titan-Komplex, der an die noch freie Koordinationsstelle ein Olefinmolekül zum π-Komplex addiert:

$$TiCl_3 \xrightarrow[- R_2AlCl]{+ R_3Al} RTiCl_2 \xrightarrow{+ H_2C=CH_2} RTi(H_2C=CH_2)Cl_2 \qquad [4.107]$$

Da Titan ein an d-Elektronen armes Zentralatom ist, erfolgt der Einschub des Olefins in die R–Ti-Bindung schneller als die β-Hydrideliminierung. Die freie Koordinationsstelle wird deshalb wieder durch ein Olefinmolekül besetzt, und die Einschubreaktion wiederholt sich mehrfach, so daß ein Polymer entsteht:

$$RTi(H_2C=CH_2)Cl_2 \longrightarrow R-CH_2-CH_2-TiCl_2 \xrightarrow{+ H_2C=CH_2} RCH_2CH_2-Ti(H_2C=CH_2)Cl_2 \longrightarrow \text{usw.} \quad [4.108]$$

Diese Art der Polymerisation verläuft stereoselektiv (im Polypropylen ist z. B. jedes zweite Kohlenstoffatom asymmetrisch!):

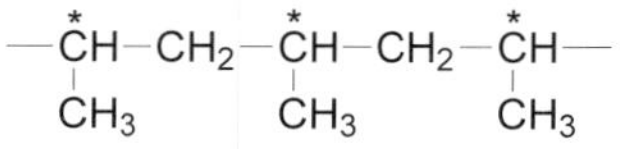

$$
\overset{*}{-CH}-CH_2-\overset{*}{CH}-CH_2-\overset{*}{CH}- \atop \underset{CH_3}{} \quad\underset{CH_3}{}\quad\underset{CH_3}{} \qquad [4.109]
$$

Man informiere sich in diesem Zusammenhang über ataktische, syndiotaktische und isotaktische Polymerisationen und deren praktische Bedeutung für die Eigenschaften des Polymerisats!

Liegt ein an d-Elektronen reiches Zentralatom wie Nickel vor, so ist die β-Hydrideliminierung begünstigt. Die Reaktion führt dann gezielt zur Dimerisierung des Olefins:

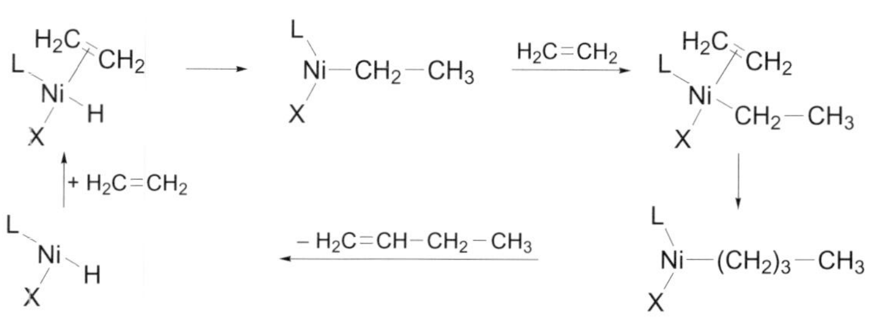

$$[4.110]$$

Darstellung von Polyethylen

Für den Laborversuch der drucklosen Polymerisation von Ethylen eignet sich der im folgenden beschriebene Katalysator (Pentyllithium/Titantetrachlorid) besser als der schwer herzustellende und wegen seiner Selbstentzündlichkeit schwer zu handhabende Aluminiumtrialkyl/ Titantetrachlorid-Katalysator. Der Versuch gelingt nur, wenn Wasser und Sauerstoff peinlich ferngehalten werden.

Zunächst werden 400 ml über Kaliumhydroxid getrockneter Petrolether (*Kp* 60 bis 80 °C) von Sauerstoff befreit, indem man einige Minuten unter Durchleiten von Stickstoff[1]) unter Rückfluß zum Sieden erhitzt. Nach dem Abkühlen gibt man 50 ml davon in einen 250-ml-Dreihalskolben, aus dem man die Luft durch Stickstoff[1]) verdrängt hat. Der Kolben ist mit Rührer, Rückflußkühler, Gaseinleitungsrohr und Tropftrichter versehen. Bei allen Operationen wird langsam sauerstofffreier Stickstoff durchgeleitet. Man gibt nun 3 g kleinzerschnittenes Lithium in den Kolben und tropft unter heftigem Rühren 2 ml einer Lösung von 18 g Pentylchlorid in 25 ml luftfreiem Petrolether hinzu. Nachdem die Reaktion eingesetzt hat (erkenntlich an der beginnenden Lithiumchloridausscheidung), wird die restliche Pentylchloridlösung innerhalb 20 Minuten unter gutem Rühren und Kühlen mit einer Eis-Kochsalz-Mischung zugetropft. Nach weiterem Rühren (2,5 Stunden) läßt man das Lithiumchlorid weitgehend absetzen und entnimmt mit einer trockenen Sicherheitspipette, die vorher mit Stickstoff zu spülen ist, 30 ml der überstehenden Lösung[2]), die man in einem 500-ml-Dreihalskolben (versehen mit Rührer, Rückflußkühler und Gaseinleitungsrohr) unter Stickstoff mit dem restlichen luftfreien Petrolether verdünnt. Nach Zugabe von 2 ml Titantetrachlorid wird 20 Minuten gerührt und so die Bildung des Katalysators vervollständigt. Nun leitet man an Stelle des Stickstoffs sauerstofffreies Ethylen[3]) ein. Man stoppt die Reaktion ab, wenn das Rühren durch das ausgefallene Polyethylen schwierig wird, und zersetzt den Kontakt durch Zugabe von 40 ml Butanol. Das Polyethylen wird filtriert und mit konz. Salzsäure/Methanol (1:1) weiß gewaschen. Nach abschließendem Waschen mit Wasser wird im Trockenschrank bei 80 °C getrocknet. Zur Reinigung löst man das Produkt in heißem Tetralin oder Decalin und läßt es in der Kälte wieder ausfallen. *F* 120...130 °C.

Bei komplexkatalysierten *Additionen an Olefine* werden im allgemeinen die folgenden Elementarreaktionen durchlaufen:

$$[4.111]$$

Das Reagens X–Y wird *oxidativ* an das Zentralatom *addiert*, wobei sich dessen Oxidations- und Koordinationszahl um zwei erhöhen. Diese stets als *syn*-Addition ablaufende Umsetzung führt entweder zu Komplexen, für deren Bildung ein Bindungsbruch zwischen X und Y Voraussetzung ist (z. B. bei H–H, H–Hal, H–OR, H–SR, Hal–Hal), oder X–Y besetzt ohne vorherige Bindungsspaltung zwei benachbarte Koordinationsstellen (z. B. –O–O–, –S–S–, O=NR, RN=NR u. a.). Die Tendenz zur oxidativen Addition fällt in der Reihenfolge Hal–Hal > H–H ≫ R₃C–H.

---

[1]) Nur sauerstofffreien Stickstoff verwenden, vgl. Reagenzienanhang.
[2]) Etwas mitgerissenes Lithiumchlorid stört nicht. Restliche Reaktionslösung und nichtgelöstes Lithium
     werden mit Ethanol gefahrlos zersetzt.
[3]) Ethylen wird wie Stickstoff vom Sauerstoff befreit (vgl. Reagenzienanhang).

Nach Reaktion mit dem ebenfalls koordinativ gebundenen Substrat wird schließlich das Endprodukt aus dem Komplex reduktiv eliminiert. Nach diesem Schema verlaufen beispielsweise homogenkatalysierte Hydrierungen:

$$\ce{\overset{\diagdown}{\diagup}C=C\overset{\diagup}{\diagdown} + H2 ->[\text{Katalysator}] \underset{H}{\overset{\diagdown}{-}}C-C\underset{H}{\overset{\diagup}{-}}} \qquad [4.112]$$

Intermediär treten dabei Hydridkomplexe (X = Y = H) auf, die durch oxidative Addition von H_2 z. B. an Rhodium- oder Iridiumkomplexe gebildet werden. Der in [4.113] abgebildete Wilkinson-Katalysator, Tris(triphenylphosphin)rhodium(I)-chlorid, hat sowohl im Forschungslabor, als auch in der Technik große Bedeutung erlangt.

$$\ce{\underset{Ph3P}{Ph3P}Rh\underset{PPh3}{Cl} <=>[- PPh3][+ PPh3] \underset{S}{Ph3P}Rh\underset{PPh3}{Cl} <=>[+ H2][- H2] \underset{H}{Ph3P}\overset{H}{Rh}\underset{S}{\overset{|}{Cl}}PPh3} \quad S = Solvens \quad [4.113]$$

Mit Komplexen optisch aktiver Phosphine als Katalysator gelingen asymmetrische Hydrierungen, wie z. B. von (Z)-α-Acetylamido-3,4-dihydroxyzimtsäure mit über 90%iger optischer Ausbeute (Synthese von Dopa (L-β-(3,4-dihydroxyphenyl)-α-alanin, das als Parkinsontherapeutikum eingesetzt wird).

Große technische Bedeutung haben auch Carbonylierungsreaktionen, wie z. B. die *Hydroformylierung* (Oxosynthese), bei der Olefine mit H_2/CO-Gemischen an Cobalt- oder Rhodiumkatalysatoren zu Aldehyden bzw. Alkoholen umgesetzt werden:

$$\ce{R-CH=CH2 + CO + H2} \begin{cases} \ce{R-CH2-CH2-CHO ->[+ H2] R-CH2-CH2-CH2OH} \\[1em] \ce{R-\underset{CH3}{\overset{|}{C}}H-CHO ->[+ H2] R-\underset{CH3}{\overset{|}{C}}H-CH2OH} \end{cases} \qquad [4.114]$$

Die Reaktion verläuft analog dem allgemeinen Mechanismus [4.111]. Nach der Formierung des Katalysators und der Bildung des π-Komplexes folgen zwei Einschubreaktionen. Dabei entsteht zuerst eine Alkyl-Metallbindung, in die dann CO eingeschoben wird. Nach der oxidativen Addition von H_2 an diesen Acyl-Metallkomplex führt die reduktive Eliminierung des Aldehyds zur Regenerierung des Katalysators.

$$\ce{Co2(CO)8 + H2 <=> 2 HCo(CO)4 <=> 2 HCo(CO)3 + 2 CO}$$

$$\ce{RHC=CH2 + HCo(CO)3 <=> HCo(RCH=CH2)(CO)3 <=> RCH2-CH2-Co(CO)3}$$

$$\ce{RCH2-CH2-Co(CO)3 + CO <=> RCH2-CH2-Co(CO)4 <=> RCH2-CH2-CO-Co(CO)3} \qquad [4.115]$$

$$\ce{RCH2-CH2-CO-Co(CO)3 + H2 -> RCH2-CH2-CHO + HCo(CO)3}$$

In einem Folgeschritt kann der Aldehyd hydriert werden.

Technisch werden nach diesem Verfahren Fettalkoholgemische hergestellt und z. B. zu Fettalkoholsulfaten (synthetische Waschmittel) weiterverarbeitet (vgl. [2.53] und D.7.1.7.1.). Die Carbonylierung von Methanol an Rhodiumkatalysatoren führt nahezu quantitativ zu Essigsäure.

Die *Cyclooligomerisierung der Olefine und Acetylene*, die große Bedeutung für die Synthese komplizierter Olefine, mittlerer Ringolefine und Cycloparaffine besitzt, sei am Beispiel des Butadiens verdeutlicht. Die oxidative Addition von Butadien an Ni^0-Komplexe führt unter C–C-Verknüpfung zu einem Bis-π-allyl-nickelsystem:

$$[4.116]$$

Je nach den sterischen und elektronischen Eigenschaften der Liganden (L, L′) führt die reduktive Eliminierung unter Abspaltung des Ni^0-Komplexes zum Cycloocta-1,5-dien, aus dem durch katalytische Dehydrierung Cyclooctatetraen (COT) gewonnen wird. [4.116], I kann aber auch in einer Einschubreaktion ein weiteres Butadienmolekül addieren. So erhält man – auch technisch – Cyclododeca-1,5,9-trien:

$$ \text{[4.117]} $$

Unter den Reaktionsbedingungen der nachfolgenden Vorschrift entsteht *trans,trans,cis*-Cyclododecatrien.

Die Weiterverarbeitung erfolgt nach bekannten Methoden zum Cyclododecanon($\rightarrow$ Nylon 12), zur 1,12-Dodecan-disäure (Säurekomponente für Polyester, Polyamide u. ä.).

Acetylen läßt sich an Nickelkatalysatoren zu Cyclooctatetraen tetramerisieren:

$$ 4\ HC\equiv CH \xrightarrow{NiX_2} \qquad \text{[4.118]} $$

Technisch wird auf diese Weise Cyclododeca-1,5-dien und daraus Azelainsäure gewonnen, die als Zwischenprodukt für Alkydharze, Polyamide, schlagfeste Polyester und Weichmacher verwendet wird.

Darstellung von *trans,trans,cis*-Cyclododecatrien[1])

Achtung! Aus den eingesetzten Chemikalien sind Feuchtigkeitsspuren zu entfernen.[2]) Die Reaktion wird unter trockenem Schutzgas (Reinststickstoff oder Argon) durchgeführt.

In einem 1-l-Vierhalskolben mit Innenthermometer, Rührer, Gaseinleitungsrohr und Rückflußkühler, der oben einen mit Paraffinöl gefüllten Blasenzähler trägt, werden in 400 ml wasserfreiem Chlorbenzen 160 mmol Calciumhydrid und 40 mmol wasserfreies Aluminiumchlorid fein suspendiert. Man läßt unter Schutzgas bei Zimmertemperatur 3 Stunden intensiv rühren und gibt anschließend 20 mmol Titantetrachlorid hinzu. Nach weiterem halbstündigem intensivem Rühren wird die Innentemperatur auf 40 °C eingestellt. Man leitet nunmehr trockenes Butadien in einem solchen Strom ein, daß durch den Blasenzähler gerade kein Gas mehr entweicht und durch starke Außenkühlung (Eis-Kochsalz-Bad) die Innentemperatur bei 40 °C gehalten werden kann. Nach 40 Minuten wird der Gasstrom abgestellt und die Mischung zur Vervollständigung der Reaktion eine weitere Stunde gerührt. Anschließend setzt man 50 ml Aceton zu und filtriert das ausgefallene Polybutadien ab.

Das Filtrat wird im Vakuum destilliert. Dann fraktioniert man bei 2,7 kPa (20 Torr) und fängt das Hauptprodukt im Bereich von 110 bis 120 °C gesondert auf.

Man überprüfe die Reinheit gaschromatographisch und fraktioniere, falls notwendig, nochmals über eine 20-cm-Vigreux-Kolonne. $Kp_{2,7(29)}$ 115 °C; n_D^{20} 1,5078; Ausbeute 80 bis 85%.

Darstellung von Cyclooctatetraen aus Acetylen[3])

Achtung! Man beachte die in D.4.2.2. gegebenen Hinweise für Acetylendruckreaktionen. Man darf die Reaktion nur durchführen, wenn die dort genannten Sicherheitsvorkehrungen eingehalten werden und insbesondere zwischen Autoklav und Stahlflasche das notwendige Rückschlagsicherheitsventil geschaltet wird!

---

[1]) nach BREIL, H., u. a., Makromol. Chem. **69** (1963), 18
[2]) Vgl. Reagenzienanhang.
[3]) in Anlehnung an REPPE, W., u. a., Liebigs Ann. Chem. **560** (1948), 1

In einem 2-l-Hochdruckschüttel- oder Magnethubrührautoklav wird ein Gemisch aus 20 g Nik-kelacetylacetonat[1]) und 60 g feingepulvertem Calciumcarbid mit 500 ml wasserfreiem Tetra-hydrofuran[1]) versetzt. Durch mehrmaliges Spülen mit Reinststickstoff wird der Luftsauerstoff verdrängt, schließlich heizt man unter einem Anfangsdruck von etwa 0,5 MPa (5 atm) Stick-stoff auf 70 °C Innentemperatur auf. Nach Erreichen dieser Arbeitstemperatur werden 1,5 bis 2,5 MPa (15 bis 25 atm) Acetylen aufgepreßt. Man wiederholt diesen Vorgang je nach Rück-gang des Druckes von Zeit zu Zeit, bis die Gasaufnahme merklich nachläßt. Nach einer Reak-tionszeit von 30 bis 60 Stunden läßt man abkühlen, entspannt (Ablassen des Gases über Dach!), filtriert und fraktioniert bei 8 kPa (60 Torr) über eine 20-cm-Vigreux-Kolonne. Nach Abdestillieren des Lösungsmittels und geringer Benzenanteile geht das Cyclooctatetraen als goldgelbe Flüssigkeit bei 64 bis 65 °C über. Man wiederholt die Vakuumfraktionierung. $Kp_{8(60)}$ 64...65 °C; $Kp_{2,3(17)}$ 42...42,5 °C; n_D^{20} 1,5390; Ausbeute 200 g.

Über eine Komplexbildung der Olefine mit Übergangsmetallen verläuft die auch technisch wichtige *Metathese* der Olefine, z. B. die wolfram- oder molybdänkatalysierte Reaktion zweier Propenmoleküle zu Ethen und But-2-en:

$$2\ H_3C–CH=CH_2 \ \rightleftharpoons \ H_3C–CH=CH–CH_3 \ +\ H_2C=CH_2 \qquad [4.119]$$

Als Zwischenprodukte sind Metall-Carben-Komplexe $L_xM=CH–R$ beteiligt:

$$[4.120]$$

Die katalytische Ringschlußmetathese (RCM) von α,ω-Diolefinen führt zu cyclischen Pro-dukten, wobei nahezu alle Ringgrößen gebildet werden können. Triebkraft der Reaktion ist die Abspaltung des flüchtigen Ethylens. Als Katalysatoren kommen vorzugsweise Ruthenium- und Molybdänkomplexe zum Einsatz, die in einem vorgeschalteten Initialisierungsschritt in situ in die reaktive Spezies $[M]=CH_2$ überführt werden, und die mit einer Vielzahl weiterer funktioneller Gruppen kompatibel sind.

$$[4.121]$$

4.5.2.   Heterogenkatalysierte Hydrierung

Die Anlagerung von Wasserstoff an C–C-Mehrfachbindungen ist eine sehr leicht verlaufende und allgemein anwendbare Reaktion. Die nichtaktivierte C–C-Mehrfachbindung wird von den für die Reduktion von aktivierten C=C-Doppelbindungen geeigneten Reduktionsmitteln, wie Zink und Salzsäure, Natriumamalgam, Natrium und Alkohol (s. D.7.1.7.), nicht angegriffen. Dagegen lassen sich sowohl aktivierte, als auch nichtaktivierte Doppelbindungen und Acety-lene mit gasförmigem Wasserstoff katalytisch hydrieren. Als Hydrierungskatalysatoren finden Nebengruppenmetalle sowie deren Oxide und Sulfide Verwendung. Im Laboratorium sind die Metalle am gebräuchlichsten.

Der Katalysator muß in feinverteilter Form vorliegen. Für seine Herstellung bestehen folgende Möglich-keiten:
a) *Schwarzkatalysatoren*: Das Metall wird aus der Lösung eines seiner Salze reduktiv abgeschieden. Diese Katalysatoren müssen vor Gebrauch frisch hergestellt werden.
b) *Adams-Katalysatoren*: Platin und Palladium werden in feinverteilter Form dadurch hergestellt, daß man ihre Oxide, die nicht altern, erst unmittelbar im Reaktionsgefäß durch den Wasserstoff reduziert.

---

[1]) Vgl. Reagenzienanhang.

c) *Skelett-(Raney-)Katalysatoren*: Der aktive Katalysator wird als „Metallschwamm" aus einer binären Legierung (Nickel, Eisen, Kupfer, Cobalt mit Aluminium oder Silicium) durch Herauslösen eines Partners mit Säure oder Lauge hergestellt. Reste des ursprünglichen Legierungspartners wirken oft synergistisch.

d) *Trägerkatalysatoren*: Schwarzkatalysatoren lassen sich auch auf der Oberfläche einer Trägersubstanz niederschlagen. Man kommt in diesem Falle mit viel geringeren Mengen der teuren Edelmetalle aus, so daß Trägerkatalysatoren vor allem auch technisch angewendet werden. Der selbst katalytisch unwirksame Träger hat häufig synergistische Wirkung (Träger sind z. B. Kohle, Siliciumdioxid, Aluminiumoxid, Sulfate und Carbonate der Erdalkalien).

e) *Oxid- und Sulfidkatalysatoren:* Diese Katalysatoren finden wegen ihrer Giftfestigkeit und Billigkeit vor allem in der Technik Anwendung (z. B. Kupferchromit (Kupferchromiumoxid), Zinkchromit, Molybdänsulfid, Wolframsulfid u. a.).

Der Mechanismus der heterogenen Hydrierung ist mit dem der entsprechenden homogenen Reaktion verwandt. An der Oberfläche des Metallkatalysators werden sowohl Wasserstoff als auch das Olefin unter Bildung von Hydrid- bzw. Olefinkomplexen adsorbiert (Chemisorption). Unter Einschub des komplex gebundenen Olefins in die M–H-Bindung und Reduktion des Alkyl–M-Komplexes bildet sich der gesättigte Kohlenwasserstoff:

[4.122]

Katalytische Hydrierungen verlaufen – vor allem in neutraler oder saurer Lösung – im allgemeinen als *syn*-Additionen. So entsteht z. B. aus Salicylsäure bzw. ihren Estern an Platin oder Raney-Nickel überwiegend *cis*-Hexahydrosalicylsäure(ester).

Hydrierungen mit Edelmetallkatalysatoren verlaufen im sauren Medium allgemein rascher als im alkalischen, im polaren Lösungsmittel rascher als im unpolaren.

Die Unterschiede in der Reaktionsfähigkeit der verschiedenen Olefine sind nicht sehr ausgeprägt. Die Acetylenbindung ist besonders leicht zu hydrieren. Wenn man die Wasserstoffaddition nach der berechneten Menge abbricht, kann man eine selektive Hydrierung zu Olefinen erreichen. Technisch verwendet man dazu zweckmäßig einen mit Schwermetallsalz oder Chinolin partiell vergifteten Palladiumkontakt (*Lindlar-Katalysator*). Wegen der großen Stabilität des aromatischen Zustands erfordert die Hydrierung aromatischer und heterocyclischer Systeme energischere Bedingungen als die einfacher Olefine. Mehrkernige Aromaten werden etwas leichter hydriert, und zwar zunächst nur ein Ring, der andere erst unter schärferen Bedingungen. Aromaten mit ungesättigter Seitenkette gehen leicht in solche mit gesättigter über.

Zur Hydrierung anderer ungesättigter Systeme (Nitroso-, Nitro-, Carbonylverbindungen, Azomethine, Nitrile) und deren Bedeutung vgl. D.7. und D.8.

Zur Hydrierung von C=C-Doppelbindungen in Gegenwart von Carbonylgruppen vgl. D.7.1.7. und Tabelle 4.126.

Durchführung katalytischer Hydrierungen

a) Katalysatoren

Im Laboratorium sind heute für die Hydrierung von C–C-Mehrfachbindungen am gebräuchlichsten: Platin[1]), Palladium und Raney-Nickel. Der aktivste dieser Katalysatoren ist Platin, mit ihm können auch stabile aromatische Verbindungen bei Zimmertemperatur ohne Überdruck hydriert werden. Raney-Nickel und Palladium (als Palladiumoxid oder auf Aktivkohle, Barium- oder Strontiumsulfat, Calciumcarbonat) erreichen nicht die Aktivität des Platins;

---

[1]) in Form von Platinoxid (Adams-Katalysator, vgl. oben)

trotzdem erlauben sie die Hydrierung nichtaromatischer C–C-Mehrfachbindungen bei Zimmertemperatur. Dadurch werden selektive Hydrierungen, z. B. von Styren zu Ethylbenzen, möglich. Die Hydrierung von Aromaten mit weniger aktiven Katalysatoren wie z. B. Raney-Nickel erfordert Temperaturen von 150 °C und mehr sowie einen hohen Wasserstoffdruck (15 bis 20 MPa, 150 bis 200 atm).

Die Aktivität der Katalysatoren ist in gewissen Grenzen von den Herstellungsbedingungen abhängig. Die Wahl des Katalysators richtet sich auch nach der Beständigkeit des zu hydrierenden Stoffes unter den anzuwendenden Bedingungen (thermische Stabilität, Stabilität im alkalischen oder sauren Medium), nach den apparativen Voraussetzungen und dem Preis.

Die Metallkatalysatoren sind gegenüber Kontaktgiften, vor allem vielen schwefel- und halogenhaltigen Stoffen, sehr empfindlich.[1]) Es müssen also möglichst reine Substanzen und Lösungsmittel verwendet werden.[2])

b) Lösungsmittel

Als Lösungsmittel für die katalytische Hydrierung sind am gebräuchlichsten: Wasser, Ethanol, Methanol, Essigester, Dioxan[3]), Eisessig und Gemische dieser Lösungsmittel. Flüssige Substanzen können auch ohne Lösungsmittel hydriert werden. Während man bei der Hydrierung mit Platinoxid im neutralen, besser sauren Medium arbeitet (in Eisessig bzw. unter Mineralsäurezusatz), ist bei Raney-Nickel ein neutrales oder alkalisches Medium vorzuziehen.

c) Apparatives

Substanz, Lösungsmittel und Katalysator werden in einer Wasserstoffatmosphäre gut durchgeschüttelt oder gerührt, damit der Katalysator mit dem Wasserstoff in Berührung kommen kann. Aus dem gleichen Grunde darf die Apparatur nicht zu weit gefüllt werden. Man hydriert entweder in der sog. Schüttelapparatur oder im Autoklav.

Die Schüttelapparatur bleibt an das Wasserstoffreservoir (Gasometer) unter geringem Überdruck angeschlossen, so daß der verbrauchte Wasserstoff stets kontinuierlich nachgeliefert wird (Abb. 4.123a). Bei geeigneter Konstruktion kann man mit Überdrücken von 0,1 bis 0,2 MPa (1 bis 2 atm) und unter Erwärmung oder Kühlen arbeiten.

Für viele Zwecke eignet sich ein Hydriergefäß mit magnetischer Rührung (Abb. 4.123b). Es besteht aus einem 300-ml-Erlenmeyer-Kolben mit *rundem* Boden und einem Kernschliff NS 29. Ein solches Gefäß kann gefahrlos evakuiert werden (10 kPa/100 Torr) und erlaubt Ansätze bis zu 200 ml Hydrierlösung (30 bis 50 g Substanz).

Die Hydrierung im Autoklav (vgl. A.1.8.2.) ist vor allem bei größeren Ansätzen vorteilhaft: Die Erhöhung des Arbeitsdruckes ergibt eine größere Hydriergeschwindigkeit, so daß man mit wesentlich kleineren Katalysatormengen dieselbe Hydriergeschwindigkeit wie beim Arbeiten ohne Überdruck erreicht. Temperaturerhöhung ist dagegen oft nicht zur Steigerung der Hydriergeschwindigkeit zu empfehlen, weil dann u. U. andere Hydrierungsprodukte erhalten werden (z. B. Hydrierung des Kerns bei Aromaten).

---

[1]) Beispiel für eine *absichtliche* (partielle) Vergiftung: Rosenmund-Reduktion, s. D.7.1.7.1., sowie die oben genannte partielle Hydrierung von Acetylen.

[2]) Durch Kochen von Substanz und Lösungsmittel mit Raney-Nickel vor der Hydrierung kann man geringe Mengen Katalysatorgift unschädlich machen. Zur Hydrierung muß danach natürlich ein frischer Katalysator genommen werden.

[3]) nicht über 150 °C, sonst Explosionsgefahr.

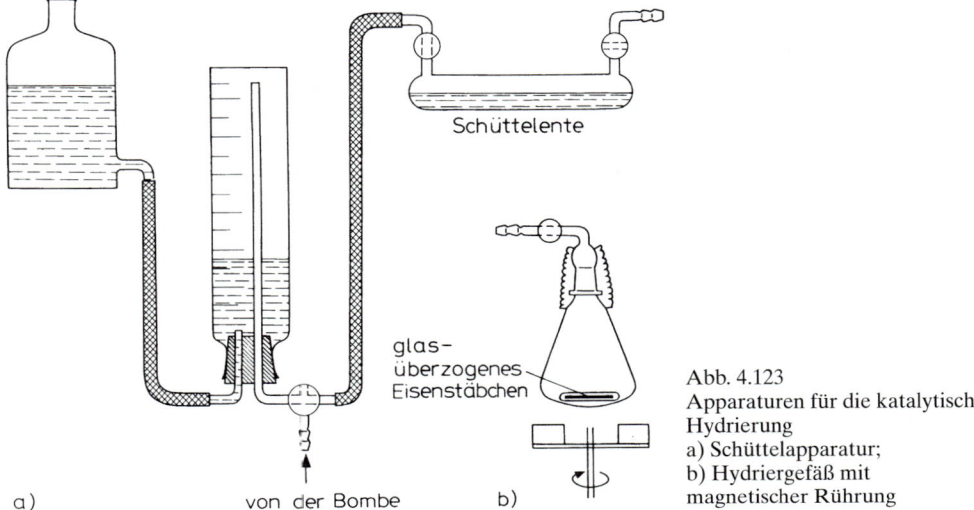

Schüttelente

glas-
überzogenes
Eisenstäbchen

a)   von der Bombe   b)

Abb. 4.123
Apparaturen für die katalytische
Hydrierung
a) Schüttelapparatur;
b) Hydriergefäß mit
magnetischer Rührung

Allgemeine Arbeitsvorschrift für katalytische Hydrierungen (Tab. 4.124)

Die Sicherheitsvorschriften (vgl. A.1.8.2.) sind unbedingt zu beachten! Vor dem Erhitzen eines Autoklavs den zu erwartenden Höchstdruck abschätzen (unter Anwendung der Gasgesetze)! Wasserstoff nicht in den Arbeitsraum abblasen, sondern durch eine Stahlrohrkapillare ins Freie leiten! Die Metallkatalysatoren können Wasserstoff-Luft-Gemische zur Entzündung bringen. Bevor die Luft vollständig aus dem Hydriergefäß entfernt ist, müssen diese Katalysatoren vollständig mit Flüssigkeit bedeckt sein. Sie werden deshalb beim Füllen der Apparatur unter die Oberfläche der Flüssigkeit gegeben.

Katalysatorrückstände keinesfalls in den Papierkorb werfen, da z. B. Raney-Nickel selbstentzündlich ist!

Darstellung der Katalysatoren vgl. Reagenzienanhang.

Man füllt die zu hydrierende Substanz bzw. ihre Lösung in das Hydriergefäß und gibt den Katalysator zu. Von Platinoxid genügen meist 0,5 bis 1%, vom (billigeren) Raney-Nickel verwendet man 5 bis 10%, bezogen auf die zu hydrierende Substanz[1]), von Palladiumkohle 5%. Das Hydriergefäß wird zur Verdrängung des Luftsauerstoffs dreimal evakuiert und jeweils mit Wasserstoff gefüllt, oder es wird eine Zeitlang (10 Minuten) Inertgas (Stickstoff) durchgeleitet. Bei Hydrierungen im Autoklav preßt man zweimal Wasserstoff auf und entspannt wieder.

Dann setzt man die Rühr- oder Schütteleinrichtung in Gang und notiert zugleich das Volumen (Schüttelapparatur) bzw. den Druck (Autoklav) des Wasserstoffs und die Zeit. Häufig wird zunächst rasch Wasserstoff aufgenommen, weil sich die Lösung damit sättigt. Bei Verwendung von Platinoxid muß der Katalysator erst gebildet werden, was meist eine kurze Induktionsperiode erfordert, die allerdings nicht länger als 5 bis 10 Minuten dauern soll. Anderenfalls hat das Platinoxid keine gute Qualität. Man notiert die Wasserstoffaufnahme in Abhängigkeit von der Zeit und stellt eine entsprechende Kurve auf. Sobald die Hydrierung vollständig ist (d. h. die Hydrierkurve parallel zur Zeitkoordinate verläuft), unterbricht man das Rüh-

---

[1]) Raney-Nickel und andere aktive Katalysatoren sollten stets unter einem Lösungsmittel gehalten werden. Da man diese Katalysatoren am besten frisch herstellt, setzt man nur die notwendige Menge der bekannten Ausgangssubstanz um (z. B. Aluminium-Nickel-Legierung mit bekanntem Nickelgehalt).

ren oder Schütteln. Erhält man keine Sättigungskurve, ist die Apparatur undicht, oder es werden weitere Bereiche des Moleküls hydriert.

Sofern partiell hydriert werden soll, bricht man die Hydrierung ab, sobald die Hydrierkurve einen deutlichen Knick zeigt.

Man berechne stets vor Beginn der Hydrierung mit Hilfe der allgemeinen Gasgleichung die zu erwartende Druck- bzw. Volumenabnahme.[1]

Nach beendeter Hydrierung wird die Schüttelapparatur erneut evakuiert bzw. mit Inertgas gespült, beim Autoklav das Restgas abgeblasen und der Katalysator über eine Glasfritte oder ein gut gedichtetes Filter abfiltriert. Man muß darauf achten, daß feinverteilte trockene Metalle pyrophor sind, der Katalysator deshalb stets feucht zu halten ist. Der zurückgewonnene Katalysator ist mitunter noch mehrere Male für den gleichen Zweck verwendbar. Er wird in jedem Falle gesammelt, bei den teuren Edelmetallkatalysatoren mit der Sorgfalt einer quantitativen Analyse.

Nach Abdampfen des Lösungsmittels wird der Rückstand destilliert bzw. umkristallisiert.

Wenn in der Tabelle 4.124 nichts anderes angegeben ist, kann bei Normaldruck und Zimmertemperatur hydriert werden. Bei größeren Ansätzen arbeitet man auch in diesen Fällen zweckmäßig im Autoklav unter erhöhtem Druck.

Halbmikroansätze lassen sich gut in der Apparatur nach Abbildung 4.123b durchführen.

Tabelle 4.124

Katalytische Hydrierung der C–C-Mehrfachbindung

Produkt	Ausgangsverbindung	Katalysator	Druck in MPa (atm), Temperatur in °C	Lösungsmittel (ml · mol^{-1})	Kp (bzw. F) in °C n_D^{20}	Ausbeute in %
Ethylbenzen	Styren	Ni	[1]	ohne	136 1,4959	80
3-Phenyl-propionsäure[2]	Zimtsäure	PtO$_2$	[1]	MeOH (800)	F 47 (verd. HCl)	90
3-Phenyl-propionsäure	K-Cinnamat[3]	Ni	[1]	W. (900)	F 47 (verd. HCl)	90
Bernsteinsäure	Maleinsäure	PtO$_2$	[1]	EtOH (1500)	F 185 (W.)	95
Butan-1,4-diol	But-2-in-1,4-diol	Pd/Kohle Ni	[1]	MeOH (400)	129$_{3,1(23)}$	92
4-Phenyl-butan-2-on	Benzylidenaceton	PtO$_2$ Ni[4] Pd/Kohle	[1]	EtOH (150)	115$_{1,6(12)}$ 1,5124	95
1,5-Diphenyl-pentan-3-on	Dibenzylidenaceton	PtO$_2$ Ni[4] Pd/Kohle	[1]	EtOH (2500; Suspension)	209$_{1,3(10)}$ F 13 1,5586	80
1,3-Diphenyl-propan-1-ol	Benzylidenacetophenon (Chalcon)	PtO$_2$ Ni[4] Pd/Kohle	[1]	AcOEt) (1500)	F 73 (EtOH)	90
Isobutylmethylketon	Isopropylidenaceton (Mesityloxid)	PtO$_2$ Ni[4] Pd/Kohle	[1]	ohne	115 1,3959	95

[1] Ein Diagramm der Abweichung des Wasserstoffs von idealen Verhalten findet man in HOUBEN-WEYL, Bd. 4/2, S. 260. Man beachte, daß unter Umständen (leicht flüchtige Stoffe, höhere Temperaturen) der Dampfdruck des Reaktionsgemisches nicht vernachlässigt werden kann.

Tabelle 4.124 (Fortsetzung)

Produkt	Ausgangsverbindung	Katalysator	Druck in MPa (atm), Temperatur in °C	Lösungsmittel (ml · mol^{-1})	Kp (bzw. F) in °C n_D^{20}	Ausbeute in %
2-Methylcyclohexanol[5]	o-Cresol	Ni[4]	[1]	ohne	68$_{1,6(12)}$ 1,4636	90
Cyclohexan-1,3-dion (Dihydroresorcinol)[6]	Mononatriumsalz des Resorcinols	Ni	10...20 (100...200) Zimmertemperatur	(W.) (200)	F 104 (Essigsäureethylester)	95
cis-Hexahydrosalicylsäuremethylester	Salicylsäuremethylester	Ni (neutral)	20 (200), 135	MeOH (600)	97$_{1,1(8)}$ 1,4665	80
cis-Decalin-2-ol[7]	β-Naphthol	Ni	6 (60), 90	EtOH	115...128$_{1,9(14)}$ 1,512	50
Cyclohexylacetaldehyddimethylacetal	Phenylacetaldehyddimethylacetal	Ni	[1]	ohne	80...82$_{1,6(12)}$ 1,4458	95
Piperidin[8]	Pyridin[9]	Ni	20 (200), 150	ohne	106 1,4530	80
Methylcyclohexan	Toluen	[10]	4 (40), 250	ohne	101 1,4230	99
1,2-Dimethylcyclohexan[11]	o-Xylen	[10]	4 (40), 250	ohne	123...130	95
1,3-Dimethylcyclohexan[12]	m-Xylen	[10]	4 (40), 250	ohne	120...125	95
1,4-Dimethylcyclohexan[11]	p-Xylen	[10]	4 (40), 250	ohne	118...125	95

[1] Bei Zimmertemperatur und schwachem Überdruck (in Apparaturen nach Abb. 4.123 bzw. 4.125 arbeiten).

[2] Daneben entsteht etwas Methylester.

[3] 1 mol Zimtsäure in 1 mol KOH + 900 ml Wasser lösen. Zur Aufarbeitung nach Abfiltrieren des Katalysators mit Salzsäure ansäuern, absaugen.

[4] Neutrales Raney-Nickel verwenden, um die Reduktion der Carbonylgruppe zu verhindern (vgl. D.7.1.7.1.). Dazu Raney-Nickel (aus 1 g Legierung, vgl. Reagenzienanhang) zweimal mit je 15 ml Wasser und viermal mit je 15 ml 1%iger Essigsäure waschen.

[5] Isomerengemisch mit etwa 70% DL-*trans*-Verbindung.

[6] Resorcinol in wäßriger Natronlauge (1,2 mol NaOH pro mol Resorcinol) lösen. Unbedingt aushydrieren, da das Endprodukt sonst ölig bleibt. Zur Aufarbeitung nach Abfiltrieren des Katalysators mit Salzsäure ansäuern, auf 0 °C abkühlen, absaugen.

[7] *cis* bezüglich der Ringverknüpfung; Isomerengemisch aus *cis-cis*- und *trans-cis*-Verbindung.

[8] Vor Destillation (30-cm-Vigreux-Kolonne) nochmals über KOH trocknen. Man bestimme aus dem Brechungsindex den Gehalt an Pyridin (Kp 115 °C, n_D^{20} 1,5100) und vergleiche mit gaschromatographischer Analyse.

[9] Entgiftetes Pyridin; vgl. Reagenzienanhang.

[10] Als Katalysator Leuna-Kontakt 8819 verwenden.

[11] Isomerengemisch mit überwiegend *trans*-Verbindung.

[12] Isomerengemisch mit überwiegend *cis*-Verbindung.

β-Cholestanol durch Hydrierung von Cholesterol an Platin: BRUCE, W. F.; RALLS, J. O., Org. Synth., Coll.Vol.II (1943), 191.

Das Verfahren der katalytischen Hydrierung hat auch als analytische *Methode zur quantitativen Bestimmung von Mehrfachverbindungen* Bedeutung. Die im folgenden beschriebene Apparatur liefert für die meisten Zwecke genügend genaue Versuchswerte (Abb. 4.125).

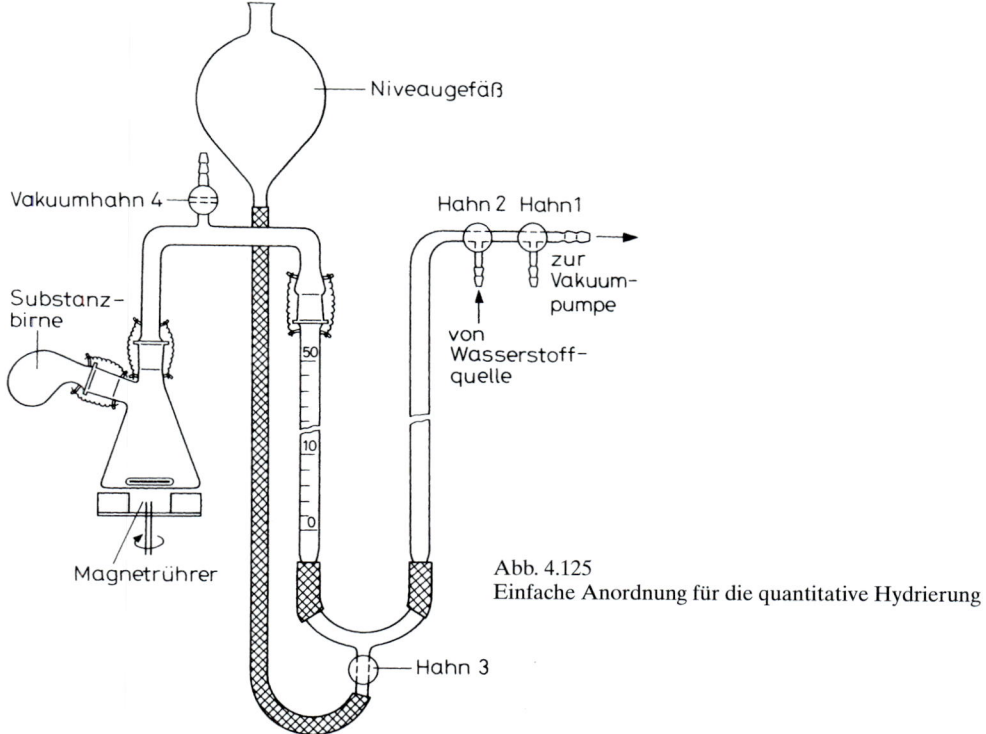

Abb. 4.125
Einfache Anordnung für die quantitative Hydrierung

Quantitative Hydrierung

In das etwa 70 ml fassende dickwandige Kölbchen gibt man 15 ml reinen Eisessig und etwa 0,1 g Platinoxid bzw. 2 ml der bei der Darstellung anfallenden alkoholischen Suspension von Raney-Nickel. Die Substanzbirne, in die man etwa 20 mg der unbekannten Substanz genau eingewogen und in 3 bis 5 ml Eisessig bzw. Alkohol gelöst hat, wird eingesetzt, durch Senken des Niveaugefäßes bei offenem Hahn 3 (Hahn 1 ⊕, Hahn 2 ⊖) Bürette und Steigrohr von Wasser entleert, der Hahn 3 geschlossen und das Niveaugefäß wieder in Hochstellung gebracht. Die Schliffe müssen völlig klar und durchsichtig erscheinen (Ramsay-, Siliconfett oder ähnliches zähes Fett verwenden). Die Schlauchverbindung zur Wasserstoffflasche trägt ein Bunsenventil (s. A.1.6.). Nun wird dreimal evakuiert und mit Wasserstoff gefüllt. (Evakuieren: Hahn 1 ⊕, Hahn 2 ⊖. Füllen mit Wasserstoff: Öffnen der Bombe, der Wasserstoff entweicht durch das Bunsenventil. Nun Hahn 1 ⊕, Hahn 2 langsam ⊕). Durch Öffnen von Hahn 3 läßt man das Wasser im Steigrohr ein Stück ansteigen, dann schließt man den Hahn 2 (⊕) und öffnet Hahn 4 ein wenig, bis auch im Bürettenrohr die Sperrflüssigkeit so weit angestiegen ist, daß der Meniskus auch bei Niveaugleichheit von Niveaugefäß und Bürette, die bei Volumenablesung vorübergehend immer herzustellen ist, im graduierten Bürettenteil liegt. Nun setzt man den Magnetrührer in Gang und hydriert unter dem Überdruck der Wassersäule zunächst den Katalysator, bis keine Wasserstoffaufnahme mehr zu beobachten ist. Man rührt sicherheitshalber noch weitere 10 Minuten, nach denen das Volumen noch konstant sein muß und genau abgelesen wird. Nun befördert man die Analysenlösung zur Aufschwemmung des Katalysators, indem man die Substanzbirne um 180° dreht. Ein merklicher Fehler durch Haftenbleiben von Resten an den Wandungen der Birne entsteht nicht. Nun wird wieder bis zur Volumenkonstanz hydriert und der endgültige Bürettenstand abgelesen. Alle Ablesungen müssen unter den gleichen Druck- und Temperaturbedingungen vorgenommen werden. Meist genügt eine über den Meßzeitraum praktisch konstante Zimmertemperatur. Bei der Berechnung der Wasserstoffaufnahme muß vom Druckwert (Barometer) der Wasserdampfsättigungsdruck bei der betreffenden Temperatur abgezogen werden.

Die katalytische Hydrierung von C–C-Mehrfachbindungen ist technisch außerordentlich wichtig. Sie wird im allgemeinen in der Gasphase durchgeführt, um eine kontinuierliche Prozeßführung zu erreichen. Die wichtigsten Beispiele sind in Tabelle 4.126 aufgeführt.

Man informiere sich über technisch wichtige Verfahren für die direkte Hydrierung von Fraktionen aus Erdöl bzw. das Hydrospalten (d. h. Spalten und gleichzeitiges Hydrieren an Ni/Mo-Katalysatoren).

Tabelle 4.126

Technisch wichtige katalytische Hydrierungen

Produkt	Ausgangsverbindung	Verwendung
Fette	pflanzliche Öle	Margarine
Butan-1,4-diol	But-2-in-1,4-diol	→ Polyester, Polyurethane
		→ Tetrahydrofuran (Lösungsmittel) → Polytetramethylenglycol
		→ γ-Butyrolacton → N-Methyl-pyrrolidon (Extraktionsmittel) → N-Vinyl-pyrrolidon → Polyvinylpyrrolidon
Butyraldehyd	Crotonaldehyd	→ Butanol
		→ 2-Ethyl-hexanol
Cyclohexanol	Phenol	→ Cyclohexanon
Cyclohexan	Benzen	Lösungsmittel
		→ Nitrocyclohexan → Cyclohexanonoxim → Nylon 6
		→ Adipinsäure → Nylon 66
Cyclohexancarbonsäure	Benzoesäure	→ ε-Caprolactam → Nylon 6
Cyclododecan	Cyclododecatrien	→ Cyclododecanol/-on-Gemisch → Cyclododecanonoxim → Polyamide (Nylon 12)
		→ Dodecan-1,12-disäure
		→ Polyester
Tetrahydronaphthalen	Naphthalen	Lösungsmittel, Wasserstoffüberträger
		→ α-Tetralon → α-Naphthol
Decahydronaphthalen (Decalin)	Naphthalen	Lösungsmittel
Perhydroacenaphthen	Acenaphthen	→ Adamantan → thermostabile Polyester

4.6.　Literaturhinweise

Zusammenfassende Darstellungen der Reaktionen von Olefinen und Acetylenen

Asinger, F.: Chemie und Technologie der Monoolefine. – Akademie-Verlag, Berlin 1957.
Bergmann, E. D.: The Chemistry of Acetylene and Related Compounds. – Interscience, New York 1948.
Houben-Weyl: Bd. 5/1b (1972), S. 946–1177.
Raphael, R. A.: Acetylenic Compounds in Organic Syntheses. – Butterworth, London 1955.
The Chemistry of Alkenes. Hrsg.: S. Patai. – Interscience Publishers, London, New York, Sydney 1964.
The Chemistry of Double-Bonded Functional Groups. Hrsg.: S. Patai. – Wiley, Chichester 1997.
The Chemistry of the Triple-Bonded Functional Groups. Hrsg.: S. Patai. – Wiley, Chichester 1994.
The Chemistry of the Carbon-Carbon Triple Bond. Hrsg.: S. Patai. – Wiley, Chichester 1978.

Theoretische Behandlung von Additions- und Cycloadditionsreaktionen

Dewar, M. J. S., Angew. Chem. **83** (1971), 859–875.
Epiotis, N. D., Angew. Chem. **86** (1974), 825–855.

FLEMING, I.: Grenzorbitale und Reaktionen organischer Verbindungen. – Verlag Chemie, Weinheim Bergstr., New York 1979.
GILCHRIST, T. L.; STORR, R. C.; Organic Reactions and Orbital Symmetry. – Cambridge University Press, Cambridge 1979.
HALEVI, E. A., Angew. Chem. **88** (1976), 664–679.
HERNDON, W. C., Chem. Rev. **72** (1972), 157–179.
HOUK, K. N., in: Topics in Current Chemistry. Bd. 79. – Springer-Verlag, Berlin, Heidelberg, New York 1979, S. 1–40.
TRONG ANH, N.: Die Woodward-Hoffmann-Regeln und ihre Anwendung. – Verlag Chemie, Weinheim 1972.
WOODWARD, R. B.; HOFFMANN, R.: Die Erhaltung der Orbitalsymmetrie. – Akadem. Verlagsges. Geest & Partig, Leipzig 1970; Angew. Chem. **81** (1969), 797–869.

Elektrophile Additon

DELA MARE, P. B. D.; BOLTON, R.: Electrophilic Additions to Unsaturated Systems. – Elsevier, Amsterdam 1982.

Addition von Wasser und Protonensäuren an Olefine und Acetylene

GILBERT, E. E.: Sulfonation and Related Reactions. – Interscience, New York 1965.
KRENTSEL, B. A., Usp. Khim. **20** (1951), 759–775.
ROEDIG, A., in: HOUBEN-WEYL. Bd. 5/4 (1960), S. 102–132, 535–539.
STROH, R., in: HOUBEN-WEYL, Bd. 5/3 (1962), S. 813–825.

Addition von Blausäure an Olefine und Acetylene

KURTZ, P., in: HOUBEN-WEYL. Bd. 8 (1952), S. 265–274.

Addition von Halogenen, unterhalogenigen Säuren und deren Estern an Olefine und Acetylene

DE LA MARE, P. B. D.: Electrophilic Halogenation. – Cambridge University Press, London 1976.
ROEDIG, A., in: HOUBEN-WEYL. Bd. 5/4 (1060), S. 38–100, 133–151, 530–535, 540–547.
STROH, R., in: HOUBEN-WEYL. Bd. 5/3 (1962), S. 529–556, 768–780.
VYUNOV, K. A., GINAK, A. I., Usp. Khim. **50** (1981), 273–295.

Oxymercurierung

CHATT, J., Chem. Rev. **48** (1951), 7–43.
LAROCK, R. C.: Solvomercuration/Demercuration Reactions in Organic Synthesis. – Springer-Verlag, Berlin, Heidelberg, New York 1986.
STRAUB, H.; ZELLER, K. P.; LEDITSCHKE, H., in: HOUBEN-WEYL. Bd. 13/2b, (1974), S. 130–153.

Darstellung und Reaktionen von Epoxiden, Dihydroxylierung

DITTUS, G., in: HOUBEN-WEYL. Bd. 6/3 (1965), S. 371–487.
GUNSTONE, F. D., Adv. Org. Chem. **1** (1960), 103–147.
MALINOVSKII, M. S.; Usp. Khim. **26** (1957), 801–823.
PARKER, E. E.; ISAACS, N. S., Chem. Rev. **59** (1959), 737–799.
SCHROEDER, M., Chem. Rev. **80** (1980), 187–213.
SWERN, D., Org. React. **7** (1953), 378–433.
CHA, J. K.; KIM, N.-S., Chem. Rev. **95** (1995), 1761–1795 (Dihydroxylierung).

Sharpless-Katsuki-Epoxidierung

IRGENSEN, K. A., Chem. Rev. **89** (1989), 431–458.
PFENNINGER, A., Synthesis **1986**, 89–116.
JOHNSON, R. A.; SHARPLESS, K. B., in Catalytic Asymmetric Synthesis. Hrsg.: I. OJIMA – VCH, New York 1993, 103–158.
KATSUKI, T.; MARTIN, V. S., Org. React. **48** (1996), 1–299.

Sharpless-Dihydroxylierung

BECKER, H.; SOLER, M. A.; SHARPLESS, K. B., Tetrahedron **51** (1995), 1345–1376.
KOLB, H. C.; VANNIEUWENHZE, M. S.; SHARPLESS, K. B., Chem. Rev. **94** (1994), 2483–2547.

KOLB, H. C.; SHARPLESS, K. B., in: Transition Met. Org. Synth. Hrsg.: M. BELLER, C. BOLM. Bd. 2 – Wiley-VCH, Weinheim 1998, S. 219–242.

Ozonierung

BAILEY, P. S.; Chem. Rev. **58** (1958), 925–1010.
BAILEY, P. S.: Ozonation in Organic Chemistry. Bd. 1–2. – Academic Press, New York 1978–1982.
BAYER, O., in: HOUBEN-WEYL. Bd. 7/1 (1954), S. 333–345.
BISCHOFF, CH.; RIECHE, A., Z. Chem. **5** (1965), 97–103.
MENYAILO, A. T.; POSPELOV, M. V., Usp. Khim. **36** (1967), 662–685.
CRIEGEE, R., Angew. Chem. **87** (1975), 765–771.
ODINOKOV, V. N.; TOLSTIKOV, G. A., Usp. Khim. **50** (1981), 1207–1251.
RAZUMOVSKII, S. D., ZAIKOV, G. E.: Ozone and its Reactions with Organic Compounds. – Elsevier Science Publ., Amsterdam, New York 1984.
ZVILICHOVSKY, G.; ZVILICHOVSKY, B., in: The Chemistry of Hydroxyl, Ether Peroxide Groups. Hrsg.: S. PATAI. – Wiley, Chichester 1993, 687–784.

Hydroborierung

BROWN, H. C.: Hydroboration. – W. A. BENJAMIN, New York 1962.
BROWN, H. C.: Organic Synthesis via Boranes. – John Wiley & Sons. New York 1975.
BROWN, H. C., Angew. Chem. **92** (1980), 675–683.
CRAGG, G. M. L.: Organoboranes in Organic Synthesis. – Marcel Dekker, New York, 1973.
KROPF, H.; SCHRÖDER, R., in: HOUBEN-WEYL. Bd. 6/1a) (1979) Teil 1, S. 494–554.
ONAK, T.: Organoborane Chemistry. – Academic Press, New York 1975.
SCHENKER, E., in: Neuere Methoden. Bd. 4 (1966), S. 173–293.
ZZUZUKI, A., DHILLON, A., in Topics in Current Chemistry, Bd. 130, Springer-Verlag, Berlin, Heidelberg, New York (1985).
ZWEIFEL, G.; BROWN, H. C., Org. React. **13** (1963), 1–54.
PELTER, A.; SMITH, K.; BROWN, H. C.: Borane Reagents. – Academic Press, San Diego 1988.
GREENE, A. E.; LUCHE, M.-J.; SERRA, A. A., J. Org. Chem. **50** (1985), 3957–3962.

Vinylierung

FAVORSKII, A. E.; SHOSTAKOVSKII, M. F., Zh. Obshch. Khim. **13** (1943), 1–20; C.A. **38** (1944), 330.
REPPE, W., u. a., Liebigs Ann. Chem. **601** (1956), 81–138.
SHOSTAKOVSKII, M. F., Usp. Khim. **33** (1964), 129–150.

Radikalische Addition an C=C-Doppelbindungen

(Vgl. auch die Literaturhinweise in Kapitel D.1.)
STACEY, F. W.; HARRIS, J. F., Org. React. **13** (1963), 150–376.
VOGEL, H. H., Synthesis **1970**, 99–140.
WALLING, C.; HUYSER, E. S., Org. React. **13** (1963), 91–149.

Radikaladditionen unter C–C-Verknüpfung

CURRAN, D. P., Synthesis **1988**, 417–439; 489–513.
GIESE, B.: Radicals in Organic Synthesis: Formation of Carbon-Carbon Bonds. – Pergamon Press, Oxford 1986.
RAMAIAH, M., Tetrahedron **43** (1987), 3541–3676.
JASPERSE, C. P.; CURRAN, D. P.; FEVIG, T. L., Chem. Rev. **91** (1991), 1237–1286.

Polymerisation ungesättigter Verbindungen

ELIAS, H. G.: Makromoleküle. – Dr. Alfred Hüthig Verlag, Heidelberg 1971.
FREIDLINA, R. KH., CHUKOVSKAYA, E. C., Synthesis **1974**, 477–488 (Telomerisation).
HENRICI-OLIVÉ, G.; OLIVÉ, S.: Polymerisation. Katalyse, Kinetik, Mechanismen. – Verlag Chemie, Weinheim 1976.
HOUBEN-WEYL. Hrsg.: H. BARTL, J. FALBE. Bd. E 20/1–2 (1987).
HOUWINK, R.: Chemie und Technologie der Kunststoffe. Bd. 1–2. – Akadem. Verlagsges. Geest & Portig, Leipzig 1962/63.
KENNEDY, J. P.: Cationic Polymerization of Olefins. – Interscience, New York 1975.

Kern, W.; Schulz, R. C. u. a. in: Houben-Weyl. Bd. 14 (1961), S. 24–1182.
Polymer Syntheses. Hrsg.: S. R. Dandler, W. Karo, Bd. 1–3. 1974–1980.
Rempp, P.; Merrill, E. W.: Polymer Synthesis. – Hüthig & Wepf Verlag, Basel, Heidelberg, New York 1986.
Vollmert, B.: Grundriß der Makromolekularen Chemie. Bd. 1–5. – E. Vollmert Verlag, Karlsruhe 1982.

Cycloadditionen

Huisgen, R.; Grashey, R.; Sauer, J., in: The Chemistry of Functional Groups. Hrsg.: S. Patai. Bd. 1. – Interscience, New York 1964. S. 739–953.
Oppolzer, W., Angew. Chem. **89** (1977), 10–24.
Ulrich, H.: Organic Chemistry. Bd. 9. – Academic Press, New York 1967 (Cycloadditionen mit Heterocumulenen).
Carruthers. W.: Cycloaddition Reactions in Organic Synthesis. – Pergamon Press, Oxford 1990.

[1 + 2]-Cycloadditionen

Parham, W. E., Schweizer, E. E., Org. React. **13** (1963), 55–90.
Brookhart, M.; Studabaker, W. B., Chem. Rev. **87** (1987), 411–432 (Cyclopropanierung mit Metallcarbenkomplexen).
Charette, A. B., in: Organozinc Reagents. Hrsg. P. Knochel, P. Jones. – Oxford University Press, Oxford 1999, 263–285 (Cyclopropanierung mit Organozinkverbindungen).

[2 + 2]-Cycloadditionen

Bach, T.; Synthesis **1998**, 683-703 (Stereoselektive intermolekulare [2 + 2] Photocycloadditionen und ihre Anwendung in der Synthese).
Braun, M., in: Organic Synthesis Highlights. Hrsg. J. Mulzer. – VCH, Weinheim 1991, 105-10 (Anwendungen der Paterno-Büchi-Reaktion).
Jones, G., II; Org. Photochem. **5** (1981), 1-122 (Paterno-Büchi-Reaktion).
Oppolzer, W.; Acc. Chem. Res. **15** (1982), 135-41 (Intermolekulare [2 + 2] Photocycloadditionen in der organischen Synthese).
Bauslaugh, P. G.; Synthesis **1970**, 287-300 (Synthetische Anwendungen photochemischer Cycloadditionen von Enonen mit Alkenen).

[3 + 2]-Cycloadditionen

Black, D. St. C.; Crozier, R. F.; Davis, V. Ch., Synthesis **1975**, 205–221 (Addition an Nitrone).
1,3-Dipolar Cycloaddition Chemistry. Bd. 1–2. Hrsg.: A. Padwa. – J. Wiley & Sons, New York 1984.
Huisgen, R., Angew. Chem. **75** (1963), 604–637, 742–754; Helv. Chim. Acta **50** (1967), 2421–2439.
Padwa, A., Angew. Chem. **88** (1976), 131–144 (intramolekulare Additionen).
Stuckwisch, C. G.; Synthesis **1973**, 469–483.
Tsuge, O.; Hatta, T.; Hisano, T., in: The Chemistry of Double-Bonded Functional Groups. Hrsg.: S. Patai. – Wiley, Chichester 1989, 345–475.

[4 + 2]-Cycloadditionen (Diels-Alder-Reaktion)

Arbuzov, Yu. A., Usp. Khim. **33** (1964), 913–950.
Brieger, G.; Bennett, J. N., Chem. Rev. **80** (1980), 63–97.
Ciganek, E., Org. React. **32** (1984), 1–374.
Holmes, H. L., Org. React. **4** (1948), 60–173.
Kloetzel, M. C., Org. React. **4** (1948), 1–59.
Sauer, J.; Angew. Chem. **78** (1966), 233; **79** (1967), 76.
Sauer, J.; Sustmann, R., Angew.Chem. **92** (1980), 773–801.
Taber, D. F.: Intramolecular Diels-Alder and Alder Ene Reactions. – Springer-Verlag, Berlin, Heidelberg, New York 1984.
Craig, D., Chem. Soc. Rev. **16** (1987), 187–238 (Intramolekulare Diels-Alder-Reaktion).
Fallis, A. G., Acc. Chem. Res. **32** (1999), 464–474 (Intramolekulare Diels-Alder-Reaktion).
Titov, Yu. A., Usp. Khim. **31** (1962), 529–558.
Wagner-Jauregg; T., Synthesis **1980**, 3, 165–214; 1980, 10, 769–798.
Wassermann, A.: Diels-Alder Reactions. – American Elsevier, New York 1965.
Wollweber, H., in: Houben-Weyl. Bd. 5/1c (1970), S. 977–1139.
Wollweber, H.: Diels-Alder-Reaktionen. – Georg Thieme Verlag, Stuttgart 1972.

Metallkomplexkatalyse und homogene Hydrierung

Aspects of Homogeneous Catalysis. Hrsg.: R. UGO. Bd. 1–4. – D. Reidel Publ. Comp., Dordrecht, Boston, London 1970–1981.

BIRCH, A. J.; WILLIAMSON, D. H., Org.React. **24** (1976), 1–186 (homogene Hydrierung).

BIRD, C. W.: Transition Metal Intermediates in Organic Synthesis. – Academic Press, New York 1967.

CASSAR, L.; CHIUSOLI, G. P.; GUERRIERI, F., Synthesis **1973**, 509–523 (Carbonylierung von Olefinen und Acetylenen).

HEIMBACH, P.; SCHENKLUHN; in: Topics in Current Chemistry. Bd. 92. – Springer-Verlag, Berlin, Heidelberg, New York 1980, S. 45–108.

HENRICI-OLIVÉ, G.; OLIVÉ, S., in: Topics in Current Chemistry. Bd. 67. – Springer-Verlag, Berlin, Heidelberg, New York 1976. S. 107–127.

HOUBEN-WEYL. Hrsg.: E. FALBE. Bd. E 18/1–2 (1986).

JAMES, B. R.: Homogeneous Hydrogenation. – John Wiley & Sons, New York, London 1973.

NAKAMURA, A.; Tsutsui, M.: Principles and Applications of Homogeneous Catalysis. – John Wiley & Sons, New York, London 1980.

PRACEJUS, H.: Koordinationschemische Katalyse organischer Reaktionen. – Verlag Theodor Steinkopff, Dresden 1977.

SCHUSTER, M.; BLECHERT, S., Angew. Chem. **109** (1997), 2124–2144 (Katalytische Ringschlußmetathese).

SEMMELHACK, M. F., Org. React. **19** (1972), 115–198.

TAKAYA, H.; OHTA, T.; NOYORI, R., in Catalytic Asymmetric Synthesis. Hrsg.: I. OJIMA – VCH, New York 1993, 1–39 (Enantioselektive homogene Hydrierung).

TAUBE, R.: Homogene Katalyse. – Akademie-Verlag, Berlin 1988.

Transition Metals in Homogeneous Catalysis. Hrsg.: G. N. SCHRAUZER. – Marcel Dekker, New York 1971.

Transition Metals for Organic Synthesis. Hrsg.: M. BELLER, C. BOLM. Bd. 1 + 2. – Wiley-VCH, Weinheim 1998.

TSUJI, J., Fortschr. Chem. Forsch. **28** (1972), 41–84; Adv. Org. Chem. **6** (1969), 109–255.

Hydrierung von Olefinen, Acetylenen und Aromaten; Allgemeines über Katalysatoren und Apparate

BOGOSLOWSKI, B. M.; KASAKOWA, S. S.: Skelettkatalysatoren in der organischen Chemie. – Deutscher Verlag der Wissenschaften, Berlin 1960.

CAINE, D., Org. React. **23** (1976), 1–258 (Reduktion der C=C-Bindung in α,β-ungesättigten Carbonylverbindungen).

GRUNDMANN, C., in: Neuere Methoden. Bd. 1 (1944), S. 117–136.

KOMAREWSKY, V. I.; RIESZ, C. H.; MORRITZ, F. L., in: Technique of Organic Chemistry. Hrsg.: A. WEISSBERGER. – Interscience, New York 1965. Bd. 2. S. 1–164.

RYLANDER, P. N.: Catalytic Hydrogenation over Platinum Metals. – Academic Press, New York 1967.

RYLANDER, P. N.: Hydrogenation Methods. – Academic Press, London 1985.

SCHILLER, G., in: HOUBEN-WEYL. Bd. 4/2 (1955), S. 248–303.

SCHRÖTER, R., in: Neuere Methoden. Bd. 1 (1944), S. 75–116.

WIMMER, K., in: HOUBEN-WEYL. Bd. 4/2 (1955), S. 143–152; 163–192.

D.5   Substitutionen an Aromaten

Aromatische Verbindungen, wie z. B. Benzen oder Naphthalen, enthalten ein ebenes oder nahezu ebenes cyclisches System konjugierter Doppelbindungen und besitzen in Analogie zu den Olefinen basische Eigenschaften (vgl. D.4.1.1.). Sie reagieren deshalb wie diese vor allem mit elektrophilen Reagenzien, im Gegensatz zu den Olefinen erfolgt jedoch Substitution, das aromatische System bleibt im Endprodukt erhalten.

Ist die Basizität des Aromaten durch Gruppen mit starkem –I- und –M-Effekt vermindert, so ist auch der nucleophile Austausch von Substituenten möglich. Dieser Reaktionstyp ist nicht so allgemein verbreitet.

Halogene als Substituenten, insbesondere Iod, sowie andere Gruppen mit guter Abgangstendenz, wie z. B. die Diazoniumgruppe, lassen sich leicht übergangsmetall-katalysiert substituieren.

Früher betrachtete man die Substituionsreaktion an aromatischen Kohlenwasserstoffen als wesentliches Kriterium für den aromatischen Zustand. Es zeigte sich jedoch, daß es stabile cyclisch konjugierte Verbindungen gibt (darunter auch ionogene Strukturen), bei denen dieser Reaktionstyp nicht mehr dominiert oder überhaupt nicht mehr auftritt (vgl. hierzu Abb. 5.1 sowie z. B. die Additionen in 9,10-Stellung an Anthracen).

Aus diesem Grunde zieht man zur Charakterisierung des aromatischen Zustandes weitere Kriterien vor allem physikalischer Art hinzu, wie die aus thermochemischen Daten ableitbare Stabilisierungsenergie, den Ausgleich der Bindungslängen im konjugierten System und den durch Kernresonanzspektroskopie feststellbaren Ringstrom (vgl. A.3.5.3.).

Speziell bei monocyclischen Verbindungen ist nach einem einfachen quantenchemischen Verfahren der aromatische Zustand an das Vorhandensein von $(4n + 2)$ π-Elektronen ($n = 0, 1, 2...$) geknüpft (Hückel-Regel), die über den ganzen Ring delokalisiert sind. Eine solche Delokalisierung ist nur dann optimal, wenn die Verbindung eben gebaut ist. Danach sind das Cyclopropenylkation (Abb. 5.1, I), das Cyclopentandienylanion II und das Cycloheptatrienylkation (Tropyliumion, IV) aromatisch.

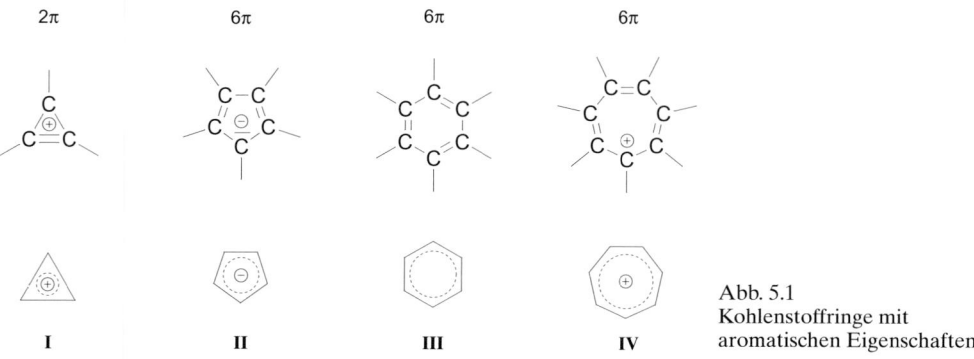

Abb. 5.1
Kohlenstoffringe mit
aromatischen Eigenschaften

Benzen als ungeladenes konjugiertes System mit sechs π-Elektronen wird als Prototyp der Aromaten betrachtet. Eine Reihe von bicyclischen Systemen und Ringsystemen mit Heteroatomen (Sauerstoff, Stickstoff, Schwefel u. a.) zeigt ebenfalls typisch „aromatische" Eigenschaften. Man mache sich das an den folgenden Beispielen klar: Furan, Thiophen, Pyrrol, Imidazol, Pyridin, Pyryliumkation sowie deren Benzoderivate, Naphthalen und Azulen.

5.1.   Elektrophile aromatische Substitution

Die elektrophile Substitution am Aromaten besteht im allgemeinen im Ersatz eines aromatisch gebundenen Wasserstoffatoms durch ein elektrophiles Reagens. Die wichtigsten Reaktionen dieser Art sind in der Tabelle 5.2 zusammengestellt.

Tabelle 5.2

Elektrophile Substitutionen am Aromaten

$ArH + HNO_3 \longrightarrow ArNO_2 + H_2O$		Nitrierung
$ArH + H_2SO_4 \rightleftharpoons ArSO_3H + H_2O$		Sulfonierung
$ArH + Cl_2 \longrightarrow ArCl + HCl$		Halogenierung (Chlorierung)

Tabelle 5.2 (Fortsetzung)

$ArH + (SCN)_2 \longrightarrow ArSCN + HSCN$	Rhodanierung
$ArH + RCl \xrightarrow{AlCl_3} ArR + HCl$	Friedel-Crafts-Alkylierung
$ArH + RCOCl \xrightarrow{AlCl_3} ArCOR + HCl$	Friedel-Crafts-Acylierung
$ArH + CO \xrightarrow[HCl]{AlCl_3,\ CuCl} ArCH{=}O$	Gattermann-Koch-Synthese
$ArH + HCN + HCl \xrightarrow{AlCl_3} ArCH{=}\overset{\oplus}{N}H_2\ Cl^{\ominus}$	Gattermann-Synthese
$\xrightarrow{Hydrolyse} ArCH{=}O$	
$ArH + RCN + HCl \xrightarrow{AlCl_3} \overset{Ar}{\underset{R}{}}C{=}\overset{\oplus}{N}H_2\ Cl^{\ominus}$	Houben-Hoesch-Synthese
$\xrightarrow{Hydrolyse} ArCOR$	
$ArH + \underset{Me}{\overset{Ph}{N}}{-}\overset{O}{C}{-}H \xrightarrow{POCl_3} ArCH{=}O + PhNHMe$	Vilsmeier-Synthese
$ArH + H_2C{=}O \longrightarrow ArCH_2OH$	Hydroxymethylierung
$ArH + H_2C{=}O + HNR_2 \longrightarrow ArCH_2NR_2 + H_2O$	Aminomethylierung (vgl. Mannich-Reaktion, D.7.2.1.5.)
$ArH + H_2C{=}O + HCl \longrightarrow ArCH_2Cl + H_2O$	Chlormethylierung (Blanc-Reaktion)
$ArH + RCH{=}O \longrightarrow \underset{R}{\overset{Ar}{}}CH{-}OH$	Reaktionen mit Aldehyden oder Ketonen
$ArH + CO_2 \longrightarrow ArCOOH$	Kolbe-Schmitt-Synthese
$ArH + HNO_2 \longrightarrow ArNO + H_2O$	Nitrosierung
$ArH + Ar'{-}\overset{\oplus}{N}{\equiv}N\ Cl^{\ominus} \longrightarrow Ar{-}N{=}N{-}Ar' + HCl$	Azokupplung (vgl. D.8.3.3.)
$ArH + HgX_2 \longrightarrow ArHgX + HX$	Metallierung (Mercurierung)

X = Säurerest einer organischen oder anorganischen Säure

5.1.1. Mechanismus der elektrophilen aromatischen Substitution

Im allgemeinen werden die in Tabelle 5.2 aufgeführten Reagenzien in einer vorgelagerten Reaktion, meist unter Einwirkung von Katalysatoren (Säuren, Lewis-Säuren), in eine positivierte reaktionsfähigere Form übergeführt, z. B.:

$$H^{\oplus} + HO{-}\overset{\oplus}{N}\overset{O}{\underset{O^{\ominus}}{}} \; \rightleftharpoons \; H_2O + NO_2^{\oplus}$$

[5.3]

$$Cl{-}Cl + AlCl_3 \; \rightleftharpoons \; \overset{\delta^+}{Cl}{\cdots}\overset{\delta^-}{Cl}{\cdots}AlCl_3$$

Für die elektrophile aromatische Substitution ist der folgende Mechanismus bewiesen:

$$\sigma\text{ - Komplex} \qquad [5.4a]$$

$$[5.4b]$$

Der Aromat addiert das Elektrophil, das hier als Kation $Y^{\oplus}$ formuliert wird, in einer Säure-Base-Reaktion zum σ-Komplex[1]) (Benzeniumion), der in einigen Fällen durch IR-, vor allem aber durch NMR-Spektroskopie nachweisbar ist.

Der Verlauf der potentiellen Energie entlang der Reaktionskoordinate entspricht demnach dem Typ der Abbildung C.35. Der σ-Komplex liegt in der Energiemulde. Er entspricht dem Carbeniumion in der elektrophilen Addition an Olefine, stabilisiert sich jedoch nicht wie dort durch Addition einer Base, sondern diese Base abstrahiert ein Proton. Dadurch wird der energetisch begünstigte aromatische Zustand zurückgebildet. Als Base fungiert in [5.4b] das bei der Bildung von $Y^{\oplus}$ entstehende Gegenion, der Aromat oder das Lösungsmittel.

Welcher der in [5.4] formulierten Teilschritte geschwindigkeitsbestimmend ist, hängt vom betreffenden System ab. Die kinetische Analyse ergab, daß bei den meisten elektrophilen aromatischen Substitutionen die Bildung des σ-Komplexes geschwindigkeitsbestimmend ist. Die Reaktion ist zweiter Ordnung, die Reaktionsgeschwindigkeit hängt nur von der Konzentration des Aromaten und der des Reagens ab. Es liegt hier der Fall der Abbildung C.35a vor. Die Energie des Übergangszustandes X_1 liegt höher als die von X_2. In selteneren Fällen, vor allem bei sehr reaktionsfähigen Systemen, ist die Ablösung des Protons geschwindigkeitsbestimmend. Bei Verwendung deuterierter Aromaten muß dann ein primärer kinetischer Isotopeneffekt (k_H/k_D) auftreten. Die Energie des Übergangszustandes X_2 liegt hier höher als die von X_1 (vgl. Abb. C.35b), und die Konzentration der Base hat Einfluß auf die Reaktionsgeschwindigkeit.

5.1.2. Einfluß von Substituenten auf die Reaktivität des Aromaten und auf den Ort der Zweitsubstitution

Die Reaktion zwischen dem nucleophilen Kern und dem elektrophilen Agens erfolgt um so leichter, je basischer der Aromat und je saurer das Reagens ist (vgl. D.4.1.1.). Die Basizität des Kerns wird durch Substituenten erhöht, die die Elektronendichte durch Induktions- und Mesomerieeinflüsse vergrößern, d. h. durch folgende Substituenten:

$$
\begin{array}{lll}
\text{Alkyl} & +\text{I} & \\
-\text{OH} < -\text{NH}_2 < -\text{NHR} < -\text{NR}_2 & +\text{M} > -\text{I} & [5.5] \\
-\underline{\text{O}}|^{\ominus} & +\text{M};\ +\text{I} &
\end{array}
$$

Die Reaktivität wird erniedrigt durch die Gruppen:

$$
\begin{array}{lll}
-\text{COR}, -\text{COOH}, -\text{COOR}, -\text{CN}, -\text{NO}_2 & -\text{M};\ -\text{I} & \\
\text{Halogene} & +\text{M} < -\text{I} & [5.6] \\
-\text{NR}_3^{\oplus} & -\text{I} &
\end{array}
$$

Diese Beeinflussung der Reaktivität des aromatischen Kerns durch Substituenten wird z. B. deutlich an der elektrophilen Zweitsubstitution verschiedener Naphthalenderivate. So wird im

---

[1]) Der Übergangszustand, der bei der Bildung des σ-Komplexes durchlaufen wird, ist diesem ähnlich, da er spät auf der Reaktionskoordinate liegt, vgl. Hammond-Postulat, C.2.

1-Nitro-naphthalen die Zweitsubstitution in den noch unsubstituierten, im 1-Methyl-naphthalen in den bereits substituierten Kern gelenkt.

In π-Elektronen-Überschuß-Heterocyclen, wie z. B. Thiophen und Pyrrol, übt das Heteroatom einen aktivierenden Einfluß aus. Dagegen wirkt es in π-Elektronen-Mangel-Heterocyclen, wie z. B. Pyridin, desaktivierend. Man informiere sich über dieses Einteilungsprinzip und die Wirkung der Heteroatome in Lehrbüchern!

Die Selektivität, mit der ein Agens bestimmter elektrophiler Potenz zwischen zwei Aromaten verschiedener Basizität unterscheidet (Substratselektivität), ist z. T. sehr beträchtlich. Die Kenntnis dieser Reaktivitätsunterschiede ist von großer Bedeutung für die praktische Durchführung von Substitutionsreaktionen an aromatischen Verbindungen.

Soll in einen bereits substituierten Benzenkern ein zweiter Substituent elektrophil eingeführt werden, sind grundsätzlich 3 verschiedene Disubstitutionsprodukte[1]) möglich:

$$[5.7]$$

Im allgemeinen übt jedoch der bereits vorhandene Substituent eine gewisse dirigierende Wirkung aus, wodurch einzelne dieser Produkte bevorzugt gebildet werden (Regioselektivität). Für den Einfluß, den der bereits vorhandene Substituent auf den *Ort* der Zweitsubstitution ausübt, gelten in erster Näherung folgende empirisch gefundene Regeln:

a) *Substituenten „erster Ordnung" dirigieren den zweiten Substituenten vorwiegend in o- und p-Stellung.* Hierzu gehören die Substituenten, die die Basizität des Kern erhöhen (vgl. [5.5]), und die Halogene.

b) *Substituenten „zweiter Ordnung" dirigieren den zweiten Substituenten vorwiegend in die m-Stellung.* Hierzu gehören die Substituenten, die die Reaktivität des Benzenkerns vermindern (vgl. [5.6], außer den Halogenen).

Die Erhöhung oder Verminderung der Reaktivität des Aromaten (Einfluß auf die Leichtigkeit der Substitution) durch den vorhandenen Substituenten sagt zunächst nichts über dessen dirigierende Wirkung aus. Die Erklärung der Orientierungsregeln, ausgehend von den mesomeren Grenzstrukturen der monosubstituierten Aromaten, setzt voraus, daß die Substituenten nicht nur die Gesamtbasizität des Kerns im Grundzustand beeinflussen, sondern auch an den einzelnen Kohlenstoffatomen des Kerns unterschiedliche Elektronendichten hervorrufen.

Insbesondere bei den starken Donorsubstituenten (OH, OR, NH_2, NHR, NR_2) zeigen die Koeffizientenquadrate an den C-Atomen der o- und p-Position eine erhöhte Elektronendichte bereits für den Grundzustand an. Das wird auch durch ^{13}C-NMR-spektroskopische Messungen bestätigt. Das heißt, für Aromaten mit starken Donorsubstituenten sind aus den mesomeren Grenzformeln Aussagen über die dirigierende Wirkung auf die Zweitsubstitution prinzipiell möglich. Für acceptorsubstituierte Aromaten (Halogene, NO_2, CN u. a.) stimmen die Ergebnisse der ^{13}C-NMR-spektroskopischen Messungen mit der Polarisation

---

[1]) Der neu eintretende Substituent kann auch an der bereits besetzten Position im Aromaten angreifen („Ipso-Substitution"). Ein Beispiel hierfür ist die Substitution von SO_3H-Gruppen durch NO_2 bei der Herstellung von Pikrinsäure, Martiusgelb und Naphtholgelb S (vgl. D.5.1.4.).

durch den mesomeren Effekt nicht in allen Fällen überein. Die Elektronendichten im Grundzustand des Aromaten können also nicht allein die Orientierung der Zweitsubstitution bestimmen. Eine einheitliche Erklärung der dirigierenden Wirkung von Donor- und Acceptorsubstituenten auf die Zweitsubstitution am Aromaten kann aus der energetischen Lage des σ-Komplexes abgeleitet werden.

Bei der Bildung des σ-Komplexes entscheidet sich, welche Position (o-, p- oder m-) der neueintretende Substituent besetzt, da der bereits vorhandene Substituent die Energien der drei möglichen Übergangszustände unterschiedlich beeinflußt (s. unten). Verschiedene Aktivierungsenergien bedingen aber nach der Arrhenius-Gleichung (Gleichung [C.25]) auch unterschiedliche Reaktionsgeschwindigkeiten der konkurrierenden Teilschritte. Da die Energie der Übergangszustände, die zu den drei möglichen σ-Komplexen führen, nicht bekannt ist, betrachtet man an ihrer Stelle die Energie der σ-Komplexe. Es wird vorausgesetzt, daß die damit verbundene Ungenauigkeit nicht sehr groß ist. Man mache sich die Energielage der σ-Komplexe und der zu ihnen führenden Übergangszustände für die o-, p- bzw. m-Substitution klar (vgl. Abb. C.35).

Der σ-Komplex kann in der folgenden Weise beschrieben werden:

$$[5.8]$$

I   **II**   **III**   **IV**

Danach treten in der o- und p-Position zum eingetretenen Substituenten Y positive Teilladungen auf, wie [5.8], IV summarisch wiedergibt. Der σ-Komplex ist auf Grund seiner positiven Ladung ein energiereiches Molekül. Je weitergehend eine Ladung innerhalb eines mesomeren Systems delokalisiert ist, um so stabiler, d.h. energieärmer ist es. Zur Abschätzung des Energieinhalts ist also zu untersuchen, inwieweit ein ursprünglich vorhandener Substituent die positive Ladung im σ-Komplex weiter delokalisieren kann. Ein bereits vorhandener elektronenabgebender +I-Substituent X kann die positive Teilladung um so stärker kompensieren, je näher er ihr steht, also in o- und p-Stellung stärker als in m-Stellung:

$$[5.9]$$

In gleicher Weise wirken auch +M-Substituenten, z. B.:

$$[5.10]$$

Im Falle von +I- und +M-Substituenten ist die Aktivierungsenergie der Bildung des σ-Komplexes demzufolge für die o-/p-Substitution kleiner als für die m-Substitution, die o- und p-Produkte bilden sich schneller (o-/p-Direktion des Substituenten).

Umgekehrt erhöht ein −I- oder −M-Substituent die positive Teilladung um so stärker, je näher er ihr steht, also in o- und p-Stellung mehr als in der m-Position:

$$[5.11]$$

Die Aktivierungsenergie ist also für die m-Reaktion am kleinsten, diese läuft deshalb am schnellsten ab (m-Direktion des Substituenten).

Bei Substituenten mit −I- und +M-Effekt überwiegt im positiv geladenen und daher stark elektrophilen σ-Komplex stets der + M-Effekt, d.h. die auf den freien Elektronenpaaren beruhende Donorwirkung. Diese Substituenten erniedrigen also die Aktivierungsenergie für die Bildung des o- und p-Substitutionsprodukts. Das gilt auch für die Halogene, obwohl diese zu den substitutionserschwerenden Gruppen gehören (Erniedrigung der Gesamtbasizität des Aromaten, da im Grundzustand +M < –I, vgl. [5.6]).

Diese Gesetzmäßigkeiten gelten für kinetisch kontrollierte Reaktionen (s. C.3.2.). Wenn die Reaktionsbedingungen die Bildung der thermodynamisch begünstigten Produkte erlauben, so ist mit Isomerisierungen zu rechnen, die zu beträchtlichen Verschiebungen der Anteile an o-, m- und p-Produkt führen (vgl. z. B. Sulfonierung und Friedel-Crafts-Alkylierung).

Beispiele für die elektrophile Zweitsubstitution am Aromaten: Nitrobenzen wird vorwiegend in m-Stellung elektrophil substituiert; die Reaktion ist gegenüber der am Benzen erschwert. Bei Anilin und Phenol findet eine elektrophile Substitution vorwiegend in o- und p-Stellung statt, sie erfolgt leichter als am Benzen. Beim Chlorbenzen findet man ebenfalls vorwiegend o- und p-Substitution, die Substitution ist jedoch gegenüber der am Benzen erschwert.

Wie wirkt sich die Salzbildung bei Phenol und Anilin auf Leichtigkeit und Ort der Zweitsubstitution aus?

Nichtsubstituiertes Naphthalen wird vorwiegend in der α-Position elektrophil substituiert; vgl. aber [5.21]!

Man informiere sich über Leichtigkeit und Ort der elektrophilen Substitution an Heterocyclen, wie Thiophen, Pyrrol (Analogie zu Phenol!), Indol, Pyridin (Analogie zu Nitrobenzen!), Pyridin-N-oxid u. a.

Ferner können außer den betrachteten elektronischen Einflüssen auch sterische Effekte den Ort der Zweitsubstitution beeinflussen. Wie leicht einzusehen ist, behindern raumerfüllende Substituenten besonders die Substitution in o-Stellung. Daher entsteht die o-Verbindung im Verhältnis zur p-Verbindung im allgemeinen in geringerer Menge, als nach dem statistischen o-/p-Verhältnis (2:1) zu erwarten wäre. Mit steigender Größe der bereits vorhandenen und neu einzuführenden Substituenten geht der Anteil des o-Produkts weiter zurück. So findet man z. B. bei der Chlorierung mit molekularem Chlor in Essigsäure für Toluen ein o-/p-Verhältnis von 1,5, für tert-Butylbenzen von 0,28. Die Isopropylierung von tert-Butylbenzen liefert kein o-Substitutionsprodukt.

Die o-Substitution kann dagegen begünstigt werden, wenn das elektrophile Agens die Möglichkeit hat, zuerst mit einem bereits vorhandenen basischen Substituenten (-OH, -OR) in Wechselwirkung zu treten, ehe es dessen o-Stellung substituiert (vgl. z. B. Salicylsäuresynthese, D.5.1.8.6., und die Literaturangaben am Ende des Kapitels). Stellungsselektive Substitution am Aromaten kann auch durch reversible Blockierung erzwungen werden. So kann beipielsweise in p-Stellung zu einem Erstsubstituenten eine tert-Butylgruppe eingeführt werden. Nach der nun folgenden, ausschließlich in o-Position eintretenden elektrophilen Substitution kann der tert-Butylrest als Isobuten oder durch Übertragung auf einen anderen Aromaten (Transalkylierung) abgespalten werden. Auch die Halogene Brom und Iod eignen sich in bestimmten Fällen als Schutzgruppen. Sie lassen sich reduktiv wieder entfernen. Chlor bleibt unter diesen Bedingungen im allgemeinen als Substituent im Kern erhalten.

Die bei Substitutionen an Aromaten zu erwartenden Produkte lassen sich mit guter Annäherung an die experimentellen Werte mit Hilfe der Hammett-Gleichung vorausbestimmen (vgl. C.5.2.), wobei die Substituentenkonstanten σ^+ zu verwenden sind.

5.1.3. Nitrierung

Als elektrophiles Reagens wirkt bei der Nitrierung das Nitrylkation (auch Nitroniumkation) $NO_2^{\oplus}$, das in einer Reihe von Verbindungen potentiell bzw. direkt vorhanden ist, z. B.:

$$HO-NO_2\ ,\quad O_2N-O-NO_2\ ,\quad RCO-O-NO_2{}^{1)}\ ,\quad NO_2^{\oplus}\ BF_4^{\ominus}\ \text{u.a.} \qquad [5.12]$$

Die Tendenz, das Nitrylkation zu liefern, steigt mit der Elektronegativität des an die Nitrogruppe gebundenen Substituenten.

Aus Salpetersäure bildet sich das Nitrylkation nur im sauren Bereich, da die Hydroxylgruppe nicht als solche eliminiert werden kann (vgl. Fußnote zu [2.3]):

$$[5.13]$$

Im einfachsten Fall vermag die Salpetersäure sich selbst zu protonieren („Autoprotolyse"):

$$HONO_2 + HONO_2 \;\rightleftharpoons\; H_2\overset{\oplus}{O}-NO_2 + \overset{\ominus}{O}-NO_2 \qquad [5.14]$$

Allerdings liegt das Gleichgewicht weit auf der linken Seite, so daß Salpetersäure allein nur basische Aromaten glatt nitriert. Durch Zusatz konzentrierter Schwefelsäure wird die Konzentration an $NO_2^{\oplus}$-Kationen stark erhöht:

$$[5.15]$$

$$HNO_3 + 2\,H_2SO_4 \;\rightleftharpoons\; NO_2^{\oplus} + H_3O^{\oplus} + 2\,HSO_4^{\ominus}$$

Die nitrierende Wirkung eines solchen Salpetersäure-Schwefelsäure-Gemisches („Nitriersäure") ist daher viel stärker als die von Salpetersäure allein. Eine weitere Steigerung der Reaktivität läßt sich durch Verwendung von rauchender Salpetersäure und Oleum erzielen. Andere Nitrierungsmittel haben keine so allgemeine Bedeutung.

Man formuliere den Gesamtablauf einer Nitrierung!

In der Praxis muß man die Aktivität des Nitrierungsmittels auf die Reaktivität des Aromaten abstimmen. Phenole und Phenolether werden z. B. bereits durch verdünnte Salpetersäure nitriert, während für die Nitrierung von Benzaldehyd, Benzoesäure, Nitrobenzen usw. Nitriersäure aus rauchender Salpetersäure und Schwefelsäure erforderlich ist (warum?). *m*-Dinitrobenzen läßt sich selbst durch rauchende Salpetersäure/Schwefelsäure nur schwer nitrieren (5 Tage, 110 °C, 45% Ausbeute). Die Nitrierung von *m*-Dinitro-benzen mit $NO_2^{\oplus}\ BF_4^{\ominus}$ in Fluorsulfonsäure liefert dagegen nach dreistündiger Reaktionsdauer 61 % 1,3,5-Trinitro-benzen.

Die häufigste Nebenreaktion bei der Nitrierung ist die Oxidation. Sie wird durch Überschreitung der Reaktionstemperatur begünstigt und ist an der Entwicklung nitroser Gase erkennbar. Wegen ihrer leichten Oxidierbarkeit lassen sich z. B. Amine nur entweder in Form ihrer Acylprodukte oder in sehr stark schwefelsaurer Lösung nitrieren. Im letzten Fall erhält man vorwiegend das *m*-Produkt (warum?). Auch Aldehyde, Alkylarylketone und in gerinde-

---

[1)] Acetylnitrat: Diese Verbindung ist so explosiv, daß vor ihrer Isolierung dringend gewarnt werden muß. Statt reines Acetylnitrat anzuwenden, kann mit gleichem Resultat die Substanz in Eisessig/Acetanhydrid gelöst und 100%ige Salpetersäure langsam und unter guter Kühlung und Temperaturkontrolle hinzugefügt werden. Das Acetylnitrat wird hierbei in statu nascendi verbraucht. Jedoch muß auch ein solches Gemisch sowohl bei der Durchführung der Nitrierung (Temperaturkontrolle!) als auch bei der Aufarbeitung mit besonderer Vorsicht gehandhabt werden. Das gleiche gilt für das weniger häufig verwendete Benzoylnitrat. Stets Schutzschild verwenden!
Unfälle beim Nitrieren mit Acetylnitrat: Chem. Tech. **7** (1955), 121; Angew. Chem. **67** (1955), 157; Nachr. Chem. Tech. **1963**, 299; Chem. Labor Betrieb **1966**, 346.

rem Maße Alkylaromaten unterliegen unter Umständen der Oxidation. Phenole lassen sich aus dem gleichen Grunde nur in verdünnter Salpetersäure einigermaßen glatt nitrieren, wobei die Mononitroprodukte entstehen. Die direkte Nitrierung zu Polynitrophenolen ist so nicht möglich. Man geht in diesem Fall einen Umweg, indem man zunächst sulfoniert und dann die Sulfogruppen gegen Nitrogruppen austauscht (z. B. bei der Darstellung von Pikrinsäure und 2,4-Dinitro-naphth-1-ol-7-sulfonsäure (Naphtholgelb S); vgl. dazu D.5.1.4.).

Da die Nitrogruppe die Reaktionsfähigkeit des Aromaten gegenüber elektrophilen Substitutionen stark herabsetzt, besteht die Gefahr der Zweitnitrierung nur bei sehr reaktionsfähigen Aromaten.

Der schwierigste Teil der Präparation ist häufig die Trennung von Isomerengemischen, vor allem der o- und p-Isomeren, die oft in fast gleicher Menge entstehen. Vielfach angewandte Trennmethoden sind: Ausfrieren, Umkristallisieren, fraktionierte Destillation, Wasserdampfdestillation. (So sind z. B. o-Nitro-phenole im Gegensatz zu den p-Verbindungen mit Wasserdampf flüchtig.) Oft müssen diese Methoden kombiniert werden.

In die Arbeitsvorschrift wurden nur solche Beispiele aufgenommen, bei denen weitgehend einheitliche Produkte entstehen bzw. die Trennung der isomeren Substitutionsprodukte relativ leicht möglich ist.

Allgemeine Arbeitsvorschrift zur Nitrierung von Aromaten (Tab. 5.16)

Achtung! Vorsicht beim Arbeiten mit Salpeter- und Schwefelsäure, Schutzbrille, Abzug! (s. auch Reagenzienanhang). Di- und Polynitroverbindungen dürfen nicht destilliert werden, da hierbei Explosionen möglich sind.

Zur Herstellung der Nitriersäure legt man die Salpetersäure vor und fügt unter Kühlen mit Eiswasser und Rühren die Schwefelsäure langsam zu.

Die Zusammensetzung der Nitriersäure richtet sich nach der Reaktivität des zu nitrierenden Aromaten. Für einen Ansatz von 0,1 mol Aromat nimmt man:

Variante A: bei reaktionsträgen Aromaten. 10 ml (0,23 mol) 100%ige Salpetersäure ($D = 1,5$), 14 ml konz. Schwefelsäure;

Variante B: bei Aromaten mittlerer Reaktivität. 10 ml (0,15 mol) konz. Salpetersäure (68%ig; $D = 1,41$), 12 ml konz. Schwefelsäure;

Variante C: bei reaktionsfähigen Aromaten. 33 ml (0,3 mol) 40%ige wäßrige Salpetersäure.

In einem 250-ml-Dreihalskolben mit Rührer, Tropftrichter und Innenthermometer (Lüftung lassen!) legt man 0,1 mol Aromat vor. Dann gibt man unter gutem Rühren und Kühlen die vorher auf mindestens 10 °C gekühlte Nitriersäure langsam aus dem Tropftrichter zu, wobei man die Temperatur auf 5 bis 10 °C hält (Eisbad). Bei den reaktionsfähigen Aromaten (Variante C) wird nach beendeter Zugabe noch 30 Minuten bei Zimmertemperatur gerührt, bei den anderen (Varianten A und B) 2 bis 3 Stunden.

Danach gießt man die Reaktionsmischung vorsichtig in etwa 300 ml Eiswasser und rührt gut durch. Feste Nitroprodukte werden abgesaugt, gründlich mit Wasser gewaschen und weiter gereinigt (meist umkristallisiert). Flüssige Nitroverbindungen trennt man im Scheidetrichter ab, die wäßrige Lösung wird einmal ausgeethert, die vereinigten organischen Phasen werden mit Wasser, bis zur Neutralität mit Natriumhydrogencarbonatlösung und nochmals mit Wasser gewaschen, über Calciumchlorid getrocknet und destillativ aufgearbeitet.

Die Methode ist gut für Halbmikropräparationen geeignet. Man kann dabei auf Rührer, Tropftrichter und Kontrolle der Innentemperatur verzichten. Die Nitriersäure wird langsam unter Schütteln zugesetzt, wobei man gut kühlt.

Tabelle 5.16

Nitrierung von Aromaten

Produkt	Ausgangs-verbindung	Variante	Kp (bzw. F) in °C n_D^{20}	Aus-beute in %	Bemerkungen
m-Dinitro-benzen	Nitrobenzen	A	F 90 (EtOH)	80	
2,4-Dinitro-toluen	*p*-Nitro-toluen	A	F 71 (MeOH)	80	Nitriersäure bei 60 °C zutropfen, 30 Min. auf 80 °C erhitzen
m-Nitro-benzoe-säuremethylester	Benzoesäure-methylester	A	F 78 (MeOH)	80	[1]
m-Nitro-benzaldehyd	Benzaldehyd	A	F 58 (EtOH/W.)	40	Nitriersäure vorle-gen, Benzaldehyd zutropfen
p-Brom-nitrobenzen	Brombenzen	A	F 126 (EtOH)	80	
p-Nitro-benzylcyanid	Benzylcyanid	A	F 117 (80%iges EtOH)	60	bei −5 °C arbeiten
Nitrobenzen	Benzen	B	$99_{2,7(20)}$ 1,5532	80	
1-Nitro-naphthalen	Naphthalen	B	F 57 (EtOH)	60	[2]
o-Nitro-toluen	Toluen	B	$94_{1,3(10)}$ 1,5472	40	[3]
p-Nitro-toluen			$101_{1,3(10)}$ F 55 (EtOH)	20	[3]
4-Nitro-veratrol	Veratrol	C	F 98 (EtOH)	70	[4]
o-Nitro-phenol	Phenol	C	F 46 (EtOH)	30	[5]
p-Nitro-phenol			F 114 (W)	10	[5]

[1] *m*-Nitro-benzoesäure gewinnt man zweckmäßig durch Verseifung des *m*-Nitro-benzoesäuremethylesters (vgl. hierzu KAMM, O.; SEGUR, J. B., Org. Synth., Coll. Vol. I (1956), 391), da durch direkte Nitrierung von Benzoesäure ein schwer trennbares Isomerengemisch entsteht.

[2] Nitriersäure vorlegen, feingepulvertes Naphthalen bei 45 bis 50 °C eintragen, 45 Minuten bei 60 °C nach-rühren; Rohprodukt zunächst mit Wasserdampf destillieren, um unverbrauchtes Naphthalen zu entfer-nen.

[3] *p*-Isomeres mit Eis/Kochsalz-Mischung ausfrieren, rasch absaugen, mit wenig kaltem Petrolether waschen; aus dem Filtrat *o*-Isomeres über eine 30-cm-Vigreux-Kolonne mit elektrisch beheiztem Mantel im Vakuum abdestillieren, aus dem Rückstand restliches *p*-Isomeres ausfrieren.

[4] Veratrol gegebenenfalls durch Waschen mit 10%iger Natronlauge und Wasser und anschließende Destillation von Guajacol reinigen; beim Umkristallisieren Aktivkohle zusetzen.

[5] Salpetersäure vorlegen, Phenol mit etwas Wasser verflüssigt zutropfen; Nitriersäure vom halbfesten Gemisch der Nitrophenole abgießen, dieses zweimal mit Wasser waschen; *o*-Isomeres mit Wasserdampf überdestillieren; aus dem erkalteten Rückstand *p*-Nitro-phenol absaugen, aus 3%iger Salzsäure unter Zusatz von Aktivkohle umkristallisieren.

3-Nitro-acetophenon: CARSON, B. B.; HAZEN, R. K., Org. Synth., Coll. Vol. II (1943), 434;

3-Nitro-phthalsäure: MOSER, C. M.; GOMPF, Th., J. Org. Chem. **15** (1950), 583;

4-Nitro-pyridin-N-oxid, 4-Nitro-chinolin-N-oxid, 4-Nitro-pyridin: OCHIA, E., J. Org. Chem. **18** (1953), 534;

3,5-Dinitro-benzoesäure: BREWSTER, R. Q.; WILLIAMS, B., Org. Synth., Coll. Vol. III (1955), 337.

Beispiele für die Nitrierung von Aminen:

N-(1-Nitro-naphth-2-yl)acetamid: HARTMANN, W. W.; SMITH, L. A., Org. Synth. Coll. Vol. II (1943), 438;

4-Methoxy-2-nitro-anilin (über das entsprechende Acetanilid); FANTA, P. E.; TARBELI, D. S., Org. Synth., Coll. Vol. III (1955), 661;

N,N-Dimethyl-3-nitro-anilin (Nitrierung in stark schwefelsaurer Lösung): FITCH, H. M., Org. Synth., Coll. Vol. III (1955), 658.

Im Laboratorium verwendet man aromatische Nitroverbindungen hauptsächlich als Ausgangsprodukte zur Gewinnung von Aminen, Hydroxylaminen und anderen Reduktionsprodukten (vgl. D.8.1.).

In der Technik ist die Nitrierung eine wichtige Grundreaktion. Nitroverbindungen werden als Sprengstoffe (2,4,6-Trinitrotoluen, 1,3,5-Trinitrobenzen, Nitrobenzen im Gemisch mit N_2O_4 als Panclasit) verwendet. Von großer Bedeutung ist die Reduktion zu den Aminen, die als Zwischenprodukte für Farbstoffe und Pharmazeutika dienen (vgl. D.8.1.). Aus 2,4-Dinitro-toluen bzw. 2,4-/2,6-Dinitro-toluen-Gemischen und anderen Dinitroaromaten werden Diisocyanate für die Gewinnung von Polyurethanen hergestellt. *m*-Phenylendiamin aus *m*-Dinitro-benzen ist Kondensationskomponente für Polyamidfasern mit hoher Zersetzungstemperatur. Ebenfalls über die Reduktion der entsprechenden Nitroverbindungen werden *p*-Phenylendiamin-, Diphenylamin- und Aminophenolderivate gewonnen, die als Antioxidantien und Alterungsschutzmittel eingesetzt werden.

Die Bedeutung nitrierter Aromaten als Zwischenprodukte zeigen die beiden folgenden Nitroverbindungen und die von ihnen abgeleiteten Produkte; man formuliere die Umsetzungen!
– *p*-Nitro-toluen: *p*-Toluidin, 2-Chlor-4-nitro-toluen, *p*-Nitro-benzoesäure, 2,4-Dinitro-toluen.
– *p*-Chlor-nitrobenzen: *p*-Nitro-phenol, *p*-Chlor-anilin, *p*-Nitro-diphenylamin, *p*-Nitro-anisol, *p*-Nitro-phenetol, *p*-Phenylendiamin, *p*-Nitro-anilin, 1,2-Dichlor-4-nitro-benzen.

Die Nitrierung kann auch zur Charakterisierung aromatischer Kohlenwasserstoffe herangezogen werden. Anschließende Reduktion der erhaltenen Produkte zu Aminen ermöglicht die Darstellung weiterer Derivate (vgl. E.2.6.).

Gewisse Nitroverbindungen, wie Pikrinsäure, Styphninsäure, 1,3,5-Trinitrobenzen, 2,4-Dinitro-phenylhydrazin, 3,5-Dinitro-benzoesäure u. a., sind wichtige Reagenzien zur Identifizierung organischer Verbindungen (vgl. E. 2.1.1.3. E.2.2.7.2. und E.2.5.).

5.1.4. Sulfonierung

Die gebräuchlichsten Sulfonierungsmittel sind 70- bis 100%ige Schwefelsäure und Oleum mit verschiedenem SO_3-Gehalt.

Sowohl das freie Schwefeltrioxid als auch das $HSO_3^{\oplus}$-Kation werden als die eigentlichen sulfonierenden Reagenzien angenommen:

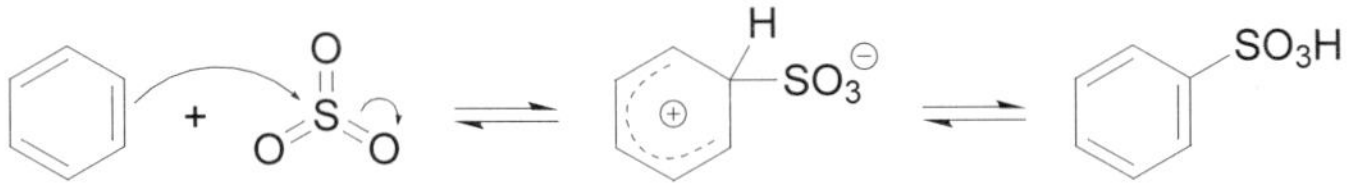

[5.17]

bzw.:

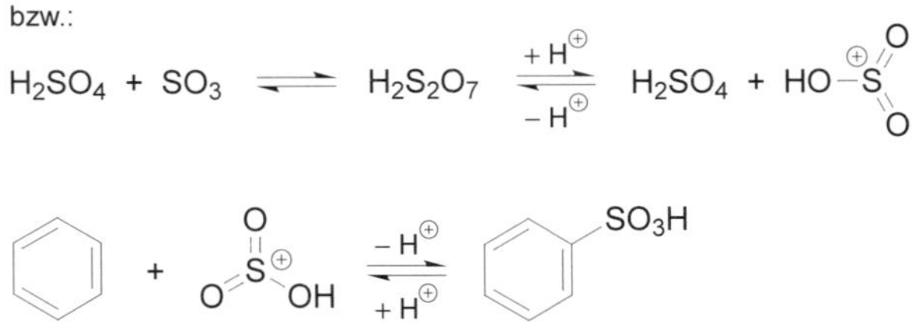

[5.18]

Die Sulfonierung ist im Gegensatz zur Nitrierung und den meisten anderen elektrophilen Substitutionen am Aromaten eine reversible Reaktion:

$$ArH + H_2SO_4 \rightleftharpoons ArSO_3H + H_2O \qquad [5.19]$$

Die Hydrolyse der Sulfonsäuren gelingt je nach ihrer Stabilität schon mit Wasser oder mit Schwefelsäure verschiedener Konzentrationen besonders bei höherer Temperatur.

Auch durch starke Salpetersäure läßt sich die Sulfonsäuregruppe verdrängen („Ipso-Substitution"), wodurch sich Nitroverbindungen darstellen lassen. Dieses Verfahren hat dann Bedeutung, wenn der betreffende Aromat gegen Salpetersäure nicht beständig ist. So läßt sich Pikrinsäure (2,4,6-Trinitro-phenol) über die oxidationsbeständige 4-Hydroxy-benzen-1,3-disulfonsäure herstellen:

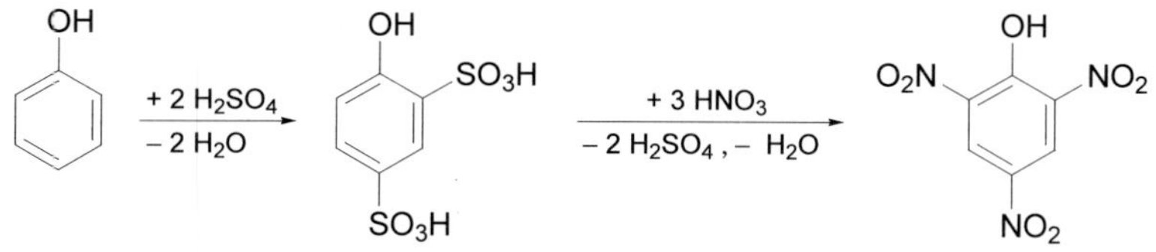

[5.20]

In prinzipiell gleicher Weise werden 2,4-Dinitro-naphth-1-ol (Martius-Gelb) und 2,4-Dinitro-naphth-1-ol-7-sulfonsäure (Naphtholgelb S) dargestellt. Infolge der Reversibilität der Sulfonierung kann der Ort, an dem eine Sulfogruppe in den aromatischen Kern eintritt, von den Reaktionsbedingungen abhängig sein. So bildet sich bei der Sulfonierung von Naphthalen bei niedrigen Temperaturen (< 80 °C, kinetische Kontrolle, vgl. C.3.2.) hauptsächlich die α-Naphthalensulfonsäure. Bei höherer Temperatur jedoch (180 °C, thermodynamische Kontrolle) ist das Gleichgewicht [5.21] weitgehend auf die Seite der Ausgangsprodukte verschoben, so daß die α-Säure wieder in die Komponenten zerfällt. In einer normalen Sulfonierungsreaktion entsteht nun die β-Naphthalensulfonsäure[1]) deren Bildung unter diesen Bedingungen nicht reversibel ist:

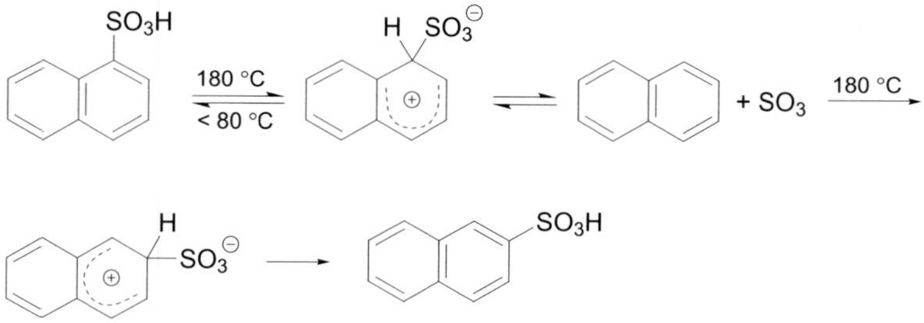

[5.21]

Die Reversibilität der Sulfonierung kann zur Blockierung reaktionsfähiger Positionen im aromatischen Ring ausgenutzt werden.

Bei Sulfonierungen muß die Reaktivität des Sulfonierungsmittels auf die Reaktionsfähigkeit des Aromaten abgestimmt werden. Schwefelsäure als das schwächste der gebräuchlichen Sulfonierungsmittel läßt sich nur bei den reaktionsfähigeren aromatischen Verbindungen anwenden. Mit fortschreitender Sulfonierung nimmt dabei die Reaktionsgeschwindigkeit infolge der Verdünnung der Schwefelsäure durch das Reaktionswasser ab, und die Umsetzung kommt schließlich zum Stillstand. Um das Gleichgewicht der Sulfonierungsreaktion möglichst weit nach rechts zu verschieben, wird daher entweder ein Überschuß an Schwefelsäure verwendet (dieser erschwert jedoch die Isolierung der Sulfonsäure) oder günstiger das während der Reaktion gebildete Wasser entfernt. Das kann oft am einfachsten durch azeotrope Destillation erfolgen (s. A.2.3.5.). Als „Schlepper" dient ein Lösungsmittel (Chloroform, Ligroin) bzw. ein Überschuß der zu sulfonierenden Verbindung. Aromatische Amine werden durch trockenes Erhitzen ihrer Hydrogensulfate (bzw. durch längeres Erhitzen mit Schwefelsäure) sulfoniert (Back-Verfahren):

[5.22]

---

[1]) Es handelt sich nicht um eine Umlagerung der α- in die β-Säure.

Zur Sulfonierung der weniger reaktionsfähigen Aromaten ist Oleum das am häufigsten angewandte Sulfonierungsmittel. Man verwendet es meist in Konzentrationen von 5 bis 30% und je nach Reaktionsfähigkeit der eingesetzten Verbindung und gewünschtem Sulfonierungsgrad bei verschiedenen Temperaturen. So wird Benzen von 10%igem Oleum bei Raumtemperatur in die Monosulfonsäure, bei 200 bis 250 °C in die *m*-Disulfonsäure überführt.

Zur schonenden Sulfonierung kann man mit Schwefelsäure oder Schwefeltrioxid in Lösungsmitteln (Chloroform, flüssigem Schwefeldioxid) arbeiten.

Additionsverbindungen von SO_3 mit tertiären Basen (z. B. Pyridin) oder cyclischen Ethern (z. B. Dioxan) sind selektive, insbesondere für π-Elektronenüberschußaromaten geeignete Sulfonierungsmittel. Ihre Reaktivität sinkt mit zunehmender Nucleophilie des Lösungsmittels. Man diskutiere die unterschiedliche Reaktivität von SO_3 in Nitrobenzen, Chloroform und flüssigem SO_2.

Technisch gewinnt die Sulfonierung mit Schwefeltrioxid-Luft-Gemischen steigende Bedeutung.

Die häufigste Nebenreaktion bei Sulfonierungen ist die Sulfonbildung, bei der schon gebildete Sulfonsäure als sulfonierendes Reagens wirkt (formulieren!). Sie kann durch einen hohen Überschuß an Schwefelsäure (bzw. Oleum, Chlorsulfonsäure) zurückgedrängt werden. Hohe Temperaturen begünstigen sie.

Schwefelsäure, noch stärker Oleum, wirkt vor allem bei höheren Temperaturen auf organische Verbindungen oft oxidierend (SO_2-Entwicklung!) und verkohlend.

Sulfonsäuren sind mit Ausnahme der Aminosulfonsäuren (innere Salzbildung) gut wasserlösliche, starke Säuren. Da sie häufig auch in überschüssigem Sulfonierungsmittel löslich sind, bereitet ihre Isolierung oft Schwierigkeiten. In vielen Fällen kann das Alkalisulfonat aus der wäßrigen Lösung mit Kochsalz oder Natriumsulfat „ausgesalzen" werden:

$$ArSO_3H + NaCl \; \rightleftharpoons \; ArSO_3Na + HCl \qquad\qquad [5.23]$$

Die Natriumsalze sind für weitere Umsetzungen meist direkt verwendbar.

Die Barium- und Calciumsulfonate sind im Gegensatz zu den Erdalkalisulfaten im allgemeinen in Wasser löslich. Überschüssige Schwefelsäure kann daher auch als Erdalkalisulfat abgetrennt werden. Die Sulfonsäuren lassen sich aus den Erdalkalisulfonaten dann z. B. durch Ionenaustauscher in Freiheit setzen.

Die Isolierungsprobleme sind auch dadurch zu umgehen, daß man die *Sulfonierung mit Chlorsulfonsäure* durchführt. Dabei entstehen die Sulfochloride, die in Wasser schwer löslich sind und sich darin wesentlich langsamer zersetzen als die meisten Carbonsäurechloride:

$$ArH + ClSO_3H \longrightarrow ArSO_3H + HCl$$

$$ArSO_3H + ClSO_3H \longrightarrow ArSO_2Cl + H_2SO_4 \qquad\qquad [5.24]$$

Aus den Sulfochloriden lassen sich die freien Sulfonsäuren durch Hydrolyse gewinnen. Für viele Umsetzungen sind die Sulfochloride besser geeignet als die Sulfonsäuren bzw. ihre Salze. Im Laboratorium zieht man deshalb die Chlorsulfonierung der Sulfonierung oft vor. Wie aus [5.24] hervorgeht, müssen pro Mol Aromat mindestens 2 mol Chlorsulfonsäure eingesetzt werden. Bei den weniger reaktionsfähigen Aromaten wird die Chlorsulfonsäure häufig in größerem Überschuß angewandt, um die Bildung von Sulfonen zurückzudrängen.

Die Ausbeute hängt mitunter erheblich von der Reinheit der Chlorsulfonsäure ab (vgl. Reagenzienanhang). Viele Sulfochloride sind im Gegensatz zu den meisten Sulfonsäuren destillierbar.

Allgemeine Arbeitsvorschrift zur Chlorsulfonierung von Aromaten (Tab. 5.25)

Achtung! Vorsicht beim Arbeiten mit Chlorsulfonsäure. Abzug, Schutzbrille, Schutzhandschuhe (s. auch Reagenzienanhang)!

Für einen Ansatz von 0,5 mol Aromat arbeitet man in einem 1-l-Dreihalskolben, der mit einem Rührer, Rückflußkühler mit Gasableitungsrohr, Innenthermometer und gegebenenfalls einem Tropftrichter ausgestattet ist.

A. Wenig reaktionsfähige Aromaten

Der Aromat wird mit der 3fach molaren Menge reiner Chlorsulfonsäure auf einmal versetzt und unter Rühren langsam auf 110 bis 120 °C erhitzt, so daß die Abspaltung von Chlorwasserstoff gut in Gang bleibt. Gegen Ende der Reaktion steigert man die Temperatur nochmals um 10 °C. Die Reaktion ist beendet, wenn kein Chlorwasserstoff mehr gebildet wird. Aufarbeitung s. unten.

B. Aromaten mittlerer Reaktivität

Chlorsulfonsäure (3 mol pro Aromat) wird vorgelegt und der Aromat unter gutem Rühren und Kühlen auf 0 bis 5 °C langsam zugegeben. Danach rührt man bei Zimmertemperatur weiter, bis die Chlorwasserstoffentwicklung zu Ende ist.

C. Reaktionsfähige Aromaten (Mono-Chlorsulfonierung)

Der Aromat wird in trockenem Chloroform (250 ml pro Aromat) gelöst und die doppelt molare Menge Chlorsulfonsäure unter gutem Rühren und Kühlen bei etwa −10 °C zugetropft. Man rührt bei dieser Temperatur so lange weiter, wie noch lebhaft Chlorwasserstoff abgespalten wird. Dann läßt man auf Zimmertemperatur erwärmen und rührt bis zur Beendigung der Chlorwasserstoffentwicklung.

Aufarbeitung

Die Reaktionsmischung wird sehr vorsichtig unter gutem Umrühren auf zerstoßenes Eis gegeben (Abzug!) und das abgeschiedene Sulfonsäurechlorid entweder abfiltriert (feste Produkte) oder mit Chloroform oder Toluen extrahiert (flüssige Produkte). Feststoffe wäscht man sorgfältig mit Eiswasser, Extrakte flüssiger Produkte mit Wasser, Natriumhydrogencarbonatlösung und Wasser. Schließlich kristallisiert man das vorher an der Luft getrocknete Produkt um bzw. destilliert.[1]

Die Reaktion läßt sich im Halbmikromaßstab durchführen. Sie hat in dieser Form Bedeutung für die qualitative Analyse von aromatischen Verbindungen.

Tabelle 5.25

Chlorsulfonierung von Aromaten

Produkt	Ausgangs-verbindung	Variante	Kp (bzw. F) in °C n_D^{20}	Aus-beute in %	Bemerkungen
m-Nitro-benzen-sulfochlorid	Nitrobenzen	A	F 62 (Et$_2$O)	75	
Benzensulfochlorid	Benzen	B	$114_{1,3(10)}$ F 14,5 1,5521	75	[1]

---

[1] Beim Abdestillieren der genannten Lösungsmittel wird das noch anwesende Wasser azeotrop entfernt.

Tabelle 5.25 (Fortsetzung)

Produkt	Ausgangs-verbindung	Variante	Kp (bzw. F) in °C n_D^{20}	Aus-beute in %	Bemerkungen
p-Toluen-sulfochlorid	Toluen	B	F 69 (Petrolether)	30[2]	stets unter 5 °C arbeiten; nach Abdampfen des Chloroforms *p*-Isomeres aus-frieren und absau-gen (vgl. Abb. A.40)
o-Toluen-sulfochlorid			$126_{1,3(10)}$ 1,5565	25[2]	aus dem Filtrat *o*-Isomeres über Vigreux-Kolonne destillieren
p-Ethyl-benzen-sulfochlorid	Ethylbenzen	B	$168_{2,0(15)}$ 1,5469	60	
p-Propyl-benzen-sulfochlorid	Propylbenzen	B	$170_{2,0(15)}$	60	
p-Isopropyl-benzen-sulfochlorid	Isopropylbenzen	B	$142_{1,6(12)}$	60	
p-Butyl-benzen-sulfochlorid	Butylbenzen	B	$182_{2,0(15)}$	60	
p-Acetamido-benzen-sulfochlorid	Acetanilid	B	*F* 149 (Me₂CO)	80	[3]
p-Chlor-benzen-sulfochlorid	Chlorbenzen	B	$147_{2,0(15)}$ *F* 53 (Et₂O)	80	Chlorsulfonsäure in Chlf. (250 ml pro mol Chlor-sulfonsäure) vor-legen; Aromat bei 25 °C zutropfen, danach 1 Std. bei 25 °C rühren
p-Methoxy-benzen-sulfochlorid	Anisol	C	$105_{0,04(0,3)}$ *F* 42 (Petrolether)	55	

[1]) Destillationsrückstand ist Diphenylsulfon; $Kp_{1,3(10)}$ 225 °C; *F* 128 °C (MeOH).
[2]) Wird das Toluen vorgelegt, so erhält man nur *p*-Toluen-sulfochlorid (65 % Ausbeute).
[3]) Acetanilid bei 15 °C eintragen, Reaktion bei 60 °C zu Ende führen; zur Reinigung Rohprodukt in wenig Aceton bei 35 °C lösen, auf –10 °C kühlen, absaugen, Kristalle mit eiskaltem Toluen waschen.

Naphth-2-ol-sulfonsäure durch Chlorsulfonierung von *β*-Naphthol und weitere Umsetzung zu *2-Amino-naphthalen-1-sulfonsäure (Tobias-Säure):* FIERZ-DAVID, H. E., BLANGEY, L., Grund-legende Operationen der Farbenchenchemie, 8. Aufl., Springer-Verlag, Wien 1952, S. 189.

Chlorsulfonierung (Allgemeine Arbeitsvorschrift für die qualitative Analyse)

Für reaktionsfähige Verbindungen werden 0,5 g Aromat im Reagenglas in 3 ml Chloroform gelöst und unter Eiskühlung 3 ml Chlorsulfonsäure zugetropft. Man läßt 20 Minuten bei Raumtemperatur stehen, gießt vorsichtig auf etwa 30 g zerstoßenes Eis, trennt die Chloroform-schicht ab und wäscht sie mit Wasser. Das Chloroform wird abgedampft und das Rohprodukt umkristallisiert bzw. in das Sulfonamid übergeführt (vgl. D.8.5.).

Für Aromaten mittlerer und geringer Reaktivität gleiche man die Analysenvorschrift den Bedingungen der allgemeinen Arbeitsvorschrift für die Chlorsulfonierung von Aromaten an.

Darstellung von Pyridin-3-sulfonsäure[1])

> Vorsicht beim Umfang mit Oleum. Abzug, Schutzbrille, Schutzhandschuhe!

In einem 500-ml-Kolben bringt man 400 g 20- bis 22%iges Oleum und tropft unter Rühren und Kühlen mit Eiswasser 1 mol Pyridin vorsichtig und langsam hinzu. Nach Zusatz von 2,5 g Quecksilbersulfat (0,8 Mol-%) stattet man den Kolben mit einem Claisen-Aufsatz aus, an den man einen Luftkühler und über einen Vakuumvorstoß eine mit etwas konz. Schwefelsäure beschickte Vorlage anschließt, und erhitzt das Reaktionsgemisch in einem Metallbad 20 Stunden auf 220 bis 230 °C. Anschließend destilliert man 230 bis 240 g Schwefelsäure im Vakuum ab ($Kp_{0,3(2)} \approx 180$ °C).

Den dunkelbraunen öligen Rückstand versetzt man unter Kühlung mit 200 ml abs. Alkohol und läßt die Lösung einige Stunden zur Kristallisation der Pyridin-3-sulfonsäure bei 0 °C stehen. Nach dem Absaugen wird die rohe Säure in 500 ml Wasser gelöst, zur Fällung von noch darin enthaltenem Quecksilber Schwefelwasserstoff eingeleitet und nach dem Erwärmen der Suspension auf 80 °C das Quecksilbersulfid abgesaugt. Das Filtrat engt man bis zur beginnenden Kristallisation ein, versetzt dann mit 150 ml Alkohol und saugt die Sulfonsäure nach dem Erkalten ab. F 352...356 °C; Ausbeute 40%.

Darstellung von *p*-Toluensulfonsäure

In einem 500-ml-Dreihalskolben mit Wasserabscheider (s. Abb. A.83a) und Rührer werden 2 mol reines Toluen mit 0,5 mol konz. Schwefelsäure im Metallbad so lange unter Rückfluß gekocht, bis sich kein Wasser mehr abscheidet (Dauer etwa 5 Stunden). Wegen des Wassergehalts der verwendeten Reagenzien ist die abgeschiedene Wassermenge etwas größer als die berechnete.

Nach dem Erkalten werden dem Reaktionsgemisch 0,5 mol Wasser zugesetzt, wobei die *p*-Sulfonsäure als Hydrat auskristallisiert. Zur Entfernung des überschüssigen Toluens und mitgebildeter *o*-Toluensulfonsäure wird auf einer Glasfritte abgesaugt und anschließend auf Ton abgepreßt. Zur Reinigung löst man das *p*-Toluensulfonsäurehydrat in wenig heißem Wasser, kocht mit etwas Aktivkohle auf, filtriert heiß und sättigt die erkaltete Lösung mit Chlorwasserstoff. Die erhaltenen Kristalle werden rasch auf einer Glasfritte abgesaugt und mit eiskalter konz. Salzsäure nachgewaschen. Diese Reinigung wiederholt man noch zweimal und trocknet das Sulfonsäurehydrat schließlich im Exsikkator über Kaliumhydroxid und konz. Schwefelsäure (s. A.1.10.3.), bis kein Chlorwasserstoff mehr nachweisbar ist. Man erhält farblose Prismen. F 105 °C (im zugeschmolzenen Röhrchen); Ausbeute 40%. Das Produkt ist stark hygroskopisch.

p-Toluensulfonsäurehydrat kann auch aus viel Chloroform bzw. aus Dichlorethan umkristallisiert werden.

Vgl. hierzu Perron, R., Bull. Soc. Chim. France **1952**, 966.

Darstellung von Pikrinsäure[2])

> *Achtung!* Bei der Präparation entwickeln sich Stickoxide. Abzug! Vorsicht beim Umgang mit konzentrierten Säuren! Schutzbrille!

Pikrinsäure ist ein Explosivstoff. Größere Mengen sollten stets in feuchtem Zustand (etwa 10 % Wasser) aufbewahrt werden.

0,5 mol Phenol werden in einem 500-ml-Erlenmeyer-Kolben mit 1,5 mol konz. Schwefelsäure versetzt und 1 Stunde auf dem siedenden Wasserbad erwärmt, wobei sich die Disulfon-

---

[1]) Nach McElvain, S. M.; Goese, M. A., J. Am. Chem. Soc. **65** (1943), 2233.
[2]) Die beschriebene Darstellung ähnelt der technischen Durchführung der Reaktion.

säure bildet. Man kühlt im Eis-Kochsalz-Bad auf 0 °C und läßt bei dieser Temperatur unter Rühren 50%ige Mischsäure, bestehend aus 2 mol Salpetersäure ($D = 1,5$) und der gleichen Gewichtsmenge konz. Schwefelsäure, langsam zutropfen. Die Mischung bleibt über Nacht bei Raumtemperatur stehen und wird dann 1 Stunde auf 30 °C erwärmt, danach langsam auf 45 °C. Zur Vervollständigung der Reaktion erhitzt man nun einen Teil des Reaktionsgemisches[1] (etwa 50 ml) auf dem siedenden Wasserbad und gibt unter Rühren den Rest so zu der vorgewärmten Lösung, daß die Lösung nicht stark schäumt und keine stärkere Entwicklung nitroser Gase zu beobachten ist. Danach erhitzt man noch 2 Stunden auf dem siedenden Wasserbad, fügt vorsichtig 500 ml Wasser zu und kühlt im Eisbad. Die ausgefallenen Kristalle werden abgesaugt, gut mit kaltem Wasser gewaschen und aus verd. Alkohol (1 Vol. Alkohol, 2 Vol. Wasser) umkristallisiert. F 122 °C; Ausbeute 90% d. Th.

Die Präparation eignet sich für den Halbmikromaßstab.

Eine Reihe aromatischer Sulfonsäuren besitzt technische Bedeutung. Höhere Alkylbenzensulfonate mit einem Alkylrest von 12 bis 15 Kohlenstoffatomen werden als Wasch- und Reinigungsmittel verwendet (vgl. Tab. 5.43). Niedere Alkylnaphthalensulfonate, vor allem die Butylverbindungen, stellen viel gebrauchte Netz-, Emulgier- und Flotationsmittel dar (Nekale). Da sich die Sulfonsäuregruppe durch Schmelzen mit Natriumhydroxid gegen die Hydroxylgruppe austauschen läßt (vgl. D.5.2.2.), gewinnt man z.B. Phenol, Resorcinol, Naphthole, Alizarin über die entsprechenden Sulfonsäuren. Sulfanilsäure und eine große Anzahl sulfonierter Naphthole und Naphthylamine sind wichtige Zwischenprodukte für wasserlösliche Azofarbstoffe. Die Sulfonierung von vernetzten Polystyren führt zu stark sauren Kationenaustauscherharzen.

Auch die Chlorsulfonierung wird technisch z. B. zur Darstellung von Sulfonsäurechloriden für Arzneimittel und Pflanzenschutzmittel (Sulfonamide, Sulfonylharnstoffe, s. D.8.5.) und o-Toluensulfochlorid (für Saccharin, s. D.6.2.1.) durchgeführt.

In der analytischen Chemie wird die Chlorsulfonierung zur Identifizierung von alkylierten und halogenierten aromatischen Verbindungen herangezogen. Im Laboratorium dienen Sulfochloride darüber hinaus als Ausgangsprodukte für die Darstellung von Sulfinsäuren, Thiophenolen u. a. und zur Identifizierung von Hydroxyl- und Aminoverbindungen (vgl. D.8.5. und E.2.1.1.2.).

5.1.5. Halogenierung

Als Halogenierungsmittel dienen in erster Linie die molekularen Halogene. Durch Fluor werden allerdings auch die C-C-Bindungen angegriffen, und der Aromat wird abgebaut. Definierte Fluoraromaten können daher durch direkte Fluorierung nicht erhalten werden.

In unpolaren Lösungsmitteln reagieren Chlor, Brom und Iod nur sehr langsam. Durch Einwirkung eines stark polaren Lösungsmittels oder sog. „Halogenüberträger" (Lewis-Säuren, wie Aluminiumchlorid und Eisen(III)-chlorid, auch metallisches Eisen) wird das Halogen polarisiert und erhält dadurch die Eigenschaften einer Lewis-Säure (vgl. D.4.1.1.). Die elektrophile Substitution wird dadurch außerordentlich erleichtert:

$$\text{[5.26]}$$

Die stark negativen Aktivierungsentropien solcher Halogenierungen deuten darauf hin, daß der Katalysator, wie in [5.26] formuliert, spezifisch in den Übergangszustand verwickelt ist. Die Reaktivität der Halogene steigt vom Iod zum Chlor an.

---

[1] Unter diesen Bedingungen lassen sich auch größere Ansätze gefahrlos bewältigen. Bei kleinen Ansätzen von 0,2 mol und weniger kann man gleich die gesamte Reaktionsmischung vorsichtig auf dem Wasserbad erwärmen.

Durch Verwendung von Halogenierungsmitteln, in denen das Halogen stark positiv polarisiert ist oder sogar als Kation vorliegt, kann die Halogenierung besonders energisch gestaltet werden. So gelingt die Bromierung des sehr wenig reaktionsfähigen *m*-Dinitro-benzens beispielsweise in konzentrierter Schwefelsäure mit Dibromisocyanursäure (DIB) bereits bei Zimmertemperatur in kurzen Reaktionszeiten.[1] Man vergleiche hierzu die präparativen Beispiele. Als Bromierungsmittel wird die protonierte Form der DIB angenommen:

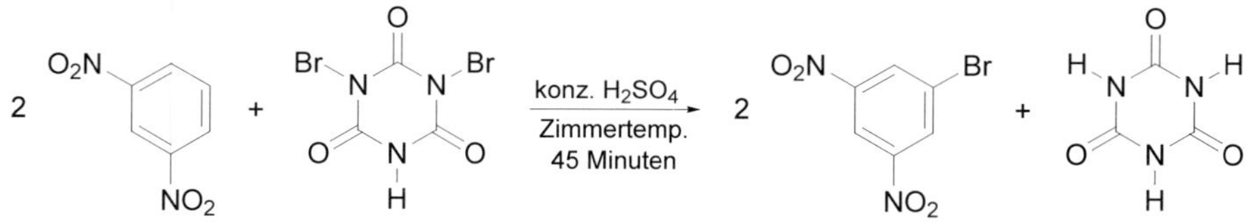

$$2 \quad \text{(O}_2\text{N-C}_6\text{H}_3\text{-NO}_2) + \text{(DIB)} \xrightarrow[\text{Zimmertemp.} \atop \text{45 Minuten}]{\text{konz. H}_2\text{SO}_4} 2 \quad \text{(O}_2\text{N-C}_6\text{H}_3(\text{Br})\text{-NO}_2) + \text{(Isocyanursäure)} \qquad [5.27]$$

Die gleiche Reaktion gelingt bei 100 °C in 11stündiger Reaktionsdauer mit 52% Ausbeute in konzentrierter Schwefelsäure auch mit Brom in Gegenwart von Ag_2SO_4.[2] Intermediär sind hier Bromkationen anzunehmen:

$$2\,Br_2 + Ag_2SO_4 \longrightarrow 2\,Br^{\oplus} + 2\,AgBr + SO_4^{2\ominus} \qquad [5.28]$$

Halogenkationen entstehen auch aus unterhalogeniger Säure im sauren Medium:

$$H^{\oplus} + HO\text{-}Br \rightleftharpoons H_2\overset{\oplus}{O}\text{-}Br \rightleftharpoons H_2O + Br^{\oplus} \qquad [5.29]$$

Die unterhalogenige Säure bildet sich z. B. bei der Reaktion des Halogens mit Wasser (formulieren!). Als Quelle für unterchlorige Säure kann auch das gut dosierbare Chloramin T in saurer Lösung eingesetzt werden:

$$H_3C\text{-C}_6H_4\text{-}SO_2\text{-}\underset{Na^{\oplus}}{\overset{\ominus}{N}}\text{-}Cl + HCl + H_2O \longrightarrow H_3C\text{-C}_6H_4\text{-}SO_2\text{-}NH_2 + HOCl + NaCl \quad [5.30]$$

Die Reaktivität des elementaren Iods für die aromatische Substitution ist gering, so daß es nur Phenole und aromatische Amine direkt zu substituieren vermag. Setzt man aber Oxidationsmittel, wie konzentrierte Schwefelsäure oder Salpetersäure zu, die die Bildung von Iodkationen fördern, bzw. Quecksilberoxid, das den freiwerdenden Iodwasserstoff bindet, können auch reaktionsträge Aromaten direkt iodiert werden.

Der praktische Wert der Halogenierungsreaktionen wird dadurch eingeschränkt, daß die meisten Aromaten Gemische verschiedener stellungsisomerer Halogenierungsprodukte liefern, die sich häufig nur schwer trennen lassen.

Bei der Halogenierung von Alkylaromaten ist darüber hinaus mit der radikalischen Substitution in der Seitenkette als Konkurrenzreaktion zu rechnen (vgl. D.1.4.). Folgende Faustregel gibt die Reaktionsbedingungen für den bevorzugten Verlauf von Kern- oder Seitenkettenhalogenierung an.:

Siedehitze, Sonnenlicht → Seitenkette („SSS")

Kälte, Katalysator → Kern („KKK")

In Abwesenheit eines Halogenüberträgers, unter Bedingungen, die radikalische Reaktionen fördern, tritt bevorzugt Halogenierung in der Seitenkette ein.

---

[1] GOTTARDI, W., Monatsh. Chem. **99** (1968), 815.
[2] DERBYSHIRE, D. H.; WATERS, W. A., J. Chem. Soc. **1950**, 573.

Die Bromierung ist im Labor am einfachsten durchführbar. Wie die verschiedene Reaktivität der Aromaten[1]) bei der Auswahl der Halogenierungsbedingungen berücksichtigt werden muß, ersieht man am Beispiel der Bromierung aus der unten angegebenen allgemeinen Arbeitsvorschrift. So müssen z.B. reaktionsfähige Aromaten (Phenole, Phenolether, Amine) in verdünnter Lösung bei niedriger Temperatur bromiert werden, wenn Monobromprodukte erhalten werden sollen. Es ist in diesen Fällen bequem, das Brom aus einer Waschflasche mit einem Luftstrom in das Reaktionsgemisch einzuführen.

Allgemeine Arbeitsvorschrift für die Bromierung von Aromaten mit molekularem Brom (Tab. 5.31)

> *Achtung!* Vorsicht beim Arbeiten mit Brom (vgl. Reagenzienanhang)! Tropftrichter gut befestigen (Brom hat die Dichte 3,14)!

Für die Bromierung von 0,5 mol Aromat verwendet man einen 250-ml-Dreihalskolben, der mit Rührer, Rückflußkühler, Innenthermometer und Tropftrichter ausgestattet ist. Den entweichenden Bromwasserstoff leitet man in Wasser und arbeitet auf konstant siedende Bromwasserstoffsäure auf (vgl. D.1.4.2.).

Das Brom wird zweckmäßig durch Ausschütteln mit konz. Schwefelsäure getrocknet.

A. Reaktionsträge Aromaten

0,6 mol des Aromaten werden mit 4 g Eisenpulver (am besten „Ferrum reductum") unter Rühren auf 100 bis 150 °C (s. Tab. 5.31) erwärmt und bei dieser Temperatur so schnell mit 0,35 mol Brom versetzt, daß möglichst wenig Brom aus dem Kühler entweicht. Um Bromverluste einzuschränken, soll das Rohr des Tropftrichters bis fast zur Flüssigkeitsoberfläche reichen. Nach beendeter Zugabe rührt man noch 1 Stunde bei der angegebenen Temperatur und gibt dann weitere 4 g Ferrum reductum und 0,35 mol Brom in der gleichen Weise zu. Nach 2stündigem Rühren bei 150 °C destilliert man das Reaktionsprodukt mit Wasserdampf über (mindestens 2 l Destillat), extrahiert mit Methylendichlorid oder Chloroform, wäscht sorgfältig mit 10%iger Natronlauge und Wasser und destilliert das Lösungsmittel ab. Der Rückstand wird destilliert oder umkristallisiert.

B. Aromaten mittlerer Reaktivität

Zu 0,5 mol des Aromaten und 1 g Eisenpulver läßt man 0,5 mol Brom unter gutem Rühren bei Raumtemperatur zutropfen. Wenn nach Zugabe von wenig Brom und einer gewissen Induktionsperiode noch kein Bromwasserstoff entwickelt wird, kann vorsichtig auf 30 bis 40 °C erwärmt werden. Ist die Reaktion angesprungen, wird bei Raumtemperatur weitergearbeitet. Nach Stehen über Nacht wäscht man die organische Phase mit Wasser, das etwas Natriumhydrogensulfit enthält, 10%iger Natronlauge und wiederum mit Wasser und destilliert im Vakuum.

C. Reaktionsfähige Aromaten

0,5 mol Aromat werden in 200 ml Tetrachlorkohlenstoff gelöst und auf 0 °C gekühlt. Unter gutem Rühren werden 0,4 mol Brom (bzw. entsprechend mehr, wenn mehrere Bromatome eingeführt werden sollen) in 50 ml Tetrachlorkohlenstoff langsam zugetropft, so daß die Temperatur stets bei 0 bis 5 °C gehalten werden kann (Eis-Kochsalz-Mischung). Nachdem das Brom zugegeben ist, rührt man noch 2 Stunden bei 0 bis 5 °C und bringt die Reaktion dadurch zu Ende. Aufarbeitung wie bei Variante B.

Die Reaktion ist im Halbmikromaßstab durchführbar, vor allem, wenn keine schwer trennbaren Isomeren entstehen und das Reaktionsprodukt fest ist.

---

[1]) Die Chlorierungsgeschwindigkeiten von Fluorbenzen und Anisol unterscheiden sich z.B. um den Faktor 10^7.

Tabelle 5.31

Bromierung von Aromaten mit elementarem Brom

Produkt	Ausgangs-verbindung	Variante	Kp (bzw. F) in °C n_D^{20}	Aus-beute in %	Bemerkungen
1-Brom-3-nitrobenzen	Nitrobenzen	A	$138_{2,4(18)}$ F 56 (verd. EtOH)	60	bei 145 bis 150 °C arbeiten
2-Brom-4-nitrotoluen	4-Nitro-toluen	A	F 77 (verd. EtOH)	80	bei 120 bis 130 °C arbeiten
3-Brom-benzoesäure	Benzoesäure	A	F 155 (W.)	70	[1]
Brombenzen (und 1,4-Dibrom-ben-zen)	Benzen	B	156 $54_{2,7(20)}$ n_D^{20} 1,5598	65	[2]
4-Brom-*tert*-butylbenzen	*tert*-Butylbenzen	B	$105_{1,9(14)}$ n_D^{25} 1,5309	75	
Brommesitylen	1,3,5-Trimethyl-ben-zen (Mesitylen)	B	$105_{2,1(16)}$ n_D^{20} 1,5527	40	[3]
1-Brom-2-methyl-naph-thalen	2-Methyl-naphtha-len	B	$155_{1,9(14)}$ n_D^{20} 1,6487	80	
4-Brom-anisol	Anisol	C	$108_{2,7(20)}$ n_D^{20} 1,5605	75	
4-Brom-phenol[4]	Phenol	C	$122_{2,0(15)}$ F 63 (Chlf.)	60	kristallisiert oft erst beim Abküh-len mit CO$_2$/MeOH
2,4-Dibrom-phenol [4]	Phenol	C	$154_{1,5(11)}$ F 40	70	

[1] Bei 140 bis 150 °C arbeiten; nach zweistündigem Erhitzen auf 150 °C noch 3 Stunden bei 260 °C rühren; keine Wasserdampfdestillation; Reaktionsprodukte in Sodalösung lösen, filtrieren, mit verd. Salzsäure ausfällen.

[2] Über 30-cm-Vigreux-Kolonne destillieren; der Rückstand besteht aus 1,4-Dibrom-benzen; F 89 (EtOH).

[3] 0,6 mol Brom verwenden, im Dunkeln arbeiten. Das Rohprodukt enthält hydrolysierbares Brom (in der Seitenkette). Nach dem Auswaschen wird deshalb mit 100 ml 10%iger alkoholischer Kalilauge 3 Stun-den unter Rückfluß erhitzt, in 400 ml Wasser gegeben, abgetrennt, neutral gewaschen und destilliert.

[4] *Vorsicht!* Bei der Aufarbeitung Reaktionsgemisch nicht mit Natronlauge waschen. Die Verbindung besitzt einen widerlichen und sehr anhaftenden Geruch.

Bromierung von Acetophenonen in Gegenwart von Aluminiumchlorid, das eine Bromierung der Seitenkette verhindert: Pearson, D. E.; Pope, H. W.; Hargrove, W. W., Org. Synth. **40** (1960), 7.

Bromierung von Phenolen (Vorschrift für die qualitative Analyse)

7, 5 g Kaliumbromid werden in 50 ml Wasser gelöst und 5 g Brom hinzugefügt. Diese Lösung tropft man unter Schütteln zu 0,5 g Phenol in Wasser, Dioxan oder Ethanol, bis eine schwache Gelbfärbung erhalten bleibt. Nach Zusatz von 20 ml Wasser saugt man das bromierte Produkt ab, wäscht mit verd. Natriumhydrogensulfitlösung und kristallisiert aus Ethanol oder Ethanol/Wasser um.

Allgemeine Arbeitsvorschrift für die Bromierung desaktivierter Aromaten mit Dibromisocyanursäure (Tab. 5.32)

Darstellung von Dibromisocyanursäure (DIB)[1])

| *Achtung!* Vorsicht beim Arbeiten mit Brom! (Vgl. Reagenzienanhang!) Schutzbrille!

Zu einer Lösung von 0,2 mol Lithiumhydroxid und 0,1 mol gut gemörserter Cyanursäure in 1 l Wasser werden bei 20 °C auf einmal 0,4 mol (20 ml) Brom hinzugefügt.[2]) Durch kräftiges Schütteln bringt man das Brom in Lösung und läßt im Kühlschrank langsam abkühlen. Das Reaktionsgemisch beläßt man unter gelegentlichem Umschütteln 24 Stunden im Kühlschrank, saugt die DIB anschließend ab, wäscht mit wenig eiskaltem Bromwasser und trocknet nach gutem Abpressen auf Ton im Vakuumexsikkator zuerst einen Tag über KOH, dann 24 Stunden über P_2O_5. F 307...309 °C (Z.); Ausbeute 90%.

Das Produkt ist ohne weitere Reinigung für die Bromierung verwendbar.

Bromierung mit DIB[3])

| *Achtung!* Vorsicht beim Umgang mit konzentrierter Schwefelsäure! Schutzbrille!

15 mmol Aromat (bei Acetophenon 30 mmol) werden in 16 ml konzentrierter Schwefelsäure in einem Becherglas bei Zimmertemperatur gelöst. Unter Rühren mit einem Magnetrührer tropft man pro 15 mmol Aromat 7,5 mmol DIB, gelöst in 24 ml konzentrierter Schwefelsäure, hinzu. Die DIB wird in der Schwefelsäure unter schwachem Erwärmen gelöst. Das Reaktionsgemisch läßt man 45 Minuten bei Zimmertemperatur stehen. Zur Aufarbeitung gießt man auf Eis. Feste Produkte, die nicht in Alkli löslich sind, digeriert man zur Entfernung der Cyanursäure mit verdünnter Natronlauge, wäscht mit Wasser nach und kristallisiert um. Ist das Produkt alkaliöslich oder ölig, so gießt man das Reaktionsgemisch auf Eis, extrahiert mit Dichlormethan (Cyanursäure ist in Dichlormethan unlöslich), wäscht den Extrakt mit Wasser und trocknet ihn über Na_2SO_4. Nach dem Abdestillieren des Lösungsmittels wird das Produkt umkristallisiert bzw. im Vakuum destilliert.

Tabelle 5.32

Bromierung desaktivierter Aromaten mit Dibromisocyanursäure

Produkt	Ausgangsverbindung	Kp (bzw. F) in °C	Ausbeute in %
1-Brom-3-nitro-benzen	Nitrobenzen	51 (EtOH)	70
6-Brom-2,4-dinitro-toluen	2,4-Dinitro-toluen	55 (EtOH)	80
1-Brom-3,5-dinitro-benzen	1,3-Dinitro-benzen	72 (EtOH)	80
3-Brom-benzoesäure	Benzoesäure	150 (MeOH/W.)	75
3-Brom-acetophenon	Acetophenon	$131_{2,1(16)}$ $F\,8$ $n_D^{20}\,1{,}5755$	50

2,6-Dibrom-4-nitro-anilin: MEYER, R.; MEYER, W.; TAEGER, K., Ber. Deut. Chem. Ges. **53** (1920), 2034.

In der Technik wird hauptsächlich Chlor als Halogenierungsmittel angewandt, wobei in großen Mengen vor allem Chlorbenzen und gewisse Chlorphenole hergestellt werden.

---

[1]) GOTTARDI, W., Monatsh. Chem. **98** (1967), 507.
[2]) Um die Cyanursäure in Lösung zu bringen, muß gegebenenfalls erwärmt werden. Vor der Bromzugabe ist die Lösung auf 20 °C abzukühlen.
[3]) GOTTARDI, W., Monatsh. Chem. **99** (1968), 815.

Chlorbenzen wird z. B. zu Anilin und DDT (s. D.5.1.8.5.) verarbeitet. Die früher verbreitete Phenolsynthese aus Chlorbenzen ist heute durch das technisch günstigere Hock-Verfahren weitgehend verdrängt (vgl. D.9.1.3.). Das bei der Chlorierung von Benzen ebenfalls entstehende p-Dichlor-benzen wird als Insektenbekämpfungsmittel (vor allem gegen Motten) verwendet. Chlorphenole und Chlorcresole dienen als Desinfektionsmittel.

2,4-Dichlor- und 2,4,5-Trichlor-phenol sind Ausgangsprodukte für die Darstellung der entsprechenden Chlorphenoxyessigsäuren (vgl. D.2.6.2.), die als selektive Unkrautvernichtungsmittel Verwendung finden.

Mono- und Polychlorbenzene sind darüber hinaus Zwischenprodukte der Farbstoff- und pharmazeutischen Industrie. Mehrfach und perbromierte Aromaten (Polytribromstyren, Pentabromtoluen, bromierte Diphenylether u. a.) werden als Flammschutzmittel, mehrfach iodsubstituierte Aromaten als Röntgenkontrastmittel verwendet.

5.1.6.   Thiocyanierung (Rhodanierung)

Mit dem Pseudohalogen Dirhodan (Dicyandisulfan) $(SCN)_2$ gelingt die direkte Einführung der Thiocyangruppe (–SCN) in aktivierte Aromaten bereits bei oder unter Zimmertemperatur. Da Dirhodan zur Polymerisation neigt, wird es zweckmäßig aus Alkali- oder Ammoniumthiocyanat und Brom oder Chlor erst im Reaktionsgemisch hergestellt:

$$2\ SCN^{\ominus} + Br_2 \longrightarrow (SCN)_2 + 2\ Br^{\ominus} \hspace{3cm} [5.33]$$

Die Rhodanierung ist auf Phenole, aromatische Amine, höherkondensierte aromatische Kohlenwasserstoffe, wie Anthracen, einige Heterocyclen und CH-acide Verbindungen beschränkt. Zusätzliche Substituenten, wie –NO$_2$, –Halogen, –COOH, –COOR stören die Reaktion an aktivierten Aromaten nicht, solange eine zum Donorsubstituenten freie o- oder p-Stellung vorhanden ist. Die Thiocyanatgruppe tritt bevorzugt in p-Stellung zur Donorgruppe ein, wenn diese besetzt ist, erfolgt o-Substitution. Allerdings kommt es dann bei p-substituierten Anilinen leicht zum Ringschluß unter Bildung von 2-Amino-benzothiazolen:

$$[5.34]$$

Als Lösungsmittel eignen sich Eisessig, Ameisensäure oder mit NaBr bzw. NaCl gesättigtes Methanol oder Methylacetat. Durch Hydrolyse mit starkem Alkali (Alkalischmelze) können sowohl aus den Thiocyanatoaromaten als auch aus den 2-Amino-benzothiazolen die entsprechenden Thiophenole hergestellt werden (vgl. auch D.8.5.).

Allgemeine Arbeitsvorschrift zur Einführung der Thiocyanatogruppe (Tab. 5.35)

Aus nicht oxidierter Thiocyansäure entsteht in einer Nebenreaktion Blausäure. Unter dem Abzug arbeiten!

0,1 mol des Aromaten und 0,22 mol Alkali- oder Ammoniumthiocyanat werden in 75 ml Eisessig in einem Becherglas auf 10 bis 20 °C abgekühlt. Unter mechanischem Rühren tropft man 0,1 mol Brom in 20 ml Eisessig zu, wobei die Temperatur unter 20 °C gehalten wird. Man läßt das Reaktionsgemisch anschließend 3 Stunden bei Zimmertemperatur stehen, gießt dann in das 6- bis 8fache Volumen Wasser, neutralisiert unter Kühlung mit konzentriertem Ammoniak, läßt auskristallisieren, saugt das Produkt ab und reinigt es durch Umkristallisation.

Tabelle 5.35
Einführung der Thiocyanatgruppe

Produkt	Ausgangsverbindung	F in °C	Ausbeute in %
4-Amino-phenylthiocyanat	Anilin	58 (EtOH/W., Cyclohexan)	60
4-Dimethylamino-phenylthiocyanat	*N,N*-Dimethyl-anilin	74 (Ligroin, *Kp* 90...100)	65
4-Hydroxy-phenylthiocyanat	Phenol	58 (MeOH/W.)	
2-Amino-6-ethoxy-benzothiazol	*p*-Phenetidin	174 (EtOH/W.)	80
N-(2-Amino-benzothiazol-6-yl)acetamid	4-Amino-acetanilid	192 (EtOH/W.)	90
2-Amino-6-chlor-benzothiazol	4-Chlor-anilin	198 (EtOH/W.)	75
2-Amino-6-methoxy-benzothiazol	*p*-Anisidin	165 (MeOH)	
2-Amino-6-methyl-benzothiazol	*p*-Toluidin	130 (EtOH/W.)	85

5.1.7. Friedel-Crafts-Alkylierung

Ähnlich wie die Halogene können auch Alkylhalogenide durch Lewis-Säuren, wie Aluminiumchlorid, Zinkchlorid, Bortrifluorid u. a., so weit polarisiert werden, daß sie zur elektrophilen Substitution an Aromaten befähigt sind:

$$R{-}Cl + AlCl_3 \rightleftharpoons \overset{\delta^+}{R}{\cdots}\overset{\delta^-}{Cl}{\cdots}AlCl_3 \rightleftharpoons R^{\oplus}\ AlCl_4^{\ominus} \qquad [5.36]$$
$$\qquad\qquad\qquad\quad \mathbf{I} \qquad\qquad\qquad \mathbf{II}$$

Man formuliere den Ablauf der Alkylierungsreaktion!

Die mit der Komplexbildung nach [5.36] verbundene Polarisierung der R–X-Bindung steigt vom primären zum tertiären Alkylhalogenid an[1]) (warum?). Daher nimmt die elektrophile Aktivität der Alkylhalogenide in dieser Reihenfolge zu. Vom Alkylfluorid zum Alkyliodid nimmt die Reaktionsfähigkeit ab (vgl. aber Friedel-Crafts-Acylierung, D.5.1.8.1.), da die Komplexbildung mit dem Katalysator mit zunehmender Größe des Halogens erschwert ist. Außer den Alkylhalogeniden sind als Alkylierungsmittel auch Alkyltosylate, Alkohole und insbesondere Olefine gebräuchlich:

$$R{-}OH + H{-}X \rightleftharpoons \underset{\underset{H}{|}}{\overset{\delta^+}{R}{\cdots}O{\cdots}H}\overset{\delta^-}{{\cdots}X} \rightleftharpoons R^{\oplus} + H_2O + X^{\ominus} \qquad [5.37]$$

$$R{-}CH{=}CH_2 + H_2SO_4 \rightleftharpoons R{-}\overset{\oplus}{C}H{-}CH_3 + HSO_4^{\ominus} \qquad [5.38]$$

Die Reaktion mit Olefinen verläuft entsprechend der Regel von MARKOVNIKOV.

Für Alkylierungen mit Olefinen und Alkoholen werden meist Protonsäuren als Katalysatoren verwendet. Ihre Aktivität fällt in der folgenden Reihe:

$$H_2F_2 > H_2SO_4 > (P_4O_{10}) > H_3PO_4 \qquad [5.39]$$

---

[1]) Die Komplexe von Alkylhalogeniden mit den aktiveren Friedel-Crafts-Katalysatoren liegen gewöhnlich in Form von Ionenpaaren ([5.36], II) vor, wie sich aus der Bildung umgelagerter Alkylierungsprodukte ergibt.

Auch die katalytische Wirksamkeit von Lewis-Säuren ist unterschiedlich:

$$AlCl_3 > FeCl_3 > SbCl_5 > SnCl_4 > BF_3 > TiCl_4 > ZnCl_2$$ [5.40]

In Gegenwart von Wasser, Alkoholen oder Halogenwasserstoffen scheinen Lewis-Säuren nur als Protonensäuren wirksam zu sein, was in der nachfolgenden Gleichung verdeutlicht wird:

$$HX + BF_3 \longrightarrow H^{\oplus} + XBF_3^{\ominus}$$ [5.41]

Die angegebenen Reihenfolgen der Wirksamkeit gelten nicht uneingeschränkt, da die Katalysatoraktivität auch durch die Reaktionsbedingungen und die Reaktionspartner beeinflußt wird.

Alkohole erfordern mindestens molare Mengen Lewis-Säuren als Katalysatoren, da das bei der Reaktion entstehende Wasser eine äquimolare Menge des Katalysators in seiner Wirksamkeit herabsetzt, während für die Umsetzung mit Alkylhalogeniden und Olefinen katalytische Mengen an Lewis-Säure genügen.

Die Friedel-Crafts-Alkylierung hat im Laboratorium nur begrenzte Bedeutung, da meist keine einheitlichen Produkte gebildet werden. Folgende Gründe sind hierfür zu nennen:

a) Der entstehende Alkylaromat ist basischer als der ursprüngliche Aromat und wird deshalb bevorzugt weiter alkyliert. Wenn man monoalkylierte Produkte erhalten will, muß deshalb stets ein großer Überschuß des Aromaten eingesetzt werden, was einen hohen Trennaufwand erfordert..

b) Die Friedel-Crafts-Alkylierung ist wie die Sulfonierung reversibel.

Die normalen Substitutionsregeln gelten deshalb nur so weit, wie die Alkylierung unter kinetischer Kontrolle (s. C.3.2.) abläuft. Die Reaktion muß also rechtzeitig abgebrochen werden, was nur gelingt, wenn man die Reaktionsgeschwindigkeiten klein halten kann, d.h., wenn man unter milden Bedingungen (bei niedrigen Temperaturen und mit geringen Katalysatormengen) arbeitet (vgl. Vorschrift!). Unter thermodynamischer Kontrolle dagegen, d.h. bei höheren Temperaturen, langen Reaktionszeiten und großen Katalysatormengen, erhält man bei der Alkylierung substituierter Aromaten häufig bevorzugt *m*-Substitutionsprodukte.

So entstehen z.B. bei der Methylierung von Toluen mit Methylchlorid und Aluminiumchlorid bei 0 °C 27%, bei 55 °C 87% und bei 106 °C 98% *m*-Xylen.

Außerdem finden, besonders bei der Verwendung stark wirksamer Katalysatoren, leicht Desalkylierungen und Umalkylierungen statt. Behandelt man z.B. *p*-Xylen mit Aluminiumchlorid, so erhält man neben *o*- und *m*-Xylen auch Benzen, Toluen, Trimethylbenzene u.a. Bei Alkylierungen in Gegenwart von Schwefelsäure, Fluorwasserstoffsäure, Bortrifluorid oder anderen milden Katalysatoren beobachtet man diese Nebenreaktionen in geringerem Maße.

c) Selbst unter milden Reaktionsbedingungen liefern die primären bzw. secundären Alkylhalogenide meist in erheblichen Anteilen oder sogar überwiegend secundäre bzw. tertiäre Alkylaromaten. Das ist verständlich, wenn die Reaktionsbedingungen denen der S_N1-Reaktion[1]) nahekommen (vgl. [2.6]). Die Umlagerung kann in diesen Fällen oft weitgehend vermieden werden, wenn man bei tiefen Temperaturen arbeitet.

Auch die Alkylierung mit *n*-Olefinen führt zu einem Gemisch von secundären Arylalkanen, da das intermediäre Carbeniumion entsprechend [4.17] isomerisiert wird. Umlagerungen der Alkylgruppe können auch in den schon am Aromaten befindlichen Substituenten erfolgen. Diese Reaktion läuft aber erst unter kräftigeren Bedingungen ab.

Wegen der genannten Schwierigkeiten wird nachstehend nur Benzen umgesetzt. Relativ gut reagieren auch Phenole und Phenolether, während die Alkylierung von Aromaten geringer Basizität, wie Nitrobenzen und Pyridin, nicht gelingt.

---

[1]) Die elektrophile aromatische Substitution durch Alkylhalogenide kann auch als nucleophile Substitution am Alkylhalogenid durch den Aromaten als Nucleophil betrachtet werden (vgl. Tab.2.4.).

Allgemeine Arbeitsvorschrift zur Friedel-Crafts-Alkylierung von Benzen (Tab. 5.42)

Als Reaktionsgefäß dient ein 1-l-Dreihalskolben mit Rührer, Innenthermometer, Tropftrichter und Rückflußkühler mit Calciumchloridrohr, von dem ein Schlauch in einen zur Hälfte mit Wasser gefüllten Erlenmeyer-Kolben führt. Der Schlauch soll dabei nicht eintauchen, sondern über der Wasseroberfläche enden (Abzug!). Im Reaktionskolben werden vorgelegt:

A. beim Umsatz von Alkylhalogeniden: 5 mol thiophenfreies trockenes Benzen[1]), 0,1 mol wasserfreies Aluminiumchlorid[1]);

B. beim Umsatz von Alkohoien: 5 mol thiophenfreies Benzen[1]), 1 mol wasserfreies Aluminiumchlorid[1]);

C. beim Umsatz von Olefinen: 5 mol trockenes Benzen, 1 mol konz. Schwefelsäure.

Zum Kolbeninhalt tropft man unter Rühren 1 mol Alkylierungsmittel. Dabei gibt man zunächst einige Milliliter ohne Kühlung zu und wartet, bis die Reaktion anspringt. Dann wird der Rest unter Kühlung mit Eiswasser so zugesetzt, daß die Innentemperatur unter 20 °C bleibt. Häufig bilden sich 2 Schichten. Man rührt über Nacht bzw. bis zur Beendigung der Chlorwasserstoffentwicklung und gießt dann auf Eis. Die organische Phase wird mit Wasser, Sodalösung und wiederum mit Wasser neutral gewaschen und über Magnesiumsulfat getrocknet. Das Lösungsmittel wird abdestilliert und der Rückstand umkristallisiert bzw. über eine 20-cm-Vigreux-Kolonne fraktioniert.

Tabelle 5.42

Friedel-Crafts-Alkylierung von Benzen

Produkt	Alkylierungsmittel	Variante	Kp (bzw. F) in °C n_D^{20}	Ausbeute in %
Isopropylbenzen (Cumen)	Propylchlorid	A	152	80
	Propylbromid		1,4915	
	Isopropylchlorid			
	Isopropylbromid			
	Isopropylalkohol	B		50
	Propen[2])	C		75
tert-Butylbenzen	*tert*-Butylchlorid	A	169	60
	tert-Butylbromid		1,4926	
	tert-Butylalkohol	B		80
	Isobuten[2])	C		60
sec-Butylbenzen[1])	Butylchlorid	A	173	60
	Butylbromid		1,4901	
	sec-Butylchlorid			
	sec-Butylbromid			
	Butan-2-ol	B		60
Cyclohexylbenzen	Cyclohexen	C	$110_{1,3(10)}$ F 8; 1,5260	65

[1]) Daneben entsteht bei Verwendung der *n*-Alkylhalogenide etwas *n*-Alkylbenzen.

[2]) Das Olefin ist gasförmig. Das Reaktionsgefäß muß deshalb an Stelle des Tropftrichters mit einem Gaseinleitungsrohr versehen werden. Zur Dosierung des Gases vgl. A.1.6.)

Mit Tetrachlorkohlenstoff wird Benzen je nach den stöchiometrischen Verhältnissen zu Chlortriphenylmethan (Triphenylmethylchlorid, Tritylchlorid) oder Dichlordiphenylmethan

[1]) Vgl. Reagenzienanhang.

alkyliert. Wenn rasch und bei tiefen Temperaturen aufgearbeitet wird, lassen sich diese Halogenide isolieren, andernfalls werden sie hydrolysiert (vgl. D.2.6.1.), und es entsteht Tritylalkohol bzw. Benzophenon.

Darstellung von Triphenylmethylchlorid (Tritylchlorid)

In einem 1-l-Dreihalskolben mit Rührer, Tropftrichter und Kühler mit Calciumchloridrohr tropft man zu einer Aufschwemmung von 0,6 mol Aluminiumchlorid guter Qualität[1]) in 6 mol trockenem, thiophenfreien Benzen[1]) 0,4 mol gut getrockneten Tetrachlorkohlenstoff[1]). Man rührt so lange weiter, bis die Chlorwasserstoffentwicklung beendet ist. Dann wird unter Rühren auf eine Mischung von 300 g Eis und 300 ml konz. Salzsäure gegossen, wobei die Temperatur stets bei 0 °C bleiben soll. Man trennt die organische Schicht ab, wäscht dreimal mit eiskalter verd. Salzsäure und schließlich mit Eiswasser. Solange das Tritylchlorid mit Wasser in Berührung steht, arbeite man möglichst rasch, um die Bildung von Triphenylmethanol (Tritylalkohol) einzuschränken. Nach dem Trocknen mit Calciumchlorid wird das Lösungsmittel abdestilliert und der Rückstand aus Ligroin (*Kp* 90 bis 100 °C) unter Zusatz von etwas Acetyl- oder Thionylchlorid umkristallisiert. Die Destillation im Feinvakuum (Schwertkolben!) liefert ein reines Präparat. $Kp_{0,05(0,4)}$ 170 °C; *F* 114 °C; Ausbeute 75%.

Darstellung von Benzophenon

In die oben bei der Darstellung des Tritylchlorids beschriebene Apparatur bringt man 1,5 mol trockenen Tetrachlorkohlenstoff[1]) und 0,3 mol Aluminiumchlorid guter Qualität[1]). Man kühlt auf 10 bis 15 °C und gibt von einer Gesamtmenge von 0,7 mol Benzen 2 ml[2]) auf einmal zu. Nachdem die Reaktion auf diese Weise zum Anspringen gebracht wurde, kühlt man auf 5 bis 10 °C und tropft den Rest des Benzens bei dieser Temperatur zu (genau einhalten!). Nach Beendigung der Zugabe wird noch 3 Stunden bei 10 °C gerührt und dann über Nacht bei Raumtemperatur stehengelassen.

Man ersetzt den Rückflußkühler durch einen absteigenden Kühler und gibt dann durch den Tropftrichter vorsichtig 250 ml Wasser zu, wobei nicht gekühlt zu werden braucht, da die Halogenverbindung ohnehin hydrolysiert werden soll. Der überschüssige Tetrachlorkohlenstoff wird abdestilliert. Anschließend wird zur Hydrolyse des Dihalogenids 30 Minuten Wasserdampf durch die Lösung geleitet. Nach dem Abkühlen wird die organische Schicht abgetrennt und die wäßrige Schicht nochmals mit Toluen extrahiert. Die vereinigten Schichten werden mit Wasser gewaschen und über Magnesiumsulfat getrocknet. Nach Abdestillieren des Lösungsmittels fraktioniert man im Vakuum. $Kp_{2,0(15)}$ 190 °C; *F* 48 °C; Ausbeute 65 %.

Mit Hilfe der Friedel-Crafts-Alkylierung ist die reversible Blockierung bestimmter Positionen am Aromaten gegenüber elektrophiler Substitution möglich. Man führt dazu den *tert*-Butylrest ein, der auf Grund seiner räumlichen Ausdehnung zusätzlich die beiden ihm benachbarten *o*-Stellungen schützt und als Isobuten oder durch Transalkylierung wieder abgespalten werden kann.

Die Isomerisierung von Xylenen nutzt man technisch (Octafining), um *p*-Xylen zu erzeugen. Man arbeitet dabei i. a. mit platinierten Kieselsäure-Tonerde-Präparaten als Katalysator. Das Xylenaufkommen kann auch durch Transalkylierungsreaktionen im System Toluen/Tri- bzw. Tetramethylbenzen verbessert werden. Technisch besitzt die Friedel-Crafts-Alkylierung, vor allem mit Olefinen als Alkylierungsmittel, große Bedeutung. Wichtige Produkte sind in Tabelle 5.43 aufgeführt

Eine technische Totalsynthese von α-Tocopherol (Vitamin E) nutzt die Friedel-Crafts-Alkylierung von 2,3,5-Trimethyl-hydrochinon mit Isophytol:

---

[1]) Vgl. Reagenzienanhang.
[2]) Auch bei größeren Ansätzen nicht mehr!

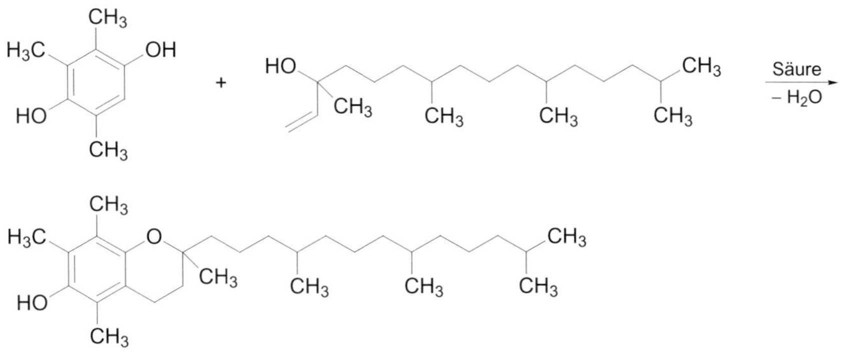

[5.43a]

Tabelle 5.43

Technisch wichtige Friedel-Crafts-Alkylierungsprodukte

Produkt	Verwendung
Ethylbenzen	→ Styren → Polystyren, Buna S
Cumen	→ α-Hydroperoxy-cumen → Phenol (vgl. D.1.5.)
Alkylbenzene (C_{10}...C_{14})	→ Alkylbenzensulfonate (Tenside)[1]
2,4-Di-*tert*-butyl-phenol und 2,6-Di-*tert*-butyl-4-methyl-phenol	→ Antioxidantien
Alkylphenole (C_4...C_8)	→ Baktericide; Antioxidantien
	→ Formaldehyd-Phenol-Harze
Alkylphenole (C_{12}...C_{15})	→ Alkylphenylpolyglycolether (vgl. Tab. 4.34)
Butylnaphthalen	→ Butylnaphthalensulfonat (vgl. D.5.1.4.)

[1] Alkylbenzensulfonate mit linearer bzw. schwach verzweigter Seitenkette sind aus ökologischen Gründen günstiger als stark verzweigte Verbindungen, da sie biologisch leichter abgebaut werden.

5.1.8.   Elektrophile aromatische Substitution durch Carbonylverbindungen

Carbonylverbindungen, wie Aldehyde, Ketone, Carbonsäuren und deren Derivate, und carbonylanaloge Verbindungen, wie z. B. Imidchloride von Carbonsäuren, sind auf Grund der Polarität der Carbonylgruppe Lewis-Säuren (vgl. Kap. D.7.) und daher prinzipiell zur elektrophilen Substitution an aromatischen Verbindungen befähigt:

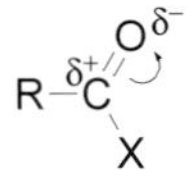

[5.44]

Die elektrophile Aktivität dieser Stoffe ist jedoch relativ gering und muß im allgemeinen durch die Einwirkung einer Lewis- oder Protonsäure erhöht werden. Dabei greift der saure Katalysator E bei Ketonen und Aldehyden am Sauerstoff der Carbonylverbindung (bzw. bei carbonylanalogen *N*-Verbindungen am Stickstoff) an und erhöht durch Elektronenzug die positive Ladung des benachbarten C-Atoms:

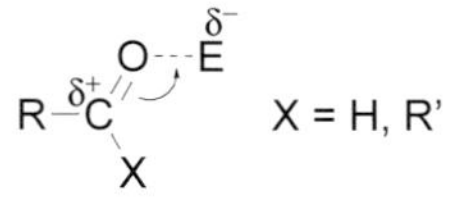

X = H, R'

[5.45]

Bei Carbonsäurechloriden ist der Angriff des Katalysators am Sauerstoff und am Halogen möglich, vgl. [5.47].

Als Katalysatoren werden die bei der Friedel-Crafts-Alkylierung bereits genannten Verbindungen verwendet (s. [5.39] und [5.40], vgl. auch die dort angegebene Aktivitätsreihe).

Die Reaktivität der Carbonylverbindungen wächst in der folgenden Reihe (vgl. dazu [7.3]):

$$CO_2 \; < \; \underset{NR_2}{-C\!\!\begin{array}{c}O\\||\\\end{array}} \; < \; \underset{OAr^{1)}}{-C\!\!\begin{array}{c}O\\||\\\end{array}} \; < \; \underset{R}{-C\!\!\begin{array}{c}O\\||\\\end{array}} \; < \; \underset{H}{-C\!\!\begin{array}{c}O\\||\\\end{array}} \; < \; \underset{X}{-C\!\!\begin{array}{c}O\\||\\\end{array}} \qquad X = \text{Halogen, Säurerest} \qquad [5.46]$$

Der Anwendungsbereich der elektrophilen aromatischen Substitution durch Carbonylverbindungen ist begrenzt: Aromaten mit stark desaktivierenden Substituenten, wie –NO$_2$, –COR, –CN, werden nicht angegriffen, es sei denn, die Wirkung dieser Gruppen wird durch zusätzliche Hydroxy-, Alkyl-, Aminogruppen usw. kompensiert.

Die reaktionsfähigsten Carbonylverbindungen, die Säurechloride, lassen sich nach FRIEDEL-CRAFTS in Gegenwart des sehr wirksamen Aluminiumchlorids noch mit den relativ reaktionsträgen Halogenbenzenen umsetzen, während Chlormethylierungen mit Formaldehyd in Gegenwart von Chlorwasserstoff und Zinkchlorid schon Aromaten von der Reaktivität des Benzens erfordern. Formylierungen mit Säureamiden in Gegenwart von Phosphorylchlorid nach VILSMEIER dagegen gelingen nur noch glatt mit polycyclischen Kohlenwasserstoffen, Phenolen, Phenolethern und Aminen. Das sehr reaktionsträge Kohlendioxid schließlich reagiert ohne zusätzlichen elektrophilen Katalysator lediglich mit den reaktivsten Aromaten, den Phenolaten.

5.1.8.1. Friedel-Crafts-Acylierung

Die Friedel-Crafts-Acylierung aromatischer Verbindungen ist die wichtigste Synthesemethode für aromatische und aromatisch-aliphatische Ketone. Als Acylierungsmittel werden Säurehalogenide (meist die Säurechloride), Säureanhydride und u. U. Carbonsäuren verwendet.

Durch Wechselwirkung des ambidenten Säurechlorids mit dem Friedel-Crafts-Katalysator können sich als eigentliche elektrophile Agentien I, II und das Carbeniumion III bilden:

$$\underset{\textbf{I}}{R-\overset{\overset{\delta^-}{O}\cdots AlCl_3}{\underset{Cl}{\overset{\delta^+}{C}}}} \quad \rightleftharpoons \quad \underset{\textbf{II}}{R-\overset{\overset{\delta^+}{O}}{\underset{\overset{\delta^-}{Cl}\cdots AlCl_3}{C}}} \quad \rightleftharpoons \quad \underset{\textbf{III}}{R-\overset{\oplus}{C}\!\!\equiv\!\!O} \; + \; AlCl_4^{\ominus} \qquad [5.47]$$

Die Lage der Gleichgewichte hängt dabei von der Art der Reaktionspartner und vom Lösungsmittel ab. Lösungsmittel mit hoher Dielektrizitätskonstante begünstigen die Bildung von III.

Man formuliere die gesamte Acylierungsreaktion eines Aromaten mit den elektrophilen Agentien I und II!

Da die normalerweise als Zwischenverbindungen auftretenden Komplexe [5.47, I bzw. II] sehr voluminös sind, erhält man bei Friedel-Crafts-Acylierungen monosubstituierter Benzene praktisch ausschließlich die p-Verbindungen. Infolge dieser hohen Regioselektivität ist die Friedel-Crafts-Acylierung präparativ sehr wertvoll.

Die Wahl des Katalysators richtet sich nach der Reaktivität des Aromaten. Meist wird Aluminiumchlorid verwendet, nur bei sehr reaktionsfähigen Systemen (z. B. Thiophen) auch Zinkchlorid, Schwefelsäure u. a.

Ebenso wie mit dem Acylierungsmittel bilden Aluminiumtrihalogenide auch mit der entstehenden Carbonylverbindung einen Komplex, der unter den üblichen Reaktionsbedingungen stabil ist. Friedel-Crafts-Reaktionen mit Acylhalogeniden erfordern deshalb mindestens

---

$^{1)}$ Alkylester wirken alkylierend

molare Katalysatormengen. Bei Umsetzungen mit Säureanhydriden bindet die entstehende Carbonsäure noch ein weiteres Mol des Katalysators, so daß insgesamt mindestens 2 Mol benötigt werden. In jedem Falle muß nach Beendigung der Reaktion der gebildete Komplex aus Keton und Aluminiumchlorid hydrolytisch (mit Eis und Salzsäure) gespalten werden.

Mit Aromaten und Heterocyclen, die reaktiver sind als Benzen, gelingt die Friedel-Crafts-Acylierung häufig auch mit katalytischen Mengen an Friedel-Crafts-Katalysator (meist werden hierfür $FeCl_3$, I_2, $ZnCl_2$ oder Fe eingesetzt). Es wird angenommen, daß der Komplex aus Carbonylverbindung und Katalysator bei den höheren Temperaturen, bei denen in diesen Fällen gearbeitet wird, dissoziiert. Der Katalysator kann danach erneut wirksam werden.

Trifluormethansulfonsäure kann die Friedel-Crafts-Acylierung mit Säurechloriden katalysieren. Intermediär entsteht dabei wahrscheinlich das Anhydrid aus der Carbonsäure und der Sulfonsäure:

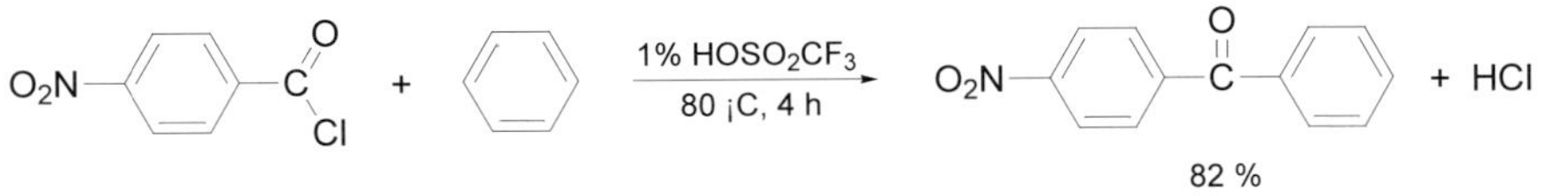

$$ + \quad \xrightarrow[80\ °C,\ 4\ h]{1\%\ HOSO_2CF_3} \quad + HCl \qquad [5.48]$$

82 %

Die Friedel-Crafts-Acylierung läßt sich auf aromatische Kohlenwasserstoffe (auch polycyclische), Halogenkohlenwasserstoffe und reaktionsfähige Heterocyclen (z. B. Thiophen, Furan) anwenden. Aromatische Amine bilden mit dem Katalysator einen Komplex, der sich nicht acylieren läßt. Wird die Aminogruppe durch Acetylierung geschützt, gelingt die Reaktion.

Phenole reagieren mit unterschiedlichem Ergebnis. Für die Darstellung aromatischer Hydroxyketone zieht man die intermolekulare Umlagerung von Phenolestern in Gegenwart von Aluminiumchlorid der direkten Acylierung von Phenolen vor *(Fries'sche Verschiebung)*:

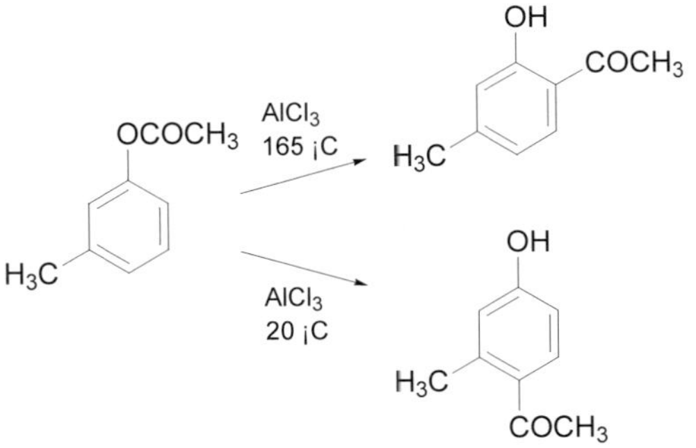

[5.49]

Aromaten mit stark desaktivierenden Substituenten, z. B. Nitro-, Cyan- und Carbonylgruppen, können nach FRIEDEL-CRAFTS nicht acyliert werden. Daher ist bei der Acylierung eine Zweit- und Polysubstitution nicht zu befürchten.

Außer der Friedel-Crafts-Reaktion mit einfachen Säurechloriden und -anhydriden hat vor allem die Umsetzung mit Dicarbonsäureanhydriden synthetisches Interesse. Es entstehen dabei Oxocarbonsäuren, die sich zu Chinonen weiter umsetzen lassen, z. B.:

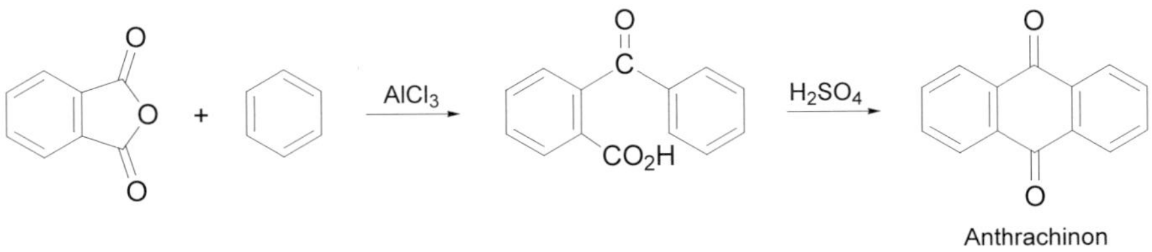

[5.50]

Anthrachinon

Die Aroylbenzoesäuren können zur Identifizierung von Alkyl- und Halogenderivaten herangezogen werden (vgl. Kap. E.). Man formuliere die Darstellung von 1,4-Dihydroxy-anthrachinon (Chinizarin)!

Als Lösungsmittel bei Friedel-Crafts-Acylierungen kann der Aromat selbst dienen (Überschuß). Sehr häufig wird Schwefelkohlenstoff angewandt, da er die Reaktivität des Aluminiumchlorids praktisch nicht beeinträchtigt. Der Komplex aus dem gebildeten aromatischen Keton und dem Aluminiumchlorid bleibt allerdings meist ungelöst, so daß größere Ansätze nur unter Schwierigkeiten gerührt und schlecht aufgearbeitet werden können. Schwefelkohlenstoff ist außerdem sehr leicht entzündlich und giftig (Entzündungsgefahr besteht schon an 100 °C heißen Gegenständen, s. auch A.1.7.2.). In Nitrobenzen oder Halogenkohlenwasserstoffen (Dichlorethan oder Trichlorethylen) wird die Reaktivität des Katalysators durch Komplexbildung etwas herabgesetzt, die Friedel-Crafts-Acylierung kann in ihnen aber im wesentlichen homogen geführt werden. Die Halogenkohlenwasserstoffe lassen sich nur unterhalb 50 °C verwenden, da sie sonst selbst in Reaktion treten.

Naphthalen liefert in dem wenig polaren Lösungsmittel 1,2-Dichlor-ethan (Ethylenchlorid) das α-Keton, in stark polarem Medium (Nitrobenzen) dagegen das β-Keton (s. unten).

Allgemeine Arbeitsvorschrift für Friedel-Crafts-Acylierungen mit Säurechloriden (Tab. 5.51)

Achtung! Es entwickelt sich Chlorwasserstoff. Abzug!

In einem 1-l-Dreihalskolben mit Rührer, Tropftrichter und Rückflußkühler mit Calciumchloridrohr werden 400 ml 1,2-Dichlor-ethan mit 1,2 mol fein gepulvertem Aluminiumchlorid versetzt und unter Rühren und Kühlen mit Eiswasser 1,05 mol des Säurechlorids zugetropft. Anschließend gibt man aus dem Tropftrichter 1 mol des Aromaten unter Kühlung mit Wasser so zu, daß die Innentemperatur stets bei etwa 20 °C bleibt. Dann wird noch 1 Stunde gerührt und über Nacht stehengelassen. Bei der Umsetzung der Halogenbenzene erwärmt man 5 Stunden auf 50 °C und verwendet den Aromaten selbst als Lösungsmittel (Gesamtmenge vorlegen).

Zur Zerlegung des Keton-Aluminiumchlorid-Komplexes gießt man vorsichtig auf etwa 500 ml Eis und bringt evtl. ausgeschiedenes Aluminiumhydroxid mit etwas konz. Salzsäure in Lösung. Dann wird die organische Schicht im Scheidetrichter abgetrennt und die wäßrige Phase noch zweimal mit Dichlorethan extrahiert. Die vereinigten Extrakte werden sorgfältig mit Wasser, 2%iger Natronlauge und wieder mit Wasser gewaschen. Nach dem Trocknen über Kaliumcarbonat destilliert man das Lösungsmittel und schließlich das Keton im Vakuum.

Die gegebene Vorschrift eignet sich auch für Präparationen im Halbmikromaßstab.

Tabelle 5.51

Ketone durch Friedel-Crafts-Acylierung

Produkt	Ausgangs-verbindung	Acylierungsmittel	Kp (bzw. F) in °C n_D^{20}	Ausbeute in %
Acetophenon	Benzen	Acetylchlorid	$94_{2,7(20)}$ F 20 1,5340	70
Propiophenon	Benzen	Propionylchlorid	$92_{1,5(11)}$ F 21 1,5270	70
Butyrophenon	Benzen	Butyrylchlorid	$105_{1,5(11)}$ F 12 1,5202	70
4-Phenyl-acetophenon	Biphenyl	Acetylchlorid	$195..210_{2,4(18)}$ F 120 (EtOH)	60

Tabelle 5.51 (Fortsetzung)

Produkt	Ausgangs-verbindung	Acylierungsmittel	Kp (bzw. F) in °C n_D^{20}	Ausbeute in %
4-Methyl-acetophenon	Toluen	Acetylchlorid	$110_{1,9(14)}$	70
2,4-Dimethyl-acetophenon	*m*-Xylen	Acetylchlorid	$93_{0,7(5)}$ 1,5340	75
Methyl-α-naphthyl-keton[1])	Naphthalen	Acetylchlorid	$166_{1,6(12)}$[2])	60
4-Methoxy-acetophenon	Anisol	Acetylchlorid	$139_{2,0(15)}$ F 39	60
3,4-Dimethoxy-acetophenon	Veratrol	Acetylchlorid	$155_{1,2(9)}$	60
4-Chlor-acetophenon	Chlorbenzen	Acetylchlorid	$118_{2,7(20)}$ F 21	80
4-Brom-acetophenon	Brombenzen	Acetylchlorid	$130_{2,0(15)}$ F 50	80

[1]) Naphthalen in Hauptteil des Lösungsmittels zutropfen, 1,2 mol Acetylchlorid einsetzen, nicht unter 20 °C und nicht über 30 °C arbeiten.
[2]) Produkt enthält etwa 5% Methyl-β-naphthyl-keton; n_D^{20} des reinen Produktes: 1,6285

Methyl-β-naphthylketon durch Acetylierung von Naphthalen in Nitrobenzen: BASSILIOS, H. F.; MAKAR, S. M.; SALEM, A. Y., Bull. Soc. Chim. France **1958**, 1430;

3-Nitro-benzophenon aus Benzen und 3-Nitro-benzoylchlorid: OELSCHLÄGER, H., Arch. Pharmaz. Ber. Deut. Pharmaz. Ges. **290** (1957), 587;

β-Benzoyl-propionsäure aus Benzen und Bernsteinsäureanhydrid: SOMMERVILLE, L. F.; ALLEN, C. F. H., Org. Synth., Coll. Vol. II (1943), 81;

β-Benzoyl-acrylsäure aus Benzen und Maleinsäureanhydrid: GRUMMITT, O.; BECKER, E. J.; MIESSE, C., Org. Synth., Coll. Vol. III (1955), 109;

α-Tetralon aus Benzen und γ-Butyrolacton: OLSON, C. E.; BADER, A. R., Org. Synth., Coll. Vol. IV (1963), 898; aus γ-Phenyl-buttersäure: MARTIN, E. L.; FIESER, L. F., Org. Synth., Coll. Vol. II (1943), 569;

Methyl(thien-2-yl)keton und Phenyl(thien-2-yl)keton: HARTOUGH, H. D. E.; KOSAK, A. I., J. Am. Chem. Soc. **68** (1946), 2639;

Friedel-Crafts-Acylierungen von Aromaten mit Carbonsäuren in Gegenwart von Polyphosphorsäure: KLEMM, L. H.; BOWER, G. M., J. Org. Chem. **23** (1958), 344-48;

4,4'-Dimethoxy-benzophenon und Phenyl(thien-2-yl)keton durch Friedel-Crafts-Acylierung unter Verwendung katalytischer Mengen an Lewis-Säuren: PEARSON, D. E.; BÜHLER, C. A., Synthesis **1972**, 533;

Friedel-Crafts-Acylierung von Aromaten mit Carbonsäurechloriden, katalysiert durch Trifluormethansulfonsäure: EFFENBERGER, F.; EPPLE, G., Angew. Chem. **84** (1972), 295.

Acylierung aromatischer Kohlenwasserstoffe mit Phthalsäureanhydrid (Allgemeine Arbeitsvorschrift für die qualitative Analyse)

Zu einem Gemisch von 0,5 g des Kohlenwasserstoffs, 0,6 g Phthalsäureanhydrid und 2 bis 3 ml trockenem Methylenchlorid gibt man unter Eiskühlung 2,5 g gut gepulvertes Aluminiumchlorid. Je nach der Heftigkeit der Reaktion läßt man danach bei Zimmertemperatur stehen bzw. erhitzt unter Rückfluß, bis die Chlorwasserstoffentwicklung beendet ist (etwa ½ Stunde). Das kalte Reaktionsprodukt wird mit 5 ml eines Gemisches aus konz. Salzsäure und Eis zersetzt, der feste Rückstand abgesaugt und mit Wasser gewaschen. Zur Reinigung löst man ihn unter Erhitzen in 5 ml konz. Sodalösung, kocht 5 Minuten mit etwas Aktivkohle, filtriert heiß und säuert unter Kühlung mit halbkonz. Salzsäure gegen Kongorot an. Die ausgefallene Aroylbenzeosäure wird aus wäßrigem Alkohol oder Toluen/Petrolether umkristallisiert.

Durch Friedel-Crafts-Reaktion dargestellte Ketone sind technisch wichtige Zwischenprodukte für Arzneimittel, z. B. Propiophenon für Ephedrin und Benzophenon für Methadon (das ein stärkeres Analgeticum als Morphin ist und als Ersatzdroge für Heroin in Suchtbekämpfungsprogrammen verwendet wird). Über die Struktur dieser Verbindungen informiere man sich in einem Lehrbuch. Substituierte Benzophenone, wie Michlers Keton u. a., dienen als Ausgangsprodukte für Triphenylmethanfarbstoffe. Durch OH-Gruppen substituierte Benzophenone finden als UV-Absorber (Lichtstabilisatoren für Kunststoffe, Sonnenschutzmittel) Verwendung.

5.1.8.2. Gattermann-Synthesen

Durch Friedel-Crafts-Acylierung mit Ameisensäurehalogeniden sollten sich aromatische Aldehyde darstellen lassen, was mit Formylfluorid auch gelingt (formulieren!). An Stelle des nicht beständigen Formylchlorids läßt sich ein Gemisch von Chlorwasserstoff und Kohlenmonoxid in Gegenwart von Aluminiumchlorid und Kupfer(I)-chlorid einsetzen (Gattermann-Koch-Synthese).

Die katalysierende Funktion des Kupfer(I)-chlorids besteht vermutlich darin, daß es Kohlenmonoxid zu einem lockeren Komplex anlagern kann. Beim Arbeiten unter hohem Druck ist es entbehrlich.

Darstellung von *p*-Toluylaldehyd: COLEMAN, G. H.; CRAIG, D., Org. Synth., Coll. Vol. II (1943), 583.

Die nach der Gattermann-Koch-Synthese nicht erhältlichen Aldehyde der Phenole und Phenolether lassen sich nach GATTERMANN häufig glatt mit Blausäure und Chlorwasserstoff in Gegenwart von Aluminiumchlorid oder Zinkchlorid darstellen:

$$H-C\equiv N + HCl \rightleftharpoons H-C\underset{Cl}{\overset{NH}{\diagup}} \quad \xrightarrow{+ AlCl_3} \quad H-C\underset{Cl}{\overset{\overset{\delta^+ \quad \delta^-}{NH\text{---}AlCl_3}}{\diagup}} \qquad [5.52]$$

Das eigentliche elektrophile Reagens ist der Komplex aus Katalysator und Formimidchlorid. Demzufolge entsteht bei der Synthese das Hydrochlorid des Aldimins, das durch Einwirkung von verdünnten Säuren oder Basen in der Hitze leicht zum Aldehyd hydrolysiert werden kann:

$$ArH + HCN + HCl \xrightarrow{AlCl_3} ArCH=\overset{\oplus}{N}H_2 \; Cl^{\ominus} \xrightarrow{Hydrolyse} ArCHO \qquad [5.53]$$

Analog verläuft die Ketonsynthese nach HOUBEN-HOESCH unter Verwendung von Nitrilen statt Blausäure.

Die Modifikation der Gattermann-Synthese nach ADAMS vermeidet das Arbeiten mit wasserfreier Blausäure. Diese wird aus Zinkcyanid durch Einwirkung von Chlorwasserstoff während der Reaktion in Freiheit gesetzt. Gleichzeitig entsteht dabei Zinkchlorid, dessen Aktivität als Katalysator bei der Umsetzung reaktionsfähigerer Phenole ausreicht. In anderen Fällen muß zusätzlich Aluminiumchlorid zugesetzt werden.

Die Gattermann-Synthese ist außer auf Phenole und Phenolether auch auf einzelne Kohlenwasserstoffe sowie Heterocyclen, wie Furan-, Pyrrol- und Indolderivate (die unsubstituierten Verbindungen reagieren nicht) und Thiophen, anwendbar. Sind Substituenten vorhanden, die den Kern desaktivieren, so tritt keine Reaktion ein. Für aromatische Amine ist die Synthese nicht zu verwenden (warum?).

Die Aldehydgruppe tritt mit beachtlicher Selektivität stets in die *p*-Stellung zur aktivierenden Gruppe und nur dann in die *o*-Stellung, wenn die *p*-Position besetzt ist.

Eine allgemeine Arbeitsvorschrift und weitere präparative Beispiele für die Gattermann-Adams-Synthese findet man im Organikum, 15. Auflage, S. 407.

5.1.8.3. Vilsmeier-Synthese

Bei der Vilsmeier-Synthese wird als Formylierungsreagens ein Ameisensäureamid eingesetzt. Besonders gebräuchlich sind Dimethylformamid und N-Methyl-formanilid. N-Methyl-formanilid ist etwas reaktionsfähiger als das billigere Dimethylformamid. Als Friedel-Crafts-Katalysator dient meist Phosphorylchlorid, das mit dem Säureamid einen Komplex bildet, der im Falle des N-Methyl-formanilids isolierbar ist:

$$[5.54]$$

$$\xrightarrow{H_2O}$$

An Stelle des Phosphorylchlorids wird vor allem in der Technik auch Phosgen eingesetzt.

Die Vielsmeier-Synthese ist auf reaktionsfähige Aromaten, vor allem Polycyclen, Phenole, Phenolether und auf die reaktionsfähigeren sauerstoff-, schwefel- und stickstoffhaltigen Heterocyclen anwendbar. Im Gegensatz zur Gattermann-, Gattermann-Koch- und Gattermann-Adams-Synthese reagieren auch secundäre und tertiäre aromatische Amine gut.

Der Anwendungsbereich der Vilsmeier-Synthese ist in neuerer Zeit dadurch beträchtlich erweitert worden, daß auch vinyloge[1]) Säureamide mit gutem Erfolg zur Reaktion gebracht wurden, wobei ungesättigte Aldehyde entstehen, z. B.:

$$\xrightarrow[- NHR_2']{POCl_3} \qquad [5.55]$$

Als Lösungsmittel für die Vilsmeier-Synthese dienen meistens Benzen, Chlorbenzen oder o-Dichlor-benzen bzw. ein Überschuß an Dimethylformamid.

Bei Verwendung von N-Methyl-formanilid darf die Reaktionstemperatur 70 °C nicht überschreiten, da sich dieses sonst in p-Methylamino-benzaldehyd umlagert.

Allgemeine Arbeitsvorschrift für die Vilsmeier-Formylierung (Tab. 5.56)

Achtung! Phosphorylchlorid wirkt stark ätzend! Abzug! Schutzbrille!

Die Reaktion wird in einem 250-ml-Dreihalskolben mit Rührer, Rückflußkühler mit Calcium-chloridrohr, Innenthermometer und Tropftrichter durchgeführt.

Unter Rühren und Kühlen in Eiswasser tropft man zu dem Gemisch aus Aromat und N-Methyl-formanilid bzw. Dimethylformamid das Phosphorylchlorid so zu, daß die Innentemperatur 20 °C nicht überschreitet. Dann wird noch 1 Stunde bei 20 °C gerührt und schließlich, wie bei den einzelnen Varianten bzw. in Tabelle 5.56 angegeben, unter Rühren erhitzt.

Je nach der Reaktivität der eingesetzten Aromaten verwendet man verschiedene Säureamide und variiert die Menge des formylierenden Komplexes.

Variante A: 0,2 mol Aromat, 0,3 mol N-Methyl-formanilid, 0,3 mol Phosphorylchlorid, 3 Stunden erhitzen, Temperatur s. Tabelle 5.56

---

[1]) Zum Vinylogieprinzip vgl. C.5.1. und D.7.4.

Tabelle 5.56

Aldehyde durch Vilsmeier-Synthese

Produkt	Ausgangsverbindung	Variante	Kp (bzw. F) in °C n_D^{20}	Ausbeute in %	Bemerkungen
Anisaldehyd	Anisol	A	$135_{2,1(16)}$	30	60 °C; über Bisulfit-verbindung reinigen
4-Ethoxy-benz-aldehyd	Phenetol	A	$140_{2,7(20)}$ F 39	30	60 °C; über Bisulfit-verbindung reinigen
2-Methoxy-naphthalen-1-carbaldehyd	2-Methoxy-naphthalen	A	$205_{2,4(18)}$ F 84 (EtOH)	65	[1]
4-Methoxy-naphthalen-1-carb-aldehyd	1-Methoxy-naphthalen	A	$210_{1,3(10)}$ F 34 (EtOH)	80	80 °C
2,4-Dimethoxy-benzaldehyd	Resorcinol-dimethylester	B	$110_{0,01(0,1)}$ F 70 (verd. EtOH od. Ligroin)	85	Kp $165_{1,3(10)}$
3,4-Dimethoxy-benzaldehyd	Veratrol	B	$169_{2,8(21)}$ F 45 (Cyclohexan)	40	über Bisulfitverbin-dung reinigen
4-Dimethylamino-benzaldehyd	N,N-Dimethyl-anilin	C	$166_{2,3(17)}$ F 73 (verd. EtOH)	80	
4-Diethylamino-benzaldehyd	N,N-Diethyl-anilin	C	$124_{0,3(2)}$ F 41 (verd. EtOH)	80	
2,4-Dihydroxy-benzaldehyd	Resorcinol	C	F 136 (W.)	40	[2]
Thiophen-2-carb-aldehyd	Thiophen	C	198 1,5888	75	
Indol-3-carb-aldehyd	Indol	C	F 192 (EtOH)	90	1,5 Std. bei 35 °C
Zimtaldehyd	Styren	C	$129_{2,7(20)}$ 1,6195	30	1 Std. bei 80 °C

[1] 50 ml Toluen zugeben; 80 °C; Rohprodukt in EtOH lösen, 5 Minuten mit Aktivkohle kochen, filtrieren; durch Zusatz von Wasser zur Mutterlauge kann weiterer Aldehyd isoliert werden.

[2] Nur 0,2 mol Dimethylformamid verwenden, der relativ leicht wasserlösliche Aldehyd ist sonst schwer zu isolieren. Nicht erhitzen!

Variante B: 0,2 mol Aromat, 0,2 mol *N*-Methyl-formanilid, 0,2 mol Phosphorylchlorid; 2 Stunden auf 60 °C erhitzen.

Variante C: 0,2 mol Aromat, 0,6 mol Dimethylformamid (0,4 mol dienen als Lösungsmittel), 0,2 mol Phosphorylchlorid; von Ausnahmefällen besonders reaktionsfähiger oder empfindlicher Verbindungen abgesehen (vgl. Tabelle 5.56), wird 3 Stunden auf dem Wasserbad erhitzt.

Zur Zersetzung des Reaktionsproduktes gibt man 200 ml Eis unter Kühlung zur Reaktionsmischung und bringt sie durch Zusatz von 5 N Natronlauge auf pH-Wert 6. Man ethert aus bzw. saugt fest ausfallende Produkte ab. Die vereinigten Etherextrakte werden mit wäßriger Hydrogencarbonatlösung entsäuert und über Natriumsulfat getrocknet. Man destilliert den Ether ab und reinigt den Rückstand durch Destillation oder Kristallisation.

Bei einigen mit nur mäßigen Ausbeuten entstehenden Phenoletheraldehyden empfiehlt sich eine Reinigung über das Bisulfitaddukt (vgl. Tab. 5.56). Dazu wird der Etherextrakt mit 40%iger Natriumhydrogensulfitlösung („Bisulfitlösung") geschüttelt, die abgeschiedene Bisulfitverbindung abgesaugt und mit Ether gewaschen. Schließlich erwärmt man die Bisulfitaddukte mit 2 N Schwefelsäure, bis die Schwefeldioxidentwicklung aufhört, ethert aus, entsäuert, trocknet und destilliert.

Bei den mit guten Ausbeuten entstehenden Produkten kann auch im Halbmikromaßstab gearbeitet werden.

Darstellung von *Anthracen-9-carbaldehyd*: CAMPAIGNE, E.; ARCHER, W. L., J. Am. Chem. Soc. **75** (1953), 989.

Formylierung von Aromaten mit Dimethylformamid und Dibromtriphenylphosphoran: BESTMANN, H. J., u. a., Liebigs Ann. Chem. **718** (1968), 24.

Als Formylierungsmittel können neben den Formamiden als maskierte Derivate der Ameisensäure auch Dichlormethylalkylether eingesetzt werden. Mit TiCl$_4$ oder SnCl$_4$ als Lewis-Säure erhält man ein sehr reaktives Formylierungsreagenz.

Formylierung von Aromaten und Heteroaromaten mit Dichlormethylmethylether: GROSS, H; RIECHE, A.; HÖFT, E.; BEYER, E., Org. Synth., Coll. Vol. V (1973), 365.

5.1.8.4. Elektrophile Substitution durch Formaldehyd

Formaldehyd geht sowohl aus sterischen Gründen als auch wegen seiner Reaktionsfähigkeit relativ leicht elektrophile aromatische Substitutionen ein. Mit den aktivsten Aromaten (den Phenolaten) reagiert er auch ohne Zusatz eines sauren Katalyators. Es findet *o*- und *p*-Substitution durch Hydroxymethylgruppen statt (*Hydroxymethylierung*):

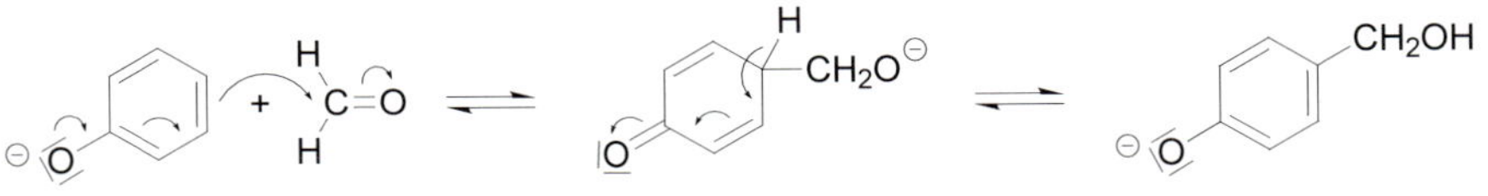

[5.57]

Es ist schwierig, die Reaktion auf dieser Stufe abzubrechen; im allgemeinen entstehen mehrfach hydroxymethylierte und unter Umständen auch höher kondensierte Produkte (Resole, s.[5.61]).

In einigen Fällen kann die Kondensation jedoch so gesteuert werden, daß sich definierte cyclische Produkte, sog. *Calixarene* in guten Ausbeuten bilden. Vor allem *p-tert*-Butyl-phenol reagiert mit Formaldehyd in Abhängigkeit von den gewählten Reaktionsbedingungen (Temperatur, Lösungsmittel, Art und Konzentration der Base) zu diesen cyclischen Kondensationsprodukten mit 4, 6 oder 8 aromatischen Einheiten, den *p-tert*-Butyl-calix[n]arenen.

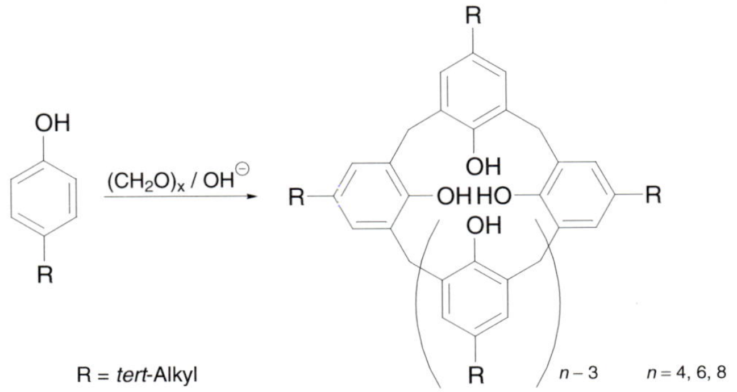

[5.57a]

Darstellung der p-tert-Butylcalix[n]arene: $n = 4$: GUTSCHE, C. D.; IQBAL, M., Org. Synth., Coll. Vol. VIII (1993), 75–77; $n = 6$: GUTSCHE, C. D.; DHAWAN, B.; LEONIS, M.; STEWART, D., Org. Synth., Coll. Vol. VIII (1993), 77–79; $n = 8$: MUNCH, S. H.; GUTSCHE, C. D., Org. Synth., Coll. Vol. VIII (1993), 80–81

Besonders reaktionsfähige Aromaten, wie z. B. Phenole und einige Heterocyclen, lassen sich durch Umsetzung mit Formaldehyd und secundären Aminen *aminomethylieren* (vgl. Mannich-Reaktion, D.7.2.1.5.).

Aminomethylierung von Phenolen mit 1,3,5-Trialkyl-hexahydro-1,3,5-triazinen: Reynolds, D. D.; Cossar, B. C., J. Heterocycl. Chem. **8** (1971), 597, 605.

Amidomethylierung von Aromaten: Zaugg, H. E., Synthesis **1970**, 49.

In Gegenwart saurer Katalysatoren läßt sich Formaldehyd auch mit weniger reaktionsfähigen Aromaten umsetzen, z. B. noch mit Benzen. Halogenbenzene reagieren nur unter besonders kräftigen Bedingungen und mit unbefriedigenden Ausbeuten. Die Reaktion folgt dabei dem üblichen Mechanismus:

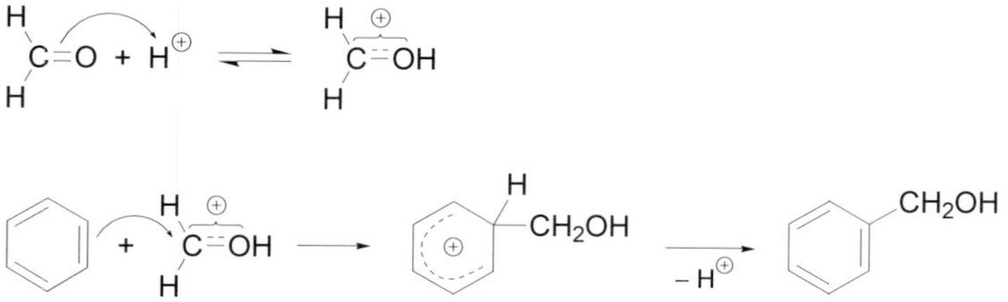

[5.58]

Unter den Reaktionsbedingungen (Anwesenheit saurer Katalysatoren) bleibt die Umsetzung jedoch im allgemeinen nicht auf der Stufe des Benzylalkohols stehen, sondern durch Friedel-Crafts-Alkylierung des noch nicht umgesetzten Kohlenwasserstoffs werden Diarylmethane gebildet ([5.59, I]). Führt man dagegen die Umsetzung von Aromaten mit Formaldehyd in Gegenwart hoher Konzentrationen von Chlorwasserstoff durch, so erhält man aus den intermediären Benzylalkoholen durch nucleophile Substitution die entsprechenden Benzylchloride ([5.59, II]); *Chlormethylierung,* Blanc-Reaktion):

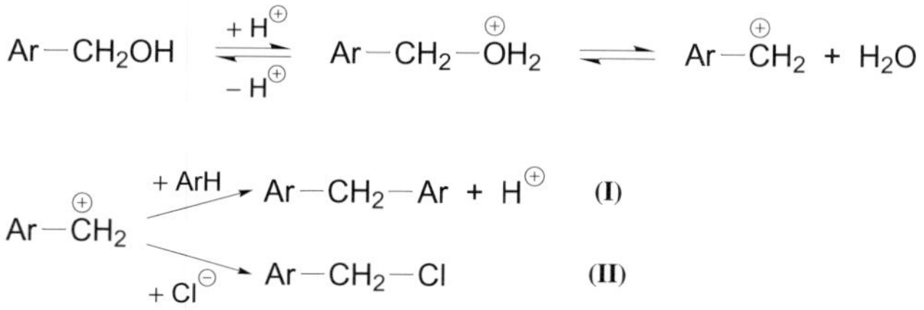

[5.59]

Auch unter den Bedingungen der Chlormethylierung läßt sich die Bildung von Diarylmethanen nach [5.59, I] nicht immer unterdrücken, besonders wenn der verwendete Aromat sehr reaktionsfähig ist. Phenole und Phenolether müssen daher unter besonderen Vorsichtsmaßregeln (Verdünnen mit einem inerten Lösungsmittel) umgesetzt werden.

Bei den reaktionsfähigeren Aromaten genügt die katalysierende Wirkung des Chlorwasserstoffs, um die Umsetzung zu bewerkstelligen; die reaktionsträgeren Aromaten erfordern für eine rasche Reaktion einen zusätzlichen Katalysator (Schwefelsäure, Phosphorsäure, Zinkchlorid). Als chlormethylierendes Agens kann auch Chlordimethylether[1]) eingesetzt werden.

Chlormethylaromaten gehen in Gegenwart von Säurespuren leicht in Diarylmethanderivate über. (Wie ist das zu erklären?) Bei der Destillation setzt man deshalb zweckmäßig etwas festes Natriumhydrogencarbonat zu.

---

[1]) *Achtung!* α-Halogen-ether sind stark cancerogen (vgl. auch Org. React. **19** (1972), 422).

Allgemeine Arbeitsvorschrift für die Chlormethylierung von Aromaten (Tab. 5.60)

> *Achtung!* Das intermediär entstehende Hydroxymethylkation wirkt cancerogen. Der Kontakt mit dem Reaktionsgemisch muß strikt vermieden werden!
>
> Viele Halogenmethylaromaten sind stark haut- und tränenreizend. Abzug! Schutzbrille! Gummihandschuhe! Bei Verätzung die betroffenen Stellen mit Alkohol waschen. Vorher keine Salbe anwenden, da hierdurch die Resorption gefördert würde; vgl. auch D.1.4.2.

A. Benzen und Monoalkylaromaten

4 mol des betreffenden Aromaten (3 mol dienen als Lösungsmittel), 1 mol Paraformaldehyd und 60 g frisch geschmolzenes, fein gepulvertes Zinkchlorid werden in einem Dreihalskolben mit Rührer, Rückflußkühler mit Calciumchloridrohr und Gaseinleitungsrohr auf 60 °C erwärmt; dabei wird gleichzeitig unter gutem Rühren ein lebhafter Strom trockenen Chlorwasserstoffs[1]) eingeleitet. Man erhitzt, bis kein Chlorwasserstoff mehr absorbiert wird (etwa 20 Minuten) und die Hauptmenge des Paraformaldehyds verschwunden ist. Nach Abkühlen wäscht man die organische Schicht sorgfältig mit Eiswasser und eiskalter wäßriger Natriumhydrogencarbonatlösung, trocknet gut über Kaliumcarbonat und destilliert über etwas Natriumhydrogencarbonat im Vakuum.

Der als Lösungsmittel eingesetzte Teil des Aromaten geht als Vorlauf über.

B. Di- und Polyalkylaromaten

1 mol des Kohlenwasserstoffs in der 5fachen Gewichtsmenge konz. Salzsäure wird mit 1,3 mol Paraformaldehyd oder der entsprechenden Menge 40%iger Formalinlösung versetzt und in einem Dreihalskolben mit Rührer, Rückflußkühler und Gaseinleitungsrohr 7 Stunden auf 60 bis 70 °C erwärmt, wobei man gleichzeitig einen kräftigen Strom Chlorwasserstoffgas einleitet. Das abgeschiedene Öl wird in Toluen aufgenommen und weiter wie bei Variante A aufgearbeitet.

Tabelle 5.60

Chlormethylierung von Aromaten

Produkt	Ausgangsverbindung	Variante	Kp (bzw. F) in °C n_D	Ausbeute in %
Benzylchlorid	Benzen	A[1])	$70_{2,0(15)}$ n_D^{20} 1,5390	75
4-Methyl-benzylchlorid[2])	Toluen	A	$90_{2,7(20)}$	80
2,4-Dimethyl-benzylchlorid	*m*-Xylen	B	$103_{1,6(12)}$ n_D^{25} 1,5371	65
2,5-Dimethyl-benzylchlorid	*p*-Xylen	B	$103_{1,6(12)}$ n_D^{25} 1,5368	60
2,4,6-Trimethyl-benzylchlorid	Mesitylen	B	$115_{1,3(10)}$ F 37	55
3,4-Dimethoxy-benzylchlorid (Veratrylchlorid)	Veratrol	C	$103_{0,1(1)}$ F 55 (Ligroin)	65

[1]) 30 g ZnCl$_2$ verwenden.
[2]) enthält etwa 35% *o*-Methyl-benzylchlorid; n_D^{20} des reinen Produkts: 1,5342.

---

[1]) Darstellung vgl. Reagenzienanhang.

C. Phenolether

1 mol des Phenolethers wird in 600 ml Chlorbenzen gelöst und unter Rühren und Kühlen (Eisbad) in einem Dreihalskolben mit Rührer, Innenthermometer, Gaseinleitungsrohr und Calciumchloridrohr bei 5 bis 10 °C mit trockenem Chlorwasserstoff gesättigt. Unter weiterem intensivem Rühren und Einleiten von Chlorwasserstoff trägt man nun 1,3 mol Paraformaldehyd ein. Die Temperatur darf dabei 20 °C nicht überschreiten. Nach weiteren 60 Minuten Rühren und Einleiten von Chlorwasserstoff gießt man von etwas Bodensatz ab, wäscht und trocknet die Chlorbenzenlösung wie bei Variante A und destilliert schließlich unter Zusatz einer kleinen Spatelspitze Natriumhydrogencarbonat im Vakuum.

Soll aus dem Chlormethylierungsprodukt das entsprechende Nitril hergestellt werden (vgl. D.2.6.9.), verwendet man das Rohprodukt, das zurückbleibt, wenn man das Chlorbenzen im Vakuum abdestilliert hat.

4-Methoxy-benzylchlorid (Anisylchlorid): Müller, A.; Mézáros, M.; Lempert-Sréter, M.; Szára, I., J. Org. Chem. **16** (1951), 1013;

    1-Chlormethyl-naphthalen: Grummit, O.; Buck, A., Org. Synth., Coll. Vol. III (1955), 195;

    2-Chlormethyl-thiophen[1]) Wiberg, K. B.; McShane, H. F., Org. Synth., Coll. Vol. III (1955), 197;

    2-Chlormethyl-4-nitro-phenol (Verwendung von Chlordimethylether[2]) als Formaldehydquelle): Buehler, C. A.; Kirchner, F. K.; Deebel, G. F., Org. Synth., Coll. Vol. III (1955), 468;

Die durch Chlormethylierung dargestellten Benzylhalogenide sind sehr reaktionsfähig (vgl. D.2.6.1.) und lassen sich leicht in die entsprechenden Alkohole, Ether, Nitrile, Säuren und deren Abkömmlinge, Amine und Aldehyde (Sommelet-Reaktion) überführen. Außerdem kann die CH_2Cl-Gruppe zur Methylgruppe reduziert werden. Infolge der höheren Selektivität der Chlormethylierung erhält man so leichter einheitliche Methylaromaten als durch die Friedel-Crafts-Alkylierung.

Ebenso glatt wie die Chlormethylierung verläuft die *Brommethylierung* (Einsatz von Bromwasserstoff). Homologe des Formaldehyds (Acet-, Propion-, Butyraldehyd) lassen sich wegen ihrer geringeren Reaktivität meist nur beschränkt für Halogenalkylierungen einsetzen.

Industriell wird in großem Umfang durch sauer katalysierte Kondensation von Formaldehyd mit Anilin entsprechend [5.59, I] *p,p'*-Methylendianilin (MDA) hergestellt und mit Phosgen in *p,p'*-Methylen-bis(phenylisocyanat) (MDI), ein Ausgangsprodukt für Polyurethane, überführt (vgl. D.7.1.6.).

Die Kondensationen von Formaldehyd mit Phenolen werden technisch in größtem Ausmaß zur Darstellung von Kunststoffen (Phenol-Formaldehyd-Harzen) durchgeführt. Man arbeitet im wesentlichen nach zwei verschiedenen Verfahren. Bei der Umsetzung im alkalischen Medium (Soda, Ammoniak, Natronlauge) mit einem Überschuß an Formaldehyd entstehen über mehrfach hydroxymethylierte Phenole (vgl. [5.57]) zunächst lineare Polykondensate (Resole) mit freien Methylolgruppen:

[5.61]

Diese bewirken beim Erwärmen („Härten") eine dreidimensionale Vernetzung der Ketten. Die so gebildeten Produkte sind unlöslich in allen Lösungsmitteln und nicht schmelzbar (Duroplaste).

Bei der Umsetzung von Phenolen mit einem Unterschuß an Formaldehyd im sauren Medium werden dagegen Polykondensate (sog. Novolake) hergestellt, die keine freien Methylolgruppen besitzen und daher schmelzbar und nicht härtbar (thermoplastisch) sind. Beim Erhitzen mit Hexamethylentetramin, das hierbei in Formaldehyd und Ammoniak zerfällt, können jedoch auch sie gehärtet werden.

---

[1]) 2-Chlormethyl-thiophen nicht lagern, da selbst bei Kühlung und in der Dunkelheit explosionsartige Zersetzung unter Bildung von Chlorwasserstoff eintreten kann.

[2]) *Achtung!* α-Halogen-ether sind stark cancerogen (vgl. auch Org. React. **19** (1972), 422).

Phenol-Formaldehyd-Harze gehören zu den ältesten technisch erzeugten Kunststoffen (Bakelite) und stellen auch heute noch einen großen Anteil der Kunststoffproduktion. Sie werden vor allem als Preßmassen (mit Füllstoffen, wie Holzmehl, Textilgewebe, Papier), Gießharze, Lackrohstoffe und Leime verwendet.

5.1.8.5. Sauer katalysierte Reaktionen von Aromaten mit anderen Aldehyden und Ketonen

Ebenso wie Formaldehyd können auch andere Aldehyde und Ketone unter Einwirkung saurer Katalysatoren mit Aromaten reagieren. Auch hierbei entstehen zunächst die entsprechenden substituierten Benzylalkohole, die sich unter den Reaktionsbedingungen analog [5.59, I] weiter zu substituierten Diphenylmethanderivaten umsetzen.

Als Beispiel sei die Synthese von 1,1,1-Trichlor-2,2-bis(4-chlor-phenyl)ethan (DDT) aus Trichloracetaldehyd (Chloral) und Chlorbenzen angeführt:

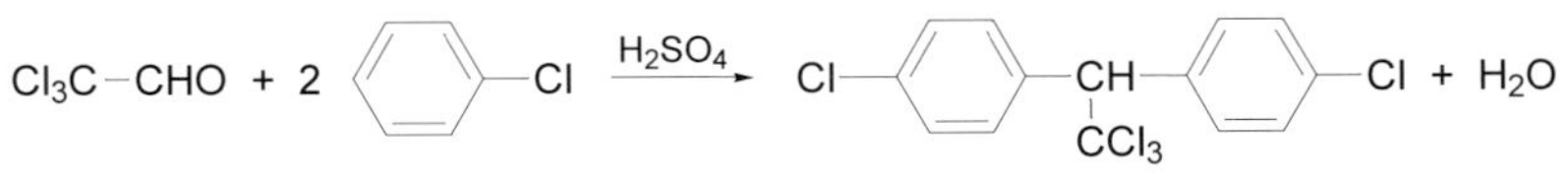

DDT ist ein wirksames Insektizid, das wegen seiner schweren Abbaubarkeit und Anreicherung im Fettgewebe von Tier und Mensch in Europa verboten ist, in anderen Ländern aber noch vor allem zur Bekämpfung der Malaria-übertragenden Anopheles-Mücke produziert und angewendet wird. Das analog aus Chloral und Methoxybenzen (Anisol) hergestellte 1,1,1-Trichlor-2,2-bis(4-methoxy-phenyl)ethan (Methoxychlor) ist zwar weniger wirksam als DDT, wird aber nicht bioakkumuliert und ist eines der sichersten Insektizide überhaupt.

In gleicher Weise entsteht aus Aceton und Phenol in Gegenwart von Schwefelsäure das 2,2-Bis(4-hydroxy-phenyl)propan („Dian“, Bisphenol A), das für die Herstellung von Kunststoffen (Epoxidharze, Polycarbonate, Phenol-Formaldehyd-Harze) von großer Bedeutung ist.

Setzt man Benzaldehyde mit Aromaten um, werden Triphenylmethane gebildet, z. B.

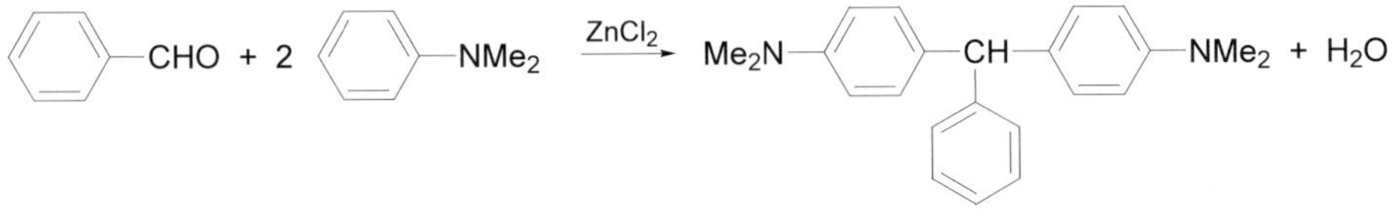

Diarylketone vom Typ des Michlerschen Ketons als Carbonylkomponente sollten analog zum substituierten Tetraphenylmethan reagieren. Das zunächst gebildete Carbeniumion [5.64, I] ist jedoch in saurer und neutraler Lösung und als Feststoff beständig:

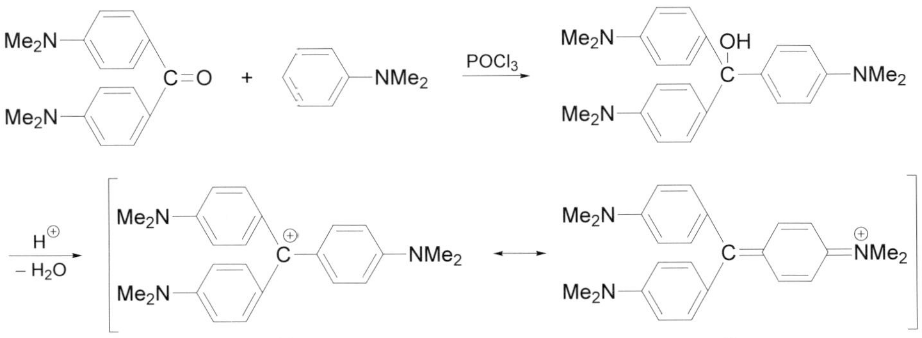

Der Grund für diese hohe Stabilität des Carbeniumions ist, daß die positive Ladung über einen großen Bereich des Moleküls delokalisiert ist („Carbenium-Immonium-Ion“ [5.64], I und II). Infolge der Delokalisierung der π-Elektronen sind diese Ionen farbig („Farbsalze", basische *Triphenylmethanfarbstoffe*). Man vergleiche dazu die Erörterungen in A.3.5.1.!

Aus Michlers Keton und Dimethylanilin entsteht so unter der Einwirkung eines sauren Katalysators Kristallviolett [5.64], das u. a. als Farbstoff in Kopierstiften und -papieren verwendet wird.

Man informiere sich über weitere Darstellungsmöglichkeiten von Triphenylmethanfarbstoffen.

Darstellung von 1,1,1,-Trichlor-2,2-di(4-chlor-phenyl)ethan (DDT)

In einem Dreihalskolben mit Rührer, Innenthermometer, Tropftrichter und Rückflußkühler werden zu einem Gemisch von 0,3 mol wasserfreiem Chloral[1]), 0,5 mol Chlorbenzen und 70 ml konz. Schwefelsäure bei 20 bis 25 °C im Verlauf einer halben Stunde 50 ml 20%iges Oleum zugetropft (Schutzbrille!). Man rührt noch 4 Stunden bei 30 °C und gießt dann vorsichtig auf etwa 500 g Eis, wobei sich das Reaktionsprodukt zunächst schmierig abscheidet. Es erstarrt nach kurzem Stehen, wird abgesaugt, mit Wasser gut gewaschen, in einer Porzellanschale durch wiederholtes Verreiben mit siedendem Wasser und Dekantieren säurefrei gewaschen und aus Alkohol umkristallisiert. *F* 108 °C; Ausbeute 65%.

Darstellung von Kristallviolett

0,02 mol Dimethylanilin, 0,004 mol 4,4'-Bis(dimethylamino)benzophenon (Michlers Keton) und 0,01 mol Phosphorylchlorid werden in einem Reagenzglas 3 Stunden im siedenden Wasserbad erhitzt. Die blaue Schmelze wird mit 50 ml Wasser aufgenommen, mit 2 N Natronlauge alkalisch gemacht und das überschüssige Dimethylanilin mit Wasserdampf abdestilliert. Die „Carbinolbase" wird nach dem Erkalten abgesaugt, mit Wasser gewaschen, im Mörser fein zerrieben und mit 50 ml 0,4%iger Salzsäure gründlich ausgekocht. Man filtriert heiß, salzt den Farbstoff mit feingepulvertem Kochsalz aus und kristallisiert ihn aus Wasser um. Derbe bronzeglänzende Prismen; Ausbeute quantitativ.

5.1.8.6. Carboxylierungen

Phenolate werden bereits durch das nur schwach elektrophile Kohlendioxid unter Bildung der entsprechenden Phenolcarbonsäuren substituiert. Allerdings bedarf es dazu bei den Monophenolen erhöhter Temperatur und für gute Ausbeuten erhöhten Druck.

Die Reaktion sei am Beispiel der auch technisch wichtigen Salicylsäuresynthese formuliert:

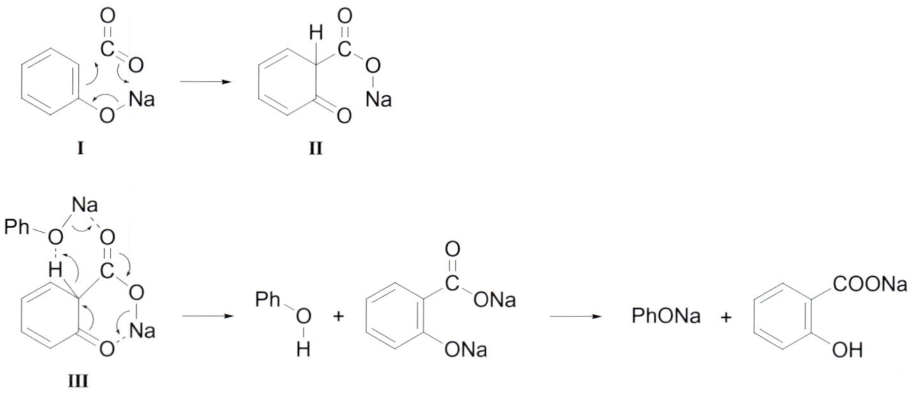

[5.65]

---

[1]) Die entsprechende Menge Chloralhydrat im Scheidetrichter mit der 4fachen Masse warmer konz. Schwefelsäure schütteln, das sich abscheidende Chloral verwenden.

In diesem Chelatmechanismus übernimmt das Natriumion gewissermaßen die Rolle des elektrophilen, die Polarität der C=O-Bindung erhöhenden Katalysators (I → II). Ein weiteres Phenolatanion löst das Proton aus II ab, ebenfalls über ein Chelat (III). Es entsteht so das Di-Natriumsalz der Salicylsäure, das Endprodukt der drucklosen Kolbe-Synthese. Beim Arbeiten unter Druck (Kolbe-Schmitt-Synthese) führt die Reaktion dagegen wie formuliert weiter zum Mononatriumsalz. Welche Ausbeute kann beim Arbeiten ohne Druck maximal erreicht werden?

Die Orientierung der Carboxylgruppe ist von dem zur Phenolatbildung verwendeten Alkalimetall und von der Temperatur abhängig. Die Tendenz zur Bildung des Chelats nimmt vom Lithium über das Natrium zum Kalium, d. h. mit steigendem Ionenradius, ab. Die vorwiegende *o*-Orientierung bei Verwendung von Natriumphenolat ist auf den erheblichen Energiegewinn zurückzuführen, den die Chelatbildung mit sich bringt. Ist der Ionenradius des Metalls zu groß für die Chelatisierung, so wird die stärker polarisierbare und deshalb reaktionsfähigere *p*-Stellung carboxyliert.

Eine zweite Hydroxygruppe in *o*- oder *m*-Stellung macht das Phenol so reaktionsfähig, daß die Carboxylierung bereits in wäßrig-alkalischer Lösung möglich wird. Eine *m*-Aminogruppe bzw. *p*-Hydroxygruppe wirkt dagegen nicht so ausgeprägt aktivierend.

Auch in der heterocyclischen Reihe lassen sich Carboxylierungen durchführen: Pyrrol (Analogon zu Phenol) liefert Pyrrol-2-carbonsäure, Carbazol die Carbazol-1-carbonsäure.

Bei der Carboxylierung der weniger reaktionsfähigen Phenole ist es notwendig, die sorgfältig getrockneten Phenolate zu verwenden: Wasser neigt stärker zur Chelatisierung mit dem Phenol als Kohlendioxid, das außerdem die stärkere Säure ist und daher das Phenol in Gegenwart von Wasser aus dem Phenolat in Freiheit setzt. Durch die Einwirkung von Feuchtigkeit backt das Phenolat außerdem zusammen, so daß die Kohlendioxideinwirkung auf die Oberfläche beschränkt bleibt.

Allgemeine Arbeitsvorschrift für die Carboxylierung von Phenolen (Tab. 5.66)

A. Leicht reagierende Phenole

1 mol des Phenols wird mit 5 mol Kaliumhydrogencarbonat in 1 l Wasser zwei Stunden unter Rückfluß erwärmt. Nach dem Abkühlen fällt man die gebildete Säure mit konz. Salzsäure aus, saugt nach dem Kühlen auf 0 °C ab und kristallisiert aus Wasser unter Zusatz von Aktivkohle um.

B. Phenole mittlerer Reaktivität

1 mol des betreffenden Phenols wird mit 2,5 mol frisch geglühtem Kaliumcarbonat innig gemischt. Man bringt das Gemisch in einen Autoklav, preßt 2,5 bis 4 MPa (25 bis 40 atm) Kohlendioxid auf und erhitzt 6 Stunden auf 130 °C. Nach dem Abkühlen und Entspannen wird in Wasser gelöst und wie oben aufgearbeitet.

C. Wenig reaktionsfähige Phenole

1 mol des betreffenden Phenols wird mit einer Lösung von 1,05 mol Ätznatron in 100 ml Wasser versetzt, falls die *o*-Hydroxy-carbonsäure dargestellt werden soll. Für *p*-Carboxylierungen nimmt man die gleiche Menge Ätzkali. Man dampft im Vakuum zur Trockne ein und hält noch 4 Stunden im Öl- oder Metallbad bei 150 °C. Der Rückstand wird staubfein gepulvert, in einen Autoklav gegeben und 0,5 MPa (5 atm) Kohlendioxid aufgepreßt. Dann erwärmt man 24 bzw. 12 Stunden (s. Tab. 5.66) auf 190 °C, wobei man von Zeit zu Zeit Kohlensäure nachpreßt, so daß der Druck etwa aufrechterhalten bleibt. Nach Abkühlen und Entspannen wird wie oben aufgearbeitet.

Tabelle 5.66

Carboxylierung von Phenolen (Kolbe-Schmitt-Synthese)

Produkt	Ausgangs-verbindung	Variante	F in °C	Ausbeute in %	Bemerkungen
2,4-Dihydroxy-ben-zoesäure (*ß*-Resorcylsäure)	Resorcinol	A	213 (Zers.)	50	
2,4,6-Trihydroxy-benzoesäure	Phloroglucinol	A	Zers. ab 60 °C[1])	30	[2])
2,5-Dihydroxy-terephthalsäure	Hydrochinon	B	197	50	
4-Amino-salicylsäure	*m*-Amino-phenol	B	151 Hydrochlorid: 222	70	[3])
Salicylsäure	Phenol	C	159	70	Natriumsalz einset-zen; 24 Std. erhitzen
4-Hydroxy-benzoe-säure	Phenol	C	214	70	Kaliumsalz einsetzen; 12 Std. erhitzen
3-Hydroxy-naphtha-len-2-carbonsäure[4])	*ß*-Naphthol	C	216	60	Natriumsalz einset-zen; 24 Std. erhitzen

[1]) Decarboxyliert, so daß schließlich der F des Phloroglucinols gefunden wird: F 219 °C (subl.).

[2]) Die Säure verliert bereits beim Kochen in Wasser CO_2. Deshalb nicht umkristallisieren, sondern in Kaliumhydrogencarbonatlösung lösen und mit Salzsäure wieder ausfällen. Anschließend ist mit Wasser neutral zu waschen.

[3]) Alkalische Lösung nur bis zum Umschlag von Kongorot mit konzentrierter HCl ansäuern. (Beim Ansäuern auf pH = 1 kristallisiert das Hydrochlorid aus.) Reinigung durch Umfällen aus Natriumhydro-gencarbonatlösung.

[4]) thermodynamisch kontrolliertes Produkt

Neben Salicylsäure, die im wesentlichen zu Arzneimitteln (Acetylsalicylsäure, Aspirin) und Farbstoffen weiterverarbeitet wird, werden technisch auch 4-Amino-2-hydroxy-benzoesäure (*p*-Amino-salicylsäure, PAS, ein Tuberkulosemittel), 3-Hydroxy-naphthalen-2-carbonsäure (für Naphthol-AS-Farbstoffe) und andere Säuren durch Carboxylierung der entsprechenden Phenole hergestellt.

5.1.9. Nitrosierung

Die Nitrosierung ist die elektrophile aromatische Substitution durch eine Nitrosogruppe mit Hilfe von salpetriger Säure.

Die Reaktion ist der aromatischen Nitrierung mit Salpetersäure analog: als elektrophiles Agens kann entsprechend dem Nitrylkation bei der Nitrierung das Nitrosylkation $NO^{\oplus}$ formuliert werden:

$$H^{\oplus} + HO-N=O \; \rightleftharpoons \; H_2\overset{\oplus}{O}-N=O \; \rightleftharpoons \; H_2O + \overset{\oplus}{N}=O \qquad [5.67]$$

Da $NO^{\oplus}$ weniger reaktionsfähig als $NO_2^{\oplus}$ ist, bleibt die Nitrosierung auf die reaktionsfähigsten Aromaten (Phenole, tertiäre aromatische Amine) beschränkt. Sie führt bevorzugt zu *p*-Substitutionsprodukten. *p*-Nitroso-phenol ist mit Chinonmonoxim tautomer:

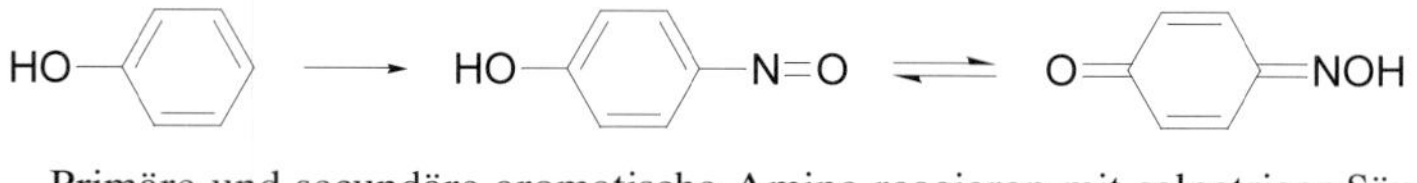

$$HO-\!\!\!\bigcirc \longrightarrow HO-\!\!\!\bigcirc\!\!\!-N=O \; \rightleftharpoons \; O=\!\!\!\bigcirc\!\!\!=NOH \qquad [5.68]$$

Primäre und secundäre aromatische Amine reagieren mit salpetriger Säure am Stickstoff (Bildung von Diazoniumsalzen aus primären, von *N*-Nitrosaminen aus secundären Aminen, s. D.8.2.1.). Aromatische *N*-Nitrosamine werden durch Einwirkung von Mineralsäuren in *C*-Nitrosoprodukte umgelagert.

Darstellung von *N,N*-Dimethyl-*p*-nitroso-anilin

In einem 25-ml-Becherglas löst man 10 mmol Dimethylanilin in 4 ml konz. Salzsäure unter Zusatz von 10 g Eis und versetzt unter Kühlen im Eisbad und Rühren langsam mit der Lösung von 12 mmol Natriumnitrit in 3 ml Wasser, wobei die Temperatur stets unter 5 °C bleiben muß. Es dürfen keine nitrosen Gase entstehen. Nach 15 Minuten weiterem Kühlen im Eisbad saugt oder zentrifugiert man den gelben Niederschlag des Hydrochlorids[1]) ab und wäscht mit eiskalter verd. Salzsäure, danach mit Alkohol. *F* 177 °C (Zers.).

Zur Darstellung der freien Base wird das feuchte Hydrochlorid langsam unter Rühren in verd. Sodalösung eingetragen, die mit Ether überschichtet ist. Nach Auflösung des Hydrochlorids trennt man den Ether ab, ethert nochmals aus, trocknet die vereinigten Etherextrakte mit Na_2SO_4 und destilliert ab. *F* 88 °C (Petrolether); smaragdgrün; Ausbeute 95 %.

Die Nitrosierung von dialkylierten Aminen hat präparative Bedeutung für die Darstellung einheitlicher secundärer aliphatischer Amine (nucleophile aromatische Substitution, s. unten):

$$ON-\!\!\!\bigcirc\!\!\!-N\underset{R'}{\overset{R}{<}} + OH^{\ominus} \longrightarrow ON-\!\!\!\bigcirc\!\!\!-O^{\ominus} + HN\underset{R'}{\overset{R}{<}} \qquad [5.69]$$

Man mache sich klar, daß es sich um die Hydrolyse eines phenylogen Salpetrigsäureamids handelt (zum Vinylogie- und Phenylogieprinzip vgl. C.5.1. und D.7.4.).

Da die Nitrosogruppe ein starker Chromophor ist, sind die Nitrosoverbindungen im freien, monomeren Zustand blau oder grün gefärbt (vgl. A.3.5.1.).

5.2.   Nucleophile aromatische Substitution

Aromatische Verbindungen sind auf Grund ihres Systems konjugierter Doppelbindungen Lewis-Basen. Der Austausch von Substituenten durch nucleophile Reagenzien (z. B. gegen Hydroxyl- oder Aminogruppen) gelingt daher im allgemeinen wesentlich schwerer als die elektrophile Substitution:

$$\bigcirc\!\!\!-X + |Nu^{\ominus} \longrightarrow \bigcirc\!\!\!-Nu + |X^{\ominus} \qquad [5.70]$$

Bei der Reaktion wird der Substituent X mit dem Bindungselektronenpaar abgespalten. Es ist daher wesentlich, daß er ein energiearmes Anion oder ein ungeladenes Molekül bilden kann. Deshalb sind vor allem die Halogene (→ Halogenanion), die Sulfonsäuregruppe (→ Sulfition), die Diazoniumgruppe (→ molekularer Stickstoff) u. a. relativ leicht nucleophil auszutauschen. Die Substitution eines Wasserstoffatoms dagegen ist schwierig und gelingt im allgemeinen nur dann, wenn das hochbasische und reaktionsfähige Hydridanion z. B. durch Oxidation beseitigt werden kann.

Der nucleophile Ersatz der Diazoniumgruppe wird in D.8.3. besprochen.

---

[1]) *p*-Nitrosoverbindungen der secundären und tertiären aromatischen Amine bilden mit Mineralsäuren neutral reagierende Salze unter Ausbildung einer chinoiden Struktur:

$$\left[R_2\overset{\oplus}{N}=\!\!\!\bigcirc\!\!\!=NOH \right] Cl^{\ominus}$$

5.2.1.   Nucleophile Substitution an aktivierten Aromaten

–I- und –M-Substituenten setzen die Basizität des Aromaten herab. Sie erschweren dadurch die elektrophile Substitution (vgl. D.5.1.2.), begünstigen aber einen nucleophilen Angriff.

Der Mechanismus nucleophiler Substitutionen an so aktivierten Aromaten entspricht einem Additions-Eliminierungs-Mechanismus. Er wird an dem technisch wichtigen Beispiel der Hydrolyse von 1-Chlor-4-nitro-benzen erörtert:

$$\text{I} \qquad\qquad\qquad \text{II} \qquad\qquad\qquad \text{III} \qquad\qquad [5.71]$$

Die nucleophile Substitution an aktivierten Aromaten ist formal mit der bimolekularen nucleophilen Substitution (S_N2) an Aliphaten verwandt. Sie verläuft im allgemeinen ebenfalls bimolekular mit der Bildung des Anions [5.71] II als langsamstem Schritt. II ist jedoch im Gegensatz zur S_N2-Reaktion und in Analogie zum σ-Komplex der elektrophilen aromatischen Substitution kein Übergangszustand, sondern eine echtes Zwischenprodukt.

Ein solcher Mechanismus setzt voraus, daß das Reaktionszentrum positiviert ist und daß die negative Ladung im Anion [5.71] II durch Konjugation besonders gut delokalisiert werden kann. Beide Bedingungen werden von –M-Substituenten in o- und p-Stellung zum Reaktionszentrum erfüllt. Ihre aktivierende Wirkung nimmt entsprechend ihrem Elektronenacceptorvermögen in der folgenden Reihenfolge ab:

$$\overset{\oplus}{\text{N}}\!\!\equiv\!\!\text{N}| \; > \; —\text{NO} \; > \; —\text{NO}_2 \; > \; —\text{CN} \; > \; —\text{CHO} \; > \; —\text{COCH}_3 \; > \; —\text{N}\!\!=\!\!\text{N}\!\!-\!\!\text{C}_6\text{H}_5 \; > \; —\text{Cl}$$

Aus dem gleichen Grunde erfolgen nucleophile Substitutionen auch leicht an π-Mangel-Heterocyclen, wie Pyridin (Analogie zum Nitrobenzen) und Chinolin.

Die Substitution wird außerdem begünstigt, wenn das Reaktionszentrum zusätzlich von der austretenden Gruppe (in [5.71] Chlor) positiviert wird. Aus diesem Grunde lassen sich die Halogene in aktivierten Aromaten im allgemeinen in der Reihenfolge I < Br < Cl ≪ F zunehmend leichter austauschen. Diese Reihe unterscheidet sich grundlegend von der bei S_N2-Reaktionen gefundenen (I > Br > Cl ≫ F). Dort verläuft die Abspaltung des Halogens mit der Anlagerung des nucleophilen Reagens synchron, was hier nicht der Fall ist. Die Geschwindigkeit der nucleophilen Substitution an aktivierten Aromaten hängt aber nicht nur vom Elektronenzug innerhalb des Aromaten auf das Reaktionszentrum ab, sondern auch vom Elektronendruck des nucleophilen Reaktionspartners. Dabei steigt die Reaktivität der verschiedenen nucleophilen Reagenzien mit ihrer Basizität.

In aktivierten Aromaten lassen sich so Halogen, Wasserstoff u.a. Substituenten bereits unter milden Reaktionsbedingungen gegen Hydroxy-, Alkoxy-, Mercapto- und andere Substituenten austauschen (vgl. die präparativen Beispiele). Verwendet man als nuleophile Agenzien das Anion des Dimethylsulfoxids ($^\ominus|\text{CH}_2–\text{SO}–\text{CH}_3$) oder Dimethyloxosulfoniummethylid ($^\ominus|\text{CH}_2–\overset{\oplus}{\text{S}}\text{O}(\text{CH}_3)_2$), so lassen sich z.B. Chinolin, Isochinolin, Acridin und Nitrobenzen methylieren. Austretende Gruppe ist das Anion der Methylsulfensäure bzw. Dimethylsulfoxid. Man formuliere die Methylierung von Chinolin in 4-Position! Während sich z.B. Chlorbenzen nur unter sehr energischen Bedingungen zum Phenol hydrolysieren läßt (vgl. D.5.2.2.), gelingt der Ersatz des Halogens im 1-Chlor-2- oder 1-Chlor-4-nitro-benzen schon mit Natriumcarbonat bei 130°C. Pikrylchlorid (1-Chlor-2,4,6-trinitro-benzen) schließlich besitzt die Reaktivität eines Säurechlorids.

Präparativ und technisch besonders wichtig sind nucleophile Substitutionen an aktivierten Arylhalogeniden. Man formuliere die nachstehenden Beispiele:

1-Chlor-2,4-dinitro-benzen $\xrightarrow{\text{NaOH}}$ 2,4-Dinitro-phenol $\xrightarrow{\text{HNO}_3}$ Pikrinsäure

1-Chlor-2,4-dinitro-benzen $\xrightarrow{\text{N}_2\text{H}_4}$ 2,4-Dinitro-phenylhydrazin

N,N-Dialkyl-*p*-nitroso-aniline $\rightarrow$ Dialkylamine + *p*-Nitroso-phenol (vgl. [5.69])

Die Synthese des Antibiotikums *Ciprofloxacin* (ein Gyrasehemmer) umfaßt in den letzten Schritten gleich zwei nucleophile aromatische Substitutionen:

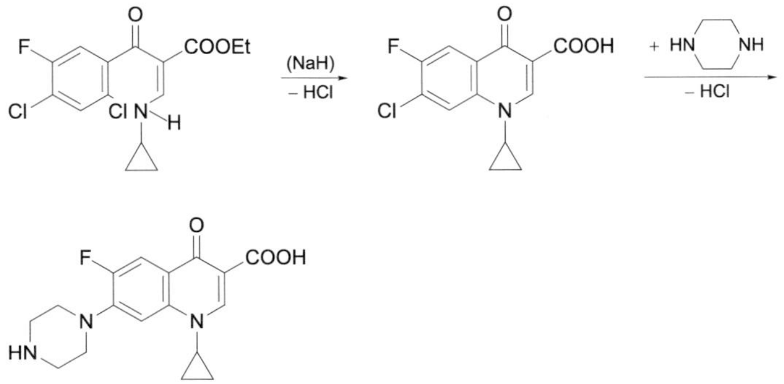

[5.72]

Die Umsetzung von 1-Fluor-2,4-dinitro- und 1-Chlor-2,4-dinitro-benzen mit Aminen, Alkoholen und Thiolen kann zur Identifizierung dieser Verbindungen herangezogen werden. Von besonderer Bedeutung ist die Bestimmung endständiger Aminosäuren in Peptiden. Das Peptid wird dabei mit 1-Fluor-2,4-dinitro-benzen umgesetzt und anschließend hydrolysiert. Die endständige Aminosäure liegt dann als 2,4-Dinitro-phenylderivat (DNP-Derivat) vor und kann so leicht von den anderen Aminosäuren abgetrennt und identifiziert werden (F. SANGER):

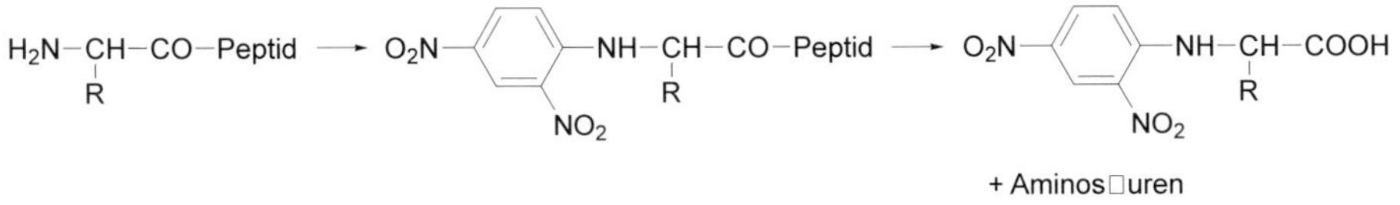

[5.73]

+ Aminosäuren

Von den nucleophilen Substitutionen an aktivierten Aromaten, die unter Ersatz eines Wasserstoffatoms verlaufen, ist vor allem die Chichibabin-Synthese von 2- oder 4-Amino-pyridinen oder -chinolinen mit Hilfe von Natriumamid von Bedeutung. Das sich dabei bildende Natriumhydrid reagiert mit dem aktiven Wasserstoff des Aminopyridins:

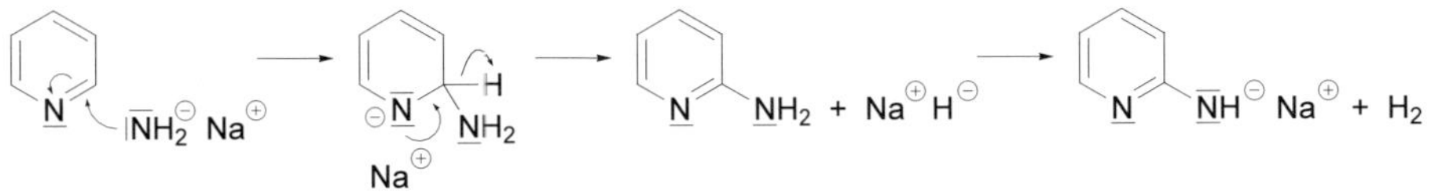

[5.74]

Einen analogen Verlauf nimmt die Alkylierung oder Arylierung von Pyridinen oder Chinolinen mit Lithiumalkylen oder -arylen. In diesem Fall läßt sich das Zwischenprodukt I bei tiefen Temperaturen sogar präparativ fassen:

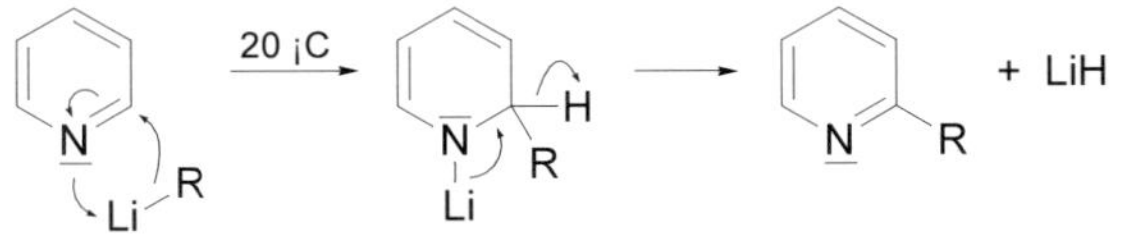

[5.75]

I

Das beim Erhitzen gebildete Lithiumhydrid scheidet sich aus der Lösung ab und wird auf diese Weise aus dem Gleichgewicht entfernt. Man kann auch die Zwischenverbindung I mit Wasser zersetzen, wobei das 1,2-Dihydroprodukt entsteht, das zum Pyridin oxidiert werden muß.

Auch die Hydroxylierung von *N*-Alkyl-pyridiniumsalzen erfolgt leicht. Das primär entstehende Dihydroprodukt I wird durch Zugabe eines Oxidationsmittels zum *N*-Alkyl-pyridon II oxidiert:

$$[5.76]$$

I   II

1-Methyl-pyrid-2-on: PRILL, E. A.; McELVAIN, S. M., Org. Synth., Coll. Vol. II (1943), 419.

Aromatische Nitroverbindungen werden leicht hydroxyliert. So bildet Nitrobenzen bereits beim Stehen über festem Kaliumhydroxid *o*-Nitro-phenol; das entstehende Hydridion reduziert überschüssiges Nitrobenzen u. a. zu Azokörpern (Rotfärbung; vgl. Schema [8.9]). Nitroverbindungen sollten daher nicht mit Ätzkali getrocknet werden.

Von technischer Bedeutung sind nucleophile Substitutionen am Anthrachinon zur Darstellung von Farbstoffen und Farbstoffzwischenprodukten. So erhält man z. B. aus 2-Amino-anthrachinon bei der Alkalischmelze in Gegenwart von Oxidationsmitteln (Kaliumchlorat oder Natriumnitrat) bei 220 °C den wichtigen Küpenfarbstoff Indanthron (Indanthrenblau RS):

$$[5.77]$$

Hier wird das entstehende Hydridion durch das zugesetzte Oxidationsmittel beseitigt.

Darstellung von Aryl- und Alkyl-2,4-dinitro-phenylsulfiden (Allgemeine Arbeitsvorschrift für die qualitative Analyse)

5 mmol des betreffenden Thiols oder Thiophenols und 5 mmol 1-Chlor-2,4-dinitro-benzen werden in 15 ml Alkohol gelöst, eine Lösung von 5 mmol Ätznatron in 2 ml Alkohol wird zugegeben und die Mischung 10 Minuten unter Rückfluß erwärmt. Man filtriert heiß vom ausgeschiedenen Salz ab. Das Sulfid kristallisiert beim Abkühlen aus. Es kann aus Alkohol umkristallisiert werden.

Darstellung von 2,4-Dinitro-phenylhydrazin

In einem 500-ml-Dreihalskolben mit Innenthermometer, Rührer und Rückflußkühler werden 0,25 mol reines 1-Chlor-2,4-dinitro-benzen (*F* 51...52 °C) in 125 ml warmem Diethylenglycol gelöst. Bei 15 bis 20 °C tropft man unter Rühren und Kühlen 0,3 mol Hydrazinhydrat (60- bis 65%ige wäßrige Lösung) zu. Das Reaktionsgemisch wird nach dem Abklingen der exothermen Reaktion mit 50 ml Methanol 20 Minuten im siedenden Wasserbad gerührt, um nicht umgesetztes 1-Chlor-2,4-dinitro-benzen herauszulösen. Nach dem Erkalten saugt man das 2,4-Dinitro-phenylhydrazin ab, wäscht mit wenig Methanol und kristallisiert um. *F* 200 °C (n-Butanol oder Dioxan); Ausbeute 80%.

Darstellung von 2-Amino-pyridin

Vorsicht! Natriumamid zersetzt sich bei Zugabe von Wasser unter Explosion! Es bildet in Gegenwart von Luft, Kohlendioxid und Feuchtigkeit außerordentlich leicht explodierende Produkte, die an ihrer gelben Farbe erkennbar sind. Derartig verfärbte Produkte dürfen nicht mehr verwendet werden! Schutzbrille, Schutzhandschuhe!

Voraussetzung für das Gelingen des Präparats ist Natriumamid von einwandfreier Qualität.

In einem 500-ml-Dreihalskolben mit wirksamem Rührer, Tropftrichter und Rückflußkühler mit Natronkalk-Trockenrohr suspendiert man 0,5 mol gut zerkleinertes Natriumamid[1]) in 75 ml über Ätzkali sorgfältig getrocknetem und destilliertem Dimethylanilin. Unter Rühren tropft man 0,4 mol über gepulvertem Ätzkali oder Bariumhydroxid sorgfältig getrocknetes und destilliertes Pyridin zu, vertauscht den Tropftrichter gegen ein Innenthermometer und erhitzt 10 Stunden auf 105 bis 110 °C (Beendigung der Wasserstoffentwicklung). Das Reaktionsgemisch färbt sich dabei braun bis schwarz und wird nach einiger Zeit fest (Rührer abstellen!). Man zersetzt nach dem Abkühlen durch langsamen Zusatz von 80 ml verd. Natronlauge und gießt in 300 ml Wasser, um die Hydrolyse des Natriumsalzes zu vervollständigen, sättigt mit festem Natriumhydroxid und trennt die organische Phase ab. Dann wird mit Ätzkali getrocknet und im Vakuum über eine 40-cm-Vigreux-Kolonne destilliert. Nach dem Dimethylanilin ($Kp_{1,7(13)}$ 81 bis 82 °C) geht bei 95 bis 96 °C/1,7 kPa (13 Torr) das 2-Amino-pyridin über. F 56 °C (Ligroin). Aus der Zwischenfraktion 82 bis 95 °C/1,7 kPa (13 Torr) kann durch Zusatz von Petrolether noch etwas 2-Amino-pyridin gewonnen werden. Ausbeute 60%.

5.2.2.   Nucleophile Substitution an nichtaktivierten Aromaten

Aromatisch gebundenes Halogen, das nicht durch –I- oder –M-Substituenten aktiviert ist, läßt sich unter den milden Bedingungen, die bei S_N-Reaktionen (vgl. Kap. D.2.) beschrieben wurden, normalerweise nicht gegen Hydroxyl-, Amino- oder Cyangruppen austauschen. Die Hydrolyse des Chlors im Chlorbenzen erfordert in Gegenwart von 10- bis 15%iger Natronlauge Temperaturen von etwa 350 °C.

Markiert man das dem Chlor benachbarte Kohlenstoffatom im Chlorbenzen mit ^{14}C, so findet man die Hydroxylgruppe im Endprodukt nicht nur an diesem (zu 58%), sondern ebenfalls am benachbarten Kohlenstoffatom (42%). Zur Erklärung wird angenommen, daß die Reaktion zunächst unter Eliminierung von Halogenwasserstoff ein Benzenderivat mit einer formalen Dreifachbindung liefert *("Arin", "Dehydrobenzen", "Benzyn")* und in der letzten Stufe Wasser nucleophil addiert wird *(Eliminierungs-Additions-Mechanismus)*:

$$\text{[Reaktionsschema: Chlorbenzen} \xrightarrow{- \text{HCl}} \text{Benzyn} \xrightarrow{+ \text{HOH; OH}^{\ominus}} \text{Produkte bzw.}} \qquad [5.78]$$

Bei der nucleophilen Substitution substituierter Halogenbenzene gibt sich ein solcher Mechanismus durch Isomerisierungen zu erkennen. So erhält man z. B. bei der Umsetzung von *p*-Chlortoluen mit Natriumamid in flüssigem Ammoniak ein Gemisch von *m*- und *p*-Toluidin (62:38).

In vielen Fällen jedoch laufen nucleophile Substitutionen an nichtaktivierten Aromaten sowohl über Arine als auch nach dem in Gleichung [5.71] beschriebenen Mechanismus ab. Man beobachtet dann Umlagerungen nur in geringem Ausmaß oder gar nicht, wie z. B. bei der Alkalischmelze von α- oder β-Naphthalensulfonsäure, die ausschließlich α- bzw. β-Naphthol liefert. Auch mit Metallcyaniden entstehen aus aromatischen Sulfonsäuren meist die entsprechenden Nitrile ohne Umlagerung.

---

[1]) Vgl. Reagenzienanhang.

Darstellung von β-Naphthol[1])

    Vorsicht! Schutzhandschuhe! Schutzbrille!

0,75 mol Natriumhydroxid und 3 ml Wasser werden in einem Nickeltiegel (etwa 75 ml Fassungsvermögen) auf 270 °C erhitzt und 0,044 mol feingepulvertes Natrium-naphthalen-β-sulfonat[2]) langsam eingetragen. Dabei rührt man mit einem Thermometer um, das in einer mit hochsiedendem Paraffin gefüllten Nickelhülse steckt. Man erhöht die Innentemperatur dann langsam auf 315 °C (in etwa 20 Minuten) und hält 3 Minuten bei dieser Temperatur. Die Schmelze wird auf den gefliesten Labortisch gegossen, zerkleinert, in einem Becherglas in Wasser gelöst und unter Kühlen mit konz. Salzsäure stark angesäuert. Man läßt über Nacht stehen, filtriert ab, wäscht mit Wasser, trocknet und kristallisiert aus Wasser um. F 122...123 °C; Ausbeute 80%.

Weiterhin sind Substitutionsreaktionen an nichtaktivierten Aromaten bekannt, die durch Übertragung eines Elektrons ausgelöst werden und deshalb als Radikalreaktionen, häufig sogar als Radikalkettenreaktionen, ablaufen. Diese *$S_{NR}1$-Reaktionen* führen zum gleichen Ergebnis wie die ionischen nucleophilen Substitutionen.

Bei der S_{NR}-Reaktion wird im ersten Schritt ein Elektron von einem geeigneten Elektronendonor mit niedrigem Oxidationspotential (der auch das Nucleophil selbst sein kann) oder elektrochemisch von der Katode auf das Substrat Ar–X übertragen.

Das nach [5.79a] gebildete Radikalanion I des Substrats dissoziiert, und das reaktive Arylradikal kombiniert mit dem Nucleophil zu einem neuen Anionradikal II, das in einer Übertragungsreaktion I regeneriert:

$$
\text{Ar}-\text{X} \xrightarrow{\ e^{\ominus}_{solv};\ Y\,|\ } \underset{\textbf{I}}{\text{Ar}-\text{X}^{\ominus}\!\cdot} \qquad\qquad \text{Startreaktion} \qquad (a)
$$

$$
\text{Ar}-\text{X}^{\ominus}\!\cdot \longrightarrow \text{Ar}\cdot\ +\ \text{X}^{\ominus} \qquad\qquad (b)
$$

$$
\text{Ar}\cdot\ +\ |\text{Nu}^{\ominus} \longrightarrow \underset{\textbf{II}}{\text{Ar}-\text{Nu}^{\ominus}\!\cdot} \qquad\qquad \begin{array}{l}\text{Kettenwachstums-}\\\text{reaktionen}\end{array} \qquad (c)
$$

$$
\text{Ar}-\text{Nu}^{\ominus}\!\cdot\ +\ \text{Ar}-\text{X} \longrightarrow \text{Ar}-\text{Nu}\ +\ \text{Ar}-\text{X}^{\ominus}\!\cdot \quad \text{Übertragungsreaktion} \qquad (d)
$$

[5.79]

Nach dem $S_{NR}1$-Mechanismus können insbesondere Halogene, –SPh, $-\overset{\oplus}{\text{N}}\text{Me}_3$, –OPO(OEt)$_2$, $-\overset{\oplus}{\text{N}}_2$[3]) an Aromaten und Heterocyclen nucleophil substituiert werden. Als Nucleophile werden vor allem stark basische Amine, Alkoholate, Thiolate, Enolate, Sulfinate, aci-Nitrosalze sowie Anionen von Acetonitrilen eingesetzt. Es gelingt mit diesem Reaktionstyp also auch eine C–C-Verknüpfung zwischen dem Aromaten bzw. Heterocyclus und einem Carbanion. (Man formuliere die unten angegebenen präparativen Beispiele!)

Typisch für S_{NR}-Reaktionen am Aromaten ist, daß in Gegenwart protonischer Lösungsmittel Reduktionsprodukte entstehen, wie z. B. der reduzierte Aromat:

$$
\text{Ar}\cdot\ +\ \text{H}-\text{R} \longrightarrow \text{Ar}-\text{H}\ +\ \text{R}\cdot \qquad\qquad\qquad [5.80]
$$

Als Reaktionsmedium eignen sich, wenn nicht im System flüssiges Ammoniak/Alkalimetall gearbeitet wird, deshalb aprotische Lösungsmittel, wie Dimethylsulfoxid, Dimethylformamid, Hexamethylphosphorsäuretriamid. Da sich bei Photoanregung sowohl die Oxidations- als

---

[1]) nach MAY, C. E., J. Am. Chem. Soc. **44** (1922), 650
[2]) Es ist zweckmäßig, carbonatfreies, in Wasser vollständig lösliches Natrium-β-naphthalensulfonat zu verwenden, da die Schmelze sonst stark schäumt.
[3]) Vgl. die Substitution von $-\overset{\oplus}{\text{N}}_2$ durch I$^{\ominus}$ nach SANDMEYER, D.8.3.2.

auch die Reduktionspotentiale von Stoffen um den Betrag der Energie der Lichtanregung erhöhen, lassen sich $S_{NR}1$-Reaktionen häufig photochemisch initiieren.

Herstellung von *Phenylaceton*: Rossi, R. A.; Bunett, J. F., J. Org. Chem. **38** (1973), 1407; *Phenylphosphonsäure-diethylester*: Bunnett, J. F.; Weiss, R. H., Org. Synth. **58** (1978), 134.

Sowohl die Hydrolyse von Chlorbenzen als auch die Alkalischmelze von aromatischen Sulfonsäuren sind für die Darstellung von Phenolen technisch bedeutungsvoll. Die wichtigsten Produkte sind Resorcinol (aus Benzen-1,3-disulfonsäure), 3-Amino-phenol (aus 3-Amino-benzensulfonsäure; Verwendung s. D.5.1.8.6.), β- und α-Naphthol und Derivate (aus den entsprechenden Sulfonsäuren, s. D.5.1.4. und Tab. 8.35) und Brenzcatechin (Catechol) und 2,4,5-Trichlor-phenol (aus o-Chlor-phenol bzw. 1,2,4,5-Tetrachlor-benzen, s. D.5.1.5.).

Verschiedene Hydroxy- und Aminoanthrachinone werden aus Chloranthrachinonen und Anthrachinonsulfonsäuren hergestellt. Sie stellen sehr wichtige Farbstoffe und Farbstoffzwischenprodukte dar.

5.3.   Metallvermittelte Substitutionen an Aromaten

Aromatische Verbindungen, die einer nucleophilen Substitution nicht oder nur schwer zugänglich sind, wie z. B. nichtaktivierte Halogenaromaten ArX (vgl. D.5.2.), reagieren mit gewissen Metallen, Metallkomplexen und metallorganischen Verbindungen oft leicht unter Substitution von X. Arylhalogenide verhalten sich in diesen Reaktionen wie andere organische Halogenide auch, vgl. Kapitel D.7.2.2.

Mit *unedlen Metallen*, wie z. B. Lithium oder Magnesium, bilden sich die entsprechenden metallierten Aromaten:

$$Ar{-}X + 2\,Li \longrightarrow Ar{-}Li + LiX \tag{5.81a}$$

$$Ar{-}X + Mg \longrightarrow Ar{-}Mg{-}X \tag{5.81b}$$

Der Halogen-Metall-Austausch kann auch mit *metallorganischen Verbindungen* stark elektropositiver Metalle, z. B. Alkyllithiumverbindungen, erreicht werden:

$$Ar{-}X + Li{-}R \longrightarrow Ar{-}Li + R{-}X \tag{5.82}$$

Mit Lithiumalkylen lassen sich sogar aromatische C–H-Bindungen metallieren:

$$Ar{-}H + Li{-}R \longrightarrow Ar{-}Li + R{-}H \tag{5.83}$$

Die erhaltenen Arylmetallverbindungen sind auf Grund ihrer polaren Kohlenstoff-Metall-Bindung stark nucleophil und zu vielfältigen Reaktionen mit elektrophilen Partnern befähigt. Wichtige Umsetzungen dieser Art werden im folgenden Kapitel D.5.3.1. und in Kapitel D.7.2.2. besprochen.

Mit *Komplexen niedrigvalenter Übergangsmetalle*, besonders Palladium(0) und Nickel(0), reagieren Arylhalogenide, -sulfonate und andere substituierte Aromaten mit günstigen Abgangsgruppen unter oxidativer Addition (vgl. D.4.5.1.) an das Metallatom:

$$Ar{-}X + Pd^0L_2 \longrightarrow \begin{array}{c} Ar \\ \diagdown \\ \diagup \\ X \end{array} Pd^{II}{-}2 \qquad L\ (Ligand) = PR_3\ u.a. \tag{5.84}$$

Auch dabei wird eine Arylmetallverbindung gebildet, die eine Vielfalt weiterer Umsetzungen ermöglicht. Sie spielen vor allem in den übergangsmetallkatalysierten Substitutionen an Aromaten eine Rolle, siehe Kapitel D.5.3.2. und folgende.

Schließlich können Arylhalogenide, -sulfonate und andere Aromaten ArX auch mit *Organometallverbindungen* direkt oder übergangsmetallkatalysiert unter C–C-Bindungsknüpfung umgesetzt werden:

$$Ar{-}X + M{-}R \longrightarrow Ar{-}R + MX \qquad M = Cu, MgX, ZnR, BR_2^1, SnR_3^1\ u.a. \tag{5.85}$$

Präparativ wichtig sind vor allem die Reaktionen mit kupfer-, magnesium-, zink-, bor- und zinnorganischen Verbindungen, die in den Kapiteln D.5.3.2. und D.7.2.2. behandelt werden.

Alle genannten Umsetzungen können außer mit Arylverbindungen auch mit den entsprechenden Alkenylverbindungen durchgeführt werden, was ihr Synthesepotential außerordentlich erweitert.

5.3.1. Metallierung von Aromaten

Die Metallierung von Aromaten ist ausgehend von Halogenaromaten Ar–X durch Halogen-Metall-Austausch nach [5.81]und [5.82] oder ausgehend von Ar–H durch Wasserstoff-Metall-Austausch nach [5.83] möglich.

Auf die Reaktionen von Arylhalogeniden mit unedlen Metallen nach [5.81], von denen die mit Lithium und mit Magnesium präparativ von größter Bedeutung sind, wird in Kapitel D.7.2.2. ausführlich eingegangen.

Aryllithiumverbindungen lassen sich vorteilhaft auch durch Halogen-Metall-Austausch aus Halogenaromaten und Lithiumalkylen entsprechend Gleichung [5.82] darstellen.

Der Austausch verläuft in der angegebenen Richtung, weil Metallalkyle stärkere Basen als Metallaryle sind (infolge der höheren Acidität von Arenen im Verhältnis zu der von Alkanen, vgl. Tab. C.50).

Die Reaktivität der Arylhalogenide nimmt mit steigender Dissoziationsenergie der Aryl-Halogen-Bindung von den Aryliodiden über die Bromide zu den Chloriden ab. Arylfluoride reagieren nicht. Iod- und Bromaromaten lassen sich mit n-Butyl- oder tert-Butyl-lithium in Ether-Lösungsmitteln (Diethylether, Tetrahydrofuran) bereits bei –60 bis –100 °C mit ausreichender Geschwindigkeit umsetzen. Bei diesen tiefen Temperaturen werden auch Substituenten am Aromaten toleriert, die bei Raumtemperatur mit Lithiumalkylen reagieren, wie Ester-, Amid-, Epoxy-, Cyan- und Nitrogruppen.

Der begrenzende Faktor solcher Reaktionen ist die z. T. ungünstige Verfügbarkeit reiner Halogenaromaten, die bei direkter Halogenierung von Aromaten häufig als Isomerengemische anfallen und mit großem Aufwand getrennt werden müssen (s. D.5.1.5.) oder bei isomerenreiner Synthese spezielle Verfahren erfordern (vgl. z. B. D.8.3.2., Sandmeyer-Reaktion).

Diese Schwierigkeiten lassen sich durch die direkte *Metallierung aromatischer C–H-Bindungen* mit Lithiumalkylen entsprechend Gleichung [5.83] umgehen. Auch diese Reaktion verläuft in der formulierten Richtung wegen der höhere CH-Acidität von Arenen im Verhältnis zu der von Alkanen. Im Vergleich zum Halogen-Metall-Austausch erfordern die Umsetzungen höhere Temperaturen (–30 bis 40 °C), lassen sich aber durch Zugabe von Diaminen, wie *N,N,N',N'*-Tetramethyl-ethylendiamin (TMEDA) oder/und von Kalium-*tert*-butanolat stark beschleunigen.

Unter diesen Bedingungen kann selbst Benzen (und auch Ethen) lithiiert werden. Das Diamin bricht durch Chelatkomplexbildung mit dem Lithiumatom die Assoziate, als die Lithiumalkyle in Lösung vorliegen, auf und erhöht so deren Reaktivität.
Mit Gemischen von Lithiumalkylen und Kalium-*tert*-butanolat, die auch als „Superbasen" bezeichnet werden, verläuft die Metallierung über intermediär gebildete Kaliumalkyle, die reaktiver als Lithiumalkyle sind, unter Bildung von Kaliumarylen:

$$R–Li + t\text{-BuOK} \rightleftharpoons R–K + t\text{-BuOLi}$$

[5.86]

$$Ar–H + R–K \longrightarrow Ar–K + R–H$$

Substituenten mit freien Elektronenpaaren, die mit dem Metall in koordinative Wechselwirkung treten können, haben einen starken Einfluß auf die Geschwindigkeit und die Regioselektivität der Metallierung. Solche Gruppen (*directing metalation groups,* DMG's im Englischen) erhöhen die Reaktivität der Aromaten und dirigieren das Metall in die *ortho*-Stellung zum Substituenten (*dirigierte ortho-Metallierung „DoM"*):

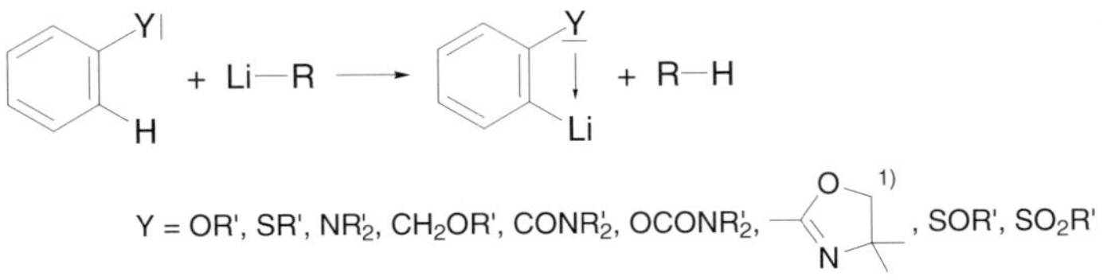

$$Y = OR', SR', NR_2', CH_2OR', CONR_2', OCONR_2', \text{[oxazoline]}^{1)}, SOR', SO_2R'$$

[5.87]

Heteroaromaten werden aus dem gleichen Grunde im allgemeinen in Nachbarstellung zum Heteroatom metalliert.

Durch dirigierte *ortho*-Metallierung und anschließende Umsetzung mit elektrophilen Reagenzien [5.88] lassen sich unter milden Bedingungen Substituenten regioselektiv in die zur aktivierenden Gruppe benachbarten Position einführen. Auf diesem Wege werden andere Regioselektivitäten erzielt als durch direkte elektrophile Substitution, die entweder zu Gemischen von *ortho*- und *para*-substituierten Verbindungen oder zu den *meta*-Substitutionsprodukten führt, s. D.5.1.2. Heteroaromaten, wie z. B. Pyridin und Indol, lassen sich in 2-Stellung substituieren, was ebenfalls mit den üblichen elektrophilen Substitutionsreaktionen nicht möglich ist.

Die durch die genannten Metallierungsreaktionen gebildeten Organolithium- und -magnesiumverbindungen enthalten eine stark polare Kohlenstoff-Metall-Bindung, in der das C-Atom eine negative Partialladung trägt und daher stark basisch und nucleophil ist. Sie reagieren aus diesem Grunde leicht mit elektrophilen Reagenzien unter Substitution des Metallatoms:

$$\overset{\delta^+}{M}-\overset{\delta^-}{Ar} + \overset{\delta^+}{E}-\overset{\delta^-}{X} \longrightarrow Ar-E + MX$$

[5.88]

Einige wichtige Reaktionen von Aryllithium- und -magnesiumverbindungen sind in Tabelle 5.89 zusammengestellt. Alkyl- und Alkenylmetallverbindungen reagieren analog.

Die Umsetzungen metallorganischer Verbindungen mit Carbonylverbindungen werden in Kapitel D.7.2.2. besprochen.

Tabelle 5.89
Reaktionen von Arylmetallverbindungen

$Ar-M + H-X \longrightarrow Ar-H + MX$	Reaktion mit OH-, NH-, CH- und anderen H-aciden Verbindungen, vgl. D.7.2.2.
$Ar-M + R-X \longrightarrow Ar-R + MX$	Reaktion mit Alkylhalogeniden und -sulfonaten zu Alkylaromaten
$Ar-M + \frac{1}{2} O_2 \longrightarrow Ar-OM \xrightarrow{+HX} Ar-OH + MX$	Reaktion mit Sauerstoff zu Phenolen
$Ar-M + \frac{1}{8} S_8 \longrightarrow Ar-SM \xrightarrow{+RX} Ar-SR + MX$ $\xrightarrow{+HX} Ar-SH + MX$	Reaktion mit Schwefel zu Thioethern und Thiolen
$Ar-M + R-S-S-R \longrightarrow Ar-SR + RSM$	Reaktion mit Disulfiden zu Thioethern
$Ar-M + MeO-NH_2 \longrightarrow Ar-NH_2 + MeOM$	Reaktion mit Methoxylamin zu Aminen
$Ar-M + I_2 \longrightarrow Ar-I + MI$	Reaktion mit Iod zu Aryliodiden

---

1) Die Dimethyl-1,3-oxazolinylgruppe ist eine geschützte COOH-Gruppe, vgl. [7.48].

Tabelle 5.89 (Fortsetzung)

$$Ar-M + R_2C=O \longrightarrow Ar-CR_2-OM \xrightarrow[-MX]{+HX} Ar-CR_2-OH$$

Reaktion mit Carbonylverbindungen zu Alkoholen, s. D.7.2.2.

$$Ar-M + CO_2 \longrightarrow Ar-CO-OM \xrightarrow[-MX]{+HX} Ar-COOH$$

Reaktion mit Kohlendioxid zu Carbonsäuren, s. D.7.2.2.

Die Reaktionen mit Wasser und Sauerstoff sind dafür verantwortlich, daß metallorganische Verbindungen unter Feuchtigkeits- und Luftausschluß gehandhabt werden müssen.

Als Beispiel für die Alkylierung eines durch dirigierte Metallierung hergestellten lithiierten Aromaten wird die Darstellung von 3-Decyl-1,2-dimethoxy-benzen (3-Decyl-veratrol) beschrieben:

$$\xrightarrow[-n\text{-BuH}]{+n\text{-BuLi}} \qquad \xrightarrow[-\text{LiBr}]{+n\text{-C}_{10}\text{H}_{21}\text{Br}} \qquad [5.90]$$

Man überlege sich, welches isomere Alkylveratrol über die Reaktionsstufen Friedel-Crafts-Acylierung (D.5.1.8.1.) und Reduktion des Ketons nach WOLFF-KIZHNER (D.7.3.1.6) entstehen würde!

3-Decyl-veratrol[1])

Achtung! n-Butyllithium ist extrem hydrolyseempfindlich und an der Luft selbstentzündlich. Aus den eingesetzten Chemikalien sind Feuchtigkeitsspuren zu entfernen. Alle Glasgeräte müssen rigoros getrocknet werden. Die Reaktion ist unter trockenem Argon als Schutzgas durchzuführen.

Man verwende ein Magnetrührwerk mit Kühlbad und einen 500-ml-Dreihalskolben mit Rückflußkühler, versehen mit einem Trockenrohr, Gaseinleitungsrohr und Septumkappenverschluß. Zu einer mit Argon gespülten und unter Argonschutzgas stehenden Lösung von 0,25 mol (34,5 g) Veratrol in 150 ml trockenem Tetrahydrofuran (vgl. Reagenzienanhang) werden bei 0 °C (Eisbad verwenden!) und unter Rühren mit Hilfe eine Spritze 0,17 mol n-Butyllithium (123 ml einer 1,36 M n-Butyllithium-Lösung) in Diethylether innerhalb von 10 Minuten zugegeben. Es wird 1,5 Stunden bei 0 °C gerührt und danach eine argongespülte Lösung von 0,083 mol (18,5 g) 1-Bromdecan in 20 ml THF zugespritzt. Nach 3stündigem Erhitzen unter Rückfluß wird auf Raumtemperatur abgekühlt. Zur Hydrolyse tropft man 100 ml 10%ige Salzsäure vorsichtig zu, trennt die Phasen und schüttelt die wäßrige Phase zweimal mit 150 ml Ether aus. Die vereinigten organischen Phasen werden mit 20 ml 10%iger Natronlauge und Wasser gewaschen, mit Magnesiumsulfat getrocknet und am Rotationsverdampfer vom Lösungsmittel befreit. Den Rückstand fraktioniert man unter Verwendung einer kurzen Vigreux-Kolonne im Vakuum. Nach einem Vorlauf von Veratrol erhält man 17 g (73 % d. Th.) des Produktes als farblose Flüssigkeit. *Kp* 139...140$_{0,066(0,5)}$.

2-Thiophenthiol durch Lithiierung von Thiophen und anschließende Schwefelung: JONES, E.; MOODIE, I. M., Org. Synth. **50** (1970), 104.

α,α-Diphenyl-2-furyl-methanol durch Lithiierung von Furan und anschließende Umsetzung mit Benzophenon: GSCHWEND, H. W.; RODRIGUEZ, W. R., Org. React. **26** (1979), 97.

(2-Dimethylamino-5-methylphenyl)diphenylmethanol durch dirigierte Lithiierung von N,N-Dimethylamino-p-toluidin und anschließende Umsetzung mit Benzophenon: HAY, J. V.; HARRIS, T. M., Org. Synth., Coll. Vol. VI (1988), 478.

---

[1]) nach NG, G. B.; DAWSON, C. R., J. Org. Chem. **43** (1978), 3205

Präparativ sehr wichtig sind die Reaktionen von lithium- und magnesiumorganischen Verbindungen mit den Halogeniden anderer Elemente zu den entsprechenden elementorganischen Verbindungen:

$$Ar-M \ + \ M'-X \ \longrightarrow \ Ar-M' \ + \ MX \qquad M' = R_2P, \ R_2P(O), \ R_2B, \ R_3Si, \ R_3Sn \ u.a. \qquad [5.91]$$

Auf diese Weise können Organophosphor-, -bor-, -silizium-, -zinn- und andere metallorganische Verbindungen hergestellt werden (*Transmetallierungen*, s. z. B. [7.201], [7.217]). Die dabei gebildeten Organometallverbindungen sind selbst wieder zu den verschiedensten Substitutionsreaktionen in der Lage (vgl. die folgenden Kapitel und D.7.2.2.).

Am Bor lassen sich auch Alkoxygruppen durch lithium- und magnesiumorganische Verbindungen substituieren, z. B.:

$$Ar-M \ + \ B(OMe)_3 \ \longrightarrow \ Ar-B(OMe)_2 \ + \ MOMe \qquad [5.92]$$

Die aus Trialkylboraten gebildeten Arylboronsäureester sind wertvolle Reagenzien für weitere Synthesen (s. z. B. [5.104]). Sie können unter anderem mit Wasserstoffperoxid in Essigsäure zu Arylboraten oxidiert und diese zu Phenolen hydrolysiert werden:

$$Ar-B(OMe)_2 \ \xrightarrow[-\ H_2O]{+\ H_2O_2} \ Ar-C-B(OMe)_2 \ \xrightarrow[-\ HOB(OMe)_2]{+\ H_2O} \ Ar-OH \qquad [5.93]$$

Die Reaktionsfolge über Arylborverbindungen eröffnet einen Zugang zu Phenolen ausgehend von Ar–H oder Ar–X über Ar–M (nach [5.83] bzw. [5.81]). Sie verläuft mit besseren Ausbeuten als die direkte Oxidation des Metallaryls mit Sauerstoff (Tab. 5.89).

5.3.2.   Kupplungen von Aryl- mit Organometallverbindungen

Arylhalogenide, -sulfonate und andere Aromaten Ar–X, vor allem Aryliodide, -bromide und -trifluormethansulfonate („Triflate"), reagieren entsprechend Gleichung [5.85] mit metallorganischen Verbindungen direkt oder übergangsmetallkatalysiert unter Substitution von X durch einen organischen Rest. Alkenylhalogenide und -triflate verhalten sich analog. In diesen auch *Kreuzkupplungen* genannten Reaktionen werden C–C-Bindungen neu geknüpft; sie haben daher für die Synthese organischer Verbindungen eine herausragende Bedeutung.

5.3.2.2.   Kupplungen mit alkalimetall- und kupferorganischen Verbindungen

Mit den stark polaren, stark basischen *Organoalkalimetallverbindungen* reagieren Arylhalogenide bereits ohne einen Katalysator. Sie kuppeln z. B. mit Lithiumalkylen in Tetrahydrofuran zu Alkylarenen (möglicherweise nach intermediärem Halogen-Metall-Austausch [5.85]):

$$Ar-X \ + \ R-Li \ \rightleftharpoons \ Ar-Li \ + \ R-X \ \longrightarrow \ Ar-R \ + \ LiX \qquad [5.94]$$

Nebenreaktionen, wie die Bildung symmetrischer Kupplungsprodukte und die Eliminierung zu Olefinen, mindern die Ausbeuten der Umsetzung.

Die Metallalkyle können auch in situ aus entsprechenden Halogenverbindungen und Alkalimetall erzeugt werden. So reagiert die Mischung eines Aryl- und eines Alkylhalogenids mit Natrium in Ether bei Raumtemperatur zu Alkylaromaten (*Wurtz-Fittig-Reaktion*):

$$Ar-X \ + \ R-X \ + \ 2 \, Na \ \longrightarrow \ Ar-R \ + \ 2 \, NaX \qquad [5.95]$$

Die Reaktion ist eine Variante der *Wurtz-Reaktion*, in der Organohalogenide mit Natrium zu den symmetrischen Kupplungsprodukten umgesetzt werden, Arylhalogenide also zu Biarylen (allerdings mit mäßigen Ausbeuten).

Auch mit den anderen Alkalimetallen, z. B. Lithium, können solche Kupplungsreaktionen vermittelt werden.

In allen Fällen bilden sich intermediär Alkalimetallaryle, die dann mit den Halogeniden zu den Kupplungsprodukten reagieren:

$$\text{Ar}-\text{X} \xrightarrow[-\text{MX}]{+2\,\text{M}} \text{Ar}-\text{M} \xrightarrow[-\text{MX}]{+\text{ArX}} \text{Ar}-\text{Ar} \qquad [5.96]$$

Da Alkalimetallorganyle mit vielen funktionellen Gruppen (–COR, –CN, –NO$_2$, –SO$_2$R, –OH, –NH$_2$ u. a.) unverträglich sind (vgl. Tab. 5.89 und Kap. D.7.2.2.), ist der Anwendungsbereich von Kupplungen mit diesen Verbindungen beschränkt.

Organokupferverbindungen, die ebenfalls meist ohne weiteren Katalysator mit Arylhalogeniden umgesetzt werden können, tolerieren viele dieser Gruppen; sie sind daher als Kupplungspartner von weit größerer präparativer Bedeutung.

Lithiumdialkylcuprate R$_2$CuLi, die aus Lithiumalkylen und Kupfer(I)salzen dargestellt werden können (s. [7.217]), reagieren mit Aryliodiden in Ether oder Tetrahydrofuran mit guten Ausbeuten zu Alkylaromaten (vgl. [7.219]):

$$\text{Ar}-\text{I} + \text{R}_2\text{CuLi} \longrightarrow \text{Ar}-\text{R} + \text{RCu} + \text{LiI} \qquad [5.97]$$

Kupferacetylide ergeben mit Aryl- (und auch Alkylen)-halogeniden Aryl- (bzw. Alkenyl)-acetylene (*Stephens-Castro-Kupplung*):

$$\text{Ar}-\text{I} + \text{CuC}{\equiv}\text{CR} \longrightarrow \text{Ar}-\text{C}{\equiv}\text{C}-\text{R} + \text{CuI} \qquad [5.98]$$

Diphenylacetylen und substituierte Diphenylacetylene aus Aryliodiden und Kupfer(I)-phenylacetylid. STEPHENS, R. D.; CASTRO, C. E., J. Org. Chem. **28** (1963), 3313.

2-Phenyl-furo[3,2-b]pyridin aus 2-Iod-pyridin-3-ol und Kupfer(I)-phenylacetylid: ONSLEY, D. C.; CASTRO, C. E., Org. Synth. **52** (1972), 128.

Mit Kupfer(I)-cyanid reagieren Arylhalogenide bei Temperaturen über 200 °C zu Benzonitrilen (*Rosenmund-von-Braun-Reaktion*):

$$\text{Ar}-\text{Br} + \text{CuC}{\equiv}\text{N} \longrightarrow \text{Ar}-\text{C}{\equiv}\text{N} + \text{CuBr} \qquad [5.99]$$

α-Naphthonitril aus α-Brom-naphthalin und CuCN: NEWMAN, M. S., Org. Synth., Coll. Vol. III (1955), 631.

Phenanthren-9-carbonitril aus 9-Brom-phenanthren und CuCN: CALLEN, J. E.; DORNFELD, C. A., Org. Synth., Coll. Vol. III (1955), 212.

Organokupferverbindungen treten intermediär auch bei der *Ullmann-Reaktion* auf, der Kupplung von Arylhalogeniden zu Biarylen mit Kupferpulver bei hohen Temperaturen (≥200 °C).

$$2\,\text{Ar}-\text{X} + 2\,\text{Cu} \longrightarrow \text{Ar}-\text{Ar} + 2\,\text{CuX} \qquad [5.100]$$

Die Reaktion verläuft wahrscheinlich analog [5.96] unter Bildung von Kupferarylen als Zwischenprodukten.

Am besten geeignet sind Aryliodide, Arylbromide und -chloride können aber auch umgesetzt werden. Elektronenacceptorsubstituenten in *ortho*-Stellung , wie *o*-NO$_2$- und *o*-CN-Gruppen, aktivieren die Substrate ausgeprägt. Aus dem Gemisch eines Aryliodids mit einem zweiten Arylbromid oder -chlorid lassen sich unsymmetrische Biaryle Ar–Ar′ darstellen (*gekreuzte Ullmann-Reaktion*).

Bei wesentlich niedrigeren Temperaturen gelingt die Kupplung von Arylhalogeniden zu Biarylen in homogener Phase mit löslichen Kupfer(I)-salzen, besonders dem Triflat. Auch Nickel(0)-Komplexe sind effiziente Reagenzien dafür.

2,2′-Dinitro-biphenyl aus 2-Chlor-nitrobenzen mit Kupferbronze: FUSON, R. C.; CLEVELAND, E. A., Org. Synth., Coll. Vol. III (1955), 339.

4,4′-Dicyan-biphenyl aus 4-Brom-benzonitril und Bis(1,5-cyclooctadien)nickel Ni(cod)$_2$: SEMMELHACK, M. F.; HELQUIST, P. M.; JONES, L. D., J. Am. Chem. Soc. **93** (1971), 5908.

5.3.3.2. Übergangsmetall-katalysierte Kreuzkupplungen

Die meisten metallorganischen Verbindungen lassen sich nur in Anwesenheit katalytischer Mengen eines Übergangsmetallkomplexes mit Aryl- (und Alkenyl)halogeniden kuppeln. Als Katalysatoren sind besonders Palladium(0)- und Nickel(0)-komplexe geeignet.

Die katalytische Wirkung beruht auf der Fähigkeit dieser Übergangsmetallkomplexe zu *oxidativer Addition* [5.85], *Transmetallierung* [5.88] und *reduktiver Eliminierung* (vgl. D.4.5.1., [4.111]). Der diese drei Schritte umfassende Katalysecyclus ist in [5.101] schematisch für Palladium-Komplexe unter Weglassung der Liganden dargestellt.

$$\begin{array}{c} Pd^0 \\ +\,Ar\!-\!X \nearrow \quad \searrow\, -\,Ar\!-\!R \\[2mm] Ar\!-\!Pd^{II}\!-\!X \xrightarrow[-\,MX]{+\,R\!-\!M} Ar\!-\!Pd^{II}\!-\!R \end{array} \qquad [5.101]$$

Die katalysierte Reaktion beginnt mit der oxidativen Addition des Arylhalogenids ArX an den Pd(0)-Komplex zu einem Aryl-Pd(II)-X-Komplex, der mit dem metallorganischen Reagens RM unter Transmetallierung zu einem Ar-Pd(II)-R-Komplex reagiert. Aus diesem wird das Kreuzkupplungsprodukt Ar–R reduktiv eliminiert, wobei sich der Katalysator Pd(0) zurückbildet.

Die drei Reaktionen des Cyclus verlaufen je nach Art der Reaktanden, Liganden und Lösungsmittel selbst wieder nach komplexen Mechanismen. Die reduktive Eliminierung kann z. B. direkt aus dem vierfach koordinierten quadratisch planaren Ar-PdL$_2$-R-Komplex erfolgen, was nur aus der *cis*-Konfiguration möglich ist, in die sich ein eventuell vorliegender *trans*-Komplex dann umlagern muß, siehe [5.102a]. Dieser Weg ist bei Aryl- und Alkenylpalladiumkomplexen wahrscheinlich. Andernfalls kann die Eliminierung aber auch in mehreren Schritten unter Abspaltung von zunächst einem Liganden über einen nur dreifach koordinierten Komplex entsprechend [5.102b] verlaufen.

$$\begin{array}{c} \begin{array}{c} Ar\diagdown\\ \quad Pd \\ R\diagup \end{array}\!\begin{array}{c} \diagup L\\ \diagdown L \end{array} \rightleftharpoons \begin{array}{c} Ar\\ |\\ R \end{array} + PdL_2 \end{array} \qquad [5.102a]$$

$$\begin{array}{c} Ar\diagdown\\ \quad Pd \\ L\diagup \end{array}\!\begin{array}{c} \diagup L\\ \diagdown R \end{array} \rightleftharpoons$$

$$-L\diagdown \quad +L\diagup$$

$$\begin{array}{c} Ar\diagdown\\ \quad Pd \\ R\diagup \end{array}\!\diagup L \rightleftharpoons \begin{array}{c} Ar\\ |\\ R \end{array} + PdL \qquad [5.102b]$$

Außer Arylhalogeniden können auch Arylsulfonate Ar–OSO$_2$R′, Aryldiazoniumsalze Ar–N$_2^{\oplus}$X$^{\ominus}$ und andere Ar–X mit guten Abgangsgruppen als Substrate in übergangsmetallkatalysierten Kreuzkupplungen eingesetzt werden. Besonders die Trifluormethansulfonate (Triflate) Ar–OSO$_2$CF$_3$, die aus Phenolen erhalten werden, sind sehr nützliche Verbindungen. Ihre Reaktivität ordnet sich im allgemeinen in die Reihe ein: Ar–I > Ar–OTf > Ar–Br > Ar–Cl. Die Reaktionsfähigkeit der elektrophilen Substrate wird durch Elektronenacceptorsubstituenten erhöht und durch Elektronendonatoren erniedrigt, das umgekehrte gilt für die als Nucleophile fungierenden metallorganischen Reagenzien.

Eine präparativ wichtige Reaktion, die durch Palladium-Komplexe beschleunigt wird, ist die Umsetzung von Aryl- (und Alkenyl-)halogeniden und -triflaten mit Kupferacetyliden [5.95]. Da die Kupferacetylide in situ aus einem endständigen Acetylen und einem Kupfer(I)-salz bei Anwesenheit einer Base erzeugt werden können, läßt sich die Arylierung (und Vinylierung) terminaler Acetylene in Gegenwart von Basen mit katalytischen Mengen der Cu(I)-Salze und Palladiumkomplexe durchführen (*Sonogashira-Reaktion*):

$$Ar\!-\!X + H\!-\!C\!\equiv\!C\!-\!R \xrightarrow{PdL_2,\ CuI,\ R'_2NH} Ar\!-\!C\!\equiv\!C\!-\!R + HX \qquad [5.103]$$

Gewönlich verwendet man Kupfer(I)-iodid und $PdCl_2(PPh_3)_2$, $Pd(PPh_3)_4$, $Pd(OAc)_2$ oder $PdCl_2$ als Katalysatoren und Alkylamine wie Diisopropylamin oder Triethylamin als Basen.

Auch wenn Pd(II)-Komplexe wie $PdCl_2(PPh_3)_2$ eingesetzt werden, ist die katalytisch wirksame Spezies ein Pd(0)-Komplex, der aus dem Pd(II)-Komplex durch Reduktion mit den Reaktanden (z. B. Amin) entsteht.

Die Sonogashira-Reaktion verläuft unter milden Bedingungen bei Raumtemperatur und toleriert viele Substituenten, wie Hydroxy-, Amino-, Carbonyl-, Ester- und Amid-Gruppen, in beiden Kupplungspartnern.

Wird das Kupferacetylid nicht schnell genug im Reaktioncyclus verbraucht, kann sich durch Redox-Dimerisierung ein Diin $R–C≡C–C≡C–R$ als Nebenprodukt bilden (vgl. Tab. 5.104).

Allgemeine Arbeitsvorschrift zur Sonogashira-Arylierung von Phenylacetylen (Tab. 5.104)

Man verwendet einen 50 ml Dreihalskolben mit Magnetrührer, Gaseinleitungsrohr, Trockenrohr und Septumverschluß.

Zur gerührten Lösung von 1 mmol Iodaren, 1 mol-% Tetrakis(triphenylphosphin)palladium und 2 mol-% Kupfer(I)iodid in 20 ml Dimethylformamid und 5 ml Diisopropylamin, die 30 Minuten mit Argon gespült wurde, werden über eine Septumkappe 1,05 mmol Phenylacetylen zugespritzt. Man rührt unter Beibehaltung eines schwachen Argonstroms (Blasenzähler verwenden!) 2 Stunden bei Raumtemperatur. Danach gibt man die Reaktionslösung zu einer Mischung aus etwa 100 g Eis und 200 ml 0,1 N Salzsäure, läßt im Abzug unter Eiskühlung 2 bis 3 Stunden stehen, saugt den Niederschlag ab, wäscht ihn mit Wasser bis zur neutralen Reaktion, trocknet und chromatographiert die Substanz über eine kurze Säule an Silicagel mit Cyclohexan als Elutionsmittel zur Abtrennung des Butadiins und des Produktes. Die Fraktionen werden dünnschichtchromatographisch an Silicagel (mit Fluoreszenzindikator) auf Aluminiumfolie und Cyclohexan als Laufmittel kontrolliert (Fluoreszenzlampe), Fraktionen gleichen Inhalts vereinigt, und nach Abdestillation des Lösungsmittels wird der Rückstand aus Methanol/Wasser (v : v = 19 : 1) umkristallisiert.

Tabelle 5.104

Diarylacetylene durch palladiumkatalysierte Arylierung von Phenylacetylen

Endprodukt	Ausgangsstoff	F in °C	Ausbeute in %
4-Methoxy-tolan	4-Iod-anisol	58–59	74 [12][1])
4-Chlor-tolan	4-Chlor-iodbenzen	80–81	88
4-Methyl-tolan	4-Iod-toluen	78–79	63
4-Nitro-tolan	4-Iod-nitrobenzen	119–120 (EtOH)	65 [2][1])
1-(1-Naphthyl)-2-phenyl-acetylen	1-Iod-naphthalen	54–55 (Hexan)	70[2])
1-(2-Naphthyl)-2-phenyl-acetylen[3])	2-Brom-naphthalen	117 (EtOH)	65

[1]) Ausbeute an abgetrenntem 1,4-Diphenyl-butadiin; F 88–89 °C (95%iges MeOH)

[2]) Falls das Produkt nicht als Feststoff ausfällt, schüttelt man die wäßrige Phase zweimal mit 50 ml Diethylether aus, wäscht die vereinigten Extrakte mit verdünnter Salzsäure und Wasser neutral, trocknet und destilliert das Lösungsmittel am Rotationsverdampfer ab. Der Rückstand wird an Silicagel chromatographiert (Füllhöhe 20 cm, 3 cm Durchmesser).

[3]) 1,25 mmol Phenylacetylen einsetzen, dem Reaktionsgemisch 20 mg NaI zusetzen. Reaktionstemperatur: 130 °C, Reaktionszeit: 8 Stdn., Chromatographie wie unter [2]). Als erste Fraktion wird etwas 2-Brom-naphthalen abgetrennt.

Palladiumkomplex-katalysiert lassen sich Aryl- und Alkenylhalogenide und -triflate in Gegenwart von Basen weiterhin mit Organoborverbindungen (Organoboranen, -boronsäuren und -boronsäureestern) kuppeln (*Suzuki-Kupplung*), z. B.:

$$Ar—X + R—B(OH)_2 \xrightarrow[- NaX]{PdL_2 + NaOH} Ar—R + B(OH)_3 \qquad \text{R = Aryl, Alkenyl, Alkyl} \qquad [5.105]$$

Organoborverbindungen enthalten eine weitgehend homöopolare C–B-Bindung und sind daher wesentlich schwächere Nucleophile als die polareren Metallorganyle. Mit den Organopalladiumhalogeniden im

Transmetallierungsschritt des Katalysecyclus [5.101] reagieren sie nur ausreichend schnell, wenn eine Base anwesend ist. Andererseits sind sie gegenüber vielen funktionellen Gruppen, wie OH, NH, CO, NO_2, CN, und auch gegenüber Sauerstoff und Wasser inert und können daher ohne die bei Umsetzungen mit metallorganischen Verbindungen üblichen Vorsichtsmaßnahmen gehandhabt und sogar in wässeriger Lösung angewandt werden. Weitere Vorzüge sind ihre Ungiftigkeit und leichte Zugänglichkeit und die hohe Selektivität, mit der sie in den Kreuzkupplungen reagieren.

Als Katalysatoren werden vor allem Palladium-Phosphin-Komplexe und Palladium(II)-salze in Kombination mit tertiären Phosphinen, aber auch ohne diese, eingesetzt. Übliche Basen sind Alkalicarbonate, -phosphate, -hydroxide und -alkoxide, Cäsium- oder Tetrabutyl-ammoniumfluorid. Als Lösungsmittel werden mit Wasser mischbare Alkohole, Ketone, Ether und Carbonsäureamide verwendet, man kann aber auch in Suspension in Dioxan, DMF oder aromatischen Kohlenwasserstoffen arbeiten.

Gut geeignet ist die Suzuki-Reaktion für die Darstellung von substituierten Biarylen (R = Ar'). Die dafür erforderlichen Arylboronsäuren werden aus Arylmagnesiumhalogeniden oder Lithiumarylen und Borsäureestern nach [5.92] und Hydrolyse der gebildeten Arylboronsäureester erhalten.

Die Suzuki-Kupplung erlaubt, unsymmetrisch substituierte Biaryle mit hoher Regioselektivität darzustellen. Im Vergleich zur klassischen kupfervermittelten Synthese von Biarylen aus Halogenaromaten (Ullmann-Reaktion [5.97]) wird die C–C-Bindung unter wesentlich milderen Bedingungen (bei etwa 100 °C) geknüpft, so daß eine größere Vielfalt von Substituenten in den Aromaten möglich ist.

Unsymmetrisch substituierte Biaryle aus Arylboronsäuren und Aryliodiden bzw. -bromiden unter Verwendung von Palladium(II)-acetat und Triphenylphosphin: HUFF, B. E.; KOENIG, TH. M.; MITCHELL, D.; STASZAK, M. A., Org. Synth. **75** (1998), 53–60.

Unsymmetrisch substituierte Biphenyle aus Arylboronsäuren und Aryliodiden unter Verwendung von Palladium(II)-acetat bzw. Tris(dibenzylidenaceton)dipalladium/Tri(*o*-tolyl)phosphin: GOODSON, F. E.; WALLOW, Th. I.; NOVAK, B. M., Org. Synth. **75** (1998), 61–68.

Unsymmetrisch substituierte Biphenyle aus Mesitylenboronsäure und Arylhalogeniden, Tetrakis(triphenylphosphin)palladium und Thalliumhydroxid: ANDERSON, J. C.; NAMLI, H.; ROBERTS, C. A., Tetrahedron, **53** (1997), 15123–15134.

Die palladiumkatalysierte Kreuzkupplung von organischen Halogeniden und Triflaten mit Organozinnverbindungen (*Stille-Reaktion*)

$$R'\!-\!X + R\!-\!SnR''_3 \xrightarrow{\ PdL_2\ } R'\!-\!R + XSnR''_3$$

R', R = Aryl, Alkenyl, Alkinyl, Benzyl, Allyl, Acyl; R'' = Alkyl (Me, Bu)

[5.106]

ist eine sehr variable Reaktion und mit den verschiedensten Komponenten möglich. Auch sie kann zur Synthese substituierter Aromaten genutzt werden.

Die für Stille-Kreuzkupplungen notwendigen aromatischen Zinnorganyle sind leicht aus acceptor-substituierten Halogenaromaten durch nucleophile aromatische Substitution (vgl. D.5.2.) mit Natriumtrialkylstannat

$$Ar\!-\!X + Me_3SnNa \longrightarrow Ar\!-\!SnMe_3 + NaX \qquad [5.107]$$

oder palladiumkatalysiert mit Hexaalkyldistannanen

$$Ar\!-\!X + Me_3SnSnMe_3 \xrightarrow{\ PdL_2\ } Ar\!-\!SnMe_3 + XSnMe_3 \qquad [5.108]$$

und im Falle nichtaktivierter Halogenaromaten über Aryllithiumverbindungen und Trialkylzinnchlorid, entsprechend [5.91] zugänglich.

Wird die Stille-Reaktion in Anwesenheit von Kohlenmonoxid (1 bar) durchgeführt, tritt Carbonylierung ein, so daß aromatische Ketone und Aldehyde zugänglich werden:

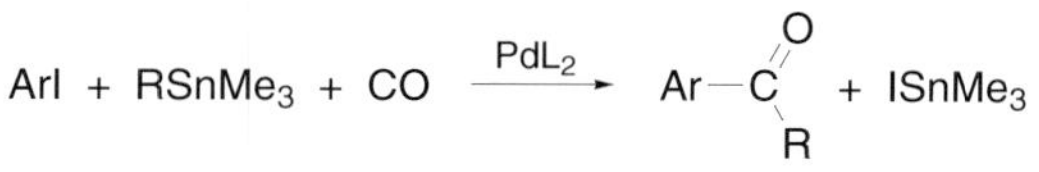

$$ArI + RSnMe_3 + CO \xrightarrow{PdL_2} Ar-\overset{\displaystyle O}{\underset{\displaystyle R}{C}} + ISnMe_3 \qquad [5.109a]$$

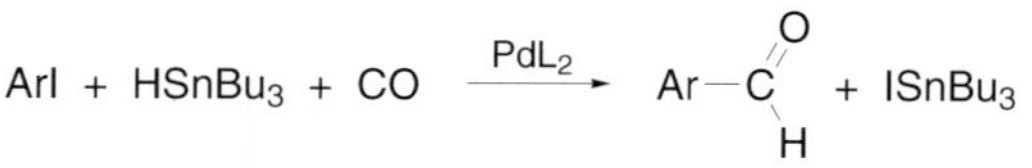

$$ArI + HSnBu_3 + CO \xrightarrow{PdL_2} Ar-\overset{\displaystyle O}{\underset{\displaystyle H}{C}} + ISnBu_3 \qquad [5.109b]$$

Ein wesentlicher Nachteil der Stille-Reaktion ist die Giftigkeit der verwendeten Organozinnverbindungen.

Die Reaktionsbedingungen und -abhängigkeiten der Stille-Kupplung entsprechen weitgehend denen der bereits behandelten palladiumkatalysierten Reaktionstypen. Die nachfolgenden Beispiele illustrieren einige präparative Aspekte dieser Reaktion.

Palladiumkatalysierte *Darstellung von Carbaldehyden* aus Arylhalogeniden, Tributylzinnhydrid und Kohlenmonoxid: BAILLARGEON, V. P.; STILLE, J. K., J. Am. Chem. Soc. **108** (1986), 452–461.

Palladium-katalysierte *Darstellung von Toluenen* aus Benzendiazoniumsalzen und Tetramethylstannan: KIKUKAWA, K.; KONO, K.; WADA, F.; MATSUDA, T., J. Org. Chem. **48** (1983), 1333-1336.

Für Kreuzkupplungen von Aryl- und Alkenylhalogeniden und -sulfonaten mit *magnesiumorganischen (Grignard)-Reagenzien*

$$Ar-X + R-MgX \longrightarrow Ar-R + MgX_2 \qquad [5.110]$$

werden hauptsächlich Nickelkomplexe wie Dichloro[1,2-bis(diphenylphosphino)ethan]nickel(II) $NiCl_2$(dppe) und Dichloro[1,3-bis(diphenylphosphino)propan]nickel(II) $NiCl_2$(dppp) als Katalysatoren eingesetzt, obwohl auch Palladium und andere Metalle katalytisch wirksam sind.

Auch hier sind die katalytisch aktiven Spezies immer Nickel(0)-Komplexe, die aus den Nickel(II)-Komplexen durch Reduktion durch die Grignard-Verbindungen entstehen. Die Reaktionen verlaufen nach dem gleichen Mechanismus [5.101] wie die Palladium-katalysierten Kupplungen.

Mit Nickelkomplexen können auch Alkyl-Grignard-Reagenzien mit β-H-Atomen im Alkylrest gekuppelt werden, was mit Pd-Komplexen wegen der leicht erfolgenden β-H-Eliminierung aus Alkyl-Pd-Verbindungen unter Bildung von Olefinen (vgl. [4.103]) nicht möglich ist.

Ein Nachteil der Organomagnesiumverbindungen ist ihre Neigung zu symmetrischen Kupplungen und ihre Unverträglichkeit mit vielen funktionellen Gruppen (–OH, –SH, –NH$_2$, >C=O, –COOH, –NO$_2$, –C≡N u. a.); dem steht jedoch als Vorteil ihre leichte Zugänglichkeit gegenüber, vgl. Kap. D.7.2.2.

1,2-Dibutyl-benzen aus 1,2-Dichlor-benzen und Butylmagnesiumbromid und andere *Kreuzkupplungen von Aryl- und Alkenylhalogeniden mit Gignard-Reagenzien* in Gegenwart von $NiCl_2$(dppp): KUMADA, M.; TAMAO, K.; SUMITANI, K., Org. Synth. **58** (1978), 127–133.

5.3.3. Heck-Reaktion

Arylhalogenide, -triflate und -diazoniumsalze reagieren in Anwesenheit einer Base Palladiumkomplex-katalysiert mit Alkenen zu Alkenylaromaten (*Heck-Reaktion*):

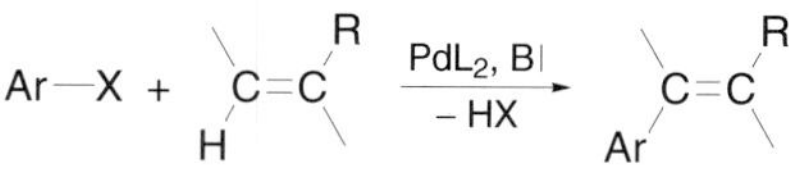

$$Ar-X + \overset{\displaystyle R}{\underset{\displaystyle H}{C}}=C \xrightarrow[-HX]{PdL_2,\ B|} \overset{\displaystyle R}{\underset{\displaystyle Ar}{C}}=C \qquad [5.111]$$

Neben Arylverbindungen sind auch Alkenylverbindungen Pd-katalysiert mit Olefinen vinylierbar (vgl. auch D.4.5.).

Als Katalysatoren werden vor allem Palladium(0)-Komplexe mit ein- bzw. zweizähnigen tertiären Phosphinliganden und auch Pd(II)-Salze plus Phosphin eingesetzt. Im letzten Fall reduzieren die im Reaktionsgemisch vorhandenen Reaktanden (Olefin, Amin) das Palladium(II) zur katalytisch wirksamen Palladium(0)-Spezies.

Die Heck-Reaktion verläuft nach einem Mechanismus, in dem die Schritte der palladiumkatalysierten Reaktionen von Arylhalogeniden [5.101] mit denen der in Kapitel D.4.5.1 behandelten palladiumkatalysierten Umsetzungen von Olefinen [4.111] kombiniert sind. Der Katalysecyclus ist in Abbildung 5.112 dargestellt. Im ersten Reaktionsschritt (1) wird ArX oxidativ an den Palladium(0)-Komplex addiert, wobei sich eine σ-Aryl-Pd-Spezies bildet, die mit dem Olefin über einen π-Komplex in Wechselwirkung tritt (2). Durch Einschubreaktion (*syn*-Insertion) des Olefins in die Ar–Pd-Bindung (3) entsteht im entscheidenden Schritt der Reaktion die neue C–C-Bindung. Nach Rotation um diese Bindung (4) liegt die für eine Pd-assistierte β-Eliminierung notwendige *syn*-Konformation der Substituenten Wasserstoff und Palladium vor, aus der heraus das Endprodukt in *E*-Konfiguration (5) ensteht. Aus der eliminierten Palladium(II)-Spezies bildet sich mit Hilfe einer Base unter reduktiver HX-Abspaltung der Katalysator zurück (6).

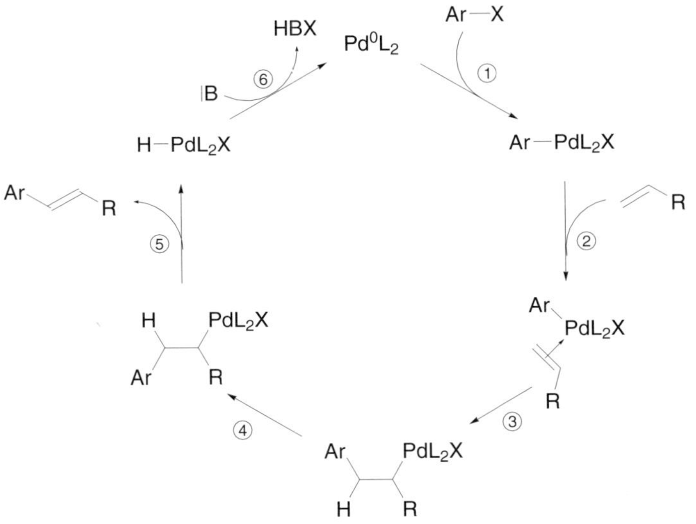

Abb. 5.112
Katalysecyclus der Heck-Reaktion
(1) Oxidative Addition, (2) π-Komplexbildung, (3) *syn*-Insertion, (4) innere Rotation, (5) *syn*-Eliminierung, (6) base-assistierte reduktive HX-Eliminierung

Die Reaktivität der Substrate steigt wie bei den anderen palladiumkatalysierten Reaktionen im allgemeinen von den Arylchloriden zu den Arylbromiden und -iodiden. Arylfluoride reagieren nicht.

Durch Variation des Phospanliganden kann die Wirksamkeit der Katalysatoren der Reaktivität der Reaktanden angepaßt werden. Für Standardreaktionen ist Tetrakis(triphenylphosphin)Palladium(0) ein geeigneter Katalysator. Es dissoziiert in Lösung unter Ligandabspaltung zum Tris(triphenylphosphin)Pd(0), aus dem die katalytisch aktive, zweifach koordinierte Pd(0)-Spezies PdL$_2$ entsteht. Auch Palladium(II)-acetat im Gemisch mit Triphenylphosphin wird oft verwendet. Im Vergleich zum Triphenylphosphin sterisch anspruchsvollere Liganden, wie z. B. Tri(*o*-tolyl)phosphin, vermindern oft mögliche Nebenreaktionen.

Für die Vinylierung der Arylchloride benötigt man Pd(0)-Komplexe mit stark basischen Phosphinen, wie z. B. das Tri(*tert*-butyl)phosphin. Durch Wahl des Katalysators ist es daher möglich, in mehrfach substituierten Halogenaromaten selektiv nur das reaktivste Halogen zu ersetzen. Andererseits können in einem Reaktionsschritt mehrere Substituenten gleicher Reaktivität gleichzeitig ausgetauscht werden.

In der Heck-Reaktion werden im Substrat eine Vielzahl von Substituenten toleriert, u. a. Alkyl, Aryl, Alkoxy, Aryloxy, Amino, Cyano.

Gut geeignete Reagenzien für die Heck-Reaktion sind terminale Alkene. Sie werden regio-spezifisch an der sterisch weniger belasteten unsubstituierten β-Position aryliert. Für unterschiedlich 1,2-disubstituierte Alkene muß mit Produktgemischen gerechnet werden:

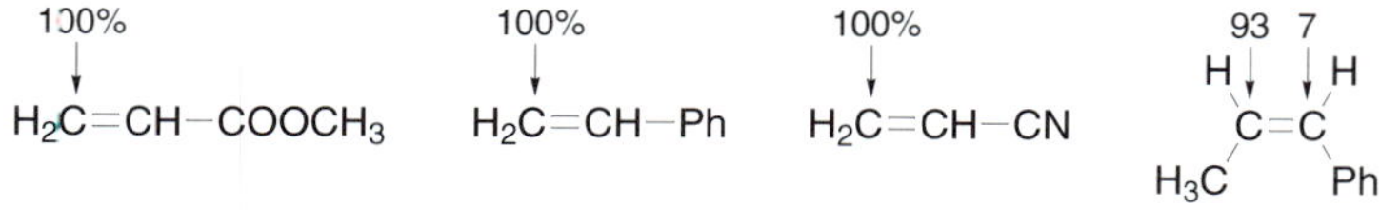

100%   100%   100%   93   7

$H_2C{=}CH{-}COOCH_3$ $H_2C{=}CH{-}Ph$ $H_2C{=}CH{-}CN$ $\underset{H_3C}{\overset{H}{}}C{=}C\underset{Ph}{\overset{H}{}}$ [5.113]

Eine Besonderheit ergibt sich unter Verwendung cyclischer Olefine, was am Beispiel der Arylierung von Cyclohexen veranschaulicht werden soll:

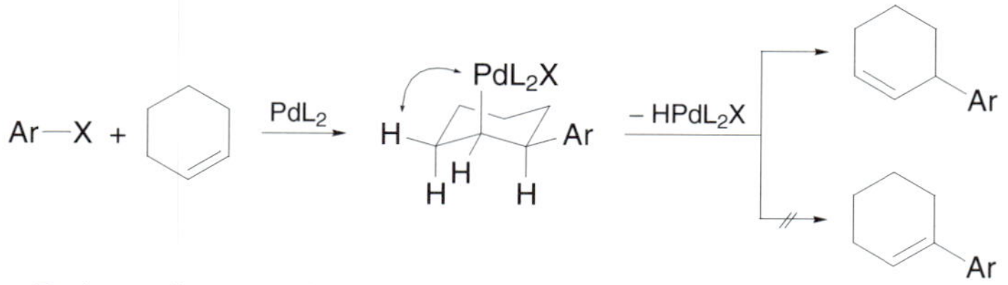

Ar$-$X + [Cyclohexen] $\xrightarrow{PdL_2}$ [Zwischenprodukt mit PdL$_2$X] $\xrightarrow{-HPdL_2X}$ [3-Aryl-cyclohexen-Produkte mit Ar]   [5.114]

Da im arylierten Zwischenprodukt nur ein einziges *syn*-ständiges Wasserstoffatom für die Eliminierung zur Verfügung steht, bildet sich ausschließlich das nichtkonjugierte 3-Aryl-cyclohexen mit einem chiralen Kohlenstoffatom in 3-Position. Unter Verwendung chiraler Phosphinliganden ist damit für diesen Typ der Heck-Reaktion eine enantioselektive Reaktionsführung möglich.

Als Lösungsmittel finden für die Heck-Reaktion u. a. Dimethylformamid, Dimethylacetamid, Acetonitril, Tetrahydrofuran, Dioxan oder auch aromatische Kohlenwasserstoffe Verwendung. Die zur Pd-Komplexierung befähigten dipolar aprotischen Lösungsmittel sind häufig besonders vorteilhaft. Die Reaktionstemperaturen richten sich nach der Reaktivität der Substrate und liegen im allgemeinen zwischen Raumtemperatur und 120 °C. Zur Neutralisation der bei der Reaktion freigesetzten Säuren sind sowohl tertiäre Amine als auch anorganische Basen wie Alkalicarbonate üblich. Zum Schutz der katalytisch aktiven Palladium(0)-Spezies führt man die Reaktion unter Inertgasatmosphäre (Stickstoff, Argon) und Feuchtigkeitausschluß durch.

Allgemeine Arbeitsvorschrift zur Arylierung von Acrylamid (Heck-Reaktion) (Tab. 5.115)

In einem Dreihalskolben mit Rückflußkühler und Gaseinleitungsrohr, der sich in einem Silikonölbad auf einem Magnetrührwerk mit Heizung befindet, werden zu 15 ml trockenem Dimethylformamid (s. Reagenzienanhang) 0,4 mmol Iodaromat, 0,41 mmol Acrylamid und 1,5 ml Triethylamin gegeben. Man spült die Reaktionsmischung 30 Minuten mit Argon und setzt danach 50 mg Tetrakis(triphenylphosphin)palladium zu. Unter Beibehaltung eines schwachen Argonstromes (Blasenzähler verwenden!) erhitzt man unter Rühren 6 Stunden auf 120 °C. Nach dem Abkühlen auf Zimmertemperatur trennt man über eine Glasfritte geringe Mengen Feststoffpartikel ab und gibt das Filtrat auf 150 ml einer Mischung aus Eis und Wasser. Nach Stehen über Nacht im Kühlschrank wird das Produkt abgesaugt und aus Ethanol/Wasser (1 : 1) umkristallisiert. Die stereochemische Konfiguration des Produktes überprüft man mittels ^{1}H-NMR-Spektroskopie (vgl. A.3.6.).

Tabelle 5.115

Arylierung von Acrylamid (Heck-Reaktion)

Produkt	Ausgangsverbindung	F in °C	Ausbeute in %
(*E*)-Zimtsäureamid	Iodbenzen	142–144	42
(*E*)-4-Methoxy-zimtsäureamid	*p*-Iod-anisol	193–195	45
(*E*)-4-Methyl-zimtsäureamid	*p*-Iod-toluen	189–190	63
(*E*)-3-(1-Naphthyl)-acrylamid	1-Iod-naphthalen	176	65

2-Methyl-3-phenyl-propionaldehyd aus Iodbenzen und Methallylalkohol in Gegenwart von Triethylamin und Palladium(II)-acetat: Buntin, S. A.; Heck, R. F., Org. Synth. **61** (1983), 82–84.

5.3.4. Aryl-Heteroatom-Kupplungen

Auf übergangsmetallkatalysiertem Wege lassen sich nicht nur C–C-Bindungen, sondern auch Kohlenstoff-Heteroatom-Bindungen effektiv knüpfen. Als Reagenzien können primäre und secundäre Amine, Alkohole, Phenole, Phosphine und Thiole eingesetzt werden.

$$\text{Ar–X}\;+\;\text{H–YR}\;\xrightarrow[{-\,\text{HX}}]{\text{PdL}_2,\,\text{Bl}}\;\text{Ar–YR}\qquad \text{Y = NH, NR, O, S, PR, P(O)R}\qquad\qquad [5.116]$$

Man formuliere die entsprechenden Reaktionen und benenne die Reaktionsprodukte!

Die Reaktionen verlaufen nach einem ähnlichen Mechanismus wie die Kupplungen von Arylhalogeniden mit metallorganischen Verbindungen [5.101] (M–R = H–YR). Als Katalysatoren kommen wie dort besonders Palladium- und Nickelkomplexe in Frage.

Vor allem die palladiumkatalysierte Synthese von Arylaminen aus Arylhalogeniden, -triflaten oder -diazoniumsalzen mit primären und secundären Aminen ist eine nützliche Reaktion, da selektive C–N-Bindungsknüpfungen zu secundären und tertiären Aminen auf anderem Wege häufig nur schwierig zu bewerkstelligen sind (man vgl. z. B. D.2.). Außerdem kommt den inter- und intramolekularen Arylierungen von Aminen und Amiden sowohl für die Synthese von Naturstoffen als auch von modernen Werkstoffen eine große Bedeutung zu.

In den Pd-katalysierten Aminierungen reagieren die Amine als Nucleophile und die Arylverbindungen als Elektrophile. Deshalb fördern Elektronendonator-Substituenten im Amin und Acceptoren im Substrat die Reaktion. Um ihre Nucleophilie zu erhöhen, können die Amine auch mit *N,N*-Diethylamino-tributyl-zinn stannyliert werden. Man formuliere diese Reaktion!

Als Katalysatorliganden kommen vor allem sterisch voluminöse Phosphine, wie z. B. Tri(*o*-tolyl)- und Tri(*tert*-butyl)phosphin, in Kombination mit Palladium(II)-acetat oder Tris(dibenzylidenaceton)dipalladium Pd₂(dba)₃ zum Einsatz. Secundäre Amine werden vorteilhaft mit zweizähnigen chelatisierenden Liganden wie 1,1′-Di(diphenylphosphino)ferrocen (dppf) oder 2,2′-Bis(diphenylphosphino)1,1′-binaphthyl (BINAP) erhalten. Man formuliere die Strukturen der Verbindungen!

Für diese Aminarylierungen sind stets starke Basen, wie z. B. Natrium-*tert*-butanolat, Kalium- oder Cäsiumcarbonat, erforderlich. Die verwendeten Lösungsmittel entsprechen denen der anderen Pd-katalysierten Reaktionen (s. Heck-Reaktion).

Tertiäre Amine aus Aryliodiden und secundären Aminen unter Verwendung von Pd₂(dba)₃/ (*o*-Tolyl)₃P und Natrium-*tert*-butanolat: Wolfe, J. P.; Buchwald, S. L., J. Org. Chem. **61** (1996), 1133–1135.

Benzokondensierte 5- bis 7-gliedrige N-Heterocyclen durch intramolekulare Arylierung von *N,N*-Arylalkylaminoverbindungen: Wolfe, J. P., Rennels, R. A.; Buchwald, S., L., Tetrahedron, **52** (1996), 7525–7546.

N-Aryl-N-alkylamine durch Arylierung von Alkylaminen unter Verwendung von Pd(dppf)Cl₂) als Katalysator: Driver, M. S.; Hartwig, J. F., J. Am. Chem. Soc. **118** (1996), 7217–7218.

5.4. Literaturhinweise

Allgemeines zur elektrophilen aromatischen Substitution

Baciocchi, E.; Illuminati, G., in: Prog. Phys. Org. Chem. **5** (1967), 1–79.
Berliner, E., in: Prog. Phys. Org. Chem. **2** (1964), 253-321.
Effenberger, F., Angew. Chem. **92** (1980), 147–168.

De La Mare, P. B. D.; Ridd, J. H.: Aromatic Substitution: Nitration and Halogenation. – Butterworth, London 1959.

Minkin, V. I.; Glaknovtsev, M. N.; Simkin, B. Y.: Aromaticity and Antiaromaticity. – John Wiley & Sons, New York 1994

Norman, R. O. C.; Taylor, R.: Electrophilic Substitution in Benzenoid Compounds. – Elsevier, Amsterdam 1965.

Pearson, D. E.; Buehler, C. A., Synthesis **1971**, 455–477.

Sainsbury, M.: Aromatenchemie. – VCH Verlagsgesellschaft, Weinheim 1995.

Stock, L. M.; Brown, H. C., in: Adv. Phys. Org. Chem. **1** (1963), 35–154.

Taylor, R.: Electrophilic Aromatic Substitution. – John Wiley & Sons, Chichester 1990.

Yakobson, G. G.; Furin, G. G., Synthesis **1980**, 345–364.

Substitution an Heteroaromaten

Akselrod, Zh. S.; Berezovskii, V. M., Usp. Khim. **39** (1970), 1337–1368.

Cook, M. J.; Katritzky, A. R., in: Adv. Heterocycl. Chem. **17** (1974), 255–356.

Goldfarb, Ya. L.; Volkenshteiin, Yu. B.; Belenkii, L. I., Angew. Chem. **80** (1968), 547–557.

Katritzky, A. R.; Johnson, C. D., Angew. Chem. **79** (1967), 629–656.

Marino, G., in: Adv. Heterocycl. Chem. **13** (1971), 235–314.

Thomas, K.; Jerchel, D., Angew. Chem. **70** (1958), 719–737.

Reversible Blockierung bei der aromatischen Substituion

Tashiro, M., Synthesis **1979**, 921–936.

Nitrierung

Hartshorn, S. R.; Schofield, K., in: Prog. Phys. Org. Chem. **8** (1973), 278.

Nitration and Aromatic Reactivity. Von J. G. Hoggett u. a. – Cambridge University Press, Cambridge 1971.

Olah, G. A.; Malhotra, R.; Narang, S. C.: Nitration. – VCH Publishers, New York 1989.

Schofield, K.: Aromatic Nitration. – Cambridge University Press, Cambridge 1980.

Seidenfaden, W.; Pawellek, D., in: Houben-Weyl. Bd. 10/1 (1971), S. 479-818.

Stock, L. M., in: Prog. Phys. Org. Chem. **12** (1976), 21–47.

Titov, A. I., Usp. Khim. **27** (1958), 845–890.

Sulfonierung

Cerfontain, H.: Mechanistic Aspects in Aromatic Sulfonation and Desulfonation. – Wiley-Interscience, New York 1968.

Gilbert, E. E.: Sulfonation and Related Reactions. – Interscience, New York 1965.

Muth, F., in: Houben-Weyl. Bd. 9 (1955), S. 429–535.

Suter, C. M.; Weston, A. W., Org. React. **3** (1946), 141–197.

Chlorsulfonierung

Muth, F., in: Houben-Weyl. Bd. 9 (1955), S. 572–579.

Chlorierung; Bromierung; Iodierung

De La Mare P. B. D.: Electrophilic Halogenation. – Cambridge University Press, Cambridge 1976.

Roedig, A., in: Houben-Weyl. Bd. 5/4 (1960), S. 233–331, 557-594.

Stroh, R., in: Houben-Weyl. Bd. 5/3 (1962), S. 651–725.

Rhodanierung

Bögemann, M.; Petersen, S.; Schultz, O.-E.; Söli, H., in: Houben-Weyl. Bd. 9 (1955), S. 859–863.

Friedel-Crafts-Alkylierung

Asinger, F.; Vogel, H. H., in: Houben-Weyl. Bd. 5/1a (1970), S. 501–539.

Olah, G. A.: Friedel-Crafts and Related Reactions. Bd. 2. – Interscience, New York 1964.

Olah, G. A.: Friedel-Crafts Chemistry. – John Wiley & Sons, New York 1973.

Price, C. C., Org. React. **3** (1946), 1–82.

ROBERTS, R. M.; KHALAF, A. A.: Friedel-Crafts Alkylation Chemistry. – Marcel Dekker, New York, Basel 1984.

Friedel-Crafts-Acylierung

BERLINER; E., Org. React. **5** (1949), 229–289.
CHEVIER, B.; WEISS, R., Angew. Chem. **86** (1974), 12–21.
GORE, P. H., Chem. Rev. **55** (1955), 229–281.
OLAH, G. A.: Friedel Crafts and Related Reactions. Bd. 3. – Interscience, New York 1965.
PEARSON, D. E.; BUEHLER, C. A., Synthesis **1972**, 533–542.
SCHELLHAMMER, C.-W., in: HOUBEN-WEYL. Bd. 7/2a (1973), S. 15–378.

Fries-Reaktion

BLATT, A. H., Org. React. **1** (1942), 342–369.
HENECKA, H., in: HOUBEN-WEYL. Bd. 7/2a (1973), S. 379–389.

Gattermann-Koch-Reaktion

BAYER, O., in: HOUBEN-WEYL. Bd. 7/1 (1954), S. 16–20.
CROUNSE, N. N., Org. React. **5** (1949), 290–300.
MATSINSKAYA, I. V., Reakts. Metody Issled. Org. Soedin. **7** (1958), 277–306.

Gattermann-Synthese

BAYER, O., in: HOUBEN-WEYL. Bd. 7/1 (1954), S. 20-29.
MATSINSKAYA, I. V., Reakts. Metody Issled. Org.Soedin. **7** (1958), 307-365.
TRUCE, W. E., Org. React. **9** (1957), 37-72.

Hoesch-Synthese

SCHELLHAMMER, C.-W., in: HOUBEN-WEYL. Bd. 7/2a (1973), S. 389–421.
SPOERRI, P. E.; DUBOIS, A. S., Org. React. **5** (1949), 387–412.
ZILBERMAN, E. W., Usp. Khim. **31** (1962), 1309–1347.

Vilsmeier-Synthese

BAYER, O., in: HOUBEN-WEYL. Bd. 7/1 (1954), S. 29–36.
JUTZ, C., in: Adv. Org. Chem. **9** (1976) 1, 225–342.
MARSON, C. M., Tetrahedron **48** (1992), 3659-3726.
MARSON, C. M.; Giles, P. R.: Synthesis Using Vilsmeier Reagents. – CRC Press, Boca Raton 1994.
MINKIN, V. I.; DOROFEENKO, G. N., Usp. Khim. **29** (1960), 1301–1335.

Chlormethylierung (Blanc-Reaktion)

BELENKII, L. I.; VOLKENSHTEIIN, YU. B.; KARMANOVA, I. B., Usp. Khim. **46** (1977), 1698.
FUSON, R. C.; McKEEVER, C. H., Org. React. **1** (1942), 63–90.
STROH, R., in: HOUBEN-WEYL. Bd.5/3 (1962), 1001–1007.

Carboxylierungen

HENECKA, H.; OTT, E., in: HOUBEN-WEYL. Bd. 8 (1952), S. 372–384.
LINDSEY, A. S.; JESKEY, H., Chem. Rev. **57** (1957), 583–620.

Nucleophile aromatische Substitution

BUNNETT, J. F.; ZAHLER, R. E., Chem. Rev. **49** (1951), 273–412.
ILLUMINATI, G., in: Adv. Heterocycl. Chem. **3** (1964), 285–371.
ROSS, S. D., in: Prog. Phys. Org. Chem. **1** (1963), 31–74.
SAUER, J.; HUISGEN, R., Angew. Chem. **72** (1960), 294–315.

über Arine

HEANEY, H., Chem. Rev. **62** (1962), 81–97.
HOFFMANN, R. W.: Dehydrobenzene and Cycloalkynes. – Verlag Chemie, Weinheim; Academic Press, New York, London 1967.

Huisgen, R.; Sauer, J., Angew. Chem. **72** (1960), 91–108.
Kauffmann, Th., Angew. Chem. **77** (1965), 557–571.
Miller, J.: Aromatic Nucleophilic Substitution. – Elsevier, Amsterdam 1968.
Wittig, G., Angew. Chem. **77** (1965), 752–759.
Zoltewicz, J. A., in: Topics in Current Chemistry. Bd. 59. – Springer-Verlag, Berlin, Heidelberg, New York 1975. S. 33–64.

$S_{RN}1$-Reaktion

Beletskaya, I. P.; Drozd, V. N., Usp. Khim. **48** (1979), 793–828.
Bunnett, J. F., Acc. Chem. Res. **11** (1978), 413.
Chanon, M.; Tobe, M. L., Angew. Chem. **94** (1982), 27–49.
Rossi, M.; Tobe, R. A., Acc. Chem. Res. **15** (1982), 164–170.
Rossi, R. A., De Rossi, R. H.: Aromatic Substitution by the $S_{RN}1$ Mechanism. – American Chemical Society, Washington 1983.
Rossi, R. A.; Pierini, A. N., Org. React. **54** (1999), 1–271.

Aminierung von Heterocyclen mit Alkaliamiden

Leffler, M. T., Org. React. **1** (1942), 91–104.
Möller, F., in: Houben-Weyl. Bd. 11/1 (1957), S. 9–17.
Pozharskii, A. F.; Simonov, A. M., Doronkin, V. N., Usp. Khim. **47** (1978), 1933-1969.

Dirigierte Metallierung von Aromaten

Gschwend, H. W.; Rodriguez, H. R., Org. React. **26** (1979), 1–360.
Narasimhan, N. S.; Mali, R. S., Synthesis **1983**, 957–986.
Snieckus, V., Chem. Rev. **90** (1990), 879–933.

Übergangsmetallkatalysierte Kreuzkupplungen

Metal-catalyzed Cross-coupling Reactions. Hrsg.: F. Diederich; P. J. Stang. – Wiley-VCH, Weinheim 1998.
Transition Metals for Organic Synthesis, Vol. 1. Hrsg.: M. Beller; C. Bolm. – Wiley-VCH, Weinheim 1998.
Tsuji, J.: Palladium Reagents and Catalysts. – John Wiley & Sons, Chichester 1995.
Heck, R. F.: Palladium Reagents in Organic Synthesis. – Academic Press, New York 1985.
Kumada, M., Pure Appl. Chem. **52** (1980), 669–679.
Felkin, H.; Swierczewski, G., Tetrahedron **31** (1975), 2735–2748 (mit Grignard-Reagenzien).
Kalinin, V. N., Synthesis **1992**, 413–432 (in Heterocyclen).

Suzuki-Reaktion

Miyaura, N.; Suzuki, A., Chem. Rev. **95** (1995), 2457–2483.

Stille-Reaktion

Farina, V.; Krishnamurthy, V.; Scott, W. J., Org. React. **50** (1997), 1–652.
Farina, V.; Krishnamurthy, V.; Scott, W. J.: The Stille Reaction. – John Wiley & Sons, New York 1998.
Mitchell, T. N., Synthesis **1992**, 803–815.
Stille, J. K., Angew. Chem. **98** (1986) 504–519.
Duncton, M. A. J.; Pattenden, G., J. Chem. Soc., Perkin Trans. 1 **1999**, 1235–1246 (Intramolekulare Stille-Reaktion).

Heck-Reaktion

Shibasaki, M.; Boden, C. D. J.; Kojima, A., Tetrahedron **53** (1997), 7371–7395.
De Meijere, A.; Meyer, E., Angew. Chem. **106** (1994), 2473–2506.
Jeffery, T., Adv. Met.-Org. Chem. **5** (1996), 153–260.
Schmalz, H.-G., Nachr. Chem. Tech. Lab. **42** (1994) 270–276.
Altenbach, H.-J., Nachr. Chem. Tech. Lab. **36** (1988) 1324–1327.
Reißig, H.-U., Nachr. Chem. Tech. Lab. **34** (1986) 1066–1073.
Heck, R. F., Org. React. **27** (1982), 345–390.
Heck, R. F.: Palladium Reagents in Organic Synthesis. – Academic Press, New York 1985, S. 179–321.

Synthese von Arylaminen und Arylethern

Hartwig, J. F., Angew. Chem. **110** (1998) 2154–2177.
Baranano, D.; Mann, G.; Hartwig, J. F., Curr. Org. Chem. **1** (1997) 287–305.

D.6 Oxidation und Dehydrierung

6.1. Allgemeine Gesetzmäßigkeiten

Oxidation bedeutet Entzug von Elektronen. Sie ist stets mit einer Reduktion (Aufnahme von Elektronen) gekoppelt. Eine Redoxreaktion besteht in der Übertragung von Elektronen von einem Reduktionsmittel (Elektronendonor, Nucleophil) auf ein Oxidationsmittel (Elektronenacceptor, Elektrophil); das Reduktionsmittel wird oxidiert, das Oxidationsmittel reduziert, z. B.

$$R_3N| + Fe^{3\oplus} \longrightarrow R_3N^{\oplus}_{\cdot} + Fe^{2\oplus}$$ [6.1]

Diese allgemeine Definition läßt sich auch auf organische Reaktionen, die unter Umgruppierung kovalenter Bindungen ablaufen, anwenden, wenn man den Begriff der *formalen Oxidationszahlen* einführt.

Bei der Festlegung der Oxidationszahlen betrachtet man eine Verbindung so, als ob sie aus Ionen aufgebaut wäre. Das Bindungselektronenpaar einer kovalenten Bindung wird dabei dem elektronegativeren Partner zugeordnet. Für Atome, die an Kohlenstoff gebunden sind, ergeben sich die folgenden Oxidationszahlen: H (+1), O (–2), OH (–1), Hal (–1), C–C (0), C=C (0), C≡C (0). Atome in den Molekülen der Elemente haben die Oxidationszahl Null. Die Summe der Oxidationszahlen muß bei neutralen Verbindungen Null, bei geladenen Verbindungen die betreffende Ladung ergeben. Auf diese Weise erhält man z. B. Reihen, wie sie in Tabelle 6.2 aufgeführt sind.

Tabelle 6.2

Oxidationszahlen des Kohlenstoffatoms in unterschiedlichen Verbindungen

– 4	CH_4		
– 3	$\cdot CH_3$	H_3C-CH_3	
– 2	$\overset{\oplus}{C}H_3$, $:CH_2$	$H_2C=CH_2$	
	CH_3OH , CH_3Cl		
– 1		$HC≡CH$, CH_3CH_2OH	
0	$H_2C=O$, CH_2Cl_2		$(CH_3)_2CHOH$
+ 1		CH_3CHO , CH_3CHCl_2	$(CH_3)_3COH$
+ 2	$HCOOH$, $HCCl_3$, HCN		$(CH_3)_2CO$
+ 3		CH_3COOH , CH_3COCl , CH_3CN	
+ 4	CO_2 , $COCl_2$, CCl_4		

Eine Reaktion ist danach eine Oxidation, wenn in ihrem Verlauf die Oxidationszahl des Reaktionszentrums im Substrat erhöht wird.

In der organischen Chemie wird jedoch der Oxidationsbegriff gewöhnlich nicht so weit gefaßt und beispielsweise die Chlorierung von Alkanen oder die Addition von Brom an Alkene nicht als Oxidation klassifiziert. Im allgemeinen versteht man unter Oxidation den *Entzug von Elektronen*, die *Abspaltung von Wasserstoff* oder die *Zuführung von Sauerstoff*. Häufig ist die Abgabe von Wasserstoff mit der Aufnahme von Sauerstoff verbunden.

Oxidationsreaktionen organischer Verbindungen verlaufen meist nach komplexen Reaktionsmechanismen, in denen die Oxidation des Substrats in einer Folge mehrerer Elementarschritte erreicht wird. Die wichtigsten Typen derartiger Elementarreaktionen mit einer Elektronen-, Wasserstoff- oder Sauerstoffübertragung sind:

- Elektronenübertragung (Oxidation von Verbindungen mit π- oder n-Elektronen, z. B. von Phenolen und aromatischen Aminen, vgl. D.6.4.; anodische Oxidationen)
- Wasserstoffübertragung/Abstraktion von H· (z. B. Dehydrierung von Kohlenwasserstoffen und Alkoholen, vgl. D.6.3.; Autoxidation (Peroxygenierung), vgl. D.1.5)
- Hydridübertragung/Abstraktion von |H$^\ominus$ (z. B. Oppenauer-Oxidation von primären und secundären Alkoholen, vgl. D.7.3.1.2.)
- Addition von Sauerstoff (z. B. Ozonierung, Hydroxylierung, Epoxidation von Olefinen, vgl. D.4.1.6., D.4.1.7., D.6.5.1.)
- oxidative Addition (z. B. an Nebengruppenmetallkomplexe, vgl. D.4.5.1.).

Die Reaktionsfähigkeit von Verbindungen in Redoxreaktionen kann man mit Hilfe thermodynamischer Betrachtungen an Hand der Redoxpotentiale abschätzen.

Danach ergibt sich die Standard-Gibbs-Reaktionsenergie $\Delta_R G^\ominus$ aus der Differenz der Standardelektrodenpotentiale des zu oxidierenden Stoffes (des Elektronendonors, Reduktionsmittels) $E_{Donor}^\ominus$ und des Oxidationsmittels (Elektronenacceptors) $E_{Acceptor}^\ominus$:

$$\Delta_R G^\ominus = z\, F\, (E_{Donor}^\ominus - E_{Acceptor}^\ominus) \qquad [6.3]$$

F Faraday-Konstante, z Zahl der übertragenen Elektronen

$\Delta_R G^\ominus$ steht nach Gleichung [C.14] mit der Gleichgewichtskonstanten der Reaktion in unmittelbarer Beziehung. Die Redoxreaktion ist (unter Standardbedingungen) thermodynamisch möglich, wenn $\Delta_R G^\ominus$ negativ ($K > 0$) ist, wenn also das Standardelektrodenpotential des Elektronenacceptors (des Oxidationsmittels) größer als das des Elektronendonors (des Reduktionsmittels) ist. $\Delta_R G^\ominus$ fällt um so kleiner (stärker negativ) und K um so größer aus, je kleiner das Elektrodenpotential des Elektronendonors und je größer das des Elektronenacceptors ist.

Erfahrungsgemäß geht die Gibbs-Aktivierungsenergie [C.26] der Gibbs-Reaktionsenergie parallel, so daß auch die Reaktionsgeschwindigkeit der Redoxreaktion mit abnehmendem $\Delta_R G^\ominus$ ansteigt.

Eine Verbindung läßt sich also um so leichter oxidieren (ist als Reduktionsmittel um so stärker), je kleiner das Standardelektrodenpotential, und ein Oxidationsmittel ist um so stärker, je größer das Standardelektrodenpotential ist.

Standardelektrodenpotentiale werden nach Übereinkunft als Reduktionspotentiale gegen die Standard-Wasserstoffelektrode (SHE) in Wasser bei pH = 1 und 25 °C angegeben, z. B.:

$$Mn^{2\oplus} + 4\,H_2O \rightarrow MnO_4^\ominus + 8\,H^\oplus + 5\,e^\ominus \qquad E^\ominus = 1{,}51\ V \qquad [6.4]$$

Der Elektronendonor (das Reduktionsmittel) ist immer links zu schreiben.

Standardelektrodenpotentiale von einigen häufig verwendeten Oxidationsmitteln sind in Tabelle 6.5 zusammengestellt.

Tabelle 6.5

Standard-Elektronenpotentiale gebräuchlicher anorganischer Oxidationsmittel und Oxidationspotentiale einiger organischer Verbindungen

Standard-Elektrodenpotential[1] $E^\ominus$ in V		Standard-Elektrodenpotential[1] $E^\ominus$ in V		Oxidationspotential[2] $E(D^+/D)$ in V	
F_2/HF	+3,06	2,3-Dichlor-5,6-dicyan-1,4-benzo-chinon[3])/	+1,00	Benzen	2,54
$S_2O_8^{2-}/SO_4^{2-}$	+2,01			Toluen	2,23
H_2O_2/H_2O	+1,77	2,3-Dichlor-5,6-dicyan-hydrochinon		p-Xylen	2,01
Ce^{4+}/Ce^{3+}	+1,71			4-Methoxy-toluen	1,82
MnO_4^-/Mn^{2+}	+1,51	Tetrachlor-1,4-benzochinon[4])/	+0,74	Anilin	1,80
$HOCl/Cl^-$	+1,50			Naphthalen	1,78
Pb^{4+}/Pb^{2+}	+1,46	Tetrachlorhydrochinon		Phenanthren	1,74
Cl_2/Cl^-	+1,36	1,4-Benzochinon/	+0,70	4-Chlor-*trans*-stilben	1,74
$Cr_2O_7^{2-}/Cr^{3+}$	+1,36	Hydrochinon		*trans*-Stilben	1,72
MnO_2/Mn^{2+}	+1,23	Methyl-1,4-benzo-chinon/Methylhydro-chinon	+0,64	1,1-Diphenyl-ethylen	1,70
O_2/H_2O	+1,23			Anthracen	1,61
Br_2/Br^-	+1,09			4-Methoxy-*trans*-stilben	1,41

Tabelle 6.5 (Fortsetzung)

Standard-Elektrodenpotential[1]) $E^\ominus$ in V		Standard-Elektrodenpotential[1]) $E^\ominus$ in V		Oxidationspotential[2]) $E(D^+/D)$ in V	
HNO_3/NO	+0,96	Wursters Rot/	+0,34	Acetanilid	1,15
ClO^-/Cl^-	+0,88	N,N-Dimethyl-		Triethylamin	1,09
Fe^{3+}/Fe^{2+}	+0,77	p-phenylen-diamin		4-Dimethylamino-toluen	0,86
MnO_4^-/MnO_2	+0,58	1,4-Benzochinon/	+0,30		
I_2/I^-	+0,54	Hydrochinon (bei pH 7)			
S/H_2S	+0,14	Anthrachinon/	+0,13		
H^+/H_2	0,00	9,10-Dihydroxyanthracen			
Zn^{2+}/Zn	–0,76				
Na^+/Na	–2,71				

[1]) In Wasser bei 25 °C. Gegebenenfalls notwendige Protonen sind nicht mit angegeben.
[2]) In MeCN gegen die Standard-Wasserstoffelektrode (SHE).
[3]) DDQ (4,5-Dichlor-3,6-dioxo-cyclohexa-1,4-dien-1,2-dicarbonitril)
[4]) Chloranil

Aus den Daten in Tabelle 6.5 folgt beispielsweise, daß Hydrochinon unter Standard-Bedingungen mit $Fe^{3\oplus}$, nicht aber mit Schwefel oxidiert werden kann. Ebenso kann jedes in der Tabelle tiefer stehende Hydrochinon von einem in der Tabelle höher stehenden Chinon oxidiert werden.

Da organische Verbindungen selten in Wasser gut löslich sind und ihre Redoxreaktionen meist nicht reversibel verlaufen, sind Standard-Elektrodenpotentiale organischer Verbindungen gewöhnlich nicht erhältlich. An ihrer Stelle bestimmt man meist polarographisch oder mit der Cyclovoltammetrie Oxidationspotentiale $E_{ox}(D)$ [= $E(D^+/D)$] und Reduktionspotentiale $E_{red}(A)$ [= $E(A/A^-)$] in einem aprotonischen organischen Lösungsmittel (meist Acetonitril) gegen eine Referenzelektrode (z. B. die gesättigte Calomel-Elektrode). Wenn bei einer Einelektronen-Redoxreaktion die Differenz $E_{ox}(D) - E_{red}(A) + E_{Coul}$ negativ ist, ist die Reaktion thermodynamisch möglich. Alle Potentiale müssen hierbei auf die gleiche Referenzelektrode und das gleiche Lösungsmittel bezogen sein, und bei stark polaren oder geladenen Partnern ist außerdem die Coulomb-Energie der elektrostatischen Wechselwirkung (E_{Coul}) zu berücksichtigen.
In der letzten Spalte der Tabelle 6.5 sind Oxidationpotentiale einiger organischer Verbindungen angegeben (bezogen auf die Standard-Wasserstoffelektrode), aus denen man ersehen kann, daß Elektronendonator- (bzw. -acceptor)-Substituenten die Oxidationspotentiale in erwarteter Weise herabsetzen (erhöhen). Leider lassen sich durch Kombination mit den Standardelektrodenpotentialen der Oxidationsmittel in Spalte 1 der Tabelle 6.5 keine genauen $\Delta_R G^\ominus$-Werte erhalten, weil die Potentiale in Acetonitril in nicht ganz klarer Weise um 0,5–1 Volt (und darüber) höher liegen als in Wasser. Deshalb ist man bei der Einschätzung der Oxidierbarkeit eines Substrats auf Analogieschlüsse aus anderen Reaktivitätsreihen (insbesondere Nucleophilie-Reihen, vgl. D.2.2.2.) angewiesen.
Die Oxidations- und Reduktionspotentiale stehen in direkter Beziehung zu den Energien der Grenzorbitale einer Verbindung. Eine exoenergetische Elektronenübertragung ist möglich, wenn die HOMO-Energie des Elektronendonors (Reduktionsmittels) größer als die LUMO-Energie des Acceptors (Oxidationsmittels) ist (vgl. C.6.).

Ein Substrat sollte unter Elektronenentzug um so leichter zu oxidieren sein, je energiereicher sein HOMO (d. h. je kleiner E_{ox}(Donor)) ist. Analog sollte ein Oxidationsmittel um so stärker sein, je energieärmer sein LUMO (d. h. je größer E_{red}(Acceptor)) ist.
Im allgemeinen ist die Energie besetzter s-Orbitale viel niedriger als die der p- und n-Orbitale. Die Oxidierbarkeit steigt deshalb in vergleichbaren Reihen wie folgt an:

$$R{-}H \quad < \quad R{-}\overline{O}H \quad < \quad R{-}\underline{N}H_2$$

$$\overset{|}{\underset{|}{C}}{-}\overset{|}{\underset{|}{C}} \quad < \quad {-}C{\equiv}C{-} \quad < \quad C{=}C$$

C–C- und C–H-Bindungen sind daher normalerweise nicht durch Elektronenentzug oxidierbar. Die Oxidation unter Elektronenübertragung ist dagegen bei Olefinen, Aromaten, Alkoholen und vor allem bei Aminen möglich. Ein bekannter Fall ist die Oxidation von *N,N*-Dimethyl-*p*-phenylendiamin, vgl. [6.48].

Bei Oxidationen mit einem Oxidationsmittel Y·, die als H-Übertragungen verlaufen, ist die Bindungsdissoziationsenergie $\Delta_D H^\ominus$ (vgl. Tab. 1.4) bestimmend. Ein derartiger Verlauf ist im allgemeinen nur dann möglich, wenn bei der Reaktion Y·+ R–H → Y–H + R· (für Y = Cl·; vgl. [1.13]) $\Delta_D H^\ominus_{Y-H} > \Delta_D H^\ominus_{R-H}$ ist, vgl. [C.20] und D.1.3.

Danach steigt die Oxidierbarkeit von gesättigten Kohlenwasserstoffen nach dem H-Abstraktionsmechanismus von primären zu tertiären C–H-Bindungen an. Eine H-Abstraktion aus der O–H-Bindung in Alkoholen ist energetisch ungünstig; aus diesem Grunde werden tertiäre Alkohole, wie z. B. *tert*-Butylalkohol, sehr schwer oxidiert. Dagegen sind H-Abstraktionen an der α-C–H-Bindung von primären und secundären Alkoholen und der C–H-Bindung in Aldehyden, zu denen auch die Ameisensäure gehört, leicht realisierbar. Die Bindungsdissoziationsenergien zeigen, daß Aldehyde leichter oxidiert werden als secundäre Alkohole und diese leichter als primäre. Daraus ergibt sich die Schwierigkeit, primäre Alkohole selektiv in Aldehyde zu überführen, ohne daß diese weiter zur Carbonsäure oxidiert werden.

Aromaten und Olefine sind durch Wasserstoffabstraktion an der =C-H-Bindung nur schwer oxidierbar (vgl. aber den oxidativen Angriff an der C=C-Doppelbindung. D.4.1.6. und D.6.5.1.).

Während H-Abstraktionen an gesättigten Kohlenwasserstoffen relativ leicht eintreten, wird die C–C-Einfachbindung nur schwer gespalten, was nach den Dissoziationsenergien (ca. 290...370 kJ · mol⁻¹) nicht erwartet wird. Offenbar ist die zentrale C–C-Bindung durch die Substituenten gegen den Angriff des Oxidationsmittels sterisch abgeschirmt.

In der Natur sind *enzymatische Oxidationen* (Redoxprozesse) weit verbreitet. Oxidoreduktasen bewirken Dehydrierung, Oxidasen die Elektronenübertragung, Dioxygenasen die Übertragung von O_2 (auf C=C-Doppelbindungen) und Hydroxylasen die Hydroxylierung von C–H-Bindungen mit O_2. Als Atmungskette bezeichnet man das Multienzymsystem der Zellatmung, das den Wasserstoff schrittweise vom Substrat auf O_2 überträgt. Dabei übernehmen intermediär die Wirkgruppen Nicotinsäureamid (vgl. [7.247] und Riboflavin Wasserstoffatome (zwei Elektronen und zwei Protonen) und die Cytochrome Elektronen.

6.2.   Oxidation von Methyl- und Methylengruppen

Die Oxidation von gesättigten Kohlenwasserstoffen ist schwierig und wenig selektiv und deshalb keine brauchbare Laboratoriumsmethode.

In der Technik werden Alkane mit Luft in Gegenwart von Schwermetall-Katalysatoren (z. B. Vanadinpentoxid, Mangan- oder Cobaltsalzen), gegebenenfalls außerdem in Gegenwart von Ammoniak (Ammoxidation) oxidiert. Die Oxidation verläuft möglicherweise als Peroxygenierung (Autoxidation, vgl. die Formulierungen in D.1.5.).

Entsprechend [6.6] können Alkohole, Ketone oder Carbonsäuren (gegebenenfalls auch durch C–C-Spaltung) entstehen:

$$-CH_3 \longrightarrow -CH_2OH \longrightarrow -CHO \longrightarrow -COOH$$

$$\begin{array}{c}\backslash\\CH_2\end{array} \longrightarrow \begin{array}{c}\backslash\\CHOH\\/\end{array} \longrightarrow \begin{array}{c}\backslash\\CO\\/\end{array} \; (\longrightarrow -COOH \; \text{unter C–C–Spaltung}) \hspace{2em} [6.6]$$

Borsäure verhindert die C–C-Spaltung, was für die technische Herstellung von secundären Alkoholen aus *n*-Paraffinen ausgenutzt wird (Bashkirov-Oxidation):

$$R\diagup\diagdown R' \xrightarrow[\text{(H}_3\text{BO}_3\text{ / KMnO}_4)]{+ \text{O}_2} \underset{}{R\diagup\overset{\text{OH}}{\diagdown}R'} + R\diagup\underset{\text{OH}}{\diagdown}R' \qquad [6.7]$$

Die zunächst entstehenden Borsäureester werden hydrolysiert. Bei niedrigem Umsatz (warum?) entsteht so ein Gemisch der möglichen secundären Alkohole, die z. B. für die Waschmittelherstellung (vgl. [2.53]) eingesetzt werden können.

In der Technik nimmt man jedoch auch andere Produktgemische in Kauf und stellt so z. B. durch Oxidation von Butan mit Sauerstoff und Cobaltacetat als Katalysator bei 165 °C und unter Druck Ethylmethylketon, Essigsäure und Methyl- und Ethylacetat her, die dabei ungefähr im Verhältnis 1:15:3 gebildet werden. Auch Cyclohexan wird technisch mit Luft in Gegenwart von Cobaltacetat zu einem Gemisch von Cyclohexanol und Cyclohexanon oxidiert (vgl. Tab. 4.103).

Methyl- oder Methylengruppen werden wesentlich leichter oxidiert, wenn sie an eine Doppelbindung bzw. einen Aromaten gebunden sind, weil das Oxidationspotential der Verbindung durch die Doppelbindung herabgesetzt wird und dadurch Elektronen-Übertragung möglich wird, vgl. Tab. 6.5, bzw. weil in der Autoxidation energieärmere Radikale vom Allyltyp entstehen können. Die Oxidation ist dann außerdem selektiver, und bei geeigneten Reaktionsbedingungen können auch Alkohole oder mitunter sogar Aldehyde erhalten werden.

Die Aktivierung einer Methyl- oder Methylengruppe durch eine Doppelbindung läßt sich jedoch nicht immer zur Darstellung ungesättigter Carbonylverbindungen ausnutzen, da die C=C-Bindung durch Chromsäure und Kaliumpermanganat und andere Oxidationsmittel im allgemeinen schneller unter Hydroxylierung und C–C-Spaltung angegriffen wird als die Alkylgruppen (vgl. D.4.1.6 und D.6.5.1). Dagegen ist die Autoxidation oder die Oxydation mit Selendioxid (D.6.2.3) oder bestimmten Iod(III)-Verbindungen für die selektive Oxidation von Alkylgruppen in Nachbarschaft zu Doppelbindungen geeignet.

Von großer Bedeutung sind Oxidationen mit Sauerstoff im technischen Maßstab: So stellt man beispielsweise technisch Acrolein aus Propen mit Sauerstoff in der Gasphase bei 350 bis 400 °C an einem Kupferoxid-Katalysator her. Das Acrolein wird über Allylalkohol zu Glycerol weiterverarbeitet (vgl. D.1.4.6). Durch Autoxidation von Propen an einem Molybdänsalz-Katalysator bei 200 bis 500 °C und 1 MPa wird Acrylsäure und nach einem ähnlichen Verfahren aus Isobuten Methacrylsäure hergestellt. Aus But-2-en, auch aus dem Gemisch mit But-1-en, wird mit Luftsauerstoff in Gegenwart von V_2O_5 Maleinsäureanhydrid (vgl. D.6.5.1.) gewonnen, als Nebenprodukte müssen Essig-, Acryl-, Croton- und Fumarsäure in Kauf genommen werden.

Von großem technischen Interesse ist die katalytische Oxidation von Kohlenwasserstoffen mit Luft in Gegenwart von Ammoniak, z. B von Methan zu Blausäure (Andrussow-Verfahren), von Toluen und anderen Methylaromaten zu Benzonitril und dessen Derivaten und vor allem von Propylen zu Acrylnitril (Tab. 6.9). Die letztgenannte Reaktion, die in der Gasphase bei 400 bis 450 °C über einem Bi_2O_3/MoO_3-Katalysator ausgeführt wird, stellt die technisch wichtigste Synthese von Acrylnitril dar. Nebenprodukte sind u. a. Acetonitril und Blausäure. Analog wird aus Isobuten Methacrylnitril hergestellt.

$$R-CH_3 \xrightarrow[-H_2O]{O_2} R-CH=O \xrightarrow[-H_2O]{NH_3} R-CH=NH \xrightarrow[-H_2O]{^{1/2}O_2} R-C\equiv N \qquad [6.8]$$

(Zur autothermen Dehydrierung vgl. D.6.3.1)

Tabelle 6.9

Nitrile, die technisch durch Ammoxidation hergestellt werden

Produkt	Ausgangs-verbindung	Verwendung
Blausäure	Methan	→ zu Synthesen (vgl. D.5.1.8.2, D.7.2.1.1), Schädlingsbekämpfungsmittel
Acrylnitril	Propen	→ Polyacrylnitril (PAN), Acrylamid(polymere)
Benzonitril	Toluen	Quellmittel für PAN
Phthalonitril	o-Xylen	→ Phthalocyanine
Methacrylnitril	Isobuten	wie Methacrylsäureester (vgl. Tab 3.37)

6.2.1.   Oxidation von Alkylaromaten zu aromatischen Carbonsäuren

Wegen ihrer hohen Oxidationspotentiale (Tab. 6.5) werden Alkylaromaten nur von den stärksten anorganischen Oxidationsmitteln z. B. Kaliumpermanganat, Chromschwefelsäure oder Ce(IV)ammoniumnitrat bei Siedetemperatur analog [6.6] angegriffen. (Die in Tab. 6.5 angegebenen Werte in Acetonitril verringeren sich in Wasser um mindestens 0,5 V.)

Die Oxidation verläuft als Elektronenübertragung:

$$Ar-CH_3 + M^{n\oplus} \longrightarrow (Ar-CH_3)^{\oplus}\cdot + M^{(n-1)\oplus} \qquad [6.10a]$$

$$(Ar-CH_3)^{\oplus}\cdot \longrightarrow Ar-CH_2\cdot + H^{\oplus} \qquad [6.10b]$$

$$Ar-CH_2\cdot + M^{n\oplus} \longrightarrow Ar-CH_2^{\oplus} + M^{(n-1)\oplus} \qquad [6.10c]$$

$$Ar-CH_2^{\oplus} + Nu-H \text{ (oder } Nu^{\ominus}) \longrightarrow Ar-Nu + H^{\oplus} \qquad [6.10d]$$

$$Nu-H = H_2O \text{ oder } CH_3COOH$$

Das Benzylradikal wird sehr schnell zum Benzylkation weiteroxidiert, das in Wasser oder Essigsäure zum Alkohol bzw. zum Essigsäureester abgefangen wird. Dieses erste Oxidationsprodukt ist aber ebenfalls leicht oxidierbar und reagiert weiter analog [6.10a–d], so daß mit Wasser als Nucleophil entsprechend [6.6] schließlich Carbonsäuren entstehen. Essigsäureester haben aber ein höheres Oxidationspotential als die betreffenden Alkohole (vgl. den Abfall des Potentials von Anilin zum Acetanilid in Tabelle 6.5), und der Essigsäureester des Aldehyd-dihydrats wird deshalb nicht weiter oxidiert, vgl. [6.16].

Alkylaromaten mit längerer Alkylseitenkette liefern zunächst α-Arylalkylketone, die (falls sie Enole bilden können) unter C–C-Spaltung ebenfalls Carbonsäuren liefern.

Arylalkylketone sind auch durch Peroxygenierung darstellbar.

Im Laboratorium werden zur Oxidation von Alkylaromaten zu Arencarbonsäuren auch heute noch die klassischen Oxidationsmittel Permanganat (meist in Gegenwart von Alkali), Dichromat/Schwefelsäure, Chromsäure in Essig- oder Schwefelsäure, aber auch Sauerstoff in Gegenwart von Cobalt- oder Mangansalzen verwendet, z. B.:

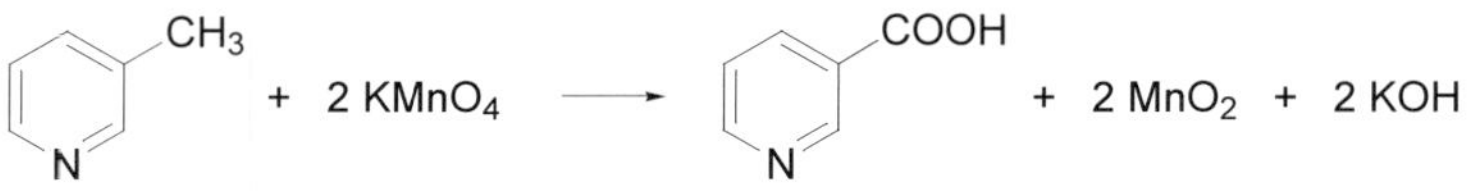

$$\text{Pyridin-CH}_3 + 2\,KMnO_4 \longrightarrow \text{Pyridin-COOH} + 2\,MnO_2 + 2\,KOH \qquad [6.11a]$$

$$\text{C}_6\text{H}_5\text{-CH}_2\text{-CH}_3 + 4\,KMnO_4 \longrightarrow \text{C}_6\text{H}_5\text{-COOH} + CO_2 + 4\,MnO_2 + 4\,KOH \qquad [6.11b]$$

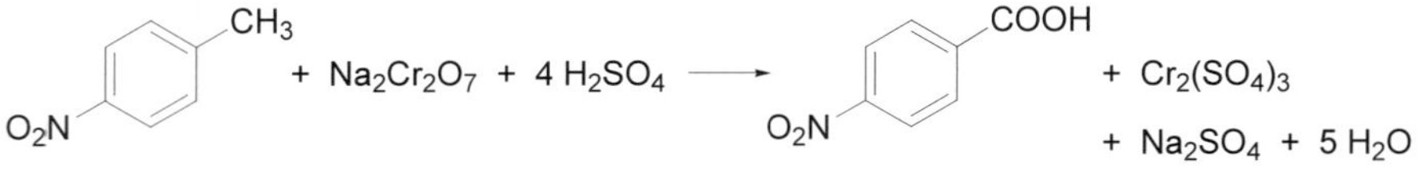

$$O_2N\text{-}C_6H_4\text{-CH}_3 + Na_2Cr_2O_7 + 4\,H_2SO_4 \longrightarrow O_2N\text{-}C_6H_4\text{-COOH} + Cr_2(SO_4)_3 + Na_2SO_4 + 5\,H_2O \qquad [6.11c]$$

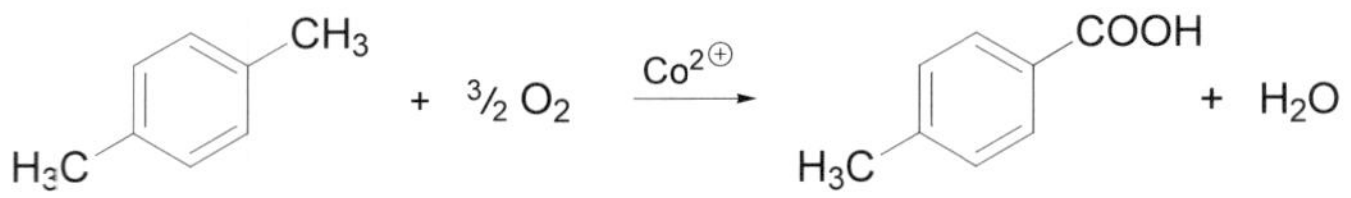

$$H_3C\text{-}C_6H_4\text{-CH}_3 + {}^3\!/\!_2\,O_2 \xrightarrow{Co^{2\oplus}} H_3C\text{-}C_6H_4\text{-COOH} + H_2O \qquad [6.11d]$$

Während dimethylierte Aromaten von Permanganat ohne weiteres in die entspechenden Dicarbonsäuren übergeführt werden, z. B. o-Xylen in Phthalsäure, werden sie von Sauerstoff unter Katalyse mit Cobaltsalzen zunächst nur zu Monocarbonsäuren oxidiert. Erst unter verschärften Bedingungen oder in Gegenwart von Säuren, z. B. HBr mit Cobaltacetat/-bromid als Katalysator, läßt sich die zweite Methylgruppe oxidieren (warum?).

Man kann dies aber für die partielle Oxidation von mehrfach alkylierten Aromaten nutzen. Auch 30%ige heiße Salpetersäure oxidiert eine Methylgruppe. Ortho-Substituenten erschweren im allgemeinen die Oxidation, Amino- und Hydroxygruppen müssen geschützt werden (warum, wie?).

Längere, auch verzweigte oder ungesättigte Seitenketten am Aromaten werden durch die genannten Oxidationsmittel in der Regel bis zur kernständigen Carboxylgruppe abgebaut. In der analytischen Chemie bedient man sich der genannten Oxidationsmethoden zur Identifizierung von alkylierten aromatischen Kohlenwasserstoffen, weil damit die Stellung der Alkylgruppen am Kern festgestellt werden kann. Im allgemeinen verwendet man dazu Permanganat oder Chromsäure.

Die Oxidation mit Permanganat ist für analytische Zwecke vorzuziehen, da die Entfernung von Chromiumverbindungen aus kleinen Substanzmengen schwieriger ist. Außerdem können bei der erstgenannten Methode mit Hilfe von Phasentransferkatalysatoren (vgl. D.2.4.2.) die Reaktionszeiten verkürzt werden. Verbindungen mit Alkali-empfindlichen Gruppen erfordern aber eine saure Oxidation z. B. in einer Lösung von 30% $Na_2Cr_2O_7$ in 50%iger Schwefelsäure (etwa 1,5 g zu identifizierende Substanz in 20 ml).

Allgemeine Arbeitsvorschrift zur präparativen und analytischen Darstellung von Arencarbonsäuren aus Alkylaromaten (Phasentransferkatalyse) (Tab. 6.12)

Man beschickt einen 250-ml-Rundkolben mit Rückflußkühler mit 70 ml Wasser, 0,5 ml Aliquat 336 und 0,02 mol Natriumcarbonat; bei Nitroaromaten mit 0,02 mol Natriumbicarbonat; bei Pyridinen unterbleibt ein Basenzusatz. Weiter werden hinzugefügt 0,015 mol Alkylaromat oder ca. 1,5 g des zu identifizierenden Kohlenwasserstoffes und 0,05 mol Kaliumpermanganat. Bei präparativen Arbeiten bezieht sich das auf eine oxidierbare Methylgruppe, für die Ethylgruppe benötigt man 0,1 mol $KMnO_4$ (für längere und verzweigte Alkylgruppen entspechend mehr). Das Gemisch wird nun bis zur Entfärbung des Permanganats oder 45 Minuten unter Rückfluß erhitzt. Man saugt heiß vom Braunstein ab, wäscht zweimal mit wenig heißem Wasser und entfärbt nötigenfalls mit Hydrogensulfit-Lösung. Anschließend wird mit halbkonzentrierter Schwefelsäure angesäuert, gekühlt und nach beendeter Kristallisation abgesaugt. Man kristallisiert aus Wasser oder verdünntem Ethanol um.

Die Ausbeuten lassen sich oft erhöhen, wenn die Lösung vor dem Ansäuern eingeengt oder die Mutterlauge ausgeethert wird. Kleine Mengen Braunstein kann man ohne zu filtrieren auch mit Hydrogensulfitlösung oder durch Zusatz von Oxalsäure lösen. Bei Vergrößerung des Ansatzes wird nur die Hälfte der nach der Vorschrift berechneten Wassermenge verwendet. Weil die Reaktion stark exotherm sein kann, wird bei Ansätzen über 0,15 mol das Permanganat während der Umsetzung portionsweise zugegeben oder als Lösung bei entspechend weniger vorgelegtem Wasser zugetropft.

Der Umsatz ist nicht vollständig, da das bereits im Überschuß eingesetzte Permanganat auch in Nebenreaktionen verbraucht wird. Bei größeren Ansätzen kann die unverbrauchte Ausgangsverbindung durch Extraktion des Braunsteins und der alkalischen Lösung mit Ether zurückgewonnen werden.

Tabelle 6.12

Arencarbonsäuren

Produkt	Ausgangsverbindungen	F in °C	Ausbeute in %
Benzoesäure	Toluen, Ethylbenzen	122 (W.)	65...75
p-Chlor-benzoesäure	*p*-Chlor-toluen	241 Subl. (EtOH/W.)	75
o-Nitro-benzoesäure	*o*-Nitro-toluen *o*-Nitro-ethylbenzen	148 (W.)	52...60
p-Nitro-benzoesäure	*p*-Nitro-toluen	240 Subl. (W.)	68
Phthalsäure	*o*-Xylen	191[1]) (W.)	70
Terephthalsäure	*p*-Xylen	300 Subl. (W.)	80
Pyridin-4-carbonsäure [2]) [3]) (Isonicotinsäure)	4-Methyl-pyridin (*γ*-Picolin)	311[1]) (W.)	55
Pyridin-3-carbonsäure [2]) [4]) (Nicotinsäure)	3-Methyl-pyridin (*β*-Picolin)	235 (W.)	54
Saccharin	*o*-Toluensulfon-säureamid	228...229 Subl. (Me$_2$CO)	62
4-Acetamidobenzoesäure	4-Methyl-acetanilid [5])	150...152 Z. (EtOH)	55

[1]) im geschlossenen Röhrchen
[2]) Bei der Aufarbeitung Lösung auf ein Drittel einengen und mit konz. HCl auf den isoelektrischen Punkt (vgl. D.7.2.1.1.) einstellen.
[3]) pH 3,6
[4]) pH 3,4
[5]) 0,07 mol KMnO$_4$ verwenden. Nicht umgesetzte Ausgangsverbindung fällt nach der Filtration aus und wird zurückgewonnen.

Allgemeine Arbeitsvorschrift für die Autoxidation von kernsubstituierten Toluenen zu kern-substituierten Benzoesäuren[1]) (Tab. 6.13)

In einen 500-ml-Dreihalskolben (Schliffe nicht fetten, sonst Inhibitorwirkung) mit Rührer (nur mit reinem Paraffinöl schmieren), Gaseinleitungsrohr nach Abbildung A.13a (kein Gummi-stopfen) und Wasserabscheider mit Rückflußkühler gibt man 0,5 mol destilliertes Toluenderi-vat, 70 ml Chlorbenzen und 0,3 bis 0,5 g Cobaltstearat (vgl. Reagenzienanhang; zur Initiierung der Reaktion kann man 0,1 g Azo-bis-isobutyronitril zusetzen). Bei der Oxidation von Xylenen und Mesitylen setzt man 1 mol ein und verzichtet auf das Lösungsmittel Chlorbenzen. In das zum Sieden erhitzte Gemisch leitet man entspechend Abb. A.11 Sauerstoff ein (etwa 30 l · h^{-1}; Strömungsmesser vgl. A.1.6.), wobei das Gas mit alkalischer KMnO$_4$-Lösung gewaschen und in einem zwischen der letzten Sicherheitswaschflasche und Reaktionsgefäß geschalteten KOH-Trockenturm getrocknet wird. Die Temperatur des Heizbades wird über ein Relais so einge-stellt, daß der Rückfluß gerade erhalten bleibt. Sie muß im Laufe der Reaktion etwas gestei-gert werden.

Die Oxidation setzt spätestens nach zwei Stunden ein (zur Initiierung s. o.), im Durchschnitt ist insgesamt mit einer Reaktionszeit von sechs bis zehn Stunden zu rechnen. Die Reaktion wird bei den Xylenen abgebrochen, wenn sich etwa 5 ml Wasser abgeschieden haben. Die Oxi-dation der anderen Ausgangsprodukte führt man so lange fort, bis sich kein Wasser mehr abscheidet. Verhindert auskristallisierendes Endprodukt die weitere Gaseinleitung, so unter-bricht man die Reaktion, kühlt, saugt ab und setzt das Filtrat erneut ein.

[1]) nach W. Pritzkow, Privatmitteilung

Nach Beendigung der Reaktion läßt man das Gemisch über Nacht im Kühlschrank stehen, saugt ab und kristallisiert um. Das Filtrat wird über eine Kolonne destilliert. Die Ausbeute bezieht man auf verbrauchtes Toluenderivat, sie beträgt etwa 50% und läßt sich durch Umkristallisation des festen Destillationsrückstandes aus Toluen erhöhen.

Tabelle 6.13

Substituierte Benzoesäuren durch Autoxidation

Produkt	Ausgangsverbindung	F in °C
o-Toluylsäure	*o*-Xylen	105 (W.)
m-Toluylsäure	*m*-Xylen	111 (W.)
p-Toluylsäure	*p*-Xylen	180 (verd. EtOH)
3,5-Dimethylbenzoesäure	Mesitylen	170 Subl. (EtOH)
p-Chlor-benzoesäure	*p*-Chlor-toluen	240 (PrOH)
Terephthalsäure-monomethylester	*p*-Toluylsäuremethyleester	230 Subl. (W.)

Darstellung von substituierten *Benzenmono-* und *-dicarbonsäuren* aus Toluen und Xylenen durch Autoxidation in Gegenwart von Cobaltacetat und Essigsäure/HBr: HAY, A. S.; BLANCHARD, H. S., Canad. J. Chem. **43** (1965), 1306.

Tabelle 6.14

Verwendung technisch wichtiger Carbonsäuren, die durch Oxidation von Methylaromaten hergestellt werden

Säure	Hauptsächliche Verwendung
Benzoesäure	Konservierungsmittel
	→ Ester (Insektenabschreckungsmittel, Riechstoffe)
Phthalsäure(anhydrid)	→ Octyl-, Butyl-, Ethylester (Weichmacher)
	→ Polyesterharze (Alkydharze)
	→ Anthrachinon (Farbstoffe)
Isophthalsäure	→ Alkydharze
	→ Weichmacher
Terephthalsäure	→ Polyterephthalsäureglycolester (Synthesefaser)
p-Nitro-benzoesäure	→ *p*-Amino-benzoesäure → Arzneimittel (Procain; Benzocain, Lokalanästhetika s. Tab. 7.42)
Nicotinsäure	→ Nicotinsäureamid (Vitamin) → 3-Aminopyridin (→ Pharmaka)
	→ *N,N*-Diethyl-nicotinsäureamid (Nicethamid, Analeptikum)
	→ Inositolnicotinat (Antihypertonikum)
Isonicotinsäure	→ Isonicotinsäurehydrazid (Isoniazid, Tuberkulostatikum)

Technisch werden aromatische Carbonsäuren, über deren Verwendung Tabelle 6.14 unterrichtet, in großem Umfang aus den entspechenden Methylbenzenen hergestellt. Als Oxidationsmittel dienen Luft in Gegenwart von V_2O_5 oder Cobalt- bzw. Mangansalzen oder Salpetersäure (Bofors-Prozeß). In Gegenwart von Co/Mn-acetat/bromid-Katalysatoren in Eisessig lassen sich Xylene *einstufig* zu Phthalsäuren autoxidieren (Amoco-Verfahren), d. h. die in Tab. 6.13 genannten schwer oxidierbaren Toluylsäuren treten nicht als isolierbare Zwischenprodukte auf; auch andere schwer oxidierbare Toluen-Derivate wie Nitrotoluole oder Tolunitrile sind so ohne weiteres oxidierbar.

Nicotinsäure wird technisch durch Oxidation von 5-Ethyl-2-methyl-pyridin zu Pyridin-2,5-dicarbonsäure und anschließende selektive Decarboxylierung der 2-Carboxylgruppe hergestellt. Durch Oxidation von *o*-Toluen-sulfonsäureamid entsteht ein wichtiger, kohlenhydratfreier Süßstoff, das Natriumsalz des *o*-Sulfobenzoesäureimids (Saccharin) (Laborvorschrift vgl. Tab. 6.12):

$$\text{[6.15]}$$

Es wird oft im Gemisch mit dem stark süßenden Natriumsalz der *N*-Cyclohexyl-sulfamidsäure (Cyclamat) verwendet.

6.2.2. Oxidation von Alkylaromaten zu Aldehyden und Ketonen

Die Überführung methylierter Aromaten in Aldehyde ist schwierig, da der entstehende Aldehyd leichter oxidierbar ist als die Methylgruppe. Man muß daher den Aldehyd ständig aus der Reaktionsmischung entfernen, indem man ihn z. B. in gegen Oxidation beständige Derivate überführt. Als Oxidationsmittel ist Chromsäure in Acetanhydrid geeignet, wobei der Aldehyd als Diacetat abgefangen wird:

$$\text{Ar}-\text{CH}_3 \xrightarrow{\text{CrO}_3 \,/\, (\text{CH}_3\text{CO})_2\text{O}} \text{Ar}-\text{CH}\begin{smallmatrix}\text{OCOCH}_3 \\ \text{OCOCH}_3\end{smallmatrix} \qquad \text{[6.16]}$$

Beispiele für die Darstellung *aromatischer Aldehyde* (2- und 4-Nitro-benzaldehyd, 4-Brombenzaldehyd, 4-Formyl-benzonitril) durch Oxidation von Methylaromaten mit Chromsäureanhydrid in Gegenwart von Acetanhydrid und Hydrolyse des entstandenen Diacetats: NISHIMURA, T.; Org. Synth., Coll. Vol. IV (1963), 713; TSANG, S. M.; WOOD, E. H.; JOHNSON, J. R., Org. Synth., Coll. Vol. III (1955), 641; LIEBERMAN, S. V.; CONNOR, R., Org. Synth., Coll. Vol. II (1943), 441.

Auch mit synthetischem Braunstein (erhältlich durch Komproportionierung von Kaliumpermanganat mit Mangansulfat) lassen sich bei genauer Dosierung aus Methylaromaten Arylaldehyde herstellen.

Als weiteres selektives Oxidationsmittel wird Cerammoniumnitrat benutzt:

$$\text{H}_3\text{C}-\text{\langle aromatic ring\rangle}-\text{CH}_3 + 4\,\text{Ce}^{4\oplus} + \text{H}_2\text{O} \longrightarrow \text{H}_3\text{C}-\text{\langle aromatic ring\rangle}-\text{CH}=\text{O} + 4\,\text{Ce}^{3\oplus} + 4\,\text{H}^{\oplus} \quad \text{[6.17]}$$

Darstellung von *p*-Toluylaldehyd aus *p*-Xylen[1])

In einem 500-ml-Zweihalskolben mit Rührer und Rückflußkühler wird eine Lösung von 0,4 mol Cerammoniumnitrat in 200 ml 50%iger Essigsäure mit 0,1 mol *p*-Xylen versetzt und unter gutem Rühren 20 Minuten im siedenden Wasserbad erwärmt. (Das Gemisch muß dabei hellgelb werden.) Nach dem Erkalten wird dreimal ausgeethert, die Etherlösung erst mit 1,5 N Sodalösung (CO$_2$!) und dann mit wenig Wasser gewaschen, über MgSO$_4$ getrocknet und destilliert. *Kp* 206...208 °C, *Kp*$_{1,3(10)}$ 106 °C; Ausbeute 68%.

Nach der gleichen Vorschrift: *o-Toluylaldehyd* aus *o*-Xylen; Ausbeute 25%.

Ist die Methylgruppe am Aromaten genügend reaktionsfähig, so läßt sich als weiteres selektives Oxidationsmittel Selendioxid (vgl. Reagenzienanhang) verwenden. Das ist vor allem bei methylsubstituierten Heterocyclen der Fall. So lassen sich z. B. 2-Methyl-benzthiazol, 2- bzw. 4-Methyl-pyridine, -chinoline, -chinazoline, aber auch 2-Methyl-naphthalen in die Aldehyde überführen.

Darstellung von *Naphthalen-2-carbaldehyd* aus 2-Methyl-naphthalen: SULTANOV, A. S.; RODIONOV, V. M.; SHEMYAKIN, M. M., Zh. Obshch. Khim. **16** (1946), 2073.

---

[1]) nach TRAHANOVSKY, W. S.; YOUNG, L. B., J. Org. Chem. **31** (1966), 2033

Chinolin-4-carbaldehyd aus 4-Methyl-chinolin: McDONALD, S. F., J. Am. Chem. Soc. **69** (1947), 1219.

Uracil-6-carbaldehyd aus 6-Methyl-uracil: ZEE-CHENG, K. Y.; CHENG, C. C., J. Heterocycl. Chem. **1967**, 163.

Benzaldehyd wird technisch durch partielle Oxidation von Toluen mit Luft an Wolfram-/Molybdänsalz-Katalysatoren bei 500 bis 600 °C oder in Flüssigphase hergestellt.

Auch die Chlorierung von Methylaromaten zu Benzyliden-dichloriden mit nachfolgender Verseifung kommt als Möglichkeit zur Darstellung aromatischer Aldehyde aus Methylaromaten in Frage (vgl. Tab. 1.27 und Tab. 2.68).

Methylengruppen, die durch benachbarte Arylreste aktiviert sind, lassen sich in einer Anzahl von Verbindungen mit den in D.6.2.1. genannten Oxidationsmitteln selektiv zu Ketogruppen oxidieren, so 1-Ethyl-2-nitro-benzen unter speziellen Bedingungen:

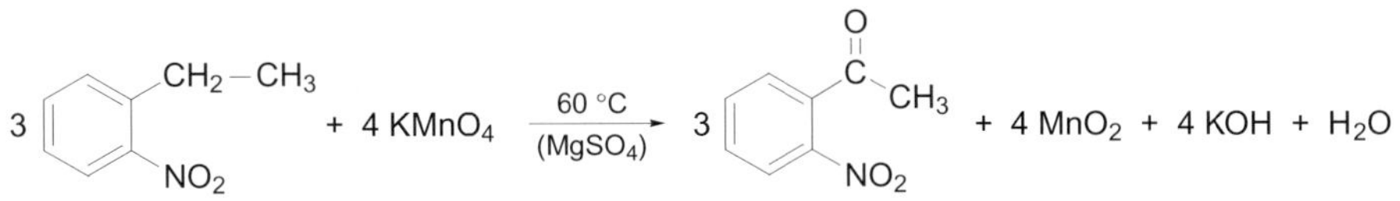

$$3 \, \text{(1-Ethyl-2-nitro-benzen)} + 4\,KMnO_4 \xrightarrow[\text{(MgSO}_4)]{60\,°C} 3 \, \text{(2-Nitro-acetophenon)} + 4\,MnO_2 + 4\,KOH + H_2O \qquad [6.18]$$

2-, 3- bzw. 4-Nitro-acetophenon aus 1-Ethyl-2-(3- bzw. 4-)nitro-benzen durch Oxidation mit Kaliumpermanganat in Gegenwart von Aluminiumsulfat: KOCHERGIN, P. M.; TITKOVA, R. M.; ZASOSOV, V. A.; GRIGOROVSKI, A. M., Zh. Prikl. Khim. **32** (1959), 1806.

Herstellung von *Fluorenon* aus Fluoren mit Na$_2$Cr$_2$O$_7$: HUNTRESS, E. H.; HERSHBERG, E. B.; CLIFF, I. S., J. Am. Chem. Soc. **53** (1931), 2720.

Technisch kann Acetophenon durch Oxidation von Ethylbenzen mit Luftsauerstoff über Manganacetat bei 130 °C hergestellt werden, allerdings begleitet von Nebenreaktionen (welchen?). Ähnliche Verfahren gibt es auch für 2- und 4-Nitro-acetophenon, ($\rightarrow$ 2-, 4-Amino-acetophenon), die durch Nitrierung von Acetophenon nicht erhältlich sind.

6.2.3. Oxidation von aktivierten Methyl- und Methylengruppen in Carbonylverbindungen

6.2.3.1. Oxidation mit Selendioxid

Methylen- und Methylgruppen, die einer Carbonylgruppe benachbart sind, lassen sich mit Selendioxid selektiv in Carbonylgruppen überführen. Dabei entstehen mit sehr unterschiedlichen Ausbeuten α-Oxo-aldehyde, z. B.:

$$H_3C-CHO \longrightarrow OHC-CHO$$
$$\text{Glyoxal}$$

$$[6.19]$$

$$H_3C-CH_2-CO-CH_3 \longrightarrow \underset{17\,\%}{H_3C-CH_2-CO-CHO} + \underset{1\,\%}{H_3C-CO-CO-CH_3}$$

Wahrscheinlich bildet sich intermediär ein Enolester der selenigen Säure:

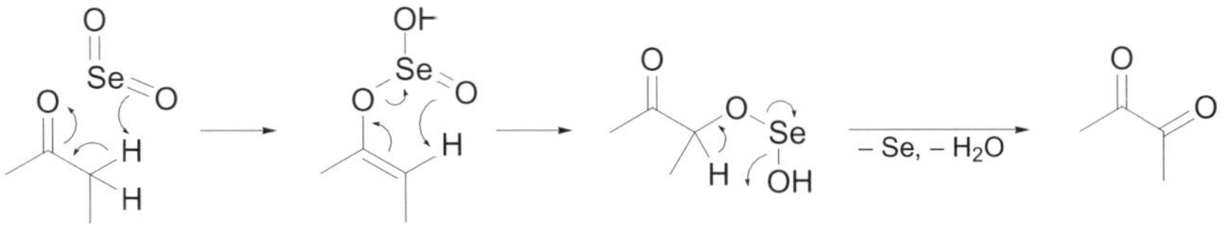

$$[6.20]$$

Als Lösungsmittel dienen Xylen, Ethanol oder Dioxan. Durch Spuren von Wasser wird die Ausbeute in vielen Fällen erhöht.

Zur Herstellung von α-Dicarbonylverbindungen über Isonitrosoketone vgl. D.8.2.3.

Allgemeine Arbeitsvorschrift für die Darstellung von Arylglyoxalen (Aryloxoacetaldehyde) und 1,2-Diketonen (Tab. 6.21)

Achtung! Selenhaltige Rückstände zur fachgerechten Entsorgung sammeln.

In einem 500-ml-Dreihalskolben mit Rührer, Rückflußkühler und Thermometer wird zu 0,25 mol Keton in einer Mischung aus 180 ml Dioxan und 12 ml Wasser eine Lösung von 0,25 mol sublimiertem Selendioxid (vgl. Reagenzienanhang) so zugetropft, daß die Temperatur 20 °C nicht überschreitet. Nötigenfalls kühlt man den Kolben mit Wasser. Danach wird unter Rühren sechs Stunden zum Sieden erhitzt, das abgeschiedene Selen noch heiß abfiltriert (nicht abgesaugt!) und mit Dioxan gewaschen. (Evtl. muß ein zweites Mal filtriert werden.) Nach dem Abdestillieren des Lösungsmittels im Vakuum wird der Rückstand so destilliert, daß man eine Hauptfraktion über einen Siedebereich von 20 bis 30 °C auffängt und diese über eine kurze Vigreux-Kolonne rektifiziert.

Bei Aryloxoacetaldehyden kann die Fraktion auch in das stabile Hydrat überführt werden: Das destillierte Rohprodukt wird in der 4- bis 6fachen Menge Wasser aufgekocht; beim Erkalten scheiden sich Kristalle ab, die abgesaugt werden. Nötigenfalls können diese durch Umkristallisieren aus 20%igem Ethanol mit Hilfe von Aktivkohle weiter gereinigt werden.

Tabelle 6.21
α-Dicarbonylverbindungen durch Oxidation mit SeO_2

Produkt	Ausgangsverbindung	Kp (bzw. F) in °C	Ausbeute in %
Phenylglyoxal	Acetophenon	$95...97_{3,3(25)}$ Hydrat: F 91	65
4-Brom-phenylglyoxal	4-Brom-acetophenon	$135...142_{2,3(17)}$ Hydrat: F 132...134	50
4-Ethyl-phenylglyoxal	4-Ethyl-acetophenon	$110...114_{2,7(20)}$ Hydrat: F 93...95 (Z.)	45
2,4,6-Trimethyl-phenyl-glyoxal	2,4,6-Trimethyl-aceto-phenon	$106_{0,5(4)}$ n_D^{19} 1,5520	60
1-Phenyl-propan-1,2-dion	Propiophenon	$103_{1,6(12)}$ n_D^{19} 1,5334	35
Cyclohexan-1,2-dion	Cyclohexanon	$78_{2,1(16)}$ F 34	25

Anstatt mit dem giftigen Selendioxid können Alkylgruppen in enolisierbaren Ketonen auch durch die Iod(III)-Verbindung (Diacetoxyiodo)benzen, $PhI(OAc)_2$ zu α-Hydroxy-ketonen oxidiert werden.

6.2.3.2. Willgerodt-Reaktion

Bei der Willgerodt-Reaktion werden Arylalkylketone mit wäßriger Ammoniumpolysulfid-Lösung (im allgemeinen unter Druck) zu ω-Aryl-alkancarbonsäuren mit der gleichen Anzahl von Kohlenstoffatomen oxidiert:

$$Ar-CO-(CH_2)_n-CH_3 \xrightarrow{+ (NH_4)_2S_x + H_2O} Ar-(CH_2)_{n+1}-COOH \qquad [6.22]$$

Im Resultat ist also die Carbonylgruppe des Ketons zur Methylengruppe reduziert und die Methylgruppe zur Carboxylgruppe oxidiert worden.

Man erhält meist zunächst das Thioamid der Säure (oder auch das Amid), das anschließend verseift wird. Eine Verbesserung des Verfahrens bedeutet die Variante nach Kindler, nach der man drucklos arbeitet. An Stelle der Polysulfidlösung werden Schwefel und ein secundäres Amin (meist Morpholin) eingesetzt:

$$Ar-CO-CH_3 \xrightarrow[-H_2O]{+S,\ +NHR_2} Ar-CH_2-CS-NR_2 \xrightarrow{+2\,H_2O} Ar-CH_2-COOH + H_2S + HNR_2 \quad [6.23]$$

Die Methode hat Bedeutung vor allem zur Darstellung von Arylessigsäuren aus Arylmethylketonen, die durch Friedel-Crafts-Acylierung leicht zugänglich sind (vgl. D.5.1.8.1.).

Die Willgerodt-Reaktion beginnt mit der Bildung eines Enamins (vgl. D.7.1.1.), das den Schwefel aufnimmt. Ihr weiterer Verlauf läßt sich nicht mit einem für alle Substrate einheitlichen Mechanismus wiedergeben. Für Arylmethylketone kann er wie folgt diskutiert werden:

$$[6.24]$$

Allgemeine Arbeitsvorschrift für die Darstellung von Thiocarbonsäuremorpholiden (Willgerodt-Kindler-Reaktion) (Tab. 6.25)

Vorsicht! Schwefelwasserstoff-Entwicklung, Abzug!

In einem 100-ml-Rundkolben mit Rückflußkühler werden 0,2 mol Morpholin zusammen mit 0,1 mol Alkylarylketon und 0,2 mol (6,4 g) Schwefel oder 0,1 mol aromatischem Aldehyd und 0,1 mol Schwefel sechs Stunden auf 135 °C (Badtemperatur) erhitzt. Die noch warme Lösung gießt man in 40 ml heißes Ethanol. Durch Anreiben wird die Kristallisation des Thioamids eingeleitet, anschließend läßt man über Nacht im Kühlschrank stehen. Danach wird abgesaugt, mit kaltem Ethanol gewaschen und umkristallisiert. Für eine Abtrennung evtl. noch anhaftenden Schwefels empfiehlt sich eine Umkristallisation aus Nitromethan. Für die Verseifung kann das Rohprodukt eingesetzt werden.

Tabelle 6.25

Willgerodt–Kindler-Reaktion

Produkt	Ausgangsverbindung	F in °C	Ausbeute in %
p-Tolylthioessigsäuremorpholid	p-Methyl-acetophenon	103 (EtOH)	60
2,4-Dimethyl-phenylthio-essigsäuremorpholid	2,4-Dimethyl-acetophenon	83 (MeOH)	55
p-Methoxy-phenylthioessigsäure-morpholid	p-Methoxy-acetophenon	71 (MeOH)	60
Thiohomoveratrumsäuremorpholid	(3,4-Dimethoxyphenyl)methyl-keton	90 (EtOH)	60
Naphth-1-ylthioessigsäuremorpholid	Methyl-α-naphthylketon	141 (W.)	55
Naphth-2-ylthioessigsäuremorpholid	Methyl-β-naphthylketon	108 (EtOH)	65
Dithiomalonsäurebismorpholid	Allylalkohol[1]) (oder Aceton)[1])	195...197 (BuOH)	50 (20)
Thiobenzoesäure-morpholid	Benzaldehyd	143 (EtOH)	70

Tabelle 6.25 (Fortsetzung)

Produkt	Ausgangsverbindung	F in °C	Ausbeute in %
p-Methoxy-thiobenzoesäure-morpholid	Anisaldehyd	114 (EtOH)	78
p-Dimethylamino-thiobenzoesäure-morpholid	*p*-Dimethylamino-benzaldehyd	154 (EtOH)	80
β-Phenyl-thiopropionsäure-morpholid[2]	Propiophenon	[2]	[2]

[1]) 0,4 mol Schwefel verwenden.
[2]) Nicht isolierbar, gesamte Reaktionsmischung wird weiterverarbeitet (s. Tab. 6.26).

Arbeitsvorschrift zur Verseifung von Thiocarbonsäuremorpholiden (Tab. 6.26)

Achtung! Entwicklung von Schwefelwasserstoff; im Abzug arbeiten

Zu 0,1 mol des rohen Thiomorpholids gibt man eine Lösung von 80 g 50%iger Kalilauge in 140 ml Alkohol und erhitzt sechs Stunden unter Rückfluß. Anschließend wird der Alkohol weitgehend abdestilliert, der Rückstand mit Wasser verdünnt, filtriert und mit konz. Salzsäure stark sauer gemacht (Schwefelwasserstoff-Entwicklung!). Nach dem Erkalten saugt man die ausgefallene Säure ab. Ist sie wasserlöslich bzw. fällt sie als Öl an, extrahiert man dreimal mit je 100 ml Ether, trocknet die vereinigten Extrakte über Magnesiumsulfat und destilliert das Lösungsmittel ab. Die Säure wird aus Wasser, evtl. unter Zusatz von Aktivkohle umkristallisiert.

Die Ausbeute kann durch (weitere) Extraktion der Mutterlaugen erhöht werden.

Tabelle 6.26
Arylessigsäuren

Produkt	Ausgangsverbindung	F in °C	Ausbeute in %
p-Tolylessigsäure	*p*-Tolylthioessigsäuremorpholid	92	80
2,4-Dimethyl-phenylessigsäure	(2,4-Dimethyl-phenyl)thioessigsäure-morpholid	105	80
p-Methoxy-phenylessigsäure	(*p*-Methoxy-phenyl)thioessigsäure-morpholid	85	75
Homoveratrumsäure	Thiohomoveratrumsäuremorpholid	68 (Hydrat) [1])	60
Naphth-1-ylessigsäure	Naphth-1-yl-thioessigsäuremorpholid	131	85
Naphth-2-ylessigsäure	Naphth-1-yl-thioessigsäuremorpholid	140	85
β-Phenyl-propionsäure	*β*-Phenyl-thiopropionsäuremorpholid (als rohes Reaktionsgemisch)	47[2]) (Ligroin)	40

[1]) wasserfrei: *F* 96 °C
[2]) die rohe Säure wird destilliert: $Kp_{3,7(28)}$ 169...170 °C.

Teilschritte der Willgerodt-Reaktion finden sich in einer Reihe von Synthesen, mit denen Schwefel definiert in organische Verbindungen eingebaut wird. So lassen sich unter gleichen Bedingungen aromatische Aldehyde wie auch Allylalkohol zu Thiocarbonsäuremorpholiden umsetzen (vgl. Tab. 6.25).

Auch viele Methyl- und Chlormethylaromaten können mit Schwefel mehr oder weniger glatt zu Thiocarbonsäurederivaten oxidiert werden.

Ketone reagieren mit Schwefel und Ammoniak zu $Δ^3$-Thiazolinen (*Asinger-Reaktion*):

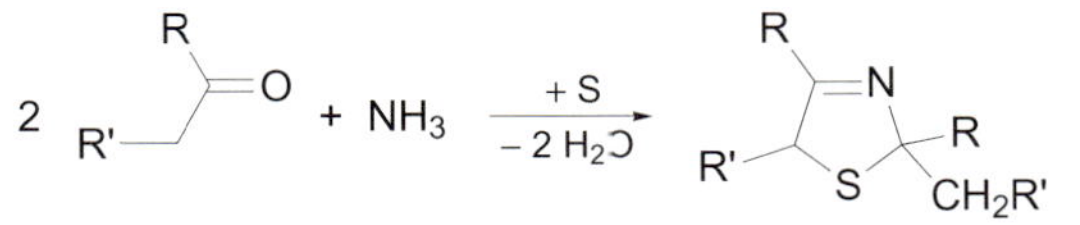

$$2 \quad \text{(Struktur)} + NH_3 \xrightarrow[-2\,H_2O]{+S} \text{(Struktur)} \qquad [6.27]$$

Darstellung von Δ^3-*Thiazolinen*: ASINGER, F.; OFFERMANNS, H., Angew.Chem. **79** (1967), 953.

Carbonylverbindungen reagieren mit CH-aciden Nitrilen und Schwefel zu 2-Amino-thiophenen (*Gewald-Reaktion*), wobei die zunächst durch Knoevenagel-Kondensation (vgl. D.7.2.1.4.) gebildeten α-Alkyliden-nitrile den Schwefel aufnehmen, z. B.:

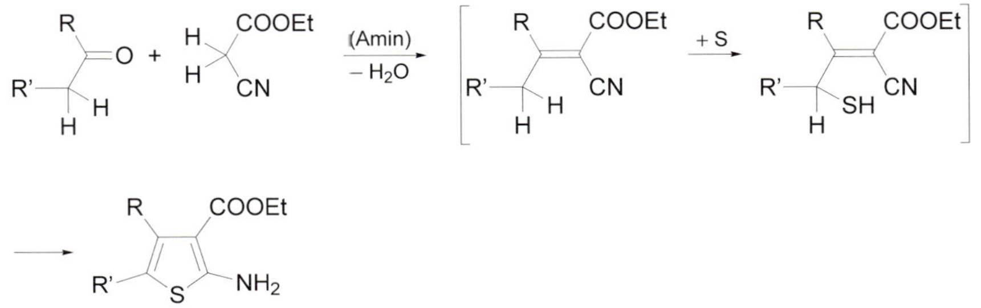

$$[6.28]$$

Allgemeine Arbeitsvorschrift zur Herstellung von 2-Amino-thiophen-3-carbonsäurederivaten (Tab. 6.29)

Zu einem auf 60 °C (Badtemperatur) erwärmten Gemisch von 30 ml Ethanol (für Methylester Methanol verwenden), 0,1 mol gepulvertem Schwefel, 0,1 mol Carbonylverbindung und 0,1 mol Nitril (oder statt der beiden letztgenannten Verbindungen 0,1 mol Ylidennitril) tropft man unter Rühren innerhalb 10 – 15 Minuten 8 ml Morpholin (oder Diethylamin) und rührt weitere 1,5 Stunden bei 60 °C. Mit Cyclohexanon wird bei Raumtemperatur ohne zusätzliche Erwärmung gearbeitet. Von wenig ungelöstem Schwefel filtriert man nötigenfalls heiß ab. Danach wird 1 bis 2 Stunden bis zur Beendigung der Kristallisation stehen gelassen, zuletzt in Eiswasser. Man saugt die ausgefallenen Kristalle ab, wäscht mit etwas kaltem Alkohol und kristallisiert aus wenig Ethanol oder Nitromethan um. Bleibt die Ausbeute zu niedrig, wird die Mutterlauge in Wasser eingerührt und aufgearbeitet.

Tabelle 6.29

2-Amino-thiophen-3-carbonsäurederivate

Produkt	Ausgangsverbindung	F in °C	Ausbeute in %
2-Amino-4,5-tetramethylen-thiophen-3-carbonsäureethylester	Cyclohexanon, Cyanessigsäureethylester	115	80
2-Amino-4,5-tetramethylen-thiophen-3-carbonitril	Cyclohexanon, Malononitril	147...148	78
2-Amino-4,5-dimethyl-thiophen-3-carbonsäuremethylester	Ethylmethylketon, Cyanessigsäuremethylester	120...122	50
2-Amino-4-methyl-thiophen-3,5-dicarbonsäurediethylester	Acetessigsäureethylester, Cyanessigsäureethylester	108...109	55
2-Amino-4-phenyl-thiophen-3-carbonsäureethylester	α-Cyan-zimtsäureethylester	95...96	60
5-Acetyl-2-amino-4-methylthiophen-3-carbonsäureethylester	Acetylaceton, Cyanessigsäureethylester	156...158	55
2-Amino-3-cyan-4-methylthiophen-5-carbonsäureethylester	Acetessigsäureethylester, Malononitril	210...212	45

6.3.   Oxidation von primären und secundären Alkoholen und Aldehyden

Primäre und secundäre Alkohole reagieren mit den bei der Oxidation von Methyl- und Methylengruppen genannten Oxidationsmitteln schon unter wesentlich milderen Bedingungen, während tertiäre Alkohole sich nur schwer und unter C–C-Spaltung oxidieren lassen (vgl. D.6.1).

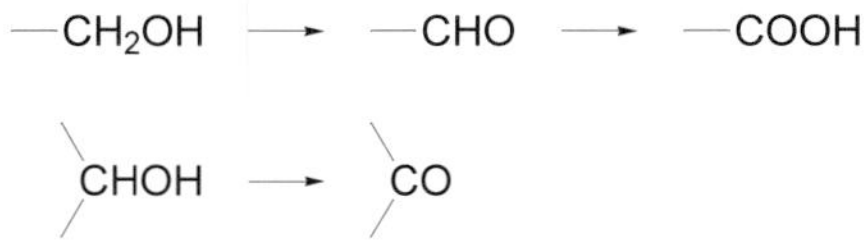

$$—CH_2OH \longrightarrow —CHO \longrightarrow —COOH$$

$$\underset{}{\big\rangle}CHOH \longrightarrow \underset{}{\big\rangle}CO$$

[6.30]

6.3.1.   Oxidation von primären und secundären Alkoholen zu Aldehyden bzw. Ketonen

Als Oxidationsmittel kommen sehr viele Reagenzien in Frage. Gebräuchlich sind:
- Chrom(VI)-Verbindungen

Kaliumdichromat-Schwefelsäure	$K_2Cr_2O_7/H_2SO_4$
Chromtrioxid/Schwefelsäure/Aceton	CrO_3/H_2SO_4
Chromtrioxid-Pyridin-Komplex	$CrO_3 \cdot 2\,C_5H_5N$
Pyridiniumchlorochromat (PCC)	$C_5H_5NH^{\oplus}ClCrO_3^{\ominus}$
Pyridiniumdichromat (PDC)	$(C_5H_5NH^{\oplus})_2Cr_2O_7^{2\ominus}$
„aktiviertes" Dimethylsulfoxid (DMSO)	
DMSO/Oxalylchlorid (Swern-Reaktion)	$Me_2SO/(COCl)_2$

- Halogen-Verbindungen

Unterhalogenige Säure	HOCl
Dess-Martin-Periodinan (DMP)	s. [6.38]

- weitere Verbindungen

Mangan(IV)-oxid (synthetischer Braunstein)	MnO_2
Tetrapropylammoniumperruthenat (TPAP)/ N-Methyl-morpholin-N-oxid (NMO)	$Pr_4N^{\oplus}\,RuO_4^{\ominus}$

Im Laboratorium werden Chromsäure und ihre Verbindungen häufig benutzt.

Bei der Oxidation gesättigter Alkohole mit Chromsäure lagert sich der Alkohol nucleophil an die Chromsäure an, wobei unter Wasserabspaltung ein Chromsäureester gebildet wird. Dieser Schritt ist der Bildung von Estern aus Carbonsäuren analog, vgl. D.7.1.4.1. In der zweiten Reaktionsphase wird, wahrscheinlich über einen cyclischen Übergangszustand, das α-Wasserstoffatom des Alkohols auf den Chromat-Rest übertragen, wobei das Metall aus dem sechswertigen in den vierwertigen Zustand übergeht:

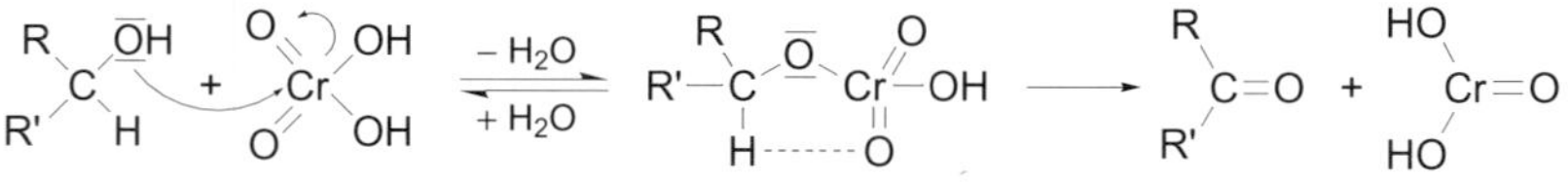

[6.31]

Das Cr(IV) wird durch weiteren Alkohol bis zur dreiwertigen Stufe reduziert, so daß folgende Bruttogleichung resultiert:

$$3\,R_2CHOH + Na_2Cr_2O_7 + 4\,H_2SO_4 \longrightarrow 3\,R_2CO + Cr_2(SO_4)_3 + Na_2SO_4 + 7\,H_2O$$

[6.32]

Durch Oxidation von primären Alkoholen mit Dichromat/Schwefelsäure lassen sich Aldehyde selten in höheren Ausbeuten als 60% darstellen. Man kann aber den entstehenden Aldehyd in geeigneter Weise abfangen (vgl. 6.2.1, [6.16]), ihn kontinuierlich abdestillieren, falls er leicht flüchtig ist, oder in einem Zweiphasen-System arbeiten und ihn auf diese Weise laufend extrahieren, vgl. nachstehende Vorschrift.

Darstellung von *Aldehyden durch Oxidation mit Dichromat/Eisessig* (allgemeine Arbeitsvorschrift): BOSCHE, H. G., in: HOUBEN-WEYL, Bd. 4/1b (1975), S. 460.

Als selektive Oxidationsmittel finden der *Chromtrioxid-Pyridin-Komplex* ($CrO_3 \cdot 2C_5H_5N$), das *Pyridinium-chlorochromat* (*PCC*, $C_5H_5NH^{\oplus}ClCrO_3^{\ominus}$) und *Pyridinium-dichromat* (*PDC*, $[C_5H_5NH^{\oplus}]_2Cr_2O_7^{2\ominus}$) Verwendung. Sie sind vor allem für die Oxidation von Alkoholen mit weiteren oxidierbaren Gruppen geeignet. So oxidieren sie z.B. ungesättigte primäre Alkohole zum Aldehyd, ohne daß die C=C-Doppelbindung angegriffen wird.

Die Oxidation von secundären Alkoholen gelingt leichter als die von primären und ergibt bessere Ausbeuten, da ihre Reaktivität höher als die primärer Alkohole ist und die entstehenden Ketone wesentlich stabiler gegenüber Oxidationsmitteln als Aldehyde sind.

Bei der nachstehenden Vorschrift wird in einem Zweiphasen-System gearbeitet. Die gebildeten Ketone werden dem Oxidationsgemisch durch das organische Lösungsmittel entzogen und so vor der weiteren Oxidation geschützt.

Allgemeine Arbeitsvorschrift für die Oxidation secundärer Alkohole zu Ketonen mit Dichromat/Schwefelsäure[1]) (Tab. 6.33)

Achtung! Chromate sind cancerogen. Jeglichen direkten Kontakt vermeiden, Schutzhandschuhe tragen. Chromhaltige Rückstände zur schadlosen Beseitigung sammeln.

In einen 500-ml-Dreihalskolben mit Rührer, Tropftrichter, Thermometer und Rückflußkühler wird zu einer Lösung von 0,2 mol des Alkohols in 100 ml Ether im Verlauf von 15 Minuten eine Lösung von 0,067 mol Natriumdichromat ($Na_2Cr_2O_7 \cdot 2H_2O$) und 15 ml Schwefelsäure in 100 ml Wasser unter Rühren zugetropft. Die Temperatur soll 25 °C betragen. Dann wird noch zwei Stunden bei dieser Temperatur gerührt, die Etherschicht abgetrennt und die wäßrige Phase noch zweimal mit je 50 ml Ether extrahiert. Die vereinigten Etherextrakte werden mit gesättiger Natriumhydrogencarbonat-Lösung, sodann mit Wasser gewaschen und über Magnesium- oder Natriumsulfat getrocknet. Nach Abdampfen des Ethers fraktioniert man über eine kurze Vigreux-Kolonne.

Die Vorschrift ist für Halbmikroansätze gut geeignet (Magnetrührer!). Sie läßt sich zur analytischen Charakterisierung secundärer Alkohole verwenden, indem man das rohe Keton in geeignete Derivate überführt.

Tabelle 6.33

Ketone aus secundären Alkoholen

Produkt	Ausgangsverbindung	Kp (bzw. F) in °C	n_D^{20}	Ausbeute in %
Cyclohexanon	Cyclohexanol	155	1,4503	65
2-Methyl-cyclohexanon	2-Methyl-cyclohexanol	$65_{3,1(23)}$	1,4490	62
(–)-Menthon	(–)-Menthol	$67_{0,5(4)}$	1,4536	70
cis-Decalin-2-on	*cis*-Decalin-2-ol[1])	$110_{1,3(10)}$	1,4927	60
Ethylisopropylketon	2-Methyl-pentan-3-ol	112	1,3975	60
Propiophenon	1-Phenyl-propanol	$93_{1,5(11)}$ F 21	1,5270	65

[1]) Als Ausgangsprodukt kann das rohe Isomerengemisch eingesetzt werden, das bei der Hydrierung nach Tab. 4.124 anfällt.

[1]) nach BROWN, H. C., GARG, C. P., J. Am. Chem. Soc. **83** (1961), 2952

Nortricyclanon aus Nortricyclanol mit Chromsäureanhydrid in Aceton: MEINWALD, J.; CRANDALL, J.; HYMNES, W. E., Org. Synth. **45** (1965), 77.

Ein Nachteil der Chromium-Verbindungen ist ihre Giftigkeit. An ihrer Stelle läßt sich *unterchlorige Säure* HOCl in Form der billigen, weniger giftigen und leichter zu entsorgenden Natriumhypochlorit-Bleichlauge für die selektive Oxidation primärer und secundärer Alkohole zu Aldehyden bzw. Ketonen einsetzen. Man führt die Reaktion in einem Zweiphasensystem (Wasser/Dichlormethan) in Gegenwart des stabilen Radikals 2,2,6,6-Tetramethyl-piperidin-1-oxyl (TEMPO), KBr und NaHCO$_3$ als Puffer durch.

Das Radikal bildet während der Reaktion reversibel den eigentlichen Katalysator, 2,2,6,6-Tetramethyl-1-oxo-piperidiniumion, das den Alkohol dehydriert. Das entstehende Piperidinol wird durch HOCl (in Gegenwart von KBr offenbar HOBr) wieder zum Oxopiperidiniumion oxidiert.

$$[6.34]$$

Der eingesetzte Alkohol darf in Wasser nicht leicht löslich sein, und auch die entstehende Carbonylverbindung muß sich gut in Dichlormethan lösen. NaOCl soll am Ende in einem geringen Überschuß vorliegen, was mit Kaliumiodid-Stärke-Papier leicht feststellbar ist (Blaufärbung). Die Reaktion ist stark exotherm, so daß gerührt und gut gekühlt werden muß, vor allem bei größeren Ansätzen. C=C-Doppelbindungen stören, da sie HOCl addieren können. Wenn man dem Zweiphasen-Reaktionsgemisch einen Phasentransfer-Katalysator, z. B. Methyl-trioctyl-ammoniumchlorid (Aliquat 336), zusetzt, entstehen aus primären Alkoholen (oder aus Aldehyden) Carbonsäuren.

Allgemeine Arbeitsvorschrift für die Oxidation von Alkoholen und Aldehyden mit Natriumhypochlorit[1]) (Tab. 6.35)

A. Darstellung von Aldehyden und Ketonen

In einem 250-ml-Dreihalskolben mit effektivem mechanischem Rührer, Tropftrichter mit Druckausgleich und Innenthermometer kühlt man ein Gemisch von 0,1 mol des betreffenden Alkohols und 0,16 g (1 mmol) 2,2,6,6-Tetramethyl-piperidin-1-oxyl in 40 ml Dichlormethan und von 1,2 g (0,01 mol) KBr in 5 ml Wasser im Eis-Kochsalz-Bad unter gutem Rühren auf –10 °C und tropft 110 ml (0,01 mol) einer 1 M NaOCl-Lösung vom pH 9,5[2]) innerhalb von 10–15 Min. so zu, daß die Innentemperatur nicht über 15 °C steigt. Man rührt noch fünf Min., wonach noch HOCl nachweisbar sein soll (Blaufärbung von Kaliumiodid-Stärke-Papier). Die organische Phase wird abgetrennt und die wäßrige Phase mit 10 ml Dichlormethan extrahiert. Zur Entfernung des Katalysators wäscht man die vereingten organischen Phasen mit 20 ml 10%iger Salzsäure, der man 0,32 g (2 mmol) Kaliumiodid zugesetzt hat, danach mit einer 10%igen wäßrigen Lösung von Natriumthiosulfat und schließlich mit 10 ml einer 10%igen Natriumhydrogencarbonat-Lösung sowie mit dem gleichen Volumen Wasser. Nach dem Trocknen mit Magnesiumsulfat wird das Dichlormethan und das Produkt über eine 15-cm-Vigreux-Kolonne (gegebenenfalls im Vakuum) destilliert. Die Reinheit des Produktes wird gaschroma-

---

[1]) nach ANELLI, P. L.; MONTANARI, F.; QUICI, S., Org. Synth. **69** (1990), 212.
[2]) Handelsübliche Natriumhypochlorit-Bleichlauge ist frisch etwa 1,8- bis 2-molar und hat einen pH-Wert von etwa 12,5. Ihr Gehalt an NaOCl sinkt beim Lagern. Sie soll daher unmittelbar vor Gebrauch titriert und mit festem Natriumhydrogencarbonat auf einen pH-Wert von 9,5 gebracht werden (pH-Papier).

tographisch überprüft. Feste Produkte werden nach dem Abdestillieren des Dichlormethans umkristallisiert.

B. Darstellung von Carbonsäuren

Zur Oxidation von primären Alkoholen oder von Aldehyden verfährt man wie nach Variante A, setzt dem Ausgangsgemisch aber zusätzlich 1,4 g (5 mmol) Aliquat 336 in 10 ml Wasser zu und verdoppelt für Alkohole das Volumen an Hypochloritlösung. Nach Zugabe des Oxidationsmittels wird 45 Min. nachgerührt. Zur Aufarbeitung wird das Zweiphasen-Reaktionsgemisch mit 2 N Natronlauge geschüttelt, bis die wäßrige Phase pH 12 aufweist. Die abgetrennte wäßrige Phase wird zur Ausfällung der Carbonsäure mit 6 N Salzsäure angesäuert. Feste Produkte werden abgesaugt und umkristallisiert, flüssige extrahiert man dreimal mit je 20 ml Dichlormethan, trocknet die vereinigten organischen Phasen mit Magnesiumsulfat und destilliert im Vakuum über eine Vigreux-Kolonne.

Die Oxidation mit Natriumhypochlorit ist auch im Mikromaßstab durchführbar, wobei man die Menge des Dichlormethans verdreifacht.

Bestimmung des Natriumhypochlorit-Gehaltes einer Bleichlauge

1 ml der Bleichlauge wird im Maßkolben mit destilliertem Wasser auf 10 ml verdünnt. Von dieser Lösung entnimmt man 2 ml, verdünnt im Titriergefäß mit 40 ml destilliertem Wasser und titriert mit 0,1 N Natriumnitritlösung bis zur Blaufärbung von KI-Stärke-Papier, was durch Tüpfeln festgestellt wird.

$$[\text{NaOCl}] = \frac{\text{Volumen NaNO}_2 - \text{Lösung}}{\text{Volumen NaOCl} - \text{Lösung}} \times 0,05 \text{ mol/l}$$

Zur Bereitung der Nitritlösung werden 0,345 g Natriumnitrit (*p. a.*) und 2 g Natriumhydrogencarbonat in einem 100-ml-Maßkolben mit destilliertem Wasser gelöst.

Tabelle 6.35

Oxidation von Alkoholen und Aldehyden mit Natriumhypochlorit

Produkt	Ausgangsverbindung	Kp (bzw. F) in °C	n_D^{20}	Ausbeute in %
Heptanal (Önanthaldehyd)	Heptanol	152	1,4279	65
Octanal (Caprylaldehyd)	Octanol	$72_{2,7(20)}$	1,4217	72
Nonanal (Pelargonaldehyd)	Nonanol	$81_{1,7(13)}$	1,4242	71
Decanal (Caprinaldehyd)	Decanol	$91_{1,7(13)}$	1,4280	68
Undecanal	Undecanol	$116_{2,4(18)}$	1,4520	65
Benzaldehyd	Benzylalkohol	$64_{1,7(13)}$	1,5446	61
4-Nitro-benzaldehyd	4-Nitro-benzylalkohol	F 106 (Et$_2$O/ Petrolether)		65
Cyclohexanon	Cyclohexanol	155	1,4503	73
2-Ethyl-1-hydroxy-hexan-3-on	2-Ethyl-hexan-1,3-diol	$118_{1,6(12)}$		64
Heptansäure (Önanthsäure)	Heptanol	$114_{1,7(13)}$	1,4216	95
Undecansäure	Undecanol	$168_{1,5(11)}$		55

Unter milden Bedingungen läßt sich die Dehydrierung von primären und secundären Alkoholen auch mit dem gut zugänglichen *Dimethylsulfoxid* (DMSO) in Gegenwart eines Elektrophils durchführen („aktiviertes Dimethylsulfoxid"). Als Elektrophil sind u. a. Dicyclohexylcarbodiimid, Essigsäureanhydrid und Oxalyldichlorid geeignet. Die Variante mit Oxalylchlorid wird als *Swern-Oxidation* bezeichnet.

Das DMSO wird intermediär durch Reaktion mit Oxalyldichlorid in ein Sulfoniumsalz überführt, an dessen stark elektrophilem Schwefel der Alkohol unter Substitution angreift (vgl. [6.36]). Aus dem gebildeten Sulfoniumsalz entsteht bei Zusatz einer Base ein Ylid, das sich in Dimethylsulfid und die Carbonylverbindung umwandelt. Diese ist unter den angewendeten Bedingungen nicht weiter oxidierbar.

$$(H_3C)_2S{=}O + ClCOCOCl \longrightarrow (CH_3)_2\overset{\oplus}{S}{-}O{-}CO{-}CO{-}Cl \xrightarrow[-CO_2 - CO]{} (CH_3)_2\overset{\oplus}{S}{-}Cl \;\; Cl^{\ominus}$$
$$Cl^{\ominus}$$

$$\underset{R'}{\overset{R}{>}}\!\!\overset{OH}{\underset{H}{C}} + Cl{-}\overset{\oplus}{S}(CH_3)_2 \xrightarrow[-HCl]{} \underset{H}{\overset{R}{\underset{R'}{C}}}\!\!{-}O{-}\overset{\oplus}{S}\!\!\underset{CH_3}{\overset{CH_3}{}} \xrightarrow[-H^{\oplus}]{Base} \underset{H}{\overset{R}{\underset{R'}{C}}}\!\!{-}O{-}\overset{\oplus}{S}\!\!\underset{\overset{CH_2}{\ominus}}{\overset{CH_3}{}} \qquad [6.36]$$

$$\longrightarrow \underset{R'}{\overset{R}{>}}{=}O + S(CH_3)_2$$

Allgemeine Arbeitsvorschrift für die Oxidation von Alkoholen mit Dimethylsulfoxid/Oxalylchlorid (Swern-Oxidation) (Tab. 6.37)

Achtung! Man arbeite in einem gut ziehenden Abzug und entsorge bzw. reinige anfallende Lösungen und Geräte nach beendeter Umsetzung, indem man gebildetes Dimethylsulfid durch Schütteln bzw. Spülen mit alkalischer Kaliumermanganat-Lösung oxidiert.
Alle Geräte und Reagenzien müssen gut getrocknet werden (vgl. auch Reagenzienanhang).

Ein 100-ml-Einhalskolben mit Magnetrührer und Dreiwegehahn wird auf 1,3 kPa (10 Torr) evakuiert und mit einem Heißluftgebläse ausgeheizt. Nach dem Abkühlen füllt man mit trockenem Schutzgas (Stickstoff oder Argon), evakuiert und begast ein zweites Mal. Unter Schutzgas wird anschließend mit einer Injektionsspritze durch den Dreiwegehahn eine Lösung von 1,0 ml (11,0 mmol) Oxalyldichlorid in 25 ml Dichlormethan in den Kolben gegeben. Man stelle einen langsamen Gasstrom ein, so daß bei der Einführung der Kanüle durch den Dreiwegehahn Schutzgas entweicht. Man kühlt im Aceton–Trockeneis-Bad und gibt nach einigen Minuten (die Innentemperatur sollte etwa −60 °C erreicht haben) unter Rühren wiederum mit der Injektionsspritze eine Lösung von 1,7 ml (22 mmol) Dimethylsulfoxid in 5 ml Dichlormethan. Nach kurzer Reaktionszeit werden anschließend innerhalb 5 min 10 mmol des zu oxidierenden Alkohols in 10 ml Dichlormethan portionsweise zugesetzt. Nach weiteren 15 min versetzt man mit 7 ml (50 mmol) Triethylamin, rührt noch 5 min und läßt anschließend langsam auf Raumtemperatur erwärmen. Nach Entfernen des Dreiwegehahns gibt man 50 ml Wasser zur Reaktionsmischung, trennt die organische Phase ab und extrahiert die wäßrige Phase mit 50 ml Dichlormethan. Die vereinigten organischen Phasen werden nacheinander mit je 100 ml gesättigter Kochsalzlösung, 50 ml 1%iger Schwefelsäure, 50 ml Wasser und abschließend mit 50 ml 5%iger Natriumhydrogencarbonat-Lösung gewaschen und über Magnesiumsulfat getrocknet. Nach dem Entfernen des Lösungsmittels unter vermindertem Druck ist die erhaltene Carbonylverbindung in der Regel für weitere Umsetzungen ausreichend rein (man überprüfe dies IR- bzw. NMR- spektroskopisch!).

Zur weiteren Reinigung destilliert man oder kristallisiert um.

Tabelle 6.37

Oxidation von Alkoholen nach SWERN

Produkt	Ausgangsverbindung	Kp (bzw. F) in °C	n_D^{20}	Ausb. in %	Rohausb. in %
Undecanal	Undecanol	$116_{2,4(18)}$	1,4520	85	100
(S)-(–)-2-(N,N-Dibenzylamino)-propanal	(S)-(+)-2-(N,N-Dibenzylamino)-propanol	Öl, racemisiert bei Raumtemp.	$[\alpha]_D^{20}$–41,0° (in Chlf.)		98
Benzaldehyd	Benzylalkohol	$179, 64_{1,7(13)}$	1,5450	85	100
Zimtaldehyd	Zimtalkohol	129	1,6219	80	97
Cyclopentanon	Cyclopentanol	130	1,4359	80	99
Cyclohexanon	Cyclohexanol	156	1,4503	90	97
Norcampher	Norborneol	F 95		90	97
(R)-(+)-Campher	Borneol	F 180	$[\alpha]_D^{20}$+43,5° (in EtOH)	95	99
Benzil [1])	Benzoin	F 95		90	95
Acetophenon	1-Phenyl-ethanol	$94_{2,7(20)}$; F 20	1,5340	85	98
Benzophenon	Diphenylmethanol	$190_{2,0\,(15)}$; F 48		95	98
Pinacolon	(±)-Pinacolyl-alkohol	106	1,3956	75	100

[1]) Man halbiere den angegebenen Ansatz und löse das Benzoin in 30 ml Dichlormethan.

Von den vielen speziellen Reagenzien, die zur selektiven Oxidation von Alkoholen zu Aldehyden bzw. Ketonen verwendet werden können, sind die folgenden besonders interessant:

Mit dem sog. *Dess-Martin-Periodinan (DMP)*, einer Iod(V)-Verbindung, die aus *o*-Iodbenzoesäure gewonnen wird, gelingt die Oxidation bereits unter sehr milden, bei Zuzatz von Pyridin nahezu neutralen Bedingungen. Iod(V) wird dabei zu Iod(III) reduziert:

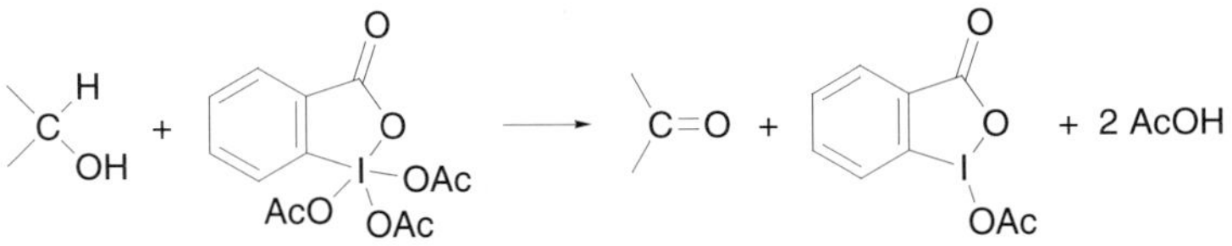

[6.38]

Im Molekül vorhandene C=C-Doppelbindungen sowie Thio-, secundäre Amino- und andere funktionelle Gruppen werden nicht angegriffen. Das Reagens wird i. a. bei Reaktionen im mmol-Maßstab angewandt; es kann leicht regeneriert werden. Die Verbindung kann allerdings bei erhöhten Temperaturen explodieren; die handelsübliche Lösung in CH_2Cl_2 läß sich jedoch gefahrlos handhaben.

Ein selektives Oxidans ist auch *Tetrapropylammoniumperruthenat* $Pr_4N^{\oplus}RuO_4^{\ominus}$ (TPAP), eine Ruthenium(VII)-Verbindung, in Gegenwart von Morpholin-*N*-oxid (NMO). Das Perruthenat braucht nur in katalytischen Mengen angewandt zu werden; es wird unter den Reaktionsbedingungen durch das in stöchiometrischer Menge eingesetzte *N*-Oxid wieder reoxidiert.

Ein wichtiges Verfahren zur Herstellung von Aldehyden und Ketonen ist die *katalytische Dehydrierung* von primären und secundären Alkoholen:

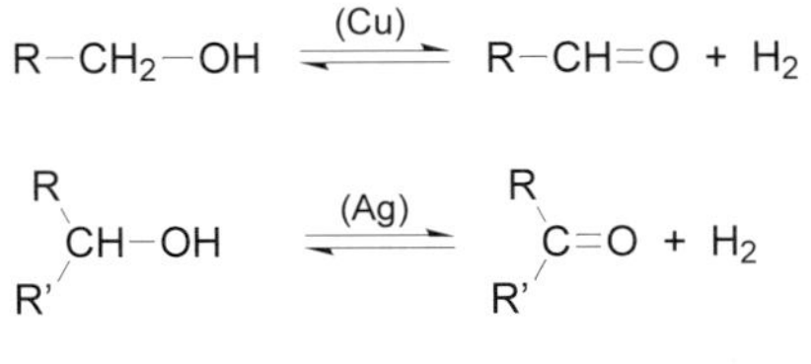

$$R-CH_2-OH \;\overset{(Cu)}{\rightleftharpoons}\; R-CH=O + H_2$$

[6.39]

$$\underset{R'}{\overset{R}{>}}CH-OH \;\overset{(Ag)}{\rightleftharpoons}\; \underset{R'}{\overset{R}{>}}C=O + H_2$$

Als Katalysatoren eignen sich metallisches Silber, Kupfer, Kupferchromiumoxid und Zinkoxid. Das Gleichgewicht der katalytischen Dehydrierung [6.39] stellt sich bei etwa 300 bis 400 °C ein.

Die Dehydrierung ist stark endotherm ($\varDelta_R H^\ominus$ = 70...86 kJ · mol^{-1}). Der entstandene Wasserstoff läßt sich jedoch auch durch mitgeführte Luft verbrennen, wodurch die Gesamtreaktion R–CH$_2$–OH + 1/2 O$_2$ → R-CH=O + H$_2$O stark exotherm wird ($\varDelta_R H^\ominus$ = –160... –180 kJ · mol^{-1}). Man nennt den letztgenannten Prozeß deshalb auch *oxidative* oder *autotherme Dehydrierung.*

Die katalytische Dehydrierung von Alkoholen hat als Labormethode an Bedeutung verloren; eine Allgemeine Arbeitsvorschrift findet sich in früheren Auflagen dieses Buches. Dagegen ist die Dehydrierung von Alkoholen ein technisch wichtiges Verfahren zur Herstellung von Aldehyden und Ketonen. In großem Umfange werden so Formaldehyd, Acetaldehyd, Aceton, Ethylmethylketon und Cyclohexanon gewonnen. Durch Dehydrocyclisierung von Butan-1,4-diol an Kupfer bei 250 °C stellt man technisch in hoher Ausbeute γ-Butyrolacton her, und Glyoxal ist duch Oxidehydrierung aus Ethylenglycol bei 300 °C in Gegenwart von Halogenverbindungen als Inhibitoren erhältlich.

Eine katalytische Dehydrierung von Alkoholen findet auch bei der Oppenauer-Oxidation statt, vgl. D.7.3.1.2.

6.3.2. Oxidation von primären Alkoholen und Aldehyden zu Carbonsäuren

Oxidationsmittel, die primäre Alkohole zu Aldehyden oxidieren, können auch zur Herstellung von Carbonsäuren aus Alkoholen (wobei die Aldehydstufe durchlaufen wird) und aus Aldehyden benutzt werden.

Bei der Oxidation eines Aldehyds mit Chromsäure wird wahrscheinlich intermediär ein Chromsäuremonoester gebildet, der sich von der Hydratform des Aldehyds ableitet und analog zur Oxidation von Alkoholen weiterreagiert, vgl. [6.31/6.32].

Die Geschwindigkeit der Oxidation substituierter Benzaldehyde steigt in dem Maße, wie die Hydratform begünstigt ist, d. h. *p*-CH$_3$O < *p*-CH$_3$ < H < *p*-Cl < *m*-CH$_3$O < *m*-Cl < *m*-NO$_2$ < *p*-NO$_2$

Bei der Oxidation primärer Alkohole in saurer Lösung kann der intermediär gebildete Aldehyd acetalisiert (vgl. D.7.1.2.) und die entstehende Säure verestert werden, wodurch sich ein Teil des Alkohols der Oxidation entzieht.

Deshalb werden primäre Alkohole besser mit Pyridiniumdichromat (PDC) in Dimethylformamid in Carbonsäuren überführt. Auch Permanganat in alkalischem Medium ist geeignet:

$$3 \, R-CH_2-OH \; + \; 4 \, KMnO_4 \; \longrightarrow \; 3 \, R-COOH \; + 4 \, MnO_2 \; + \; 4 \, KOH \; + \; H_2O \qquad [6.40]$$

Intermediär gebildetene Aldehyde werden hierbei jedoch teilweise unter C–C-Spaltung weiter oxidiert (vgl. D.6.5.3) wodurch die Ausbeute sinkt.

Allgemeine Arbeitsvorschrift für die Darstellung von Carbonsäuren aus primären Alkoholen und Olefinen unter Phasentransferkatalyse (Tab.6.41)

In einem 500-ml-Dreihalskolben mit Rührer und Thermometer wird ein Gemisch von 0,1 mol Alkohol oder Olefin, 150 ml CH$_2$Cl$_2$, 250 ml Wasser und 4 ml Aliquat 336 portionsweise unter kräftigem Rühren mit 0,2 mol (bei Olefinen mit 0,25 mol) KMnO$_4$ versetzt. Die Temperatur wird durch Kühlung mit Eiswasser bei Alkoholen unter 15 °C, bei Olefinen unter 10 °C gehalten. Die maximale Reaktionszeit beträgt ca. drei Stunden. Nach Entfärbung des Permanganats löst man den Braunstein mit wäßriger Hydrogensulfitlösung auf. Anschließend wird mit verd. Schwefelsäure angesäuert und die organische Schicht abgetrennt. Sie wird mit wenig Na$_2$SO$_4$ getrocknet und destilliert, am besten nach Entfernung des CH$_2$Cl$_2$ im Rotationsverdampfer.

Tabelle 6.41

Carbonsäuren

Produkt	Ausgangs-verbindung	Kp in °C	Ausbeute in %
Hexansäure	Hexanol	206...208	60
Octansäure	Octanol	239...240; 129...130$_{2,1(16)}$	75
Decansäure	Decanol	148...150$_{1,2(9)}$	55
Heptansäure	Oct-1-en	220...222; 115...116$_{1,5(11)}$	45
Nonansäure	Dec-1-en	142...143$_{2,1(16)}$	45

Da die Aldehydgruppe leichter oxidierbar ist als die Hydroxylgruppe, kann man z. B. in Aldosen die Aldehydfunktion unter milden Bedingungen selektiv oxidieren. Man erhält so mit Iod in alkalischer Lösung aus D-Glucose die Gluconsäure:

$$
\begin{array}{l}
\text{CHO} \\
\text{H}-\text{C}-\text{OH} \\
\text{HO}-\text{C}-\text{H} \\
\text{H}-\text{C}-\text{OH} \\
\text{H}-\text{C}-\text{OH} \\
\text{CH}_2\text{OH}
\end{array}
\; + \; I_2 + 2\,\text{OH}^{\ominus} \longrightarrow
\begin{array}{l}
\text{COOH} \\
\text{H}-\text{C}-\text{OH} \\
\text{HO}-\text{C}-\text{H} \\
\text{H}-\text{C}-\text{OH} \\
\text{H}-\text{C}-\text{OH} \\
\text{CH}_2\text{OH}
\end{array}
\; + \; 2\,I^{\ominus} + H_2O \qquad [6.42]
$$

Diese Reaktion läßt sich zur iodometrischen Bestimmung von Zuckern verwenden.

Auch mit Silber(I)-ionen (als Ammoniakat: Tollens-Reagens) und Kupfer(II)-ionen (als Tartratkomplex: Fehlingsche Lösung) kann man im alkalischen Medium Aldehyde selektiv zu Säuren oxidieren, wobei die genannten Ionen zu metallischem Silber bzw. rotem Kupfer(I)-oxid reduziert werden.

Ammoniakalische Silbernitratlösung und Fehlingsche Lösung benutzt man daher als Nachweisreagenzien für Aldehyde; sie werden durch Alkohole und Ketone nicht reduziert. Zu beachten ist jedoch, daß Ketosen genauso wie Aldosen Fehlingsche Lösung reduzieren, da sie im alkalischen Medium leicht in Aldosen umgelagert und teilweise zu niederen Aldosen abgebaut werden.

Mit Salpetersäure kann man in Aldosen sowohl die Aldehydgruppe als auch die primäre Alkoholgruppe oxidieren, so daß Hydroxydicarbonsäuren entstehen, z. B. Schleimsäure aus D-Galaktose:

$$
\begin{array}{l}
\text{CHO} \\
\text{H}-\text{C}-\text{OH} \\
\text{HO}-\text{C}-\text{H} \\
\text{HO}-\text{C}-\text{H} \\
\text{H}-\text{C}-\text{OH} \\
\text{CH}_2\text{OH}
\end{array}
\;\xrightarrow{\text{HNO}_3}\;
\begin{array}{l}
\text{COOH} \\
\text{H}-\text{C}-\text{OH} \\
\text{HO}-\text{C}-\text{H} \\
\text{HO}-\text{C}-\text{H} \\
\text{H}-\text{C}-\text{OH} \\
\text{COOH}
\end{array}
\qquad [6.43]
$$

Darstellung von Schleimsäure aus Milchzucker (Oxidation mit Salpetersäure)

Vorsicht! Nitrose Gase; Abzug!

0,03 mol Milchzucker werden mit 120 ml 25%iger Salpetersäure ($D = 1,15$) auf dem Wasserbad auf ein Volumen von 20 ml eingedampft und dann 30 ml Wasser zugesetzt. (Die mit entstandene Zuckersäure ist wasserlöslich.) Nach mehrtägigem Stehen saugt man ab und wäscht mit kaltem Wasser. Ausbeute 30 bis 40%. Zur Reinigung wird in der äquivalenten Menge Alkali gelöst und mit der beechneten Menge Säure ausgefällt. F 213 °C (Zers.).

Darstellung von Trichloressigsäure aus Chloral (Oxidation mit Salpetersäure)

↓
G

Vorsicht! Trichloressigsäure ist hautreizend; Gummihandschuhe!

0,24 mol Chloralhydrat werden in einem 250-ml-Kolben geschmolzen und 17 ml rauchende Salpetersäure ($D = 1,5$) vorsichtig zugetropft (Abzug!). Wenn die Stickoxid-Entwicklung nachläßt, wird auf dem Wasserbad erwärmt, bis sie vollständig aufgehört hat, und anschließend im Vakuum destilliert. $Kp_{2,7(20)}$ 102 °C; F 57 °C; Ausbeute 55%.

Polyhydroxyverbindungen lassen sich in Lösung mit Sauerstoff am Platin-Kontakt selektiv oxidieren. Am leichtesten verläuft dabei die Oxidation einer primären Hydroxylgruppe, je nach den Bedingungen zu einer Aldehyd- oder Carboxylgruppe. Diese Reaktion hat vor allem Bedeutung für die selektive Oxidation von Kohlenhydraten und ihren Derivaten, z. B. zur Herstellung von Uronsäuren.

In der Technik wird durch Autoxidation von Acetaldehyd ohne Katalysator bei 50 bis 70 °C in großem Umfange Essigsäure hergestellt. Intermediär entsteht die Peressigsäure (s. D.1.5.), die als Hauptprodukt bei 0 °C und 3 MPa nach dem gleichen Verfahren gewonnen werden kann. Mit 60%iger Salpetersäure erhält man aus Acetaldehyd bei 40 °C Glyoxal neben einer Reihe von Säuren. Durch Oxidation mit Luft läßt sich auch Isobutyraldehyd in Isobuttersäure überführen.

Durch biochemische Oxidation von Alkohol-haltigen Lösungen (vor allem aus Gärungsprozessen) mit z. B. *Acetobacter aceti, Gluconobacter oxidans* werden spezielle Sorten von Speiseessig erzeugt.

Auch die Oxidation von D-Sorbit zu L-Sorbose wird technisch mit *Acetobacter suboxidans* durchgeführt. L-Sorbose oxidiert man dann z. B. mit Natriumhypochlorit – nach Schutz der Hydroxylgruppen durch Ketalisierung mit Aceton – zu 2-Oxogulonsäure, die mit Säuren unter Lactonbildung Ascorbinsäure (Vitamin C) ergibt.

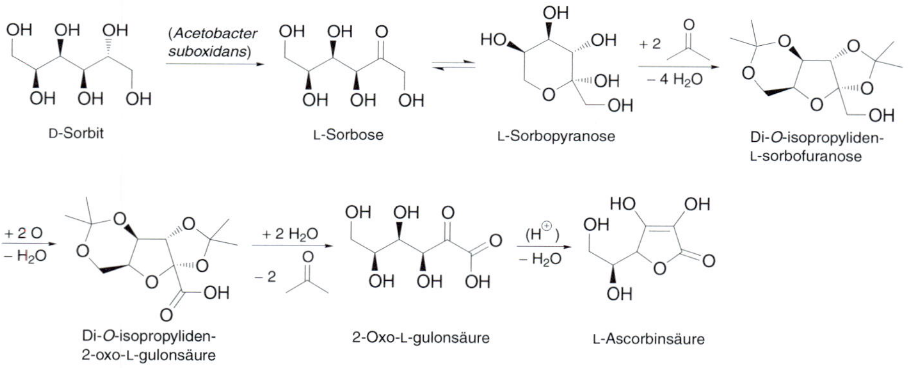

[6.43a]

6.4.   Chinone durch Oxidation

6.4.1.   Chinone aus aromatischen Kohlenwasserstoffen

Die Synthese von Chinonen durch Oxidation aromatische Kohlenwasserstoffe verläuft als Elektronenübertragung entsprechend [6.10] und gelingt deshalb umso leichter, je niedriger das Oxidationspotential $E_{ox}(D)$ des Aromaten ist. Deshalb erfordert die Oxidation von Benzen (E_{ox} = 2,54 V, SHE, in Acetonitril) zum *p*-Benzochinon das äußerst starke Oxidationsmittel Silber(II)oxid (Ag(II): $E^{\ominus}$ = 2 ,0 V; zum Lösungsmitteleinfluß vgl. D.6.2.1). Die Oxidationspotentiale von Naphthalin, Anthracen oder Phenanthren (vgl. Tab. 6.5) sind dagegen so niedrig, daß mit Chromsäure, Wasserstoffperoxid oder Luftsauerstoff/V$_2$O$_5$ $\Delta_R G$-Werte < 0 erreichbar sind und die entsprechenden Oxidationen thermodynamisch möglich sind.

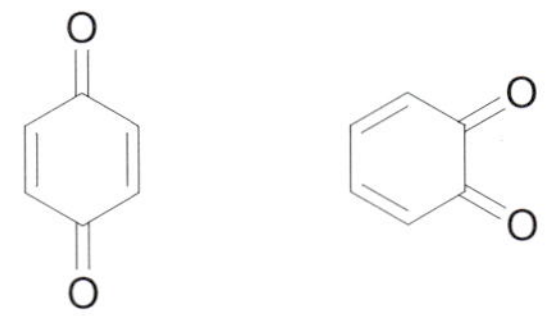

p-Benzochinon   o-Benzochinon

[6.44]

Bei der Oxidation mit Chromsäure werden unter gleichen Bedingungen die folgenden Produkte in den angegebenen Ausbeuten erhalten:

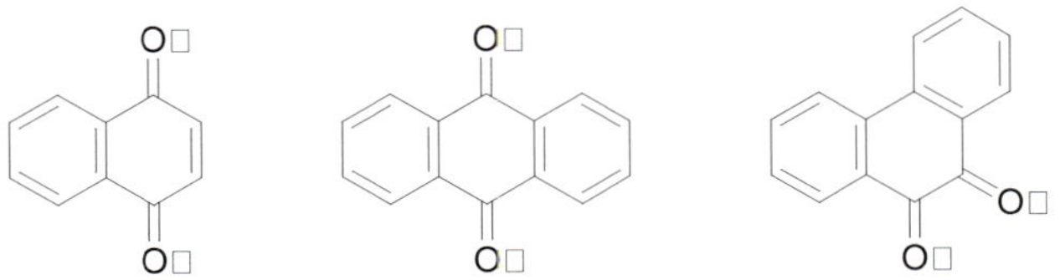

20 %   90 %   37 %

[6.45]

o-Chinone sind energiereicher als p-Chinone. Das Phenanthrenchinon wird daher leicht weiter zur Diphensäure oxidiert:

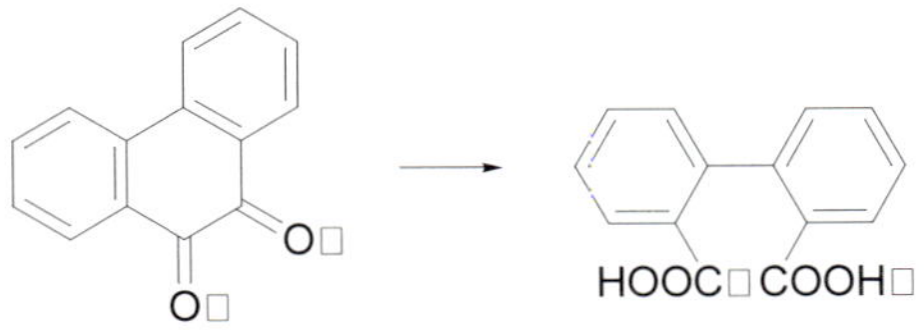

HOOC COOH

[6.46]

Aber auch aus Naphthalen wird nicht nur Naphtho-1,4-chinon, sondern auch Phthalsäureanhydrid erhalten (vgl. die geringe Ausbeute an 1,4-Naphthochinon in der nachstehenden Vorschrift).

In der folgenden Arbeitsvorschrift zur Oxidation von Kohlenwasserstoffen zu Chinonen wird ein großer Überschuß an Chromsäure verwendet, da anderenfalls nicht umgesetztes Ausgangsprodukt zurückbleibt, das die Reinigung der Endprodukte erschwert. Man muß dann jedoch die Umsetzung möglichst abbrechen, wenn aller Kohlenwasserstoff verbraucht ist, um Weiteroxidationen zu vermeiden.

Allgemeine Arbeitsvorschrift zur Darstellung von Chinonen aus Kohlenwasserstoffen mit Chromsäureanhydrid (Tab. 6.47)

Achtung! Chrom(VI)-oxid ist cancerogen. Jeglichen direkten Kontakt vermeiden; Schutzhandschuhe tragen. Chromhaltige Rückstände und Waschlösungen nicht in den Ausguß gießen, sondern sachgemäß entsorgen.

In einen 500-ml-Dreihalskolben mit Thermometer, Rührer und Tropftrichter (Öffnung lassen!) werden zu einer Mischung von 0,05 mol Ausgangsverbindung (feste Produkte fein pulverisiert) und 90 ml 90%iger Essigsäure 0,25 mol Chromtrioxid, gelöst in 50 ml 60%iger Essigsäure, innerhalb einer Stunde unter kräftigem Rühren zugetropft. Die Temperatur wird dabei zwischen 5 und 20 °C gehalten. Man rührt noch 40 bis 60 Minuten bei 40 °C, um die Oxidation zu vervollständigen. Zur Bestimmung des Endpunkts der Reaktion entnimmt man vor Ablauf der angegebenen Reaktionszeit etwa alle 5 Minuten eine Probe, verdünnt mit Wasser, saugt ab und wäscht mit Wasser aus. Das Produkt muß hellgelb (nicht grün) gefärbt und der Geruch des Kohlenwasserstoffs verschwunden sein. Unter Umständen gibt auch eine rasch ausgeführte

Schmelztemperatur-Bestimmung über noch vorhandenes Ausgangsmaterial Auskunft. Nach Beendigung der Reaktion wird das Reaktionsgemisch in das gleiche Volumen Wasser gegossen, abgesaugt und umkristallisiert, vgl. auch die Angaben in der nachstehenden Tabelle.

Tabelle 6.47

Chinone aus aromatischen Kohlenwasserstoffen

Produkt	Ausgangs-verbindung	F in °C	Ausbeute in %	Bemerkungen
Naphtho-1,4-chinon	Naphthalen	124 (Hexan)	35	
2-Methyl-naphtho-1,4-chinon	2-Methyl-naphthalen	106 (MeOH)	45	lichtgeschützt aufbewahren, polymerisiert leicht
Phenanthrenchinon	Phenanthren	207 (EtOH oder AcOH)	60	rohes Chinon mit Sodalösung digerieren
Anthrachinon	Anthracen	285 (Dioxan)	80	nach CrO₃-Zugabe 4 Std. unter Rückfluß erhitzen[1]
Acenaphthochinon	Acenaphthen	261 (Tetralin)	50	Rohprodukt mit Tetralin aufkochen, heiß filtrieren

[1] keine Endpunktbestimmung erforderlich

Anthrachinon, ein wichtiges Zwischenprodukt für Farbstoffe (vgl. D.5.2.1), wird technisch durch Oxidation von Anthracen mit CrO₃ in flüssiger Phase bei 50...100 °C oder mit Luft bei 370 °C an Eisenvanadat (neben anderen Methoden, vgl. D.5.1.8.1) mit hoher Selektivität und vollständigem Umsatz hergestellt. Naphtho-1,4-chinon ist Nebenprodukt der Oxidation von Naphthalen zu Phthalsäureanhydrid (vgl. D.6.5.1.).

6.4.2.   Chinone aus substituierten Aromaten

Besonders leicht lassen sich Chinone aus *o*- bzw. *p*-Diphenolen oder Diaminen herstellen, da diese Ausgangsprodukte sehr niedrige Oxidationspotentiale besitzen, vgl. Tab. 6.5, so daß die Elektronenübertragung thermodynamisch sehr günstig ist.

Das durch Entzug eines Elektrons gebildete Radikal, ein sog. Semichinon, wird durch Mesomerie stabilisiert. Am bekanntesten ist die Oxidation von 4-Amino-*N,N*-dimethylanilin durch Brom, die zu Wursters Rot führt:

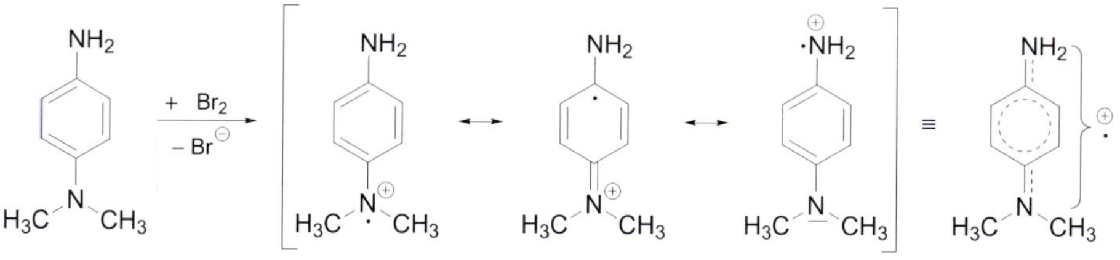

Diese Verbindung (sie ist gleichzeitig Kation und Radikal) geht bei weiterer Oxidation in das entspechende Chinon-Immonium-Salz über, das in wäßriger Lösung sehr schnell zum *p*-Benzochinon hydrolysiert wird:

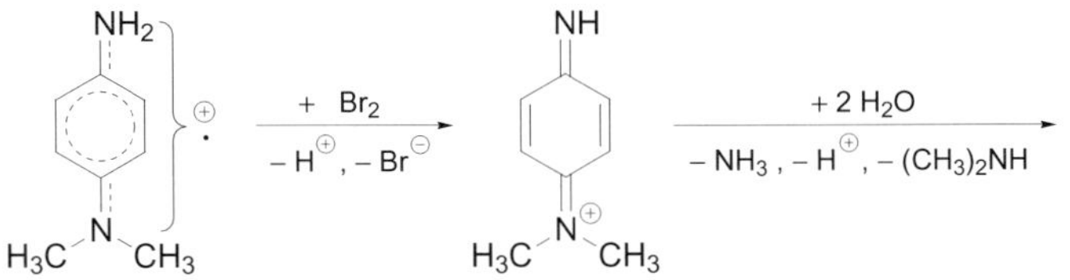

$$[6.49]$$

Analog wird auch Hydrochinon über das (in alkalischer Lösung nachweisbare Semichinon) in das p-Benzochinon übergeführt.[1]) Diese Reaktion läßt sich besonders gut als Autoxidation durchführen (Luftsauerstoff/Vanadiumpentoxid):

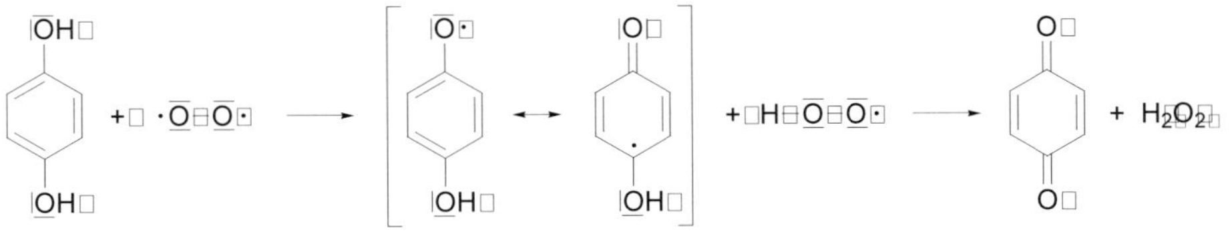

$$[6.50]$$

Auf einer solchen Reaktion beruht ein wichtiges technisches Verfahren zur Herstellung von Wasserstoffperoxid aus 2-Ethyl- oder 2-tert-Butyl-anthrahydrochinon. Das entstehende Anthrachinon wird an Nickel bei 35 °C wieder zum Anthrahydrochinon hydriert.

Auch die Autoxidation von Isopropylalkohol mit Sauerstoff wird zur technischen Darstellung von Wasserstoffperoxid ausgenutzt:

$$H_3C–CHOH–CH_3 + O_2 \rightarrow H_3C–CO–CH_3 + H_2O_2$$

Chinone können unter Aufnahme von zwei Elektronen leicht in den aromatischen Zustand übergehen:

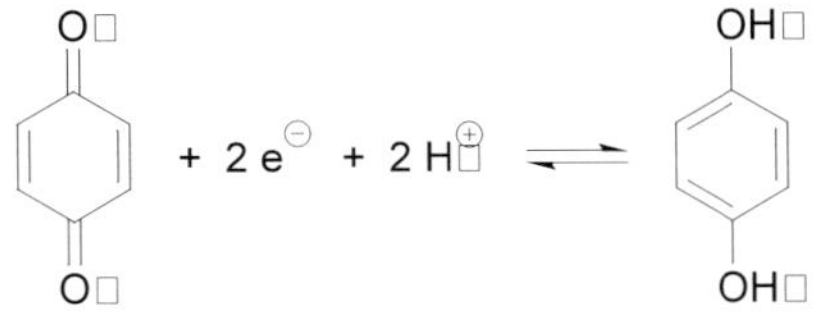

$$[6.51]$$

Sie sind deshalb Oxidationsmittel und leicht zu den entspechenden Hydrochinonen reduzierbar (Chinon z. B. bereits durch Schwefeldioxid in saurer Lösung). Die Fähigkeit, als Oxidationsmittel zu wirken, wird erhöht, wenn im Kern noch zusätzlich Elektronen ziehende Substituenten gebunden sind, so daß z. B. Chloranil ein starkes Oxidationsmittel darstellt (s. D.6.6.).

In der Natur wird die Synthese von Lignin durch die Oxidation von Coniferylalkohol eingeleitet, dem eine Dehydrogenase ein Elektron und Proton entzieht. Das entstehende Radikal reagiert in Folgereaktionen zu einem vernetzten Makromolekül.

---

[1]) Da p-Benzochinon nicht alikalibeständig ist, wird die Oxidation in saurer Lösung durchgeführt und verläuft dabei über das Chinhydron. Chinhydrone sind tiefgefärbte Molekülverbindungen aus Chinonen und Hydrochinonen, die meist im Molverhältnis 1:1 vorliegen. Sie können einfach durch Zusammengießen von wäßrigen Lösungen der Ausgangs produkte hergestellt werden, sind aber häufig nur im festen Zustand beständig. (Man informiere sich in diesem Zusammenhang über die Chinhydronelektrode.)

Darstellung von Naphtho-1,2-chinon[1])

1-Amino-naphth-2-ol-hydrochlorid durch reduktive Spaltung von β-Naphtholorange

0,01 mol β-Naphtholorange werden in 50 ml Wasser gelöst und bei 40 bis 50 °C mit 0,02 mol Natriumdithionit-dihydrat versetzt. Man schwenkt um, bis die rote Farbe verschwunden ist und sich ein gelblich bis rosa gefärbter Niederschlag von 1-Amino-naphth-2-ol abscheidet. Zur Koagulation erhitzt man bis zum Aufschäumen und kühlt anschließend im Eisbad. Der Niederschlag wird abgesaugt, mit Wasser gewaschen und unter Schütteln zu einer Lösung von 1 ml konz. Salzsäure, 20 ml Wasser und etwa 50 mg Zinn(II)-chlorid (als Antioxidans) gegeben. Man erwärmt leicht, bis fast alles gelöst ist, saugt durch eine dünne Schicht von Aktivkohle ab und versetzt dann mit 4 ml konz. Salzsäure. Das ausgefallene 1-Amino-naphth-2-ol-hydrochlorid wird durch Erwärmen gelöst und die Lösung im Eisbad gekühlt, der Niederschlag abgesaugt und mit einer kalten Lösung von 1 ml konz. Salzsäure in 4 ml Wasser gewaschen. Das Hydrochlorid muß schnell weiterverarbeitet werden, da es sehr luftempfindlich ist.

Oxidation zum Naphtho-1,2-chinon

Man löst in der Hitze 0,02 mol Eisen(III)-chlorid-hexahydrat in 2 ml konz. Salzsäure und 10 ml Wasser, kühlt auf Raumtemperatur und filtriert die Lösung. Das 1-Amino-naphth-2-ol-hydrochlorid wird unter Rühren in wenig Wasser bei 35 °C gelöst. In die filtrierte Lösung rührt man die Eisenchloridlösung ein. Der entstehende Niederschlag wird abgesagt und sorgfältig mit Wasser säurefrei gewaschen. *F* 145 bis 147 °C (Zers.); Ausbeute 75%.

Nach der gleichen Methode läßt sich *Naphtho-1,4-chinon* über das 1,4-Diamino-naphthalen-hydrochlorid herstellen: CONANT, J. B.; FREEMANN, S. A., Org. Synth. Coll. Vol. I (1941), 383; FIESER, L. F., Org. Synth. Coll. Vol. II (1943), 39.

Darstellung von *p-Benzochinon* aus Hydrochinon mit Natriumchlorat/Vanadiumpentoxid: UNDERWOOD, H. W.; WALSH, W. L.; Org. Synth. Coll. Vol. II (1943), 553; mit Natriumdichromat/Schwefelsäure: VLIET, E. B., Org. Synth. Coll. Vol. I (1941), 482.

Technisch wird *p*-Benzochinon in einer komplexen Reaktion durch Oxidation von Anilin mit MnO_2 oder CrO_3 in schwefelsaurer Lösung (vgl. D.6.4.3.) hergestellt. Wegen der Giftigkeit von Chromiumsalzen ist diese Synthese ökologisch ungünstig.

Chinone sind in der Natur weit verbreitete Stoffwechselprodukte von Pilzen und höheren Pflanzen (z. B. Vitamin K). Aber auch im tierischen Organismus kommen sie vor und entstehen hier durch Oxidation von (Hydroxyphenyl)aminosäuren. Man informiere sich in diesem Zusammenhang z. B. über die Entstehung der braunen bis schwarzen Hautpigmente (Melanine) aus Tyrosin oder Adrenalin. Ubichinon, ein 2,3-Dimethoxy-5-methyl-benzo-1,4-chinon mit Isopren-Seitenkette, fungiert als Oxidationsmittel in der Atmungskette. Das ähnlich gebaute Plastochinon ist in gleicher Weise bei der Photosynthese wirksam.

Zu den Reaktionen der Chinone als vinyloge Carbonylverbindungen s. D.7.4., als dienophile Komponente für Diels-Alder-Reaktionen vgl. Tab. 4.99.

6.4.3.   Chinonimine durch oxidative Kupplung

In der Oxidation von *p*-Amino-*N,N*-dimethylanilin mit Dichromat in Gegenwart von *N,N*-Dimethylanilin ist das in Gleichung [6.48] formulierte Radikalkation in der Lage, sich an den reaktiven Aromaten anzulagern. Der folgende Oxidationsschritt stabilisiert das Reaktionsprodukt unter Ausbildung einer N–C-Bindung. Erneute Oxidation führt schließlich zu einem farbigen „chinoiden" System. (Man vergleiche dessen Struktur und Mesomerie mit der des Kristallvioletts, D.5.1.8.5.):

---

[1]) Nach FIESER, L. F.; Experiments in Organic Chemistry. – D. C. Heath and Co., Boston 1957, S. 208; zur reduktiven Spaltung von Azofarbstoffen vgl. [8.36].

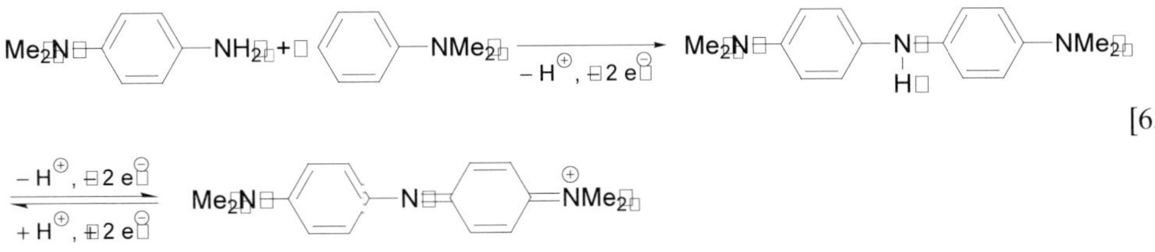

Me$_2$N—⟨ ⟩—NH$_2$ + ⟨ ⟩—NMe$_2$ $\xrightarrow[- H^\oplus, \ominus 2\,e^\ominus]{}$ Me$_2$N—⟨ ⟩—N—⟨ ⟩—NMe$_2$

$$[6.52]$$

$$\xrightleftharpoons[+ H^\oplus, \ominus 2\,e^\ominus]{- H^\oplus, \ominus 2\,e^\ominus}$$ Me$_2$N—⟨ ⟩—N═⟨ ⟩═N$\overset{\oplus}{M}$e$_2$

Bindschedlers Grün

Bindschedlers Grün gehört zu den sogenannten Indaminen (*N*-Phenyl-chinondiimine), deren Stammkörper bei der oxidativen Kupplung von *p*-Phenylendiamin mit Anilin gebildet wird ([6.53], **I**). Bei der oxidativen Kupplung aromatischer Amine mit Phenolen entstehen die *N*-Phenyl-chinonmonoimine („Indophenole"), deren Stammkörper ([6.53], **II**) die Komponenten *p*-Aminophenol und Phenol vereinigt:

H$_2$N—⟨ ⟩—N═⟨ ⟩═NH   HO—⟨ ⟩—N═⟨ ⟩═O

$$[6.53]$$

            I   II

Verbindungen vom Typ I oder II werden oft in reversibler Reaktion über eine Semichinon-Stufe oxidiert/reduziert. Mesomeriefähige Chinonimmoniumsalze, wie Bindschedlers Grün, lassen sich als *N*-Analoge von Polymethinen (D.7.2.1.1) auffassen, was ihre tiefe Farbe erklärt. Das Strukturelement ist auch in kationischen Azofarbstoffen enthalten. (Auch tautomere Formen von Azofarbstoffen haben Chinoniminstruktur, vgl. D.8.3.3.).

Als Textilfarbstoffe sind Indamine und Indophenole u. a. wegen ihrer Hydrolyseempfindlichkeit (vgl. D.6.4.2) nicht geeignet. Sie sind aber Vorprodukte für Schwefelfarbstoffe, in die sie beim Erhitzen mit Alkalipolysulfiden übergehen. Bindschedlers Grün reagiert mit H$_2$S zum Methylenblau.

Indophenole und Indamine haben eine große Bedeutung als Bildfarbstoffe in der Farbphotographie. An den belichteten Stellen des Photomaterials entstehen aus dem Silberhalogenid Silberkeime. Diese katalysieren die Oxydation des Entwicklers, eines *N,N*-Dialkyl-*p*-phenylendiamins, durch Silberhalogenid zum Chinondiimmoniumsalz, das dann mit den in den Schichten des Farbfilms eingelagerten Farbkupplern zu Farbstoffen reagiert. Als Kuppler für Gelb werden meist β-Oxo-carbonsäureanilide, für Purpur speziell substituierte Pyrazolin-5-one (vgl. D.7.1.4.2.) und für Blaugrün 2-Acetamidophenole oder α-Naphtholderivate verwendet, z. B.:

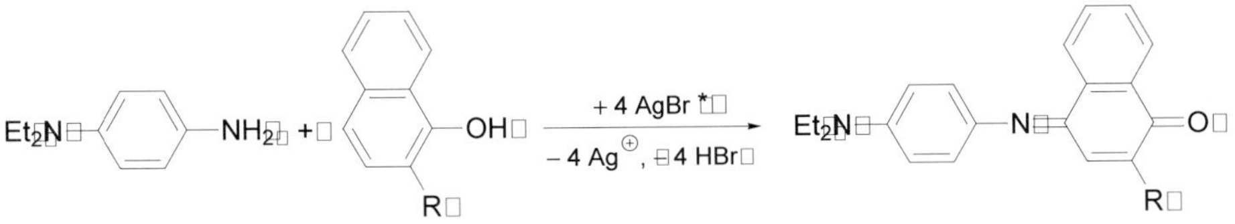

Et$_2$N—⟨ ⟩—NH$_2$ + [Naphthol]—OH $\xrightarrow[- 4\,Ag^\oplus, \ominus 4\,HBr]{+ 4\,AgBr}$ Et$_2$N—⟨ ⟩—N═[Naphthochinon]═O   R   R

$$[6.54]$$

Anilin kann oxidativ nicht zu einem einheitlichen Produkt gekuppelt werden. Mit Chromsäure bildet sich in der Kälte hauptsächlich ein Gemisch von „Oligo-indaminen", in denen bis zu acht Anilinmoleküle linear verknüpft sind:

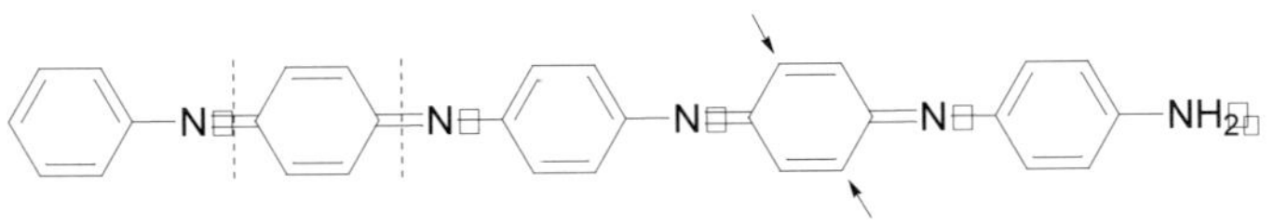

⟨ ⟩—N═⟨ ⟩═N—⟨ ⟩—N═⟨ ⟩═N—⟨ ⟩—NH$_2$

$$[6.55]$$

Läßt man dabei die Hydrolyse der gebildeten Chinondiimine zu, so resultiert *p*-Benzochinon, das zum großen Teil auf diese Weise hergestellt wird (vgl. dazu D.6.4.2.).

p-Benzochinon aus Anilin: GATTERMANN, L.; WIELAND, T.; SUCROW, W.: Die Praxis des Chemikers. – Walter de Gruyter, Berlin, New York 1982, S. 567.

Weitergehende Oxidation führt zum Anilinschwarz, einem der ältesten synthetischen Farbstoffe. Er kann auch auf der Baumwollfaser entwickelt werden, indem aufgezogenes Aniliniumsalz mit Chlorat und Hexacyanoferrat(III) unter Katalyse mit Ammoniumvanadat oxidiert wird. Als Hauptbestandteil von Anilinschwarz nimmt man über N-Brücken verknüpfte *N*-phenylsubstituierte Phenazinringe an, die durch Addition von Anilin an die intermediären „Oligo-indamine" [6.55], nachfolgende Dehydrierung und Cyclodehydrierung entstehen. Die als Farbstoffe für Plaste, Kugelschreiberpasten, Schuhcreme und Drucke verwendeten Induline und Nigrosine werden durch Oxidation von Anilin bei höheren Temperaturen hergestellt und stellen ein Gemisch farbiger Verbindungen mit einem hohen Blauschwarzanteil dar.

Hydrazone, die sich von heterocyclischen Oxoverbindungen ableiten und eine (cyclische) Amidrazonstruktur >N–C=N–NH$_2$ besitzen, kuppeln oxidativ mit aromatischen Aminen, Phenolen und CH-aciden Verbindungen zu Azofarbstoffen, z. B.:

$$\text{[6.56]}$$

Die Reaktion stellt eine Ergänzung der Azokupplung (vgl. D.8.3.3) dar, weil mit ihr kationische Azofarbstoffe direkt hergestellt werden können ([6.56]; man bilde eine zweite mesomere Grenzformel) und auch Verbindungen, die nicht durch Azokupplung erhältlich sind. (Man formuliere als Beispiel die Reaktion von 1-Methyl-pyrid-2-on-hydrazon mit α-Naphthol.)

Allgemeine Arbeitsvorschrift zur Herstellung von Azofarbstoffen durch oxidative Kupplung[1]) Tab. 6.57)

A. Phenole und CH-acide Verbindungen

Zu einer Lösung von 0,05 mol *N*-Methyl-benzthiazol-2-on-hydrazon[2]), 0,05 mol Kupplungskomponente und 30 ml Wasser in 70 ml Methanol läßt man unter Rühren und Kühlung bei 25 bis 30°C während 2–5 min eine Lösung, bestehend aus 0,022 mol Kaliumhexacyanoferrat(III) in 50 ml Wasser, 50 ml Methanol und 20 ml 25%iger Ammoniaklösung zulaufen. Nach 15 Minuten wird mit 250 ml Wasser verdünnt, abgesaugt, mit Wasser gewaschen und nach dem Trocknen umkristallisiert.

B. Aromatische Amine

Zu einer Lösung von 0,05 mol *N*-Methyl-benzthiazol-2-on-hydrazon[2]) und 0,05 mol Kupplungskomponente in 20 ml Eisessig gibt man eine Spatelspitze CuSO$_4$ und danach unter Rühren 0,012 mol Wasserstoffperoxid (30%ig). Nach 30 Minuten werden 2 g Natriumtetrafluoroborat, gelöst in wenig Wasser, zugesetzt und die Lösung auf die Hälfte eingedampft. Nach dem Erkalten wird abgesaugt, das Produkt mit ca. 7 ml Wasser kurz aufgekocht, nach Abkühlung erneut abgesaugt, getrocknet und aus Essigester umkristallisiert.

---

[1]) nach Hünig, S.; Fritzsch, K. H., Liebigs Ann. Chem. **609** (1957), 143
[2]) Darstellung: Riemschneider, R.; Georgi, S., Monatsh. Chem. **91** (1960), 623).

Tabelle 6.57
Oxidative Kupplung

Produkt	Ausgangs-verbindung	Variante	F in °C	λ_{max} (lg ε) [1])	Ausbeute in %
N'-(3-Methyl-benzthiazol-2-yliden)-naphtho-1,2-chinon-1-monohydrazon	β-Naphthol	A	242...244 (Chlorbenzen)	490 (4,42) (DMF)	75
N'-(3-Methyl-benzthiazol-2-yliden)-chinolin-5,8-dion-5-hydrazon	8-Hydroxy-chinolin	A	253 (Glycolmono-methylether)	495 (4,55) (DMF)	80
N'-(3-Methyl-benzthiazol-2-yliden)-(3-methyl-1-phe-nyl-pyrazol-4,5-dion)-4-hydrazon	3-Methyl-1-phenyl-pyrazol-5-on	A	258 (DMF)	435 (4,46) (DMF)	75
3-Methyl-2-(4-dimethyl-amino-phenylazo)benz-thiazolium-tetrafluoroborat	N,N-Dimethyl-anilin	B	208 (Z.)	600 (4,80) (EtOH)	63
2-(4-Diethylamino-phenyl-azo)-3-methylbenz-thiazoliumtetrafluoroborat	N,N-Diethyl-anilin	B	199...200 (Z.)	595 (4,80) (EtOH)	55
3-Methyl-2-(4-phenyl-amino-phenylazo)-benz-thiazoliumtetrafluoroborat	Diphenylamin	B	182...183	610 (4,11) (AcOH)	60

[1]) λ_{max} längstwellige Absorption in nm; ε (l · mol^{-1} · cm^{-1}) molarer Extinktionskoeffizient

6.5. Oxidationen unter C–C-Spaltung

Unter schärferen Bedingungen (höhere Temperaturen, längere Reaktionszeit, Überschuß an Oxidationsmittel) werden organische Verbindungen im allgemeinen unter Spaltung des Moleküls zu Carbonsäuren oxidiert. Bei vollständigem oxidativem Abbau (Verbrennung) erhält man schließlich Kohlendioxid und Wasser als Endprodukte.

Bei der Oxidation von Paraffinen bei 105 bis 120 °C mit Luftsauerstoff in Gegenwart von Mangansalzen gehen die dabei intermediär nach dem üblichen Autoxidations-Mechanismus [1.42] gebildeten Hydroperoxide in Ketone über, die zu Hydroperoxyketonen weiteroxidiert werden. Diese wiederum zerfallen in Säure und Aldehyd, der nach dem in [1.46] formulierten Mechanismus ebenfalls zur Säure oxidiert wird:

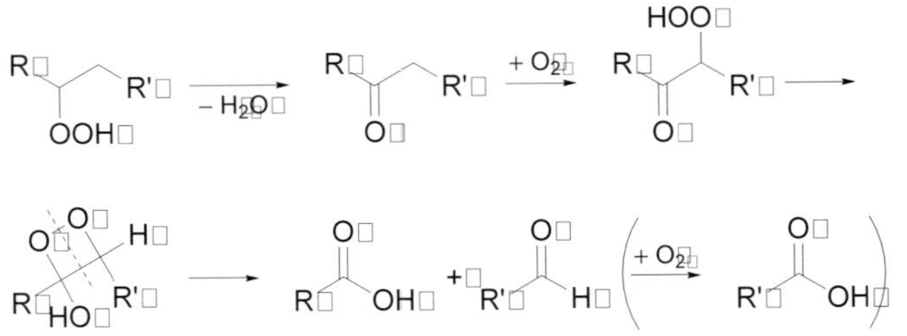

[6.58]

Bei der technisch ausgeführten katalysierten Flüssigphasenoxidation von *n*-Paraffinen des Bereiches $C_{20}...C_{30}$ entstehen, da alle Methylengruppen etwa die gleiche Reaktivität gegenüber O_2 besitzen (vgl. D.1.5.), Fettsäuren aller möglichen Kettenlängen von C_1 bis C_{30}. Darüber hinaus fallen Dicarbonsäuren, Alkohole, Ketone und Ester als Nebenprodukte an (vgl. D.6.2.). Wichtig ist der relativ hohe Anteil von Carbonsäuren des Bereiches $C_{12}...C_{18}$, die in die Ester überführt und an Kupfer-Chromiumoxid-Katalysatoren zu den für die Waschmittelherstellung wichtigen „Fettalkoholen" hydriert werden (D.7.3.2.). Bei der energischen Oxidation von unsubstituierten Cycloparaffinen entstehen Dicarbonsäuren, z. B. Adipinsäure aus Cyclohexan:

$$\text{(Cyclohexen)} \xrightarrow[-\ H_2O]{+\ 2\ [O]} \begin{array}{c} COOH \\ COOH \end{array} \qquad [6.59]$$

Bei dieser auch technisch durchgeführten Synthese treten allerdings immer durch weitere Oxidation entstandene Abbauprodukte auf (z. B. Glutarsäure, Bernsteinsäure).

Wenn durch funktionelle Gruppen (C=C-Doppelbindungen, Hydroxyl- und Carbonylgruppen) ein bevorzugter Angriffspunkt für das Oxidationsmittel gegeben ist, so daß die C–C-Spaltung an einer bestimmten Stelle des Moleküls leichter erfolgt, werden einheitlichere Produkte erhalten, und die Reaktionen gewinnen auch präparatives Interesse.

6.5.1. Oxidation von C–C-Mehrfachbindungen

C–C-Mehrfachbindungen sind gegenüber Chromsäure, Salpetersäure oder Permanganat sehr empfindlich. Zunächst lagern sich zwei Hydroxylgruppen an (*cis*-Hydroxylierung, vgl. [4.36]). Das so gebildete 1,2-Diol wird normalerweise sofort unter Spaltung der C–C-Bindung weiteroxidiert. Unter Phasentransferkatalyse sind aber mitunter 1,2-Diole (Glycole) aus Olefinen darstellbar:

cis-1,2-Diole durch Oxidation von Olefinen mit $KMnO_4$ in Gegenwart von Alkali: WEBER, W. P.; SHEPHERD, J. P., Tetrahedron Letters **1972**, 4907.

Ein ausgezeichnetes Reagenz zur *cis*-Dihydroxylierung von Olefinen ist Osmiumtetroxid, das allerdings teuer und toxisch ist. In Gegenwart von *tert*-Butylhydroperoxid oder von *N*-Oxiden tertiärer Amine, z. B. Trimethylamin-*N*-oxid, *N*-Methylmorpholin-*N*-oxid oder Pyridin-*N*-oxid wird es jedoch ständig reoxidiert, so daß katalytische Mengen von OsO_4 hinreichen.

Eine wichtige Methode zur Oxidation von C–C-Mehrfachbindungen ist die Epoxidierung, vgl. D.4.1.6.

In der Technik gewinnt neben der Epoxidierung auch die katalysierte oxidative Umsetzung von Ethylen mit Essigsäure bei 170 °C und 2,8 MPa Bedeutung für die Herstellung von Glycol:

$$H_2C=CH_2 + 2\ AcOH \xrightarrow[-\ H_2O]{+\ [O]} AcOCH_2CH_2OAc \xrightarrow{+\ 2\ H_2O} HOCH_2CH_2OH + 2\ AcOH \qquad [6.60]$$

Durch Weiteroxidation der intermediär aus den Olefinen gebildeten 1,2-Diole entstehen in Abhängigkeit von der Struktur des Olefins Säuren oder Ketone:

$$\overset{H}{\underset{}{C=C}} \longrightarrow \overset{HO\ \ OH}{\underset{}{-C-C-H}} \longrightarrow \overset{O}{\underset{}{C}} +\ \overset{O}{\underset{OH}{C}} \qquad [6.61]$$

Die Reaktion hat zur Darstellung gewisser Carbonsäuren Bedeutung, z. B. von Adipinsäure aus Cyclohexen oder von Nonansäure und Azelainsäure aus Ölsäure (technisch u. a. durch Oxidation von Ricinusöl):

$$CH_3(CH_2)_7CH=CH(CH_2)_7COOH \xrightarrow{HNO_3} CH_3(CH_2)_7COOH + HOOC(CH_2)_7COOH \qquad [6.62]$$

Beispiele für die Darstellung ungeradzahliger Fettsäuren aus Alkenen mit Hilfe von Kaliumpermanganat finden sich in der Arbeitsvorschrift zur Tabelle 6.41.

Außerdem läßt sich die Oxidation zum Nachweis der Doppelbindung verwenden (Entfärbung von kalter sodaalkalischer Kaliumpermanganatlösung, Baeyersche Probe). Da die Doppelbindung unter den Reaktionsbedingungen wandern kann, ist die Oxidation zur Bestimmung ihrer Lage nur bedingt geeignet. Einheitlicher verläuft die Ozonspaltung der Olefine, die sich auch präparativ für die Darstellung von Aldehyden oder Säuren bzw. Ketonen ausnutzen läßt (vgl. D.4.1.7.).

Unter schärferen Bedingungen können auch aromatische Ringe, vor allem von polycyclischen Aromaten, unter C–C-Spaltung oxidiert werden. So stellt man in der Technik Phthalsäureanhydrid durch Oxidation von Naphthalen über Vanadiumpentoxid mit Luft bei 350 bis 385 °C her und auf analoge Weise, jedoch bei höheren Temperaturen (400 bis 500 °C), Maleinsäureanhydrid aus Benzen. Zur Verwendung von Phthalsäureanhydrid s. Tabelle 6.14. Maleinsäureanhydrid wird in großem Umfang für Polyesterharze eingesetzt.

Bei der Oxidation von Chinolin mit Permanganat erhält man Pyridin-2,3-dicarbonsäure, die zu Nicotinsäure (vgl. Tab. 6.14) decarboxyliert werden kann:

$$\text{[Strukturformeln: Chinolin} \rightarrow \text{Pyridin-2,3-dicarbonsäure} \rightarrow \text{Nicotinsäure]} \qquad [6.63]$$

Warum wird der Pyridinring nicht angegriffen?

Darstellung von Azelainsäure aus Ricinusöl (Oxidation mit Permanganat)[1])

Hydrolyse des Ricinusöls (Ricinolsäure) (vgl. D.7.1.4.3.)

100 g Ricinusöl werden mit einer Lösung von 20 g Ätzkali in 250 ml 95%igem Alkohol drei Stunden unter Rückfluß erhitzt. Die Lösung wird in 600 ml Wasser gegeben und mit verd. Schwefelsäure (aus 60 ml Wasser und 20 ml konz. Schwefelsäure) angesäuert. Man wäscht die abgeschiedene Ricinolsäure zweimal mit warmem Wasser, trocknet eine Stunde unter häufigem Umschütteln mit 20 g wasserfreiem Magnesiumsulfat und saugt vom Trockenmittel ab. Ausbeute an roher Säure etwa 90 g. Die Säure muß sofort weiterverarbeitet werden, da beim Stehen Polymerisation eintritt.

Oxidation von Ricinolsäure zu Azelainsäure

In einem 3-l-Dreihalskolben mit Rührer und Thermometer werden 142 g (0,9 mol) Kaliumpermangant in 2 l Wasser unter Erwärmen gelöst. Wenn sich alles gelöst hat, kühlt man auf 35 °C ab und gibt unter *kräftigem* Rühren auf einmal die Lösung von 60 g (0,2 mol) roher Ricinolsäure in 400 ml 4%iger Kalilauge zu. Die Temperatur steigt dabei auf etwa 75 °C. Man rührt noch so lange, bis eine mit Wasser verdünnte Probe die Farbe des Permanganats nicht mehr zeigt (etwa zwei Stunden). Dann gibt man das Gemisch in einen 5-l-Filtrierstutzen und versetzt langsam (Vorsicht! Kohlendioxid-Entwicklung, Schäumen!) mit verd. Schwefelsäure (aus 150 ml Wasser und 50 g konz. Schwefelsäure). Zur Koagulation des Mangandioxids wird 15 Minuten auf dem Wasserbad erhitzt und dann möglichst schnell abgesaugt. Um absorbierte Azelainsäure zu lösen, kocht man das abgesaugte Mangandioxid mit 500 ml Wasser aus, saugt die Suspension ab und vereinigt das Filtrat mit dem Hauptfiltrat. Die Lösung dampft man auf ein Volumen von etwa 1 l ein und läßt im Eisschrank abkühlen. Die Azelainsäure wird abgesaugt, mit wenig kaltem Wasser gewaschen und getrocknet. Zur Reinigung wird aus Wasser umkristallisiert (etwa 15 ml Wasser pro Gramm roher Säure). *F* 104 bis 106 °C; Ausbeute 35%, bezogen auf Ricinolsäure.

---

[1]) nach HILL, J. W.; McEWEN, W. L., Org. Synth., Coll. Vol. II (1943), 53

6.5.2. Glycolspaltung

Mit speziellen Oxidationsmitteln lassen sich 1,2-Diole (Glycole) selektiv unter Bildung von Aldehyden oder Ketonen spalten. Besonders wirksame Reagenzien hierfür sind Periodsäure und Bleitetraacetat:

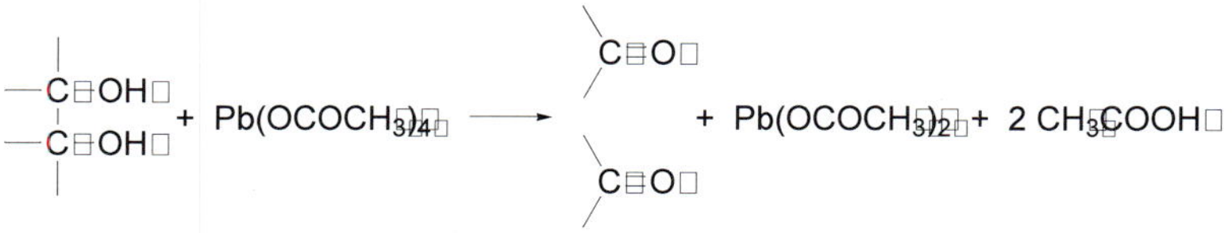

$$
\begin{array}{c}
-\text{C-OH} \\
| \\
-\text{C-OH}
\end{array}
+ \text{Pb(OCOCH}_3)_4 \longrightarrow
\begin{array}{c}
\diagdown \\
\text{C=O} \\
\diagup \\
\\
\text{C=O} \\
\diagup
\end{array}
+ \text{Pb(OCOCH}_3)_2 + 2\ \text{CH}_3\text{COOH}
\qquad [6.64]
$$

Der Reaktionsverlauf ist noch nicht vollständig geklärt. Bei der Reaktion mit Bleitetraacetat wird wahrscheinlich ein Ester ionisch gespalten, der aus dem Diol und dem Oxidationsmittel gebildet wurde. Im allgemeinen werden *cis*-Diole bedeutend rascher gespalten als *trans*-Diole.

Darstellung von Glyoxylsäureethylester-Halbacetal[1]) aus Weinsäurediethylester mit Bleitetraacetat[2])

Achtung! Blei(IV)-acetat kann die Fortpflanzungsfähigkeit vermindern und ist fruchtschädigend. Hautkontakt und Aufnahme durch den Mund unbedingt vermeiden.

Unter kräftigem Rühren und Kühlen mit Eiswasser werden 1 mol Bleitetraacetat (vgl. Reagenzienanhang) zu einer Lösung von 1 mol Weinsäurediethylester) in 1 l Methylendichlorid gegeben. Man rührt zwölf Stunden bei Raumtemperatur, filtriert und destilliert etwa zwei Drittel des CH_2Cl_2 langsam über eine 50-cm-Vigreux-Kolonne unter vermindertem Druck ab. Sobald eine Probe des Destillats mit konzentriertem Ammoniak eine deutliche Rotfärbung zeigt (überdestilliertes Endprodukt), wird die Destillation unterbrochen. Nach Zusatz von 800 ml abs. Ethanol wird über Nacht stehengelassen, filtriert, der feste Rückstand mit wenig Alkohol gewaschen und der größte Teil des Alkohols über die gleiche Kolonne im Vakuum abdestilliert. Dann entfernt man die Kolonne und destilliert den Rückstand rasch im Vakuum auf dem Luftbad, bis nichts mehr übergeht. Das gesamte Destillat wird schließlich über die Kolonne rektifiziert. $Kp_{2,9(22)}$ 57 bis 59 °C; Ausbeute 65%.

Periodsäure ist im Gegensatz zu Bleitetraacetat wasserlöslich und kann daher als Reagens für die Glycolspaltung bei den in organischen Lösungsmitteln gewöhnlich unlöslichen Zuckern dienen. Sie wird hier bei der Bestimmung der Ringgröße von Glycosiden verwendet: In den *Pyranosiden* sind nur Glykol-Einheiten mit secundären HO-Grupen vorhanden, so daß bei der Glykolspaltung nur Ameisensäure entsteht, während in den *Furanosiden* die primäre HO-Gruppe Formaldehyd liefert:

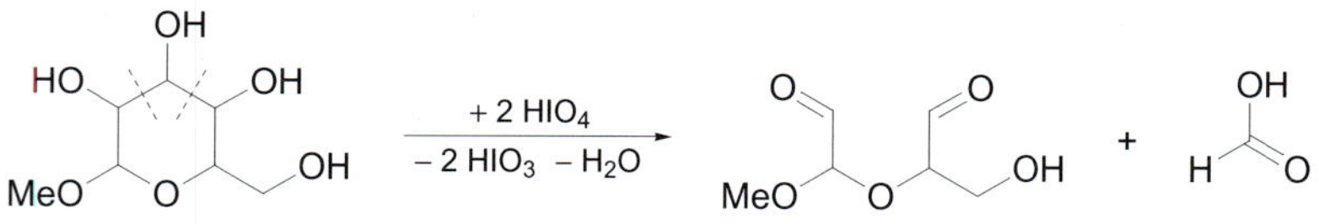

Methyl-α-mannopyranosid

$[6.65]$

---

[1]) Ethoxyhydroxyessigsäureethylester; über die Beständigkeit von Halbacetalen vgl. D.7.1.2.
[2]) nach STEDEHOUDER, P. L., Rec. Trav. Chim. Pays-Bas **71** (1952), 831

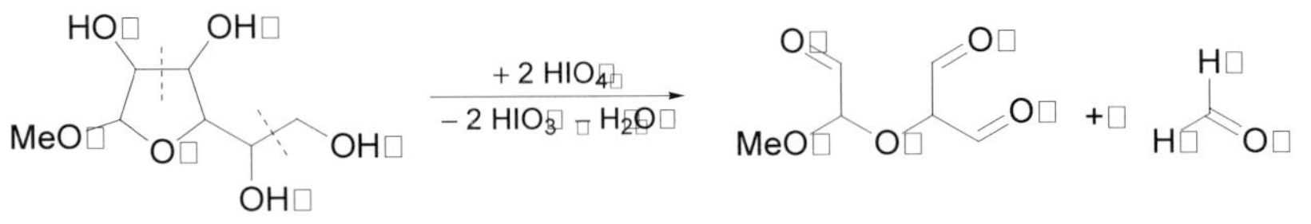

$$[6.66]$$

Methyl-$\bar{\alpha}$-mannofuranosid

Es konnte so gezeigt werden, daß die meisten Glycoside einen Sechsring enthalten.

Wenn man Periodat gemeinsam mit Reagenzien einsetzt, durch die Olefine zu Glycolen umgesetzt werden, wie KMnO$_4$ oder OsO$_4$ (in katalytischen Mengen, da es durch KIO$_4$ ständig reoxidiert wird), lassen sich Olefine unmittelbar in Aldehyde oder Ketone überführen. Zur Herstellung der als Zwischenprodukte auftretenden Diole vgl. D.4.1.6. Seit jedoch kommerziell leistungsfähige Ozon-Generatoren verfügbar sind, ist häufig die Ozonierung vorzuziehen (vgl. D.4.1.7).

6.5.3. Oxidative Spaltung von secundären Alkoholen und Ketonen

Bei kräftiger Oxidation mit Chromschwefelsäure oder Salpetersäure ergeben aliphatische Ketone und secundäre Alkohole Fettsäuregemische:

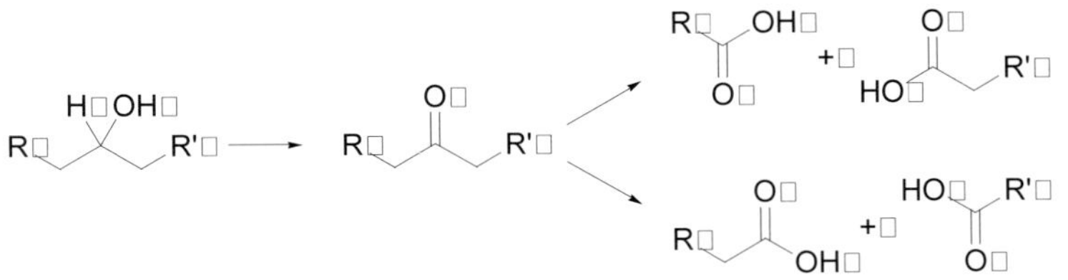

$$[6.67]$$

Bei Methylketonen wird dabei die H$_3$C–CO-Gruppe als Essigsäure abgespalten:

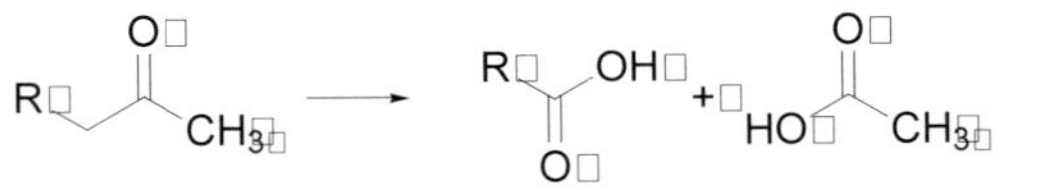

$$[6.68]$$

Bedeutung besitzt die Oxidation von alicyclischen Alkoholen und Ketonen zu Dicarbonsäuren. So geht z. B. ein technisches Verfahren zur Herstellung von Adipinsäure von Cyclohexanon aus.

Bei der *Haloformreaktion* (Einhorn-Reaktion) werden Methylketone oder Alkohole mit einer CH$_3$–CHOH-Gruppierung unter Verlust eines Kohlenstoffatoms zur Carbonsäure gespalten, wenn man Hypohalogenide bzw. Halogene in alkalischer Lösung einwirken läßt. In der ersten Reaktionsphase wird dabei der Alkohol zunächst zur Carbonylverbindung oxidiert, wonach die nunmehr aktivierte Methylgruppe perhalogeniert wird (vgl. D.7.4.2.2.). Das entstandene Trihalogenmethylcarbonylderivat wird als stark polarisierte Verbindung im alkalischen Medium sehr leicht zur betreffenden Carbonsäure und Chloroform bzw. Ameisensäure hydrolysiert:

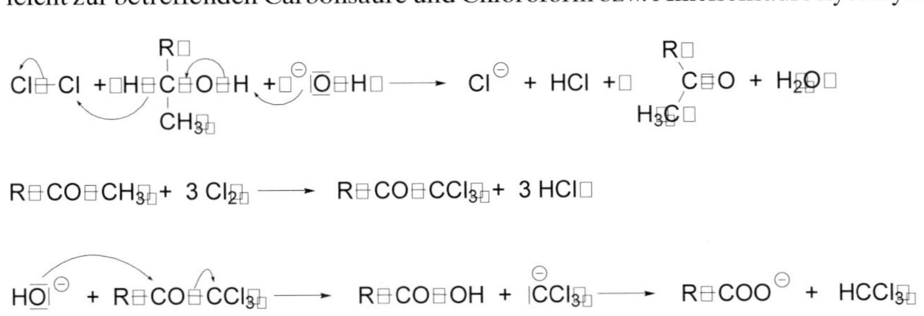

$$R\text{–}CO\text{–}CH_3 + 3\ Cl_2 \longrightarrow R\text{–}CO\text{–}CCl_3 + 3\ HCl \qquad [6.69]$$

Man stelle die Bruttogleichung der Reaktion auf!

Die Haloformreaktion verläuft unter außerordentlich milden Bedingungen mit sehr guten Ausbeuten, so daß selbst eine so empfindliche Verbindung wie Methylvinylketon in Acrylsäure überführbar ist. In der analytischen Chemie dient das Verfahren zum qualitativen Nachweis von CH₃–CO- und CH₃–CHOH-Gruppierungen, indem man mit Iod und Alkali arbeitet. Das entstehende Iodoform gibt sich durch seine Schmelztemperatur, seine Farbe und den charakteristischen Geruch zu erkennen.

Allgemeine Arbeitsvorschrift zur Oxidation von Methylketonen mit Hypobromit (Haloformreaktion) (Tab. 6.70)

▌ *Achtung!* Unter dem Abzug arbeiten!

In einen 500-ml-Dreihalskolben mit Rührer, Tropftrichter und Thermometer (Öffnung lassen!) tropft man unter kräftigem Rühren und Kühlen zu einer Lösung von 1 mol Natriumhydroxid in 200 ml Wasser 0,3 mol Brom so zu, daß die Temperatur unter 10 °C bleibt. Die Lösung wird auf 0 °C abgekühlt und 0,1 mol des Ketons unterhalb 10 °C zugetropft. (Feste Ketone werden vorher in 100 ml Dioxan gelöst.) Dann rührt man eine Stunde bei Zimmertemperatur. Das gebildete Bromoform wird im Scheidetrichter abgetrennt oder mit Wasserdampf abdestilliert, die alkalische Lösung mit 10 g Natriumpyrosulfit ($Na_2S_2O_5$) in 150 ml Wasser versetzt und dann mit konz. Salzsäure angesäuert (Abzug! Schwefeldioxid!).

Aufarbeitung

a) Die ausgeschiedene Säure wird abgesaugt und umkristallisiert.

b) Die Lösung wird mit Kochsalz gesättigt und acht Stunden im Perforator mit Ether extrahiert, die Etherlösung mit Magnesiumsulfat getrocknet, das Lösungsmittel abgedampft und der Rückstand destilliert.

Tabelle 6.70

Carbonsäuren aus Methylketonen (Haloformreaktion)

Produkt	Ausgangsverbindung	F (bzw. Kp) in °C	Aufarbeitung nach	Ausbeute in %
Trimethylessigsäure	Pinacolon	35 $Kp_{2,7(20)}$ 77	b	60
β,β-Dimethyl-acrylsäure	Mesityloxid	67 $Kp_{2,7(20)}$ 104	b	40
Anissäure	p-Methoxy-acetophenon	184 (W.)	a	80
Veratrumsäure	3,4-Dimethoxy-acetophenon	181 (W.)	a	75
p-Chlor-benzoesäure	p-Chlor-acetophenon	239 (EtOH)	a	80
p-Brom-benzoesäure	p-Brom-acetophenon	254 (W.)	a	90
α-Naphthoesäure	Methyl-α-naphthylketon	163 (verd. EtOH)	a	70
β-Naphthoesäure	Methyl-β-naphthylketon	181 (Ligroin)	a	80
Thiophen-2-carbonsäure	Methyl(thien-2-yl)-keton	126 (W.)	a	90

Iodoformprobe (Allgemeine Arbeitsvorschrift für die qualitative Analyse)

Man löst etwa 0,1 g des zu prüfenden Stoffes in 5 ml Dioxan, gibt 1 ml 10%ige Natronlauge und tropfenweise Iod–Kaliumiodid-Lösung (hergestellt durch Lösen von 1 g Iod und 2 g Kaliumiodid in 10 ml Wasser) zu, bis die dunkle Farbe beim Schütteln eben bestehen bleibt. Anschließend wird zwei Minuten auf dem Wasserbad bei 60 °C erhitzt. Nachdem die Iod-Farbe verschwunden ist, wird noch etwas Iod/KI-Lösung zugegeben und kurz erwärmt. Überschüssiges Iod beseitigt man durch einige Tropfen 10%iger Natronlauge. Man füllt das Reagenzglas mit Wasser auf und läßt 15 Minuten stehen. Anschließend wird filtriert, getrocknet und aus Methanol umkristallisiert. Gelbe Kristalle; F 121 °C.

Darstellung von Adipinsäure aus Cyclohexanol

| *Vorsicht!* Nitrose Gase; Abzug!

In einem Becherglas werden 0,032 mol 50%ige Salpetersäure ($D = 1,32$) und 0,1 g Ammoniumvanadat auf etwa 90 °C erhitzt. Von 0,01 mol Cyclohexanol setzt man unter Rühren zunächst einige Tropfen bis zum Beginn der Reaktion zu, der Rest wird unter Kühlung (bei etwa 60 °C) zugegeben. Nach einer halben Stunde wird auf 0 °C gekühlt, abgesaugt, mit Eiswasser gewaschen und getrocknet. Rohausbeute 58 bis 60%; *F* 141–145 °C. Zur Reinigung kristallisiert man aus konz. Salpetersäure und anschließend aus Wasser um. *F* 151 bis 152 °C.

6.6. Dehydrierung von Kohlenwasserstoffen und Hydroaromaten

Werden gesättigte Kohlenwasserstoffe unter Luftausschluß auf Temperaturen über 500 °C erhitzt, so zersetzen sie sich unter Dehydrierung und Spaltung („Crackung"), z. B:

	thermisch	katalytisch	
$H_2C=CH-CH_3$ + H_2 + 110 kJ mol^{-1}	55 %	99 %	[6.71a]
$H_2C=CH_2$ + CH_4 + 65 kJ mol^{-1}	45 %	1%	[6.71b]

$H_3C-CH_2-CH_3$ ~ 650 °C

Während die Crackreaktion [6.71b] irreversibel verläuft, stellt die Dehydrierung [6.71a] eine reversible Reaktion dar, die mit der Hydrierung im Gleichgewicht steht. Sie läßt sich demzufolge durch dieselben Katalysatoren beschleunigen wie die Hydrierung, also z. B. durch Nickel, Platin, Palladium (vgl. D.4.5.2.) und mit deutlich geringerer Wirksamkeit z. B. auch durch Chromium-Aluminiumoxid. Während die Hydrierung bei niedrigeren Temperaturen überwiegt, dominiert die Dehydrierung bei hohen Temperaturen (vgl. dazu C.2.). In der Technik werden C_6–C_8-Fraktionen aliphatischer Kohlenwasserstoffe katalytisch zu Aromaten (Benzen, Toluen, Xylene) dehydriert/cyclisiert (Cyclodehydrierung, Reforming-Prozeß)

Die Schwierigkeit der katalytischen Dehydrierung von Kohlenwasserstoffen steigt in der Reihe Cycloalkene < Cycloalkane < Alkene < Alkane erheblich an: Die katalytische Dehydrierung von Paraffinen kommt erst bei 550 bis 600 °C nennenswert in Gang. Hydroaromaten reagieren häufig bereits bei 300 bis 350 °C quantitativ, und die Reaktion kann auch im Laboratorium angewandt werden. Sie verläuft in der Regel nicht als partielle Dehydrierung, sondern als Aromatisierung und liefert auch Heteroaromaten, z. B.:

$$\text{(Pyrrolidin)} \xrightarrow{\text{Pd; 300 °C}} \text{(Pyrrol)} + 2\,H_2 \qquad [6.72]$$

Bereits im Molekül vorhandene Doppelbindungen erleichtern die Aromatisierung erheblich.

Im Laboratorium hat die katalytische Dehydrierung wenig Bedeutung. Eine Allgemeine Arbeitsvorschrift und eine entsprechende Labor-Apparatur sind in früheren Auflagen dieses Buches detailliert angegeben.

Außer durch katalytische Dehydrierung kann einem organischen Molekül Wasserstoff auch durch Dehydrierungsmittel entzogen werden, die selbst in die Reaktionsbilanz eingehen, z. B.

mit Schwefel (→ H$_2$S), Selen (→ H$_2$Se), Chinonen (→ Hydrochinone) und anderen mild wirkenden Oxidationsmitteln, wie Eisen(III)-chlorid oder Nitrobenzen.

Die Dehydrierung mit Schwefel oder Selen wird zwar oft präparativ sehr einfach durch Erhitzen der Komponenten erreicht, ist aber mit der Entwicklung von Schwefel- und Selenwasserstoff belastet. Deshalb spielt Selen, das erst bei 300 bis 330 °C wirksam wird, aber wenig selenhaltige Nebenprodukte bildet, keine große Rolle. Schwefel verlangt Temperaturen von etwa 220 bis 270 °C. Allerdings bilden sich schwefelhaltige Nebenprodukte wie Thiophen-Derivate und 1,2-Dithiol-3-thione.

Eine Reihe technisch wichtiger Schwefelheterocyclen, z. B. Schwefelfarbstoffe und Phenothiazin, werden durch cyclisierende Dehydrierung bei gleichzeitigem Einbau von Schwefel hergestellt.

Von wenigen Ausnahmen abgesehen, lassen sich Dehydrierungsmittel nur dort aussichtsreich verwenden, wo Aromaten oder Heteroaromaten als Produkte erwartet werden. Die Leichtigkeit der Dehydrierung steigt auch hier mit der Anzahl schon vorhandener Doppelbindungen.

Die Dehydrierung ist auch erfolgreich zur Konstitutionsaufklärung von Terpenen und Steroiden eingesetzt worden, weil dabei bekannte aromatische Systeme entstehen; z. B.:

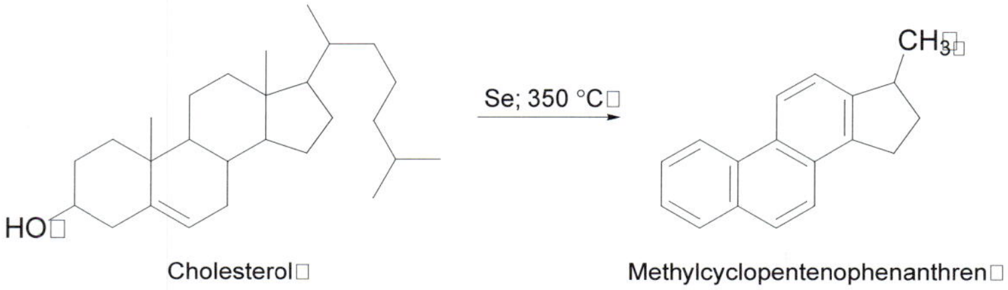

[6.73]

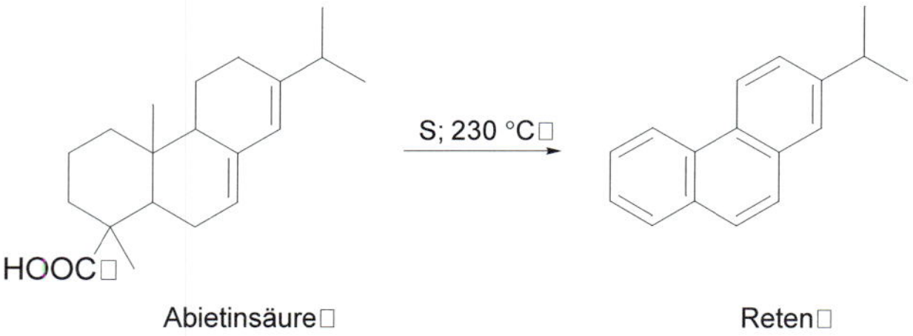

Cholesterol   Methylcyclopentenophenanthren

[6.74]

Abietinsäure   Reten

Es treten also bei solchen Dehydrierungen auch Veränderungen des Kohlenstoffskeletts und der funktionellen Gruppen ein, weswegen die präparative Anwendung der Dehydrierung bei Reaktionen, die einen eindeutigen Verlauf voraussetzen, eingeschränkt ist. Verhältnismäßig gut und eindeutig lassen sich verschiedene Heterocyclen aus ihren Dihydroverbindungen herstellen, z. B.:

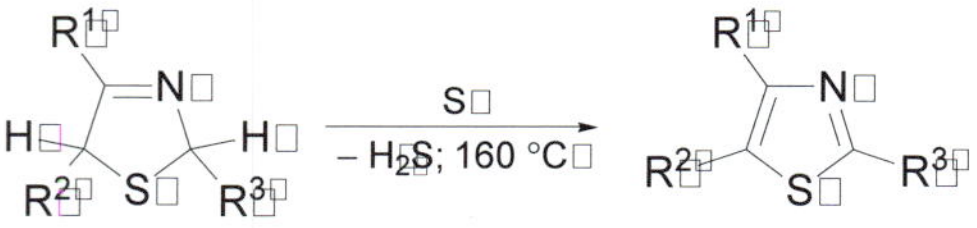

[6.75]

Allgemeine Arbeitsvorschrift für die Dehydrierung mit Schwefel (Tab. 6.76)

Achtung! Entwicklung von Schwefelwasserstoff; unter dem Abzug arbeiten!

0,03 mol Ausgangsverbindung werden zusammen mit der berechneten Menge Schwefel in einem Kolben mit Luftkühler bis zum Einsetzen der Schwefelwasserstoff-Entwicklung im Heizbad erhitzt (etwa 150 °C). Die Temperatur wird dann allmählich auf 250 °C gesteigert und bis zur Beendigung der Schwefelwasserstoffentwicklung gehalten. Nach dem Erkalten wird unter Zusatz von wenig Aktivkohle umkristallisiert bzw. destilliert.

Tabelle 6.76

Dehydrierung mit Schwefel

Produkt	Ausgangsverbindung	Kp (bzw. F) in °C	Ausbeute in %
Anthracen	9,10-Dihydro-anthracen	F 217 (EtOH)	60
Carbazol	1,2,3,4-Tetrahydrocarbazol	F 245 (Xylen) [1]	60
1-Phenyl-naphthalen	1-Phenyl-3,4-dihydronaphthalen	$189_{1,6(12)}$	80
2-Acetamido-benzo[b]thiophen-3-carbonsäureethylester[2]	2-Acetamido-4,5-tetramethylen-thiophen-3-carbonsäuremethylester[3]	190...191 (EtOH)	85
Phenothiazin [4]	Diphenylamin	$260_{1,9(14)}$ F 183 (EtOH)	80

[1] Reinigung durch Sublimation.
[2] In 15 ml Phthalsäuredimethylester bei 220 °C arbeiten (ca. 4 Std.) und in die warme Reaktionsmischung 10 ml Ethanol einrühren.
[3] Erhältlich durch 10 Min. Kochen von 0,1 mol der unacetylierten Verbindung (Tab. 6.29) in 50 ml Acetanhydrid; F 123 °C (EtOH).
[4] Reaktionstemperatur 180 bis 190 °C, unter Zusatz von 1% Iod; Reaktionsprodukt destillieren

In ähnlicher Weise werden Δ^5-*Pyrazoline zu Pyrazolen* (GRANDBERG, I. I.; KOST, A. N., Zh. Obshch. Khim. **28** (1958), 3071) und Δ^3-*Thiazoline zu Thiazolen* (ASINGER, F.; THIEL, M., Angew. Chem. **70** (1958), 675) dehydriert.

Chloranil ist ein Dehydrierungsmittel, das unter wesentlich milderen Bedingungen als Schwefel reagiert und dabei in Tetrachlorhydrochinon übergeht (vgl. D.6.4.2):

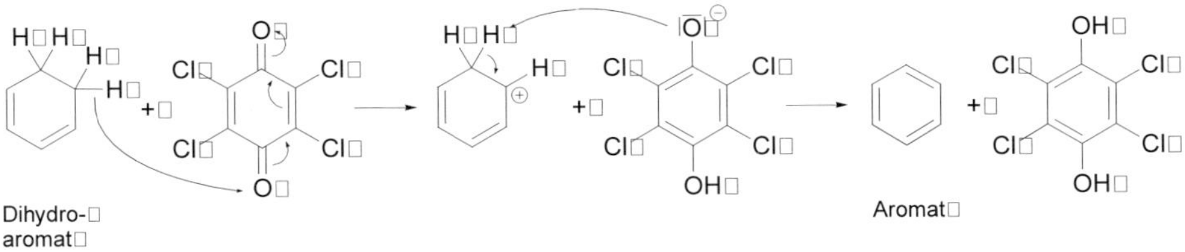

Es wird mit der zu dehydrierenden Substanz in einem inerten Lösungsmittel wie Xylen auf 70 bis 120 °C erhitzt und eignet sich auch für heterocyclische Verbindungen. Allerdings muß am Ende der Reaktion nicht nur das Tetrachlorhydrochinon, sondern auch unverbrauchtes Chloranil abgetrennt werden.

Analog kann auch das stärkere Oxidationsmittel 2,3-Dichlor-5,6-dicyan-1,4-benzochinon (DDQ) verwendet werden (vgl. Tab. 6.5).

6.7. Literaturhinweise

Oxidationsreaktionen, allgemein

HAINES, A. H.: Methods for the Oxidation of Organic Compounds. Alkanes, Alkenes, Alkynes, and Arenes. – Academic Press, London 1985.
HAINES, A. H.: Methods for the Oxidation of Organic Compounds. Alcohols, Alcohol Derivatives, Alkyl Halides, Nitroalkanes, Alkyl Azides, Carbonyl Compounds, Hydroxyarenes, and Aminoarenes. – Academic Press, London 1988.
HUDLICKY, M., Oxidations in Organic Chemistry. – American Chemical Society, Washington, DC, 1990.

Darstellung von Aldehyden durch Oxidation

BAYER, O., in: HOUBEN-WEYL. Bd. 7/1 (1954), S. 135–191, 332–361.
OFFERMANN, H., PRESCHER, G.; BORNOWSKI, H., u. a. in: HOUBEN-WEYL. Bd. E3 (1983), S. 231–349.
LAROCK, R. C., Comprehensive Organic Transformation: A Guide to Fundamental Group Preparation. – VCH Publishers 1989. Kap.: Aldehydes and Ketones. 2. Oxidation.

Darstellung von Ketonen durch Oxidation

KABBE, H. J., in: HOUBEN-WEYL. Bd. 7/2a (1973), S. 677–788.
LAROCK, R. C., s. vorstehend.

Darstellung von Carbonsäuren durch Oxidation

HENECKA, H.; OTT, E., in: HOUBEN-WEYL. Bd. 8 (1952), S. 384–418.
SUSTMANN, R.; KORTH, H.-G., in: HOUBEN-WEYL. Bd. E 5/1 (1985), S. 199–216.

Willgerodt-Reaktion

BROWN, E. V., Synthesis 1975, 358–375.
MAYER, R., in: Organic Chemistry of Sulfur. Hrsg.: S. OAE. – Plenum Press, New York, London 1977, S. 33–70.

Chinone

BAYER, O., in: HOUBEN-WEYL. Bd. 7/3c (1979), S. 11–46 (Anthrachinon).
GRUNDMANN, CH., in: HOUBEN-WEYL. Bd. 7/3b (1979), S. 3–89 (o-Chinone).
ULRICH, H.; RICHTER, R., in: HOUBEN-WEYL. Bd. 7/3a (1977), S. 14–647 (p-Chinone).

Chinonimine durch Oxidation

GRÜNANGER, P., in: HOUBEN-WEYL. Bd. 7/3b (1979), S. 235–267.

Oxidation von Kohlenhydraten

BUTTERWORTH, R. F.; HANESSIAN, S., Synthesis **1971**, 70–88.

Dehydrierungen

SCHILLER, G., in: HOUBEN-WEYL. Bd. 4/2 (1955), S. 333–347.
WIMMER, K., in: HOUBEN-WEYL. Bd. 4/22 (1955), S. 192–205.
STECHL, H. H., in: HOUBEN-WEYL. Bd. 4/1b (1975), S. 873–899 (Dehydrierung mit Chinonen).
GOLSER, L., in: HOUBEN-WEYL. Bd. 4/1b (1975), S. 963–987 (Dehydrierung mit Nitroverbindungen).

Oxidationen mit Sauerstoff (s. auch D.1.7.)

HEYNS, K.; PAULSEN, H., in: Neuere Methoden. Bd. 2 (1960), S. 208–230.
KARNOZHITSKII, V. YA., Usp. Khim. **50** (1981), 1693-1717.
KROPF, H.; MÜLLER, E.; WEICKMANN, A., in: HOUBEN-WEYL. Bd. 4/1a (1981), S. 69–168.

Oxidationen mit Metallverbindungen

HO, T. L., in: Organic Synthesis by Oxidation with Metal Compounds. Hrsg.: W. J. MIJS; C. R. H. I. DE JONGE. – Plenum Press, New York 1986.

Oxidationen mit Bleiverbindungen

CRIEGEE, R., in: Neuere Methoden. Bd. 1 (1949), S. 21–38; Bd. 2 (1960), S. 252–267.
MIHAILOVIC, M. L., CEKOVIC, Z.; LORENC, L., in: Organic Synthesis by Oxidation with Metal Compounds. Hrsg.: W. J. MIJS, C. R. H. I. DE JONGE. – Plenum Press, New York 1986, S. 741–816.
ROTHERMUND, G. W.; in: HOUBEN-WEYL. Bd. 4/1b (1975), S. 167–413.

Oxidationen mit Cer(IV)-Verbindungen

MATTHIAS, G., in: HOUBEN-WEYL. Bd. 4/1b (1975), S. 149–166.
HO. T. L., Synthesis **1973,** 347–354.
DUDFIELD, P. J. in: Comprehensive Organic Synthesis. Hrsg.: B. M. TROST, I. FLEMING, S. V. LEY. – Pergamon Oxford 1991, Kap. 2.11, S. 345 (Chinone aus aromatischen Kohlenwasserstoffen)
RÜCK, K.; KUNZ, H.: J. Prakt. Chem. **336** (1994), 470–471.
FISCHER, K.; HENDERSON, G. N., Synthesis **1985,** 641–643 (Oxidation von Hydrochinonen zu Chinonen mit Ce(IV)/SiO$_2$).
BROADHURST, M. J.; HASALL, C. H.; THOLMAS, G. J., J. Chem. Soc., Perkin Trans. I **1982**, 2239 (Oxidation von Dimethoxyarenen zu Chinonen).

Oxidationen mit Chromverbindungen

BOSCHE, H. G., in: HOUBEN-WEYL. Bd. 4/1b (1975), S. 425–464.

CAINELLI, G.; CARDILLO, G.: Chromium Oxidations in Organic Chemistry. – Springer Verlag, Berlin, Heidelberg, New York, Tokyo 1984.

LUZZIO, F. A., Org. React. **53** (1998), 1–221 (mit Chromium(VI)-Amin-Reagenzien).

PIANCATELLI, G.; SCETTRI, A.; D'AURIA, M., Synthesis **1982,** 245–258 (mit Pyridiniumchlorochromat).

Oxidationen mit Manganverbindungen

ARNDT, D., in: HOUBEN-WEYL. Bd. 4/1b (1975), S. 465–672.

ARNDT, D.: Manganese Compounds as Oxidizing Agents in Organic Chemistry. – Open Court Publishing Company, La Salle 1981.

FATIADI, J., Synthesis **1976,** 65–104, 133–167 (Oxidation mit MnO_2).

KNÖLKER, H.-J., J. Prakt. Chem. **337** (1995), 75–77 (Oxidation mit MnO_2).

Oxidationen mit Dimethylsulfoxid

EPSTEIN, W. W.; SWEAT, F. W., Chem. Rev. **67** (1967), 247–260.

MARTIN, D.; HAUTHAL, H. G.: Dimethylsulfoxid. – Akademie-Verlag, Berlin 1971.

MANCUSO, A. J.; SWERN, D., Synthesis **1981,** 165 – 185.

TIDWELL, T. T., Synthesis **1990,** 857 – 870.

TIDWELL, T. T., Org. React. **39** (1990), 297 – 572.

Oxidationen mit Halogenverbindungen

BUDDENBERG, O.; WEICKMANN, A.; ZELLER, K.-P., in: HOUBEN-WEYL. Bd. 4/1a (1981), S. 435–640.

Oxidation mit hypervalenten Iod-Verbindungen

MORIARTY, R. M.; PRAKASH, O., Org. React. **54** (1999), 273–418.

SPEICHER, A.; BOMM, V.; EICHER, T., J. Prakt. Chem. **338** (1996), S. 588–590 (DESS-MARTIN-Periodinan).

STANG, P. J.; ZHDANKIN, V., Chem. Rev. **96** (1996) 1123.

VARVOGLIS, A.: The Organic Chemistry of Polycoordinated Iodine. – VCH, New York, Weinheim, Cambridge 1992.

VARVOGLIS, A.: Hypervalent Iodine in Organic Synthesis.– Academic Press, San Diego 1997.

WIRTH, T.; HIRT, U. H., Synthesis 1999, 1277–1287.

Oxidationen mit Periodsäure

CRIEGEE, R., in: Neuere Methoden, Bd. 1 (1949), S. 21–38.

JACKSON, E. L., Org. React. **2** (1944), 341–375.

FATIADI, A. J., Synthesis **1974,** 229–272.

MILEWICH, L.; AXELROD, L. R., Org. Synth. Coll. Vol. **6** (1988), 690–691 ($KMnO_4$/ $NaIO_4$).

PAPPE, R.; ALLEN, D. S.; LEMIEUX, R. U.; JOHNSON, W. S., J. Org. Chem. **21** (1956), 478–479 (OsO_4/KIO_4).

Oxidationen mit Schwefel- und Selenverbindungen

FU, P. P.; HARVEY, R. G., Chem. Rev. **78** (1978) 317–361.

KRIEF, A.; HEVESI, L.: Organoselenium Chemistry I. – Springer, Berlin 1988, S. 76–103.

LEY, S. V., in: Organoselenium Chemistry. Hrsg.: R. Liotta. – John Wiley & Sons, New York 1987, S. 163–206.

RABJOHN, N., Org. React. **24** (1976), 261–415.

WEICKMANN, A.; ZELLER, K. P., in: HOUBEN-WEYL. Bd. 4/1a (1981), S.319–433.

Oxidationen mit anorganischen Stickstoffverbindungen

BUDDENBERG, O., in: HOUBEN-WEYL. Bd. 4/1a (1981), S. 641–944.

Selektive katalytische Oxidation mit Edelmetallkatalysatoren

HEYNS, K.; PAULSEN, H., in: Neuere Methoden. Bd. 2 (1960), S. 208–230.

Dihydroxylierung von Olefinen mit OsO_4 bzw. OsO_4/Amin-N-Oxiden

SCHRÖDER, M., Chem. Rev. **80** (1980), 187–213.

RAY, R.; MATTESON, D. S., Tetrahedron Letters **21** (1980), 449–450.

VAN RHEENEN, V.; CHO, D. Y.; HARTLEY, W. M., Synth. Coll. Vol. 6 (1988), 342–348.

D.7   Reaktionen von Carbonylverbindungen

Carbonylverbindungen sind eine wichtige Stoffklasse der organischen Chemie, da sie bei leichter Darstellbarkeit eine hohe Reaktivität besitzen und deshalb eine große Zahl von Umsetzungen zulassen.

Typische Carbonylverbindungen sind Aldehyde, Ketone, Carbonsäuren, Carbonsäureester, -amide, -halogenide und -anhydride sowie Kohlendioxid. Diese und weitere Verbindungen werden im folgenden unter einem gemeinsamen Aspekt behandelt.

Die Reaktivität der Carbonylgruppe beruht auf ihrer Polarität infolge des –I-Effekts des Sauerstoffs und ihrer leichten Polarisierbarkeit:

$$\begin{array}{c} \overline{\underline{O}}^{\,\delta-} \\ \| \\ C^{\,\delta+} \end{array} \qquad\qquad [7.1]$$

Die Carbonylgruppe besitzt also am Kohlenstoff elektrophile (bzw. saure) und am Sauerstoff nucleophile (bzw. basische) Eigenschaften. Von besonderem Interesse sind zunächst die Reaktionen am elektrophilen Kohlenstoff mit nucleophilen Reagenzien, da im allgemeinen nur diese Umsetzungen zu einem bleibenden Ergebnis führen:

$$Nu| \;+\; \begin{array}{c} \overline{\underline{O}} \\ \| \\ C \end{array} \;\rightleftharpoons\; \begin{array}{c} |\overline{\underline{O}}|^{\ominus} \\ | \\ {}^{\oplus}C \\ Nu \end{array} \qquad [7.2]$$

Nu| ist der nucleophile Partner, der für die Reaktion ein Elektronenpaar zur Verfügung zu stellen vermag und neutral oder negativ geladen sein kann. Das Additionsprodukt stabilisiert sich in weiteren Reaktionsschritten zum Endprodukt.

Die Geschwindigkeit der Reaktion [7.2] wird offensichtlich um so höher liegen, je größer die Nucleophilie des Nucleophils Nu und je größer die Elektrophilie des Carbonylkohlenstoffs ist.

Die verschiedenen Carbonylverbindungen lassen sich etwa in die folgende Reihe steigender Reaktivität einordnen:

$$\begin{array}{ccccccccccccc} \overline{\underline{O}} & & \overline{\underline{O}} & & \overline{\underline{O}} & & \overline{\underline{O}} & & \overline{\underline{O}} & & \overline{\underline{O}} & & \overline{\underline{O}} \\ \| & & \| & & \| & & \| & & \| & & \| & & \| \\ C_{\overline{\underline{O}}^{\ominus}} & < & C_{\overline{O}H} & < & C_{NR_2} & < & C_{\overline{O}R} & < & C_{CH_3} & < & C_H & < & C_{Cl} \end{array} \qquad [7.3]$$

Die mit der Carbonylgruppe verbundenen Substituenten[1]) sind in dieser Reihe immer weniger in der Lage, dem durch die Carbonylgruppe ausgeübten Elektronenzug nachzugeben und damit die positive Teilladung am Carbonylkohlenstoff mehr oder weniger zu kompensieren. Diese Kompensation ist im Carbonsäureanion am stärksten ausgeprägt. Daher reagiert es nur mit sehr starken Nucleophilen, z. B. Lithiumalkylen, wobei es zum Keton alkyliert wird, vgl. [7.215]. Säurehalogenide und Aldehyde stellen dagegen äußerst reaktionsfähige Verbindungen dar. Ihre Stellung in der oben angegebenen Reihe ist für manche Reaktionen vertauscht, da die sterischen Verhältnisse unterschiedlich sind.

Auch der mit der Carbonylgruppe verbundene Kohlenwasserstoffrest übt den vorauszusehenden Einfluß aus: –I- und –M-Gruppen steigern die Reaktivität der Carbonylgruppe gegenüber nucleophilen Agenzien und senken die Basizität des Carbonylsauerstoffs; +I- und +M-Substituenten senken die C-Reaktivität und erhöhen die O-Basizität.

---

[1]) Im Säureamid und im Ester sind jeweils nur die das Geschehen bestimmenden Mesomerieeffekte angegeben, im Säurechlorid nur der stärkere Induktionseffekt, der den +M-Effekt überwiegt.

Aus diesem Grunde sinkt auch die Acidität von Carbonsäuren in der Reihenfolge: Trichloressigsäure > Dichloressigsäure > Monochloressigsäure > Ameisensäure > Essigsäure > Isobuttersäure > Trimethylessigsäure (Pivalinsäure).

In der aromatischen Reihe ist es möglich, den Substituenteneinfluß auf die Carbonylgruppe mit Hilfe der Hammett-Gleichung (vgl. [C.69]) zu beschreiben, so z. B. bei der Hydrolyse bzw. Alkoholyse von Benzoylchloriden und Benzoesäureestern, bei der Cyanhydrinbildung von Benzaldehyden und vielen anderen Reaktionen.

Die Reaktionsgeschwindigkeit der Addition an die Carbonylgruppe liegt außerdem um so höher, je stärker nucleophil das Reagens ist, bzw. angenähert, je stärker basisch es ist. Aus diesem Grunde lassen sich z. B. Ester, Säureamide usw. durch Hydroxidionen viel leichter hydrolysieren als durch das schwächer basische Wasser, ein Aldehyd reagiert mit einem primären oder secundären Amin viel heftiger als mit Alkoholen.

Carbonylreaktionen werden in den meisten Fällen durch Katalysatoren stark beschleunigt. Es läßt sich voraussehen, daß alle sauren Katalysatoren die Polarität der Carbonylgruppe erhöhen, da sie mit dem basischen Carbonylsauerstoff reagieren können, vgl. auch [5.45] und [5.47]:

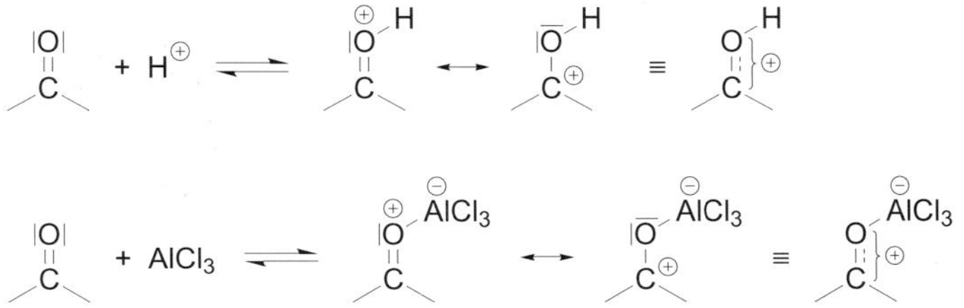

$$[7.4]$$

Durch diese Wechselwirkung mit dem Katalysator erhöht sich natürlich der auf das nucleophile Reagens ausgeübte Elektronenzug. Dies wird durch die nachstehende Formulierung sehr sinnfällig zum Ausdruck gebracht (die Pfeile bezeichnen nicht unbedingt völlig gleichzeitig ablaufende Elektronenübergänge):

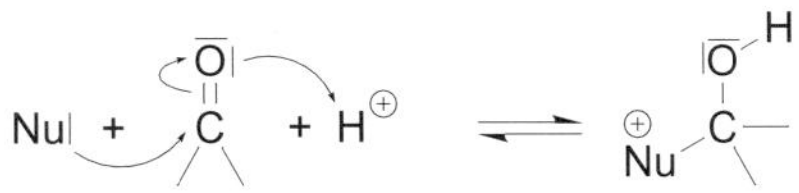

$$[7.5]$$

Andererseits kann der elektrophile Katalysator aber auch die Nucleophilie des Reagens Nu beeinträchtigen, indem er mit diesem in Wechselwirkung tritt; vgl. dazu die Erörterungen in D.7.1. Ein solcher Fall wurde auch schon bei der elektrophilen aromatischen Substitution besprochen (Ausbleiben der Friedel-Crafts-Acylierung aromatischer Amine in Gegenwart von Aluminiumchlorid, vgl. D.5.1.8.1.).

Mit der Carbonylgruppe eng verwandt ist eine Reihe von „heteroanalogen" Carbonylgruppen, bei denen formal der Sauerstoff der Carbonylgruppe durch ein Heteroatom ersetzt ist (Thiocarbonyl-, Azomethin-, Nitrilgruppe):

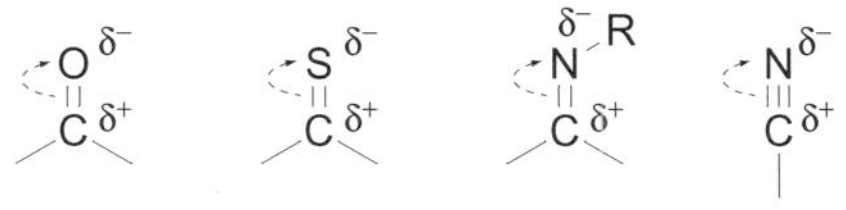

$$[7.6]$$

Die Reaktionen heteroanaloger Carbonylverbindungen, die durch Ersatz des Kohlenstoffatoms durch Heteroatome entstehen, werden in Kapitel D.8. behandelt.

Die Analogie zu den Reaktionen der Carbonylgruppe ist bei der *Azomethingruppe* am stärksten ausgeprägt. Da jedoch der Stickstoff weniger elektronegativ ist als der Sauerstoff, liegt die Reaktivität der Azomethingruppe im neutralen bzw. alkalischen Gebiet niedriger als die der Carbonylgruppe. Im sauren Gebiet dagegen steigt die positive Teilladung des Kohlenstoffs durch den starken –I-Effekt des protonierten Stickstoffs bedeutend an.

Auch die Nitrilgruppe ist aus den gleichen Gründen wie die Azomethingruppe relativ reaktionsträge. Außerdem liegt die Reaktionsfähigkeit einer Dreifachbindung generell niedriger als die der Doppelbindung. Daher erfordern „Carbonylreaktionen" der Nitrilgruppe im allgemeinen kräftige Bedingungen und starke Katalysatoren.

Die nucleophilen Reaktionspartner in Carbonylreaktionen lassen sich in drei große Gruppen einordnen, je nach der Art der Nucleophile bzw. in welcher Weise das die Nucleophilie bedingende Elektronenpaar in dem betreffenden Reagens enthalten ist bzw. freigesetzt werden kann. Wir teilen danach die Reaktionen der Carbonylverbindungen wie folgt ein:

Reaktionen mit Heteroatom-Nucleophilen
Reaktionen mit Kohlenstoff-Nucleophilen
Reduktion von Carbonylverbindungen (Reaktionen mit H-Nucleophilen)

7.1.   Reaktionen von Carbonylverbindungen mit Heteroatom-Nucleophilen

Am einfachsten zu übersehen sind die Reaktionen der Carbonylverbindungen mit Nucleophilen (Lewis-Basen), die an einem Heteroatom ein freies Elektronenpaar aufweisen, z. B. Wasser, Alkohole, Amine und deren Abkömmlinge, Schwefelwasserstoff, Thiole usw. (H–Nu in [7.8] und [7.9]).

In Tabelle 7.7 sind die wichtigsten Reaktionen von Carbonylverbindungen mit derartigen Heteroatom-Nucleophilen zusammengestellt.

Tabelle 7.7
Wichtige Reaktionen von Carbonylverbindungen mit Heteroatom-Nucleophilen

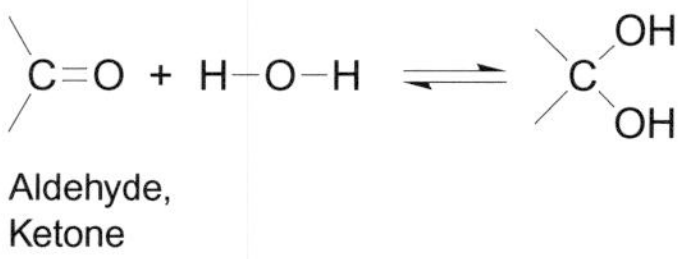 $\diagdown\!\!\diagup\!C{=}O + H{-}O{-}H \rightleftharpoons \diagup\!\!\diagdown\!C\!\begin{smallmatrix}OH\\OH\end{smallmatrix}$ Aldehyde, Ketone	Hydrate
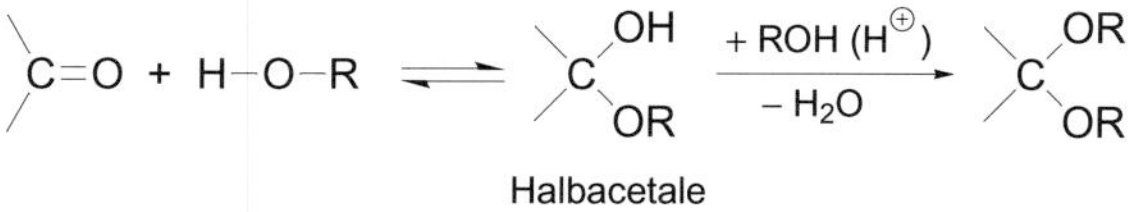 $\diagdown\!\!\diagup\!C{=}O + H{-}O{-}R \rightleftharpoons \diagup\!\!\diagdown\!C\!\begin{smallmatrix}OH\\OR\end{smallmatrix} \xrightarrow[-H_2O]{+ ROH\,(H^{\oplus})} \diagup\!\!\diagdown\!C\!\begin{smallmatrix}OR\\OR\end{smallmatrix}$ Halbacetale	Acetale
analog: $+ H{-}S{-}R \rightleftharpoons \qquad \diagup\!\!\diagdown\!C\!\begin{smallmatrix}SR\\SR\end{smallmatrix}$	Thioacetale
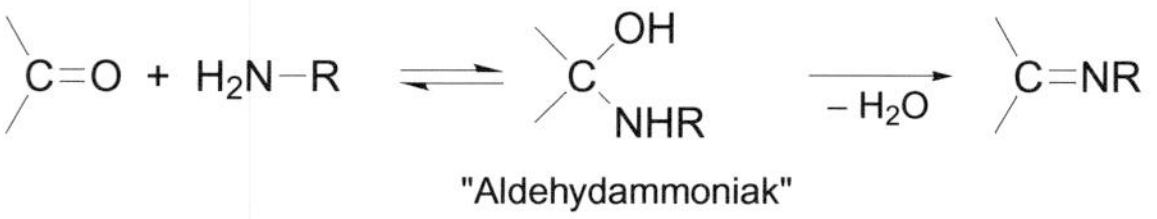 $\diagdown\!\!\diagup\!C{=}O + H_2N{-}R \rightleftharpoons \diagup\!\!\diagdown\!C\!\begin{smallmatrix}OH\\NHR\end{smallmatrix} \xrightarrow{-H_2O} \diagup\!\!\diagdown\!C{=}NR$ "Aldehydammoniak"	Schiffsche Basen
analog: $+ H_2N{-}OH \longrightarrow \diagup\!\!\diagdown\!C{=}NOH$	Oxime
$+ H_2N{-}NH{-}R \longrightarrow \diagup\!\!\diagdown\!C{=}N{-}NHR$	(substituierte) Hydrazone
 $+ H_2N{-}NH{-}CO{-}NH_2 \longrightarrow \diagup\!\!\diagdown\!C{=}N{-}NH{-}CO{-}NH_2$	Semicarbazone

Tabelle 7.7 (Fortsetzung)

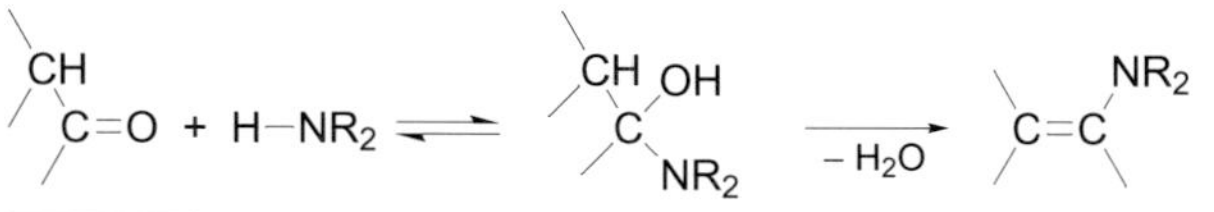

$\underset{/}{\overset{\backslash}{C}}\!H\!\!-\!\!C\!\!=\!\!O \; + \; H\!\!-\!\!NR_2 \; \rightleftharpoons \; \underset{NR_2}{\overset{OH}{\underset{|}{\overset{|}{C}}}}\!\!\!\backslash C\!H \quad \xrightarrow{-H_2O} \quad \underset{/}{\overset{\backslash}{C}}\!\!=\!\!C\!\!-\!\!NR_2$	Enamine
$\underset{/}{\overset{\backslash}{C}}\!\!=\!\!O \; + \; \underset{ONa}{\overset{OH}{\underset{|}{\overset{|}{S}}}}\!\!=\!\!O \; \rightleftharpoons \; \underset{SO_3Na}{\overset{OH}{\underset{|}{\overset{|}{C}}}}$	Bisulfitadditions-verbindungen
$R\!\!-\!\!\overset{O}{\overset{\|}{C}}\!\!-\!\!X \; + \; H\!\!-\!\!O\!\!-\!\!H \quad \xrightarrow{-HX} \quad R\!\!-\!\!\overset{O}{\overset{\|}{C}}\!\!-\!\!OH$ X = Halogen, Acyloxy-	Hydrolyse von Carbonsäure-halogeniden und -anhydriden
analog: $+ \; HOR' \qquad\qquad\qquad\qquad \longrightarrow \quad R\!\!-\!\!\overset{O}{\overset{\|}{C}}\!\!-\!\!OR'$	Alkoholyse zu Carbonsäureestern
$+ \; HNR'_2$ (R' auch H) $\qquad\qquad\qquad \longrightarrow \quad R\!\!-\!\!\overset{O}{\overset{\|}{C}}\!\!-\!\!NR'_2$	Aminolyse zu Carbonsäureamiden
$+ \; H_2NOH \; \longrightarrow \; R\!\!-\!\!\overset{O}{\overset{\|}{C}}\!\!-\!\!NHOH \; \rightleftharpoons \; R\!\!-\!\!\overset{OH}{\overset{\|}{C}}\!\!-\!\!NOH$	Bildung von Hydroxamsäuren
$+ \; H_2N\!\!-\!\!NH_2 \qquad\qquad\qquad \longrightarrow \quad R\!\!-\!\!\overset{O}{\overset{\|}{C}}\!\!-\!\!NH\!\!-\!\!NH_2$	Darstellung von Carbonsäure-hydraziden
$+ \; \underset{HO}{\overset{O}{\underset{}{\overset{\|}{C}}}}\!\!-\!\!R' \; (Na) \qquad\qquad \longrightarrow \quad R\!\!-\!\!CO\!\!-\!\!O\!\!-\!\!COR'$	Darstellung von (gemischten) Carbon-säureanhydriden
$Cl\!\!-\!\!\overset{O}{\overset{\|}{C}}\!\!-\!\!Cl \; + \; HOR \quad \xrightarrow{-HCl} \quad Cl\!\!-\!\!\overset{O}{\overset{\|}{C}}\!\!-\!\!OR$	partielle Alkoholyse von Phosgen zu Chlorkohlensäure-(Chlorameisen-säure)estern
$\qquad\qquad\qquad \xrightarrow[-HCl]{+HOR} \quad RO\!\!-\!\!\overset{O}{\overset{\|}{C}}\!\!-\!\!OR$	Alkoholyse von Phosgen zu Kohlen-säureestern
$+ \; HNR_2$ (R auch H) $\qquad\qquad \xrightarrow{-HCl} \quad Cl\!\!-\!\!\overset{O}{\overset{\|}{C}}\!\!-\!\!NR_2$	Aminolyse von Phosgen zu Carbamoylchloriden
$\qquad\qquad\qquad \xrightarrow[-HCl]{+HNR_2} \quad R_2N\!\!-\!\!\overset{O}{\overset{\|}{C}}\!\!-\!\!NR_2$	Aminolyse von Phosgen zu Harn-stoffen
$+ \; H_2NR \qquad\qquad \xrightarrow{-HCl} \quad R\!\!-\!\!N\!\!=\!\!C\!\!=\!\!O$	HCl-Eliminierung zu Isocyanaten

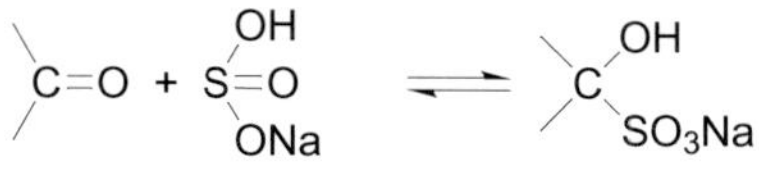

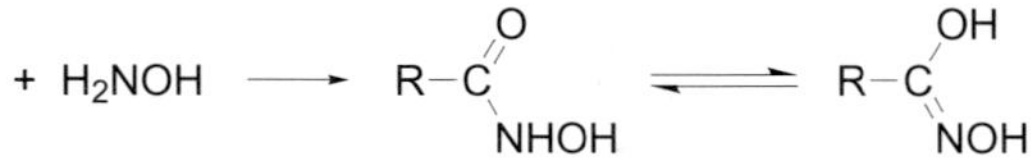

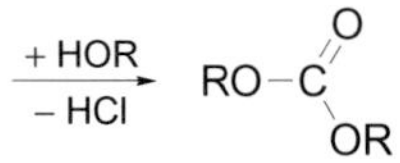

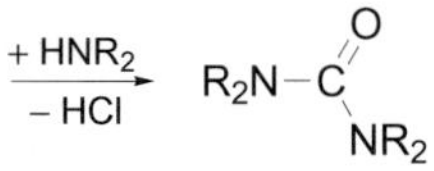

Tabelle 7.7 (Fortsetzung)

$$R-\underset{OR'}{\overset{O}{C}} + H-O-H \xrightarrow[-\,R'OH]{} R-\underset{OH}{\overset{O}{C}}$$

Hydrolyse von Carbonsäureestern

analog:

$$+\ HOR'' \longrightarrow R-\underset{OR''}{\overset{O}{C}}$$

Alkoholyse (Umesterung der Säurekomponente)

$$+\ HNR''_2 \longrightarrow R-\underset{NR''_2}{\overset{O}{C}}$$
(R'' auch H)

$$+\ H_2N-NH_2 \longrightarrow R-\underset{NH-NH_2}{\overset{O}{C}}$$

$$+\ H_2NOH \longrightarrow R-\underset{NHOH}{\overset{O}{C}}$$

Aminolyse zu Carbonsäure-amiden, -hydraziden, Hydroxamsäuren

$$R-\underset{OR'}{\overset{O}{C}} + R''-\underset{OH}{\overset{O}{C}} \longrightarrow R-\underset{OH}{\overset{O}{C}} + R''-\underset{OR'}{\overset{O}{C}}$$

Acidolyse von Carbonsäureestern (Umesterung der Alkoholkomponente)

$$R-\underset{NR'_2}{\overset{O}{C}} + H-O-H \xrightarrow[-\,NHR'_2]{} R-\underset{OH}{\overset{O}{C}}$$
(R' auch H)

Hydrolyse der Carbonsäureamide

$$R-\underset{OH}{\overset{O}{C}} + HOR' \xrightarrow[-\,H_2O]{} R-\underset{OR'}{\overset{O}{C}}$$

Veresterung von Carbonsäuren

analog:

$$+\ HNR'_2 \longrightarrow R-\underset{NR'_2}{\overset{O}{C}}$$
(R' auch H)

Amide aus Carbonsäuren

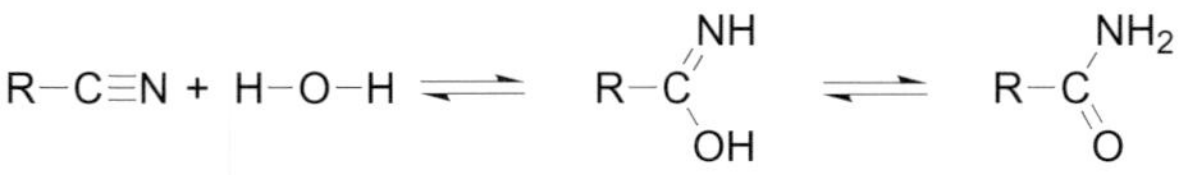

$$R-C\equiv N + H-O-H \rightleftharpoons R-\underset{OH}{\overset{NH}{C}} \rightleftharpoons R-\underset{O}{\overset{NH_2}{C}}$$

Carbonsäureamide aus Nitrilen

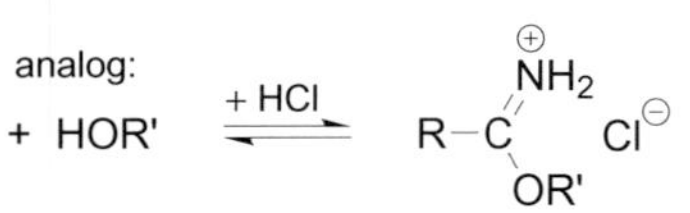

analog:

$$+\ HOR' \underset{+\ HCl}{\rightleftharpoons} R-\underset{OR'}{\overset{\overset{\oplus}{NH_2}}{C}}\ Cl^{\ominus}$$

Imidoester durch Addition von Alkoholen an Nitrile

Alle Carbonylverbindungen, auch die heteroanalogen (Nitrile, Azomethine), addieren Heteroatom-Nucleophile nach einem einheitlichen Schema unter Bildung eines gleichartigen Zwischenprodukts (I in 7.8] und 7.9]):

$$\text{HNu} + \text{C=O} \rightleftharpoons \overset{\oplus}{\text{H}-\text{Nu}}-\overset{|}{\underset{|}{\text{C}}}-\overline{\text{O}}|^{\ominus} \rightleftharpoons \overline{\text{Nu}}-\overset{|}{\underset{|}{\text{C}}}-\overline{\text{O}}\text{H} \qquad [7.8]$$

I   II

Das energiereiche Zwitterion I kann sich durch „innere" Neutralisation zu II stabilisieren.

Im *Additionsschritt* entsteht aus der ebenen trigonalen Carbonylverbindung ein tetraedrisches Addukt (I bzw. II), in dem die Substituenten näher zusammenrücken müssen. Die Addition verläuft daher zunehmend schwerer, je voluminöser die Reste sind.

Wie schon erörtert, kann die Additionsreaktion durch Säuren beschleunigt werden:

$$\text{HNu} + \text{C=O} + \overset{\oplus}{\text{H}} \rightleftharpoons \overset{\oplus}{\text{HNu}}-\overset{|}{\underset{|}{\text{C}}}-\text{OH} \rightleftharpoons \overline{\text{Nu}}-\overset{|}{\underset{|}{\text{C}}}-\text{OH} + \overset{\oplus}{\text{H}} \qquad [7.9]$$

I   II

Die katalysierende Wirkung einer Säure wird um so notwendiger, je schwächer nucleophil das Reagens ist. Daher reagieren z. B. die stärker basischen Stickstoffverbindungen (Ammoniak, Amine, Hydroxylamin, Hydrazin usw.) ohne weiteres im neutralen oder sogar schwach basischen Gebiet mit Aldehyden und Ketonen. Alkohole und sehr schwache Stickstoffbasen, wie 2,4-Dinitro-phenylhydrazin, erfordern dagegen oft einen Zusatz von starken Säuren.

Die Additionsprodukte II [7.8] und [7.9] sind relativ energiereiche Stoffe, die in vielen Fällen nicht beständig sind und leicht unter Abspaltung von Atomgruppen wieder in ein ungesättigtes System übergehen (*Kondensationsschritt*).

Für die Addukte der *Aldehyde und Ketone* läßt sich folgendes allgemeines Reaktionsschema aufstellen:

$$\overline{\text{Nu}}-\overset{|}{\underset{|}{\text{C}}}-\overline{\text{O}}\text{H} + \overset{\oplus}{\text{H}} \rightleftharpoons \text{Nu}-\overset{|}{\underset{|}{\text{C}}}-\overset{\oplus}{\underset{\text{H}}{\overset{\text{H}}{\text{O}}}} \underset{+\text{H}_2\text{O}}{\overset{-\text{H}_2\text{O}}{\rightleftharpoons}} \text{Nu}-\overset{\oplus}{\text{C}} \longleftrightarrow \overset{\oplus}{\text{Nu}}=\text{C} \equiv \overset{\oplus}{\text{Nu}=\text{C}} \qquad [7.10]$$

II   III   IV

Das Additionsprodukt II wird durch eine in der Lösung anwesende Säure (u. U. schon durch das Lösungsmittel) protoniert. Im Molekül sind zwei nucleophile Zentren vorhanden. Protonierung von Nu führt zur *Rückreaktion* (vgl. [7.9]) und interessiert deshalb hier nicht. Die Protonierung des Hydroxylsauerstoffs ergibt dagegen das Oxoniumion III, das sich (reversibel) durch Wasserabspaltung zum Carbenium-Oniumion IV mit delokalisierter positiver Ladung[1]) stabilisiert.

Daraus entsteht wie üblich (vgl. D.2. und D.3.) durch Abgabe eines Protons oder durch Addition eines in der Lösung vorhandenen (weiteren) Nucleophils das neutrale Endprodukt. Die verschiedenen Möglichkeiten werden an Ort und Stelle erörtert (z. B. [7.11], [7.13] und [7.24]).

Bei den Reaktionen der *Carbonsäurederivate* verläuft der Kondensationsschritt prinzipiell gleichartig. Auf gewisse Besonderheiten wird später genauer eingegangen.

Die Gesamtgeschwindigkeit einer Carbonylreaktion kann sowohl durch den Additionsschritt [7.8] als auch durch den Kondensationsschritt [7.10] bestimmt werden. Bei Reaktionen mit stark nucleophilen Reagenzien (Ammoniak, aliphatische Amine, Hydroxylamin) verläuft im neutralen und basischen Medium die Addition [7.8] im allgemeinen schnell, und die Dehydratisierung [7.10] ist geschwindigkeitsbestimmend. Da dieser Schritt immer säurekatalysiert ist, wird die Reaktion durch Säurezusatz beschleunigt. Die Katalysatorsäure wirkt jedoch auch auf den nucleophilen Reaktionspartner, wobei dessen freie Elektronenpaare durch Salzbildung mehr oder weniger weitgehend blockiert werden. Diese Wechselwirkung erfolgt schon bei um so niedrigerer Säurekonzentration, je stärker basisch das reagierende Nucleophil ist. Durch die Salzbildung kann die Geschwindigkeit der Addition [7.8] so weit erniedrigt werden, daß dieser Schritt geschwindigkeitsbestimmend wird. Man beobachtet deshalb häufig, daß eine Carbonylreaktion bei einem bestimmten pH-Wert viel schneller verläuft als in stärker saurem oder stärker basischem Gebiet. Bei die-

---

[1]) Durch die Elektronendelokalisierung sind solche Kationen relativ energiearm und nehmen eine zentrale Stellung bei allen Carbonylreaktionen ein, vgl. z. B. auch die Mannich-Reaktion, D.7.2.1.7.

sem optimalen pH-Wert ergibt sich ein Wechsel im geschwindigkeitsbestimmenden Schritt der Reaktion: einerseits ist die Dehydratisierung [7.10] schon hinreichend beschleunigt, andererseits ist aber noch eine genügend hohe Konzentration an freier, nicht protonierter nucleophiler Komponente vorhanden. Das ist im allgemeinen in der Gegend des pKs-Wertes des nucleophilen Reagens der Fall.

So besitzt die Reaktion von Phenol ($pK_S = 10,0$) mit Formaldehyd (vgl. D.5.1.8.4.) ihre maximale Geschwindigkeit tatsächlich beim pH = 10 und sinkt bei höheren oder niedrigeren pH-Werten rasch ab. Ganz ähnlich ist die Geschwindigkeit der Umsetzung von Semicarbazid ($pK_S = 3,6$) mit Furfural und Aceton beim pH ~ 4 am größten. Bei der Überführung von Carbonylverbindungen in Semicarbazone ist deshalb Semicarbazid-Hydrochlorid und Natriumacetat ein günstiges Reagens, während das Hydrochlorid allein zu sauer ist. Beim viel schwächer basischen 2,4-Dinitro-phenylhydrazin katalysiert dagegen die Essigsäure ($pK_S = 4,76$) nur schwach, Mineralsäuren katalysieren jedoch stark.

7.1.1.   Reaktionen von Aldehyden und Ketonen mit Aminoverbindungen

Aldehyde und Ketone reagieren leicht mit den verschiedensten Stickstoffbasen (vgl. Tab. 7.7).

Die Reaktion mit den am stärksten nucleophilen Vertretern, z. B. den primären und secundären Aminen, läuft im allgemeinen auch ohne Zusatz von Säuren ab (pKs-Werte der Nucleophile im Bereich von 9 bis 11). Das Additionsprodukt [7.11], II ist aus den schon genannten Gründen sehr unbeständig und im allgemeinen nicht isolierbar. Es geht im weiteren Verlauf der Reaktion in das Carbenium-Immonium-Ion IV über, das nun in verschiedener Weise ein stabiles Endprodukt bilden kann, je nachdem, ob sich am Stickstoffatom noch ein Proton befindet oder nicht (vgl. [7.11]).

Aus primären Aminen bilden sich *Azomethine* oder *Schiffsche Basen*, aus secundären Aminen *Enamine*. Weshalb führen tertiäre Amine nicht zu einem stabilen Produkt?

Die Abspaltung des Protons aus IV vom Stickstoff verläuft normalerweise viel leichter als vom β-Kohlenstoff (warum?). Daher werden aus primären Aminen normalerweise keine Enamine gebildet. Wenn jedoch die Eliminierung vom Kohlenstoff z. B. dadurch begünstigt wird, daß sich ein System konjugierter Doppelbindungen ausbilden kann, werden auch mit Ammoniak und primären Aminen Enamine erhalten, z. B. aus Ammoniak und Acetessigestern die Aminocrotonsäureester (vgl. [7.12]).

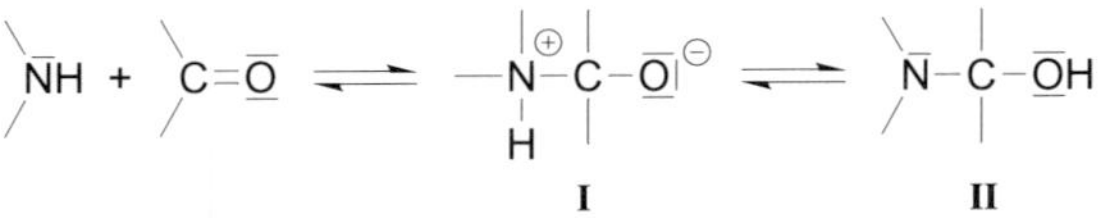

[7.11a]

primäres Amin:

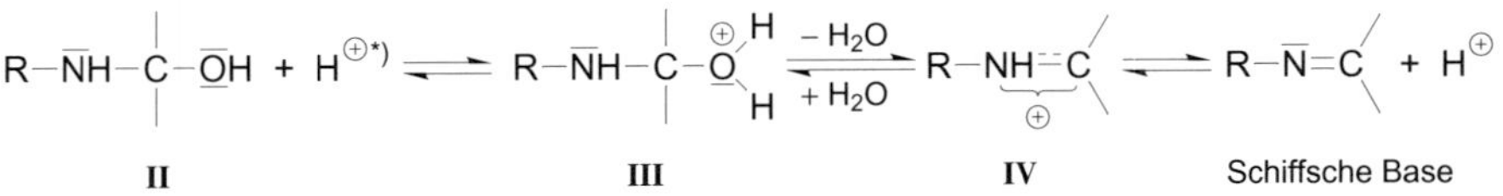

[7.11b]

secundäres Amin:

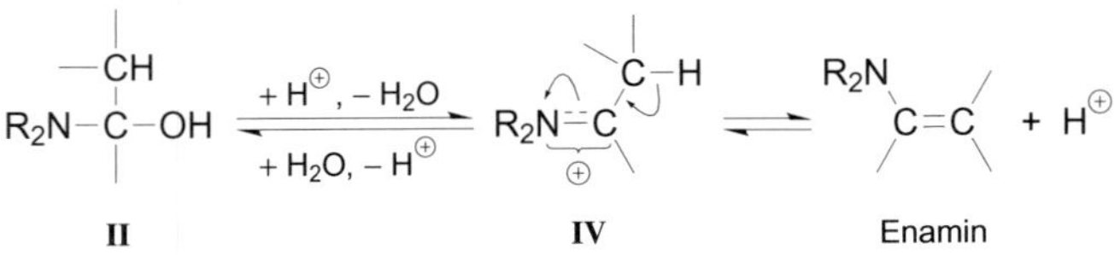

[7.11c]

---

*) Die Protonierung am Stickstoffatom, die von vornherein bevorzugt erscheint, führt zur Rückbildung der Ausgangskomponenten (vgl. [7.9])

$$\underset{\substack{\text{O}\\ \|}}{H_3C-C}-CH_2-COOC_2H_5 + NH_3 \longrightarrow \underset{\substack{NH_2\\ |}}{H_3C-C}=CH-COOC_2H_5 + H_2O \qquad [7.12]$$

Bei der Reaktion secundärer Amine mit Aldehyden vom Typ des Benzaldehyds oder Formaldehyds entfallen beide Eliminierungsmöglichkeiten für ein Proton. Hier addiert sich an das Carbenium-Immonium-Ion ein zweites Molekül Amin unter Bildung sog. „Aminale" (Aminoacetale), z. B.:

$$Ph-\underset{\substack{|\\ H}}{\overset{\substack{O\\ \|}}{C}} + NHR_2 \rightleftharpoons Ph-\underset{\substack{|\\ NR_2}}{\overset{\substack{OH\\ |}}{CH}} \underset{+H_2O,\,-H^\oplus}{\overset{+H^\oplus,\,-H_2O}{\rightleftharpoons}} Ph-\underset{\substack{|\\ H}}{\overset{\oplus\,NR_2}{C}} \underset{-H^\oplus}{\overset{+NHR_2}{\longrightarrow}} Ph-\underset{\substack{|\\ NR_2}}{\overset{\substack{NR_2\\ |}}{CH}} \qquad [7.13]$$

Die Aminale von Aldehyden mit α-ständigem Wasserstoff spalten bei erhöhter Temperatur ein Mol Amin ab und gehen in Enamine über.

Die Azomethine aus Aldehyden und Anilin (Anile) bzw. aus Benzaldehyden und primären Aminen, die Oxime, Phenylhydrazone, Semicarbazone (vgl. Tab. 7.7), Azine[1]) u. a. lassen sich zur Isolierung, Reinigung und Identifizierung von Carbonylverbindungen benutzen. Man formuliere die Darstellung der genannten Verbindungen! Weshalb erfordert die Bildung von p-Nitro- und 2,4-Dinitro-phenylhydrazonen Zusatz von Säure?

Imine (aus Aldehyden und Ammoniak) und Azomethine aus aliphatischen Aldehyden und primären aliphatischen Aminen polymerisieren leicht bzw. geben aldolartige Kondensationsprodukte (vgl. D.7.2.1.3.). So liegt z. B. das Imin des Acetaldehyds als cyclisches Trimeres vor:

$$H_3C-CH=O + NH_3 \longrightarrow \underset{\substack{|\\ NH_2}}{H_3C-\overset{\substack{OH\\ |}}{CH}} \longrightarrow H_3C-CH=NH$$

$$[7.14]$$

$$3\ H_3C-CH=NH \longrightarrow$$

(cyclisches Trimeres)

Beim Formaldehyd geht diese Reaktion noch weiter, indem sich die Aminogruppen des Trimeren mit weiterem Aldehyd und Ammoniak zu Hexamethylentetramin (Urotropin) umsetzen:

$$+ 3\ HCHO \longrightarrow \underset{-3\,H_2O}{\overset{+NH_3}{\longrightarrow}} \qquad [7.15]$$

Allgemeine Arbeitsvorschrift zur Darstellung von Enaminen (Tab. 7.16)

1 mol Carbonylverbindung wird mit 1,2 mol Amin, 0,2 g p-Toluensulfonsäure (bei β-Dicarbonylverbindungen als Katalysator 1 ml 85%ige Ameisensäure verwenden) und 200 ml Toluen versetzt und am Wasserabscheider unter Rückfluß erhitzt. Bei gasförmigen Aminen verwendet man zur Kondensation des Rücklaufs einen Intensivkühler und leitet das Amin durch einen seitlichen Ansatz am Kolben ein. Wird kein Reaktionswasser mehr abgeschieden, schüttelt

---

[1]) $\underset{\diagup}{\overset{\diagdown}{C}}=N-N=\underset{\diagdown}{\overset{\diagup}{C}}$, aus Hydrazin und 2 mol Carbonylverbindung

man zur Beseitigung von Toluensolfonsäure die Toluenlösung nach dem Erkalten zweimal mit wenig Wasser aus[1]), trocknet über Magnesiumsulfat, destilliert das Lösungsmittel ab und fraktioniert den Rückstand im Vakuum.

Die Präparation ist auch im Halbmikromaßstab durchführbar. Man verwendet gegebenenfalls einen feiner graduierten Wasserabscheider (1 bis 2 ml Inhalt) oder verzichtet auf die Messung des azeotrop destillierten Reaktionswassers. Die Menge des Schleppers im Verhältnis zum Ansatz kann dabei ohne weiteres vergrößert werden.

Tabelle 7.16

Enamine

Produkt	Ausgangs-verbindungen	Kp (bzw. F) in °C	n_{D}^{20}	Ausbeute in %
1-Pyrrolidino-cyclopent-1-en	Cyclopentanon, Pyrrolidin	$85_{1,3(10)}$	1,5150	75
1-Morpholino-cyclopent-1-en	Cyclopentanon, Morpholin	$107_{1,6(12)}$	1,5121	75
1-Pyrrolidino-cyclohex-1-en	Cyclohexanon, Pyrrolidin	$112_{1,6(12)}$	1,5234	75
1-Morpholino-cyclohex-1-en	Cyclohexanon, Morpholin	$119_{1,3(10)}$	1,5132	70
1-Piperidino-cyclohex-1-en	Cyclohexanon, Piperidin	$113_{1,5(11)}$	1,5144	75
β-Amino-crotonsäure-ethylester	Acetessigsäureethyl-ester, Ammoniak	$105_{2,0(15)}$ F 18 (Z-), 32 (E-Form)[1])		85
β-Methylamino-croton-säureethylester	Acetessigsäureethyl-ester, Methylamin	$106_{2,1(16)}$	1,5071	85
β-Dimethylamino-croton-säureethylester	Acetessigsäureethyl-ester, Dimethylamin	$122_{1,3(10)}$	1,5227	70
β-Anilino-crotonsäure-ethylester	Acetessigsäureethyl-ester, Anilin	$99_{0,01(0,1)}$	1,5822	80
β-Benzylamino-croton-säureethylester	Acetessigsäureethyl-ester, Benzylamin	$140_{0,07(0,5)}$		80
4-Amino-pent-3-en-2-on	Acetylaceton, Ammoniak	$114_{2,0(15)}$ F 39		70
4-Benzylaminomino-pent-3-en-2-on	Acetylaceton, Benzylamin	$183_{2,3(17)}$ F 24		80

[1]) Bei der Destillation entsteht die niedrigschmelzende Modifikation, die sich beim Stehen in die höherschmelzende Form umwandelt.

Enamine aus Aldehyden: DULOU, R.; ELKIK, E.; VEILLARD, A., Bull. Soc. Chim. France **1960**, 967.

Die Darstellung von Azomethinen oder Enaminen spielt bei Synthesen organischer Verbindungen eine wichtige Rolle. Vor allem Stickstoffheterocyclen, die ebenfalls Azomethin- oder Enamingruppierungen enthalten, lassen sich oft nach den hier beschriebenen Verfahren aufbauen, vgl. [7.17]:

[1]) Zugesetzte Ameisensäure braucht nicht ausgewaschen zu werden.

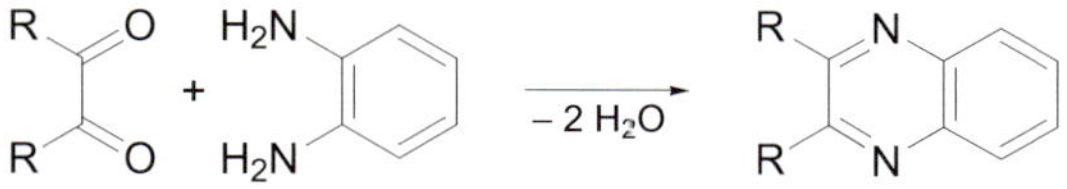

Chinoxaline [7.17a]

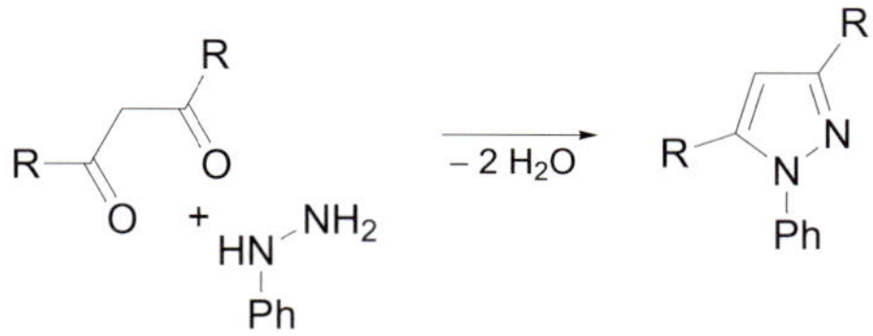

1-Phenyl-pyrazole [7.17b]

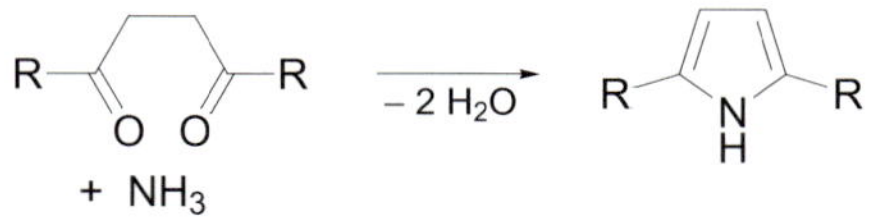

Pyrrole [7.17c]

Diese Reaktionen gestatten auch die Identifizierung und Unterscheidung von 1,2-, 1,3- und 1,4-Dicarbonylverbindungen.

Man informiere sich über die Synthese von Thiazolen nach Hantzsch aus Thiocarbonsäureamiden und α-Halogen-aldehyden!

Kondensationsprodukte von Aldehyden mit Ammoniak oder primären Aminen, vor allem das Hexamethylentetramin, besitzen als Vulkanisationsbeschleuniger und bei der Herstellung von Phenol-Formaldehyd-Harzen (vgl. D.5.1.8.4.) technische Bedeutung. Urotropin hat auch Bedeutung für die Synthese hochbrisanter Sprengstoffe (Hexogen, Oktogen). Wichtig sind weiterhin vor allem die bei der Umsetzung von Formaldehyd mit Harnstoff bzw. Melamin entstehenden Kunststoffe (Aminoplaste). Es bilden sich zunächst über sog. Methylolverbindungen (z. B. Methylolharnstoff [7.18], I) kettenförmige Polymere (III), die mit weiterem Formaldehyd dreidimensional vernetzte Hochpolymere (V) ergeben, z. B.:

$$H_2N-CO-NH_2 \longrightarrow H_2N-CO-NH-CH_2OH \longrightarrow H_2N-CO-NH-CH_2-NH-CO-NH_2$$
$$\text{I} \qquad\qquad\qquad\qquad \text{II}$$

$$\longrightarrow (-NH-CO-NH-CH_2-)_x \longrightarrow (-NH-CO-N-CH_2-)_x \longrightarrow (-NH-CO-N-CH_2-)_x$$
$$\text{III} \qquad\qquad\qquad\qquad CH_2OH \qquad\qquad\qquad\qquad CH_2$$
$$\text{IV} \qquad\qquad\qquad\qquad (-NH-CO-N-CH_2-)_x$$
$$\text{V}$$

[7.18]

Semicarbazone, verschiedene substituierte Phenylhydrazone, Anile und viele Oxime sind gut kristallisierende, meist schwer wasserlösliche Verbindungen und dienen daher vor allem zur analytischen Charakterisierung und zur Isolierung von Aldehyden und Ketonen.

Darstellung von Semicarbazonen (Allgemeine Arbeitsvorschrift für die qualitative Analyse)

1. Alkoholische Lösung von Semicarbazidacetat[1]): Man verreibt 1 g Semicarbazidhydrochlorid mit 1 g wasserfreiem Natriumacetat in einer Reibschale, überführt die Mischung in einen Kolben, kocht mit 10 ml absolutem Ethanol auf und filtriert heiß.

2. Zum Filtrat gibt man etwa 0,2 g der Carbonylverbindung, erwärmt 30 bis 60 Minuten auf dem Wasserbad, versetzt mit so viel Wasser, daß gerade eine bleibende Trübung auftritt, und

---

[1]) Weshalb verwendet man das Semicarbazidacetat und nicht direkt das Hydrochlorid?

läßt langsam abkühlen, wobei das Semicarbazon auskristallisiert. Zur Reinigung kann nochmals aus Ethanol (oder wasserhaltigem Ethanol) umkristallisiert werden.

Darstellung von 2,4-Dinitro-phenylhydrazonen (Allgemeine Arbeitsvorschrift für die qualitative Analyse)

Zu 0,4 g 2,4-Dinitro-phenylhydrazin gibt man 2 ml konz. Schwefelsäure und anschließend unter gutem Rühren oder Schütteln tropfenweise 3 ml Wasser. Der warmen Lösung setzt man 10 ml 95%igen Ethylalkohol zu. Zur Herstellung des 2,4-Dinitro-phenylhydrazons wird zu dieser frisch hergestellten Lösung unter Umschütteln ca. 1 ml einer 10- bis 20%igen ethanolischen Lösung der Carbonylverbindung zugegeben. Das Hydrazon fällt in der Regel nach 5 bis 10 Minuten aus (in wenigen Fällen muß man über Nacht stehenlassen). Das ausgefallene 2,4-Dinitro-phenylhydrazon wird abgesaugt, gut mit Wasser gewaschen und aus Essigester, Dioxan bzw. Dioxan/Wasser oder Alkohol umkristallisiert.

Bei den Dinitrophenylhydrazonen existieren mitunter Stereoisomere, so daß sich verschiedene Schmelztemperaturen ergeben können, worauf beim Studium der Literatur zu achten ist.

Phenylhydrazone sind Zwischenprodukte der Fischerschen Indolsynthese (vgl. [9.44]). Sie sind auch über Benzendiazoniumsalze zugänglich (vgl. [8.34]).

α-Hydroxy-aldehyde und -ketone reagieren mit Phenylhydrazin in der Kälte zunächst in der üblichen Weise zu Phenylhydrazonen, um dann in der Hitze mit weiterem Reagens in die Osazone überzugehen:

$$\begin{array}{c}\text{H}-\overset{\displaystyle |}{\underset{\displaystyle |}{\text{C}}}\overset{\displaystyle \nearrow \text{O}}{}\ \ + 3\ H_2NNHPh\ \longrightarrow\ \overset{\displaystyle |}{\underset{\displaystyle |}{\text{C}}}\overset{\displaystyle \nearrow \text{NNHPh}}{\underset{\displaystyle \searrow \text{NNHPh}}{}}\ \ + H_2NPh\ +\ NH_3\ +\ H_2O\end{array} \qquad [7.19]$$

Die Osazonbildung wird hauptsächlich zur Abtrennung und Charakterisierung von Zuckern angewandt. Weshalb ergeben Glucose, Mannose und Fructose das gleiche Osazon?

Darstellung von Osazonen (Allgemeine Arbeitsvorschrift für die qualitative Analyse)

0,5 ml Phenylhydrazin werden mit 0,5 ml Eisessig in 2 ml Wasser bis zur klaren Lösung geschüttelt, wobei das essigsaure Salz entsteht. Zu dieser Lösung gibt man 0,2 g des betreffenden Zuckers, der in 1 ml Wasser gelöst wurde, und erhitzt 30 Minuten auf dem siedenden Wasserbad. Die Osazone von Monosacchariden beginnen schon nach kurzer Zeit auszufallen, während die Osazone von Disacchariden langsamer gebildet werden. Schließlich läßt man sehr langsam abkühlen, filtriert und kristallisiert aus Wasser oder Alkohol um.

Die Schmelztemperaturen der Osazone liegen für die meisten Zucker innerhalb eines engen Bereichs, so daß die Unterscheidung zwischen ihnen schwierig ist. Man ziehe deshalb stets noch die Kristallform heran, indem man der Reaktionslösung einen Tropfen entnimmt und unter dem Mikroskop betrachtet.

Mikrophotographien der typischen Kristallformen von Osazonen finden sich bei HASSID, W. Z.; McGREADY, R. M., Ind. Engng. Chem., Anal. Edit. **14** (1942), 683–686.

Oxime haben niedrige Schmelztemperaturen und sind deshalb zur Charakterisierung von Carbonylverbindungen häufig weniger geeignet. Sie stellen jedoch wichtige Ausgangsverbindungen für die Beckmann-Umlagerung dar (vgl. D.9.1.2.4.). Die Oximbildung verwendet man auch zur quantitativen Bestimmung von Aldehyden und Ketonen, indem der bei der Reaktion gebildete Chlorwasserstoff titriert wird:

$$\underset{\diagup}{\overset{\diagdown}{}}C{=}O\ +\ H_3\overset{\oplus}{N}OH\ Cl^{\ominus}\ \longrightarrow\ \underset{\diagup}{\overset{\diagdown}{}}C{=}NOH\ +\ H_2O\ +\ HCl \qquad [7.20]$$

Allgemeine Arbeitsvorschrift zur Darstellung von Benzaldehyd-*E*-oximen (Tab. 7.21)

In einem Gemisch aus 0,5 mol Aldehyd, 125 ml Wasser, 25 ml Ethanol, ca. 200 g Eis und 0,55 mol Hydroxylaminhydrochlorid läßt man unter Rühren 1,25 mol Natronlauge als 50%ige wäßrige Lösung rasch zutropfen, wobei die Temperatur durch Eiszugabe auf 25–30 °C gehalten wird. Nach einstündigem Rühren wird zweimal mit 150 ml Ether ausgeschüttelt, getrennt, die wäßrige Schicht mit konz. Salzsäure bei 25–30 °C auf pH = 6 gebracht und zweimal mit je 400 ml Ether oder Dichlormethan ausgeschüttelt. Die vereinigten Extrakte werden mit CaCl$_2$ getrocknet und im Vakuum eingedampft. Das zurückbleibende Öl kristallisiert oder muß im Vakuum destilliert werden. Umkristallisiert wird aus verdünntem Ethanol.

Tabelle 7.21

Benzaldehyd-*E*-oxime

Produkt	Ausgangsverbindung	F (bzw. Kp) in °C	Ausbeute in %
Benzaldehydoxim	Benzaldehyd	35;$Kp_{1,9(14)}$ 118	85
3-Chlor-benzaldehydoxim	3-Chlor-benzaldehyd	62...64	65
4-Chlor-benzaldehydoxim	4-Chlor-benzaldehyd	106...108	86
3-Nitro-benzaldehydoxim	3-Nitro-benzaldehyd	119...120	83
2-Methoxy-benzaldehydoxim	2-Methoxy-benzaldehyd	91...93	84
4-Trifluormethyl-benzaldehydoxim	4-Trifluormethyl-benzaldehyd	100..101	67
2,5,6-Trimethyl-benzaldehydoxim	2,5,6-Trimethyl-benzaldehyd	125...127	40

Quantitative Bestimmung von reaktionsfähigen Aldehyden oder Ketonen (Oximtitration)[1])

1. Darstellung der Reagenslösung: 17,5 g Hydroxylaminhydrochlorid werden in 50 ml Wasser gelöst und mit 200 ml Propanol versetzt. Als Indikator werden 2 ml einer 0,1%igen Bromphenolblaulösung in 20%igem Alkohol zugesetzt. Die erhaltene gelbe Lösung wird tropfenweise mit 20%iger wäßriger Kalilauge versetzt, bis der Farbton blaugrün ist. 20 ml dieser Lösung müssen bei Zusatz eines Tropfens 0,5 N Salzsäure nach Grüngelb, bei Zusatz von einem Tropfen 0,5 N Natronlauge nach Blau umschlagen.

2. Titrationsvorschrift: Eine Substanzprobe, die etwa 0,02 bis 0,03 mol der Carbonylverbindung enthält, wird in 50 ml Reagenslösung gelöst und 30 Minuten verschlossen stehengelassen. Es tritt Gelbfärbung ein. Anschließend titriert man mit 1 N wäßriger Natronlauge bis zum Farbumschlag nach Blaurot.

Dieser Umschlag ist oft nicht scharf erkennbar, daher werden für einen Blindwert 50 ml Reagenslösung etwa mit der gleichen Menge Wasser versetzt, wie Natronlauge verbraucht wurde und mit 1 N Natronlauge auf den gleichen Farbton wie oben titriert. Diesen Natronlaugeverbrauch zieht man von demjenigen des Hauptversuchs ab.

3. Berechnung

$$\text{Prozent Carbonylverbindung} = \frac{n\,M}{a\,10}$$

n Unterschied zwischen Haupt- und Blindversuch in ml 1 N Natronlauge; *M* Molmasse der Carbonylverbindung; *a* Einwaage in g

Wie aus der Gleichung ersichtlich ist, kann die Methode gleichfalls zur Bestimmung der Molmasse (Äquivalentmasse) herangezogen werden.

---

[1]) Vgl. HOUBEN-WEYL, Bd. 2 (1953), S. 458

Azomethine, Oxime, Hydrazone, Enamine usw. lassen sich in Umkehrung ihrer Bildung durch wäßrige Säuren wieder hydrolysieren (vgl. [7.11]). Die Hydrolyse kann auch als säurekatalysierte Addition von Wasser an eine heteroanaloge Carbonylverbindung aufgefaßt werden:

$$HOH + \backslash C = NR + H^{\oplus} \rightleftharpoons \underset{I}{\overset{NHR}{C}}\underset{\underset{\oplus}{OH_2}}{} \rightleftharpoons \underset{II}{\overset{NHR}{C}}_{OH} + H^{\oplus} \qquad \begin{matrix} [7.22], II \\ \text{ist identisch mit} \\ [7.11a], II \end{matrix} \qquad [7.22]$$

Neben dem für die Caprolactamsynthese wichtigen Cyclohexanonoxim (vgl. D.9.1.2.4.) hat das Cyclododecanonoxim technische Bedeutung für die Herstellung von Polyamidfasern. Einige Oxime dienen als Insektizide (Butocarboxim, 3-Methylthio-butan-2-on-O-methylcarbamoyloxim) oder als Pharmazeutika (Obidoximchlorid, 1,1'-(Oxydimethylen)-bis(4-formylpyridiniumchlorid)-dioxim, Parasympatikolytikum).

7.1.2. Reaktionen von Aldehyden und Ketonen mit Wasser und Alkoholen

Bei der Umsetzung von Aldehyden und Ketonen mit Wasser besteht keine andere Möglichkeit der Stabilisierung der primären Additionsprodukte („Hydrate") als der Zerfall in die Komponenten:

$$\backslash C = O + HOH \rightleftharpoons \underset{OH}{\overset{OH}{C}} \qquad [7.23]$$

Das Gleichgewicht liegt im allgemeinen weit auf der Seite der Ausgangsprodukte, und zwar um so mehr, je geringer die Reaktivität der Carbonylverbindung, d. h., je kleiner die positive Teilladung am Carbonylkohlenstoff ist. Aldehyde liegen daher im Unterschied zu Ketonen in wäßriger Lösung z. T. hydratisiert vor, besonders weitgehend der sehr reaktionsfähige Formaldehyd. Die geminalen Diole lassen sich jedoch in der Regel ebensowenig wie die Aminohydroxyverbindungen ([7.11], II) isolieren.

–I/–M-Gruppen erhöhen die Reaktivität der Carbonylverbindung und begünstigen dadurch die Bildung der Hydrate unter Umständen so weit, daß diese stabil und isolierbar werden, z. B. bei Chloral, Glyoxylsäure, Mesoxalsäure, Ninhydrin. Man diskutiere diese Beispiele! Welche Ketogruppe im Ninhydrin wird hydratisiert?

Entsprechendes gilt auch für die Stabilität von Aminohydroxyverbindungen und Halbacetalen (s. u.). So ist das „Aldehydammoniak" des Chlorals bekannt; Glyoxylsäureester und auch Chloral geben stabile Halbacetale.

Mit Alkoholen bilden Aldehyde und Ketone, oft schon ohne zusätzlichen sauren Katalysator, entsprechend dem allgemeinen Additionsschema zunächst *Halbacetale* ([7.24, I]). In Gegenwart starker Säuren führt die Reaktion weiter zum *Acetal*:

$$\backslash C = O + ROH \rightleftharpoons \underset{I}{\overset{OH}{C}}_{OR} \underset{+H_2O, -H^{\oplus}}{\overset{+H^{\oplus}, -H_2O}{\rightleftharpoons}} \underset{II}{\overset{\backslash}{C}} = \overset{\oplus}{OR} \underset{-ROH}{\overset{+ROH}{\rightleftharpoons}} \underset{\underset{H}{OR}}{\overset{OR}{\underset{\oplus}{C}}} \rightleftharpoons \underset{III}{\overset{OR}{C}}_{OR} + H^{\oplus} \qquad [7.24]$$

Diese Umsetzung ist mit der Bildung der Aminale [7.13] vergleichbar.

Die entsprechend der Enaminbildung [7.11b] ebenfalls zu erwartende Stabilisierung des Carbenium-Oxonium-Ions II zu einem Enolether erfolgt hier im allgemeinen nicht, da der Alkohol eine zu schwache Base ist, um die Eliminierung eines Protons vom β-Kohlenstoffatom der Carbonylverbindung zu bewirken.[1])

---

[1]) Enolether sind dagegen durch saure Alkoholabspaltung aus Acetalen (vgl. Tab. 3.32) und durch Alkoholaddition an Acetylene (vgl. Tab. 4.50) zugänglich.

Die Acetalisierung von Carbonylverbindungen mit einwertigen Alkoholen in Gegenwart wasserfreier Mineralsäuren gelingt nur bei den Aldehyden einigermaßen glatt, weil das Gleichgewicht hier ziemlich weit auf der rechten Seite liegt. Ketone lassen sich auf diese Weise nur mit schlechten Ausbeuten oder überhaupt nicht umsetzen. (Man erkläre diese Tatsache!) Um das Gleichgewicht zu verschieben, müssen wasserbindende Mittel zugesetzt werden. Zur Darstellung der Diethylacetale nutzt man hierzu gern den Orthoameisensäuretriethylester, der selbst ein besonders leicht hydrolysierbares Acetal (eines Carbonsäureesters) ist:

$$\text{[7.25]}$$

Für die Darstellung von Dimethylacetalen kann Dimethylsulfit als wasserbindendes Mittel zugesetzt werden. Bei der Hydrolyse dieses gegen Wasser empfindlichen Esters entweicht das sich bildende gasförmige Schwefeldioxid, so daß Dimethylsulfit nicht zurückgebildet werden kann.

Für die Acetalisierung α,β-ungesättigter Carbonylverbindungen müssen spezifische Bedingungen eingehalten werden, da sich der Alkohol außerdem leicht an die reaktionsfähige aktivierte Doppelbindung addieren kann, wobei Acetale von β-Alkoxy-carbonylverbindungen entstehen.

Allgemeine Arbeitsvorschrift zur Darstellung von Diethylacetalen (Tab. 7.26)

Zu einer warm hergestellten Lösung von 1 g Ammoniumnitrat in 0,2 mol absolutem Ethanol werden 0,2 mol des betreffenden Aldehyds oder Ketons und 0,2 mol Orthoameisensäuretriethylester gegeben und nach gutem Durchmischen unter Feuchtigkeitsausschluß stehengelassen. Die Reaktionszeit bei Aldehyden beträgt 6 bis 8 Stunden. Bei Ketonen verwendet man statt des Ammoniumnitrats 0,1 ml konz. Salzsäure und läßt 16 Stunden stehen. Dann wird vom Salz abfiltriert, mit Piperidin oder Pyrrolidin alkalisiert und über eine Kolonne destilliert. Der gebildete Ameisensäureester geht im Vorlauf über. Sofern das Acetal einen ähnlichen Siedepunkt wie Ethanol aufweist, muß vor der Destillation mit verdünnter Natriumcarbonatlösung ausgewaschen und mit Kaliumcarbonat getrocknet werden.

Tabelle 7.26

Diethylacetale mittels Orthoameisensäuretriethylester

Produkt	Ausgangs-verbindung	Kp in °C	n_D^{20}	Ausbeute in %
Acetaldehyddiethylacetal[1]	Acetaldehyd	102	1,3808	65
Propionaldehyddiethylacetal[1]	Propionaldehyd	123	1,3897	70
Butyraldehyddiethylacetal	Butyraldehyd	114	1,3965	75
Benzaldehyddiethylacetal	Benzaldehyd	$97_{1,6(12)}$	1,4800	95
Acroleindiethylacetal	Acrolein	123	1,4012	75
Crotonaldehyddiethylacetal	Crotonaldehyd	146	1,4097	65
Tiglinaldehyddiethylacetal	2,3-Dimetyl-acrolein (Tiglinaldehyd)	159	1,4233	79
Hexan-2-ondiethylacetal	Hexan-2-on	$69_{2,4(18)}$	1,4109	75
Acetophenondiethylacetal	Acetophenon	$112_{1,6(12)}$	1,4805	90
Cyclohexanondiethylacetal	Cyclohexanon	$73_{1,7(13)}$	1,4440	95

[1]) Alkohol auswaschen (s. Vorschift)

Da in Gleichgewichten sowohl Hin- als auch Rückreaktion stets durch den gleichen Katalysator beschleunigt werden, lassen sich Acetale durch verdünnte Säuren leicht wieder in die Ausgangsprodukte spalten ([7.24], Rückreaktion). Die Hydrolyse gelingt besonders leicht bei den sich schwer bildenden Acetalen, die oft so wasserempfindlich sind, daß sie als wasserentziehendes Mittel bei chemischen Reaktionen eingesetzt werden können. Formaldehydacetale sind dagegen verhältnismäßig hydrolysebeständig.

Auch die Enolether werden leicht sauer hydrolysiert. Man formuliere die Reaktion analog [7.11] (vgl. auch [4.51]). Die cyclischen Enolether 3,4-Dihydro-2H-pyran (vgl. [9.20]) und 2-Alkoxy-3,4-dihydro-2H-pyran (vgl. Tab. 4.99) ergeben dabei δ-Hydroxy-valeraldehyd bzw. Glutaraldehyd:

$$\text{EtO} \quad \text{O} \quad + \text{H}_2\text{O} \quad \xrightarrow{+\text{H}^{\oplus}} \quad \text{EtOH} + \quad \text{O} \quad \text{O} \qquad [7.27]$$

Im alkalischen Medium dagegen sind Acetale stabil (warum?). Sie übertreffen in ihrer Beständigkeit gegen alkalische und oxidierende Reagenzien die Carbonylverbindungen bei weitem, so daß man sich der Acetalbildung zur zeitweiligen Blockierung der Carbonylfunktion bedient. Für diesen Zweck werden bevorzugt die Ethylenacetale[1]) verwendet:

$$\text{C=O} + \begin{array}{c} \text{HO} \diagdown \text{CH}_2 \\ \text{HO} \diagup \text{CH}_2 \end{array} \quad \rightleftharpoons \quad \begin{array}{c} \text{C} \diagdown \begin{array}{c} \text{O} \diagdown \text{CH}_2 \\ \text{O} \diagup \text{CH}_2 \end{array} \end{array} + \text{H}_2\text{O} \qquad [7.28]$$

Bei diesen cyclischen Acetalen liegt das Acetalisierungsgleichgewicht wesentlich günstiger als bei der Umsetzung von Carbonylverbindungen mit einwertigen Alkoholen. Das zeigt sich auch in ihrer großen Hydrolysebeständigkeit.

Die Acetalisierung mit einer geeigneten Carbonylverbindung kann man andererseits auch zum Schutz von OH-Gruppen verwenden. Ein Beispiel dieser Art ist die technisch wichtige Mehrstufensynthese der L-Ascorbinsäure (Vitamin C) aus D-Glucose bzw. L-Sorbose, bei der vor einem Oxidationsschritt vier OH-Gruppen durch Acetalisierung mit Aceton geschützt werden(vgl. [6.43a]).

Die oben erwähnten Ethylenacetale (1,3-Dioxolane) werden meist unter azeotroper Entfernung des Reaktionswassers dargestellt. Ebenso glatt wie einfache Ketone reagieren auch Oxosäuren bzw. Oxosäureester, Aminoketone (als Hydrochloride), Hydroxyketone und α-Halogenketone.

Die Wahl des Schleppers hängt vor allem von der zweckmäßigen Reaktionstemperatur ab sowie von der Siedetemperatur des zu acetalisierenden Stoffes. So kann selbst Aceton in das Dioxolan übergeführt werden, wenn man mit Methylendichlorid schleppt, wobei in diesem Falle außerdem zweckmäßigerweise eine Kolonne zwischen Wasserabscheider und Reaktionskolben geschaltet wird.

Allgemeine Arbeitsvorschrift zur Darstellung von Ethylenacetalen (Dioxolane; Tab. 7.29)

1 mol des Ketons oder Aldehyds wird mit 1,2 mol reinem Ethylenglykol und 0,1 g p-Toluensulfonsäure oder 85%iger Phosphorsäure in 150 ml Toluen oder Xylen, Chloroform, Trichlorethylen oder Methylendichlorid am Wasserabscheider unter Rückfluß gekocht, bis sich kein Reaktionswasser mehr bildet. Danach kühlt man ab, wäscht sorgfältig mit verdünnter Lauge und mit Wasser, trocknet mit Kaliumcarbonat und destilliert.

Die Präparation kann auch im Halbmikromaßstab durchgeführt werden (vgl. auch D.7.1.1., Darstellung von Enaminen).

---

[1]) Ethylenacetale werden auch als 1,3-Dioxolane bezeichnet.

Tabelle 7.29

Ethylenacetale (Dioxolane)

Produkt	Ausgangs-verbindung	Kp in °C	n_D^{20}	Ausbeute in %
Benzaldehydethylenacetal	Benzaldehyd	$110_{1,9(14)}$	1,5267	90
3-Nitro-benzaldehydethylenacetal[1])	3-Nitro-benzaldehyd	F 58 (EtOH)		95
Cyclopentanonethylenacetal	Cyclopentanon	$57_{2,4(18)}$	1,4481	90
Cyclohexanonethylenacetal	Cyclohexanon	$73_{1,7(13)}$	1,4583	90
Cholest-5-en-3-onethylenacetal	Cholest-4-en-3-on	F 135, $[\alpha]_D^{30}$ −31,4° (in Chlf.)		80
Ethylmethylketonethylenacetal[2])	Ethylmethylketon	116	1,4097	90
3,3-Dimethyl-butan-2-on-ethylenacetal	3,3-Dimethyl-butan-2-on (Pinacolon)	147	1,4236	90
Mesityloxidethylenacetal	Mesityloxid	156	1,4396	85
Acetessigsäureethylester-ethylenacetal[3])	Acetessigsäure-ethylester	$100_{2,3(17)}$	1,4326	87

[1]) Mit Xylen schleppen; kristallisiert direkt aus der gewaschenen und eingeengten Lösung beim Kühlen auf 0 °C.

[2]) Mit Methylenchlorid schleppen.

[3]) Eisen(III)-chloridreaktion muß negativ sein.

Acetale sind in der Natur sehr weit verbreitet. So liegen die Monosaccharide als innere Halbacetale vor, die je nach der Größe des bei der Acetalisierung gebildeten Ringes als Pyranosen oder Furanosen bezeichnet werden (vgl. D.6.5.2.). Durch die Acetalbildung wird das Kohlenstoffatom 1 asymmetrisch, so daß zwei Stereoisomere entstehen[1),2)], z. B.:

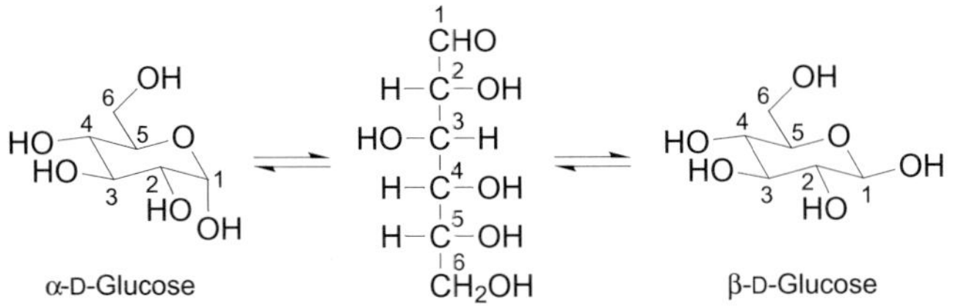

α-D-Glucose   β-D-Glucose   [7.30]

Die Stellung der Hydroxylgruppe am Kohlenstoff 1 läßt sich mit Hilfe der Borsäureester bestimmen (vgl. [2.56]).

Beim Umsatz der Monosaccharide mit Alkoholen in Gegenwart von Säuren erhält man cyclische Acetale, die als Glycoside bezeichnet werden, z. B.:

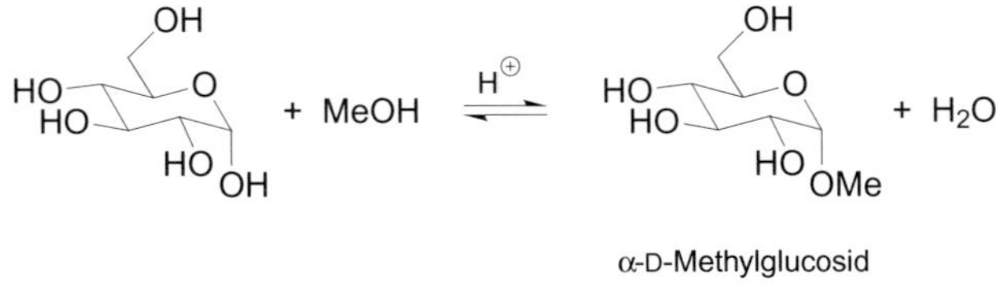

α-D-Methylglucosid

Ist der acetalisierende Alkohol selbst ein Zucker, so entstehen Di-, Tri- bzw. Polysaccharide. Man informiere sich über die Struktur von Saccharose (Rohr-, Rübenzucker) und Lactose (Milchzucker)! Warum ist Rohrzucker ein nichtreduzierender Zucker und zeigt keine Carbonylreaktionen? Man informiere sich ferner über die Bildung von Maltose und Cellobiose durch schonende Hydrolyse von Stärke bzw. Cellulose sowie über die technische Gewinnung von Glucose aus Stärke und die „Holzverzuckerung"!

[1]) In der Konformationsformel der Glucose sind alle großen Gruppen (OH, CH₂OH) an den *C*-Atomen 2 bis 5 äquatorial angeordnet; die OH-Gruppe am *C*-Atom 1 steht dann in der α-Glucose axial, in der β-Glucose äquatorial!

[2]) Man informiere sich in diesem Zusammenhang über Mutarotation!

Acetale niederer Aldehyde (Dimethoxyethan, Solvenom M) verwendet man beispielsweise als Celluloselösungsmittel. Acetale ungesättigter Aldehyde (Acrolein) sind Fungizide und Mikrobiozide. Wichtig sind die Acetale polymerer Alkohole als synthetische Plaste. Als Zwischenschicht bei Sicherheitsgläsern verwendet man das Acetal aus Polyvinylalkohol und Buryraldehyd. Acetale höherer Aldehyde nutzt man wegen ihrer Alkalibeständigkeit zum Parfümieren von Seifen. Formaldehyddimethylacetal wird als Lösungsmittel für Grignardreaktionen (s. D.7.2.2.), zur Entparaffinierung von Mineralölen bei der Schmierstoffherstellung und als Extraktionsmittel bei der Gewinnung von Riechstoffen aus Naturprodukten eingesetzt. Acetale aromatischer Aldehyde werden teilweise als Duftstoffe genutzt, z. B. Phenylacetaldehyddimethylacetal als Rosenduft.

7.1.3. Reaktionen von Aldehyden und Ketonen zu Thioacetalen und Bisulfitaddukten

In Analogie zur Bildung der Acetale reagieren Aldehyde und Ketone mit Thiolen zu Thioacetalen $>C(SR)_2$. Die Addition verläuft infolge der größeren Nucleophilie des Reagens (vgl. D.2.2.2.) wesentlich leichter als die der Alkohole, während umgekehrt die Hydrolyse nur schwer gelingt. Mit Ethan-1,2-dithiol entstehen z. B. die Thioethylenacetale (Dithiolane) so leicht, daß keine azeotrope Destillation notwendig ist.

Die Reaktion hat Bedeutung zur milden Reduktion von Ketonen zu Kohlenwasserstoffen, in die die Dithiolane unter der Einwirkung von Raney-Nickel (mit adsorbiertem Wasserstoff) übergehen:

$$\begin{array}{c}\diagdown\\ \diagup\end{array}C=O \xrightarrow[-\,H_2O]{+\,HS-CH_2-CH_2-SH} \begin{array}{c}\diagup S\diagdown CH_2\\ C\\ \diagdown S\diagup CH_2\end{array} \xrightarrow{Ni,\,H_2} \begin{array}{c}\diagdown\\ \diagup\end{array}CH_2 \qquad [7.32]$$

Aldehyde und eine Anzahl von Ketonen ergeben mit konzentrierter wäßriger Natriumhydrogensulfitlösung sog. *Bisulfit-Additionsverbindungen*, z. B.:

$$\begin{array}{c}\diagdown\\ \diagup\end{array}C=O + {}^{\ominus}\bar{|}S-\bar{O}|^{\ominus} \xrightarrow{+\,H^{\oplus}} \begin{array}{c}\diagup OH\\ C\\ \diagdown SO_3^{\ominus}\end{array} \qquad [7.33]$$

Sterisch gehinderte Aldehyde und Ketone und aromatische Ketone reagieren nicht. Im Alkalihydrogensulfit hat das Schwefelatom die größte Nucleophilie, es entstehen also die Natriumsalze von α-Hydroxy-sulfonsäuren. Als Salze sind diese Verbindungen allgemein gut in Wasser löslich, schwerer jedoch in konzentrierter „Bisulfitlauge" und in Alkohol und praktisch nicht in Ether.

Die Bildung der Bisulfitverbindungen wird häufig zur Abtrennung bzw. Reinigung von Aldehyden und Ketonen verwendet (vgl. z. B. Tab. 5.56).

Die Spaltung der Additionsverbindung gelingt leicht durch Erwärmen mit Sodalösung oder verdünnter Säure. Man muß dabei gegebenenfalls auf die Alkali- bzw. Säureempfindlichkeit mancher Carbonylverbindungen Rücksicht nehmen, z. B. indem man den gebildeten Aldehyd gleich mit Wasserdampf aus der Lösung abdestilliert.

7.1.4. Reaktionen von Carbonsäuren und Carbonsäurederivaten mit Heteroatom-Nucleophilen

Eine gewisse Besonderheit der Reaktionen von Carboxylderivaten mit Nucleophilen besteht darin, daß sich das primäre Additionsprodukt ([7.34], II, [7.35], II) des Nucleophils an die Carbonylgruppe in keinem Falle isolieren läßt, sondern daß sich immer ein *Kondensationsschritt* anschließt, der wiederum zu einem Säurederivat führt. Das hat seinen Grund darin, daß die Carboxylderivate energieärmer als die entsprechenden Aldehyde und Ketone sind, da die Carbonylgruppe in Säurederivaten durch die zusätzlich gebundene mesomeriefähige Gruppe stabilisiert wird[1]) (vgl. [7.3]). Die durch Addition des Nucleophils entstandene tetraedrische Zwischenverbindung ist deshalb noch mehr als bei den Aldehyden und Ketonen bestrebt, in das energiearme Endprodukt überzugehen.

Die Umsetzungen der Carbonsäureabkömmlinge können entsprechend dem allgemeinen Schema [7.8] bis [7.10] folgendermaßen formuliert werden:

$$
\text{HNu} + \text{R}-\overset{\text{O}}{\underset{\text{X}}{\text{C}}} \rightleftharpoons \underset{\overset{\oplus}{\text{NuH}}}{\overset{\overline{\text{O}}^{\ominus}}{\text{R}-\text{C}-\text{X}}} \underset{+\text{H}^{\oplus}}{\overset{-\text{H}^{\oplus}}{\rightleftharpoons}} \underset{\text{Nu}}{\overset{\overline{\text{O}}^{\ominus}}{\text{R}-\text{C}-\text{X}}} \underset{+\text{X}^{\ominus}}{\overset{-\text{X}^{\ominus}}{\longrightarrow}} \text{R}-\overset{\text{O}}{\underset{\text{Nu}}{\text{C}}} \qquad [7.34]
$$

$$\qquad\qquad\qquad\qquad\quad \textbf{I} \qquad\qquad\qquad\qquad \textbf{II} \qquad\qquad\qquad\qquad \textbf{III}$$

Die durch Säurezusatz katalysierte Reaktion verläuft über die analogen Zwischenprodukte:

$$
\text{HNu} + \text{R}-\overset{\overline{\text{O}}|}{\underset{\text{X}}{\text{C}}} + \text{H}^{\oplus} \rightleftharpoons \underset{\overset{\oplus}{\text{NuH}}}{\overset{\text{OH}}{\text{R}-\text{C}-\text{X}}} \underset{+\text{H}^{\oplus}}{\overset{-\text{H}^{\oplus}}{\rightleftharpoons}} \underset{\text{Nu}}{\overset{\text{O}-\text{H}}{\text{R}-\text{C}-\text{X}}} \underset{+\text{HX}}{\overset{-\text{HX}}{\rightleftharpoons}} \text{R}-\overset{\text{O}}{\underset{\text{Nu}}{\text{C}}} \qquad [7.35]
$$

Über den Mechanismus des Kondensationsschrittes II → III geben die Formulierungen [7.34] und [7.35] keine genaue Auskunft. Vor allem bei den stärker basischen Substituenten X = NH₂, OH, OR wird auch hier (entsprechend [7.9]) zunächst eine Protonierung von II mit nachfolgender Abspaltung von HX zum Carbenium-Oxonium-Ion erfolgen

$$
\underset{\text{Nu}}{\overset{\text{OH}}{\text{R}-\text{C}-\text{X}}} \underset{-\text{H}^{\oplus}}{\overset{+\text{H}^{\oplus}}{\rightleftharpoons}} \underset{\text{Nu}}{\overset{\overline{\text{OH}}}{\text{R}-\text{C}-\overset{\oplus}{\text{XH}}}} \underset{+\text{HX}}{\overset{-\text{HX}}{\rightleftharpoons}} \text{R}-\overset{\oplus}{\underset{\text{Nu}}{\text{C}}}\text{OH} \rightleftharpoons \text{R}-\overset{\text{O}}{\underset{\text{Nu}}{\text{C}}} \qquad [7.35a]
$$

während sich andererseits die schwach basischen Halogenidionen (X = Halogen) auch ohne vorhergehende Protonierung eliminieren lassen sollten (vgl. auch [2.3]).

Auch Basen, z. B. Hydroxidionen, können die Umsetzungen der Carboxylderivate beschleunigen, indem sie in einem vorgelagerten Gleichgewicht das Reagens HNu in ein viel reaktionsfähigeres Anion |Nu$^{\ominus}$ überführen (etwa Alkohole in Alkoholationen, vgl. [2.65]):

$$\text{HO}^{\ominus} + \text{HNu} \rightleftharpoons \text{H}_2\text{O} + |\text{Nu}^{\ominus} \qquad\qquad\qquad [7.36]$$

Alkalisch katalysierte Reaktionen sind an den freien Carbonsäuren nicht möglich, da diese sofort in das Carboxylation übergeführt werden, das nur noch sehr schwache Carbonylaktivität zeigt (vgl. [7.3]):

$$
\text{R}-\overset{\text{O}}{\underset{\text{OH}}{\text{C}}} + {}^{\ominus}\text{OH} \longrightarrow \text{R}-\overset{\text{O}}{\underset{\text{O}}{\text{C}}}\Big]^{\ominus} + \text{H}_2\text{O} \qquad\qquad [7.37]
$$

Im tetraedrischen Zwischenprodukt [7.34, I] bzw. [7.35, I] kann natürlich auch HNu wieder abgespalten werden, was der Rückreaktion entspricht. Die Umsetzungen der Carboxylderivate sind also typische Gleichgewichtsreaktionen. Die Lage des Gleichgewichts hängt davon ab, mit welcher Geschwindigkeit die beiden Konkurrenzreaktionen [7.38], II → I bzw. II → III ablaufen:

$$
\text{R}-\overset{\text{O}}{\underset{\text{X}}{\text{C}}} + \text{HNu} \rightleftharpoons \underset{\text{X}}{\overset{\text{OH}}{\text{R}-\text{C}-\text{Nu}}} \rightleftharpoons \text{R}-\overset{\text{O}}{\underset{\text{Nu}}{\text{C}}} + \text{HX} \qquad [7.38]
$$

$$\qquad\quad \textbf{I} \qquad\qquad\qquad\qquad \textbf{II} \qquad\qquad\qquad \textbf{III}$$

---

[1]) Daher rührt auch ihre geringere Reaktivität (mit Ausnahme der Säurehalogenide), vgl. [7.3].

Es ist vorauszusehen, daß bevorzugt das energieärmere, d. h. in der Reaktivitätsreihe [7.3] weiter links stehende Carboxylderivat gebildet wird.

So läßt sich im allgemeinen ein Carbonsäureester mit Aminen in Carbonsäureamide überführen, während die Reaktion von Carbonsäureamiden mit Alkoholen bedeutend schwerer gelingt.

Bei den Umsetzungen der besonders reaktionsfähigen, energiereichen Carbonsäurechloride und -anhydride mit Wasser, Alkoholen und Aminen liegt das Gleichgewicht so weit auf der rechten Seite, daß unter normalen Bedingungen keine Rückreaktion beobachtet wird. Es gelingt also sehr leicht und mit hoher Ausbeute, etwa ein Säurechlorid in den Ester überzuführen, dagegen läßt sich die Umsetzung eines Carbonsäureesters oder -amids mit Chlorwasserstoff zu einem Säurechlorid nicht bewerkstelligen.

Sind die Reaktivitätsunterschiede von Ausgangsprodukt ([7.38], I) und Endprodukt (III) geringer, wie z. B. zwischen Carbonsäureestern, -amiden und Carbonsäuren, so liegt das Gleichgewicht nicht so ausgeprägt auf der einen Seite. Man kann dann auf die übliche Weise, z. B. durch Entfernen eines Reaktionsproduktes oder durch einen großen Überschuß des Reagens, das erwünschte Carboxylderivat in hohen Ausbeuten erhalten.

7.1.4.1. Darstellung von Estern durch Alkoholyse von Carbonsäuren und Carbonsäurederivaten

Die wichtigste Methode zur Darstellung von Carbonsäureestern ist die direkte Veresterung der freien Säuren (Alkoholyse von Carbonsäuren). Infolge der geringen Carbonylaktivität reagieren Carbonsäuren im allgemeinen nur langsam mit Alkoholen. Durch Zusatz starker Säuren (Schwefelsäure, wasserfreier Chlorwasserstoff, Sulfonsäuren, saure Ionenaustauscher) kann die Veresterung erheblich beschleunigt werden:

$$R'-\overline{\underline{O}}-H + R-C\underset{OH}{\overset{\overline{\underline{O}}|}{{}}} + H^{\oplus} \rightleftharpoons R-\underset{\underset{R'\overset{\oplus}{O}H}{|}}{\overset{\overset{OH}{|}}{C}}-OH \underset{+H^{\oplus},\,+H_2O}{\overset{-H^{\oplus},\,-H_2O}{\rightleftharpoons}} R-C\overset{\overset{O}{\diagup}}{\underset{OR'}{\diagdown}} \qquad [7.39]$$

Weshalb ist eine basische Katalyse nicht möglich?

Die Veresterungsgeschwindigkeit einer Carbonsäure ist erwartungsgemäß um so höher, je stärker positiviert ihr Carbonylkohlenstoff ist, d. h., je höher ihre Acidität ist. So reagieren Ameisensäure, Oxalsäure, Brenztraubensäure auch ohne zusätzlichen Katalysator hinreichend rasch.

Sterische Verhältnisse haben auf die Veresterung einen starken Einfluß. Mit steigender Raumfüllung des mit der Carboxylgruppe verbundenen Alkylrests und mit steigender Raumfüllung des zu veresternden Alkohols sinkt die Veresterungsgeschwindigkeit. Aus diesem Grunde lassen sich in α-Stellung verzweigte aliphatische und in o-Stellung substituierte aromatische Carbonsäuren nur langsam und mit schlechten Ausbeuten umsetzen. Auch die Alkohole reagieren vom primären zum tertiären zunehmend schwerer; darüber hinaus steigt unter den Reaktionsbedingungen (stark saures Medium) die Tendenz zur Bildung von Ethern bzw. Olefinen aus dem Alkohol in derselben Reihe an (vgl. D.2.5. und D.3.1.1.1.). Es gelingt daher allenfalls nur mit sehr niedrigen Ausbeuten, Ester tertiärer Alkohole durch direkte Veresterung darzustellen.

Nach den obigen Ausführungen ist es verständlich, daß das Veresterungsgleichgewicht [7.39] von vornherein nicht besonders günstig liegt. Es kann nach rechts verschoben werden, indem man *eine* Ausgangskomponente, meist den billigeren Alkohol, in 5- bis 10-fachem Überschuß einsetzt oder indem man dem Reaktionsgemisch die Umsetzungsprodukte Wasser oder Ester ständig entzieht.

Im einfachsten Fall wird das gebildete Wasser von der zugesetzten Katalysatorsäure (Schwefelsäure, Chlorwasserstoff) gebunden. Die Entfernung des Wassers durch azeotrope Destillation ist vor allem bei empfindlichen Verbindungen vielfach vorteilhafter, da hier kleinere Mengen auch weniger aggressiver Katalysatoren verwendet werden können. Die Wahl des Schleppers richtet sich nach der Siedetemperatur der am tiefsten siedenden organischen Komponente. Für die Darstellung von Ethylestern und Propylestern ist Chloroform oder Tetrachlorkohlenstoff brauchbar.[1] Höhere Alkohole ab Butanol bilden selbst Azeotrope mit Wasser, so daß kein weiterer Schlepper zugesetzt werden muß.

Bei der sog. extraktiven Veresterung wird der gebildete Ester von einem Lösungsmittel, das nur sehr wenig Wasser löst, selektiv aus dem Reaktionsgemisch herausgelöst. Die Methode ist vor allem für die Darstellung von Carbonsäuremethylestern[2] geeignet, bei der die azeotrope Veresterung mit einfachen Mitteln meist nicht gelingt. (Methanol destilliert mit dem Schlepper in solcher Menge, daß sich die Phasen im Wasserabscheider in der Regel nicht trennen.)

Allgemeine Arbeitsvorschrift zur Veresterung von Carbonsäuren (Tab. 7.40)

A. Bindung des Reaktionswassers durch wasserentziehende Mittel

1 mol Carbonsäure (bei Dicarbonsäuren 0,5 mol) und 5 mol des betreffenden Alkohols[3] werden mit 0,2 mol konz. Schwefelsäure versetzt und 5 Stunden unter Rückfluß und Feuchtigkeitsausschluß gekocht. Bei den empfindlicheren secundären Alkoholen arbeitet man besser nicht mit Schwefelsäure als Katalysator, sondern leitet in die siedende Mischung Chlorwasserstoff bis zur Sättigung ein und erhöht die Reaktionsdauer auf 10 Stunden. Danach wird die Hauptmenge des überschüssigen Alkohols über eine 20-cm-Vigreux-Kolonne abdestilliert (Vorsicht, Rückstand nicht überhitzen!) und der Destillationsrückstand in die 5fache Menge Eiswasser gegeben. Man trennt die organische Schicht ab und ethert noch dreimal aus. Die vereinigten organischen Schichten werden mit konz. Sodalösung entsäuert, mit Wasser neutral gewaschen, über Calciumchlorid getrocknet und destilliert.

Die Präparation ist auch für den Halbmikromaßstab geeignet.

B. Azeotrope Veresterung

1 mol der Carbonsäure (bei Dicarbonsäuren 0,5 mol) wird mit 1,75 mol Alkohol (braucht nicht wasserfrei zu sein), 5 g konz. Schwefelsäure, Toluensulfonsäure, Naphthalensulfonsäure oder 5 g frisch mit Wasserstoffionen beladenem saurem Ionenaustauscher[4] (z. B. Amberlite IRA-118) und 100 ml Chloroform oder Tetrachlorkohlenstoff versetzt und am Wasserabscheider unter Rückfluß erhitzt, bis sich kein Wasser mehr abscheidet.

Bei der Veresterung von Hydroxysäuren, α,β-ungesättigten Säuren und bei Veresterungen mit secundären Alkoholen arbeitet man besser nicht mit Schwefelsäure als Katalysator, um Nebenreaktionen zurückzudrängen (welche?). Bei der Verwendung eines Ionenaustauschers wird mechanisch gerührt, da die Flüssigkeit sonst stößt.

Nach Beendigung der Reaktion läßt man abkühlen und wäscht die Katalysatorsäure mit Wasser, wäßriger Hydrogencarbonatlösung und nochmals Wasser aus bzw. filtriert vom Ionenaustauscher ab. Dann wird der Schlepper abdestilliert, der zugleich die Reste des Waschwassers mitnimmt, und der Rückstand umkristallisiert bzw. destilliert.

Die Präparation ist im Halbmikro- bzw. Mikromaßstab durchführbar.

---

[1]) Auch Benzen ist geeignet. Allerdings verbietet dessen hohe Toxizität, aber auch das ungünstige Verhältnis von Wasser zu mitgeschlepptem Alkohol (vgl. Tab. A. 83) dessen Verwendung.

[2]) Zur Darstellung von Methylestern mit Diazomethan vgl. Tab. 8.40.

[3]) Ist der Alkohol teurer als die Säure, nimmt man das umgekehrte Verhältnis oder arbeitet besser nach Variante B.

[4]) Vgl. Reagenzienanhang.

C. Extraktive Veresterung

1 mol der Carbonsäure wird mit 3 mol Methanol pro Carboxylgruppe, 300 ml Tetrachlorkohlenstoff, 1,2-Dichlor-ethan oder Trichlorethylen und 5 ml konz. Schwefelsäure bzw. bei empfindlichen Substanzen mit 5 g Toluensulfonsäure oder Ionenaustauscher (s. azeotrope Veresterung) versetzt und 10 Stunden unter Rückfluß und Feuchtigkeitsausschluß erhitzt. Bei aromatischen Carbonsäuren arbeitet man mit der 3fachen Katalysatormenge. Es bilden sich meist 2 Schichten, deren kleinere das Reaktionswasser enthält.

Nach dem Abkühlen trennt man und wäscht die organische Schicht mit Wasser, wäßriger Hydrogencarbonatlösung und wiederum mit Wasser. Das Extraktionsmittel wird abdestilliert und der Rückstand umkristallisiert bzw. destilliert.

Tabelle 7.40

Veresterung von Carbonsäuren

Produkt	Variante	Kp (bzw. F) in °C	n_D^{20}	Ausbeute in %
Essigsäurepropylester	B	101	1,3843	70
Essigsäureisopropylester	B	88	1,3775	70
Essigsäurebutylester	B[1]	126	1,3961	85
Essigsäureisobutylester	B[1]	118	1,3900	75
Chloressigsäureethylester	A,B	144	1,4227	90
β-Brom-propionsäureethylester	A,B	$67_{1,6(12)}$	1,4539	85
Isobuttersäureethylester	B	110	1,3869	70
Crotonsäuremethylester	C	120	1,4239	70
Crotonsäureethylester	B	139	1,4246	70
Milchsäureethylester	B[2]	154	1,4125	75
Brenztraubensäuremethylester[3]	C	$65_{2,7(20)}$	1,4068	30
Weinsäurediethylester	B[2]	$138_{0,5(4)}$	1,4476	80
Octansäureethylester	B	$91_{2,0(15)}$	1,4176	90
Decansäureethylester	B	$125_{2,4(18)}$	1,4256	90
Laurinsäureethylester	B	$155_{2,0(15)}$	1,4311	75
Tetradecansäureethylester (Myristinsäureethylester)	B	$185_{2,7(20)}$	1,4365	95
Oxalsäurediethylester[4]	B	$74_{1,5(11)}$	1,4100	70
Bernsteinsäurediethylester	A,B	$103_{1,9(14)}$	1,4201	90
Maleinsäurediethylester	B	$108_{1,6(12)}$	1,4413	90
Fumarsäurediethylester	B	$95_{1,3(10)}$; F 0,6	1,4408	90
Adipinsäurediethylester	A,B	$138_{2,7(20)}$	1,4275	90
Adipinsäuredimethylester	C	$115_{1,7(13)}$	1,4297	90
Sebacinsäurediethylester	B	$177_{1,6(12)}$	1,4368	75
Benzoesäuremethylester	A,C	$83_{1,5(11)}$	1,5165	90
Benzoesäureethylester	A,B	$95_{2,3(17)}$	1,5057	90
Salicylsäuremethylester	A,C	$115_{2,7(20)}$	1,5369	80
Salicylsäureethylester	A	$105_{1,5(11)}$	1,5226	60
Phthalsäurediethylester[5]	A	$163_{1,6(12)}$	1,5019	80
p-Toluylsäuremethylester	A	$108_{2,3(17)}$; F 33		80

[1] Nach der Umsetzung noch vorhandenes Butanol bildet mit dem Ester ein Azeotrop. Dadurch kompliziert sich die Reinigung des Präparats. Man verwendet daher zweckmäßig die umgekehrten Molverhältnisse von Alkohol und Säure. Auf diese Weise wird praktisch der gesamte Alkohol umgesetzt.

[2] Mit Ionenaustauscher arbeiten; nicht mit Wasser waschen.

[3] Nach dem Abtrennen der wäßrigen Phase wird direkt destilliert, da der Brenztraubensäureester sehr hydrolyseempfindlich ist.

[4] Es kann kristallwasserhaltige Oxalsäure eingesetzt werden (in diesem Falle ist die Verwendung eines Wasserabscheiders nach Abbildung A.83c besonders vorteilhaft), Katalysatorzugabe ist nicht notwendig.

[5] Man kann auch von Phthalsäureanhydrid ausgehen.

Man informiere sich in Lehrbüchern über die cyclischen Ester von Hydroxycarbonsäuren (Lactone und Lactide)!

Eine direkte Esterbildung aus Carbonsäuren und Alkoholen verläuft in guten Ausbeuten und unter schonenden Reaktionsbedingungen in Gegenwart von *N,N'*-Dicyclohexylcarbodiimid (DCC) als Kondensationsmittel und 4-(*N,N*-Dimethylamino)pyridin (DMAP) als Acylierungskatalysator. DCC dient u. a. auch zur Herstellung von Amiden aus Carbonsäuren und Aminen (vgl. [7.52]). Andere Carbodiimide können ebenfalls zur Darstellung von Estern genutzt werden.

Fumarsäure-tert-butylethylester aus Fumarsäuremonoethylester und *tert*-Butanol: NEISES, B.; STEGLICH, W., Org. Synth. **63** (1985), 183–187.

Zur Darstellung von Estern können als Ausgangsprodukt auch Ester der betreffenden Säure mit anderen Alkoholen herangezogen werden. Diese *Alkoholyse von Carbonsäureestern* (Umesterung) kann im Gegensatz zur Veresterung sowohl durch Säuren als auch durch Basen katalysiert werden. Man formuliere die Umsetzungen! Auch hierbei handelt es sich um typische Gleichgewichtsreaktionen.

Will man einen höheren Ester einer Carbonsäure darstellen, so setzt man also am besten den Methylester der Carbonsäure ein und destilliert den abgespaltenen Methylalkohol aus dem Gleichgewicht ab (vgl. auch Tab. 7.42, Polyesterfasern). Abgesehen von diesem Sonderfall wird man den Alkohol des gewünschten Esters stets im Überschuß einsetzen. Präparative Beispiele für eine Umesterung finden sich in Tabelle 7.177 (u. a. 4-Phenyl-acetessigsäuremethylester aus dem 2-Phenacetyl-acetessigsäureethylester; man formuliere diese Reaktion!).

Infolge der stark gesteigerten Carbonylaktivität verläuft die *Alkoholyse von Säurechloriden bzw. -anhydriden* wesentlich leichter als die der Carbonsäuren und Ester. Trotzdem wird auch sie durch Säuren oder Basen beschleunigt. Diese Katalyse ist vor allem bei den etwas weniger reaktionsfähigen Säureanhydriden ausgeprägt. Man überzeuge sich davon wie folgt:

1 ml Acetanhydrid wird in 1 ml abs. Alkohol gelöst und die Temperatur der Mischung kontrolliert. Danach setzt man mit dem Glasstab einen kleinen Tropfen konz. Schwefelsäure zu und beobachtet, welche Veränderungen eintritt.

Ester von tertiären Alkoholen und von Phenolen sind nicht durch Veresterung von Carbonsäuren darstellbar, dagegen leicht durch die Umsetzung mit Säurechloriden oder Säureanhydriden erhältlich. Die Reaktivitätsreihe primärer > secundärer > tertiärer Alkohol bleibt auch hier bestehen. So muß z. B. bei der Darstellung des Essigsäure-*tert*-butylesters aus Essigsäureanhydrid und *tert*-Butylalkohol zusätzlich Zinkchlorid zugesetzt werden (vgl. Tab. 7.41).

Allgemeine Arbeitsvorschrift zur Darstellung von Essigsäureestern aus Acetanhydrid (Tab. 7.41)

1 mol frisch destilliertes Acetanhydrid und 1 mol des betreffenden wasserfreien Alkohols werden in einem 500-ml-Rundkolben mit aufgesetztem Rückflußkühler und Calciumchloridrohr mit 10 Tropfen konz. H_2SO_4 versetzt. Sobald die exotherme Reaktion nachläßt, erwärmt man noch 2 Stunden auf dem siedenden Wasserbad. Nach dem Abkühlen wird in etwa 300 ml Eiswasser gegossen. Fest ausfallende Ester filtriert man ab und kristallisiert um. Flüssige Ester werden abgetrennt und die wäßrige Schicht noch zweimal mit Methylendichlorid oder Ether extrahiert. Die vereinigten organischen Phasen werden mit Sodalösung entsäuert, mit Wasser gewaschen und über Natriumsulfat getrocknet. Dann destilliert man das Lösungsmittel ab und reinigt den Ester durch Destillation oder Kristallisation.

Bei kleinen Ansätzen, oder wenn es sich um wertvolle und säureempfindliche Alkohole handelt, ist folgende Vorschrift vorteilhafter (basische Katalyse):

10 mmol frisch destilliertes Acetanhydrid, 10 mmol des betreffenden abs. Alkohols und 12 mmol trockenes Pyridin werden 3 Stunden unter Rückfluß erhitzt, in Eiswasser gegossen und wie oben isoliert, wobei allerdings zunächst mit 10%iger Salzsäure angesäuert bzw. die Extraktionslösung mit 10%iger HCl gewaschen werden muß, bis alles Pyridin entfernt ist.

Tabelle 7.41

Essigsäureester aus Acetanhydrid

Produkt	Ausgangs-verbindung	Kp (bzw. F) in °C	n_D^{20}	Ausbeute in %
Essigsäurehexylester	Hexanol	$62_{1,6(12)}$	1,4104	80
Essigsäureheptylester	Heptanol	$93_{1,9(14)}$	1,4153	80
Essigsäureoctylester	Octanol	$98_{2,0(15)}$	1,4204	80
Essigsäurecyclohexylester	Cyclohexanol	$64_{1,7(13)}$	1,4429	80
Essigsäure-(−)-menthylester	(−)-Menthol	$113_{2,5(19)}$; $[\alpha]_D^{20}$ −79,4°	1,4456	80
Essigsäure-*tert*-butylester[1])	*tert*-Butylalkohol	96	1,3862	55
O-Acetyl-lactonitril[2])	Acetaldehydcyan-hydrin	$64_{1,5(11)}$	1,4027	75
Essigsäurephenylester	Phenol	$75_{1,1(8)}$	1,5088	75
Essigsäure-*m*-cresylester	*m*-Cresol	$99_{1,7(13)}$	1,5004	75
Acetylsalicylsäure[3])	Salicylsäure	F 136 (Dioxan: W. = 1:1)		85
Cholesterolacetat	Colesterol	F 115		80
Pentaacetyl-α-D-glucose[4])	Glucose	F 114 (EtOH) $[\alpha]_D^{20}$ +101,6° (in Chlf.)		50
Pentaacetyl-β-D-glucose[5])	Glucose	F 135 (EtOH) $[\alpha]_D^{20}$ +5,5° (in Chlf.)		55

[1]) 0,3 g wasserfreies $ZnCl_2$ statt H_2SO_4 als Katalysator; vor der Destillation eine Spatelspitze $KHCO_3$ zusetzen.

[2]) Nicht in Pyridin arbeiten!

[3]) 1,2 mol Acetanhydrid pro mol Salicylsäure einsetzen; im Produkt muß die Eisen(III)-chlorid-Reaktion negativ sein.

[4]) 0,1 mol Glucosemonohydrat mit 0,8 mol Acetanhydrid in 1,5 mol Pyridin bei 0 °C 20 Stunden rühren, auf Eis gießen.

[5]) Nicht in Pyridin arbeiten! Glucosemonohydrat einsetzen; 7 mol Acetanhydrid; nur 5 Tropfen konz. H_2SO_4, mit 10 ml Acetanhydrid gemischt, unter Rühren tropfenweise zusetzen. Falls Innentemperatur über 100 °C steigt, sofort kühlen!

Beim Erhitzen von Phthalsäureanhydrid oder substituierten Phthalsäureanhydriden mit Alkoholen entstehen in der erwarteten Weise die sauren Ester der Phthalsäure, die häufig gut kristallisieren und deshalb zur Charakterisierung von Alkoholen in der qualitativen Analyse geeignet sind (vgl. E.2.5.). Tertiäre Alkohole reagieren nicht oder liefern Olefine.

Durch Titration der sauren Phthalsäureester mit Natronlauge läßt sich leicht die Molmasse des entsprechenden Alkohols bestimmen.

Von besonderem Interesse sind jedoch die Hydrogenphthalate racemischer secundärer Alkohole, da sie noch eine saure Gruppe besitzen, die sich mit optisch aktiven Basen (Brucin, Chinin u. a.) umsetzen läßt. Dabei entstehen Diastereomerenpaare, die sich in der Löslichkeit und anderen physikalischen Eigenschaften unterscheiden und deshalb relativ leicht zu trennen sind. Durch Hydrolyse werden die entsprechenden enantiomeren Alkohole erhalten.

Äquivalentmassebestimmung der Alkohole über die sauren Ester der 3-Nitro-phthalsäure (Allgemeine Arbeitsvorschrift für die qualitative Analyse)

Darstellung des Esters

0,3 ml des betreffenden Alkohols, 0,3 g 3-Nitro-phthalsäureanhydrid und 0,5 ml Pyridin werden 2 Stunden auf dem siedenden Wasserbad erwärmt. Danach gießt man auf Eis, säuert mit konz. Salzsäure an und filtriert den sauren Ester ab bzw. extrahiert ihn mit Chloroform oder Benzen. Der Ester wird mit Sodalösung aus der organischen Schicht herausgelöst und durch Ansäuern wieder abgeschieden.

Äquivalentmassebestimmung des Alkohols

0,20 bis 0,25 g des reinen sauren Esters werden genau eingewogen und in überschüssiger 0,1 N Natronlauge in der Kälte gelöst (in der Wärme Hydrolysegefahr!). Man titriert sofort mit 0,1 N Salzsäure den Laugenüberschuß zurück; Berechnung:

$$\text{Äquivalentmasse (Alkohol)} = \frac{\text{Einwaage in g} \cdot 1000}{\text{ml Natronlauge} \cdot \text{Normalität}} - 193$$

Für analytische Zwecke ist es wichtig, daß die Alkoholyse von Säurechloriden mitunter auch in wäßriger Lösung möglich ist. Ein Alkohol kann also aus der wäßrigen Analysenlösung unmittelbar als Derivat einer Carbonsäure abgeschieden werden (Schotten-Baumann-Reaktion). Diese Reaktion läßt sich nur mit solchen Säurehalogeniden in wäßriger Lösung durchführen, die in Wasser schwer löslich sind. In diesem Fall extrahiert das Säurechlorid den Alkohol aus der wäßrigen Phase und reagiert mit ihm in homogener Phase. Die Konkurrenzreaktion zwischen dem Säurechlorid und dem Wasser bzw. dem als säurebindendes Mittel zugesetzten Hydroxidion geht andererseits nur an der Phasengrenze vor sich und ist deshalb langsam. Um die Verseifung des gebildeten Esters zu vermeiden, muß man stets in der Nähe des Neutralpunkts arbeiten, d. h. Lauge nur tropfenweise nach und nach in dem Maße zusetzen, wie das Alkali verbraucht wird. Eine Verseifung des Esters wird jedoch mit Sicherheit vermieden, wenn man mit dem trockenen Alkohol in Gegenwart von Pyridin als säurebindendem Mittel arbeitet (Einhorn-Variante).

Zur analytischen Charakterisierung von Alkoholen werden neben den schon erwähnten Hydrogenphthalaten hauptsächlich die Benzoesäure-, *p*-Nitro-benzoesäure- und 3,5-Dinitrobenzoesäureester benutzt.

Darstellung von Benzoesäureestern durch Alkoholyse von Benzoylchlorid (Schotten-Baumann-Variante, allgemeine Arbeitsvorschrift für die qualitative Analyse)

0,5 g des Alkohols werden in einem Reagenzglas in 5 ml Wasser gelöst oder suspendiert und mit einem Tropfen einer Lösung von Methylrot in Aceton sowie mit 1 ml frisch destilliertem Benzoylchlorid versetzt. Nun gibt man tropfenweise 5 N Kalilauge hinzu. Das gut verschlossene Gefäß wird so lange kräftig geschüttelt, bis die Farbe der Lösung von gelb nach rot umschlägt. Die Kalilaugezugabe und das Umschütteln wiederholt man so lange, bis die Farbe gelb bleibt und der Geruch nach Benzoylchlorid verschwunden ist. Der gebildete Ester wird abgesaugt, mit wenig Wasser nachgewaschen und umkristallisiert. Flüssige Ester nimmt man in Ether auf, die Lösung wird mit Natriumsulfat getrocknet und rektifiziert. Flüssige Ester sind jedoch zur Charakterisierung von Alkoholen weniger geeignet.

Carbonsäureamide werden nach der gleichen Vorschrift dargestellt, allerdings kann man auch das Amin direkt in 10 bis 15 ml 2 N Kalilauge vorlegen und das Benzoylchlorid in mehreren Portionen unter Umschütteln zusetzen.

Darstellung von Carbonsäureestern durch Alkoholyse von Säurechloriden (Einhorn-Variante, allgemeine Arbeitsvorschrift für die qualitative Analyse)

0,5 g des betreffenden Alkohols in 3 ml Pyridin werden mit etwa 2 g des betreffenden Säurechlorids (Benzoylchlorid, p-Nitro-benzoylchlorid, 3,5-Dinitro-benzoylchlorid) vorsichtig unter Eiskühlung versetzt. Dann wird bei primären und secundären Alkoholen 10 Minuten, bei tertiären Alkoholen 30 Minuten unter Feuchtigkeitsausschluß auf dem Wasserbad erwärmt. Man kann ebensogut den Ansatz auch über Nacht bei Raumtemperatur stehen lassen. Anschließend gießt man in Eiswasser und säuert mit konz. Salzsäure vorsichtig an. Der häufig ölig abgeschiedene Ester wird mit wäßriger Hydrogencarbonatlösung gewaschen bzw. verrieben. Schließlich filtriert man ab und kristallisiert um.

Ethanolysegeschwindigkeit von Benzoylchloriden (Anwendung der Hammett-Beziehung): Organikum, 15. überarb. Aufl. – Berlin 1976. S. 506.

Carbonsäureester sind Ausgangsprodukte für folgende wichtige Reaktionen: Aminolyse, Esterkondensation (vgl. D.7.2.1.8.), Grignard-Reaktionen (vgl. D.7.2.2.), Reduktion zu Alkoholen (vgl. D.7.3.), Esterpyrolyse (vgl. D.3.2.).

Tabelle 7.42

Technische Verwendung von Estern

Ester	Verwendung
Essigsäuremethylester	Lösungsmittel für Celluloseester (Lacke)
Essigsäureethylester	Lösungsmittel für Lacke und Harze
Essigsäurebutylester, Essigsäurepentylester	Lösungsmittel für Nitrocellulose und Harze, Extraktionsmittel für Penicillin
Essigsäurebenzylester	Riechstoff
Essigsäurecinnamylester	Riechstoff
Polysolvane (Gemisch von Essigsäure- und Propionsäureestern aus C_6- bis C_7-Alkoholen)	Extraktionsmittel für Phenole (Phenosolvan-Verfahren zur Abwasserreinigung)
Acrylsäureester, Methacrylsäureester	Polymere
Phthalsäurediethylester, Phthalsäuredibutylester	Weichmacher
Bis(2-ethyl-hexyl)phthalat	Standardweichmacher für PVC
Polyterephthalsäureglycolester (durch Umestern von Terephthalsäuredimethylester mit Glycol und Polykondensation)	Chemiefasern (Polyester)
Vinylacetat (Polyvinylacetat)	Kunststoffe
Alkydharze (Polyester aus Phthalsäureanhydrid, Maleinsäureanhydrid und Glycolen (Ethylenglycol, Glycerol)	Kunststoffe, Lackrohstoffe
Acetylcellulose (aus Cellulose und Acetanhydrid/ Essigsäure)	Kunststoffe (z. B. für Sicherheitsfilme), Chemiefasern (Acetatseide)
2,4-Dichlor- und 2,4,5-Trichlor-phenoxyessigsäureester aus C_8-, C_9- und C_{10}-Alkoholen	Herbizide
Subst. Cyclopropancarbonsäureester u. a. Pyrethroide	Insektizide (z. B. Cypermethrin, Deltamethrin [7.113a])
Ascorbinsäure (γ-Lacton aus 2-Oxo-L-gulonsäure [6.43a])	Vitamin C
Acetylsalicylsäure	Analgetikum, Anitipyretikum (Aspirin, ASS, Acesal)
p-Amino-benzoesäureethylester	Lokalanästhetikum (Benzocain)
p-Amino-benzoesäure(β-diethylamino-ethyl)ester	Lokalanästhetikum (Procain), Sonnenschutzmittel

Auch in der chemischen Industrie sind Ester wichtige Verbindungen. Einige bedeutende Vertreter werden in Tabelle 7.42 aufgeführt. Man informiere sich über die Synthese der dort zuletzt genannten Verbindungen! Ester sind in der Natur eine weit verbreitete Stoffklasse: Zur Bedeutung von Fetten und Ölen s. D.7.1.4.3.

Wachse sind hauptsächlich Ester langkettiger Säuren mit langkettigen Alkoholen. Wichtige Vertreter sind Bienenwachs, Carnaubawachs, Spermöl und Jojobaöl. Sie werden u. a. in der Kosmetik und als spezielle Schmieröle eingesetzt.

7.1.4.2. Darstellung von Säureamiden durch Aminolyse von Carbonsäuren und ihren Derivaten

Ammoniak setzt sich als verhältnismäßig starke Base mit Carbonsäuren leicht unter Salzbildung um:

$$R-C \overset{O}{\underset{OH}{\big\langle}} + NH_3 \rightleftharpoons \left[R-C \overset{O}{\underset{O}{\big\langle}} \right]^{\ominus} NH_4^{\oplus} \qquad [7.43]$$

Für die Umsetzung mit der Säure im Sinne einer Carbonylreaktion (Ammonolyse)

$$R-C \overset{O}{\underset{OH}{\big\langle}} + NH_3 \rightleftharpoons R-C \overset{O}{\underset{NH_2}{\big\langle}} + H_2O \qquad [7.44]$$

stehen daher nur die geringen Konzentrationen an freiem Ammoniak und freier Säure zur Verfügung, die dem Gleichgewicht [7.43] entsprechen. Die Reaktion verläuft deshalb verhältnismäßig schwer, und man muß das Reaktionswasser ständig entfernen, z. B. durch Erhitzen des Ammoniumsalzes der Säure auf höhere Temperaturen.

An Stelle von Ammoniak kann man auch Harnstoff verwenden, der sich bei höherer Temperatur zu Ammoniak und Isocyansäure zersetzt, die ihrerseits das Reaktionswasser bindet und dabei in Ammoniak und Kohlendioxid übergeht. Man formuliere die Reaktion und informiere sich über die Biuretreaktion!

Die Amide können besonders unter der Einwirkung wasserentziehender Mittel (Phosphor(V)-oxid, Phosphorylchlorid) bei höheren Temperaturen weiter zu den *Nitrilen* dehydratisiert werden.

Bei der *Aminolyse* von Carbonsäuren mit primären und secundären Aminen bilden sich die entsprechenden mono- und disubstituierten Amide, während tertiäre Amine keine Amide ergeben (warum?). Die obigen Erörterungen gelten sinngemäß.

Die im folgenden beschriebene Darstellung von *N*-Methyl-formanilid aus Ameisensäure und *N*-Methyl-anilin stellt einen besonders einfachen Fall dar, wo die Umsetzung schon durch azeotropes Abdestillieren des Reaktionswassers bewirkt werden kann.

Darstellung von *N*-Methyl-formanilid

In einem 1-l-Rundkolben werden 1 mol *N*-Methyl-anilin und 1,2 mol Ameisensäure in Form einer 80- bis 90%igen Lösung mit 300 ml Toluen vermischt. Man erhitzt am Wasserabscheider unter Rückfluß. Wenn kein Wasser mehr abgeschieden wird, destilliert man das Toluen ab und rektifiziert den Rückstand im Vakuum. $Kp_{1,7(13)}$ 125 °C; n_D^{20} 1,5589; Ausbeute 95%.

Säureamide sind im allgemeinen gut kristallisierende, leicht zu reinigende Verbindungen. Sie dienen daher sowohl zur analytischen Charakterisierung primärer und secundärer Amine (bevorzugt als Acet- und Benzamide aus den entsprechenden Anhydriden bzw. Säurechloriden, s.u.) als auch der Carbonsäuren (als unsubstituierte Amide, Anilide, Benzylamide). Die Carbonsäuren überführt man dazu zweckmäßig in die Carbonsäurechloride (vgl. D.7.1.4.4.) und setzt diese mit Ammoniak bzw. Anilin um. Im Verlauf qualitativer Analysen fallen Carbonsäuren allerdings häufig in wäßriger Lösung an. In diesem Falle empfiehlt sich die Darstellung der Anilide nach folgender Vorschrift:

Darstellung von Carbonsäureaniliden aus Carbonsäuren und Anilin (Allgemeine Arbeitsvorschrift für die qualitative Analyse)

Man neutralisiert die wäßrige Lösung der Carbonsäure mit verd. Natronlauge, dampft das Wasser ab und trocknet den Rückstand bei 105 °C. Etwa 0,5 g des zerriebenen, trockenen

Natriumsalzes der Carbonsäure werden mit 0,5 ml Anilin und 0,2 ml konz. Salzsäure (oder der entsprechenden Menge Anilinhydrochlorid) 45 Minuten auf 150 bis 160 °C erwärmt. Nach dem Abkühlen verreibt man mit Wasser, filtriert und kristallisiert aus Wasser, verd. Ethanol oder Dioxan um.

Die Aminolyse von Carbonsäuren hat im Laboratorium nur geringe Bedeutung; der bevorzugte Weg zur Darstellung der Amide ist die Aminolyse der Säurechloride, -anhydride und Ester.

Die *Ammonolyse, Aminolyse bzw. Hydrazinolyse von Carbonsäureestern* (man formuliere die Umsetzungen!) läßt sich schon unter relativ milden Bedingungen durchführen, da hier keine Salzbildung entsprechend [7.43] eintreten und sich die höhere Reaktivität der Amine (etwa im Vergleich mit Alkoholen) voll auswirken kann und zum anderen die Estercarbonylgruppe reaktionsfähiger ist als die Säurecarbonylgruppe.

Die Reaktivität der nucleophilen Komponente in Ammonolysen bzw. Aminolysen steigt mit ihrer Basizität an, fällt aber andererseits, je sperriger das Amin gebaut ist, so daß die maximale Reaktivität etwa beim primären Amin mit unverzweigter Kette liegt. Man überlege, ob Anilin oder Benzylamin in Aminolysen leichter reagiert!

Die Reaktionsfähigkeit eines Esters gegenüber Ammoniak bzw. Aminen geht etwa seiner Reaktivität gegenüber Wasser parallel (vgl. D.7.1.4.3.). So lassen sich Phenylester leichter ammonolysieren als Methylester und diese wiederum leichter als Ethylester, während z. B. die *tert*-Butylester völlig resistent gegen Amine sind. Praktisch werden im allgemeinen die leicht zugänglichen Methyl- oder Ethylester verwendet.

Ester, deren Carbonylaktivität durch elektronenanziehende Gruppen erhöht ist (z. B. Cyanessigsäureester, Chloressigsäureester), reagieren besonders leicht. β-Oxo-carbonsäureester geben allerdings oft ein Gemisch von Amid und β-Amino-crotonsäureester, in dem dieser meist überwiegt (vgl. [7.12]). Auch –I-Gruppen in der Alkoholkomponente von Estern erhöhen deren Reaktivität bedeutend. Solche sog. *aktivierten Ester,* z. B. Cyanmethyl- und *p*-Nitrophenylester, werden in der Peptidsynthese verwendet.

Bei der Hydrazinolyse von Estern bilden sich Carbonsäurehydrazide in glatter Reaktion, z. B. aus Isonicotinsäureester das als Tuberculostaticum wichtige Isonicotinsäurehydrazid (Isoniazid).

β-Oxo-carbonsäureester kondensieren mit Phenylhydrazinen unter Ringschluß zu Pyrazolonen (vgl. [7.59]). Gemäß der nachfolgenden allgemeinen Arbeitsvorschrift lassen sich in analoger Weise 3-Amino-pyrazolone aus Imidomalonsäureestern darstellen:

$$\text{[7.45]}$$

Allgemeine Arbeitsvorschrift zur Darstellung von 3-Amino-1-aryl-pyrazol-5-onen[1]) (Tab. 7.46)

Achtung! Arylhydrazine sind stark giftig und verursachen schmerzhafte Hautausschläge! Abzug!

In einem 500-ml-Dreihalskolben mit Rückflußkühler (versehen mit Calciumchloridrohr), Tropftrichter und KPG-Rührer gibt man zu einer Mischung von 100 ml abs. Methanol, 0,1 mol Arylhydrazin und 0,11 mol Monoimidomalonsäurediethylester 0,5 ml Eisessig und läßt 2 Stunden stehen. In der Zwischenzeit stellt man eine Natriummethanolatlösung aus 150 ml abs.

---

1) IUPAC-Name: 3-Amino-1-aryl-4,5-dihydro-pyrazol-5-on, auch 3-Amino-1-aryl-pyrazolin-5-on

Methanol und 2,5 g Natrium her (s. hierzu Reagenzienanhang!). Die noch warme Methanolatlösung wird unter Rühren zum Reaktionsgemisch getropft. Anschließend kocht man 15 Minuten unter Rückfluß, kühlt ab und engt am Rotationsverdampfer zur Trockene ein. Der Rückstand wird in 400 ml Wasser gelöst, filtriert und mit Eisessig unter Rühren auf pH 7 gebracht. Das ausgefallene Produkt wird abgesaugt, getrocknet und aus Acetonitril umkristallisiert. Durchschnittliche Ausbeute: 80%.

Tabelle 7.46
3-Amino-1-aryl-Δ^2-pyrazol-5-one aus Hydrazinen und Monoimidomalonsäurediethylester

Pyrazolinon	Ausgangsverbindung	F in °C
3-Amino-1-phenyl-Δ^2-pyrazol-5-on	Phenylhydrazin	219 (A)
3-Amino-1-(4-methyl-phenyl)-Δ^2-pyrazol-5-on	*p*-Tolylhydrazin	182
3-Amino-1-(3-methoxy-phenyl)-Δ^2-pyrazol-5-on	*m*-Methoxy-phenylhydrazin	173
3-Amino-1-(4-chlor-phenyl)-Δ^2-pyrazol-5-on	*p*-Chlor-phenylhydrazin	163
3-Amino-1-(3-chlor-phenyl)-Δ^2-pyrazol-5-on	*m*-Chlor-phenylhydrazin	190
3-Amino-1-(2-chlor-phenyl)-Δ^2-pyrazol-5-on	*o*-Chlor-phenylhydrazin	154
3-Amino-1-(4-brom-phenyl)-Δ^2-pyrazol-5-on	*p*-Brom-phenylhydrazin	152

Darstellung von Cyanacetamid und Chloracetamid[1])

In einem 1-l-Becherglas mit mechanischem Rührer wird 1 mol Cyanessigsäureethyl- oder -methylester unter Rühren und Kühlen langsam mit 1,5 mol konz. Ammoniak ($D = 0,9$) versetzt, wobei man die Temperatur durch Kühlung mit Eiswasser auf 30 bis 35 °C hält. Dann wird noch 30 Minuten bei dieser Temperatur gerührt und danach auf 0 °C abgekühlt, wobei sich das Cyanacetamid kristallin abscheidet. Man filtriert, wäscht mit wenig kaltem Alkohol und Ether und kristallisiert aus Alkohol oder Wasser um. F 118 °C; Ausbeute 80%.

In gleicher Weise läßt sich Chloressigsäureethylester in Chloracetamid überführen. Man arbeitet dabei bei 0 °C, um zu vermeiden, daß auch das Halogenatom substituiert wird. F 116 °C (W.); Ausbeute 80%.

Fumarsäurediamid: Mowry, D. T.; Butler, J. M., Org. Synth., Coll. Vol. IV (1963), 496.

Darstellung von Carbonsäure-*N*-benzyl-amiden durch Aminolyse von Carbonsäureestern (Allgemeine Arbeitsvorschrift für die qualitative Analyse)

0,5 g des betreffenden Methyl- oder Ethylesters werden mit 1,5 ml Benzylamin und 0,05 g Ammonchlorid 1 Stunde unter Rückfluß erhitzt, abgekühlt, mit Wasser und schließlich mit wenig verd. Salzsäure gewaschen, wobei die Benzylamide meist fest ausfallen. Man kristallisiert aus Alkohol/Wasser oder Aceton/Wasser um.

Ester höherer Alkohole werden zunächst mit 3 ml abs. Methanol und 0,05 g Natrium 30 Minuten unter Rückfluß gekocht und so in die Methylester übergeführt. Nach Abdestillieren des Alkohols verfährt man, wie oben beschrieben.

2,3,4,6-Tetraacetyl-D-glucose läßt sich durch partielle Aminolyse von Pentaacetyl-D-glucose darstellen.

---

[1]) nach Corson, B. B.; Scott, R. W.; Vose, C. E., Org. Synth., Coll. Vol. I (1941), 179

$$\text{I} \quad \xrightarrow[-\text{ AcNHCH}_2\text{Ph}]{+ \, 2 \, \text{H}_2\text{NCH}_2\text{Ph}} \quad \text{II} \quad \xrightarrow[-\text{ H}_2\text{NCH}_2\text{Ph}]{(\text{H}^{\oplus})} \quad \text{III} \qquad [7.47]$$

Darstellung von 2,3,4,6-Tetraacetyl-D-glucose durch Aminolyse von Pentaacetyl-D-glucose[1])

Unter Kühlung mit Wasser werden 0,1 mol Pentaacetyl-α-(oder β-)D-glucose (I) mit 0,3 mol Benzylamin versetzt und 10 Minuten kräftig gerührt. Die zunächst flüssig werdende Masse scheidet nach kurzer Zeit Kristalle ab. Man verrührt sofort mit 75 ml abs. Ether, saugt die Kristalle ab und wäscht zweimal mit je 50 ml abs. Ether nach.

Die Kristalle bestehen aus dem Addukt von Benzylamin mit 2,3,4,6-Tetraacetyl-D-glucose (II), während sich im Etherfiltrat N-Benzyl-acetamid und überschüssiges Benzylamin befinden.

Zur Reinigung fällt man um, indem man in 100 ml trockenem Chloroform löst, filtriert und mit 250 ml abs. Ether versetzt. F 140 °C (Zers.).

Zur Gewinnung der Tetraacetylglucose (III) kann man direkt von dem rohen Addukt ausgehen, das man in 500 ml Chloroform löst, filtriert und zweimal mit je 100 ml 5N Salzsäure extrahiert. Dann wird mit wenig wäßriger Hydrogencarbonatlösung gewaschen, über Calciumchlorid getrocknet und im Vakuum zur Trockne eingedampft (gegen Ende starkes Schäumen). Der hinterbleibende Sirup wird 24 Stunden über Phosphor(V)-oxid im Vakuumexsikkator aufbewahrt und dann mit 100 ml Ether verrieben, wobei eine erste Fraktion von kristallinem Material erhalten wird. Die Mutterlauge engt man ein, trocknet erneut und verreibt wieder mit Ether. Dies wird mehrfach wiederholt, wodurch sich schließlich 85% kristalline β-Verbindung gewinnen lassen. F 132 °C (Aceton/Ether).

Für die unter D. 7.3.6.1. beschriebene Trennung des (R,S)-α-Phenethylamins in die Enantiomeren kann der beim Abdampfen des Chloroforms hinterbleibende Sirup direkt eingesetzt werden.

Die *Aminolyse von Säurechloriden und Säureanhydriden* verläuft meist sehr leicht und ist der am häufigsten benutzte und gangbarste Weg zur Darstellung von Carbonsäureamiden. Man formuliere die Reaktionen! Der freiwerdende Chlorwasserstoff bzw. die Carbonsäure bei Acylierungen mit Anhydriden binden ein Mol Amin, falls man nicht Pyridin oder andere tertiäre Amine oder Alkalihydroxide als säurebindende Mittel zusetzt.

In der qualitativen Analyse benutzt man die Reaktion zur Chrakterisierung von Carbonsäuren.

Darstellung von Carbonsäureamiden durch Aminolyse von Carbonsäurechloriden (Allgemeine Arbeitsvorschrift für die qualitative Analyse)

0,5 g Carbonsäurechlorid werden in 10 ml wasserfreiem Dioxan gelöst (bei schwerer löslichen Carbonsäurechloriden kann man unbedenklich mehr Dioxan verwenden). Man versetzt tropfenweise mit einer Lösung von 2 g eines primären oder secundären Amins in 10 ml Dioxan und schüttelt kräftig durch.

Zur Darstellung der unsubstituierten Amide versetzt man mit einem Überschuß einer konz. wäßrigen Ammoniaklösung.

---

[1]) Helferich, B.; Portz, W., Chem. Ber. **86** (1953), 604.

Nach 10 Minuten gießt man in 100 ml Eiswasser, säuert mit verd. Salzsäure schwach an, saugt ab und wäscht mit Wasser neutral. Das Reaktionsprodukt wird aus Alkohol umkristallisiert.

Zur Synthese der wasserlöslichen niederen aliphatischen Carbonsäureamide leitet man in die Dioxanlösung gasförmiges Ammoniak ein, verdampft das Lösungsmittel im Vakuum und kristallisiert den Rückstand aus Benzen oder abs. Alkohol um.

An Stelle des Carbonsäurechlorids kann unter den gleichen Bedingungen ein Carbonsäureanhydrid eingesetzt werden.

Darstellung eines *Polyamids (Nylontyp)* aus Sebacoyldichlorid und Hexamethylendiamin: Sorenson, W. R., J. Chem. Educ. **42** (1965), 8.

Die Bildung von Carbonsäureamiden dient auch zur Identifizierung von Aminen. Hierbei wird nach der unter D.7.1.4.1. angeführten Schotten-Baumann- bzw. Einhorn-Variante gearbeitet. Wegen der schweren Hydrolysierbarkeit der Amide kann man bei der Schotten-Baumann-Variante die Reaktion von vornherein in überschüssigem Alkali durchführen.

Genauso wie die Säurechloride ergeben auch die Azide bei der Aminolyse Carbonsäureamide. Säureazide werden entweder aus den Hydraziden mit salpetriger Säure oder aus den Säurechloriden mit Natriumazid dargestellt.

Auch die *Aminolyse von Säureamiden* ist möglich, wodurch diese „umamidiert" werden, vgl. z. B. [7.56].

Ammonolysen und Aminolysen von Carbonsäurederivaten spielen sowohl im Laboratorium als auch in der Industrie eine wichtige Rolle. Auf den Schutz der Aminogruppe gegen Oxidationen (vgl. D.5.1.3. und D.6.2.1.) und die Charakterisierung von Aminen und Carbonsäuren durch Überführung in die Amide wurde schon hingewiesen.

Auf der Basis von Aminolysereaktionen läßt sich eine ganze Reihe von Stickstoffheterocylen synthetisieren, vgl. [7.45], [7.56] und [7.59].

1,3-Oxazoline (4,5-Dihydrooxazole) bilden sich aus Carbonsäuren oder deren Derivaten und *β-Amino-alkoholen*, z. B.:

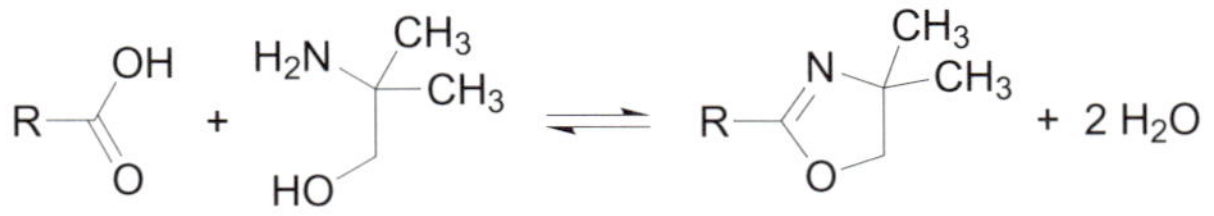

$$[7.48]$$

Wegen der leicht verlaufenden Ringöffnung werden sie als Bausteine für weitere Synthesen sowie als Schutzgruppen für Carbonsäuren angewandt, die aus ihnen durch saure Hydrolyse wieder zurückgebildet werden. (vgl. C.8.2.).

Analog entstehen *Imidazoline* bei der Reaktion von Carbonsäuren oder Derivaten mit αβ-Diaminen und *Benzimidazole* bei der Reaktion mit *o*-Phenylendiaminen:

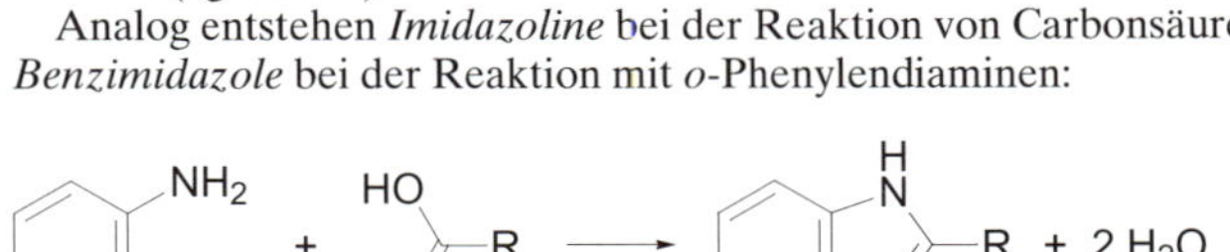

$$[7.49]$$

vgl. auch [7.57].

Besondere Bedeutung besitzen die hier beschriebenen Methoden zur *Synthese von Peptiden*. Hierzu wird ein reaktionsfähiges Derivat einer Aminosäure, z. B. ihr Säurechlorid, mit einer zweiten Aminosäure bzw. deren Ester oder mit einem Peptid umgesetzt. Um die Reaktion in eine eindeutige Richtung zu lenken, muß sowohl die Aminogruppe der als Acylkomponente fungierenden Aminosäure als auch die Carboxylgruppe der anderen Aminosäure blockiert werden:

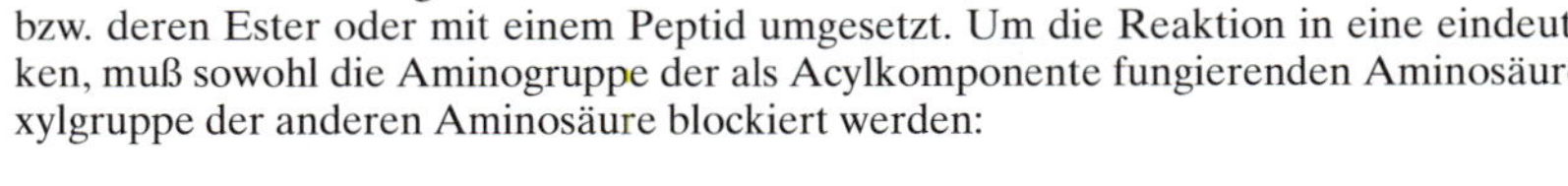

$$[7.50]$$

Als Schutzgruppen Z sowie R″ in [7.50] eignen sich Substituenten, die sich nach der Peptidsynthese ohne Spaltung der Peptidbindung wieder entfernen lassen.

Zur Blockierung der Aminofunktion sind z. B. die Acetyl- bzw. Benzoylgruppierung wenig geeignet. Als besonders brauchbar erwies sich beispielsweise die Benzyloxycarbonyl- (üblicherweise mit Z abgekürzt) und die *tert*-Butyloxycarbonylgruppe (Boc). Z wird durch Acylierung mit Chlorkohlensäurebenzylester (vgl. D.7.1.6.) eingeführt:

$$
\underbrace{Ph-CH_2-O-\overset{\overset{\displaystyle O}{\|}}{C}-Cl}_{Z} + H_2N-\underset{\underset{\displaystyle R}{|}}{CH}-\overset{\overset{\displaystyle O}{\|}}{C}- \xrightarrow{-\,HCl} Z-NH-\underset{\underset{\displaystyle R}{|}}{CH}-\overset{\overset{\displaystyle O}{\|}}{C}- \tag{7.51a}
$$

Aus dem so gebildeten Urethan (vgl. D.7.1.6.) läßt sich die Benzyloxycarbonylgruppe wie alle *O*- und *N*-Benzylreste leicht reduktiv (z. B. durch katalytische Hydrierung) wieder abspalten, wobei sie in Toluen und Kohlendioxid übergeht:

$$
Ph-CH_2-O-\overset{\overset{\displaystyle O}{\|}}{C}-NH-\underset{\underset{\displaystyle R}{|}}{CH}-\overset{\overset{\displaystyle O}{\|}}{C}- + H_2 \xrightarrow{Pd} Ph-CH_3 + CO_2 + H_2N-\underset{\underset{\displaystyle R}{|}}{CH}-\overset{\overset{\displaystyle O}{\|}}{C}- \tag{7.51b}
$$

Die häufig verwendete *tert*-Butyloxycarbonylgruppe $(CH_3)_3C-O-CO-$ ist unter sehr milden Bedingungen sauer hydrolytisch abspaltbar.

Als Acylkomponente verwendet man an Stelle der Säurechloride (X = Cl in [7.50]) die Azide (X = N_3) oder die gemischten Anhydride mit Kohlensäuremonoestern, die aus den Aminosäuren und Chlorkohlensäureestern in Gegenwart tertiärer Basen zugänglich sind, siehe [7.73]. Auch aktivierte Ester, z. B. des *p*-Nitro-phenols oder des *N*-Hydroxy-succinimids, sind geeignet (X = *p*-Nitro-phenoxy in [7.50]).

Schließlich gelingt sehr einfach die direkte Umsetzung der Carbonsäuren (X = OH) in Gegenwart von Carbodiimiden, z. B. Dicyclohexylcarbodiimid (DCC):

$$
Z-NH-\underset{\underset{\displaystyle R}{|}}{CH}-COOH + H_2N-\underset{\underset{\displaystyle R'}{|}}{CH}-COOR'' + \text{(Cyclohexyl)}-N=C=N-\text{(Cyclohexyl)}
$$

$$
\longrightarrow Z-NH-\underset{\underset{\displaystyle R}{|}}{CH}-CO-NH-\underset{\underset{\displaystyle R'}{|}}{CH}-COOR'' + \text{(Cyclohexyl)}-NH-CO-NH-\text{(Cyclohexyl)} \tag{7.52}
$$

Die genannten Reaktionen werden auch technisch genutzt, z. B. für die Synthese von L-Alanyl-L-prolin und seinem Benzylester, Vorstufen für *Enalapril*, einem wichtigen Antihypertensivum:

N-*tert*-Butoxy-carbonyl-L-alanin   L-Prolin-benzylester

                                                                                            [7.53]

L-Alanyl-L-prolin   Enalapril

L-Asparagyl-L-phenyl-alaninmethylester findet als Süßstoff *Aspartam* Verwendung.

Viele halbsynthetisch gewonnene Penicilline werden durch Acylierung von 6-Amino-penicillansäure, deren Carboxylgruppe geschützt wurde, hergestellt, z. B. *Amoxicillin* (6-[Amino-(4-hydroxy-phenyl)-acet-amido]-penicillansäure):

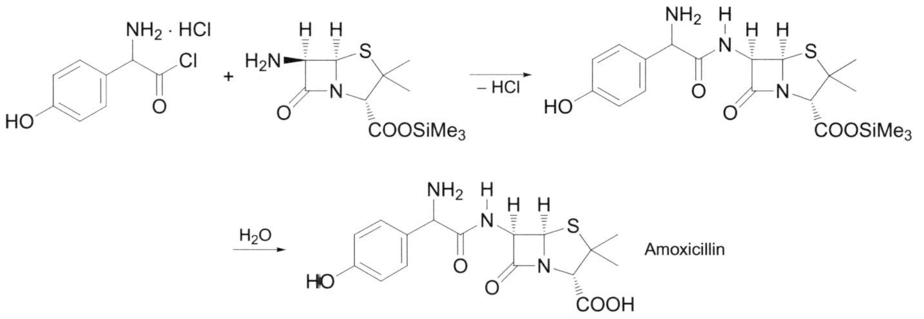

[7.54]

Amoxicillin

Als Arzneimittel hat auch eine Reihe weiterer Carbonsäureamide erhebliche Bedeutung.

Paracetamol (4-Hydroxy-acetanilid aus 4-Amino-phenol und Acetanhydrid) ist ein in großer Menge produziertes Analgeticum und Antipyreticum.

Nicotinsäureamid, das technisch sowohl aus Nicotinsäure und Ammoniak als auch durch partielle Hydrolyse von 3-Cyan-pyridin (vgl. D.7.1.5.) hergestellt wird, dient als Antipellagra-Wirkstoff (Vitamin).

Pantothensäure (Vitamin B_5) erhält man aus Pantolacton (s. D.7.2.1.3.) und *β*-Alanin:

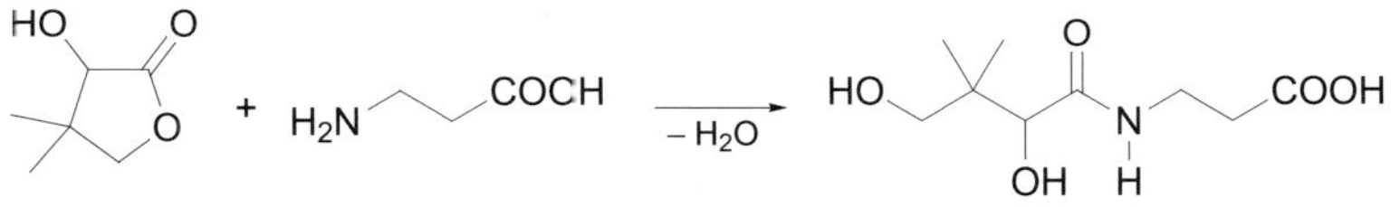

[7.55]

Durch Reaktion von Formamid mit Alaninethylester läßt sich dessen *N*-Formyl-Derivat herstellen und durch Cyclodehydratisierung mit P_4O_{10} in das entsprechende 1,3-Oxazol überführen:

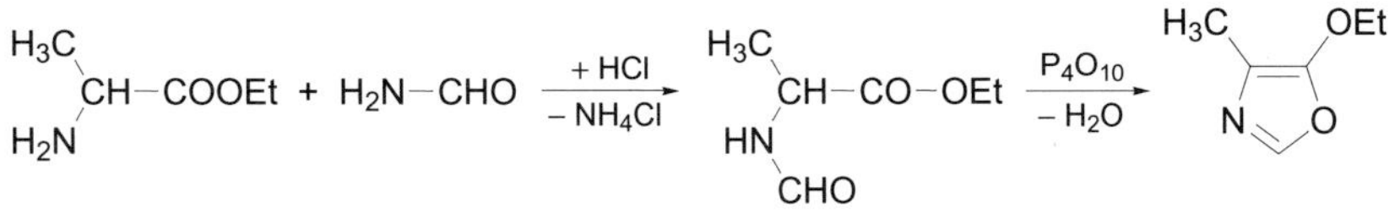

[7.56]

Diese Reaktionsfolge wird technisch für die Synthese von *Pyridoxin* (Vitamin B_6) genutzt, das aus dem Oxazol durch Ringerweiterung entsteht, vgl. [4.101].

Durch Reaktion von Alkalixanthogenaten (vgl. [7.92]) mit *o*-Phenylendiaminen lassen sich 2-Mercaptobenzimidazole synthetisieren, unter denen das folgende

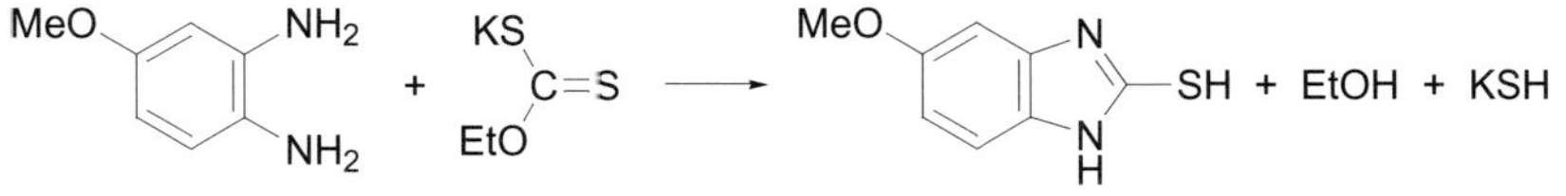

[7.57]

Ausgangsprodukt für Omeprazol, einem Ulcustherapeuticum ist (s. D.8.5.).

Amide, die bei der Aminolyse mit Harnstoff gebildet werden (sog. Ureide), spielen als Arzneimittel ebenfalls eine Rolle. Zu den Barbituraten, die sich von der Barbitursäure, dem cyclischen Ureid der Malonsäure ableiten

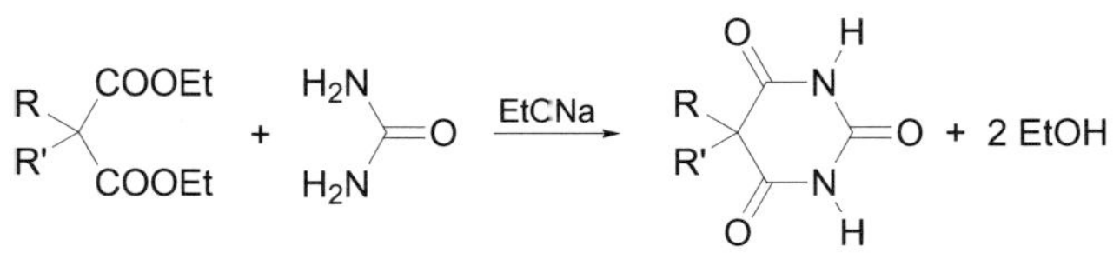

[7.58]

gehören die Sedativa und Hypnotica *Phenobarbital* (R = Ph, R′ = Et) und *Hexobarbital* (R = Cyclohexen-1-yl, R′ = Me, ein NH = NMe).

Pyrazolone (vgl. [7.45]), eine weitere Klasse von Arzneimitteln, werden durch Kondensation von *β*-Oxo-carbonsäureestern mit Phenylhydrazinen hergestellt, z. B. das *Phenazon* (Antipyrin, das allerdings heute wegen schädlicher Nebenwirkungen nicht mehr verwendet wird) aus Acetessigester. Bei der Umsetzung entsteht zunächst das Phenylhydrazon, das durch intramolekulare Hydrazinolyse der Estergruppe den heterocyclischen Ring ergibt. Die Methylierung des Pyrazolons führt dann zum Phenazon:

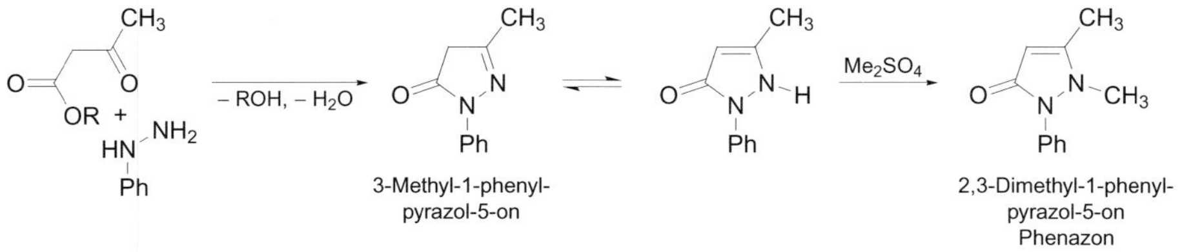

[7.59]

3-Methyl-1-phenyl-pyrazol-5-on

2,3-Dimethyl-1-phenyl-pyrazol-5-on
Phenazon

Ein Derivat des Phenazons (mit dem Substituenten $(CH_3)_2CH-$ in 4-Position) ist das Analgeticum *Propyphenazon*.

Substituierte 1-Aryl-pyrazol-5-one sind auch die wichtigsten Vertreter der „Purpurkuppler" in der Farbphotographie (vgl. D.6.4.3.); außerdem werden sie als Kupplungskomponente für Azofarbstoffe industriell eingesetzt (vgl. D.8.3.3.).

Amide der Chloressigsäure werden als selektive Bodenherbizide in vielen Pflanzenkulturen verwendet (*Alachlor, Metolachlor* u. a.).

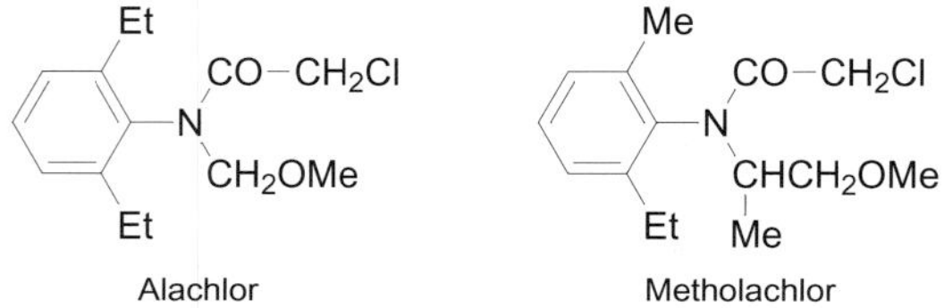

[7.60]

Alachlor   Metolachlor

Schließlich finden in größtem Umfang *Polyamide* als Kunststoffe und synthetische Fasern Verwendung. Nylon 66 gewinnt man durch Erhitzen des Hexamethylendiamin-Salzes der Adipinsäure (des sog. AH-Salzes) durch Polykondensation, während Nylon 6 (Perlon, Capron) aus ε-Caprolactam (s. D.9.1.2.4.) hergestellt wird.

7.1.4.3. Hydrolyse von Carbonsäurederivaten

Die Umsetzung von Carbonsäureestern und -amiden mit Wasser allein verläuft selbst in der Hitze im allgemeinen nur langsam, da diese Stoffe einerseits eine geringe Carbonylaktivität aufweisen (vgl. [7.3]) und andererseits auch das Wasser nur eine geringe nucleophile Kraft besitzt. In Gegenwart von starken Säuren oder Alkalilaugen jedoch werden Ester und Amide in der Hitze glatt hydrolisiert.

Der Mechanismus der säurekatalysierten Hydrolyse von Estern entspricht dem der säurekatalysierten Veresterung (vgl. [7.39]). Die saure Hydrolyse wird allerdings meist nur dort durchgeführt, wo die entstehende Säure gegen Alkali nicht beständig ist (z. B. bei Halogencarbonsäureestern).

Gebräuchlicher ist die durch Hydroxidionen katalysierte Hydrolyse (Verseifung), da sie schneller als die saure verläuft: Zunächst fungiert das Hydroxidion als Base mit hoher Nucleophilie und kleinem Raumbedarf und wird daher wesentlich leichter an den Ester addiert als das Wasser:

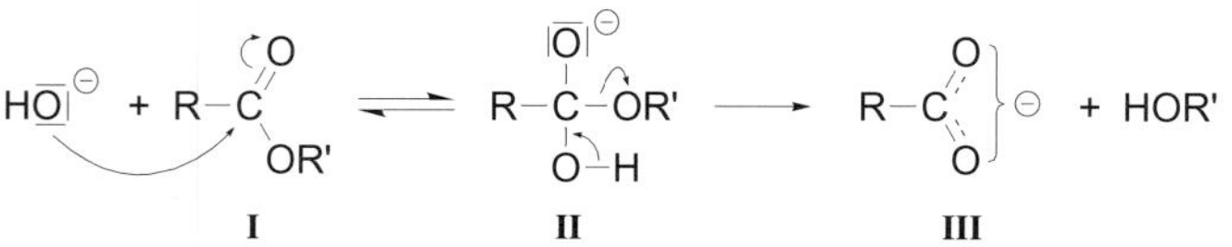

[7.61]

I   II   III

Darüber hinaus ist der letzte Schritt der Reaktion (II → III) irreversibel (warum?), so daß das Verseifungsgleichgewicht im alkalischen Medium dauernd zugunsten der Hydrolyse verschoben wird. Gleichzeitig ist aus [7.61] ersichtlich, daß mindestens molare Mengen Alkali benötigt werden.[1])

Ester werden im allgemeinen um so leichter verseift, je leichter sie gebildet werden, d. h., die Verseifung ist ebenso wie die Veresterung stark von der elektrophilen Aktivität der Carbonylgruppe (ein Maß dafür ist die Acidität der entstehenden Säure; warum?) und von sterischen Faktoren abhängig. So nimmt die Verseifungsgeschwindigkeit in folgenden Reihen stark ab:

$$
H_3C-COOR > H_3C-CH_2-COOR > \underset{H_3C}{\overset{H_3C}{}}CH-COOR > H_3C-\underset{CH_3}{\overset{CH_3}{C}}-COOR
$$

[7.62]

$$
R-COOCH_3 > R-COOCH_2CH_3 > R-COOCH(CH_3)_{} > R-COOC(CH_3)_{}
$$

Besonders hydrolyseempfindlich sind nach dem Gesagten die Methylester starker Säuren, z. B. der Oxalsäuredimethylester, der schon bei Zimmertemperatur durch Wasser gespalten wird.

Während Ester tertiärer Alkohole basisch nur noch schwer verseift werden können, verläuft die sauer katalysierte Hydrolyse wider Erwarten leicht. Dabei entstehen über den protonierten Ester die Carbonsäure und ein energiearmes *tert*-Alkylkation, das je nach den Reaktionsbedingungen zu einem *tert*-Alkanol (S_N1-Verlauf) oder/und einem Isoolefin (E1-Verlauf) weiterreagiert (vgl. D.2. und D.3.), z. B.:

[7.63]

Bei der Hydrolyse von Malonsäureestern[2]) ist zu beachten, daß die erste Estergruppe viel leichter hydrolysierbar ist als die zweite (warum?). Es lassen sich daher leicht Malonsäuremonoalkylester darstellen, wofür unten eine Literaturstelle zitiert wird. Die Unterschiede sind bei den substituierten Malonestern noch ausgeprägter, bei denen die zweite Estergruppe mitunter recht schwer hydrolysiert wird.

Allgemeine Arbeitsvorschrift zur Hydrolyse von substituierten Malonsäurediethylestern (Tab. 7.64)

In einem 1-l-Rundkolben mit Rückflußkühler wird 1 mol des betreffenden Esters mit 3,5 mol Ätzkali in 250 ml Wasser und 500 ml Ethanol 4 Stunden unter Rückfluß erhitzt. Dann dampft man unter schwachem Vakuum die Hauptmenge des Alkohols ab. Der Rückstand (Kaliumsalz) wird in der gerade zureichenden Menge Wasser gelöst und unter guter Kühlung mit Eis konz. Salzsäure bis zum pH-Wert 1 zugetropft. Dann ethert man fünfmal aus. Bei den niedrigen Gliedern empfiehlt sich eine Extraktion im Perforator (vgl. Abb. A.91). Die vereinigten

---

[1]) Aus diesem Grund ist die Bezeichnung „basisch katalysierte Reaktion" insofern nicht zutreffend, als der Katalysator irreversibel an der Reaktion teilnimmt.

[2]) Zur Darstellung vgl. D.7.2.1.8. bis D.7.2.1.10.

Etherextrakte werden mit wenig gesättigter Kochsalzlösung gewaschen und mit Magnesiumsulfat getrocknet. Die nach dem Abdampfen des Ethers zurückbleibende subst. Malonsäure wird aus Aceton, Essigester oder Methanol umkristallisiert. Ausb. 70 bis 80%.

Tabelle 7.64

Hydrolyse substituierter Malonsäurediethylester

Produkt	Ausgangsverbindung	F in °C
Ethylmalonsäure	Ethylmalonsäurediethylester	111
Propylmalonsäure	Propylmalonsäurediethylester	96
Butylmalonsäure	Butylmalonsäurediethylester	101
Isobutylmalonsäure	Isobutylmalonsäurediethylester	108
Pentylmalonsäure	Pentylmalonsäurediethylester	82
Hexylmalonsäure	Hexylmalonsäurediethylester	106
Allylmalonsäure	Allylmalonsäurediethylester	105 (PhH)
Diethylmalonsäure	Diethylmalonsäurediethylester	127
Cyclopropan-1,1-dicarbonsäure	Cyclopropan-1,1-dicarbonsäurediethylester	141 (Chlf.)
Cyclobutan-1,1-dicarbonsäure	Cyclobutan-1,1-dicarbonsäurediethylester	158 (AcOEt)

Darstellung von *Malonsäuremonomethyl- und -monoethylester:* BRESLOW, D. S.; BAUMGARTEN, E.; HAUSER, C. R., Am. Chem. Soc. **66** (1944), 1286.

Analog der Darstellung von substituierten Malonsäuremonoalkylestern lassen sich auch substituierte Cyanessigester zu den betreffenden Cyanessigsäuren hydrolysieren.

Durch Hydrolyse von Malonestern und β-Oxo-carbonsäureestern ergeben sich mannigfaltige präparative Möglichkeiten, da die dabei entstehenden Malonsäuren bzw. β-Oxo-carbonsäuren leicht decarboxylieren[1]) und auf diese Weise eine Vielzahl von Ketonen bzw. Carbonsäuren zugänglich wird, z. B.:

$$H_3C-CO-\underset{\underset{R}{|}}{CH}-COOR' \xrightarrow{\text{Hydrolyse}} H_3C-CO-\underset{\underset{R}{|}}{CH}-COOH \xrightarrow[-CO_2]{} H_3C-CO-CH_2-R \qquad [7.65a]$$

$$R-\underset{\underset{COOR'}{|}}{\overset{\overset{COOR'}{|}}{CH}} \xrightarrow{\text{Hydrolyse}} R-\underset{\underset{COOR'}{|}}{\overset{\overset{COOH}{|}}{CH}} \longrightarrow R-\underset{\underset{COOH}{|}}{\overset{\overset{COOH}{|}}{CH}} \xrightarrow[-CO_2]{} R-CH_2-COOH \qquad [7.65b]$$

Die Hydrolyse der β-Oxo-carbonsäureester wird gewöhnlich in schwach alkalischer oder schwach saurer Lösung durchgeführt. In stark alkalischem Gebiet tritt als Konkurrenzreaktion die sog. Säurespaltung (vgl. D.7.2.1.9.) in den Vordergrund. Malonester können dagegen ohne weiteres unter alkalischen Bedingungen hydrolysiert werden (vgl. Tab. 7.64).

Der Mechanismus der Decarboxylierung dieser Säuren ist schon in [3.52] erörtert worden. Acetessigsäuren verlieren meist schon bei Temperaturen unter ihrer Schmelztemperatur (oft unter 100 °C) Kohlendioxid. Malonsäuren und Cyanessigsäuren sind dagegen beständiger und ohne weiteres isolierbar. Sie decarboxylieren bei Temperaturen oberhalb ihrer Schmelztemperatur.

Die Decarboxylierung wird durch Säuren und schwache Basen (Anilin, Pyridin) katalytisch beschleunigt. Sie verläuft im stark alkalischen Medium bedeutend schwieriger, weil dann praktisch die gesamte Säure als Anion vorliegt. Stabilisierte Anionen können durch Decarboxylierung auch in stark alkalischem Bereich gebildet werden.

---

[1]) Die Hydrolyse und Decarboxylierung von β-Oxo-säureestern wird auch als *Ketonspaltung* bezeichnet.

Allgemeine Arbeitsvorschrift zur Ketonspaltung von β-Oxo-carbonsäureestern (Tab. 7.66)

A. Alkalische Spaltung

In einem 2-l-Dreihalskolben mit Rührer und Rückflußkühler wird 1 mol des betreffenden Esters mit 1,5 mol 5%iger wäßriger Natronlauge 4 Stunden bei Raumtemperatur gerührt, wobei der Ester verseift und die Säure schon teilweise decarboxyliert wird. Zur Vervollständigung der Kohlendioxidabspaltung kocht man noch 6 Stunden unter Rückfluß, kühlt dann ab und ethert mehrfach aus. Der Etherextrakt wird mit Wasser gewaschen, über Calciumchlorid getrocknet, abdestilliert und der Rückstand durch Destillation gereinigt.

B. Saure Spaltung

In einem 500-ml-Rundkolben mit Rückflußkühler wird 0,1 mol des β-Oxo-carbonsäureester mit 200 ml 20%iger Salzsäure unter Rückfluß gekocht, bis eine entnommene Probe, die durch Zugabe von verd. Natronlauge auf etwa pH-Wert 2 bis 3 gebracht wird, keine positive Eisenchloridreaktion auf β-Oxo-carbonsäureester mehr zeigt (3 bis 6 Stunden). Man kühlt ab, ethert mehrfach aus, wäscht die Etherextrakte mit Wasser und trocknet über Calciumchlorid. Nach Abdampfen des Ethers wird das Keton destilliert.

Wenn in Tabelle 7.66 nicht anders angegeben, eignen sich beide Varianten gleich gut. Die Ausbeuten liegen bei 70%.

Beide Vorschriften eignen sich für Halbmikropräparationen und den Nachweis von β-Oxo-carbonsäureestern in der qualitativen Analyse.

Tabelle 7.66

Ketonspaltung von β-Oxo-carbonsäuren

Produkt	Ausgangsverbindung	Kp in °C	n_D^{20}
Methylpropylketon	2-Acetyl-butansäureethylester	102	1,3902
Isobutylmethylketon	2-Acetyl-3-methyl-butansäureethylester	119	1,3956
Methylpentylketon	2-Acetyl-hexansäureethylester	151	1,4086
Isopentylmethylketon	2-Acetyl-4-methyl-pentansäureethylester	142	1,4078
Diethylketon	2-Methyl-3-oxo-pentansäureethylester	102	1,3922
4-Phenyl-butan-2-on	2-Benzyl-3-oxo-butansäureethylester	$116_{2,0(15)}$	1,5130
Hex-5-en-2-on	2-Acetyl-pent-4-ensäureethylester	139	1,4388
DL-*p*-Menth-1-en-3-on (Piperiton)[1]	2-Acetyl-2-isopropyl-5-oxohexansäureethylester	$116_{2,7(20)}$	1,4848

[1] Man arbeitet nach Variante A mit 2 mol Lauge. Dabei findet zunächst eine Aldolkondensation zum entsprechenden Cyclohexanonderivat statt (formulieren Sie dies; vgl. D.7.2.1.3.).

5,5-Dimethyl-cyclohexan-1,3-dion (Dimedon) aus 2,2-Dimethyl-4,5-dioxo-cyclohexancarbonsäureethylester: SHRINER, R. L.; TODD, H. R., Org. Synth.,Coll. Vol. II (1943), 200.

Phenylaceton (Benzylmethylketon) durch Ketonspaltung aus 3-Oxo-2-phenyl-butannitril (Darstellung vgl. Tab. 7.169) : JULIAN, P. L.; OLIVER, J. J., Org. Synth.,Coll. Vol. II (1943), 391.

Phenylaceton aus Phenylacetylmalonsäureethylester: WALKER, H. G.; HAUSER, C. R., J. Am. Chem. Soc. **68** (1946), 1386.

Allgemeine Arbeitsvorschrift zur Decarboxylierung substituierter Malonsäuren (Tab. 7.67)

Die betreffende Malonsäure (Darstellung vgl. Tab. 7.64, es kann auch das Rohprodukt eingesetzt werden) wird in einer Destillationsapparatur in einem Bad auf 160 bis 170 °C erwärmt, wobei sich lebhaft Kohlendioxid entwickelt. Man bringt die Reaktion zu Ende, indem man ein mäßiges Vakuum (4 bis 7 kPa (30 bis 50 Torr)) anlegt, und destilliert schließlich die gesamte Carbonsäure im Vakuum über. Danach wird nochmals destilliert. Ausbeute 80 bis 85 %.

Tabelle 7.67

Decarboxylierung substituierter Malonsäuren

Produkt	Ausgangsverbindung	Kp in °C	n_D^{20}
Buttersäure	Ethylmalonsäure	162	1,3980
Valeriansäure	Propylmalonsäure	$96_{3,1(23)}$	1,4080
Hexansäure	Butylmalonsäure	$102_{2,0(15)}$	1,4164
4-Methyl-pentansäure	Isobutylmalonsäure	$101_{1,7(13)}$	1,4140
Heptansäure	Pentylmalonsäure	$114_{1,7(13)}$	1,4236
Octansäure	Hexylmalonsäure	$129_{2,1(16)}$	1,4280
Cyclobutancarbonsäure[1]	Cyclobutan-1,1-dicarbonsäure	$96_{2,0(15)}$	1,4430
But-3-en-1-carbonsäure	Allylmalonsäure	$91_{2,1(16)}$	1,4283

Die präparative Bedeutung der Reaktion geht weit über die Darstellung einfacher Ketone und Carbonsäuren hinaus. Auch bei komplizierteren Synthesen stellt die Verseifung und Decarboxylierung von substituierten β-Oxo-carbonsäureestern und Malonsäureestern sehr oft einen wichtigen Reaktionsschritt dar. Man formuliere die beiden letzten Beispiele in Tabelle 7.67!

Aus *C*-alkylierten *N*-Acyl-aminomalonestern (D.8.2.3.) sind α-Aminosäuren zugänglich, z. B. Glutaminsäure aus Acetamido(2-cyan-ethyl)malonsäurediethylester (vgl. Tab. 7.285) sowie Tryptophan ([7.68, II]) aus 2-Acetamido-2-skatyl-malonsäurediethylester (I; zur Synthese von I vgl. [7.157]):

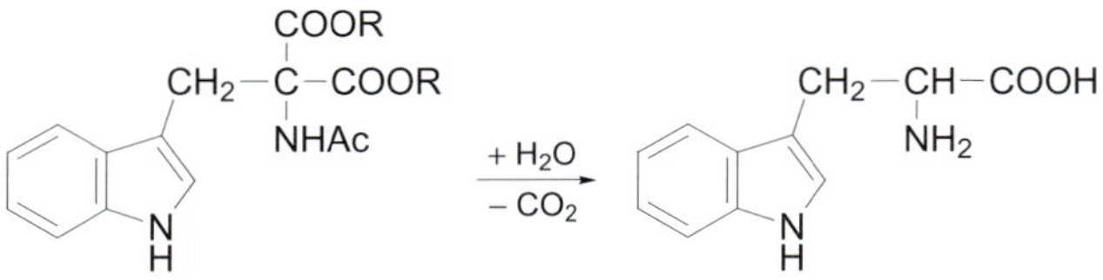

[7.68]

Tryptophan: Snyder, H. R.; Smith, C. W., J. Am. Chem. Soc. **66** (1944), 350; Howe, E. E.; Zambito, A. J.; Snyder, H. R.; Tishler, M., J. Am. Chem. Soc. **67** (1945), 38.

Glutaminsäure: Albertson, N. F.; Archer, S., J. Am. Chem. Soc., **67** (1945), 2043).

Die alkalische Esterverseifung findet auch zur Bestimmung der Äquivalentmasse bzw. der sog. Verseifungszahl von Estern Anwendung (zum Beispiel in der quantitativen Fettanalyse). Die Verseifungszahl ist diejenige Menge Kaliumhydroxid in mg, die zur Hydrolyse von 1 g Fett bzw. Ester benötigt wird.

Bestimmung der Äquivalentmasse eines Esters

Darstellung der Reagenslösung

3 g Kaliumhydroxid werden in 15 ml reinem Diethylenglycol heiß gelöst (nicht über 130 °C erwärmen), und die abgekühlte Lösung wird mit 35 ml Diethylenglycol verdünnt. Die Lösung ist ungefähr 1 N. Zur Gehaltsbestimmung werden 5 ml abpipettiert, 10 ml destilliertes Wasser zugesetzt und mit 0,1 N Salzsäure gegen Phenolphthalein titriert.

Verseifung

Man pipettiert genau 10 ml der eingestellten Lauge in einen Schliff-Erlenmeyer-Kolben, gibt 0,4 bis 0,6 g Ester (Analysenwaage!) und einen Siedestein zu und setzt einen Rückflußkühler auf (Natronasbestrohr zum CO_2-Ausschluß!).

Unter Umschwenken wird zunächst gemischt und danach 15 Minuten auf 120 bis 130 °C erhitzt. Man läßt unter 80 °C abkühlen, spült etwas destilliertes Wasser durch den Kühler nach und verdünnt die Lösung mit 15 ml Wasser. Die nicht verbrauchte Lauge wird mit 0,1 N Salzsäure gegen Phenolphthalein zurücktitriert.[1]

In der gleichen Weise führt man eine Blindbestimmung durch, bei der kein Ester zugegeben wird. Der Blindverbrauch an Lauge muß vom ermittelten Laugeverbrauch der Esterverseifung abgezogen werden.

Berechnung:

$$x = \frac{E\,1000}{n\,\mathrm{N}}$$

x Äquivalentmasse des Esters; *E* Einwaage (in g); *n* Verbrauch Reagenslösung (in ml); N Normalität der Lauge

Die Verfahren zur Hydrolyse von Estern besitzen technische Bedeutung für die Verseifung von Fetten und Ölen.

Die natürlichen Fette und Öle stellen Ester höherer Fettsäuren mit Glycerol dar, wobei meist drei Moleküle Säure mit einem Molekül Glycerol verestert sind (Tryglyceride). Die in der größten Menge vorkommende und am weitesten verbreitete Säure ist die einfach ungesättigte Ölsäure. Daneben findet man in den tierischen Fetten vor allem Palmitin- und Stearinsäure und in den Pflanzenölen (Soja-, Erdnußöl u. a.) die doppelt ungesättigte Linolsäure als Hauptbestandteile. Die für die Herstellung von Ölfarben und Lacken wichtigen sog. trocknenden Öle (vgl. D.1.5.) (z. B. Leinöl, chinenisches Holzöl) enthalten darüber hinaus noch 3fach ungesättigte Säuren (Linolen- und Eläosterainsäure). Die Hydrolyse der Triglyceride wird entweder unter Druck (mit Wasser allein oder in Gegenwart basischer Katalysatoren) oder drucklos in Anwesenheit saurer Katalysatoren, z. B. des sog. Twitchell-Reaktivs[2], durchgeführt. Die Verseifung mit Alkalilaugen wendet man ausschließlich zur Gewinnung von Seifen, den Alkalisalzen der Fettsäuren, an. Das bei der Spaltung anfallende Glycerol findet vielseitige Verwendung, auf die schon eingegangen wurde (vgl. D.4.1.6.).

Aus den Fettsäuren oder deren Estern kann man durch Reduktion die entsprechenden Fettalkohole herstellen, die zu Waschmitteln weiterverarbeitet werden (vgl. D.7.3.2.). Fettalkohole lassen sich auch durch Verseifung von Spermöl, das aus Estern ungesättigter Fettsäuren mit Cetyl- und Oleylalkohol besteht, gewinnen.

Die *Hydrolyse von Amiden* erfordert generell schärfere Bedingungen als die der entsprechenden Ester (warum?), z. B. mehrstündiges Kochen mit konzentrierten wäßrigen Säuren oder konz. Alkalilauge. Die Bedingungen entsprechen etwa denjenigen der Nitrilhydrolyse, so können in Tabelle 7.80 statt der Nitrile die entsprechenden Amide eingesetzt werden.

Dagegen verläuft die *Hydrolyse von Säureanhydriden und Säurehalogeniden* erwartungsgemäß leicht. Besonders die niedrigen Säurechloride werden sofort in stark exothermer Reaktion hydrolysiert, während die in Wasser schwerer löslichen höheren und aromatischen Säurechloride nur langsam reagieren. Das gleiche gilt für Säureanhydride. Die Hydrolyse läßt sich in allen Fällen durch Alkali oder katalytische Mengen Mineralsäure stark beschleunigen.

Die Reaktion hat wenig praktische Bedeutung, da Säureanhydride und -halogenide umgekehrt erst aus den Säuren dargestellt werden. Ein Sonderfall ist die Darstellung von Peroxysäuren aus Wasserstoffperoxid, für die ein Beispiel angeführt wird.

---

[1] Um abzuschätzen, ob der Ester nach der angewendeten Reaktionszeit schon vollständig verseift ist, führe man eine Parallelbestimmung mit der doppelten Zeit aus. Stimmen die erhaltenen Werte überein, war die Verseifung vollständig; anderenfalls vervielfache man die Reaktionszeit so lange, bis zwei aufeinanderfolgende Werte übereinstimmen.

[2] Es handelt sich um ein Gemisch von Schwefelsäure und einer mit Ölsäure (in einer Friedel-Crafts-Reaktion) acylierten Benzen- oder Naphthalensulfonsäure. Die Sulfonsäure wirkt als Emulgator.

Darstellung von Perbenzoesäure[1])

In einem 1-l-Dreihalskolben mit Rührer, Innenthermometer und Tropftrichter wird eine Lösung von 1 mol Natriumhydroxid in 175 ml Wasser auf 8 °C gekühlt. Unter kräftigem Rühren gibt man nacheinander 0,5 mol 30%iges Wasserstoffperoxid und 185 ml 96%iges Ethanol bei 8 bis 10 °C sowie tropfenweise 37 ml Benzoylchlorid bei 3 bis 5 °C zu. Es wird über eine Glasfritte abgesaugt und das Filtrat in einen 1,5-l-Scheidetrichter zu 100 ml Ether und etwa 150 g zerstoßenem Eis gegeben. Man säuert mit 10%iger Schwefelsäure gegen Methylorange an und fügt so viel Wasser zu, daß sich das ausgefallene Natriumsulfat bis auf einen kleinen Rest löst. Nun wird die wäßrige Phase abgetrennt und noch zweimal mit je 50 ml Ether ausgeschüttelt. Den in der Glasfritte enthaltenen Rückstand löst man in 500 ml Eiswasser, filtriert und behandelt wie das oben erhaltene Filtrat. Die Etherlösungen werden vereinigt, mit Wasser und dreimal mit je 60 ml 40%iger Ammonsulfatlösung gewaschen, über Natriumsulfat getrocknet und im Kühlschrank aufbewahrt.

Der Peroxidgehalt ist in jedem Falle zu bestimmen, indem man 2 ml der Perbenzoesäurelösung mit 10 ml 20%iger Kaliumiodidlösung versetzt, ansäuert und nach 10 Minuten mit 0,05 N Thiosulfatlösung titriert.

Die Etherlösung kann direkt für Epoxidierungen verwendet werden (vgl. D.4.1.6.).

7.1.4.4. Acidolyse von Carbonsäuren und ihren Derivaten

Auch Carbonsäuren sind befähigt, als nucleophile Partner mit Carbonylderivaten zu reagieren. Ihre Nucleophilie ist allerdings gering.

Die Carboxylgruppe setzt sich daher unter den üblichen milden Bedingungen organisch-chemischer Reaktionen nicht mit Carbonsäuren um. Bei höheren Temperaturen läßt sich jedoch eine Reaktion erzwingen, z. B. indem man Essigsäure auf 700 bis 900 °C erwärmt, wobei Acetanhydrid entsteht, das sich allerdings unter diesen Bedingungen sofort weiter zu Keten umsetzt (vgl. [3.55]):

$$[7.69]$$

Wesentlich leichter bilden sich cyclische Anhydride mit 5 und 6 Ringgliedern aus den entsprechenden Dicarbonsäuren. Beispielsweise geht Phthalsäure beim Erhitzen auf 180 °C in das Anhydrid über. Man formuliere die analogen Reaktionen der Malein-, Bernstein- und Glutarsäure! Warum läßt sich Fumarsäure nicht in ihr Anhydrid überführen?

Phthalsäure- und Maleinsäureanhydrid sind technisch wichtige Zwischenprodukte (vgl. D.6.5.1.)

Bei der Reaktion von Carbonsäuren mit Halogenwasserstoffsäuren liegt das Gleichgewicht der Umsetzung entsprechend [7.69] so weit auf seiten der Ausgangsprodukte, daß sich Säurehalogenide auf diese Weise nicht darstellen lassen.

Die Acidolyse von Carbonsäureestern gelingt mitunter relativ leicht, vor allem, wenn eine starke Säure eingesetzt wird. So läßt sich der Acrylsäuremethylester mit Ameisensäure in Gegenwart einer Spur Schwefelsäure zu Ameisensäuremethylester und Acrylsäure umsetzen [REHBERG, C. E., Org. Synth., Coll. Vol. III (1955), 33]:

---

1) KERGOMARD, A.; PHILIBERT-BIGOU, J., Bull. Soc. Chim. France **1958**, 334.

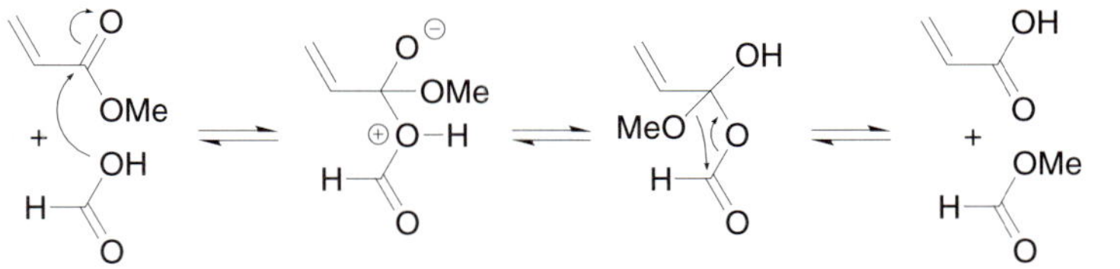

[7.70]

Eine analoge Reaktion findet in der qualitativen Analyse Verwendung, indem man einen Carbonsäureester mit 3,5-Dinitro-benzoesäure in Gegenwart einer katalytischen Menge Schwefelsäure erhitzt und dabei das 3,5-Dinitro-benzoat des betreffenden im Ester gebundenen Alkohols erhält.

Darstellung von 3,5-Dinitro-benzoesäureestern durch Acidolyse von Carbonsäureestern (Allgemeine Arbeitsvorschrift für die qualitative Analyse)

Etwa 0,5 ml des betreffenden Esters werden mit 0,5 g gut gepulverter 3,5-Dinitro-benzoesäure gemischt, ein kleiner Tropfen konz. Schwefelsäure zugesetzt und im Heizbad 30 Minuten unter Rückfluß, bei höher siedenden Estern auf 150 °C erhitzt. Nach dem Abkühlen löst man das Gemisch in 30 ml Ether, entsäuert durch zweimaliges Schütteln mit überschüssiger Sodalösung (Vorsicht! Heftige Kohlendioxidentwicklung, Schäumen!) und wäscht mit Wasser. Der nach dem Abdampfen des Ethers verbleibende Rückstand wird in möglichst wenig heißem Alkohol gelöst, filtriert und bis zur ersten Trübung mit Wasser versetzt. Beim Abkühlen kristallisiert der Dinitrobenzoesäureester aus.

Am leichtesten unterliegen naturgemäß die Säurehalogenide und -anhydride einer Acidolyse.

Die Umsetzung einer Carbonsäure mit einem Säureanhydrid führt zu folgenden Gleichgewichten:

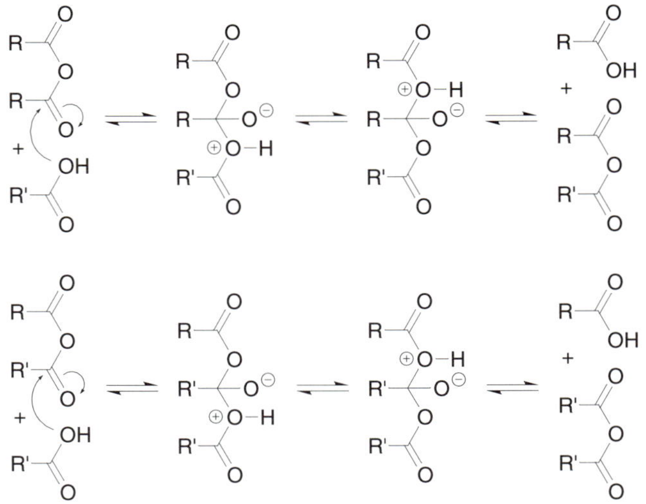

[7.71]

Es entsteht zunächst das gemischte Anhydrid, das von einem weiteren Molekül Carbonsäure acidolytisch angegriffen und so in das symmetrische Anhydrid übergeführt wird. Die Gleichgewichtseinstellung wird durch katalytische Mengen Mineralsäure beschleunigt. Die Reaktion dient zur Darstellung höherer Carbonsäureanhydride oder von Dicarbonsäureanhydriden, wo sie besonders leicht verläuft.

Um eine gute Ausbeute zu erhalten, muß die Carbonsäure (RCOOH in [7.71]) ständig durch Destillation aus dem Gleichgewicht entfernt werden. Sie soll daher möglichst viel tiefer sieden als das gebildete Anhydrid. Meist verwendet man deshalb das zudem billige Acetanhydrid als wasserentziehendes Mittel.

Darstellung von 3-Nitro-phthalsäureanhydrid[1])

In einem Rundkolben mit Rückflußkühler wird 1 mol 3-Nitro-phthalsäure mit 2 mol Essig-säureanhydrid versetzt und unter Rückfluß gekocht, bis sich die Säure gelöst hat. Man gießt in ein Becherglas, läßt abkühlen und vermischt mit 150 ml alkoholfreiem Diethylether. Die Kri-stallmasse wird abgesaugt und umkristallisiert. Ausbeute 80%; F 169 °C (Aceton).

Der Umsatz von Säurehalogeniden mit Carbonsäuren kann ebenfalls zu Säureanhydriden führen (vgl. aber auch [7.75] und [7.76]):

$$\text{[7.72]}$$

I   II

Auch hier bildet sich zunächst das gemischte Anhydrid [7.72], II das sich unter den Reaktionsbedingun-gen entsprechend Gleichung [7.71b] zum symmetrischen umsetzt. Der entstehende Chlorwasserstoff muß durch Erhitzen aus dem Gleichgewicht entfernt werden, wenn gute Ausbeuten erhalten werden sollen. Ein oft benutztes Reagens ist Acetylchlorid, das z. B. Bernsteinsäure schon beim Erhitzen unter Rückfluß in das Anhydrid überführt.

Unter milden Bedingungen gelingt die Umsetzung von Säuren mit Säurehalogeniden in Gegenwart von Pyridin oder anderen tertiären Basen, die den Halogenwasserstoff binden, oder indem man die Carbon-säuren als Alkalisalz einsetzt. Auf diese Weise können auch die gemischten Anhydride erhalten werden.[2])

Die gemischten Anhydride von Aminosäuren mit Kohlensäure haben für die Peptidsynthese Bedeutung und wurden schon erwähnt (vgl. D.7.1.4.2.):

$$\text{Ac—NH—CH—COOH + Cl—CO—OR + NR}_3 \longrightarrow \text{Ac—NH—CH—CO—O—CO—OR + }\overset{\oplus}{\text{HNR}}_3\text{ Cl}^{\ominus}\quad\text{[7.73]}$$
| |
R   R

Acylhalogenide können sich auch unter Austausch der Säurechloridfunktion mit Carbonsäuren umset-zen, möglicherweise nach:

$$\text{[7.74]}$$

Diese Reaktion ist gegenüber der nach [7.72] vor allem dann bevorzugt, wenn das entstehende Säure-chlorid (R'COCl) leichter flüchtig ist als das eingesetzte Chlorid (RCOCl) und daher dauernd durch Destillation aus dem Gleichgewicht [7.74] entfernt werden kann. Das ist bei der Darstellung niederer Säu-rechloride mit Hilfe von Benzoylchlorid der Fall.

Zur Überführung empfindlicher Carbonsäuren in ihre Chloride eignet sich die Umsetzung mit *Oxalyldichlorid* (*Kp* 63–64 °C), das dabei in CO_2, CO und HCl übergeht. (Man formuliere diese Reaktion!). So lassen sich beispielsweise Carbonsäurechloride der Steroidreihe racemi-sierungsfrei darstellen, funktionelle Gruppen, wie Epoxide, Keto- und Ester-Carbonylgruppen,

---

[1]) nach NICOLET, B. H.; BENDER, J. A., Org. Synth., Coll. Vol. I (1956), 410

[2]) Ein weiteres Verfahren zur Darstellung gemischter Anhydride vom Typ H_3C–CO–O–CO–R besteht in der Addition einer Carbonsäure an Keten (vgl. D.7.1.6.). Die gemischten Anhydride „disproportionie-ren" leicht in die beiden symmetrischen, oft schon beim vorsichtigen Destillieren.

und auch makrocyclische Teilstrukturen, z. B. in Porphyrinen, werden normalerweise nicht angegriffen.

Die wichtigste und allgemeinste Darstellungsmethode für Acylchloride ist jedoch die Umsetzung der Carbonsäuren mit *anorganischen* Säurechloriden, wie Phosphortrichlorid, Phosphorpentachlorid und Thionylchlorid:

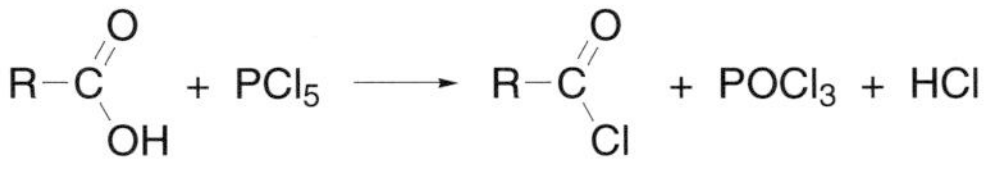

$$[7.75a]$$

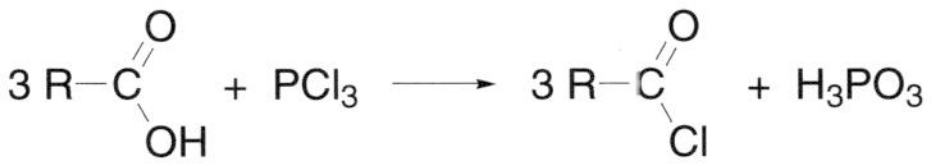

$$[7.75b]$$

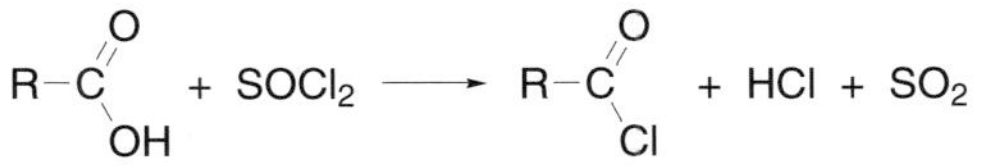

$$[7.75c]$$

Die Umsetzung mit Thionylchlorid läßt sich analog [7.74] formulieren:

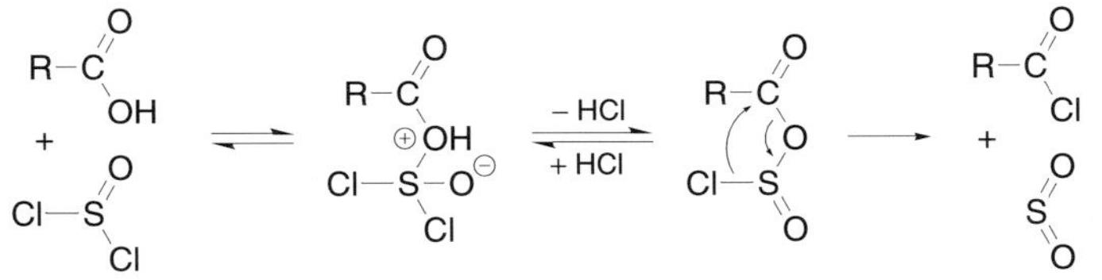

$$[7.76]$$

Phosphorpentachlorid ist das am kräftigsten wirkende Reagens, es wird jedoch nur ein Chloratom ausgenutzt. Man verwendet es im allgemeinen nur, wenn die Überführung der Säure in das Chlorid mit Phosphortrichlorid oder Thionylchlorid nicht gelingt.

Phosphortrichlorid reagiert nicht ausschließlich entsprechend der Gleichung [7.75b], da stets etwas gemischtes Anhydrid entsteht und dabei Salzsäure abgespalten wird. Sofern sich überschüssiges Phosphortrichlorid (*Kp* 75 °C) vom gebildeten Säurechlorid destillativ leicht trennen läßt, benutzt man in der Praxis einen geringen Überschuß.

Thionylchlorid (*Kp* 79 °C) ist am wenigsten reaktionsfähig und wird stets im Überschuß eingesetzt. Zur Darstellung leicht flüchtiger Säurechloride (z. B. Acetylchlorid) eignet es sich wenig, da diese zu stark vom entweichenden Schwefeldioxid und Chlorwasserstoff mitgerissen werden und die destillative Trennung von überschüssigem Reagens überdies schwierig ist. Die Wirksamkeit von Thionylchlorid wird durch katalytische Mengen Dimethylformamid gesteigert.

Nur in Sonderfällen ist die Umsetzung von Natriumsalzen der Carbonsäuren mit Phosphorylchlorid, Thionylchlorid, Phosphortrichlorid oder Phosphorpentachlorid von Bedeutung, so z. B. für die Synthese von besonders reinem Acetylchlorid oder solchen Säurechloriden, die in Gegenwart von Chlorwasserstoff nicht destilliert werden können.

Für alle beschriebenen Präparationen müssen Apparaturen und Reagenzien völlig trocken sein.

Allgemeine Arbeitsvorschrift zur Darstellung von Carbonsäurechloriden (Tab. 7.77)

Achtung! Bei den Reaktionen entstehen je nach eingesetztem Reagens HCl, CO und/oder SO$_2$. Abzug!

A. Verwendung von Phosphortrichlorid

1 mol der Carbonsäure wird in einem Rundkolben mit 0,4 mol Phosphortrichlorid je Carboxyl-gruppe übergossen, mehrmals umgeschüttelt und unter Feuchtigkeitsausschluß über Nacht ste-hengelassen. Man kann auch im Wasserbad 3 Stunden unter Rückfluß auf 50 °C erwärmen. Dann wird von der als Bodensatz abgeschiedenen phosphorigen Säure dekantiert und fraktio-niert destilliert. Bei einer Siedetemperatur des Säurechlorids unter 150 °C kann auch direkt von der phosphorigen Säure (evtl. im Vakuum) abdestilliert werden.

Die Methode ist auch für Halbmikropräparationen brauchbar.

B. Verwendung von Thionylchlorid

1 mol der Carbonsäure wird mit 1,5 mol Thionylchlorid je Carboxylgruppe unter Rückfluß und Feuchtigkeitsauschluß gekocht, bis die Gasentwicklung beendet ist. Dann destilliert man den Überschuß an Thionylchlorid auf dem Wasserbad ab; das zurückgewonnene Thionylchlorid ist für weitere Ansätze brauchbar. Schließlich destilliert man den Rückstand, gegebenenfalls im Vakuum. Soll das gebildete Säurechlorid undestilliert weiterverwendet werden, entfernt man die letzten Reste des Thionylchlorids durch Erhitzen auf dem Wasserbad unter Wasserstrahl-vakuum. (Man achte darauf, daß nicht so hoch erwärmt wird, daß das Carbonsäurechlorid sie-det!)

Die Präparation ist für Halbmikroansätze brauchbar.

C. Verwendung von Oxalyldichlorid

0.05 mol der entsprechenden Säure werden in ca. 100 ml trockenem Toluen oder Diethylether gelöst oder suspendiert und mit 0.06 mol Oxalyldichlorid sowie einem Tropfen DMF 30 Minu-ten bei Raumtemperatur gerührt (bei Dicarbonsäuren 1–2 Stunden). Danach wird das Lösungsmittel am Rotationsverdampfer entfernt (Badtemperatur ca. 35 °C). Anschließend kri-stallisiert man um oder destilliert.

Tabelle 7.77

Carbonsäurechloride

Produkt	Variante	Kp (bzw. F) in °C	n_D^{20}	Ausbeute in %
Acetylchlorid[1]	A	51	1,3898	65
Trichloracetylchlorid[2]	B	118	1,4685	80
Propionylchlorid[1]	A	80	1,4051	80
Butyrylchlorid	A,B	102	1,4126	87
Isobutyrylchlorid[3]	A	92	1,4079	80
Stearoylchlorid	B	$165_{0,05(0,4)}$; F 24		80
Adipoyldichlorid	A,B,C	$128_{2,4(18)}$		85
Sebacoyldichlorid	B	$166_{1,5(11)}$		80
E-2,3-Dimethyl-acrylsäurechlorid (Tiglinsäurechlorid)	C[4]	$61_{20(150)}$	1,4290	75
Phenacetylchlorid (Phenylessigsäurechlorid)	A,B	$96_{1,9(14)}$	1,5336	90
Cinnamoylchlorid[2] (Zimtsäurechlorid)	B,C	$147_{2,1(16)}$; F 36		80
Benzoylchlorid	A,B	$71_{1,2(9)}$	1,5537	80
p-Methoxy-benzoylchlorid	A,B	$140_{1,9(14)}$		80

Tabelle 7.77 (Fortsetzung)

Produkt	Variante	Kp (bzw. F) in °C	n_D^{20}	Ausbeute in %
p-Toluoylchlorid	A,B,C	$95_{1,3(10)}$		80
p-Chlor-benzoylchlorid	A,B,C	$110_{2,0(15)}$; F 16		80
m-Chlor-benzoylchlorid	A,B	$110_{2,0(15)}$		80
p-Brom-benzoylchlorid	A,B	$120_{2,0(15)}$; F 42		80
m-Brom-benzoylchlorid	A,B	$123_{2,0(15)}$		80
p-Nitro-benzoylchlorid	A,B,C	$154_{2,0(15)}$; F 72		70
m-Nitro-benzoylchlorid	A,B	$155_{2,4(18)}$; F 35		80
3,5-Dinitro-benzoylchlorid	B	$196_{1,6(12)}$; F 67		70
α-Naphthoylchlorid	A,B	$163_{1,3(10)}$; F 26		70

[1]) Nur 90% der theoretischen Menge Phosphortrichlorid verwenden! (Warum?)
[2]) Man setze als Katalysator einige Tropfen Dimethylformamid oder Pyridin zu.
[3]) Zur Aufarbeitung destilliere man über eine wirksame Kolonne.
[4]) in Diethylether arbeiten.

Phthaloyldichlorid aus Phthalsäureanhydrid und Phosphorpentachlorid: Oтт, E., Org. Synth. Coll. Voll. II (1957), 528.

7.1.5. Addition von Nucleophilen an Nitrile

Nitrile sind stickstoffanaloge Carbonylverbindungen, die Nucleophile unter Bildung stickstoffanaloger Carboxylderivate addieren:

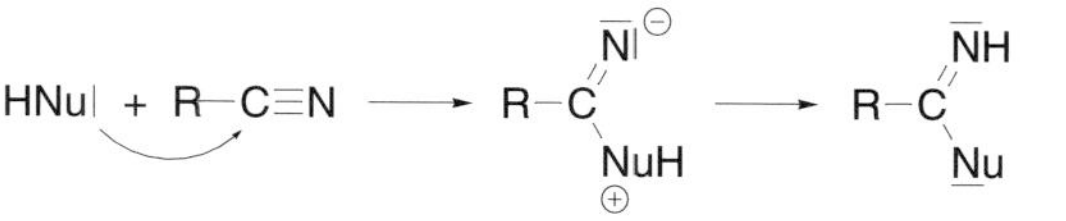

$$[7.78]$$

Bei der Hydrolyse (HNu = HOH) entstehen auf diese Weise Imidocarbonsäuren, die sofort in Säureamide ([7.79], I → II) übergehen. Da die Carbonylaktivität der Nitrilgruppe gering ist (vgl. [7.6]), gelingt die Hydrolyse nur mit starken Säuren in hohen Konzentrationen (z. B. konzentrierte Salzsäure, 20- bis 75%ige Schwefelsäure) oder mit 10- bis 50%igen Alkalilaugen:

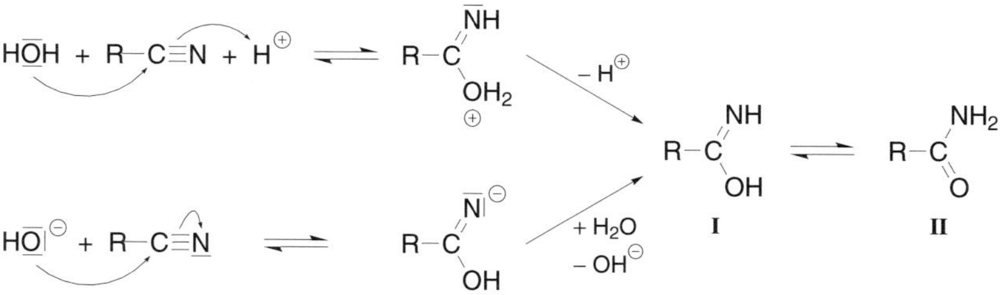

$$[7.79]$$

Unter den bei der Nitrilhydrolyse üblichen Reaktionsbedingungen werden die gebildeten Amide im allgemeinen gleich weiter zu den Carbonsäuren hydrolysiert (vgl. D.7.1.4.3.). Unter bestimmten Bedingungen, z. B. mit 96%iger Schwefelsäure bei Zimmertemperatur, kann man jedoch die Hydrolyse auf der Stufe des Amids aufhalten.

Die Leichtigkeit der Hydrolyse steigt von der tertiär zur primär gebundenen Nitrilgruppe an. Aromatische Nitrile mit großen *ortho*-ständigen Substituenten werden besonders schwer hydrolisiert (warum?). Bei Nitrilen, die selbst unter kräftigen Bedingungen nur schwer hydrolysieren, hilft häufig ein Umweg, der darin besteht, daß man an Stelle des nucleophil nur schwach wirksamen Wassers mit dem nucleophil sehr kräftig wirkenden Schwefelwasserstoff umsetzt. Die so entstehenden Thioamide lassen sich dann sowohl sauer als auch alkalisch meist glatt hydrolisieren. Man formuliere diese Reaktionen!

Die Hydrolyse von Nitrilen wird am häufigsten in saurem Medium durchgeführt. Da die Bedingungen vor allem im Hinblick auf die Konzentration der Säure stark schwanken, wird hier eine allgemeine Arbeitsvorschrift nur für die alkalische Verseifung angegeben.

Allgemeine Arbeitsvorschrift für die Hydrolyse von Nitrilen (Tab. 7.80)

A. Leicht hydrolysierbare Nitrile

1 mol des Nitrils wird mit 2 mol 25%iger wäßriger Natronlauge so lange unter Rückfluß gekocht, bis kein Ammoniak mehr entweicht (4 bis 10 Stunden. Abzug!). Um eine Kristallisation im Kühler zu verhindern, setzt man bei festen, wasserdampfflüchtigen Nitrilen 80 ml Ethanol zu, das nach Beendigung der Reaktion wieder abdestilliert wird.

B. Schwer hydrolysierbare Nitrile

1 mol des Nitrils wird mit 2 mol Kaliumhydroxid, gelöst in 400 ml Mono-, Di- oder Triethylenglycol unter Rückfluß zum gelinden Sieden erhitzt, bis die Ammoniakentwicklung beendet ist (etwa 5 Stunden). Danach verdünnt man mit dem doppelten Volumen Wasser.

Aufarbeitung: Die wäßrige Lösung wird unter Kühlen mit 20%iger Schwefelsäure angesäuert und die ausgefallene Carbonsäure abfiltriert, mit Wasser gewaschen und umkristallisiert. Flüssige oder leichter in Wasser lösliche Säuren extrahiert man mehrfach mit Diethylether. Nach dem Trocknen mit Calciumchlorid wird der Ether abgedampft und der Rückstand umkristallisiert oder destilliert. Ausbeute 70 bis 95%.

Die Präparation ist auch im Halbmikromaßstab durchführbar.

Tabelle 7.80

Carbonsäuren durch Nitrilhydrolyse

Produkt	Ausgangsverbindung[1])	Variante	F (bzw. Kp) in °C	n_D^{20}
Valeriansäure	Valeronitril	A	$Kp_{2,0(15)}$ 87	1,3952
Hexansäure	Hexannitril	A	$Kp_{2,1(16)}$ 101	1,4150
Heptansäure	Heptannitril	A	$Kp_{1,5(11)}$ 115	1,4236
Tridecansäure	Tridecannitril	A	43 (W./EtOH)	
Bernsteinsäure	Succinonitril	A	185 (W.)	
Glutarsäure	Glutaronitril	A	98; $Kp_{1,3(10)}$ 196	
Adipinsäure	Adiponitril	A	152 (AcOH); $Kp_{1,3(10)}$ 205	
Phenylessigsäure	Benzylcyanid	A	78 (W.); $Kp_{1,6(12)}$ 144	
4-Methoxy-phenylessigsäure	4-Methoxy-benzylcyanid	A	86	
3,4-Dimethoxy-phenylessigsäure (Homoveratrumsäure)	3,4-Dimethoxy-benzylcyanid	A	68 (Hydrat aus W.) 98 (getrocknet)	
2,5-Dimethoxy-phenylessigsäure	2,5-Dimethoxy-benzylcyanid	B	124 (W.)	
2-Chlor-phenylessigsäure	2-Chlor-benzylcyanid	B	96 (W.)	
3-Chlor-phenylessigsäure	3-Chlor-benzylcyanid	A	78 (W.)	
4-Chlor-phenylessigsäure	4-Chlor-benzylcyanid	A	106 (W.)	
2-Brom-phenylessigsäure	2-Brom-benzylcyanid	B	104 (AcOH)	
3-Brom-phenylessigsäure	3-Brom-benzylcyanid	A	100 (W.)	
4-Brom-phenylessigsäure	4-Brom-benzylcyanid	A	116 (W.)	
2,4-Dimethyl-phenylessigsäure	2,4-Dimethyl-benzylcyanid	B	106 (W.)	
2,5-Dimethyl-phenylessigsäure	2,5-Dimethyl-benzylcyanid	B	128 (W.)	

Tabelle 7.80 (Fortsetzung)

Produkt	Ausgangsverbindung[1]	Variante	F (bzw. Kp) in °C	n_D^{20}
2,4,6-Trimethyl-phenylessigsäure	2,4,6-Trimethyl-benzylcyanid	B	168 (EtOH oder Ligroin)	
Naphth-1-ylessigsäure	Naphth-1-ylacetonitril	B	133 (W.)	

[1] Als Ausgangsverbindung kann auch mit dem gleichen Erfolg das entsprechende Carbonsäureamid eingesetzt werden.

α-Hydroxy-nitrile lassen sich nur sauer hydrolysieren, z. B. Benzaldehydcyanhydrin zu *Mandelsäure:* CORSON, B. B., u. a., Org. Synth., Coll.,Vol. I (1956), 336.

Partielle Hydrolyse eines Nitrils mit Hilfe eines basischen Ionenaustauschers:

Nicotinsäureamid aus Pyridin-3-carbonitril: GALAT, A., J. Am. Chem. Soc. **70** (1948), 349;

Malonsäure aus Chloressigsäure über Cyanessigsäure: WEINER, N., Org. Synth., Coll. Vol. II (1957), 376.

Nitrile lassen sich mit Hilfe der Kolbe-Synthese (vgl. D.2.6.9.), durch Cyanethylierungs-, Cyanessigester- und ähnliche Reaktionen (vgl. [7.140] und [7.284]) leicht darstellen. Die Hyrolyse von Nitrilen schließt sich diesen Reaktionen im allgemeinen an und besitzt daher erhebliche präparative und technische Bedeutung für die Synthese von Carbonsäuren. Auch Hydroxy- und Aminosäuren sind so über Cyanhydrine (vgl. D.7.2.1.1.) bzw. nach der Strecker-Synthese (vgl. [7.109]) leicht zugänglich. Über wichtige Beispiele informiere man sich an den zitierten Stellen!

In Gegenwart von wasserfreiem Chlorwasserstoff addiert sich Alkohol an Nitrile zu den *Imidoester-* („Iminoether"-) *Hydrochloriden:*

$$R'-\overline{\underline{O}}-H + R-C\underline{\equiv}N + H-Cl \longrightarrow R-C\begin{smallmatrix}NH\\\\\overset{\oplus}{O}-R'\\H\end{smallmatrix}\;Cl^{\ominus} \longrightarrow R-C\begin{smallmatrix}NH_2\\\\OR'\end{smallmatrix}\Bigg\}^{\oplus}\;Cl^{\ominus} \qquad [7.81]$$

Darstellung von Monoimidomalonsäurediethylester

In einem 1-l-Vierhalskolben mit Rührer, Rückflußkühler mit Calciumchloridrohr, Tropftrichter und Innenthermometer kühlt man eine Mischung aus 0,85 mol Cyanessigsäureethylester, 50 ml Ether, 12,5 ml Wasser und 50 ml 96%igem Ethanol auf 5 °C ab. Zu dieser Mischung tropft man unter Rühren bei 0 bis 5 °C 0,8 mol Thionylchlorid (SO_2-Entwicklung! Abzug!). Danach wird 2 Stunden bei 10 °C und 4 Stunden bei Raumtemperatur nachgerührt. Man läßt über Nacht im Kühlschrank stehen, kühlt mit Trockeneis/Methanol auf –20 °C, saugt den Niederschlag ab und wäscht mit Ether nach.

Zur Freisetzung des Imidoesters trägt man das erhaltene Imidoesterhydrochlorid portionsweise und unter kräftigem Rühren in eine Mischung aus 300 ml Wasser, 100 g Eis und 50 g Natriumhydrogencarbonat ein, die sich in einem 2-l-Becherglas befindet. Das ausgefallene Rohprodukt wird abgesaugt und in 100 ml Toluen gelöst. Man filtriert, trocknet über Magnesiumsulfat, destilliert im Vakuum das Lösungsmittel ab und fraktioniert den Rückstand im Feinvakuum. $Kp_{0,3(2)}$ 80 °C; F 36 °C (Petrolether); Ausbeute 80%.

Imidoester werden durch Wasser sehr leicht zu Carbonsäureestern hydrolisiert. Durch Aminolyse erhält man Amidine:

$$R-C\begin{smallmatrix}NH\\\\OR'\end{smallmatrix} \xrightarrow[-R'OH]{H_2N-R''} R-C\begin{smallmatrix}NH\\\\NHR''\end{smallmatrix} \xrightarrow[-NH_3]{H_2N-R''} R-C\begin{smallmatrix}NR''\\\\NHR''\end{smallmatrix} \qquad [7.82]$$

In Sonderfällen lassen sich Amidine auch direkt durch Wasserabspaltung aus geeignet substituierten Carbonsäureamiden erhalten, z. B.:

$$[7.83]$$

Darstellung von 1,8-Diaza-bicyclo[5.4.0]undec-7-en (DBU [7.83])

0,5 mol *N*-(3-Amino-propyl)-ε-caprolactam werden mit 100 ml Xylen und 1 g *p*-Toluensulfonsäure so lange unter Rückfluß am Wasserabscheider erhitzt, bis sich kein Reaktionswasser mehr bildet (etwa 24 Stunden). Man befreit vom Lösungsmittel am Rotationsverdampfer, ohne zuvor die Katalysatorsäure auszuwaschen, und destilliert anschließend im Vakuum. $Kp_{1,9(14)}$ 128 °C; Ausbeute 85%.

Acetamidinhydrochlorid aus Acetonitril : Dox, A. W., Org. Synth., Coll. Vol. I (1956), 5.

Einige Amidine werden als Pflanzenschutzmittel genutzt, z. B. Amitraz (*N*-Methylamido-bis-(*N'*-2,3-dimethyl-anilidoformamidin).

Die Alkoholyse von Imidoestern führt zu Orthocarbonsäureestern. Auf diese Weise läßt sich z. B. Orthoameisensäuretriethylester herstellen:

$$[7.84]$$

7.1.6. Addition von Nucleophilen an spezielle Carbonylverbindungen

Phosgen, das Dichlorid der Kohlensäure, geht prinzipiell die gleichen Reaktionen ein wie einfache Carbonsäurehalogenide. Wegen der direkten Bindung der zwei Chloratome an den Carbonylkohlenstoff sind jedoch die Folgeprodukte der Reaktion mit Basen oft wiederum reaktive Carbonylverbindungen.

Die Alkoholyse führt über den (in Substanz faßbaren) Chlorkohlensäure-(Chlorameisensäure-)ester [7.85], I zum Kohlensäurediester [7.85], II:

$$[7.85]$$

In der Peptidsynthese wird beispielsweise der Chlorkohlensäurebenzylester (vgl. [7.51a,b]) zur Synthese *N*-geschützter Aminosäuren eingesetzt.

Chlor- bzw. Bromcyan als heteroanaloge Phosgene sind Säurehalogenide der Cyansäure und liefern bei der Alkoholyse Cyanate:

$$\text{Ar-OH} + \text{Br-C}\equiv\text{N} \xrightarrow[{-[HN(C_2H_5)_3]^{\oplus} Br^{\ominus}}]{+N(C_2H_5)_3} \text{Ar-O-C}\equiv\text{N} \qquad [7.86]$$

Die Reaktion verläuft nur mit speziellen Alkoholen, aber mit den meisten Phenolen glatt.

Die Aminolyse von Phosgen führt je nach den Versuchsbedingungen über das sich intermediär bildende Carbamoylchlorid [7.87], I zu Harnstoffen II bzw. unter HCl-Eliminierung aus [7.87], I zu Isocyanaten III:

$$
\underset{\substack{\text{Cl} \\ \diagdown \\ \text{Cl}}}{\text{Cl}} \text{C=O} \xrightarrow[-\text{HCl}]{R-NH_2} \left[\underset{\substack{| \\ H}}{R-N-}\underset{\substack{\diagup \\ \text{Cl}}}{\overset{\displaystyle O}{C}} \right] \xrightarrow{} \begin{array}{c} \xrightarrow[-\text{HCl}]{+\,R-NH_2} \begin{array}{c} R-NH \\ \diagdown \\ R-NH \end{array} C=O \\ \text{II} \\ \\ \xrightarrow[-\text{HCl}]{} R-N=C=O \\ \text{III} \end{array} \qquad [7.87]
$$

$$\text{I}$$

Bei der Isocyanatbildung geht man meist von den Aminhydrochloriden aus und phosgeniert in der Hitze. Auf diese Weise kann man die Harnstoffbildung weitgehend unterdrücken und die Produkte in relativ hohen Ausbeuten erhalten. Präparativ einfacher gestaltet sich oft jedoch eine Variante, bei der man das freie Amin zu einer Lösung von überschüssigem Phosgen in einem geeigneten Lösungsmittel (Toluen, Xylen, Chlorbenzen, α-Chlor-naphthalen usw.) unter Kühlung zusetzt. Es bildet sich auf diese Weise eine Mischung aus Carbamoylchlorid und Aminhydrochlorid. Anschließend wird bei höherer Temperatur weiter bis zur vollständigen Lösung phosgeniert.

Die Diisocyanate Diphenylmethan-4,4'-diisocyanat (MDI), 2,4- und 2,6-Toluylendiisocyanat (TDI) und Hexamethylendiisocyanat (HDI) werden technisch in großem Umfang durch Phosgenierung der entsprechenden Diamine hergestellt und zu Polyurethanen weiterverarbeitet (s. unten).

In prinzipiell gleicher Weise sind auch die Isothiocyanate (Senföle) aus Thiophosgen zugänglich. Da die Produkte gegenüber Wasser wesentlich unempfindlicher sind als die Sauerstoffanaloga, arbeitet man häufig in Wasser als Lösungsmittel.

Allgemeine Arbeitsvorschrift zur Darstellung von Isocyanaten (Tab. 7.88)

Achtung! Phosgen ist stark giftig! Nur in besonders dafür vorgesehenen Laboratorien unter dem Abzug arbeiten! Aus dem Kühler austretende Gase wie folgt durch vier Waschflaschen leiten: . Zweite Waschflasche mit 10%iger wäßriger KOH, vierte Waschflasche mit halbkonz. wäßrigem Ammoniak füllen!

In 400 ml trockenem Lösungsmittel, das man auf −7 °C abgekühlt hat, wird 1 mol getrocknetes Phosgen gelöst (Einleiten bis zur berechneten Gewichtszunahme). Anschließend tropft man zunächst unter weiterer Kühlung eine Lösung von 0,75 mol primärem Amin (bzw. 0,4 mol Diamin) in wenig Lösungsmittel so zu, daß die Temperatur nur unwesentlich steigt. Nach der Aminzugabe entfernt man die Kühlung und leitet langsam weiteres trockenes Phosgen ein. Wenn die Wärmetönung abklingt, wird unter fortdauerndem Phosgeneinleiten auf 100 °C erhitzt. Nach Aufhören der HCl-Entwicklung unterbricht man die Gaszufuhr und entfernt überschüssiges Phosgen durch Einleiten von trockenem Stickstoff.

Niedriger als das erwartete Reaktionsprodukt siedende Lösungsmittel werden im Vakuum abdestilliert und der Rückstand rektifiziert oder umkristallisiert.

Lösungsmittel mit höheren Siedetemperaturen als das Isocyanat verbleiben als Sumpf im Reaktionskolben, während das Produkt im Vakuum abdestilliert und anschließend nochmals rektifiziert wird.

Tabelle 7.88

Isocyanate durch Phosgenierung von Aminen

Produkt	Ausgangsverbindung[1])	Lösungsmittel (Kp in °C)	Kp (bzw. F) in °C	Ausbeute in %
Phenylisocyanat	Anilin	α-Chlor-naphthalen (260)	165	80
4-Chlor-phenylisocyanat	4-Chlor-anilin	Toluen (111)	$81_{1,3(10)}$	70
4-Nitro-phenylisocyanat	*p*-Nitranilin	Toluen (111)	F 112 (PhH)	50
α-Naphth-1-yl-isocyanat	1-Amino-naphthalen	Chlorbenzen (132)	$145_{2,0(15)}$	70

4-Chlor-phenylisothiocyanat durch Thiophosgenierung von 4-Chlor-anilin: DYSON, G. M., Org. Synth. Coll. Vol. I (1956), 165; deutsche Übersetzung von ASMUS, R., 158.

Phenylcyanat aus Bromcyan und Phenol: MARTIN, D.; BAUER, M., Org. Synth. **61** (1983), 35.

Carbonylverbindungen mit kumulierten Doppelbindungen addieren Nucleophile unter Bildung von Carboxylderivaten:

$$X{=}C{=}O + |NuH \longrightarrow X{-}\overset{\ominus}{\underset{\overset{\oplus}{NuH}}{C}}{=}O \rightleftharpoons X{=}\overset{OH}{\underset{\underline{Nu}}{C}} \rightleftharpoons HX{-}\overset{O}{\underset{\underline{Nu}}{C}} \qquad [7.89]$$

Kohlendioxid ergibt auf diese Weise mit Alkylhydroxiden Hydrogencarbonate, die mit überschüssigem Reagens in Carbonate übergehen:

$$O{=}C{=}O + {}^{\ominus}\overline{\underline{O}}{-}H \rightleftharpoons O{=}\overset{OH}{\underset{\underline{O}^{\ominus}}{C}} \xrightarrow[+ H_2O, - OH^{\ominus}]{+ OH^{\ominus}, - H_2O} O{=}\overset{\ominus}{\underset{O^{\ominus}}{C}} \qquad [7.90]$$

Analog bildet Ammoniak die unbeständige Carbamidsäure ([7.91], II), die mit überschüssigem Ammoniak in ihr Ammoniumsalz (III) übergeht:

$$O{=}C{=}O + |NH_3 \rightleftharpoons O{=}\overset{\overset{\oplus}{NH_3}}{\underset{O^{\ominus}}{C}} \rightleftharpoons O{=}\overset{NH_2}{\underset{OH}{C}} \xrightarrow[- NH_3]{+ NH_3} O{=}\overset{NH_2}{\underset{O^{\ominus}}{C}} NH_4^{\oplus} \qquad [7.91]$$

$$\qquad\qquad\qquad\quad \textbf{I} \qquad\qquad\qquad \textbf{II} \qquad\qquad\quad \textbf{III}$$

Aus dem Ammoniumsalz der Carbamidsäure läßt sich entsprechend der Synthese von Amiden aus carbonsauren Ammoniumsalzen (s. [7.44]) in Gegenwart von Ammoniak bei 150 °C und 3,5 MPa (35 atm) Harnstoff darstellen. Das Verfahren wird technisch in größtem Umfang durchgeführt.

Schwefelkohlenstoff addiert als schwefelanaloges Kohlendioxid in alkalischem Medium relativ leicht Alkohole und Amine zu den Estersalzen der Dithiokohlensäure (den Xanthogenaten [7.92]) bzw. den Dithiocarbamidaten ([7.93]):

$$S{=}C{=}S + HOR \xrightarrow{\text{NaOH}} S{=}\overset{S^{\ominus}}{\underset{OR}{C}} Na^{\oplus} \quad \text{Natrium-O-alkyl-dithiocarbonat ("Xanthogenat")} \qquad [7.92]$$

$$S{=}C{=}S + H_2NR \xrightarrow{\text{NaOH}} S{=}\overset{S^{\ominus}}{\underset{NHR}{C}} Na^{\oplus} \quad \text{Natrium-N-alkyl-dithiocarbamidat} \qquad [7.93]$$

Man mache sich den Reaktionsverlauf und die Wirkung des Alkalis klar! Die *O*-substituierten Dithiocarbonate (Xanthogenate) sind Ausgangsprodukte für die Chugaev-Esterpyrolyse (vgl. D.3.2.). Die Dithiocarbamidate können zur Darstellung der Isothiocyanate (Senföle, R–N=C=S) dienen. Man informiere sich darüber im Lehrbuch!

Isothiocyanate und vor allem die entsprechend gebauten *Isocyanate* (R–N=C=O) und *Ketene* (R–CH=C=O) sind reaktionsfähige Carbonylverbindungen, die leicht Wasser, Alkohole, Amine und andere nucleophile Reagenzien addieren. Man formuliere an Hand von [7.89] folgende wichtige Reaktionen:

Isocyansäure	+ Ammoniak	→ Harnstoff (WÖHLER)
Isocyanate	+ Wasser	→ *N*-substituierte Carbamidsäuren (vgl. [9.27])
		→ Kohlendioxid + Amine
Isocyanate	+ Alkohole	→ Urethane
Isocyanate	+ Ammoniak (Amine)	→ *N*-substituierte Harnstoffe
Isothiocyanate	+ Ammoniak (Amine)	→ *N*-substituierte Thioharnstoffe
Keten	+ Alkohole	→ Essigsäureester
Keten	+ Ammoniak (Amine)	→ Acetamide
Keten	+ Essigsäure	→ Acetanhydrid

Die Umsetzungen der Ketene und Isocyanate verlaufen oft sehr heftig, während Isothiocyanate etwas reaktionsträger sind. So gelingt z. B. ihre Hydrolyse zu primärem Amin, Kohlendioxid und Schwefelwasserstoff erst durch Kochen mit Salzsäure; die analoge Reaktion der Isocyanate erfolgt dagegen schon bei Zimmertemperatur mit Wasser allein.

Einige der genannten Reaktionen besitzen auch technisch Bedeutung. In größtem Umfang wird Cellulosexanthogenat zur Produktion von Kunstseide und Zellwolle nach dem Viskoseverfahren dargestellt. Gewisse Dithiocarbamate sind wichtige Vulkanisationsbeschleuniger für Kautschuk und finden darüber hinaus als Fungizide Verwendung, z. B. das Zinksalz der *N*,*N*-Dimethyl-dithiocarbamidsäure, die aus Dimethylamin und Schwefelkohlenstoff entsteht (Ziram). Den gleichen Zwecken dient das daraus durch Oxidation erhältliche Disulfid, das sog. Tetramethylthiuramdisulfid (Thiram). Thioharnstoffderivate haben sich auch als Pharmazeutika bei der Leprabehandlung bewährt, z. B. Thiambutoxin (*N*-*p*-Butoxy-phenyl-*N'*-*p*-dimethyl-anilinothioharnstoff).

Die bei der Addition von mehrwertigen Alkoholen (z. B. Butan-1,4-diol oder Polyester und Polyether mit freien Hydroxylgruppen) an Diisocyanate (z. B. MDI, TDI und HDI, s. oben) entstehenden Polyurethane werden als Kunststoffe und Schaumstoffe eingesetzt. Die Anlagerung von Essigsäure an Keten, das durch Pyrolyse von Essigsäure (vgl. D.7.1.4.4. und [3.55]) oder Aceton hergestellt wird, ist ein wichtiges Verfahren zur Erzeugung von Essigsäureanhydrid.

Urethane, Harnstoffe und Thioharnstoffe sind im allgemeinen gut kristallisierende Verbindungen, die deshalb oft zur analytischen Charakterisierung von Alkoholen und Aminen dienen.

Darstellung von *N*-Phenyl-urethanen durch Addition von Alkoholen an Phenylisocyanat (Allgemeine Arbeitsvorschrift für die qualitative Analyse)

Zu 0,5 g Phenylisocyanat in 10 ml trockenem Ligroin (*Kp* 80 bis 100 °C) werden 0,3 bis 0,5 g des Alkohols (vorher sorgfältig trocknen!) in 5 ml des gleichen Lösungsmittels gegeben. Nach dem Abklingen der Reaktion erwärmt man noch 1 bis 3 Stunden auf siedendem Wasserbad, filtriert heiß und läßt abkühlen. Der Niederschlag wird mit kaltem Petrolether gewaschen und aus Petrolether oder Tetrachlorkohlenstoff umkristallisiert.

α-Naphthylurethane werden analog aus α-Naphthylisocyanat dargestellt.

Darstellung von substituierten Thioharnstoffen durch Addition primärer und secundärer Amine an Phenylisothiocyanat (Allgemeine Arbeitsvorschrift für die qualitative Analyse)

0,2 g Amin werden in 5 ml Alkohol gelöst und 0,2 g Phenylisothiocyanat in 5 ml Alkohol zugegeben. Falls bei Zimmertemperatur keine Reaktion erfolgt, wird 1 bis 2 Minuten erhitzt. Fallen beim Abkühlen auch beim Reiben keine Kristalle aus (aromatische Amine), wird weitere 10 Minuten erhitzt oder von vornherein ohne Lösungsmittel gearbeitet und nach beendeter Reaktion mit 50%igem wäßrigem Alkohol ausgefällt. Umkristallisieren der Thioharnstoffe aus Alkohol.

7.1.7.   Thionierung von Carbonylverbindungen

Carbonylverbindungen lassen sich mit Phosphorpentasulfid (P_4S_{10}) in Gegenward von Basen wie Pyridin oder Natriumhydrogencarbonat, in Thiocarbonylverbindungen überführen:

R' = Alkyl, Aryl, OR, NH_2, NHR, NR_2 [7.94]

Auf diese Weise können insbesondere aromatische Thioketone, Thiocarbonsäureester und Thiocarbonsäureamide aus Ketonen, Carbonsäureestern und -amiden dargestellt werden.

In neuerer Zeit hat sich das aus Phosphorpentasulfid und Anisol leicht und in hoher Ausbeute zugängliche 2,2-Bis-(4-methoxy-phenyl)-1,3,2,4-dithiadiphosphetan-2,4-disulfid [7.95], auch als *Lawessons Reagens* bezeichnet, als äußerst nützlich für die Herstellung von Thiocarbonylverbindungen aus Carbonylverbindungen erwiesen. Es ist reaktiver als P_4S_{10} und bei erhöhter Temperatur ausreichend in organischen Lösungsmitteln löslich, so daß die Reaktionen in homogener Phase durchgeführt werden können.

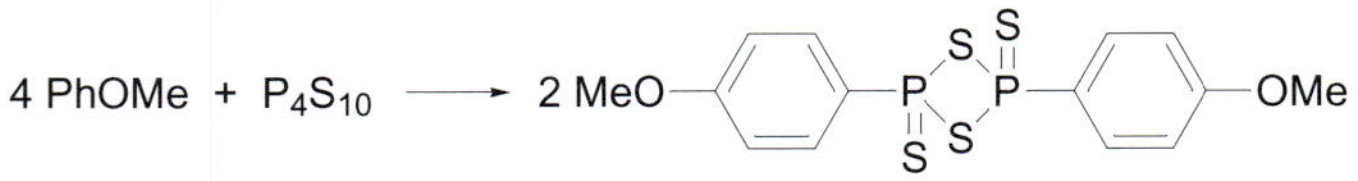

4 PhOMe + P_4S_{10} [7.95]

Für die Reaktion von Lawessons Reagens mit Carbonylverbindungen ist folgender Mechanismus wahrscheinlich:

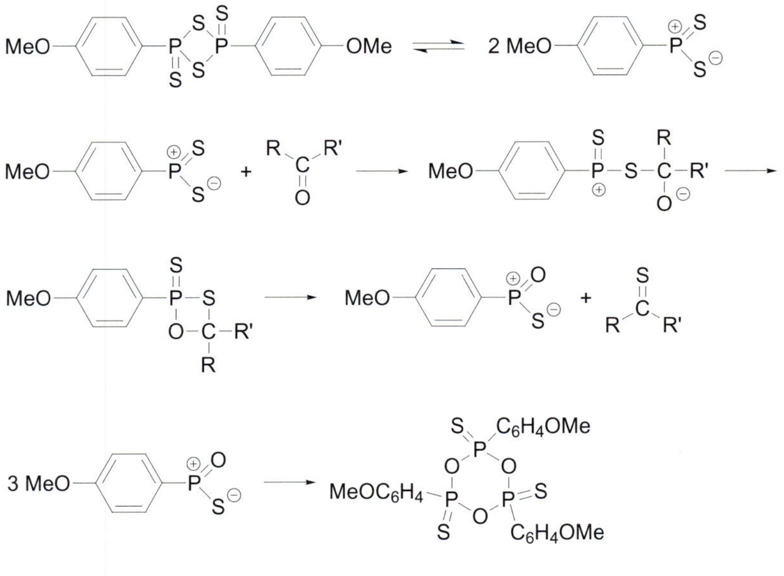

[7.96]

Allgemeine Arbeitsvorschrift zur Darstellung von Thiocarbonsäureamiden (Tab. 7.97)

A. 2,2-Bis-(4-methoxy-phenyl)-1,3,2,4-dithiadiphosphetan-2,4-disulfid (Lawesson Reagens)

Vorsicht! Schwefelwasserstoff-Entwicklung. Abzug benutzen!

1 mol Anisol und 0,1 mol P_4S_{10} werden in einem 250-ml-Rundkolben mit Rückflußkühler und Calciumchloridrohr 6 Std. auf 155 °C Badtemperatur erhitzt, wobei alles in Lösung geht. Beim Abkühlen auf Zimmertemperatur kristallisiert das Produkt aus. Es wird abgesaugt, mit Ether/

Dichlormethan (1 : 1) gewaschen und über Phosphorpentoxid im Vakuum getrocknet. Ausbeute: 80 %. F 227...229 °C, ein Teil schmilzt schon bei 214 °C. Im Exsikkator im Vakuum über Phosphorpentoxid bei Raumtemperatur aufbewahrt, ist das Produkt etwa 10 Tage haltbar.

B. Darstellung von Thiocarbonsäureamiden

0,01 mol Carbonsäureamid und 0,005 mol 2,2-Bis-(4-methoxy-phenyl)-1,3,2,4-dithiadiphosphetan-2,4-disulfid werden in 15 ml Ethylenglycoldimethylether in einem 100 ml-Rundkolben bei 100 °C Badtemperatur im Falle von secundären und tertiären Amiden bzw. bei 80 °C bei primären Amiden die vorgeschriebene Zeit erhitzt. Nach dem Erkalten rührt man in 50 ml Wasser ein und schüttelt viermal mit je 25 ml Ether aus. Die etherischen Phasen werden vereinigt, über MgSO$_4$ getrocknet und anschließend im Rotationsverdampfer zur Trockene eingeengt. Weicht die Schmelztemperatur nach dem Umkristallisieren von der angegebenen ab, so kann das Produkt gereinigt werden, indem man es in Ether/Aceton (1 : 1) löst und die Lösung durch eine Silicagel-Säule gibt.

Tabelle 7.97

Thiocarbonsäureamide

Produkt	Ausgangsverbindungen	Reaktionsdauer in h	F (bzw. Kp) in °C	Ausbeute in %
Thioformanilid	Formanilid	1	138...140 (abs. EtOH)	70
Thiobenzamid	Benzamid	1	115...116 (EtOH/H$_2$O)	68
Thiobenzanilid	Benzanilid	8	97...98 (EtOH/H$_2$O oder Essigester)	72
Thioacet-4-chlor-anilid	Acet-4-chlor-anilid	2	141...143 (EtOH)	82
Thionicotinsäureamid	Nicotinsäureamid	15	188...190 (PrOH)	68
N,N-Dimethyl-thioformamid	*N,N*-Dimethyl-formamid	3	$Kp_{1,3(10)}$ 95...97	80

Thiocarbonylverbindungen, insbesondere Thiocarbonsäureamide finden als Pharmaka, Pflanzenschutzmittel, Vulkanisationsbeschleuniger, Korrosionsinhibitoren und Schmieröladditive technische Verwendung.

Acetyl-Coenzym A, das bei der Biosynthese von Fettsäuren und Terpenen sowie im Citronensäurecyclus entscheidend beteiligt ist, enthält eine reaktive Thioestergruppierung (vgl. [7.174]).

Thiocarbonylverbindungen sind wichtige Ausgangsstoffe für die Synthese von Heterocyclen. Man formuliere die Umsetzung von Thioacetamid mit Chloraceton zu 2,4-Dimethyl-thiazol!

7.2.   Reaktionen von Carbonylverbindungen mit Kohlenstoff-Nucleophilen

Mit Kohlenstoff-Nucleophilen reagieren Carbonylverbindungen unter Knüpfung einer C–C-Bindung. Die Reaktionen sind daher von außerordentlicher Bedeutung für die Synthese organischer Verbindungen.

Als Kohlenstoff-Nucleophile kommen in Frage:

a) Organometallverbindungen: $\overset{\delta-}{R}-\overset{\delta+}{M}$
Sie besitzen auf Grund des +I-Effektes des Metalls eine polare C–M-Bindung, in der das Kohlenstoffatom eine negative Partialladung trägt.

b) Cyanid- und Acetylidionen: $^{\ominus}C\equiv N$, $^{\ominus}C\equiv CR$

c) Ylide $\underset{/}{\overset{\backslash}{C}}{}^{\ominus}-X^{\oplus}$ ($\leftrightarrow$ $\overset{\backslash}{\underset{/}{C}}=X$ Ylene)

des Phosphors (X = PR$_3$) und Schwefels (X = SR$_2$; SOR$_2$).

d) Enolate $\overset{\displaystyle \overset{\ominus}{\overline{\underline{\text{O}}}}}{\underset{|}{\text{C}}} = \text{C} \quad \longleftrightarrow \quad \overset{\ominus}{\text{C}} - \text{C}$

von Aldehyden, Ketonen, Carbonsäureestern und –amiden sowie ihre Aza-Analoga (Enamide [vgl. D.7.4.2.1.], α-Cyano- und α-Nitro-carbanionen)

e) Enole, Enolether, Enamine: $\text{C} = \text{C} \quad \longleftrightarrow \quad \overset{\ominus}{\text{C}} - \text{C}$
vgl. D.7.4.2.

Die Verbindungen b) bis d) werden aus entsprechenden CH-aciden Verbindungen durch Entzug eines Protons gebildet. Sie können auch aus diesen CH-aciden Vorläufern direkt in der Reaktion durch Zusatz von Basen in situ erzeugt werden.

In Tabelle 7.98 sind die wichtigsten Reaktionen von Carbonylverbindungen mit Kohlenstoff-Nucleophilen zusammengestellt.

Tabelle 7.98

Reaktionen von Carbonylverbindungen mit Kohlenstoff-Nucleophilen

Reaktion	Name
$\overset{\text{O}}{\underset{}{\text{C}}}$ + H−C≡N ⇌ $-\overset{\text{OH}}{\underset{|}{\text{C}}}-\text{C}≡\text{N}$ Aldehyde, Ketone	Synthese von Cyanhydrinen
$\overset{\text{O}}{\underset{}{\text{C}}}$ + H−C≡C−H ⇌ $-\overset{\text{OH}}{\underset{|}{\text{C}}}-\text{C}≡\text{C}-\text{H}$	Ethinylierung
$\overset{\text{O}}{\underset{}{\text{C}}}$ + $-\text{CH}_2-\overset{\text{O}}{\underset{}{\text{C}}}$ ⇌ $-\overset{\text{OH}}{\underset{|}{\text{C}}}-\overset{}{\underset{|}{\text{CH}}}-\overset{\text{O}}{\underset{}{\text{C}}}$ $\xrightarrow{-\text{H}_2\text{O}}$ $\text{C}=\text{C}$, $\text{C}=\text{O}$	Aldol-Addition Aldol-Kondensation
$\text{Ar}-\overset{\text{O}}{\underset{}{\text{C}}}-\text{H}$ + $\text{H}_3\text{C}-\overset{\text{O}}{\underset{}{\text{C}}}-\text{O}-\overset{\text{O}}{\underset{}{\text{C}}}-\text{CH}_3$ $\xrightarrow{-\text{CH}_3\text{COOH}}$ $\overset{\text{Ar}\quad\text{H}}{\underset{\text{H}\quad\text{COOH}}{\text{C}=\text{C}}}$	Perkin-Reaktion
$\text{Ar}-\overset{\text{O}}{\underset{}{\text{C}}}-\text{H}$ + $\overset{}{\underset{\text{HNCOPh}}{\text{H}_2\text{C}-\text{COOH}}}$ $\xrightarrow{-2\,\text{H}_2\text{O}}$ (Oxazolon)	Erlenmeyer-Reaktion
$\overset{\text{O}}{\underset{}{\text{C}}}$ + $\overset{}{\underset{\text{Cl}}{\text{H}_2\text{C}-\text{COOR}}}$ $\xrightarrow{-\text{HCl}}$ $\overset{\text{O}}{\underset{\text{COOR}}{\text{C}-\text{C}-\text{H}}}$	Darzens-Glycidestersynthese
$\overset{\text{O}}{\underset{}{\text{C}}}$ + $\overset{\text{X}}{\underset{\text{Y}}{\text{H}_2\text{C}}}$ $\xrightarrow{-\text{H}_2\text{O}}$ $\overset{\text{X}}{\underset{\text{Y}}{\text{C}=\text{C}}}$ (X, Y = COR, COOR, COOH, CN, NO$_2$)	Knoevenagel-Kondensation
R_2NH + $\text{H}-\overset{\text{O}}{\underset{}{\text{C}}}-\text{H}$ + $-\text{CH}_2-\overset{\text{O}}{\underset{}{\text{C}}}$ $\longrightarrow$ $\text{R}_2\text{N}-\text{CH}_2-\overset{}{\underset{|}{\text{CH}}}-\overset{\text{O}}{\underset{}{\text{C}}}$	Mannich-Reaktion

Tabelle 7.98 (Fortsetzung)

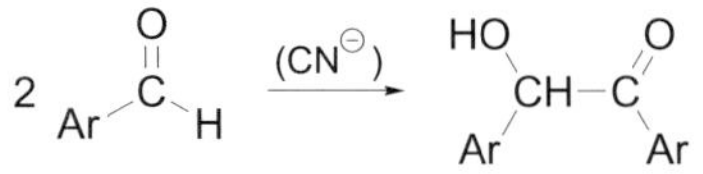 $2\ \underset{Ar}{\overset{O}{C}}{}_{H} \xrightarrow{(CN^{\ominus})} \underset{Ar}{\overset{HO}{CH}}{-}\underset{Ar}{\overset{O}{C}}$	Acyloinkondensation
$\overset{O}{C} + \underset{R'}{\overset{PPh_3}{\overset{\|}{C}}}{}_{R} \xrightarrow{-\ Ph_3P=O} \overset{R}{C=C}{}_{R'}$	Wittig-Reaktion
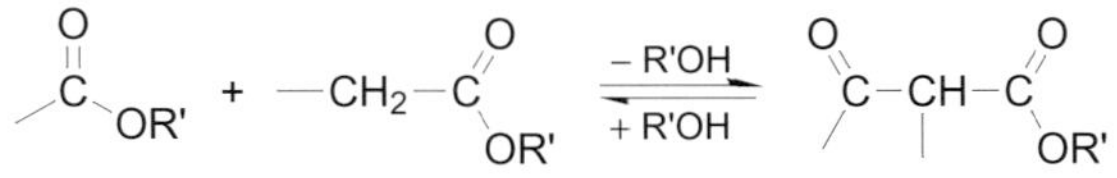 $\underset{OR'}{\overset{O}{C}} + {-}CH_2{-}\underset{OR'}{\overset{O}{C}} \underset{+\ R'OH}{\overset{-\ R'OH}{\rightleftharpoons}} \overset{O}{C}{-}CH{-}\underset{OR'}{\overset{O}{C}}$	Esterkondensation
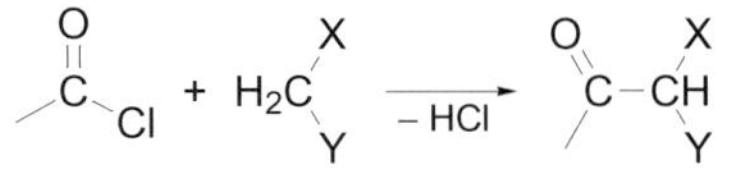 $\underset{Cl}{\overset{O}{C}} + \underset{Y}{\overset{X}{H_2C}} \xrightarrow{-\ HCl} \overset{O}{C}{-}\underset{Y}{\overset{X}{CH}} \quad (X, Y = COR, COOR, CN)$	Acylierung von CH-aciden Verbindungen
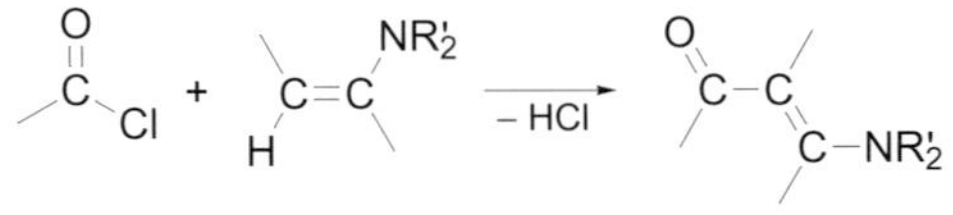 $\underset{Cl}{\overset{O}{C}} + \underset{H}{\overset{NR'_2}{C=C}} \xrightarrow{-\ HCl} \overset{O}{C}{-}C \overset{}{\underset{C{-}NR'_2}{}}$	Acylierung von Enaminen (vgl. D.7.4.2.3.)
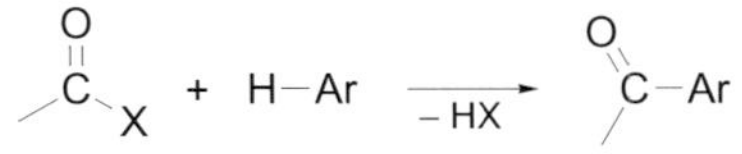 $\underset{X}{\overset{O}{C}} + H{-}Ar \xrightarrow{-\ HX} \overset{O}{C}{-}Ar \quad (X = Cl, OCOR)$	Friedel-Crafts-Acylierung (vgl. D.5.1.8.1.)
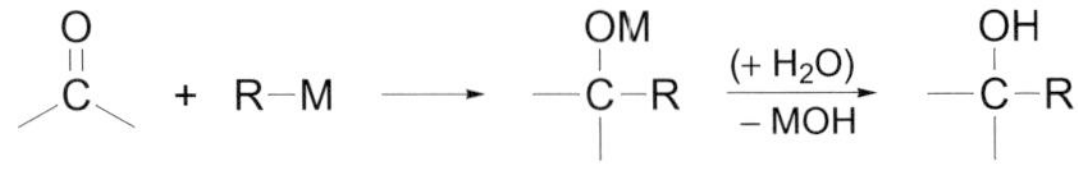 $\overset{O}{C} + R{-}M \longrightarrow \underset{}{\overset{OM}{-C{-}R}} \underset{-\ MOH}{\overset{(+\ H_2O)}{\longrightarrow}} \underset{}{\overset{OH}{-C{-}R}}$ $M = MgX, Li\ u.a.$	Reaktion mit Organometallverbindungen (M = MgX: Grignard-Reaktion)
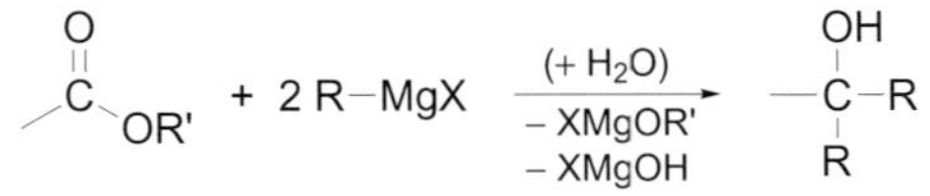 $\underset{OR'}{\overset{O}{C}} + 2\ R{-}MgX \underset{-\ XMgOH}{\overset{(+\ H_2O)}{\underset{-\ XMgOR'}{\longrightarrow}}} \underset{R}{\overset{OH}{-C{-}R}}$	
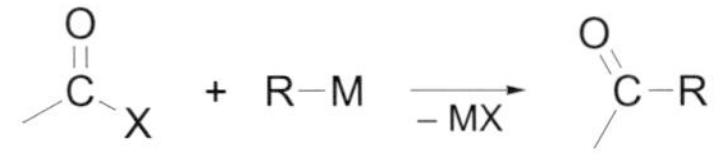 $\underset{X}{\overset{O}{C}} + R{-}M \xrightarrow{-\ MX} \overset{O}{C}{-}R \quad \begin{array}{l}(X = OH, OR', Cl, OCOR';\\ M = Li, LiCuR, CdR\ u.a.)\end{array}$	

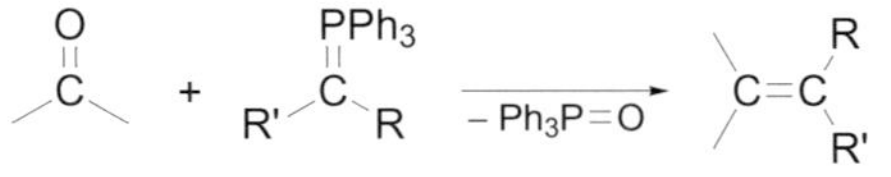

Die Reaktionen einiger Carbonylverbindungen mit Aromaten als Nucleophile wurden schon in Kapitel D.5 besprochen (Friedel-Crafts-Acylierung, Chlormethylierung und verwandte Umsetzungen).

7.2.1. Reaktionen von Carbonylverbindungen mit CH-aciden Verbindungen

Zur Addition an die Carbonylgruppe ist eine Reihe CH-acider Verbindungen (Aldehyde, Ketone, Carbonsäureester und -amide, Nitrile und Nitroverbindungen mit einem Wasserstoffatom in α-Stellung zur funktionellen Gruppe sowie Blausäure und Acetylen) befähigt. Diese

Verbindungen weisen von vornherein keine nucleophilen Eigenschaften auf, können aber in Gegenwart starker Basen in einem der eigentlichen Carbonylreaktion vorgelagerten Gleichgewicht in Anionen übergehen, die dann eine genügend große Nucleophilie besitzen, um an die Carbonylgruppe addiert zu werden.

Die Lage dieses Gleichgewichtes wird von dem Verhältnis der Basizitäten von Katalysatorbase und Anion der CH-aciden Verbindung bestimmt (Tab. 7.99).

Tabelle 7.99

pK_s-Werte in Wasser bei 25 °C

Substanz	pK_s	Substanz	pK_s	Substanz	pK_s
Methan	etwa 48	Aceton	etwa 20	Cyanessigsäureethylester	10,5
Benzen	etwa 43	Ethanol	16	Nitromethan	10,2
Ammoniak	etwa 38	Methanol	15,5	Phenol	10,0
Wasserstoff	etwa 35	Wasser	15,74	Blausäure	9,2
Triphenylmethan	etwa 32	Malonsäurediethylester	12,9	Ammonium	9,24
Acetylen	etwa 25	Malononitril	11,2	Acetylaceton	9,0
Acetonitril	etwa 25	Piperidinium	11,1	Malonaldehyd	5,0
Essigsäuremethylester	etwa 24	Acetessigsäureethylester	10,8	Essigsäure	4,8

Bei Carbonylverbindungen löst die Katalysatorbase ein Wasserstoffatom in α-Stellung zur Carbonylgruppe als Proton ab:

$$\text{B}^{\ominus} + \text{H–C–C} \rightleftharpoons \text{B–H} + \left[\begin{array}{ccc} \overset{\ominus}{\text{C}}\text{–C} & \longleftrightarrow & \text{C}=\text{C} \end{array} \right] \equiv \text{C–C}^{\ominus} \qquad [7.100]$$

$$\text{I} \qquad\qquad\qquad \text{IIa} \qquad \text{IIb} \qquad\qquad \text{IIc}$$

Die acidifizierende Wirkung der Carbonylgruppe und ihrer Analoga auf die *benachbarte* Alkylgruppe beruht darauf, daß sie auf Grund ihrer –I-Wirkung die Polarität der C–H-Bindung erhöht. Das nach der Abspaltung des Protons verbleibende Elektronenpaar ist zudem mit der C=O-Gruppe konjugiert. Hierdurch wird das Anion [7.100], II stabilisiert.

Aus den geschilderten Gründen ist auch verständlich, daß nur die in α-Stellung befindlichen Wasserstoffatome gelockert sind. Von der β-Methylgruppe im Propionaldehyd z. B. ist keine Konjugation zur Carbonylgruppe mehr möglich. Ebenso ist auch das Wasserstoffatom an der Carbonylgruppe von Aldehyden nicht durch Basen als Proton abspaltbar, da hierbei das konjugierte System nicht verlängert werden könnte (dagegen ist die Abspaltung als Radikal bzw. Anion möglich, vgl. z. B. [1.46] und [7.238]).

In den β-Dicarbonylverbindungen (Malonsäurediethylester, Acetessigsäureethylester, Acetylaceton u. a.) sind sowohl der induktive Effekt auf die benachbarte C–H-Bindung als auch die Delokalisierungsmöglichkeit des freien Elektronenpaares im Anion sehr stark ausgeprägt. Sie besitzen daher eine den Phenolen und Carbonsäuren vergleichbare Säurestärke.

Das entsprechend [7.100] gebildete Anion II der CH-aciden Verbindung kann sich genauso an die Carbonylverbindung anlagern wie die bisher beschriebenen Heteroatom-Nucleophile[1]) vgl. [7.8]:

---

[1]) Die Anionen von Carbonylverbindungen (Enolate) besitzen, wie aus [7.100] hervorgeht, auch am Sauerstoffatom nucleophile Eigenschaften. Die Reaktion an dieser Stelle führt aber zu keinem bleibenden Ergebnis, da das entstehende halbacetalartige Gebilde sich nur durch Zerfall in die Komponenten stabilisieren könnte.

$$\underset{\textbf{IIc}}{\overset{\overset{\displaystyle O}{|}}{\underset{|}{C}}{=}C} \;+\; \underset{\textbf{III}}{\overset{\displaystyle C{=}O} {}} \;\rightleftharpoons\; \underset{\textbf{IV}}{\overset{\overset{\displaystyle O}{|}}{C}{-}C{-}C{-}\overline{O}|^{\ominus}}$$

[7.101]

$$\underset{\textbf{IV}}{\overset{\overset{\displaystyle O}{|}}{C}{-}C{-}C{-}\overline{O}|^{\ominus}} \;+\; HB \;\rightleftharpoons\; \underset{\textbf{V}}{\overset{\overset{\displaystyle O}{|}}{C}{-}C{-}C{-}OH} \;+\; \overline{B}^{\,\ominus}$$

Das dabei entstehende Alkoholation [7.101], IV übernimmt von der im ersten Schritt in [7.100] entstandenen protonierten Base HB (oder auch vom Lösungsmittel) wieder ein Proton, wodurch es in die ungeladene Hydroxyverbindung V übergeht und der Katalysator $B^{\ominus}$ zurückgebildet wird. Die gesamte Umsetzung verläuft also mit katalytischen Mengen der Hilfsbase.

Voraussetzung für den letzten Schritt (IV → V) ist, daß das Alkoholation IV eine höhere Basizität besitzt als $B^{\ominus}$. Für Hydroxidionen als Hilfsbase z. B. ($pK_s = 15{,}7$) ist diese Voraussetzung gegeben, da Alkoholationen vom Typ IV sehr starke Basen sind ($pK_s \geqslant 17$ bis 19). Beispiele dafür, daß der „Neutralisationsschritt" nicht stattfinden kann, werden später erörtert. In solchen Fällen müssen molare Mengen des basischen Kondensationsmittels angewendet werden.

Die Umsetzung [7.101] ist der Prototyp aller Adolreaktionen und verwandter, basisch katalysierter Umsetzungen. Da alle Reaktionsstufen Gleichgewichtsreaktionen sind, lassen sich die entstandenen Addukte prinzipiell wieder durch Basen spalten.

An die Reaktion entsprechend [7.101] schließt sich häufig die Abspaltung eines Moleküls Wasser an, so daß α,β-ungesättigte Carbonylverbindungen erhalten werden (*Aldolkondensation*). Solche Wasserabspaltungen verlaufen sehr leicht, da sich ein System konjugierter Doppelbindungen ausbilden kann, vgl. auch D.3.1.4. Ist die Carbonylkomponente, die mit dem Anion der CH-aciden Verbindung reagiert, ein Carbonsäurederivat (Ester, Halogenid, Anhydrid), so läuft der Kondensationsschritt immer ab, wobei Alkohol, Halogenwasserstoff bzw. Carbonsäure abgespalten werden. Man erhält nämlich dadurch die Anionen (Enolate) von β-Dicarbonylverbindungen, die besonders energiearm sind:

$$\overset{\overset{\displaystyle O}{|}}{\underset{X}{C}}{\overset{\ominus}{}}{=}C\overset{H}{} \;+\; \underset{X}{C{=}O} \;\rightleftharpoons\; \overset{\overset{\displaystyle O}{|}}{C}{-}CH{-}\underset{X}{C}{-}\overline{O}|^{\ominus} \;\underset{+HX}{\overset{-HX}{\rightleftharpoons}}\; \left[\overset{\overset{\displaystyle O}{|}}{C}{-}C{=}C{-}\overline{O}|^{\ominus} \;\longleftrightarrow\; \overset{\overset{\displaystyle O}{|}}{C}{-}\overset{\ominus}{C}{-}\overset{\displaystyle O}{C} \right]$$

[7.102]

X = OR, Halogen, OCOR

Auf Grund ihrer geringen Basizität sind die Anionen von β-Dicarbonylverbindungen normalerweise nicht in der Lage, aus dem protonierten Katalysator die Hilfsbase (etwa Alkoholat) wieder in Freiheit zu setzen. Es handelt sich hier um einen der obengenannten Fälle, wo molare Mengen der Hilfsbase notwendig sind. Für X = Halogen, OCOR in [7.102] ist darüber hinaus ein weiteres Mol des Kondensationsmittels notwendig.

Die Reaktionen CH-acider Carbonylverbindungen mit Carbonylverbindungen können nicht nur durch basische Katalysatoren, sondern z. T. auch durch Säuren und Lewis-Säuren beschleunigt werden. Der saure Katalysator bewirkt in schon bekannter Weise eine Erhöhung der Carbonylaktivität, darüber hinaus katalysiert er die Enolisierung der CH-aciden Komponente:

$$H{-}\overset{|}{\underset{|}{C}}{-}\overset{\overset{\displaystyle O}{}}{C} \;+\; H^{\oplus} \;\rightleftharpoons\; H{-}\overset{|}{\underset{|}{C}}{-}\overset{\overset{\displaystyle \oplus OH}{}}{C} \;\rightleftharpoons\; H^{\oplus} \;+\; \overset{\overset{\displaystyle OH}{}}{C}{=}C$$

[7.103]

Man informiere sich im Lehrbuch über Keto-Enol-Tautomerie! Vergleiche auch D.7.2.1.8.

Das Enol in [7.103] ist nun auf Grund der basischen Eigenschaften der C=C-Doppelbindung (vgl. D.4.) in der Lage, als nucleophiles Reagens an die Carbonylgruppe addiert zu werden:

$$
\underset{\text{HO}}{\text{C}}=\text{C} + \text{C}=\text{O} + \text{H}^\oplus \rightleftharpoons \text{C}-\text{C}-\text{C}-\text{OH} \underset{+\text{H}^\oplus}{\overset{-\text{H}^\oplus}{\rightleftharpoons}} \text{C}-\text{C}-\text{C}-\text{OH} \tag{7.104}
$$

Es entsteht mithin das gleiche Produkt wie bei der basisch katalysierten Reaktion [7.101]. Unter den sauren Reaktionsbedingungen wird das Aldol allerdings sofort dehydratisiert (s.o.):

$$
\text{C}-\text{C}-\text{C}-\text{OH} \underset{-\text{H}^\oplus}{\overset{+\text{H}^\oplus}{\rightleftharpoons}} \text{C}-\text{C}-\text{C}-\overset{\oplus}{\text{O}} \underset{+\text{H}_2\text{O}, +\text{H}^\oplus}{\overset{-\text{H}_2\text{O}, -\text{H}^\oplus}{\rightleftharpoons}} \text{C}-\text{C}=\text{C} \tag{7.105}
$$

Diese sauer katalysierten Reaktionen sind von geringerer Bedeutung als die basenkatalysierten.

7.2.1.1. Anlagerung von Blausäure an Aldehyde und Ketone

Durch Anlagerung von Blausäure an Aldehyde oder Ketone entstehen α-Hydroxy-carbonitrile (Cyanhydrine):

$$
\text{R}-\overset{\text{O}}{\underset{\text{R'}}{\text{C}}} + \text{H}-\text{C}\equiv\bar{\text{N}} \rightleftharpoons \text{R}-\overset{\text{OH}}{\underset{\text{R'}}{\text{C}}}-\text{C}\equiv\bar{\text{N}} \tag{7.106}
$$

Als basische Katalysatoren wirken hierbei Alkalicyanide, Alkalicarbonate, Ammoniak, Amine u. a. Man formuliere den Mechanismus der Reaktion!

Die Reaktion ist reversibel. α-Hydroxy-carbonitrile lassen sich durch Basen daher wieder spalten. Die Lage des Gleichgewichts hängt stark von der Struktur der Carbonylverbindung ab, wobei sowohl elektronische als auch sterische Faktoren eine große Rolle spielen. Die Cyanhydrine von Aldehyden sind stabiler als die von Ketonen. –I-Gruppen in Nachbarstellung zur Carbonylgruppe erleichtern die Cyanhydrinbildung. Aliphatische Ketone geben schlechte Ausbeuten, während rein aromatische Ketone nicht reagieren. Aus sterischen Gründen sind die Cyanhydrine von Cyclohexanon und Cyclopentanon stabiler als die offenkettiger Ketone.

Allgemeine Arbeitsvorschrift zur Darstellung von α-Hydroxy-carbonitrilen (Cyanhydrinen) (Tab. 7.107)

Achtung! Bei der Reaktion entsteht freie Blausäure! Abzug, Gasmaske! Auch die Cyanhydrine sind stark giftig (warum?). Die meisten Cyanhydrine sind thermisch instabil. Man stabilisiert deshalb vor der Destillation mit 1 bis 2% konzentrierter Phosphorsäure, Schwefelsäure oder Chloressigsäure. Andernfalls kann explosionsartige Zersetzung eintreten. Sollen Cyanhydrine gelagert werden, so sind sie ebenfalls zu stabilisieren!

In einem Dreihalskolben mit Rührer, Rückflußkühler, Tropftrichter und Innenthermometer (vgl. Abb. A.4d) wird 1 mol fein gepulvertes Natriumcyanid in 120 ml Wasser unter Rühren gelöst und mit 1,2 mol der Carbonylverbindung versetzt. Man kühlt auf 0 °C und tropft unter kräftigem Rühren 0,85 mol 35%ige Schwefelsäure langsam zu, so daß die Innentemperatur nicht über +5 °C ansteigt. Nach beendeter Zugabe rührt man noch weitere 15 Minuten und saugt anschließend sofort das gebildete Natriumhydrogensulfat ab (Vorsicht! Blausäure). Die Cyanhydrinschicht wird abgetrennt, das Salz zweimal mit je 100 ml Ether gewaschen und die wäßrige Phase mit dem gleichen Ether extrahiert. Die Etherextrakte werden mit dem Cyanhydrin vereinigt, man trocknet mit wasserfreiem Natriumsulfat, versetzt mit 1 g Chloressigsäure, treibt den Ether ab und destilliert das Cyanhydrin über eine kleine Vigreux-Kolonne im Vakuum (Abzug!).

Tabelle 7.107

α-Hydroxy-carbonitrile (Cyanhydrine) aus Aldehyden und Ketonen

Produkt	Ausgangsverbindungen	Kp (bzw. F) in °C	n_D^{20}	Ausbeute in %
Acetoncyanhydrin	Aceton	$81_{2(15)}$	1,4013	60
Ethylmethylketoncyanhydrin	Butanon	$91_{2,7(20)}$	1,4151	50
Diethylketoncyanhydrin	Pentan-3-on	$88_{1,1(8)}$	1,4251	50
Acetaldehydcyanhydrin	Acetaldehyd	$95_{2,7(20)}$	1,4052	70
Benzaldehydcyanhydrin[1]	Benzaldehyd	$F\ 20$		70
Cyclohexanoncyanhydrin	Cyclohexanon	$126_{2,4(18)}$; $F\ 29$		60

[1] Benzaldehydcyanhydrin ist unbeständig, sofort als Rohprodukt weiterverarbeiten (vgl. D.7.1.5.)!

Darstellung von *Glycolonitril (Formaldehydcyanhydrin):* GAUDRY, R., Org. Synth., Coll. Vol. III (1955), 436.

Die Hydroxygruppe von Cyanhydrinen läßt sich acylieren und alkylieren (vgl. auch D.7.2.1.6.).

Cyanhydrinallylether aus Aldehyden, Kaliumcyanid und Allylbromid unter Phasentransfer-bedingungen: MCINTOSH, J. H., Canad. J. Chem. **55** (1977), 4200.

Cyanhydrine verwendet man zur Darstellung von α-Hydroxy-carbonsäuren, indem die Nitrilgruppe sauer (warum nicht alkalisch?) hydrolysiert wird (vgl. auch D.7.1.5., Mandelsäure, Milchsäure).

Die alkalische Spaltung der Cyanhydrine zu Aldehyden macht man sich beim Abbau von Aldosen zum nächstniederen Zucker zunutze (Wohl-Abbau), z. B.:

$$
\begin{array}{ccccccccc}
\text{CHO} & & \text{CH}{=}\text{NOH} & & \text{C}{\equiv}\text{N} & & & \text{CHO} & \\
\text{H--C--OH} & & \text{H--C--OH} & & \text{H--C--OAc} & & & & \\
\text{HO--C--H} & \xrightarrow{\text{H}_2\text{NOH}} & \text{HO--C--H} & \xrightarrow[\text{(AcONa)}]{\text{Ac}_2\text{O}} & \text{AcO--C--H} & \xrightarrow{\text{CH}_3\text{ONa}} & & \text{HO--C--H} & \\
\text{H--C--OH} & & \text{H--C--OH} & & \text{H--C--OAc} & & & \text{H--C--OH} & [7.108] \\
\text{H--C--OH} & & \text{H--C--OH} & & \text{H--C--OAc} & & & \text{H--C--OH} & \\
\text{CH}_2\text{OH} & & \text{CH}_2\text{OH} & & \text{CH}_2\text{OAc} & & & \text{CH}_2\text{OH} & \\
\end{array}
$$

D-Glucose   D-Arabinose

Führt man die Umsetzung von Aldehyden mit Blausäure in Gegenwart von äquimolaren Mengen Ammoniak (auch primären und secundären Aminen) durch, so addiert sich die Blausäure an die zunächst gebildeten Iminoverbindungen, und es entstehen Aminonitrile, deren saure Hydrolyse α-Amino-carbonsäuren liefert (Strecker-Synthese):

$$
\underset{\text{H}}{\overset{\text{O}}{R{-}C}} + HNR_2' + HCN \xrightarrow{-H_2O} \underset{\text{H}}{\overset{NR_2'}{R{-}C{-}CN}} \xrightarrow{+\,2\,H_2O,\ H^{\oplus}} \overset{NR_2'}{R{-}CH{-}COOH} + NH_3 \qquad [7.109]
$$

Mit Formaldehyd erreicht man so eine Cyanmethylierung von primären und secundären Aminen.

Darstellung von *N-Methyl-aminoacetonitril* (Sarkosinonitril): COOK, A. H.; COX, S. F., J. Chem. Soc. **1949**, 2334.

Nach der gleichen Methode stellt man technisch Nitrilotriessigsäure (NTA, Trilon A, N(CH₂COOH)₃,) und Ethylendiamintetraessigsäure (EDTA, Trilon B, Chelaplex) her. Man formuliere diese Synthesen. NTA komplexiert Ca- und Mg-Ionen und kann damit weitgehend Phosphat in Waschmitteln ersetzen.

Eine Schwierigkeit bei Aminosäuresynthesen besteht darin, die Aminosäure von anorganischen Salzen zu trennen (gleiche Löslichkeit). Die Löslichkeit von Aminosäuren ist am isoelektrischen Punkt am geringsten. Daher können einige in Wasser schwer lösliche Aminosäuren durch Einstellung des pH-Wertes auf diesen Punkt aus der rohen Salzlösung ausgefällt werden (vgl. z. B. Tab. 6.12). In den meisten Fällen müssen jedoch die Aminosäuren als Hydrochloride aus dem Salzgemisch extrahiert werden, z. B. mit absolutem Alkohol. Aus den Hydrochloriden werden in geeigneten Lösungsmitteln die Aminosäuren mit Basen bzw. Ionenaustauschern in Freiheit gesetzt. In der unten angegebenen Vorschrift versetzt man die alkoholische Lösung des Hydrochlorids mit Diethylamin bzw. Tributylamin, wobei das Hydrochlorid dieser stärker basischen Verbindung im Alkohol gelöst bleibt und die Aminosäure ausfällt.

D,L-Methionin, eine essentielle Aminosäure und Futtermittelzusatz bei der Geflügelaufzucht, wird technisch in einer Bucherer-Synthese aus β-Methylthio-propionaldehyd (D.7.4.1.2.) hergestellt:

$$Me\text{—}S\text{—}CH_2CH_2\text{—}CHO + NaCN + (NH_4)HCO_3 \longrightarrow$$

$$[7.110]$$

In analoger Weise wird aus 5-Oxo-valeronitril, mit einer Hydrierung als Zwischenstufe, Lysin gewonnen.

Allgemeine Arbeitsvorschrift zur Darstellung von α-Aminosäuren nach Strecker (Tab. 7.111)

Vorsicht beim Umgang mit Cyaniden! Beim Ansäuern der Reaktionslösung entwickelt sich Blausäure. Abzug! Druckflasche nur bis zu einem Drittel ihres Volumens füllen, während der Reaktion mit einem Tuch umwickeln und vor dem Öffnen erst abkühlen lassen! Schutzbrille!

In eine Druckflasche gibt man eine kalt gesättigte Lösung von 0,55 mol Ammoniumchlorid, 100 ml konz. Ammoniaklösung und eine Lösung von 0,55 mol Natriumcyanid in 50 ml Wasser. Dann wird in Eiswasser gekühlt und 0,5 mol des betreffenden Aldehyds oder Ketons tropfenweise unter Schütteln zugesetzt. Bei aromatischen Carbonylverbindungen fügt man außerdem noch 100 ml Methanol zu, um die Löslichkeit der Carbonylverbindung zu erhöhen. Die verschlossene Flasche wird 5 Stunden bei Raumtemperatur auf der Maschine geschüttelt. Bei Ketonen erwärmt man 5 Stunden unter häufigem Schütteln auf 50 °C im Wasserbad.

Dann öffnet man die abgekühlte Flasche vorsichtig, überführt den Inhalt in eine Vakuumdestillationsapparatur und destilliert im vollen Vakuum der Wasserstrahlpumpe bei 30 bis 40 °C Badtemperatur das Ammoniak und einen Teil des Wassers ab. Danach werden 300 ml konz. Salzsäure zugegeben (Vorsicht! Es entwickelt sich etwas freie Blausäure. Abzug!), und es wird 3 Stunden unter Rückfluß gekocht, um das Aminonitril zu hydrolysieren. Man destilliert nun im Vakuum zur Trockne, zuletzt im siedenden Wasserbad, und extrahiert den heißen Rückstand zweimal mit je 100 ml Methanol. Die vereinigten Filtrate scheiden beim Abkühlen noch etwas Ammoniumchlorid aus und werden nochmals filtriert. Dann fügt man Diethylamin oder Tributylamin bis zur schwach alkalischen Reaktion zu, wodurch die Aminosäure in Freiheit gesetzt wird. Man läßt über Nacht im Eisschrank stehen, filtriert die ausgefallene Aminosäure ab und wäscht mit Methanol und Ether. Erforderlichenfalls kann aus wäßrigem Alkohol umkristallisiert werden.

Tabelle 7.111

α-Aminosäuren nach STRECKER

Produkt	Ausgangsverbindungen	F in °C	Ausbeute in %
DL-Alanin	Acetaldehyd[1]	295	50
DL-α-Aminobuttersäure	Propionaldehyd	307 (Zers.)	60
DL-Norvalin	Butyraldehyd	303[2] (Zers.)	65
DL-Valin	Isobutyraldehyd	298[2] (Zers.)	14

Tabelle 7.111 (Fortsetzung)

Produkt	Ausgangsverbindungen	F in °C		Ausbeute in %
DL-Methionin	β-Methylthio-propionaldehyd	281	(Zers.)	60
DL-Phenylglycin[3])	Benzaldehyd	256		50
DL-α-Methyl-analin	Aceton	316	(Zers.)	55

[1]) In 100 ml Ether lösen, der bei der Aufarbeitung mit abdestilliert wird.
[2]) im geschlossenen Röhrchen
[3]) Nach der Hydrolyse Reaktionsgemisch mit konz. Ammoniak bis zur schwach basischen Reaktion versetzen, ausgefallene Säure absaugen. Zur Feinreinigung vgl. STEIGER, R. E., Org. Synth., Coll. Vol. III (1955), 84.

α,α′-Hydrazobis(cyclohexancarbonitril) und *α,α′-Hydrazobis(isobutyronitril)* werden in entsprechender Weise aus Cyclohexanon bzw. Aceton, Hydrazinsulfat und Natriumcyanid erhalten: OVERBERGER, C. G.; HUANG, P.; BERENBAUM, M. B., Org. Synth., Coll. Vol. IV (1963), 274.
3-Amino-pentan-3-carbonsäure: STEIGER, R. E., Org. Synth., Coll. Vol. III (1955), 66.

Aus Aldehyd-Cyanhydrinen können mit Hilfe der Ritter-Reaktion (erster Schritt in [7.112]) α-Oxo-carbonsäuren gewonnen werden:

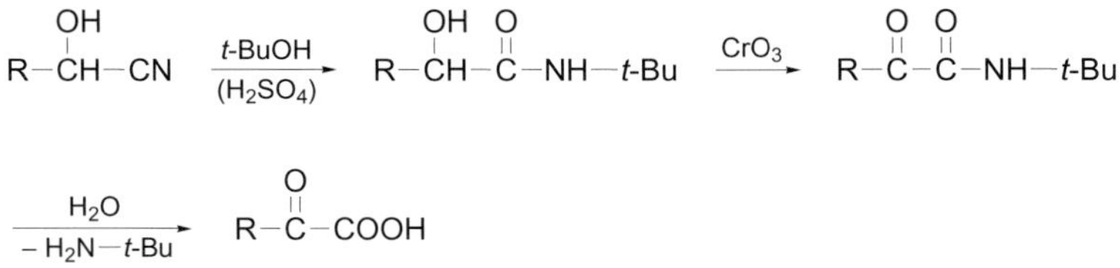

$$
R-\underset{\overset{|}{OH}}{CH}-CN \xrightarrow[(H_2SO_4)]{t\text{-BuOH}} R-\underset{\overset{|}{OH}}{CH}-\underset{\overset{||}{O}}{C}-NH-t\text{-Bu} \xrightarrow{CrO_3} R-\underset{\overset{||}{O}}{C}-\underset{\overset{||}{O}}{C}-NH-t\text{-Bu}
$$

[7.112]

$$
\xrightarrow[-H_2N-t\text{-Bu}]{H_2O} R-\underset{\overset{||}{O}}{C}-COOH
$$

In der Technik werden aus Acetoncyanhydrin Polymethacrylsäuremethylester (Plexiglas),

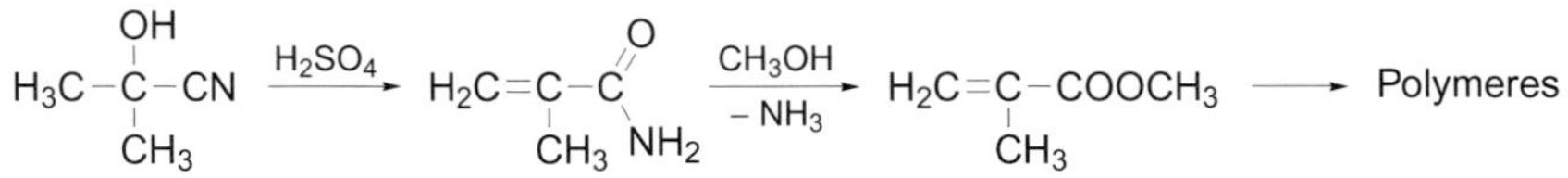

$$
H_3C-\underset{\underset{CH_3}{|}}{\overset{\overset{OH}{|}}{C}}-CN \xrightarrow{H_2SO_4} H_2C=\underset{\underset{CH_3}{|}}{C}-\underset{NH_2}{\overset{\overset{O}{||}}{C}} \xrightarrow[-NH_3]{CH_3OH} H_2C=\underset{\underset{CH_3}{|}}{C}-COOCH_3 \longrightarrow \text{Polymeres}
$$

[7.113a]

aus Formaldehydcyanhydrin Glycin und aus Acetaldehydcyanhydrin Milchsäure hergestellt. Über in situ erzeugte Cyanhydrine, die in Gegenwart von Carbonsäurechloriden oder –anhydriden zu Estern reagieren, gewinnt man synthetische Pyrethroide, z. B. Cypermethrin (X=Cl) und Deltamethrin (X=Br):

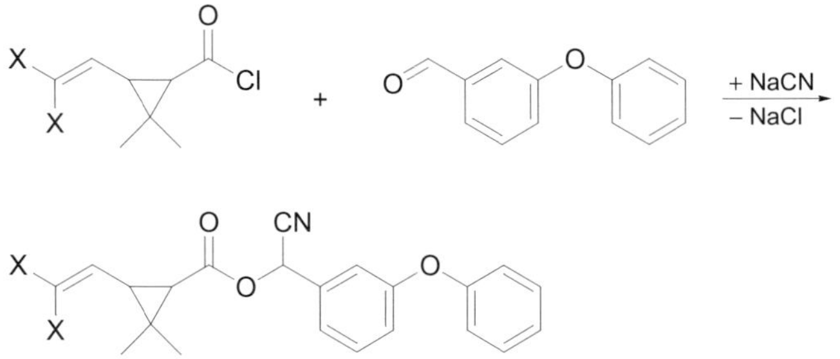

[7.113b]

Diese dem natürlichen Pyrethrum analogen Stoffe sind bereits in geringer Menge hoch wirksame Insektizide (vgl. auch [4.83]).

7.2.1.2.   Ethinylierung von Carbonylverbindungen

Aldehyde und Ketone reagieren mit Acetylenen zu Propargylalkoholen. Die Ethinylierung von Ketonen wird meistens in flüssigem Ammoniak in Gegenwart von Natriumamid durchgeführt, das in molaren Mengen angewandt werden muß (warum?):

$$NH_2^\ominus + H-C\equiv CH \longrightarrow |\overset{\ominus}{C}\equiv CH + NH_3$$

$$R-\overset{\overset{\displaystyle O}{\|}}{\underset{\underset{\displaystyle R'}{|}}{C}} + |\overset{\ominus}{C}\equiv CH \longrightarrow R-\overset{\overset{\displaystyle |\overline{O}|^\ominus}{|}}{\underset{\underset{\displaystyle R'}{|}}{C}}-C\equiv CH \xrightarrow{+H^\oplus} R-\overset{\overset{\displaystyle OH}{|}}{\underset{\underset{\displaystyle R'}{|}}{C}}-C\equiv CH \qquad [7.114]$$

$$\qquad\qquad\qquad\qquad\qquad\qquad \textbf{I} \qquad\qquad\qquad\qquad\qquad \textbf{II}$$

Bei der Zersetzung des Reaktionsgemisches mit Wasser geht I in II über.

Aliphatische Ketone lassen sich schon mit Kaliumhydroxid als Katalysator ethinylieren. Aldehyde werden besser in Gegenwart von Kupferacetylid umgesetzt, da die genannnten basischen Katalysatoren Nebenreaktionen (Adolreaktionen) hervorrufen.

Bei der Umsetzung von niederen Ketonen und Aldehyden können Mono- und Diadditionsverbindungen entstehen. So kann man Acetylen und Formaldehyd sowohl zum Propargylalkohol als auch zum Butin-1,4-diol umsetzen. Durch Veränderung der molaren Verhältnisse (Acetylenkonzentration) läßt sich die Reaktion lenken.

Allgemeine Arbeitsvorschrift für die Ethinylierung von Ketonen (Tab. 7.115)

Achtung! Mit flüssigem Ammoniak (*Kp* –34 °C) stets im Abzug arbeiten. Gasmaske sicherheitshalber bereitlegen, Schutzbrille! Manche Alkinole können sich beim Destillieren explosionsartig zersetzen, vor allem in Gegenwart basischer Stoffe. Man vermeide deshalb basische Trockenmittel, wie Kaliumcarbonat, setze dem Destillationsgut eine kleine Menge Bernsteinsäure zu und destilliere hinter einem Schutzschild.

Alle Geräte und Reagenzien müssen gut getrocknet werden (vgl. auch Reagenzienanhang).

Ein 1-l-Dreihalskolben mit kräftigem Rührer, Gaseinleitungsrohr, Thermometer und einem mit Ätznatron gefüllten Trockenrohr mit Gasableitung zum Abzug wird bis zum Hals in eine Methanol/Trockeneis-Mischung eingetaucht und ein rascher Ammoniakstrom eingeleitet, bis sich etwa 350 bis 400 ml NH_3 kondensiert haben. Bei den folgenden Operationen hält man die Temperatur stets zwischen –35 °C und –40 °C (Kolben nur noch wenig in die Kältemischung eintauchen).

Unter heftigem Rühren fügt man 0,1 g Eisen(III)-nitrat zu und leitet einen kräftigen Strom, von Acetylen ein, das vorher zur Entfernung von Acetondämpfen[1]) durch 2 Waschflaschen mit konz. Schwefelsäure geleitet wird. Sobald sich die Schwefelsäure auch in der zweiten Flasche dunkel färbt, müssen die Waschflaschen neu beschickt werden. Zwischen die Waschflaschen und den Reaktionskolben ist außerdem eine Überdrucksicherung nach Abbildung A.11 einzubauen.

0,5 mol Natrium werden in kleine schmale Streifen geschnitten (unter trockenem Toluen halten) und nach und nach in dem Maße in die Lösung gegeben, wie die anfängliche Blaufär-

---

[1]) In der Stahlbombe ist das Acetylen in Aceton gelöst, vgl. auch Reagenzienanhang.

bung[1]) jeweils verschwindet. Sobald nach der Auflösung des gesamten Natriums eine farblose bis hellgraue Lösung bzw. Suspension vorliegt, wird die Acetylenzufuhr beendet.

In die Lösung tropft man innerhalb von 30 Minuten 0,5 mol trockenes Keton in 75 ml trockenem Ether, entfernt das Kühlbad ganz und rührt noch weitere 2 Stunden. Dann läßt man das Ammoniak verdampfen, am besten über Nacht. Der Rückstand wird vorsichtig mit Wasser zersetzt und mit 50%iger Schwefelsäure schwach angesäuert. Anschließend ethert man mehrfach aus, wäscht die vereinigten Extrakte mit Kochsalzlösung, trocknet über Magnesiumsulfat und destilliert unter Zusatz einer kleinen Menge Bernsteinsäure.

Tabelle 7.115

Ethinylierung von Ketonen

Produkt	Ausgangs-verbindungen	Kp (bzw. F) in °C	n_D^{20}	Ausbeute in %
2-Methyl-but-3-in-2-ol	Aceton	106	1,4207	60
3-Methyl-pent-1-in-3-ol	Ethylmethylketon	121	1,4310	60
1-Ethinyl-cyclohexanol	Cyclohexanon	$78_{2(15)}$; F 30	1,4805[1])	80
1-Ethinyl-cyclopentanol	Cyclopentanon	$79_{2,4(18)}$; F 27		40
2-Phenyl-but-3-in-2-ol	Acetophenon	$107_{1,9(14)}$; F 51		70
3-Phenyl-pent-1-in-3-ol	Propiophenon	$107_{1,3(10)}$; F 34	1,5302[1])	80

[1]) unterkühlte Schmelze

Die Ethinylierungsreaktion besitzt für die Synthese von ungesättigten Verbindungen, vor allem von Terpenen, Carotinoiden und Stereoiden, erhebliche Bedeutung. So lassen sich z. B. verschiedene Terpenalkohole (Linalool, Geraniol, Farnesol, Phytol) auf diese Weise darstellen.

Durch Ethinylierung von Formaldehyd werden technisch Prop-2-in-1-ol (Propargylalkohol) und But-2-in-1,4-diol hergestellt. Dieses dient nach seiner Hydrierung zu Butan-1,4-diol (vgl. Tab. 4.126) als Ausgangsprodukt für die Synthese von Tetrahydrofuran (vgl. Tab.2.61) und γ-Butyrolacton sowie als Alkoholkomponente für Polyester und Polyurethane (vgl. D.7.1.6.).

Über 2-Methyl-but-3-in-2-ol (Tab. 7.115) kann Isopren, der Baustein des Naturkautschuks und der natürlichen Terpene, hergestellt und zu 1,4-*cis*-Polyoisopren weiterverarbeitet werden.

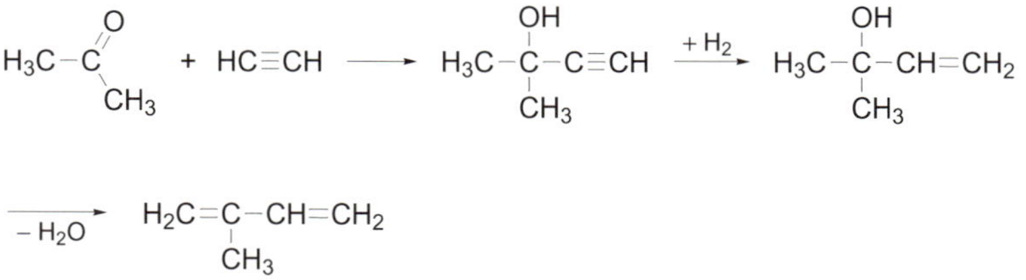

$$[7.116]$$

3-Methyl-pent-1-in-3-ol (Methylpentynol, Tab. 7.115) und 1-Ethinyl-cyclohexylcarbamat (Ethinamat) finden als Sedativa Verwendung. Ethinylestradiol, das man durch Ethinylierung aus Estron erhält, ist ein hochwirksames synthetisches Östrogen:

---

[1]) Die Blaufärbung wird durch das im flüssigen Ammoniak gelöste Natrium hervorgerufen. Durch Eisensalze wird die Umsetzung zum (farblosen) Natriumamid katalysiert. Die Bildung des Natriumacetylids erfolgt sehr rasch. Man kann die Reaktion auch so durchführen, daß man zunächst die Natriumamidlösung herstellt und erst dann das Acetylen einleitet.

$$+ \; HC\equiv CH \; \xrightarrow[\text{(fl. NH}_3\text{)}]{\text{K oder Na}} \qquad\qquad\qquad [7.117]$$

7.2.1.3. Aldolreaktion

Unter einer Aldolreaktion versteht man die Umsetzung von Aldehyden und Ketonen (Carbonylkomponente) mit sich selbst oder anderen Aldehyden und Ketonen als CH-acider Verbindung (Methylenkomponente).[1]) Der Mechanismus der basisch katalysierten Aldolreaktion ist in [7.101] wiedergegeben. (Man formuliere die Aldolreaktion mit Propionaldehyd!) Als Basen dienen bevorzugt Alkali- und Erdalkalihydroxide. Die in [7.104] formulierte sauer katalysierte Reaktion hat keine so große Bedeutung.

Wenn bei niedrigen Temperaturen gearbeitet wird, lassen sich die einfachen Aldole im allgemeinen ohne Schwierigkeiten isolieren. Bei den aus aromatischen Aldehyden entstandenen Aldolen schließt sich jedoch außerordentlich leicht eine Dehydratisierung an, weil ein ausgedehntes konjugiertes System entstehen kann. Bei der sauer katalysierten Aldolreaktion entsteht immer das Kondensationsprodukt.

Aldehyde als Carbonylkomponente reagieren besonders leicht, und das Gleichgewicht [7.101] liegt weit auf der rechten Seite.

Über die Reaktivität verschiedener Aldehyde gilt das bereits früher Gesagte. So besitzt der Formaldehyd die weitaus größte Reaktionsfähigkeit (warum?). Mit besonders aktiven Methylenverbindungen (z.B. Cyclohexan-1,3-dion, vgl. D.7.4.1.3.) reagiert er sogar ohne Katalysator in wäßriger Lösung. Im Gegensatz zu den anderen Aldehyden kann er sich auch zu Addukten umsetzen, in denen alle Wasserstoffatome am α-Kohlenstoffatom der Methylenkomponente substituiert sind, z.B.:

$$3 \; H-\overset{O}{\underset{H}{\overset{\|}{C}}} \; + \; H_3C-\overset{O}{\underset{H}{\overset{\|}{C}}} \; \longrightarrow \; HOCH_2-\overset{CH_2OH}{\underset{CH_2OH}{\overset{|}{C}}}-CH=O \qquad [7.118]$$

Diese Methylolverbindung unterliegt sehr leicht einer gekreuzten Cannizzaro-Reaktion zum Pentaerythrithol, vgl. D.7.3.1.3. Die aromatischen Aldehyde sind am reaktionsträgsten.

Ketone fungieren infolge ihrer geringeren Carbonylaktivität bei einer Aldolreaktion zwischen einem Aldehyd und einem Keton immer als Methylenkomponente (Claisen-Schmidt-Reaktion). Auch Ketone ohne reaktiven α-Wasserstoff (z.B. Benzophenon) reagieren nicht mit methylenaktiven Aldehyden, in diesen Fällen ist die Selbstaldolisierung der Aldehydkomponente bevorzugt.

Man kann die Reaktion mit dem Aldehyd als Methylenkomponente jedoch erzwingen, wenn man die Carbonylaktivität des Aldehyds durch vorherige Überführung in eine Schiffsche Base vermindert (vgl. [7.6]) und aus dieser anschließend, z.B. mit Lithiumdiisopropylamid, das Anion bildet:

$$R-CH_2-\overset{NR'}{\underset{H}{\overset{\diagup}{C}}} \; \longrightarrow \; R-CH\overset{\ominus}{=}\overset{NR'}{\underset{H}{\overset{\diagup}{C}}} \; Li^{\oplus} \qquad [7.119]$$

---

[1]) Im weiter gefaßten Sinne werden häufig auch Umsetzungen der Aldehyde und Ketone mit anderen CH-aciden Verbindungen als Aldolreaktionen bezeichnet. Diese Klassifizierung erscheint deswegen gerechtfertigt, weil es sich in allen Fällen prinzipiell um den gleichen Reaktionsmechanismus handelt.

Die Umsetzung mit der Carbonylgruppe von anderen Aldehyden oder Ketonen führt zu *N*-analogen Aldolen, die durch Wasserdampfdestillation in Gegenwart von Oxalsäure in die α,β-ungesättigten Aldehyde übergeführt werden können.

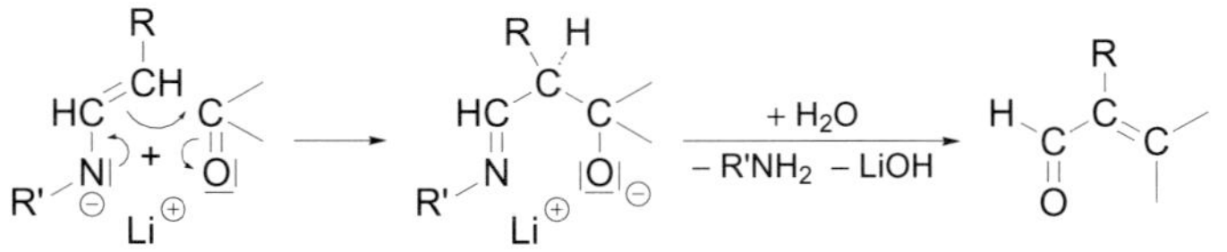

[7.120]

Hat ein Keton zwei reaktionsfähige Stellen, wie z. B. Aceton oder Butanon, so lassen sich bei der normalen Aldolreaktion Mono- und Di-Aldolisierungsprodukte erhalten. Will man das Mono-Addukt herstellen, muß die Methylenkomponente in einem 2- bis 3-molaren Überschuß verwendet werden. Wird ein unsymmetrisches Keton in die Aldolreaktion eingesetzt, so sind zwei verschiedene Produkte möglich:

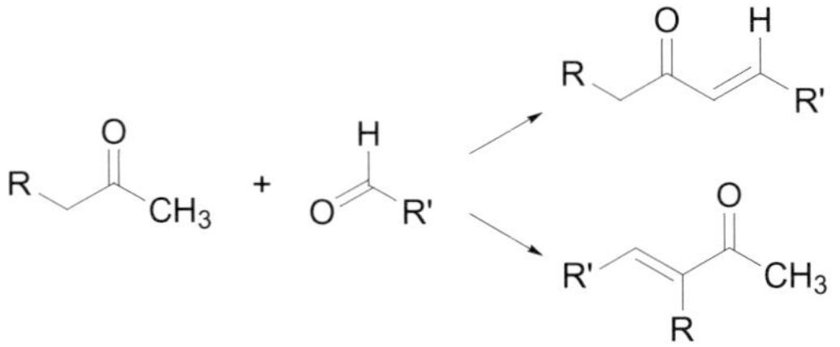

[7.121a]

[7.121b]

Die sauer katalysierte Reaktion mit aromatischen Aldehyden führt im allgemeinen zu einer Kondensation an der Methylengruppe (b), während im alkalischen Medium die Methylgruppe bevorzugt angegriffen wird (a). Unverzweigte aliphatische Aldehyde reagieren unabhängig vom Medium meist an der Methylengruppe.

Mit schwach CH-aciden Methylenkomponenten kann die basenkatalysierte Aldolreaktion mitunter auf einfache Weise in einem Zweiphasensystem erzwungen werden (vgl. Phasentransferkatalyse, D.2.4.2.). Als praktisches Beispiel hierfür ist in der allgemeinen Arbeitsvorschrift zu Tabelle 7.123 unter Variante E die Kondensation von Acetonitril mit aromatischen Aldehyden angegeben; vgl. [7.131].

Die Gleichgewichtslage bei der Aldolisierung eines Ketons mit sich selbst oder mit einem anderen Keton ist ungünstig, so daß sich z. B. Diacetonalkohol (4-Hydroxy-4-methyl-pentan-2-on) durch eine Aldolreaktion aus Aceton in brauchbarer Ausbeute nur darstellen läßt, wenn man das gebildete Aldol dem Aldolisierungsgleichgewicht ständig entzieht.

In Gegenwart starker Säure läßt sich Aceton ebenfalls mit sich selbst kondensieren. (Durch den Kondensationsschritt wird das Gleichgewicht im gewünschten Sinne verschoben.) Es entstehen dann aber neben 4-Methyl-pent-3-en-2-on (Mesityloxid) auch die höheren Kondensationsprodukte 2,6-Dimethyl-hepta-2,5-dien-4-on (Phoron) und 1,3,5-Trimethyl-benzen (Mesitylen).

Eine protonierte Carbonylgruppe kann aber nicht nur, wie in [7.104] formuliert, das Elektronenpaar eines Enols aufnehmen, sondern auch mit einem nicht aktivierten Alken reagieren (Prins-Reaktion). Das Additionsprodukt vermag sich in verschiedener Weise zu stabilisieren. Hauptprodukte sind entweder 1,3-Dioxan-Derivate oder β,γ-ungesättige Alkohole:

$$[7.122]$$

Die Prins-Reaktion wird technisch genutzt: Durch zweifache Formaldehydaddition an Isobuten entsteht 4,4-Dimethyl-1,3-dioxan, das über Ca-Phosphat thermisch in Isopren (77%), Formaldehyd und Wasser gespalten wird.

Allgemeine Arbeitsvorschrift für Aldolisierungen (Tab. 7.123)

A. Aldolisierungen aliphatischer Aldehyde

In einem 250-ml-Dreihalskolben mit Rührer, Tropftrichter und Innenthermometer legt man 1 mol des betreffenden Aldehyds[1] in 75 ml Ether vor und fügt unter Kühlung mit Wasser sehr langsam 0,02 mol 15%ige methanolische Kalilauge zu, wobei die Innentemperatur bei 10 bis 15 °C zu halten ist. Anschließend wird noch 1,5 Stunden bei Raumtemperatur gerührt. Man neutralisiert sorgfältig mit der äquimolaren Menge Eisessig, trennt vom Kaliumacetat ab, trocknet über Nacht mit Na$_2$SO$_4$ und destilliert bei möglichst niedriger Temperatur.

B. Aldolreaktion aliphatischer Aldehyde (außer Formaldehyd) mit Ketonen

In einem 500-ml-Dreihalskolben mit Rührer, Tropftrichter und Innenthermometer legt man das Keton[1] vor und fügt 0,03 mol 15%ige methanolische Kalilauge zu. Besitzt das Keton nur eine reaktionsfähige Methylen- bzw. Methylgruppe, wendet man 1 mol an, in allen anderen Fällen 3 mol, sofern das 1:1-Produkt dargestellt werden soll.

Unter gutem Rühren und Kühlen mit Wasser wird 1 mol des betreffenden frisch destillierten aliphatischen Aldehyds in 75 ml Ether sehr langsam (4 bis 6 Stunden) bei einer Innentemperatur von 10 bis 15 °C zugetropft und anschließend noch 1,5 Stunden bei Raumtemperatur gerührt. Dann neutralisiert man mit Eisessig, trocknet über Na$_2$SO$_4$ und destilliert.

C. Reaktionen mit Formaldehyd

Für die Reaktion von 1:1-Addukten wird 1 mol Paraformaldehyd in 5 mol der Methylenkomponente[1] suspendiert, sofern diese mehrere reaktionsfähige Stellen besitzt, bzw. in 1 mol, sofern nur eine reaktionsfähige Stelle vorhanden ist.

Diese Mischung wird in einem 500-ml-Dreihalskolben mit Rührer, Rückflußkühler und Innenthermometer mit 15%iger alkoholischer Kalilauge bis zu einem pH-Wert von 10 bis 11 versetzt und unter Rühren 0,5 bis 1 Stunde auf 40 bis 45 °C erwärmt. Man prüft von Zeit zu Zeit den pH-Wert und gibt nötigenfalls noch etwas Lauge hinzu. Dann neutralisiert man mit Eisessig, filtriert fest ausgefallene Reaktionsprodukte ab, wäscht sie mit Wasser bzw. trennt die organische Schicht ab und destilliert.

Bei entsprechender Veränderung der stöchiometrischen Verhältnisse lassen sich in gleicher Weise α,α-Bis(hydroxymethyl)-Produkte bzw. α,α,α-Tris(hydroxymethyl)-Produkte gewinnen.

Die Präparationen sind im Halbmikromaßstab durchführbar. Man arbeitet dann mit einem Magnetrührer.

---

[1] Aldehyde und Ketone frisch destilliert einsetzen.

D. Reaktion aromatischer Aldehyde mit Ketonen

Achtung! α,β-ungesättigte Ketone sind häufig stark haut- und schleimhautreizend. Betroffene Stellen mit verdünntem Alkohol waschen.

In einem 1-l-Dreihalskolben mit Rührer, Tropftrichter und Innenthermometer legt man 1 mol Aldehyd und das Keton[1]) in 200 ml Methanol vor. Sollen bei Ketonen mit mehr als einer reaktionsfähigen Methylen- bzw. Methylgruppe Monokondensationsprodukte erhalten werden, wendet man 3 mol an, dagegen nur 0,5 mol, wenn ein 2:1-Produkt darzustellen ist. Zu dieser Lösung tropft man unter gutem Rühren 0,05 mol 15%ige Kalilauge bei einer Innentemperatur von 20 bis 25 °C zu. Dann wird noch 3 Stunden gerührt und mit Eisessig neutralisiert. Fest abgeschiedene Reaktionsprodukte werden abgesaugt und mit Wasser gewaschen. In allen anderen Fällen verdünnt man mit Wasser und filtriert dann bzw. ethert aus. Der Etherextrakt wird mit Wasser gewaschen, über Natriumsulfat getrocknet und destilliert.

Zur Darstellung von Nitrostyrenen muß 1 mol Lauge angewandt und der Ansatz nach 30 Minuten in die doppelt molare Menge 20%iger Salzsäure gegossen werden.

E. Kondensation mit Acetonitril (Zweiphasenreaktion[2]))

In einem 200-ml-Rundkolben mit Rührer, Rückflußkühler und Tropftrichter erhitzt man ein Gemisch aus 6,6 g (0,1 mol) festem, gepulvertem 85%igem Kaliumhydroxid, 80 ml gereinigtem Acetonitril (vgl. Reagenzienanhang) und 2 ml Aliquat 336 (vgl. D.2.4.2.). Sobald Rückfluß eintritt, läßt man unter kräftigem Rühren eine Lösung von 0,1 mol Aldehyd in 15 ml gereinigtem Acetonitril zufließen. Anschließend erhitzt man 10 Minuten weiter unter Rückfluß, läßt abkühlen und gießt die Lösung auf 200 g zerstoßenes Eis.

Danach wird 2mal mit Methylendichlorid ausgeschüttelt, die organische Phase mit wenig Wasser gewaschen, über Na_2SO_4 getrocknet und das Lösungsmittel im Vakuum verdampft; Rückstand aus Ethanol umkristallieren oder im Vakuum destillieren. Die Zugehörigkeit des Produktes zur *E*- oder *Z*-Form ist durch ein ^{1}H-NMR-Spektrum in $CDCl_3$ zu ermitteln.

Tabelle 7.123

Aldolreaktion

Produkt	Ausgangs-verbindungen	Vari-ante	Kp (bzw. F) in °C	n_D^{20}	Ausbeute in %
3-Hydroxy-butanal[1]) (Acetaldol)	Acetaldehyd	A	$83_{2,1(20)}$	1,4238[2])	60
3-Hydroxy-2-methyl-pentanal (Propionaldol)	Propionaldehyd	A	$85_{1,5(11)}$	1,4373[2])	60
Tiglinaldehyd[3])	Acetaldehyd, Propionaldehyd	A	118	1,4475	30
2-Ethyl-3-hydroxyhexanal (Butyraldol)	Butyraldehyd	A	$100_{1,3(10)}$	1,4409[2])	70
4-Hydroxy-pentan-2-on	Acetaldehyd, Aceton	B	$60_{1,3(10)}$	1,4265	60
4-Hydroxy-3-methyl-pentan-2-on	Acetaldehyd, Butanon	B	$76_{1,3(10)}$	1,4350	70
4-Hydroxy-heptan-2-on	Butyraldehyd, Aceton	B	$92_{1,6(12)}$	1,4360	70
2-Hydroxymethyl-2-methyl-propanal	Formaldehyd, Isobutyraldehyd	C	F 86 (PhH/Petrolether)		80
3-Hydroxymethyl-butan-2-on	Formaldehyd, Butanon	C	$80_{1,3(10)}$	1,4340	50
Zimtaldehyd[4])	Benzaldehyd, Acetaldehyd	D	$124_{2,1(16)}$	1,6195	60

---

[1]) Aldehyde und Ketone frisch destilliert einsetzen.

[2]) Vgl. GOKEL, G. W.; DiBIASE, S.A.; LIPISKO, B. A., Tetrahedron Lett. **1976**, 3495.

Tabelle 7.123 Fortsetzung

Produkt	Ausgangs-verbindungen	Vari-ante	Kp (bzw. F) in °C	n_D^{20}	Ausbeute in %
Benzylidenaceton	Benzaldehyd, Aceton	D	$140_{2,1(16)}$; F 41		60
Dibenzylidenaceton	Benzaldehyd, Aceton	D	F 111 (Aceton, –15 °C)		70
ω-Nitro-styren[5])	Benzaldehyd, Nitromethan	D	F 58 (EtOH)		80
Benzylidenaceto-phenon[6]) (Chalcon)	Benzaldehyd, Acetophenon	D	F 57 (EtOH)		75
p-Methoxy-benzyliden-aceton	Anisaldehyd, Aceton	D	$185_{2,4(18)}$; F 74		80
4-Dimethylamino-cinnamonitril	4-Dimethylamino-benz-aldehyd, Acetonitril	E	F 164...166		55
4-Diethylamino-cinnamonitril	4-Diethylamino-benz-aldehyd, Acetonitril	E	F 97...99		48
4-Methoxy-cinnamonitril	Anisaldehyd, Acetonitril	E	$170...190_{2,4(18)}$ F 59...61		30

[1]) Durch 20-cm-Vigreux-Kolonne destillieren; das Acetaldol geht beim Stehen rasch in ein dimeres Pro-dukt über („Paraldol" : F 97 °C (Et$_2$O)),

wobei die Flüssigkeit zunächst immer viskoser wird und schließlich Kristalle abscheidet. Ein geringer Zusatz von Wasser hemmt diese Reaktion. Aus dem Paraldol wird beim Destillieren im Wassserstrahl-vakuum das monomere Aldol zurückgebildet.

[2]) Der Brechungsindex bezieht sich auf die frisch hergestellte Substanz.

[3]) Je 0,5 mol der Aldehyde einsetzen; in Stickstoffatmosphäre arbeiten. Nach der Destillation vom Reak-tionswasser abtrennen, mit Calciumchlorid trocknen und rektifizieren.

[4]) Methanol durch Wasser setzen; unter Stickstoff arbeiten; 2 mol Benzaldehyd und 0,1 mol Kaliumhyd-roxid vorlegen; 30%ige wäßrige Acetaldehydlösung zutropfen und, nachdem die Hälfte der Lösung zuge-tropft ist, nochmals 0,05 mol Kaliumhydroxid in 30 ml Wasser zusetzen.

[5]) Molverhältnis der Ausgangsprodukte 1:1; mit äquimolarer Menge Lauge unter +5 °C arbeiten; nach 15 Minuten langsam in überschüssige, eiskalte verdünnte Salzsäure gießen.

[6]) Methanolmenge verdreifachen; 8 Stunden rühren.

Darstellung von Diacetonalkohol (4-Hydroxy-4-methyl-pentan-2-on)[1])

In einem 250-ml-Rundkolben mit Soxhlet-Aufsatz (vgl. Abb. A.88) und wirksamem Rückfluß-kühler wird 1 mol Aceton unter kräftigem Rückfluß im Wasserbad erhitzt. Die Extraktions-hülse füllt man zur Hälfte mit Bariumoxid, das mit etwas Watte abgedeckt wird. Das Ende der Reaktion erkennt man daran, daß die Flüssigkeit auf dem kochenden Wasserbad nicht mehr zum Sieden kommt (nach etwa 30 Stunden). Anschließend wird im Vakuum fraktioniert. $Kp_{3,1(23)}$ 73 °C; n_D^{20} 1,4235; Ausbeute 70%.

Pseudojonon aus Citral und Aceton: Russel, A.; Kenyon, R. L., Org. Synth., Coll. Vol. III (1955), 747;

3-Oxo-$\Delta^{4,10}$-octahydronaphthalen-9-carbonsäureethylester aus 1-(3-Oxo-butyl)cyclohexan-2-on-1-carbonsäureethylester: Dreiding, A. S.; Tamasewski, A. J., J. Am. Chem. Soc. **77** (1955), 411;

[1]) nach Conant, J. B.; Tuttle, N., in: Amus, R.: Organische Synthesen. – Vieweg & Sohn, Braunschweig 1937, S. 192

10-Methyl-Δ^{1,9}-octahydronaphthalen-2,5-dion aus 2-Methyl-2-(3-oxo-butyl)cyclohexan-1,3-dion: NAZAROV, I. N., u. a., Zh. Obshch. Khim. **26** (88) (1956), 441.

Piperin aus Piperonal und Crotonsäurepiperidid *unter Phasentransferkatalyse:* SCHULZE, A.; OEDIGER, H., Liebigs Ann. Chem. **1981**, 1725.

Bei der Aldolreaktion von prochiralen Ausgangskomponenten, z. B. einem Aldehyd und einem unsymmetrischen Keton, entstehen Produkte mit zwei asymmetrischen Kohlenstoffatomen, die in vier stereoisomeren Formen (zwei Diastereomeren in jeweils enantiomeren Formen) vorkommen können (vgl. C.7.3.2.). Die gebildeten diastereomeren Ketole bezeichnet man mit *syn* oder *erythro* bzw. *anti* oder *threo:*

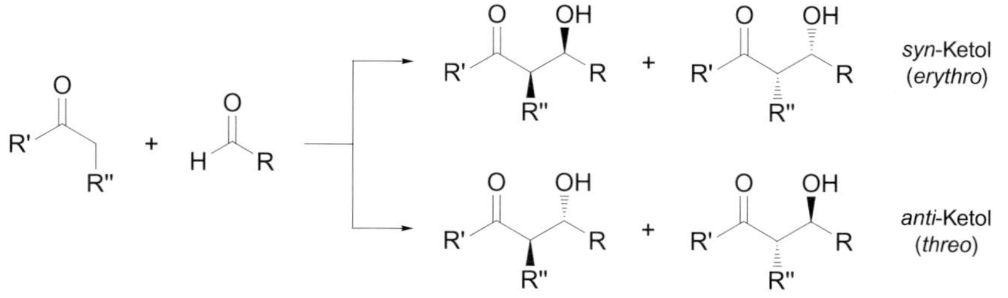

[7.124]

Aus achiralen Ausgangsverbindungen werden die beiden enantiomeren Formen jedes Diastereomeren im gleichen Verhältnis gebildet, also als racemisches Gemisch.

Die beiden diastereomeren Ketole entstehen jedoch nicht in gleichen Mengen, sondern eins davon wird bevorzugt gebildet. Welches das ist, hängt vor allem von der Größe der Reste R, R' und R'' und von den Reaktionsbedingungen ab.

Die Diastereoselektivität der Reaktion läßt sich verstehen, wenn man berücksichtigt, daß das durch Deprotonierung mit der Base (MB) aus der Methylenkomponente gebildete Enolat in zwei stereoisomeren Formen als (*E*)- und (*Z*)-Verbindung vorkommen kann. Es reagiert mit der Carbonylkomponente über einen sechsgliedrigen, sesselförmigen cyclischen Übergangszustand, in dem das Metallion M^⊕ mit dem Enolat- und dem Carbonylsauerstoff koordiniert ist.

Verläuft die Reaktion thermodynamisch kontrolliert (vgl. C.3.2.), d. h. (*E*)- und (*Z*)-Enolat stehen miteinander im Gleichgewicht, wird vorrangig das thermodynamisch stabilere (*E*)-Enolat gebildet. Das ist vor allem bei höheren Temperaturen und langen Reaktionszeiten der Fall. Der energieärmste, am wenigsten sterisch gespannte Übergangszustand ist dann der, in dem der Rest R der Carbonylverbindung äquatorial angeordnet ist. Es ergibt sich das *anti-(threo)*-Ketol.

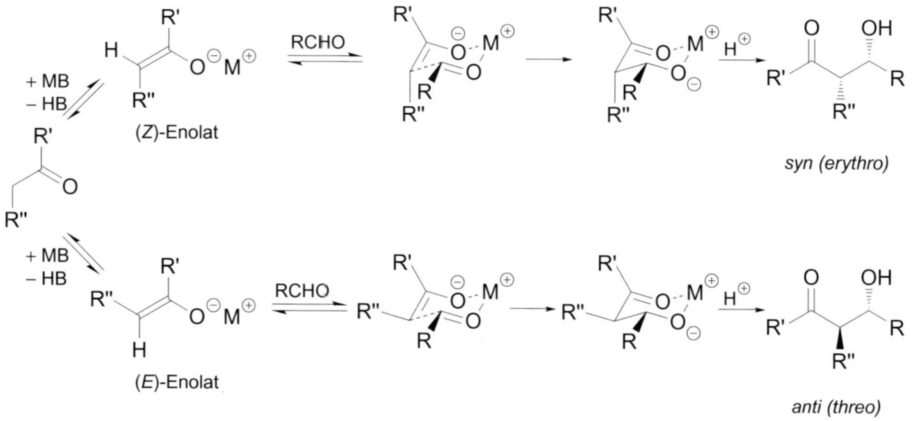

[7.125]

Unter kinetischer Kontrolle der Reaktion, d. h. wenn das Enolat irreversibel gebildet wird, entsteht dagegen bevorzugt das (*Z*)-Enolat, das mit der Carbonylkomponente zum *syn-(erythro)*-Ketol reagiert. Dies geschieht z. B. mit starken Basen, wie Lithiumdiisopropylamid (LDA), bei niedrigen Temperaturen und kurzen Reaktionszeiten.

In beiden Fällen ist die Diastereoselektivität um so stärker ausgeprägt, je größer die Reste R, R′ und R″ sind. So steigt z. B. bei der Reaktion von Benzaldehyd (R″ = C$_6$H$_5$) mit Alkylmethylketonen (R′ = CH$_3$) über die mit LDA hergestellten Lithium-Enolate der Anteil des *syn*-Ketols mit der Größe des Alkylrestes in der Reihe: R = CH$_3$CH$_2$ < (CH$_3$)$_2$CH < (CH$_3$)$_3$C von 64 über 82 auf 98% an.

3-Alkyl-2-methyl-3-oxo-1-phenyl-propanole aus Benzaldehyd und Alkylmethylketonen: HEATHCOCK, C. H.; BUSE, C. T.; KLESCHICK, W. A.; PIRRUNG, M. C.; SOHN, J. E.; LAMPE, J., J. Org. Chem. **45** (1980), 1066

Die Aldolreaktion kann enantioselektiv gestaltet, d. h. nur eines der vier Stereoisomeren bevorzugt erhalten werden, wenn man von chiralen Ausgangsstoffen ausgeht. Man setzt präformierte (*E*)- oder (*Z*)-Enolate, z. B. von Bor mit chiralen Liganden ein oder führt die Reaktion mit präformierten Enolaten wie den Silylenolethern (vgl. D.7.4.2.) in Gegenwart chiraler Lewis-Säure-Katalysatoren, z. B. von Titankomplexen mit chiralen Liganden durch.

Die Aldoladdition des Acetaldehyds wird auch technisch durchgeführt. Aus dem gebildeten Acetaldol gewinnt man durch Hydrierung Butan-1,3-diol (vgl. D.7.3.2.) und durch Dehydratisierung Crotonaldehyd (vgl. Tab. 3.37). Das Aldolkondensationsprodukt von Butyraldehyd wird ebenfalls technisch hergestellt und zu 2-Ethyl-hexanol hydriert (vgl. D.7.3.2.). 2-Hydroxymethyl-2-methyl-propanal (Tab. 7.123) wird zur Polyesterkomponente 2,2-Dimethyl-propan-1,3-diol hydriert. Zur Darstellung von Trimethylolpropan und Pentaerythritol durch Cannizzaro-Reaktion vgl. D.7.3.1.3.

Aus Mesityloxid werden technisch durch Hydrierung das Lacklösungsmittel Isobutylmethylketon sowie 4-Methyl-pentan-2-ol hergestellt.

Auch bei der ersten Synthese eines Antibiotikums, des Chloramphenicols, bediente man sich der Aldolreaktion (1949):

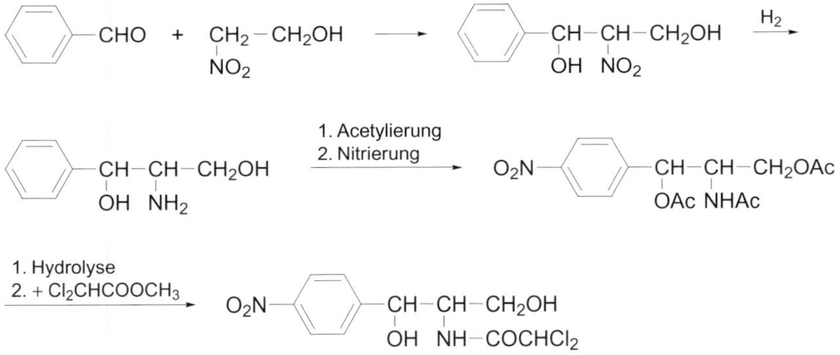

$$[7.126]$$

Die technische Synthese von Pantolacton, einem Zwischenprodukt der Pantothensäure (s. D.7.1.4.2.), beginnt mit der Aldoladdition von Isobutyraldehyd an Formaldehyd:

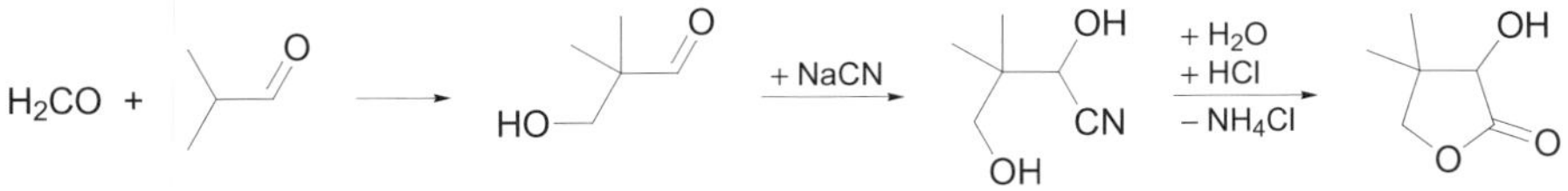

$$[7.127]$$

Man informiere sich auch über die Darstellung von Pseudojonon aus Citral!

Nach dem Prinzip der Aldoladdition bzw. -kondensation läßt sich eine Vielzahl CH-acider Verbindungen mit Aldehyden und Ketonen umsetzen. Dabei ist eine Grenze zur Knoevenagel-Reaktion (vgl. D.7.2.1.4.) nicht immer scharf zu ziehen.

Bei der Perkin-Synthese läßt man Aldehyde mit den Anhydriden aliphatischer Carbonsäuren reagieren, wobei α,β-ungesättigte Carbonsäuren entstehen. Als basische Kondensationsmittel dienen die Alkalisalze der Carbonsäure oder tertiäre Basen (Pyridin). Am besten verläuft die Reaktion mit aromatischen Aldehyden zu Zimtsäuren, z. B.:

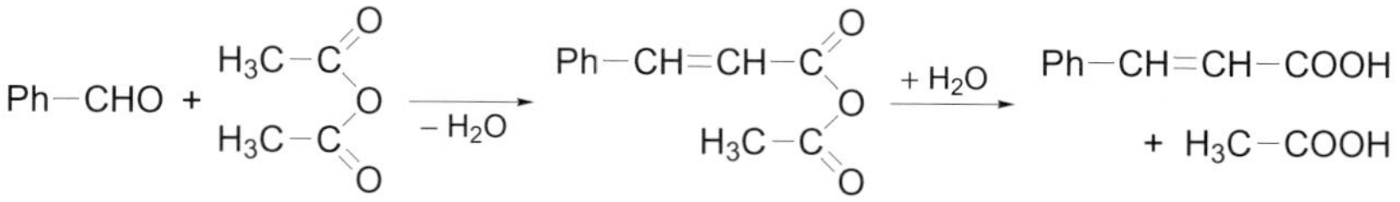

$$\text{Ph—CHO} + \begin{matrix} H_3C—C \\ H_3C—C \end{matrix}\Big\rangle O \xrightarrow[- H_2O]{} \text{Ph—CH=CH—C} \Big\rangle O \xrightarrow[+ H_2O]{} \begin{matrix} \text{Ph—CH=CH—COOH} \\ + H_3C—COOH \end{matrix} \qquad [7.128]$$

Auf die gleiche Weise gelingt die Kondensation mit Benzoylaminoessigsäure (Hippursäure). Unter den Reaktionsbedingungen bildet sich daraus zunächst das sog. Azlacton, das dann mit der Carbonylverbindung reagiert:

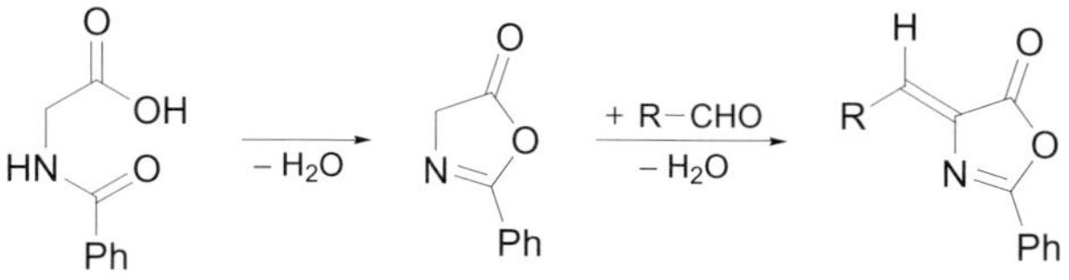

$$\xrightarrow[- H_2O]{} \xrightarrow[- H_2O]{+ R—CHO} \qquad [7.129]$$

Die erhaltenen ungesättigten Azlactone lassen sich zu α-Oxo-carbonsäuren bzw. nach vorangegangener Hydrierung zu α-Aminosäuren hydrolysieren (Aminosäure-Synthese nach ERLENMEYER):

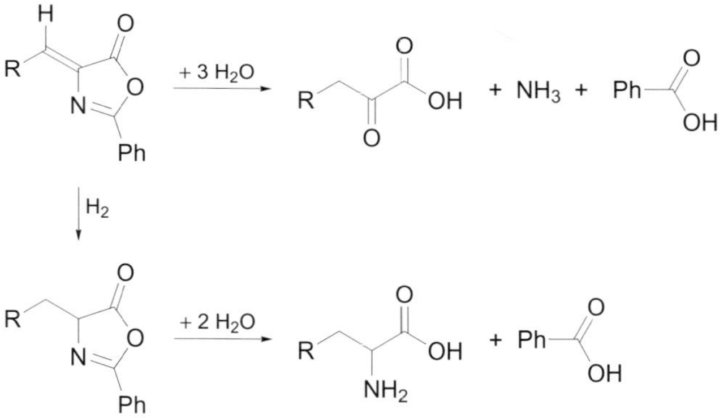

$$\xrightarrow{+ 3 H_2O} \quad + NH_3 + \quad \Big| H_2 \qquad [7.130]$$

$$\xrightarrow{+ 2 H_2O} \quad +$$

Bessere Ausbeuten an Aminosäuren werden erhalten, wenn man statt Hippursäure z. B. Hydantoin oder Rhodanin verwendet.

Unter energischen Bedingungen lassen sich auch Carbonsäureester als Methylenkomponenten verwenden. Sie reagieren mit aromatischen Aldehyden und Ketonen in Gegenwart von Alkalialkoholaten als Katalysator zu Zimtsäureestern. (Gegenüber aliphatischen Ketonen fungieren Ester als Carbonylkomponente (Esterkondensation, vgl. D.7.2.1.8.). Man begründe diesen Unterschied!)

Acetonitril kann mit Ketonen und aromatischen Aldehyden unter Bedingungen der Phasentransferkatalyse in Gegenwart von konz. Kalilauge kondensiert werden; in der Vorschrift zu Tabelle 7.123, Variante E, ist die Darstellung von Cinnamonitrilen angegeben:

$$\text{—CH=O} + H_3C—CN \xrightarrow[- H_2O]{} \text{—CH=CH—CN} \qquad [7.131]$$

Die stärker aciden α-Chlor-carbonsäureester setzen sich als Methylenkomponente sowohl mit Aldehyden als auch mit Ketonen um. Dabei bildet sich zunächst ein Chlorhydrin, das unter den Reaktionsbedingungen sofort Chlorwasserstoff abspaltet (Darzens-Claisen-Reaktion):

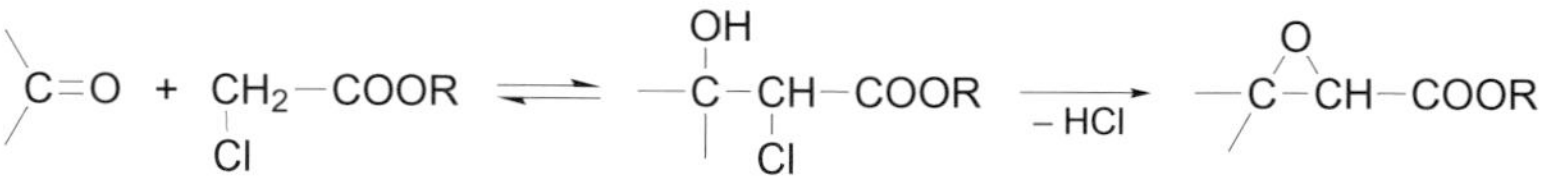

$$\begin{matrix} \diagdown \\ C=O \\ \diagup \end{matrix} + CH_2—COOR \rightleftharpoons \begin{matrix} OH \\ | \\ —C—CH—COOR \\ | \quad | \\ \quad Cl \end{matrix} \xrightarrow[- HCl]{} \begin{matrix} O \\ —C—CH—COOR \\ \diagup \end{matrix} \qquad [7.132]$$

Einige präparative Beispiele findet man in der Arbeitsvorschrift für die Esterkondensation (vgl. D.7.2.1.8.).

Die so erhaltenen 2,3-Epoxyester (Glycidester) decarboxylieren bei der Hydrolyse und lagern sich in Aldehyde um:

$$—\overset{\overset{\displaystyle O}{\|}}{C}—CH—COOR \longrightarrow —\overset{\overset{\displaystyle O}{\|}}{C}—CH—COOH \xrightarrow[-CO_2]{} \quad \overset{\diagdown}{\diagup}CH—CHO \qquad [7.133]$$

Unter den Bedingungen der Phasentransferkatalyse können mit Chloracetonitril analog [7.132] in Gegenwart von Natronlauge 2,3-Epoxy-propannitrile hergestellt werden (vgl. D.2.4.2.).

Allgemeine Arbeitsvorschrift für die Herstellung von 2,3-Epoxy-propannitrilen (Tab. 7.134)

0,2 mol Chloracetonitril werden langsam zu einem heftig gerührten Gemisch von 0,22 mol Aldehyd oder Keton, 40 ml 50%iger Natronlauge, 50 ml Methylendichlorid und 1 g Benzyltriethylammoniumchlorid (BTEAC) oder 1,5 ml Aliquat 336 bei 15 bis 20 °C zugetropft. Anschließend wird noch 40 Minuten bei dieser Temperatur gerührt, mit 30 ml Wasser verdünnt und die organische Phase abgetrennt. Man wäscht sie zweimal mit wenig Wasser, trocknet über Na_2SO_4 und destilliert.

Beim Einsatz von Ketonen verzichtet man besser auf das Methylendichlorid und setzt nach Beendigung der Reaktion 80 ml Ether zu.

Tabelle 7.134
2,3-Epoxy-propannitrile (Oxirancarbonitrile)[1]

Produkt	Ausgangs-verbindung	Kp in °C	Ausbeute in %
3-Phenyl-oxiran-2-carbonitril	Benzaldehyd	$130...135_{1,9(14)}$	45
3,3-Pentamethylen-oxiran-2-carbonitril	Cyclohexanon	$104...108_{1,9(14)}$	50
3-Methyl-3-phenyl-oxiran-2-carbonitril	Acetophenon	$115...121_{0,8(6)}$	50
3-(4-Methoxy-phenyl)oxiran-2-carbonitril	Anisaldehyd	$160...165_{1,9(14)}$	60

[1] nach JONCZYK, A.; FEDORYNSKI, M.; MAKOSZA; M., Tetrahedron Lett. **1972**, 2395

Weitere CH-acide Verbindungen, die als Methylenkomponenten mit Aldehyden reagieren können, sind z. B. α- und γ-Picoline sowie Cyclopentadien. Man erkläre die CH-Acidität dieser Substanzen!

Zur Illustration sei die Synthese des Coniins wiedergegeben, das von LADENBURG 1886 als erstes Alkaloid synthetisch hergestellt wurde:

$$\text{(Bild)} \quad + OHC—CH_3 \xrightarrow[-H_2O]{} \text{(Bild)} \quad \xrightarrow{+4\,H_2} \text{(Bild)} \qquad [7.135]$$

Aus 2-Methyl-pyridin und Formaldehyd wird technisch über die Stufe des 2-(2-Hydroxy-ethyl)pyridins das Comonomer 2-Vinyl-pyridin hergestellt.

Intermediäre Aldolkondensationen laufen, gekoppelt mit Iminbildung und Dehydrierung, auch bei technischen Synthesen von Alkylpyridinen ab. Aus Acetaldehyd und Ammoniak mit Ammoniumacetat als Katalysator entsteht in wässeriger Phase bei etwa 250 °C und 100–200 bar hauptsächlich 5-Ethyl-2-methyl-pyridin, das zu Nicotinsäure weiterverarbeitet wird, vgl. D.6.2.1., Tab. 6.14. Aus den gleichen Ausgangsstoffen erhält man in der Gasphase über Al_2O_3 bei etwa 450 °C ein Gemisch von α- und γ-Picolin, in Gegenwart von Formaldehyd werden Pyridin und β-Picolin gebildet.

Wie alle diese Beispiele zeigen, ist die Aldolreaktion von großer Vielseitigkeit und präparativ äußerst bedeutungsvoll, um C–C-Bindungen zu knüpfen.

7.2.1.4. Knoevenagel-Reaktion

Die Knoevenagel-Kondensation im engeren Sinne ist ein Spezialfall der Aldolkondensation, bei der Methylenkomponenten mit besonders großer CH-Acidität eingesetzt werden. Als solche kommen Verbindungen in Frage, bei denen die Methylengruppe durch zwei Gruppen aktiviert wird, z. B. Malonsäure, Malonsäurehalbester, Malonsäureester, Cyanessigsäure und -ester, Malononitril und β-Diketone. Infolge der Konjugationsmöglichkeit der Doppelbindung mit dem β-Dicarbonylsystem führt die Reaktion immer durch Wasserabspaltung zu den entsprechenden ungesättigten gekreuzt konjugierten Verbindungen, z. B.:

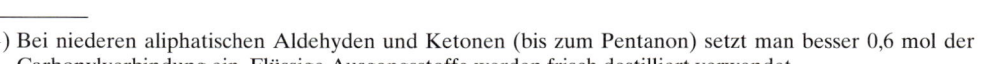

$$\begin{array}{c}\diagdown \\ \diagup\end{array}C{=}O \; + \; H_2C\begin{array}{c}CN \\ \diagdown \\ \diagup \\ COOR\end{array} \longrightarrow \begin{array}{c}\diagdown \\ \diagup\end{array}C{=}C\begin{array}{c}CN \\ \diagdown \\ \diagup \\ COOR\end{array} \; + \; H_2O \hspace{2cm} [7.136]$$

Die Analogie zu den unter den Bedingungen der Aldol*kondensation* gewonnenen, einfach konjugierten ungesättigten Verbindungen (Allgemeine Arbeitsvorschrift zu Tab. 7.123, Varianten D,E) ist evident. Deshalb können unter Knoevenagel-Reaktion im erweiterten Sinne auch alle *basekatalysierten Aldolkondensationen* verstanden werden.

Mit den reaktionsfähigeren der genannten Methylenverbindungen, vor allem Cyanessigsäure bzw. -ester und Malononitril, liefern sowohl Aldehyde als auch Ketone als Carbonylkomponenten gute Ausbeuten, während die weniger reaktionsfähigen Methylenkomponenten oft nur noch mit aromatischen Aldehyden glatt reagieren. Als Katalysatoren dienen Piperidin, Ammoniumacetat, β-Alanin und andere in Gegenwart von Eisessig.

Die Umsetzung einiger reaktionsträger Partner, z. B. von Malonester mit Ketonen, läßt sich in Tetrahydrofuran/Pyridin mit Titantetrachlorid erzwingen, das dabei verbraucht wird:

Darstellung von *Alkylidenmalonestern:* Lehnert, W., Tetrahedron Lett. **1970**, 4723; Tetrahedron **29** (1973), 635.

In der Praxis werden vor allem zwei Varianten der Reaktion angewandt. Bei der Variante nach Cope destilliert man das Reaktionswasser azeotrop ab. Malonsäuren und deren Halbester reagieren auf diese Weise nur sehr schlecht und eignen sich nur für die Variante von Knoevenagel-Doebner (vgl. die Arbeitsvorschrift). Dabei wird das Kondensationsprodukt decarboxyliert, und man erhält direkt α,β-ungesättigte Monocarbonsäuren. Dieses Verfahren ist häufig bedeutend einfacher als die klassische Perkin-Synthese. Es hat weiterhin den Vorteil, auch bei aliphatischen Aldehyden anwendbar zu sein, wobei substituierte Acrylsäuren entstehen. (Vgl. damit die Darstellung von Cinnamonitrilen durch phasentransferkatalysierte Aldolkondensation, Tab. 7.123, Variante E.) Wie können Cinnamonitrile nach Knoevenagel-Doebner hergestellt werden?

Allgemeine Arbeitsvorschriften für die Knoevenagel-Reaktion (Tab. 7.137)

A. Variante nach Cope

In einem 500-ml-Rundkolben mit Wasserabscheider und Rückflußkühler erhitzt man ein Gemisch von 0,5 mol der Methylenkomponente (Cyanessigester, Malonester, Cyanessigsäure, Malononitril), 0,5 mol des betreffenden Aldehyds oder Ketons[1]) 0,01 bis 0,05 mol des angegebenen Katalysators und 0,1 mol Eisessig in 150 ml Toluen unter Rückfluß. Die Reaktion ist beendet, wenn sich kein Wasser mehr abscheidet (2 bis 6 Stunden). Man läßt abkühlen und wäscht die Toluenschicht viermal mit wenig halbgesättigter Kochsalzlösung, trocknet über Natriumsulfat und destilliert das Toluen ab. Der Rückstand wird umkristallisiert oder destilliert.

---

[1]) Bei niederen aliphatischen Aldehyden und Ketonen (bis zum Pentanon) setzt man besser 0,6 mol der Carbonylverbindung ein. Flüssige Ausgangsstoffe werden frisch destilliert verwendet.

B. Variante nach Knoevenagel-Doebner

In einem 500-ml-Rundkolben löst man 1,2 mol Malonsäure in etwa 180 ml *trockenem* Pyridin und fügt nach Abklingen der schwach exothermen Reaktion 1,0 mol des betreffenden Aldehyds und 0,1 mol Piperidin zu. Dann wird unter Rückfluß bis zum Aufhören der Kohlendioxidentwicklung auf dem Wasserbad erwärmt. Nach dem Abkühlen gießt man auf Eis/konz. Salzsäure, um das Pyridin und Piperidin herauszuwaschen.

Scheidet sich dabei die Carbonsäure fest ab, läßt man zur Vervollständigung der Kristallisation einige Stunden im Kühlschrank stehen und saugt dann ab. Flüssige Produkte werden mit Ether oder Toluen extrahiert. Auch bei sich fest abscheidenden Carbonsäuren kann die Ausbeute häufig erhöht werden, wenn man die Mutterlauge zusätzlich extrahiert. Nach dem Trocknen des Ether- bzw. Toluenextrakts mit Natriumsulfat wird das Lösungsmittel abdestilliert und der Rückstand destilliert oder umkristallisiert.

In gleicher Weise wie die Malonsäure lassen sich Malonsäuremonoalkylester umsetzen. Man erhält dann sofort die entsprechenden ungesättigten Carbonsäureester.

Die beiden Präparationen sind auch im Halbmikromaßstab durchführbar. Beim Cope-Verfahren arbeitet man dann mit 30 bis 50 ml Schlepper und einem Wasserabscheider mit 1 bis 3 ml Inhalt.

C. Umsetzung aromatischer Aldehyde mit CH-aciden Nitrilen

Achtung! Benzylidenmalononitril und vor allem dessen kernsubstituierte Derivate sind hautreizend! Dämpfe reizen die Schleimhäute!

In einem 100-ml-Erlenmeyer-Kolben löst man 0,1 mol Aldehyd und 0,1 mol Nitril in 30 ml 70%igem Methanol und rührt 1,5 bis 2 ml (bei Ansätzen mit Malononitril nur 1 ml) Piperidin ein. Nach kurzer Zeit beginnt die exotherme Reaktion. Man läßt 2 Stunden bis zur Beendigung der Kristallisation stehen, saugt ab, wäscht mit wenig eiskaltem Methanol und kristallisiert aus wenig Ethanol um.

Tabelle 7.137

Knoevenagel-Kondensation

Produkt	Ausgangsverbindungen	Variante	Katalysator[1])	Kp (bzw. F) in °C	n_D^{20}	Ausbeute in %
Isopropylidencyanessigsäure	Cyanessigsäure, Aceton	A	Al	F 134 (EtOH/ H$_2$O)		90
Isopropylidenmalononitril	Malononitril, Aceton	A	Al	$101_{2,1(16)}$	1,4262	90
2-Cyan-3-methyl-pent-2-ensäureethylester	Cyanessigsäureethylester, Butanon	A	Al	$117_{1,5(11)}$	1,4650	85
Cyclohexylidencyanessigsäureethylester	Cyanessigsäureethylester, Cyclohexanon	A	A	$151_{1,2(9)}$	1,4950	80
Cyclohexylidencyanessigsäure[2])	Cyanessigsäure, Cyclohexanon	A	A	F 110 (MeNO$_2$)		70
Cyclohex-1-en-1-yl-acetonitril[3])	Cyanessigsäure, Cyclohexanon	A	A	$93_{1,3(10)}$	1,4769	75
α-Cyan-β-methyl-zimtsäureethylester	Cyanessigsäureethylester, Acetophenon	A	A	$120_{0,3(2)}$	1,5468	70
Butylidenmalonsäurediethylester	Malonsäurediethylester, Butyraldehyd	A	P	$144_{3,3(25)}$	1,4425	55

Tabelle 7.137 (Fortsetzung)

Produkt	Ausgangs-verbindungen	Vari-ante	Kataly-sator[1])	Kp (bzw. F) in °C	n_D^{20}	Aus-beute in %
Isobutylidenmalon-säurediethylester	Malonsäurediethyl-ester, Isobutyraldehyd	A	P	$136_{3,6(27)}$	1,4398	90
Benzylidenmalon-säurediethylester	Malonsäurediethyl-ester, Benzaldehyd	A	P	$186_{2,4(18)}$; F 32	1,5347[4])	70
Cumarin-3-carbon-säureethylester	Malonsäurediethyl-ester, Salicylaldehyd	A[5])	P	F 94 (EtOH/H$_2$O)		75
p-Dimethylaminozimt-säure[6])	Malonsäure, p-Dimethylamino-benzaldehyd	B		F 216 (Z) (EtOH)		75
Sorbinsäure	Malonsäure, Crotonaldehyd	B		F 134 (H$_2$O)		30
p-Methoxy-zimtsäure	Malonsäure, Anisaldehyd	B		F 172 (EtOH/H$_2$O)		50
Zimtsäure	Malonsäure, Benzaldehyd	B		F 136 (H$_2$O/ EtOH=3:1)		85
4-Hydroxy-3-methoxy-zimtsäure (Ferulasäure)	Malonsäure, Vanillin	B		F 173 (H$_2$O)		80
m-Nitro-zimtsäure	Malonsäure, m-Nitro-benzaldehyd	B		F 203 (EtOH)		85
3-(Fur-2-yl)-acrylsäure	Malonsäure, Furfural	B		F 140 (Hexan)		85
Benzylidenmalononitril	Malononitril, Benzaldehyd	C		F 86		85
α-Cyan-p-methoxy-zimtsäuremethylester	Cyanessigsäuremethyl-ester, Anisaldehyd	C		F 96		85
Cinnamylidenmalono-nitril	Malononitril, Zimtaldehyd	C		F 127		80
α-Cyan-zimtsäure-methylester	Cyanessigsäuremethyl-ester, Benzaldehyd	C		F 86		82
Cinnamylidencyan-essigsäuremethylester	Cyanessigsäuremethyl-ester, Zimtaldehyd	C		F 143		80
Furfurylidenmalono-nitril	Malononitril, Furfural	C		F 225...228 (Nitromethan)		80

[1]) A = 0,05 mol Ammoniumacetat, A1 = 0,01 mol β-Alanin, P = 0,02 mol Piperidin.
[2]) Die gewaschene und getrocknete Reaktionslösung wird eingeengt, und die ausgefallenen und abfiltrierten Kristalle werden mit kaltem Benzin gewaschen.
[3]) Die gewaschene und getrocknete Reaktionsmischung wird direkt im Vakuum destilliert (0,5 bis 0,7 MPa). Dabei decarboxyliert die Cyclohexylidencyanessigsäure zu Cyclohexenylacetonitril, das unter diesem Druck bei 130 °C übergeht. Das Destillat wird dann in Benzen aufgenommen, wie üblich entsäuert und erneut im Vakuum destilliert.
[4]) unterkühlte Schmelze
[5]) Nur 0,01 mol Eisessig verwenden.
[6]) Das Produkt wird aus der bei der Aufarbeitung entstehenden salzsauren Lösung durch Zugabe von wäßrigem Ammoniak isoliert.
[7]) In 300 ml Pyridin arbeiten.

Nach Art einer Knoevenagel-Reaktion verläuft die Pyrrolsynthese nach KNORR. Hierbei werden α-Amino-ketone (am besten α-Amino-β-ketoester oder -diketone) mit β-Dicarbonyl-verbindungen umgesetzt, z. B.:

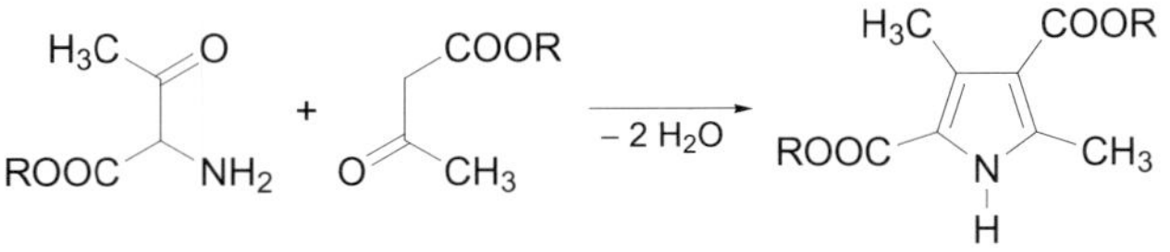

$$\text{[7.138]}$$

Neben der Knoevenagel-Reaktion wird dabei unter Ringschluß eine Keto- mit einer Aminogruppe kondensiert. Die α-Amino-ketone sind durch Reduktion der entsprechenden Isonitrosoketone (vgl. D.8.2.3.) zugänglich.

Die durch Reaktion von Orthoameisensäuretriethylester mit CH-aciden Nitrilen erhältlichen α-Alkoxymethylennitrile lassen sich mit Amidinen zu Pyrimidinen umsetzten, z. B.:

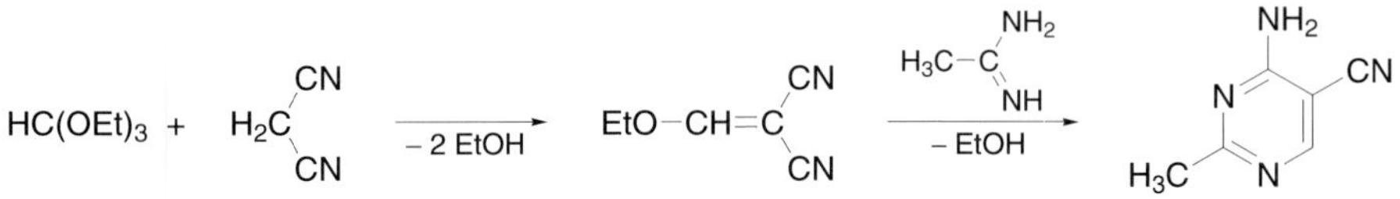

$$\text{[7.139]}$$

4-Amino-5-cyano-
2-methyl-pyrimidin

Diese sind Ausgangsverbindungen für die technische Synthese von Thiamin (Aneurin, Vitamin B$_1$).
Zur Synthese von 2-Amino-thiophenen aus α-Alkyliden-nitrilen und Schwefel, die eine Kombination von Knoevenagel- und Willgerodt-Reaktion darstellt, vgl. D.6.2.3.2.

7.2.1.5.   Mannich-Reaktion

Als Mannich-Reaktion bezeichnet man die Umsetzung eines Aldehyds (meist Formaldehyd) mit einem primären oder secundären Amin und einer CH-aciden Verbindung. Die Reaktion wird meist im sauren Bereich durchgeführt. Dabei reagiert zunächst das im vorgelagerten Hydrolysegleichgewicht [7.140] vorhandene freie Amin in der üblichen Weise mit dem Formaldehyd:

$$R_2\overset{\oplus}{N}H_2 \rightleftharpoons R_2NH + H^\oplus \qquad \text{[7.140]}$$

$$H_2C{=}O + HNR_2 \rightleftharpoons H_2C\genfrac{}{}{0pt}{}{OH}{NR_2} \xrightleftharpoons[+\,H_2O,\,-\,H^\oplus]{+\,H^\oplus,\,-\,H_2O} H_2\overset{\oplus}{C}{=}NR_2 \qquad \text{[7.141]}$$

Das entstandene Kation mit delokalisierter positiver Ladung stellt einen stickstoffanalogen Formaldehyd dar und setzt sich im Sinne einer normalen sauer katalysierten Aldolreaktion analog [7.104] mit dem Enol der CH-aciden Komponente um:

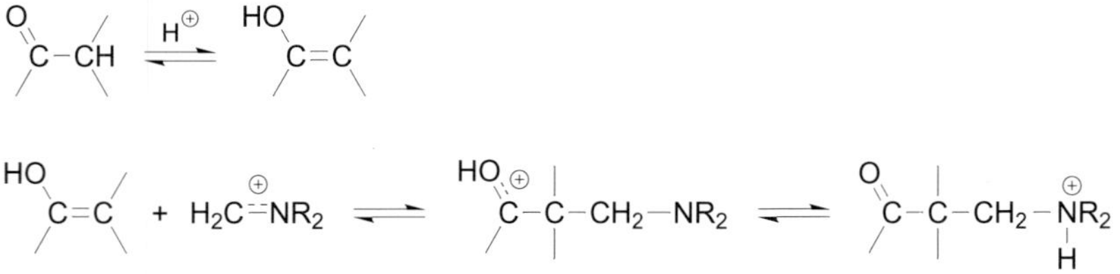

$$\text{[7.142]}$$

Salz der Mannich-Base

Im Ergebnis der Reaktion ist also die CH-acide Verbindung „aminomethyliert" worden. Man formuliere die Bruttogleichung der Umsetzung!

Eine Mannich-Base kann man normalerweise nur erhalten, wenn das angewandte Amin eine höhere Nucleophilie als die CH-acide Verbindung besitzt. Anderenfalls reagiert der Formaldehyd in einer Aldolreaktion bevorzugt mit der Methylenkomponente. So läßt sich z. B. aus Malonester, Formaldehyd und Dialkylamin keine Mannich-Base darstellen.

Die Verhältnisse sind erheblich von der Acidität des Reaktionsmediums abhängig, da CH-acide Komponente und Amin eine unterschiedliche Abhängigkeit ihrer Nucleophilie vom pH-Wert zeigen. Es gibt für jede Mannich-Reaktion einen optimalen pH-Wert. Man erreicht die günstigsten Bedingungen in den meisten Fällen, indem man die Amine als Hydrochloride oder Salze anderer Säuren einsetzt. Bei sehr schwach CH-aciden Verbindungen, wie Phenol oder Indol, geht man von den freien Basen aus, bzw. arbeitet in essigsaurem Medium.

Einheitliche Produkte entstehen nur aus secundären Aminen. Ammoniak und primäre Amine können unter Ersatz aller am Stickstoff verfügbaren Wasserstoffatome weiterreagieren. Man formuliere die möglichen Umsetzungen zwischen Acetophenon, Formaldehyd und Ammoniak!

Sofern die Methylenkomponente mehr als eine reaktionsfähige Methyl- bzw. Methylengruppe enthält (z. B. Aceton, Cyclohexanon), setzt man sie stets im Überschuß von etwa 4 mol ein, um die Bildung von Bis-Mannich-Basen zurückzudrängen. Wie bei den sauer katalysierten Reaktionen vom Aldoltyp [7.104] ist die Methylengruppe von Ketonen, z. B. im Butanon, reaktionsfähiger als die Methylgruppe, so daß im allgemeinen verzweigte Mannich-Basen entstehen.

Als CH-acide Verbindungen können Ketone, Aldehyde, aliphatische Nitroverbindungen, Blausäure und Acetylen in die Reaktion eingesetzt werden. Darüber hinaus lassen sich auch Aromaten, die einer elektrophilen Substitution leicht zugänglich sind (vgl. Tab.5.2.), wie beispielsweise Phenole und Heterocyclen (Thiophen, Pyrrol, Indol) nach MANNICH aminoalkylieren. Man erhält so aus Indol das Gramin:

$$ \text{Indol} + \text{HCHO} + \text{HN(CH}_3)_2 \xrightarrow{-\text{H}_2\text{O}} \text{Gramin (CH}_2\text{N(CH}_3)_2) \qquad [7.143]$$

Allgemeine Arbeitsvorschrift für die Mannich-Reaktion (Tab. 7.144)

A. Aliphatische Ketone

1,5 mol Keton, 0,3 mol Formaldehyd als 35%iges Formalin und 0,3 mol Aminhydrochlorid werden 12 Stunden unter Rückfluß erhitzt. Man engt anschließend im Vakuum ein und reinigt das Hydrochlorid durch Umkristallisieren. Zur Darstellung der freien Base trägt man das Hydrochlorid unter Rühren und Eiskühlung in konz. Kalilauge ein (die Temperatur soll dabei nicht über +5 °C ansteigen), trennt die Base ab, trocknet mit wenig festem Ätzkali und destilliert. (Bei der Umsetzung mit Cyclohexanon wird aus den entsprechenden Mannich-Basen der Aminrest leicht eliminiert, es empfiehlt sich daher, das Hydrochlorid zu isolieren).

B. Gemischt aliphatisch-aromatische Ketone

0,3 mol Keton, 0,5 mol feingepulverter Paraformaldehyd und 0,3 mol Aminhydrochlorid werden mit 50 ml abs. Ethanol zum Sieden erhitzt. Nach etwa einer Stunde setzt man 0,5 ml konz. Salzsäure zu, der restliche Paraformaldehyd geht dann in Lösung. Man filtriert das heiße Reaktionsgemisch, läßt abkühlen und isoliert bereits ausgefallenes Hydrochlorid. Anschließend engt man die Mutterlauge im Vakuum ein, reibt den Rückstand mit Aceton an und kristallisiert die vereinigten Rohprodukte um bzw. setzt, wie unter Variante A beschrieben, die Base in Freiheit.

Tabelle 7.144

α-Dialkylaminomethyl-ketone durch Mannich-Reaktion

Produkt (als Hydrochlorid)[1]	Ausgangsverbindungen	Variante	Kp (bzw. F) in °C	Ausbeute in %
1-Phenyl-3-piperidino-propan-1-on	Acetophenon, Piperidinhydrochlorid	B	F 193 (EtOH/Me$_2$CO)	75
3-Dimethylamino-1-phenyl-propan-1-on	Acetophenon, Dimethylaminhydrochlorid	B	F 156 (EtOH/Me$_2$CO)	85
3-Dimethylamino-1-(4-methoxy-phenyl)propan-1-on	p-Methoxy-acetophenon, Dimethylaminhydrochlorid	B	F 181 (EtOH)	70
3-Dimethylamino-2-methyl-1-phenyl-propan-1-on	Propiophenon, Dimethylaminhydrochlorid	B	F 155 (Me$_2$CO)	60
1-Phenyl-5-piperidino-pent-1-en-3-on	Benzylidenaceton, Piperidin-hydrochlorid	B	F 186 (iPrOH)	75
4-Piperidino-butan-2-on	Aceton, Piperidinhydrochlorid	A	F 167 (EtOH/Me$_2$CO) freie Base: $101_{2,7(20)}$	60
4-Morpholino-butan-2-on	Aceton, Morpholinhydrochlorid	A	F 149 (Me$_2$CO) freie Base: $116_{2,7(20)}$	60
4-Dimethylamino-3-phenyl-butan-2-on	Phenylaceton, Dimethylamin-hydrochlorid	A	F 156 (Me$_2$CO)	80
2-Dimethylamino-methyl-cyclohexanon	Cyclohexanon, Dimethylamin-hydrochlorid	A	F 158 (EtOH/Me$_2$CO)	90
4-Dimethylamino-butan-2-on	Aceton, Dimethylaminohydro-chlorid	A	F 126 (Me$_2$CO) freie Base: $51_{1,7(13)}$	60
4-Diethylamino-butan-2-on	Aceton, Diethylamin, konz. Salzsäure[2]	A	F 77 (Me$_2$CO) freie Base: $74_{2,0(15)}$	70
4-Dimethylamino-3-methyl-butan-2-on[3]	Butanon, Dimethylaminhydro-chlorid	A	freie Base: $58_{2,0(15)}$	50

[1]) Es empfiehlt sich, die Mannich-Basen in Form ihrer Salze zu isolieren.
  [2]) äquimolare Menge
  [3]) Das Hydrochlorid ist extrem hygroskopisch, deshalb wird das Produkt als freie Base isoliert.

Darstellung von Gramin[1])

Ein eisgekühltes Gemisch aus 0,05 mol Dimethylamin (40- bis 50%ige wäßrige Lösung), 7 g Eisessig und 0,05 mol Formaldehyd (als wäßrige Lösung) wird auf einmal zu 0,049 mol Indol gegeben. Unter Erwärmung bildet sich eine klare Lösung, die man einige Stunden bei Raumtemperatur stehenläßt. Man alkalisiert mit verd. Natronlauge, saugt die Base ab, wäscht mit Wasser und trocknet im Exsikkator über Ätzkali. Ausbeute 98% d. Th.; F 134 °C (Aceton oder Hexan).

Pseudopelletierin aus 2-Ethoxy-2,3-dihydropyran, das zunächst zum Glutaraldehyd hydrolysiert wird (vgl. [7.27]), Methylamin und Acetondicarbonsäure: COPE, A. C.; DRYDEN, H. L.; HOWELL, C. F.; Org.Synth., Coll. Vol. **IV** (1963), 816;

1-Diethylamino-hept-2-in aus Hex-1-in: JONES, E.; MARSZAK, J.; BADER, H., J. Chem. Soc. **1947**, 1578.

Die Mannich-Reaktion wird in erster Linie zur Synthese von *N*-substituierten *β*-Aminoketonen benutzt.

[1]) KÜHN, H.; STEIN, O., Ber. Deut. Chem. Ges. **70** (1937), 567.

Auch bei der Synthese einer Reihe von Alkaloiden spielt die Mannich-Reaktion eine wichtige Rolle. So ist Tropinon, eine Vorstufe bei der Darstellung des Atropins, durch doppelte Mannich-Reaktion aus Succinaldehyd, Methylamin und Acetondicarbonsäure zugänglich:

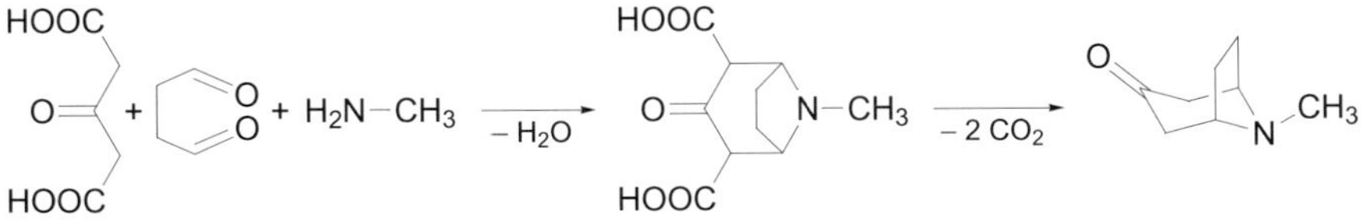

$$[7.145]$$

Die Synthese läßt sich unter „physiologischen Bedingungen" (Raumtemperatur, Pufferlösung) durchführen.

Mannich-Basen finden außerdem präparative Anwendung zur Darstellung von α,β-ungesättigten Ketonen (vgl. D.3.1.6.) und zur Alkylierung von β-Dicarbonylverbindungen. Als Beispiel hierfür sei die Synthese des 2-Acetamido-2-skatyl-malonsäurealkylesters aus Gramin und Acetamidomalonester formuliert:

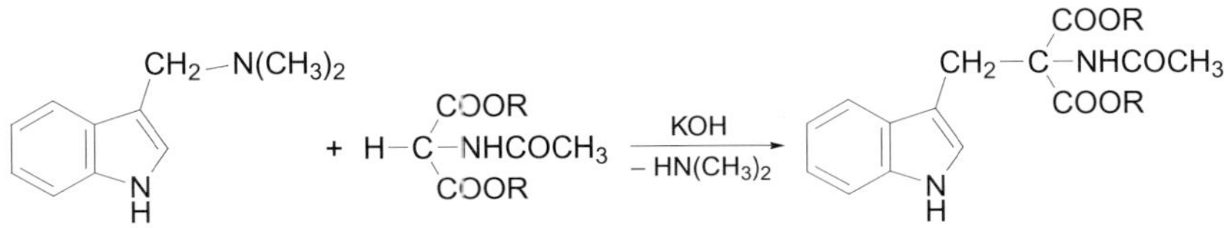

$$[7.146]$$

Durch Hydrolyse und Decarboxylierung erhält man daraus Tryptophan (vgl. [7.68]).

Auch die technische Synthese von Ranitidin, einem wichtigen Ulcustherapeuticum (Histamin-H_2-Rezeptorenblocker), beginnt mit einer Mannich-Reaktion:

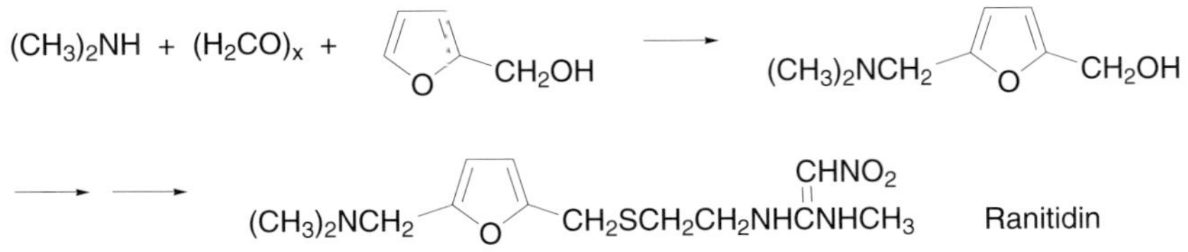

$$(CH_3)_2NH + (H_2CO)_x + \quad\longrightarrow\quad$$

$$[7.147]$$

$$(CH_3)_2NCH_2 \quad CH_2SCH_2CH_2NHCNHCH_3 \quad \text{Ranitidin}$$

7.2.1.6. Acyloinkondensation und Umpolung

Eine Kombination von Cyanhydrinsynthese [7.106] und Aldolreaktion stellt die Benzoin- oder, verallgemeinert, die Acyloinkondensation dar, bei der zwei Moleküle eines aromatischen Aldehyds in Gegenwart katalytischer Mengen (10 bis 20 %) Kaliumcyanid miteinander reagieren. Nebenreaktion ist erwartungsgemäß die Cannizzaro-Reaktion. Die Benzoinkondensation ist reversibel:

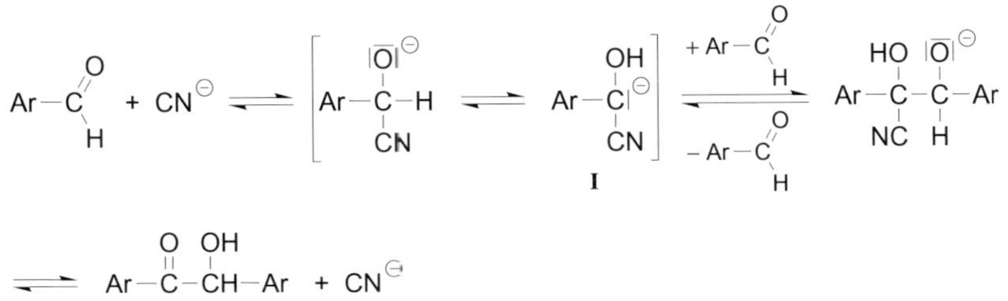

$$[7.148]$$

Allgemeine Arbeitsvorschrift für die Acyloinkondensation aromatischer Aldehyde (Tab. 7.149)

Achtung! Alkalicyanide sind starke Gifte! Siehe auch Reagenzienanhang.

Eine Lösung von 0,1 mol Aldehyd und 2 g Kaliumcyanid in 30 ml 60%igem Ethanol erhitzt man unter Rückfluß. Mit Benzaldehyd ist die Reaktion nach 15 Minuten beendet, mit Furfural nach 1 Stunde. Mit anderen Aldehyden erhitzt man 2 Stunden; nach einer Stunde setzt man erneut 1 g Kaliumcyanid zu. Bleibt nach dem Erkalten die Kristallisation aus, wird die Reaktionsmischung über Nacht in den Kühlschrank gestellt und nötigenfalls anschließend geschüttelt, bis die Kristallisation eintritt. Man saugt ab, wäscht mit Wasser und kristallisiert aus Ethanol um.

Tabelle 7.149

Acyloine

Produkt	Ausgangsverbindung	F in °C	Ausbeute in %
Benzoin	Benzaldehyd	134	85
2,2′-Furoin	Furfural	134...136	60
4,4′-Dimethyl-benzoin	*p*-Tolylaldehyd	87...88	55
p-Anisoin	Anisaldehyd	111...112	38

Das in [7.148], I formulierte intermediäre Carbanion kann nicht durch andere Elektrophile abgefangen und für gezielte C–C-Verknüpfungsreaktionen benutzt werden. Eine Ausnahme bildet die Reaktion von [7.148], I mit vinylogen Carbonylverbindungen (vgl. D.7.4.1.3., Michael-Addition). Addiert man aber an Stelle von Blausäure Trimethylsilylcyanid (vgl. D.2.7.) an Aldehyde, so entstehen die schwach CH-aciden α-Trimethylsilyloxy-nitrile [7.150], I. Diese können mit Lithiumdiethylamid zu den Carbanionen [7.150], II deprotoniert werden, die sehr leicht mit Elektrophilen reagieren. Zuletzt wird das Reaktionszentrum durch Hydrolyse wieder in eine Carbonylgruppe überführt. Mit Aldehyden und Ketonen entstehen so Acyloine [7.150], IVa, mit Alkylhalogeniden, die nucleophil substituiert werden, Ketone ([7.150] IVb) gewünschter Struktur:

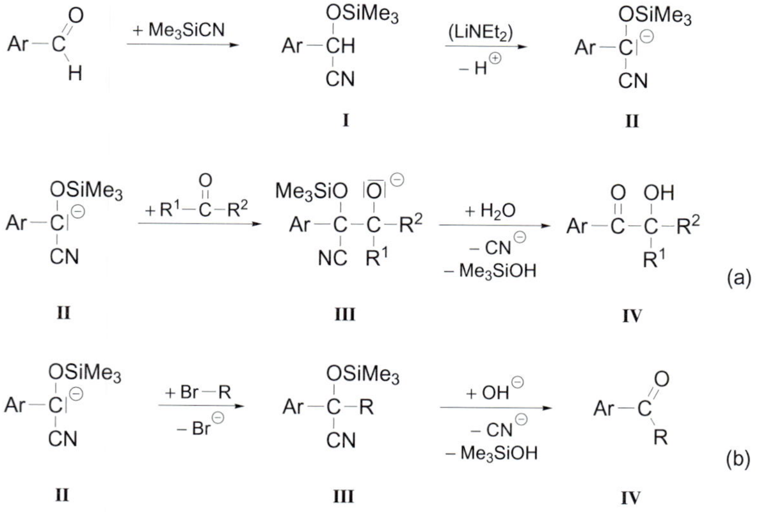

$$
\underset{I}{Ar-\underset{H}{\overset{O}{\underset{|}{C}}}} \xrightarrow{+\ Me_3SiCN} \underset{}{Ar-\underset{CN}{\overset{OSiMe_3}{\underset{|}{CH}}}} \xrightarrow[-\ H^{\oplus}]{(LiNEt_2)} \underset{II}{Ar-\underset{CN}{\overset{OSiMe_3}{\underset{|}{C}}}{}^{\ominus}}
$$

$$
\underset{II}{Ar-\underset{CN}{\overset{OSiMe_3}{\underset{|}{C}}}{}^{\ominus}} \xrightarrow{+\ R^1-\overset{O}{\overset{|}{C}}-R^2} \underset{III}{Ar-\underset{\underset{R^1}{NC}}{\overset{Me_3SiO\ \ |\overline{O}|^{\ominus}}{\underset{|}{C}-C-R^2}}} \xrightarrow[\substack{-\ CN^{\ominus} \\ -\ Me_3SiOH}]{+\ H_2O} \underset{IV}{Ar-\underset{R^1}{\overset{O\ \ OH}{\underset{|}{C}-\overset{|}{C}-R^2}}} \qquad (a)
$$

$$
\underset{II}{Ar-\underset{CN}{\overset{OSiMe_3}{\underset{|}{C}}}{}^{\ominus}} \xrightarrow[-\ Br^{\ominus}]{+\ Br-R} \underset{III}{Ar-\underset{CN}{\overset{OSiMe_3}{\underset{|}{C}-R}}} \xrightarrow[\substack{-\ CN^{\ominus} \\ -\ Me_3SiOH}]{+\ OH^{\ominus}} \underset{IV}{Ar-\overset{O}{\underset{R}{\underset{|}{C}}}} \qquad (b)
$$

[7.150]

Durch eine spezielle Maskierung ist dabei das ehemalige, ausschließlich elektrophile Zentrum der Carbonylgruppe vorübergehend in ein nucleophiles verwandelt worden. Einen solchen Vorgang nennt man *Umpolung* und versteht darunter ganz allgemein die reversible Umkehrung der Polarität eines Reaktionszentrums (vgl. C.8.1.).

An Stelle der silylierten werden auch acylierte Cyanhydrine (s. Tab. 7.41) bzw. die Additionsprodukte von Cyanhydrinen an Vinylether für solche Synthesen verwendet.

Ketone aus aromatischen Aldehyden und Alkylhalogeniden mit Hilfe von Trimethylsilylcyanid: DEUCHERT, K.; HERTENSTEIN, U.; HÜNIG, S.; WEHNER, G., Chem. Ber. **112** (1979), 2045.

Bei einer neueren Variante der Alkylierung von Aldehyden zu Ketonen wird anstelle des hochtoxischen und teuren Trimethylsilylcyanids bzw. des am Ende dieses Kapitels angeführten geruchsintensiven Propan-1,3-dithiols (Bildung von 1,3-Dithianen, vgl. D.7.1.3.) das leicht verfügbare Benzotriazol genutzt: KATRITZKY, A. R., LANG, H., WANG, Z., ZHANG, Z., SONG, H., J. Org. Chem. **60**, (1995) 7619.

Präparativ einfach ist die intermediäre Maskierung von aliphatischen und aromatischen Aldehyden mit katalytischen Mengen (0,05...0,1 Äquivalente) 3-Alkyl-1,3-thiazoliumsalzen in Gegenwart von Basen. Dabei wird zunächst das Thiazoliumsalz unter N_2-Atmosphäre zum Ylid (3-Alkyl-thiazolium-2-carbeniat, [7.151], I) dem eigentlichen Katalysator, deprotoniert. Das Ylid I addiert sich nucleophil an den Aldehyd, der dadurch umgepolt wird. So kann das Additionsprodukt [7.151] II (als substituiertes Thiazolium-2-methanat formuliert) jetzt mit einem weiteren Molekül Aldehyd zum Acyloin reagieren. (Aliphatische Acyloine sind so einfacher zugänglich als durch reduktive Kupplung von Estern, vgl. [7.262]). Sind α,β-ungesättigte Carbonylverbindungen zugegen, so unterliegen diese bevorzugt einer Michael-Addition (vgl. 7.4.1.3.), und es entstehen 1,4-Dicarbonylverbindungen (γ-Diketone, 4-Oxo-carbonsäureester sowie 4-Oxo-nitrile):

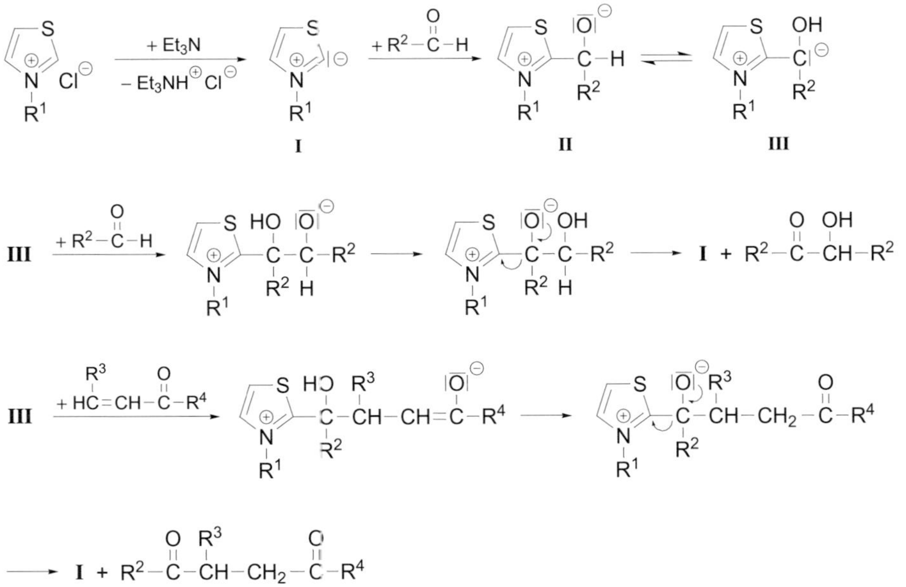

$$[7.151]$$

Acyloine durch Kondensation von aliphatischen Aldehyden sowie Furfural in Gegenwart von 3-Benzyl-5-(2-hydroxyethyl)-4-methyl-1,3-thiazoliumchlorid: STETTER, H.; KUHLMANN; H.; Org. Synth. **62** (1984), 170.

Hydroxymethylketone durch gekreuzte Acyloinkondensation mit Formaldehyd in Gegenwart von 3-Ethyl-1,3-thiazoliumbromid: MATSUMOTO, T.; OHISHI, M.; INOUE, SH., J. Org. Chem. **50** (1985), 603.

Eine Umpolung an Aldehyden kann man auch über deren Dithioacetale (vgl. D.7.1.3.) erreichen. Man formuliere die Synthese einer 1,2-Dicarbonylverbindung über die folgenden Schritte: Bildung des 2-Phenyl-1,3-dithians aus Benzaldehyd und Propan-1,3-dithiol, Deprotonierung mit Butyllithium, Acylierung mit einem Carbonsäurechlorid und Hydrolyse.

7.2.1.7. Reaktionen von Aldehyden und Ketonen mit Alkylphosphonsäure-estern und Alkylidenphosphoranenen

7.2.1.7.1. Horner-Wadsworth-Emmons-Reaktion (HWE-Reaktion)

Alkylphosphonsäurediethylester, die durch Michaelis-Arbuzov-Reaktion (vgl. D.2.6.5.2.) oder aus Diethylphosphit und Alkylhalogeniden hergestellt werden können, sind ebenfalls CH-acide Verbindungen, die sich mit starken Basen deprotonieren lassen.

Der Aldoladdition des entstandenen Carbanions [7.152], I an die Carbonylverbindung folgt jedoch wegen der großen Affinität des Phosphors zum Sauerstoff die Eliminierung von Diethylphosphat [7.152], II, und es entstehen Olefine (Horner-Wadsworth-Emmons-Reaktion):

$$
(EtO)_2\overset{O}{P}-\underset{R'}{\overset{R}{C}}H \xrightarrow[-H_2]{NaH} \left[(EtO)_2\overset{O}{P}-\underset{R'}{\overset{\ominus}{\overset{R}{C}}} \leftrightarrow (EtO)_2\overset{|\overline{O}|^{\ominus}}{P}=\underset{R'}{\overset{R}{C}} \right] Na^{\oplus}
$$

I

[7.152]

$$
\overset{O}{C} + \underset{R'}{\overset{O\diagup P(OEt)_2}{\overset{\ominus}{C}}}_R \longrightarrow \underset{R'}{\overset{\ominus|\overline{O}|}{-\overset{P(OEt)_2}{\underset{|}{C}}-\overset{|}{C}-R}} \longrightarrow \underset{R'}{\overset{|\overline{O}|^{\ominus}}{O-P(OEt)_2}}{-\overset{|}{\underset{|}{C}}-\overset{|}{C}-R} \xrightarrow[-(EtO)_2\overset{O}{P}-O^{\ominus}]{} \underset{R'}{\overset{R}{C=C}}
$$

II

Die Olefinierung verläuft glatt, wenn die Deprotonierung durch den Substituenten R unterstützt wird (z. B. durch die Phenyl-, Carbonyl- und Cyangruppe; R' ist meist ein H-Atom). Sie gelingt dann bereits in Gegenwart von Alkoholaten oder unter Phasentransferkatalyse sogar mit Natronlauge. Mit ungesättigten Aldehyden gelangt man zu Dienen. Ausgehend z. B. von 1,4-Dichlor-but-2-en kann auch ein Dianion und daraus ein Tri- bzw. mit ungesättigten Aldehyden ein Polyen hergestellt werden. Die Löslichkeit bzw. Hydrolysierbarkeit der eliminierten Dialkylphosphatgruppe kommt der Anwendung der Reaktion entgegen. Ist R eine Carbonylgruppe und R' ein Wasserstoffatom, so werden mit Aldehyden i. a. hoch stereoselektiv α,β-ungesättigte Carbonylverbindungen mit *E*-konfigurierter Doppelbindung gebildet.

Allgemeine Arbeitsvorschrift für die Horner-Wadsworth-Emmons-Reaktion mit Benzylphos-phonsäurediethylester (Tab. 7.153)[1])

In einem 100-ml-Dreihalskolben, versehen mit Rührer, Kühler und Tropftrichter, wird eine Lösung von 25 mmol Benzylphosphonsäurediethylester und 25 mmol frisch destilliertem Aldehyd in 10 ml Toluen zu einem intensiv gerührten 2-Phasen-System, bestehend aus 20 ml Toluen, 20 ml 50%iger Natronlauge und 1,5 ml Aliquat 336 zugetropft. Anschließend erhitzt man unter Rühren 30 Minuten auf 90 °C. Nach dem Erkalten wird die Toluenschicht abgetrennt, mit 5 bis

---

[1]) nach PIECHUCKI, C., Synthesis **1976**, 187

10 ml Wasser gewaschen, über Natriumsulfat getrocknet und das Lösungsmittel im Vakuum verdampft. Der Rückstand wird umkristallisiert. Für die Zuordnung der Stilbene zur *E*- oder *Z*-Form wird die Schmelztemperatur und das NMR-Spektrum (in CDCl$_3$) herangezogen.

Tabelle 7.153
Stilbene und 1,4-Diphenyl-buta-1,3-diene (Horner-Wadsworth-Emmons-Reaktion)

Produkt	Ausgangs- verbindung	*F* in °C	Ausbeute in %
Stilben	Benzaldehyd	122...124 (EtOH)	70
4-Methyl-stilben	*p*-Toluylaldehyd	117 (EtOH)	65
4-Chlor-stilben	*p*-Chlorbenzaldehyd	129 (EtOH)	65
4-Methoxy-stilben	Anisaldehyd	136 (EtOH)	75
1,4-Diphenyl-buta-1,3-dien	Zimtaldehyd	150...151 (EtOH)	60
1-(*p*-Dimethylamino-phenyl)-4-phenyl-buta-1,3-dien	*p*-Dimethylamino-zimtaldehyd[1])	168...170 (PrOH)	50

[1]) In 30 ml Toluen lösen

7.2.1.7.2. Wittig-Reaktion

Die Wittig-Reaktion bedient sich der Alkyltriphenylphosphoniumsalze (vgl. D.2.6.5.1.). Deren Deprotonierung mit Natriumhydrid oder Lithiumalkylen liefert die Phosphoniumylide[1]) ([7.154], I; aus II wird die Bezeichnung „Alkylidenphosphorane" deutlicher). Ohne daß sie aus Ionen vorliegen, besitzen Ylide ein ausgeprägt nucleophiles Zentrum am Kohlenstoff, das mit Carbonylverbindungen zu reagieren vermag. Der Addition an die Carbonylgruppe folgt eine Eliminierung von Triphenylphosphinoxid zum Olefin:

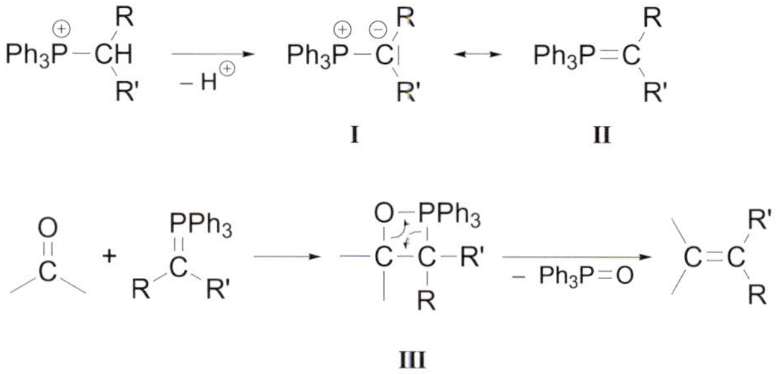

[7.154]

Bei dieser Umsetzung wird die C=C-Doppelbindung ausschließlich am Ort der ursprünglichen Carbonylgruppe gebildet, Isomerisierungen treten nur als Ausnahme bei der Umsetzung einiger cyclischer Ketone auf. Die Wittig-Reaktion [7.154] und die Horner-Wadsworth-Emmons-Variante sind wichtige Methoden zur gezielten Knüpfung von C=C-Doppelbindungen. In Ihrem Gesamtprozeß sind es Olefinsynthesen aus Carbonylverbindungen und Alkylhalogeniden. Durch Aldol- und Knoevenagel-Kondensation sind hingegen nur acceptorsubstituierte Olefine zugänglich.

---

[1]) Unter Ylid versteht man eine Verbindung, in der ein Kohlenstoffatom mit negativer Ladung direkt an ein Heteroatom (P,N,S), das eine positive Ladung trägt, gebunden ist. Die Bezeichnung bringt zum Ausdruck, daß Heteroatom und Kohlenstoff sowohl durch eine Atombindung (yl) als auch durch einen Ionenbeziehung (id) verknüpft sind. Ammoniumylide lassen sich nur in dieser Form beschreiben, während bei Phosphor eine Oktettaufweitung (d-Orbitalbeteiligung) möglich ist. Deshalb ist in diesem Fall neben der „Ylid"-Form [7.154], I auch die „Ylen"-Form II eine erlaubte Grenzformel.

Die Reaktivität der Phosphoniumylide hängt wesentlich von den Substituenten am Ylidkohlenstoff, weniger von jenen am Phosphor ab. Das unsubstituierte Methylentriphenylphosphoran ist wie auch seine alkylsubstituierten Derivate äußerst nucleophil und instabil. Man spricht von labilen Yliden. Elektronenziehende Gruppen R bzw. R', z. B. in Phenacylphosphoniumsalzen, begünstigen zwar die Deprotonierung zum Ylid, reduzieren aber auch dessen Nucleophilie. So sind Acylalkylidentriphenylphosphorane (R = RCO), die leicht durch Acylierung von Alkylidenphosphoranen mit Acylchlorid über das entsprechende Phosphoniumsalz erhältlich sind (formulieren!), in der Kälte hydrolysebeständig und reagieren nur noch mit sehr aktiven Carbonylverbindungen, wie z. B. Benzaldehyd. In diesen Fällen handelt es sich um stabilisierte Ylide.

Die Stereoselektivität der Reaktion von P-Yliden mit Aldehyden hängt wesentlich davon ab, ob das beteiligte Ylid labil oder stabilisiert ist.

Bei der Umsetzung eines Aldehyds mit einem Alkylidentriphenylphosphoran wird im ersten Schritt, einer [2+2]-Cycloaddition, ein Oxaphosphetan gebildet. Diese [2+2]-Cycloaddition kann zu zwei Diastereomeren führen, doch weist sie oft ein hohes Maß an Stereoselektivität auf. So ergeben im allgemeinen labile Ylide (R' = Alkyl) das *cis*-Oxaphosphetan [7.155], während stabile Ylide (mit –M-Substituenten, z. B. R' = Acyl) hauptsächlich zum thermodynamisch stabileren *trans*-Oxaphosphetan [7.156] reagieren. Das Oxaphosphetan zerfällt in einem zweiten Reaktionschritt, einer Cycloreversion, in Triphenylphosphin und ein Olefin. Dieser Zerfall ist stereospezifisch: ein *cis*-disubstituiertes Oxaphosphetan reagiert ausschließlich zu einem *Z*-Olefin, ein *trans*-disubstituiertes Oxaphosphetan zu einem *E*-Olefin:

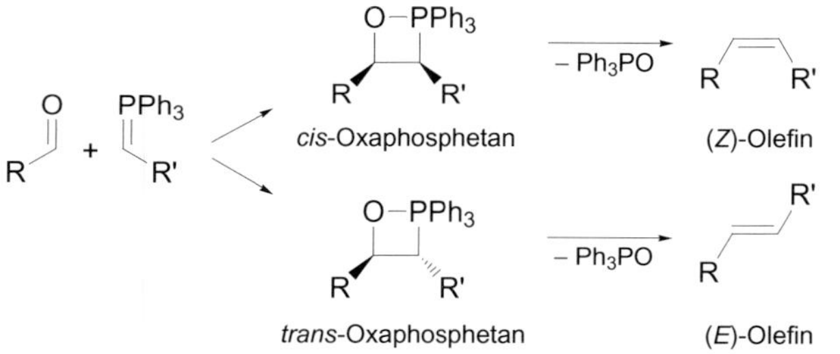

[7.155]

[7.156]

Ausgeprägte Stereoselektivität beobachtet man nur in Abwesenheit von Lithium-Ionen („salzfreie" Bedingungen), weshalb man meist natriumhaltige Basen, wie Natriumamid, zur Deprotonierung der Alkyltriphenylphosphoniumsalze nutzt. In Gegenwart von Lithium-Ionen wird auch aus stereochemisch einheitlichen Oxaphosphetanen ein Gemisch der diastereomeren Betaine Ia und Ib (vgl. [7.157]) gebildet, und man isoliert letztlich eine Mischung aus *E*- und *Z*-Olefin.

E-Alkene aus labilen Yliden können über die *Schlosser-Variante* der Wittig-Reaktion mit hoher Stereoselektivität in Gegenwart von Lithium-Ionen erhalten werden. Diese Variante verläuft intermediär über die Lithio-Betaine I. Durch Deprotonierung dieser Zwischenstufen mit Phenyllithium erzeugt man daraus ein neues Ylid II. Dessen Protonierung mit einem Äquivalent HCl führt stereoselektiv zum Lithio-Betain Ia. Durch Zugabe von Kalium-*tert*-butanolat wird nach Austausch von Lithium gegen Kalium in Ia das *trans*-Oxaphosphetan III gebildet, welches anschließend zum *E*-Olefin und Triphenylphosphinoxid zerfällt.

$$
\begin{array}{c}
\overset{\overset{\oplus}{PPh_3}}{\underset{R'}{\underset{|}{LiO}}} \\
\text{Ia} \\
\\
\overset{\oplus}{PPh_3} \\
\text{LiO} \\
R \quad R' \\
\text{Ib}
\end{array}
\quad
\xrightarrow[-\,\text{PhH},\ -\,\text{Li}^{\oplus}]{+\,\text{PhLi}}
\quad
\overset{\overset{\oplus}{PPh_3}}{\underset{R'}{\underset{|}{LiO}}}{}^{\ominus}
\quad
\xrightarrow[-\,\text{Cl}^{\ominus}]{+\,\text{HCl}}
\quad
\overset{\overset{\oplus}{PPh_3}}{\underset{R'}{\underset{|}{LiO}}}
$$

II   Ia   [7.157]

$$
\text{Ia} \xrightarrow[-\,\text{Li}^{\oplus}]{(t\text{-BuOK})}
\overset{O-PPh_3}{\underset{R \quad R'}{\square}}
\xrightarrow{-\,\text{Ph}_3\text{PO}}
\overset{R'}{\underset{R}{=}}
$$

III

Allgemeine Arbeitsvorschrift zur Darstellung von Olefinen durch Wittig-Reaktion (Tab. 7.158)

A. Phosphoniumylide in Lösung

0,2 mol Natriumhydrid[1]) werden in einem Dreihalskolben mit Anschütz-Aufsatz vom Cyclohexan dekantiert und mehrmals mit *n*-Pentan gewaschen. Der mit Rückflußkühler, KPG-Rührer (bei kleineren Ansätzen ist ein Magnetrührer gut geeignet), Tropftrichter mit Druckausgleich und Gaseinleitungsrohr mit Hahn versehene Kolben wird mehrmals evakuiert und mit gereinigtem trockenem Stickstoff aufgefüllt (Bunsenventil!). Der Kühler ist mit einem mit Dimethylsulfoxid gefüllten Blasenzähler verschlossen; der Stickstoffstrom wird so einreguliert, daß man etwa 20 bis 30 Blasen in der Minute zählt. Aus dem Tropftrichter werden anschließend 100 ml gut getrocknetes Dimethylsulfoxid[1]) unter Rühren zugegeben und im Bad auf 80 °C erwärmt, bis die Wasserstoffentwicklung beendet ist (etwa 45 Minuten). Man kühlt im Eisbad und versetzt mit 0,2 mol des getrockneten Phosphoniumhalogenids, das in 200 ml Dimethylsulfoxid gelöst ist. Nach 10 Minuten Rühren bei Zimmertemperatur ist die Lösung gebrauchsfertig.

B. Kondensation mit Carbonylverbindungen

Zu der frisch dargestellten Ylidlösung gibt man die äquimolare Menge der gereinigten Carbonylverbindungen, feste Ausgangsverbindungen werden in wenig Dimethylsulfoxid gelöst. Anschließend wird die Reaktion unter Rühren und evtl. Erwärmen (vgl. Tab. 7.158) zu Ende geführt. Zur Aufarbeitung gießt man das Reaktionsgemisch in 300 ml Wasser, extrahiert mehrfach mit *n*-Pentan, wäscht die Pentanphasen nochmals mit Wasser, trocknet mit Natriumsulfat, destilliert das Lösungsmittel ab und reinigt durch Umkristallisieren, Sublimieren, Destillieren oder Chromatographie.

Tabelle 7.158

Olefine durch Wittig-Reaktion

Produkt	Ausgangsverbindungen[1])	Kp (bzw. F) in °C	Ausbeute in %	Reaktions-bedingungen
Methylencyclohexan	Cyclohexanon, Methyltriphenylphosphonium-bromid	F 103 n_D^{20} 1,4516	85	30 Min. Raumtemperatur

---

[1]) Vgl. Reagenzienanhang.

Tabelle 7.158 (Fortsetzung)

Produkt	Ausgangsverbindungen[1])	Kp (bzw. F) in °C	Ausbeute in %	Reaktions- bedingungen
α-Methyl-styren	Acetophenon, Methyltriphenylphosphonium- bromid	F 162 n_D^{20} 1,5360	75	1 Std., 65 °C
1-Phenyl-buta- 1,3-dien[2])	Zimtaldehyd, Methyltriphenylphosphonium- bromid	$78_{1,5(11)}$	60	1 Std., Raum- temperatur und 2 Std. 60 °C
1,1-Diphenyl- ethen	Benzophenon, Methyltriphenylphosphonium- bromid	$100_{0,2(1,3)}$; F 6	80	1 Std., Raum- temperatur
1,1-Bis(4-dimethyl- amino-phenyl)ethen	Michlers Keton, Methyltriphenylphosphonium- bromid	F 122 (EtOH)	70	3 Std., 65 °C
9-Vinyl-anthracen	Anthracen-9-carbaldehyd, Methyltriphenylphosphonium- bromid	F 67 (Petrolether)	70	10 Std., 65 °C
2-Methylen-bornan	(+)-Campher, Methyltriphenylphosphonium- bromid	F 70 (Subl.)	70	15 Std., 50 °C[3])[4])
1,1-Diphenyl- prop-1-en	Benzophenon, Ethyltriphenylphosphonium- bromid	F 49	95	3 Std., Raum- temperatur und 2 Std. 60 °C[3])

[1]) An Stelle des Phosphoniumbromids kann auch das entspr. Iodid eingesetzt werden, vgl.Tab. 2.87.
[2]) Zur Destillation und Aufbewahrung Hydrochinon zusetzen.
[3]) Nach Aufarbeitung Pentanlösung über Al_2O_3-Säule (Aktivitätsstufe 1) filtrieren, mit Pentan eluieren.
[4]) Anfangs sublimierenden Komplex von Zeit zu Zeit mit Pentan zurückspülen.

Die Wittig-Reaktion und besonders deren Variante, die Horner-Wadsworth-Emmons-Reaktion, werden industriell zur Herstellung von Vitamin A, Vitamin-A-Säure, β-Carotin und Stilbenen (→ optische Aufhel- ler) genutzt.

7.2.1.8.   Esterkondensation

Die Esterkondensation ist ebenfalls eine Reaktion vom Typ der Aldolkondensation. Dabei werden Carbonsäureester als Carbonylkomponente in erster Linie mit folgenden CH-aciden Verbindungen zu β-Dicarbonylverbindungen umgesetzt:
a) mit Carbonsäureestern zu β-Oxo-carbonsäureestern:

$$2\ R-CH_2-COOR' \ \rightleftharpoons \ R-CH_2-\overset{\overset{\displaystyle O}{\|}}{C}-\underset{\underset{\displaystyle R}{|}}{CH}-COOR' \ + \ R'OH \qquad [7.159]$$

b) mit Ketonen zu β-Diketonen:

$$R^1-\overset{\overset{\displaystyle O}{\|}}{C}-OR' \ + \ R^2-CH_2-\overset{\overset{\displaystyle O}{\|}}{C}-R^3 \ \rightleftharpoons \ R^1-\overset{\overset{\displaystyle O}{\|}}{C}-\underset{\underset{\displaystyle R^2}{|}}{CH}-\overset{\overset{\displaystyle O}{\|}}{C}-R^3 \ + \ R'OH \qquad [7.160]$$

c) mit Nitrilen zu β-Oxo-carbonitrilen:

$$R^1-\overset{\overset{\displaystyle O}{\|}}{C}-OR' \;+\; R^2-CH_2-CN \;\rightleftharpoons\; R^1-\overset{\overset{\displaystyle O}{\|}}{C}-\underset{\underset{\displaystyle R^2}{|}}{CH}-CN \;+\; R'OH \qquad [7.161]$$

Wegen der relativ niedrigen Reaktivität der Estercarbonylgruppe (vgl. [7.3]) müssen als Kondensationsmittel starke Basen Anwendung finden, im allgemeinen Alkalialkoholate. Der Reaktionsablauf entspricht dem in [7.100] und [7.102] formulierten, z. B.:

$$RO^{\ominus} \;+\; H_3C-COOR \;\rightleftharpoons\; ROH \;+\; H_2\overset{\ominus}{C}-\overset{\overset{\displaystyle O}{\|}}{C}\underset{\displaystyle OR}{} \qquad [7.162]$$

$$\quad\;\; \mathbf{II} \qquad\qquad \mathbf{III} \qquad\qquad \mathbf{IV}$$

$$H_3C-\overset{O}{C}\overset{OR}{} \;+\; H_2\overset{\ominus}{C}-\overset{O}{C}\overset{OR}{} \;\rightleftharpoons\; H_3C-\overset{\overset{\displaystyle |\overline{O}|^{\ominus}}{|}}{C}-CH_2-\overset{\overset{\displaystyle O}{\|}}{C}\underset{\displaystyle OR}{} \qquad [7.163]$$

$$\mathbf{V}$$

$$H_3C-\overset{\overset{\displaystyle |\overline{O}|^{\ominus}}{|}}{\underset{\underset{\displaystyle OR}{|}}{C}}-CH_2-\overset{\overset{\displaystyle O}{\|}}{C}\underset{\displaystyle OR}{} \;\rightleftharpoons\; H_3C-\overset{\overset{\displaystyle |\overline{O}|^{\ominus}}{|}}{C}=CH-\overset{\overset{\displaystyle O}{\|}}{C}\underset{\displaystyle OR}{} \;+\; ROH \qquad [7.164]$$

$$\qquad\quad \mathbf{V} \qquad\qquad\qquad\qquad \mathbf{VI}$$

Da das im ersten Schritt [7.162] gebildete Anion IV eine sehr starke Base ist, liegt das Gleichgewicht weit links. Dennoch läuft die weitere Reaktion nach [7.163] und [7.164] ab, weil als Endprodukt das konjugiert ungesättigte System VI (ein Enolat) entsteht, dessen Energie relativ niedrig liegt.

Aus diesem Grunde läßt sich die Esterkondensation in Gegenwart von Alkoholat als Base nur dann erfolgreich durchführen, wenn die als Methylenkomponente eingesetzte Verbindung ein enolisierbares Endprodukt liefern kann, d. h., sie muß mindestens zwei Wasserstoffatome am α-Kohlenstoffatom besitzen. Isobuttersäureester läßt sich daher unter Claisen-Bedingungen[1]) nicht zum entsprechenden β-Oxocarbon-säureester kondensieren.

Die im letzten Schritt der Reaktion gebildeten Enole stellen stärkere Säuren als Alkohol dar (vgl. Tab. 7.99). Das als Kondensationsmittel eingesetzte Alkalialkoholat wird daher zur Neutralisation verbraucht und muß stets in mindestens molaren Mengen angewandt werden.

Da es sich bei allen Teilreaktionen um Gleichgewichtsreaktionen handelt, kann man die Ausbeute erhöhen, wenn man nicht in überschüssigem Alkohol als Lösungsmittel, sondern mit alkoholfreiem Alkoholat arbeitet (s. Arbeitsvorschrift, Variante A). Noch wirksamer ist es, den in der Reaktion entstehenden Alkohol aus dem Gleichgewicht zu entfernen, etwa durch Abde-stillieren (gegebenenfalls im Vakuum) oder indem man die Kondensation in Gegenwart von Alkalimetall[2]) und einer Spur Alkohol durchführt (Arbeitsvorschrift, Variante C).

---

[1]) Esterkondensationen, die mit Natrium- (Kalium-) Alkoholat durchgeführt werden, bezeichnet man als Claisen-Kondensationen.

[2]) Die Reaktion in Gegenwart von metallischem Natrium liefert allerdings nicht immer gute Resultate, weil Nebenreaktionen in größerem Umfang eintreten können (Reduktionsprozeße unter Bildung vgon α-Diketonen und α-Oxoalkoholen (Acyloine, vgl. D.7.3.3.)).

Anstatt die Gesamtreaktion vom letzten Schritt her gewissermaßen zu „ziehen", kann man sie auch vom ersten Schritt her „schieben", indem man diesen irreversibel macht. Das ist mit energischeren Kondensationsmitteln als Alkalialkoholat möglich, z. B. Natriumamid[1]) Natriumhydrid, Triphenylmethylnatrium („Tritylnatrium") und Mesitylmagnesiumbromid.

Diese Kondensationsmittel, die ebenfalls in äquimolaren Mengen angewandt werden müssen, führen auf Grund ihrer außerordentlich großen Basizität (vgl. pK_s-Werte in Tabelle 7.99) praktisch die gesamte Methylenkomponente in ihr Anion über, z. B.:

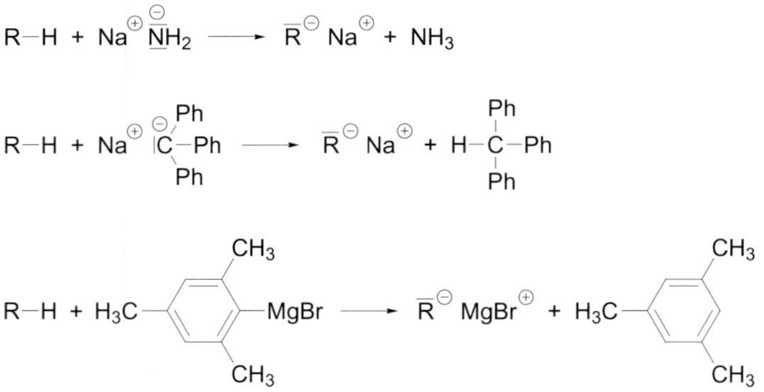

$$R-H + Na^{\oplus}\,\overset{\ominus}{N}H_2 \longrightarrow \overline{R}^{\ominus}\,Na^{\oplus} + NH_3$$

$$R-H + Na^{\oplus}\,\overset{\ominus}{C}(Ph)_3 \longrightarrow \overline{R}^{\ominus}\,Na^{\oplus} + H-C(Ph)_3 \tag{7.165}$$

$$R-H + H_3C-\text{Mesityl}-MgBr \longrightarrow \overline{R}^{\ominus}\,MgBr^{\oplus} + H_3C-\text{Mesitylen}$$

Es gelingt auf diese Weise, auch Esterkondensationen mit solchen CH-aciden Verbindungen durchzuführen, bei denen die Teilreaktion [7.164] durch die Ausbildung des konjugierten ungesättigten Systems VI nicht möglich ist. Man formuliere die Esterkondensation zweier Moleküle Isobuttersäureester mit Triphenylmethylnatrium!

Nach der Formulierung [7.162] ... [7.164] sollte man erwarten, daß das zu dem Alkoholatanion gehörige Alkalimetallkation keinen Einfluß auf die Claisen-Kondensation besitzt. Das ist jedoch nicht so, sondern die Alkalimetallalkoholate sind steigend wirksam in der Reihenfolge Li < Na < K < Rb < Cs. Dies legt für viele Claisen-Kondensationen einen der Formulierung [7.162] ... [7.164] zwar prinzipiell gleichen Mechanismus nahe, bei dem jedoch das Alkalimetallkation als Koordinationszentrum der Reaktionspartner wirkt, die auf diese Weise in eine für die Reaktion besonders günstige Lage gebracht werden. Zunächst entsteht an Stelle des freien Carbanions IV in [7.162] dessen Alkalimetallverbindung, die den elektrischen Strom in Lösung nicht leitet, also homöopolar oder als Ionenpaar vorliegt. An das Metallkation wird nun außerdem noch die Carbonylgruppe der Carbonylkomponente koordiniert, deren Polarisation dadurch verstärkt wird. Die weiteren Elektronenübergänge verlaufen nun in einem cyclischen Komplex:

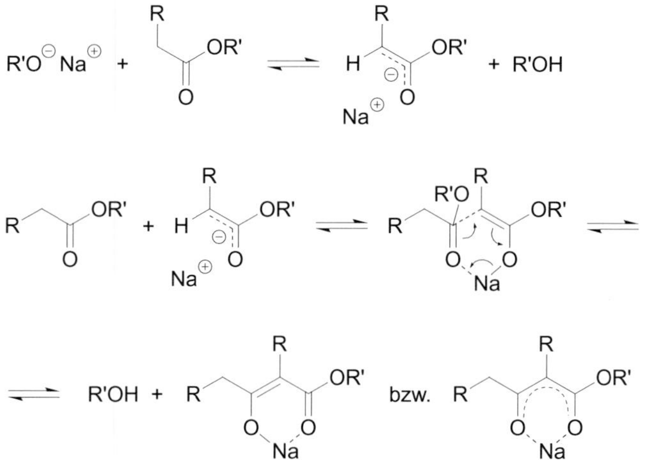

$$[7.166]$$

Die Esterkondensation zwischen zwei Molekülen des gleichen Esters ist eine wichtige Methode zur Darstellung von β-Oxo-carbonsäureestern.[1]) Die Kondensation zweier verschiedener Ester hat wenig präparatives Interesse, da im allgemeinen ein Gemisch von verschiedenen Endprodukten entsteht (vgl. aber unten die Umsetzungen von Oxalsäure- und Ameisensäureestern). Man formuliere die möglichen Reaktionsprodukte der Umsetzung von Propionsäureester mit Essigsäureethylester!

Ein eindeutiger Verlauf ergibt sich dagegen bei der Reaktion von Estern mit Ketonen [7.160] und Nitrilen [7.161]. In diesen Fällen stellt der Ester stets die Carbonylkomponente dar. (Vgl. dagegen die Darzen-Claisen-Reaktion zwischen Chloressigsäureestern und Aldehyden [7.132], bei der der Ester die Methylenkomponente ist.)

Werden die Enolate von Arylestern zweifach substituierter Essigsäuren mit Cycloalkanonen umgesetzt, können β-Lactone in guten Ausbeuten erhalten werden. (Man formuliere die folgende Umsetzung!)

3,3-Dimethyl-1-oxa-spiro[3,5]nonan-2-on aus Isobuttersäurephenylester und Cyclohexanon: WEDLER, C.; SCHICK, H., Org. Syntheses Vol. **75** (1998) 116.

Diese Reaktion ist eng verwandt mit der Reformatsky-Synthese von β-Hydroxy-carbonsäurealkylestern aus α-Halogen-carbonsäureestern (vgl. [7.222]). Im vorliegenden Fall ist das Phenolat jedoch eine sehr gute Abgangsgruppe, so daß der intramolekulare Angriff des zwischenzeitlich gebildeten Alkoholats am Estercarbonylkohlenstoff begünstigt ist.

Präparativ wichtige Spezialfälle der Esterkondensation sind:

Dieckmann-Kondensation

Damit bezeichnet man die innermolekulare Kondensation von Dicarbonsäureestern zu cyclischen Ketoestern. Man formuliere die in Tabelle 7.169 unter Variante C aufgeführten Dieckmann-Cyclisierungen sowie die Darstellung von Cyclohexan-2-on-1-carbonsäureester aus Pimelinsäureester!

Das Ausbeutemaximum der Reaktion liegt beim fünf- und sechsgliedrigen Ring. Die höheren Dicarbonsäureester liefern nur geringe Ausbeuten. Bernsteinsäureester gibt zunächst eine gewöhnliche intermolekulare Esterkondensation, in zweiter Stufe entsteht durch intramolekulare Kondensation Cyclohexan-2,5-dion-1,4-dicarbonsäureester (formulieren!).

Esterkondensationen mit Oxalsäure- und Ameisensäureester

Diese Ester besitzen keine α-Methylengruppe, aber eine hohe Carbonylaktivität (warum?). Sie reagieren daher auch in gemischten Esterkondensationen mit anderen Estern in eindeutiger Weise. Man formuliere die Umsetzung von Oxalsäurediethylester mit Aceton und Phenylessigsäureethylester, die Kondensation von 2 mol Benzylcyanid mit 1 mol Oxalsäureethylester sowie die Umsetzung von 2 mol Oxalsäureethylester mit Aceton! (Das Produkt dieser zuletzt genannten Reaktion setzt sich in Gegenwart von Säure unter Wasserabspaltung zum Chelidonsäureester, einen γ-Pyronderivat, um). Bei der Kondensation mit Oxalsäurediethylester wird in die α-Stellung von Estern bzw. Ketonen eine Ethoxalylgruppe eingeführt. Es entstehen Oxobernsteinsäurediethylester bzw. 2,4-Dioxo-carbonsäureethylester. Diese gehen beim Erhitzen über etwa 120 °C unter Abspaltung von Kohlenmonoxid in β-Dicarbonylverbindungen über. Die Decarbonylierung gelingt in der Regel besonders glatt bei den 3-monosubstituierten Verbindungen:

$$ [7.167] $$

[1]) Eine weitere Methode ist die in D.7.2.1.9. beschriebene Esterspaltung von α-Acyl-β-oxo-carbonsäureestern.

Die Methode dient zur Herstellung von alicyclischen β-Oxo-carbonsäureestern (z. B. 2-Oxo-cyclohexan-1-carbonsäureethylester) und monosubstituierten Malonsäureestern. Diese können so in reiner Form erhalten werden, was durch Alkylierung von Malonsäureestern in einigen Fällen nicht oder nur schwierig möglich ist, vgl. D.7.4.2.1. Phenylmalonsäurediethylester kann durch Phenylierung von Malonsäurediethylester überhaupt nicht dargestellt werden.

Die bei der Kondensation von Ameisensäureestern mit Carbonsäureestern oder Ketonen entstehenden Esteraldehyde bzw. Oxoaldehyde sind stark enolisiert und liegen als α-Hydroxymethylenverbindungen vor, z. B.:

$$\underset{\substack{}}{\text{H}}\overset{\text{O}}{\underset{}{\|}}\text{OR''} \; + \; \underset{\substack{R}}{\text{R}}\overset{\text{O}}{\underset{}{\|}}\text{R'} \longrightarrow \underset{\text{H}}{\overset{\text{OH}}{}}\overset{\text{O}}{}\text{R'} \; + \; \text{R''OH} \qquad\qquad [7.168]$$

α-Hydroxymethylen-carbonylverbindungen, die in α-Stellung nicht substituiert sind (R′ = H), trimerisieren äußerst leicht zu Benzenderivaten (Formylessigester zu Benzen-1,3,5-tricarbonsäureester). Man gewinnt sie deshalb nur in Form ihrer Natriumsalze.

Kohlensäureester lassen sich mit Ketonen zu β-Oxo-carbonsäureestern und mit Nitrilen zu Cyanessigsäureestern umsetzen. (Man formuliere die Reaktion von Phenylessigsäureethylester mit Diethylcarbonat!)

Allgemeine Arbeitsvorschrift für die Esterkondensation und die Glycidestersynthese nach Darzens (Tab. 7.169)

| *Vorsicht* beim Umgang mit Natrium (vgl. auch Reagenzienanhang)!

A. Reaktion mit alkoholfreiem Alkoholat

In einem 500-ml-Dreihalskolben mit Rückflußkühler und Calciumchloridrohr, Tropftrichter und Hershberg-Rührer (vgl. Abb. A.6g) bedeckt man 0,5 mol in grobe Stücke geschnittenes, von den Krusten befreites Natrium mit etwa 250 mol trockenem Toluen und erhitzt, ohne zu rühren, im Heizbad bis zum leichten Sieden. Nunmehr bringt man den Rührer mit einem hochtourigen Rührmotor schnell auf die volle Tourenzahl und rührt, bis das Natrium zu einer weiß-grauen Suspension zerschlagen ist, wobei weiter schwach geheizt wird. Sobald die Natriumsuspension entstanden ist, wird der Rührer abgestellt, und man läßt abkühlen. Keinesfalls darf bis zum Erstarren der Natriumpartikel gerührt werden, da diese sonst wieder zu gröberen Kügelchen zusammengeschlagen werden.

Zu der erkalteten Suspension tropft man langsam unter gutem Rühren, notfalls unter Kühlen, 0,5 mol abs. Alkohol[1]) zu, wobei die Innentemperatur nicht über 85 °C ansteigen soll, damit das Natrium nicht zum Schmelzen kommt und dadurch wieder zusammenklumpt. Anschließend wird noch eine Stunde auf etwa 100 °C erhitzt und unter Rühren ein Gemisch der Reaktionspartner zugetropft:

a) Zur *Darstellung von β-Oxo-carbonsäureestern* verwendet man 1,5 mol des betreffenden über Phosphor(V)-oxid getrockneten und destillierten Esters und erhitzt 15 Stunden auf dem siedenden Wasserbad.

b) Zur *Darstellung von β-Diketonen* setzt man unter Kühlen mit Wasser ein Gemisch aus 0,5 mol Keton und 1 mol Ester zu (beide über Phosphor(V)-oxid getrocknet und destilliert) und erhitzt anschließend noch 4 Stunden auf dem siedenden Wasserbad.

c) Zur *Darstellung von Oxobernsteinsäureestern und α-Formyl-carbonsäureestern* (α-Hydroxymethylen-carbonsäureester) fügt man ein Gemisch von 0,5 mol Oxalsäurediethylester bzw. 0,5 mol Ameisensäure und 0,5 mol des Carbonsäureesters zu und läßt über Nacht bei Raumtemperatur stehen.

---

[1]) Man verwende den Alkohol, der auch im Ester enthalten ist. Käuflichen absoluten Alkohol trocknen, vgl. Reagenzienanhang.

Nach Beendigung der Reaktion destilliert man die unter 100 °C siedenden Anteile aus dem Reaktionsgemisch ab (Heizbadtemperatur bis 120 °C) und gibt den abgekühlten Rückstand zu einem Gemisch von 0,6 mol Eisessig und Eis (etwa 33%ige Essigsäure). Die organische Phase wird abgetrennt und die wäßrige Lösung mehrfach mit Ether extrahiert; die vereinigten Auszüge werden sorgfältig mit Wasser gewaschen und über Natriumsulfat getrocknet. Nach dem Abdestillieren des Lösungsmittels destilliert man den Rückstand oder kristallisiert um.

B. Reaktion mit Natriumhydrid

In einem 1-l-Dreihalskolben mit Rührer, Tropftrichter und Rückflußkühler mit Gasableitungsrohr wird zu einer Suspension von 0,5 mol Natriumhydrid in Cyclohexan[1]) unter Rühren ein Gemisch der Reaktionspartner in den unter A. angegebenen Mengen zugetropft. Anschließend erhitzt man 3 Stunden unter Rückfluß[2]) läßt erkalten und arbeitet wie unter A. angegeben auf.

C. Dieckmann-Cyclisierungen mit Natriumpulver

In der unter Variante A. beschriebenen Weise stellt man eine Natriumsuspension aus 0,5 mol Natrium in 500 ml Toluen her. Zu der lebhaft gerührten, noch heißen Mischung tropft man 0,5 mol des betreffenden absoluten Dicarbonsäureesters, in dem man 1 ml absolutes Ethanol gelöst hat. Nachdem die erste heftige Reaktion vorüber ist, wird noch 6 Stunden unter Rückfluß erhitzt und dann nach dem Abkühlen vorsichtig auf ein Gemisch aus 200 g Eis und 0,5 mol konz. Salzsäure gegeben. Dann trennt man die organische Schicht ab, schüttelt die wäßrige Lösung noch zweimal mit Diethylether aus, wäscht die vereinigten Extrakte mehrfach mit wenig Wasser, trocknet über Natriumsulfat und destilliert das Lösungsmittel ab. Der Rückstand wird destilliert.

D. Reaktion in alkoholischem Alkoholat

In einem 500-ml-Dreihalskolben mit Rückflußkühler und Calciumchloridrohr, Tropftrichter und Rührer wird aus 0,3 mol Natrium und 300 ml absolutem Alkohol[3]) eine Alkoholatlösung hergestellt (s. Reagenzienanhang). Nach völliger Auflösung des Natriums tropft man ein Gemisch von je 0,3 mol der trockenen Ausgangsprodukte unter Rühren und Kühlen mit Eiswasser zu.

Zur *Darstellung von Glycidestern* setzt man ein Gemisch aus 0,2 mol Carbonylkomponente und 0,3 mol Chloressigsäureethylester zu (von dem ein Teil unter Bildung von Alkoxyessigester verbraucht wird) und arbeitet bei −10 °C. Anschließend wird bei Raumtemperatur über Nacht stehengelassen, mit der äquimolaren Menge Eisessig neutralisiert und in 1 l Eiswasser gegossen. Man ethert mehrfach aus bzw. saugt ab. Der Etherextrakt wird mit Wasser gewaschen und über Natriumsulfat getrocknet. Nach dem Abdestillieren des Lösungsmittels wird der Rückstand durch Destillation oder Kristallisation gereinigt.

Tabelle 7.169

Esterkondensation und Darzens-Reaktion

Produkt	Ausgangsverbindungen	Variante	Kp (bzw. F) in °C	n_D^{20}	Ausbeute in %
Acetessigsäureethylester	Essigsäureethylester	A, B	$71_{1,6(12)}$	1,4198	75
Acetessigsäurepropylester	Essigsäurepropylester	A, B	$78_{1,5(11)}$	1,4240	75
Acetessigsäureisopropylester	Essigsäureisopropylester	B	$69_{1,5(11)}$	1,4179	50
2-Methyl-3-oxo-pentansäureethylester	Propionsäureethylester	B	$89_{1,6(12)}$	1,4228	50

---

[1]) Vgl. Reagenzienanhang.

[2]) Nicht im Wasserbad, am besten unter Verwendung eines Infrarotstrahlers arbeiten.

[3]) Käuflichen abs. Alkohol trocknen, vgl. Reagenzienanhang.

Tabelle 7.169 (Fortsetzung)

Produkt	Ausgangsverbindungen	Variante	Kp (bzw. F) in °C	n_D^{20}	Ausbeute in %
2-Ethyl-3-oxo-hexan-säureethylester	Buttersäureethylester	B	$104_{1,6(12)}$	1,4271	55
2,2,4-Trimethyl-3-oxo-pentansäureethylester	Isobuttersäureethyl-ester	B[1]	$96_{1,6(12)}$	1,4212	25
α,γ-Diphenyl-acetessig-säureethylester	Phenylessigsäure-ethylester	A, B	F 77 (EtOH)		70
3-Methyl-2-oxo-bern-steinsäurediethylester	Propionsäureethylester, Oxalsäurediethylester	A, B	$115_{1,3(10)}$	1,4303	50,75
2-Oxo-3-phenyl-bern-steinsäurediethylester	Phenylessigsäure-ethylester, Oxalsäure-diethylester	A, D	[2])		85
Dibenzoylmethan	Acetophenon, Benzoesäureethylester	A, B	$220_{2,4(18)}$ F 78		50,80
Acetylaceton	Aceton, Essigsäure-ethylester	A, B	136	1,4465	55
Benzoylaceton	Acetophenon, Essigsäureethylester	A, B	$129_{1,3(10)}$ F 61		50,65
2-Hydroxymethylen-cyclohexanon	Cyclohexanon, Ameisensäureethyl- oder -methylester	A, B[3])	$84_{1,6(12)}$	1,5124	55
2-Oxo-cyclopentan-1-carbonsäureethylester	Adipinsäurediethylester	C	$103_{1,7(13)}$	1,4519	75
1-Methyl-4-oxo-piperidin-3-carbon-säureethylester	4-Methyl-4-aza-heptan-disäurediethylester	C[4])	$115_{0,5(4)}$ Hydrochlorid: F 128	1,4802	70
2,4,6-Trioxo-heptan-1,7-disäurediethylester	Aceton, Oxalsäure-diethylester	D[5])	F 103 (Ligroin)		80
3-Cyan-3-phenyl-brenz-traubensäureethylester	Benzylcyanid, Oxal-säurediethylester	D	F 126		80
3-Oxo-2-phenyl-butan-nitril	Benzylcyanid, Essig-säureethylester	D[6])	F 90 (W./EtOH)		65
3-Phenyl-glycidsäure-methylester	Benzaldehyd, Chlor-essigsäureethylester	D[7])	$130_{0,7(5)}$		90
3-(4-Methoxy-phenyl)-glycidsäuremethylester	Anisaldehyd, Chlor-essigsäureethylester	D[7])	$145_{0,08(0,7)}$ F 62		90
3-Methyl-3-phenyl-glycidsäuremethylester	Acetophenon, Chloressigsäure-ethylester	D[7])	$142_{1,5(11)}$	1,513	70

[1]) 5 Stunden erhitzen.

[2]) Wegen Decarbonylierung nicht destillierbar. Nach Abdestillieren des Lösungsmittels als Rohprodukt isolieren und weiterverarbeiten.

[3]) Mit NaH nur 1,5 Stunden im Glycolbad auf 40 °C erwärmen.

[4]) Reaktionszeit 30 Minuten; zur Aufarbeitung wäßrige Phase mit Kaliumcarbonat alkalisch machen, zwei-mal ausethern, mit Natriumsulfat trocknen und Chlorwasserstoff einleiten.

[5]) Zunächst nur 0,15 mol Keton und 0,3 mol Ester mit der Hälfte der Alkoholatlösung umsetzen; 30 Minu-ten unter Rückfluß erhitzen, anschließend zweite Hälfte der Alkoholatlösung zugeben. Vor der Aufar-beitung Alkohol bei 110 °C Badtemperatur weitgehend abdestillieren. Man erhält ein Gemisch von Mono- und Dienol.

[6]) 2 Stunden auf dem siedenden Wasserbad; wird das Reaktionsprodukt bei der Aufarbeitung nach dem Abdestillieren des Lösungsmittels nicht fest, so erhitzt man im Wasserstrahlvakuum auf 130 °C. Man kann anschließend bei 10^{-5} kPa (10^{-4} Torr) und 100 °C sublimieren.

[7]) Man arbeitet mit Natriummethylat in Methanol, wobei das umgeesterte Produkt entsteht. Die Methyl-ester sind besonders leicht weiterzuverarbeiten (zu verseifen).

5-Methyl-3-oxo-hexansäureethylester aus Isobutylmethylketon und Diethylcarbonat und *Benzoylessigsäureethylester* aus Acetophenon und Diethylcarbonat: BRÄNDSTRÖM, A., Acta Chem. Scand. **4** (1950), 1315;

α-*Cyan-phenylessigsäureethylester* aus Benzylcyanid und Diethylcarbonat: WALLINGFORD, V. H.; JONES, D. M.; HOMEYER, A. H., J. Am. Chem. Soc. **64** (1942), 576.

Allgemeine Arbeitsvorschrift zur Decarbonylierung von Oxobernsteinsäure- und 2,4-Dioxo-carbonsäureestern (Tab. 7.170)

In einer Vakuumdestillationsapparatur wird der betreffende α-Ethoxalyl-carbonsäureester (auch das Rohprodukt kann direkt verwendet werden) mit einer Spur Eisenpulver und einer Spur Borsäure versetzt und danach bei einem Vakuum von etwa 6 kPa (40 bis 50 Torr)[1] unter Verwendung eines Heizbades bis zum Einsetzen der Reaktion langsam erhitzt (Badtemperatur 140 bis 170 °C). Die Abspaltung von Kohlendioxid ist am Druckanstieg erkenntlich. Dabei destilliert ein Teil des decarbonylierten Esters über. Sobald die Gasentwicklung nachgelassen hat, wird die Heizbadtemperatur allmählich auf maximal 180 °C gesteigert und das restliche Produkt herausdestilliert, wenn nötig, unter Verminderung des Druckes. Das Rohprodukt wird nochmals im Vakuum destilliert.

Tabelle 7.170

Decarbonylierung von Oxobernsteinsäure- und 2,4-Dioxo-carbonsäureestern

Produkt	Ausgangsverbindung	Kp in °C	n_D^{20}	Ausbeute in %
2-Oxo-cyclohexan-1-carbon-säureethylester	(2-Oxo-cyclohex-1-yl)-glyoxylsäure-ethylester	$107_{1,6(12)}$	1,4794	80
Phenylmalonsäurediethylester	2-Oxo-3-phenyl-bernsteinsäure-diethylester	$151_{1,3(10)}$	1,4977	67
Methylmalonsäurediethylester	3-Methyl-2-oxo-bernsteinsäure-diethylester	$83_{1,7(13)}$	1,4126	95

Eine Kondensation der Estercarbonylgruppe mit methylenaktiven Verbindungen im Sinne einer Knoevenagel-Kondensation (vgl. D.7.2.1.4.) ist keinesfalls zu erwarten. Alkoxymethylenverbindungen, wie sie im Ergebnis einer solchen Reaktion entstehen würden, können jedoch hergestellt werden, wenn man von Orthocarbonsäureestern ausgeht, z. B.:

$$
\underset{\substack{\text{OEt}\\\text{OEt}}}{\text{EtO}-\text{CH}} \;+\; \underset{\substack{\text{COOEt}\\\text{COOEt}}}{\text{H}_2\text{C}} \;\xrightarrow[-\,2\,\text{EtOH}]{(\text{Ac}_2\text{O})}\; \underset{\substack{\text{COOEt}\\\text{COOEt}}}{\overset{\substack{\text{EtO}\\\text{H}}}{\text{C}=\text{C}}} \qquad [7.171]
$$

Die Reaktion setzt eine relativ große CH-Acidität der Methylenkomponente voraus sowie ein wasserfreies, schwach saures Medium (Warum? Man vergleiche Orthoester mit Acetalen!). Sie beginnt mit der Eliminierung von Alkohol aus dem Orthoester nach dessen Protonierung.

Allgemeine Arbeitsvorschrift zur Kondensation von Orthoameisensäuretriethylester mit methylenaktiven Verbindungen (Tab. 7.172)

In einem 500-ml-Kolben, der zu einer Destillationsapparatur mit kurzer Kolonne gehört, erhitzt man ein Gemisch von 0,75 mol Orthoameisensäuretriethylester, 0,5 mol der methylenaktiven Verbindung und 1 mol Acetanhydrid 1 Stunde auf 140 °C, danach noch 1 Stunde auf 150 °C Badtemperatur, wobei Essigester abdestilliert. Anschließend wird die Kolonne entfernt und im Vakuum destilliert.

---

[1] Druck und Temperatur sind so aufeinander abgestimmt, daß die Decarbonylierung bei möglichst niedriger Temperatur zustande kommt, ohne daß dabei die Ausgangsverbindung mit überdestilliert.

Tabelle 7.172

α-Ethoxymethylen-carbonsäureester durch Orthoesterkondensation

Produkt	Ausgangsverbindung	Kp in °C	Ausbeute in %
2-Cyan-3-ethoxy-prop-2-ensäureethylester	Cyanessigsäureethylester	$173...174_{2(15)}$	82
α-Ethoxymethylen-acetessigsäureethylester	Acetessigsäureethylester	$149...151_{2(15)}$	75
Ethoxymethylenmalononitril	Malononitril	$162...163_{2(15)}$ $F\ 63...65$	85
Ethoxymethylenmalonsäurediethylester[2])	Malonsäurediethylester[1])	$159...162_{1,5(11)}$ $n_D^{20}\ 1,4620$	55
Ethoxymethylencyanamid[3])	Cyanamid	$57...63_{(0,15)}$	75

[1]) 2 g $ZnCl_2$ zusetzen.
[2]) redestillieren
[3]) nicht unbegrenzt haltbar

Die Ethoxygruppe kann sowohl sauer zur (enolisierten) Aldehydgruppe hydrolysiert als auch leicht gegen N- und C-Basen ausgetauscht werden (vgl. D.7.4.1.5.). Für solche Synthesen verwendet man auch die weniger reaktiven Dimethylaminomethylenverbindungen, die aus Dimethylformamid anstelle von Orthoester in Gegenwart von Acetanhydrid, Phosphoryl- oder Thionylchlorid hergestellt werden (vgl. Vilsmeier-Reaktion, D.5.1.8.3.).

Während einfache Aldehyde und Ketone praktisch vollständig in der Oxoform vorliegen (Aceton z.B. zu 99,9998 %), sind β-Oxo-carbonsäureester und β-Diketone mehr oder weniger enolisiert. Acetessigsäureethylester enthält in Substanz bei Zimmertemperatur z.B. 7,5 % der Enolform, Acetylaceton 80 %. Das Keto-Enol-Gleichgewicht ist lösungsmittelabhängig. Die Konzentrationen der Tautomeren verhalten sich zueinander wie ihre Löslichkeit in dem jeweiligen Lösungsmittel. Acetessigester und Acetylaceton bilden *cis*-Enolate mit intramolekularen Wasserstoffbrücken. Deshalb ist ihr Enolgehalt in unpolaren Lösungsmitteln größer als in polaren (Acetylaceton in Hexan 95 %, in Acetonitril 62 % Enol), während Enole, die keine intramolekularen Wasserstoffbrücken ausbilden können, sich umgekehrt dazu verhalten.

Das Enol einer β-Dicarbonylverbindung gibt mit Eisen(III)-chlorid gefärbte Salze, die als Chelatkomplexe vorliegen:

[7.173]

Die Bildung der Eisenkomplexe ist als Nachweisreaktion auf β-Dicarbonylverbindungen geeignet (vgl. E.1.2.5.2.). Die Reaktion tritt schon bei Verbindungen mit 1 bis 2 % Enolgehalt sofort ein. Da Malonsäureester und ihre Derivate nicht merklich enolisiert sind, geben sie keine Eisenchloridreaktion. Die reine Farbe des Eisenchelatkomplexes ist nur in alkoholischer Lösung zu beobachten. In wäßriger Lösung sind daneben noch die einfachen gefärbten Salze vorhanden. So geben Phenole, die keine chelatbildende Gruppe besitzen, nur in wäßriger Lösung mit Eisen(III)-chlorid eine Färbung, die auf der Bildung basischer Salze beruht.

Unter den präparativ sehr bedeutungsvollen Methoden zur Knüpfung von C–C-Bindungen, die in diesem Kapitel behandelt werden, nimmt die Esterkondensation insofern eine besondere Stellung ein, als die entstehenden β-Dicarbonylverbindungen und ihre Analoga Substanzen mit drei funktionellen Gruppen darstellen. Man kann sie daher sowohl durch Veränderung der Ketogruppe (Reduktion, vgl. D.7.3., Enaminbildung, vgl. [7.11c] als auch durch Reaktion an der Methylengruppierung (Michael-Addition, vgl. D.7.4.1.3., Acylierung, vgl. D.7.2.1.10., Alkylierung, Halogenierung, vgl. D.7.4.2.1. und D.7.4.2.2.) und der Carboxylgruppe (Hydrolyse, Ketonspaltung, vgl. [7.64], Amidbildung, vgl. D.7.1.4.2.) in eine Vielzahl anderer Verbindungen überführen.

β-Dicarbonylverbindungen dienen auch häufig als Ausgangsprodukte zur Darstellung von heterocyclischen Verbindungen.

Technische Bedeutung besitzt vor allem der Acetessigester, dessen Folgeprodukte (z. B. Pyrazolone) insbesondere für die Synthese von Azofarbstoffen (vgl. Tab. 8.35) verwendet werden.

Phenylmalonester ist für die Synthese des Hypnotikums Ethylphenylbarbitursäure (Phenobarbital, vgl. D.7.1.4.2.) von Bedeutung.

Reaktionen vom Typ der Esterkondensation laufen auch im lebenden tierischen Organismus ab (Fettsäurecyclus, Citronensäurecyclus). Bei der Biosynthese der Fettsäuren z. B. reagiert ein an ein Acyl-Carrier-Protein (ACP) gebundener Essigsäurethioester mit einem Malonsäurethioester als Methylenkomponente zu Acetessigsäurethioester:

$$H_3C-\overset{\overset{O}{\|}}{C}-S-ACP + H_2C-\overset{\overset{O}{\|}}{C}-S-ACP \xrightarrow[\substack{- HS-ACP \\ - CO_2}]{} H_3C-\overset{\overset{O}{\|}}{C}-CH_2-\overset{\overset{O}{\|}}{C}-S-ACP \qquad [7.174]$$
$$\underset{\substack{COOH}}{}$$

Acetyl-ACP   Malonyl-ACP   Acetoacetyl-ACP

7.2.1.9. Esterspaltung und Säurespaltung von β-Dicarbonylverbindungen

Da alle Teilreaktionen der Claisen-Kondensation [7.162]–[7.164] bzw. [7.166] Gleichgewichtsreaktionen sind, lassen sich β-Oxo-carbonsäureester und β-Diketone durch alkoholische Alkoholatlösung wieder spalten („*Esterspaltung*"), z. B.:

$$R-\overset{\overset{O}{\|}}{C}-CH=\overset{\overset{OH}{}}{C}-R' \xrightarrow{+ RO^{\ominus}} R-\overset{\overset{|\overline{O}|^{\ominus}}{\underset{|}{C}}}{\underset{OR}{}}-CH=\overset{\overset{OH}{}}{C}-R' \rightleftharpoons R-\overset{\overset{O}{\|}}{C}-OR + H_2\overset{\ominus}{C}-\overset{\overset{O}{\|}}{C}-R'$$

$$\mathbf{I}$$

$$[7.175]$$

$$H_2\overset{\ominus}{C}-\overset{\overset{O}{\|}}{C}-R' + ROH \underset{+ RO^{\ominus}}{\overset{- RO^{\ominus}}{\rightleftharpoons}} H_3C-\overset{\overset{O}{\|}}{C}-R'$$

$$\mathbf{II}$$

Das Zwischenprodukt I entspricht der Verbindung [7.163], V.

Wie aus [7.175] ersichtlich ist und auch experimentell bewiesen wurde, reagiert das Alkoholat mit der *nichtenolisierten* Oxogruppe. β-Oxo-carbonsäureester, die mit Alkoholat praktisch vollständig in das Enolat übergehen, sind deshalb bedeutend schwieriger zu spalten als β-Diketone, die auch als Enolat noch eine reaktionsfähige Keto-Carbonylgruppe besitzen. Ist eine Enolisierungsrichtung in β-Diketonen vorherrschend, bilden sich einheitliche Reaktionsprodukte.

Läßt man an Stelle von Alkoholat Alkalilauge auf β-Diketone bzw. β-Oxo-carbonsäureester einwirken, so entsteht entsprechend [7.175] ein Säureanion und ein Keton bzw. Ester (der sofort verseift wird). Da Säureanionen keinerlei Carbonylreaktivität mehr haben, kann andererseits keine β-Dicarbonylverbindung mehr zurückgebildet werden, und die Spaltung wird vollständig („*Säurespaltung*", vgl. Tab. 7.178).

Als Nebenreaktion der Säurespaltung von β-Oxo-carbonsäureestern tritt in erheblichem Maße die „Ketonspaltung" (vgl. [7.64]) in Erscheinung. Sie kommt dadurch zustande, daß der β-Oxo-carbonsäureester unter Verseifung und Decarboxylierung an der Carboxylgruppe angegriffen wird. Daher ist die Säurespaltung von β-Oxo-carbonsäureestern präparativ von geringerem Interesse. Die entsprechenden Säuren werden meist besser über substituierte Malonester hergestellt (vgl. [7.65]).

Die Spaltbarkeit von β-Dicarbonylverbindungen durch alkalische Agenzien steigt erheblich an, wenn man von der α-unsubstituierten zur α-monosubstituierten und schließlich zur α,α-disubstituierten Verbindung übergeht. Da α,α-disubstituierte Dicarbonylverbindungen nicht mehr enolisieren können, wird für die Konkurrenzreaktion kein Alkali mehr verbraucht, und die Esterspaltung gelingt jetzt bereits mit katalytischen Alkalimengen. Sie ist eine Nebenreaktion bei der Dialkylierung von β-Oxo-carbonsäureestern, β-Diketonen und Malonestern (vgl. D.7.4.2.1.).

In den α-Acyl-β-oxo-carbonsäureestern, die durch Acylierung von β-Oxo-carbonsäureestern entstehen, liegt gleichzeitig ein β-Diketon und ein β-Oxo-carbonsäureester vor. Nach dem oben Gesagten ist es klar, daß die Säure- oder Esterspaltung hier stets an der β-Diketonstruktur einsetzt. Mit Alkohol/Alkoholat (oder Ätzkali) entsteht dabei ein β-Oxo-carbonsäureester, der in der Kälte nicht weiter verändert wird und deshalb gut faßbar ist:

$$\underset{\substack{\text{COOR}}}{\text{H}_3\text{C}-\overset{\text{O}}{\overset{\|}{\text{C}}}-\text{CH}-\overset{\text{O}}{\overset{\|}{\text{C}}}-\text{R}} \xrightarrow[-\text{H}^\oplus]{} \underset{\substack{\text{COOR}}}{\text{H}_3\text{C}-\overset{\text{O}}{\overset{\|}{\text{C}}}-\overset{\ominus}{\text{C}}=\overset{\text{O}}{\overset{\|}{\text{C}}}-\text{R}} \xrightarrow[\substack{1.\ +\ \text{ROH} \\ 2.\ +\ \text{H}^\oplus}]{\text{Esterspaltung}}$$

$$\text{H}_3\text{C}-\overset{\text{O}}{\overset{\|}{\text{C}}}-\text{OR} \ + \ \text{R}-\overset{\text{O}}{\overset{\|}{\text{C}}}-\text{CH}_2-\text{COOR}$$

[7.176]

Da sich nach [7.175] stets diejenige Oxogruppe im Keton (β-Oxo-carbonsäureester) wiederfindet, die enolisiert war, erhält man aus einem α-Acyl-β-oxo-carbonsäureester stets denjenigen der beiden möglichen β-Oxo-carbonsäureester, der die größere Tendenz zur Enolatbildung besitzt. Das ist im allgemeinen der mit der größeren Acylgruppe. Die α-Acylierung von Acetessigester mit anschließender Esterspaltung stellt deshalb eine wichtige Möglichkeit für die Synthese höherer β-Oxoester aus Acetessigester, wie z.B. von Benzoylessigester, dar. (Warum wird dieser nicht durch Esterkondensation hergestellt?)

Allgemeine Arbeitsvorschrift zur Esterspaltung von Acylacetessigestern (Tab. 7.177)

1 mol Acylacetessigester[1]) wird mit 1,05 mol Ätzkali in 500 ml Ethanol oder Methanol[2]) über Nacht stehengelassen. Dann gießt man auf 3 l Eis und 27 ml konz. Schwefelsäure und extrahiert viermal mit 200 ml Ether. Die vereinigten Extrakte werden mit Wasser annähernd neutral gewaschen. Es wird über Magnesiumsulfat getrocknet und das Lösungsmittel im Vakuum abgedampft. Den Rückstand destilliert man über eine 25-cm-Vigreux-Kolonne im Vakuum.

Tabelle 7.177

Esterspaltung von Acylacetessigestern

Produkt	Ausgangsverbindung	Kp in °C	n_{D}^{25}	Ausbeute in %
Benzoylessigsäureethylester	2-Benzoyl-3-oxo-butansäureethylester	$137_{0,5(4)}$	1,5254	70
Benzoylessigsäuremethylester	2-Benzoyl-3-oxo-butansäureethylester	$122_{0,33(2,5)}$	1,5372	70
4-Phenyl-acetessigsäuremethylester	2-Acetyl-3-oxo-4-phenyl-butansäureethylester	$125_{0,4(3)}$	n_{D}^{20}: 1,5158	85
4-Phenyl-acetessigsäureethylester	2-Acetyl-3-oxo-4-phenyl-butansäureethylester	$120_{0,08(0,6)}$	1,5011	75

[1]) Darstellung vgl. Tab. 7.182; es kann das nichtdestillierte Rohprodukt verwendet werden.
[2]) In Ethanol erhält man die Ethylester, in Methanol infolge Umesterung die Methylester.

Tabelle 7.177 (Fortsetzung)

Produkt	Ausgangsverbindung	Kp in °C	n_D^{25}	Ausbeute in %
3-Oxo-hexansäureethylester	2-Acetyl-3-oxo-hexansäure-ethylester	$94_{2(15)}$		90
4-Methyl-3-oxo-pentansäure-ethylester	2-Acetyl-4-methyl-3-oxo-pentansäureethylester	$85_{2,1(16)}$	1,4245	40

Die *Säurespaltung* von α-Acyl-cycloalkanonen hat präparatives Interesse zur Kettenverlängerung von Carbonsäuren, da sich die entstehenden Oxofettsäuren leicht nach WOLFF-KIZHNER reduzieren lassen (vgl. D.7.3.1.6.). Man formuliere einige der in Tab. 7.178 angegebenen Beispiele!

Allgemeine Arbeitsvorschrift zur Säurespaltung von α-Acyl-ketonen[1]) (Tab. 7.178)

0,1 mol α-Acyl-cyclohexanon[2]) wird bei 100 °C unter Rühren mit der dreifach molaren Menge einer heißen 60%igen Kalilauge versetzt und noch 15 Minuten bei dieser Temperatur gehalten. Das erstarrte Gemisch löst man nach dem Abkühlen in 300 ml Wasser und gibt zur Lösung tropfenweise so viel konz. Schwefelsäure zu, daß sie gerade noch alkalisch reagiert. Danach wird mit Ether ausgeschüttelt, die wäßrige Phase mit Salzsäure stark angesäuert und mit Chloroform extrahiert. Nach dem Vertreiben des Lösungsmittels destilliert man im Feinvakuum.

Zur Spaltung der α-Acyl-cyclopentanone[2]) kocht man besser 3 Stunden mit 100 ml 5%iger Natronlauge und arbeitet, wie oben angegeben, auf.

Tabelle 7.178
Säurespaltung von α-Acyl-ketonen

Produkt	Ausgangsverbindung	Kp (bzw. F.) in °C	Ausbeute in %
6-Oxo-heptansäure	2-Acetyl-cyclopentanon	$123_{0,1(1)}$; F 35	55
7-Oxo-octansäure	2-Acetyl-cyclohexanon	$161_{0,5(4)}$; F 29	50
6-Oxo-octansäure	2-Propionyl-cyclopentanon	$136_{0,19(1,5)}$; F 52	50
7-Oxo-nonansäure	2-Propionyl-cyclohexanon	$152_{0,3(2)}$; F 42	70
6-Oxo-nonansäure	2-Butyryl-cyclopentanon	$133_{0,07(0,5)}$; F 35	70
7-Oxo-decansäure	2-Butyryl-cyclohexanon	$157_{0,3(2)}$	40

7.2.1.10. Reaktion von Carbonsäurechloriden mit β-Dicarbonylverbindungen

Ebenso wie Carbonsäureester können auch Carbonsäurechloride und -anhydride in Gegenwart basischer Kondensationsmittel mit CH-aciden Verbindungen reagieren. Der Mechanismus der Reaktion ist dem der Esterkondensation analog. Die Umsetzung mit einfachen Estern oder Ketonen besitzt wenig Bedeutung, da zur Darstellung von β-Dicarbonylverbindungen die Esterkondensation im allgemeinen überlegen ist (vgl. aber die Acylierung von Ketonen über Enamine, D.7.4.2.3.).Die Acylierung von β-Dicarbonylverbindungen ist eine präparativ wichtige Reaktion, bei der meistens die entsprechenden Metallenolate mit Säurechloriden umgesetzt werden. Es entsteht dabei eine Tricarbonylverbindung, die saurer ist als die eingesetzte Dicarbonylverbindung (warum?) und daher deren Enolat das Kation entreißt:

---

[1]) nach HÜNIG, S., u. a., Chem.Ber. **91** (1958), 129; **93** (1960), 913.
[2]) In die Reaktion kann das ungereinigte Produkt eingesetzt werden.

$$2 \; R-\underset{\underset{O^{\ominus} \; Na^{\oplus}}{|}}{C}=CH-COOR + R'-\overset{\overset{O}{\|}}{C}-Cl \longrightarrow R-\underset{\underset{R'-C=O}{|}}{C}=\underset{\underset{|}{\overset{O^{\ominus}}{|}}}{C}-COOR + R-\overset{\overset{O}{\|}}{C}-CH_2-COOR \qquad [7.179]$$
$$+ \; NaCl$$

Aus diesem Grunde müssen zwei Äquivalente der Hilfsbase (meist Natrium- oder Magnesiumalkoholat[1]) angewendet werden. Formulieren Sie die Umsetzung von Propionylchlorid mit Acetessigester bzw. Malonester!

Am ambidenten Anion (vgl. D.2.3.) einer β-Dicarbonylverbindung wird unter bestimmten Bedingungen neben der C-Acylierung eine Substitution am Enolatsauerstoff beobachtet (O-Acylierung):

$$R-\underset{\underset{O \; Na^{\oplus}}{|}}{C}=CH-COOR + R'COCl \;\xrightarrow[-NaCl]{}\;
\begin{cases}
R-\overset{\overset{O}{\|}}{C}-\underset{\underset{COR'}{|}}{CH}-COOR & \text{C-Acylierung} \\[2em]
R-\underset{\underset{O-COR'}{|}}{C}=CH-COOR & \text{O-Acylierung}
\end{cases} \qquad [7.180]$$

Das Verhältnis von O- zu C-Substitution hängt sowohl von der Struktur des Acylierungsmittels und der β-Dicarbonylverbindung als auch vom Reaktionsmedium ab.

Die Acylierung der freien β-Dicarbonylverbindungen mit Säurechloriden in Pyridin führt zu O-acylierten Produkten. Acylierendes Agens ist dabei das zunächst gebildete Acylpyridiniumsalze I:

$$[7.181]$$

Die Addition des Acetessigesters an I entspricht der Mannich-Reaktion bzw. einer sauer katalysierten Aldoladdition an die stickstoffanaloge Carbonylgruppe $^{\oplus}{>}N{=}C{<}$. Durch diesen ersten Reaktionsschritt ist die Orientierung der Reaktion auf die O-Acylierung festgelegt. Man formuliere die Bruttogleichung der Reaktion!

Die als Nebenreaktion bei Verwendung von Alkohol als Lösungsmittel mögliche Alkoholyse des Acylchlorids läßt sich weitgehend vermeiden, wenn man bei Temperaturen um 0 °C arbeitet. Mit schwer verseifbaren Säurechloriden kann man sogar in wäßriger Natronlauge acylieren.

Dibenzoylessigsäureethylester aus Benzoylessigsäureethylester und Benzoylchlorid: Wright, P. E.; McEwen, W. E., J. Am. Chem. Soc. **76** (1954), 4540-4542;

Benzoylessigsäureethylester aus Acetessigsäureethylester und Benzoylchlorid in wäßriger Lösung (Acylierung mit anschließender Esterspaltung): Straley, J. M.; Adams, C. A., Org. Synth., Coll. Vol. IV (1963), 415.

Allgemeine Arbeitsvorschrift zur Acylierung von β-Dicarbonylverbindungen (Tab. 7.182)

In einem 2-l-Dreihalskolben mit Rührer (am besten entsprechend Abb. A.6g), Intensivkühler mit Calciumchloridrohr und Tropftrichter übergießt man 1 mol Magnesiumspäne mit 50 ml abs. Ethanol und fügt 5 ml trockenen Tetrachlorkohlenstoff zu, der die Bildung von Magnesiumethanolat zum Anspringen bringt. Sobald die Reaktion gut im Gang ist, tropft man ein Gemisch aus 1 mol β-Dicarbonylverbindung, 100 ml abs. Ethanol und 400 ml abs. Diethylether unter kräftigem Rühren so zu, daß die Mischung lebhaft siedet. Nach einigen Stunden ist prak-

---

[1]) Man verwendet oft Magnesiumalkoholat, weil die Magnesiumderivate der α-Dicarbonylverbindungen leichter löslich sind als die Natriumverbindungen.

tisch alles Magnesium aufgelöst und die farblose Magnesiumverbindung entstanden. Unter guter Kühlung mit Eiswasser tropft man nun 1 mol des betreffenden frisch destillierten Säurechlorids in 100 ml abs. Ether zu, rührt noch eine Stunde unter Kühlung und läßt über Nacht stehen. Dann wird unter Eiskühlung eine Mischung von 400 ml Eis und 25 ml konz. Schwefelsäure zugesetzt, die Etherschicht abgetrennt und noch zweimal ausgeethert. Man wäscht die vereinigten Etherextrakte mit Wasser annähernd neutral, trocknet mit Natriumsulfat und fraktioniert im Vakuum über eine 20-cm-Vigreux-Kolonne.

Tabelle 7.182

Acylierung von β-Dicarbonylverbindungen

Produkt	Ausgangsverbindung	Kp in °C	n_D^{20}	Ausbeute in %
2-Benzoyl-3-oxo-butansäure-ethylester	Acetessigsäureethylester, Benzoylchlorid	$175_{1,6(12)}$	1,5390	75
2-Acetyl-3-oxo-hexansäure-ethylester	Acetessigsäureethylester, Butyrylchlorid	$112_{2,1(16)}$	1,4703	75
2-Acetyl-4-methyl-3-oxo-pentansäureethylester	Acetessigsäureethylester, Isobutyrylchlorid	$114_{2,0(15)}$	1,4678	50
2-Acetyl-3-oxo-4-phenyl-butansäureethylester	Acetessigsäureethylester, Phenacetylchlorid	$156_{0,7(5)}$	1,5134	85
Acetylmalonsäurediethyl-ester	Malonsäurediethylester, Acetylchlorid	$120_{1,5(11)}$	1,4374	90
Benzoylmalonsäurediethyl-ester	Malonsäurediethylester, Benzoylchlorid	$148_{0,1(0,8)}$	1,5066	80
Phenacetylmalonsäure-diethylester	Malonsäurediethylester, Phenacetylchlorid	$162_{0,4(3)}$		90

Die *C*-Acylverbindungen, des Acetessigsäureesters sind Ausgangsmaterialien für die Synthese höherer β-Oxoester, die aus ihnen durch Esterspaltung zu erhalten sind (vgl. D.7.2.1.9.). Hierzu ist es nötig, die Acylacetessigester zu reinigen.

7.2.1.11. Addition von CH-aciden Verbindungen an Heterocumulene

Kohlendioxid (I) und dessen Heteroanaloga Schwefelkohlenstoff (II), Isothiocyanate (III), Carbodiimide (IV) und Isocyanate (V) (Darstellung vgl. D.7.1.6.) bezeichnet man oft als *Heterocumulene*. Ihre Reaktionsfähigkeit gegenüber Nucleophilen (vgl. D.7.1.6.) folgt im allgemeinen der in [7.183] angegebenen Reihenfolge; sie hängt aber auch von der Art der Base ab. Arylsubstituierte Heterocumulene (III-V) sind reaktiver als die entsprechenden Alkylverbindungen:

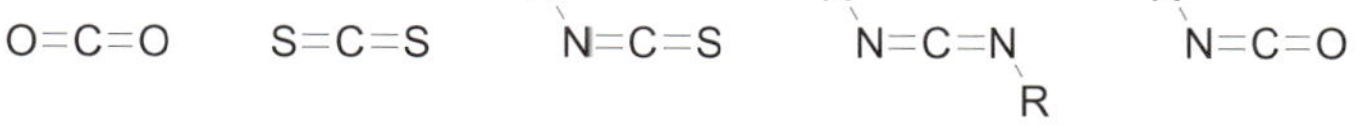

$$
\begin{array}{ccccc}
& & R & R & R \\
O=C=O & S=C=S & N=C=S & N=C=N & N=C=O \\
& & & R & \\
I & II & III & IV & V
\end{array}
\qquad [7.183]
$$

An das reaktionsträge CO_2 lassen sich nur starke *C*-Basen, wie z.B. Organometallverbindungen (vgl.D.7.2.2.), addieren. Einige Ketone können auch in Gegenwart von substituierten Lithiumphenolaten carboxyliert werden. Die indirekte Carboxylierung einer Reihe von Ketonen und Nitroalkanen gelingt mit Magnesiummethylcarbonat:

$$[7.184]$$

Die natürlichen Kohlenstoffressourcen werden im Laufe der Zeit zum großen Teil in CO_2 umgewandelt. Im Gegensatz zur Natur gibt es in der Technik bislang, außer der Kolbe-Schmidt-Synthese (D.5.18.6.) und der Harnstoffsynthese kein Verfahren, das ermöglicht, CO_2 wenigstens zu einem Bruchteil wieder in die Stoffkette einzugliedern.

Die Heterocumulene II, III und V in [7.183] reagieren dagegen mit stark CH-aciden Methylengruppen schon in Gegenwart von Natriummethanolat, das nicht nur die erforderliche Deprotonierung bewirkt, sondern auch für die Salzbildung verbraucht wird. (Schwächer CH-acide Verbindungen, z. B. Ketone, erfordern Natriumhydrid oder -amid.) Als Beispiele seien Umsetzungen mit Cyanessigester formuliert:

$$[7.185]$$

$$[7.186]$$

Isocyanate und Isothiocyanate ([7.185], I) liefern so α-acceptorsubstituierte Carbonsäureamide und Thiocarbonsäureamide ([7.185], IV), die auch als Salze isoliert werden können. Aus den mit Schwefelkohlenstoff entstehenden Endithiolaten ([7.186], III) können jedoch die freien Dithiosäuren nicht gewonnen werden, da diese nicht beständig sind. Man kann aber das Endithiolat zweifach alkylieren, wobei ein acceptorsubstituiertes Ketendithioacetal ([7.186], IV) entsteht, dessen Methylthiogruppen sich gegen primäre Amine und andere Basen austauschen lassen (weshalb?).

Allgemeine Arbeitsvorschrift zur Addition von Heterocumulenen an methylenaktive Verbindungen (Tab. 7.187)

Achtung! Dimethylsulfat ist ein starkes Gift! Im Abzug arbeiten, Schutzhandschuhe!

In einem 250-ml-Dreihalskolben mit Rührer und Tropftrichter löst man 0,1 mol Natrium in 70 ml, bei Ansätzen mit Schwefelkohlenstoff 0,2 mol in 140 ml abs. Ethanol. (Für Methylester Methanol verwenden!) Dazu wird langsam unter Rühren ein Gemisch von 0,1 mol Heterocumulen und 0,1 mol Malonsäurederivat zugetropft; feste Stoffe löst man zuvor in 10 ml Aceton. Anschließend wird noch 45 Minuten bei Raumtemperatur gerührt, wobei in einigen Fällen festes Salz auskristallisieren kann.

Bei Ansätzen mit CS_2 werden nun 0,2 mol Dimethylsulfat langsam zugetropft. Man läßt danach 0,5 Stunden stehen, rührt in das 4fache Volumen Wasser ein und saugt nach beendeter Kristallisation ab. Es wird mit Wasser gewaschen und umkristallisiert.

Sonst wird in das 4-fache Volumen Wasser eingerührt, mit halbkonz. Salzsäure angesäuert, abgesaugt und mit Wasser gewaschen. Löst sich eine Probe in ca. 0,5 N Natronlauge klar auf, wird umkristallisiert. Ist dies nicht der Fall, wird das gesamte Rohprodukt in genügend verd.

Natronlauge suspendiert, filtriert und das Filtrat angesäuert. Nach Absaugen und Waschen mit Wasser wird umkristallisiert.

Tabelle 7.187

Addition von Heterocumulenen an CH-acide Verbindungen

Produkt	Ausgangsverbindungen	*Kp* in °C	Ausbeute in %
α-Acetyl-acetessigsäureanilid	Acetylaceton, Phenylisocyanat	64...66 (EtOH)	60
3-Oxo-2-phenyl-carbamoylbutansäure-ethylester	Acetessigsäureethylester, Phenylisocyanat	55...57 (MeOH)	55
Dicyanessigsäureanilid	Malononitril, Phenylisocyanat	170...172 (AcOH)	68
2-Cyan-2-phenyl-thiocarbamoyl-essigsäureethylester	Cyanessigsäureethylester, Phenylisothiocyanat	114...116 (EtOH)	78
2-Carbamoyl-2-cyan-thioessigsäure-anilid	Cyanacetamid, Phenylisothiocyanat	163...165 (EtOH)	84
(Phenylcarbamoyl)malonsäure-dimethylester	Malonsäuredimethylester, Phenylisothiocyanat	87...91 (EtOH)	68
2-Cyan-3,3-bis(methylthio)prop-2-ensäuremethylester	Cyanessigsäuremethylester, Schwefelkohlenstoff	87 (MeOH)	75
Bis(methylthio)methylen malononitril	Malononitril, Schwefel-kohlenstoff	81 (EtOH)	75

Als polyfunktionelle Verbindungen sind die dargestellten Verbindungen z. B. für Synthesen von Heterocyclen geeignet. Zur Addition von Enaminen an Heterocumulene vgl. D. 7.4.2.3.

7.2.1.12. Polymethinkondensation

Immoniumsalze der Struktur [7.188], I sind leicht zu II deprotonierbar:

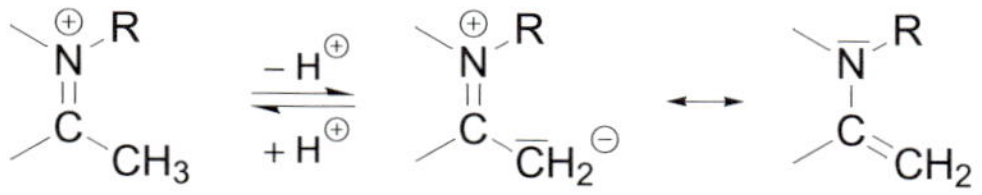

$$[7.188]$$

Das betrifft auch Methylgruppen in 2- und 4-Position zu einem quaternären Stickstoff, der Teil eines heteroaromatischen Systems ist. Die dabei entstehenden stark nucleophilen Methylenverbindungen (Enaminstruktur, vgl. D.7.1.1. und D.7.4.2.3.) sind Reaktionen vom Typ der Aldolkondensation zugänglich. Mit Orthoameisensäuretrialkylestern, bei denen sich die Carbonylgruppe hinter der Acetalstruktur verbirgt, entstehen zunächst entsprechend [7.171] Alkoxymethylenverbindungen, die aber mit einem weiteren Molekül der Methylenverbindung zu sogenannten Trimethincyaninen[1]) ([7.189], *n* = 1) kondensieren können, z. B.:

---

[1]) Tri-, Penta- bzw. Heptamethincyanine (vgl. [7.189]) sind nach der Zählung von Heteroatom zu Heteroatom (vgl. Tab. A.126) 1,5-, 1,7- bzw. 1,9-disubstituierte Penta-, Hepta- bzw. Nonamethincyanine. Das Monomethinoxonol [7.190], I kann man deshalb auch als ein Petamethinsystem auffassen.

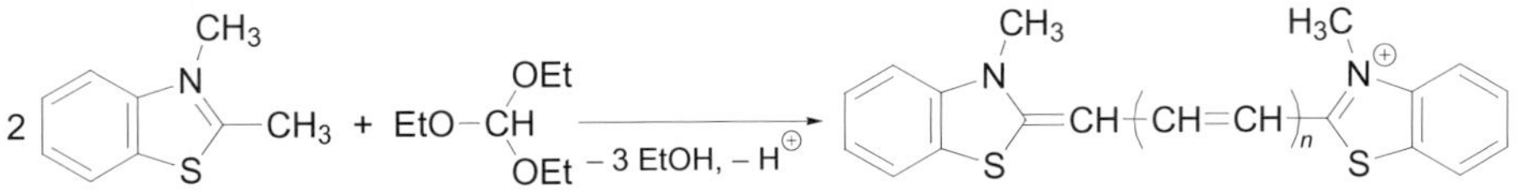

$$[7.189]$$

I + (EtO)$_2$CH—CH$_2$—CH(OEt)$_2$ ⟶ II (n = 2)

I + Ph—NH—CH=CH—CH=CH—CH=N—Ph ⟶ II (n = 3)

Mit Malonaldehyd erhält man auf die gleiche Weise Penta-, mit Glucatonaldehyd Heptamethincyanine. Zur Reaktion werden nicht die wenig beständigen freien Aldehyde, sondern die in speziellen Synthesen billiger erhältlichen Acetale oder Anile eingesetzt. Insbesondere durch Variieren der Methylenkomponente lassen sich zahlreiche Polymethine, darunter auch unsymmetrische, herstellen. Ihre Struktur wird am besten durch mesomere Grenzformeln charakterisiert. (Man gebe für das Cyanin in [7.189] eine zweite Grenzformel an, vgl. auch Tab. A.126), und formuliere die Reaktion der oben angeführten Methinbildner mit 1-Ethyl-2-methyl- bzw. 1-Ethyl-4-methyl-chinoliniumbromid!).

Die Ladung verteilt sich in den Polymethinen alternierend über die Kette. Die Gesamtladung wird vom Heteroatom bestimmt; sie kann auch negativ sein wie in den Polymethinoxonolen, vgl. Tab. A.126, III.

Ein Monomethinoxonol, das aus 3-Methyl-1-phenyl-pyrazol-5-on (vgl. [7.59]) und Orthoameisensäuretriethylester hergestellt werden kann, ist in [7.190], I formuliert:

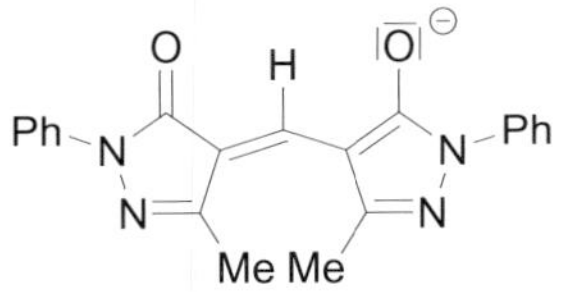

$$[7.190]$$

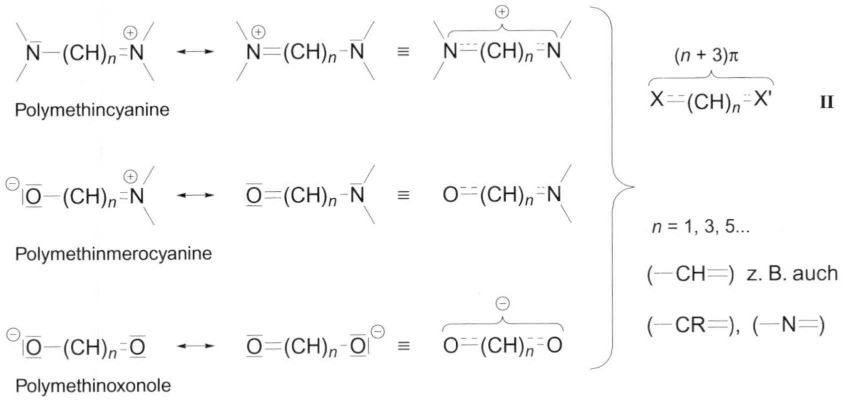

Polymethine der allgemeinen Formel [7.190], II repräsentieren neben den Aromaten und den Polyenen einen dritten konjugierten π-Elektronen-Zustand. Vergleiche auch die UV-Absorptionen in Tabelle A.126 sowie das Kristallviolett[1]) in D.5.1.8.5. Die nach D.6.4.3. herstellbaren kationischen Azofarbstoffe können als Azapolymethine aufgefaßt werden.

---

[1]) Kristallviolett ist ein vinylenhomologes (vgl. C.5.1. und D.7.4.) Nonamethincyanin, man erkläre dies!

Allgemeine Arbeitsvorschrift zur Herstellung von Tri- und Pentamethincyaninen (Tab. 7.191)

| *Achtung!* Dimethylsulfat ist ein starkes Gift! Im Abzug arbeiten, Schutzhandschuhe!

20 mmol Methylheteroaromat werden in einem 100-ml-Kolben zusammen mit 25 mmol Dimethylsulfat 30 Minuten auf 140 °C (Badtemperatur) gehalten. Nach dem Erkalten setzt man 40 ml trockenes Pyridin und 40 mmol Orthoameisensäuretriethylester oder 30 mmol Malonaldehydtetraethylacetal (bzw. Malonaldehyddianil-Hydrochlorid) zu und erhitzt 40 Minuten unter Rückfluß. Durch Einrühren des noch warmen Reaktionsgemischs in eine Lösung von 4 g Kaliumiodid in 20 ml Wasser fällt man das Polymethin als Iodid aus. Es wird abgesaugt, mit kaltem Essigester gewaschen und umkristallisiert.

Die Reinheitsprüfung der Produkte erfolgt dünnschichtchromatographisch, z. B. auf Silufol, mit einem Gemisch von Butanol, Eisessig, Wasser im Volumenverhältnis von 4:1:5 als Laufmittel.

Tabelle 7.191

Tri- und Pentamethincyanine

Produkt	Ausgangsverbindungen	F in °C	$\lambda_{max}(\lg \varepsilon)$[1] in DMF	Ausbeute in %
1,3-Bis(3-methyl-benz-thiazol-2-yl)trimethinium-iodid	2-Methyl-benzthiazol, Orthoameisensäuretriethyl-ester	290...293 (DMF)	569 (5,13)	70
1,3-Bis(1-methyl-chinol-2-yl)trimethiniumiodid	2-Methyl-chinolin, Orthoameisensäuretriethyl-ester	310...312 (DMF:W. = 1:1)	614 (5,20)	50
1,3-Bis(3-methyl-benz-oxazol-2-yl)trimethinium-iodid	2-Methyl-benzoxazol, Orthoameisensäuretriethyl-ester	285...288 (PrOH:W. = 2:1)	491 (5,15)	65
1,5-Bis(3-methyl-benz-thiazol-2-yl)pentamethi-niumiodid	2-Methyl-benzthiazol, Malonaldehydtetraethyl-acetal	282...284 (PrOH)	662 (5,13)	50
1,5-Bis(1-methyl-chinol-2-yl)pentamethiniumiodid[2]	2-Methyl-chinolin, Malonaldehydtetraethyl-acetal	240...242 (PrOH)	720 (5,11)	30

[1] λ_{max} längstwellige Absorption in nm; ε molarer Extinktionskoeffizient
[2] KI in 80 ml Wasser lösen.

Nur relativ wenige Polymethine eignen sich als Textilfarbstoffe; im allgemeinen ist ihre Lichtechtheit gering. Sie besitzen aber eine große Bedeutung als Farbstofflaser und als spektrale Sensibilisatoren (vgl. auch D.1.1.) in der Silberhalogenidfotografie. Unsensibilisiertes AgBr ist für Licht mit einer Wellenlängen oberhalb 500 nm nahezu unempfindlich. Am Silberhalogenid der fotografischen Schicht adsorbierte Polymethine gestatten nicht nur Abbildungen mit Licht des gesamten sichtbaren Spektralbereiches, sondern auch die IR-Fotografie. Sie sensibilisieren im allgemeinen in dem Wellenbereich, in dem sie selbst absorbieren.

7.2.2. Reaktionen von Carbonylverbindungen mit Organometallverbindungen

Außer den bisher behandelten nucleophilen Reagenzien lassen sich mit der Carbonylgruppe noch weitere Verbindungen umsetzen, bei denen Alkyl- oder auch Arylreste mit ihren Bindungselektronen (als „Anionen") übertragen werden. Diese besonders stark basischen Anionen treten jedoch während der Reaktion im allgemeinen nicht frei auf, da eine Ionisierung von Molekülen unter Bildung freier Alkyl- bzw. Arylanionen, etwa nach

$$M-R \longrightarrow M^{\oplus} + \bar{R}^{\ominus} \qquad\qquad [7.192]$$

schwierig ist. In diesen Ionen könnte die negative Ladung nicht intern stabilisiert werden. Die M–R-Bindung kann vielmehr nur unter *gleichzeitiger* Reaktion mit der Carbonylgruppe gespalten werden, wobei ein ähnlicher Übergangszustand wie bei der S_N2-Reaktion durchlaufen wird:

$$M-R + \ \overset{\diagdown}{\underset{\diagup}{C}}{=}O \longrightarrow \overset{\delta^+}{M}{\cdots}R{\cdots}\overset{\delta^-}{\underset{|}{C}}{=}O \longrightarrow M^{\oplus} + R{-}\overset{|}{\underset{|}{C}}{-}O^{\ominus} \qquad [7.193]$$

Es handelt sich also bei der Spaltung der M–R-Bindung nicht um ein der eigentlichen Carbonylreaktion vorgelagertes Gleichgewicht, wie dies bei den Reaktionen CH-acider Verbindungen meist der Fall ist.

Zu den in dieser Weise reagierende Verbindungen gehören einige *Organometallverbindungen*, deren Alkylreste durch den +I-Effekt des Metalls negativiert sind.

Die noch immer wichtigsten Organometallverbindungen für Umsetzungen mit Carbonylverbindungen sind die sogenannten Grignard-Verbindungen, die sich vom Magnesium ableiten. Die wesentlichste Methode zu ihrer Darstellung ist die Umsetzung von Alkyl- oder Arylhalogeniden (RX) mit metallischem Magnesium, die üblicherweise folgendermaßen formuliert wird:

$$R-X + Mg \longrightarrow R-Mg-X \qquad\qquad [7.194]$$

Diese Reaktion wird gewöhnlich in wasserfreiem Diethylether durchgeführt, aber auch andere nucleophile Lösungsmittel, die keinen aktiven Wasserstoff besitzen, z. B. höhere Ether (Dibutylether, Anisol, Tetrahydrofuran), sind geeignet.

Bei der Umsetzung [7.194] handelt es sich um eine heterogene Reaktion, die sich an der Oberfläche des Metalls abspielt. Sie beginnt mit einer Elektronenübertragung vom Metall auf das Substrat RX; dabei entsteht ein Radikalanion, das auf Grund seiner schwachen Kohlenstoff-Halogen-Bindung in ein Radikal R· und $X^{\ominus}$ zerfällt. Das Radikal reagiert dann mit Magnesium zur Grignard-Verbindung:

$$R-X + Mg \longrightarrow R-X^{\ominus}{\cdot} + Mg^{\oplus}{\cdot} \longrightarrow R{\cdot} + X^{\ominus} + Mg^{\oplus}{\cdot} \longrightarrow R-Mg-X \qquad [7.194a]$$

Die Struktur des Grignard-Reagens, die noch nicht in allen Einzelheiten geklärt ist, hängt hauptsächlich von Konzentration und Lösungsmittel ab. Dabei spielt das sogenannte Schlenk-Gleichgewicht eine wichtige Rolle:

$$2\ RMgX \rightleftharpoons R-Mg\overset{X}{\underset{X}{\diagup\diagdown}}Mg-R \rightleftharpoons R_2Mg + MgX_2 \rightleftharpoons R-Mg\overset{R}{\underset{X}{\diagup\diagdown}}MgX \qquad [7.195]$$

$$\textbf{I} \qquad\qquad \textbf{II} \qquad\qquad\qquad \textbf{III} \qquad\qquad\qquad \textbf{IV}$$

Das nucleophile Lösungsmittel ist an die Magnesiumatome komplex gebunden:

$$\begin{matrix} R' & R & R' \\ O{\cdots}Mg{\cdots}O \\ R' & X & R' \end{matrix} \qquad\qquad [7.196]$$

In etherischen Lösungen geringer Konzentration ist die Form I in [7.195] bevorzugt. Im stärker basischen Tetrahydrofuran scheint Form II zu überwiegen, während in Triethylamin Form III vollständig ausgebildet wird. In Dioxan schließlich existiert in der Lösung durch Ausfällen des im Lösungsmittel unlöslichen Magnesiumhalogenids nur noch das Dialkylmagnesium.

Bei der weiteren Beschreibung der Reaktionen von Grignard-Verbindungen wird aus Gründen der Einfachheit nur Form I in den Formelbildern verwendet.

Die Reaktionsgeschwindigkeit der Alkylhalogenide in der Reaktion [7.194] fällt vom Iodid zum Chlorid; Chloride ergeben jedoch bessere Ausbeuten als Bromide und Iodide. Von den aromatischen Halogenverbindungen reagieren im allgemeinen nur die Bromide und Iodide.

Die Kohlenstoff-Magnesium-Bindung ist stark polar, wobei das Kohlenstoffatom die negative Teilladung trägt (warum?). Grignard-Verbindungen stellen daher nucleophile Reagenzien dar, die sich leicht mit elektrophilen Substraten umsetzen. Die wichtigsten sind:

a) Verbindungen, die aktiven Wasserstoff enthalten,
b) Alkylhalogenide,
c) Metallhalogenide,
d) Verbindungen mit polaren Doppelbindungen (z. B. Carbonylverbindungen).

a) Grignard-Verbindungen reagieren mit Substanzen, die *aktiven Wasserstoff enthalten* (Wasser, Alkohole, Phenole, Carbonsäuren, Thiole, primäre und secundäre Amine, Amide, Acetylene und andere CH-acide Verbindungen), unter Bildung von Kohlenwasserstoffen.

$$R-Mg-Y + H-X \longrightarrow R-H + X-Mg-Y \qquad [7.197]$$

Man kann diese Reaktion zur quantitativen Bestimmung von aktivem Wasserstoff benutzen, indem man Methylmagnesiumiodid als Grignard-Reagens einsetzt und das entstandene Methan volumetrisch bestimmt (ZEREVITINOV). Die Umsetzung ist auch zur Darstellung von Grignard-Verbindungen geeignet, die auf normalem Wege entsprechend [7.194] schwer oder gar nicht zugänglich sind (Pyrrol, Acetylen usw.):

$$HC\equiv C-H + H_3C-MgX \longrightarrow HC\equiv C-MgX + CH_4 \qquad [7.198]$$

Auch die Umsetzung von Phenylessigsäure mit Isopropylmagnesiumchlorid zum Iwanow-Reagens stellt eine Umsetzung dieses Typs dar:

$$C_6H_5-CH_2-COOH + 2\,(CH_3)_2CH-MgCl \longrightarrow C_6H_5-\underset{MgCl}{CH}-\overset{O}{\underset{OMgCl}{C}} + 2\,C_3H_8 \qquad [7.199]$$

b) Mit *Alkylhalogeniden* ergeben Grignard-Verbindungen in einer der Wurtzschen Synthese ähnelnden Reaktion Kohlenwasserstoffe:

$$R-Mg-X + X-R' \longrightarrow R-R' + MgX_2 \qquad [7.200]$$

Besonders leicht reagieren auf diese Weise *tert*-Alkylhalogenide, Allyl- und Benzylhalogenide (warum?). Die Umsetzung tritt als Nebenreaktion bei der Darstellung von Grignard-Verbindungen nach [7.194] störend in Erscheinung.

c) Grignard-Verbindungen reagieren mit den *Halogeniden von Metallen,* die edler als Magnesium sind, unter Austausch des Halogens gegen Alkylgruppen, z. B.:

$$2\,RMgX + CdCl_2 \longrightarrow R_2Cd + MgX_2 + MgCl_2 \qquad [7.201]$$

Mit Silber- und Kupfer(II)-halogeniden verläuft die Reaktion abweichend unter Abscheidung von metallischem Silber bzw. Kupfer unter Bildung von Kohlenwasserstoffen:

$$2\,RMgX + 2\,AgBr \longrightarrow R-R + MgX_2 + MgBr_2 + 2\,Ag \qquad [7.202]$$

Die Umsetzung [7.201] hat für die Darstellung anderer metallorganischer Verbindungen Bedeutung. Technisch gewinnt man auf diese Weise aus Siliciumtetrachlorid Alkylchlorsilane, die Ausgangsprodukte für die Synthese von Siliconen sind.

d) *Reaktionen von Grignard-Reagenzien mit Carbonylverbindungen*

Als nucleophile Reagenzien sind Grignard-Verbindungen in der Lage, sich an die elektrophile Carbonylgruppe zu addieren:

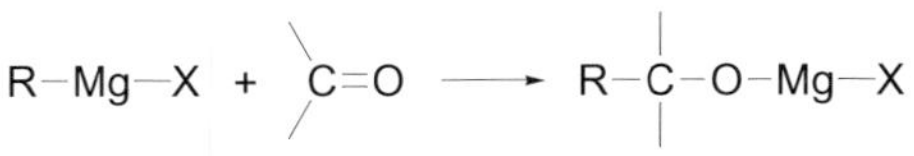

$$R-Mg-X \; + \; \overset{\diagdown}{\underset{\diagup}{C}}{=}O \; \longrightarrow \; R-\overset{\mid}{\underset{\mid}{C}}-O-Mg-X \qquad\qquad [7.203]$$

An der Reaktion sind häufig 2 mol Reagens und ein mol Keton beteiligt. Der Mechanismus ist noch nicht in allen Einzelheiten geklärt, am übersichtlichsten wird der Reaktionsverlauf durch einen cyclischen Übergangskomplex wiedergegeben. Dabei wird die nucleophile Kraft der magnesiumorganischen Verbindung innerhalb des cyclischen Komplexes durch das zweite Molekül Grignard-Reagens erhöht:

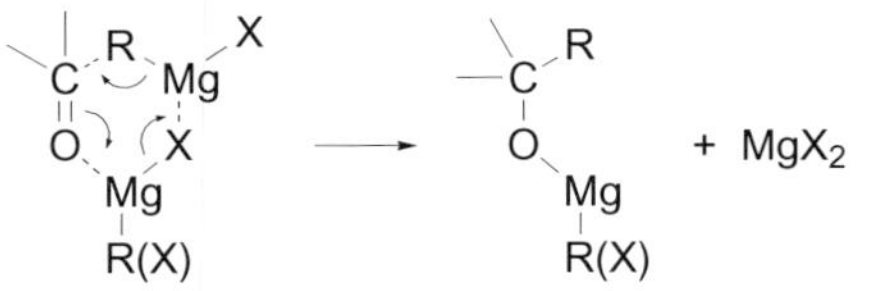

$$\qquad\qquad [7.204]$$

Das in den Formeln I und II in Klammern gesetzte X soll andeuten, daß an Stelle von RMgX auch MgX$_2$ in den Übergangskomplex eingebaut werden kann. Die Reaktionsgeschwindigkeit wird dadurch zwar verringert, jedoch werden die Konkurrenzreaktionen nach [7.209] und [7.210] zurückgedrängt.

Das entstehende Magnesiumalkoholat wird anschließend mit Wasser hydrolytisch gespalten:

$$\left.\begin{array}{l} R-O-MgX \\ \text{bzw.} \\ R-O-Mg-O-R \end{array}\right\} \xrightarrow{\;+\,H_2O\;} ROH \; + \; \left\{\begin{array}{l} XMgOH \\ \text{bzw.} \\ Mg(OH)_2 \end{array}\right. \qquad [7.205]$$

$$R-O-Mg-R' \xrightarrow{\;+\,H_2O\;} ROH \; + \; R'H \; + \; Mg(OH)_2$$

Auf diese Art lassen sich aus Formaldehyd primäre Alkohole, aus anderen Aldehyden secundäre Alkohole, aus Ketonen tertiäre Alkohole und aus Kohlendioxid Carbonsäuren darstellen.

Man formuliere diese Umsetzungen!

Carbonsäurederivate (Ester, Anhydride und Halogenide) reagieren zunächst analog [7.204]:

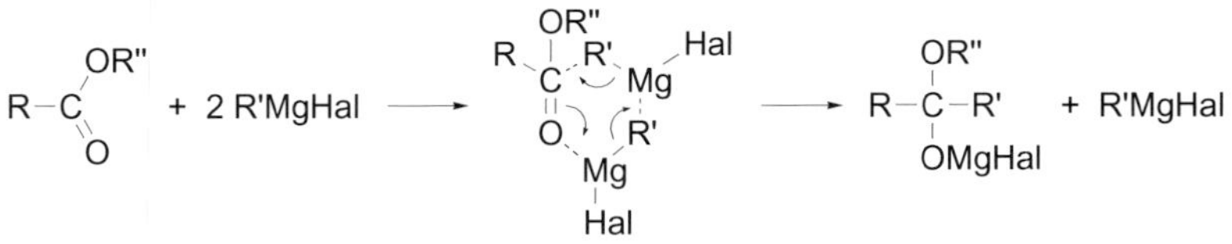

$$\qquad\qquad [7.206]$$

Das Addukt II ist als Salz eines Halbacetals aufzufassen, das instabil ist (warum?) und in ein Keton und ein Alkoholatmolekül zerfällt:

$$R-\underset{\underset{OMgHal}{|}}{\overset{\overset{OR''}{|}}{C}}-R' \longrightarrow R-\underset{\underset{O}{\|}}{C}{\overset{R'}{}} + R''OMgHal \qquad [7.207]$$

Das entstehende Keton reagiert nun nach [7.204] mit weiterem Grignard-Reagens zu einem tertiären Alkohol.

Welches Endprodukt ergibt die Reaktion mit Ameisensäureestern?

Entsprechend der Carbonylaktivitätsreihe [7.3] setzt sich ein Keton schneller mit einer Grignard-Verbindung um als ein Ester. Aus diesem Grunde kann man als Zwischenprodukt auftretende Ketone nicht isolieren.

Setzt man als Carbonylkomponente dagegen Säurechloride ein, so ist das Keton unter speziellen Bedingungen isolierbar (warum?). Bessere Ergebnisse liefern bei dieser Ketonsynthese allerdings die cadmiumorganischen Verbindungen, da ihre Reaktivität nur noch ausreicht, die Säurechloride anzugreifen, während Ketone unverändert bleiben:

$$R_2'Cd + 2R-\underset{\underset{Cl}{}}{\overset{\overset{O}{\|}}{C}} \longrightarrow 2R-\underset{\underset{R'}{}}{\overset{\overset{O}{\|}}{C}} + CdCl_2 \qquad [7.208]$$

Ganz ähnlich wie mit Carbonylgruppen reagieren Grignard-Verbindungen auch mit anderen polaren Mehrfachbindungen, z. B. $-C\equiv N$, $>C=N$, $>C=S$, $-N=O$. Man formuliere die Reaktionsprodukte! C=C-Doppelbindungen reagieren nur, wenn sie durch eine konjugierte Carbonylgruppe polarisiert sind (unter 1,2- und 1,4-Addition).

Nebenreaktionen treten bei Grignard-Reaktionen vor allem dann auf, wenn der cyclische Übergangszustand (I in [7.204]) aus sterischen Gründen nicht möglich ist. Bei Carbonylverbindungen oder Grignard-Reagenzien mit voluminösen Gruppen hat nur noch ein Molekül der magnesiumorganischen Verbindung im cyclischen Komplex Platz. In solchen Fällen wird häufig ein (kleineres) Hydridion statt des Alkylrestes auf die Carbonylgruppe übertragen, wodurch diese reduziert wird und die Grignard-Verbindung in das Olefin übergeht (Grignard-Reduktion):

$$\qquad [7.209]$$

Führt man die Reaktion sterisch gehinderter Grignard-Reagenzien jedoch in Gegenwart von Magnesiumbromid durch, so ist dieses auf Grund seines kleineres Volumens in der Lage, zur Ausbildung eines normalen cyclischen Übergangszustandes nach [7.204] beizutragen, wodurch die Reduktion nach [7.209] weitgehend zurückgedrängt wird.

Besitzt die sterisch gehinderte Grignard-Verbindung kein Wasserstoffatom in β-Stellung, so ist eine Reduktion nach [7.209] nicht möglich. Ist in der Carbonylverbindung ein acider Wasserstoff vorhanden, bildet sich in sterisch belasteten Grignard-Umsetzungen das Magnesiumenolat der Carbonylverbindung:

$$X-Mg-R + H-\underset{\underset{|}{}}{\overset{\overset{O}{\nearrow}}{C}}-C \longrightarrow R-H + \overset{\oplus}{\underset{}{}}C\overset{\ominus}{-}C\overset{OMgX}{} \qquad [7.210]$$

Solche Grignard-Reagenzien können daher als stark basische Kondensationsmittel bei Esterkondensationen angewendet werden (vgl. [7.165]).

Einige Hinweise zur Durchführung von Grignard-Reaktionen

Die Grignard-Reaktion wird durch Wasser und Alkohol stark beeinträchtigt (warum?). Man muß darauf achten, daß der als Lösungsmittel benutzte Ether nicht nur wasser-, sondern auch alkoholfrei ist; dann kommt die Reaktion besonders mit niedrigen Alkylhalogeniden rasch in Gang. Mitunter springt die Umsetzung nur sehr schwer an. Man gibt in diesen Fällen zu der Lösung einige Tropfen Brom oder Tetrachlorkohlenstoff und erwärmt gegebenenfalls leicht. Auch Anätzen des Magnesiums mit etwas Iod (kurzes Erwärmen eines Körnchens Iod mit den trockenen Metallspänen über der Flamme) oder der Zusatz einer kleinen Menge wasserfreien Magnesiumbromids wird empfohlen.

Grignard-Verbindungen sind sauerstoffempfindlich. Das „Polster" von Etherdämpfen über der Lösung schützt jedoch normalerweise ausreichend vor einer Oxidation. Gegebenenfalls muß in Inertgasatmosphäre gearbeitet werden. Weshalb ist Kohlendioxid nicht geeignet?

Allgemeine Arbeitsvorschrift zur Darstellung von Alkoholen und Carbonsäuren über Grignard-Verbindungen (Tab. 7.211)

A. Darstellung der Grignard-Verbindungen

In einem 1-l-Dreihalskolben mit Tropftrichter, Rührer und Rückflußkühler mit Calciumchloridrohr werden 0,5 mol Magnesiumspäne mit 50 ml abs. Ether übergossen und mit etwa 1/20 von insgesamt 0,5 mol Alkyl- bzw. Arylhalogenid unter Rühren versetzt. Das Anspringen der Reaktion macht sich durch Auftreten einer leichten Trübung und durch Erwärmung des Ethers bemerkbar. Sollte die Reaktion nicht einsetzen, gibt man zum Reaktionsgemisch 0,5 ml Brom oder einige Tropfen Tetrachlorkohlenstoff und erwärmt leicht. Nach dem Anspringen wird das restliche Alkyl- bzw. Arylhalogenid, gelöst in 125 ml abs. Ether, unter weiterem Rühren so zugetropft, daß der Ether gelinde siedet. Wird die Reaktion zu heftig, so kühlt man den Kolben mit Wasser. Gegen Ende des Eintropfens wird auf einem Wasserbad zum gelinden Sieden erhitzt, bis praktisch alles Magnesium gelöst ist (etwa 30 Minuten).

B. Umsetzung von Grignard-Verbindungen mit Aldehyden und Ketonen bzw. Carbonsäureestern

In die Grignard-Reagens-Lösung aus 0,5 mol Halogenid tropft man unter Rühren 0,4 mol der Carbonylverbindung (aber 0,2 mol Ester, warum?) im gleichen Volumen abs. Ether zu. Nach beendeter Zugabe erhitzt man unter Rühren noch 2 Stunden auf dem Wasserbad, kühlt ab, hydrolysiert durch Zugabe von 50 g zerstoßenem Eis und gibt anschließend so viel halbkonz. Salzsäure zu, daß sich der entstandene Niederschlag gerade löst. Bei der Darstellung tertiärer Alkohole muß unter diesen Bedingungen unter Umständen schon mit Dehydratisierung gerechnet werden. Man ersetzt in diesen Fällen die Salzsäure durch gesättigte wäßrige Ammoniumchloridlösung. Die etherische Schicht wird abgetrennt und die wäßrige Phase noch zweimal mit Ether extrahiert. Die vereinigten Extrakte werden mit gesättigter Natriumhydrogensulfitlösung, Hydrogencarbonatlösung und wenig Wasser gewaschen. Nach dem Trocknen über Natriumsulfat destilliert man den Ether ab und fraktioniert den Rückstand oder kristallisiert um.

C. Umsetzung von Grignard-Verbindungen mit Kohlendioxid

In die auf –5 °C gekühlte Grignard-Reagens-Lösung wird ein kräftiger Strom trockenen Kohlendioxids so eingeleitet, daß die Temperatur nicht über 0 °C ansteigt. Wird keine exotherme Reaktion mehr beobachtet, leitet man noch eine Stunde Kohlendioxid ein und zersetzt dann wie unter B. mit Eis und Salzsäure, trocknet die abgetrennte etherische Phase mit Magnesiumsulfat und entfernt das Lösungsmittel. Der Rückstand wird im Vakuum destilliert bzw. aus heißem Wasser, eventuell unter Zusatz von etwas Salzsäure, umkristallisiert.

Tabelle 7.211

Alkohole und Carbonsäuren über Grignard-Verbindungen

Produkt	Ausgangsverbindungen	Kp (bzw. F) in °C	n_D^{20}	Ausbeute in %
Pentan-2-ol	Acetaldehyd, Propylmagnesiumbromid	119	1,4053	35
Octan-2-ol	Acetaldehyd, Hexylmagnesiumbromid	$74_{1,3(10)}$	1,4245	45
2-Methyl-pentan-3-ol	Isobutyraldehyd, Ethylmagnesiumbromid	127	1,4175	68
3-Methyl-1-phenyl-butan-2-ol	Isobutyraldehyd, Benzylmagnesiumchlorid	$118_{2,0(15)}$	1,5091[7])	75
2,2,2-Trichlor-1-phenyl-ethanol	Chloral[1]), Phenylmagnesiumbromid	$145_{1,6(12)}$ F 37		70
1-Phenyl-propan-1-ol	Benzaldehyd, Ethylmagnesiumbromid	$107_{2,0(15)}$	1,5257	78
2-Methyl-butan-2-ol[2])	Aceton, Ethylmagnesiumbromid	102	1,4042	60
2,3-Dimethyl-butan-2-ol	Aceton, Isopropylmagnesium-chlorid oder -bromid	118	1,4176	70
3-Methyl-pentan-3-ol)	Ethylmethylketon, Ethylmagnesiumbromid	122	1,4186	67
1,1-Diphenyl-ethan-1-ol[3])	Acetophenon, Phenylmagnesiumbromid	$155_{1,6(12)}$ F 90 (Et$_2$O)		80
1-Phenyl-3,4-dihydro-naphthalen[4])	α-Tetralon, Phenylmagnesiumbromid	$178_{2,4(18)}$	1,6297	60
3-Ethyl-pentan-3-ol[5])	Kohlensäurediethylester, Ethylmagnesiumbromid	136	1,4216	80
3-Methyl-pentan-3-ol	Essigsäureethylester, Ethylmagnesiumbromid	122	1,4186	67
4-Ethyl-heptan-4-ol	Propionsäureethylester, Propylmagnesiumbromid	$77_{2,3(17)}$	1,4439	58
3-Ethyl-hexan-3-ol	Buttersäureethylester, Ethylmagnesiumbromid	$80_{5,4(40)}$	1,4300	61
Triphenylmethanol	Benzoesäureethylester, Phenylmagnesiumbromid	F 162 (PhH)		75
Trimethylessigsäure (Privalinsäure)	Kohlendioxid, *tert*-Butylmagnesiumchlorid	$78_{2,7(20)}$ F 35		63
Phenylessigsäure[6])	Kohlendioxid, Benzylmagnesiumchlorid	$144_{1,6(12)}$ F 76		79
Benzoesäure	Kohlendioxid, Phenylmagnesiumbromid	F 122 (W.)		90
α-Naphthoesäure	Kohlendioxid, Naphth-1-ylmagnesiumbromid	F 160 (30%ige AcOH)		80

[1]) Vgl. Reagenzienanhang.
[2]) Etherlösung nicht waschen, mit Kaliumcarbonat trocknen.
[3]) Bei der Destillation entsteht als Hauptprodukt 1,1-Diphenyl-ethylen; vgl. Tab. 3.34.
[4]) Nach dem Abdestillieren des Ethers wird der Rückstand mit 20 ml Acetanhydrid 20 Minuten auf dem Wasserbad erhitzt und destilliert.
[5]) 0,75 mol Grignard-Verbindung auf 0,2 mol Ester einsetzen.
[6]) Kohlendioxid bei –20 °C einleiten.
[7]) n_D^{25}

Darstellung von *Tropasäure* aus dem Iwanow-Reagens [7.199] und Paraformaldehyd (man formuliere die Reaktion!): BLICKE, F. F.; RAFFELSON, H.; BARNA, B., J. Am. Chem. Soc. **74** (1952), 253.

Neben den Grignard-Verbindungen haben in zunehmendem Maße auch lithiumorganische Verbindungen an Bedeutung gewonnen. Sie können analog den Grignard-Verbindungen aus Alkyl- bzw. Arylhalogeniden und metallischem Lithium hergestellt werden:

$$R\text{—}Hal + 2\,Li \longrightarrow R\text{—}Li + Li\text{—}Hal \tag{7.212}$$

In den meisten Fällen verwendet man jedoch nach [7.212] gewonnenes Butyl- oder Phenyllithium in Austauschreaktionen mit Halogenverbindungen [7.213] oder CH-aciden Verbindungen [7.214] zur Synthese lithiumorganischer Verbindungen:

$$R'\text{—}Hal + R\text{—}Li \longrightarrow R'\text{—}Li + R\text{—}Hal \tag{7.213}$$

$$R'\text{—}H + R\text{—}Li \longrightarrow R'\text{—}Li + R\text{—}H \tag{7.214}$$

Der Halogen-Metall-Austausch [7.213] ist besonders nützlich zur Darstellung von substituierten Aryl- und Alkenyl-Lithium-Verbindungen. Es kann bei sehr niedrigen Temperaturen (–60 bis –120 °C) gearbeitet werden, bei denen Substituenten wie die Nitro- oder Cyan-Gruppe im Gegensatz zur direkten Metallierung mit Lithium oder Magnesium nicht angegriffen werden.

Nach [7.214] lassen sich auch sehr schwach CH-acide Verbindungen deprotonieren, wie Allyl- und Benzylverbindungen, 1,3-Dithiane (vgl. D.7.2.1.6.), quartäre Ammonium- und Phosphoniumsalze (analog [7.154]) und durch –I-Substituenten aktivierte Olefine und Aromaten.

Die Verbindungen des stark elektropositiven Lithiums sind reaktiver als die Grignard-Verbidungen. Lithiumorganische Verbindungen sind deshalb auch nicht so leicht zu handhaben wie Grignard-Reagenzien. Man muß vielmehr bei striktem Ausschluß von Feuchtigkeit, Sauerstoff und Kohlendioxid unter Schutzgas (am besten Argon) arbeiten.

Organolithium-Verbindungen zeigen grundsätzlich analoge Reaktionen wie Grignard-Verbindungen (s. oben a) bis d)). Für Umsetzungen mit Carbonylverbindungen verwendet man sie gewöhnlich nur, wenn Substrate geringer Reaktivität vorliegen. 2-Oxo-1,1-diphenyl-acenaphthen z. B. läßt sich nicht mit Phenylmagnesiumbromid, wohl aber mit Phenyllithium zu 2-Hydroxy-1,1,2-triphenyl-acenaphthen umsetzen. Mit Lithium-Reagenzien kann häufig auch die unerwünschte Grignard-Reduktion [7.209] vermieden werden. So ist z. B. 3-*tert*-Butyl-2,2,4,4-tetramethyl-pentan-3-ol aus Di-*tert*-butylketon und *tert*-Butyllithium zugänglich.

Außerdem können durch die Umsetzung von Carbonsäuren mit Organolithium-Verbindungen Ketone dargestellt werden (*Gilman-Van-Ess-Synthese*), da die Zwischenstufe [7.215], III unter den Reaktionsbedingungen beständig ist und erst bei der Hydrolyse in das Keton übergeht:

$$
R'\text{—}\underset{OH}{\overset{O}{C}} \xrightarrow[-\,RH]{+\,RLi} R'\text{—}\underset{OLi}{\overset{O}{C}} \xrightarrow{+\,RLi} \underset{R'}{\overset{R}{C}}\underset{OLi}{\overset{OLi}{}} \xrightarrow[-\,2\,LiOH]{+\,H_2O} \underset{R'}{\overset{R}{C}}{=}O \tag{7.215}
$$

$$\text{I} \qquad\qquad \text{II} \qquad\qquad \text{III} \qquad\qquad \text{IV}$$

Aus diesem Grunde reagiert auch Kohlendioxid, das mit Grignard-Reagenzien Carbonsäuren ergibt, mit Organolithium-Verbindungen zu Ketonen:

$$
RLi + CO_2 \longrightarrow R\text{—}\underset{OLi}{\overset{O}{C}} \xrightarrow[2.\,H_2O]{1.\,RLi} \underset{R}{\overset{R}{C}}{=}O \tag{7.216}
$$

4,6-Dimethyl-hept-1-en-4-ol aus 4-Methyl-pentan-2-on und Allyllithium: SEYFERTH, D.; WEINER, M. A., Org. Synth., Coll. Vol. V (1973), 452.

Cyclohexylmethylketon aus Cyclohexancarbonsäure und Methyllithium: BARE, T. M.; HOUSE, H. O., Org. Synth. **49** (1969), 81.

2-Pyridyl-essigsäure aus 2-Pyridyl-methyllithium und Kohlendioxid: WOODWARD, R. B.; KORNFELD, E. C., Org. Synth., Coll. Vol. III (1955), 413.

Reaktivität und Selektivität von Magnesium- und Lithium-Reagenzien werden häufig durch Zusatz von Kupfer(I)-Salzen erhöht. In einer Metallaustausch-Reaktion analog [7.201] bilden sich dann intermediär *Organokupfer-Verbindungen*, wie Alkylkupfer oder Dialkylcuprate:

$$RM + CuX \longrightarrow RCu + MX \qquad M = MgX, Li$$

$$2\,RM + CuX \longrightarrow R_2CuM + MX \qquad X = Cl, Br, I, CN$$

[7.217]

Sie können auf diese Weise auch in Substanz hergestellt werden.

Vor allem die *Lithiumcuprate* aus 2 mol Lithiumverbindung und 1 mol Kupfer(I)-iodid sind wertvolle Reagenzien. Sie reagieren z. B. mit α,β-ungesättigten Carbonylverbindungen unter 1,4-Addition, während Grignard- und Organolithium-Verbindungen meist 1,2-Addukte ergeben:

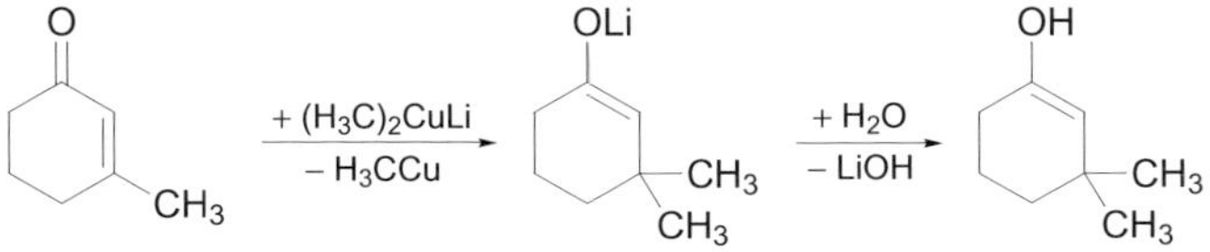

[7.218]

Mit Alkyl- Alkenyl- und Arylbromiden, -iodiden und -sulfonaten reagieren Lithiumcuprate analog [7.200] zu den entsprechenden Kohlenwasserstoffen:

$$R'X + R_2CuLi \longrightarrow R'R + RCu + LiX$$

[7.219]

Carbonsäurechloride können auf diese Weise in Ketone überführt werden:

$$R'COCl + R_2CuLi \longrightarrow R'COR + RCu + LiX$$

[7.220]

3,3-Dimethyl-cyclohexanon aus 3-Methyl-cyclohex-2-enon und Lithiumdimethylcuprat: HOUSE, H. O.; WILKINS, J. M., J. Org. Chem. **41** (1976), 4031.

tert-Butyl-phenylketon aus Benzoylchlorid und Lithium-*tert*-butyl-phenylthiocuprat: POSNER, G. H.; WHITTEN, C. E., Org. Synth. **55** (1976),122.

Den Lithiumcupraten ähnliche gemischte Alkylkupfer-Magnesium-Verbindungen, sog. *Normant-Reagenzien*, lassen sich aus Grignardverbindungen und CuBr herstellen. Sie können an Acetylene (stereospezifisch *syn*) addiert und die erhaltenen Alkenylkupferverbindungen weiter umgesetzt werden:

$$RMgBr + CuBr \longrightarrow RCuMgBr_2$$

[7.221]

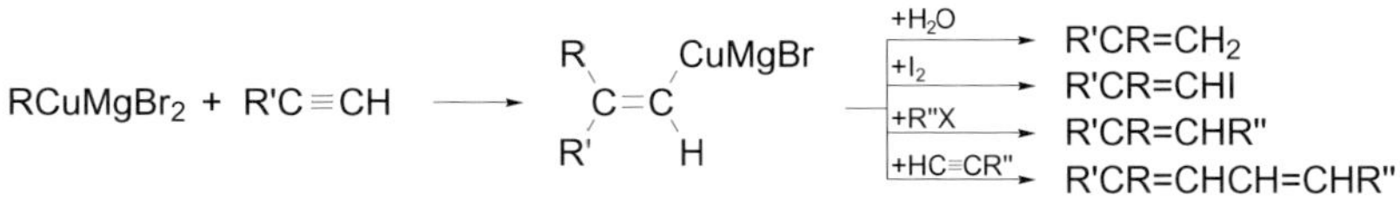

$$RCuMgBr_2 + R'C\equiv CH \longrightarrow$$

| | R'CR=CH₂ |
| +H₂O | R'CR=CH₂ |

+H₂O → R'CR=CH₂
+I₂ → R'CR=CHI
+R''X → R'CR=CHR''
+HC≡CR'' → R'CR=CHCH=CHR''

Viele der genannten Reaktionen können auch mit Grignard-Reagenzien in Gegenwart katalytischer Mengen von Kupfer(I)-Salzen wie CuCl, CuBr, CuCN, durchgeführt werden.

tert-Butylmalonsäurediethylester aus Isopropylidenmalonsäureethylester und MeMgI/CuCl: ELIEL, E. L.; HUTCHINS, R. O.; KNOEBER, M., Org. Synth. **50** (1970), 38.

β-Cyclohexyl-propionsäureethylester aus Acrylsäureethylester und Cyclohexylmagnesiumbromid in Gegenwart von CuCl: LIU, S.-H., J. Org. Chem. **42** (1977), 3209.

Der Grignard-Reaktion analog ist auch die *Reformatsky-Synthese*, bei der α-Halogen-ester mit Ketonen oder Aldehyden in Gegenwart von metallischem Zink umgesetzt werden:

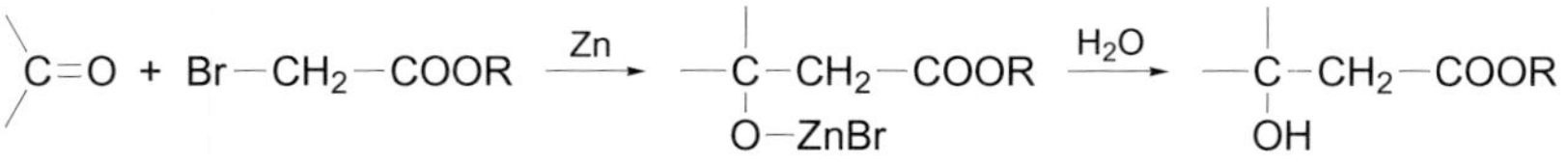

$$\text{C=O} + \text{Br-CH}_2\text{-COOR} \xrightarrow{\text{Zn}} \underset{\text{O-ZnBr}}{\text{-C-CH}_2\text{-COOR}} \xrightarrow{\text{H}_2\text{O}} \underset{\text{OH}}{\text{-C-CH}_2\text{-COOR}} \qquad [7.222]$$

Die intermediär gebildete zinkorganische Verbindung ist viel weniger reaktionsfähig als die analoge Magnesium- oder gar die Lithiumverbindung. Sie reagiert nicht mehr mit der reaktionsträgeren Estercarbonylgruppe, sondern nur noch mit Aldehyd- bzw. Ketocarbonylgruppen.

Ziel der Reformatsky-Reaktion ist meistens die Synthese von α,β-ungesättigten Carbonsäureestern, die leicht durch Dehydratisierung der β-Hydroxy-carbonsäureester entstehen, mitunter schon während der Reaktion.

β-Hydroxy-β-phenyl-propionsäureethylester aus Bromessigsäureethylester und Benzaldehyd: HAUSER, CH. R.; BRESLOW, D. S., Org. Synth., Coll. Vol. III (1955), 408;

β-Alkyl-β-hydroxy-propionsäureethylester aus Bromessigsäureethylester und aliphatischen Aldehyden: FRANKENFELD, J. W.; WERNER, J. J., J. Org. Chem. **34** (1969), 3689;

7.3.   Reduktion von Carbonylverbindungen

Die Reduktion von Carbonylverbindungen kann auf verschiedenen Wegen erreicht werden. Die wichtigsten sind:
– die Übertragung von Hydridionen durch H-Nucleophile,
– die katalytische Hydrierung mit elementarem Wasserstoff und
– die Übertragung von Elektronen durch Einelektronendonatoren.

Für die Hydridübertragung geeignete Reagenzien sind Aluminium- und Borhydride sowie spezielle organische Verbindungen, z. B. gewisse Metallalkoholate und metallorganische Verbindungen, s. D.7.3.1.

Die katalytische Hydrierung von Carbonylverbindungen ist der von Olefinen (vgl. D.4.5.2. und D.4.5.1.) sehr ähnlich und kann mit denselben Methoden wie diese durchgeführt werden, s. D.7.3.2.

Reduktionsmittel, die als Einelektronendonatoren wirken, sind unedle Metalle und niedervalente Metallverbindungen, s. D.7.3.3.

In Tabelle 7.223 sind wichtige Reaktionen, die zur Reduktion von Carbonylverbindungen führen, zusammengestellt.

Tabelle 7.223
Reduktion von Carbonylverbindungen

$\text{C=O} + \text{HM} \xrightarrow[-\text{MOH}]{(+\text{H}_2\text{O})} \text{HC-OH}$ Aldehyde, Ketone $(M = \text{AlH}_3\text{Li}, \text{BH}_3\text{Na u.a.})$	Reduktion von Carbonylverbindungen durch Metallhydride
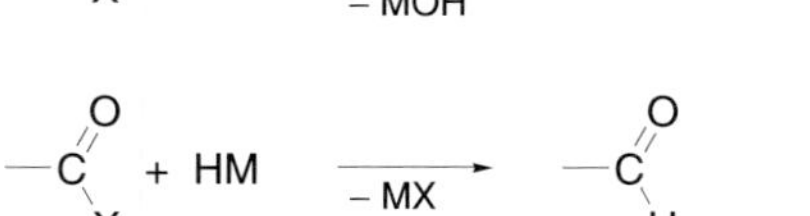 $\underset{\text{X}}{\overset{\text{O}}{-\text{C}}} + 2\,\text{HM} \xrightarrow[\substack{-\text{MX}\\-\text{MOH}}]{(+\text{H}_2\text{O})} \text{-CH}_2\text{-OH}$ $(X = \text{Cl, OR})$	zu Alkoholen
$\underset{\text{X}}{\overset{\text{O}}{-\text{C}}} + \text{HM} \xrightarrow[-\text{MX}]{} \underset{\text{H}}{\overset{\text{O}}{-\text{C}}}$ $(X = \text{Cl, OR, NR}_2, \text{O}^{\ominus}; M = \text{Al(O-}t\text{-Bu)}_3\text{Li u.a.})$	zu Aldehyden

Tabelle 7.223 (Fortsetzung)

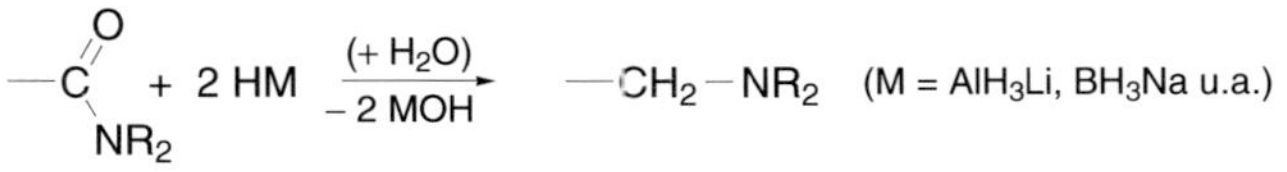

$-\overset{\overset{\displaystyle O}{\|}}{\underset{\underset{\displaystyle NR_2}{\|}}{C}}$ + 2 HM $\xrightarrow[-\,2\,MOH]{(+\,H_2O)}$ $-CH_2-NR_2$ (M = AlH$_3$Li, BH$_3$Na u.a.)	zu Aminen
$\underset{/}{\overset{\backslash}{C}}=O$ + $\overset{\overset{\displaystyle R}{\|}}{\underset{\underset{\displaystyle R}{\|}}{HC}}-OH$ $\xrightleftharpoons{[Al(OR')_3]}$ $\underset{/}{\overset{\backslash}{HC}}-OH$ + $\overset{\overset{\displaystyle R}{\|}}{\underset{\underset{\displaystyle R}{\|}}{C}}=O$	Meerwein-Ponndorf-Reduktion (Oppenauer-Oxidation)
$-\overset{\overset{\displaystyle O}{\|}}{\underset{\underset{\displaystyle H}{\|}}{C}}$ + $-\overset{\overset{\displaystyle O}{\|}}{\underset{\underset{\displaystyle H}{\|}}{C}}$ + H$_2$O $\xrightarrow{(HO^{\ominus})}$ $-\overset{\overset{\displaystyle O}{\|}}{\underset{\underset{\displaystyle OH}{\|}}{C}}$ + $-CH_2-OH$	Cannizzaro-Reaktion
$-\overset{\overset{\displaystyle O}{\|}}{\underset{\underset{\displaystyle H}{\|}}{C}}$ + $-\overset{\overset{\displaystyle O}{\|}}{\underset{\underset{\displaystyle H}{\|}}{C}}$ $\xrightarrow{[Al(OR)_3]}$ $-\overset{\overset{\displaystyle O}{\|}}{\underset{\underset{\displaystyle O-CH_2-}{\|}}{C}}$	Claisen-Tishchenko-Reaktion
 $\underset{/}{\overset{\backslash}{C}}=O$ + $HN\overset{/}{\underset{\backslash}{}}$ + HCOOH $\longrightarrow$ $\underset{/}{\overset{\backslash}{HC}}-N\overset{/}{\underset{\backslash}{}}$ + CO$_2$ + H$_2$O	Leuckart-Wallach-Reaktion
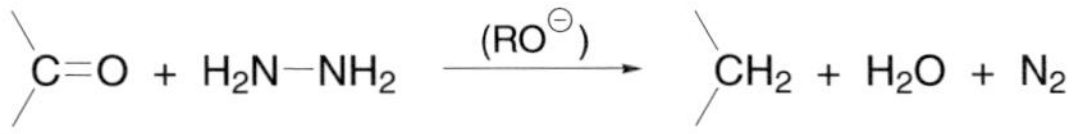 $\underset{/}{\overset{\backslash}{C}}=O$ + H$_2$N$-$NH$_2$ $\xrightarrow{(RO^{\ominus})}$ $\underset{/}{\overset{\backslash}{CH_2}}$ + H$_2$O + N$_2$	Wolff-Kizhner-Reduktion
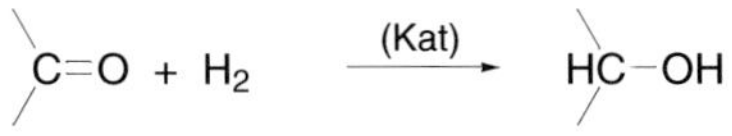 $\underset{/}{\overset{\backslash}{C}}=O$ + H$_2$ $\xrightarrow{(Kat)}$ $\underset{/}{\overset{\backslash}{HC}}-OH$	Katalytische Hydrierung zu Alkoholen
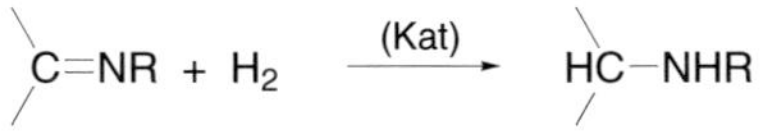 $\underset{/}{\overset{\backslash}{C}}=NR$ + H$_2$ $\xrightarrow{(Kat)}$ $\underset{/}{\overset{\backslash}{HC}}-NHR$	zu Aminen
 $-C{\equiv}N$ + 2 H$_2$ $\xrightarrow{(Kat)}$ $-CH_2-NH_2$	Reduktion von Nitrilen zu Aminen
$-\overset{\overset{\displaystyle O}{\|}}{\underset{\underset{\displaystyle Cl}{\|}}{C}}$ + H$_2$ $\xrightarrow[-\,HCl]{(Pd)}$ $-\overset{\overset{\displaystyle O}{\|\|}}{\underset{\underset{\displaystyle H}{\|}}{C}}$	Rosenmund-Reduktion
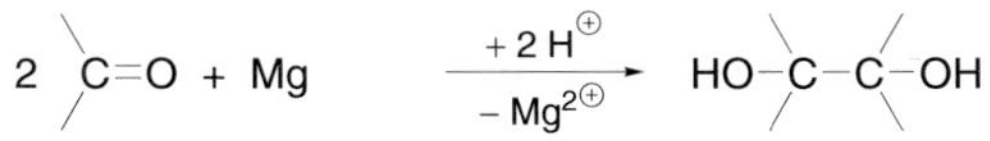 2 $\underset{/}{\overset{\backslash}{C}}=O$ + Mg $\xrightarrow[-\,Mg^{2\oplus}]{+\,2\,H^{\oplus}}$ HO$-\underset{/}{\overset{\backslash}{C}}-\underset{\backslash}{\overset{/}{C}}-$OH	Reduktion zu Pinacolen
$-\overset{\overset{\displaystyle O}{\|}}{\underset{\underset{\displaystyle OR}{\|}}{C}}$ + 4 Na $\xrightarrow[\substack{-\,RONa\\-\,3\,R'ONa}]{+\,3\,R'OH}$ $-CH_2-OH$	Bouveault-Blanc-Reduktion

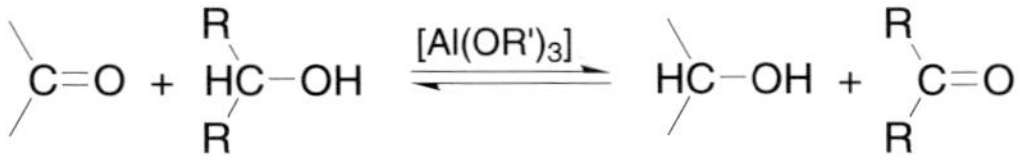

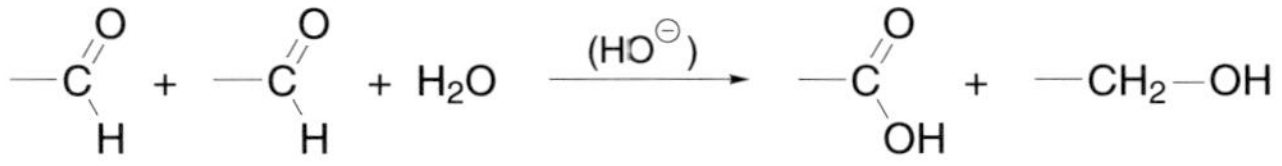

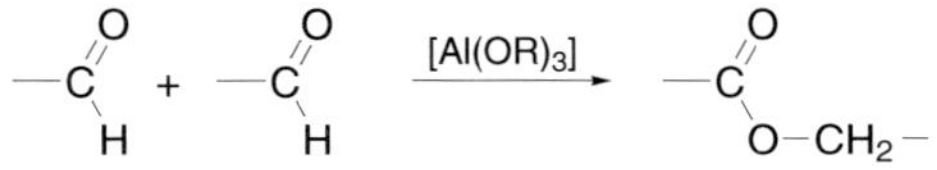

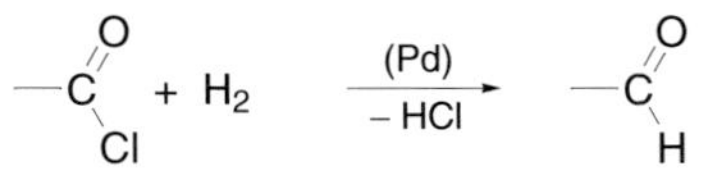

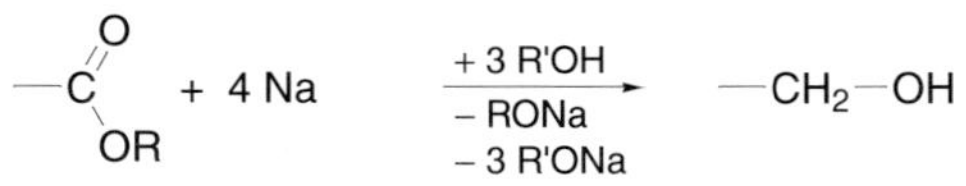

Tabelle 7.223 (Fortsetzung)

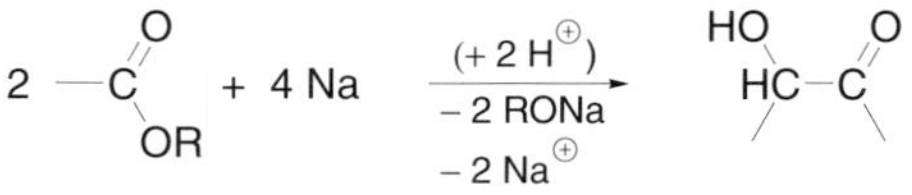

$$2 \ \underset{OR}{\overset{O}{\underset{|}{-C}}} + 4\,Na \quad \xrightarrow[\substack{-2\,RONa \\ -2\,Na^{\oplus}}]{(+2\,H^{\oplus})} \quad \underset{}{\overset{HO}{HC}} \underset{}{\overset{O}{-C}} \qquad \qquad \text{Acyloin-Bildung}$$

$$\underset{}{\overset{\diagdown}{\diagup}}C{=}O + 2\,Zn + 4\,H^{\oplus} \quad \longrightarrow \quad \underset{}{\overset{\diagdown}{\diagup}}CH_2 + 2\,Zn^{2\oplus} + H_2O \qquad \qquad \text{Clemmensen-Reduktion}$$

$$2 \ \underset{}{\overset{\diagdown}{\diagup}}C{=}O + Ti \quad \longrightarrow \quad \underset{}{\overset{\diagdown}{\diagup}}C{=}C\underset{}{\overset{\diagup}{\diagdown}} + TiO_2 \qquad \qquad \text{McMurry-Reaktion}$$

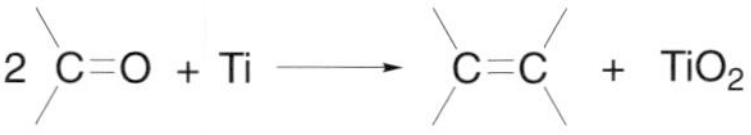

7.3.1.　Reduktion von Carbonylverbindungen durch H-Nucleophile

7.3.1.1.　Reduktion von Carbonylverbindungen durch Aluminium- und Borhydride

Ähnlich wie Organometallverbindungen (C-Nucleophile) einen organischen Rest gemeinsam mit seinem Bindungselektronenpaar auf Carbonylverbindungen übertragen können (vgl. [7.193]), sind gewisse Metallhydride H–M in der Lage, als H-Nucleophile zu wirken und ein Wasserstoffatom mit seinen Bindungselektronen als Hydridion auf das C-Atom der Carbonylgruppe zu übertragen. Das Hydridion tritt dabei nicht frei auf, sondern reagiert unter konzertierter Spaltung der M–H-Bindung und Knüpfung der C–H-Bindung:

$$M{-}H \ + \ \underset{}{\overset{\diagdown}{\diagup}}C{=}O \quad \longrightarrow \quad M^{\oplus} \ + \ H{-}\underset{|}{\overset{|}{C}}{-}O^{\ominus} \qquad\qquad [7.224]$$

Aldehyde und Ketone werden auf diese Weise zu Alkoholaten reduziert.

Als Reduktionsmittel geeignete Metallhydride sind Lithiumaluminiumhydrid LiAlH$_4$ und Natriumborhydrid NaBH$_4$, z. B.:

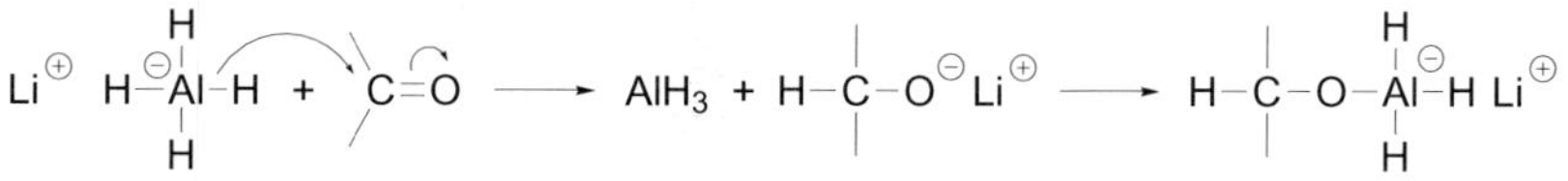

$$Li^{\oplus} \ \ \underset{H}{\overset{H}{\underset{|}{\overset{|}{H{-}Al{-}H}}}} + \underset{}{\overset{\diagdown}{\diagup}}C{=}O \quad \longrightarrow \quad AlH_3 + H{-}\underset{|}{\overset{|}{C}}{-}O^{\ominus}\,Li^{\oplus} \quad \longrightarrow \quad H{-}\underset{|}{\overset{|}{C}}{-}O{-}\underset{H}{\overset{H}{\underset{|}{\overset{|}{Al}}}}{-}H \ Li^{\oplus} \qquad [7.225a]$$

In gleicher Weise treten nacheinander alle Hydridwasserstoffatome in Reaktion:

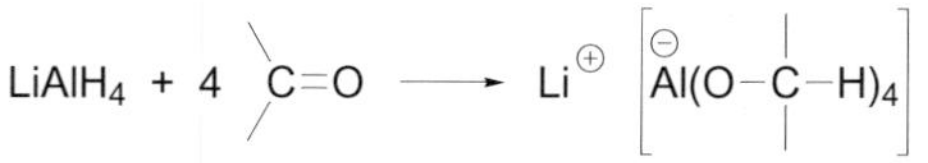

$$LiAlH_4 + 4 \ \underset{}{\overset{\diagdown}{\diagup}}C{=}O \quad \longrightarrow \quad Li^{\oplus} \ \left[\overset{\ominus}{Al}(O{-}\underset{|}{\overset{|}{C}}{-}H)_4 \right] \qquad\qquad [7.225b]$$

Das so entstandene komplexe Lithiumaluminiumalkoholat wird anschließend hydrolytisch gespalten:

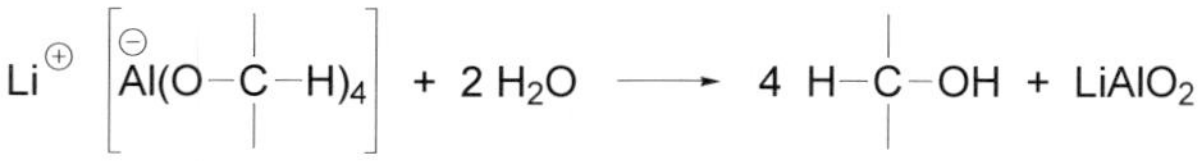

$$Li^{\oplus} \ \left[\overset{\ominus}{Al}(O{-}\underset{|}{\overset{|}{C}}{-}H)_4 \right] + 2\,H_2O \quad \longrightarrow \quad 4 \ H{-}\underset{|}{\overset{|}{C}}{-}OH + LiAlO_2 \qquad\qquad [7.226]$$

Sind „aktive" Wasserstoffatome im Substratmolekül vorhanden, so werden sie von Lithiumaluminiumhydrid bevorzugt angegriffen, wobei molekularer Wasserstoff gebildet wird:

$$4\,HX\ +\ LiAlH_4\ \longrightarrow\ LiAlX_4\ +\ 4\,H_2 \qquad\qquad [7.227]$$

Aus diesem Grunde muß bei der Reaktion mit Lithiumaluminiumhydrid in wasserfreiem Medium gearbeitet werden. Dieses Reagens ist daher auch nicht für die Reduktion von Verbindungen brauchbar, die sich in indifferenten organischen Lösungsmitteln nicht lösen, z. B. Zucker. Hier leistet das $NaBH_4$ gute Dienste, da es in Wasser nur langsam zersetzt wird.

Reduktionen mit komplexen Hydriden besitzen gegenüber anderen Methoden einige wichtige Vorteile: Sie verlaufen im allgemeinen unter sehr milden Bedingungen und mit hohen Ausbeuten. Vor allem für den Umsatz wertvoller Stoffe und kleiner Mengen sind sie hervorragend geeignet. Auch gestatten sie glatt die Reduktion der reaktionsträgen Säurecarbonylderivate (Carbonsäuren, Amide, Ester).

Aus Carbonsäuren, Estern und Säurehalogeniden entstehen normalerweise die primären Alkohole, aus Amiden und Nitrilen die entsprechenden Amine. Aus Säurehalogeniden und -amiden bzw. Nitrilen lassen sich unter speziellen Bedingungen auch Aldehyde darstellen. In Tabelle 7.228 sind die für die Reduktionen benötigten Mengen Lithiumaluminiumhydrid angegeben. Man mache sich klar, wie diese Mengen zustande kommen!

Tabelle 7.228
Reduktionen von Carbonylverbindungen mit Lithiumaluminiumhydrid

Carbonylverbindung	Reaktionsprodukt	mol $LiAlH_4$
Keton, Aldehyd	Alkohol	0,25
Ester, Säurechlorid	Alkohol	0,50
Carbonsäuren	Alkohol	0,75
Amid ($RCONH_2$)	prim. Amin	1,00
Amid (RCONHR)	sec. Amin	0,75
Amid ($RCONR_2$)	tert. Amin	0,50
Nitril	prim. Amin	0,50

Durch Verwendung verschiedener Hydride und Variation des Lösungsmittels lassen sich beachtlich selektive Reduktionen erzielen. Die Übersicht 7.229 zeigt, welche Kombinationen zur Reduktion führen (+) bzw. keine Reaktion ergeben (–).

Tabelle 7.229
Selektivität von Reduktionen mit Aluminium- und Borhydriden (R = Alkyl, Aryl)

Verbindung	$LiAlH_4$ in Et_2O	DIBAL-H[1] in Hexan	$LiAlH[OC(CH_3)_3]_3$ in THF	Disiamyl-boran[2] in THF	$NaBH_4$ + LiCl in Diglycol	$NaBH_4$ in EtOH
R-COCl	+	+	+	–	+	+
R-CHO, R-COR′	+	+	+	+	+	+
R-COOR′	+	+	±	–	+	–
R-CONR$_2$′	+	+	–	+	–	–
R-C≡N	+	+	–	–	–	–
R-NO$_2$	+	+	–	–	–	–
R-CH=CHR′	–	–	–	+	–	–

[1]) Diisobutylaluminiumhydrid
[2]) Bis(3-methyl-but-2-yl)boran.

In Gegenwart von Lewis-Säuren wird die Spezifik der Reaktion verändert. So reduzieren $LiAlH_4$ und $NaBH_4$ Ester und Lactone in Gegenwart von BF_3-Etherat zu Ethern.

Für Reduktionen mit Lithiumaluminiumhydrid benutzt man meist wasserfreien Ether oder Tetrahydrofuran als Lösungsmittel. Dabei ist zu beachten, daß die Reduktion unter erheblicher

Wärmeentwicklung verläuft. In Sonderfällen sind auch Pyridin und *N*-Alkyl-morpholine als Lösungsmittel geeignet. Manchmal löst sich das handelsübliche Lithiumalanat nicht vollständig in Ether. Man kann dann mit dem gleichen Erfolg in etherischer Suspension arbeiten.

Schwer lösliche Substanzen können nach dem Extraktionsverfahren reduziert werden. Dabei gibt man den zu reduzierenden Stoff in die Extraktionshülse eines kontinuierlich arbeitenden Extraktors (oder nach SOXHLET) und extrahiert mit Ether. Der Siedekolben enthält Lithiumaluminiumhydrid.

Diisobutylaluminiumhydrid (DIBAL-H) ist sowohl in Tetrahydruforan als auch in Alkanen und Cycloalkanen sowie Toluen als Lösungsmittel verwendbar. Es vermag auch C≡C-Bindungen selektiv zu C=C-Bindungen zu reduzieren.

Reduktionen mit Natriumborhydrid werden entweder in Wasser, wäßrigem Alkohol, Isopropylalkohol, Acetonitril o. ä. vorgenommen.

Allgemeine Arbeitsvorschrift für Reduktionen mit Lithiumaluminiumhydrid (Tab. 7.230)

Achtung! Vorsicht beim Umgang mit Lithiumaluminiumhydrid! Bei größeren Ansätzen Rührer mit Wasserturbine oder explosionsgeschütztem Motor antreiben, um Knallgasexplosionen zu vermeiden. Vorsicht bei der Zersetzung mit Wasser! Vorsicht beim Zerkleinern von Brocken!

In einen 200-ml-Erlenmeyer-Kolben mit Magnetrührer, Zweihalsaufsatz, Tropftrichter und Rückflußkühler mit Calciumchloridrohr gibt man die für die Reduktion notwendige Menge Lithiumaluminiumhydrid (vgl. Tab. 7.230) mit 10% Überschuß in 50 mol abs. Ether und tropft unter ständigem Rühren eine Lösung von 0,05 mol der zu reduzierenden Verbindung in 20 ml abs. Ether so zu, daß die Reaktion unter Kontrolle gehalten werden kann und der Ether mäßig siedet. Nach Beendigung des Zutropfens rührt man noch 4 Stunden oder kocht eine Stunde unter Rückfluß.[1])

Dann kühlt man den Kolben mit Eiswasser ab und versetzt unter Rühren äußerst vorsichtig (Tropfen für Tropfen) so lange mit Eiswasser, wie noch Wasserstoff entwickelt wird, anschließend mit so viel 10%iger Schwefelsäure, daß sich der gebildete Aluminiumhydroxidniederschlag gerade auflöst. Es wird im Scheidetrichter getrennt und noch dreimal ausgeethert. Die organischen Phasen werden mit gesättigter Kochsalzlösung gewaschen, über Natriumsulfat getrocknet und destilliert.

Bei der Darstellung von Aminen wird nur mit der gerade notwendigen Wassermenge zersetzt. Man saugt vom ausgeschiedenen Aluminiumhydroxid ab, schlämmt dieses nochmals mit Ether auf, saugt wieder ab und destilliert die etherische Lösung nach dem Trocknen über Ätznatron.

Tabelle 7.230

Reduktion mit Lithiumaluminiumhydrid

Produkt	Ausgangsverbindung	Kp (bzw. F) in °C	n_D^{25}	Ausbeute in %
2,2,2-Trichlor-ethanol	Choral[1])	$56_{1,7(13)}$; F 17		50
4-Phenyl-but-3-en-2-ol	Benzylidenaceton	$144_{2,8(21)}$; F 34		95
α-Phenyl-ethanol	Acetophenon	$95_{1,6(12)}$; F 20	1,5224	90
(−)-Menthol und (+)-Neomenthol[2])	(−)-Menthon	$95...105_{2,1(16)}$		80
cis-cis-β-Decalol	*cis-β*-Decalon	F 105 (Petrolether)		80

[1]) In einigen Fällen läßt sich die Ausbeute steigern, wenn man an dieser Stelle nochmals 10% der berechneten Alanatmenge zusetzt und eine weitere Stunde unter Rühren erhitzt.

Tabelle 7.230 (Fortsetzung)

Produkt	Ausgangsverbindung	Kp (bzw. F) in °C	n_D^{25}	Ausbeute in %
rac-Isoborneol	*rac*-Campher	F 212 (geschl.Rohr)		85
2-Hydroxy-benzylalkohol[5]	Salicylsäuremethylester	F 86 (W.)		60
1,2-Bis(hydroxymethyl)-benzen	Phthalsäureanhydrid[4]	F 64		80
β-Phenyl-ethylamin	Benzylcyanid	$83_{1,9(14)}$	1,5299	80
Hexan-1,6-diol	Adipinsäuredimethyl- oder -diethylester	$134_{1,3(10)}$; F 43		80
(S)-(+)-2-N,N-Dibenzyl-amino-propan-1-ol[5]	(S)-N,N-Dibenzyl-alanin-benzylester	F 41, $[\alpha]_D^{20}$ +92,8° (in Chlf.)		75 (MeOH)
N-Ethyl-anilin	Acetanilid[4]	$98_{2,4(18)}$	1,5519	60
4-*tert*-Butyl-cyclohexanol	4-*tert*-Butyl-cyclohexanon	F 82		80

[1]) Vgl. Reagenzienanhang.
[2]) Gemisch von etwa 75% (−)-Menthol und 25% (+)-Neomenthol; Analyse durch den Drehwert in Ethanol: (−)-Menthol $[\alpha]_D^{20}$ −48,2°; (+)-Neomenthol $[\alpha]_D^{20}$ +19,7°.
[3]) Aufarbeiten, wie für Amine angegeben; jedoch Aluminiumhydroxidniederschlag mit Petrolether auskochen.
[4]) In getrocknetem Tetrahydrofuran gelöst zutropfen.
[5]) In THF bei 60 °C arbeiten;vor dem Umkristallisieren eine Stunde bei 2Pa (0,015 Torr) auf 60 °C erwärmen.

Reduktion von 4-*tert*-Butyl-cyclohexanon mit Natriumborhydrid

0,1 mol Keton werden bei Zimmertemperatur portionsweise unter Rühren zu einer Lösung von 0,04 mol Natriumborhydrid in 120 ml Isopropylalkohol gegeben. Durch Stehen über Nacht wird die Reaktion vervollständigt. Dann wird vorsichtig so viel verd. Salzsäure zugesetzt, bis sich kein Wasserstoff mehr entwickelt. Die erhaltene Lösung extrahiert man fünfmal mit Ether, trocknet den Extrakt mit Natriumsulfat und destilliert das Lösungsmittel ab. Der Rückstand wird analog der zur Herstellung saurer Ester der 3-Nitro-phthalsäure angegebenen Vorschrift (vgl. D.7.1.4.1.) mit Phthalsäureanhydrid umgesetzt und der saure Ester aus Ethylacetat/Pentan umkristallisiert. Den Ester zerlegt man durch Wasserdampfdestillation aus einer Lösung in 20%iger Natronlauge. Das Destillat wird mit Diethylether extrahiert und der Ether abdestilliert. Der Rückstand enthält ein Gemisch von cis- und trans-4-*tert*-Butyl-cyclohexanol.

Die Trennung der Isomeren gelingt durch Chromatographie an aktiviertem Aluminiumoxid. Für 1 g Cyclohexanolgemisch benötigt man 30 g Al$_2$O$_3$. Eluiert wird zunächst mit 1 l Pentan und anschließend mit 300 ml Pentan, das 10% Diethylether enthält. Der erste Anteil des Eluats (etwa 600 bis 700 ml) enthält die Hauptmenge des cis-Alkohols, dann folgt eine Zwischenfraktion (etwa 300 ml); in dem restlichen Eluat ist der reine trans-Alkohol gelöst.
cis-4-*tert*-Butyl-cyclohexanol: F 80...81 °C; trans-4-*tert*-Butyl-cyclohexanol: F 81...82 °C.

Reduktion von Carbonsäurechloriden zu Aldehyden mit Lithiumtri(*tert*-butoxy)aluminiumhydrid in Diglyme, z. B. *4-Nitro-benzaldehyd* aus 4-Nitro-benzoylchlorid: BROWN, H. C.; SUBBA RAO, B.C., J. Am. Chem. Soc. **80** (1958), 5377.

Verwendet man in der obigen Vorschrift Methanol als Lösungsmittel anstelle von Isopropylalkohol, so muß man etwa die 4fache Menge an Reduktionsmittel einsetzen, da Methanol merklich mit Natriumborhydrid reagiert. Als Zwischenprodukt bildet sich dabei Natriumtrimethoxyborhydrid, das als sperriges Reagens Ketone mit großer Stereoselektivität reduziert.

Unsymmetrische Ketone sind prochiral, bei ihrer Reduktion entsteht ein asymmetrisches C-Atom vgl. C.7.3.2. Aus achiralen Ausgangsstoffen werden die beiden enantiomeren Alkohole im gleichen Verhältnis als racemisches Gemisch gebildet. Enthält das Keton jedoch schon eine chirale Gruppe, so ist eines der beiden, nun diastereomeren Reduktionsprodukte, bevorzugt, z. B.:

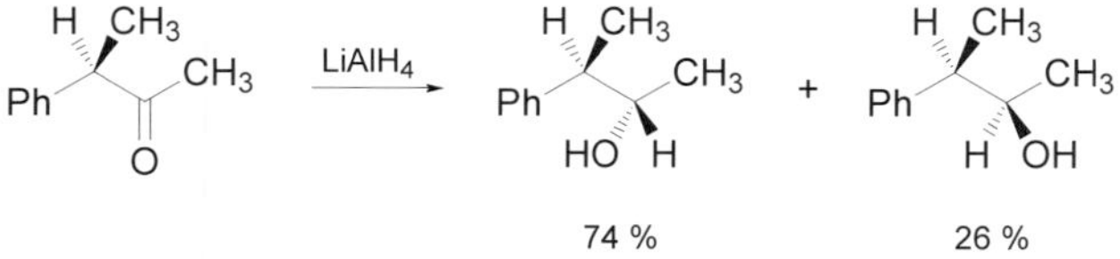

[7.231]

74 %   26 %

Dieses Ergebnis läßt sich mit dem Felkin-Anh-Modell erklären, vgl. [C.99] und [C.100].

Achirale Ketone können enantioselektiv mit chiralen Reagenzien reduziert werden, unter denen besonders Aluminium- und Borhydride mit chiralen Resten untersucht und angewendet worden sind. Auch Reduktionen mit achiralen Reagenzien in Gegenwart chiraler Katalysatoren sind möglich. So reduziert z. B. Boran mit dem chiralen (S)-Oxazaborolidin I als Katalysator Ketone mit hohem Enantiomerenüberschuß zu secundären Alkoholen:

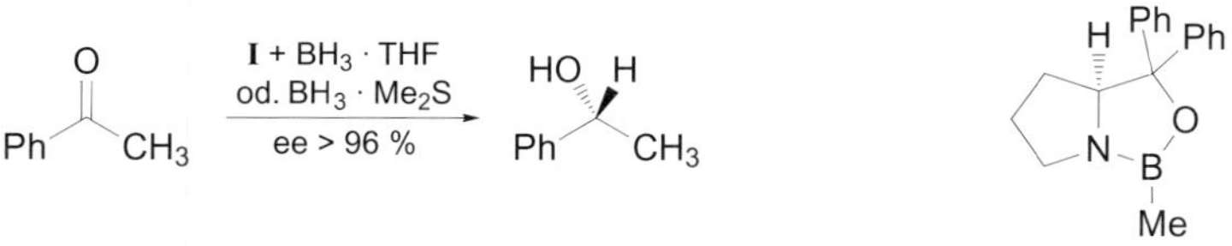

(I)   [7.232]

Natriumcyanoborhydrid besitzt aufgrund der elektronenziehenden Cyanogruppe eine geringere Nucleophilie als Natriumborhydrid und ist somit nicht in der Lage, bei einem pH-Wert > 5 Ketone und Aldehyde zu reduzieren. Hingegen können die stärker basischen Imine noch im schwach sauren Milieu reduziert werden. Dies ermöglicht eine direkte reduktive Aminierung von Carbonylverbindungen durch selektiven Abfang des Iminiumions:

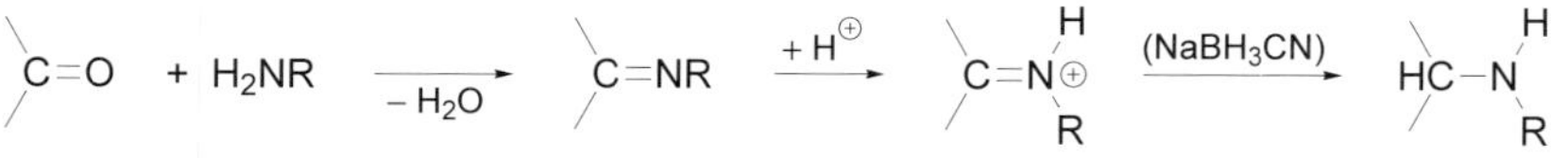

[7.233]

2-Acetamino-2-ethoxycarbonyl-9-(4-imidazolyl)-7-aza-nonansäureethylester aus 2-Acetamino-2-ethoxycarbonyl-6-oxo-hexansäureethylester und Histamindihydrochlorid: Mori, K.; Sugai, T,: Maeda, Y.; Okazaki, T.; Noguchi, T.; Naito, H., Tetrahedron **41** (1985), 5307.

7.3.1.2. Meerwein-Ponndorf-Verley-Reduktion und Oppenauer-Oxidation

Aldehyde und Ketone lassen sich mit Hilfe von Alkoholaten des Magnesiums oder Aluminiums zu Alkoholen reduzieren, wobei das Alkoholat zur entsprechenden Carbonylverbindung oxidiert wird ([7.225]; *Meerwein-Ponndorf-Verley-Reduktion*). Die Reaktion gelingt auch, wenn man den freien Alkohol in Gegenwart katalytischer Mengen Alkoholat als Reduktionsmittel verwendet, da das Alkoholat mit dem eingesetzten Alkohol im Gleichgewicht steht.

Das Aluminium im Aluminiumalkoholat ([7.234], II) erhöht als Lewis-Säure die elektrophile Aktivität der Carbonylgruppe. Gleichzeitig übt das im Komplex negativierte Aluminium einen Elektronenschub auf die von ihm ausgehenden Bindungen aus. Der α-Wasserstoff im Alkoholat wird deswegen unter Mitnahme des Bindungselektronenpaares auf das positivierte Carbonylkohlenstoffatom übertragen:

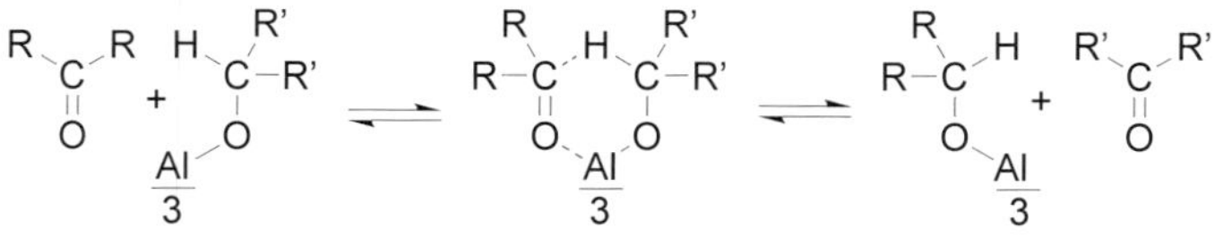

[7.234]

I   II   III   IV

Die Aluminiumalkoholate sind im Gegensatz zu den Natriumalkoholaten in organischen Lösungsmitteln löslich und unzersetzt destillierbar. Aus diesen Eigenschaften erkennt man, daß die Bindung zwischen Al und OR schon weitgehend kovalenten Charakter hat. Aluminiumalkoholate können die Alkoxygruppen deshalb im allgemeinen nicht mehr als freie Anionen für Reaktionen zur Verfügung stellen, so daß ihre Basizität niedrig ist und sie normalerweise nicht mehr in der Lage sind, Carbonylverbindungen in ihre Enolate zu überführen, d. h., sie katalysieren die Aldoladdition nicht oder nur in untergeordnetem Maße. Deshalb und wegen ihrer relativ großen Chelatisierungstendenz sind sie für die Meerwein-Ponndorf-Verley-Reduktion besonders gut geeignet.

Die Alkoholate secundärer Alkohole sind wesentlich bessere Reduktionsmittel als die primärer Alkohole und neigen weniger zu Nebenreaktionen. Warum können tertiäre Alkohole nicht eingesetzt werden?

Die Reaktion [7.234] ist eine Gleichgewichtsreaktion. Um gute Ausbeuten zu erreichen, muß daher die aus dem Aluminiumalkoholat gebildete Carbonylverbindung ständig aus dem Gleichgewicht entfernt werden. Im allgemeinen verwendet man daher Isopropylalkohol als Reduktionsmittel, weil das entstehende Keton (Aceton) die am leichtesten flüchtige Komponente des Systems wird und abdestilliert werden kann. Dient Ethanol als reduzierender Alkohol, treibt man den gebildeten Acetaldehyd am besten durch einen Stickstoffstrom aus dem Reaktionsgemisch heraus.

Die Hauptbedeutung der Reduktion liegt darin, daß Doppelbindungen (auch zur Carbonylgruppe konjugierte) erhalten bleiben und auch Nitrogruppen und Halogene nicht angegriffen werden.

Wie wird Allylalkohol technisch aus Acrolein hergestellt?

Die Meerwein-Ponndorf-Verley-Reduktion von β-Dicarbonylverbindungen mißlingt meist, weil sich die Aluminiumverbindungen dieser relativ stark sauren Stoffe bilden, die ausfallen und so der Reaktion entzogen werden.

Allgemeine Arbeitsvorschrift zur Reduktion von Ketonen und Aldehyden nach Meerwein-Ponndorf-Verley (Tab. 7.235)

In einer trockenen Destillationsapparatur mit 60-cm-Vigreux-Kolonne oder sehr vorteilhaft mit einem Hahn-Aufsatz (vgl. Abb.A.77) erhitzt man 0,2 mol der Carbonylverbindung mit 0,2 mol einer 1 M Lösung von Aluminiumisopropanolat[1]) in abs. Isopropylalkohol in einem Heizbad. Die Badtemperatur wird so reguliert, daß pro Minute etwa 5 Tropfen Isopropylalkohol-Aceton-Gemisch überdestillieren. Der Hahn-Aufsatz wird mit Ethanol gefüllt. Die Umsetzung wird qualitativ verfolgt, indem nach einigen Stunden von Zeit zu Zeit einige Tropfen des Destillats mit 5 ml salzsaurer, wäßriger 2,4-Dinitro-phenylhydrazinlösung (0,1 g in 100 ml 2 N HCl) geschüttelt werden, wobei sofort Trübung bzw. Fällung eintritt, sofern noch Aceton anwesend ist. Ist der Test negativ, so erhitzt man nochmals 15 Minuten unter vollständigem Rückfluß und wiederholt die Probe. Falls wiederum keine Trübung eintritt, wird die Hauptmenge des Isopropylalkohols im schwachen Vakuum abdestilliert, der Rückstand mit 500 g Eis pro mol eingesetztes Aluminiumisopropanolat versetzt und mit 550 ml eiskalter 6 N Schwefel- oder Salzsäure hydrolysiert. Man extrahiert mit Ether, wäscht einmal mit Wasser, trocknet mit Natriumsulfat, dampft das Lösungsmittel ab und kristallisiert den Rückstand um oder destilliert.

Bei ungesättigten Verbindungen wird die Carbonylverbindung nicht mit vorgelegt, sondern pro 0,1 mol in etwa 100 ml abs. Isopropylalkohol gelöst und innerhalb 6 Stunden zu der siedenden Isopropanolatlösung getropft, wobei man im gleichen Maße das Aceton-Isopropylalkohol-Gemisch abdestillieren läßt. Etwa eine Stunde nach beendeter Zugabe zur Carbonylverbindung ist der Acetontest meist negativ.

Die Präparation ist auch zur Reduktion von Ketonen im Halbmikromaßstab geeignet. Man verwendet dabei zweckmäßig die dreifach molare Menge Aluminiumisopropanolat; die Reduktion ist dann meist in einer Stunde beendet.

---

[1]) Vgl. Reagenzienanhang.

Tabelle 7.235

Alkohole durch Meerwein-Ponndorf-Verley-Reduktion

Produkt	Ausgangsverbindung	Kp (bzw. F) in °C	Ausbeute in %
2,2,2-Trichlor-ethanol	Chloral[1])	$56_{1,7(13)}$; F 17	80
Tribrommethanol	Bromal	$93_{1,3(10)}$; F 80 (Petrolether)	75
Zimtalkohol	Zimtaldehyd	$139_{1,9(14)}$; F 34	75
o-Nitro-benzylalkohol	o-Nitro-benzaldehyd	$168_{2,7(20)}$; F 74	90
p-Nitro-benzylalkohol	p-Nitro-benzaldehyd	$185_{1,6(12)}$; F 93	90
m-Nitro-benzylalkohol	m-Nitro-benzaldehyd	$178_{0,4(3)}$; F 27	70
1-(m-Nitro-phenyl)ethan-1-ol	m-Nitro-acetophenon	F 62 (EtOH)	60
4-Phenyl-but-3-en-2-ol	Benzylidenaceton	$125_{0,4(3)}$; F 39	90
(–)-Menthol und (+)-Neomenthol[2])	(–)-Menthon	$96_{1,7(13)}$	70
4-tert-Butyl-cyclohexanol[3])	4-tert-Butyl-cyclohexanon	F 82...83	

[1]) Vgl. Reagenzienanhang.
[2]) Reaktionsdauer: 24 Stunden; man bestimme die prozentuale Zusammensetzung aus den Drehwerten;
(–)-Menthol: $[\alpha]_D^{20} - 48{,}2°$, (+)-Neomenthol: $[\alpha]_D^{20} + 19{,}7°$ (in Ethanol).
[3]) Isomerengemisch

Crotylalkohol (But-2-en-1-ol) aus Crotonaldehyd: YOUNG, W. G.; HARTUNG, W. H.; CROSSLEY, F. S., J. Am. Chem. Soc. **58** (1936), 100;

4-Methyl-pent-3-en-2-ol aus Mesityloxid: ROUVÈ, A.; STOLL, M., Helv. Chim. Acta **30** (1947), 2216.

Die Reversibilität der Reaktion [7.234] gestattet es auch, einen Alkohol mit Hilfe eines Ketons oder Aldehyds zur entsprechenden Carbonylverbindung zu oxidieren (*Oppenauer-Oxidation*).

Bei der Oppenauer-Oxidation ist jedoch die Verschiebung des Gleichgewichtes zugunsten der gewünschten Produkte durch Abdestillieren des gebildeten Alkohols nicht möglich, da der Alkohol stets höher siedet als die Carbonylverbindung, aus der er hervorgegangen ist. Man arbeitet daher zweckmäßig mit einem Überschuß des Oxidationsmittels oder wählt die Reaktionspartner so, daß die darzustellende Carbonylverbindung der am niedrigsten siedende Anteil des Reaktionsgemisches ist, und destilliert diese ständig ab.

Als Dehydrierungsmittel bei der Oppenauer-Oxidation dient sehr häufig Cyclohexanon, mitunter Zimtaldehyd oder Anisaldehyd.

Der zu oxidierende Alkohol wird im allgemeinen nicht direkt in das Aluminiumalkoholat übergeführt, sondern in einem vorgelagerten Gleichgewicht aus dem Alkoholat eines an der Reaktion nicht teilnehmenden Alkohols gebildet:

$$\begin{array}{ccc}
\text{H}_3\text{C} & \text{R} & \\
\text{H}_3\text{C}-\text{C}-\text{O}-\text{Al} & + \ \text{HC}-\text{OH} & \rightleftharpoons \quad \text{H}_3\text{C}-\text{C}-\text{OH} \ + \ \text{HC}-\text{O}-\text{Al}
\end{array} \qquad [7.236]$$

Man verwendet hierzu günstig Aluminium-*tert*-butanolat oder Aluminiumphenolat (warum?).
Die Oppenauer-Oxidation dient vorzugsweise zur Oxidation von Naturstoffen.

Ebenso wie bei der Meerwein-Ponndorf-Verley-Reduktion werden Doppelbindungen bei der Oppenauer-Oxidation nicht angegriffen, allerdings kann Isomerisierung zu α,β-ungesättigten Carbonylverbindungen eintreten, wie z. B. bei der Darstellung von Δ^4-Cholesten-3-on aus Cholesterol:

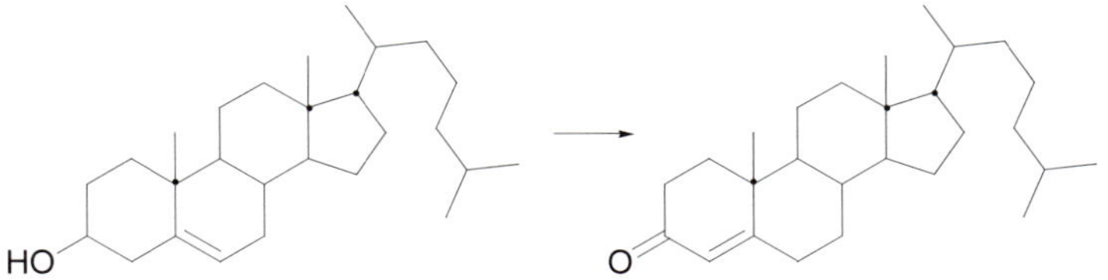

[7.237]

Darstellung von Δ⁴-Cholesten-3-on aus Cholesterol [7.237]

In einem 1-l-Kolben mit Rückflußkühler und Calciumchloridrohr werden 0,03 mol Cholesterol in 2 mol heißem, über Kaliumpermanganat und danach über Kaliumhydroxid destilliertem Aceton gelöst und mit 0,05 mol Aluminium-*tert*-butanolat[1]) in 300 ml absolutem Toluen[1]) versetzt. Man erhitzt 10 Stunden unter Rückfluß, läßt erkalten und schüttelt zur Abtrennung der Aluminiumsalze mehrmals mit verd. Schwefelsäure aus. Die Toluenschicht wird mit Wasser gewaschen, bis die Waschflüssigkeit neutral reagiert, mit Natriumsulfat getrocknet und der nach dem Entfernen des Lösungsmittels verbleibende Rückstand aus Methanol umkristallisiert. *F.* 80 °C; Ausbeute: 85 % d. Th.

Δ⁴-Cholesten-3-on nach Oppenauer mit Cyclohexanon: Eastham, J. F.; Teranishi, R., Org. Synth., Coll.Vol. IV (1963), 192.

7.3.1.3. Reaktionen nach Cannizzaro und Claisen-Tishchenko

Aromatische und nichtenolisierbare aliphatische Aldehyde disproportionieren unter dem Einfluß basischer Katalysatoren (Alkali- und Erdalkalihydroxide) zu Carbonsäuren und Alkoholen (*Cannizzaro-Reaktion*). Bei enolisierbaren Aldehyden beobachtet man hingegen ausschließlich Aldolreaktion, da deren Geschwindigkeit größer ist als die der Cannizzaro-Reaktion.

Der Mechanismus der Cannizzaro-Reaktion ist dem der Meerwein-Ponndorf-Reduktion verwandt: In einem cyclischen Übergangszustand, an dem 2 Moleküle des Aldehyds, das Hydroxyl- und das Alkaliion beteiligt sind, wird der Wasserstoff mit seinen Bindungselektronen von einem zum anderen Aldehydmolekül übertragen. Es entstehen zunächst ein Alkoholat und eine Carbonsäure, die zum Alkohol bzw. Carbonsäuresalz weiterreagieren:

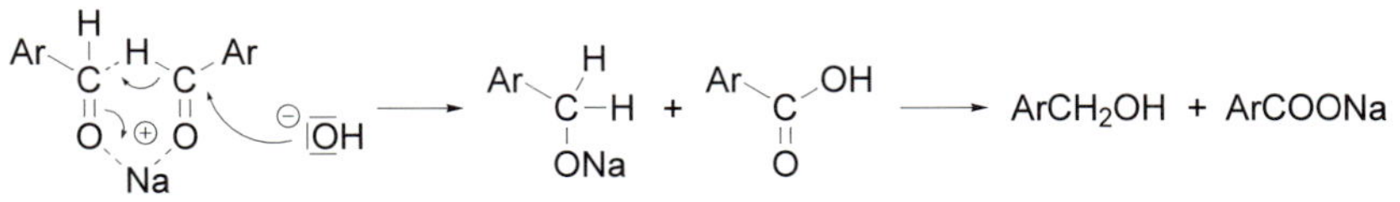

[7.238]

Man formuliere die Bildung von α-Hydroxy-phenylessigsäure (Mandelsäure) aus Oxophenyl-acetaldehyd (Phenylglyoxal) durch intramolekulare Cannizzaro-Reaktion!

Bei der Cannizzaro-Reaktion des Gemisches eines Aldehyds mit Formaldehyd fungiert stets der Formaldehyd als Hydriddonor und wird dabei zur Ameisensäure oxidiert („gekreuzte" Cannizzaro-Reaktion):

$$R-CHO + H_2CO \longrightarrow R-CH_2OH + HCOOH$$ [7.239]

Enthält der Aldehyd R–CHO in [7.239] noch α-ständigen Wasserstoff, so findet zunächst eine Aldolreaktion statt. Erst nach Ersatz *aller* α-ständigen Wasserstoffatome tritt mit weiterem Formaldehyd die Cannizzaro-Reaktion ein, z. B. bei der Darstellung von Pentaerythritol aus Acet- und Formaldehyd:

---

[1]) Vgl. Reagenzienanhang.

$$3\ HCHO\ +\ CH_3CHO\ \longrightarrow\ HOCH_2-\overset{\overset{\displaystyle CH_2OH}{|}}{\underset{\underset{\displaystyle CH_2OH}{|}}{C}}-CHO\ \xrightarrow{+\ HCHO}\ HOCH_2-\overset{\overset{\displaystyle CH_2OH}{|}}{\underset{\underset{\displaystyle CH_2OH}{|}}{C}}-CH_2OH\ +\ HCOOH \qquad [7.240]$$

Der Cannizzaro-Reaktion verwandt ist die Benzilsäureumlagerung, wo statt eines Wasserstoffatoms ein Phenylrest mit den Bindungselektronen übertragen wird:

$$[7.241]$$

Auch enolisierbare, aliphatische Aldehyde können sich im Sinne einer Cannizzaro-Reaktion umsetzen, wenn als Katalysator Aluminiumalkoholate verwendet werden, die zu schwach basisch sind, um die Aldolreaktion zu katalysieren (*Claisen-Tishchenko-Reaktion*). Dabei muß unter Ausschluß von Wasser und Alkohol gearbeitet werden (warum?). Als Reaktionsprodukt entsteht hier unmittelbar aus zwei Molekülen Aldehyd ein Ester, z. B. Essigsäureethylester aus Acetaldehyd:

$$[7.242]$$

Allgemeine Arbeitsvorschrift für die gekreuzte Cannizzaro-Reaktion (Tab. 7.243)

In einem Dreihalskolben mit Rührer, Innenthermometer, Rückflußkühler und Tropftrichter wird eine Mischung von 0,2 mol aromatischem Aldehyd, 60 ml Methanol und 0,26 mol Formaldehyd (30%ige wäßrige Lösung) auf 65 °C erhitzt. Dann tropft man eine Lösung von 0,6 mol Kaliumhydroxid in 25 ml Wasser unter Rühren so schnell zu, daß dabei durch Außenkühlung mit fließendem Wasser die Innentemperatur zwischen 65 und 75 °C gehalten werden kann. Nach beendeter Zugabe wird noch 40 Minuten auf 70 °C erwärmt und anschließend weitere 20 Minuten unter Rückfluß gekocht. Dann kühlt man ab, gibt 100 ml Wasser hinzu und nimmt das sich abscheidende Öl in Ether auf. Die organische Phase wird mit Wasser gewaschen und mit Natriumsulfat getrocknet. Nach dem Abdestillieren des Ethers destilliert man oder kristallisiert um.

Tabelle 7.243

Alkohole durch gekreuzte Cannizzaro-Reaktion

Produkt	Ausgangsverbindung	Kp (bzw. F) in °C	n_D^{20}	Ausbeute in %
Benzylalkohol	Benzaldehyd	$98_{1,9(14)}$	1,5403	90
p-Methoxy-benzylalkohol	Anisaldehyd	$136_{1,6(12)}$; F 23		90
Piperonylalkohol	Piperonal	$157_{2,1(16)}$ F 56 (W.)		80
o-Chlor-benzylalkohol	o-Chlor-benzaldehyd	F 69 (EtOH)		90
m-Chlor-benzylalkohol	m-Chlor-benzaldehyd	$105_{1,7(13)}$	1,5535	70
p-Chlor-benzylalkohol	p-Chlor-benzaldehyd	F 72 (W.)		90

Tabelle 7.243 (Fortsetzung)

Produkt	Ausgangsverbindung	Kp (bzw. F) in °C	n_D^{20}	Ausbeute in %
p-Methyl-benzylalkohol	p-Methyl-benzaldehyd	$118_{2,7(20)}$; F 60 (Ligroin)		75
Furfurylalkohol[1])	Furfural	$83_{3,3(25)}$	1,4828	60

[1]) Nicht kochen! Vor dem Ausethern Lösung mit Pottasche sättigen, etherische Lösung mit wenig gesättigter Kochsalzlösung waschen.

Darstellung von Pentaerythritol

In einem 1-l-Dreihalskolben mit Rührer, Innenthermometer, Tropftrichter und Rückflußkühler tropft man 0,5 mol Acetaldehyd in 300 ml Wasser zu einer Mischung von 18,5 g Calciumoxid und 2,3 mol Formalin, wobei man die Temperatur bei +15 °C hält. Dann wird allmählich in einer Stunde auf +45 °C erwärmt. Um den Katalysator zu entfernen, leitet man Kohlendioxid bis zur beginnenden Wiederauflösung des entstandenen Niederschlags von Calciumcarbonat ein, verkocht den Kohlendioxidüberschuß, läßt abkühlen und saugt ab. Das Filtrat wird unter vermindertem Druck zur Trockne eingedampft, der Rückstand in 200 ml heißem Ethanol aufgenommen und die entstandene Lösung abgekühlt, wobei Pentaerythritol auskristallisiert. Ausbeute 75%. Reines Pentaerythritol schmilzt bei 260 °C (Hochvakuumsublimation).

2,2,6,6-Tetrakis(hydroxymethyl)cyclohexanol aus Cyclohexanon und Formaldehyd: WITTKOFF, H., Org. Synth., Coll. Vol. IV (1963), 907;
Furan-2-carbonsäure (Brenzschleimsäure) und *Furfurylalkohol* aus Furfural: WILSON, W. C., Org. Synth., Coll. Vol. I (1937), 270.

Die Cannizzaro-Reaktion ist zur technischen Darstellung folgender Produkte wichtig:
Pentaerythritol (2,2-Bis(hydroxymethyl)propan-1,3-diol); aus Acetaldehyd und Formaldehyd;
→ Alkydharze;
→ Nitropenta (Pentaerythritoltetranitrat), Sprengstoff.
Trihydroxyneopentan (2-Hydroxymethyl-2-methyl-propan-1,3-diol, „Metriol"); aus Propionaldehyd und Formaldehyd;
→ Ester (Weichmacher).
Trimethylolpropan (2,2-(Bis(hydroxymethyl)butan-1-ol); aus Butyraldehyd und Formaldehyd;
→ Alkydharze, Polyester, Polyurethane.
Neopentylglycol (2,2-Dimethyl-propan-1,3-diol); aus Isobutyraldehyd und Formaldehyd;
→ Polyester, Weichmacher.
Nach CLAISEN-TISHCHENKO wird in der Technik *Essigsäureethylester* aus Acetaldehyd hergestellt.
Mit der Cannizzaro-Reaktion verwandte Umsetzungen treten auch bei physiologischen Prozessen auf. Gewisse Fermente vermögen Aldehyde in Alkohol und Säure umzuwandeln. So entsteht z. B. bei der Milchsäuregärung aus Methylglyoxal Milchsäure unter der Wirkung von Glyoxalase:

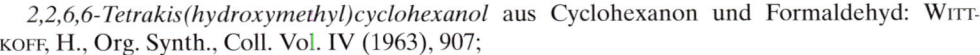

[7.244]

7.3.1.4. Leuckart-Wallach-Reaktion

Nach LEUCKART-WALLACH kann man Amine reduktiv mit Aldehyden oder Ketonen und Ameisensäure als Reduktionsmittel alkylieren. Die Carbonylverbindung reagiert zunächst in der üblichen Weise nach Gleichung [7.11a] mit dem Amin. Das Carbenium-Immonium-Kation (I in [7.245]) wird nunmehr durch Ameisensäure über einen cyclischen Übergangszustand II zum Amin reduziert:

$$[7.245]$$

I   II   III

Gegenüber der katalytischen reduktiven Aminierung [7.256] hat die Leuckart-Wallach-Reaktion den Vorteil, daß auch Stoffe umgesetzt werden können, die den Hydrierungskatalysator vergiften.

Am besten lassen sich nach LEUCKART-WALLACH tertiäre Amine herstellen. Bei der Darstellung primärer oder secundärer Amine erhält man stets die höher alkylierten Amine als Nebenprodukte. Besonders mit dem sehr reaktionsfähigen Formaldehyd entsteht meist das vollständig methylierte Amin.

Die als Reduktionsmittel dienende Ameisensäure wird stets im Überschuß (2 bis 4 Mol pro Mol Carbonylverbindung) benutzt. Bei der Alkylierung durch Formaldehyd kann man in wäßriger Lösung arbeiten (Formalinlösung und 85%ige Ameisensäure); bei den weniger reaktionsfähigen höheren Aldehyden und in noch stärkerem Maße bei Ketonen sinken die Ausbeuten stark ab, wenn Wasser anwesend ist. Deshalb führt man Aminierungen von Ketonen normalerweise bei Temperaturen von 150 bis 180 °C durch. Das Wasser wird dabei destillativ entfernt.

Unter diesen Bedingungen entsteht aus Ameisensäure und dem Amin das entsprechende Ammoniumformiat bzw. Formamid. Man kann auch direkt Formamide oder Ammoniumformiate in die Reaktion einsetzen.

Bei der Darstellung secundärer Amine erhält man besonders bei höheren Temperaturen Formylderivate der entsprechenden Amine, da Ameisensäure leicht formylierend wirkt (vgl. D.7.1.4.2.). In einer weiteren Reaktionsstufe muß dann das gebildete N-disubstituierte Formamid hydrolysiert werden.

Allgemeine Arbeitsvorschrift für die Leuckart-Wallach-Reaktion mit Aldehyden (Tab. 7.246)

In einem 2-l-Rundkolben mit Rückflußkühler legt man 1 mol des betreffenden Amins vor und setzt durch den Kühler unter Eiskühlung 5 mol Ameisensäure zu (85%ige bei Reaktionen mit Formaldehyd, 98%ige bei Reaktionen mit höheren Aldehyden oder Ketonen).

Dann werden pro einzuführende Alkylgruppe 1,2 mol des betreffenden Aldehyds zugefügt (Formaldehyd als Formalin), und bis zur Beendigung der Kohlendioxidentwicklung wird auf dem Wasserbad erwärmt (8 bis 12 Stunden).

Man säuert die Lösung mit konz. Salzsäure gegen Kongorot an und dampft im Wasserstrahlvakuum auf dem Dampfbad bis zur Trockne ein. Der Rückstand wird in wenig kaltem Wasser gelöst, die Base mit 25%iger Natronlauge in Freiheit gesetzt und dreimal ausgeethert. Dann trocknet man die Etherextrakte über Ätzkali, dampft den Ether ab und destilliert durch eine 20-cm-Vigreux-Kolonne oder kristallisiert um.

Tabelle 7.246

Amine durch Leuckart-Wallach-Reaktion

Produkt	Ausgangsverbindung	Kp in °C	n_D^{20}	Ausbeute in %
N,N-Dimethyl-butylamin	Butylamin, Formaldehyd	94	n_D^{25}: 1,3954	80
N,N-Dimethyl-benzylamin	Benzylamin, Formaldehyd	$78_{3,5(26)}$	n_D^{25}: 1,4986	80
N-Methyl-dicyclohexylamin[1])	Dicyclohexylamin, Formaldehyd	$153_{3,2(24)}$	1,4895	65
N-Methyl-piperidin	Piperidin, Formaldehyd	106	1,4464	70
N-Butyl-piperidin	Piperidin, Butyraldehyd	$68_{2,7(20)}$	1,4461	40
N-Benzyl-piperidin	Piperidin, Benzaldehyd	$119_{1,7(13)}$	1,5252	40
N,N-Diethyl-furfurylamin	Diethylamin, Furfural	$74_{3,2(24)}$	1,4630	45

[1]) Schäumt das Produkt bei der Destillation stark, so destilliere man unter Normaldruck ohne Kolonne; Kp 268 °C.

α-Phenyl-ethylamin (Racemat) aus Acetophenon und Ammoniumformiat: INGERSOLL, A. W., Org. Synth., Coll. Vol. II (1943), 503.

Amphetamin (C_6H_5–CH_2–$CH(NH_2)$ –CH_3) und dessen Derivate werden durch Leuckart-Wallach-Synthese aus Phenylaceton hergestellt. Sie wirken als Sympathikomimetika, sind aber suchterzeugend und deshalb als Rauschmittel eingestuft und die Verwendung als Dopingmittel verboten.

7.3.1.5. Enzymatische Reduktion

In Gegenwart von Enzymen lassen sich Carbonylgruppen (durch Hydridübertragung) unter milden Bedingungen reduzieren. Die hierfür geeigneten Oxidoreduktasen sind chirale Katalysatoren, die aus einem Proteinrest und einem Coenzym (niedermolekulare Wirkgruppe) bestehen. NADH (hydriertes Nicotinsäureamid-Adenin-Dinucleotid) bzw. dessen phosphorylierte Form (NADPH) ist eines der Coenzyme in solchen Oxidoreduktasen. Sein hydridübertragender Molekülteil ist das reduzierte Nicotinsäureamid [7.247], dessen Pyridin-*N*-Atom glycosidisch mit Ribose verbunden ist. Das bei der Reaktion entstehende NAD$^\oplus$ wird über eine biochemische Reaktionskette, z. B. durch zugesetzten Zucker, wieder zu NADH reduziert:

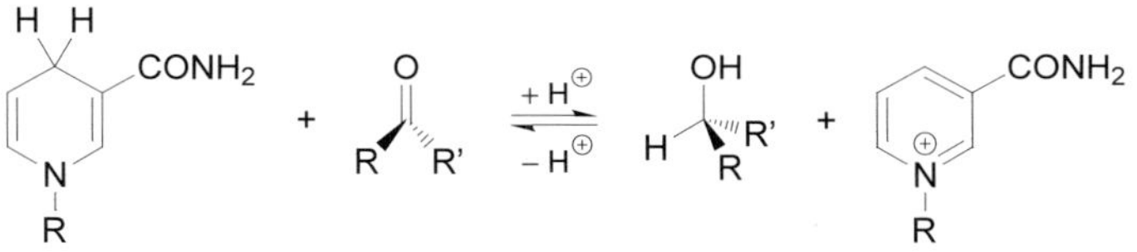

[7.247]

Die trigonale Carbonylgruppe (R ≠ R') wird als prochirales System vom chiralen Enzym bevorzugt von derjenigen Seite angegriffen, die zum thermodynamisch stabilsten (diastereomeren) Übergangszustand führt. Man erhält daher vorzugsweise (in Ausnahmefällen ausschließlich) *ein* Enantiomer des resultierenden Alkohols.

An Stelle des isolierten teuren Enzyms kann man z. B. für die Reduktion von *β*-Oxo-carbonsäureestern die wohlfeile Bäckerhefe verwenden (1...1,5 kg für 1 mol Substrat). Auf die gleiche Weise können auch andere *β*- bzw. *α*-Oxo-carbonsäureester, *α*-Hydroxy-ketone und ähnliche Verbindungen mit hohem Enantiomerüberschuß reduziert werden (s. auch die folgende Literaturstelle).

(S)-(−)-3-Hydroxy-buttersäureethylester aus Acetessigsäureethylester durch Reduktion mit Bäckerhefe: SEEBACH, D.; WEBER, R. H.; ZÜGER, M. F., Org. Synth. **63** (1985), 1.

Siehe auch: WIPF, B.; KUPFER, E.; BERTAZZI, R.; LEUENBERGER, H. G. W., Helv. Chim. Acta **66** (1983), 485.

7.3.1.6. Wolff-Kizhner-Reduktion

Eine wichtige Methode, Aldehyde und Ketone in die entsprechenden Kohlenwasserstoffe überzuführen, ist die Reduktion nach WOLFF-KIZHNER. Wenn man ein Hydrazin eines Aldehyds oder Ketons in Gegenwart von Natrium oder Natriumalkoholat im Autoklav auf 200 °C erhitzt, so spaltet sich Stickstoff ab, und die Carbonylverbindung geht in den Kohlenwasserstoff über:

[7.248]

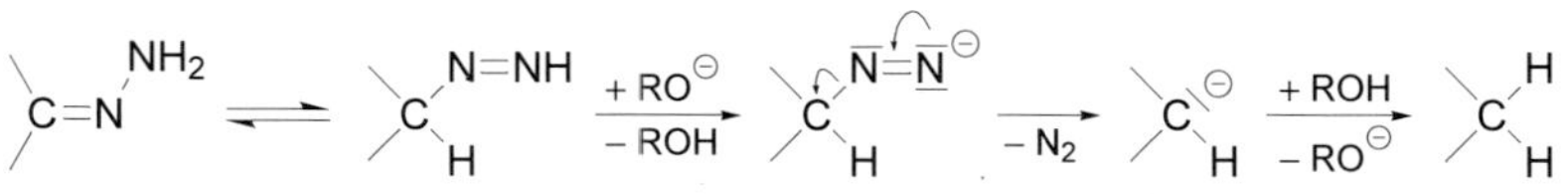

[7.249]

In entsprechender Weise liefert auch die Zersetzung der Semicarbazone den Kohlenwasserstoff.

Eine neuere Variante nach HUANG-MINLON besteht darin, daß das Hydrazon in einem hochsiedenden Lösungsmittel (Diglycol oder Triglycol) aus Carbonylverbindung und Hydrazin dargestellt und sofort ohne Isolierung auf 195 °C erhitzt wird, wobei drucklos gearbeitet werden kann. Da man das Reaktionswasser gleichzeitig aus dem System abdestillieren läßt, ist es möglich, an Stelle des teuren Hydrazinhydrats die billige 85%ige wäßrige Lösung und an Stelle von Natrium oder Natriumalkoholat Ätznatron oder Ätzkali einzusetzen.

Ketone und Oxocarbonsäuren reagieren sehr glatt und in hohen Ausbeuten. β-Oxo-carbonsäureester lassen sich auf diese Weise nicht reduzieren, da sich Pyrazolone bilden (vgl. [7.59]). Doppelbindungen in Alkylresten werden isomerisiert und z. T. hydriert (Reduktion der Nitrogruppe vgl. [8.9]).

Bei der Reaktion mit Aldehyden können sich Azine bilden. In diesem Falle arbeitet man daher besser mit Hydrazinhydrat in größerem Überschuß (6 bis 10 mol).

Die Huang-Minlon-Variante gestattet es vor allem, auch größere Ansätze mühelos zu bewältigen, und ist in dieser und anderer Hinsicht der Clemmensen-Reduktion häufig überlegen.

Allgemeine Arbeitsvorschrift für die Wolff-Kizhner-Reduktion von Ketonen (Tab. 7.250)

Achtung! Vorsicht beim Ausethern der stark alkalischen Lösung! Schutzbrille!

1 mol des betreffenden Ketons wird mit 3 mol 85%iger Hydrazinhydtatlösung[1], 4 mol fein gepulvertem Ätzkali (bei Oxosäuren 5 mol) und 1000 ml Triglycol 2 Stunden unter Rückfluß gekocht. Danach versieht man den Kolben mit einem absteigenden Kühler, destilliert langsam ein Gemisch von Hydrazin und Wasser ab, bis die Temperatur im Reaktionsgemisch 195 °C beträgt,[2] und hält bei dieser Temperatur, bis die Stickstoffentwicklung beendet ist (etwa 4 Stunden).[3] Von den leichter flüchtigen Kohlenwasserstoffen befindet sich schon ein großer Teil im Destillat. Nach dem Abkühlen wird mit dem gleichen Volumen Wasser verdünnt und mit konz. Salzsäure angesäuert, sofern eine Oxocarbonsäure reduziert wurde. Dann ethert man mehrfach aus, vereinigt mit evtl. schon während der Reduktion abdestilliertem Produkt, wäscht mit verd. Salzsäure und mit Wasser und trocknet über Calciumchlorid. Anschließend destilliert man den Ether ab und destilliert oder kristallisiert den verbleibenden Rückstand. Ausbeute 80 bis 95%.

Tabelle 7.250

Wolff-Kizhner-Reduktion

Produkt	Ausgangsverbindungen	Kp (bzw. F) in °C	n_D^{20}
Ethylbenzen	Acetophenon	136	1,4959
Propylbenzen	Propiophenon	$57_{2,7(20)}$	1,4920
Butylbenzen	Butyrophenon	$78_{1,3(10)}$	1,4898
1-Brom-4-ethyl-benzen	4-Brom-acetophenon	$94_{2,0(15)}$	1,5488
1-Chlor-4-ethyl-benzen	4-Chlor-acetophenon	$80_{2,0(15)}$	1,5190
1-Ethyl-3,4-dimethoxybenzen	3,4-Dimethoxy-acetophenon	$112_{1,2(9)}$	
1-Ethyl-4-methoxybenzen	4-Methoxy-acetophenon	$90_{2,8(21)}$	1,5038

[1] Der Verwendung von höher konzentriertem Hydrazinhydrat steht nichts im Wege. Zur Konzentrierung stärker wasserhaltiger Lösungen und zur Gehaltsbestimmung vgl. Reagenzienanhang.

[2] Das Innenthermometer muß mit einer Metallhülse geschützt werden (warum?). Erhitzt man in einem Metallbad, in das der Kolben tief eintaucht genügt Temperaturmessung im Bad.

[3] Um das Ende der Gasentwicklung zu erkennen, führt man vom Destillationsvorstoß einen Schlauch von Zeit zu Zeit in ein wassergefülltes Gefäß. (Vorsicht, daß das Wasser bei evtl. Abkühlen nicht zurücksteigt!) Voraussetzung sind Dichtigkeit der Apparatur sowie gleichmäßiges Erhitzen.

Tabelle 7.250 (Fortsetzung)

Produkt	Ausgangsverbindungen	Kp (bzw. F) in °C	n_D^{20}
1-Ethyl-4-methyl benzen	4-Methyl-acetophenon	162	1,4950
4-Phenyl-buttersäure	3-Benzoyl-propionsäure	F 50	
Undecan-1,11-dicarbonsäure (Brassylsäure)	Methylen-bis(dihydroresorcinol)[1]	F 112 (Essigester)	
Heptansäure	6-Oxo-heptansäure	$119_{1,3(10)}$; F -8	
Octansäure	6-(bzw. 7-)Oxo-octansäure	$132_{2,1(16)}$; F 16	
Nonansäure (Pelargonsäure)	6-(bzw. 7-)Oxo-nonansäure	$142_{1,3(10)}$ F 1,5 bzw. 15[2]	
Decansäure	7-Oxo-decansäure	$146_{1,1(8)}$; F 31	

[1] Vor dem Angriff des Hydrazins wird durch die Lauge zunächst der Ring gespalten (Säurespaltung, vgl. D.7.2.1.9.), wobei 4,8-Dioxo-undecan-1,11-dicarbonsäure entsteht. Man beachte dies im Hinblick auf die stöchiometrischen Verhältnisse!
[2] polymorphe Modifikationen

3-(Cyclohex-1-en-1-yl)propiononitril aus dem *p*-Toluensulfonylhydrazon des 3-(2-Oxo-cyclohex-1-yl)propiononitrils: WITTEKIND, R. R.; WEISSMAN, C.; FARBER, S.; MELTZER, R. I., J. Heterocycl. Chem. **4** (1967), 143.

Eine der Wolff-Kizhner-Huang-Minlon-Reduktion ähnliche Umsetzung ist die *Bamford-Stevens-Reaktion*, bei der man monosubstituierte Hydrazone mit elektronenziehenden Substituenten z. B. in Ethylenglycol in Gegenwart eines Alkoholats erhitzt. Besonders geeignet sind die *p*-Toluensulfonyhydrazone. In dem protonischen Lösungsmittel stellt sich das in [7.251] beschriebene Gleichgewicht zwischen der Hydrazon- und der Azo-Form ein. Nach Eliminierung von Sulfinat und molekularem Stickstoff verbleibt ein Carbeniumkation, das die bekannten Reaktionen (vgl. z. B. D.3. und D.4.) einzugehen vermag. Durch Eliminierung eines Protons vom benachbarten C-Atom wird schließlich ein Olefin gebildet; fehlt dieser Wasserstoff, so sind Umlagerungsreaktionen (vgl. D.9.) möglich:

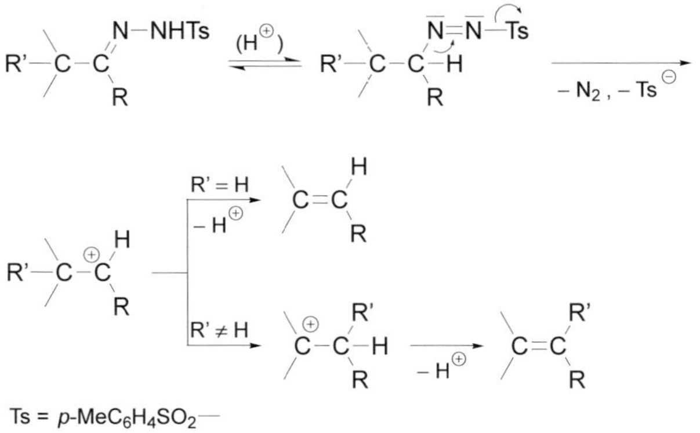

[7.251]

Ts = *p*-MeC$_6$H$_4$SO$_2$—

In aprotonischen Lösungsmitteln, z. B. Ethylenglycoldialkylethern, ist die Einstellung des tautomeren Gleichgewichts zwischen Hydrazon- und Azo-Form gehemmt. Die Base spaltet ein Proton vom Stickstoff ab, anschließend bildet sich unter Eliminierung von molekularem Stickstoff und Sulfinat ein Carben, dessen Folgeprodukte in teilweise hohen Ausbeuten isoliert werden können (vgl. D.3.3.):

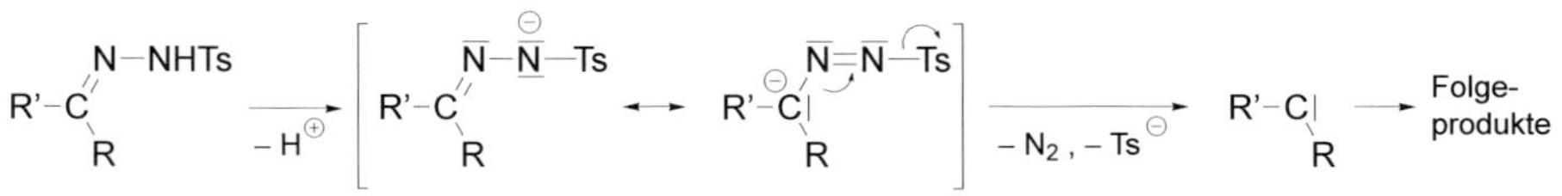

[7.252]

Man informiere sich über diese Reaktion in der am Ende dieses Kapitels aufgeführten Literatur!

7.3.2. Katalytische Hydrierung von Carbonylverbindungen

Die heterogen katalysierte Hydrierung der C=O-Gruppe verläuft ähnlich wie die der C=C-Doppelbindung (D.4.5.2.). Wasserstoff wird auf der Oberfläche des Katalysators unter Bildung von Hydridkomplexen chemisorbiert und reagiert in dieser Form mit der ebenfalls adsorbierten Carbonylverbindung. Aldehyde und Ketone werden dabei zu Alkoholen hydriert:

$$\begin{array}{ccc} \diagdown \\ C=O \ + \ H_2 \end{array} \xrightarrow{\ (Kat)\ } \begin{array}{c} \diagdown \\ HC-OH \\ \diagup \end{array} \qquad\qquad [7.253]$$

Für die katalytische Hydrierung von Carbonyl- und carbonylanalogen Verbindungen verwendet man prinzipiell die gleichen Katalysatoren wie zur Hydrierung der C=C-Doppelbindung (vgl. D.4.5.2.). Im Laboratorium sind vor allem Raney-Nickel, Platin und Palladium gebräuchlich.

Wie andere Carbonylreaktionen läßt sich auch die Hydrierung durch Säuren beschleunigen. Die Edelmetalle stellen daher im sauren Medium wirksamere Katalysatoren dar als in neutraler oder alkalischer Lösung. Beim Arbeiten mit Raney-Nickel liefert dagegen ein stark basischer Kontakt (z. B. nach URUSHIBARA) die besten Ergebnisse.

Entsprechend ihrer Stellung in der Reaktivitätsreihe [7.3] der Carbonylverbindungen werden *Aldehyde und Ketone* besonders leicht hydriert. Platin und Palladium als Katalysatoren sind hierfür jedoch relativ träge, so daß z. B. ohne weiteres selektive Reduktionen α,β-ungesättigter Ketone zu den gesättigten Ketonen (vgl. Tab. 4.124) möglich sind, die auch mit alkalifreien, durch Säuren oder Methyliodid desaktivierten Raney-Nickel-Katalysatoren gelingen. Alkalihaltiges Raney-Nickel dagegen greift die Carbonylgruppe sehr leicht an, so daß z. B. ungesättigte Ketone gleich bis zu den gesättigten Alkoholen reduziert werden.

Nitrile, Azomethine, Oxime u. a. werden mit Platin und Palladium als Katalysatoren leicht hydriert, Raney-Nickel erfordert im allgemeinen Temperaturen um 100 °C. Bei der Hydrierung von Nitrilen entstehen sehr häufig secundäre und tertiäre Amine als Nebenprodukte. Diese Nebenreaktionen verlaufen über das intermediär entstehende Aldimin ([7.254], II), das mit schon gebildetem primärem Amin (III) ein Azomethin bildet:

$$\begin{array}{ccccc} R-C\equiv N & \xrightarrow{+H_2} & R-CH=NH & \xrightarrow{+H_2} & R-CH_2-NH_2 \\ \textbf{I} & & \textbf{II} & & \textbf{III} \end{array}$$

$$\Big\downarrow {\scriptstyle -NH_3 \ \big| \ +III}$$

$$\begin{array}{ccc} R-CH=N-CH_2-R & \xrightarrow{+H_2} & (RCH_2)_2NH \\ \textbf{IV} & & \textbf{V} \end{array} \qquad\qquad [7.254]$$

Welche analogen Nebenprodukte sind bei der Hydrierung Schiffscher Basen zu erwarten? Die genannten unerwünschten Konkurrenzreaktionen lassen sich durch Verwendung eines stark alkalischen Raney-Nickels oder durch Hydrierung in Gegenwart von Ammoniak weitgehend vermeiden.

Schwefel wird bei katalytischen Hydrierungen von Thiolen, Thioethern und Thioacetalen als Schwefelwasserstoff abgespalten. Darauf beruht eine wichtige Reaktion zur Überführung von Ketogruppen in Methylengruppen über die Dithiolane (vgl. [7.32]). Auch Halogene können u.U. durch Wasserstoff ersetzt werden.

Nach der Reaktivitätsreihe [7.3] ist zu erwarten, daß auch *Säurechloride* sehr leicht katalytisch reduziert werden. Tatsächlich gelingt die Reduktion zum Aldehyd mit Hilfe eines partiell vergifteten Palladiumkatalysators, der zwar gestattet, das Säurechlorid zu hydrieren, aber nicht mehr in der Lage ist, den gebildeten Aldehyd anzugreifen (*Rosenmund-Reduktion*).

Freie Säuren, Ester und Amide werden dagegen unter Bedingungen unter denen Aldehyde, Ketone, Nitrile, Schiffsche Basen usw. hydriert werden, nicht angegriffen. So läßt sich z. B. aus Acetessigester leicht β-Hydroxy-buttersäureester darstellen.

Zur katalytischen Hydrierung von Carbonsäuren und Estern eignet sich am besten ein Kupferchromitkatalysator bei hohen Temperaturen (100 bis 300 °C) und hohem Druck (20 bis 30 MPa (200 bis 300 atm). Diese Methode ist vor allem in der Technik von Bedeutung, während die Reduktion von Estern im Laboratorium einfacher auf andere Weise (Bouveault-Blanc-Reduktion, vgl. [7.261]; Reduktion mit komplexen Hydriden, vgl. D.7.3.1.1.) gelingt.

Allgemeine Arbeitsvorschrift zur katalytischen Hydrierung von Ketonen, Aldehyden, Nitrilen, Oximen und Azomethinen (Tab. 7.255)

> Über die allgemeine Arbeitsweise und die Sicherheitsvorkehrungen bei katalytischen Hydrierungen unterrichte man sich in D.4.5.2. und A.1.8.2.!

1 mol der betreffenden Carbonylverbindung wird im doppelten Volumen Methanol gelöst, Raney-Urushibara-Nickel[1]) aus 30 g Legierung (30% Nickel) zugesetzt und im Rühr- oder Schüttelautoklav bei einem Druck von etwa 10 MPa (100 atm) hydriert. Bei einfachen, wenig verzweigten Aldehyden und Ketonen kann man bei Raumtemperatur arbeiten, α-tertiäre Aldehyde, Ketone und Nitrile werden bei 90 °C umgesetzt.

Nach Abkühlen und Entspannen des Autoklavs wird vom Katalysator abfiltriert und das Lösungsmittel abdestilliert. Den verbleibenden Rückstand reinigt man durch Destillation oder Kristallisation. Ausbeute 80 bis 90%.

Kleinere Ansätze lassen sich bei den angegebenen Temperaturen auch unter Normaldruck durchführen. Die Katalysatormenge wird dabei zweckmäßig vergrößert.

Tabelle 7.255

Katalytische Hydrierung von Carbonyl- und carbonylanalogen Verbindungen

Produkt	Ausgangsverbindung	Kp (bzw. F) in °C	n_D^{20}
Heptanol	Heptanal	$78_{1,3(10)}$	1,4235
Tetrahydrufurfurylalkohol	Furfural	$80_{2,7(20)}$	1,4498
Butan-2-ol	Butanon	100	1,3971
Cyclopentanol	Cyclopentanon	140	1,4530
β-Hydroxy-buttersäureethylester	Acetessigsäureethylester	$74_{1,5(11)}$	1,4182
α-Phenyl-ethanol	Acetophenon	$94_{1,6(12)}$	1,5211
Diphenylmethanol	Benzophenon	$176_{1,7(13)}$ F 68 (Ligroin)	
4-Phenyl-butan-2-ol	Benzylidenaceton	$115_{1,7(13)}$	1,5165
1,2-Diphenyl-ethylenglycol (Hydrobenzoin)	Benzoin	F 139 (W.)	
3,3-Dimethyl-butan-2-ol	Pinacolon	120	1,4148
Menthol	p-Menth-1-en-3-on	$98_{1,3(10)}$; F 36	
4-Hydroxy-1-methyl-piperidin-3-carbonsäureethylester	1-Methyl-piperid-4-on-3-carbonsäureethylester	$123_{0,5(4)}$	1,3742
D-Sorbit[1])	D-Glucose	F etwa 100	
Benzylanilin[2])	Benzylidenanilin	$173_{1,3(10)}$; F 39	
Hexamethylendiamin	Adiponitril	$88_{1,5(11)}$; F 40	
β-Phenyl-ethylamin	Benzylcyanid	$83_{1,9(14)}$	1,5321

---

[1]) Alkalisches Raney-Nickel, vgl. Reagenzienanhang.

Tabelle 7.255 (Fortsetzung)

Produkt	Ausgangsverbindung	Kp in °C	n_D^{20}
3-Acetamido-piperid-2-on-3-carbon-säureethylester[3])	1-Acetamido-3-cyan-propan-1,1-dicarbonsäurediethylester	F 138 (EtOH)	
N-(3-Amino-propyl)-ε-caprolactam[4])	N-(2-Cyan-ethyl)-ε-caprolactam	$110...120_{0,3(2)}$	

[1]) Hydrierung in wäßrigem Ethanol bei 70 °C durchführen; der nach Abdestillieren des Lösungsmittels zurückbleibende Sirup wird im Exsikkator über Calciumchlorid aufbewahrt; kristallisiert nur schwer, evtl. nach Animpfen.

[2]) Hydrierung in Essigsäureethylester bei 20 °C durchführen.

[3]) Ethanol als Lösungsmittel verwenden! Um welchen Reaktionstyp handelt es sich bei dem nach der Hydrierung spontan erfolgenden Ringschluß? – Verseifung mit Salzsäure führt zum Ornithin (man formuliere diese Reaktion!): ALBERTSON, N.F.; Archer, S., J. Am. Chem. Soc. **67** (1945), 2043.

[4]) Ausbeute 50%; wenn als Lösungsmittel mit Ammoniak gesättigtes Methanol verwendet wird, steigt die Ausbeute.

Die präparative und technische Bedeutung der erwähnten Hydrierungsreaktionen für die Darstellung von Alkoholen und Aminen ist beträchtlich. In der Technik gewinnt man auf diese Weise z. B. Butanol aus Crotonaldehyd und 2-Ethyl-hexanol über 2-Ethyl-3-hydroxy-hexanal (Butyraldol). Diese beiden Alkohole werden im wesentlichen zu Estern weiterverarbeitet (Lösungsmittel, Weichmacher, vgl. Tab. 7.42). In größtem Umfang wird die Hydrierung von Kohlenmonoxid durchgeführt: An einem Zinkoxid-Chromiumoxid-Kontakt bei 300 bis 400 °C und hohem Druck (20 MPa (200 atm)) entsteht *Methanol*. Es wird hauptsächlich zur Produktion von Formaldehyd (vgl. Tab. 6.40), der Methylamine, als Lösungsmittel und Gefrierschutzmittel verwendet.

Bei einer um etwa 40 °C höheren Temperatur und mit einem alkalisierten Kontakt erhält man neben Methanol höhere Iso-Alkohole (bis C_7), in der Hauptsache Isobutylalkohol *("Isobutylölsynthese")*. Auch diese Alkohole werden vornehmlich zu Estern verarbeitet

Die katalytische Reduktion von Fettsäuren und Fettsäureestern (aus natürlichen Fetten oder Paraffinoxidationsprodukten, vgl. D.6.5.) liefert höhere Fettalkohole, die für die Synthese von Waschmitteln Bedeutung haben (Fettalkoholsulfate). Niedere Alkohole (C_4 bis C_9) aus Fettsäuren der Paraffinoxidation sind Ausgangsprodukte für Ester (s. oben).

Durch Reduktion von Adiponitril wird Hexamethylendiamin hergestellt, das als Aminkomponente in Polyamiden Verwendung findet (Nylon, vgl. D.7.1.4.2.).

Führt man die Hydrierung von Aldehyden und Ketonen in Gegenwart von Ammoniak, primären oder secundären Aminen durch, erhält man statt der Alkohole die entsprechenden primären, secundären oder tertiären Amine (*reduktive Aminierung*)[1]):

$$\diagdown\!\!C{=}O + NHR_2 \xrightarrow[-H_2O]{+H_2} \diagdown\!\!CH{-}NR_2 \qquad R = H, \text{Alkyl, Aryl} \qquad [7.256]$$

Man wird als Zwischenprodukte die Azomethine bzw. Enamine anzunehmen haben. Auch hier muß mit den bei der Nitrilhydrierung beschriebenen Nebenreaktionen gerechnet werden. Man setzt daher die Aminkomponente im allgemeinen im Überschuß ein.

Von den aliphatischen Aldehyden sind nur die mit Kettenlängen über C_5 gut katalytisch reduktiv zu aminieren, während die niedrigen Aldehyde leicht andere (z. B. aldolartige) Kondensationsprodukte ergeben. Aliphatische und aromatische Ketone und aromatische Aldehyde reagieren dagegen glatt.

Allgemeine Arbeitsvorschrift zur katalytischen reduktiven Aminierung von Aldehyden und Ketonen (Tab. 7.257)

Achtung! Der Autoklav darf keine kupfernen Teile besitzen, die mit der ammoniakalischen Lösung in Berührung kommen können. (Viele Manometer besitzen kupferne Bauteile!)

[1]) Die Reaktion wird auch als reduktive Alkylierung (des Ammoniaks bzw. Amins) bezeichnet. Zur reduktiven Aminierung mittels Ameisensäure und Aminen (Leuckart-Wallach-Reaktion) vgl. D.7.3.1.4.

Über die allgemeinen Sicherheitsvorkehrungen bei katalytischen Hydrierungen vgl. A.1.8.2. und D.4.5.2.

A. Darstellung primärer Amine

1 mol der Carbonylverbindung wird in 500 ml Methanol gelöst, das bei 10 °C mit Ammoniak gesättigt wurde (etwa 5,5 mol). Nach Zugabe von Raney-Nickel aus 30 g Legierung hydriert man im Schüttel- oder Rührautoklav bei 90 °C und 10 MPa (100 atm).

Nach Beendigung der Wasserstoffaufnahme wird entspannt, vom Katalysator abfiltriert und überschüssiges Ammoniak mit dem Lösungsmittel abdestilliert. Den Rückstand säuert man mit 20%iger Salzsäure gegen Kongorot an und ethert die nichtbasischen Verunreinigungen aus. Der Etherextrakt wird verworfen, die wäßrige Lösung unter guter Kühlung mit 40%iger Natronlauge alkalisiert und mehrfach ausgeethert. Die Etherlösung trocknet man über Ätzkali. Nach Verdampfen des Lösungsmittels wird über eine 20-cm-Vigreux-Kolonne destilliert.

B. Darstellung secundärer Amine

1 mol der Carbonylverbindung wird mit einer Lösung von 1 mol des betreffenden primären Amins in 200 ml Methanol versetzt und wie oben hydriert und aufgearbeitet.

Tabelle 7.257

Katalytische reduktive Aminierung von Aldehyden und Ketonen

Produkt	Ausgangsverbindungen	Kp (bzw. F) in °C	n_D^{20}	Ausbeute in %
Benzylamin	Benzaldehyd, Ammoniak	$75_{1,1(8)}$	1,5424	80
N-Benzyl-methylamin	Benzaldehyd, Methylamin	$82_{1,6(12)}$	1,5222	90
N-Benzylanilin	Benzaldehyde, Anilin	$172_{1,3(10)}$; F 39		90
N-Benzyl-β-phenyl-ethyl-amin[1]	Benzaldehyd, β-Phenyl-ethylamin	$170_{1,2(9)}$ Hydrochlorid: F 261		70
Furfurylamin	Furfural, Ammoniak	145	1,4886	50
rac-α-Phenyl-ethylamin	Acetophenon, Ammoniak	$70_{1,3(10)}$	1,5282	80
rac-2-Amino-1-phenyl-propan[1]	Phenylaceton, Ammoniak	$92_{1,6(12)}$ Hydrochlorid:, F 152	1,5190	90
rac-2-Methylamino-1-phenyl-propan[1]	Phenylaceton, Methylamin	$93_{2,0(15)}$ Hydrochlorid: F 140	1,5123	80
Cyclohexylamin	Cyclohexanon, Ammoniak	134	1,4372	80
Dicyclohexylamin	Cyclohexanon, Cyclohexylamin	$120_{2,3(17)}$ F 20	1,4852	70

[1] Diese Amine werden besser als Hydrochloride aufbewahrt: Man löst sie unter Kühlung in überschüssigem, chlorwasserstoffgesättigtem abs. Alkohol (HCl-Gehalt durch Auswägen bestimmen!) und versetzt zur Fällung des Salzes mit abs. Ether. Vorsicht, es handelt sich um Gifte!

Chirale Verbindungen werden bei den üblichen chemischen Synthesen als 1:1-Gemische der beiden möglichen Enantiomeren (D,L; R, S) erhalten. Im Gegensatz hierzu bilden sich in der Natur nahezu ausschließlich enantiomerenreine Verbindungen. Die Enantiomere eines Stoffes haben in der Regel völlig unterschiedliche biologische Wirkungen, z. B. bei Geruch, Geschmack, physiologischer und pharmakologischer Wirksamkeit.

Eine Möglichkeit, zu reinen Enantiomeren zu gelangen, ist die Trennung eines synthetisch anfallenden racemischen Gemisches[1]. Racemate saurer Produkte lassen sich beispielsweise mit den natürlich zugänglichen Basen (−)-Brucin und (−)-Chinin zu den diastereomeren Salzen umsetzen, die dann aufgrund ihrer unterschiedlichen physikalischen und chemischen Eigenschaften getrennt werden können, vgl. C.7.3.3.1.

[1] Eine weitere Möglichkeit ist die asymmetrische Synthese, vgl. C.7.3.3.2.

Ein Beispiel für eine ungewöhnlich einfach verlaufende derartige Racematttrennung ist die Spaltung des oben dargestellten *rac*-α-Phenyl-ethylamins. Von den beiden Enantiomeren bildet nämlich nur die *(R)*-(+)-Form eine kristalline Additionsverbindung mit 2,3,4,6-Tetraacetyl-D-glucose.

Die reinen Enantiomeren des α-Phenyl-ethylamins sind häufig anstelle der oben angeführten basischen Naturprodukte für andere Racematttrennungen verwendbar.

Trennung von racemischem α-Phenyl-ethylamin in die Enantiomeren[1])

0,15 mol Tetraacetyl-D-glucose (*β*-Form oder aus α- und *β*-Gemisch bestehender Sirup) werden in 100 ml Ether mit 0,1 mol racemischem α-Phenyl-ethylamin in 20 ml Ether verrieben. Nach kurzer Zeit beginnt die Kristallisation des Addukts aus *(R)*-(+)-α-Phenyl-ethylamin mit Tetraacetyl-D-glucose. Man bewahrt noch 3 Stunden bei –78 °C auf, saugt schnell ab und wäscht zweimal mit je 40 ml kaltem Ether. Ausbeute 98 %.

Zur Gewinnung der freien *(R)*-(+)-Base wird in 100 ml Chloroform gelöst und die Lösung zweimal mit je 100 ml 4 N Salzsäure extrahiert. Um die letzten Reste der Tetraacetyl-D-glucose abzutrennen, extrahiert man die salzsaure Lösung noch zweimal mit Chloroform und alkalisiert sie schließlich mit 40%iger Natronlauge unter guter Kühlung. Dann wird mit Ether extrahiert, über Ätzkali getrocknet und destilliert. $Kp_{1,3(10)}$ 70 °C; $[\alpha]_D^{19}$ +35,9° (PhH).[2])

Die Tetraacetyl-D-glucose läßt sich aus der nochmals mit Salzsäure extrahierten Chloroformlösung nach Trocknen mit Calciumchlorid und Abdampfen des Chloroforms als Sirup wiedergewinnen. Sie kann erneut für die Spaltung in die Antipoden eingesetzt werden.

Das *(S)*-(–)-α-Phenyl-ethylamin wird der Ethermutterlauge des kristallinen *(R)*-(+)-Addukts durch Extraktion mit Salzsäure nach der oben für die *(R)*-(+)-Base beschriebenen Arbeitsweise entzogen und destillativ gewonnen. $Kp_{1,3(10)}$ 70 °C; $[\alpha]_D^{19}$ –34,6° (PhH).[2])

Enantiomerentrennung von α-Phenyl-ethylamin mit Weinsäure: THEILACKER, W.; WINKLER, H. G., Chem. Ber. **87** (1954), 690.

7.3.3. Reduktion von Carbonylverbindungen durch unedle Metalle und niedervalente Metallverbindugen

In Metallen sind die Valenzelektronen frei beweglich („Elektronengas") und können formal als „nucleophiles Reagens" an die Carbonylgruppe addiert werden:

$$e^{\ominus} + \;\diagdown\!\!C\!\!=\!\!\underline{\overline{O}} \longrightarrow \cdot C\!-\!\underline{\overline{O}}|^{\ominus} \xrightarrow{+\; \cdot C\!-\!\underline{\overline{O}}|^{\ominus}} \begin{array}{c}|\\-C\!-\!\overline{\underline{O}}|\\-C\!-\!\overline{\underline{O}}|\\|\end{array}^{\ominus} \xrightarrow{+2\,H^{\oplus}} \begin{array}{c}|\\-C\!-\!OH\\-C\!-\!OH\\|\end{array} \qquad [7.258]$$

$$\quad\quad\quad\quad \mathbf{I} \quad\quad\quad\quad\quad\quad\quad\quad\quad \mathbf{II} \quad\quad\quad\quad\quad\quad \mathbf{III}$$

$$2\,e^{\ominus} + \;\diagdown\!\!C\!\!=\!\!\underline{\overline{O}} \longrightarrow \;|\overline{C}\!-\!\overline{\underline{O}}|^{\ominus} \xrightarrow{+2\,H^{\oplus}} H\!-\!\begin{array}{c}|\\C\\|\end{array}\!-\!OH \qquad [7.259]$$

$$\quad\quad\quad\quad \mathbf{IV} \quad\quad\quad\quad\quad\quad \mathbf{V}$$

Das Ergebnis dieser Reaktionen ist eine Reduktion der Carbonylverbindung. Dabei entsteht zunächst entweder durch Aufnahme eines Elektrons das Radikalanion I oder durch Aufnahme von 2 Elektronen das Dianion IV. Das Radikalanion I kann unter Bildung des 1,2-Diols

---

[1]) HELFERICH, B.; PORTZ, W., Chem. Ber. **86** (1953), 1034.
[2]) Da die Enantiomeren nicht völlig rein sind, ergeben sich verschiedene Drehwinkel!

III dimerisieren, ein Fall, der bei der Reduktion von Ketonen mit metallischem Magnesium verwirklicht ist, während das Dianion IV als starke Base dem Lösungsmittel Wasserstoffionen entreißt und dabei in den Alkohol V übergeht.

Naturgemäß können sich diese Redoxvorgänge nur an der Oberfläche des Metalls abspielen. Es kommt dabei zu einer mehr oder weniger festen Bindung der Carbonylverbindung an das Metall (Chemisorption). Nach Beendigung der Elektronenübertragung wird das chemisorbierte Molekül wieder desorbiert. Für jedes entzogene Elektron geht die entsprechende Anzahl Metallatome als Kationen in Lösung:

$$(\boxed{Zn} \longrightarrow Zn^{2\oplus} + 2\,e^{\ominus}) + \overset{}{C}=\overline{\underline{O}} + H^{\oplus} \longrightarrow \overset{}{\underset{}{C}}-\overline{\underline{O}}-H \xrightarrow{+H^{\oplus}} H-\overset{|}{\underset{|}{C}}-OH \qquad [7.260]$$

Zu einer solchen Reduktion sind entsprechend ihrer Stellung in der elektrochemischen Spannungsreihe nur die unedlen Metalle befähigt. Die Alkalimetalle reduzieren auch die reaktionsträgen Carbonylverbindungen (z. B. Carbonsäureester), während Magnesium und Aluminium nur mit Aldehyden und Ketonen reagieren. Zink und Eisen schließlich sind selbst dazu nur noch in saurer Lösung in der Lage. (Vgl. aber auch die katalytische Hydrierung von Carbonylverbindungen, D.7.3.2.)

Die Reduktion von Carbonylverbindungen durch unedle Metalle, wie (amalgamiertes) Magnesium bzw. Aluminium, Eisen, Zink u. a. kann sowohl zu den Reduktionsprodukten entsprechend [7.258], als auch zu solchen, die der Gleichung [7.259] entsprechen, führen. Welche Umsetzung bevorzugt ist, hängt einmal von der Art der Carbonylverbindung, zum anderen auch von den Reaktionsbedingungen (Metall, Lösungsmittel usw.) ab. Aldehyde und Ketone werden durch die genannten Metalle und in Lösungsmitteln, die aktive Wasserstoffatome enthalten (z. B. Wasser, verdünnte Säuren und Alkalien, Alkohole), bevorzugt zu den entsprechenden Alkoholen, Azomethine zu Aminen reduziert.[1]) Mit Magnesium- oder Aluminiumamalgam in Lösungsmitteln, die keinen aktiven Wasserstoff enthalten (z. B. Toluen), ergeben Ketone dagegen in der Hauptsache 1,2-Diole (Pinacole)[2]). Man formuliere die im folgenden beschriebene Bildung des Pinacols aus Aceton ([7.258], II entspricht in diesem Falle dem Magnesiumpinacolat!) und diskutiere die Abhängigkeit der Reduktionsprodukte vom Lösungsmittel!

Darstellung von 2,3-Dimethyl-butan-2,3-diol (Pinacol)

In einen trockenen 1-l-Zweihalskolben mit Tropftrichter und Intensivkühler mit Calciumchloridrohr werden 1 mol trockene Magnesiumspäne und 200 ml trockenes Toluen[3]) gegeben. Aus dem Tropftrichter setzt man nun etwa 25 ml einer Lösung von 0,1 mol Quecksilber(II)-chlorid in 2 mol gut getrocknetem Aceton[3]) zu. Sollte die Reaktion nicht innerhalb weniger Minuten anspringen, wird kurz im Wasserbad erwärmt, bis die Lösung allein weitersiedet. Das Heizbad wird entfernt und die Aceton-Quecksilberchlorid-Lösung so rasch zugetropft, wie dies die Kühlerkapazität erlaubt. Schließlich setzt man noch eine Lösung von 1 mol trockenem Aceton in 60 ml trockenem Toluen zu und erhitzt auf dem Wasserbad, bis das Magnesium völlig verschwunden ist. Das gebildete Magnesium-Pinacolat füllt als stark quellende Masse schließlich den ganzen Kolben aus, so daß ein- bis zweimal während der ganzen Zeit der Kühler entfernt und der mit einem Stopfen verschlossene Kolben kräftig durchgeschüttelt werden muß (Schutzbrille!), ehe weiter unter Rückfluß erwärmt werden kann.

---

[1]) Auch reduktive Aminierungen von Ketonen gelingen z. B. mit Aluminiumamalgam.
[2]) Diese Verbindungen werden häufig als Pinacone bezeichnet. die hier verwendete Bezeichnung Pinacol bringt den Alkoholcharakter der Verbindungen jedoch besser zum Ausdruck.
[3]) Vgl. Reagenzienanhang.

Zur Hydrolyse des Magnesiumsalzes setzt man nach Beendigung der Reaktion durch den Kühler 60 ml Wasser zu und kocht eine weitere Stunde. Dann wird auf 50 °C gekühlt und vom Magnesiumhydroxid abgesaugt, das mit 150 ml Toluen ausgekocht und erneut abfiltriert wird. Das Toluen wird mit dem ersten Filtrat vereinigt. Diese Lösung engt man unter Abdestillieren des Lösungsmittels zur Hälfte ein, setzt 70 ml Wasser zu und kühlt unter Rühren im Eisbad ab, wobei Pinacolhexahydrat ausfällt. Nach einer Stunde wird abfiltriert und mit Toluen gewaschen. Das an der Luft getrocknete Präparat ist für die Weiterverarbeitung rein genug. Es kann aus Wasser umkristallisiert werden. F 46 °C; Ausbeute 40%.

Das wasserfreie Pinacol läßt sich durch azeotrope Entwässerung mit Toluen und Destillation im Vakuum erhalten. $Kp_{1,7(13)}$ 75 °C; F 43 °C.

Eine ganz ähnliche Reaktion ist auch bei der Reduktion von Carbonsäureestern oder Säurechloriden durch Natrium in Gegenwart von Alkohol (*Bouveault-Blanc-Reduktion*) als erster Reaktionsschritt anzunehmen. Entsprechend dem allgemeinen Reduktionsschema [7.259] ergibt sich weiter folgender Verlauf der Umsetzung:

$$[7.261]$$

Das Halbacetal-Natriumsalz des Aldehyds (III) zerfällt sofort zu Alkoholat und Aldehyd. Dieser wird in gleicher Weise reduziert, und es entsteht das Natriumsalz eines primären Alkohols.

Insgesamt sind also pro mol Ester 4 mol Natrium und 2 mol Alkohol erforderlich. Man formuliere die Summengleichung der Reaktion!

In Abwesenheit von Alkohol, d. h. bei der Reaktion eines Esters oder Chlorids mit metallischem Natrium allein, kann die Reaktion nicht in dieser Form ablaufen. Es entsteht zunächst entsprechend [7.258] das Produkt [7.262], I, das über das Diketon II zu einem Acyloin reduziert wird:

$$[7.262]$$

Di-Natriumsalz des Acyloins

Man begründe die Bildung des Diketons [7.262], II aus dem primären Dimerisationsprodukt I und erläutere die sich anschließende Reduktion einer Carbonylgruppe zum Di-Natriumsalz des Acyloins!

Die Salze der Endiole III gehen beim Ansäuern in die freien Acyloine über:

$$R-\overset{\ominus}{\underset{|}{\overset{|\overline{O}|}{C}}}=\overset{|\overline{O}|^{\ominus}}{\underset{|}{C}}-R \xrightarrow{+2\,H^{\oplus}} R-\overset{HO}{\underset{|}{C}}=\overset{OH}{\underset{|}{C}}-R \rightleftharpoons R-\overset{O}{\overset{||}{C}}-\overset{OH}{\underset{|}{C}H}-R \qquad [7.263]$$

III   Acyloin

Es ist bei der Bouveault-Blanc-Reduktion erwünscht, daß der angewandte Alkohol nicht leicht mit Natrium reagiert, weil sonst viel Natrium ungenutzt verbraucht wird und gasförmiger Wasserstoff in großen Mengen entweicht, der keinerlei Reduktionswirkung auf den Ester besitzt.

Am besten eignen sich secundäre Alkohole, wie das Isomerengemisch der drei Methylcyclohexanole, das technisch billig aus dem Gemisch der drei Cresole erhalten werden kann (wie?), im Laboratorium auch Isopropylalkohol oder Cyclohexanol.

Die Bouveault-Blanc-Reduktion liefert auch bei Nitrilen ausgezeichnete Ergebnisse. Es entstehen primäre Amine.

Allgemeine Arbeitsvorschrift für die Bouveault-Blanc-Reduktion von Estern und Nitrilen (Tab. 7.264)

Achtung! Beim Umgang mit Natrium und konzentrierten Laugen Schutzbrille tragen! Größte Vorsicht ist beim Zersetzen des Reaktionsgemisches geboten. Das Wasser darf erst dann zu gegeben werden, wenn alle Natriumreste verschwunden sind.

Alle Apparateteile und Reagenzien müssen vollkommen trocken sein. Der Alkohol wird am besten nach der Magnesiummethode getrocknet[1]), das Xylen über Natrium und der Ester bzw. das Nitril durch Vakuumdestillation.

In einem 2-Liter-Dreihalskolben mit Hershberg-Rührer (vgl. Abb. A.6g), Intensivkühler mit Calciumchloridrohr und Tropftrichter erhitzt man 4,5 mol Natrium und eine Spatelspitze Stearinsäure (als Emulgator) unter 800 ml (bei Dicarbonsäureestern 1000 ml auf 0,5 mol Ester) Xylen bis zum Schmelzen. Dann wird die Heizung entfernt und der Rührer in Gang gesetzt. Man rührt so lange sehr heftig, bis das gesamte Natrium zu einer feinen grauen Dispersion zerteilt ist, und läßt, ohne weiterzurühren, unter die Schmelztemperatur des Natrium abkühlen. Nun wird wieder unter kräftigem Rühren eine Mischung von 1 mol (bzw. 0,5 mol bei Dicarbonsäureestern) Carbonsäureester oder Nitril und 3,5 mol Isopropylalkohol aus dem Tropftrichter so rasch zugesetzt, wie dies die Kapazität des Kühlers erlaubt.

Bei der Reduktion der Nitrile muß mitunter erhitzt werden, um die Natriumteilchen in Suspension zu halten.

Man rührt noch 15 bis 20 Minuten und gibt dann so viel Methanol zu, daß alles unverbrauchte Natrium zersetzt wird. Schließlich versetzt man vorsichtig mit 800 ml Wasser.

Nach dem Erkalten werden die Phasen getrennt, und die wäßrige Phase wird mit Ether extrahiert (Vorsicht wegen Emulsionsbildung!), bei Diolen 5 Tage lang im Perforator. Organische Phase und Etherextrakt werden vereinigt, mit Natriumsulfat getrocknet und über eine 40-cm-Vigreux-Kolonne destilliert.

---

[1]) Vgl. Reagenzienanhang.

Tabelle 7.264

Bouveault-Blanc-Reduktion von Estern und Nitrilen

Produkt	Ausgangsverbindungen	Kp (bzw. F) in °C	n_D^{20} (n_D^{40})	Ausbeute in %
Octan-1-ol[1])	Octansäureethylester	$100_{2,7(20)}$	1,4300	60
Decan-1-ol	Decansäureethylester	$112_{1,5(11)}$	1,4367	70
Dodecan-1-ol (Laurylalkohol)	Dodecansäureethylester	$139_{1,6(12)}$	1,5259	80
Tetradecan-1-ol	Tetradecansäureethylester (Myristinsäureethylester)	$172_{2,1(16)}$ F 38		85
β-Phenyl-ethylalkohol	Phenylessigsäureethylester	$100_{1,3(10)}$	1,5315	80
4-Hydroxy-butan-2-on-ethylenacetal	Acetessigsäureethylester-ethylenacetal	$87_{1,5(11)}$	1,4448	60
1,10-Dihydroxy-decan	Sebacinsäurediethylester	F 74[2])		75
Nonylamin[3])	Nonannitril	202	1,4352	70
Undecylamin	Undecannitril	$115_{1,7(13)}$	1,4403	80
Dodecylamin	Dodecannitril	$131_{2,0(15)}$ F 28	(1,4309)	75
Tridecylamin	Tridecannitril	$160_{1,9(14)}$ F 27	(1,4338)	70
Tetradecylamin	Tetradecannitril	$177_{1,9(14)}$ F 40	(1,4382)	75

[1]) Toluen als Lösungsmittel verwenden.
[2]) Nach dem Abdestillieren des Lösungsmittels wird aus Wasser/Ethanol oder Benzen umkristallisiert.
[3]) Zur glatten Trennung vom Xylen werden die vereinigten Extrakte mit 10%iger Salzsäure extrahiert. Die salzsaure Lösung des Amins wird nochmals mit Ether ausgeschüttelt, mit verdünnter Lauge alkalisiert, das freigesetzte Amin mit Ether extrahiert und nach dem Trocknen mit K_2CO_3 destilliert.

Weitere Beispiele s. Manske, R. H., Org. Synth., Coll. Vol. II (1957), 154.

In gleicher Weise kann man ein beliebiges Fett reduzieren. Zunächst muß die Verseifungszahl des Fettes bestimmt werden, um den Ansatz berechnen zu können (vgl. S. 492).

Bei der abschließenden Destillation fängt man ab $Kp_{1,9(14)}$ 70 °C auf (entspricht etwa dem C_6-Alkohol), ohne zunächst weitere Fraktionen zu schneiden. Das Destillat wird in Alkohol gelöst und gaschromatographisch getrennt (Abb. 7.266).

Bei der Einwirkung von amalgamiertem Zink und konzentrierter Salzsäure auf Aldehyde und Ketone werden diese bis zu den Kohlenwasserstoffen reduziert (*Clemmensen-Reduktion*):

$$\backslash C{=}O + 2\,Zn + 4\,H^{\oplus} \longrightarrow \backslash CH_2 + 2\,Zn^{2\oplus} + H_2O \qquad [7.265]$$

Bei dieser Reaktion werden häufig in beträchtlichem Ausmaß Nebenprodukte gebildet, wie z. B. Pinacole und Alkohole (entsprechend dem üblichen Reduktionsschema) sowie Olefine und höhermolekulare Kohlenwasserstoffe. Außerdem sind oft sehr lange Reaktionszeiten erforderlich, und ein Teil der Carbonylverbindung wird unverändert zurückgewonnen.

Immerhin ergibt die Methode in einer Reihe von Fällen in guten Ausbeuten den Kohlenwasserstoff, so z. B. bei der Reduktion vieler Aldehyde und aliphatischer bzw. araliphatischer Ketone, während Diarylketone im allgemeinen schlecht reagieren.

α-Oxo-carbonsäuren liefern häufig nur die entsprechenden α-Hydroxy-carbonsäuren, die Reduktion von β-Oxo-carbonsäureestern ist mit mäßigen Ausbeuten und die von γ-Oxo-carbonsäuren mit guten Ausbeuten möglich. Bei sehr schwer löslichen Ketonen (z. B. in der Steroidreihe) kann man zur Erhöhung der Löslichkeit Ethanol oder Eisessig (1:1) zusetzen. Eine zu gute Löslichkeit des Ketons in der wäßrigen Phase ist jedoch ebenfalls ungünstig.

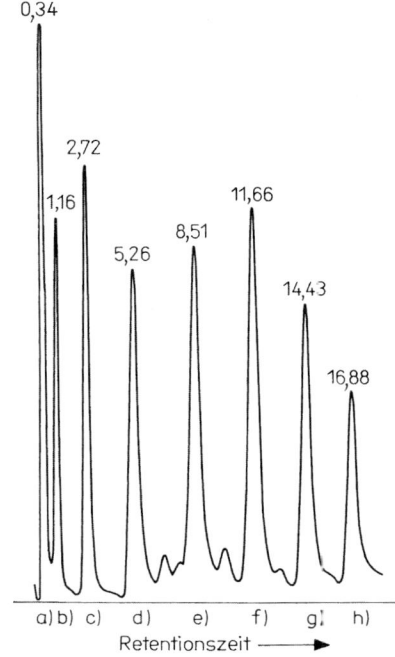

Abb. 7.266
Gaschromatographische Trennung der
geradzahligen C_6...C_{18}-Alkohole in Ethanol
Säule: 3% Silicon OV 225 an Chromosorb
W-AW-DMCS, 2 m, Durchmesser 3 mm;
Temperatur-Programm: 110 bis 240 °C, 8 °C/min,
2 min isothermer Vorlauf;
Detektor-Empfindlichkeit (FID): 30×10^9 Ω;
Trägergasfluß: 2,5 l/h (N_2);
a) Ethanol; b) Hexanol; c) Octanol; d) Decanol;
e) Dodecanol; f) Tetradecanol; g) Hexadecanol;
h) Octadecanol

Außer unedlen Metallen sind auch gewisse niedervalente Metallverbindungen in der Lage, Carbonylverbindungen zu reduzieren.

So reagiert niedervalentes Titanium, wahrscheinlich Ti(0), das aus $TiCl_3$ und $LiAlH_4$ oder Kalium z. B. in THF erhältlich ist, mit Carbonylverbindungen vermutlich zunächst zu einer Zwischenstufe [7.267], I, aus der durch Hydrolyse das Diol II gebildet werden kann. Beim Erwärmen wird I unter Bildung von TiO_2 bis zum Alken III reduziert (*McMurry-Kupplung*).

$$2\ \mathrm{C{=}O} + \mathrm{Ti} \longrightarrow \mathrm{I} \xrightarrow[\ -TiO_2\ ]{\substack{+H_2O \\ \Delta}} \begin{array}{c} \mathrm{II} \\ \mathrm{III} \end{array}$$

[7.267]

Die Reaktion besitzt größere Bedeutung für die Synthese von Alkenen aus Carbonylverbindungen. Sind die beiden Carbonylgruppen in einem Molekül enthalten, können sich Ringe bilden. Dabei sind die Ausbeuten nahezu unabhängig von der Ringgröße (intramolekulare McMurry-Kupplung).

3,3-Dimethyl-1,2-diphenyl-cyclopropen aus Dimethyldibenzoylmethan und weitere *Cycloalkene* durch Reduktion mit TiCl$_3$/LiAlH$_4$: Baumstark, A. L.; McCloskey, C. J. Witt, K. E., J. Org. Chem. **43** (1978), 3609.

7.4.   Reaktionen vinyloger Carbonylverbindungen und anderer vinyloger Systeme

Steht die Doppelbindung einer Carbonylgruppe (oder auch eines anderen –M-Substituenten) in Konjugation zu einer C=C-Doppelbindung, so werden die elektrophilen Eigenschaften des Carbonylkohlenstoffs auf das β-Kohlenstoffatom übertragen[1]) Demzufolge greift normalerweise ein nucleophiles Agens diese Position bevorzugt an. Ursache hierfür ist die Delokalisation der π-Elektronen über das gesamte ungesättigte System, was durch die in [7.268] angegebenen mesomeren Grenzformeln zum Ausdruck kommt:

$$\left[\begin{array}{c} \diagup\text{C}=\text{C}\diagup \\ \diagdown \quad \text{C}=\overline{\text{O}}| \diagup \end{array} \longleftrightarrow \begin{array}{c} \diagup\overset{\oplus}{\text{C}}-\text{C}\diagup \\ \diagdown \quad \text{C}-\overline{\text{O}}|^{\ominus} \diagup \end{array} \right] \equiv \begin{array}{c} \overset{\delta+}{\text{C}}=\text{C}\diagup \\ \diagdown \quad \text{C}=\overset{\delta-}{\text{O}} \end{array} \qquad [7.268]$$

Analog kann das einsame Elektronenpaar eines +M-Substituenten (–NR$_2$, –OR) in Konjugation mit einer C=C-Doppelbindung treten.[2]) In diesem Falle werden die nucleophilen Eigenschaften des +M-Substituenten auf das β-ständige Kohlenstoffatom übertragen; die Folge davon ist, daß elektrophile Reagenzien dort bevorzugt angreifen. Diese Eigenschaften lassen sich entsprechend [7.269] beschreiben:

$$\left[\begin{array}{c} \diagdown \quad \overline{\text{X}} \\ \text{C}=\text{C}\diagdown \diagup \\ \diagup \quad \diagdown \end{array} \longleftrightarrow \begin{array}{c} \diagdown \quad \overset{\ominus}{\overline{\text{O}}} \quad \overset{\oplus}{\text{X}} \\ \text{C}-\text{C}\diagup \\ \diagup \quad \diagdown \end{array} \right] \equiv \begin{array}{c} \diagdown \quad \overset{\delta-}{\overline{\text{O}}} \quad \overset{\delta+}{\text{X}} \\ \text{C}=\text{C}\diagdown \\ \diagup \quad \diagdown \end{array} \qquad [7.269]$$

$-\overline{\text{X}} = -\overline{\text{O}}|^{\ominus}, \ -\overline{\text{O}}\text{H}, \ -\overline{\text{O}}\text{R}, \ -\overline{\text{N}}\text{R}_2$

Die in [7.269] angeführten Strukturen sind Enolformen von Carbonylverbindungen bzw. leiten sich wie die Enolate, die Enolether und die Enamine, von den Enolen ab. Man formuliere die analogen Enolformen von primären und secundären aliphatischen Nitroverbindungen! Reaktionen von Enolen wurden bisher z. B. bei der sauer katalysierten Aldolkondensation und bei der Mannich-Reaktion besprochen.

Ist der –M- (bzw. +M-)Substituent an den endständigen Kohlenstoff einer Kette konjugierter Doppelbindungen gebunden, so wird die Positivierung (bzw. Negativierung) bis zum anderen endständigen Kohlenstoffatom übertragen. Allgemein bezeichnet man diese Weiterleitung der Polarität innerhalb eines konjugierten Systems bzw. die Eigenschaft, daß über Vinylengruppen verknüpfte Gruppierungen sich so verhalten, als wären sie direkt miteinander verbunden, als *Vinylogie*, die betreffenden Verbindungen als *Vinyloge* bzw. *Vinylenhomologe* der entsprechenden Stammverbindung (z. B. des Aldehyds, des Carbonsäureesters, des Amins usw.), vgl. hierzu auch C.5.1.

In Tabelle 7.270 sind wichtige Reaktionen an vinylogen Carbonylverbindungen und anderen vinylogen Systemen zusammengestellt.

---

[1]) acceptorsubstituierte Olefine, vgl. D. 4.
[2]) donatorsubstituierte Olefine, vgl. D. 4.

Tabelle 7.270

Reaktionen an vinylogen Carbonylverbindungen und weiteren vinylogen Systemen

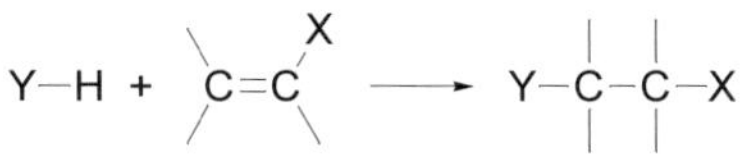 Y—H + C=C(X) ⟶ Y—C—C—X X = —COR, —COOR, —CN u.a. Y = R₂N—, RCONR', RO—, RS—, Hal—	Addition von Amino-, Hydroxy-, Sulfanyl-verbindungen und Halogenwasserstoffen
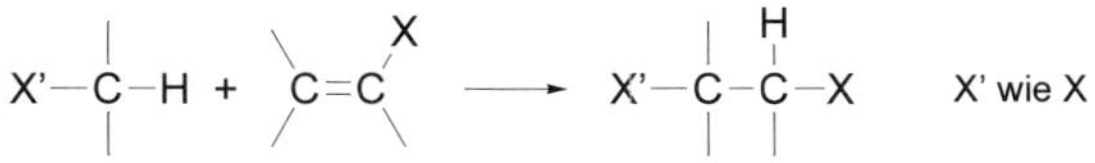 X'—C—H + C=C(X) ⟶ X'—C—C(H)—X X' wie X	Michael-Addition
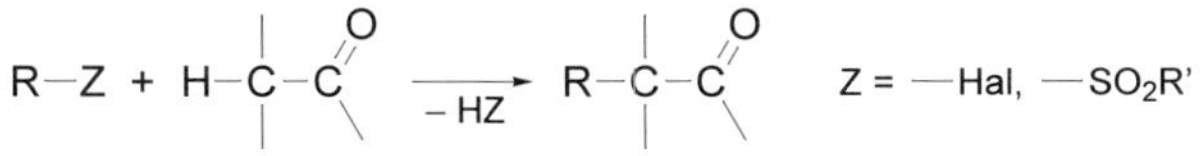 R—Z + H—C—C(=O) $\xrightarrow{-HZ}$ R—C—C(=O) Z = —Hal, —SO₂R'	Alkylierung von Carbonylverbindungen
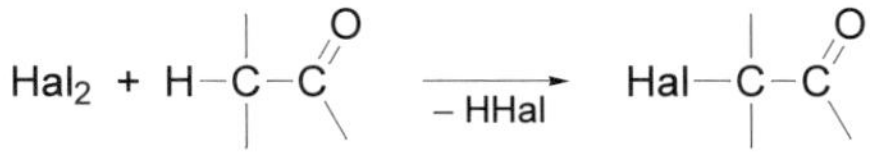 Hal₂ + H—C—C(=O) $\xrightarrow{-HHal}$ Hal—C—C(=O)	Halogenierung von Carbonylverbindungen
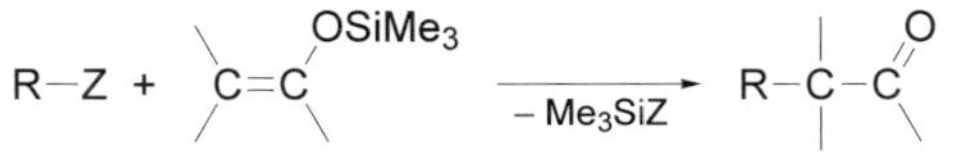 R—Z + C=C(OSiMe₃) $\xrightarrow{-Me_3SiZ}$ R—C—C(=O)	Alkylierung von Silylenolethern
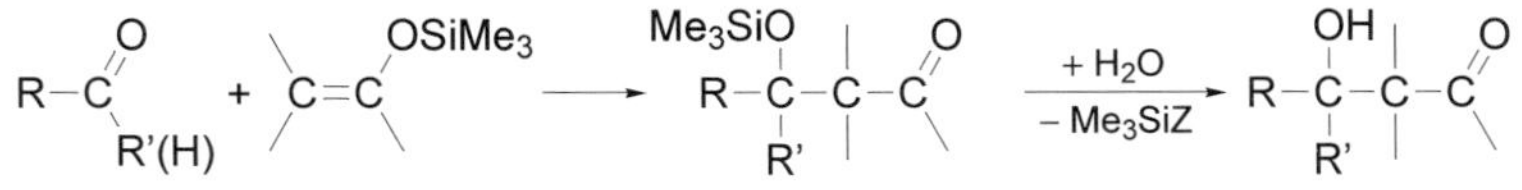 R—C(=O)(R'(H)) + C=C(OSiMe₃) ⟶ Me₃SiO—C—C(R')—C(=O) $\xrightarrow[-Me_3SiZ]{+H_2O}$ R—C(OH)—C(R')—C(=O)	Mukaiyama-Aldolreaktion
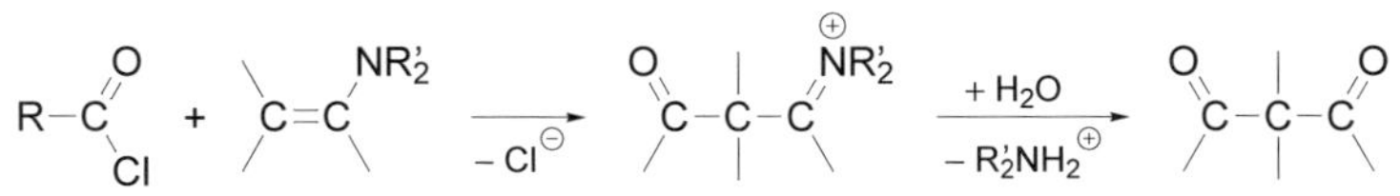 R—C(=O)(Cl) + C=C(NR'₂) $\xrightarrow{-Cl^{\ominus}}$ (=O)C—C—C(NR'₂⁺) $\xrightarrow[-R'_2NH_2^{\oplus}]{+H_2O}$ (=O)C—C—C(=O)	Acylierung von Enaminen
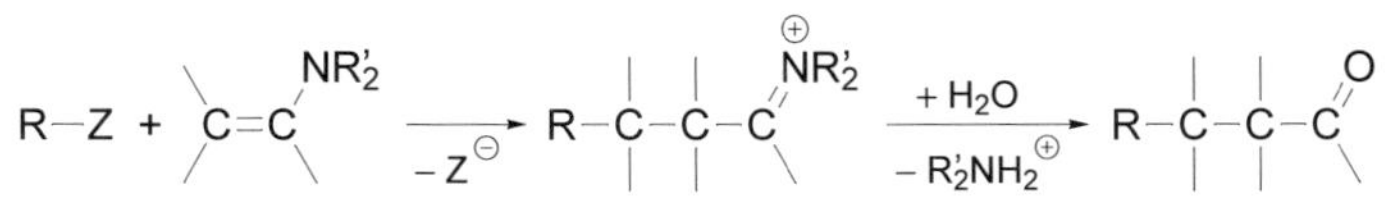 R—Z + C=C(NR'₂) $\xrightarrow{-Z^{\ominus}}$ R—C—C—C(NR'₂⁺) $\xrightarrow[-R'_2NH_2^{\oplus}]{+H_2O}$ R—C—C—C(=O)	Alkylierung von Enaminen

7.4.1.   Reaktionen vinyloger Elektronenacceptorverbindungen –
α,β-ungesättigte Carbonylverbindungen

Das endständige Kohlenstoffatom einer vinylogen Carbonylverbindung reagiert infolge seiner Positivierung in ähnlicher Weise wie der Carbonylkohlenstoff selbst:

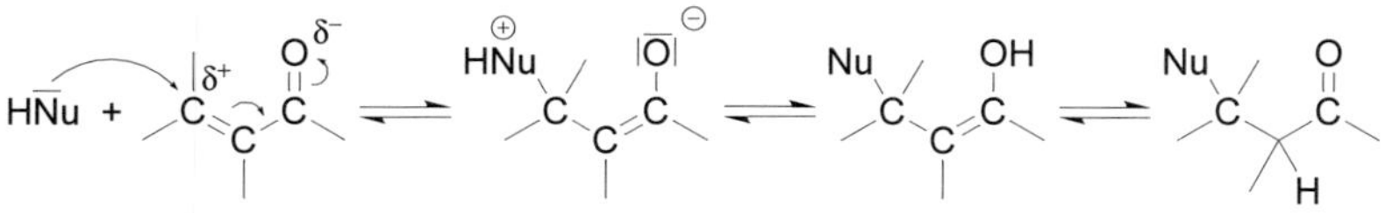

$$[7.271]$$

Dabei wird der nucleophile Partner regioselektiv an die C=C-Doppelbindung addiert (vgl. auch [4.98]).

Die vinylogen Elektronenacceptorverbindungen lassen sich etwa in folgender Reihenfolge abnehmender Reaktivität anordnen: α,β-ungesättigte Aldehyde > α,β-ungesättigte Ketone > α,β-ungesättigte Nitrile > α,β-ungesättigte Carbonsäureester > α,β-ungesättigte Carbonsäureamide.

Wichtige Vertreter dieser Stoffklassen sind: Acrolein, Methylvinylketon, Acrylonitril[1]) und Acrylsäureester. Wenn diese Stoffe durch Alkyl- oder Arylgruppen substituiert sind, liegt ihre Reaktivität stets niedriger als bei den Grundkörpern. (Man vergleiche dies mit den analogen Verhältnissen bei Aldehyden, Ketonen und Carbonsäuren!)

Als additionsfähige Substanzen kommen ebenso wie bei den Carbonylverbindungen sowohl Stoffe mit einem freien Elektronenpaar (z. B. Ammoniak, Amine, Alkohole, Phenole, Thiole, einige Mineralsäuren) als auch CH-acide Verbindungen (Blausäure, Aldehyde, Ketone, β-Dicarbonylverbindungen und ihre Analoga) in Frage. Die Reaktionen der ersten Gruppe werden sowohl durch Alkalien (Aktivierung der Base) als auch durch Säuren katalysiert (Aktivierung der vinylogen Carbonylverbindung).

– Base-Katalyse:

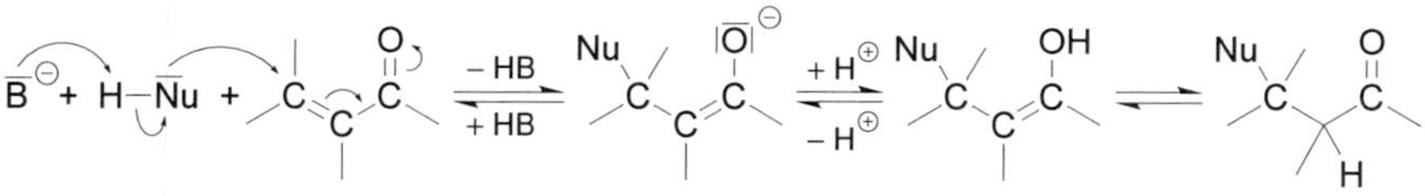

$$[7.272]$$

– Säure-Katalyse:

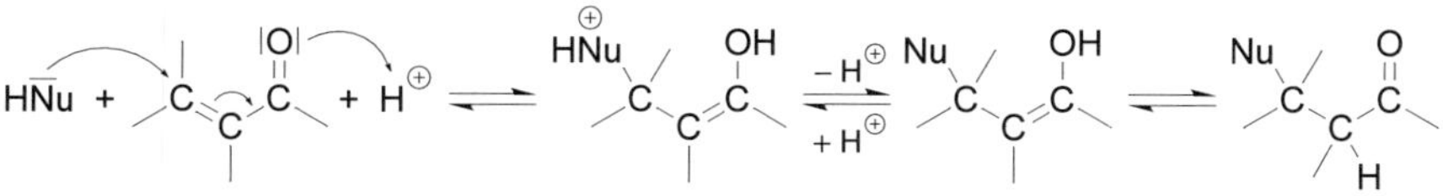

$$[7.273]$$

CH-acide Verbindungen müssen in einer der eigentlichen Additionsreaktion vorgelagerten Deprotonierung in die additionsfähigen Anionen übergeführt werden. Ihre Additionsreaktionen sind daher im allgemeinen basenkatalysiert ([7.272]).

Als basische Katalysatoren dienen meistens Alkalihydroxide, Alkalialkoholate, Benzyltrimethylammoniumhydroxid (Triton B), bei hoch reaktionsfähigen Systemen auch Triethylamin. Für die saure Katalyse werden Schwefelsäure, Eisessig, Bortrifluorid u. a. verwendet.

---

[1]) Die Additionen an Acrylonitril bezeichnet man auch als Cyanethylierungen.

7.4.1.1. Addition von Aminen an vinyloge Carbonylverbindungen

Amine addieren sich relativ glatt an α,β-ungesättigte Carbonylverbindungen und Nitrile, z. B.:

$$R_2NH + H_2C{=}CH{-}COOR' \longrightarrow R_2N{-}CH_2{-}CH_2{-}COOR' \hspace{2cm} [7.274]$$

Ammoniak und aliphatische Amine sind hinreichend basisch, um unter milden Bedingungen ohne Mitwirkung eines Katalysators addiert zu werden. Bei den aromatischen Aminen müssen dagegen Temperaturen über 100 °C und häufig außerdem saure Katalysatoren angewandt werden. Bei primären aliphatischen Aminen kann die Addition je nach den stöchiometrischen Verhältnissen und der angewandten Temperatur sowohl das Mono- als auch das Bis-Addukt liefern. Man formuliere diese Reaktionen! Vom Ammoniak sind dagegen Monoaddukte allenfalls nur unter speziellen Bedingungen in brauchbarer Ausbeute zu fassen.

Allgemeine Arbeitsvorschrift zur Addition von Aminen an vinyloge Carbonylverbindungen (Tab. 7.275)

Vorsicht! Die meisten vinylogen Carbonylverbindungen sind giftig oder tränenreizend. Abzug!

A. Aliphatische Amine

In einem 500-ml-Dreihalskolben mit Rührer, Tropftrichter, Rückflußkühler und Innenthermometer löst man 1,1 mol des betreffenden aliphatischen Amins in 150 ml Ethanol. Zu dieser Lösung wird unter Rühren 1 mol der frisch destillierten α,β-ungesättigten Carbonylverbindung zugetropft, wobei die Innentemperatur unter 30 °C gehalten wird. Soll aus einem primären Amin ein Bis-Addukt hergestellt werden, verwendet man 2,5 mol der Carbonylkomponente.

Der Ansatz bleibt bei Monoadditionen an Acrylnitril bzw. Methylvinylketon über Nacht, bei Monoadditionen an Acrylester 24 Stunden stehen. Für die Synthese von Bis-Addukten wird die Zeit verdoppelt. Dann destilliert man im Vakuum.

B. Aromatische Amine

In einem Rundkolben mit Rückflußkühler werden 0,5 mol des aromatischen Amins, 0,5 mol der frisch destillierten α,β-ungesättigten Verbindung und 20 ml Eisessig 12 Stunden unter Rückfluß gekocht und dann im Vakuum destilliert.

Tabelle 7.275

Addition von Aminen an vinyloge Carbonylverbindungen

Produkt	Ausgangsverbindungen	Variante	Kp (bzw. F) in °C	n_D^{20}	Ausbeute in %
3-Methylamino-propionsäureethylester	Methylamin, Acrylsäureethylester	A	$65_{2,3(17)}$	1,4218[1]	42
4-Methyl-4-aza-heptandisäurediethylester	Methylamin, Acrylsäureethylester	A	$122_{0,4(3)}$	1,4411	80
3-Methylamino-propiononitril	Methylamin, Acrylonitril	A	$74_{2,1(16)}$	1,4342[2]	75
4-Methyl-4-aza-heptandinitril	Methylamin, Acrylonitril	A	$138_{0,7(5)}$	1,4606	80
3-Piperidino-propionsäureethylester	Piperidin, Acrylsäureethylester	A	$116_{2,3(17)}$	1,4548	80
3-Piperidino-propiononitril	Piperidin, Acrylonitril	A	$115_{2,4(18)}$	1,4697	90
3-Benzylamino-propionsäureethylester	Benzylamin, Acrylsäureethylester	A	$134_{0,3(2)}$	1,5060	85

Tabelle 7.275 (Fortsetzung)

Produkt	Ausgangsverbindungen	Variante	Kp (bzw. F) in °C	n_D^{20}	Ausbeute in %
4-Benzyl-4-aza-heptan-disäurediethylester	Benzylamin, Acrylsäureethylester	A	$170_{0,1(1)}$	$1,4941^{3)}$	80
3-Diethylamino-propiono-nitril	Diethylamin, Acrylnitril	A	$84_{1,7(13)}$	$1,4353$	85
4-Piperidino-butan-2-on	Piperidin, Methylvinylketon	A	$101_{1,5(11)}$	$1,4630$	80
3-Anilino-propionsäure-ethylester	Anilin, Acrylsäureethylester	B	$146_{0,3(2)}$	$1,5313$	50
3-(*p*-Toluidino)-propion-säuremethylester	*p*-Toluidin, Acrylsäuremethylester	B	$150_{0,8(6)}$; F 60 (PhH-Petrolether)		50
3-Anilino-propiononitril	Anilin, Acrylnitril	B	$160_{0,8(6)}$; F 49 (EtOH/W.)		80
3-(*p*-Anisidino)propiono-nitril	*p*-Anisidin, Acrylnitril	B	$221_{2,8(21)}$; F 64 (EtOH/W.)		70

[1)] n_D^{22}
[2)] n_D^{15}
[3)] n_D^{23}

Die durch Säuren katalysierte Addition aromatischer Amine an α,β-ungesättigte Aldehyde oder Ketone ist auch bei der *Synthese von Chinolinen* nach SKRAUP ([7.276]) bzw. DOEBNER-MILLER verwirklicht. Die α,β-ungesättigten Carbonylverbindungen werden hierbei häufig nicht als solche eingesetzt, sondern erst in der Reaktion dargestellt (z. B. Acrolein aus Glycerol, Crotonaldehyd aus Paraldehyd). An die Addition des Amins schließt sich eine sauer katalysierte Reaktion der Aldehydgruppe mit dem aromatischen Kern an (vgl. D.5.1.8.5.), die zum 1,2-Dihydrochinolin führt:

$$R\text{—}C_6H_4\text{—}NH_2 + \text{CH}_2{=}\text{CH}{-}\text{CHO} \longrightarrow R\text{—}C_6H_4\text{—}NH{-}CH_2CH_2CHO \longrightarrow \underset{-\,H_2O}{\longrightarrow} \qquad [7.276]$$

Dieses wird schließlich zum Chinolin dehydriert (SKRAUP) bzw. disproportioniert zum Tetra-hydrochinolin- und Chinolinderivat (DOEBNER-MILLER; formulieren!)

Zur Oxidation des Dehydrochinolins wird bei der Skraup-Synthese meist das dem eingesetzten Amin entsprechende Nitrobenzen verwendet. Als Dehydrierungsmittel eignen sich jedoch auch Arsenpentoxid, Eisen(III)-chlorid u. a.

Man formuliere die Synthesen von 8-Hydroxy-chinolin (Antisepticum) und von 2- und 4-Methyl-chinolin (→ Polymethinfarbstoffe, vgl. D.7.2.1.12)!

Allgemeine Arbeitsvorschrift für die Darstellung von Chinolinen nach SKRAUP (Tab. 7.277)

In einem 500-ml-Dreihalskolben mit Rührer, Innenthermometer, Tropftrichter und Rückfluß-kühler werden 0,4 mol des aromatischen Amins, 1,3 mol wasserfreies Glycerol und 0,47 mol Arsenpentoxid unter Rühren auf etwa 140 °C erhitzt. Dann gibt man etwa die Hälfte von ins-gesamt 110 g konz. Schwefelsäure in großen Portionen durch den Tropftrichter, den Rest trop-fenweise zu, nachdem sich der anfänglich gebildete Niederschlag gelöst hat. Das Gemisch wird noch 4 Stunden bei 150 bis 155 °C gehalten, nach dem Abkühlen in 1 l Wasser gegossen und über Nacht stehengelassen. Man filtriert und alkalisiert die saure Lösung unter sehr gutem

Rühren tropfenweise mit konz. Natronlauge. Das alkalische Gemisch wird bei flüssigen Produkten mit Wasserdampf destilliert und das Destillat mehrfach ausgeethert. Man trocknet über Kaliumhydroxid, dampft den Ether ab und destilliert im Vakuum über eine 20-cm-Vigreux-Kolonne.

Bei Feststoffen saugt man ab, trocknet das Rohprodukt im Vakuumexsikkator und fällt das Hydrochlorid, indem man in die Lösung der rohen Base in Aceton Chlorwasserstoff einleitet. Nach dem Absaugen wird in Wasser gelöst, mit Kohle gekocht, filtriert und die Base wie oben wieder in Freiheit gesetzt und abgesaugt. Schließlich kristallisiert man aus Wasser/Alkohol um.

Tabelle 7.277

Skraupsche Chinolinsynthese

Produkt	Ausgangs-verbindung	Kp (bzw. F) in °C	n_D^{20}	Ausbeute in %
Chinolin[1])	Acetanilid[2])	$112_{1,9(14)}$	1,6218	50
6-Nitro-chinolin	p-Nitranilin	F 151 (EtOH/W.)		50
1-Aza-phenanthren	β-Naphthylamin	F 93 (Ligroin)		50

[1]) An Stelle von As_2O_5 0,25 mol Nitrobenzen als Oxidationsmittel verwenden.
[2]) Wird im Reaktionsverlauf zu Anilin hydrolysiert.

7.4.1.2. Addition von Wasser, Halogenwasserstoff, Schwefelwasserstoff, Alkoholen und Thiolen an vinyloge Carbonylverbindungen

Die Addition von Alkoholen an acceptorsubstituierte Olefine gelingt in Gegenwart saurer oder (häufiger) alkalischer Katalysatoren:

$$ROH + H_2C=CH-COOR' \longrightarrow RO-CH_2-CH_2-COOR' \qquad [7.278]$$

In gleicher Weise läßt sich auch Wasser addieren, wobei entweder β-Hydroxyverbindungen oder die entsprechenden β,β'-disubstituierten Diethylether entstehen. Man formuliere die Reaktion!

Bei der Umsetzung von Ethylenglycol oder Glycerol mit Acrylnitril erhält man Addukte, die als Trennphasen in der Gaschromatographie eingesetzt werden. Cyanethylierte Cellulose wird für Spezialfasern verwendet.

Die Addition von Schwefelwasserstoff und Thiolen verläuft leichter als die von Wasser und Alkoholen, da die Nucleophilie der Schwefelverbindungen höher liegt. So reagiert Methanthiol mit Acrolein schon ohne Katalysator (Kupfer(II)-acetat dient als Polymerisationsinhibitor).

Die Addition von Halogenwasserstoff führt zu β-Halogen-carbonylverbindungen und folgt hier nicht der Markovnikov-Regel. Man erkläre diesen Befund!

Darstellung von β-Methylthio-propionaldehyd durch Addition von Methanthiol an Acrolein[1])

Achtung! Man beachte die in D.2.6.6. gegebenen Hinweise für den Umgang mit Thiolen! Acrolein ist stark tränenreizend!

In einem 500-ml-Zweihalskolben mit Gaseinleitungsrohr und Rückflußkühler mit Gasableitungsrohr erwärmt man vorsichtig unter Durchleiten eines langsamen Stickstoffstromes 0,28 mol *S*-Methyl-thiouroniumsulfat[2]) mit 110 ml 5 N Natronlauge. Das freigesetzte gasförmige Methanthiol wird wie folgt durch zwei Waschflaschen (zweite mit verd. Schwefelsäure: 1 Vol. konz. Schwefelsäure, 2 Vol. Wasser) und einen Trockenturm mit Calciumchlorid in einen Vier-

[1]) nach PIERSON, E., u. a., J. Am. Chem. Soc. **70** (1948), 1450.
[2]) Darstellung vgl. Org. Synth., Coll. Vol. II (1943), 411.

halskolben mit Gaseinleitungsrohr, Rührer, Innenthermometer und Rückflußkühler mit Gasableitung geleitet: In diesem Kolben befinden sich 0,5 mol frisch destilliertes Acrolein und 0,25 g Kupfer(II)-acetat. Die Reaktionstemperatur soll 35 bis 40 °C betragen (Kühlung im Eisbad). Nach etwa 90 Minuten ist das gesamte Thiouroniumsulfat zersetzt und die Reaktion beendet. Man fraktioniert im Vakuum unter Verwendung einer kurzen Vigreux-Kolonne. $Kp_{1,5(11)}$ 53 °C; n_D^{20} 1,4850; Ausbeute 60%.

Allgemeine Arbeitsvorschrift für die Addition von Halogenwasserstoff an vinyloge Carbonylverbindungen (Tab. 7.279)

Man leitet unter Feuchtigkeitsausschluß trockenen Halogenwasserstoff in 0,2 mol der frisch destillierten vinylogen Carbonylverbindung, die in Eis-Kochsalz-Mischung auf etwa –10 °C abgekühlt wird, mit einer solchen Geschwindigkeit ein, daß die Temperatur im Kolben nicht über –5 °C ansteigt. Nach Aufnahme der theoretischen Gasmenge (Massekontrolle!) läßt man den verschlossenen Kolben bei 0 °C über Nacht stehen. Das Reaktionsgemisch wird nacheinander mit Wasser, 10%iger Natriumhydrogencarbonatlösung und nochmals mit Wasser gewaschen, über Magnesiumsulfat getrocknet und destilliert.

Tabelle 7.279

Addition von Halogenwasserstoff an vinyloge Carbonylverbindungen

Produkt	Ausgangsverbindungen	Kp in °C	n_D^{20}	Ausbeute in %
3-Chlor-propiononitril	Chlorwasserstoff, Acrylnitril	$87_{2,7(20)}$	1,4360	95
3-Brom-propiononitril	Bromwasserstoff, Acrylnitril	$92_{3,3(25)}$	1,4789[1]	90
3-Chlor-propionsäureethylester	Chlorwasserstoff, Acrylsäureethylester	$80_{3,9(29)}$	1,4254	80
3-Brom-propionsäuremethylester	Bromwasserstoff, Acrylsäuremethylester	$65_{2,4(18)}$	1,4542	80
3-Brom-propionsäureethylester	Bromwasserstoff, Acrylsäureethylester	$78_{2,5(19)}$	1,4569[2]	90
3-Brom-isobuttersäuremethylester	Bromwasserstoff, Methacrylsäuremethylester	$76_{2,9(22)}$	1,4551	80

[1] n_D^{25}
[2] n_D^{18}

7.4.1.3. Addition von CH-aciden Verbindungen an vinyloge Carbonylverbindungen (Michael-Addition)

Von besonderer präparativer Bedeutung sind die Additionsreaktionen CH-acider Verbindungen an vinyloge Carbonylverbindungen in Gegenwart basischer Katalysatoren. Die Umsetzungen verlaufen besonders glatt mit β-Dicarbonylverbindungen (warum?), aber auch gut mit Ketonen und Nitrilen vom Typ des Benzylcyanids. Sie werden häufig als Michael-Addition bezeichnet. Man formuliere entsprechend [7.272] z. B. die Addition von Malonsäurediethylester an Acrylsäureethylester in Gegenwart von Natriumalkoholat!

Besitzt die CH-acide Komponente mehrere reaktionsfähige Wasserstoffatome, so können außer dem Monoaddukt auch Mehrfachaddukte gebildet werden. Das Monoaddukt läßt sich meist in guter Ausbeute erhalten, wenn die CH-acide Komponente im Überschuß eingesetzt oder durch ein Lösungsmittel verdünnt wird.

Interessant ist die Addition von Aldehyden an vinyloge Carbonylverbindungen. Da der Aldehydwasserstoff nicht CH-acid ist und der Carbonylkohlenstoff ein elektrophiles Zentrum darstellt, muß dessen Reaktivität zunächst umgepolt werden. Wie bei der Acyloinkondensation (vgl. D.7.2.1.6.) geschieht dies bei aromatischen Aldehyden mit Cyanidionen:

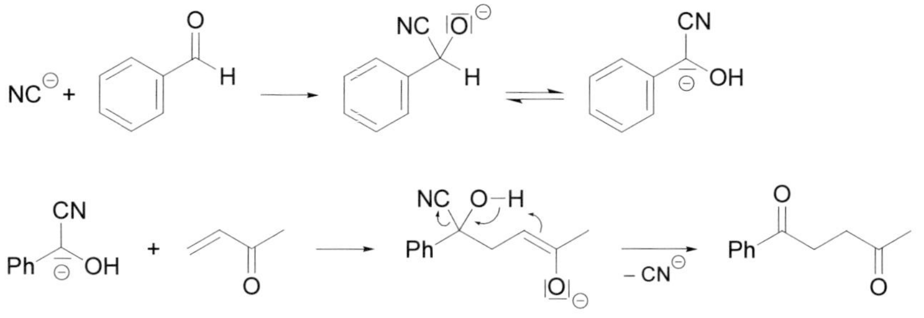

$$[7.280]$$

Das intermediär gebildete Carbeniumion läßt sich nun an vinyloge Carbonylverbindungen addieren, wobei nach Rückbildung des Katalysators (CN$^{\ominus}$) γ-Dicarbonylverbindungen entstehen.

Mit enolisierbaren aliphatischen Aldehyden katalysiert das stark basische Cyanid die Aldolreaktion. Das Cyanid läßt sich vorteilhaft durch heterocyclische Zwitterionen, gebildet aus heterocyclischen Quartärsalzen, insbesondere des 1,3-Thiazols, ersetzen. Dieser Vorgang ist bereits in [7.139] ausführlich formuliert worden. Vgl. die Originalliteratur am Ende der Allgemeinen Arbeitsvorschriften.

Anstelle der vinylogen Carbonylverbindungen können häufig für Michael-Additionen auch direkt die entsprechenden Mannich-Basen (vgl. D.7.2.1.5.) eingesetzt werden. Die Umsetzung verläuft nach einem Eliminierungs-Additions-Mechanismus über die vinylenhomologe Carbonyl- bzw. carbonylanaloge Verbindung; z.B. bildet sich aus Gramin (vgl. [7.143]) und Benzaldehyd in der oben beschriebenen Weise mit CN$^{\ominus}$ als Katalysator das ω-(Indol-3-yl)acetophenon:

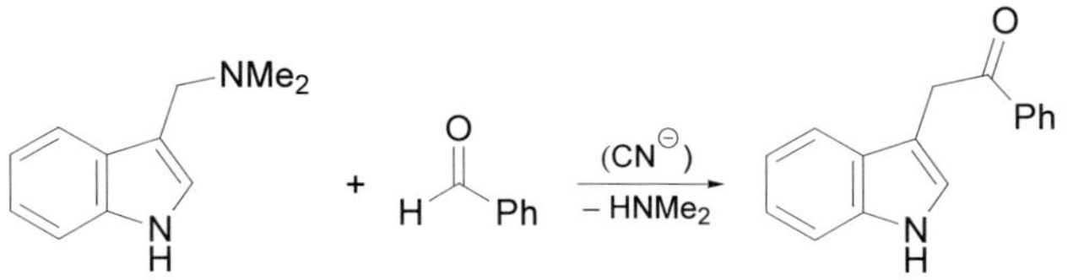

$$[7.281]$$

Häufig komplizieren sich die Verhältnisse bei Michael-Reaktionen noch dadurch, daß sich an die Addition Aldolreaktionen oder Claisen-Kondensationen anschließen können. Das ist beispielsweise der Fall, wenn man Malonsäureester mit Mesityloxid in Gegenwart äquimolarer Mengen Natriumalkoholat umsetzt. Diese Reaktion ist als Zugang zu Cyclohexan-1,3-dionen wichtig:

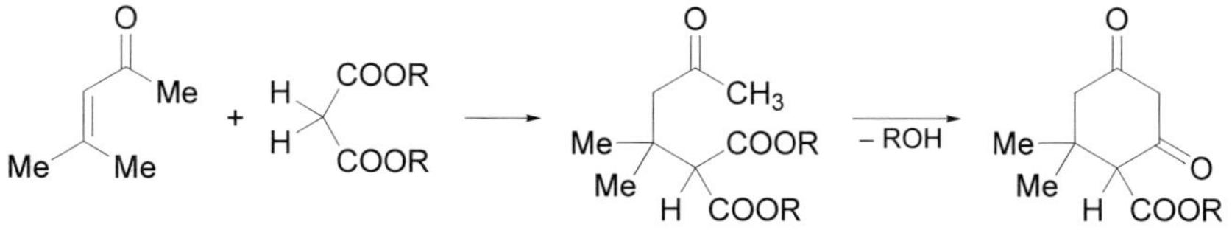

$$[7.282]$$

Andererseits ist die Michael-Addition häufig eine Folgereaktion bei Aldolkondensationen. So setzen sich z.B. die unter den Bedingungen der Knoevenagel-Reaktion (D.7.2.1.4.) aus β-Dicarbonylverbindungen und Aldehyden gebildeten α,β-ungesättigten Produkte oft mit einem weiteren Molekül der β-Dicarbonylverbindung im Sinne einer Michael-Addition zur Alkyliden-bis(β-dicarbonyl)-verbindung um, z.B.:

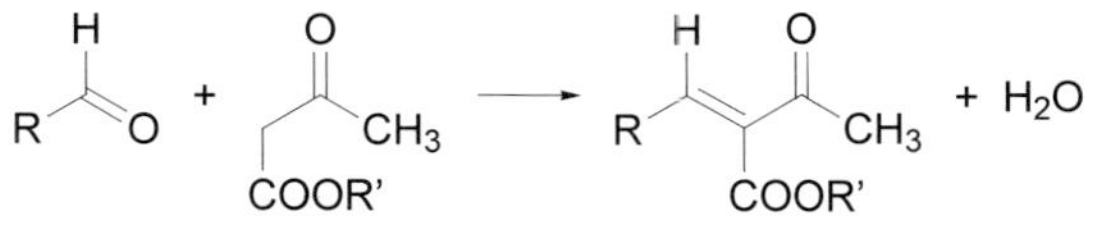

$$\text{(Knoevenagel)} \qquad [7.283a]$$

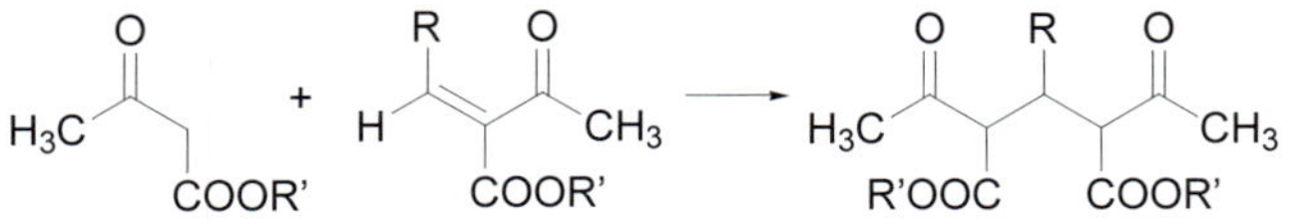

Diese Tendenz ist vor allem beim Formaldehyd stark ausgeprägt.

Die durch basische Katalysatoren bedingten Nebenreaktionen bei der Umsetzung von Aldehyden und Ketonen lassen sich vermeiden, wenn man an Stelle der CH-aciden Komponente das entsprechende Enamin (vgl. D.7.1.1.) einsetzt.

Während aus den Aldehydenaminen meist stabile, unzersetzt destillierbare Cyclobutanderivate entstehen, spalten sich die aus Ketonenaminen und elektrophilen Olefinen zunächst erhältlichen Cyclobutane bei erhöhter Temperatur wieder in die Ausgangskomponenten, die dann die thermodynamisch begünstigten acyclischen Verbindungen liefern (thermodynamische Kontrolle), vgl. [7.284]. Die Bildung der offenkettigen Produkte ist auch in polaren aprotonischen Lösungsmitteln begünstigt (vgl. C.3.3.); man überdenke diesen Einfluß des Reaktionsmediums!

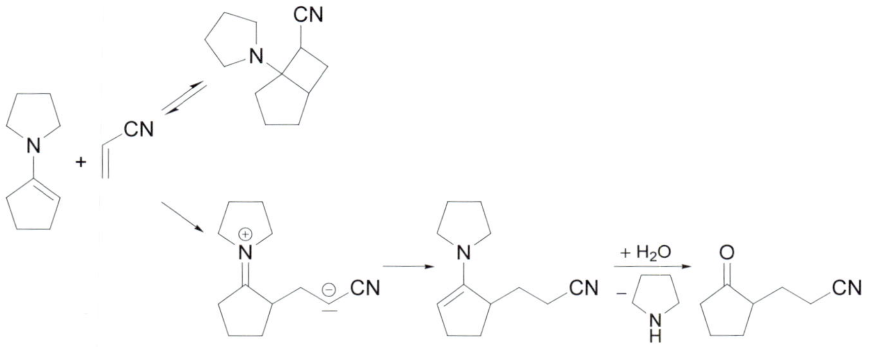

[7.284]

Allgemeine Arbeitsvorschrift für die Michael-Addition (Tab. 7.285)

Achtung! Viele α,β-ungesättigte Carbonylverbindungen sind giftig und tränenreizend. Abzug!

In einem 1-l-Dreihalskolben mit Rührer, Innenthermometer, Tropftrichter und Rückflußkühler wird 1 mol der CH-aciden Komponente vorgelegt. Man gibt eine Katalysatorlösung aus 0,5 g Natrium in 10 ml Alkohol oder 1 g Kaliumhydroxid in 10 ml Alkohol zu und tropft unter gutem Rühren 1,1 mol der frisch destillierten α,β-ungesättigten Komponente so zu, daß die Temperatur zwischen 30 °C und 40 °C gehalten werden kann. Zur Darstellung von Di-, Tri- bzw. Tetraaddukten werden entsprechend 2, 3 bzw. 4 mol α,β-ungesättigte Komponente pro mol CH-acider Verbindung angewandt. Ist in der CH-aciden Verbindung mehr als ein acides Wasserstoffatom vorhanden und soll ein Monoaddukt dargestellt werden, wendet man 2 mol CH-acider Verbindung pro mol α,β-ungesättigter Komponente an. Man achte unbedingt darauf, daß die Reaktion schon nach dem Eintropfen eines kleinen Teils der vinylogen Carbonylverbindung anspringt (Temperaturanstieg). Anderenfalls muß mehr Katalysator zugefügt werden. Nach beendeter Zugabe bleibt der Ansatz ohne weiteres Rühren über Nacht stehen. Sich direkt aus der Reaktionslösung fest abscheidende Produkte werden abgesaugt, mit Wasser gewaschen und umkristallisiert. Im anderen Falle versetzt man mit etwa gleichen Volumina Dichlormethan oder Diethylether, neutralisiert mit der äquimolaren Menge Eisessig und wäscht mit Wasser. Nach dem Trocknen über Magnesiumsulfat wird destilliert. Wurde ein mit Wasser mischbares Lösungsmittel angewandt (vgl. Tab. 7.285), so destilliert man dieses vor der eben beschriebenen Behandlung ab.

Tabelle 7.285
Michael-Addition

Produkt	Ausgangsverbindungen	Kp (bzw. *F*) in °C	n_D^{20}	Ausbeute in %
Bis(2-cyan-ethyl)malonsäurediethylester	Malonsäurediethylester, Acrylonitril	*F* 62 (EtOH)		90
Acetamido(2-cyan-ethyl)malonsäurediethylester[1]	Acetamidomalonsäurediethylester[2], Acrylonitril	*F* 94 (EtOH)		70
2-(2-Cyan-ethyl)acetessigsäureethylester	Acetessigsäureethylester, Acrylonitril	$121_{0,3(2)}$	$1,4446^{9)}$	60
3,3',3'',3'''-(1-Oxo-cyclopentan-2,2,5,5-tetrayl)tetrapropiononitril	Cyclopentanon[3], Acrylonitril	*F* 176 (DMF)		95
1-(2-Cyan-ethyl)-2-oxocyclohexan-1-carbonsäureethylester	2-Oxo-cyclohexan-1-carbonsäureethylester, Acrylonitril	$142_{0,04(0,3)}$	$1,4700^{9)}$	85
3-Phenyl-pentan-1,3,5-tricarbonitril	Benzylcyanid[4], Acrylonitril	*F* 70 (EtOH)		80
N-(2-Cyan-ethyl)-ε-caprolactam[5]	ε-Caprolactam, Acrylonitril	$130_{0,01(0,1)}$		55
5-Acetyl-2,8-dioxo-nonan-5-carbonsäureester	Acetessigsäureethylester, Methylvinylketon	$160_{0,1(1)}$		80
3-Isopropyl-2,6-dioxoheptan-3-carbonsäureethylester	2-Acetyl-3-methyl-butansäureethylester, Methylvinylketon	$130_{0,1(1)}$	$1,4825^{10)}$	65
α-(3-Oxo-butyl)benzylcyanid	Benzylcyanid, Methylvinylketon	$155_{0,3(2)}$		60
9-Hydroxy-decalin-2-on	Cyclohexanon, Methylvinylketon	*F* 148 (Methylcyclohexan)[6]		30
2-Oxo-1-(3-oxo-butyl)cyclohexan-1-carbonsäureethylester	2-Oxo-cyclohexan-1-carbonsäureethylester, Methylvinylketon	$140_{0,06(0,5)}$	$1,4730^{9)}$	70
5-Oxo-2,3-diphenyl-hexannitril	Benzylcyanid, Benzylidenaceton[7]	$184_{0,1(1)}$		80
1-Acetamido-4-oxo-butan-1,1-dicarbonsäureethylester[8]	Acetamidomalonsäurediethylester[2], Acrolein	ohne Reinigung weiterverarbeiten		85
2-Oxo-6-phenyl-cyclohex-3-en-1-carbonsäureethylester	Acetessigsäureethylester, Zimtaldehyd	$162_{0,7(5)}$	1,5635	50
2-Acetyl-glutarsäurediethylester	Acetessigsäureethylester, Acrylsäureethylester	$135_{0,5(4)}$	1,4416	65
Heptan-1,3,3-tricarbonsäuretriethylester	Butylmalonsäurediethylester, Acrylsäureethylester	$112_{0,01(0,1)}$	$1,4398^{9)}$	80

[1] Ausgangsprodukt für Glutaminsäure durch Verseifung und für Ornithin durch Hydrierung und anschließende Verseifung: ALBERTSON, N. F.; ARCHER, S., J. Am. Chem. Soc. **67** (1945), 2043.
[2] in 500 ml EtOH
[3] in 200 ml PhH
[4] in 250 ml EtOH
[5] Caprolactam schmelzen (70 °C); Reaktionsgemisch insgesamt 3 Stunden auf 80 °C halten. Produkt ist Vorstufe für Ödiger-Base (vgl. D.3.1.1.2), es kann als Rohprodukt weiterverarbeitet werden.
[6] Auch Sublimation bei 115 °C und 0,05 kPa (0,4 Torr) möglich.
[7] in 100 ml Et$_2$O
[8] Ausgangsprodukt zur Darstellung von *Tryptophan:* MOE, O. A.; WARNER, D. T., J. Am. Chem. Soc. **70** (1948), 2763, 2765; Produkt wird ohne Reinigung weiterverarbeitet.
[9] n_D^{25}
[10] n_D^{18}

Succinonitril aus Blausäure und Acrylonitril: TERENT'EV, A. P.; KOST, A. N., Zh. Obshch. Khim. **21** (1951), 1867;

3-(Indol-3-yl)propiononitril aus Indol und Acrylonitril: TERENT'EV, A. P.; KOST, A. N.; SMIT, V. A., Zh. Obshch. Khim. **26** (1956), 557;

3-(2-Oxo-cyclohex-1-yl)propiononitril aus Cyclohexanon und Acrylonitril: BRUSON, H. A.; RIENER, T. W., J. Am. Chem. Soc. **64** (1942), 2850;

1-Phenyl-pentan-1,4-dion aus Benzaldehyd und Methylvinylketon: STETTER, H.; SCHRECKEN-BERG, M., Chem. Ber. **107** (1974), 2453; STETTER, H., Angew. Chem. **88** (1976), 695;

Undecan-2,5-dion aus But-3-en-2-on (Methylvinylketon) und Heptanal in Gegenwart von 3-Benzyl-5-(2-hydroxyethyl)-4-methyl-1,3-thiazoliumchlorid: STETTER, H.; KUHLMANN, H.; HAASE, W.; Org. Synth. **65** (1987), 26;

4-Oxo-4-(pyrid-3-yl)butyronitril aus Pyridin-3-carbaldehyd und Acrylonitril: STETTER, H.; KUHLMANN, H.; LORENZ, G., Org. Synth. **59** (1980), 53.

Darstellung von 2,2-Methylenbis(1,3-dioxo-cyclohexan)[1])

0,15 mol Cyclohexan-1,3-dion werden in 300 ml Wasser gelöst, 0,12 mol wäßr. Formaldehydlösung zugegeben und vorsichtig bis eben zur Trübung erhitzt. Dann läßt man über Nacht bei Raumtemperatur stehen, filtriert ab und wäscht mit Wasser. Ausbeute quantitativ; *F* 132 °C.

Die analoge Reaktion mit 5,5-Dimethyl-cyclohexan-1,3-dion (Dimedon) dient in der qualitativen und quantitativen Analyse zum Nachweis bzw. zur Bestimmung von Formaldehyd und anderen Aldehyden.

Dimedon kann man durch Ketonspaltung des nach [7.282] erhaltenen Produkts darstellen: SHRINER, R. L.; TODD, H. R., Org. Synth., Coll. Vol. II (1943), 200.

Die Michael-Addition hat eine außerordentlich große präparative Bedeutung, da es auf diese Weise gelingt, mit einem Reaktionsschritt die Kohlenstoffkette einer Verbindung um mehrere Kohlenstoffatome zu verlängern.

Ein instruktives Beispiel wird nachstehend formuliert:

Die Addition von Methylvinylketon an 2-Methyl-cyclohexan-1-on mit nachfolgender Cyclisierung durch Aldolkondensation führt zu einem Octalon ([7.286], I) mit angulärer Methylgruppe. Man erkennt, daß diese Verbindung die Ringe A und B der Steroide enthält (vgl. II). Da die Michael-Addition außerdem weitgehend stereospezifisch verläuft, hat sie größte Bedeutung für Steroidsynthesen, deren bekannte Varianten alle eine Michael-Addition des formulierten Typs enthalten.

In die Reihe des 1,4-Dihydropyridins kommt man, wenn man nach HANTZSCH Acetessigester mit Ammoniak bzw. einem primären Amin und einem Aldehyd behandelt.

Dabei entstehen einerseits die *β*-Amino- bzw. *β*-Alkylamino-crotonsäureethylester [7.12] und andererseits in einer Knoevenagel-Reaktion die Alkyliden- bzw. Aralkylidenacetessigester [7.283a]. Diese beiden Komponenten reagieren dann in einer Michael-Addition [7.287a] und anschließend unter Cyclisierung zum 1,4-Dihydropyridin-3,5-dicarbonsäureester, der sich, sofern Ammoniak eingesetzt wurde, leicht (z. B. durch nitrose Gase) zum entsprechenden Pyridindicarbonsäureester dehydrieren läßt ([7.287b]).

Die als Zwischenprodukte genannten Stoffe können auch für sich hergestellt und erst dann zum Endprodukt umgesetzt werden. Dieses Ringschlußprinzip ist für die Synthese von Pyridinderivaten äußerst fruchtbar.

---

[1]) STETTER, H., Angew. Chem. **67** (1955), 769.

$$[7.287a]$$

$$[7.287b]$$

Die HANTZSCH-Synthese wird technisch genutzt, z. B. zur Darstellung von 2,6-Dimethyl-4-(2-nitrophenyl)-1,4-dihydropyridin-3,5-dicarbonsäurediethylester (Nifedipin), einem wichtigen Coronar-Therapeuticum.

Die Michael-Addition der Enamine vom Typ [7.287a] an *p*-Benzochinon (*Nenitzescu-Reaktion*) führt zu den physiologisch interessanten 5-Hydroxy-indolen. Beispielsweise erhält man aus *N*-monosubst. Aminofumar- (bzw. -malein)säureestern und *p*-Benzochinon in Gegenwart von Bortrifluorid meist in guten Ausbeuten 5-Hydroxy-indol-2,3-dicarbonsäureester:

$$[7.288]$$

Allgemeine Arbeitsvorschrift zur Darstellung von *N*-substituierten 5-Hydroxy-indol-2,3-dicarbonsäuredimethylestern (Tab. 7.289)

0,02 mol *N*-substituierter Aminofumarsäuredimethylester werden in 50 ml wasserfreiem Diethylether gelöst und unter gutem Rühren tropfenweise mit einer Mischung aus 0,02 mol *p*-Benzochinon und 0,02 mol Bortrifluoridetherat in 100 ml abs. Diethylether versetzt. Man läßt über Nacht stehen. Fest ausgefallene Produkte werden abgesaugt, mit Wasser gewaschen, in Methanol aufgenommen, nach evtl. Einengen der Lösung erneut abgesaugt und umkristallisiert. Ist bei der Reaktion keine Kristallisation eingetreten, so wäscht man die etherische Phase mit 50 ml Wasser, extrahiert die wäßrige Phase noch zweimal mit Ether, engt die vereinigten Extrakte etwas ein und filtriert über trockenes Aluminiumoxid (Aktivitätsstufe 1). Man wäscht mit Dioxan nach, dampft das Lösungsmittel im Vakuum auf dem Wasserbad ab und kristallisiert um.

Tabelle 7.289

5-Hydroxy-indole durch Michael-Addition an *p*-Benzochinon

Produkt	Ausgangsverbindung	*F* in °C	Ausbeute in %
5-Hydroxy-1-methyl-indol-2,3-dicarbonsäuredimethylester	*N*-Methyl-aminofumarsäuredimethylester	158 (CH$_2$Cl$_2$: CCl$_4$ 1 : 1)	80
1-*tert*-Butyl-5-hydroxy-indol-2,3-dicarbonsäuredimethylester	*N*-*tert*-Butyl-aminofumarsäuredimethylester	246 (Toluen)	20
1-Benzyl-5-hydroxy-indol-2,3-dicarbonsäuredimethylester	*N*-Benzyl-aminofumarsäuredimethylester	159 (MeOH)	90
5-Hydroxy-1-phenyl-indol-2,3-dicarbonsäuredimethylester	*N*-Phenyl-aminofumarsäuredimethylester	208 (Dichlorethan)	60

5-Hydroxy-2-methyl-indol-3-carbonsäurealkylester aus β-Amino-crotonsäureestern und *p*-Benzochinonen: PATRICK, J. B.; SAUNDERS, E. K., Tetrahedron Lett. **1979** (42), 4009.

7.4.1.4. Addition von Säureamiden an vinyloge Carbonylverbindungen

Auch unsubstituierte oder monosubstituierte Säureamide lagern sich an α,β-ungesättigte Carbonylverbindungen und Nitrile an. Diese Reaktion muß stets durch Basen katalysiert werden. Besonders geeignet sind Säureimide, wie Phthalimid und Succinimid, sowie Sulfonsäureamide, die durch den Katalysator sehr leicht in die eigentlich additionsfähige basische Form übergeführt werden (vgl. [8.49]).

Die Additionsprodukte sind deswegen von Interesse, weil durch Verseifung der Säureamidgruppe β-Aminoethylverbindungen erhalten werden können. Diese lassen sich durch direkte Addition von Ammoniak bzw. Monoalkylaminen schlecht herstellen, so beispielsweise das β-Alanin, für dessen Darstellung im Laboratorium die folgende Vorschrift günstig ist.

Darstellung von β-Alanin

β-Phthalimido-propiononitril durch Cyanethylierung von Phthalimid

In einem 1-l-Dreihalskolben mit Rührer, Rückflußkühler und Thermometer werden 2 mol Phthalimid, 130 ml Dimethylformamid und 2,5 mol Acrylnitril im Wasserbad auf 60 °C erwärmt. Dann werden unter Rühren auf einmal 4 ml 50%ige Kalilauge zugegeben, worauf gewöhnlich die Reaktion sofort einsetzt. Wenn nach einigen Minuten noch kein Temperaturanstieg zu beobachten ist, wird noch mehr Kalilauge zugefügt. Die notwendige Menge Lauge hängt von der Qualität des Phthalimids ab, das möglichst frei von Phthalamidsäure sein soll. Die Innentemperatur steigt schnell auf etwa 120 °C an. Die klare, schwach gelbe Lösung wird noch 20 bis 30 Minuten bei etwa 120 °C gehalten, dann läßt man etwas abkühlen und gießt unter ständigem Rühren in etwa 2 l kaltes Wasser. Das muß geschehen, ehe die Kristallisation im Kolben einsetzt. Die farblosen Kristalle werden abgesaugt und mit kaltem Wasser gewaschen. *F* 154 °C (EtOH); Ausbeute 95%.

Hydrolyse von β-Phthalimido-propiononitril zu β-Alanin

In einem 3-l-Rundkolben werden 2 mol β-Phthalimido-propiononitril (Rohprodukt) mit 900 ml 20%iger Salzsäure 5 Stunden unter Rückfluß gekocht. Die gebildete Phthalsäure fällt nach etwa 4 Stunden schlagartig aus und verursacht starkes Stoßen (Kolben gut einspannen). Man gießt noch heiß in ein Becherglas und läßt unter häufigem Rühren erkalten. Dann wird die ausgefallene Phthalsäure abgesaugt und sorgfältig mit Wasser gewaschen. Die vereinigten Filtrate dampft man auf dem siedenden Wasserbad im Wasserstrahlvakuum zur Trockne und trocknet noch 1 Stunde unter den gleichen Bedingungen. Zu dem noch heißen Abdampfrückstand gibt man 150 ml Methanol, arbeitet gut durch und saugt ab. Der Filterrückstand wird noch zweimal in gleicher Weise mit je 100 ml Methanol behandelt. Die vereinigten Methanolextrakte werden nach Abkühlen nochmals filtriert und bis zur schwach alkalischen Reaktion mit Tributylamin oder Diethylamin versetzt, wodurch die auf den isoelektrischen Punkt gebrachte Aminosäure ausfällt. Man filtriert und wäscht mit Methanol. *F* 200 °C; Ausbeute 80 % (bezogen auf Phthalimid).

7.4.1.5. Substitutionsreaktionen an vinylogen Carbonylverbindungen

Abgangsgruppen wie $Cl > OCH_3 > SCH_3 \gg NR_2$[1]) die sich in β-Position an vinylogen Carbonylverbindungen befinden, lassen sich über einen Additions-Eliminierungs-Mechanismus durch Basen bzw. CH-acide Verbindungen substituieren. Beispielsweise sind so aus β-Chlor-

---

[1]) In dieser Reihenfolge nimmt die Austrittstendenz ab.

vinylaldehyden und -ketonen (man erkläre, weshalb diese als vinyloge Carbonsäurechloride aufgefaßt werden können) (β-Amino-vinyl)carbonyl-Verbindungen darstellbar:

$$H_3C-NH_2 \; + \; Cl-CH=CH-CH=O| \longrightarrow H_3C-\overset{\oplus}{\underset{H}{N}}H-CH-CH=CH-\overset{\ominus}{O}| \qquad [7.290]$$

$$\xrightarrow[-HCl]{} \; H_3C-NH-CH=CH-CH=O$$

Meist reagiert bei solchen Umsetzungen gleichzeitig auch die Carbonylgruppe; man nutzt dies für mehrstufige Cyclokondensationen aus. Durch Reaktion von β-Chlor-zimtaldehyd mit Thioglycolsäureester erhält man z. B. auf diese Weise substituierte Thiophene:

$$\qquad \xrightarrow[-H_2O]{-HCl} \qquad \qquad [7.291]$$

Man formuliere die Reaktion von β-Chlor-acrolein mit Hydrazin zum Pyrazol!

Ein weiteres Beispiel ist die Reaktion von β-Chlor-vinylketonen mit Enaminen (vinyloge Elektronendonorverbindungen, vgl. D.7.4.2.) zu Pyryliumsalzen:

$$\qquad \xrightarrow[\substack{-NHR_2 \\ -HCl}]{+H^{\oplus}} \qquad \equiv \qquad [7.292]$$

Vinyloge heteroanaloger Carbonylstrukturen, wie Carbimmoniumverbindungen $\left(R-\overset{|}{C}=\overset{|}{C}-\overset{|}{\underset{|}{C}}=\overset{\oplus}{N}R_2 \right)$ und Nitrile mit geeigneten Abgangsgruppen in β-Stellung, reagieren analog.

Aus den Nitrilen entstehen dabei unter intramolekularer Addition heteroaromatische Amine, z. B. aus Ethoxymethylencyanessigester (vgl. Tab. 7.172) und Hydrazinhydrat ein 3(5)-Amino-pyrazol-4-carbonsäureester:

$$\qquad \xrightarrow[]{-EtOH} \qquad \longrightarrow \qquad \rightleftharpoons \qquad [7.293]$$

Dieser kann mit Formamid zu 4,5-Dihydro-4H-pyrazolo[3,4-d]pyrimid-4-on (Allopurinol), einem wichtigen Antiarthriticum, kondensiert werden.

Allgemeine Arbeitsvorschrift zur Darstellung von 3- bzw. 5-Amino-pyrazol-4-carbonsäurederivaten (Tab. 7.294)

In einem 100-ml-Kolben versetzt man ein Gemisch aus 20 mmol der Nitrilkomponente und 20 ml Ethanol unter Umschütteln portionsweise mit dem Hydrazin (30 mmol 80%iges Hydrazinhydrat bzw. 20 mmol Phenylhydrazin in 5 ml Ethanol). Man erhitzt eine Stunde unter Rückfluß auf dem Wasserbad, läßt erkalten, entnimmt eine Probe und verdünnt mit Wasser. Fällt beim Anreiben das Produkt aus, wird das gesamte Reaktionsgemisch in das doppelte Volumen Wasser eingerührt und nach 24 Stunden abgesaugt. Bleibt die Fällung aus, engt man auf dem

Wasserbad zur Trockne ein, verreibt den Rückstand mit wenig Wasser und saugt ab. Anschließend kristallisiert man um.

Tabelle 7.294

3- bzw. 5-Amino-pyrazol-4-carbonsäurederivate

Produkt	Ausgangsverbindungen	F in °C	Ausbeute in %
3-bzw. 5-Amino-pyrazol-4-carbonsäureethylester	2-Cyan-3-ethoxy-prop-2-ensäure-methylester, Hydrazinhydrat	103 (wenig W.)	75
3- bzw. 5-Amino-pyrazol-4-carbonitril	Ethoxymethylenmalononitril, Hydrazinhydrat	175 (W.)	85
5-Amino-1-phenyl-pyrazol-4-carbonsäureethylester[1])	Ethoxymethylencyanessigsäure-ethylester, Phenylhydrazin	100 (Essigester)	70
5-Amino-1-phenyl-pyrazol-4-carbonitril	Ethoxymethylenmalononitril, Phenylhydrazin	138 (W.)	85
5-Amino-3-methylthio-1-phenyl-pyrazol-4-carbon-säure-methylester[2)3])	2-Cyan-3,3-bis(methylthio)prop-2-ensäuremethylester, Phenylhydrazin	114 (Petrolether)	90
3-Amino-5-methylthio-pyrazol-4-carbonitril	Bis(methylthio)methylenmalono-nitril, Hydrazinhydrat	151 (W.)	90

[1]) Das nach dem Eindampfen anfallende Öl wird mit Benzen angerieben.
[2]) Als Lösungsmittel Methanol verwenden.
[3]) Methanthiolentwicklung, Abzug!

7.4.2.   Reaktionen, vinyloger Elektronendonorverbindungen – Enolate, Enole, Enolether, Enamine

Vinyloge Elektronendonorverbindungen leiten sich von enolisierten Carbonylverbindungen ab:

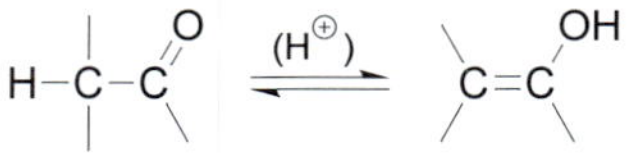

$$H-\underset{|}{\overset{|}{C}}-C\overset{O}{\underset{\diagdown}{\diagup}} \quad \underset{}{\overset{(H^{\oplus})}{\rightleftharpoons}} \quad \underset{\diagup}{\overset{\diagdown}{C}}=C\overset{OH}{\underset{\diagdown}{\diagup}} \qquad [7.295]$$

Ihre Reaktivität gegenüber den meisten Elektrophilen entspricht etwa der in [7.296] angegebenen Reihenfolge:

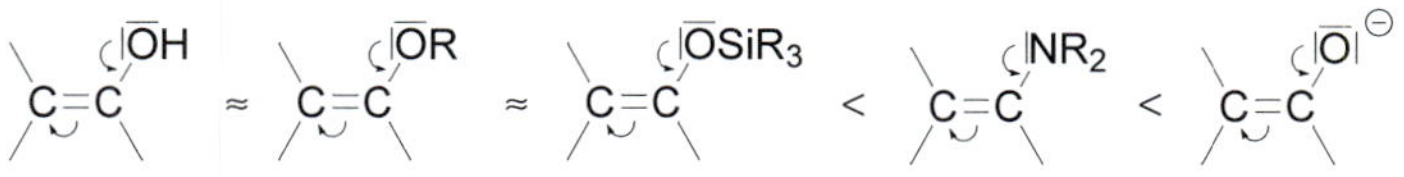

$$\underset{\mathbf{I}}{\overset{\diagdown}{C}=C\overset{\bar{\text{O}}\text{H}}{\diagup}} \approx \underset{\mathbf{II}}{\overset{\diagdown}{C}=C\overset{\bar{\text{O}}\text{R}}{\diagup}} \approx \underset{\mathbf{III}}{\overset{\diagdown}{C}=C\overset{\bar{\text{O}}\text{SiR}_3}{\diagup}} < \underset{\mathbf{IV}}{\overset{\diagdown}{C}=C\overset{\text{NR}_2}{\diagup}} < \underset{\mathbf{V}}{\overset{\diagdown}{C}=C\overset{\bar{\text{O}}|^{\ominus}}{\diagup}} \qquad [7.296]$$

Das endständige Kohlenstoffatom der vinylogen Elektronendonorverbindungen reagiert infolge seiner Negativierung im Prinzip wie die Donorgruppe selbst, d. h., Elektrophile greifen bevorzugt an diesem Kohlenstoffatom an. In [7.297] ist dies am Beispiel eines Enamins (IV), formuliert:

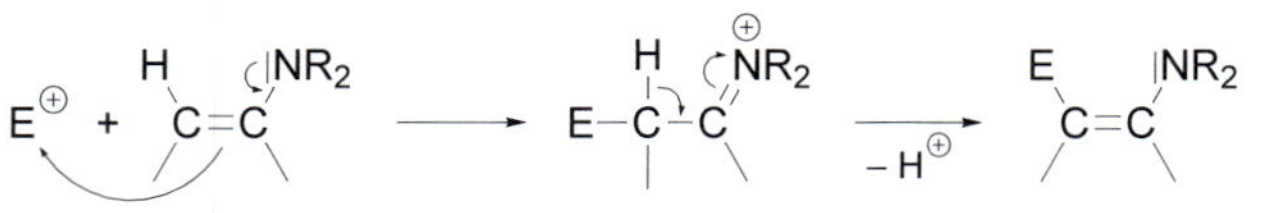

$$E^{\oplus} + \underset{\diagup}{\overset{H}{C}=C}\overset{\text{NR}_2}{\diagdown} \longrightarrow E-\underset{|}{\overset{H}{C}}-\overset{\overset{\oplus}{\text{NR}_2}}{C}\diagdown \underset{-H^{\oplus}}{\longrightarrow} \underset{\diagup}{\overset{E}{C}=C}\overset{\text{NR}_2}{\diagdown} \qquad [7.297]$$

Carbonylverbindungen können mit Elektrophilen über die *Enole* als Zwischenprodukte reagieren.

Bei einfachen Aldehyden und Ketonen liegt das Keto-Enol-Gleichgewicht [7.295] weit auf der Seite der Carbonylverbindung, ihr Enolgehalt ist sehr gering (vgl. D.7.2.1.8.). β-Oxo-carbonsäureester und β-Diketone sind demgegenüber wesentlich stärker enolisiert. Die Einstellung des Keto-Enol-Gleichgewichts wird durch Protonen katalysiert.

Die elektrophilen Reagenzien (E$^\oplus$) greifen in Analogie zu [7.297] an dem zur Carbonylgruppe α-ständigen Kohlenstoffatom an:

$$\text{[7.298]}$$

Das Enol wird durch die Reaktion mit dem Elektrophil ständig dem Gleichgewicht entzogen, so daß auch nur in geringem Maße enolisierte Carbonylverbindung noch gut reagieren können (vgl. z. B. die sauer katalysierte Aldolkondensation [7.104], die Halogenierung [7.308] sowie die Umsetzung CH-acider Verbindungen mit salpetriger Säure D.8.2.3. und mit Diazoniumsalzen D.8.3.3. und [9.45]).

Die Bedeutung der *Enolether* ([7.296] II) für die präparative Chemie ist relativ gering. Genannt wurden schon die saure Hydratisierung bzw. Alkoholaddition z. B. bei dem wichtigen cyclischen Enolether 3,4-Dihydro-2H-pyran (vgl. [7.26] und [9.21]) und die Polymerisation.

Bedeutsamer sind die *Silylenolether* ([7.296] III), die man u. a. durch Silylierung der Enolate von Carbonylverbindungen mit Trimethylchlorsilan erhält. Auch sie reagieren in β-Position mit Elektrophilen. So lassen sie sich beispielsweise mit S_N1-aktiven Alkylhalogeniden in Gegenwart von Lewis-Säuren, z. B. TiCl$_4$ alkylieren, was eine *tert*-Alkylierung von Aldehyden, Ketonen und Carbonsäuren in α-Position erlaubt, die mit Hilfe von Basen nicht möglich ist (warum?).

$$\text{[7.299]}$$

Mit Aldehyden und Ketonen reagieren Silylenolether in Gegenwart von Lewis-Säuren wie TiCl$_4$ zu Additionsprodukten, die nach der Hydrolyse Aldole ergeben:

$$\text{[7.300]}$$

Dies ist die *Mukaiyama-Variante* der Aldolreaktion:
3-Hydroxy-3-methyl-1-phenyl-butan-1-on aus Aceton und dem *O*-trimethylsilylierten Enol des Acetophenons: MUKAIYAMA, T.; NARASAKA, K., Org. Synth., **65** (1986), 6.

Die höchste nucleophile Reaktivität in der Reihe. [7.296] besitzen die *Enolate*. Wie schon mehrfach erwähnt, erhält man sie durch Deprotonierung von Carbonylverbindungen mit Basen, vgl. [7.100]. Sie reagieren sowohl *in situ* als auch präformiert in Form der Natrium-, Lithium- oder Magnesiumderivate mit den verschiedensten Elektrophilen, vgl. Kapitel D.7.2. und die folgenden Abschnitte.

7.4.2.1. Alkylierung von Carbonylverbindungen

Carbonylverbindungen mit α-ständigem acidem Wasserstoff und andere CH-acide Verbindungen lassen sich alkylieren, indem man ihre Anionen (Enolate) mit Alkylhalogeniden, -sulfaten oder -tosylaten umsetzt. Es handelt sich um eine nucleophile Substitution am Alkylhalogenid, wobei das Anion der CH-aciden Komponente als nucleophiles Reagens fungiert (vgl. Tab. 2.4).

Besonders leicht verläuft die Alkylierung von β-Dicarbonylverbindungen, die bereits durch Alkalialkoholate vollständig in ihre Enolate überführt werden (vgl. Tab. 7.99), z. B.:

$$
\text{R—X} + \left[\begin{array}{c} \underset{\displaystyle \|}{\overset{\displaystyle O}{}} \\ \text{H}_3\text{C—C—}\overset{\ominus}{\underset{\displaystyle |}{\text{C}}}\text{H—COOR'} \\ \updownarrow \\ |\overset{\ominus}{\underset{\displaystyle \|}{\text{O}}}| \\ \text{H}_3\text{C—C=CH—COOR'} \end{array}\right] \xrightarrow{\;-\text{X}^{\ominus}\;} \begin{array}{c} \text{H}_3\text{C—}\overset{\overset{\displaystyle O}{\|}}{\text{C}}\text{—CH—COOR'} \\ \qquad\quad | \\ \qquad\quad \text{R} \\ \\ \qquad\quad \text{O—R} \\ \text{H}_3\text{C—C=CH—COOR'} \end{array} \qquad [7.301]
$$

Aus dem ambidenten Anion (vgl. D.2.3.) können auch *O*-Alkylierungsprodukte entstehen, unter den Bedingungen der allgemeinen Arbeitsvorschrift zu Tabelle 7.302 allerdings nur in geringem Umfange. Ihre Bildung wird unterstützt durch ein aprotonisches, polares Medium, durch niedrige Konzentration des ambidenten Anions und ein voluminöses Gegenion sowie durch Alkylierungsmittel mit geringer Nucleophilie und harter Abgangsgruppe. Demzufolge steigt bei *sec*-Alkylhalogeniden der Anteil an *O*-Alkylierung vom Iodid zum Chlorid und in folgender Reihe von Lösungsmitteln: Ethanol ~ Aceton < Acetonitril < Dimethylsulfoxid ~ Dimethylformamid. Das Kation im Substrat spielt eine geringere Rolle, im allgemeinen scheinen die Natriumsalze die C-Alkylierung zu unterstützen. (Manche *O*-Alkylprodukte werden leicht intermolekular umalkyliert, d. h., sie übertragen ihre Alkylgruppe auf den Kohlenstoff eines Carbanions).

Die *O*-Alkylierung läßt sich im neutralen oder schwach sauren Medium erzwingen. Als Alkylierungsmittel sind dann nicht mehr Alkylhalogenide (warum?), sondern Diazoalkane, Orthoester und Alkoxoniumsalze zu verwenden.

Die Reaktionsfähigkeit der Alkylierungsreagenzien nimmt in der folgenden Reihe mit sinkender Beweglichkeit des Halogens bzw. Säurerestes ab: Allylhalogenide > Benzylhalogenide > α-Halogen-ketone > Dialkylsulfate > Alkyl-*p*-toluensulfonate > Alkylhalogenide. Bei den Alkylhalogeniden fällt die Reaktivität mit steigender Raumerfüllung des Alkylrestes, d. h. vom Methyl- zum *tert*-Butylhalogenid. Üblicherweise wird die β-Dicarbonylverbindung mit Hilfe von Natriumalkoholat in das Natriumderivat übergeführt. In Nebenreaktionen entstehen dann aus dem Alkylierungsmittel auch Ether und Olefine (formulieren!). Diese Reaktionen verlaufen besonders bei den verzweigten Alkylhalogeniden (vgl. D.2. und D.3.) leicht. Aus diesem Grunde gehen die Ausbeuten bei Umsetzungen mit solchen Alkylierungsmitteln stark zurück, mit *tert*-Butylhalogeniden sind keine brauchbaren Ausbeuten mehr zu erzielen.

Bei der Monoalkylierung von β-Dicarbonylverbindungen bilden sich häufig auch Dialkylierungsprodukte, selbst wenn man nur molare Mengen Alkylierungsmittel anwendet: In diesem Falle bleibt ein äquivalenter Teil der Carbonylverbindung unalkyliert. Vor allem bei den niederen Alkylierungsprodukten ist die Trennung der drei im Reaktionsgemisch vorhandenen Stoffe (Ausgangs- Monoalkyl-, Dialkylprodukt) schwierig. Um reine Monoalkylprodukte zu erhalten, ist man daher mitunter zu einem Umweg gezwungen (vgl. z. B. die Darstellung von Monoalkylmalonestern über die 2-Oxo-bernsteinsäureester [7.167] und die Alkylierung über Enamine [7.319].

Die vollständige Dialkylierung von β-Dicarbonylverbindungen ist meist schwierig, weil die Acidität der Monoalkyl-β-dicarbonylverbindungen geringer ist als die der unsubstituierten Grundkörper und weil die Dialkyl-β-dicarbonylprodukte unter den Bedingungen der Alkylierungsreaktion (alkoholisches Alkalialkoholat) leicht solvolytisch gespalten werden (vgl. Esterspaltung [7.175]). Man formuliere die Spaltung von disubstituierten Malonestern zu Kohlensäureestern und Dialkylessigestern! In solchen Fällen hat sich die inverse Arbeitsweise bewährt, bei der man die β-Dicarbonylverbindung vorlegt und das Alkoholat so zutropft, daß niemals größere Konzentrationen davon auftreten.

Allgemeine Arbeitsvorschrift zur Alkylierung von β-Dicarbonylverbindungen (Tab. 7.302)

Achtung! Vorsicht beim Umgang mit Natrium (vgl. Reagenzienanhang)!

In einem 1-l-Dreihalskolben mit Rührer, Tropftrichter, Rückflußkühler und Calciumchloridrohr stellt man aus 1 mol Natrium und 500 ml abs. Alkohol (der bei Estern mit dem in diesen enthaltenen Alkohol identisch sein soll, falls keine Umesterung beabsichtigt ist) eine Natriumalkoholatlösung her (vgl. Reagenzienanhang). Zur noch heißen Alkoholatlösung tropft man 1 mol der β-Dicarbonylverbindung und anschließend 1,05 mol des Alkylierungsmittels unter Rühren so zu, daß die Lösung mäßig siedet. Anschließend wird unter Rühren erhitzt, bis die Lösung neutrale Reaktion zeigt (2 bis 16 Stunden). Dann destilliert man die Hauptmenge Alkohol im schwachen Vakuum unter Rühren ab. (Die Mischung stößt sonst durch ausgeschiedenes Salz stark. Auch das Einengen am Rotationsverdampfer ist günstig.) Diesen Alkohol kann man für die gleiche Präpration sehr gut wiederverwenden, da er wasserfrei ist. Nach dem Abkühlen setzt man so viel Eiswasser zu, daß das abgeschiedene Salz eben gelöst wird, trennt im Scheidetrichter die organische Phase ab und ethert noch zweimal aus. Die vereinigten organischen Phasen werden über Natriumsulfat getrocknet, das Lösungsmittel wird abdestilliert und der Rückstand über eine 30-cm-Vigreux-Kolonne fraktioniert.

Zur Dialkylierung legt man die unsubstituierte β-Dicarbonylverbindung mit reichlich 2 mol Alkylierungsmittel vor und fügt unter Rühren das getrennt dargestellte Natriumalkoholat (doppeltmolare Menge) unter Feuchtigkeitsausschluß zu. Man kann auch schon monoalkyliertes Produkt zusammen mit einem geringen Überschuß Alkylierungsmittel vorlegen und 1 mol Natriumalkoholat zutropfen.[1])

Tabelle 7.302

Alkylierung von β-Dicarbonylverbindungen

Produkt	Ausgangsverbindungen	Kp (bzw. F) in °C	n_{D}^{20}	Ausbeute in %
Ethylmalonsäurediethylester[1])	Malonsäurediethylester, Ethylbromid	$96_{1,3(10)}$	1,4163	85
Diethylmalonsäurediethylester[2])	Malonsäurediethylester, Ethylbromid	$100_{1,6(12)}$	1,4245	75
Propylmalonsäurediethylester	Malonsäurediethylester, Propylbromid	$108_{1,7(13)}$	1,4197	85
Isobutylmalonsäurediethylester	Malonsäurediethylester, Isobutylbromid	$113_{1,6(12)}$	1,4282	80
Butylmalonsäurediethylester	Malonsäurediethylester, Butylbromid	$132_{2,3(17)}$	1,4225	80
Pentylmalonsäurediethylester	Malonsäurediethylester, Pentylbromid	$135_{1,9(14)}$	1,4259	80
Hexylmalonsäurediethylester	Malonsäurediethylester, Hexylbromid	$145_{1,6(12)}$	1,4281	80
Allylmalonsäurediethylester	Malonsäurediethylester, Allylbromid	$102_{1,3(10)}$	1,4338	85
Cyclopropan-1,1-dicarbonsäurediethylester[3])	Malonsäurediethylester, 1,2-Dibrom-ethan	$106_{2,7(20)}$	1,4335	45
Cyclobutan-1,1-dicarbonsäurediethylester[3])	Malonsäurediethylester, 1,3-Dibrom-propan oder 1-Brom-3-chlor-propan	$104_{1,6(12)}$	1,4360	45
Ethan-1,1,2-tricarbonsäuretriethylester	Malonsäurediethylester, Chloressigsäureethylester	$158_{2,0(15)}$	1,4315	70
2-Acetyl-butansäureethylester[1])	Acetessigsäureethylester, Ethylbromid	$80_{1,3(10)}$	1,4194	75
2-Acetyl-3-methyl-butansäureethylester[1])	Acetessigsäureethylester, Isopropyliodid	$94_{2,4(18)}$	1,4234	75
2-Acetyl-hexansäureethylester	Acetessigsäureethylester, Butylbromid	$116_{2,1(16)}$	1,4246	65
2-Acetyl-4-methyl-pentansäureethylester	Acetessigsäureethylester, Isobutylbromid	$120_{2,1(16)}$	1,4242	80

[1]) Diese Methode gestattet die Herstellung unsymmetrischer dialkylierter β-Dicarbonylverbindungen.

Tabelle 7.302 (Fortsetzung)

Produkt	Ausgangsverbindungen	Kp (bzw. F) in °C	n_D^{20}	Ausbeute in %
2-Acetyl-pent-4-ensäure-ethylester	Acetessigsäureethylester, Allylbromid	$102_{1,6(12)}$	1,4381	85
2-Benzyl-3-oxo-butansäure-ethylester	Acetessigsäureethylester, Benzylchlorid	$157_{1,9(14)}$	1,4998	80
2-Methyl-cyclohexan-1,3-dion	Cyclohexan-1,3-dion, Dimethylsulfat	F 120 (EtOH)		70

[1]) Nur mit sehr wirksamer Kolonne rein erhältlich.

[2]) Inverse Prozedur anwenden (Alkoholat zutropfen, vgl. Vorschrift).

[3]) Invers arbeiten (Alkoholat innerhalb von 2 Stunden in 70 °C heiße Lösung tropfen); zur Aufarbeitung nach Abdestillieren des Alkohols mit Wasserdampf übertreiben; Destillat ausethern, Extrakte wie oben aufarbeiten. Von 1,2-Dibrom-ethan 1,1 mol, von 1,3-Dibrom-propan 1,05 mol einsetzen.

α-Isopropyl-acetessigsäureethylester durch Alkylierung von Acetessigsäureethylester in Gegenwart von Bortrifluorid: ADAMS, J. T.; LEVINE, R.; HAUSER, C. R., Org. Synth., Coll. Vol. III (1955), 405;

β-Ethoxy-E-crotonsäureethylester aus Acetessigsäureethylester und Orthoameisensäure-triethylester: SMISSMAN, E. E.; VOLDENG, A. N., J. Org. Chem. **29** (1964), 3164.

Ähnlich wie β-Dicarbonylverbindungen lassen sich auch Monoketone, Carbonsäureester, Carboxylationen und Nitrile alkylieren. Wegen ihrer geringeren Acidität werden diese jedoch durch Alkoholate nur teilweise in ihre Anionen überführt (vgl. Tab. 7.99). Im Reaktions-gemisch liegen daher noch freie Carbonylverbindungen und freies Alkoholat vor. Hierdurch entstehende Nebenreaktionen führen zu Ether- und Olefinbildung und Aldolkondensationen. Um dies zu vermeiden, muß man stärkere, möglichst sterisch gehinderte Basen verwenden. Gebräuchlich sind Lithiumdiisopropylamid (LDA), Kalium-*tert*-butanolat, Natriumamid und Kaliumhydrid.

Mit unsymmetrischen Ketonen führen diese Reagenzien zu unterschiedlichen Produkten. Die Alkylierung von 2-Methyl-cyclohexanon mit Methyliodid ergibt z. B. mit LDA das 2,6-Dimethyl-cyclohexanon, mit *t*-ButOK hingegen das 2,2-Isomere.

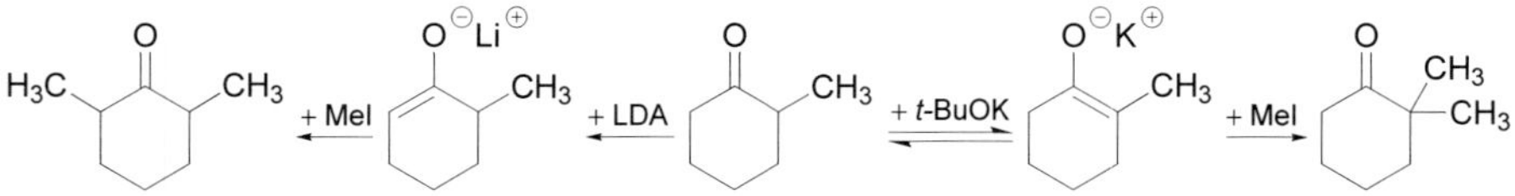

Die Regioselektivität ist darauf zurückzuführen, daß das sehr stark basische LDA kinetisch kontrolliert das sterisch weniger gehinderte 6-H-Atom des Methylcyclohexanons abspaltet, das weniger basische *t*-BuOK dagegen thermodynamisch kontrolliert das stärker saure 2-H-Atom.

Mit den stark basischen Amiden lassen sich auch die N-Analogen der Carbonylverbindun-gen, Imine (Schiffsche Basen) und Hydrazone, in die entsprechenden Enamidionen überführen (vgl. [7.119]) und alkylieren. Die Reaktionen werden u. a. genutzt, um Aldehyde in α-Stellung zu alkylieren, was direkt wegen der bevorzugten Aldolbildung nur schwierig möglich ist. Der Aldehyd wir zunächst mit einem Amin in das Imin überführt, dieses alkyliert

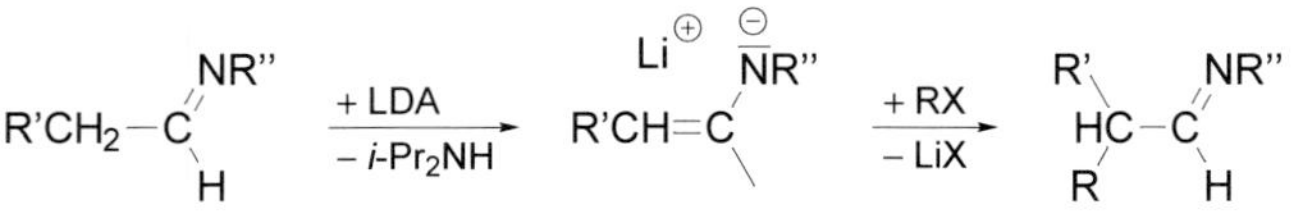

und aus dem α-Alkyl-imin das Amin hydrolytisch wieder abgespalten.

Über Metallenamide können auch Carbonylverbindungen mit einer prochiralen α-Methylengruppe *enantioselektiv* alkyliert werden. Man setzt sie mit einem enantiomerenreinen Amin oder Hydrazin, z. B. (*S*)-1-**A**mino-2-**m**ethoxymethyl-**p**yrrolidin, (SAMP) oder dessen (*R*)-Enantiomer (RAMP), zum chiralen Imin bzw. Hydrazon um. Prochirale α-Methylengruppen werden durch die Reaktion mit dem chiralen Hilfsstoff (Auxiliar) *diastereotop*[1]) und können nach der Umsetzung mit LDA *diastereoselektiv* alkyliert werden. Man spaltet aus dem Alkylierungsprodukt das chirale Auxiliar wieder ab (vgl. 7.3.2.) und erhält die alkylierte Carbonylverbindung oft mit hohem Enantiomerüberschuß.

[7.305]

(*S*)-(+)-*4-Methyl-heptan-3-on* über die SAMP/RAMP-Hydrazon-Methode: ENDERS, D.; KIPPGARDT, H.; FEY, P., Org. Synth. **65** (1987), 183 (mit Übersicht über weitere mögliche asymmetrische Synthesen mit Hilfe der SAMP/RAMP-Methode).[2])

Die Alkylierung einer Reihe schwach CH-acider Verbindungen ist auch unter den Bedingungen der Phasentransferkatalyse (vgl. D.2.4.2.) möglich, wodurch die anderenfalls erforderliche verhältnismäßig aufwendige Metallierung überflüssig wird. Allerdings sind bei Monoalkylierungsreaktionen bisalkylierte Verbindungen als Nebenprodukte oft nicht zu vermeiden.

Allgemeine Arbeitsvorschrift zur Alkylierung von Benzylcyaniden unter Phasentransferbedingungen[3]) (Tab. 7.306)

In einem Vierhalskolben mit Rückflußkühler, Rührer, Tropftrichter und Innenthermometer bringt man eine Lösung aus 30 g Ätznatron und 30 ml Wasser auf 35 °C (Wasserbad; während der Reaktion als Kühlbad) und hält bei dieser Temperatur während der gesamten Reaktion. Man versetzt zunächst mit 0,5 g Benzyltriethylammoniumchlorid[4]) und 0,2 mol des Benzylcyanids und gibt innerhalb von 30 Minuten unter gutem Rühren 0,2 mol des Alkylhalogenids tropfenweise zu. Anschließend wird noch zwei Stunden bei 35 °C und 0,5 Stunden bei 40 °C nachgerührt. Wurde von unsubstituiertem Benzylcyanid ausgegangen, so werden dessen unumgesetzte Reste in das wenig flüchtige α-Phenyl-cinnamonitril übergeführt, das sich besser von den Reaktionsprodukten abtrennen läßt. Zu diesem Zweck gibt man 2 g Benzaldehyd zu, rührt eine weitere Stunde bei 25 bis 30 °C, versetzt mit 25 ml Toluen (oder Methylendichlorid), trennt die organische Phase ab, extrahiert die wäßrige Schicht nochmals mit Toluen (oder Methylendich-

---

[1]) Substituenten sind heterotop, wenn sie sich nicht konstitutionell, aber topographisch unterscheiden lassen, d. h. wenn sie innerhalb des Moleküls eine unterschiedliche chemische Umgebung besitzen. In achiralen Systemen mit prochiralen Gruppen sind diese *enantiotop*, in chiralen Systemen sind prochirale Substituenten *diastereotop*. Beim Ersatz eines enantiotopen Substituenten durch einen anderen entsteht ein Enantiomer, bei Ersatz eines diastereotopen Substituenten ein Diastereomer. Diastereotope Substituenten kann man physikalisch und chemisch, enantiotope nur unter chiralen Bedingungen (chirales Reagens, chirale Lösungsmittel, zirkular polarisiertes Licht) unterscheiden (vgl. hierzu auch C.7.3.1. und C.7.3.2.).

[2]) SAMP bzw. RAMP sind aus natürlichem (*S*)-Prolin bzw. der relativ leicht zugänglichen (*R*)-Glutaminsäure darstellbar, vgl. z. B. ENDERS, D.; FEY, P.; KIPPHARDT, H., Org. Synth. **65** (1987), 173 .

[3]) nach MAKOSZA, M.; JOŃCZYK, A., Org. Synth. **55** (1976), 91.

[4]) Darstellung vgl. SOUTO-BACHILLER u. a., Org. Synth. **55** (1976), 97.

lorid) und wäscht die vereinigten organischen Phasen nacheinander mit je 25 ml Wasser, verd. Salzsäure und wiederum Wasser. Nach Abdestillieren des Lösungsmittels wird rektifiziert.

Tabelle 7.306

Unter Phasentransferbedingungen alkylierte Benzylcyanide

Produkt	Ausgangsverbindungen	Kp in °C	n_{D}^{20}	Ausbeute in %
α-Phenyl-butyronitril	Benzylcyanid, Ethylbromid	$103_{0,9(7)}$	1,5086	75
α-Phenyl-valeronitril	Benzylcyanid, Propylbromid	$126_{1,6(12)}$	1,5063	75
α-Phenyl-isovaleronitril	Benzylcyanid, Isopropylbromid	$110_{0,9(7)}$	1,5059	50
1-Phenyl-but-3-en-carbonitril	Benzylcyanid, Allylbromid	$131_{2,0(15)}$	1,5201	60
α-Benzyl-α-phenyl-butyronitril	α-Phenyl-butyronitril, Benzylchlorid	$190_{1,6(12)}$	1,5593	85

α-Monoalkylierung der Alkalisalze aliphatischer Carbonsäuren mit Hilfe von Butyllithium: CREGER, P. L., J. Am. Chem. Soc. **92** (1970), 1397.

Alkylierte Malonester werden technisch vor allem zur Herstellung von Barbitursäuren (Hypnotica, Antiepileptica, Narcotica) (vgl. D.7.1.4.2., D.7.2.1.8.) eingesetzt. Die Alkylierung von Benzylcyanid findet Anwendung bei der Synthese von Pethidin, einer Verbindung mit morphinähnlicher Wirkung, die als Analgeticum verwendet wird:

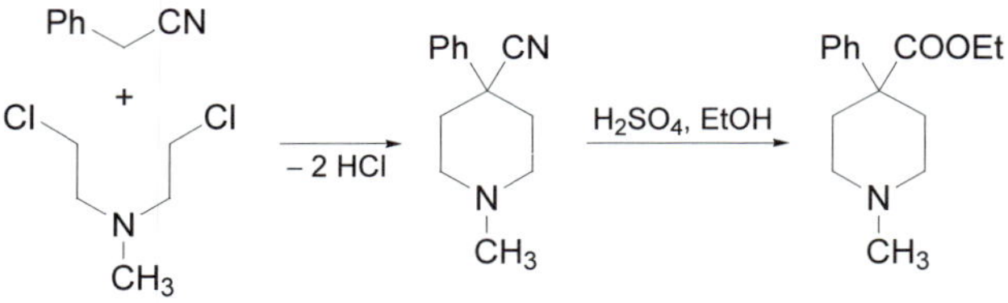

[7.307]

7.4.2.2. Halogenierung von Carbonylverbindungen

Relativ starke CH-acide Verbindungen, wie β-Dicarbonylverbindungen sowie Aldehyde und Ketone, sind an dem zur Carbonylgruppe α-ständigen Kohlenstoffatom leicht zu halogenieren. Bei der z. B. durch Halogenwasserstoff sauer katalysierten Umsetzung wird das Enol durch das Halogen elektrophil angegriffen:

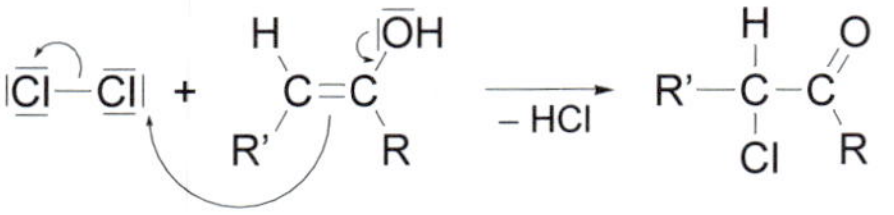

[7.308]

Die Reaktion ist auch durch schwache Basen (z. B. Natriumacetat) katalysierbar. Das Gleichgewicht zwischen Carbonylverbindung und Enolat liegt zwar für diesen Fall weit auf Seiten der Carbonylverbindung; da jedoch durch die in Analogie zu [7.308] ablaufende Halogenierung das Enolat ständig dem Gleichgewicht entzogen wird, ist eine vollständige Umsetzung möglich. Man formuliere diese Reaktion!

Bei Carbonsäuren ist eine Enolisierung normalerweise nicht mehr zu erwarten. Man sorgt deshalb durch Zusatz von Katalysatoren (roter Phosphor, Phosphortrichlorid u. a.) dafür, daß die Carboxylgruppe zunächst zum Carbonsäurechlorid reagieren kann. Dieses ist dann wiederum über ein intermediäres Enol in α-Stellung halogenierbar:

$$3\ X_2 + 2\ P \longrightarrow 2\ PX_3$$

$$3\ R{-}CH_2{-}\overset{\displaystyle O}{\underset{\displaystyle OH}{C}} \xrightarrow[-\ P(OH)_3]{PX_3} 3\left[R{-}CH_2{-}\overset{\displaystyle O}{\underset{\displaystyle X}{C}} \underset{\displaystyle \xrightleftharpoons{}}{\overset{(H^{\oplus})}{}} R{-}CH{=}\overset{\displaystyle OH}{\underset{\displaystyle X}{C}} \right]$$

$$R{-}CH{=}\overset{\displaystyle OH}{\underset{\displaystyle X}{C}} + X_2 \longrightarrow R{-}\underset{\displaystyle X}{CH}{-}\overset{\displaystyle O}{C} + HX$$

[7.309]

$$R{-}\underset{\displaystyle X}{CH}{-}\overset{\displaystyle O}{C} + R{-}CH_2{-}COOH \longrightarrow R{-}\underset{\displaystyle X}{CH}{-}\overset{\displaystyle O}{\underset{\displaystyle OH}{C}} + R{-}CH_2{-}\overset{\displaystyle O}{C} \quad usw.$$

Die Chlorierung von Carbonsäuren liefert auch β-Halogenderivate als Nebenprodukte, die wahrscheinlich in einer Radikalreaktion entstehen (vgl. D.1.).

Allgemeine Arbeitsvorschrift zur Herstellung von α-Brom-carbonsäuren (Tab. 7.310)

Alle Arbeiten unter einem gut wirkenden Abzug durchführen! Zum Umgang mit Brom vgl. Reagenzienanhang.

In einem Dreihalskolben entsprechend Abbildung A.4d (der Auslauf des Tropftrichters soll in die Flüssigkeit eintauchen) wird zu einer Mischung von 0,5 mol der betreffenden Carbonsäure und 0,15 mol rotem Phosphor unter Rühren 0,5 mol wasserfreies Brom in einer solchen Geschwindigkeit zugetropft, daß im Kühler keine gelben Bromdämpfe sichtbar werden. Die Reaktionstemperatur soll dabei 40 bis 50 °C nicht übersteigen. Nach der Zugabe des Broms läßt man nochmals 0,5 mol trockenes Brom schnell einlaufen und erhitzt anschließend unter Rühren 48 Stunden im Wasserbad auf 40 °C. Zur Aufarbeitung wird mit 0,5 mol Wasser versetzt, 5 bis 10 Minuten auf 120 bis 140 °C unter Rückfluß erhitzt und anschließend direkt im Vakuum destilliert. Der während der Reaktion entweichende Bromwasserstoff wird in Wasser absorbiert (vgl. D.1.4.2.).

Tabelle 7.310
α-Brom-carbonsäuren

Produkt	Ausgangsverbindung	Kp (bzw. F) in °C	Ausbeute in %
Bromessigsäure	Essigsäure	$117_{2(15)}$; F 49	70
α-Brom-propionsäure	Propionsäure	$95_{1,6(12)}$; F 25	70
α-Brom-buttersäure	Buttersäure	$127_{3,3(25)}$	80
α-Brom-isobuttersäure	Isobuttersäure	$115_{3,2(24)}$; F 46 (Petrolether)	75
α-Brom-valeriansäure	Valeriansäure	$118_{1,6(12)}$	80
2-Brom-hexansäure	Hexansäure	$137_{2,4(18)}$	75
2-Brom-4-methyl-pentansäure	4-Methyl-pentansäure	$129_{1,6(12)}$	75

Allgemeine Arbeitsvorschrift zur Darstellung von Phenacylbromiden (Tab. 7.311)

Achtung! Vorsicht beim Umgang mit Brom[1]) Phenacylbromide sind haut- und tränenreizend!

In einem 500-ml-Dreihalskolben mit Rührer, Tropftrichter und Calciumchloridrohr versetzt man eine Lösung von 0,5 mol des betreffenden Acetophenons in 100 ml Eisessig mit einigen

---

[1]) Vgl. Reagenzienanhang.

Tropfen Bromwasserstoff/Eisessig und tropft nun 0,5 mol Brom so zu, daß die Temperatur bei etwa 20 °C gehalten wird (zunächst Reaktion in Gang kommen lassen!). Nach Beendigung kühlt man in Eiswasser. Tritt keine Kristallisation ein, so wird in Eiswasser gegossen. Die festen Verbindungen werden abgesaugt und mit 50%igem Ethanol gewaschen, bis sie farblos sind. Man kristallisiert aus wenig Ethanol um.

Tabelle 7.311

Phenacylbromide

Produkt	Ausgangs-verbindung	*F* in °C	Ausbeute in %
Phencylbromid	Acetophenon	51[1])	60
p-Brom-phenacylbromid	*p*-Brom-acetophenon	109	70
p-Phenyl-phenacylbromid	*p*-Phenyl-acetophenon[2])	125	80

[1]) $Kp_{1,3(10)}$ 128.
[2]) Mit doppelter Menge Eisessig arbeiten.

Bromacetaldehyddibutylacetal durch Bromierung von Paraldehyd in *n*-Butanol: BAGANZ, H.; VITZ, C., Chem. Ber. **86** (1953), 395.

Bromaceton aus Aceton und Brom in Eisessig: LEVENE, P. A., Org. Synth., Coll. Vol. II (1943), 88.

Brommalonsäurediethylester aus Malonsäurediethylester: PALMER, C. S.; McWHERTER, P. W., Org. Synth., Coll. Vol. I (1941), 245.

α-Brom-γ-butyrolacton aus γ-Butyrolacton, Brom und rotem Phosphor, über α,γ-*Dibrombuttersäurebromid und* α,γ-*Dibrom-buttersäure:* PLIENINGER, H., Chem. Ber. **83** (1950), 265.

2-Chlor-cyclohexanon durch Chlorierung von Cyclohexanon in Wasser: NEWMAN, M. S.; FARBMAN, M. D.; HIPSHER, H., Org. Synth., Coll. Vol. III (1955), 188.

α-Chlor-acetessigsäureethylester aus Acetessigsäureethylester und Sulfurylchlorid: BOEHME, W. R.: Org. Synth., Coll. Vol. IV (1963), 592.

α-Halogen-carbonsäuren bzw. ihre Ester, vor allem Chloressigsäure, sind Zwischenprodukte für eine Reihe von Synthesen, z. B. die Glycidestersynthese nach DARZENS (vgl. [7.132]), die Darstellung von α-Amino-carbonsäuren nach FISCHER (vgl. Tab. 2.85), von Nitromethan nach KOLBE (vgl. D.2.6.8.) und von Malonsäurediethylester über Cyanessigsäure. α-Halogen-ketone und -aldehyde werden u. a. zur Herstellung von Thiazolen nach HANTZSCH verwendet.

Auch in der Technik besitzen einige α-Chlor-carbonylverbindungen Bedeutung. Die wichtigsten sind die Chloressigsäure (die auch aus Trichlorethylen hergestellt wird, vgl. Tab. 4.26) und der Trichloracetaldehyd (Chloral). Chloressigsäure dient zur Darstellung des Herbizids 2,4-Dichlor-phenoxyessigsäure (2,4-D) (vgl. D.2.6.2.), von Malonester (Verwendung vgl. D.7.1.4.3.), von Carboxymethylcellulose (vgl. D.2.6.2.), von Farbstoffen u. a., während Chloral hauptsächlich zu DDT und anderen Insektiziden weiterverarbeitet wird (vgl. [5.62]). Aus 1,3-Dibrom-aceton wird technisch 1,2,3-Tricyan-propan-2-ol und daraus Citronensäure hergestellt.

7.4.2.3. Acylierung und Alkylierung von Enaminen

Enamine, deren Darstellung in D.7.1.1. beschrieben wurde, reagieren mit aromatischen Carbonsäurechloriden entsprechend [7.297] meist in guten Ausbeuten zu acylierten Enaminen, wobei sowohl die Verbindung mit konjugierter Doppelbindung ([7.312], IIa) als auch das nicht-konjugierte System IIb gebildet werden. Beide Produkte ergeben bei der Hydrolyse die β-Dicarbonylverbindung [7.312], III:

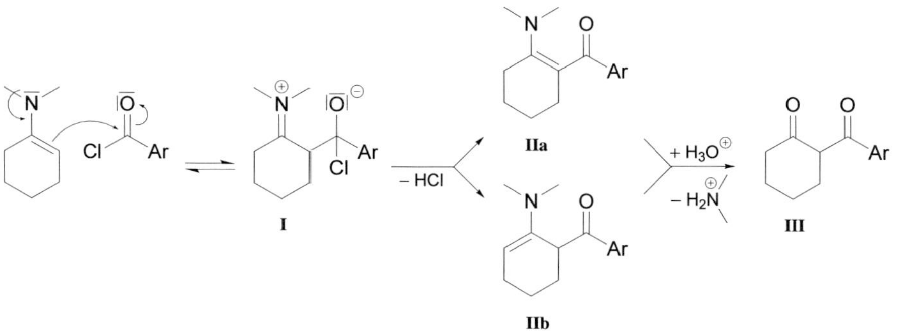

[7.312]

Die bei der Reaktion entstehende Salzsäure wird normalerweise mit einer Hilfsbase, z. B. wasserfreiem Triethylamin, abgefangen, da man sonst 50% des eingesetzten Enamins als Salz binden würde. (Warum lagert sich die Salzsäure nicht an das acylierte Enamin II an?)

In einigen Fällen, z. B. bei der Acylierung mit Chlorameisensäureester, bewährt sich dieses Verfahren nicht, und man arbeitet vorteilhafter mit überschüssigem Enamin.

Aliphatische Carbonsäurechloride, die am α-ständigen Kohlenstoff abspaltbaren Wasserstoff besitzen, reagieren mit dem Enamin oder der Hilfsbase zunächst unter Ketenbildung[1])

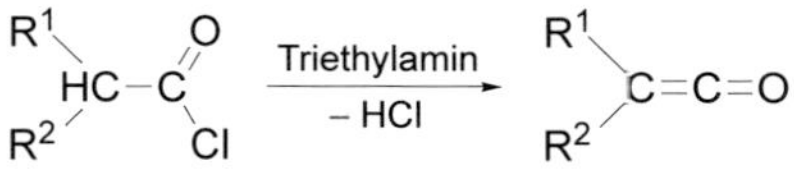

[7.313]

Aus dem Enamin und dem Keten entsteht anschließend ein Cyclobutanonderivat:

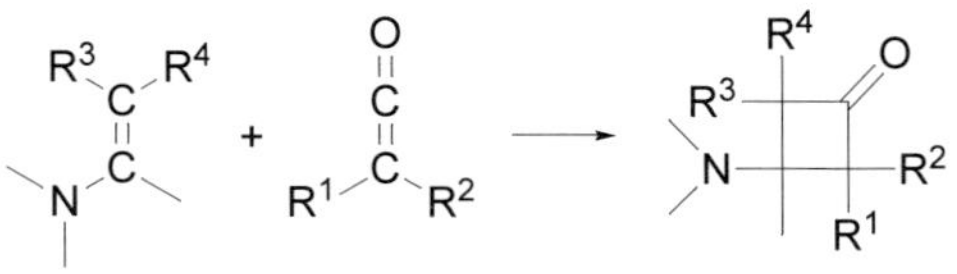

[7.314]

Sind R^2 und R^4 gleich H, so ist der Cyclobutanonring thermisch instabil und wird z. B. bei der Destillation aufgespalten, wobei sich die beiden möglichen Spaltprodukte bilden:

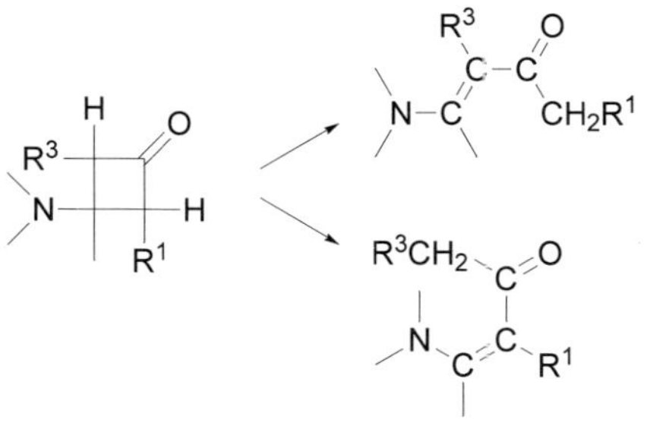

[7.315]

Man formuliere die Spaltung, wenn nur R^2 bzw. nur R^4 gleich H ist!

Bei Enaminen cyclischer Ketone ist die Spaltungsrichtung der Cyclobutanonbase abhängig von der Ringgröße des Ketons. Enamine aus Ketonen mit Ringgliedern bis $n = 9$ liefern als Spaltprodukte die acylierten Verbindungen, während bei größeren Ringen die Ringaufweitung dominiert:

---

[1]) Vgl. D.3.1.5. Analog reagieren aliphatische Sulfonsäurechloride zu Sulfenen: $R_2C=SO_2$

$$[7.316]$$

Allgemeine Arbeitsvorschrift zur Darstellung von β-Diketonen durch Acylierung von Enaminen (Tab. 7.317)

In einem 250-ml-Dreihalskolben mit Tropftrichter, Rückflußkühler und Rührer werden 0,1 mol Enamin und 0,12 mol über Natrium destilliertes Triethylamin in 150 ml trockenem Toluen gelöst. Man erwärmt im Wasserbad auf 25 °C und tropft bei dieser Temperatur 0,12 mol Carbonsäurechlorid langsam zu. Danach läßt man noch 1 Stunde bei 35 °C und anschließend über Nacht bei Zimmertemperatur stehen. Nach Zusatz von 50 ml 20%iger Salzsäure wird 30 Minuten unter Rühren und Rückfluß gekocht. Nun trennt man die wäßrige Phase ab und wäscht die organische Schicht mit Wasser neutral. Durch Zusatz von verd. Natronlauge bringt man die wäßrige Phase auf einen pH-Wert von 5 bis 6 und extrahiert noch zweimal mit Toluen. Die vereinigten Toluenextrakte werden über Natriumsulfat getrocknet. Nach Abdestillieren des Lösungsmittels destilliert man in weiten Siedegrenzen im Vakuum. Zur Säurespaltung können die erhaltenen acylierten Ketone auch ohne weitere Reinigung eingesetzt werden.

Tabelle 7.317
β-Diketone durch Acylierung von Enaminen

Produkt	Ausgangsverbindungen	Kp in °C	Ausbeute in %
2-Acetyl-cyclohexanon	1-Morpholino-cyclohexen, Acetylchlorid	$112_{2,4(18)}$	50
2-Propionyl-cyclohexanon	1-Morpholino-cyclohexen, Propionylchlorid	$144_{1,6(12)}$	60
2-Butyryl-cyclohexanon	1-Morpholino-cyclohexen, Butyrylchlorid	$125_{2,0(15)}$	55
2-Acetyl-cyclopentanon	1-Morpholino-cyclopenten, Acetylchlorid	$78_{1,1(8)}$	60
2-Propionyl-cyclopentanon	1-Morpholino-cyclopenten, Propionylchlorid	$108_{2,0(15)}$	60
2-Butyryl-cyclopentanon	1-Morpholino-cyclopenten, Butyrylchlorid	$112_{2,0(15)}$	65

Die Enamine besitzen aufgrund ihrer hohen Reaktivität große Bedeutung für die präparative organische Chemie.

Acylierungsreaktionen können ebenso mit isolierten Ketenen durchgeführt werden; der Acylierung mit aliphatischen Carbonsäurechloriden ist die Umsetzung mit aliphatischen Sulfonsäurechloriden und Triethylamin (Sulfenbildung) an die Seite zu stellen. Man formuliere diese Reaktion!

Eine Variante der Acylierung von Enaminen stellt die Addition an Isocyanate und Isothiocyanate (D.7.1.6. und D.7.2.1.11.) dar, z. B.:

$$R-\overset{\overset{\displaystyle NR_2}{|}}{C}=CH-R' + O=C=N-Ph \longrightarrow R-\overset{\overset{\displaystyle NR_2}{|}}{C}=\overset{\overset{\displaystyle }{\underset{\underset{\displaystyle R'}{|}}{C}}}{}-\overset{\overset{\displaystyle O}{\|}}{C}-NPh \qquad [7.318]$$

2-Morpholino-cyclohex-1-en-carbanilid bzw. -thiocabanilid aus 1-Morpholino-cyclohexen und Phenylisocyanat bzw. Phenylisothiocyanat: HÜNIG, S.; HÜBNER, K.; BENZING, E., Chem. Ber. **95** (1962), 926.

Die Alkylierung von Enaminen mit Alkylhalogeniden führt entsprechend der allgemeinen Gleichung [7.297] vorzugsweise zu den monoalkylierten Enaminen, die durch Hydrolyse zu α-monoalkylierten Carbonylverbindungen umgesetzt werden können. Man formuliere die Bildung von (2-Oxo-cyclohex-1-yl)essigsäureethylester aus 1-Pyrrolidino-cyclohex-1-en und Bromessigsäureethylester!

Auch zur Darstellung von reinen Monoalkylprodukten der β-Oxo-carbonsäureester und β-Diketone setzt man ihre Enamine mit Alkylhalogeniden oder -sulfaten um. Das resultierende Immoniumsalz (II) wird anschließend zur β-Dicarbonylverbindung (III) hydrolysiert:

$$MeOSO_2-O-Me \ + \ H_3C-\overset{\displaystyle NMe_2}{\underset{\displaystyle}{C}}=CH-COOEt \ \xrightarrow{-\ MeOSO_3^{\ominus}} \ H_3C-\overset{\oplus}{\underset{\displaystyle}{C}}\overset{\displaystyle NMe_2}{}-\underset{\displaystyle Me}{CH}-COOEt$$

I   II   [7.319]

$$\xrightarrow[-\ Me_2NH_2^{\oplus}]{+\ H_2O} \ H_3C-\overset{\displaystyle O}{\underset{\displaystyle}{C}}-\underset{\displaystyle Me}{CH}-COOEt$$

III

Von präparativer Bedeutung ist auch die Alkylierung von Enaminen mit elektrophilen Olefinen und Acetylenen, wobei sich als Reaktionsprodukte Cyclobutanderivate bilden können (vgl. [7.284], man vergleiche aber auch die Umsetzung von Enaminen mit *p*-Benzochinon als vinyloge Carbonylverbindung [7.288]).

α-Methyl-acetessigsäureethylester durch Alkylierung von β-Dimethylamino-crotonsäureethylester mit Dimethylsulfat: MISTRYUKOV, E. A., Izvest. Akad. Nauk SSSR, Ser. Khim. **1961**, 1512.

7.5.   Literaturhinweise

Darstellung von Acetalen, Thioacetalen, Iminen, Oximen, Hydrazonen und Hydrogensulfitaddukten

BAYER, O., in: HOUBEN-WEYL. Bd. 7/1 (1954), S. 413–488.
DUMI, M.; KORUNŁEV, D.; KOVAŁEVI, K.; POLAK, L.; KOLBAH, D., in: HOUBEN-WEYL. Bd. E14b/1 (1990), S. 434–639 (Hydrazone); S. 640–730 (Azine).
KLAUSNER, A., u. a., in: HOUBEN-WEYL. Bd. E14a/1 (1991), S. 1–783 (Acetale).
LAYER, R. W., Chem. Rev. **63** (1963), 489–510 (Darstellung und Reaktionen von Iminen).
MEERWEIN, H., in: HOUBEN-WEYL. Bd. 6/3 (1965), S. 204–270.
MESKENS, A. J., Synthesis **1981**, 501–522 (Acetale).
PAWLENKO, S., in: HOUBEN-WEYL. Bd. E14b/1 (1990), S. 222–286 (Imine).
RASSHOFER, W., in: HOUBEN-WEYL. Bd. E14a/2 (1991), S. 1–819 (*O,N*-Acetale).
UNTERHALT, B., in: HOUBEN-WEYL. Bd. E14b/1 (1990), S. 287–433 (Oxime).
WIMMER, P., in: HOUBEN-WEYL. Bd. E14a/1 (1991), S. 785–836 (*O,S*-Acetale).

Darstellung von Carbonsäuren, Carbonsäureestern, -chloriden, -anhydriden, -amiden, -hydraziden

BODANSZKY, M., in: Peptide Chemistry; A Practical Textbook. – Springer-Verlag, New York 1988.
DÖPP, D.; DÖPP, H., in: HOUBEN-WEYL. Bd. E5/2 (1985), S. 934–1183.
HENECKA, H., u. a. in: HOUBEN-WEYL. Bd. 8 (1952), S. 359–680.
SUSTMANN, R.; KORTH, H.-G., u. a. in: HOUBEN-WEYL. Bd. E5/1 (1985), S. 193–773.

Darstellung von Orthocarbonsäureestern

MEERWEIN, H., in: HOUBEN-WEYL. Bd. 6/3 (1965), S. 295–324.
SIMCHEN, G., in: HOUBEN-WEYL. Bd. E5/1 (1985), S. 105–122.
DE WOLFE, R. H., Synthesis **1974**, 153–172.

Darstellung und Reaktionen von Ketenen

LACEY, R. N., Adv. Org. Chem. **2** (1960), 213–263.
QUADBECK, G., in: Neuere Methoden. Bd. 2 (1960), S. 88–107; Angew. Chem. **68** (1956), 361–370.
SCHAUMANN, E.; Scheiblich, S., in: HOUBEN-WEYL. Bd. E15/2 (1993), S. 2353–2530.
TIDWELL, T. T.: Ketenes. – John Wiley & Sons, New York 1994.

Darstellung und Reaktionen von Cyanaten und Isocyanaten

BLAGONRAVOVA, A. A.; LEVKOVICH, G. A.; Usp. Khim. **24** (1955), 93–119.
FINDEISEN, K., u. a., in: HOUBEN-WEYL. E4 (1983), S. 738–834.
MARTIN, D.; BACALOGLU, R., Organische Synthesen mit Cyansäureestern. – Akademie-Verlag, Berlin 1980.
OZAKI, S., Chem. Rev. **72** (1972), 457–496.
PETERSEN., u. a., in: HOUBEN-WEYL. Bd. 8 (1952), S. 119–137.
SAUNDERS, J. H.; SLOCOMBE, R. J., Chem. Rev. **43** (1948), 203–218.

Darstellung und Reaktionen von Cyanhydrinen; Strecker-Synthese

KURITZ, P., in: HOUBEN-WEYL. Bd. 8 (1952), S. 274–285; Nachr. Chem., Tech. Lab. 29 (1981), 445–447.

Aldolreaktion

BAYER, O., in: HOUBEN-WEYL. Bd. 7/1 (1954), S. 76–92.
EVANS, D. A.; NELSON, J. V.; TABER, T. R., in: Topics in Stereochemistry. Bd. 13. Hrsg. ALLINGER, N. L.; ELIEL, E. L.; WILEN, S. H. – Wiley, New York 1982, S. 1–115.
HEATHCOCK, C. H., in: Modern Synthetic Methods. Bd. 6. Hrsg. R. SCHEFFOLD. – VCHA, Basel 1992, S. 1–102.
HEATHCOCK, C. H., in: Asymmetric Synthesis. Bd. 3. Hrsg. J. D. MORRISON. – Academic Press, New York 1984, S. 111–212.
MUKAIYAMA, T., Org. React. **28** (1982), S. 302–331; Nachr. Chem. Tech. Lab. **29** (1981), 555–559.
NIELSEN, A. T.; HOULIHAN, W.J., Org. React. **16** (1968), 1–438.
WITTIG, G., in: Topics in Current Chemistry. Bd. 67. – Springer-Verlag, Berlin, Heidelberg, New York 1976, S. 1–14.

mit Nitromethan:

LICHTENTHALER, F. W., in: Neuere Methoden. Bd. 4 (1966), S. 140–172; Angew. Chem. **76** (1964), 84.

Azlacton-Synthese

BALTAZZI, E., Quart. Rev. **9** (1955), 150–173.
CARTER, H. E.; Org. React. **3** (1946), 198–239.

Perkin-Reaktion

HENECKA, H.; OTT, E., in: HOUBEN-WEYL. Bd. 8 (1952), S. 442–450.
JOHNSON, J. R., Org. React. **1** (1942), 210–265.

Glycidestersynthese nach DARZENS

BAYER, O., in: HOUBEN-WEYL. Bd. 7/1 (1954), S. 326–329.
NEWMAN, M. S.; MAGERLEIN, B. J., Org. React. **5** (1949), 413–440.

Prins-Reaktion

ADAMS, D. R.; BHATNAGAR, S. P., Synthesis **1977**, 661–672.
ISAGULYANZ, V. I.; CHAIMOVA, T. G.; MELIKYAN, V. R.; POKROVSKAYA, S. V., Usp. Khim. **37** (1968), 61–77.

Knoevenagel-Kondensation

JONES, G., Org. React. **15** (1967), 204–599.

mit Malononitril:

FATIADI, A. J., Synthesis **1978**, 165–204; 241–282.

Mannich-Reaktion

AREND, M.; WESTERMANN, B.; RISCH, N., Angew. Chem. **110** (1998), 1096–1122.
BLICKE, F. F., Org. React. **1** (1942), 303–341.
HELLMANN, H., in: Neuere Methoden. Bd. 2 (1960), S. 190–207; Angew. Chem. **69** (1957), 463–471.
HELLMANN, H.; OPITZ, G.: α-Aminoalkylierung. – Verlag Chemie, Weinheim/Bergstr. 1960.
SCHRÖTER, R., in: HOUBEN-WEYL. Bd. 11/1 (1957), S. 731–795.
TRAMONTINI, M., Synthesis **1973,** 703–775.
TRAMONTINI, M.; ANGIOLINI, L., Tetrahedron **1990**, 1791–1837.
TRAMONTINI, M.; ANGIOLINI, L.: Mannich Bases: Chemistry and Uses. – CRC Press, Boca Raton 1994.

Benzoin-Kondensation

HERLINGER, H., in: HOUBEN-WEYL. Bd. 7/2a (1973), S. 653–671.
IDE, W. S.; BUCK, J. S., Org. React. **4** (1948), 269–304.

Wittig-Reaktion

BERGELSON, L. D.; SHEMYAKIN, M. M., in: Neuere Methoden. Bd. 5 (1967), S. 135–155; Angew. Chem. **76** (1964), 113–123.
BESTMANN, H. J.; KLEIN, O., in: HOUBEN-WEYL. Bd. 5/1b (1972), S. 383–418.
CADOGAN, J. I. G., Organophosphorus Reagents in Organic Synthesis. – Academic Press, New York 1966.
JOHNSON, A. W., Ylide Chemistry. – Academic Press, New York, London 1966.
MAERCKER, A., Org. React. **14** (1965), 270–490
MARYANOFF, B. E.; REITZ, A. B., Chem. Rev. **89** (1989), S. 863–927.
SCHÖLLKOPF, U., in: Neuere Methoden. Bd. 3 (1961), S. 72–97; Angew. Chem. **71** (1959), 260–273.
TRIPPETT, S., Adv. Org. Chem. **1** (1960), S. 83–102; Quart. Rev. **17** (1963), 406.
WADSWORTH jr., W. S., Org. React. **25** (1977), S. 73–253.

Reaktionen der Alkylidenphosphorane

BESTMANN, H. J., in: Neuere Methoden. Bd. 5 (1967), S. 1–52; Angew. Chem. **77** (1965), 609, 651, 850.
BESTMANN, H. J.; ZIMMERMANN, R., Fortschr. Chem. Forsch. **20** (1971), 1–141.
BESTMANN, H. J.; ZIMMERMANN, R., in: HOUBEN-WEYL. Bd. E1 (1982), S. 616–751.
FLITSCH, W.; SCHINDLER, S. R., Synthesis **1975**, 685–700.
JOHNSON, A. W., Ylides and Imines of Phosphorus. – John Wiley & Sons, New York 1993.
KOLODIAZHNYI, O. I., Phosphorus Ylides. – Wiley-VCH, Weinheim 1999.
SASSE, K., in: HOUBEN-WEYL. Bd. 12/1 (1963), S. 112–124.
ZBIRAL, E., Synthesis **1974,** 775–797.

Esterkondensationen

HAUSER, C. R.; HUDSON jr., B. E., Org. React. **1** (1942), 266–302.
HENECKA, H., in: HOUBEN-WEYL. Bd. 8 (1952), S. 560–589.

Dieckmann-Kondensation

SCHAEFER, J. P.; BLOOMFIELD, J. J., Org. React. **15** (1967), 1–203.

Acylierung von Carbonylverbindungen mit Säurechloriden

HAUSER, C. R., u. a., Org. React. **8** (1954), 59–196.
HENECKA, H., in: HOUBEN-WEYL. Bd. 8 (1952), S. 610–612.

Polymethine

BERLIN, L.; RIESTER, O., in: HOUBEN-WEYL. Bd. 5/1d (1972), S. 227–299.

Grignard-Reaktion

COATES, G. E.; WADE, K., Organometallic Compounds. Vol. I. – Methuen, London 1967.

IOFFE, S. T.; NESMEYANOV, A. N., The Organic Compounds of Magnesium, Beryllium, Calcium, Strontium and Barium. – North Holland Publishing Comp., Amsterdam 1967.

KHARASCH, M. S.; REINMUTH, O., Grignard Reactions of Nonmetallic Substances. – Prentice-Hall, New York 1954.

NÜTZEL, K., in: HOUBEN-WEYL. Bd. 13/2a (1973), S. 47–527.

WAKEFIELD, B. J., Organometal. Chem. Rev. **1** (1966), 131; Usp. Khim. **37** (1968), 36–60.

WAKEFIELD, B. J., Organomagnesium Methods in Organic Synthesis. – Academic Press, London San Diego 1995.

Synthesen mit lithiumorganischen Verbindungen

GSCHWEND, H. W.; RODRIGUEZ, H. R., Org. React. **26** (1979), 1–360.

JORGENSON, M. J., Org. React. **18** (1970), 1–97.

MALLAN, J. M.; BEBB, R. L., Chem. Rev. **96** (1969), 693–755.

SCHÖLLKOPF, U., in: HOUBEN-WEYL. Bd. 13/1 (1970), S. 87–253.

WAKEFIELD, B. J., Organolithium Methods. – Academic Press, London 1988.

Kupferorganische Verbindungen

BÄHR, G.; Burba, P., in: HOUBEN-WEYL. Bd. 13/1 (1970), S. 731–761.

HOUSE, H. O., Acc. Chem. Res. **9** (1976), 59–67.

LISHUTZ, B. H.; SENGUPTA, S., Org. React. **41** (1992), 135–631.

NORMANT, J. F., Synthesis **1972**, 63–80.

NORMANT, J. F.; ALEXAKIS, A., Synthesis **1981**, 841–870.

Organocopper Reagents. Hrsg.: R. J. K. TAYLOR. – Oxford University Press, Oxford 1994.

POSNER, H. G., Org. React. **19** (1972), 1–113; **22** (1975), 253–400.

POSNER, H. G., An Introduction to Synthesis Using Organocopper Reagents. – John Wiley & Sons, New York 1980.

TAYLOR, R. J. K., Organocopper Reagents. – Oxford University Press, Oxford 1994.

Zinkorganische Verbindungen

ERDIK, E., Organozinc Reagents in Organic Synthesis. – CRC Press, Boca Raton 1996.

KNOCHEL, P.; PEREA, J. J. A., Tetrahedron **54** (1998), 8275–8319.

KNOCHEL, P.; Jones, P., Organozinc Reagents. – Oxford University Press, Oxford 1999.

NÜTZEL, K., in: HOUBEN-WEYL. Bd. 13/2a (1973), S. 553–858

Reformatsky-Synthese

FÜRSTNER, A., Synthesis **1989**, 571–590.

NÜTZEL, K., in: HOUBEN-WEYL. Bd. 13/2a (1973), S. 809–838.

RATHKE, M. W., Org. React. **22** (1975), 423–460.

Darstellung von Ketonen aus Säurechloriden bzw. Carbonsäuren und metallorganischen Verbindungen

CASAON, J., Chem. Rev. **40** (1947), 15–32.

JORGENSON, M. J., Org. React. **18** (1970), 1–97.

SHIRLEY, D. A., Org. React. **8** (1954), 28–58.

WINGLER, F., in: HOUBEN-WEYL. Bd. 7/2a (1973), S. 558–603.

Reduktion mit komplexen Hydriden

BROWN, W. G., Org. React. **6** (1951), 469–509.

GAYLORD, N. G., Reduction with Complex Metal Hydrides. – Interscience, New York, London 1956.

HAJOS, A., Komplexe Hydride. – Deutscher Verlag der Wissenschaften, Berlin 1966.

HAJOS, A., in: HOUBEN-WEYL. Bd. 4/1d (1981), S. 1–486.

HÖRMANN, H., in: Neuere Methoden. Bd. 2 (1960), 145–154; Angew. Chem. **68** (1956), 601–604.

ITSUNO, S., Org. React. **52** (1998), 395–576 (Enantioselektive Reduktion von Ketonen).

MALEK, J., Org. React. **34** (1985), 1–317; **36** (1988), 1–173.

ROGINSKAYA, E. V., Usp. Khim. **21** (1952), 3–39.

SCHENKER, E., in: Neuere Methoden. Bd. 4 (1966), 173–293; Angew. Chem. **73** (1961), 81–107.

SEYDEN-PENNE, J., Reductions by the Alumino- and Borohydrides in Organic Synthesis. – VCH, New York 1991

Katalytische Hydrierung von Carbonylverbindungen

ADKINS, H., Org. React. **8** (1954), 1–27.
BOGOSLOWSKI, B. M.; KASAKOWA, S. S., Skelettkatalysatoren in der organischen Chemie. – Deutscher Verlag der Wissenschaften, Berlin 1960.
SCHILLER, G., in: HOUBEN-WEYL. Bd. 4/2 (1955), S. 303–312, 318–328.
TINAPP, P., in: HOUBEN-WEYL. Bd. 4/1c (1980), S. 189–224.

Reduktive Alkylierung von Aminen

EMERSON, W. S., Org. React. **4** (1948), 174–255.
KIYUEV, M. B.; KHIDEKEL, M. L., Usp. Khim. **49** (1980), 28–53.
MÖLLER, F.; SCHRÖTER, R., in: HOUBEN-WEYL. Bd. 11/1 (1957), S. 602–648.

Leuckart-Wallach-Reaktion

BOGOSLOVSKII, B. M., Reakts. Methody Issled. Org. Soedin. **3** (1954), 253–314.
MÖLLER, F., SCHRÖTER, R., in: HOUBEN-WEYL. Bd. 11/1 (1957), S. 648–664.
MOORE, M. L., Org. React. **5** (1949), 301–330.

Meerwein-Ponndorf-Verley-Reduktion

BERSIN, T., in: Neuere Methoden. Bd. 1 (1949), S. 137–154.
WILDS, A. L., Org. React. **2** (1944), 178–223.

Oppenauer-Oxidation

BERSIN, T., in: Neuere Methoden. Bd. 1 (1949), S. 137–154.
DJERASSI, C., Org. React. **6** (1951), 207–272.
LEHMANN, in: HOUBEN-WEYL. Bd. 4/1b (1975), S. 905–933.

Cannizzaro-Reaktion

GEISMANN, T. A., Org. React. **2** (1944), 94–113.
HENECKA, H.; OTT, E., in: HOUBEN-WEYL. Bd. 8 (1952), S. 455–456.

Wolff-Kizhner-Reduktion

ASINGER, F.; VOGEL, H. H., in: HOUBEN-WEYL. Bd. 5/1a (1970), S. 251–267, 456–465.
RODIONOV, V. M.; YARTSEVA, N. G., Reakt. Metody Issled. Org. Soedinen. **1** (1951), 7–98.
SHAPIRO, R. H., Org. React. **23** (1976), 405–507 (Bamford-Stevens-Reaktion).
TODD, D., Org. React. **4** (1948), 378–422.

Reduktion von Carbonylverbindungen mit unedlen Metallen

BLOOMFIELD, J. J.; OWSLEY, D. C.; NELKE, J. M., Org. React. **23** (1976), 259–403.
MUTH, H.; SAUERBIER, M., in: HOUBEN-WEYL. Bd. 4/1c (1980; S. 645–654.

Clemmensen-Reduktion

ASINGER, F.; VOGEL, H. H., in: HOUBEN-WEYL. Bd. 4/1a (1970), S. 244–250, 450–456.
MARTIN, E. L., Org. React. **1** (1942), 155–209.
VEDEJS, E., Org. React. **22** (1975), 401–422.

Reduktion von Carbonylverbindungen mit niedervalentem Titanium

MCMURRY, J. E., Chem. Rev. **89** (1989), 1513–1524
LENOIR, D., Synthesis **1989** 883–897.
FÜRSTNER, A.; BOGDANOVIĆ, B., Angew. Chem. **108** (1996), 2582–2609.

Anlagerung von Ammoniak und Aminen an α,β-ungesättigte Carbonylverbindungen

CROMWELL, N. H., Chem. Rev. **38** (1946), 83–137.
MÖLLER, F., in: HOUBEN-WEYL. Bd. 11/1 (1957), S. 272–289.
SUMINOV, S. I.; KOST, A. N., Usp. Khim. **38** (1969), 1933–1963.

Skraupsche Chinolin-Synthese

MANSKE, R. H. F.; KULKA, M., Org. React. **7** (1953), 59–98.

Michael-Reaktion

ALLEN jr., G. R.; Org. React. **20** (1973), 337–454 (Addition von Enaminen, Nenitzescu-Reaktion).
BERGMANN, E. D., u. a., Org. React. **10** (1959), 179–555.
HENECKA, H., in: HOUBEN-WEYL. Bd. 8 (1952), S. 590–598.
LITTLE, R. D.; MASJEDIZADEH, M. R.; WALLQUIST, O.; McLOUGHLIN, J. I., Org. React **47** (1995), 315–552 (Intramolekulare Michael-Reaktion).
NAGATA, W.; YOSHIOKA, M., Org. React. **25** (1977), 255–476 (Addition von Blausäure).
STETTER, H., Angew. Chem. **88** (1976), 695–704 (Addition von Aldehyden).

Cyanethylierung

BRUSON, H. A., Org. React. **5** (1949), 79–135.
KURTZ, P., in: HOUBEN-WEYL. Bd. 8 (1952), S. 340–344.
NESMEYANOV, A. N., u. a., Usp. Khim. **36** (1967), 1089.
TERENT'EV, A. P.; KOST, A. N., Reakts. Metody Issled. Org. Soedin. **2** (1952), 47–208.

Alkylierung von Carbonylverbindungen

COPE, A. C., u. a. Org. React. **9** (1957), 107–331.
HARRIS, T. M.; HARRIS, C. M., Org. React. **17** (1969), 155–211.
HENECKA, H., in: HOUBEN-WEYL. Bd. 8 (1952), S. 600–610.
PETRAGNANI, N.; YONASHIRO, M., Synthesis **1982,** 521–578.

mit Aminen und Ammoniumsalzen:

BREWSTER, J. H.; ELIEL, E. L., Org. React. **7** (1953), 99–197.
HELLMANN, H., Angew. Chem. **65** (1953), 473.

Chlorierung und Bromierung von Carbonylverbindungen

ROEDIG, A., in: HOUBEN-WEYL. Bd. 5/4 (1960), S. 164–210.
STROH, R., in: HOUBEN-WEYL. Bed. 5/3 (1962), S. 611–636.

Darstellung und Reaktionen von Metallenolaten

KLAR, G.; KRAMOLOWSKY, R., in: HOUBEN-WEYL. Bd. E15/1 (1993), S. 563–597.

Darstellung und Reaktionen von Enolethern

EFFENBERGER, F., Angew. Chem. **81** (1969), 374–391.
FRAUENRATH, H., in: HOUBEN-WEYL. Bd. E15/1 (1993), S. 1–349.

von Silylenolethern

BROWNBRIDGE, P., Synthesis **1983**, 1–28, 85–104.
PAWLENKO, S., in: HOUBEN-WEYL. Bd. E15/1 (1993), S. 404–462.
RASMUSSEN, J. K., Synthesis **1977**, 91–110.

Darstellung und Reaktionen von Enaminen

Enamines – Synthesis, Structure and Reactions. Hrsg.: A. G. COOK. – Marcel Dekker, New York, London 1969.
HICKMOTT, P. W., Tetrahedron **38** (1982), 1975–2050; 3363–3446.
HÜNIG, S.; HOCH, H., Fortschr. chem. Forsch. **14** (1970), 235–293 (Acylierung von Enaminen).
RADEMACHER, P., in: HOUBEN-WEYL. Bd. E15/1 (1993), S. 598–717.
SZMUSKOVICZ, J., Adv. Org. Chem. **4** (1963), 1–113.

D.8 Reaktionen weiterer heteroanaloger Carbonylverbindungen

Nicht nur der Sauerstoff der Carbonylgruppe kann durch Heteroatome (Stickstoff, Schwefel) ersetzt sein, sondern auch der Kohlenstoff. Man erhält so N=O- bzw. S=O-Gruppierungen, die, über die formale Analogie hinaus, ähnliche Reaktionen eingehen wie die C=O-Gruppe. Die wichtigsten Gruppierungen dieser Art heteroanaloger Carbonylverbindungen sind die Nitrosogruppe, die Nitrogruppe und die Sulfogruppe nebst ihren Derivaten.

Die heteroanaloge Carbonylaktivität der *Nitrosogruppe* ist mit der eines Aldehyds vergleichbar, wie aus folgenden Reaktionen erkennbar ist:

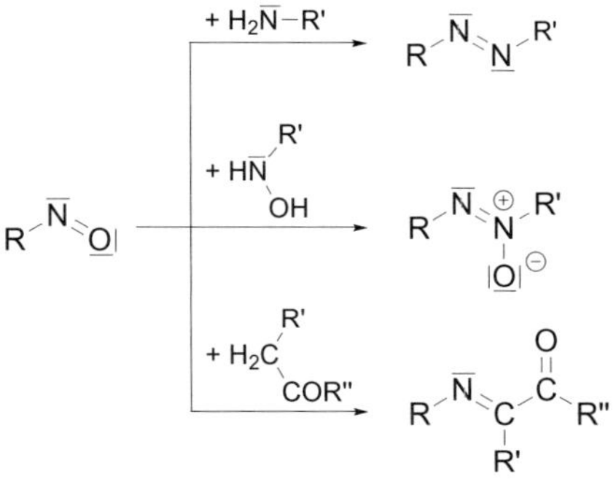

[8.1a]

[8.1b]

[8.1c]

(Welchen Aldehydreaktionen sind diese Kondensationen analog?)

Die *Nitrogruppe* zeigt im Vergleich zur Nitrosogruppe eine geringere „Carbonylaktivität". Dies beruht auf einer erhöhten Mesomeriemöglichkeit der Nitrogruppe, die etwa der der Carboxylgruppe bzw. des Carboxylatanions vergleichbar ist. Auf Grund der leichteren Reduzierbarkeit der Nitrogruppe gegenüber der Carboxylgruppe kann die Nitrogruppe in ihrer heteroanalogen Carbonylaktivität etwa zwischen Keton und Carbonsäure eingeordnet werden.

Die *Sulfonsäure* ist der Carbonsäure analog. Wegen der größeren Mesomeriemöglichkeit ist ihre carbonylanaloge Aktivität gering:

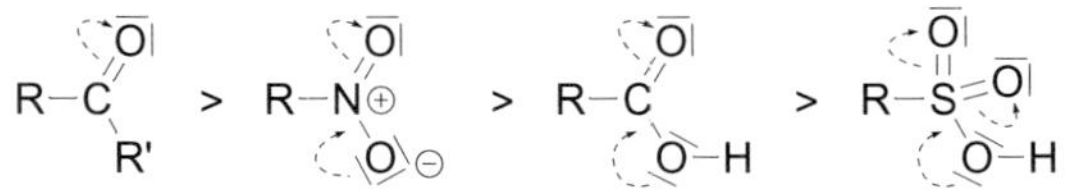

[8.2]

Während die „Carbonylaktivität" wesentlich durch die Mesomeriemöglichkeit bestimmt wird, hängt die acidifizierende Wirkung auf das α-ständige Wasserstoffatom auch noch vom induktiven Einfluß der heteroanalogen Carbonylgruppe ab.

Aliphatische Nitrosoverbindungen mit α-ständigen Wasserstoffatomen isomerisieren zu Isonitrosoverbindungen (Oximen); die Nitrosogruppe wirkt demnach auf benachbarte Wasserstoffatome stark acidifizierend:

[8.3]   R' = Alkyl oder H

Man überlege, welche Nitrosoverbindungen die in [8.1] wiedergegebenen Reaktionen eingehen können!

Die acidifizierende Wirkung der Nitrogruppe ist geringer als die der Nitrosogruppe, aber größer als die von Aldehyden oder Ketonen. Daher fungiert die Nitroverbindung in gemischten Aldolreaktionen mit Aldehyden und Ketonen stets als Methylenkomponente. Primäre und secundäre Nitroverbindungen sind ebenso wie die Oxime bereits in wäßrigem Alkali unter Salzbildung löslich.

Während bei einfachen Aldehyden keine freien Enole bekannt sind und andererseits die Nitrosoverbindungen mit α-ständigem Wasserstoffatom nur als Oxime beständig sind, kann man bei Nitroverbindungen mit α-ständigem Wasserstoffatom sowohl die aci-Form (Enol) als auch die Nitroform (analog der Ketoform) isolieren. Man informiere sich in Lehrbüchern über die Tautomerie der aliphatischen Nitroverbindungen!

Die Sulfonsäuregruppe und ihre Derivate acidifizieren benachbarte Wasserstoffatome stärker als die Carboxylgruppe. Die CH-Acidität fällt in der folgenden Reihe:

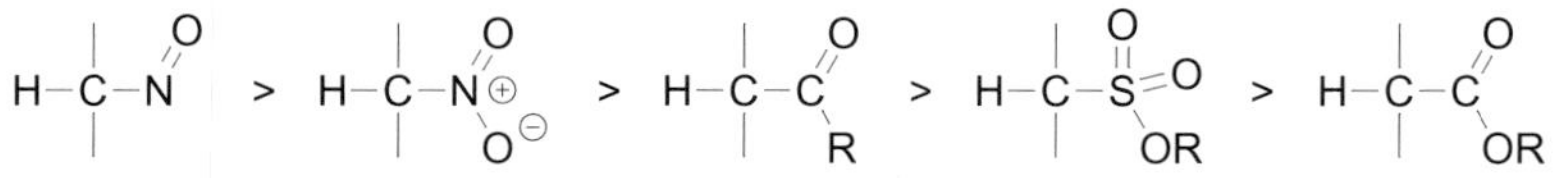

$$H-\underset{|}{\overset{|}{C}}-N\overset{O}{\nearrow} \;>\; H-\underset{|}{\overset{|}{C}}-\underset{\underset{\ominus}{O}}{\overset{O}{\overset{\nearrow}{N^{\oplus}}}} \;>\; H-\underset{|}{\overset{|}{C}}-\underset{R}{\overset{O}{\overset{\nearrow}{C}}} \;>\; H-\underset{|}{\overset{|}{C}}-\underset{OR}{\overset{O}{\overset{\diagup}{S}{=}O}} \;>\; H-\underset{|}{\overset{|}{C}}-\underset{OR}{\overset{O}{\overset{\nearrow}{C}}} \qquad [8.4]$$

Wichtige Reaktionen heteroanalger Carbonylverbindungen sind in Tabelle 8.5 zusammengefaßt.

Tabelle 8.5
Wichtige Reaktionen heteroanaloger Carbonylverbindungen

		Reduktion von Nitroverbindungen zu
$R-NO_2 \xrightarrow{H^\oplus,\,e^\ominus}$	$R-NO$	Nitrosoverbindungen
$\xrightarrow{H^\oplus,\,e^\ominus}$	$R-NHOH$	Hydroxylaminen
	$R-\underset{\oplus}{N}{=}N-R$ mit $O^\ominus$	Azoxyverbindungen
	$R-N{=}N-R$	Azoverbindungen
	$R-NH-NH-R$	Hydrazoverbindungen
$\xrightarrow{H^\oplus,\,e^\ominus}$	$R-NH_2$	Aminen
		Reaktionen von salpetriger Säure zu
$HO-NO + Ar-NH_2 \longrightarrow$	$Ar-\overset{\oplus}{N}{\equiv}N\;\; X^\ominus$	Diazoniumsalzen
$+ R-NH_2 \longrightarrow$	$R-OH$	Alkoholen
$+ R_2NH \longrightarrow$	R_2N-NO	Nitrosaminen
$+ R-OH \longrightarrow$	$RO-NO$	Salpetrigsäureestern (Nitriten)
$+ R_2CH-\overset{O}{\overset{\parallel}{C}}\diagdown \longrightarrow$	$R_2\underset{NO}{\overset{}{C}}-\overset{O}{\overset{\parallel}{C}}\diagdown$	α-Nitroso-carbonylverbindungen

Tabelle 8.5 (Fortsetzung)

$+ \; R-CH_2-NO_2 \;\longrightarrow\; R-\underset{\underset{N-OH}{\|}}{C}-NO_2$ Nitrolsäuren

$+ \; R_2CH-NO_2 \;\longrightarrow\; R_2\underset{\underset{NO}{|}}{C}-NO_2$ Pseudonitrolen

Reaktionen von Diazoniumsalzen

$Ar-\overset{\oplus}{N}\equiv N$

$\xrightarrow{H_2O}\; Ar-OH$ „Verkochen" zu Phenolen

$\xrightarrow{H^{\oplus},\,e^{\ominus}}\; Ar-NH-NH_2$ Reduktion zu Arylhydrazinen

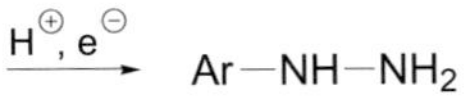

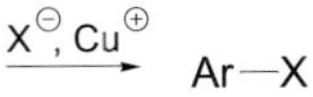

$\xrightarrow{X^{\ominus},\,Cu^{\oplus}}\; Ar-X$ Sandmeyer-Reaktion zu Halogen- und Pseudohalogenverbindungen

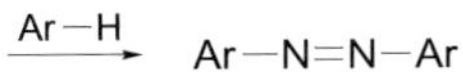

$\xrightarrow{Ar-H}\; Ar-N=N-Ar$ Kupplung zu Azoverbindungen

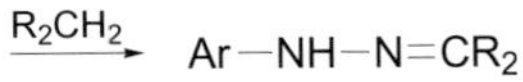

$\xrightarrow{R_2CH_2}\; Ar-NH-N=CR_2$ Kupplung zu Hydrazonen

Reaktionen von Diazomethan

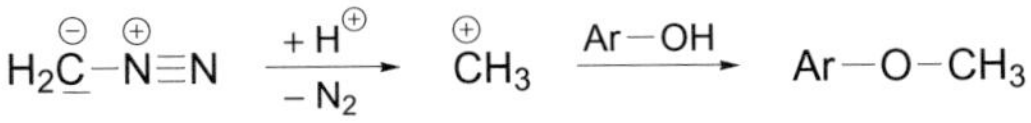

$H_2\overset{\ominus}{C}-\overset{\oplus}{N}\equiv N \;\xrightarrow[-N_2]{+\,H^{\oplus}}\; \overset{\oplus}{C}H_3 \;\xrightarrow{Ar-OH}\; Ar-O-CH_3$ Veretherung von Phenolen

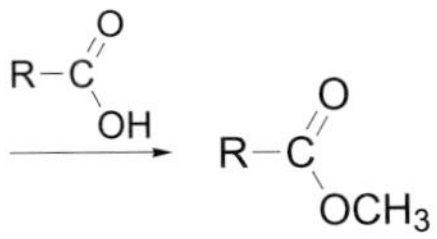

$\xrightarrow{R-\underset{\underset{OH}{}}{\overset{O}{\|}}C}\; R-\underset{\underset{OCH_3}{}}{\overset{O}{\|}}{C}$ Veresterung von Carbonsäuren

$+ \; R-\underset{\underset{R'}{}}{\overset{O}{\|}}{C} \;\longrightarrow\; R-\underset{\underset{CH_2-R'}{}}{\overset{O}{\|}}{C}$ Kettenverlängerung von Carbonylverbindungen

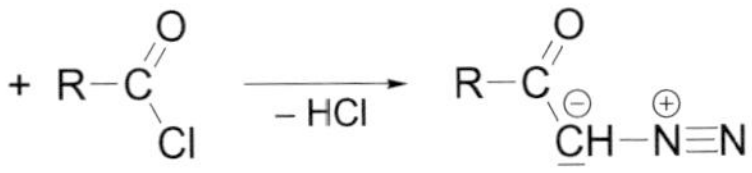

$+ \; R-\underset{\underset{Cl}{}}{\overset{O}{\|}}{C} \;\xrightarrow{-\,HCl}\; R-\underset{\underset{\overset{\ominus}{C}H-\overset{\oplus}{N}\equiv N}{}}{\overset{O}{\|}}{C}$ Diazoketone aus Carbonsäurehalogeniden

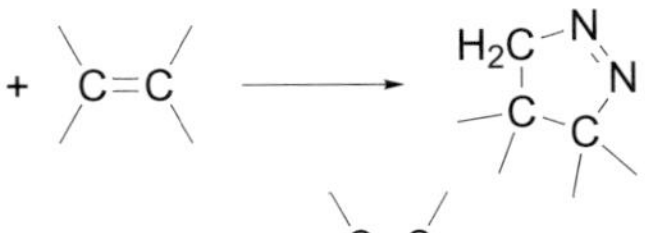

$+ \; \backslash C=C /$ $\longrightarrow$ 1,3-Dipol-Addition (vgl. D.4.4.4.)

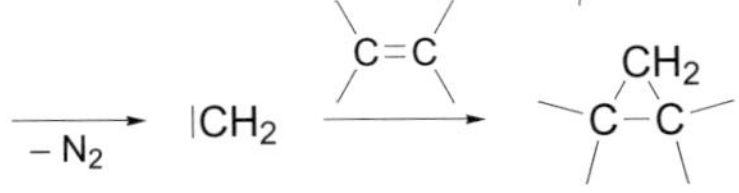

$\xrightarrow{-N_2} \; |CH_2$ $C=C$ $\longrightarrow$ Bildung von Carbenen und Folgereaktionen (vgl. D.3.3. und D.4.4.1.)

Tabelle 8.5 (Fortsetzung)

Reaktionen von Sulfonsäurederivaten

$$R-SO_2Cl \xrightarrow{H^{\oplus}, e^{\ominus}} R-SO_2H \xrightarrow{H^{\oplus}, e^{\ominus}} R-SH$$

Reduktion zu Sulfinsäuren und Thiolen

$$\xrightarrow{R'-OH} R-SO_2OR'$$

Bildung von Sulfonsäurealkylestern

$$\xrightarrow{R'NH_2} R-SO_2NHR'$$

Bildung von Sulfonsäureamiden

8.1. Reduktion von Nitroverbindungen und Nitrosoverbindungen

Die Reduktion der Nitroverbindungen gelingt mit unedlen Metallen (bevorzugt in saurer Lösung), durch katalytische Hydrierung, elektrolytisch sowie mit einigen anderen Reduktionsmitteln. Der Reaktionsmechanismus der Reduktion durch Metalle bzw. der katalytischen Hydrierung mit molekularem Wasserstoff ist dem der Reduktion von Carbonylverbindungen analog (vgl. D.7.3.).

Die Nitroverbindung wird zunächst zur Nitrosoverbindung reduziert:

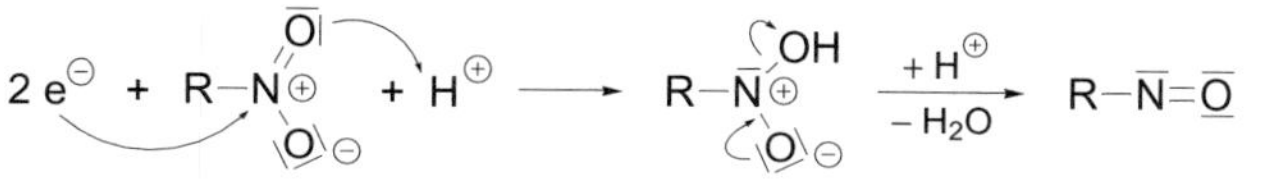

$$2\,e^{\ominus} + R-\overset{\overline{\underline{O}}|}{\underset{|\underline{O}|^{\ominus}}{N}^{\oplus}} + H^{\oplus} \longrightarrow R-\overset{OH}{\underset{|\underline{O}|^{\ominus}}{N}^{\oplus}} \xrightarrow[-H_2O]{+H^{\oplus}} R-\overline{N}=\overline{\underline{O}} \qquad [8.6]$$

Diese geht in der gleichen Weise in ein substituiertes Hydroxylamin über (formulieren!). Infolge ihrer höheren Reaktivität werden die Nitrosoverbindungen schneller hydriert als die Nitroverbindungen. Nitrosoverbindungen sind deshalb bei der Reduktion im allgemeinen nicht faßbar. Bei Reduktionen durch Metalle in *saurer Lösung* ist die Endstufe der Reaktion das primäre Amin:

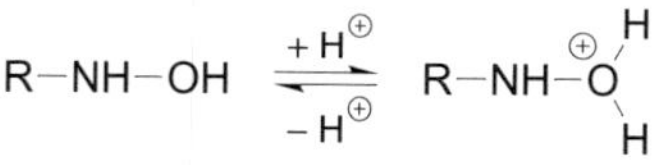

$$R-NH-OH \underset{-H^{\oplus}}{\overset{+H^{\oplus}}{\rightleftharpoons}} R-NH-\overset{\oplus}{O}\overset{H}{\diagdown}_{H} \qquad [8.7]$$

$$2\,\underset{\smile}{e^{\ominus}} + R-\overline{N}H-\overset{\oplus}{O}H_2 \xrightarrow{-H_2O} R-\overset{\ominus}{\underline{N}}H \xrightarrow{+H^{\oplus}} R-NH_2 \qquad [8.8]$$

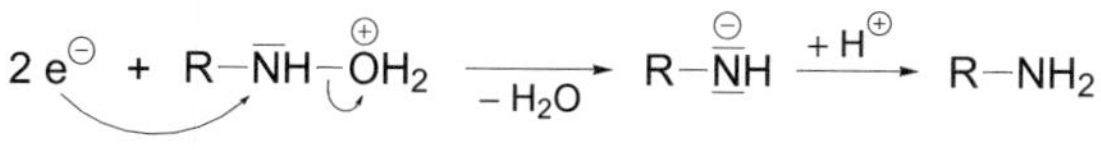

In *neutraler* oder *schwach saurer Lösung*, z. B. bei der Umsetzung der Nitroverbindung mit Zinkstaub in wäßriger Ammoniumchloridlösung, verläuft die Reduktion des Hydroxylamins so langsam, daß es auf diese Weise präparativ zugänglich ist. (Man erkläre diese Tatsache an Hand von [8.7], [8.8]!)

In *alkalischem* Medium schließlich wird bei aromatischen Nitroverbindungen die Reduktion sowohl der Nitrosoverbindung als auch des Hydroxylamins so stark verzögert, daß eine Konkurrenzreaktion bestimmend wird: Das freie Arylhydroxylamin ist stark nucleophil und kann deshalb leicht mit der Arylnitrosoverbindung reagieren. Diese Umsetzung ist der Bildung Schiffscher Basen analog und führt zu Azoxyverbindungen, die zu Azobenzenen und schließlich zu Hydrazobenzenen weiterreduziert werden können. Die bei der Reduktion aromatischer Nitroverbindungen unter verschiedenen Bedingungen bevorzugt entstehenden Reaktionsprodukte sind im Schema [8.9] angegeben.

Nitrobenzen — Nitrosobenzen — Phenylhydroxylamin $(H^\oplus)$ Anilin

$(HO^\ominus)$ $(H^\oplus)$ [8.9]

Azoxybenzen   Azobenzen   Hydrazobenzen

Alle Zwischenprodukte der Reduktion von aromatischen Nitroverbindungen, mit Ausnahme des Nitrosobenzens und des stabilen Azobenzens, lassen sich durch starke Säuren umlagern. Dabei liefert Phenylhydroxylamin das *p*-Amino-phenol[1]), Azoxybenzen das *p*-Hydroxyazobenzen, und Hydrazobenzen geht in Benzidin über. Man formuliere diese Produkte!

Die *katalytische Reduktion* aromatischer Nitroverbindungen gelingt glatt und führt im allgemeinen bis zum primären Amin. Statt des molekularen Wasserstoffs kann Hydrazin Verwendung finden, das dabei zu Stickstoff dehydriert wird.

Vorteilhaft ist die Reduktion mit Hydrazin wegen ihrer Selektivität: Carbonylgruppen bleiben erhalten. Die Selektivität geht unter alkalischen Bedingungen bei höheren Temperaturen allerdings verloren (Wolff-Kizhner-Reduktion, vgl. D.7.3.1.6.; so wird z. B. *m*-Nitro-benzaldehyd zu *m*-Toluidin reduziert).

Die Reduktion mit Eisen in Salzsäure nach BECHAMP hat technische Bedeutung (billiges Metall, geringer Säureverbrauch, Verwendung des entstehenden Eisenoxids als Farbpigment):

$$4\,PhNO_2 + 9\,Fe + 4\,H_2O \xrightarrow{HCl} 4\,PhNH_2 + 3\,Fe_3O_4 \qquad [8.10]$$

Wegen ihrer leichten Durchführbarkeit ist die Reduktion mit Zinn in Salzsäure in der qualitativen Analyse wichtig. Reduziert man mit Zink in Eisessig/Acetanhydrid, erhält man sofort die acetylierten Amine.

Auch Ammoniumsulfid, Natriumsulfid und Natriumdithionit sind für die Reduktion von Nitroverbindungen geeignet. Ihre besondere Bedeutung liegt in der Anwendbarkeit zur partiellen Reduktion von Polynitroverbindungen (z. B. von *m*-Dinitro-benzen zu *m*-Nitro-anilin).

Allgemeine Arbeitsvorschrift zur katalytischen Reduktion von aromatischen Nitroverbindungen (Tab. 8.11)

A. Hydrierung mit molekularem Wasserstoff

Über die allgemeine Arbeitsweise und die Sicherheitsvorkehrungen bei katalytischen Hydrierungen unterrichte man sich in den Abschnitten D.4.5.2. und A.1.8. Aromatische Amine und Nitroverbindungen sind giftig, z. T. auch cancerogen! Sie werden sowohl durch die Atmungsorgane als auch durch die Haut resorbiert! Schutzhandschuhe tragen!

In einem Rühr- oder Schüttelautoklaven wird 1 mol Nitroverbindung in der 10fachen Menge Lösungsmittel (Alkohole, Dioxan, Alkane) gelöst und mit 10% (bezogen auf die Nitroverbin-

---

[1]) *p*-Amino-phenol („Rodinal") und seine Derivate sind photographische Entwickler. Worauf beruht ihre reduzierende Wirkung?

dung) Raney-Nickel versetzt. Es wird bei Zimmertemperatur und 10 MPa (100 atm) Druck hydriert. Die Anwendung eines Lösungsmittels ist notwendig, um die hohe Reaktionswärme (553 kJ·mol[-1], 132 kcal·mol[-1]) abzuführen.

Aufarbeitung

Nach Abfiltrieren des Katalysators destilliert man das Lösungsmittel ab und fraktioniert den Rückstand unter Verwendung einer kurzen Vigreux-Kolonne im Vakuum.

B. Reduktion mit Hydrazin als Wasserstoffquelle

In einem Zweihalskolben (oder Rundkolben mit Anschütz-Aufsatz), der mit einem Rückflußkühler versehen ist, gibt man zu einem mol der Nitroverbindung (bzw. 0,5 mol der Dinitroverbindung), gelöst in der 10fachen Menge Alkohol, 2,5 mol Hydrazinhydrat (80- bis 100%ig)[1]. Die Lösung wird auf 30 bis 40 °C erwärmt und eine alkoholische Suspension von Raney-Nickel in kleinen Portionen zugegeben.[2] Der Reaktionsbeginn macht sich durch Stickstoffentwicklung bemerkbar. Man wartet mit der Zugabe der nächsten Katalysatormenge jeweils, bis die Gasentwicklung nachgelassen hat. Tritt bei weiterem Katalysatorzusatz keine Gasentwicklung mehr auf, erhitzt man noch eine Stunde unter Rückfluß, filtriert den Katalysator ab, entfärbt die Lösung mit wenig Aktivkohle und gewinnt das Amin unter Verwendung einer kurzen Vigreux-Kolonne durch Destillation im Vakuum bzw. durch Umkristallisieren.

Die Methode ist auch für Halbmikropräparationen und die qualitative Analyse geeignet.

Tabelle 8.11

Primäre Amine durch Reduktion aromatischer Nitroverbindungen

Produkt	Ausgangsverbindung	Vari-ante	Kp (bzw. F) in °C	n_D^{20}	Ausbeute in %
Anilin	Nitrobenzen	A, B	$69_{1,3(10)}$	1,5863	90
3-Brom-anilin	1-Brom-3-nitro-benzen	A, B	$130_{1,6(12)}$ $F\ 18$	1,6260	50
4-Amino-phenetol	4-Nitro-phenetol	A, B	$127_{1,1(8)}$ $F\ -2$		80
α-Naphthylamin	1-Nitro-naphthalen	A, B	$160_{1,6(12)}$ $F\ 90$		90
4-Chlor-anilin	1-Chlor-4-nitro-benzen	A	$130_{2,7(20)}$ $F\ 71$ (EtOH)		95
2-Chlor-anilin	1-Chlor-2-nitro-benzen	A, B	$115_{2,7(20)}$	1,5895	95
o-Toluidin	2-Nitro-toluen	A, B	$121_{10,7(80)}$	1,5728	70
p-Toluidin	4-Nitro-toluen	A, B	$84_{1,7(13)}$ $F\ 45$		70
3-Chlor-anilin	1-Chlor-3-nitro-benzen	A	$113_{2,4(18)}$	1,5930	70
2,4-Diamino-toluen	2,4-Dinitro-toluen	A, B	$149_{1,1(8)}$ $F\ 99$		80
3-Amino-benzophenon	3-Nitro-benzophenon	B	$F\ 87$ (EtOH)		80
3-Amino-benzaldehyd-ethylenacetal	3-Nitro-benzaldehyd-ethylenacetal	B	$123_{0,05(0,5)}$	1,5740	70

m-Nitranilin durch partielle Reduktion von *m*-Dinitro-benzen: HODGSON, H. H.; WARD, E. R., J. Chem. Soc. **1949**, 1316.

---

[1] Zur Konzentrierung stärker wasserhaltiger Lösungen von Hydrazinhydrat und zur Gehaltsbestimmung vgl. Reagenzienanhang.

[2] Man stelle sich etwa 5% Raney-Nickel, bezogen auf die Nitroverbindung, her. Bei Dinitroverbindungen benötigt man die doppelte Menge.

Reduktion aromatischer Nitroverbindungen zu primären Aminen mit Zinn und Salzsäure (Allgemeine Arbeitsvorschrift für die qualitative Analyse)

0,5 g Nitroverbindung werden mit 1,5 g feingranuliertem Zinn und 8 ml halbkonz. Salzsäure 1 Stunde unter Rückfluß gekocht. Nach dem Abkühlen gießt man von ungelöstem Metall ab, verdünnt mit 5 ml Wasser und ethert nicht umgesetztes Ausgangsmaterial und nichtbasische Nebenprodukte aus. Man gießt die wäßrige Phase schnell in überschüssige Natronlauge, nimmt das Amin mit Ether auf, trocknet mit festem Kaliumhydroxid und destilliert den Ether ab. Ist das Ausethern durch ausgefallene β-Zinnsäure erschwert, wird das Amin durch Wasserdampf-destillation abgetrennt. Zur Identifizierung kann das rohe Amin verwendet werden. Im Falle der Reduktion von sauren Nitroverbindungen (z.B. Nitrobenzoesäure) ist die Isolierung des Reduktionsprodukts durch Ausethern aus der alkalischen Lösung nicht möglich; die Amino-säuren bzw. Aminophenole können aber z.B. gleich in der alkalischen Lösung benzoyliert und nach dem Ansäuern durch Ausethern abgetrennt werden.

Äquivalentmassebestimmung von Aminen durch Titration mit Perchlorsäure[1])

0,5 g bis 1 g der Base werden nach dem Einwägen in 10 ml wasserfreiem Eisessig gelöst. Man titriert nach Zugabe einiger Tropfen Indikatorlösung mit 0,1 N Lösung von Perchlorsäure in Eisessig[2]) bis zum Farbumschlag. Kristallviolett als Indikator schlägt von Blau nach Grün, α-Naphtholbenzein von Gelb nach Grün um.

$$\text{Äquivalentmasse } E = \frac{a \cdot 1000}{b \cdot \text{N}}$$

a g Substanz; *b* ml Perchlorsäure; N Normalität der Säure

Die Reduktion aromatischer Nitroverbindungen ist die gebräuchlichste Methode zur Dar-stellung primärer aromatischer Amine, da diese im allgemeinen nicht durch Substitution aus den Arylhalogeniden hergestellt werden können (vgl. D.2.2.1.). In der aliphatischen Reihe sind die Nitroverbindungen schwerer zugänglich, außerdem können die aliphatischen Amine leicht aus Alkoholen bzw. Alkylhalogeniden und Ammoniak (vgl. D.2.6.4.) oder durch katalytische Hydrierung der Nitrile (vgl. D.7.3.2.) dargestellt werden.

Auch technisch werden aromatische Amine durch Reduktion der Nitroverbindungen gewonnen (vgl. D.5.1.3.). Man arbeitet dabei sowohl katalytisch als auch nach BECHAMP. Ein wichtiges Produkt ist Anilin, das zu Farbstoffen, Heilmitteln (Acetanilid, Sulfonamide, vgl. D.8.5.), Vulkanisationsbeschleunigern (z.B. Mercaptobenzothiazol) und Antioxidantien weiterverarbeitet wird. Zur technischen Verwendung von aro-matischen Aminen vgl. auch D.5.1.3.).

Wie die Nitroverbindungen lassen sich auch Nitroso- und Isonitrosoverbindungen (Oxime) zu Aminen reduzieren. Wegen der besonderen präparativen Bedeutung der acylierten Amino-malonester (vgl. D.7.1.4.3.) wird hier die Darstellung von Acetamidomalonester beschrieben.

Darstellung von Acetamidomalonsäurediethylester[3])

In einen Dreihalskolben mit Anschütz-Aufsatz, Rührer, Rückflußkühler und Innenthermome-ter werden zu einer Lösung von 0,15 mol der Additionsverbindung aus Isonitrosomalonsäure-diethylester und Natriumacetat in 250 ml Eisessig und 300 ml Acetanhydrid bei einer Anfangs-temperatur von 80 °C Zinkstaub in solchen Portionen zugegeben, daß die Reaktionstemperatur

---

[1]) Nach HOUBEN-WEYL. Bd. 2 (1953), S. 661.
[2]) Vgl. Reagenzienanhang.
[3]) Nach SHAW, K. N. F.; NOLAN, CH., J. Org. Chem. **22** (1957), 1668; vgl. ZAMBITO, A. J.; HOWE, E. E., Org. Synth., Coll. Vol. V (1973), 373.

stets 110 bis 115 °C beträgt. Nach dem Eintragen des Zinkstaubs erhitzt man noch 30 Minuten bei dieser Temperatur. Die noch heiße Lösung wird schnell, am besten über eine elektrisch beheizte Fritte, abgesaugt und der Rückstand mit 70 ml siedendem Eisessig gewaschen (Abzug!).

Man entfernt das Lösungsmittel im Vakuum (zum Schluß auf dem siedenden Wasserbad) und kocht den Rückstand gut mit Methylendichlorid aus. Der Extrakt wird mit gesättiger Natriumchloridlösung und dann mit Natriumhydrogencarbonatlösung gewaschen, mit Magnesiumsulfat getrocknet und das Lösungsmittel verdampft. Den zurückbleibenden rohen Ester kristallisiert man aus Isopropylalkohol um. F 97 °C; Ausbeute 80%.

Acetamidomalonsäurediethylester durch katalytische Hydrierung: VIGNAU, M., Bull. Soc. Chim. France **1952**, 638.

8.2.   Reaktionen der salpetrigen Säure

Die wichtigste Nitrosoverbindung ist die unbeständige salpetrige Säure. Die ihr analogen Carbonylverbindungen sind die Carbonsäuren. Wie diese Analogie erwarten läßt, ist die „Carbonylaktivität" der salpetrigen Säure gering, da die positive Partialladung des Stickstoffatoms der Nitrosogruppe durch den +M-Effekt der Hydroxylgruppe weitgehend kompensiert wird (vgl. D.7.).

Für eine schnelle Reaktion mit Basen ist daher eine Katalyse durch Säuren notwendig:

$$
\text{H–}\overline{\underline{\text{O}}}\text{–}\overline{\text{N}}\text{=}\overline{\underline{\text{O}}} + \text{H}^{\oplus} \rightleftharpoons
\begin{array}{c}
\text{H–}\overset{\oplus}{\overline{\text{O}}}\text{–}\overline{\text{N}}\text{=}\overline{\underline{\text{O}}} \\
\underset{\text{H}}{|}
\end{array}
\quad
\begin{cases}
\xrightarrow{+\text{NO}_2^{\ominus}} \text{H}_2\text{O} + \overline{\underline{\text{O}}}\text{=}\overline{\text{N}}\text{–}\overline{\underline{\text{O}}}\text{–}\overline{\text{N}}\text{=}\overline{\underline{\text{O}}} \\
\qquad\qquad\qquad \textbf{IV} \\
\xrightarrow{} \text{H}_2\text{O} + \overset{\oplus}{\overline{\text{N}}}\text{=}\overline{\underline{\text{O}}}
\end{cases}
\qquad [8.12]
$$

I   II   III

Sowohl in der Verbindung [8.12], II als auch in III und IV ist die Reaktionsbereitschaft gegenüber einem nucleophilen Angriff erhöht. Man begründe das!

Unter sauren Bedingungen besitzt die salpetrige Säure eine größere Reaktivität als die Carbonsäuren. Sie reagiert z. B. mit CH-aciden Verbindungen zu Isonitrosoverbindungen (Oximen) (vgl. D.8.2.3.). Die analoge Reaktion mit Carbonsäuren gelingt dagegen nicht.

Im folgenden werden die sauer katalysierten Umsetzungen der salpetrigen Säure der Einfachheit halber über das Nitrosylkation [8.12], III formuliert.

Welches der angegebenen Produkte [8.12], II, III, IV als Nitrosierungsmittel reagiert, hängt von der Säurekonzentration der Lösung ab. (Über den Mechanismus der Diazotierung vgl. Literaturhinweise in D.8.6.).

8.2.1.   Reaktionen der salpetrigen Säure mit Aminoverbindungen

Achtung! Bei der Umsetzung von salpetriger Säure mit aliphatischen Aminen bzw. Aminabkömmlingen entstehen z. T. Verbindungen (Nitrosamine, Nitrosamide, Diazoalkane), die krebserregend sind. Beim Umgang mit diesen Substanzen ist äußerste Vorsicht und Sorgfalt geboten. Immer unter dem Abzug arbeiten und Schutzhandschuhe tragen!

Primäre Amine reagieren mit salpetriger Säure zunächst gemäß [8.13] zu einer Nitrosoverbindung. Da in [8.13], III am Aminstickstoff noch ein Wasserstoff zur Verfügung steht, lagert sich die Verbindung in die Isonitrosoform IV (Diazohydroxid) um:

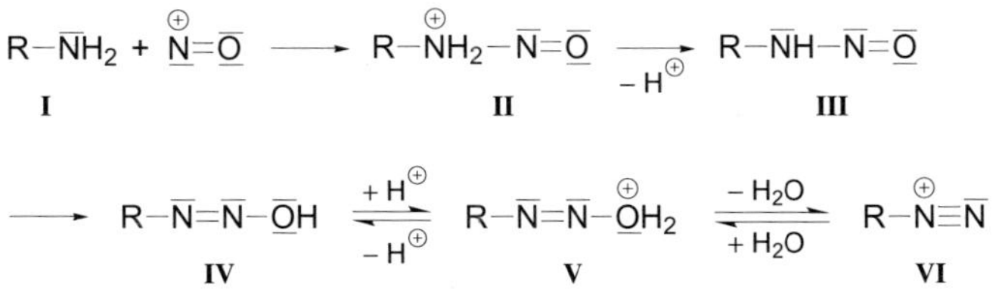

$$R-\overline{N}H_2 + \overset{\oplus}{\underline{N}}=\overline{\underline{O}} \longrightarrow R-\overset{\oplus}{N}H_2-\overline{N}=\overline{\underline{O}} \xrightarrow{-H^{\oplus}} R-\overline{N}H-\overline{N}=\overline{\underline{O}}$$

$$\quad\text{I} \qquad\qquad\qquad\text{II} \qquad\qquad\qquad\text{III}$$

$$\longrightarrow R-\overline{N}=\overline{N}-\overline{\underline{O}}H \underset{-H^{\oplus}}{\overset{+H^{\oplus}}{\rightleftharpoons}} R-\overline{N}=\overline{N}-\overset{\oplus}{\underline{O}}H_2 \underset{+H_2O}{\overset{-H_2O}{\rightleftharpoons}} R-\overset{\oplus}{\underline{N}}\equiv\overline{N}$$

$$\quad\text{IV} \qquad\qquad\qquad\text{V} \qquad\qquad\qquad\text{VI}$$

[8.13]

Unter den bei der Umsetzung notwendigen sauren Bedingungen spaltet das Diazohydroxid IV unter Aufnahme eines Protons Wasser ab, und es bildet sich das Diazoniumkation VI. In ihm ist die Struktur des molekularen Stickstoffs bereits vorgebildet. Daher eliminieren Diazoniumsalze sehr leicht Stickstoff, vor allem, wenn die Diazoniumgruppe nicht in Konjugation mit einem mesomeriefähigen System steht bzw. das Kation nicht leicht in ein solches übergehen kann.

In Abhängigkeit von der Struktur des Amins gehen deshalb die intermediär gebildeten Diazoniumionen unterschiedliche Folgereaktionen ein:

Geht man von *aliphatischen primären Aminen* aus (R = Alkyl), so spalten die entsprechenden Alkyldiazoniumionen schon weit unter 0 °C Stickstoff ab. Das verbleibende Carbeniumion stabilisiert sich in der üblichen Weise (vgl. D.2.1.1.), d.h., es wird durch das Lösungsmittel (meist Wasser) nucleophil substituiert ([8.14]), teilweise geht es auch durch Abgabe eines Protons in ein Olefin über. Vorher kann sich das Carbeniumion zu einem energieärmeren Ion isomerisieren, so daß z. B. aus n-Propylamin überwiegend Isopropylalkohol entsteht:[1])

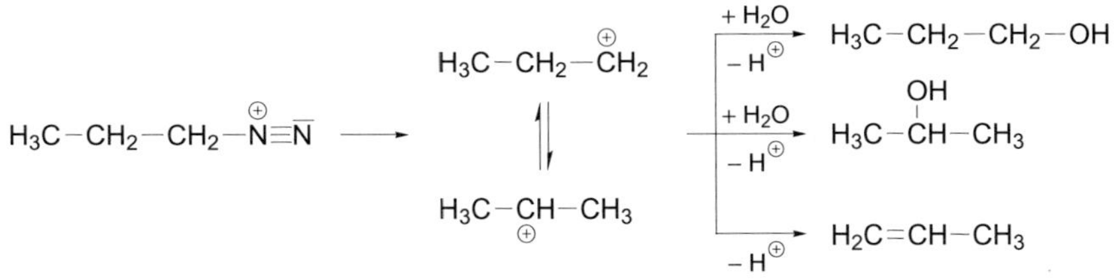

$$H_3C-CH_2-CH_2-\overset{\oplus}{N}\equiv\overline{N} \longrightarrow \begin{matrix} H_3C-CH_2-\overset{\oplus}{C}H_2 \\[6pt] \updownarrow \\[6pt] H_3C-\overset{\oplus}{C}H-CH_3 \end{matrix} \begin{matrix} \xrightarrow[-H^{\oplus}]{+H_2O} H_3C-CH_2-CH_2-OH \\[10pt] \xrightarrow[-H^{\oplus}]{+H_2O} H_3C-\overset{\overset{OH}{|}}{C}H-CH_3 \\[10pt] \xrightarrow{-H^{\oplus}} H_2C=CH-CH_3 \end{matrix}$$

[8.14]

Ganz analog werden primäre Säureamide durch salpetrige Säure desaminiert, wobei Carbonsäuren entstehen (Methode zur schonenden „Verseifung" von Säureamiden).

Bei der Umsetzung von *α-Amino-säureestern* und *α-Amino-ketonen* tritt bei tiefen Temperaturen keine Desaminierung ein, sondern aus der durch die Carbonylgruppe aktivierten α-Stellung wird ein Proton abgespalten, und es entstehen α-Diazo-ester bzw. -ketone.

Die Reaktion sei am wichtigen Beispiel des Glycinesters formuliert:

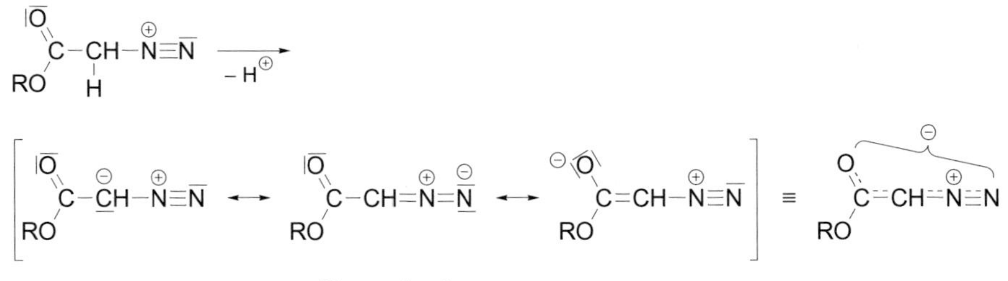

$$\underset{RO}{\overset{\overline{\underline{O}}}{\diagdown}}C-\underset{\underset{H}{|}}{C}H-\overset{\oplus}{N}\equiv\overline{N} \xrightarrow{-H^{\oplus}}$$

$$\left[\underset{RO}{\overset{\overline{\underline{O}}}{\diagdown}}C-\overset{\ominus}{C}H-\overset{\oplus}{N}\equiv\overline{N} \longleftrightarrow \underset{RO}{\overset{\overline{\underline{O}}}{\diagdown}}C-CH=\overset{\oplus}{N}=\overset{\ominus}{\overline{N}} \longleftrightarrow \underset{RO}{\overset{\overset{\ominus}{\overline{\underline{O}}}}{\diagdown}}C=CH-\overset{\oplus}{N}\equiv\overline{N} \right] \equiv \underset{RO}{\overset{O}{\diagdown}}C{\cdots}\overset{\ominus}{CH}{\cdots}\overset{\oplus}{N}{\equiv}N$$

[8.15]

Diazoessigester

Es entsteht ein über das ganze Molekül reichendes konjugiertes System mit weitgehender Elektronendelokalisation, so daß diese Diazoverbindung relativ beständig ist.

---

[1]) In geringem Umfang (4 bis 5%) bildet sich auch Cylopropan.

α-Diazo-ketone und Diazomalonester (vgl. [8.16]) sind noch stabiler als die α-Diazo-carbon-säureester (warum?).

$$
\underset{\substack{R \quad R'}}{\overset{\displaystyle O}{\underset{\displaystyle C-C-N\equiv\overline{N}}{\|}}}
\qquad
\underset{\substack{ROOC}}{\overset{\displaystyle ROOC}{\underset{\ominus}{C}}}\overset{\oplus}{N}\equiv\overline{N}
\qquad\qquad [8.16]
$$

Diazoketon   Diazomalonester

Diazoketone lassen sich auch auf andere Weise (durch Umsetzung von Säurechloriden und Diazomethan, vgl. D.8.4.2.2., bzw. durch „Diazogruppenübertragung" unter Verwendung von methylenaktiven Verbindungen und reaktionsfähigen organischen Aziden) darstellen. Man informiere sich hierzu auch in der am Ende des Kapitels angegebenen Literatur.

Die bei der Umsetzung *primärer aromatischer Amine* mit salpetriger Säure (Diazotierung) entstehenden Diazoniumsalze sind infolge der Konjugation der Diazoniumgruppe mit dem aromatischen Kern verhältnismäßig beständig. Beim Erwärmen zerfallen auch sie in gleicher Weise wie die Alkyldiazoniumionen (s. D.8.3.1.).

Man führt die Diazotierung im allgemeinen in wäßriger Lösung durch und erzeugt dabei die salpetrige Säure aus Natriumnitrit durch Zusatz von Mineralsäuren. Die erhaltenen Diazo-niumsalze werden gewöhnlich nicht isoliert, sondern in Lösung weiterverarbeitet.

Da die Basizität aromatischer Amine um Größenordnungen niedriger ist als die der alipha-tischen Amine, hat die Aktivierung der salpetrigen Säure durch Mineralsäuren (vgl. [8.12]) bei der Diazotierungsreaktion besondere Bedeutung. Außerdem ist ein Säureüberschuß notwen-dig, um die Kupplung des entstandenen Diazoniumsalzes mit noch nicht umgesetztem freiem Amin zu verhindern (Triazenbildung, vgl. [8.33]). Dennoch kann *nur* das im Protonierungs-gleichgewicht vorliegende *freie* Amin als Additionspartner der salpetrigen Säure fungieren.

Primäre aromatische Amine, deren Basizitäten in der Größenordnung des Anilins liegen, kann man im allgemeinen in verdünnten Mineralsäuren (2,5 bis maximal 3 Säureäquivalente pro mol Amin und Natriumnitrit) diazotieren. Schwächer basische Amine erfordern höhere Säurekonzen-trationen. Beispielsweise muß 2,4,6-Trinitro-anilin, dessen Aminogruppe nur noch angenähert die Basizität eines Carbonsäureamids besitzt, in konz. Schwefelsäure diazotiert werden.

Für schwach basische und deshalb schwer diazotierbare Amine und zur Tetrazotierung von Diaminen hat sich das Arbeiten mit „Nitrosylschwefelsäure" bewährt. Meist wird das Amin in Eisessig gelöst und zur gut gerührten „Nitrosylschwefelsäure" zugetropft. In anderen Fällen ist auch die in der folgenden Allgemeinen Arbeitsvorschrift angegebene Variante B anwendbar. Für die Diazotierung von Aminen mit sauren Gruppen, z. B. –SO₃H, empfiehlt es sich, zu einer Lösung ihrer Natriumsalze und Natriumnitrit die Säure zuzugeben.

Feste Diazoniumsalze erhält man, wenn man in wasserfreien, sauren Lösungen (chlorwas-serstoffhaltiger Eisessig, absoluter Alkohol) mit Salpetrigsäureestern (vgl. D.8.2.2.) diazotiert und die Salze mit Ether ausfällt. Die Salze sind in trockenem Zustand hochexplosiv und gegen Schlag und Hitze empfindlich! Ihre Darstellung als Chloride sollte unterbleiben!

Vorteilhafter ist die Darstellung der stabileren Diazoniumtetrafluoroborate, die bei der Diazo-tierung in 40%iger Tetrafluorborwasserstoffsäure als schwerlösliche Salze anfallen. Man kann sie auch durch Zugabe einer Lösung von Ammonium- oder Natriumtetrafluoroborat zur Diazonium-chloridlösung erhalten. Wird Ammoniumhexafluorophosphat zur Diazoniumchloridlösung gege-ben, lassen sich die stabilen Diazoniumhexafluorophosphate ausfällen und gewinnen.

Darstellung von *Arendiazoniumtetrafluoroboraten*: DUNKER, M. F. W.; STARKEY, E. B.; JEN-KINS, G. L., J. Am. Chem. Soc. **58** (1936), 2308.

Allgemeine Arbeitsvorschrift zur Darstellung von Lösungen diazotierter aromatischer Amine

A. Diazotierung mit Natriumnitrit

In einem Kolben oder Becherglas löst man unter Zutropfen (Flüssigkeiten) bzw. portionsweiser Zugabe (Feststoffe; vorher gut pulverisieren!) 1 mol primäres aromatisches Amin in 2½ bis 3 mol halbkonz. Salzsäure bzw. Bromwasserstoffsäure oder drittelkonzentrierter Schwefelsäure[1]), wobei die Temperatur 50 °C nicht überschreiten soll. Danach wird die Lösung in einer Eis-Kochsalz-Mischung unter kräftigem Rühren schnell auf 0 °C abgekühlt und die dem Amin äquivalente Menge[1]) einer 2,5molaren wäßrigen Natriumnitrit so zugetropft, daß die Temperatur nicht über 5 °C steigt. Gegen Ende der Zugabe der Nitritlösung prüft man mit Iodidstärkepapier (Tüpfeln, Blaufärbung) auf freie salpetrige Säure. Man gibt Nitritlösung zu, bis der Nachweis 5 Minuten nach Zugabe noch positiv ausfällt. Überschüssige salpetrige Säure wird durch wenig Sulfamidsäure beseitigt, da sie bei weiteren Umsetzungen stören kann. Tritt bei der Auflösung des Amins in der Mineralsäure eine Konzentrationsfällung ein oder läßt sich das Amin nicht vollständig in das Salz überführen, diazotiert man unter Rühren in Suspension. Eine möglichst feinkristalline Suspension erhält man durch Lösen des ausgefallenen Salzes in der Hitze und rasches Abkühlen unter intensivem Rühren (s. oben). Da die heterogene Reaktion langsamer verläuft, ist eine gute Durchmischung notwendig.

Diese Vorschrift ist zur Durchführung im Halbmikromaßstab geeignet.

B. Diazotierung mit „Nitrosylschwefelsäure" (Nitrosylhydrogensulfat)

In 10 ml konz. Schwefelsäure trägt man portionsweise 0,01 mol feingepulvertes Natriumnitrit unter gutem Rühren und Kühlen so ein, daß die Temperatur 10 °C nicht übersteigt und sich keine nitrosen Gase bilden; man läßt anschließend 10 Minuten bei 15 bis 20 °C unter Wasserkühlung weiterrühren und erwärmt danach unter ständigem Rühren auf 70 °C. Wenn eine klare Lösung entstanden ist, läßt man abkühlen und trägt unter Rühren und weiterer Kühlung 0,01 mol des gut gepulverten schwach basischen Amins langsam ein. Dabei wird die Temperatur zwischen 10 und 20 °C gehalten und anschließend noch 3 Stunden bei Zimmertemperatur nachgerührt. Zur Zerstörung von überschüssigem Nitrit setzt man eine Spatelspitze Harnstoff oder Sulfamidsäure zu und läßt etwa 30 Minuten stehen.

Mit *secundären Aminen* reagiert die salpetrige Säure zu Nitrosaminen:

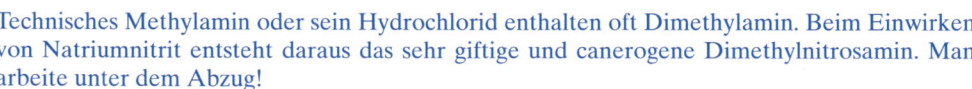

[8.17]

Aus *N*-monosubstituierten (secundären) Säureamiden entstehen in analoger Weise die Nitrosamide. Man formuliere diesen Vorgang am *N*-Methyl-harnstoff! Warum reagiert die methylierte Aminogruppe schneller als die unsubstituierte mit der salpetrigen Säure?

N-Nitroso-alkylamide besitzen Bedeutung zur Darstellung der Diazoalkane (D.8.4.1.).

Darstellung von *N*-Methyl-*N*-nitroso-harnstoff

Achtung! N-Methyl-N-nitroso-harnstoff wird in einer dunklen Flasche im Kühlschrank aufbewahrt, da er bei Licht- und Wärmeeinwirkung unter Feuererscheinung verpuffen kann.

Technisches Methylamin oder sein Hydrochlorid enthalten oft Dimethylamin. Beim Einwirken von Natriumnitrit entsteht daraus das sehr giftige und canerogene Dimethylnitrosamin. Man arbeite unter dem Abzug!

---

[1]) Bei Diazotierung von Polyaminen sind die Mengenverhältnisse entsprechend der Zahl der Aminogruppen zu berechnen.

5 mol Methylaminhydrochlorid und 5 mol Harnstoff werden in 400 ml Wasser gelöst und unter Rückfluß 3 Stunden erhitzt. Nach dem Zulösen von 1,6 mol Natriumnitrit läßt man die auf –10 °C abgekühlte Lösung in eine mit Eis-Kochsalz-Mischung abgekühlte Mischung von 600 g Eis und 110 g konz. Schwefelsäure unter Rühren langsam einfließen. Die sich abscheidende Nitrosoverbindung wird abgesaugt und mit Eiswasser gewaschen. *F* 124 °C (Z.); Ausbeute 80%; Reinigung durch Umkristallisieren aus Methanol. Zur Darstellung von Diazomethan wird das anfallende Rohprodukt eingesetzt.

Um welchen Reaktionstyp handelt es sich bei der zunächst erfolgenden Bildung des Methylharnstoffs aus Methylamin und Harnstoff? Begründen Sie den großen Harnstoffüberschuß!

Darstellung von *N-Methyl-N-nitroso-toluensulfonamid*: DE BOER, TH. J.; BACKER, H. J., Org. Synth., Coll. Vol. IV (1963), 943.

Tertiäre aliphatische Amine reagieren unter stark sauren Bedingungen (pH < 2) und bei Zimmertemperatur im allgemeinen nicht oder nur sehr langsam mit salpetriger Säure. Im schwach sauren oder neutralen Bereich und bei erhöhter Temperatur werden sie dagegen angegriffen. Unter Entalkylierung bildet sich das Nitrosamin, während der abgespaltene Alkylrest zum Aldehyd oxidiert wird. Benzylreste werden leichter abgespalten als Alkylgruppen.

Analytisch nutzt man die Reaktion von salpetriger Säure mit Aminen, um aliphatische von aromatischen Aminen zu unterscheiden. Letztere sind diazotierbar und lassen sich durch Kupplungsreaktionen nachweisen (vgl. D.8.3.3.). Die Trennung und der qualitative Nachweis der secundären Amine neben primären und tertiären gelingt ebenfalls durch Umsetzung mit salpetriger Säure. Wirkt sie auf ein Gemisch von primären, secundären und tertiären Aminen ein, werden die primären Amine desaminiert, die tertiären bleiben unverändert; die aus den secundären Aminen entstehenden gelben Nitrosamine sind wasserdampfflüchtig und löslich in Ether. Durch Erhitzen mit Säure werden sie in salpetrige Säure und secundäre Amine zurückgespalten. Aromatische Nitrosamine neigen zur Umlagerung in *p*-Nitrosoarylamine.

Bei der Desaminierung primärer Amine mit salpetriger Säure wird Stickstoff frei, der sich volumetrisch bestimmen läßt. Darauf beruht die Methode nach VAN SLYKE zur quantitativen Bestimmung von Verbindungen, die eine primäre Aminogruppe enthalten (aliphatische und aromatische Amine, Aminosäuren, primäre Amide).

8.2.2.   Reaktionen der salpetrigen Säure mit Alkoholen (Veresterung)

In einer der Umsetzung mit secundären Aminen analogen Reaktion bildet salpetrige Säure mit Alkoholen Salpetrigsäureester:

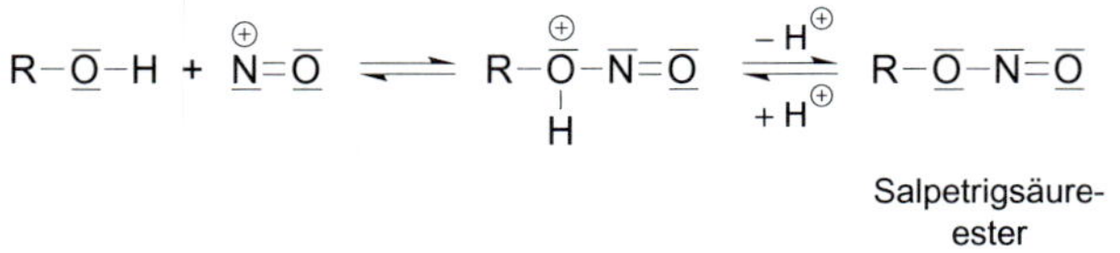

$$R-\overline{\underline{O}}-H + \overset{\oplus}{\underline{N}}=\overline{\underline{O}} \;\rightleftharpoons\; R-\overset{\oplus}{\underset{\underset{H}{|}}{\overline{\underline{O}}}}-N=\overline{\underline{O}} \;\underset{+H^{\oplus}}{\overset{-H^{\oplus}}{\rightleftharpoons}}\; R-\overline{\underline{O}}-\overline{\underline{N}}=\overline{\underline{O}} \qquad\qquad [8.18]$$

Salpetrigsäure-
ester

Die Veresterung der salpetrigen Säure verläuft wesentlich rascher als die von Carbonsäuren, ebenso die Hydrolyse der Salpetrigsäureester.

Die Salpetrigsäureester werden vielfach an Stelle der freien Säure für Nitrosierungen verwendet, z. B. wenn man nicht im wäßrigen Medium arbeiten will (vgl. D.8.2.1., Darstellung fester Diazoniumsalze) oder alkalische Reaktionsbedingungen erforderlich sind (vgl. D.8.2.3., Nitrosierung CH-acider Verbindungen).

Darstellung von Isopentylnitrit

> *Vorsicht!* Das Einatmen von Dämpfen der Salpetrigsäureester führt zu einer starken Erweiterung der peripheren Blutgefäße (Blutandrang zum Kopf).

In einem Becherglas wird 1 mol Isopentylalkohol mit einer Lösung von 1,1 mol Natriumnitrit in 140 ml Wasser versetzt und unter Rühren auf 0 °C abgekühlt (Eis-Kochsalz-Mischung). Aus einem Tropftrichter läßt man zur Reaktionsmischung langsam unter gutem Rühren 90 ml konz. Salzsäure zufließen, wobei die Temperatur nicht über 5 °C steigen darf. Man gießt das Reaktionsgemisch in einen 1-l-Scheidetrichter, schüttelt mit 400 ml Wasser durch, trennt die wäßrige Schicht ab, wäscht mit verd. Sodalösung und dann noch mehrmals mit Wasser. Das abgetrennte Reaktionsprodukt wird mit wenig Calciumchlorid getrocknet und im Vakuum unter Verwendung einer Tiefkühlvorlage destilliert. $Kp_{8,0(50)}$ 30 °C; Ausbeute 75%; gelbes Öl.

8.2.3. Reaktionen der salpetrigen Säure mit CH-aciden Verbindungen

Auch CH-acide Verbindungen können mit salpetriger Säure reagieren. Es handelt sich um den gleichen Reaktionstyp wie bei der sauer katalysierten Aldolreaktion (vgl. [7.104]). Die Reaktion ist auf die reaktionsfähigeren Methylenkomponenten beschränkt (mindestens eine Oxo-, Nitro-, zwei Carboxyl- oder Estergruppen in α-Stellung):

$$
\begin{array}{c}
\overset{O}{\underset{}{\overset{\|}{>}}}C-\overset{|}{\underset{|}{C}}-H \underset{-H^{\oplus}}{\overset{+H^{\oplus}}{\rightleftharpoons}} \overset{HO}{\underset{}{>}}C=C< + \overset{\oplus}{\underset{}{N}}=\overline{O} \longrightarrow \overset{HO}{\underset{}{\overset{\oplus}{>}}}C-\overset{|}{\underset{|}{C}}-\underline{N}\overset{\overline{O}|}{} \xrightarrow{-H^{\oplus}} \overset{O}{\underset{}{\overset{\|}{>}}}C-\overset{|}{\underset{|}{C}}-\underline{N}\overset{O}{\underset{}{\overset{\|}{}}}
\end{array}
\qquad [8.19]
$$

Wenn sich an dem der Nitrosogruppe benachbarten C-Atom noch ein Wasserstoffatom befindet, wandelt sich die gebildete Nitrosoverbindung sofort entsprechend [8.3] in die Isonitrosoverbindung um.

Bei wenig aktiven Methylenkomponenten muß die Reaktion durch starke Basen (Alkalialkoholate) erzwungen werden. In diesem Falle kann man natürlich nicht mehr die salpetrige Säure selbst einsetzen (warum?), sondern verwendet ihre Ester. Die Umsetzung ist damit der Claisen-Esterkondensation analog. Man formuliere die Reaktion!

Darstellung von Isonitrosomalonsäurediethylester[1])

Zu 1 mol frisch destilliertem Malonsäurediethylester in 170 ml Eisessig werden bei 0 °C 3 mol Natriumnitrit, in 250 ml Wasser gelöst, unter intensivem Rühren innerhalb von 3 bis 4 Stunden zugetropft. Danach wird die Mischung weitere 10 Stunden bei Zimmertemperatur gerührt. Den Isonitrosomalonsäurediethylester extrahiert man zunächst mit 400 ml und anschließend dreimal mit 100 ml Methylendichlorid. Die vereinigten Extrakte werden mit Magnesiumsulfat getrocknet und mit 10 g festem Natriumhydrogencarbonat durchgeschüttelt (Vorsicht, Kohlendioxidentwicklung!). Nach dem Abklingen der Gasentwicklung filtriert man die Lösung, versetzt mit 20 g gepulvertem wasserfreiem Natriumacetat und erhitzt 10 Minuten unter Rückfluß. Die filtrierte Lösung wird auf die Hälfte ihres Volumens eingeengt, bis zur Trübung mit trockenem Petrolether verdünnt und zur Kristallisation über Nacht in den Kühlschrank gestellt. Man isoliert die Additionsverbindung von 3 mol Isonitrosomalonsäurediethylester mit 1 mol Natriumacetat. Ausbeute 75%; F 88 °C.

Präparative Anwendung findet die Nitrosierung CH-acider Verbindungen zur Darstellung von α-Amino-carbonylverbindungen (durch Reduktion) und α-Dicarbonylverbindungen (durch Hydrolyse der gebildeten Monoxime).

---

[1]) als Additionsverbindung mit 1/3 mol Natriumacetat nach SHAW, K. N. F.; NOLAN, CH., J. Org. Chem. 22 (1957) 1668

Die Reduktion des Isonitrosomalonsäureesters unter gleichzeitiger Acylierung der gebildeten Aminoverbindungen zum Acetamido- bzw. Formamidomalonsäurediethylester (präparative Durchführung vgl. D.8.1.) ist für die Synthese von α-Aminocarbonsäuren bedeutungsvoll (vgl. Tryptophansynthese, [7.68], [7.146]).

Wie kann man Diacetyl aus Ethylmethylketon herstellen?

Eine analytische Anwendung der Reaktion von salpetriger Säure mit CH-aciden Verbindungen ist die Trennung bzw. Unterscheidung aliphatischer primärer und secundärer Nitroverbindungen über die Nitrolsäuren bzw. Pseudonitrole: Die farblosen Nitrolsäuren sind in Alkalien unter Bildung tiefrot gefärbter Salze löslich; die blaugrünen Pseudonitrole bilden keine Salze.

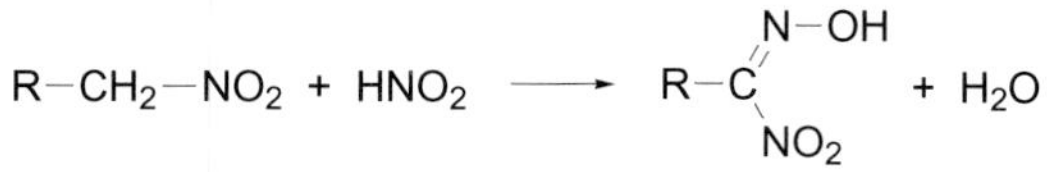

$$R-CH_2-NO_2 + HNO_2 \longrightarrow R-C\begin{smallmatrix} N-OH \\ \\ NO_2 \end{smallmatrix} + H_2O \qquad [8.20]$$

Nitrolsäure

$$\begin{smallmatrix} R \\ \\ R' \end{smallmatrix}CH-NO_2 + HNO_2 \longrightarrow \begin{smallmatrix} R \\ \\ R' \end{smallmatrix}C\begin{smallmatrix} N=O \\ \\ NO_2 \end{smallmatrix} + H_2O \qquad [8.21]$$

Pseudonitrol

8.3.   Reaktionen der Diazoniumsalze

Die durch die Diazotierung aromatischer primärer Amine erhaltenen Diazoniumsalze können entweder unter Verlust und Substitution der Diazoniumgruppe durch andere Reste oder unter Erhalt der N-N-Gruppierung reagieren.

8.3.1.   Verkochung und Reduktion

Aromatische Diazoniumsalze verlieren beim Erhitzen bzw. bei der Bestrahlung mit ultraviolettem Licht elementaren Stickstoff. In wäßriger Lösung entstehen dabei über ein intermediär gebildetes Phenylkation[1] bevorzugt Phenole. Werden chlorid- bzw. bromidhaltige Lösungen verkocht, treten in geringem Umfang halogenierte Aromaten als Nebenprodukte auf. Präparativ glatt läßt sich von den Halogenen das Fluorid einführen, indem feste Diazoniumtetrafluoroborate unter Zusatz inerter Verdünnungsmittel thermolysiert werden (*Schiemann-Reaktion*):

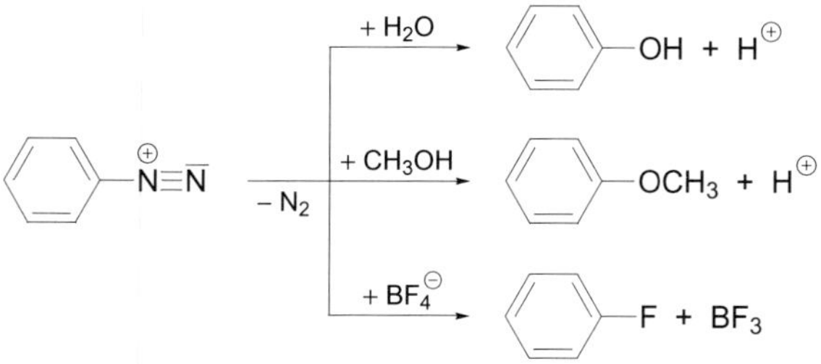

$$\begin{array}{c} \xrightarrow{+ H_2O} \quad C_6H_5-OH + H^{\oplus} \\ C_6H_5-N\equiv\bar{N}^{\oplus} \xrightarrow[-N_2]{+ CH_3OH} \quad C_6H_5-OCH_3 + H^{\oplus} \qquad [8.22] \\ \xrightarrow{+ BF_4^{\ominus}} \quad C_6H_5-F + BF_3 \end{array}$$

Zur Darstellung weiterer Halogenaromaten aus Diazoniumsalzen vgl. D.8.3.2.

---

[1] Diese Reaktion entspricht der Zersetzung von aliphatischen Diazoniumsalzen, erfolgt aber wegen der höheren Stabilität der Arendiazoniumionen im allgemeinen nicht mehr spontan bei Raumtemperatur.

Beim Verkochen der Diazoniumsalze in Alkoholen läuft neben der Substitution zu den Alkylarylethern die Reduktion der Diazoniumsalze zu Kohlenwasserstoffen als Konkurrenzreaktion ab. Sie wird in cyclischen Ethern (Dioxan, Tetrahydrofuran u. a.) oder auch in Dimethylformamid zur Hauptreaktion (Meerwein-Reduktion). Der Wasserstoff wird dabei in einer Radikalkettenreaktion auf den Arylrest übertragen:

$$\text{Ar}{-}\overset{\oplus}{\text{N}}{\equiv}\text{N} + e^{\ominus} \longrightarrow \text{Ar}^{\cdot} + \text{N}_2 \quad^{*)} \qquad\qquad [8.23a]$$

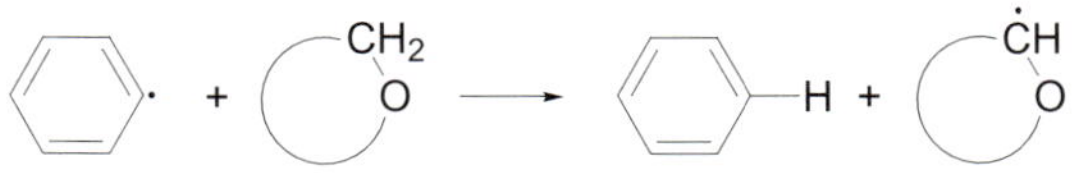

$$\qquad\qquad [8.23b]$$

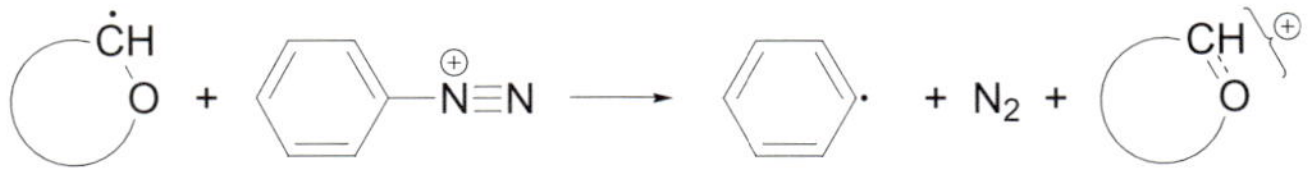

$$\qquad\qquad [8.23c]$$

Gegenüber dieser Reaktion erscheint die ältere Methode zur Überführung von Diazoniumsalzen in die entsprechenden aromatischen Kohlenwasserstoffe mit alkalischer Stannitlösung weniger zweckmäßig.

Die Ausbeuten an Phenol beim Verkochen von Diazoniumsalzen sind niedrig. Man stellt Phenole auf diese Weise hauptsächlich dann her, wenn man sie frei von Isomeren erhalten will oder wenn sie auf anderem Wege nicht zugänglich sind.

Allgemeine Arbeitsvorschrift zur Verkochung von Diazoniumsalzlösungen zu Phenolen (Tab. 8.24)

Eine nach der allgemeinen Arbeitsvorschrift in D.8.2.1. (Variante A) erhaltene Diazoniumsalzlösung, dargestellt aus 0,5 mol Amin, wird auf dem siedenden Wasserbad erhitzt, bis die Stickstoffentwicklung abgeklungen ist. Danach destilliert man das entstandene Phenol mit Wasserdampf über, bis ein Tropfen des übergehenden Destillats keine positive Eisen(III)-chloridreaktion mehr gibt. Das Destillat wird mit Natriumchlorid gesättigt und das Phenol ausgeethert. Die vereinigten Etherphasen werden mit Magnesiumsulfat getrocknet, der Ether wird abdestilliert und das Phenol durch Vakuumdestillation gewonnen.

Diese Vorschrift ist zur Halbmikropräparation geeignet.

Tabelle 8.24

Phenole durch Verkochen von Diazoniumsalzlösungen

Phenol	Amin	Kp in °C	F in °C	Ausbeute in %
Phenol	Anilin	$74_{1,3(10)}$	43	60
m-Cresol	*m*-Toluidin	$86_{2,0(15)}$	(n_D^{20} 1,5364)	60
o-Cresol	*o*-Toluidin	$93_{3,1(23)}$	31	60
p-Cresol	*p*-Toluidin	$96_{2,0(15)}$	36	60
m-Chlor-phenol	*m*-Chlor-anilin	$55_{0,4(3)}$	32	65
p-Chlor-phenol	*p*-Chlor-anilin	$88_{0,7(5)}$	42	60

---

*) Die Startreaktion kann durch Spuren von Metallionen niedriger Wertigkeitsstufe oder durch die eingesetzten Puffersysteme ausgelöst werden.

Tabelle 8.24 (Fortsetzung)

Phenol	Amin	Kp in °C	F in °C	Ausbeute in %
m-Hydroxy-benzaldehyd[1])	*m*-Amino-benzaldehyd	$168_{2,3(17)}$	108 (W.)	55
Guajacol[2])	*o*-Anisidin	$105_{3,3(25)}$	30	50

[1]) Die verkochte Diazoniumsalzlösung filtriert man heiß, kocht die Schmieren mit Wasser aus und extrahiert den nicht wasserdampfflüchtigen Aldehyd aus den vereinigten Filtraten mit Ether.

[2]) Zur Diazoniumsalzlösung gibt man in der Kälte 300 ml konz. Schwefelsäure pro mol Amin und erhitzt im Metallbad auf 125 bis 130 °C Innentemperatur. Bei dieser Temperatur destilliert man das Guajacol kontinuierlich mit Wasserdampf über.

Außer zu Kohlenwasserstoffen lassen sich Diazoniumsalze auch unter Erhalt des Stickstoffs im Molekül reduzieren. Der Wasserstoff lagert sich dabei an die N-N-Mehrfachbindung an, und man erhält Arylhydrazine; als Reduktionsmittel dienen Natriumsulfit, auch Zink in Eisessig oder Zinn(II)-chlorid in salzsaurer Lösung (vgl. aber oben: Reduktion zu Kohlenwasserstoffen mit Stannitlösung).

Die Reduktion von Benzendiazoniumchlorid mit Natriumsulfit zu Phenylhydrazin ist folgendermaßen zu formulieren:

$$\left[\text{Ph}-\overset{\oplus}{N}\equiv N \right] Cl^{\ominus} + Na_2SO_3 \xrightarrow{-NaCl} \left[\text{Ph}-\overset{\oplus}{N}\equiv N \right] SO_3Na^{\ominus} \longrightarrow \text{Ph}-N=N-SO_3Na$$

Natrium-benzendiazosulfonat   [8.25]

$$\xrightarrow{+ H_2SO_4} \text{Ph}-\underset{SO_3H}{N}-\overset{H}{N}-SO_3Na \xrightarrow{+ 2 H_2O} \text{Ph}-NH-NH_2 + H_2SO_4 + NaHSO_4$$

Allgemeine Arbeitsvorschrift zur Darstellung von Arylhydrazinen (Tab. 8.26)

Achtung! Arylhydrazine sind stark giftig und verursachen schmerzhafte Hautausschläge! Die Präparation ist unter einem gut ziehenden Abzug durchzuführen! Schutzhandschuhe tragen!.

Variante A

1. Darstellung der Natriumsulfitlösung

In eine Lösung von 50 g (1,25 mol) Natriumhydroxid in 375 ml Wasser leitet man SO$_2$ ein, bis ein pH-Wert von 6,0 bis 6,5 erreicht ist. (Tüpfeln mit pH-Papier!)

2. Reduktion der Arendiazoniumchloridlösung

In einem 1-l-Becherglas, versehen mit Rührer und Tropftrichter, gibt man zur Natriumsulfitlösung portionsweise und unter Rühren die gekühlte, aus 0,1 mol Amin dargestellte Diazoniumchloridlösung (Darstellung D.8.2.1., Variante A). Nach jeder Zugabe prüft man den pH-Wert der Lösung und tropft soviel 30%ige Natronlauge zu, daß der pH-Wert zwischen 6,0 und 6,8 gehalten wird. Nach beendeter Zugabe der Arendiazoniumsalzlösung stellt man den pH-Wert auf 6,5 ein, überführt die rotgefärbte Diazosulfonatlösung in einen 1-l-Rundkolben und erhitzt bis zur Entfärbung unter Rückfluß (2 bis 4 Stunden). Dabei stellt man mittels Salzsäure in Abständen von 40 Minuten in der heißen Lösung den pH-Wert auf etwa 6,5 ein. Nach dem Abkühlen wird die Reaktionslösung unter Rühren in konz. Salzsäure (ca. die Hälfte des Volumens der Reaktionslösung) eingegossen, wobei das Arylhydrazinhydrochlorid ausfällt. Durch Abkühlen auf 0 °C und 3stündiges Stehen bei dieser Temperatur wird die Kristallisation vervollständigt. Der Niederschlag wird abgesaugt und gegebenenfalls als Rohprodukt weiter verarbeitet.

3. Reinigung

Das Rohprodukt wird in 70 ml Wasser gelöst bzw. suspendiert, mit Natronlauge alkalisiert und das Hydrazin sofort viermal mit je 30 ml Methylendichlorid extrahiert. Das Lösungsmittel wird auf dem Wasserbad unter Normaldruck abdestilliert (azeotrope Trocknung!) und der Rückstand im Vakuum fraktioniert oder bei Feststoffen aus Petrolether umkristallisiert. Ausbeute etwa 65 %.

Variante B

In einem 500-ml-Dreihalskolben mit Rührer, Tropftrichter und Innenthermometer kühlt man eine Lösung von 0,3 mol Zinn(II)-chlorid-dihydrat in 70 ml Salzsäure (p. a.) auf –10 bis –15 °C (Aceton/Trockeneis). Danach tropft man unter Rühren bei dieser Temperatur die aus 0,1 mol Amin unter Verwendung von Salzsäure (p. a.) dargestellte Diazoniumchloridlösung zu.

Zur Vervollständigung der Reaktion läßt man über Nacht im Kühlschrank stehen. Danach saugt man das ausgefallene Zinn-Doppelsalz ab, löst bzw. suspendiert in 70 ml Wasser und setzt bis zur stark alkalischen Reaktion konz. Natronlauge zu.

Das Hydrazin wird viermal mit 40 ml Ether extrahiert. Nach dem Trocknen der vereinigten Etherextrakte mit Magnesiumsulfat wird das Lösungsmittel abdestilliert und der Rückstand im Vakuum fraktioniert bzw. aus Petrolether umkristallisiert. Ausbeute etwa 70%.

Tabelle 8.26

Arylhydrazine durch Reduktion von Arendiazoniumsalzen

Hydrazin	Ausgangsverbindung	Variante	Kp (bzw. F) in °C
Phenylhydrazin	Anilin	A, B	$120_{1,6(12)}$, F 19 n_D^{20} 1,6084
p-Tolylhydrazin	*p*-Toluidin	A, B	F 54
m-Tolylhydrazin	*m*-Toluidin	A, B	$96_{0,3(2)}$
3-Methoxy-phenylhydrazin	*m*-Anisidin	A, B	$105_{0,1(1)}$
4-Chlor-phenylhydrazin	4-Chlor-anilin	A, B	F 84,5
3-Chlor-phenylhydrazin	3-Chlor-anilin	A, B	$89_{0,07(0,5)}$
2-Chlor-phenylhydrazin	2-Chlor-anilin	A, B	$95_{0,1(1)}$
4-Brom-phenylhydrazin	4-Brom-anilin	A, B	F 102

Phenylhydrazine sind wichtige Reagenzien zur analytischen Charakterisierung von Aldehyden, Ketonen und Zuckern (vgl. D.7.1.1.) und Ausgangsstoffe für die Fischer-Indolsynthese (vgl. D.9.2.). Sie werden technisch für die Synthese von Pyrazolinonabkömmlingen eingesetzt, die als Farbstoffkomponenten (vgl. D.8.3.3.) und Arzneimittel (vgl. D.7.1.4.2.) Bedeutung besitzen.

8.3.2.   Sandmeyer-Reaktionen

Kann ein Substituent (z. B. Brom) nicht durch einfaches Verkochen des Diazoniumsalzes in den aromatischen Kern eingeführt werden, ist es oft möglich, diese Umsetzung durch Zusatz von Kupferpulver oder von Kupfer(I)-salzen zu erzwingen (Sandmeyer-Reaktion):

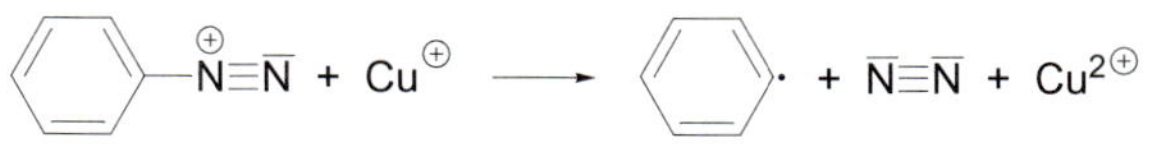

[8.27a]

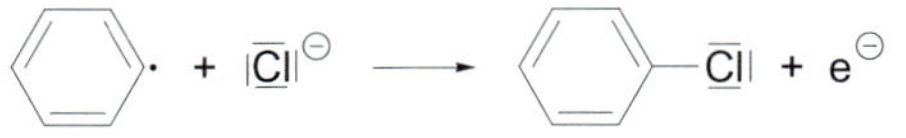

$$\text{Ph}\cdot + |\overline{\underline{Cl}}|^{\ominus} \longrightarrow \text{Ph}{-}\overline{\underline{Cl}}| + e^{\ominus} \qquad [8.27\text{b}]$$

$$e^{\ominus} + Cu^{2\oplus} \longrightarrow Cu^{\oplus} \qquad [8.27\text{c}]$$

Die hierbei als Nebenprodukt auftretenden Derivate des Diphenyls weisen auf einen radikalischen Ablauf der Reaktion hin.[1] (Vergleiche dazu: Radikalbildung durch Redoxprozesse, D.1.1.)

Das Kupferion tritt als Elektronendonor bzw. -acceptor auf. Es ist deshalb verständlich, daß man bei der Einführung leicht oxiderbarer bzw. reversibel oxidierbarer nucleophiler Reagenzien keinen eigentlichen Sandmeyer-Katalysator mehr braucht, so z. B. beim Iodidion, das gewissermaßen seinen eigenen Katalysator darstellt. (Durch Nebenreaktionen wird dabei aber auch stets etwas Iod gebildet.) Auch durch Arsenit wird das Diazoniumion zum Arendiazoradikal reduziert, eine Kettenreaktion unterbleibt jedoch, und als Reaktionsprodukt wird die Arsonsäure erhalten. Man formuliere die entsprechenden Reaktionsschritte! Die folgende Übersicht unterrichtet über einige Möglichkeiten:

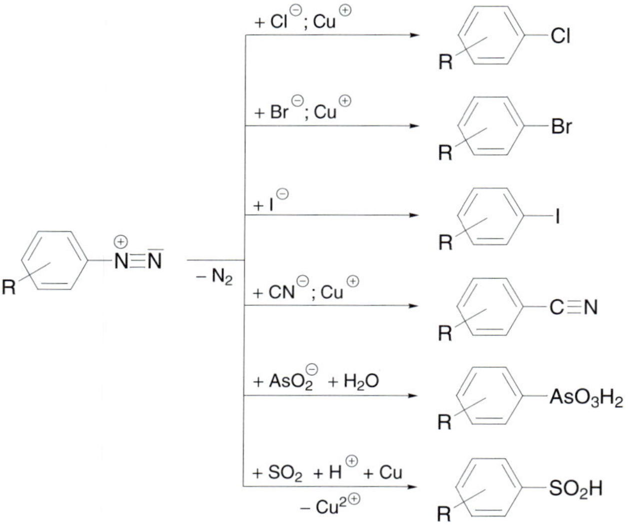

[8.28]

Die Bedeutung dieser Reaktion liegt in der Möglichkeit, über eine Nitrogruppe nach Reduktion und Diazotierung Substituenten einzuführen, die durch direkte Substitution gar nicht oder nicht an der gewünschten Stelle eingeführt werden können. Als Produkt von Konkurrenzreaktionen können Phenole, Diaryle oder Azoverbindungen auftreten. Man erkläre sich diese Nebenreaktionen!

Allgemeine Arbeitsvorschrift zur Darstellung von Chlorarenen, Bromarenen und Iodarenen sowie aromatischen Nitrilen nach SANDMEYER (Tab. 8.29)

Achtung! Bei der Nitrildarstellung wird Blausäure frei! Unter einem sehr gut ziehenden Abzug arbeiten und Gasmaske (Atemfilter B, vgl. Reagenzienanhang) bereithalten! Metallcyanide sind stark giftig! Entsorgung der Cyanidrückstände beachten!

---

[1] Diaryle werden zum Hauptprodukt, wenn man Diazoniumsalze mit Laugen in die Diazoanhydride, (Ar–N=N)$_2$O, überführt und diese durch aromatische Lösungsmittel extrahiert, in denen sie sich zersetzen. Das entstehende Arylradikal substituiert das Lösungsmittel (Gomberg-Bachmann-Arylierung).

Herstellung des Kupferkatalysators

In einem Rundkolben wird 1 mol[1]) Kupfersulfat in 800 ml Wasser unter Erwärmen gelöst und mit 1,5 mol Natriumchlorid (für die Darstellung der Chloride) bzw. Natriumbromid (für Bromide) versetzt. Zu dieser Lösung gibt man langsam unter Rühren eine Lösung von 0,5 mol Natriumsulfit in 200 ml Wasser hinzu. Man läßt abkühlen, wäscht den Niederschlag durch Dekantieren mit Wasser, löst in 400 ml konz. Salzsäure bzw. Bromwasserstoffsäure und verschließt das Gefäß gut bis zur Weiterverarbeitung, da das Kupfersalz luftempfindlich ist.

Kupfer(I)-cyanid läßt sich analog darstellen. Hierbei wird jedoch erst reduziert und dann das Natriumcyanid zugegeben. Nach dem Waschen mit Wasser löst man den Niederschlag in 600 ml 4,5molarer Natriumcyanidlösung. Vorsicht!

Sandmeyer-Reaktion

Man führt die Reaktion in einem Becherglas durch (ggf. starkes Schäumen durch Stickstoffentwicklung!) und überführt das Reaktionsgemisch nach beendeter Stickstoffabspaltung in einen zur Wasserdampfdestillation geeigneten Rundkolben. Für hochschmelzende Endprodukte wird der Kolben (NS 29/32) über Destillationsaufsatz, Luftkühler und Krümmer, mit einem Mehrhalskolben verbunden, der zur Wasserdampfkondensation vertikal mit einem Dimrothkühler bestückt ist. Scheidet sich im Luftkühler Festprodukt ab, wird es mit einem Heißluftfön geschmolzen und in die Vorlage getrieben.

0,75 mol des betreffenden Amins werden unter Verwendung von Salzsäure (zur Darstellung der Chloride), Bromwasserstoffsäure (für Bromide) bzw. Schwefelsäure (für Nitrile und Iodide) nach der Vorschrift in D.8.2.1. (Variante A) diazotiert.

In der Kupfersalz-katalysierten Variante (Chloride, Bromide, Nitrile) wird die Diazoniumsalzlösung bei 0 °C unter Rühren in die Katalysatorlösung eingetragen, nach dem Erwärmen auf Raumtemperatur 1 Stunde weiter gerührt und danach 30 Minuten auf dem siedenden Wasserbad erhitzt.

Zur Darstellung der Iodide wird die kalte Diazoniumsalzlösung in eine wäßrige Lösung von 1 mol Alkaliiodid (1 g Natriumiodid pro 3 ml bzw. 1 g Kaliumiodid pro 5 ml Wasser) innerhalb einer Stunde zugetropft, 1 Stunde bei Zimmertemperatur nachgerührt und abschließend 30 Minuten auf dem Wasserbad erhitzt. Nach dem Abkühlen wird gebildetes Iod mit einer wäßrigen Natriumsulfitlösung reduziert, bis die typische Iodfärbung verschwunden ist.

Zur Isolierung der Produkte unterwirft man das Reaktionsgemisch einer Wasserdampfdestillation. Überdestillierte flüssige Reaktionsprodukte werden durch Ausschütteln mit Ether abgetrennt. Die vereinigten Etherphasen wäscht man zur Beseitigung mitentstandener Phenole mit 2 n Natronlauge und mit Wasser, trocknet, destilliert das Lösungsmittel ab und rektifiziert den Rückstand über eine kurze Vigreux-Kolonne im Vakuum. Feste Reaktionsprodukte werden mit einer Glasfritte abgesaugt, auf der Fritte mit 2 n Natronlauge und viel Wasser gewaschen, getrocknet und umkristallisiert.

Tabelle 8.29

Sandmeyer-Reaktionen

Produkt	Ausgangsverbindung	Kp (bzw. F) in °C	n_D^{20}	Ausbeute in %
o-Chlor-toluen	*o*-Toluidin	158	1,5247	80
m-Chlor-toluen	*m*-Toluidin	$47_{2,3(17)}$	1,5214	80
p-Chlor-toluen	*p*-Toluidin	$44_{1,3(10)}$	1,5221	80
o-Brom-toluen	*o*-Toluidin	$78_{2,7(20)}$	1,5565	60
m-Brom-toluen	*m*-Toluidin	$71_{2,0(15)}$	1,5528	60

---

[1]) Kristallwassergehalt beachten!

Tabelle 8.29 (Fortsetzung)

Produkt	Ausgangsverbindung	Kp (bzw. F) in °C	n_D^{20}	Ausbeute in %
p-Brom-toluen	*p*-Toluidin	$82_{4,7(35)}$; F 26		60
o-Chlor-nitrobenzen	*o*-Nitro-anilin	F 33 (EtOH)		90
m-Chlor-nitrobenzen	*m*-Nitro-anilin	F 45 (EtOH)		90
m-Brom-nitrobenzen	*m*-Nitro-anilin	F 55 (EtOH)		90
p-Brom-nitrobenzen	*p*-Nitro-anilin	F 125 /EtOH)		90
Benzonitril	Anilin	$70_{1,3(10)}$	1,5289	60
p-Methyl-benzonitril	*p*-Toluidin	$91_{1,5(11)}$; F 29		60
o-Chlor-benzonitril	*o*-Chlor-anilin	F 43 (EtOH)		70
p-Chlor-benzonitril	*p*-Chlor-anilin	F 90 (EtOH)		80
p-Nitro-benzonitril	*p*-Nitro-anilin	F 146 (EtOH)		75
p-Chor-iodbenzen	*p*-Chlor-anilin	F 56 (EtOH)		65
Iodbenzen	Anilin	$64_{1,3\ (10)}$		65
p-Iod-toluen	*p*-Toluidin	$133_{3,3\ (25)}$ F 35 (EtOH)		80
p-Brom-iodbenzen	*p*-Brom-anilin	F 92 (EtOH)		65
p-Iod-anisol	*p*-Anisidin	F 52 (EtOH)		70
p-Iod-nitrobenzen	*p*-Nitro-anilin	F 174 (EtOH)		75

Thiosalicylsäure aus Anthranilsäure: ALLEN, C. F. H.; MacKAY, D. P., Org. Synth., Coll. Vol. II (1957), 580; diese Vorschrift verbindet eine Sandmeyer-Reaktion mit der Reduktion eines Disulfids (vgl. D.8.5.);

2,4-Dichlor-toluen aus 2,4-Diamino-toluen: HODGSON, H. H.; WALKER, J., J. Chem. Soc. **1935**, 350;

Verbesserte Ausbeute bei der *Sandmeyer-Reaktion* durch Zugabe von Reduktionsmitteln: GALLI, C., Tetrahedron Lett. **21** (1980), 4515.

8.3.3.   Azokupplung, Azofarbstoffe

Diazoniumionen besitzen am endständigen Stickstoffatom elektrophile Eigenschaften (einen Elektronenunterschuß):

[8.30]

Sie sind daher in der Lage, Aromaten unter elektrophiler Substitution anzugreifen (Azokupplung), eine Reaktion, die den typischen elektrophilen Substitutionen an Aromaten (Nitrierung, Halogenierung, Sulfonierung usw.) an die Seite zu stellen ist:

σ-Komplex   Azoverbindung

[8.31]

Infolge der weitgehend delokalisierten positiven Ladung stellen Diazoniumionen keine sehr wirksamen elektrophilen Reagenzien dar, so daß nur stark basische Aromaten substituiert werden können. Im allgemeinen ist die Azokupplung daher auf die aromatischen Amine (starker +M-Effekt der Aminogruppe) und Phenole beschränkt (starker +M/+I-Effekt des Sauerstoffs im Phenolation, das das eigentliche reagierende Agens darstellt, vgl. D.5.1.2.). Nur in einzelnen Fällen reagieren auch (Poly-)Phenolether und Polyalkylaromaten (s. unten).

Wegen ihrer geringen Reaktivität reagieren Diazoniumionen sehr selektiv (vgl. auch D.5.1.2.), so daß sich im allgemeinen (neben wenig o-Produkt) fast ausschließlich die p-substituierten Azobenzene bilden.

Übereinstimmend mit den theoretischen Erwartungen steigern –I- und –M-Substituenten im Diazonium-ion dessen Reaktionsfähigkeit gegenüber dem Aromaten, +I- und +M-Gruppen senken sie.

Während sich z. B. das Benzendiazoniumion gerade noch mit Phloroglucinoltrimethylether umsetzt, reagiert das 4-Nitro-benzendiazoniumion schon mit Resorcinoldimethylether. 2,4-Dinitro-benzendiazonium-salze kuppeln bereits glatt mit Anisol, und das 2,4,6-trinitrierte Ion schließlich vermag sogar mit Mesitylen zu reagieren.

Es gibt für jede Kupplungsreaktion einen optimalen pH-Wert. Im stark sauren Medium wird im allgemeinen auch mit aromatischen Aminen und Phenolen keine Umsetzung beobachtet. Die Konzentration an freiem Amin ist hier durch Salzbildung zu stark vermindert. (Warum wird das Ammoniumsalz nicht vom Diazoniumion angegriffen?) Ebenso ist die Konzentration an Phenolationen in saurer Lösung außerordentlich gering, da die Dissoziation des Phenols stark zurückgedrängt ist. Im alkalischen Medium dagegen ist zwar die Bereitschaft, elektrophil substituiert zu werden, seitens des Amins ungeschwächt vorhanden, bei einem Phenol durch Salzbildung sogar bedeutend erhöht, aber die Konzentration des Diazoniumions ist nur noch sehr gering, da sich das Diazotat [8.32], III bildet, das nicht kupplungsfähig ist:

$$[8.32]$$

Durch Ansäuern einer Diazotatlösung ist reversibel die Diazoniumverbindung zu erhalten. Die Diazo-tate können in zwei Formen vorliegen, und zwar als reaktives syn-(Z-)Diazotat, das mit dem Diazonium-salz im Gleichgewicht steht, und als reaktionsträges anti-(E-)Diazotat. Man informiere sich darüber in Lehrbüchern!

Die günstigsten Bedingungen für die Azokupplung sind demnach bei Verwendung von Ami-nen als Kupplungskomponente ein schwach saures, bei Verwendung von Phenolen ein schwach alkalisches Medium.

Mit primären und secundären Aminen kuppeln Diazoniumsalze in neutraler oder sehr schwach saurer Lösung bevorzugt am Aminstickstoff als der Stelle höchster Elektronendichte. Es entstehen dabei 1,3-disubstituierte Triazene. Ein solches Triazen tritt z. B. auf, wenn bei der Diazotierung von Anilin zu wenig Säure angewandt wurde (kanariengelber Niederschlag):

$$[8.33]$$

Diese Reaktion ist jedoch reversibel, und zwar schon bei einer solchen Acidität der Lösung, bei der die Kupplung in p-Stellung noch nicht entscheidend behindert ist. In einer Lösung mit geeignetem pH-Wert gelingt es daher, das Triazen zur Aminoazoverbindung zu isomerisieren; die aus dem Zerfall der Diazoaminoverbindung hervorgehenden Bruchstücke [8.33], I und II vereinigen sich dann wieder entsprechend [8.31].

Arendiazoniumsalze kuppeln auch mit reaktionsfähigen aliphatischen Methylengruppen, wie sie in den β-Oxo-carbonsäureestern, -carbonsäureamiden, -carbonsäureaniliden, -carboni-trilen sowie Enaminen und β-Diketonen vorliegen. Dabei entstehen Arylhydrazone:

$$[8.34]$$

Technische Bedeutung als Kupplungskomponenten haben auch CH-acide Pyrazolinone, Indole, Pyridone u.ä. Man informiere sich im Lehrbuch!

Allgemeine Arbeitsvorschrift für die Azokupplung (Tab. 8.35)

A. Kupplung in schwach saurer Lösung (mit Aminen)

Zu einer Lösung von 0,1 mol der Kupplungskomponente in der äquivalenten Menge 1 N Mineralsäure bzw. bei den Aminosäuren in der äquivalenten Menge 1 N Natronlauge läßt man bei 5 bis 10 °C eine aus 0,1 mol Amin dargestellte Diazoniumsalzlösung (Darstellung vgl. D.8.2.1., Variante A) unter Kühlen und Rühren zufließen. Aus der sauren Farblösung wird der Farbstoff durch Abstumpfen mit Natriumacetatlösung bzw. Neutralisation mit Soda und/oder Aussalzen mit Kochsalz als Farbsalz abgeschieden. Zum Aussalzen wird die Farbstofflösung auf 60 bis 80 °C erwärmt und unter Rühren langsam (!) mit maximal 20 g feingepulvertem Kochsalz je 100 ml Lösung versetzt. Je nach Löslichkeit kann aus wenig Wasser oder einem Wasser-Alkohol-Gemisch umkristallisiert werden.

B. Kupplung in saurer Lösung (mit Aminen)

Zu einer Lösung von 0,01 mol der Kupplungskomponente in 10 ml 10%iger Schwefelsäure läßt man unter Rühren die aus 0,01 mol Amin durch Diazotieren mit Nitrosylschwefelsäure (Darstellung vgl. D.8.2.1., Variante B) dargestellte hochviskose, braune Diazoniumsalzlösung langsam zufließen. Die Temperatur wird durch Zugabe von Eis auf 0 °C gehalten. Die Kupplung setzt meist sofort ein und ist nach ca. 8 Stunden beendet. Falls erforderlich, stumpft man die Lösung zum Abscheiden des Farbstoffs wie unter Variante A angegeben ab.

C. Kupplung in alkalischer Lösung (mit Phenolen)

Zu einer Lösung von 0,1 mol des Phenols in 0,2 mol 2 N Natronlauge (für jede weitere saure Gruppe in der Kupplungskomponente muß eine äquivalente Menge Alkali zugesetzt werden) läßt man bei 5 bis 10 °C die Lösung von 0,1 mol diazotiertem Amin (Darstellung vgl. D.8.2.1., Variante A) langsam unter Rühren zufließen. Man kontrolliert den pH-Wert der Lösung mit Indikatorpapier und setzt gegebenenfalls weiteres Alkali in Form von Soda zu, damit die Lösung stets alkalisch bleibt. Das Fällen des Farbstoffes wird durch Aussalzen mit Kochsalz vervollständigt. Er wird durch Waschen mit Eiswasser gereinigt.

D. Kupplung in acetatgepufferter Lösung (mit CH-aciden Verbindungen)

Zu einer Mischung aus 0,1 mol CH-acider Komponente in 150 ml Ethanol (für Cyanacetamid sind 300 ml Ethanol erforderlich) und 0,15 mol Natriumacetat in 120 ml 50%igem Ethanol tropft man bei 0 bis 5 °C die Lösung von 0,1 mol diazotiertem Amin (Darstellung vgl. D.8.2.1., Variante A) langsam unter Rühren zu. Man läßt zur Kristallisation stehen. Gegebenenfalls fällt man vorsichtig mit kleinen Portionen Wasser so, daß sich der Farbstoff fest und nicht ölig abscheidet. Das Produkt wird mit Wasser gewaschen und umkristallisiert

Tabelle 8.35

Azofarbstoffe und Hydrazone durch Kupplungsreaktionen

Produkt	Diazokomponente, Kupplungskomponente	Kupp-lungs-variante	Farbe der Lösung bzw. λ_{max}[1]) F in °C	Ausbeute in %
4'-Dimethylamino-azobenzen-4-sulfonsäure, Natriumsalz (Methylorange)	Sulfanilsäure, *N,N*-Dimethyl-anilin	A	sauer: rot alkalisch: gelb	80
4'-Dimethylamino-azobenzen-2-carbonsäure, Natriumsalz (Methylrot)	Anthranilsäure, *N,N*-Dimethyl-anilin	A	sauer: rot alkalisch: gelb	80
4'-Amino-5'-methoxy-2'-methyl-4-nitro-azobenzen	*p*-Nitranilin, 1-Amino-2-methoxy-5-methyl-benzen (Cresidin)	A	F 254 rot	85
2-(2,6-Dibrom-4-nitro-phenylazo)-5-diethylamino-acetanilid	2,6-Dibrom-4-nitro-anilin[2]), 3-Diethylamino-acetanilid	B	λ_{max}: 507 (4.40) (Chlf.) F 168...172 (DMF)	93
2'-Brom-4-diethylamino-4',6'-dinitro-azobenzen	2-Brom-4,6-dinitroanilin[2]), *N,N*-Diethyl-anilin	B	λ_{max}: 552 (4.44) (Chlf.) F 190...192 (DMF)	88
5-[Bis(2-acetoxy-ethyl)-amino]-2-(2-brom-4,6-dinitro-phenylazo)-4-methoxy-acet-anilid	2-Brom-4,6-dinitroanilin[2]), 3-[Bis(2-acetoxy-ethyl)-amino]-4-methoxy-acetanilid	B	λ_{max}: 594 (4.54) (Chlf.) F 146...149 (DMF)	93
4-(2-Hydroxy-naphthalen-1-azo)benzensulfonsäure, Dinatriumsalz (*β*-Naphtholorange)	Sulfanilsäure, *β*-Naphthol	C	orange	80
1-(4-Nitro-phenylazo)-naphth-2-ol (Pararot)	*p*-Nitranilin, *β*-Naphthol	C	F 246 (PhMe) rot	80
4-Hydroxy-4'-nitro-azobenzen-3-carbonsäure[3])	*p*-Nitranilin, Salicylsäure	C	F 258 (AcOH) sauer: gelb alkalisch: braun	80
1-Phenylazo-naphth-2-ol	Anilin, *β*-Naphthol	C	F 130 (W./EtOH) rot	80
3-Methyl-4-(2,4-dimethyl-phenylazo)-1-phenyl-*Δ*²-pyrazolin-5-on	2,4-Dimethyl-anilin, 3-Methyl-1-phenyl-*Δ*²-pyrazolin-5-on	C	F 167 gelb	90
3-Phenylhydrazono-pentan-2,4-dion	Anilin, Acetylaceton	D	F 89 (EtOH)	85
3-Oxo-2-phenylhydrazono-buttersäureethylester	Anilin, Acetessigsäureethylester	D	F 70 (EtOH)	95
p-Methoxy-phenylhydrazono-cyanessigsäureethylester	*p*-Anisidin, Cyanessigsäureethylester	D	F 78 (EtOH)	75
p-Methoxy-phenylhydrazono-cyanacetamid	*p*-Anisidin, Cyanacetamid	D	F 239...240 (AcOH)	66

[1]) λ_{max} längstwellige Absorption in nm; ε molarer Extinktionskoeffizient; in Klammern lg ε.
[2]) Diazotierung mit „Nitrosylschwefelsäure" (vgl. D.8.2.1.).
[3]) Das Produkt fällt zunächst als Lösung des Alkalisalzes an und wird mit Salzsäure ausgefällt.

Azoverbindungen sind unter Bedingungen, die denen der Reduktion von Nitroverbindungen entsprechen, in primäre Amine überführbar:

$$\text{Ph–N=N–C}_6\text{H}_4\text{–NR}_2 \xrightarrow{+\,H_2} \text{Ph–NH–NH–C}_6\text{H}_4\text{–NR}_2$$

[8.36]

$$\xrightarrow{+\,H_2} \text{Ph–NH}_2 + \text{H}_2\text{N–C}_6\text{H}_4\text{–NR}_2$$

Über die Azokupplung kann man also eine primäre Aminogruppe in die Kupplungskomponente einführen. Man erhält dabei *o*- bzw. *p*-Phenylendiamine oder Aminophenole, die durch andere Methoden schwieriger zugänglich sind, z. B. 1-Amino-naphth-2-ol aus *β*-Naphtholorange (vgl. D.6.4.2.).

Die Azokupplung wird technisch in großem Umfang zur Herstellung von Azofarbstoffen angewandt. Diese Farbstoffklasse stellt mit etwa der Hälfte den Hauptanteil der gesamten Farbstoffproduktion. Man informiere sich in Lehrbüchern über die wichtigsten Farbstofftypen!

Durch Kombination von Diazoniumsalzen mit einer Vielzahl aromatischer Amine (substituierte Aniline, Naphthylamine u. a.) und den verschiedensten Kupplungskomponenten (Aniline, Phenole, Naphthylamine, Naphthole, Pyrazolinone, deren Sulfonsäuren und andere Substitutionsprodukte) ist eine große Zahl von Azofarbstoffen hergestellt worden, wobei in wachsendem Maße Heterocyclen als Diazonium- oder Kupplungskomponenten eingesetzt werden. *Anionische Azofarbstoffe* enthalten meist eine oder mehrere Sulfogruppen und sind unter Salzbildung wasserlöslich. Diese *sauren Azofarbstoffe* dienen zum Färben von Substraten mit basischen Gruppen (Wolle, Seide, Polyamid, Leder), können aber auch als *Direktfarbstoffe* („*substantive Azofarbstoffe*") zum Färben ungebeizter Cellulosefasern (Baumwolle, Leinen, regenerierte Cellulose, Papier) eingesetzt werden.

Ebenfalls wasserlöslich sind die *kationischen („basischen") Azofarbstoffe,* die steigende Bedeutung für die Anfärbung von Polyacrylnitrilfaserstoffen u. ä. haben.

In Wasser schwerlösliche Azofarbstoffe besitzen als *Dispersionsfarbstoffe* zur Färbung hydrophober Faserstoffe, wie Polyester, Cellulosetriacetat, auch Polyacrylnitril und Polyamid, technische Bedeutung. Diese Farbstoffe ziehen aus einer wäßrigen Dispersion auf die Faser auf. Wasserunlöslich sind auch die sog. Entwicklungsfarbstoffe, die durch Kupplung der Komponenten direkt auf der Faser hergestellt werden. Bedeutung haben hier die Naphthol-AS-Farbstoffe, bei denen Arylamide der 3-Hydroxy-naphthalen-2-carbonsäure (vgl. D.5.1.8.6.) und anderer aromatischer Carbonsäuren mit nachbarständiger Hydroxylgruppe als Kupplungskomponente verwendet werden. In der Textilfärberei und für das Anfärben von Plasten haben *metallhaltige komplexbildende Azofarbstoffe* eine große Bedeutung. Azopigmente (unlösliche Farbpulver bestimmter Kristallinität) stellen häufig solche Metallkomplexe bzw. unlösliche Metallsalze dar.

Diazoniumsalze sind lichtempfindlich und haben deshalb Bedeutung für die Informationsaufzeichnung. Sie befinden sich, wie beispielsweise bei der Lichtpausung (klassische Diazotypie), zusammen mit einer phenolischen Kupplungskomponente in molekulardisperser Verteilung in der Schicht. Diese ist sauer, wodurch eine Kupplung zunächst verhindert wird. Die Entwicklung nach der Belichtung geschieht z. B. durch Bedampfen mit Ammoniak, wobei der pH-Wert steigt und das unzersetzte Diazoniumsalz kuppeln kann. Nach diesem Prinzip können Aufzeichnungsmaterialien mit sehr hohem Auflösungsvermögen hergestellt werden (z. B. Diazomikrofilme).

Als antibakterielles Pharmazeutikum, das eine Azogruppe enthält, ist das „Sulfonamid" Prontosil chemiehistorisch von Bedeutung (Man informiere sich in einem Lehrbuch und vgl. D.8.5.).

Azofarbstoffe können auch durch oxidative Kupplung hergestellt werden, die in D.6.4.3. besprochen wurde.

8.4.   Aliphatische Diazoverbindungen

8.4.1.   Darstellung von Diazoalkanen

Die Diazoalkane sind nicht durch Diazotierung von primären Alkylaminen darstellbar, weil in deren Molekül kein aktivierter α-ständiger Wasserstoff vorhanden ist, so daß das intermediär gebildete Alkyldiazoniumion schneller unter N_2-Eliminierung zerfällt, als es zum Diazoalkan deprotoniert. Es muß daher zur Darstellung der Diazoalkane ein Umweg beschritten werden. Ein acyliertes primäres Alkylamin wird nitrosiert und das Acylnitrosoalkylamin alkalisch gespalten:

$$R-CH_2-N\underset{COR'}{\overset{\overline{N}=O}{\Big\langle}} \xrightarrow[-\,R'COO^{\ominus},\,-\,H_2O]{+\,2\,OH^{\ominus}} R-CH_2-\overline{N}=\overline{N}-\underline{\overline{O}}\,|^{\ominus} \rightleftharpoons R-\overset{\ominus}{\underline{C}}H-\overline{N}=\overline{N}-\underline{\overline{O}}-H$$

$$[8.37]$$

$$\xrightarrow[-\,OH^{\ominus}]{} \left[R-\overset{\ominus}{\underline{C}}H-\overset{\oplus}{N}\equiv\overline{N} \longleftrightarrow R-CH=\overset{\oplus}{N}=\underline{\overline{N}} \right] \equiv R-CH\!\!\underset{\ominus}{\overset{\oplus}{\underbrace{=N\equiv N}}}$$

Das dabei intermediär entstehende Diazotat zerfällt zum Diazoalkan.

Für die präparative Darstellung der Diazoalkane haben sich aus der Fülle von Nitrosamiden einige als besonders günstig erwiesen, vor allem *N*-Alkyl-*N*-nitroso-harnstoffe, *N*-Alkyl-*N*-nitroso-urethane und *N*-Alkyl-*N*-nitroso-toluensulfonamide.

Das weitaus wichtigste Diazoalkan ist das Diazomethan. Man formuliere seine Bildung aus den genannten Nitrosamiden!

Nach dem in [8.37] formulierten Verfahren lassen sich nur die niederen Diazoalkane befriedigend darstellen, da die Ausbeuten mit steigender Kettenlänge des Alkylrestes stark abnehmen. In guten Ausbeuten werden höhere Diazoalkane durch Vakuumpyrolyse der Lithiumsalze von Tosylhydrazonen gewonnen.[1]) Man formuliere diese Reaktion!

Darstellung von Diazomethan aus *N*-Methyl-*N*-nitroso-harnstoff

> Über den Umgang mit *N*-Methyl-*N*-nitroso-harnstoff s. D.8.2.1.
> *Achtung!* Diazomethan (*Kp* –24 °C) ist explosibel, sehr giftig und cancerogen. Man stellt es zweckmäßig nur in Lösung her. Die Lösungen sind auch in der Kälte nur einige Tage haltbar und werden am besten vor der Verwendung jeweils frisch dargestellt. Gefäße mit Diazomethanlösungen nicht fest verschlossen aufbewahren! (Warum?)
> Alle Arbeiten mit dem Präparat sind hinter einem Schutzschild und unter einem gut ziehenden Abzug durchzuführen. (Vgl. auch Org. Synth. **40** (1960, Beilage).

In einen Erlenmeyer-Kolben werden unter dauerndem Schwenken des Gefäßes 0,1 mol *N*-Methyl-*N*-nitroso-harnstoff in kleinen Portionen in 100 ml Ether eingetragen, der mit 35 ml eisgekühlter 40%iger KOH unterschichtet ist. Die Temperatur darf dabei +5 °C nicht überschreiten. 10 Minuten nach der letzten Zugabe trennt man die etherische Diazomethanlösung mit Hilfe eines Scheidetrichters ab und trocknet sie 3 Stunden über wenig festem Kaliumhydroxid.

Diese Vorschrift ist zur Durchführung im Halbmikromaßstab geeignet.

Gehaltsbestimmung von Diazomethanlösungen

a) Gravimetrisch: durch Umsetzen von Diazomethan mit überschüssiger *p*-Brom-benzoesäure (vgl. auch D.8.4.2.1., Allgemeine Arbeitsvorschrift zur Methylierung von Carbonsäuren). Der Überschuß an Säure wird mit Natriumcarbonatlösung entfernt und anschließend der isolierte Ester ausgewogen. Gegebenenfalls kann auch die Verseifungszahl (vgl. D.7.1.4.3.) bestimmt und auf den Diazomethangehalt umgerechnet werden.

b) Titrimetrisch: Einen aliquoten Teil der Diazomethanlösung setzt man mit 0,2 N etherischer Benzoesäurelösung um. Die nicht umgesetzte Säure wird durch Rücktitration mit 0,1 N Natronlauge bestimmt. (MARSHALL, E. K.; ACREE, S. F., Ber. Deut. Chem. Ges. **43** (1910), 2323.)

Darstellung von Diazomethan aus *N*-Methyl-*N*-nitroso-toluensulfonamid: DE BOER, TH. J.; BACKER, H. J., Org. Synth. **36** (1956), 16.

---

[1]) Vgl. KAUFMAN, G. M., u. a., J. Am. Chem. Soc. **87** (1965), 935–937

Die angegebenen Verfahren zur Darstellung von Diazomethan aus *N*-Methyl-*N*-nitroso-harnstoff bzw. *N*-Methyl-*N*-nitroso-toluensulfonamid sind gleich gut für die Durchführung im Laboratorium geeignet.

8.4.2.   Reaktionen aliphatischer Diazoverbindungen

Aliphatische Diazoverbindungen besitzen, wie aus den Formulierungen [8.16] und [8.37] ersichtlich, dipolare Eigenschaften. Das Kohlenstoffatom als nucleophiles Zentrum ist einem Angriff durch elektrophile Reagenzien (z. B. Protonen, Carbonylverbindungen) zugänglich. Diese Reaktionen werden in den folgenden Abschnitten behandelt. Außerdem gehen Diazo-alkane mit Olefinen und Acetylenen die in D.4.4.4. besprochenen 1,3-Dipol-Cycloadditionen ein. Die mit Olefinen erhältlichen Δ^1-Pyrazoline isomerisieren leicht zu den Δ^2-Pyrazolinen und gehen beim Erwärmen unter N_2-Abspaltung in Cyclopropane über. Man formuliere diese Reaktionen! Diazoalkane können auch selbst Stickstoff abspalten, z. B. bei der Pyrolyse, beim Bestrahlen mit ultraviolettem Licht oder in Gegenwart von Katalysatoren (Kupfer- oder Silberionen, vgl. auch die Zersetzung von α-Diazo-ketonen, D.9.1.1.3.). Die Reaktionen der bei diesen Umsetzungen entstehenden Carbene wurden in D.3.3. und D.4.4.1. behandelt.

8.4.2.1.   Reaktionen aliphatischer Diazoverbindungen mit Protonensäuren

Bei der Addition eines Protons an den nucleophilen Kohlenstoff einer aliphatischen Diazover-bindung wird die Konjugationsmöglichkeit der Diazogruppe mit dem restlichen Molekül besei-tigt. Die Energie dieses Zwischenprodukts liegt daher so hoch, daß sofort Stickstoff eliminiert wird, wobei ein Carbeniumion entsteht, das sich in der üblichen Weise durch Aufnahme eines nucleophilen Partners stabilisiert, vgl. [8.38]. Bei den höheren Diazoalkanen können sich durch Abspaltung eines Protons auch Olefine bilden (vgl. D.2.1.1. und D.3.1.1.).

Die Bereitschaft aliphatischer Diazoverbindungen zur Reaktion mit Protonensäuren hängt von ihrer Basizität ab. Diese nimmt in der zu erwartenden Weise vom Diazomethan bzw. Diazoalkan über den Dia-zoessigester zum Diazoketon und den α-Diazo-dicarbonylverbindungen ab. Die α-Diazo-dicarbonylverbin-dungen sind gegen das Hydroxoniumion bereits stabil (zur Alkylierung von Diazoketonen s. unten). Die Reaktionsgeschwindigkeit der Umsetzung von aliphatischen Diazoverbindungen mit Protonensäuren ist dem pH-Wert des Reaktionsmediums proportional. Man kann daher die volumetrische Bestimmung des Stickstoffs, der aus Diazoessigester eliminiert wird, zur pH-Messung anwenden.

Die Darstellung von Carbonsäuremethylestern und Methylphenylethern aus Diazomethan und Carbonsäuren bzw. Phenolen nach [8.38] hat präparative und analytische Bedeutung. Sie verläuft quantitativ und unter besonders schonenden Bedingungen, so daß man z. B. auch emp-findliche Naturstoffe methylieren kann. Da das Methylkation bei der Veresterung keine gro-ßen sterischen Anforderungen stellt, können auch sterisch gehinderte Säuren mit Diazomethan umgesetzt werden:

$$
\begin{array}{c}
\text{R} \\
| \\
\text{C} - \text{N} \equiv \text{N} \\
| \\
\text{R}
\end{array}
+ \text{H}^{\oplus}
\longrightarrow
\begin{array}{c}
\text{R} \\
| \\
\text{CH} - \text{N} \equiv \text{N} \\
| \\
\text{R}
\end{array}
\longrightarrow
|\text{N} \equiv \text{N}| +
\begin{array}{c}
\text{R} \\
| \\
\text{C} - \text{H} \\
| \\
\text{R}
\end{array}
\qquad [8.38a]
$$

$$
\begin{array}{c}
\text{R} \\
\diagdown \\
\text{C} - \text{H} \\
\diagup \\
\text{R}
\end{array}
\left\{
\begin{array}{l}
\xrightarrow{\;+\,\text{HOH}\;}
\begin{array}{c}
\text{R} \quad \overset{\oplus}{}\text{H} \\
| \quad | \\
\text{C} - \text{O} \\
| \quad | \\
\text{R} \quad \text{H}
\end{array}
\longrightarrow
\begin{array}{c}
\text{R} \\
| \\
\text{CH} - \text{OH} + \text{H}^{\oplus} \\
| \\
\text{R}
\end{array}
\\[3em]
\xrightarrow{\;+\,\text{Cl}^{\ominus}\;}
\begin{array}{c}
\text{R} \\
| \\
\text{CH} - \text{Cl} \\
| \\
\text{R}
\end{array}
\\[3em]
\xrightarrow{\;+\,\text{R}'-\text{C}\overset{\textstyle O}{\underset{\textstyle O^{\ominus}}{}}\;}
\begin{array}{c}
\text{R} \qquad\quad\; \text{O} \\
| \qquad\qquad \| \\
\text{CH} - \text{O} - \text{C} \\
| \qquad\qquad | \\
\text{R} \qquad\quad\; \text{R}'
\end{array}
\\[3em]
\xrightarrow{\;+\,\text{ArO}^{\ominus}\;}
\begin{array}{c}
\text{R} \\
| \\
\text{CH} - \text{O} - \text{Ar} \\
| \\
\text{R}
\end{array}
\end{array}
\right.
\qquad [8.38b]
$$

R = H, Alkyl, R—CO—, RO—CO—

Die Acidität der Alkohole reicht nicht aus, um mit Diazomethan zu Methylethern zu reagieren. Der Zusatz von katalytischen Mengen Bortrifluorid ermöglicht jedoch auch hier die Veretherung:

$$
\text{R} - \text{O} - \text{H} + \text{BF}_3 \longrightarrow
\left[\text{R} - \text{O} - \overset{\textstyle F}{\underset{\textstyle F}{\overset{\ominus}{\text{B}}}} - \text{F} \right] \text{H}^{\oplus}
\xrightarrow[-\,\text{N}_2,\text{BF}_3]{+\,\text{CH}_2\text{N}_2}
\text{R} - \text{O} - \text{CH}_3
\qquad [8.39]
$$

Allgemeine Arbeitsvorschrift zur Methylierung von Carbonsäuren und Phenolen mit Diazomethan (Tab. 8.40)

Achtung! Diazomethan ist giftig, cancerogen und explosibel! Unter einem gut ziehenden Abzug und hinter einem Schutzschild arbeiten; vgl. auch D.8.4.1.

0,1 mol der zu alkylierenden Verbindung werden in Methanol/Wasser (10:1) gelöst und bei Zimmertemperatur in einem Kolben unter Schwenken mit so viel etherischer Diazomethan-lösung versetzt, bis eine schwache Gelbfärbung bestehenbleibt bzw. bis weiterer Zusatz von Diazomethanlösung keine Stickstoffentwicklung mehr zur Folge hat. (Vorsicht! Aufschäumen durch langsame Zugabe vermeiden!) Im Wasserbad destilliert man das Lösungsmittel im Vakuum ab und nimmt den Rückstand mit Ether auf. Anschließend wäscht man mit verd. Salz-säure, verd. Natronlauge und Wasser, trocknet und reinigt den Ester bzw. Phenolether nach dem Abdestillieren des Lösungsmittels durch Kristallisation oder Vakuumdestillation.

Diese Vorschrift ist zur Halbmikropräparation und für die qualitative Analyse gut geeignet.

Tabelle 8.40

Methylester und -ether durch Methylierung mit Diazomethan

Ester bzw. Ether	Ausgangsverbindung	F (bzw. Kp) in °C	Ausbeute in %
Terephthalsäuredimethylester	Terephthalsäure	142 (EtOH)	80
Anissäuremethylester	Anissäure	49 (EtOH)	70
p-Brom-benzoesäuremethylester	*p*-Brom-benzoesäure	81 (EtOH/W.)	80
p-Amino-benzoesäuremethylester	*p*-Amino-benzoesäure	112 (EtOH)	50

Tabelle 8.40 (Fortsetzung)

Ester bzw. Ether	Ausgangsverbindung	F (bzw. Kp) in °C	Ausbeute in %
Methyl-α-naphthylether	α-Naphthol	Kp $144_{2,0(15)}$ n_D^{20} 1,6225	50
Methyl-β-naphthylether	β-Naphthol	72 (EtOH)	50
p-Nitro-anisol	p-Nitro-phenol	54 (EtOH)	65

8.4.2.2. Reaktionen aliphatischer Diazoverbindungen mit Carbonylverbindungen

Auf Grund ihrer nucleophilen Eigenschaften können die aliphatischen Diazoverbindungen auch mit der Carbonylgruppe reagieren. Die Umsetzung ist auf die reaktivsten Carbonylverbindungen beschränkt.

Am wichtigsten sind die Reaktionen des Diazomethans, das glatt Aldehyde, Ketone, Säurehalogenide und Säureanhydride angreift, während sich z. B. Diazoessigester zwar noch mit Aldehyden, aber nicht mehr mit Ketonen umsetzt.

Die Addition von Diazomethan an Aldehyde und Ketone nimmt folgenden Verlauf:

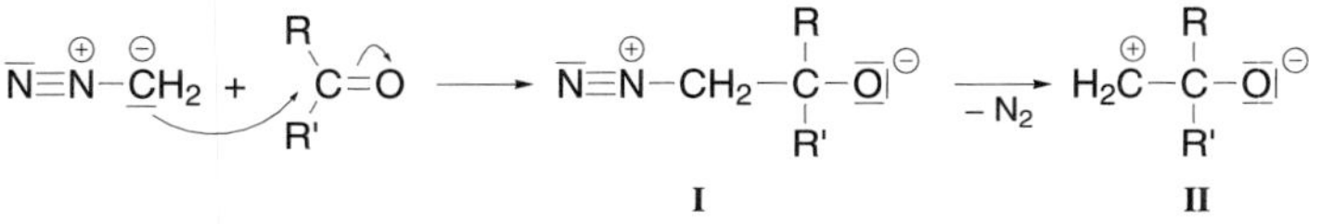

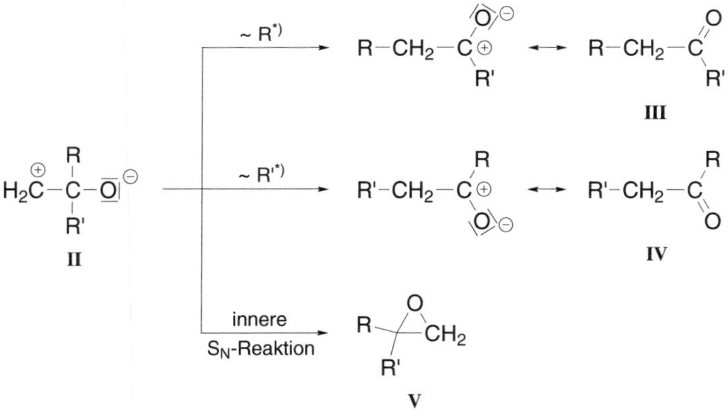

Die Umlagerungen zu den Produkten [8.41], III bzw. IV herrschen im allgemeinen vor. Die Reaktion kann daher zur Kettenverlängerung von Ketonen (bzw. Ringerweiterung bei cyclischen Ketonen) dienen, vgl. auch D.9.1.1.3.; dort wird auch auf den Mechanismus der Umlagerungsreaktion eingegangen.

Die Umsetzung von Diazomethan mit Carbonsäurechloriden bzw. -anhydriden verläuft insofern etwas anders, als die Abspaltung von Stickstoff aus dem ersten Addukt ([8.41], I) nicht die bevorzugte Reaktion ist. Vielmehr wird Chlorwasserstoff bzw. Carbonsäure abgespalten und das relativ stabile α-Diazo-keton gebildet (vgl. auch D.8.2.1.):

---

*) ~R bedeutet, daß das Produkt unter Wanderung des Restes R umgelagert wird; vgl. D.9.

$$\overline{N}\!\equiv\!\overset{\oplus}{N}\!-\!\overset{\ominus}{C}H_2 + \underset{Cl}{\overset{R}{\underset{|}{C}}}\!=\!\underline{\overline{O}}| \longrightarrow \overline{N}\!\equiv\!\overset{\oplus}{N}\!-\!CH_2\!-\!\underset{Cl}{\overset{R}{\underset{|}{\overset{|}{C}}}}\!-\!\underline{\overline{O}}|^{\ominus} \qquad [8.42a]$$

I

$$\overline{N}\!\equiv\!\overset{\oplus}{N}\!-\!\underset{H}{\overset{H}{\underset{|}{\overset{|}{C}}}}\!-\!\underset{Cl}{\overset{R}{\underset{|}{\overset{|}{C}}}}\!-\!\underline{\overline{O}}|^{\ominus} \longrightarrow \overline{N}\!\equiv\!\overset{\oplus}{N}\!-\!\overset{\ominus}{C}H\!-\!\underset{O}{\overset{R}{C}} + HCl \qquad [8.42b]$$

II

Arbeitet man nicht im basischen Medium (Triethylamin), so reagiert der abgespaltene Chlorwasserstoff bzw. die Carbonsäure in der oben formulierten Weise (vgl. [8.38]) mit einem weiteren Mol Diazoverbindung unter Bildung von Methylchlorid bzw. Carbonsäuremethylester.

Die α-Diazoketone sind wichtige Zwischenprodukte. Sie lassen sich zu den Methylketonen oder auch zu den α-Amino-ketonen reduzieren. Die Umsetzung mit Halogenwasserstoffsäure liefert α-Halogen-ketone (formulieren!).

Schließlich kann das Diazoketon in Gegenwart von Wasser und Alkoholen bzw. Ammoniak unter Umlagerung in Carbonsäuren und Carbonsäureester bzw. -amide übergeführt werden. Diese Reaktion wird in D.9.1.1.3. behandelt.

Als ambidente Substrate reagieren α-Diazo-ketone auch mit starken Alkylierungsmitteln wie z.B. Trialkyloxoniumhexachloroantimonaten, wobei unter O-Alkylierung (Angriff am Zentrum der höchsten Elektronendichte, vgl. auch D.2.3.) alkoxy-substituierte 1-Alkendiazoniumsalze entstehen. Sie sind bemerkenswert stabil. Man formuliere die Reaktion und informiere sich über diesen Verbindungstyp in der am Ende des Kapitels angegebenen Literatur.

Allgemeine Arbeitsvorschrift zur Darstellung von Diazoketonen und deren Überführung in Halogenketone (Tab. 8.43)

Achtung! Diazomethan ist explosibel, cancerogen und giftig (vgl. D.8.4.1.)! Da Reibung von Glas zur Explosion des Diazomethans führen könnte, fette man den KPG-Rührer sehr gut!

Diazoketone zersetzen sich beim Erwärmen unter Explosion! Man arbeite unter einem gut ziehenden Abzug und hinter einem Schutzschild! Diazoketone sollten nach ihrer Darstellung ohne Reinigung sofort umgesetzt werden.

α-Halogen-ketone sind tränenreizende, giftige Stoffe (Weißkreuzgruppe)!

A. Diazoketone

In einem Dreihalskolben mit Rührer, Tropftrichter und Innenthermometer gibt man eine etherische Diazomethanlösung, die aus 0,4 mol *N*-Methyl-*N*-nitroso-harnstoff nach der Arbeitsvorschrift in D.8.2.1. hergestellt wurde. Dazu läßt man unter Rühren und Kühlen bei 0 °C eine Lösung von 0,1 mol Säurechlorid in 100 ml Ether zutropfen. Die Umsetzung erfolgt sehr rasch und unter Gasentwicklung. Nach beendeter Zugabe des Säurechlorids läßt man noch eine Stunde bei Zimmertemperatur stehen.

Die Diazoketone sind wegen ihres polaren Charakters in Ether schwer löslich und können durch Abkühlen auf –20 °C aus ihren Lösungen ausgefällt und abgesaugt werden. Flüssige Diazoketone gewinnt man durch vorsichtiges Einengen der Lösung im Vakuum ohne Temperaturerhöhung. Zur Schmelzpunktbestimmung kristallisiere man nur eine kleine Probe des Diazoketons aus Ether um. Zur Darstellung der α-Halogen-ketone werden die Diazoketone nicht isoliert.

B. Halogenketone

Zu der unter A. anfallenden Lösung von Diazoketon tropft man unter Rühren 100 ml konz. Salzsäure bzw. Bromwasserstoffsäure zu. Die Reaktion setzt sofort unter Stickstoffentwicklung ein. Man erwärmt nach der Zugabe der Mineralsäure eine Stunde auf dem Wasserbad unter

Rückfluß (Intensivkühler verwenden!). Nach dem Abkühlen wird die Reaktionsmischung mit Wasser auf das 3fache Volumen verdünnt, die etherische Phase abgetrennt, mit einer Lösung von Natriumhydrogencarbonat gewaschen und mit Magnesiumsulfat getrocknet. Man gewinnt die Halogenketone durch Destillation im Vakuum.

Tabelle 8.43

Darstellung von Diazoketonen und Halogenketonen

Produkt	Ausgangsverbindung	Kp (bzw. F) in °C	Ausbeute in %
Benzyldiazomethylketon	Phenacetylchlorid	Öl	80
Diazomethylphenylketon	Benzoylchlorid	F 49 (Explos.)	70
Diazomethylheptadecylketon	Stearoylchlorid	F 69	80
Diazomethyl-α-naphthylketon	Naphth-1-oylchlorid	F 56	80
Diazomethyl(p-methoxy-phenyl)keton	Anisoylchlorid	F 84	80
Bis(diazomethyl)octamethylendiketon	Sebacoyldichlorid	F 91	80
Benzylchlormethylketon	Benzyldiazomethylketon	$134_{2,5(19)}$	80
Brommethylphenylketon	Diazomethylphenylketon	$135_{2,4(18)}$ F 50 (Petrolether)	80
Chlormethylphenylketon	Diazomethylphenylketon	$140_{1,9(14)}$ F 59 (Petrolether)	70

8.5.   Reaktionen der Sulfonsäurederivate

Sulfonsäuren und ihre Derivate enthalten eine schwefelanaloge Carbonylgruppe. Indessen stehen die genannten Verbindungen in ihrem Verhalten häufig der Schwefelsäure und anderen anorganischen Säuren näher als etwa den Carbonsäuren.

So werden die Sulfonsäurealkylester unter *O*-Alkylspaltung verseift und können im Gegensatz zu den meisten Carbonsäureestern zur Alkylierung verwendet werden (vgl. Tab. 2.4.).

Die *Reduktion* von Sulfonsäurederivaten ist ähnlich schwierig wie die der Carbonsäuren. In Analogie zu diesen wird auch hier das Säurechlorid (Sulfonsäurechlorid) am leichtesten reduziert, wobei man Sulfinsäuren und Thiole bzw. Thiophenole erhalten kann:

$$RSO_2Cl + 2H \longrightarrow RSO_2H + HCl \qquad [8.44a]$$

$$2 RSO_2H \xrightarrow{Red.} \left[R-SO_2-S-R \xrightarrow{Red.} R-S-S-R \right] \xrightarrow{Red.} 2 RSH \qquad [8.44b]$$

Unter geeigneten Bedingungen ist es möglich, die Reduktion auf der Stufe der Sulfinsäuren anzuhalten. Dies ist die wichtigste präparative Methode zur Darstellung von Sulfinsäuren (über eine andere Methode vgl. [8.28]).

In Umkehrung der Reduktion lassen sich Sulfinsäuren leicht zu Sulfonsäuren oxidieren. Das folgende Schema gibt einen Überblick über diese Redoxreaktionen und einen Vergleich mit den analogen anorganischen Schwefelverbindungen:

$$
\begin{array}{ccccc}
\text{H}-\overline{\text{S}}-\text{H} & \rightleftharpoons & \text{HO}-\overset{\overset{|\text{O}|}{\|}}{\text{S}}-\text{OH} & \rightleftharpoons & \text{HO}-\overset{\overset{|\text{O}|}{\|}}{\underset{\underset{|\text{O}|}{\|}}{\text{S}}}-\text{OH} \\
\text{Schwefelwasserstoff} & & \text{schweflige Säure} & & \text{Schwefelsäure}
\end{array}
$$

$$\text{R}-\overline{\text{S}}-\text{OH} \quad \text{Sulfensäure}$$

$$
\begin{array}{ccccc}
\text{R}-\overline{\text{S}}-\text{H} & \rightleftharpoons & \text{R}-\overset{\overset{|\text{O}|}{\|}}{\text{S}}-\text{OH} & \rightleftharpoons & \text{R}-\overset{\overset{|\text{O}|}{\|}}{\underset{\underset{|\text{O}|}{\|}}{\text{S}}}-\text{OH} \\
\text{Thiol} & & \text{Sulfinsäure} & & \text{Sulfonsäure}
\end{array}
\qquad [8.45]
$$

$$\text{R}-\overline{\text{S}}-\overline{\text{S}}-\text{R} \quad \text{Disulfid}$$

$$
\begin{array}{ccccc}
\text{R}-\overline{\text{S}}-\text{R} & \rightleftharpoons & \text{R}-\overset{\overset{|\text{O}|}{\|}}{\text{S}}-\text{R} & \rightleftharpoons & \text{R}-\overset{\overset{|\text{O}|}{\|}}{\underset{\underset{|\text{O}|}{\|}}{\text{S}}}-\text{R} \\
\text{Sulfid} & & \text{Sulfoxid} & & \text{Sulfon}
\end{array}
$$

Oxidation →

← Reduktion

Zur Darstellung von Thiolen verwendet man als Reduktionsmittel unedle Metalle (z. B. Zinkstaub) in saurer Lösung; zur Synthese von Thiophenolen mit gutem Erfolg auch roten Phosphor in Gegenwart von Iod. Die katalytische Reduktion ist weniger günstig, da die Thiole Katalysatorgifte sind. Außer durch Reduktion der Sulfochloride lassen sich Thiole auch durch Substitution aus Halogeniden darstellen (vgl. D.2.6.6.).

Thiole und Thiophenole sind gegen Oxidationsmittel sehr empfindlich, sie gehen dabei in Disulfide über. Dies geschieht oft schon bei Berührung mit Luftsauerstoff, weshalb man bei ihrer Darstellung und Verarbeitung meist unter Inertgas arbeitet (sauerstofffreier Stickstoff; vgl. Reagenzienanhang). Der Übergang vom Thiol (Thiophenol) zum Disulfid ist reversibel; die Disulfide werden durch milde Reduktionsmittel wieder in Thiole bzw. Thiophenole gespalten. (Man informiere sich in einem Lehrbuch über die biologische Bedeutung dieser Reaktion am Beispiel Cystein/Cystin!)

Die leichte Oxidierbarkeit von Thiolen nutzt man zu ihrer Entfernung aus gasförmigen technischen Kohlenwasserstoffen. Diese unerwünschten Verbindungen werden dabei, z. B. mit Cobalt-Phthalocyaninen als Katalysator, zu Disulfiden oxidiert (Merox-Wäsche).

Analog den Sulfonsäuren sind auch die Sulfone sehr stabile Verbindungen, die bisher nur in speziellen Fällen reduziert werden konnten. Von der Stufe der Sulfoxide aus ist die Reduktion zu Sulfiden ohne weiteres möglich, hat aber geringe präparative Bedeutung. Die Umkehrung dieser Reaktion, die Oxidation von Sulfiden (Thioethern) zu Sulfoxiden (z. B. mit H_2O_2, Persäuren und anderen Oxidationsmitteln), ist die wichtigste präparative Methode zur Darstellung der Sulfoxide. Mit den angegebenen Oxidationsmitteln, aber bei erhöhter Temperatur, oder mit stärkeren Oxidationsmitteln wie Kaliumpermanganat, werden Thioether bzw. Sulfoxide zu den Sulfonen oxidiert.

Gut kristallisierende Sulfone dienen zur Charakterisierung von Thiolen und Sulfiden. Man formuliere die Umsetzung eines Thiols mit 1-Chlor-2,4-dinitro-benzen und die anschließende

Oxidation zum Sulfon, die in Eisessiglösung mit H_2O_2 bei erhöhter Temperatur durchgeführt wird (vgl. D.5.2.1. und E.2.9.2.).

Oxidationen von Sulfiden werden auch technisch durchgeführt, z. B. zur Synthese von Dimethylsulfoxid, (DMSO, dipolares aprotisches Lösungsmittel, vgl. C.3.3. und D.2.2.) und von Omeprazol, einem wichtigen Ulcus-Therapeuticum (H^+/K^+-ATPase-Inhibitor):

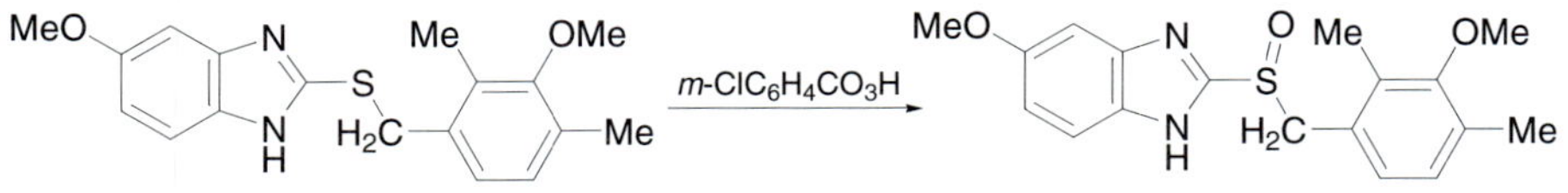

$$m\text{-ClC}_6\text{H}_4\text{CO}_3\text{H} \qquad\qquad [8.46]$$

Allgemeine Arbeitsvorschrift zur Darstellung von Thiophenolen[1]) (Tab. 8.47)

> *Vorsicht!* Thiophenole besitzen einen äußerst starken, widerwärtigen und lange anhaftenden Geruch und verursachen Hautekzeme! Unter einem gut ziehenden Abzug, am besten in einem besonderen Raum (Stinkraum) arbeiten. Geräte nur mit Gummihandschuhen anfassen, mit Permanganatlösung reinigen!

In einem 250-ml-Dreihalskolben, versehen mit Rührer, Rückflußkühler und Tropftrichter, werden unter kräftigem Rühren 50 ml Eisessig, 12,5 g roter Phosphor und 0,6 g Iod zum Sieden erhitzt. 0,15 mol Sulfochlorid werden dann so zugetropft, daß die Reaktion unter Aufsieden der Lösung und Entwicklung von Ioddämpfen anspringt. (Feste Sulfochloride bringt man durch einen als Steigrohr aufgesetzten Luftkühler ein.) Das weitere Sulfochlorid wird so zugegeben, daß das Reaktionsgemisch – trotz Abstellen der Heizquelle – siedet, aber keine Ioddämpfe aus dem Rückflußkühler entweichen. Anschließend erhitzt man das Gemisch noch 2 Stunden unter Rückfluß, versetzt vorsichtig mit 9 ml Wasser und läßt nochmals eine Stunde sieden. Aufgearbeitet wird durch Wasserdampfdestillation.

Bei flüssigen Thiophenolen trennt man die organische Phase des Destillats im Scheidetrichter ab und schüttelt die wäßrige Phase mit Chloroform aus. Nach dem Vereinigen der organischen Phasen wird mit Natriumsulfat getrocknet und das Thiophenol nach dem Abdestillieren des Lösungsmittel im Vakuum rektifiziert. Feste Thiophenole werden abgesaugt und aus Methanol/Wasser umkristallisiert.

Tabelle 8.47

Thiophenole durch Reduktion von Sulfochloriden

Produkt	Ausgangsverbindung	Kp (bzw. F) in °C	n_D	Ausbeute in %
Thiophenol	Benzensulfochlorid	$55_{1,6(12)}$		80
4-Methyl-thiophenol	p-Toluensulfochlorid	F 43 (verd. EtOH)		80
2-Methyl-thiophenol	o-Toluensulfochlorid	$104_{6,4(48)}$ F 15		50
4-Ethyl-thiophenol	4-Ethyl-benzensulfo-chlorid	$102_{3,1(23)}$		60
4-Propyl-thiophenol	4-Propyl-benzensulfo-chlorid	$106_{2,0(15)}$		70
4-Isopropyl-thiophenol	4-Isopropyl-benzensulfo-chlorid	$105_{1,9(14)}$	n_D^{20} 1,5542	70
4-Butyl-thiophenol	4-Butyl-benzensulfo-chlorid	$119_{1,9(14)}$	n_D^{20} 1,5470	60

---

[1]) nach WAGNER, A. W., Chem. Ber. **99** (1966), 375; vgl. MORGENSTERN, J.; MAYER, R., Z. Chem. **10** (1970), 449

Tabelle 8.47 (Fortsetzung)

Produkt	Ausgangsverbindung	Kp (bzw. F) in °C	n_D	Ausbeute in %
4-Chlor-thiophenol	4-Chlor-benzensulfo-chlorid	F 54 (EtOH)		80
4-Methoxy-thiophenol	4-Methoxy-benzensulfo-chlorid	$110_{2.0(15)}$	n_D^{25} 1,5822	85

Die *Alkoholyse und Aminolyse von Sulfonsäurechloriden* zu Sulfonsäureestern bzw. -amiden kann den entsprechenden Reaktionen der Carbonsäurehalogenide an die Seite gestellt werden. Die Sulfochloride sind jedoch generell weniger reaktionsfähig als diese (warum?; vgl. D.8., Einleitung). So zersetzen sie sich in kaltem Wasser nur sehr langsam, und einzelne Vertreter lassen sich sogar aus Wasser umkristallisieren.

Die Alkoholyse wird am besten in Gegenwart säurebindender Mittel, wie Natronlauge oder Pyridin, durchgeführt. (Vgl. auch die Alkoholyse der Carbonsäurechloride D.7.1.4.1.).

Allgemeine Arbeitsvorschrift zur Darstellung von p-Toluensulfonsäurealkylestern (Tab. 8.48)

In eine Lösung von 0,25 mol *p*-Toluensulfochlorid und 0,3 mol des wasserfreien Alkohols in 100 ml Chloroform werden bei 0 bis 3 °C 0,5 mol abs. Pyridin unter Rühren und Ausschluß von Luftfeuchtigkeit zugetropft. Man rührt anschließend noch 30 Minuten bei der gleichen Temperatur bzw. bei Alkoholen mit mehr als 3 C-Atomen noch 3 Stunden bei Zimmertemperatur weiter. Danach gibt man eine Mischung aus 200 g Eis und 70 ml konz. Salzsäure zu, trennt die Chloroformschicht ab, wäscht mehrmals mit Wasser und trocknet mit Natriumsulfat. Nach dem Abdestillieren des Lösungsmittels im Vakuum wird der Rückstand nach Zugabe einer Spatelspitze Natriumhydrogencarbonat im Feinvakuum bei 0,01 bis 0,04 kPa (0,1 bis 0,3 Torr) unter Verwendung eines Metallbades fraktioniert. Feste Ester werden umkristallisiert.

Tabelle 8.48

p-Toluensulfonsäurealkylester aus *p*-Toluensulfochlorid und Alkoholen

Ester	Alkohol	Kp (bzw. F) in °C	n_D^{20}	Ausbeute in %
p-Toluensulfonsäuremethylester	Methanol	$160_{1,7(13)}$; F 29		70
p-Toluensulfonsäureethylester	Ethanol	$173_{2,0(15)}$; F 33		60
p-Toluensulfonsäurepropylester	Propanol	$140_{0,3(2)}$	1,4998	70
p-Toluensulfonsäurebutylester	Butanol	$128_{0,03(0,2)}$	1,5044	70
p-Toluensulfonsäurepentylester	Pentanol	$135_{0,04(0,3)}$	1,5012	70
p-Toluensulfonsäurehexylester	Hexanol	$138_{0,02(0,15)}$	1,4990	70
p-Toluensulfonsäureheptylester	Heptanol	$150_{0,02(0,15)}$	1,4966	70
p-Toluensulfonsäureoctylester	Octanol	$149_{0,01(0,1)}$	1,4950	70
p-Toluensulfonsäure-(−)-menthylester	(−)-Menthol	F 93 (Petrolether) $[\alpha]_D^{20} - 64°$ (Chlf.)		60

Auch die Aminolyse der Sulfochloride geschieht in der für die Carbonsäurehalogenide üblichen Weise (vgl. D.7.1.4.2.).

Die Sulfonamide sind gut kristallisierende Verbindungen, die sich deshalb als Derivate bei analytischen Identifizierungen eignen.

Zur Identifizierung von Aminen sind die entsprechenden Sulfonamide deswegen interessant, weil es mit ihrer Hilfe möglich ist, Gemische primärer, secundärer und tertiärer Amine zu trennen (Hinsberg-Trennung). Während die Sulfonamide aus primären Aminen in wäßrigem

Alkali unter Salzbildung löslich sind, zeigen die *N*-disubstituierten Sulfamide diese Eigenschaft nicht. Tertiäre Amine schließlich geben mit Sulfochloriden, ebenso wie mit Carbonsäurechloriden, keine Amide.

Der saure Charakter der Aminogruppe monosubstituierter Sulfonamide überrascht nicht. Generell vermindern elektronenanziehende Substituenten die Basizität des Stickstoffatoms. Während Ammoniak eine relativ starke Base darstellt, vermögen einfache Carbonsäureamide nur noch mit starken Säuren in hoher Konzentration Salze zu bilden, die in Wasser sofort hydrolysiert werden. In wäßriger Lösung reagieren Carbonsäureamide praktisch neutral. In Imiden vom Typ des Phthalimids ist der basizitätsvermindernde (acidifizierende) Einfluß[1]) der zwei Carbonylgruppen bereits so stark, daß sie z. B. in Natronlauge unter Salzbildung löslich sind. Die Wirkung einer Sulfonylgruppe ist etwa der von zwei Carbonylgruppen gleich. Verbindungen vom Typ des Saccharins schließlich besitzen bereits die Acidität von Carbonsäuren:

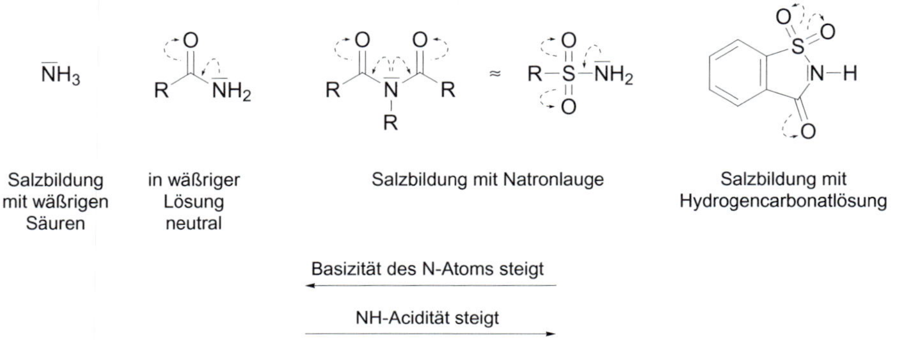

[8.49]

$\overline{N}H_3$				
Salzbildung mit wäßrigen Säuren	in wäßriger Lösung neutral	Salzbildung mit Natronlauge	Salzbildung mit Hydrogencarbonatlösung	

Basizität des N-Atoms steigt

NH-Acidität steigt

Man formuliere die Salzbildung mit Alkali!

Die Sulfonamide werden auch zur Charakterisierung von *Sulfonsäuren* und *aromatischen Kohlenwasserstoffen* herangezogen. Die freien Sulfonsäuren bzw. ihre Alkalisalze, die z. B. bei der hydrolytischen Spaltung von Sulfonsäurederivaten anfallen, werden dazu zunächst in die Sulfochloride übergeführt. Diese Umwandlung gelingt am besten mit Phosphorpentachlorid oder Thionylchlorid in Gegenwart von Dimethylformamid. Das Dimethylformamid steigert die Reaktivität des Thionylchlorids erheblich. Thionylchlorid allein oder die weiteren zur Darstellung von Carbonsäurechloriden geeigneten Reagenzien führen bei Sulfonsäuren zu schlechten Ergebnissen.

Aus den aromatischen Kohlenwasserstoffen gewinnt man die Sulfochloride durch Chlorsulfonierung (vgl. D.5.1.4.).

Darstellung von Sulfochloriden aus den Sulfonsäuren bzw. ihren Alkalisalzen (Allgemeine Arbeitsvorschrift für die qualitative Analyse)

1 g wasserfreie Sulfonsäure bzw. wasserfreies Alkalisulfonat wird in einem 25-ml-Rundkölbchen mit 2 g Phosphorpentachlorid gut durchmischt. Der Kolben wird mit einem Rückflußkühler und Calciumchloridrohr versehen und das Gemisch im Metallbad 30 Minuten auf 120 °C erhitzt. Nach dem Erkalten versetzt man mit 20 ml Toluen, erhitzt zum Sieden und filtriert nach dem Abkühlen. Aus dem Filtrat gewinnt man das Sulfochlorid durch Abdestillieren des Toluens und des Phosphorylchlorids im Vakuum auf dem Wasserbad. Das als Rückstand verbleibende rohe Sulfochlorid eignet sich zur Überführung in das Sulfonamid.

---

[1]) Man vergleiche auch mit dem acifizierenden Einfluß von Carbonylgruppen auf α-CH-Gruppierungen und mit der CH-Acidität von *β*-Dicarbonylverbindungen!

Allgemeine Arbeitsvorschrift zur Darstellung von Sulfonsäureamiden (Tab. 8.50)

In einem 1-l-Dreihalskolben mit Tropftrichter, Rührer, Rückflußkühler und Thermometer wird zu 500 ml konz. Ammoniak bei 60 °C 1 mol Sulfochlorid unter Rühren zugetropft bzw. in kleinen Portionen eingetragen. Man erhitzt auf dem Wasserbad unter gutem Rühren, bis sich eine dem Reaktionskolben entnommene Probe in verd. Natronlauge klar löst und der Geruch des Sulfochlorids verschwunden ist.

Nach dem Abkühlen wird das Sulfonamid abgesaugt und durch Umkristallisieren aus Wasser oder Alkohol/Wasser (1:1) gereinigt. Ausbeute etwa 80%.

Diese Vorschrift ist zur Durchführung im Halbmikromaßstab und für analytische Zwecke geeignet. In diesem Falle erhitzt man das Sulfochlorid einfach mit überschüssigem Ammoniak einige Minuten zum Sieden, verdünnt mit Wasser und saugt ab.

Tabelle 8.50

Sulfonsäureamide aus Sulfonsäurechloriden

Produkt	Ausgangsverbindung	F in °C
m-Nitro-benzensulfonamid	*m*-Nitro-benzensulfochlorid	167
Benzensulfonamid	Benzensulfochlorid	153
p-Toluensulfonamid	*p*-Toluensulfochlorid	137
o-Toluensulfonamid	*o*-Toluensulfochlorid	156
p-Aminosulfonyl-acetanilid	*p*-Acetamido-benzensulfochlorid	218
p-Chlor-benzensulfonamid	*p*-Chlor-benzensulfochlorid	144
p-Methoxy-benzensulfonamid	*p*-Methoxy-benzensulfochlorid	113

N-(p-Toluensulfonyl)anthranilsäure aus *p*-Toluensulfochlorid und Anthranilsäure: SCHEIFELE, H. J.; DeTAR, D. F., Org. Synth., Coll. Vol. IV (1963), 34.

4-[N-(Pyrid-2-yl)aminosulfonyl]acetanilid aus 4-Acetamido-benzensulfochlorid und 2-Amino-pyridin in Dioxan: CROSSLEY, M. L.; NORTHEY, E. H.; HULTQUIST, M. E., J. Am. Chem. Soc. **62** (1940), 372.

Trennung von Amingemischen über die Sulfonamide (Hinsberg-Trennung) (Allgemeine Arbeitsvorschrift für die qualitative Analyse)

Man versetzt 2 g der Aminmischung mit 40 ml 10%iger Natronlauge und gibt portionsweise 4 g (3 ml) Benzensulfochlorid oder 4 g *p*-Toluensulfochlorid zu. Dann wird kurze Zeit im Wasserbad erwärmt, bis der Geruch des Sulfochlorids verschwunden ist. Die alkalische Lösung wird mit verd. Salzsäure angesäuert, der Niederschlag abfiltriert und mit wenig kaltem Wasser gewaschen. Das tertiäre Amin befindet sich als Hydrochlorid im Filtrat. Zur Überführung der mitentstehenden Disulfamide in die Monosulfonamide kocht man den trockenen Filterrückstand 30 Minuten lang mit einer Natriumalkoholatlösung aus 2 g Natrium und 40 ml abs. Alkohol. Anschließend wird mit wenig Wasser verdünnt und der Alkohol abdestilliert. Das aus dem secundären Amin entstandene Sulfonamid wird abgesaugt, das Filtrat mit verd. Salzsäure angesäuert und das sich vom primären Amin ableitende Sulfonamid ebenfalls abgesaugt. Die erhaltenen Derivate werden aus verd. Alkohol umkristallisiert. Das tertiäre Amin im ersten sauren Filtrat wird mit Natronlauge in Freiheit gesetzt, ausgeethert und am besten als Pikrat identifiziert (vgl. E.2.1.1.3.).

Einige Amide der *p*-Toluensulfonsäure, die aus *p*-Toluensulfochlorid (vgl. D.5.1.4.) hergestellt werden, besitzen wirtschaftliche Bedeutung, z. B. das *N*-Chloramid-Natriumsalz (*Chloramin T*) als Desinfektionsmittel.

Amide der Sulfanilsäure sind Chemotherapeutica gegen bakterielle Infektionen („Sulfonamide"). Man erhält sie im allgemeinen durch Reaktion von 4-Acetamido-benzensulfochlorid (vgl. D.5.1.4.) mit bestimmten Aminoverbindungen und nachfolgender hydrolytischer Abspaltung des Acetylrestes. Ein Vertreter ist das *Sulfamethoxazol.*

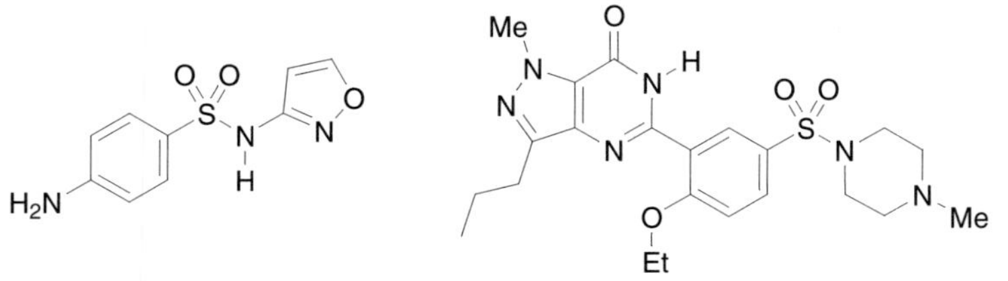

[8.51]

Sulfamethoxazol   Sildenafil

Auch *Sildenafil* (Viagra), ein Mittel gegen Potenzschwäche, ist ein Sulfonsäureamid.
Unter den Sulfonylharnstoffen gibt es wichtige orale Antidiabetika, z. B.

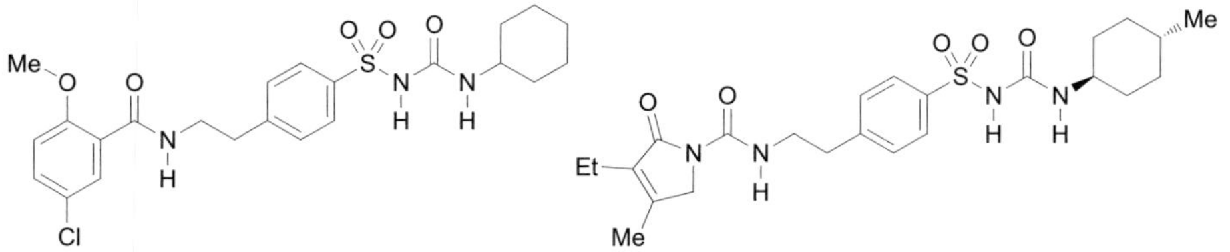

[8.52]

Glibenclamid   Glimeperid

Andere haben als Herbizide große wirtschaftliche Bedeutung, wie *Chlorsulfuron* und davon abgeleitete
Verbindungen:

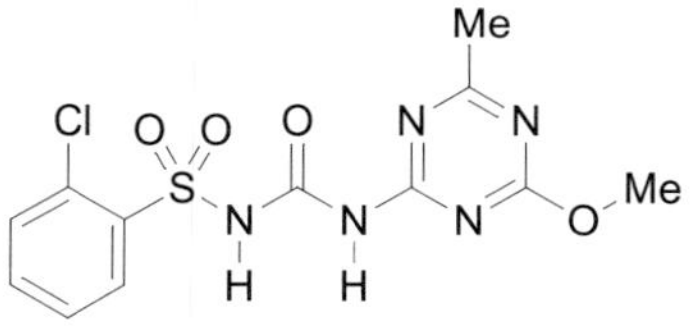

[8.53]

Chlorsulfuron

8.6.   Literaturhinweise

Nitroso- und Nitroverbindungen

BEHNISCH, R., u. a., in: HOUBEN-WEYL. Bd. E16d (1992), S. 142–405.
BUNCEL, E.; NORRIS, A. R.; RUSSELL, K. E., Quart. Rev. **22** (1968), 123–146.
CADOGAN, J. I. G., Quart. Rev. **22** (1968), 222–251.
COLLINS, C. J., Acc. Chem. Res. **4** (1971), 315–322.
DÖPP, D. O., Fortsch. Chem. Forsch. **55** (1975), 49–85.
FEUER, H.: The Chemistry of The Nitro and Nitroso Groups. Bd. 1–2. – Interscience, New York 1969-1970.
KIRBY, G. W., Chem. Soc. Rev. **6** (1977), 1.
URBANSKI, T., Synthesis **1974**, 613–632.

Reduktion von Nitro- und Nitrosoverbindungen

BAVIN, P. M. G., Org. Synth., Coll. Vol. **5** (1973), S. 30.
PORTER, H. K., Org. React. **20** (1973), 455–481.
SCHRÖTER, R., in: HOUBEN-WEYL. Bd. 11/1 (1957), S. 360–494.

Aliphatische Diazoverbindungen

BÖSHAR, M., u. a., in: HOUBEN-WEYL. Bd. E14b (1990), S. 961–1257.
BOTT, K., in: HOUBEN-WEYL. Bd. E15 (1993), S. 1101.
BURKE, S. D.; GRIECO, P. A., Org. React. **26** (1979), 361–475.

EISTERT, B., u. a., in: HOUBEN-WEYL. Bd. 10/4 (1968), S. 473–893.
FRIDMAN, A. L.; ISMAGILOVA, G. S.; ZALESOV, V. S.; NOVIKOV, S. S., Usp. Khim. **41** (1972), 722–757.
HERRMANN, W. A., Angew. Chem. 90 (1978), 855–868.
PEACE, B. W.; WULFMAN, D. S., Synthesis **1973**, 137–145.
ZOLLINGER, H.: Diazo Chemistry II. – VCH Verlagsgesellschaft, Weinheim 1995.
REGITZ, M., in: Neuere Methoden. Bd. 5 (1970), S. 76; Synthesis **1972**, 351–373.
REGITZ, M.; MAAS, G.; ILLGER, W: Diazoalkane. Eigenschaften und Synthesen. – Georg Thieme Verlag, Stuttgart 1977.
RIED, W.; MENGLER, H., Fortschr. Chem. Forsch. **5** (1965/66), 1–88.

Diazotierung, Diazoniumsalze, Azoverbindungen

LANG-FUGMANN, S., in: HOUBEN-WEYL. Bd. 16d (1992), S. 1–118.
PORAI-KOSHITS, B. A., Usp. Khim. 39 (1970), 608–621.
PÜTTER, R., in: HOUBEN-WEYL. Bd. 10/3 (1965), S. 1–212.
ROE, A., Org. React. **5** (1949), 193–288.
SZELE, I.; ZOLLINGER, H., in: Topics in Current Chemistry. Bd. 112. – Springer-Verlag, Berlin, Heidelberg, New York 1983. S. 1–66.
The Chemistry of the Hydrazo, Azo and Azoxy Groups. Hrsg.: S. PATAI. Bd. 1–2. – John Wiley & Sons, London, New York, Sydney 1975.
Ullmanns Encyclopädie der technischen Chemie. Bd. 10. 4. Aufl. – Verlag Chemie, – Weinheim 1975. S. 109–132.
Ullmann's Encyclpedia of Industrial Chemistry. Bd. A8. 5. Aufl. – VCH Verlagsgesellschaft, Weinheim 1987. S. 505-522.
ZOLLINGER, H.: Chemie der Azofarbstoffe. – Birkhäuser Verlag, Basel, Stuttgart 1958. S. 30–44;
Acc. Chem. Res. **6** (1973), 335–341; Angew. Chem. **90** (1978), 151-160.
ZOLLINGER, H.: Diazo Chemistry I. – VCH Verlagsgesellschaft, Weinheim 1994.

Sandmeyer-Reaktion, „Verkochen" von Diazoniumsalzlösungen, Arylierung

AMBROZ, H. B.; KEMP, T. J., Chem. Soc. Rev. **8** (1979), 353–365.
COHEN, T.; DIETZ, A. G.; MISER, J. R., J. Org. Chem. **42** (1977), 2053–2058.
FORCHE, E., in: HOUBEN-WEYL. Bd. 5/3 (1962), S. 213–245.
PFEIL, E., Angew. Chem. **65** (1963), 155–158.
RONDESTVEDT, C. S., Org. React. **24** (1976), 225–259.

Herstellung und Reaktionen von Schwefelverbindungen

BLOCK, E.: Reactions of Organosulfur Compounds. – Academic Press, New York 1978.
HOUBEN-WEYL. Bd. 9 (1955), S. 3-771.
Organic Chemistry of Sulfur. Hrsg. S. OAE. – Plenum Press, New York, London 1977.
Sulfur in Organic and Inorganic Chemistry. Bd. 1 (1971). Bd. 2 (1972). Bd. 3 (1972). – Marcel Dekker, New York.
Topics in Sulfur Chemistry. Bd. 1 (1976). Bd. 2 (1977). Bd. 3 (1978). Bd. 4 (1979). – Georg Thieme Verlag, Stuttgart.

D.9   Umlagerungen

Als Umlagerungen werden Reaktionen bezeichnet, bei denen ein Substituent oder eine Gruppe an ein anderes Atom wandert. Sie lassen sich formal klassifizieren, indem man von der gelösten Bindung ausgehend die Atome nach beiden Seiten jeweils mit 1 beginnend fortlaufend numeriert und angibt, welche Atome im Produkt miteinander in Bindung stehen. Es ergeben sich auf diese Weise z. B. die folgenden Typen:

[1,2]-Umlagerung

$$\underset{1}{\overset{1R}{C}}\text{--}\overset{O}{\underset{2}{C}} \longrightarrow \overset{O}{C}\text{--}\overset{R}{\underset{O}{C}}$$ [9.1a]

[1,2-H]-Umlagerung

$$\underset{1}{\overset{1H}{C}}\text{--}\overset{O}{\underset{2}{C}} \longrightarrow \overset{O}{C}\text{--}\overset{H}{\underset{O}{C}}$$ [9.1b]

[1,3]-Umlagerung

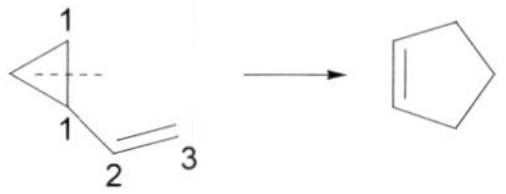

Vinylcyclopropan–Cyclopenten-Umlagerung   [9.2]

[1,3-H]-Umlagerungen

Allylumlagerung   [9.3a]

Keto–Enol-Umlagerung   [9.3b]

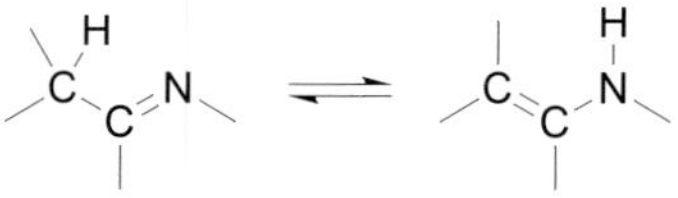

Azomethin–Enamin-Umlagerung   [9.3c]

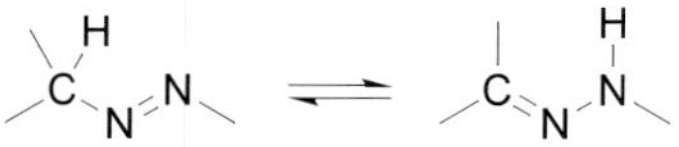

Azo-Hydrazon-Umlagerung   [9.3d]

[1,5-H]-Umlagerung

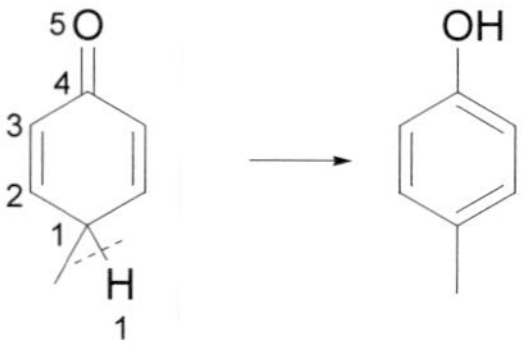

Dienon–Phenol-Umlagerung   [9.4]

[2,3]-Umlagerung

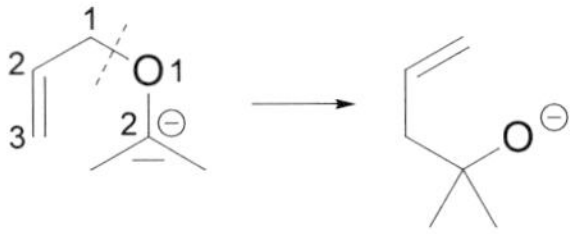

[2,3]-Wittig-Umlagerung   [9.5]

[3,3]-Umlagerungen

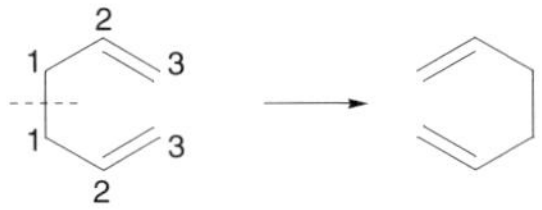

Cope-Umlagerung   [9.6a]

Claisen-Umlagerung   [9.6b]

Bei den vorstehend formulierten Umlagerungen wird stets eine σ-Bindung gelöst, und der wandernde Rest reagiert mit einem π-Zentrum, das eine σ-Bindung eingeht. Man spricht deshalb auch von *sigmatropen Umlagerungen*.

Das π-Zentrum kann 0, 1 oder 2 ungebundene Elektronen enthalten, d. h., Umlagerungen sind sowohl von neutralen Verbindungen (z. B. π-Zentren in Olefinen, von Carbenen, Nitrenen), von Eniumionen (z. B. Carbeniumionen), von Radikalen oder von Anionen (z. B. Carbanionen) möglich.

Wenn der sich umlagernde Rest gewissermaßen als inneres Reagens betrachtet wird, lassen sich die Wanderungen zu einem Elektronenüberschuß-Zentrum als elektrophile, die zu einem Elektronendefizit-Zentrum als nucleophile Umlagerungen klassifizieren.

9.1.   [1,2]-Umlagerungen

[1,2]-Umlagerungen sind bei allen Ladungstypen bekannt; [1,2]-Umlagerungen in Radikalen haben jedoch relativ wenig Bedeutung, da hier meist andere Reaktionen bevorzugt sind, vgl. D.1.2. Unter den *elektrophilen* [1,2]-Umlagerungen sind vor allem solche in Yliden (vgl. D.7.2.6.2.) wie z. B. die *Stevens-Umlagerung* [9.7] sowie die analog ablaufende *Wittig-Umlagerung* [9.8] zu nennen. Sowohl die Wittig- wie die Stevens-Umlagerungen verlaufen über radikalische Zwischenstufen (Radikalpaare).

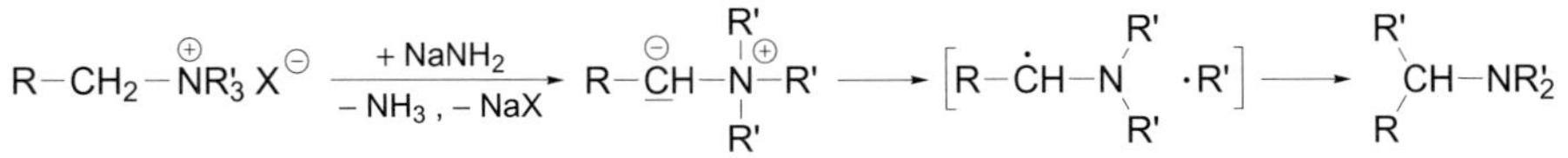

[9.7]

R = RCO, ROOC, Ph

R' = Allyl, PhCH$_2$, Ph$_2$CH, PhCOCH$_2$, (Methyl)

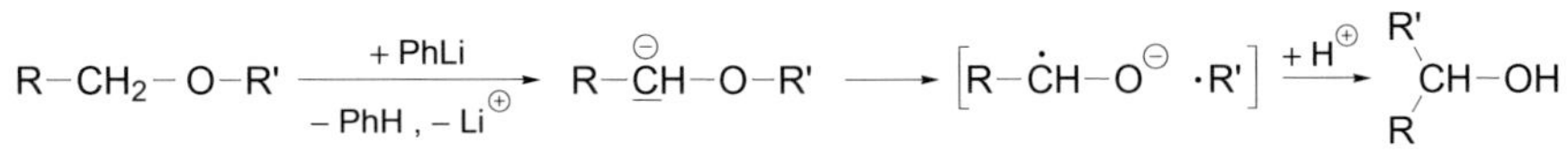

[9.8]

R, R' = Alkyl, Aryl, Vinyl

Nucleophile [1,2]-Umlagerungen sind häufig vorkommende und präparativ wichtige Reaktionen. Sie sind immer dann zu erwarten, wenn im Verlauf einer Reaktion ein Kohlenstoffatom oder auch ein Heteroatom mit nur sechs Elektronen (Elektronensextett) auftritt. Dabei ist gleichgültig, ob mit dem Elektronensextett eine Ladung verknüpft ist oder nicht. Für ein z. B. in einer Solvolysereaktion entstandenes primäres Carbeniumion ergeben sich die folgenden Reaktionsmöglichkeiten:

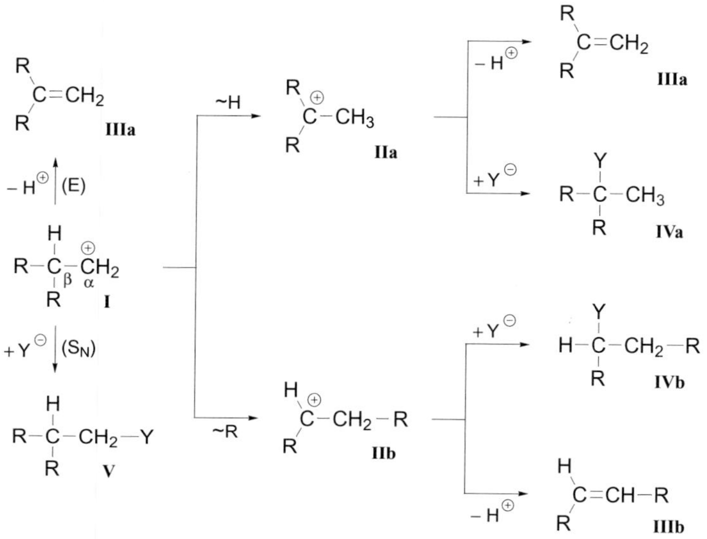

[9.9]

Das primär gebildete Zwischenprodukt mit Elektronensextett [9.9], I ist energiereich und kann sich deshalb relativ unselektiv durch verschiedene Konkurrenzreaktionen stabilisieren. Die Eliminierung eines Protons (Abschluß einer E1-Reaktion) unter Bildung von IIIa bzw. Addition eines Nucleophils (Abschluß einer S_N1-Reaktion) unter Bildung von V sind Reaktionen, die zu keiner Umlagerung führen. Es ist jedoch auch möglich, daß ein Substituent (im vorstehenden Beispiel H oder R) vom β-Atom *mit seinen Bindungselektronen* an das Atom mit dem Elektronensextett wandert unter Bildung eines neuen Zwischenproduktes mit Elektronensextett (IIa bzw. IIb), das sich nunmehr durch Eliminierung von H$^\oplus$ oder Addition eines Nucleophils Y|$^\ominus$ endgültig stabilisiert.

Die Triebkraft der Umlagerung besteht im allgemeinen darin, daß sich aus einem energiereicheren Zwischenprodukt ein energieärmeres bildet, z. B. aus dem primären Carbeniumion [9.9], I ein sekundäres Carbeniumion [9.9], II. Es sind auch „entartete" Umlagerungen möglich, z. B. CH_3–$CH_2^\oplus$ ⇄ $^\oplus CH_2$–CH_3, die jedoch makroskopisch nur durch besondere experimentelle Kunstgriffe (Isotopenexperimente) erkannt werden können.

Der wandernde Rest löst sich in den meisten Fällen nicht vollständig vom verbleibenden Molekülteil, sondern bleibt in dessen Wirkungssphäre (z. B. in Form eines π-Komplexes, eines S_N2-ähnlichen Übergangszustandes, eines engen Ionenpaares oder eines Radikalpaares). Dementsprechend wandert der Substituent bei der Bildung von [9.9], II meist weitgehend synchron mit der Bildung des primären Zwischenprodukts [9.9], I, so daß ein ähnliches „Vierzentrenprinzip" gilt wie bei der ionischen Eliminierung (vgl. D.3.1.) und eine konformationell bedingte Vorzugsrichtung dafür besteht, welcher der drei Substituenten am β-Atom zum α-Atom wandert:

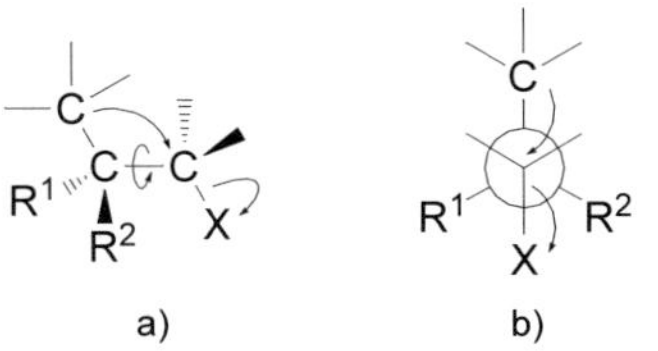

$$[9.10]$$

a)   b)

Aus [9.10] wird ersichtlich, daß der wandernde Rest seinerseits einem „Vorderseitenangriff" unterliegt; das entspricht einer Retention der Konfiguration am wandernden Zentrum, die tatsächlich häufig experimentell gefunden wird.

Sofern die Konformation im Ausgangsprodukt der Reaktion bzw. im primären Zwischenprodukt [9.9], I nicht starr sondern relativ flexibel ist, kann natürlich infolge der großen Geschwindigkeiten von Konformationsänderungen jeder der drei Substituenten in die umlagerungsfähige periplanare Lage kommen, vgl. [9.10]a). Sofern dies der Fall ist, wandert bevorzugt derjenige Rest, dessen nucleophile Kraft am größten ist, und man findet damit übereinstimmend die folgenden relativen Wanderungstendenzen von Substituenten:

$$-H \; < \; -CH_3 \; < \; -CH_2CH_3 \; < \; -CH(CH_3)_2 \; < \; -C(CH_3)_3 \; < \; -Ph \qquad [9.11a]$$

bzw. für substituierte Phenylgruppen:

$$p\text{-}NO_2- \; < \; p\text{-}Cl- \; < \; H- \; < \; p\text{-}Ph- \; < \; p\text{-}CH_3- \; < \; p\text{-}CH_3O \qquad [9.11b]$$

Darüber hinaus existieren allgemeine sterische Einflüsse: Je voluminöser die Substituenten am β-Atom des Zwischenprodukts [9.9], I sind, desto mehr ist die triviale nucleophile Substitution unter Bildung von [9.9], V sterisch gehindert, während andererseits die Umlagerung z. B. der voluminösen tert-Butylgruppe durch ihre hohe Wanderungstendenz entsprechend [9.11a] besonders leicht verläuft.

Nucleophile Umlagerungen sind in gleicher Weise in Verbindungen mit einem Elektronensextett an einem Heteroatom möglich:

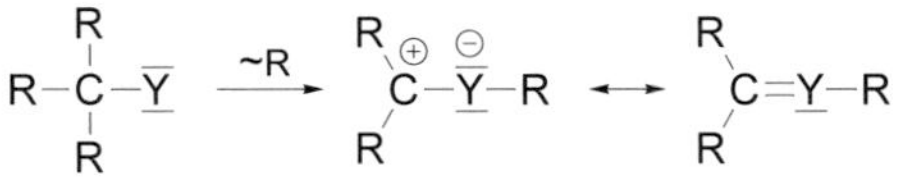

$$[9.12]$$

Konkrete Fälle werden unter D.9.1.2. und D.9.1.3. besprochen.

9.1.1.   Nucleophile [1,2]-Umlagerungen am Kohlenstoffatom

9.1.1.1.   Pinacolon-Umlagerung

Die Dehydratisierung von 1,2-Diolen (α-Glycolen) (I in [9.13]) in Gegenwart saurer Katalysatoren führt fast immer zu einer Carbonylverbindung und nur in seltenen Fällen zu konjugierten Dienen:

$$\underset{\text{I}}{\overset{R^1\ R^3}{\underset{HO\ OH}{R^2-\overset{|}{\underset{|}{C}}-\overset{|}{\underset{|}{C}}-R^4}}} \quad \underset{-H^\oplus}{\overset{+H^\oplus}{\rightleftharpoons}} \quad \underset{\text{II}}{\overset{R^1\ R^3}{\underset{HO\ \overset{\oplus}{OH_2}}{R^2-\overset{|}{\underset{|}{C}}-\overset{|}{\underset{|}{C}}-R^4}}} \quad \underset{+H_2O}{\overset{-H_2O}{\rightleftharpoons}} \quad \underset{\text{III}}{\overset{R^1\quad R^3}{\underset{HO\quad R^4}{R^2-\overset{|}{\underset{|}{C}}-\overset{\oplus}{C}{\huge\langle}}}}$$

[9.13]

$$\overset{\sim R^1}{\underset{+H^\oplus}{\rightleftharpoons}} \quad \underset{\text{IV}}{\overset{R^2\ R^1}{\underset{HO\ R^4}{\overset{\oplus}{C}-\overset{|}{\underset{|}{C}}-R^3}}} \quad \underset{+H^\oplus}{\overset{-H^\oplus}{\rightleftharpoons}} \quad \underset{\text{V}}{\overset{R^2\ R^1}{\underset{O\ R^4}{\overset{|}{\underset{\|}{C}}-\overset{|}{\underset{|}{C}}-R^3}}}$$

Zunächst entsteht durch Protonierung einer Hydroxylgruppe und anschließende Wasserabspaltung ein Carbeniumion III. Dieses Kation stabilisiert sich durch Wanderung einer Gruppe R^1 zum Carbeniumion IV, das durch Abspaltung eines Protons von der Hydroxylgruppe in die Carbonylverbindung V übergeht. Sind die Reste R^1, R^2, R^3, und R^4 verschieden, wandert die Hydroxylgruppe so, daß ein möglichst stabiles Kation III entsteht. Die Abspaltungstendenz nimmt somit in folgender Reihe zu:

$$-CH_2OH \ < \ \underset{|}{\overset{H}{R-\overset{|}{C}-OH}} \ < \ \underset{|}{\overset{H}{Ar-\overset{|}{C}-OH}} \ < \ \underset{|}{\overset{R}{R-\overset{|}{C}-OH}} \ < \ \underset{|}{\overset{Ar}{Ar-\overset{|}{C}-OH}}$$

[9.14]

(Zur Stabilität von Kationen vgl. D.3.1.4.)

Für die Wanderungstendenz der Reste R^1 bzw. R^5 gelten die in [9.11a,b] angegebenen Abstufungen.

Was entsteht bei der Dehydratisierung von Ethylenglycol, Glycerol und 2,3-Dimethyl-butan-2,3-diol (Pinacol)?[1]

Allgemeine Arbeitsvorschrift für die Pinacolon-Umlagerung (Tab. 9.15)

In einer Apparatur zur Wasserdampfdestillation (vgl. A.2.3.4.) werden 1 mol Glycol und 500 ml 12%ige Schwefelsäure gemischt und einer Wasserdampfdestillation unterworfen. Das überdestillierende Wasser–Aldehyd- bzw. Wasser–Keton-Gemisch wird mit Kochsalz gesättigt und die Carbonylverbindung mit Ether extrahiert. Die etherische Phase trocknet man mit Magnesium- oder Natriumsulfat und fraktioniert anschließend oder kristallisiert aus Alkohol um.

Tabelle 9.15

Aldehyde und Ketone durch Pinacolonumlagerung

Produkt	Ausgangsverbindung	Kp (bzw. F) in °C	n_D^{20}	Ausbeute in %
Isobutyraldehyd	2-Methyl-propan-1,2-diol	64	1,3730	80
Cyclopentancarbaldehyd	trans-Cyclohexan-1,2-diol	137	1,4423	70
3,3-Dimethyl-butan-2-on (Pinacolon)	2,3-Dimethyl-butan-2,3-diol (Pinacol)	106	1,3956	70
Phenylacetaldehyd	1-Phenyl-ethan-1,2-diol	78$_{1,3(10)}$	1,5254	40
3,3-Bis(p-tolyl)butan-2-on	2-Methyl-1,1-bis(p-tolyl)pro-pan-1,2-diol	F 47 (EtOH)		85

---

[1] In älteren Lehrbüchern wird der hier als Pinacol bezeichnete Alkohol oft Pinakon und das Keton Pinakolin genannt. Die hier verwendeten Endungen entsprechen den Nomenklatur-Regeln besser.

Es ist nicht entscheidend, auf welche Weise das Elektronendefizit-Zentrum bei nucleophilen [1,2]-Umlagerungen entsteht. Aus diesem Grunde gehen auch primäre Amine bei der Desaminierung mit salpetriger Säure Umlagerungen ein; aus α-Amino-alkoholen entstehen so Aldehyde bzw. Ketone (*Tiffeneau-Umlagerung*):

$$[9.16]$$

Diese Umnlagerung wird präparativ zur Homologisierung von cyclischen Ketonen benutzt (Tiffeneau-Demjanov-Reaktion). Dabei wird das Keton mit n Ringatomen zunächst mit Nitromethan zum Aldol-Produkt umgesetzt und dieses nach Reduktion der Nitro- zur Aminogruppe entsprechend [9.16] zum ringerweiterten Keton mit (n+1) Ringatomen umgewandelt. Man formuliere diese Reaktion.

Die Ausbeuten sind dabei höher als bei der Homologisierung mit Diazomethan (vgl. D 9.1.1.3).

Analog reagieren Epoxide, deren Dreiring bei der Einwirkung von Lewis-Säuren unter Bildung eines Elektronendefizit-Zentrums aufspaltet, das eine Umlagerung zu Carbonylverbindungen auslöst:

$$[9.17]$$

Um die solvolytische Aufspaltung des Epoxids zu vermeiden, arbeitet man zweckmäßig in unpolaren Lösungsmitteln. Für die Öffnung des Epoxid-Ringes durch Lewis-Säuren gelten die gleichen Überlegungen wie für die Abspaltung einer Hydroxylgruppe bei 1,2-Diolen (Pinacolon-Umlagerung).

In der Analytik wird die Umlagerung von Epoxiden zur Identifizierung von Olefinen angewendet, da sich die entstehenden Aldehyde bzw. Ketone leicht durch Derivate erfassen lassen.

Überlegen Sie unter Berücksichtigung der Reihen [9.11a] und [9.14], welche Olefine sich zu einheitlichen Carbonylverbindungen umlagern und damit eindeutig identifizieren lassen!

Epoxidierung von Olefinen und Umlagerung der Epoxide zu Carbonylverbindungen[1]) (Allgemeine Arbeitsvorschrift für die qualitative Analyse)

1 g Olefin wird in 5 ml Ether gelöst und bei Zimmertemperatur mit 3 ml 40%iger Peressigsäure, die 5% Natriumacetat enthält, versetzt. Man läßt 20 Stunden stehen, schüttet dann in eine gesättigte wäßrige Kaliumcarbonat-Lösung, trennt die Etherschicht ab und extrahiert die wäßrige Schicht mehrmals mit wenig Ether. Die vereinigten Ether-Extrakte (etwa 20 ml) werden 2 Stunden über Natriumsulfat getrocknet. Dann versetzt man mit 2 ml Bortrifluoridetherat-Lösung und schüttelt 5 Minuten durch. Anschließend wäscht man mit 2 ml Wasser, trennt die Etherschicht ab und destilliert das Lösungsmittel ab. Der Rückstand wird mit 2 N methanolischer Salzsäure aufgenommen, mit Dinitrophenylhydrazin-Lösung versetzt und aufgekocht. Das auskristallisierte Dinitrophenylhydrazon saugt man ab und kristallisiert es um (vgl. D.7.1.1.).

---

[1]) nach SHAREFKIN, I. G.; SHWERZ, H. E., Analyt. Chem. **33** (1961), 635

Campholenaldehyd aus α-Pinenoxid: ROYALS, E. E.; HARRELL, L. L., J. Am. Chem. Soc. **77** (1955), 3405.

9.1.1.2. Wagner–Meerwein-Umlagerung

Eng verwandt mit der Pinacolon-Umlagerung ist die Wagner–Meerwein-Umlagerung.

Sie ist dadurch gekennzeichnet, daß im umgelagerten Carbeniumion ein Proton abgespalten werden kann und die Bildung eines Olefins zur bevorzugten Stabilisierungsreaktion wird:

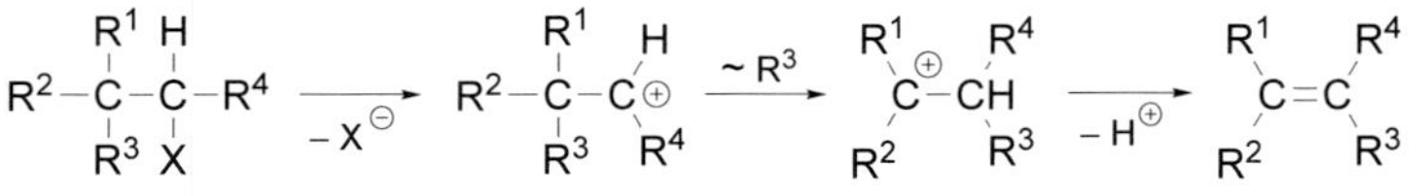

$$[9.18]$$

X = Halogen, OTos, OH (+ H$^{\oplus}$)

Da man bei dieser Umlagerung das Kohlenstoffgerüst der *Ausgangsverbindung* der Pinacolon-Umlagerung erhält, nennt man die Wagner–Meerwein-Umlagerung auch Retropinacolinumlagerung.

2,3-Dimethyl-but-2-en aus 3,3-Dimethyl-butan-2-ol: WHITHMORE, F. C.; ROTHROCK, H. S., J. Am. Chem. Soc. **55** (1933), 1109.

Vor allem bei Terpen-Verbindungen findet man oft Reaktionsfolgen, in denen Wagner-Meerwein-Umlagerungen eine entscheidende Rolle spielen. Die Umlagerung ist hier begünstigt, weil die Kohlenstoffatome C^2 und C^6 bzw. C^3 und C^5 in diesen starren Systemen nur einen kleinen Abstand voneinander haben. So entsteht z. B. aus Borneol[1]) bei der Dehydratisierung Camphen:

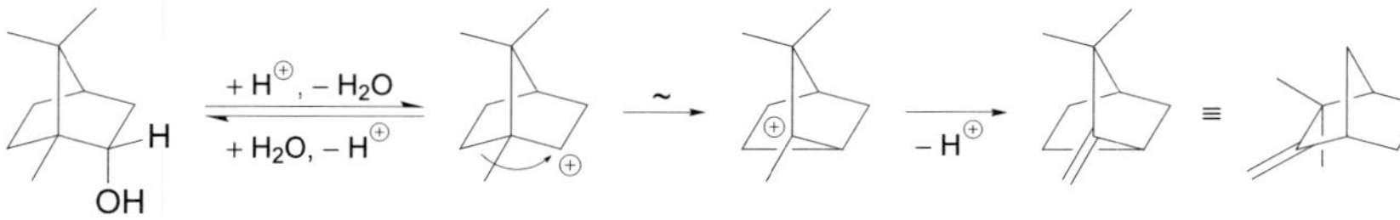

$$[9.19]$$

Man informiere sich über die Synthese von Campher!

Auch die Dehydratisierung von Tetrahydrofurfurylalkohol zu Dihydropyran ist von einer Wagner-Meerwein-Umlagerung begleitet:

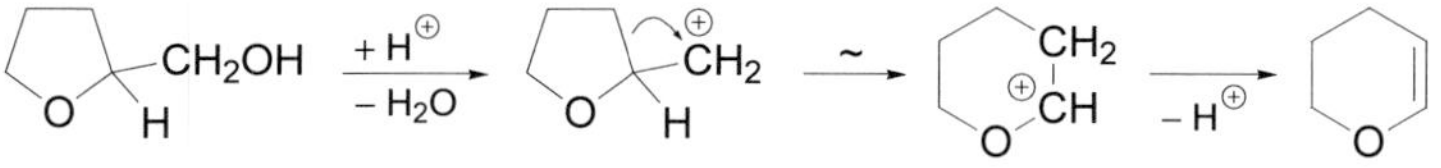

$$[9.20]$$

Eine Arbeitsvorschrift für die *Darstellung von 3,4-Dihydro-2H-pyran* durch katalytische Dehydratisierung von Furfurylalkohol findet man in älteren Auflagen dieses Buches.

3,4-Dihydro-2H-pyran kann als cyclischer Enolether Alkohole zu Acetalen addieren (vgl. D.4.2.2.).:

---

[1]) Die räumliche Lage der Substituenten in diesen bicyclischen Systemen wird durch die Vorsilbe *exo-* oder *endo-* gekennzeichnet. Im formulierten Borneol ist die Hydroxylgruppe endständig (axial), der Wasserstoff exoständig (äquatorial). Im Isoborneol steht die OH-Gruppe in exo-Stellung:

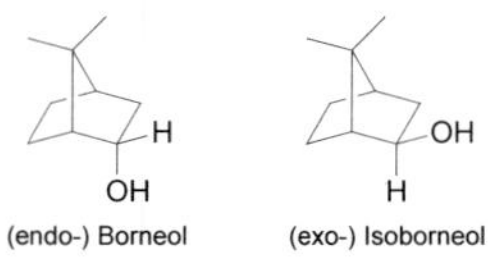

(endo-) Borneol   (exo-) Isoborneol

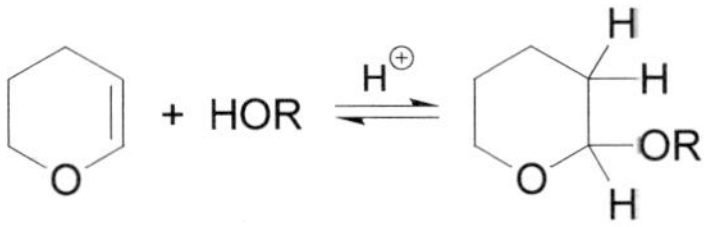

$$[9.21]$$

Man verwendet es daher zur reversiblen Blockierung von Alkoholen.

9.1.1.3. Wolff-Umlagerung

Diazoketone spalten in der Hitze oder beim Bestrahlen mit UV-Licht Stickstoff ab, wobei sich ein *ungeladenes* Kohlenstoffatom mit Elektronensextett (Carben) bildet. Die Reaktion läßt sich durch Silberkatalysatoren beschleunigen.

Das Carben kann sich durch Wanderung des Restes R (Wolff-Umlagerung) oder eines Hydridions stabilisieren, wodurch ein Keten (I) bzw. ein $\alpha\beta$-ungesättigtes Keton (II) gebildet wird:

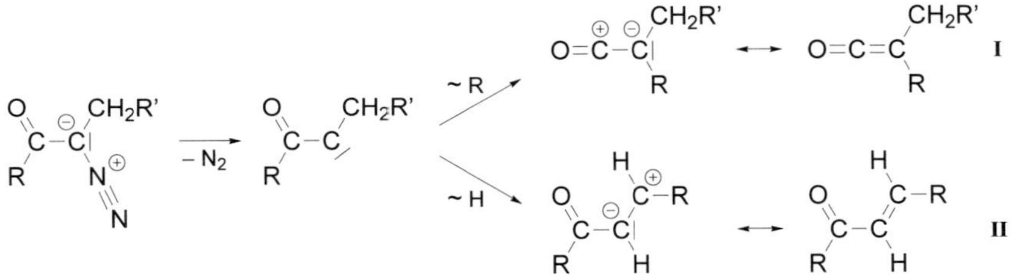

$$[9.22]$$

Das Keten addiert in wäßriger Lösung sofort Wasser unter Bildung einer Säure ([9.23], I). Mit Alkoholen werden Ester (II), mit Aminen Amide (III) gebildet (vgl. D.7.1.6.):

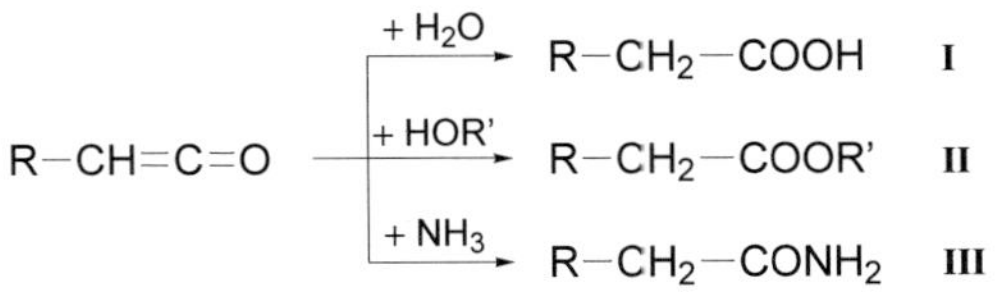

$$R-CH=C=O \quad \begin{cases} + H_2O \rightarrow R-CH_2-COOH & \text{I} \\ + HOR' \rightarrow R-CH_2-COOR' & \text{II} \\ + NH_3 \rightarrow R-CH_2-CONH_2 & \text{III} \end{cases}$$

$$[9.23]$$

Das Verhältnis der Reaktionsprodukte in [9.22] hängt von der Reaktionstemperatur ab: Bei niedriger Temperatur bildet sich bevorzugt das α,β-ungesättigte Keton, bei höherer Temperatur (über $50\,°C$) überwiegend das Carbonsäurederivat. Nur Diazoketone, die neben der CHN_2-Gruppe keine CH_2-Gruppe tragen, also z. B. solche, wie sie bei der Umsetzung von Säurechloriden mit Diazomethan (vgl. D.8.4.2.2.) entstehen, reagieren stets zu Carbonsäuren bzw. deren Derivaten.

ARNDT und EISTERT nutzten die Wolff-Umlagerung zur Kettenverlängerung von Carbonsäuren: Ein Säurechlorid wird mit Diazomethan in das Diazoketon übergeführt, nach dessen Dediazonierung/Umlagerung die um eine Methylgruppe verlängerte Carbonsäure entsteht. (Welche Methoden zur Carbonsäure-Kettenverlängerung kennen Sie noch?)

Auf ähnliche Weise reagieren Ketone und Aldehyde mit Diazomethan unter Verlust von Stickstoff und Umlagerung zu einer entsprechenden, um eine CH_2-Gruppe vergrößerten Carbonylverbindung (vgl. auch D.8.4.2.2.). Die Methode besitzt vor allem Bedeutung zur Ringerweiterung cyclischer Ketone, da hierbei ein einheitliches Umlagerungsprodukt entsteht:

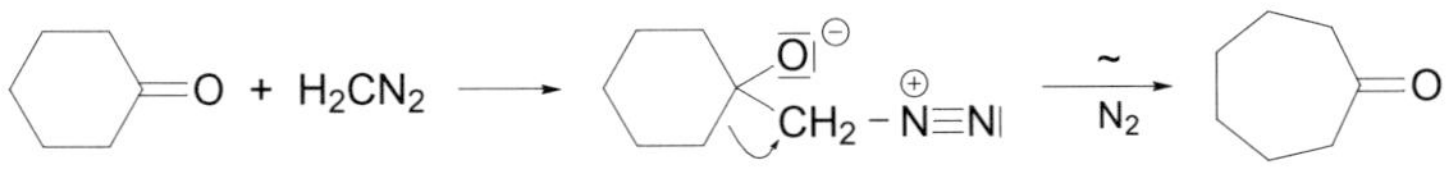

$$[9.24]$$

Man vergleiche hierzu auch die Tiffeneau-Reaktion [9.14].

Allgemeine Arbeitsvorschrift für die Darstellung von Carbonsäureestern aus Diazoketonen durch Wolff-Umlagerung (Tab. 9.25)

1. Herstellung des Silberoxidkatalysators

Zu 50 ml 10%iger Silbernitratlösung gibt man so lange verd. Natronlauge, bis kein Ag_2O mehr ausfällt. Der Niederschlag wird so oft in Wasser aufgeschlämmt und dekantiert, bis das Waschwasser neutral reagiert. Dann wird abfiltriert und im Exsikkator getrocknet. Ausbeute etwa 3 g.

2. Wolff-Umlagerung

0,1 mol Diazoketon (Darstellung vgl. D.8.4.2.2; man kann die rohen Diazoketone verwenden) werden in 300 ml abs. Alkohol gelöst. Die Lösung erhitzt man in einem 1-l-Dreihalskolben mit Rückflußkühler, Tropftrichter und Rührer auf 55 bis 60 °C und tropft unter Rühren eine Suspension von 3 g des Silberoxid-Katalysators in 60 ml abs. Alkohol zu. Anschließend kocht man unter Rühren noch zwei Stunden, gibt dann etwas Tierkohle zu (etwa 0,5 g), kocht nochmals auf und filtriert heiß. Scheidet sich beim Abkühlen der Ester fest ab, saugt man ihn ab und kristallisiert aus Alkohol um. Ist er flüssig oder fällt er nicht aus, so verdampft man den Alkohol im Vakuum und destilliert den Ester.

Tabelle 9.25

Carbonsäureester durch Wolff-Umlagerung

Produkt	Ausgangsverbindung	Kp (bzw. F) in °C	n_D	Ausbeute in %
Heptadecansäure-ethylester (Margarinsäure-ethylester)	Diazomethylpentadecylketon	$185_{0,7(5)}$ $F\,28$		60
Nonadecansäure-ethylester	Diazomethylheptadecylketon	$167_{0,03(0,3)}$ $F\,37$		55
Decan-1,10-dicarbonsäure-diethylester	1,10-Bis(diazomethyl)decan-1,10-dion	$193_{2(15)}$ $F\,15$		45
Phenylessigsäure-ethylester	Diazomethylphenylketon	$100_{1,3(10)}$	$n_D^{18}\,1,4492$	35
p-Methoxy-phenylessigsäure-ethylester	Diazomethyl(p-methoxy-phenyl)keton	$154_{2,3(17)}$		40
Naphth-1-ylessigsäure-ethylester	Diazomethyl-α-naphthyl-keton	$179_{1,5(11)}$		35
Dihydrozimtsäure-ethylester	Benzyldiazomethylketon	$123_{2,1(16)}$	$n_D^{20}\,1,4911$	35

Darstellung von Cycloheptanon (Suberon)[1])

In einem 1 l-Dreihalskolben mit Rührer, Innenthermometer, Tropftrichter und einer Öffnung zum Ablassen des bei der Reaktion entwickelten Stickstoffs werden 0,5 mol Cyclohexanon, 0,6 mol N-Methyl-N-nitroso-toluensulfonamid und 150 ml Alkohol mit 10 ml Wasser gemischt. Um Schaumbildung bei der Reaktion zu verhindern, setzt man dem Kolbeninhalt etwas Silikonentschäumer zu. Unter Rühren und Kühlen mit einer Eis–Kochsalz-Mischung tropft man zu dem Gemisch eine Lösung von 15 g Kaliumhydroxid in 50 ml 50%igem Alkohol so zu, daß die Temperatur im Kolben 10 bis 20 °C beträgt. Durch die Zugabe der Lauge bildet sich aus dem Nitrosamid Diazomethan, das sofort mit dem Cyclohexanon reagiert. Nachdem die gesamte Lauge eingetropft ist, rührt man noch 30 Minuten und setzt unter weiterem Rühren 2 N Salzsäure bis zur schwach sauren Reaktion und danach 300 ml gesättigte technische Natriumhydrogensulfit-Lösung zu. Nach einigen Minuten beginnt sich das Bisulfit-Addukt des Suberons abzuscheiden. Man rührt noch zehn Stunden, saugt dann den Niederschlag ab und wäscht ihn gründlich mit Ether aus. Die Bisulfitverbindung wird in einer warmen Lösung von

[1]) nach DeBoer, Th. J.; Backer, H. J., Org. Synth., Coll. Vol. **IV** (1963), 225

125 g Soda ($Na_2CO_3 \cdot 10\,H_2O$) in 150 ml Wasser zersetzt, die Ketonschicht abgetrennt und die wäßrige Phase viermal mit 50 ml Ether extrahiert. Die vereinigten organischen Phasen trocknet man mit Magnesiumsulfat und fraktioniert nach Verdampfen des Ethers im Vakuum über eine 40 cm-Vigreux-Kolonne. Als erste Fraktion erhält man nicht umgesetztes Cyclohexanon, dann bei 1,6 kPa (12 Torr) und 65 °C das Cycloheptanon. Im Rückstand bleiben höhere Ringketone (Cyclooctanon usw.). Ausbeute 33 %; n_D^{25} 1,4600. Ein besonders reines Produkt erhält man durch Rektifikation (Rücklaufverhältnis 10:1).

9.1.2. Umlagerungen am Stickstoffatom

Beim Säureabbau nach HOFMANN, CURTIUS und LOSSEN und der Schmidt- und Beckmann-Reaktion werden Umlagerungen durch ein Elektronensextett am Stickstoffatom hervorgerufen. [9.26], I und [9.26], II haben den Charakter eines Nitrens bzw. Nitreniumions, sie entstehen gewöhnlich nicht in freier Form:

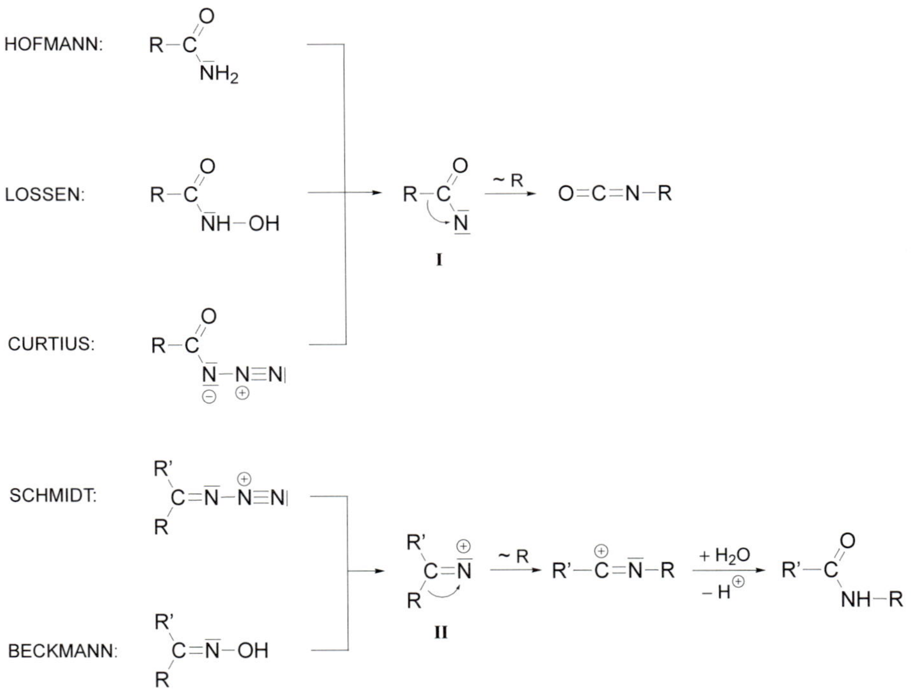

[9.26]

9.1.2.1. Hofmann-Abbau

Beim Hofmann-Säureamid-Abbau erhält man durch Einwirkung von Hypohalogenit auf Säureamide primäre Amine, die ein C-Atom weniger als die Ausgangssubstanz haben.[1] Hierbei bildet sich ein unter bestimmten Bedingungen isolierbares Halogenamid ([9.27], I) als Zwischenprodukt, aus dem unter Halogenwasserstoff-Abspaltung und Umlagerung ein Isocyanat III entsteht, an das sofort Wasser angelagert wird. Die Carbamidsäure IV ist unbeständig und zerfällt in Kohlendioxid und Amin:

---

[1] Man verwechsele die Reaktion nicht mit dem Abbau von Aminen nach Hofmann, vgl. D.3.1.6)

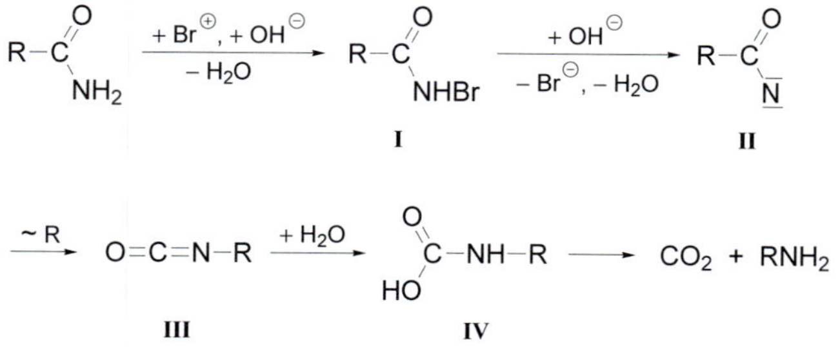

$$R-C{\overset{O}{\underset{NH_2}{}}} \xrightarrow[-H_2O]{+Br^{\oplus}, +OH^{\ominus}} \underset{I}{R-C{\overset{O}{\underset{NHBr}{}}}} \xrightarrow[-Br^{\ominus}, -H_2O]{+OH^{\ominus}} \underset{II}{R-C{\overset{O}{\underset{\underline{N}}{}}}}$$

[9.27]

$$\xrightarrow{\sim R} \underset{III}{O=C=N-R} \xrightarrow{+H_2O} \underset{IV}{\underset{HO}{\overset{O}{C}}-NH-R} \longrightarrow CO_2 + RNH_2$$

Das Isocyanat ist das Stickstoff-Analoge des Ketens in der Wolff-Umlagerung.

Wenn man beim Hofmann-Säureamid-Abbau in alkoholischer Lösung arbeitet, entsteht ein Urethan.

In der Technik stellt man aus Phthalimid durch Hofmann-Abbau Anthranilsäure her, die ein wichtiges Zwischenprodukt in der Farbenindustrie ist.

Allgemeine Arbeitsvorschrift für den Hofmann-Abbau von Säureamiden zu Aminen (Tab. 9.28)

1. Darstellung einer Hypobromit-Lösung[1])

Man tropft bei 0 °C 1,2 mol Brom in eine Lösung von 6 mol Natriumhydroxid in 2 l Wasser.

2. Darstellung einer Hypochlorit-Lösung

300 g Kaliumhydroxid werden in 400 ml Wasser gelöst, auf 0 °C gekühlt und mit 1,5 kg zerstoßenem Eis vermischt; danach werden schnell 85 g Chlor eingeleitet.

3. Vorschrift für den Hofmann-Abbau

In die frisch hergestellte Hypohalogenit-Lösung gibt man bei –5 °C unter Rühren 1 mol Säureamid[2]). Sollte die Innentemperatur +40 °C übersteigen, wird gekühlt. Nach Rühren über Nacht versetzt man mit 20 g Natriumsulfit, säuert unter Kühlung auf pH 2 an, rührt weitere 15 Minuten und macht erneut mit 50%iger wäßriger Kalilauge alkalisch.

4. Aufarbeitung

a) Wasserdampf-flüchtige Amine werden mit Wasserdampf überdestilliert, das Destillat wird mit Kaliumcarbonat gesättigt, ausgeethert, mit Natriumsulfat getrocknet und fraktioniert. Bei leicht flüchtigen Aminen beschickt man die Vorlage mit halbkonz. Salzsäure und kristallisiert nach Abdampfen des Destillats das Hydrochlorid aus Ethanol um.

b) Bei nicht Wasserdampf-flüchtigen Aminen wird die Reaktionslösung mit Kaliumcarbonat gesättigt, abgesaugt, ausgeethert, die Etherphase mit Natriumsulfat getrocknet und anschließend fraktioniert.

Besonders die leichtflüchtigen Amine können nach dieser Vorschrift (Variante a) auch im Halbmikromaßstab hergestellt werden.

---

[1]) Das Arbeiten mit Hypobromit-Lösung beim Hofmann-Abbau hat den Vorteil einer leichteren Handhabung, mit Hypochloritlösung dagegen erreicht man meist bessere Ausbeuten
[2]) Herstellung aus den entsprechenden Chloriden nach der Vorschrift in Abschn. D.7.1.4.2).

Tabelle 9.28
Amine durch Hofmann-Abbau

Produkt	Ausgangsverbindung	Methode	F (bzw. Kp) in °C	Ausbeute in %
Methylamin-hydrochlorid	Acetamid	NaOBr (a)	227 (EtOH)	70
Ethylamin-hydrochlorid	Propionamid	NaOBr (a)	108 (EtOH/Et$_2$O) (hygroskopisch)	70
Benzylamin	Phenylacetamid	NaOBr (b)	*Kp* 184	80
3,4-Dimethoxy-anilin	3,4-Dimethoxy-benzamid	NaOCl (b)	*Kp* 173$_{3,2(24)}$ 87 (EtOH)	80
Anthranilsäure	Phthalimid	NaOBr [1]	145 (EtOH)	60

[1] Die Reaktionslösung wird mit Salzsäure gegen Kongorot neutralisiert und das ausgefallene Produkt unter Zusatz von Aktivkohle aus Wasser umkristallisiert.

β-Alanin aus Succinimid: CLARKE, H. T.; BEHR, L. D., Org. Synth., Coll. Vol. **II** (1943), 19.

9.1.2.2. Curtius-Abbau

Beim Curtius-Abbau geht man von einem Säureazid aus, das thermisch zersetzt wird:

$$
\begin{array}{ccccc}
R-\overset{\overset{\displaystyle O}{\|}}{\underset{\underset{\displaystyle |N-N\equiv N|}{}}{C}} & \xrightarrow[-N_2]{} & R-\overset{\overset{\displaystyle O}{\|}}{\underset{\underset{\displaystyle N}{}}{C}} & \xrightarrow{\sim R} & O=C=N-R
\end{array}
\qquad [9.29]
$$

Arbeitet man in einem inerten Lösungsmittel (z. B. Benzen), so wird im Gegensatz zum Hofmann-Abbau die weitere Umsetzung des Isocyanats vermieden, und man kann es isolieren.

Wie erklären Sie sich das Auftreten disubstituierter Harnstoffe, wenn bei der Zersetzung der Azide nicht sorgfältig auf Wasserfreiheit geachtet wird? Welches Reaktionsprodukt erhält man beim Curtius-Abbau in alkoholischer Lösung?

In der unten angegebenen Vorschrift für den Curtius-Abbau wird das Säureamid in Wasser–Aceton-Lösung durch Einwirkung von Natriumazid auf das gemischte Anhydrid aus Carbonsäure und Kohlensäurehalbester erhalten; dieses bildet sich im Reaktionsgemisch aus der betreffenden Carbonsäure und Chlorameisensäureester (vgl. D.7.1.4.4.). Auch aus dem entsprechenden Säurechlorid und Natriumazid bzw. aus dem Säurehydrazid und salpetriger Säure können die Azide dargestellt werden.

Die Darstellung der Isocyanate nach CURTIUS gelingt nicht, wenn sich das betreffende Säureazid schon bei Zimmertemperatur oder darunter merklich zersetzt. In diesen Fällen findet nämlich die Stickstoffabspaltung bereits unter den Bedingungen der Azidbildung statt, und das Isocyanat reagiert sofort mit dem Lösungsmittel (Wasser).

Allgemeine Arbeitsvorschrift für die Darstellung von Isocyanaten aus Carbonsäuren durch Curtius-Abbau (Tab. 9.30)

Vorsicht! Azide explodieren beim raschen Erhitzen oder bei Berührung mit Schwefelsäure sehr leicht. Man isoliere sie nicht in Substanz! Schutzbrille tragen! Bei der Destillation des Isocyanats einen kleinen Rückstand lassen! Bei der Zersetzung des Azids stets ein Wasserbad zum Erhitzen verwenden.

1. Darstellung der Säureazide[1])

In einem 500-ml-Dreihalskolben mit Tropftrichter, Rührer und Innenthermometer werden 0,085 mol Carbonsäure in 150 ml Aceton gelöst. Die Lösung wird mit einer Eis–Kochsalz-

[1] nach WEINSTOCK, J., J. Org. Chem. **26** (1961), 3511

Mischung auf 0 °C abgekühlt. Bei dieser Temperatur tropft man 0,1 mol Triethylamin in 40 ml Aceton und danach eine Lösung von 0,11 mol Chlorameisensäureethylester ebenfalls in 40 ml Aceton langsam zu und rührt anschließend noch 30 Minuten. Dann werden bei 0 °C 0,13 mol Natriumazid in 30 ml Wasser zugetropft. Man rührt noch eine Stunde, gießt das Reaktionsgemisch in 400 ml Eiswasser und extrahiert das gebildete Azid dreimal mit je 70 ml eiskaltem Toluen. Die Toluen-Lösung wird zunächst mit geglühtem Magnesiumsulfat und anschließend mit Phosphor(V)-oxid im Tiefkühlschrank oder Eis–Kochsalz-Bad getrocknet.

2. Darstellung der Isocyanate

In einen Dreihalskolben mit Rückflußkühler und Tropftrichter, der sich in einem siedenden Wasserbad befindet, wird die oben dargestellte Lösung des Azids langsam eingetropft. Unter heftiger Stickstoffentwicklung tritt die Umlagerung ein. Nach beendetem Zutropfen erhitzt man noch eine Stunde, entfernt im Vakuum zuerst das Lösungsmittel und destilliert dann das Isocyanat.

Tabelle 9.30

Isocyanate durch Curtius-Abbau

Produkt	Ausgangsverbindung	Kp (bzw. F) in °C	Ausbeute in %
Phenylisocyanat	Benzoesäure	$60_{2,7(20)}$	65
α-Naphthylisocyanat	α-Naphthoesäure	$145_{2,0(15)}$	60
β-Naphthylisocyanat	β-Naphthoesäure	$137_{1,5(11)}$ F 56	70

9.1.2.3. Schmidt-Reaktion

Die Umsetzung von Carbonylverbindungen mit Stickstoffwasserstoffsäure in Gegenwart starker Säuren ergibt nach SCHMIDT unter Wanderung einer Alkylgruppe Säureamide. Der eigentlichen Umlagerung ist eine normale Carbonylreaktion (Addition der Stickstoffwasserstoffsäure und Wasserabspaltung) vorgelagert. Mit Ketonen ergibt sich folgender Reaktionsverlauf:

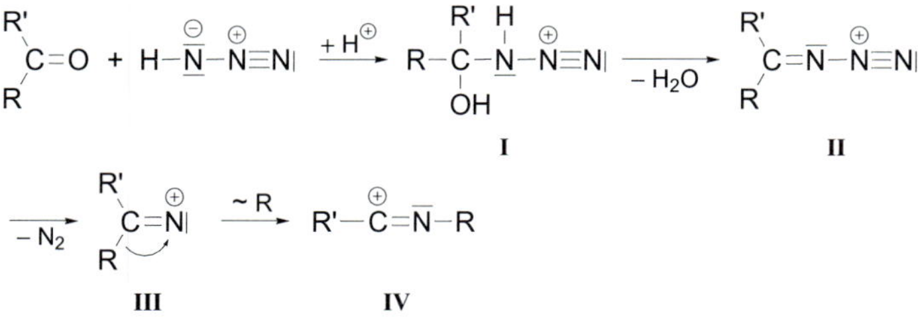

$$[9.31]$$

Das so entstandene Carbeniumion IV reagiert mit Wasser als Lösungsmittel zu einem Säureamid, mit überschüssiger Stickstoffwasserstoffsäure zu Tetrazolen:

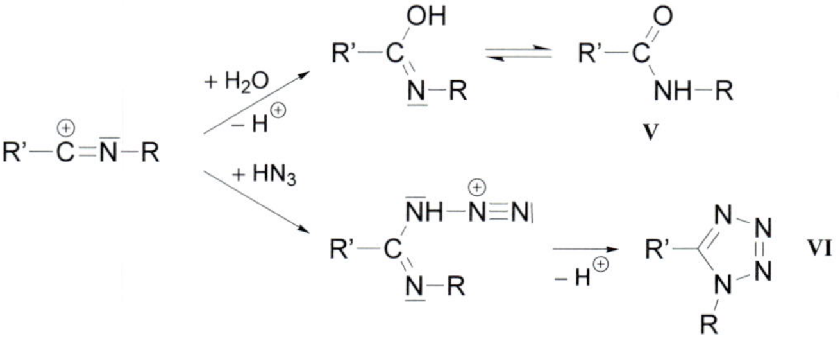

$$[9.32]$$

Wahrscheinlich bildet sich das Nitreniumion [9.31], III nicht als Zwischenprodukt, sondern der Rest R wandert gleichzeitig mit der Abspaltung des Stickstoffs. Entsprechend [9.10] ist dann zu erwarten, daß sich der zur Diazoniumgruppe *trans*-(*E*)-ständige Substituent umlagert:

$$
\begin{array}{c}
\overset{R'}{\underset{R}{\diagdown}}C=\overset{\oplus}{N}-\overset{\ominus}{N}\equiv N| \quad \xrightarrow{\;-N_2\;}
\begin{cases}
R'-\overset{\oplus}{C}=\overset{\ominus}{N}-R \longrightarrow \text{Produkt}\\[4mm]
R-\overset{\oplus}{C}=\overset{\ominus}{N}-R'
\end{cases}
\end{array}
\qquad [9.33]
$$

Die Wasserabspaltung aus [9.31], I führt im allgemeinen zu demjenigen *E,Z*-Isomeren von II, bei dem sich der voluminösere Rest und die Diazoniumgruppe in der *trans*-(*E*)-Stellung befinden. Daher findet man bei der Schmidt-Reaktion an unsymmetrischen Ketonen folgende, von der in [9.11a] angegebenen, abweichende Reihenfolge der Wanderungstendenz von Substituenten:

$$\text{tert-}C_4H_9 > C_6H_5 \approx \text{iso-}C_3H_7 > C_2H_5 > CH_3 \qquad [9.34]$$

Carbonsäuren (in [9.31]: R′ = OH) ergeben unter den Bedingungen der Schmidt-Reaktion das um ein Kohlenstoffatom ärmere Amin (vergleiche dazu den Curtius-Abbau). Die dem Amid V in [9.32] entsprechende *N*-substituierte Carbamidsäure – das gleiche Produkt, das beim Hofmann-Abbau gebildet wird (vgl. [9.27]) – zerfällt sofort in Kohlendioxid und Amin. Aus Malonsäuren lassen sich auf diese Weise α-Amino-carbonsäuren darstellen, da nur eine Carboxylgruppe angegriffen wird (formulieren!).

Allgemeine Arbeitsvorschrift für die Schmidt-Reaktion (Tab. 9.35)

> *Achtung!* Bei der Reaktion entsteht Stickstoffwasserstoffsäure, die sehr giftig und explosiv ist. Deshalb gut wirkenden Abzug und Schutzschild verwenden, Schutzbrille tragen! Vgl. auch Reagenzienanhang!

In einen 500-ml-Dreihalskolben mit Rührer und Rückflußkühler mit Gasableitung gibt man zu einer Mischung aus 0,1 mol Carbonylverbindung, 50 ml konz. Schwefelsäure und 150 ml Chloroform bei Zimmertemperatur unter lebhaftem Rühren 0,12 mol Natriumazid in kleinen Portionen so zu, daß die Reaktion nicht zu heftig wird. Wenn alles Azid eingetragen ist, erhitzt man in einem Wasserbad unter weiterem Rühren noch sechs Stunden bei 50 °C. Nach dem Abkühlen gießt man das Reaktionsgemisch auf 400 g zerstoßenes Eis, mischt gut durch und trennt die Chloroform-Schicht sorgfältig ab.

Aufarbeitung

a) *Amine:* Man macht die wäßrige Phase unter Kühlung mit konz. Natronlauge stark alkalisch und destilliert das Amin mit Wasserdampf in eine Vorlage, die mit verd. Salzsäure beschickt ist. Daraus läßt sich das Hydrochlorid durch Eindampfen im Vakuum gewinnen. Zur Darstellung des freien Amins löst man das Hydrochlorid in wenig Wasser und setzt die Base unter Kühlung mit festem Natriumhydroxid in Freiheit. Das Amin wird mit Ether aufgenommen, die Ether-Lösung mit Natriumhydroxid getrocknet und danach über eine 30-cm-Vigreux-Kolonne fraktioniert.

b) *Amide:* Die wäßrige Phase wird mit konz. Ammoniak unter Kühlung neutralisiert, wobei sich das Amid abscheidet. Feststoffe werden abgesaugt und umkristallisiert, Flüssigkeiten mit Chloroform extrahiert. Man trocknet die vereinigten Chloroform-Extrakte mit Magnesiumsulfat und fraktioniert nach dem Abdestillieren des Lösungsmittels den Rückstand im Vakuum.

Aus der vom Reaktionsgemisch abgetrennten Chloroform-Schicht läßt sich durch Verdampfen des Lösungsmittels noch eine kleine Menge Amid gewinnen.

Tabelle 9.35

Amine und Amide durch Schmidt-Reaktion

Produkt	Ausgangs-verbindung	Vari-ante	Kp (bzw. F) in °C	n_D^{20}	Ausbeute in %
Pentylamin	Hexansäure	a	104	1,4115	70
1,4-Diamino-butan (Putrescin)	Adipinsäure	a	158; F 27 Hydrochlorid: F 315 (Z.)		70
Butylamin	Valeriansäure	a	78 Hydrochlorid: F 195	1,4010	70
Anilin	Benzoesäure	a[1]	184	1,5863	60
α-Piperidon (δ-Valerolactam)	Cyclopentanon	b	$137_{1,9(14)}$ F 40		60
ε-Caprolactam	Cyclohexanon	b	$140_{1,6(12)}$ F 68		80
Acetanilid	Acetophenon	b	F 114 (EtOH)		97
Propionanilid	Propiophenon	b	F 105 (EtOH/W.)		65
Butyranilid	Butyrophenon	b	F 96 (EtOH/W.)		65
Benzanilid	Benzophenon	b	F 161 (EtOH)		80
N-(Naphth-1-yl)-acetamid	Methyl-α-naphthyl-keton	b	F 160 (EtOH)		50
1,3,4,5-Tetra-hydro-benz[b]-azepin-2-on[2]	α-Tetralon	b	F 141 (EtOH/W.)		70
Phenanthridon[3]	Fluorenon	b	F 294 (EtOH)		90

[1] Bei der Wasserdampfdestillation keine Salzsäure vorlegen und Destillat ausethern.

[2]   [3]

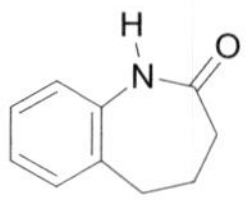

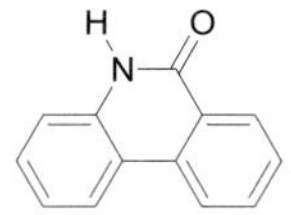

Ornithin aus Cyclopentan-2-on-carbonsäureester und Lysin aus Cyclohexan-2-on-carbonsäureester: ADAMSON, D. W., J. Chem. Soc. 1939. 1564.

Pentamethylentetrazol (*Pentetrazol*) aus Cyclohexanon: Organikum. 15. Aufl., S. 706.

9.1.2.4. Beckmann-Umlagerung

Wird das Oxim eines Ketons oder Aldehyds mit Säuren oder Lewis-Säuren (Schwefelsäure, Phosphorpentachlorid) behandelt, entsteht zunächst das gleiche Zwischenprodukt wie bei der Schmidt-Reaktion (III in [9.31]). Als Endprodukt erhält man Carbonsäureamide (Beckmann-Umlagerung):

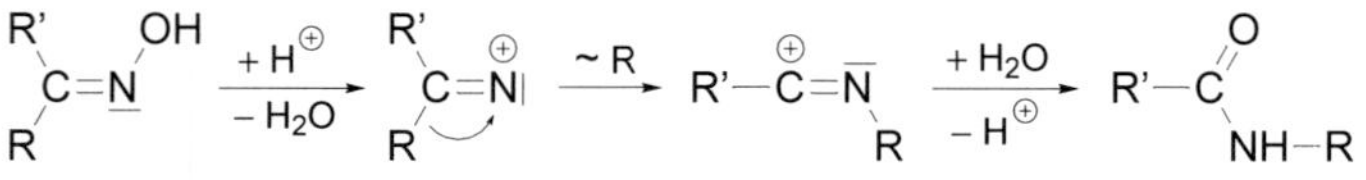

$$
\begin{array}{ccccccc}
\underset{R}{\overset{R'}{C}}=\underline{N}-OH & \xrightarrow[-H_2O]{+H^{\oplus}} & \underset{R}{\overset{R'}{C}}=\overset{\oplus}{N}\underline{} & \xrightarrow{\sim R} & R'-\overset{\oplus}{C}=\underline{\overline{N}}-R & \xrightarrow[-H^{\oplus}]{+H_2O} & R'-\underset{NH-R}{\overset{O}{C}} \\
\mathbf{I} & & \mathbf{II} & & \mathbf{III} & &
\end{array}
\tag{9.36}
$$

Auch hier tritt das Kation II nicht frei auf, sondern die Abspaltung der (protonierten) Hydroxylgruppe und die Umlagerung des Restes R erfolgen simultan aus der *trans*-Lage. Bei der Reaktion liegen die Zwischenstufen II und III als Ionenpaare vor. Es gelten sinngemäß die gleichen Überlegungen über die Wanderungstendenz von Substituenten wie bei der Schmidt-Reaktion (vgl. D.9.1.2.3.). So erhält man aus Arylmethylketonen überwiegend Essigsäure-*N*-arylamide.

Die Beckmann-Reaktion hat große technische Bedeutung zur Darstellung von ε-Caprolactam, woraus durch Polymerisation Polyamidfasern und -kunststoffe hergestellt werden.

Darstellung von ε-Caprolactam aus Cyclohexanonoxim

1. Cyclohexanonoxim

In einem 1-l-Dreihalskolben mit Rührer und Tropftrichter werden 1,5 ml Hydroxylamin-hydrochlorid und 1,2 mol kristallisiertes Natriumacetat in 400 ml Wasser gelöst und in einem Wasserbad auf 60 °C erwärmt. Unter Rühren tropft man nun 1 mol Cyclohexanon ein, rührt dann noch eine halbe Stunde bei dieser Temperatur, kühlt auf 0 °C und saugt das abgeschiedene Oxim ab. Die wäßrige Phase wird noch dreimal mit Ether extrahiert. Das feste Oxim trocknet man im Vakuumexsikkator, die etherische Lösung über Natriumsulfat. Dann wird der Ether abdestilliert, das feste Oxim zum Rückstand gegeben und beides im Vakuum destilliert. $Kp_{1,6(12)}$ 104 °C; *F* 90 °C; Ausbeute 70%.

2. ε-Caprolactam

In einem 400-ml-Becherglas mischt man bei maximal 20 °C unter Kühlen und Rühren 2 mol konz. Schwefelsäure mit 1 mol Cyclohexanonoxim. Diese Lösung tropft man bei 120 °C in 1,5 mol konz. Schwefelsäure, die sich in einem Dreihalskolben mit Innenthermometer, Rührer, Tropftrichter und Rückflußkühler befindet (stark exotherme Reaktion!). Fällt die Temperatur unter 115 °C, ist sofort das Zutropfen der Oximlösung zu unterbrechen, bis durch zusätzliches Heizen wieder 120 °C im Kolben erreicht sind. (Bei tieferer Temperatur tritt eine Reaktionsverzögerung ein, und beim anschließenden Erhitzen würde sich das nicht umgesetzte Oxim explosionsartig umlagern.)

Ist die Oximlösung vollständig zugetropft, erhitzt man noch 20 Minuten auf 125 bis 130 °C und kühlt dann ab. Das kalte Reaktionsgemisch wird auf 0,5 kg zerstoßenes Eis gegossen und dann unter Kühlung mit einer Eis–Kochsalz-Mischung mit konz. Ammoniak gegen Phenolphthalein neutralisiert. Die Temperatur der Lösung darf bei der Neutralisation nicht über 20 °C steigen. Durch Ausschütteln mit Chloroform (viermal mit je 150 ml) extrahiert man das ε-Caprolactam. Die Chloroform-Lösung wird mit Wasser gewaschen und mit Calciumchlorid getrocknet. Dann wird im Vakuum destilliert. $Kp_{1,6(12)}$ 140 °C; *F* 68 °C; Ausbeute 80%.

Polymerisation von ε-Caprolactam

In einem starkwandigen Reagenzglas werden 3 g reines, mit einem Tropfen konz. Salzsäure versetztes ε-Caprolactam im Wasserbad geschmolzen. Anschließend zieht man den oberen Teil des Reagenzglases in der Gebläseflamme so zu einer feinen Kapillare aus, daß der Leerraum über der Substanz möglichst gering ist. Die Ampulle wird evakuiert (Gummistopfen mit Glasrohr als Verbindung zur Wasserstrahlpumpe aufsetzen) und unter Vakuum abgeschmolzen. Die Polymerisation erfolgt durch vierstündiges Erhitzen in einem Metallbad auf 250 °C. Nach dem Abkühlen ist der Inhalt der Ampulle zu einer spröden, elfenbeinartigen Masse erstarrt.

Lactame aus alicyclischen Ketonen: Olah, G. A.; Fung, A. P., Synthesis **1979**, 537.

9.1.3. Umlagerungen am Sauerstoffatom

Verbindungen mit einem Elektronensextett am Sauerstoffatom $R\overline{O}^{\oplus}$ (Oxeniumionen) entsprechen formal den Carbenen und Nitrenen. Nach der Stellung von C, N und O im Periodensystem nimmt die Energie von den Carbenen zu den Oxeniumionen zu, die demzufolge bisher in keinem Fall als diskrete Zwischenverbindungen nachgewiesen werden konnten. Die Umlagerungen am Sauerstoffatom verlaufen synchron; das Elektronendefizit am Sauerstoffatom wird gewöhnlich durch säurekatalysierte Spaltung von Peroxyverbindungen erzeugt. Der bekannteste Fall ist die Synthese von Phenolen nach HOCK:

$$[9.37]$$

Die Reaktion wird im industriellen Maßstab für die petrolchemische Herstellung von Phenol und Aceton angewandt, blieb jedoch bisher auf diesen Fall beschränkt. Auch im Laboratorium haben Umlagerungen von Hydroperoxiden keine größere Bedeutung, was vor allem auf die Probleme bei der Herstellung und Handhabung von Hydroperoxiden zurückzuführen ist.

Phenol aus α,α-Dimethyl-benzylhydroperoxid: Organikum, 15. Aufl., S. 710.

Von erheblich größerem Nutzen ist die Baeyer-Villiger-Reaktion, bei der die Peroxyverbindungen aus Ketonen oder Aldehyden und Peroxysäuren (gelegentlich auch H_2O_2) hergestellt und *in situ* umgelagert werden:

$$[9.38]$$

Aus offenkettigen Ketonen entstehen so Carbonsäureester, aus Cycloalkanonen Lactone. Die Wanderungstendenzen der Substituenten entsprechen den in [9.11a] und [9.11b] angegebenen Abstufungen. Ebenso setzen sich α,β-ungesättigte Ketone um, wobei meist beide Produkte erhalten werden, die sich aus der Wanderung von R bzw. des ungesättigten Restes ergeben. Ebenso wandert bei der Reaktion von Aldehyden sowohl R als auch H. Formulieren Sie diese Umsetzungen!

Darstellung von ε-Caprolacton[1])

0,2 mol Cyclohexanon werden mit 0,25 mol Perbenzoesäure[2]) in ca. 500 bis 600 ml feuchtem Chloroform bei 22 bis 25 °C im Dunkeln stehengelassen. In geeigneten Zeitabständen wird der Gehalt an Perbenzoesäure durch Titration ermittelt, wie in D.7.1.4.3. beschrieben ist. Nach ca. zwölf Stunden ist die Reaktion beendet, und der Verbrauch an Perbenzoesäure bricht

---

[1]) nach FRIES, S. L., J. Am. Chem. Soc. **71** (1949), 2571

[2]) Herstellung nach der in Abschnitt D.7.1.4.3. angegebenen Vorschrift. Anstelle des dort angegebenen Ethers wird Chloroform zur Extraktion verwendet und die feuchte (trübe) Chloroformlösung direkt weiterverwendet. Es kann auch eine Lösung von Perbenzoesäure in Diethylether für die oben angegebene Präparation verwendet werden; die Ausbeuten liegen aber dann niedriger.

abrupt ab. Die gebildete Benzoesäure und überschüssige Peroxysäure werden mit verd. NaHCO$_3$-Lösung extrahiert. Man wäscht die Chloroformschicht nochmals mit Wasser, trocknet über Na$_2$SO$_4$ und destilliert. $Kp_{0,9(7)}$ 102...104 °C; n_D^{25} 1,4488; Ausbeute 71%.

In der gleichen Weise kann aus Cyclopentanon δ-Valerolacton erhalten werden; die Reaktion ist hier jedoch langsamer und benötigt bei einem Ansatz von 0,2 mol ca. 50 Stunden. $Kp_{5,0(40)}$ 145...146 °C; n_D^{25} 1,4352; Ausbeute 78 %.

Zum Typ der [1,2]-Umlagerungen am Sauerstoffatom mit Elektronendefizit gehört auch die Umwandlung von Trialkylboranen (aus Olefinen und Boran) in Alkohole durch Oxidation mit Wasserstoffperoxid (Anti-Markovnikov-Hydratisierung), die bereits im Abschnitt D.4.1.8. besprochen wurde:

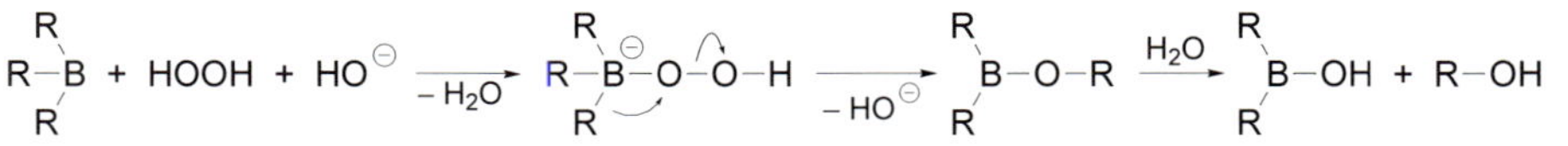

$$R_3B + HOOH + HO^\ominus \xrightarrow[-H_2O]{} R_2B-O-O-H \xrightarrow[-HO^\ominus]{} R_2B-O-R \xrightarrow{H_2O} R_2B-OH + R-OH \quad [9.39]$$

9.2.   [3,3]-Umlagerungen

Durch die hohen Anforderungen an den einheitlichen stereochemischen Verlauf bei der Synthese von Naturstoffen und Pharmazeutika haben synchron verlaufende [3,3]-Umlagerungen in den letzten Jahrzehnten eine ständig steigende Bedeutung erlangt. Der Prototyp ist die Cope-Umlagerung:

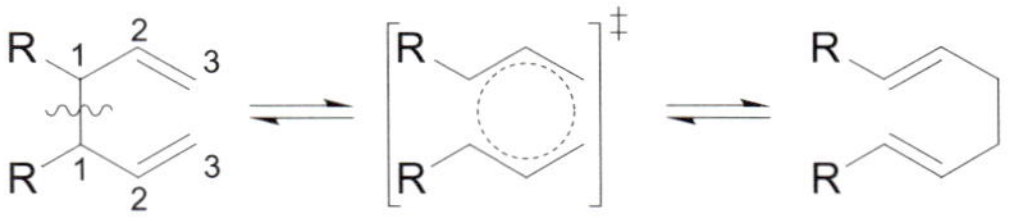

$$[9.40]$$

Dabei können einzelne oder mehrere Kohlenstoffatome durch Heteroatome ersetzt sein (Hetero-Cope-Umlagerungen).

Derartige Reaktionen verlaufen gewöhnlich über einen pericyclischen quasi-aromatischen Übergangszustand, d. h., es treten in keiner Phase der Reaktion irgendwelche diskreten Molekülfragmente auf. Das garantiert ein sehr hohes Ausmaß an Stereo- und Regioselektivität und macht diese Umlagerung als Syntheseprinzip sehr wertvoll. Wie die nachstehenden experimentellen Ergebnisse zeigen, entspricht der Übergangszustand einer Sesselform, da hier die 1,1-diaxialen Wechselwirkungen minimal sein können:

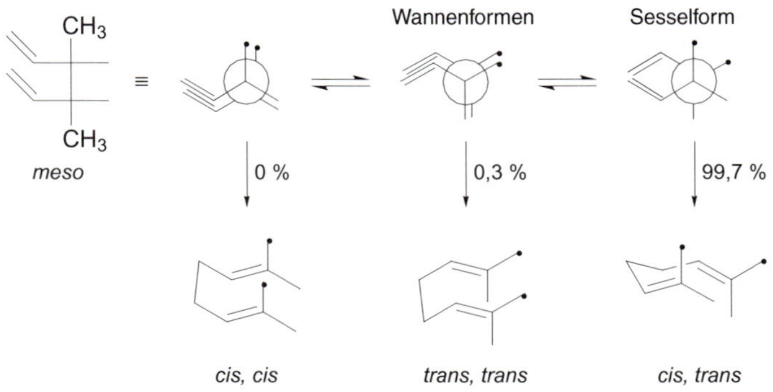

Wannenformen   Sesselform

meso   0 %   0,3 %   99,7 %

$$[9.41]$$

cis, cis   *trans, trans*   *cis, trans*

(Die Methylgruppen sind durch dicke Punkte angedeutet.)

Die analoge D.L-Verbindung reagiert dementsprechend überwiegend in derjenigen Sessel-form, in der die voluminösen Methylgruppen äquatorial angeordnet sind (Bildung von 90% des *trans,trans*-Octa-2,6-diens und nur 9% des *cis,cis*-Octa-2,6-diens). Formulieren Sie diese Umlagerungen!

Interessante fluktuierende Strukturen werden bei *entarteten* Cope-Umlagerungen beobachtet. Für das 3,4-Homotropiliden (Bicyclo[5.1.0]octa-2,5-dien) wurden durch NMR-Messungen sehr schnell ablaufende Cope-Umlagerungen nachgewiesen (bei 180 °C $k > 10^3$ s^{-1}), vgl. [9.42]. Bei Raumtemperatur ist die Reaktionsgeschwindigkeit viel niedriger, und bei –50 °C ist die Umlagerung vollständig unterbunden. Das Phänomen wird auch als *Valenztautomerie* bezeichnet.

$$[9.42]$$

Die Cope-Umlagerung ist experimentell sehr einfach, da lediglich erhitzt werden muß. Das Problem ist meist die Synthese der Vorstufen. In dieser Hinsicht ist die Claisen-Umlagerung (Oxa-Cope-Umlagerung) besonders einfach, bei der Allylarylether oder Allylvinylether umgelagert werden, z. B.:

$$[9.43]$$

Allylarylether lassen sich leicht aus Allylbromid und Phenolaten herstellen (vgl. D.2.6.2.). Allylvinylether können durch Abspaltung von Allylalkohol aus Diallylacetalen bzw. von Alkohol aus gemischten Alkylallylacetalen gewonnen werden, vgl. D.3.1.4; diese Eliminierung und die Claisen-Umlagerung lassen sich als Eintopfreaktion durchführen. Analog geben entsprechende Orthocarbonsäureester bzw. Amidacetale (α-Alkoxy-vinyl)allylether (Ketenacetale) bzw. Allyl(α-amino-vinyl)ether (Ketenaminale) die durch Claisen-Reaktion zu γ,δ-ungesättigten Carbonsäureestern bzw. -amiden umgelagert werden. Formulieren Sie diese Reaktionen!

Auch durch Umetherung von Alkylvinylethern mit Allylalkoholen in Gegenwart von Quecksilberacetat oder Protonensäuren sind die Allylvinylether herstellbar.

Die Claisen-Umlagerung ist leicht durchzuführen: Man erhitzt auf die Temperatur, bei der die Reaktion abläuft; das kann man durch den Brechungsindex, den Siedepunkt (die Umlagerungsprodukte sieden meist höher als die Ausgangsverbindungen) bzw. dünnschichtchromatographisch verfolgen. Mitunter ist es günstig, ein Lösungsmittel als inneres Wärmebad zu verwenden; als vorteilhaft hat sich *N,N*-Dimethylanilin erwiesen. Bei empfindlichen Substanzen arbeitet man im Vakuum oder unter Schutzgas.

Darstellung von 2-Allyl-phenol[1])

In einem Zweihalskolben mit Rückflußkühler und verschlossenem zweiten Hals erhitzt man Allylphenylether unter Rückfluß. In geeigneten Intervallen werden Proben entnommen, von denen man den Brechungsindex bestimmt. Die Reaktion ist beendet, wenn der Brechungsindex n_D^{25} 1,54 erreicht ist (ca. 5 bis 6 Stunden). Man kühlt ab, löst das Produkt im doppelten Volumen 20%iger NaOH-Lösung und trennt das in geringer Menge entstandene 2-Methyl-2,3-

---

[1]) Nach TARBELL, D. S., Org. React. **2** (1944), 1

dihydrobenzofuran durch zweimalige Extraktion mit Petrolether (*Kp* 30...60 °C) ab. Die alkalische Lösung wird angesäuert und mit Diethylether extrahiert. Nach Trocknen mit Calciumchlorid wird destilliert. $Kp_{2,5(19)}$ 103...105 °C; n_D^{24} 1,5445; Ausbeute 73 %.

Aus dem Petroletherextrakt kann das 2-Methyl-2,3-dihydro-benzofuran durch Destillation gewonnen werden. $Kp_{2,5(19)}$ 86...88 °C; n_D^{22} 1,5307.

3-Methyl-hex-5-en-2-on, 4-Methyl-hept-6-en-2-on, 2-Allyl-cyclopentanon bzw. 2-Allyl-cyclohexanon aus den Diallylacetalen von Butanon, Pentan-3-on, Cyclopentanon bzw. Cyclohexanon: LORETTE, N. B.; HOWARD, W. L., J. Org. Chem. **26** (1961), 3112.

Es sind auch der Claisen-Umlagerung analoge Aza-Cope-Umlagerungen bekannt. Von besonderem Interesse ist die [3,3]-Umlagerung der Arylhydrazone von Aldehyden oder Ketonen als sehr einfacher Zugang zu Indolen (Fischer-Indolsynthese):

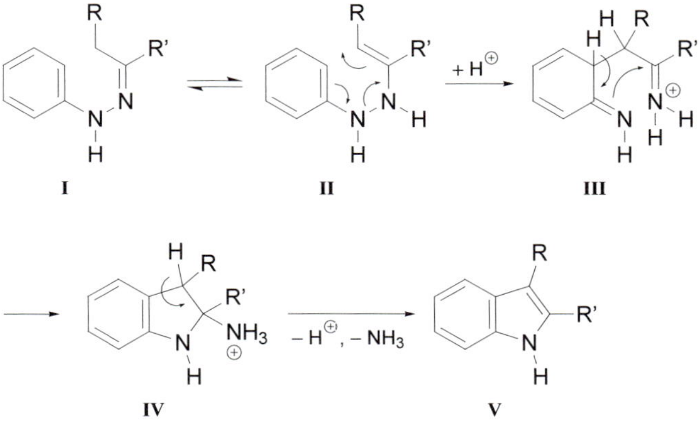

[9.44]

Als umlagerungsfähige Verbindung fungiert das Enamin II. Durch Isotopenversuche mit ^{15}N ist gesichert, daß bei der Ringschlußreaktion des eigentlichen [3,3]-Umlagerungsproduktes III das Stickstoffatom abgespalten wird, das dem aromatischen Ring nicht benachbart ist.

Die Arylhydrazone I sind aus Arylhydrazinen und Aldehyden bzw. Ketonen leicht zugänglich. Arylhydrazone substituierter Brenztraubensäurester, die zur Herstellung der 2-Ethoxycarbonyl-indole benötigt werden, sind sehr einfach durch Japp-Klingemann-Reaktion erhältlich; hierbei liefern die basenkatalysierte Azokupplung und Säurespaltung der gebildeten Azoverbindung unmittelbar das Arylhydrazon:

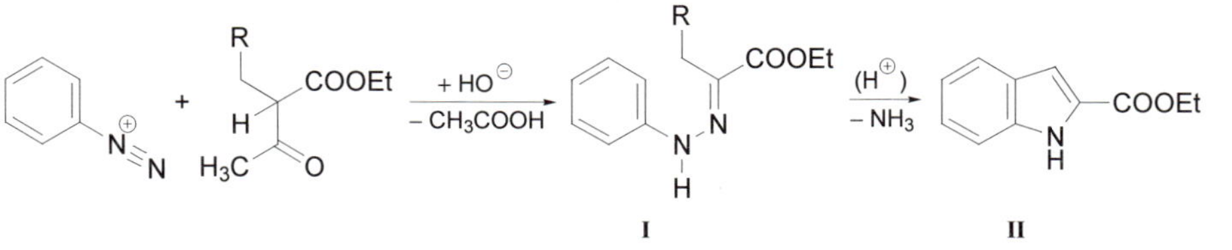

[9.45]

Sowohl die Isomerisierung der Arylhydrazone [9.44], I zu den Enaminen II als auch der Indol-Ringschluß unter Eliminierung von Ammoniak sind säurekatalysiert. Der Erfolg der Fischer-Indolsynthese hängt erheblich von Art und Stärke der Säure ab. Bisher können hierfür noch keine allgemeingültigen Richtlinien gegeben werden. In einer Reihe von Fällen hat sich Polyphosphorsäure bewährt. Für eine Eintopfvariante, bei der Arylhydrazin-hydrochlorid, ein Keton und Pyridin unter relativ milden Bedingungen unmittelbar zum Indolderivat reagieren, ist offenbar das entstehende Pyridin-hydrochlorid als Katalysator optimal, vgl. die unten gegebene Literaturstelle.

Allgemeine Arbeitsvorschrift zur Fischer-Indolsynthese (Darstellung der Phenylhydrazone nach Japp-Klingemann) (Tab. 9.46)

↓ G *Vorsicht!* Aromatische Amine sind gesundheitsschädlich, Naphthylamine sind cancerogen. Man achte auf Sauberkeit beim Arbeiten!

Man versetzt eine eisgekühlte Lösung von 0,1 mol α-substituiertem Acetessigester mit 35 ml einer eisgekühlten wäßrigen 50%igen Kalilauge. Die Mischung wird anschließend mit 200 ml Eiswasser verdünnt, worauf man unter Rühren schnell eine aus 0,1 mol Amin dargestellte Diazoniumsalzlösung (vgl. D.8.2.1.) einfließen läßt. Dann wird noch fünf Minuten gerührt, das sich als rotes Öl ausscheidende Phenylhydrazon abgetrennt und die wäßrige Lösung mit Ether extrahiert. Die vereinigten organischen Phasen trocknet man mit Natriumsulfat und destilliert das Lösungsmittel ab. Das rohe Hydrazon wird in wasserfreiem Alkohol gelöst und bis zur beginnenden Fällung von Ammoniumchlorid trockener Chlorwasserstoff eingeleitet (30 bis 180 Minuten). Nach Stehen über Nacht gießt man in Eiswasser, saugt ab oder extrahiert mit Ether. Nach Abdestillieren des Lösungsmittels wird umkristallisiert. Die Ausbeute beträgt etwa 50 %.

Tabelle 9.46

Indole nach FISCHER

Produkt	Ausgangsverbindung	F in °C
5-Methoxy-indol-2-carbonsäureethylester	2-Methyl-3-oxo-butansäureethylester, *p*-Anisidin	153 (EtOH)[1])
5-Ethoxy-indol-2-carbonsäureethylester	2-Methyl-3-oxo-butansäureethylester, *p*-Phenetidin	156 (EtOH)
Benzo[*g*]indol-2-carbonsäureethylester	2-Methyl-3-oxo-butansäureethylester, α-Naphthylamin	170 (EtOH/ Tierkohle)
Benzo[*e*]indol-2-carbonsäureethylester	2-Methyl-3-oxo-butansäureethylester, β-Naphthylamin	161 (Petrolether)
5-Methoxy-3-methyl-indol-2-carbonsäure-ethylester	2-Acetyl-butansäureethylester, *p*-Anisidin	147 (EtOH)[1])
5-Ethoxy-3-methyl-indol-2-carbonsäure-ethylester	2-Acetyl-butansäureethylester, *p*-Phenetidin	167 (EtOH/ Tierkohle)
3-Methyl-benzo[*g*]indol-2-carbonsäure-ethylester	2-Acetyl-butansäureethylester, α-Naphthylamin	176 (EtOH/ Tierkohle)
3-Methyl-benzo[*e*]indol-2-carbonsäure-ethylester	2-Acetyl-butansäureethylester, β-Naphthylamin	176 (EtOH/ Tierkohle)
5-Methoxy-3-propyl-indol-2-carbonsäure-ethylester	2-Acetyl-hexansäureethylester, *p*-Anisidin	106 (EtOH)[1])
5-Ethoxy-3-phenyl-indol-2-carbonsäure-ethylester	2-Benzyl-3-oxo-butansäureethylester, *p*-Phenetidin	148 (EtOH/ Tierkohle)

[1]) Vorher durch Umkristallisieren aus Petrolether reinigen.

2,3-Tetramethylen-indol, 5-Chlor-2,3-tetramethylen-indol, 5-Methoxy-2,3-tetramethylen-indol aus Cyclohexanon und den entsprechenden Arylhydrazin-hydrochloriden in Pyridin: WELCH, W. M., Synthesis **1977**, 645;

Heteroauxin (Indol-3-essigsäure) aus 2-(2-Cyanethyl)acetessigsäureethylester und Anilin: FEOFILAKTOV, V. V.; SEMENOVA, N. K., Sint. Org. Soedin. **2** (1952), 63.

Indolabkömmlinge sind wichtige Naturstoffe, besonders das Tryptophan als Eiweißbaustein und das Serotonin als Hormon. Die Fischer-Indolsynthese hat in Verbindung mit der Japp-Klingemann-Reaktion für die Synthese solcher Naturstoffe und anderer biologisch wirksamer Indole große Bedeutung erlangt.

Welche weiteren Indolsynthesen kennen Sie?

9.3.   Literaturhinweise

Umlagerung von Carbokationen

Brouwer, D. M.; Hogeveen, H., Prog. Phys. Org. Chim. **9** (1972), 179–240.
Kirmse, W., in: Topics in Current Chemistry. Bd. 80. – Springer-Verlag Berlin, Heidelberg, New York 1979, S. 125–311.
Harwood, L. M.: Polare Umlagerungen. – VCH, Weinheim 1995.
Olah, G.; Schleyer, P. v. R.: Carbonium Ions. Bd. 2. – Interscience, New York 1970.
Shubin, V. G.; in: Topics in Current Chemistry. Bd. 117. – Springer-Verlag, New York 1984, S. 3269–341.

Wagner-Meerwein-Umlagerung

Streitwieser, A., Chem. Rev. **56** (1956), 698.

Demjanov-Umlagerung, Tiffeneau-Reaktion

Smith, P. A. S.; Baer, D. R., Org. React. **11** (1960), 157–188.

Pinacolon-Umlagerung

Collins, C. J.; Quart. Rev. **14** (1960), 357.

Wolff-Umlagerung, Arndt-Eistert-Reaktion

Bachmann, W. E.; Struve, W. S., Org. React. **1** (1942), 38–62.
Henecka, H., in: Houben-Weyl. Bd. 8 (1952), S. 456–458, 556, 668–669.
Meier, H.; Zeller, K.-P., Angew. Chem. **87** (1975), 52.
Ried, W.; Mengler, M., Fortschr. Chem. Forsch. **5** (1965), 1–88.
Rodina, L. L.; Korobitsyna, I. K., Usp. Khim. **36** (1967), 611–635; Engl. Übersetzung: Russ. Chem. Rev. **36** (1967), 260.

Stevens-Umlagerung

Pine, S. H., Org. React. **18** (1970), 403–464.
Stevens, T. S.; Watts, W. E.: Selected Molecular Rearrangements. – Van Nostrand Reinhold, London, New York 1973, S. 81–116.

Wittig-Umlagerung

Brückner, R., Nachr. Chem. Tech. Lab. **38** (1990), 1506.
Nakay, T.; Mikami, K., Chem. Rev. **86** (1986), 885.
Nakay, T.; Mikami, K., Org. React. **46** (1994), 105.
Schöllkopf, U.; Angew. Chem. **82** (1970), 795.

Elektrophile Umlagerungen von Organoalkalimetall-Verbindungen

Grovenstein, E., Angew. Chem. **90** (1978), 317.

Hofmann-Abbau von Carbonsäureamiden

Kovacic, P.; Lowery, M.K., Chem. Rev. **70** (1970), 639–665.
Möller, F., in: Houben-Weyl. Bd. 11/1 (1957), S. 854–862.
Wallis, E. S.; Lane, J. F., Org. React. **3** (1946), 267–306.

Curtius-Abbau

Lwowski, W., Angew. Chem. **79** (1967), 922.
Möller, F., in: Houben-Weyl. Bd. 11/1 (1957), S. 862–872.
Smith, P.A. S., Org. React. **3** (1946), 337–450.

Lossen-Reaktion

BAUER, L.; EXNER, O., Angew. Chem. **86** (1974), 419–428.
YALE, H. L., Chem. Rev. **33** (1943), 209.

Schmidt-Reaktion

KOLDIBSKII, G. J., u. a., Usp. Khim. **40** (1971), 1790–1813; **47** (1978), 2044–2064.
WOLFF, H., Org. React. **3** (1946), 307–336.

Beckmann-Umlagerung

DONARUMA, G., HERTZ, W. Z., Org. React. **1** (1960), 1–156.
GAWLEY, E. E., Org. React. 35 (1988), 1–420.
KNUNYANTS, J. L.; FABRITSNYI, B. P., Reakts. Metody Issled. Org. Soedin. **3** (1954), 137–251.
MÖLLER, F., in: HOUBEN-WEYL. Bd. 11/1 (1957), 892–899.
VINNIK, M. I.; ZACHARANI, N. G., Usp. Khim. **36** (1967), 167–198.

Hock-Reaktion, Baeyer-Villiger-Oxidation

HASSALL, C. H.; Org. React. **9** (1957), 73–106.
HOCK, H.; KROPF, H., Angew. Chem. **69** (1957), 313–321.
KROPF, H.; in: HOUBEN-WEYL, Bd. E13 (1988), 1085–1094.
WEDEMEYER, K.-F., in: HOUBEN-WEYL, Bd. 6/1c (1976), 117–139.

Cope- und Claisen-Umlagerung

BARTLETT, P. D., Tetrahedron **36** (1980), 2–72.
BENNETT, G. B., Synthesis 1**977,** 589.
BLECHERT, S., Synthesis **1989**, 71–81.
ENDERS, D.; KNOPP, M.; SCHIFFERS, R., Asymmetric [3,3]-Sigmatropic Rearrangements in Organic Synthesis, Tetrahedron. Asymmetry **7** (1996), 184–1882.
RHOADS, S. J.; RAULINS, N. R., Org. React. **22** (1975), 1–252.
SMITH, G. G.; KELLY, F. W., Prog. Phys. Org. Chem. **8** (1971), 75–234.
TARBELL, D. S., Org. React. **2** (1944), 1–48.
WEHRLI, R.; BELLUS, D.; HANSEN, H.-J.; SCHMID, H., Chimia **30** (1976), 416.
WINTERFELD, E., Fortschr. Chem. Forsch. **16** (1970), 75.

Synthese von Indolen nach E. Fischer

DÖPP, H.; DÖPP, D.; LANGER, U. GERDING, B., in: HOUBEN-WEYL, Bd. E6b₁/2a (1994), 709–753.
GRANDBERG, I. I.; SOROKIN, V. I.; Usp. Khim. **43** (1974), 266–293.
KITAEV, J. P., Usp. Khim. **28** (1959), 336–368.
ROBINSON, B., Chem. Rev. **63** (1963), 373–401; **69** (1969), 227–250.
ROBINSON, B.: The Fischer Indole Synthesis. – John Wiley & Sons, New York 1983.
The Chemistry of Indole. – Academic Press, New York, London 1970.

E Identifizierung organischer Substanzen

1. Vorproben und Prüfung auf funktionelle Gruppen

Die Identifizierung organischer Substanzen durch chemische Reaktionen ermöglicht es, schon mit einfachen Mitteln und ohne Zuhilfenahme teurer Geräte wichtige Erkenntnisse über die Zusammensetzung der zu untersuchenden Verbindungen zu gewinnen. Dabei kann man sich nicht wie bei der anorganischen qualitativen Analyse auf einen strengen, durchgearbeiteten Trennungsgang stützen, da die Einordnung der Vielzahl organischer Verbindungen in ein straffes Schema nicht möglich ist.

Zu Beginn der Untersuchungen ist zunächst immer zu klären, ob eine *reine Substanz* oder ein *Substanzgemisch* vorliegt. Man überprüft dies am besten mittels chromatographischer Verfahren, wie der Dünnschichtchromatographie (s. A.2.7.1.), der Gaschromatographie (GC, s. A.2.7.4.) und der Hochleistungsflüssigchromatographie (HPLC, s. A.2.7.3.)). Liegt ein Stoffgemisch vor, wird man zunächst eine Trennung mit physikalischen Mitteln (fraktionierte Destillation, Kristallisation) versuchen. Auch die angeführten chromatographischen Verfahren lassen *präparative* Trennungen zu. Trotzdem sollte man auch eine Trennung auf chemischem Wege versuchen, besonders dann, wenn sie ohne größeren Aufwand zu bewerkstelligen ist. Man beachte dazu die unter E.3. gegebenen Hinweise.

Die reinen Verbindungen, in Sonderfällen auch die Gemische, kann man spektroskopisch untersuchen. In Kombination mit den nachstehend beschriebenen Vorproben (deren Informationsgehalt erfahrungsgemäß häufig nur ungenügend genutzt wird) besitzt man dann bereits wichtige Aussagen über Strukturmerkmale der Verbindung, in günstigen Fällen können diese Informationen schon zu einem Strukturvorschlag führen.

Für die wichtigsten Substanzklassen sind im Abschnitt E.2. typische IR- bzw. NMR-Spektren abgebildet. Sie sollen insbesondere in Verbindung mit den Tabellen A.135, A.145, A.148 und A.153 die Spektrenauswertung erleichtern.

Im Abschnitt E.1.2. ist zudem die *chemische* Prüfung auf funktionelle Gruppen beschrieben. Die angegebenen Vorproben und die Herstellung von Derivaten (vgl. E.2.) trainieren die organisch-chemische Präparierkunst mit kleinen Substanzmengen.

Die Charakterisierung unbekannter Verbindungen durch gezielte Reaktionen erzieht, bedingt durch die vielfältigen Kombinationsmöglichkeiten, wie keine andere Praktikumsaufgabe zum chemischen Denken, zur Substanzkenntnis und dadurch zur Entwicklung von Fähigkeiten und Fertigkeiten in der organischen Synthesechemie.

Zunächst werden bei diesem Vorgehen die funktionellen Gruppen des unbekannten Moleküls ermittelt und dann die Substanz mit geeigneten Reagenzien in kristalline Derivate überführt. Verbindungen, die sich hydrolytisch spalten lassen, werden zuvor in ihre Komponenten zerlegt, die man für sich untersucht.

Durch Vergleich der Schmelztemperaturen von 2 bis 3 Derivaten der unbekannten Substanz mit den Werten in Schmelztemperaturtabellen (vgl. E.2.) wird die Identität normalerweise hinreichend bewiesen. Einen zusätzlichen Beweis für die Natur der Substanz liefert die Bestimmung der Molmasse oder der Äquivalentmasse. Zur Sicherung des Ergebnisses werden oft noch *Spezialreaktionen* durchgeführt, die für die einzelnen Substanzen aus der Literatur zu ersehen sind.

Ein eindeutiger Substanznachweis gelingt durch Vergleich des IR-Spektrums der Probe mit dem Originalspektrum.

Weitere allgemeine Hinweise:

a) *Einteilung der Analysensubstanz:* Die Analyse ist bei Verwendung der nachfolgend angegebenen Vorschriften mit maximal 5 g Substanz zu lösen. Davon sind etwa 1...2 g Substanz für die Vorproben und Prüfungen auf funktionelle Gruppen nötig. Weitere 2 g stehen für die Identifizierung zur Verfügung, und der Rest der Analysensubstanz soll als Reserve dienen, um nötige Wiederholungen zu ermöglichen. Das bedeutet äußerste Sparsamkeit mit der Substanz, vor allem bei den Vorproben. Bei der Prüfung auf funktionelle Gruppen ist zu beachten, daß viele der hierfür notwendigen Umsetzungen bereits Derivate liefern, die zur Identifizierung geeignet sind.

b) *Wert der Blindprobe:* Für den Anfänger ist es von großer Wichtigkeit, durch Blindproben Sicherheit und Zutrauen zu den analytischen Methoden zu gewinnen, und zwar durch Blindproben in zwei Richtungen. Einmal wird die Reaktion unter den angegebenen Bedingungen jedoch ohne die Analysensubstanz durchgeführt, um eventuelle Störungen durch unsaubere Lösungsmittel oder Reagenzien zu erkennen (z. B. bei Farbreaktionen oder bei der Oxidation mit Kaliumpermanganat in acetonischer Lösung, vgl. E.1.2.1.2.). Zum anderen wird bei negativ verlaufenden Reaktionen mit der Analysensubstanz durch Zugabe bekannter Verbindungen, bei denen der Test positiv ausfallen muß, geprüft, ob die richtigen Reaktionsbedingungen eingehalten wurden. (Zum Beispiel gibt man bei negativ verlaufenden Reaktionen auf Carbonylverbindungen etwas Aceton zu. Fällt jetzt ein Niederschlag aus, so lagen die richtigen Reaktionsbedingungen vor.)

c) *Vorbereitung der Substanz:* Die zu analysierende Substanz soll rein vorliegen. Deshalb werden flüssige Analysen nach Möglichkeit fraktioniert, eventuell im Vakuum. Die Einheitlichkeit der Fraktionen prüft man gaschronmatographisch. Feststoffe werden nach den Löslichkeitsproben (vgl. E.1.1.5.) bis zur Schmelztemperaturkonstanz umkristallisiert und dünnschichtchromatographisch auf ihre Reinheit untersucht.

> Vor Durchführung aller Versuche informiere man sich unbedingt in den Kapiteln F und G über die Gefährlichkeit der verwendeten Chemikalien und beachte, daß auch die zu analysierenden Substanzen gefährlich sind. Man behandele sie daher zumindest nach den R-Sätzen 23 bis 25.

1.1.   Vorproben

1.1.1.   Äußere Erscheinung der Substanz

a) *Farbe:* Die meisten reinen Substanzen sind farblos. Man prüft daher, ob die Farbigkeit einer Substanz nach dem Umkristallisieren bzw. Destillieren erhalten bleibt oder nur von Verunreinigungen herrührt.

Farbig sind folgende wichtige Verbindungsklassen: Nitro-, Nitroso- (nur in monomerer Form), Azoverbindungen, Chinone. Aromatische Amine und Phenole, besonders polyfunktionelle, zeigen meist gelbe bis braune Färbung, die durch Spuren von Oxidationsprodukten hervorgerufen wird. Dadurch werden jedoch die Reaktionen nicht beeinträchtigt, und man kann auf intensive Reinigung verzichten.

b) *Geruch:* Gewisse Verbindungsgruppen haben einen charakteristischen Geruch: Kohlenwasserstoffe der Terpenreihe (Camphen, Caren, Pinen) ebenso wie Cyclohexanon, Pinacolon, *tert*-Butylalkohol (Terpengeruch), niedere Alkohole; niedere Fettsäuren (Ameisen- und Essigsäure scharf, ab Propionsäure unangenehm schweißartig); niedere Ketone; Aldehyde; Halogenkohlenwasserstoffe (betäubend süßlich); Phenole („Carbol"-Geruch); Phenolether (Anis-, Fenchelgeruch); aromatische Nitroverbindungen (Bittermandelgeruch); Ester aliphatischer Alkohole (Fruchtgeruch): Isocyanide (unangenehm süßlich); Thiole, Sulfide u. Ä. (unangenehmer schwefelwasserstoffähnlicher Geruch).

c) *Geschmack:* Eine Geschmacksprüfung ist unter keinen Umständen anzuraten, da ein großer Teil organischer Substanzen auch in kleinsten Mengen physiologisch aktiv ist.

1.1.2. Bestimmung physikalischer Konstanten

Bestimmung und Bedeutung der physikalischen Konstanten, wie Schmelztemperatur, Siedetemperatur, Brechungsindex u. a., werden in A.3. besprochen. Die Kristallform der Substanz wird zusammen mit der Schmelztemperatur unter dem Heiztischmikroskop bestimmt, wobei man gleichzeitig noch Sublimation, Kristallwasserabspaltung u.ä. beobachten kann.

1.1.3. Brenn- und Glühprobe

Einige Tropfen bzw. Kristalle der Substanz werden erhitzt, und jede Veränderung des Aussehens, der Farbe und des Geruchs sowie das Auftreten flüchtiger Anteile werden beobachtet und notiert.

Ist die Substanz brennbar, so deutet eine schwach leuchtende, fast blaue Flamme auf eine sauerstoffreiche Verbindung (Alkohol, Ether usw.), während eine leuchtend gelbe, meist rußende Flamme bei stark kohlenstoffhaltigen, ungesättigten Systemen (aromatische Kohlenwasserstoffe, Acetylene usw.) auftritt.

Hinterbleibt beim Erhitzen ein Rückstand, so glüht man bis zur Oxidation der kohlenstoffhaltigen Bestandteile und analysiert den evtl. noch vorhandenen anorganischen Rückstand. Findet man ein Oxid oder Carbonat eines Metalls, so lag das Salz einer sauren Verbindung (Carbonsäure, Phenol usw.) vor. Ergibt sich ein Sulfid, Sulfit oder Sulfat, kann man auf eine Bisulfitverbindung von Aldehyden bzw. Ketonen, auf das Salz einer Sulfin- oder Sulfonsäure oder auf ein Thiolat schließen.

1.1.4. Nachweis der Elemente

Beilstein-Probe (Hinweise auf Halogene): Man befeuchtet einen ausgeglühten Kupferdraht mit der Substanz bzw. gibt einige Kristalle darauf und hält den Draht in den Saum einer entleuchteten Bunsenflamme. Die bei der Verbrennung entstehenden leicht flüchtigen Kupferhalogenide färben den Flammensaum grün bis grünblau.

Sehr empfindliche Probe! Eindeutig kann nur die Abwesenheit von Halogen bewiesen werden! Organische Stickstoffverbindungen geben oft auch bei Abwesenheit von Halogen eine positive Reaktion.

Neben den für organische Verbindungen typischen Elementen Kohlenstoff, Wasserstoff und Sauerstoff kommen noch bevorzugt Stickstoff, Schwefel und die Halogene in organischen Substanzen vor. Um diese Elemente nachweisen zu können, schließt man die unbekannte Substanz mit metallischem Natrium auf und überführt dabei die vorhandenen Elemente in eine wasserlösliche Form:

C, H, O, N, S, Hal $\xrightarrow{\text{Na}}$ Na$_2$S, NaCN, NaHal, NaSCN   [E.1]

Aufschluß organischer Verbindungen mit Natrium

Vorsicht! Explosible Umsetzungen mit Nitroalkanen, organischen Aziden, Diazoestern, Diazoniumverbindungen und einigen aliphatischen Polyhalogeniden. Reaktion und Zersetzung des Aufschlusses nur unter geschlossenem Abzug und mit Schutzbrille durchführen!

5 bis 20 mg Substanz werden in ein Glühröhrchen gebracht. Dann führt man in das schräg gehaltene Röhrchen ein etwa 4 mm langes, sauberes Stückchen Natrium so ein, daß es kurz über der Substanz liegt. Nun wird das Natrium mit einer kleinen, spitzen Flamme (Sparflamme) geschmolzen, damit es heiß[1]) in die Substanz tropft. Man erhitzt noch kurze Zeit auf dunkle Rotglut (oft starke Verkohlung) und bringt das glühende Rohr in 5 ml destilliertes Wasser, das sich in einem kleinen Becherglas befindet. Das Glührohr zerspringt, und die wäßrige Lösung der Natriumsalze wird zum Nachweis der Heteroatome abfiltriert.

Sollte die Substanz beim Mischen oder Erhitzen mit Natrium unter Explosion reagieren, so geht man wie folgt vor: 0,1 g der Substanz werden in 1 bis 2 ml Eisessig gelöst; dazu gibt man 0,1 g Zinkstaub. Man erwärmt zu gelindem Sieden, bis alles Zink in Lösung gegangen ist. Nun wird die Lösung zur Trockne eingedampft und der Rückstand nach dem oben beschriebenen Verfahren aufgeschlossen.

Sollten die folgenden Nachweisreaktionen negativ verlaufen, wird zur Sicherheit der Aufschluß ein- bis zweimal wiederholt, eventuell mit einer größeren Menge Natrium.

Nachweis des Stickstoffs (Lassaigne-Probe): 1 ml der filtrierten Aufschlußlösung wird mit 0,5 ml einer wäßrigen Eisen(II)-sulfatlösung versetzt, 1 bis 2 Minuten gekocht, 2 Tropfen Eisen(III)-chloridlösung zugegeben, nochmals erhitzt und nach dem Abkühlen bis zur schwach sauren Reaktion angesäuert. Enthielt die Substanz Stickstoff, fällt jetzt Berliner Blau aus (u. U. nur grünblaue Färbung), das besonders gut erkannt wird, wenn man einige Tropfen der gut durchgeschüttelten Lösung auf Filterpapier gibt.

Enthält die Substanz Schwefel, kann der Nachweis des Stickstoffs mitunter erschwert sein. Man wiederholt dann den Aufschluß mit der doppelten Menge Natrium und führt die Stickstoffprobe mit einer größeren Eisen(II)-sulfatmenge durch (warum?)

Nachweis von Schwefel: 1 bis 2 ml der Aufschlußlösung werden mit Essigsäure angesäuert. Man setzt einige Tropfen Bleiacetatlösung zu. Eine schwarze Fällung beweist den Schwefel. Empfindlicher wird der Nachweis, wenn man 0,5 ml der alkalischen Aufschlußlösung mit 2 Tropfen einer wäßrigen Lösung von Dinatriumpentacyanonitrosylferrat(III) (Nitroprussidnatrium) versetzt. Bei Anwesenheit von Schwefel tritt eine Violettfärbung auf.

Nachweis der Halogene: Die Halogene werden nach dem Ansäuern der Aufschlußlösung mit starker Salpetersäure wie üblich mit Silbernitrat nachgewiesen. Bei Anwesenheit von Stickstoff muß man die entstandene Blausäure vor der Fällung mit Silbernitrat auf dem siedenden Wasserbad verkochen.

Die Unterscheidung der Halogene wird nach den Methoden der anorganischen Analyse durchgeführt. Bromid neben Chlorid und Iodid läßt sich außerdem durch die spezifische, sehr empfindliche *Eosinprobe* einwandfrei nachweisen: 0,5 ml der Aufschlußlösung werden mit einigen Tropfen konz. Schwefelsäure bis zur sauren Reaktion und 3 bis 5 Tropfen konz. Permanganatlösung versetzt. Nun bedeckt man das Gläschen mit Papier, das mit Fluoresceinlösung

---

[1]) Es empfiehlt sich, flüssige Substanzen auch in der Kälte mit Natrium zu behandeln. Eine Reaktion unter Wasserstoffentwicklung weist auf saure Verbindungen hin: Säuren, Alkohole, CH-acide Verbindungen usw.

getränkt ist, und erwärmt auf etwa 40 bis 50 °C. Nach 15 Minuten hält man das Papier in Ammoniakdämpfe. Bei Anwesenheit von Brom färbt es sich rosarot.

Zum Fluornachweis wird 1 ml der Aufschlußlösung zur Trockne eingedampft, 0,5 ml konz. Schwefelsäure und wenig Kaliumbichromat zugesetzt und kräftig umgeschüttelt. Die Glaswand wird benetzt. Man erhitzt vorsichtig und schüttelt wieder, bei Anwesenheit von Fluor wird die Wandung des Glases nicht mehr benetzt.

Man kann Fluor auch durch die *Zirkon-Alizarinlack-Probe* nachweisen: 2 ml der Aufschluß-lösung werden mit Essigsäure angesäuert und aufgekocht; davon werden 1 bis 2 Tropfen auf Zirkon-Alizarin-Papier gegeben. Fluor bewirkt Entfärbung bzw. Gelbfärbung.

1.1.5. Bestimmung der Löslichkeit

Sehr wichtig ist die Bestimmung der Löslichkeit, da sich damit Hinweise auf die Polarität des Moleküls und auf bestimmte funktionelle Gruppen ergeben. Außerdem zeigen die Löslich-keitsversuche, wie ein fester Stoff zu reinigen ist (Lösungsmittel zum Umkristallisieren) bzw. ob ein Gemisch so getrennt werden kann.

Geprüft wird zweckmäßig mit folgenden Reagenzien (in dieser Reihenfolge):
– Wasser
– Ether
– 5%ige Natronlauge
– 5%ige Natriumhydrogencarbonatlösung
– 5%ige Salzsäure
– konz. Schwefelsäure
– Alkohol, Toluen, Eisessig, Petrolether (zum Umkristallisieren und Trennen von Gemischen)

0,01 bis 0,1 g Substanz werden mit etwa 3 ml Lösungsmittel portionsweise versetzt und gut durchmischt. Falls die Substanz nicht in Wasser löslich ist, wird die Löslichkeit in verd. Natron-lauge, Hydrogencarbonatlösung und Salzsäure zu bestimmt. Es wird sorgfältig geschüttelt, bei Substanzgemischen das Ungelöste abgetrennt und in jedem Falle die wäßrige Lösung neutrali-siert. Bei der Neutralisation wird beobachtet, ob sich die Ausgangsverbindung wieder ausschei-det. Schon eine Trübung des neutralisierten Filtrats ist bei Einhalten der vorgeschriebenen Substanzmengen ein positiver Hinweis auf basische oder saure Eigenschaften. Beim Lösen in Hydrogencarbonat achte man auf Kohlendioxidentwicklung!

Sollte bei Zimmertemperatur keine Lösung eintreten, wird kurz zum Sieden erhitzt. Es muß dann, vor allem beim Erhitzen mit Säuren oder Laugen, immer festgestellt werden, ob sich die Substanz nicht durch Hydrolyse oder ähnliches irreversibel verändert hat (Substanz wieder iso-lieren, Schmelz- oder Siedetemperatur bestimmen!).

Schlußfolgerungen aus der Löslichkeit
a) *Löslichkeit in Wasser und Ether:* Nach ihrer unterschiedlichen Löslichkeit in Wasser und Ether kann man die organischen Verbindungen in folgende Hauptgruppen einteilen:
I. löslich in Wasser, unlöslich in Ether
II. löslich in Ether, unlöslich in Wasser
III. löslich in Wasser und Ether
IV. unlöslich in Wasser und Ether
Gruppe I. Substanzen, in denen der polare Rest überwiegt: Salze, Polyole, Zucker, Aminoalko-hole, Hydroxycarbonsäuren, Di- und Polycarbonsäuren, niedere Säureamide, aliphatische Aminosäuren, Sulfosäuren.
Gruppe II. Substanzen, in denen der unpolare Rest überwiegt: Kohlenwasserstoffe, halogen-ierte Kohlenwasserstoffe, Ether, Alkohole mit mehr als 5 Kohlenstoffatomen, höhere Ketone und Aldehyde, höhere Oxime, mittlere und höhere Carbonsäuren, aromatische Carbonsäuren,

Säureanhydride, Lactone, Ester, höhere Nitrile und Säureamide, Phenole, Thiophenole, höhere Amine, Chinone, Azoverbindungen.

Gruppe III. Substanzen, in denen sich der Einfluß des polaren und des unpolaren Restes ausgleicht: Niedere aliphatische Alkohole, niedere aliphatische Aldehyde und Ketone, niedere aliphatische Nitrile, Säureamide und Oxime, niedere cyclische Ether (Tetrahydrofuran, 1,4-Dioxan), niedere und mittlere Carbonsäuren, Hydroxy- und Oxo-Carbonsäuren, Dicarbonsäuren, mehrwertige Phenole, aliphatische Amine, Pyridin und seine Homologen, Aminophenole.

Gruppe IV. Hochkondensierte Kohlenwasserstoffe, höhere Säureamide, Anthrachinone, Purinderivate, einige Aminosäuren (Cystin, Tyrosin), Sulfanilsäure, höhere Amine und Sulfonamide, makromolekulare Verbindungen.

b) *Löslichkeit in Basen und Säuren:* Bei diesen Proben muß immer kontrolliert werden, ob sich die Substanz nicht verändert. Besonders eindeutig verlaufen diese Reaktionen bei Verbindungen der Lösungsklasse II und IV, da durch Salzbildung die Substanzen in der Regel wasserlöslich werden. Bei den Gruppen I und III, also bei Substanzen, die von vornherein wasserlöslich sind, prüft man vorher den pH-Wert mit Indikatorpapier.

Löslich in verdünnter Salzsäure sind aliphatische und aromatische Amine. (Die Löslichkeit nimmt mit der Anzahl der Arylgruppen stark ab. Diphenylamin löst sich kaum, Triphenylamin gar nicht.)

Löslich in Natronlauge *und* Natriumhydrogencarbonatlösung sind stark saure Stoffe, wie Carbonsäuren, Sulfon- und Sulfinsäuren, einige stark saure Phenole (Nitrophenole, 4-Hydroxy-cumarin) usw. *Nur* in Natronlauge sind löslich: Phenole, einige Enole, Imide, primäre aliphatische Nitrokörper, am Stickstoff unsubstituierte und monosubstituierte Arylsulfonamide, Oxime, Thiophenole, Thiole.

Bei der Reaktion mit Laugen werden organische Basen aus ihren Salzen in Freiheit gesetzt. Sie fallen entweder kristallin aus oder scheiden sich als Öl ab bzw. machen sich durch ihren Geruch bemerkbar. Fettsäuren mit einer Kohlenstoffzahl über 12 lösen sich nicht mehr klar in Alkalien, sondern bilden typische Seifen, die opaleszieren.

β-Dicarbonylverbindungen, die mit alkoholischer Kalilauge sofort unter Salzbildung reagieren, lassen sich mit 5%iger Natronlauge nicht neutralisieren.

Gewisse Substanzen lösen sich sowohl in Basen als auch in Säuren (amphotere Stoffe). Hierzu gehören: Aminosäuren, Aminophenole, Aminosulfon- und Aminosulfinsäuren u. a.

c) *Löslichkeit in konz. Schwefelsäure:* Das Lösen in konz. Schwefelsäure ist oft mit einer Reaktion verbunden, die sich durch Erwärmung, Gasentwicklung usw. anzeigt. Daher läßt der Schwefelsäuretest keine für die angeführten Substanzklassen allgemeingültigen Schlüsse zu, gibt aber oft Hinweise, von denen einige nachfolgend aufgeführt werden: Ungesättigte Substanzen werden in wasserlösliche Schwefelsäureester übergeführt; sauerstoffhaltige Substanzen gehen meist unter Oxoniumsalzbildung in Lösung, wenn der organische Rest nicht mehr als 9 bis 12 Kohlenstoffatome enthält; Alkohole werden verestert oder dehydratisiert; Olefine können polymerisieren; einige Kohlenwasserstoffe werden sulfoniert; Triphenylmethanol, Phenolphthalein und ähnliche Verbindungen zeigen Halochromieerscheinungen; Iodverbindungen zersetzen sich unter Iodausscheidung.

1.2.   Prüfung auf funktionelle Gruppen

Durch die Bestimmung der Löslichkeiten, der Heteroatome, der physikalischen Konstanten (Schmelztemperatur, Siedetemperatur, Molmasse usw.) sowie die Farbe der Substanz erhält man bereits wesentliche Hinweise auf die zu analysierende Verbindung. Zur weiteren Einengung der in Frage kommenden Verbindungsklassen wird die Spektroskopie herangezogen.

Eine zusätzliche Möglichkeit besteht im Einsatz von Reaktionen, die in möglichst kurzer Zeit ablaufen, sich durch eine charakteristische Änderung, wie Fällung, Farbumschlag, Entstehung von charakteristisch riechenden Substanzen, oder durch Änderung der Löslichkeit anzeigen.

Bei der außerordentlichen Vielzahl organischer Verbindungen kann durch die Möglichkeit der Kombination von mehreren funktionellen Gruppen in einem Molekül deren Nachweis gestört sein. Trotz dieser Einschränkung ist es in der Praxis aber möglich, solche Verbindungen zu erkennen, wenn man den Einfluß aller im Molekül enthaltenen funktionellen Gruppen auf die spezielle Nachweisreaktion berücksichtigt (vgl. E.4., Aufgaben 1.1. bis 1.5.).

In diesem Zusammenhang sollte vor der Überbewertung von Farbreaktionen, die in der Literatur für einzelne Verbindungen als charakteristisch beschrieben sind, gewarnt werden, da in vielen Fällen auch andere Substanzen ähnliche Reaktionen zeigen.

1.2.1.   Hinweise auf ungesättigte Verbindungen

Das Erkennen einer ungesättigten Verbindung ist prinzipiell durch die in D.4. dargelegten Additionsreaktionen möglich. Im vorliegenden Falle werden die Bromaddition in Tetrachlorkohlenstoff oder die Entfärbung von Permanganat benutzt. Weitere Hinweise auf ungesättigte Verbindungen entnimmt man dem IR-Spektrum; im ^{1}H-NMR-Spektrum findet man typische chemische Verschiebungen für HCR=, HC≡ und HAr.

1.2.1.1.   Umsetzung mit Brom

Arbeitsvorschrift s. D.4.1.4.

Tetrachlorkohlenstoff als Lösungsmittel hat den Vorteil, daß er HBr nicht löst und daher auch Substitutionen, die durch HBr-Entwicklung gekennzeichnet sind, leicht nachzuweisen gestattet.

Grenzen: Nicht alle Olefine addieren Brom! Die Anwesenheit von –I- und –M-Gruppen an einem doppelt gebundenen C-Atom verlangsamt die Reaktion oder verhindert sie ganz. Sterisch gehinderte Olefine addieren Brom oft nur in Eisessig oder Wasser. Aliphatische und aromatische Amine können ein Olefin vortäuschen, da sie die Lösung entfärben.

Substitutionen unter HBr-Entwicklung verhindern die eindeutige Aussagekraft der Reaktion. Besonders betrifft dies Enole, Phenole, Methylketone und Malonester. Leicht oxidierbare Verbindungen wie Thiole stören.

1.2.1.2.   Umsetzung mit Permanganat

Diese Reaktion ist immer durch die Bromaddition zu ergänzen!

0,1 g Substanz wird in 2 ml Wasser oder 2 ml Aceton[1]) gelöst und eine 2%ige wäßrige Permanganatlösung tropfenweise zugegeben. Der Test ist negativ, wenn nicht mehr als 3 Tropfen entfärbt werden.

Grenzen: Diese Oxidationsreaktion (vgl. D.6.2.1.) stellt eine willkommene Ergänzung der Bromaddition dar. So reagieren hochkonjugierte Olefine mit Permanganat, die Brom nur schwer addieren. Darüber hinaus geben natürlich alle leicht oxidierbaren Substanzen einen positven Test, wie Enole, Phenole, Thiole, Thioether, Amine, Aldehyde, Ameisensäureester, Alkohole. Oftmals werden falsche Deutungen vorgenommen, weil leicht oxidierbare Verunreinigungen eine oxidierbare Verbindung vortäuschen.

---

[1]) Das Aceton muß gegen Permanganat beständig sein, sonst gibt man zunächst so viel Permanganat zu, bis keine Entfärbung mehr stattfindet.

1.2.2. Hinweise auf Aromaten

Grundsätzlich sind die meisten in D.5. aufgeführten Substitutionsreaktionen zum Nachweis von Aromaten geeignet. Daneben gibt die Spektroskopie wertvolle Hinweise!

1.2.2.1. Umsetzung mit Salpetersäure

| *Vorsicht!* Evtl. sehr heftige Umsetzung, vgl. D.5.1.3.

Zu 0,1 g Substanz werden langsam unter fortwährendem Schütteln 3 ml Nitriersäure (1 Teil rauchende Salpetersäure, 1 Teil konz. Schwefelsäure) gegeben. Dann wird im Abzug auf einem Wasserbad 5 Minuten auf 45 bis 50 °C erwärmt und anschließend auf 10 g zerstoßenes Eis gegossen und das erhaltene Öl oder Festprodukt abgetrennt.

Man prüft auf Vorhandensein einer Nitrogruppe durch Reduktion mit Zink und Ammoniumchlorid. Das dabei entstehende Phenylhydroxylamin reduziert ammoniakalische Silberoxidlösung (Tollens-Reagens) zu metallischem Silber.

0,3 g der Substanz in 10 ml 50 %igem Ethanol werden mit 0,5 g Ammoniumchlorid und 0,5 g Zinkstaub versetzt. Die Mischung wird geschüttelt und 2 Minuten zum Sieden erhitzt. Nach dem Abkühlen filtriert man und gibt Tollens-Reagens[1]) zu. Die Ausscheidung von metallischem Silber beweist, daß eine Nitro- oder Nitrosogruppe vorlag.

Grenzen: s. D.5.1.3.

1.2.2.2. Umsetzung mit Chloroform und Aluminiumchlorid

Zu 2 ml trockenem Chloroform wird 0,1 g der Substanz gegeben. Dann setzt man vorsichtig 0,5 g wasserfreies Aluminiumchlorid so zu, daß ein Teil an der Wand des Glases bleibt. Das Auftreten verschiedenfarbiger Tönungen an diesem Teil des Glases deutet auf einen Aromaten.[2])

1.2.3. Hinweis auf stark reduzierende Substanzen (Umsetzung mit ammoniakalischer Silbersalzlösung)

Stark reduzierende Substanzen scheiden aus ammoniakalischer Silberoxidlösung metallisches Silber aus:

0,05 g Substanz werden mit 2 bis 3 ml frisch zubereitetem Tollens-Reagens[1]) in einem sauberen Reagensglas (vorher mit heißer konz. Salpetersäure reinigen) versetzt. Falls sich in der Kälte kein Silberspiegel bildet, wird kurze Zeit auf 60 bis 70 °C erwärmt.

Eine positive Reaktion deutet auf Aldehyde, reduzierende Zucker, α-Diketone, α-Ketole, mehrwertige Phenole, α-Naphthole, Aminophenole, Hydrazine, Hydroxylamine, α-Alkoxy- und α-Dialkylamino-ketone u. a. Auch einige aromatische Amine, z. B. *p*-Phenylendiamin, geben eine positive Reaktion.

---

[1]) Vgl. Reagenzienanhang.

[2]) Umfangreiche Untersuchungen und Grenzen bei: Talsky, G., Z. analyt. Chem. **188** (1962), 416; **191** (1962), 191; **195** (1963), 171.

1.2.4. Hinweise auf Aldehyde und Ketone

Aldehyde und Ketone sind an typischen Frequenzen im IR-Spektrum zu erkennen (vgl. Tab. A.135); das Aldehydproton ist im ^{1}H-NMR-Spektrum durch seine starke Verschiebung nach tiefen Feldern zu identifizieren; im ^{13}C-NMR-Spektrum ist der Carbonylkohlenstoff leicht zu erkennen.

1.2.4.1. Umsetzung mit Dinitrophenylhydrazin

Aldehyde und Ketone werden durch Fällung der 2,4-Dinitro-phenylhydrazone nachgewiesen.
Arbeitsvorschrift s. D.7.1.1.
Grenzen: Durch die saure Reagenslösung werden die meisten Acetale, Ketale, Oxime und Azomethine hydrolysiert und die gebildeten Carbonylverbindungen als 2,4-Dinitro-phenyl-hydrazone ausgefällt. Die Reaktion versagt bei Hydroxyketonen (Acyloinen).
Zur Unterscheidung der Aldehyde von den Ketonen kann man die leichtere Oxidierbarkeit der Aldehyde heranziehen:

1.2.4.2. Umsetzung mit Fehlingscher Lösung

0,05 g Substanz und 2 bis 3 ml Fehlingsche Lösung[1]) werden auf einem siedenden Wasserbad 5 Minuten erhitzt.

Der Test ist positiv, wenn gelbes oder rotes Kupferoxid ausfällt.
Grenzen: Aromatische Aldehyde geben diesen Test normalerweise nicht. Gleichzeitige Anwesenheit anderer, stark reduzierender Gruppierungen stört (vgl. E.1.2.3.).

1.2.4.3. Umsetzung mit fuchsinschwefliger Säure (Schiffsches Reagens)

Zu 2 Tropfen oder 0,05 g Substanz werden 2 ml Schiffsches Reagens[1]) gegeben, und die Lösung wird gut geschüttelt.

Der Nachweis ist positiv, wenn sich die Lösung rosa bis violett verfärbt.
Grenzen: Die Reaktion gelingt nicht mit Glyoxal und Zuckern, aromatischen Hydroxyalde-hyden und α,β-ungesättigten Aldehyden. Substanzen, die leicht SO_2 absorbieren, können Alde-hyde vortäuschen.

1.2.5. Hinweise auf Alkohole, Phenole, Enole

Man beachte die typischen Frequenzen dieser Substanzklassen im IR-Spektrum, vgl. Tab. A.135!
OH-haltige Verbindungen geben mit Cerammoniumnitrat farbige Komplexe. Mit Eisen-(III)-chlorid ist die Unterscheidung der Enole und Phenole von den Alkoholen möglich.

1.2.5.1. Umsetzung mit Cerammoniumnitrat-Reagens[1])

Wasserlösliche Substanzen: Man verdünnt 0,5 ml Reagenslösung mit 3 ml dest. Wasser und versetzt mit 5 Tropfen einer konz. wäßrigen Lösung der Substanz.
Wasserunlösliche Substanzen: Man verdünnt 0,5 ml Reagenslösung mit 3 ml Dioxan, setzt tropfenweise so viel Wasser zu, bis eine klare Lösung vorliegt, und gibt 5 Tropfen einer konz. Lösung der Substanz in Dioxan zu.

---

[1]) Vgl. Reagenzienanhang.

Bei Alkoholen färbt sich das Reagens rot. Phenole geben in wäßriger Lösung eine grünlich-braune bis braune Fällung, in Dioxan dagegen eine tiefrote bis braune Färbung.

Grenzen: Die Reaktion verläuft eindeutig mit Verbindungen, die nicht mehr als zehn C-Atome besitzen, bei höhermolekularen Verbindungen ist die Färbung zuwenig intensiv. Mehrwertige Alkohole lassen sich ebenfalls nachweisen, allerdings kann sich die Lösung durch Oxidation schnell entfärben. Positive Reaktion geben weiterhin viele Amine und Substanzen, die sich leicht zu farbigen Verbindungen oxidieren lassen.

1.2.5.2.   Umsetzung mit Eisen(III)-chlorid

1 Tropfen der Substanz wird in 5 ml Alkohol gelöst und 1 bis 2 Tropfen einer 1%igen wäßrigen Eisen(III)-chloridlösung zugesetzt.

Positive Reaktion zeigt sich durch eine Färbung an (blutrot bis kornblumenblau bei aliphatischen Enolen, blau bis violett bei Phenolen).

Grenzen: Positiver Ausfall weist auf Phenole und Enole hin. Die meisten Oxime und Hydroxamsäuren geben eine rote Färbung, die Hydroxyverbindungen des Chinolins und Pyridins rot-braune, blaue oder grüne Farben. Auch bei Hydroxyderivaten der fünfgliedrigen Heterocyclen mit aromatischem Charakter entstehen rote Färbungen. Aminosäuren und Acetate geben braune bzw. rote, Diphenylamin grüne Färbungen. Viele Phenole geben diese Farbreaktion nicht.

1.2.5.3.   Umsetzung mit Kupfer(II)-Salzen

Mehrwertige Alkohole bilden mit Kupfer(II)-Ionen besonders in alkalischem Medium Komplexe.

5 bis 6 Tropfen der Substanz werden in verd. Natronlauge gelöst und wenige Tropfen einer sehr verd. Kupfersulfatlösung zugegeben.

Bildet sich kein Kupferhydroxidniederschlag, so liegt wahrscheinlich ein mehrwertiger Alkohol vor.

1.2.5.4.   Umsetzung mit Zinkchlorid/Salzsäure (Lukas-Reagens)

Zur Unterscheidung primärer, secundärer und tertiärer Alkohole benutzt man die unterschiedliche Substitutionsgeschwindigkeit der OH-Gruppe durch Chloridionen (vgl. D.2.5.1.).

Zu 1 ml Substanz werden schnell 6 ml Lukas-Reagens[1]) gegeben. Anschließend wird die Mischung umgeschüttelt, 5 Minuten stehengelassen und beobachtet.

Primäre Alkohole bis zu 5 C-Atomen werden gelöst, die Lösung färbt sich oft dunkel, bleibt aber klar.

Secundäre Alkohole lösen sich zunächst klar, die Lösung wird aber bald trüb, zum Schluß scheiden sich feine Tröpfchen des Chlorids ab.

Bei tertiären Alkoholen entstehen schnell 2 Phasen, eine davon ist das Chlorid.

Grenzen: Da der Lukas-Test vom Erscheinen des unlöslichen Alkylchlorids abhängig ist, ist er natürlich nur bei solchen Alkoholen anwendbar, die sich klar im Reagens lösen. Allylalkohol verhält sich wie ein secundärer Alkohol (warum?).

---

[1]) Vgl. Reagenzienanhang.

1.2.5.5.   Umsetzung mit Deniges-Reagens

Tertiäre und z. T. auch secundäre Alkohole werden leicht durch konzentrierte Schwefelsäure dehydratisiert. Die dabei entstehenden Olefine bilden mit Quecksilberionen gelbe bis rote Niederschläge.

3 ml Deniges-Reagens[1]) werden mit einigen Tropfen der Substanz 1 bis 3 Minuten zum Sieden erhitzt.

Tertiäre Alkohole geben gelbe bis rote Niederschläge. Primäre und vor allem secundäre Alkohole geben u. U. auch Niederschläge, die aber meist farblos sind. Die Ester tertiärer Alkohole können durch das Reagens hydrolysiert werden und geben dann ebenfalls eine positive Reaktion. Thiophen wird als Komplex ausgefällt.

1.2.6.   Iodoformprobe (Umsetzung mit Natriumhypoiodid)

Arbeitsvorschrift s. D.6.5.3.

Grenzen: Die Iodoformprobe ist positiv bei folgenden Verbindungstypen:

$H_3C-CO-R$

$R-CO-CH_2-CO-R$

$H_3C-CH(OH)-R$ [E.2]

$R-CH(OH)-CH_2-CH(OH)-R$ R = H, Alkyl, Aryl

Keine Iodoformreaktionen geben:

$H_3C-CO-CH_2-X$ X = CN, NO_2 (COOR)   [E.3]

1.2.7.   Hinweise auf alkalisch hydrolysierbare Verbindungen

1.2.7.1.   Umsetzung mit wäßriger Natronlauge (Rojahn-Probe)

0,1 g Substanz wird in 3 ml Alkohol gelöst; es werden 3 Tropfen einer alkoholischen Phenolphthaleinlösung zugesetzt und gerade so viel 0,1 N alkoholische Natronlauge zugetropft, daß eine Rotfärbung zu erkennen ist. Dann erwärmt man 5 Minuten auf dem Wasserbad bei 40 °C.

Verschwindet die Rotfärbung, so ist die Reaktion positiv. Zur Sicherheit wiederholt man den Versuch mit der gleichen Probe durch erneute Zugabe von Natronlauge mehrere Male.

Positive Reaktionen geben Ester, Lactone, Anhydride, leicht hydrolysierbare Halogenide, Amide und Nitrile.

Grenzen: Freie Säuren müssen vor Durchführung der Probe neutralisiert werden. Störungen sind zu erwarten bei spaltbaren Diketonen (vgl. D.7.2.1.9.) sowie leicht verharzenden oder disproportionierenden Stoffen (vgl. D.7.3.1.5.).

---

[1]) Vgl. Reagenzienanhang.

1.2.7.2. Umsetzung mit Hydroxylamin (Hydroxamsäuretest)

Der Hydroxamsäuretest beruht auf der Aminolyse von Carbonsäurederivaten durch Hydroxylamin (vgl. Tab. 7.7.).

0,05 g Substanz werden mit 1 ml 0,5 N alkoholischer Hydroxylaminhydrochloridlösung versetzt und 0,2 ml 6 N Natronlauge zugegeben. Die Mischung wird zum Sieden erhitzt und wieder abgekühlt, und es werden 2 ml 1 N Salzsäure zugetropft. Falls die Mischung trübe wird, setzt man 2 ml Alkohol zu. Bei Zugabe von 1 bis 2 Tropfen einer 5%igen wäßrigen Eisen(III)-chloridlösung tritt bei positiver Reaktion eine dunkelrote bis violette Farbtönung auf. Falls die Farbe nicht beständig ist, muß mehr Eisen(III)-chloridlösung zugesetzt werden.

Positive Reaktion zeigen die unter E.1.2.7.1. angegebenen Verbindungsklassen, von den Halogenverbindungen nur die Säurehalogenide und die geminalen Trihalogenide.

Grenzen: Ameisensäure, Milchsäure und aliphatische Nitroverbindungen geben eine positive Reaktion. Folgende Ester geben den Hydroxamsäuretest nicht: Kohlensäureester, Urethane, Chlorameisensäureester, Sulfonsäureester und Ester anorganischer Säuren. Phenole stören die Reaktion nicht. Der Nachweis von Carbonsäuren ist analog möglich:

Eine Probe der Carbonsäure versetzt man mit 1 ml Thionylchlorid, erhitzt 10 Minuten auf dem Wasserbad, verdampft das Thionylchlorid im Vakuum und setzt den Rückstand wie beschrieben mit Hydroxylamin um.

Grenzen: Carbonsäuren, die leicht flüchtige Säurechloride ergeben, sind nicht erfaßbar.

1.2.7.3.   Umsetzung mit konzentrierter Kalilauge

Carbonsäureamide und Nitrile sind durch die Rojahn-Probe im allgemeinen nicht erfaßbar.

Man versetzt die Substanz in einem Reagenzglas mit konz. Kalilauge, säubert den Rand des Glases sorgfältig von Alkalispuren, verschließt das Glas locker mit einem Wattebausch und erhitzt anschließend die Mischung zum Sieden (Siedestein!). Bläuung eines auf die Watte gelegten feuchten roten Lackmusstreifen zeigt Nitrile und einfache Amide an.

Grenzen: Salze flüchtiger Amine sowie Imide, Carbonsäurehydrazide usw. geben eine positive Reaktion.

1.2.8.   Hinweise auf Amine

Amine deuten sich durch ihre Löslichkeit und ihren Stickstoffgehalt bereits in den Vorproben an. Primäre Amine lassen sich durch die Isocyanidprobe („Isonitrilprobe") erkennen. Die Unterscheidung zwischen primären aliphatischen und aromatischen Aminen gelingt durch Diazotierung und Kupplung. Primäre, secundäre und tertiäre Amine trennt man über Sulfamide (Hinsberg-Reaktion, vgl. D.8.5.).

Man beachte die Banden der NH-Valenzschwingungen im IR-Spektrum (vgl. Tab: A.135).

1.2.8.1.   Umsetzung mit Chloroform (Isocyanidprobe)

Vorsicht! Isocyanide sind stark giftig! Reaktion im Abzug durchführen, anschließend mit konz. Salzsäure zersetzen!

2 bis 3 Tropfen der Analysensubstanz oder bei Festsubstanzen eine Spatelspitze werden in 1 ml Ethanol gelöst. Man gibt 2 ml verd. Natronlauge und einige Tropfen Chloroform hinzu und erhitzt kurz zum Sieden.

An einem sehr intensiven unangenehmen Geruch (Blindprobe) erkennt man die Bildung eines Isocyanids. Man formuliere den Reaktionsverlauf!

Grenzen: Diese Reaktion ist sehr empfindlich und kann bereits von Aminspuren hervorgerufen werden. Hochsiedende Amine bilden Isocyanide mit geringem Dampfdruck und sind daher schwer wahrzunehmen.

1.2.8.2.   Umsetzung mit salpetriger Säure

Vorsicht! Nitrosamine sind sehr giftig und cancerogen (vgl. D.8.2.1.), nicht mit der Haut in Berührung bringen! Reaktion unter dem Abzug durchführen!

Arbeitsvorschrift s. D.8.2.1.

Die aus primären aromatischen Aminen erhältliche Diazoniumsalzlösung wird mit β-Naphthol gekuppelt (vgl. D.8.3.3.). Ein orangefarbener bis orangeroter Niederschlag beweist das primäre aromatische Amin.

Aus secundären Aminen bilden sich bei der oben beschriebenen Umsetzung mit salpetriger Säure meistens in Wasser unlösliche gelbliche Nitrosamine. Bei niederen aliphatischen secundären Aminen dagegen sind die Nitrosamine sehr gut wasserlöslich. Tertiäre Amine reagieren nicht (vgl. hier D.8.2.1.).

N,N-Dialkylaniline bilden *p*-Nitroso-verbindungen, vgl. auch D.5.19., die sich beim Alkalisieren durch ihre grüne Farbe zu erkennen geben. Primäre aliphatische Aminen bilden Alkohole, die sich bei einer längeren Kohlenstoffkette als Öle abscheiden. Niedere aliphatische Alkohole lassen sich nach Neutralisation mit Kaliumhydroxid durch Sättigen mit Kaliumcarbonat aussalzen.

1.2.8.3.   Umsetzung mit Ninhydrin

1 bis 2 mg Substanz werden in wenig Wasser mit 4 bis 5 Tropfen einer 1%igen wäßrigen Ninhydrinlösung kurze Zeit gekocht.

Die Lösung färbt sich bei Anwesenheit einer Aminosäure tief violett.

Grenzen: Ammoniak, primäre Amine und ihre Salze stören, da sie ähnliche Färbungen zeigen.

1.2.9.   Hinweise auf Nitro- und Nitrosoverbindungen

1.2.9.1.   Umsetzung mit Zink und Ammoniumchlorid

Arbeitsvorschrift s. E.1.2.2.1.

Die Reaktion beruht auf der Bildung von Hydroxylamin, das mit Tollens-Reagens unter Abscheidung von metallischem Silber reagiert.

Grenzen: Substanzen, die Tollens-Reagens selbst reduzieren (vgl. E.1.2.3.), sind für diesen Test ungeeignet.

Primäre und secundäre aliphatische Nitroverbindungen unterscheidet man wie folgt:

1.2.9.2.   Umsetzung der aci-Form mit Eisen(III)-chlorid

Man schüttelt eine Probe der Substanz mit konz. Natronlauge. Das entstehende Natriumsalz wird abgefrittet, in wenig Wasser gelöst und mit Ether überschichtet. Danach wird tropfenweise wäßrige Eisen(III)-chloridlösung zugesetzt. Beim Schütteln färbt sich die Etherschicht rot bis rotbraun.

1.2.9.3.   Umsetzung der aci-Form mit salpetriger Säure

Eine Probe der Substanz wird mit einer Lösung von Natriumnitrit in 10 N Natronlauge versetzt. Ein sich bildender Niederschlag wird anschließend durch tropfenweise Zugabe von Wasser in Lösung gebracht. Man versetzt nunmehr vorsichtig unter Kühlung tropfenweise mit verd. Schwefelsäure.

In schwach alkalischem Gebiet tritt bei Vorhandensein von primären Nitroverbindungen eine blutrote Färbung auf, die im sauren Gebiet wieder verschwindet. Secundäre Nitroverbindungen bilden beim Ansäuern intensiv blaue bis grüne Pseudonitrole, die sich mit Chloroform ausschütteln lassen (vgl. auch D.8.2.3.).

1.2.10.   Hinweis auf hydrolysierbares Halogen

Einige Tropfen der wäßrigen oder alkoholischen Lösung der halogenhaltigen Substanz werden mit 2 ml einer 2%igen ethanolischen Silbernitratlösung versetzt. Falls nach 5 Minuten Stehen bei Zimmertemperatur keine Fällung erfolgt, wird die Lösung zum Sieden erhitzt. Bildet sich eine Fällung, so muß diese auch nach Zugabe von 2 Tropfen Salpetersäure bestehenbleiben.

Entsprechend ihrer Löslichkeit kann man die in Frage kommenden Verbindungen in folgende Klassen einteilen:
I. *Wasserlösliche Substanzen:* Fällung bei Zimmertemperatur: Salze von Aminen mit Halogenwasserstoffsäuren, niedere aliphatische Säurehalogenide
II. *Wasserunlösliche Substanzen*
a) Fällung bei Zimmertemperatur: Säurechloride, *tert*-Alkylhalogenide, geminale aliphatische Dibromide, α-Halogen-ether, Allylhalogenide, Alkyliodide
b) Fällung bei erhöhter Temperatur: primäre und secundäre Alkylchloride, vicinale Dibromide, Dinitrochlorbenzene
c) keine Fällung: Arylhalogenide, Vinylhalogenide, Tetrachlorkohlenstoff u. a.

1.2.11.   Hinweise auf Thiole und Thiophenole

Fast alle Verbindungen dieser Substanzklassen sind bereits durch ihren durchdringenden, sehr unangenehmen Geruch erkennbar.
Zum Nachweis kann man mit Schwermetallsalzlösungen umsetzen oder Farbreaktionen durchführen.

1.2.11.1.   Umsetzung mit Schwermetallsalzen

Man löst eine Probe der Substanz in etwas Alkohol und versetzt mit einer konzentrierten wäßrigen Lösung eines Schwermetallsalzes (z. B. Blei(II)-acetat, Quecksilber(II)-chlorid, Kupfer(I)-chlorid).

Bei Vorhandensein eines Thiols bildet sich ein charakteristischer Niederschlag, der beim Erwärmen meist in das entsprechende Sulfid übergeht. Blei- und Kupferthiolate sind gelb, Quecksilber(II)-thiolate farblos.

1.2.11.2.   Umsetzung mit salpetriger Säure

Eine Probe der Substanz wird in Ethanol gelöst und mit festem Natriumnitrit versetzt. Man gibt anschließend vorsichtig verd. Schwefelsäure hinzu.

Primäre und secundäre Thiole zeigen eine rote Farbe. Tertiäre Thiole und Thiophenole werden zunächst grün, anschließend ebenfalls rot gefärbt.

Grenzen: Thiocyansäure und Thiocyansäureester sowie einige Xanthogenverbindungen geben die gleiche Reaktion. Mercaptocarbonsäuren zeigen keine intensiven Färbungen, bei Mercaptozimtsäure versagt die Reaktion.

1.2.11.3. Umsetzung mit Dinatriumpentacyanonitrosylferrat(III) (Nitroprussidnatrium)

Eine Probe der Substanz wird in Wasser, Alkohol oder Dioxan gelöst und mit 5 Tropfen 2 N Natronlauge und 5 Tropfen wäßriger Nitroprussidnatriumlösung versetzt. Violettfärbung zeigt Thiole an.

Nach diesen Vorproben dürfte für die überwiegende Anzahl von Stoffen eine Zuordnung zu einer bestimmten Stoffklasse möglich sein, wobei z. T. auch schon Derivate erhalten wurden, die zur Identifizierung dienen können.

2.   Derivate und Spektren

Zur Identifizierung einer unbekannten Verbindung bedient man sich verschiedener Methoden:

a) Herstellung von festen, schmelzbaren Derivaten und Vergleich der Schmelztemperatur mit einer authentischen Probe (Mischschmelztemperatur!) oder mit in entsprechenden Tabellenwerken aufgeführten Werten der Schmelztemperaturen.

Zur eindeutigen Charakterisierung sollte man neben den durch die Vorproben gewonnenen Erkenntnissen mindestens drei unterschiedliche Derivate herstellen, deren Schmelztemperaturen mit denjenigen der authentischen Substanz übereinstimmen müssen.

b) Bestimmung der Molmasse der unbekannten Verbindung durch Verseifungs- oder Neutralisationsäquivalent, Bestimmung der ausgefällten Menge Silberhalogenid u. a. m. oder direkte Molmassenbestimmung der Verbindung nach einer der üblichen Methoden (vgl. Praktikumsbücher der physikalischen Chemie).

c) Herstellung von Derivaten mit anschließender Bestimmung des Spaltäquivalents. Diese Methode stellt eine wertvolle Ergänzung des Vergleichs der Schmelztemperatur mit Tabellenwerten dar.

d) Eine Substanz ist auch dann eindeutig charakterisiert, wenn sie das gleiche IR-Spektrum wie eine authentische Probe zeigt („finger-print-Gebiet"), vgl. A.3.5.2.). Zur Unterscheidung von Strukturisomeren eignet sich sowohl die IR- als auch die NMR-Spektroskopie (vgl. A.3.5.2. und A.3.5.3.).

2.1.   Identifizierung von Aminoverbindungen

Primäre und secundäre Amine werden durch Acylierung, tertiäre Amine meist durch Quaternisierung charakterisiert. Fast alle Amine bilden Hydrogenhalogenide, doch ist ihre Darstellung besonders für tertiäre Amine zu empfehlen.

2.1.1.   Primäre und secundäre Amine

2.1.1.1.   Darstellung der Benzamide

Arbeitsvorschrift s. D.7.1.4.1. (Die dort angegebene Vorschrift ist auch für Amine gültig.)

Grenzen: Gleiche Reaktion geben Alkohole, Thiole, Phenole. Erhaltene Derivate auf Stickstoffgehalt prüfen!

2.1.1.2.   Darstellung der Benzen- und Toluensulfonamide und Hinsberg-Trennung

Arbeitsvorschrift s. D.8.5.

Grenzen: Diese Trennungsreaktion ist nur für Amine mit einer Kettenlänge bis zu 6 C-Atomen einwandfrei anwendbar. Die erhaltenen Sulfonamide sind sehr stabile Verbindungen und lassen sich hydrolytisch nur schwer spalten. So müssen Sulfonamide von primären Aminen 24 bis 36 Stunden, Sulfonamide secundärer Amine 10 bis 12 Stunden mit konzentrierter Salzsäure unter Rückfluß erhitzt werden, um die Amine zurückzugewinnen. Eine brauchbare Methode ist die Spaltung mit 48%iger Bromwasserstoffsäure bzw. 30%iger Bromwasserstoffsäure in Eisessig und Phenol.[1])

Die Hydrolyse kann vorteilhaft auch mit $ZnCl_2$/HCl in Eisessig durchgeführt werden.[2])

2.1.1.3. Darstellung der Pikrate, Pikrolonate und Styphnate

0,2 g Amin werden in 5 ml 95%igem Ethanol gelöst und mit einer gesättigten Lösung von Pikrinsäure (Pikrolonsäure, Styphninsäure) in 95%igem Ethanol versetzt und aufgekocht. Die beim langsamen Abkühlen ausfallenden Kristalle werden abgesaugt und aus Ethanol umkristallisiert.

Grenzen: Einige aromatische Kohlenwasserstoffe bilden unter diesen Bedingungen ebenfalls Pikrate, die sich oftmals nicht umkristallisieren lassen (vgl. E.2.6..2.4.). Vorsicht! Pikrate können beim Erhitzen explodieren. Pikrate, Pikrolonate und Styphnate s. BEILSTEIN, Bd. 6 und Bd. 24.

2.1.1.4.   Darstellung der Phenylthioharnstoffe

Arbeitsvorschrift s. D.7.1.6.

Bei wasserlöslichen, niedermolekularen Aminen gelingt die Umsetzung mit Phenylisothiocyanat in gleicher Weise in Wasser (über Nacht stehenlassen).

2.1.1.5.   Äquivalentmassebestimmung

Arbeitsvorschrift s. D.8.1.

Grenzen: Diese Methode erlaubt die Bestimmung von Aminen mit pK_B-Werten bis etwa 14. Amine des pK_B-Bereiches 9 bis 11 (z. B. Pyridin und Anilin) lassen sich auch mit 0,1 N HCl in wäßriger Lösung gegen Methylorange titrieren.

---

[1]) Vgl. SNYDER, H. R., u. a., J. Am. Chem. Soc. **74** (1952), 2006, 4864.
[2]) KLAMANN, D.; HOFBAUER, G.; Liebigs Ann. Chem. **581** (1953), 182–197.

Tabelle E.4

Identifizierung von primären und secundären Aminen

Amin	Kp	F	Benzamid	Benzen-sulfon-amid	p-Toluen-sulfon-amid	Pikrat	Phenylthio-harnstoff
Methyl-	−6		82	30	79	211	113
Dimethyl-	7		43	52	80	161	133
Ethyl-	16		71	58	63	170	101
Isopropyl-	33			26	50	150	102
tert-Butyl-	46		134			198	120
Propyl-	49		82	36	52	138	64
Diethyl-	56		fl.	42	60	74	34
Allyl-	56			39	64	140	99
sec-Butyl-	63		92	70	62	130	101
Isobutyl-	68		57	53	78	151	82
Butyl-	78		41	fl.	48	145	65
Diisopropyl-	84					147	
Pyrrolidin	89				123	112 gelb 164 rot	
Isopentyl-	96				fl.	137	103
Pentyl-	104		fl.	fl.	fl.	138	69
Piperidin	106		48	94	96	152	101
Dipropyl-	109		fl.	51		97	69
Ethylendi-	117		249	168	360	233 di	187 di
Propan-1,2-di-	119		192		103	237 di	
Morpholin	130		75	118	147	146	136
Hexyl-	130		40	17	62	126	110
Cyclohexyl-	134		149	89		154	150
Diisobutyl-	139			56	110	121	113
Dibutyl-	159			fl.	fl.	64	86
Pentan-1,5-di-	180		135	119		237 di	148
Benzyl-	184		105	88	118	194	156
Anilin	184		165	112	103	175 (Zers.)	154
α-Phenyl-ethyl-	187		120				
Diisopentyl-	187					94	72
N-Methyl-anilin	196		63	79	94	145	87
β-Phenyl-ethyl-	198		116	69		169	135
o-Toludin	200		146	123	108	213	138
m-Toluidin	203		125	97	114	200	109
Dipentyl-	203						72
N-Ethyl-anilin	205		60		87	138	89
o-Chlor-anilin	209		99	130	102	134	156
2,5-Dimethyl-anilin	215	16	140	138	233	171	148
2,4-Dimethyl-anilin	217		192	130	181	209	152
o-Anisidin	225	5	66	89	127	200	136
o-Phenetidin	229		104	102	164		145
m-Chlor-anilin	230		120	120	135	177	124
Phenylhydrazin	243	19	168	154	154 (Zers.)		172
m-Phenetidin	248		103		157	158	138
p-Phenetidin	248	2	174	143	106	69	148
m-Anisidin	251				68	169	
m-Brom-anilin	251	18	120			180	143
Dibenzyl-	300		112	68	81		145
Butan-1,3-di-	159	27	177			251 (Zers.) di	
o-Brom-anilin	229	32	116		90	129	146
p-Toluidin	200	45	158	120	119	182	141
α-Naphthyl-	300	49	160	167	157	163[1)	165

Tabelle E.4 (Fortsetzung)

Amin	Kp	F	Benzamid	Benzen-sulfon-amid	p-Toluen-sulfon-amid	Pikrat	Phenylthio-harnstoff
Indol	254	52	68			187	
Diphenyl-	302	54	180	124	142	182	152
2-Amino-pyridin		56	165				
p-Anisidin	240	58	158	95	114	164	146
2,4-Dichlor-anilin	245	63	117	128		106	
m-Phenylendi-	284	63	240 di 125 mono	194	172	184	160 di
p-Brom-anilin		66	204	134	101	180	161
o-Nitranilin		71	94	102	113	73	188
p-Chlor-anilin	232	72	192	122	94[2]		158 (Zers.)
Semicarbazid		96	225				200
2,4-Diamino-toluen	292	99	242	191	192		
o-Phenylendi-	256	102	301 di	185	260 di	208 (Zers.)	290 (Zers.) di
Piperazin	140	104	196	282	173	280	
β-Naphthyl-	306	112	162	102	133	195	129
m-Nitranilin		114	155	136	138	143	156
m-Amino-phenol		122	174		157		156
Benzidin		128	352 di 203 mono	232 di	243 di		304 di
p-Phenylendi-	267	147	300 di 128 mono	247 di	266 di	210 (Zers.)	230 (Zers.) di
p-Nitranilin		147	199	139	191	100	145
o-Amino-phenol		175	182 di	141	146		146
p-Amino-phenol		185 (Zers.)	234 di	125	143		164
p-Amino-benzoesäure		187	278	212			

[1] nach Sublimation bei 185 °C Zersetzung.
[2] dimorph; weitere Kristallform F 119 °C.

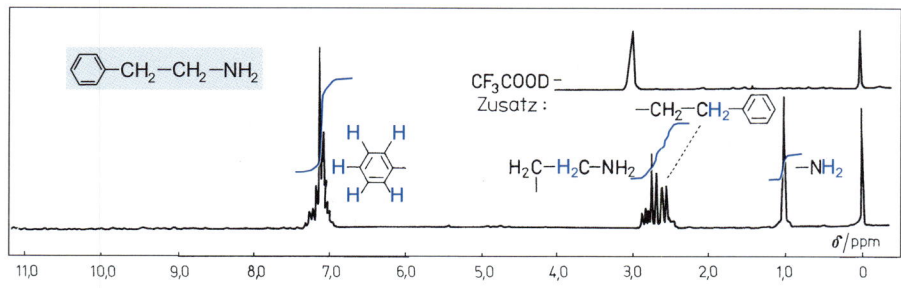

Abb. E.5
^{1}H-NMR-Spektrum von 2-Phenyl-ethylamin in CCl$_4$

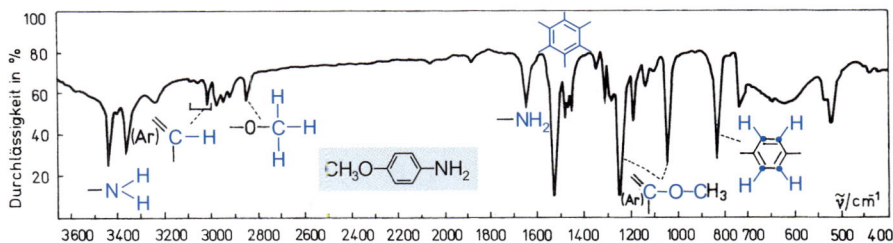

Abb. E.6
IR-Spektrum von *p*-Anisidin, fest in KBr

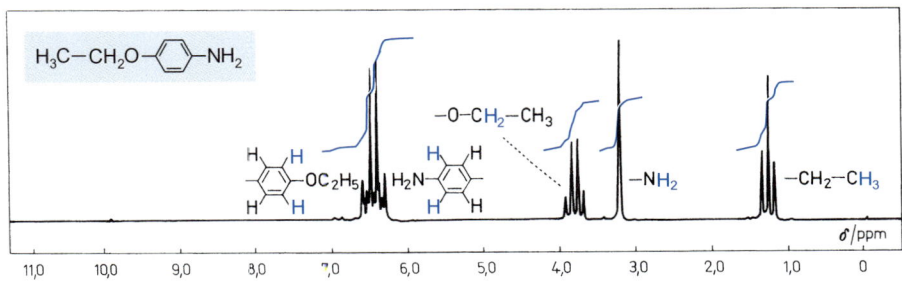

Abb. E.7
¹H-NMR-Spektrum von *p*-Phenetidin in CCl₄

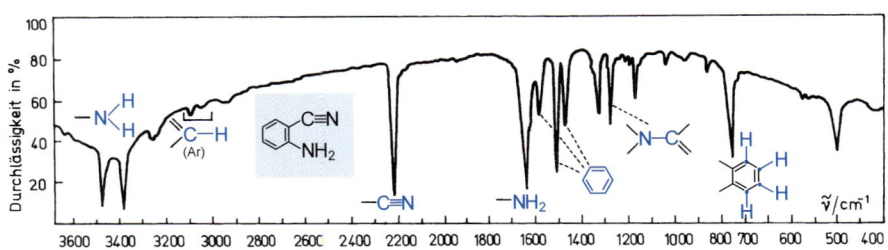

Abb. E.8
IR-Spektrum von *o*-Amino-benzonitril, fest in KBr

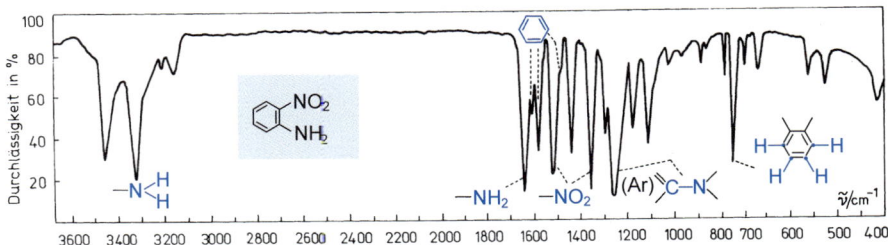

Abb. E.9
IR-Spektrum von *o*-Nitranilin, fest in KBr

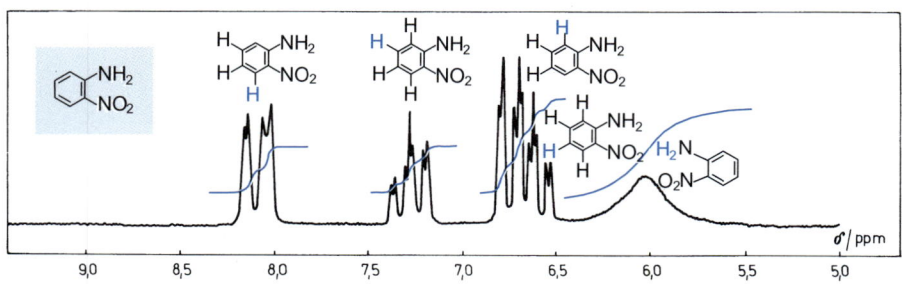

Abb. E.10
^{1}H-NMR-Spektrum von *o*-Nitranilin in perdeuterierten Aceton

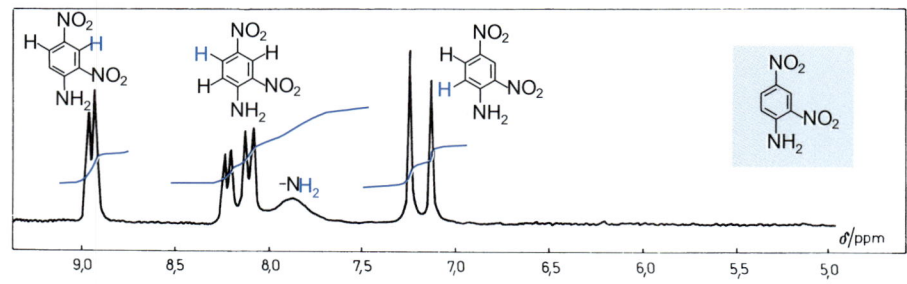

Abb. E.11
^{1}H-NMR-Spektrum von 2,4-Dinitro-anilin in perdeuteriertem Dimethylsulfoxid

2.1.2.   Tertiäre Amine

2.1.2.1.   Darstellung der Pikrate

Darstellung und Grenzen s. E.2.2.1.3.

2.1.2.2.   Darstellung der Methoiodide und Methotosylate

Arbeitsvorschrift s. D.2.6.4.
    Bisweilen empfiehlt es sich, die quartären Salze aus Methylenchlorid/Ether umzukristallisieren.

2.1.2.3.   Äquivalentmassebestimmung

Arbeitsvorschrift s. D.8.1.
    Grenzen: s. E.2.1.1.5.

Tabelle E.12

Identifizierung von tertiären Aminen

Amin	Kp	F	Pikrat	Methoiodid	Metho-tosylat
Trimethyl-	4		223	>355	
Triethyl-	89		173	>230	
Pyridin	116		167	117	139
α-Picolin	129		170	230	150
2,6-Lutidin	144		168	233	
β-Picolin	144		150		
γ-Picolin	145		167		
Collidin	171		155		
N,N-Dimethyl-anilin	194	2	163	231	161
N,N-Dimethyl-p-toluidin	209		130	205	85
N,N-Diethyl-anilin	217		142	102	
Chinolin	237		203	72[1]), 133[2])	126
Isochinolin	243		222	159	163
Chinaldin	247		195	195	134
Pyrimidin	124	21	156		
8-Hydroxy-chinolin	267	76[3])	204	143	
Tribenzyl-	380	95	190	184	
Acridin	345	110	208	224	
Hexamethylentetramin (Urotropin)		280 (Zers.)	179	190	205

[1]) Hydrat
[2]) wasserfrei
[3]) neben 3 anderen Modifikationen

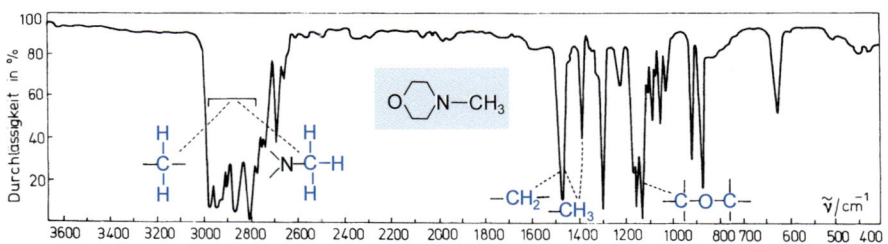

Abb. E.13
IR-Spektrum von *N*-Methyl-morpholin in CCl$_4$

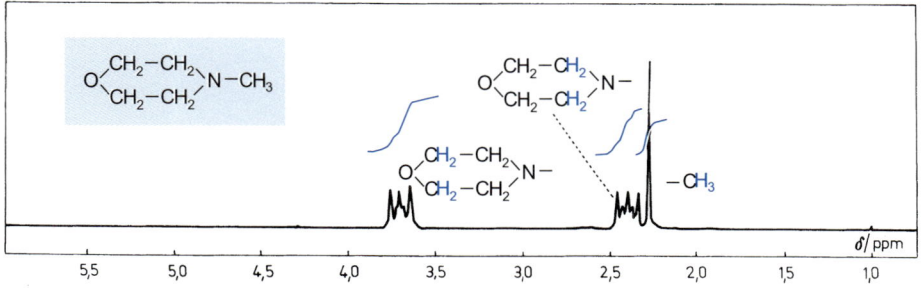

Abb. E.14
^{1}H-NMR-Spektrum von *N*-Methyl-morpholin in CDCl$_3$

2.1.3. Aminosäuren

Die Charakterisierung der Aminosäuren gelingt nach gleichen Methoden, wie bei den Aminen und Carbonsäuren beschrieben, wobei Umsetzungen an der Aminogruppe in der Regel die geeigneteren Derivate liefern. Aminosäuren besitzen keine Schmelz-, sondern nur Zersetzungstemperaturen, die wenig charakteristisch sind.

2.1.3.1. Darstellung der Benzamide

1 g Aminosäure wird in 25 ml Wasser unter Zugabe von 3 g Natriumhydrogencarbonat gelöst und mit 1,5 ml Benzoylchlorid versetzt. Man schüttelt, bis die Umsetzung beendet ist. Dann wird filtriert und angesäuert. Der ausgefallene Niederschlag wird mit wenig kaltem Ether gewaschen, um vorhandene Benzoesäure zu lösen, und der Rückstand aus Wasser oder verd. Alkohol umkristallisiert.

2.1.3.2. Darstellung der Phenylharnstoffe

0,5 g Phenylisocyanat werden zu einer Lösung von 0,2 g Aminosäure in 10 ml 2 N Natronlauge gegeben, 2 bis 3 Minuten geschüttelt und 45 Minuten stehengelassen. Der unlösliche Diphenylharnstoff, der durch die Hydrolyse gebildet wurde, wird abgetrennt und das Filtrat mit verd. Salzsäure angesäuert.

2.1.3.3. Papierchromatographie

Man arbeitet nach der aufsteigenden Methode (vgl. A.2.5.4.1.) und verwendet entweder wassergesättigtes Phenol oder n-Butanol/Eisessig/Wasser (4:1:1) als Lösungsmittel.

Nach der Entwicklung wird das Chromatogramm zunächst 5 Minuten bei 104 bis 110 °C getrocknet, mit N-CN-Indikator[1]) besprüht und danach 1 bis 2 Minuten auf 105 °C erhitzt. Die dadurch sichtbar werdenden Flecken haben eine für die jeweilige Aminosäure charakteristische Farbe.

Tabelle E.15

Identifizierung von Aminosäuren

Aminosäure	Zersetzungs-temperatur	Benz-amid	Phenyl-harn-stoff	R_F-Wert		Farbe mit N-CN-Indikator
				Phe-nol/ H_2O	Eis-essig/ H_2O/ Butanol	
Antranilsäure	145...147	182	181	0,85		
m-Amino-benzoesäure	174	248	270	0,86		
p-Amino-benzoesäure	186	278	300	0,81		
β-Alanin	200	120	168	0,66	0,37	
DL-Prolin	203		170	0,87	0,43	
DL-Glutaminsäure	227	156		0,31	0,30	
L-β-Asparagin	227	189	164	0,40	0,19	golden
DL-Threonin	227	145	178	0,50	0,35	grünlichbraun, wird beim Stehen purpurbraun
DL-Serin	228	171	169	0,36	0,27	gründlichbraun, roter Ring beim Stehen

---

[1]) Vgl. Reagenzienanhang.

Tabelle E.15 (Fortsetzung)

Aminosäure	Zersetzungs-temperatur	Benz-amid	Phenyl-harn-stoff	R_F-Wert		Farbe mit N-CN-Indikator
				Phe-nol/ H_2O	Eis-essig/ H_2O/ Butanol	
Glycin	232	187	197	0,40	0,26	orangebraun mit breitem orange-farbenem Ring
DL-Arginin	238	230[1]		0,87	0,20	
L-Cystin	260	181 di	160		0,1	grau
DL-Phenylalanin	264	188	182	0,85	0,68	gründlichgelb
L-Asparaginsäure	270	185	162	0,19	0,24	
DL-Methionin	281	145		0,82	0,55	gräulichpurpur mit gelbem Ring
DL-Tryptophan	283	193		0,76	0,50	braun mit breitem blauem Ring (Ring verblaßt schnell)
DL-Isoleucin	292	118	120	0,82	0,72	lichtblau
DL-Alanin	295	166	190	0,55	0,38	dunkelpurpur
DL-Norleucin	297			0,88	0,74	
DL-Valin	298	132	164	0,78	0,60	purpur
DL-α-Aminobuttersäure	307	147	170	0,69	0,45	
DL-Tyrosin	340	197	104	0,59	0,45	lichtbraun
DL-Leucin	332	141	165	0,84	0,73	lichtpurpur mit gelbem Ring
DL-Lysin		249 mono	196	0,81	0,14	rotbraun, beim Stehen rosa Ring
L-Cystein				0,57		grau

[1]) di, wasserfrei

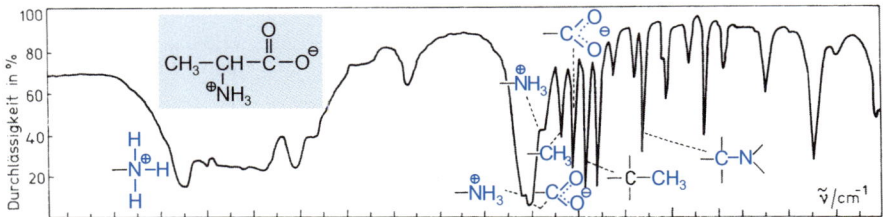

Abb. E.16
IR-Spektrum von Alanin, fest in KBr

2.2. Identifizierung von Carbonylverbindungen

2.2.1. Aldehyde und Ketone

Die gebräuchlichsten Derivate sind Phenyl-, *p*-Nitro-phenyl- und 2,4-Dinitro-phenylhydrazone sowie Semicarbazone und Oxime. Die meisten Aldehyde und einige Ketone geben beim Schütteln mit einer 40%igen Bisulfitlauge kristalline Addukte, die zu ihrer Abtrennung dienen können (vgl. D.5.1.8.3., D.6.2.2., D.9.1.1.3.).

2.2.1.1. Darstellung der Phenylhydrazone

Arbeitsvorschrift s. D.7.1.1.

Zur Darstellung der Phenyl- und *p*-Nitro-phenylhydrazone benutzt man an Stelle von Schwefelsäure eine 50%ige Essigsäure als Lösungsmittel.

2,4-Dinitro-phenylhydrazone sind normalerweise gelb bis orange gefärbte, gut kristallisierende Verbindungen; aus α,β-ungesättigten Carbonylverbindungen entstehen tiefrot gefärbte Produkte.

Grenzen: Phenylhydrazone sind im Gegensatz zu den 2,4-Dinitro-phenylhydrazonen besonders bei niedrigen Aldehyden oder Ketonen oft flüssig und daher zur Charakterisierung weniger geeignet. Acetale wie auch Oxime u.ä. geben unter den angeführten Bedingungen die entsprechenden Hydrazone.

2.2.1.2. Darstellung der Semicarbazone

Arbeitsvorschrift s. D.7.1.1.

Alle Semicarbazone sind fest und werden nahezu schmelztemperaturrein erhalten.

Grenzen: Die Bildungsgeschwindigkeit der Semicarbazone ist bisweilen äußerst gering.

2.2.1.3. Darstellung des Dimedonderivats[1])

Grenzen: Dimedonderivate sind besonders für niedere Aldehyde geeignet. Ketone reagieren oberhalb 100 °C in Eisessig.

2.2.1.4. Äquivalentmassebestimmung durch Oximtitration

Arbeitsvorschrift s. D.7.1.1.

Tabelle E.17

Identifizierung von Aldehyden

Aldehyd	Kp[1])	F	*p*-Nitro-phenyl-hydrazon	2,4-Dinitro-phenyl-hydrazon	Semi-carbazon	Phenyl-hydrazon
Form-	−19	181	166	169[2])	32	
Acet-	20	128	164	176	100 Z[3])	
Propion-	48	124	155	98	fl.	
Glyoxal	50	311 di	327 di	273 di	180 di	
Acrolein	53	151	166	171	51[4])	
Isobutyr-	64	131	187 *E*	125	fl.	
Butyr-	75	91	122 *E*	106[5])	fl.	
Chloral	98	131	131	90		
Valer-	102	74	107	Oxim 52		
Croton-	102	184	195	215 (Zers.)	56	
Hexanal	128		104	98		
Heptanal	152	73	108	73	fl.	
Furfural	162	154	212 Z, 231E	214	96	
Hexahydrobenz-	162		172	173		
Succin-	170	178 di	143 di	188	124 di	
Decanal	170	80	106	101		
Benz-	179	191	238	222	158	
5-Methyl-furfural	187	130	210	210	147	
Phenyl-acet-	194	151	125	158	60	
Salicyl-	195	225	258	234	142	

---

[1]) Horning, E. C.; Horning, M. G., J. Org. Chem. **11** (1946), 95.

Tabelle E.17 (Fortsetzung)

Aldehyd	Kp^1)	F	p-Nitro-phenyl-hydrazon	2,4-Dinitro-phenyl-hydrazon	Semi-carbazon	Phenyl-hydrazon
Thiophen-2-carb-	198		95	242	216 (Zers.)	139
m-Toluyl-	198		157	207	233 (Zers.)	93
3-Hydroxy-butanal	60/1,3 (10)		113	95	194	
o-Toluyl-	200		222	194	217	111
p-Toluyl-	204		200	234	234	121
o-Chlor-benz-	212	12	249	213	225	86
Anis-	247		161	252	216 (Zers.)	120
Zimt-	129/2,7 (20)		195	253 E	215	168
α-Naphth-	292		237	254	228	82
5-Hydroxymethyl-furfural	120/0,07 (0,5)	34	185	184	196	138
o-Methoxy-benz-	246	39	208	253	219	94
o-Nitro-benz-		44	250	250 (Zers.)	256 (Zers.)	152
3,4-Dimethoxy-benz-	280	45		263	183	121
p-Chlor-benz-	215	48	224	270	227	127
Phthal-	84/0,11 (0,8)	56	244 (Zers.)	182	240 di	191 di
m-Nitro-benz-		57	250	293 (Zers.)	246	120
β-Naphth-	150/2,0 (15)	60	230	270	245	215
p-Dimethylamino-benz-		74	186 (Zers.)	325	224 (Zers.)	148
Vanillin	284	82	225	270	229	104
p-Nitro-benz-		107	246	320	220	159
Terephthal-	245	116	281 di (Zers.)		> 410⁶)	154 mono 278 di
Anthracen-9-carb-		105		265	291	207

---

¹) Druck in kPa (Torr)
²) wasserfrei F 112 °C
³) weitere Modifikation F 57 °C E
⁴) Mit Phenylhydrazin in Ether entsteht Phenylpyrazolin
⁵) weitere Modifikationen bekannt
⁶) Oxim 200 °C

Tabelle E.18

Identifizierung von Ketonen

Keton	Kp	F	p-Nitro-phenyl-hydrazon	2,4-Dinitro-phenyl-hydrazon	Phenyl-hydrazon	Semicarbazon
Aceton	56		152	126	26	192
Ethylmethyl-	80		126	117	fl.	143
Methylvinyl-	81					141
Diacetyl	89		330 di 230 mono	346 di	261 di 134 mono	278 (Z.) di 235 mono
Isopropylmethyl-	94		108	123		116
Methylpropyl-	102		117	143		113
Diethyl-	102		139	156	fl.	140
Pinacolon	106			126	fl.	156
Chloraceton	119			125		147
Diisopropyl-	125			88	fl.	160
Butylmethyl-	128		88	108	fl.	125
Mesityloxid	130		133	203	142	164
Cyclopentanon	130		154	146	55	205

Tabelle E.18 (Fortsetzung)

Keton	*Kp*	*F*	*p*-Nitro-phenyl-hydrazon	2,4-Dinitro-phenyl-hydrazon	Phenyl-hydrazon	Semicarbazon
Acetylaceton	139		Dioxim 149	209 mono	170 mono	185 mono 209 di
Dipropyl-	144			75	fl.	135
Cyclohexanon	156		146	162	76	166
2-Methyl-cyclohexanon	164		132	136	45	192
3-Methyl-cyclohexanon	167		119	135	94	183[1]
4-Methyl-cyclohexanon	170		128	134	110	196
Hexan-2,5-dion	191		210 di	257 di	120 di	224 di
p-Methyl-acetophenon	226		192	258	96	209
Butyrophenon	229	13	162	194	200	191
Propiophenon	215	19		192	147	180
Acetophenon	200	20	184	248	105	199
Phenylaceton	213	27	143	156	85	199 (Zers.)
Phoron	198	28		118		186
p-Methoxy-acetophenon	258	38	195	232	142	198
Benzylidenaceton	262	41	166	229	158	186 (*trans*)
Indan-1-on	244 (Zers.)	42	235	265	135	247
Benzophenon	306	48	154	232	137	168
Phenacylbromid		50	Oxim 97[3]	221		146
p-Brom-acetophenon	256	54		232	126	208
Methyl-*β*-naphthylketon	301	54		262 (Zers.)	176	223 (Zers.)
Benzylidenacetophenon	345	58		245	120	170
Phenacylchlorid	244	59	Oxim 89	219		157
Benzylphenylketon	321	60	163	204	116	148
m-Nitro-acetophenon		81	Oxim 132	228	127	257
Fluorenon	341	85	269	300	152	245
Benzil	347	95	192 mono 290 di	189 mono	135 mono 224 di	244 (Zers.) di
p-Brom-phenacylbromid		110	Oxim 115			
Benzoin	343	137		234	158, 108[2]	206 (Zers.)
Xanthon	350	174	Oxim 161		152	
DL-Campher	subl.	178	217	164	233	232 (Zers.)

[1]) höchster angegebener Wert für (±)-3-Methyl-cyclohexanonsemicarbazon: *F* 198 °C
[2]) 2 Modifikationen
[3]) *Z*-Form; *E*-Form: *F* 114 °C

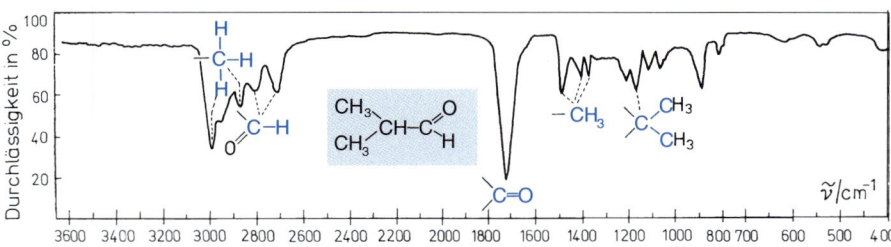

Abb. E.19
IR-Spektrum von Isobutyraldehyd, flüssig in Substanz

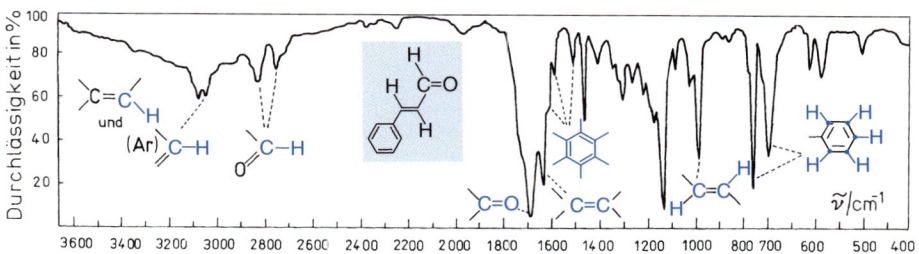

Abb. E.20
IR-Spektrum von Zimtaldehyd, flüssig in Substanz

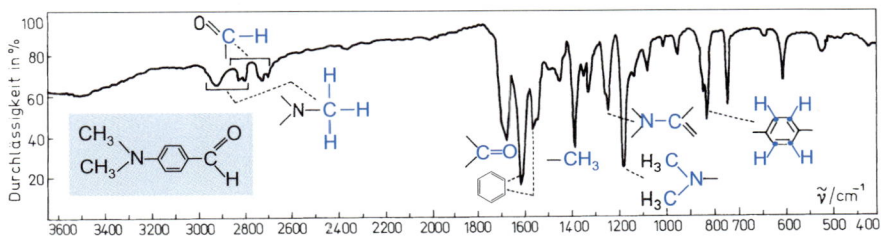

Abb. E.21
IR-Spektrum von p-Dimethylamino-benzaldehyd, fest in KBr

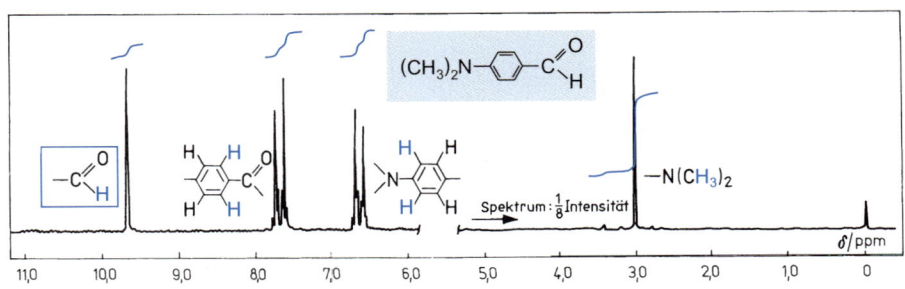

Abb. E.22
^{1}H-NMR-Spektrum von p-Dimethylamino-benzaldehyd in CDCl$_3$

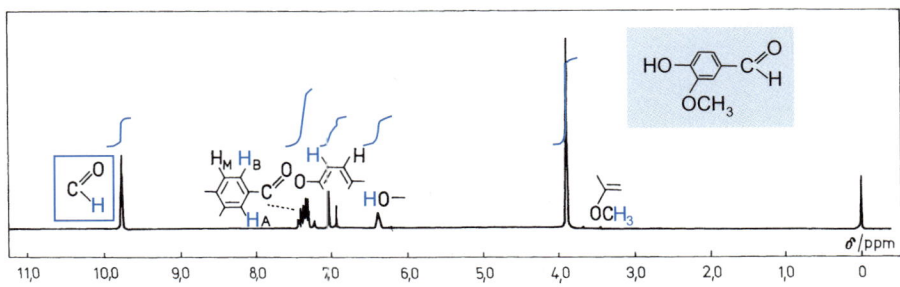

Abb. E.23
^{1}H-NMR-Spektrum von Vanillin in CDCl$_3$

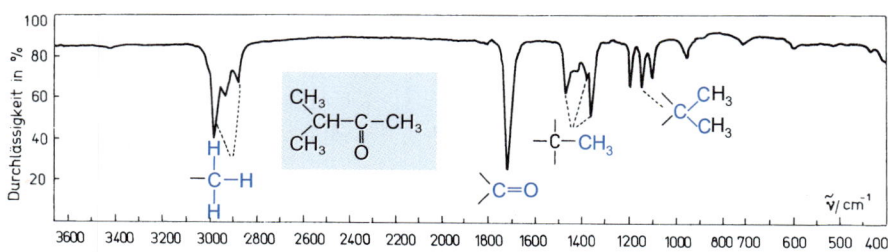

Abb. E.24
IR-Spektrum von Isopropylmethylketon, flüssig in Substanz

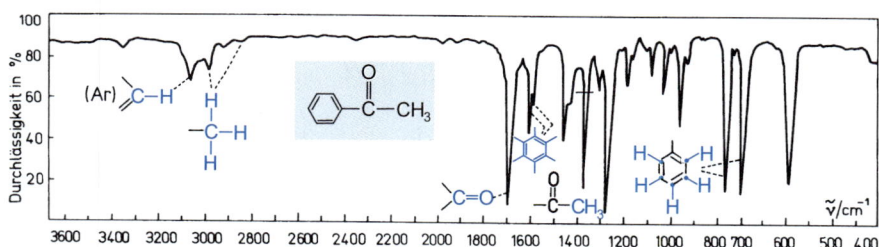

Abb. E.25
IR-Spektrum von Acetophenon, flüssig in Substanz

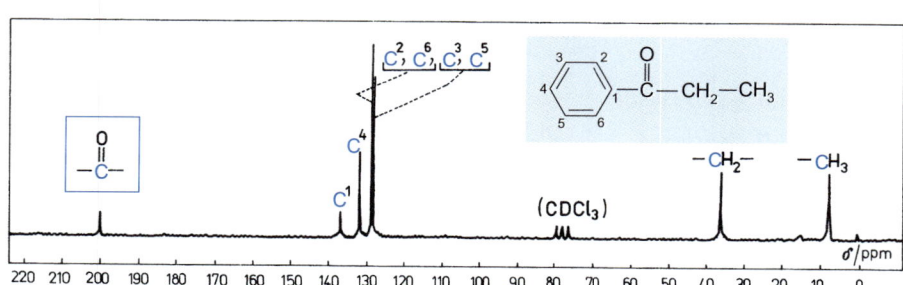

Abb. E.26
^{13}C-NMR-Spektrum von Propiophenon in CDCl$_3$

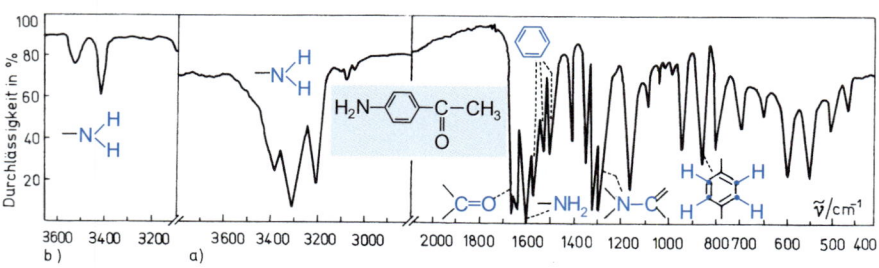

Abb. E.27
IR-Spektrum von *p*-Amino-acetophenon,
a) fest in KBr; b) in CHCl$_4$

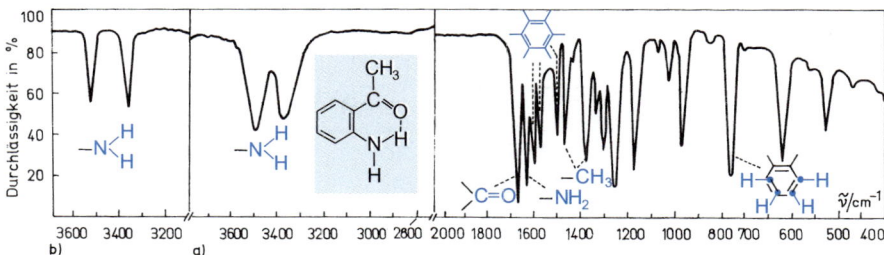

Abb. E.28
IR-Spektrum von *o*-Amino-acetophenon,
a) fest in KBr; b) in CHCl₄

2.2.2.   Chinone

Chinone erkennt man meist bereits an ihrer Farbe und ihrer Empfindlichkeit gegenüber Alkali (Verfärbung). Mit konzentrierter Schwefelsäure bilden sich stark farbige Oniumverbindungen. Chinone geben unter reduzierenden Bedingungen farblose Hydrochinone. Dabei treten oft intermediär grün gefärbte Chinhydrone auf.

Charakterisiert werden die Chinone als Semicarbazone oder Hydrochinondiacetate.

2.2.2.1.   Darstellung der Semicarbazone

0,2 g Chinon und 0,2 g Semicarbazidhydrochlorid werden mit wenig Wasser erwärmt. Der gelbe Niederschlag wird aus Wasser umkristallisiert.

2.2.2.2.   Darstellung der Hydrochinondiacetate

Man suspendiert 0,5 g Chinon in 2,5 ml Acetanhydrid, versetzt mit 0,5 g Zinkstaub und 0,1 g gepulvertem wasserfreiem Natriumacetat, erwärmt vorsichtig bis zum Verschwinden der Chinonfarbe und kocht anschließend noch eine Minute. Nach Zugabe von 2 ml Eisessig wird noch kurze Zeit erhitzt und vom Rückstand heiß dekantiert, den man anschließend mit 3 bis 4 ml heißem Eisessig wäscht. Die vereinigten essigsauren Lösungen werden mit wenig Wasser versetzt und gekühlt. Man kann aus verdünntem Alkohol oder Petrolether umkristallisieren.

Tabelle E.29

Identifizierung von Chinonen

Chinon	F	Semi-carbazon	Hydro-chinon-diacetat
2-Chlor-benzo-1,4-	57	185[1])	70
2-Methyl-benzo-1,4-	69	179[1])	52
Benzo-1,4-	116	243 di	123
Naphtho-1,4-	125	247[2])	128
2,6-Dibrom-benzo-1,4-	131	225[1])	116
Naphtho-1,2-	146	184[2])	105
Chinizarin	201		200[3])
Phenanthren-9,10-	206	220 mono	183
Acenaphthen-	261	193 mono; 271 di	130
3-Brom-phenanthren-9,10-	268	242 mono	

Tabelle E.29 (Fortsetzung)

Chinon	F	Semi-carbazon	Hydro-chinon-diacetat
Anthra-9,10-	286	Oxim: 224	260
Chloranil	290[4])		245
Alizarin	290		182

[1]) 4-Monoderivat
[2]) 1-Monoderivat
[3]) Chinizarindiacetat durch Kochen mit Acetanhydrid und etwas Schwefelsäure
[4]) geschlossenes Rohr; Reduktion: Tetrachlorhydrochinon F 134 °C

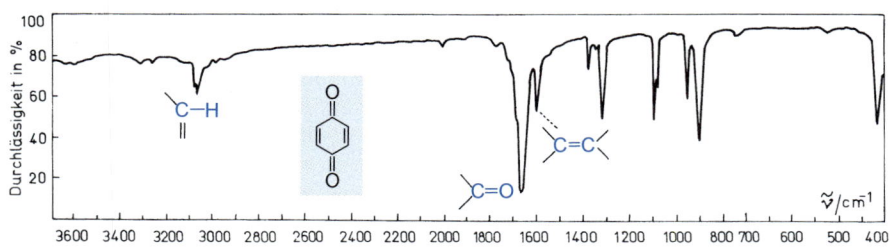

Abb. E.30
IR-Spektrum von *p*-Benzochinon, fest in KBr

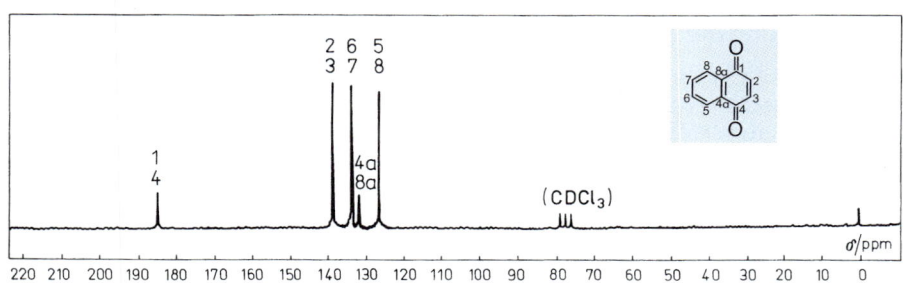

Abb. E.31
^{13}C-NMR-Spektrum von Naphtho-1,4-chinon in CDCl$_3$

2.2.3.   Monosaccharide

Die charakteristischen Derivate einfacher Zucker sind die Osazone.

2.2.3.1.   Darstellung der Osazone

Arbeitsvorschrift s. D.7.1.1.

   Grenzen: Die Schmelztemperaturen der einzelnen Osazone liegen oft zu nahe beieinander und sind daher zur Identifizierung nicht immer geeignet. Eine günstige Methode zur Charakterisierung ist die Papier- oder Dünnschichtchromatographie (vgl. A.2.5.4.1. und A.2.6.3.). Als Laufmittel empfehlen sich ein Gemisch aus Butylalkohol, Eisessig und Wasser (4:1:1) oder mit

Wasser gesättigtes Phenol. (Lösungsmittel in jedem Falle zuvor destillieren, Testsubstanz mitlaufen lassen!) Sichtbar gemacht werden reduzierende Zucker durch Besprühen mit Anilinphthalat[1]) und Erwärmen auf 105 °C (10 Minuten). Nichtreduzierende Zucker werden mit einer Mischung aus gleichen Teilen einer 0,2%igen alkoholischen Naphthoresorcinollösung und einer 2%igen wäßrigen Trichloressigsäurelösung und anschließendem Erwärmen auf 100 °C angefärbt.

Tabelle E.32

Identifizierung von Kohlenhydraten

Kohlenhydrat	Zersetzungs- temperatur	$[\alpha]_D^{20}$	Osazon	R_F-Wert	
				Butanol/ Eisessig/ H$_2$O	Phenol/ H$_2$O
Raffinose	80 (119)	+ 105,2		0,05	0,27
D-Ribose	87 (95)	− 21,5 (− 23,5)	166	0,31	0,59
α-D-Glucose	90 (146)	+ 52,7	205	0,18	0,39
2-Desoxy-D-ribose	90	+ 2,13			0,73
β-Maltose	103 (160...165)	+ 130,4	206	0,11	0,36
D-Fructose	104	− 92,4	205	0,23	0,51
D-Allose	105	+ 32,6			
α-L-Rhamnose	105 (93)	+ 8,2	190	0,37	0,59
α-D-Lyxose	106...107 (101)	− 14,0	163		0,45
DL-Glucose	112		156		
β-L-Rhamnose	122...126	+ 9,1		0,37	
DL-Xylose	129...131		210		
β-D-Mannose	132	+ 14,2			
DL-Mannose	132...133		218		
α-D-Mannose	133	+ 14,2	205	0,20	0,45
L-Xylose	144	− 18,6	160		
α-D-Xylose	145	+ 18,8	164	0,28	0,44
L-Fucose	145	− 75,9	178	0,27	0,63
β-D-Glucose	148...150	+ 52,7	210		
β-D-Arabinose	158			0,31	0,54
β-L-Arabinose	160	+ 104,5	166		
DL-Fucose	161		187		
DL-Sorbose	162..163		170	0,20	
DL-Galactose	163 (144)		206		
DL-Arabinose	164		169		
L-Sorbose	165 (159)	− 43,4	162	0,20	0,42
α-D-Galactose	167	+ 80,2	201	0,16	0,44
Rohrzucker	169...170 (185)	+ 66,5	205	0,14	0,39
L-Ascorbinsäure	190	− 49,0		0,38	0,24
Gentiobiose	190...195 (86)	+ 8,7	162		
Lactose	201 (223)	+ 55,3	200	0,09	0,38
β-Cellobiose	225	+ 34,6	198		

---

[1]) Vgl. Reagenzienanhang.

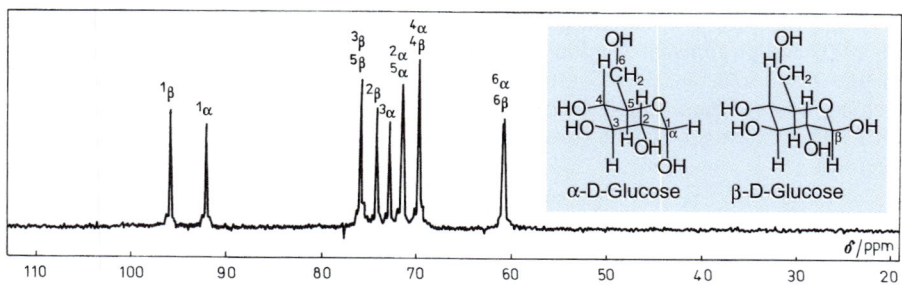

Abb. E.33
^{13}C-NMR-Spektrum von D-Glucose in D_2O

2.2.4.   Acetale

Acetale und Ketale werden identifiziert, indem man sie sauer hydrolysiert und die entsprechenden Carbonylverbindungen und den Alkohol (vgl. E.2.5.) einzeln nachweist.

Niedermolekulare Acetale hydrolysieren schnell (3 bis 5 Minuten unter Rückfluß, 1- bis 2%ige HCl), höhermolekulare Acetale benötigen 30 bis 60 Minuten. Bei wasserunlöslichen Verbindungen kann man unter Zusatz von Dioxan arbeiten.

2.2.5.   Carbonsäuren

2.2.5.1.   Darstellung der *p*-Brom- und *p*-Phenyl-phenacylester

Arbeitsvorschriften s. D.2.6.3.

Grenzen: Während der Herstellung des Esters darf die Reaktionslösung nicht alkalisch reagieren. Größere Mengen an Chloridionen stören, da sich schwerlösliches *p*-Brom-phenacyl-chlorid (*F* 117 °C) ausscheidet. Schwierig ist die Herstellung der entsprechenden Aminosäurederivate sowie einiger Dicarbon- und Hydroxycarbonsäurederivate.

2.2.5.2.   Darstellung der Carbonsäureamide

1 g Carbonsäure wird unter Rückfluß (Calciumchloridrohr!) mit 5 ml Thionylchlorid und 1 Tropfen Dimethylformamid 15 bis 30 Minuten erhitzt. Die erkaltete Reaktionsmischung wird in 15 ml eiskaltes konz. Ammoniak gegossen, der Niederschlag abgesaugt und aus Wasser oder verd. Alkohol umkristallisiert.

Grenzen: Ameisensäure ist auf diese Weise nicht charakterisierbar (warum?); bei niedrig siedenden Säurechloriden (besonders bei Acetyl- und Oxalyldichlorid) ist die sehr hohe Flüchtigkeit zu beachten. Hier ist es besser, die Reaktion durch mehrstündiges Stehen bei Zimmertemperatur durchzuführen. Amide, die leicht wasserlöslich sind, lassen sich schlecht isolieren. In allen diesen Fällen empfiehlt sich die Überführung der Carbonsäure in den Methylester mit Diazomethan (vgl. D.8.4.2.1.) und nachfolgende Aminolyse mit konz. Ammoniak.

2.2.5.3.   Darstellung der Carbonsäure-*N*-benzyl-amide

Arbeitsvorschrift vgl. D.7.1.4.2.; Darstellung der Säurechloride vgl. E.2.2.5.2. und D.7.1.4.4.

An Stelle der Destillation kann man das überschüssige Thionylchlorid auch durch tropfenweise Zugabe von wasserfreier Ameisensäure zerstören und das rohe Säurechlorid weiterverarbeiten.

Grenzen: s. E.2.2.5.2.

Statt der Carbonsäurechloride sind die entsprechenden Anhydride einsetzbar, die auf diese Weise auch identifiziert werden können.

2.2.5.4.   Darstellung der Carbonsäureanilide

Arbeitsvorschrift s. D.7.1.4.2.

2.2.5.5.   Äquivalentmassebestimmung

Eine Probe der gereinigten Säure (etwa 0,2 g) wird exakt eingewogen und in 50 bis 100 ml Wasser oder wäßrigem Ethanol gelöst. Es wird mit 0,1 N NaOH gegen Phenolphthalein titriert.

$$\text{Neutralisationsquivalent} = \frac{\text{Einwaage (in g)} \cdot 1000}{\text{ml NaOH} \cdot \text{Normalität}} \qquad \text{[E.34]}$$

Grenzen: CO_2 stört und muß vor Ende der Titration verkocht werden. Bei leicht decarboxylierbaren Substanzen wird nur bei Zimmertemperatur gearbeitet. Falls die Säure im Wasser schwer löslich ist, versucht man in wäßrigem Alkohol zu arbeiten. Als Indikator ist dann Bromthymolblau günstiger.

Tabelle E.35
Identifizierung von Carbonsäuren

Säure	Kp[1])	F	Amid	Anilid	p-Brom-phenacyl-ester	p-Phenyl-phenacyl-ester	N-Benzyl-amid
Ameisen-	101	8	3	48	140	74	60
Essig-	118	17	82	114	86	111	61
Acryl-	141	13	85	106		165	70
Propion-	141		79	103	63	101	52
Isobutter-	155		129	104	55	90	87
Butter-	163		115	93	63	97	37
Brenztrauben-	165	14	127	104			
Isovalerian-	176		136	111	68	76	53
Valerian-	186		106	63	75	69	42
Dichloressig-	194	13	99	94	72		
Hexan-	205		101	95	72	71	
Milch-	119/1,6(12)	53	79		113	145	
Öl-	223/1,3(10)	14	76	45		183	226
Decan-	269	31	100	69	67	77	
Lävulin-	246	37	108	63	84	94	
Laurin-	298	45	103	77	59	86	89
Bromessig-	208	50	90	162			89[2])
Myristin-	193/1,3(10)	54	105	84	81	90	89
Trichlorssig-	197	57	142	94			93
Chloressig-	187	63	116	134	104	116	94
Palmitin-	222/2,1(16)	63	141	91	81	94	95
Tiglin-	199	65	78	91	68	106	
Stearin-		70	109	95	78	97	98
Croton-	189	71	161	118	95		113

Tabelle E.35 (Fortsetzung)

Säure	Kp[1]	F	Amid	Anilid	p-Brom-phenacyl-ester	p-Phenyl-phenacyl-ester	N-Benzyl-amid
Phenylessig-	227	78	161	118	89		122
Glycol-		79	120	96	138		103
Glutar-		99	94	128 mono 223 di	137	152	170 di
L-Äpfel-		100	149 di	197 di	179 di	204	
Citronen- (+1H$_2$O)		100	138	164	150 tri	146	170
Oxal- (+2H$_2$O)		100	214 mono 350 (Zers.) di	149 mono 252 di	244 (Zers.) di	166 (Zers.)	128 mono 223 di
o-Methoxy-benzoe-	200	101	128	74	113	131	132
Phenoxyessig-	285	101	101	49			85
Pimelin-		106	175 di	155 di	137 di	146 (ers.)	153 di
o-Toluyl-		107	141	128	57	94	91[2]
Azelain-		107	175 di	184 di	131 di	145	44[2]
m-Toluyl-		114	94	126	108	136	75
Mandel-		120	134	150			
Benzoe-		122	127	165	119	105	105
Sebacin-		134	127 mono 210 di	122 mono 201 di	147 di	140	166 di
Zimt-(E)	300	133	149	154	146	183	106[2]
Malon-		134	121 mono 172 di	132 mono 229 di		175	142 di
Malein-		137	178 mono 181 di[4]	201	168 di	128[3]	206
Acetylsalicyl-		143	113[5]	137		105[3]	102
m-Nitro-benzoe-		142	143	155	134	153	100
o-Chlor-benzoe-		142	140	114	106	123, 83[3]	99
o-Nitro-benzoe-		147	176	156	100	140	156
Benzil-		148	155	177	152	122	86
Adipin-		153	226 di	240 di	154	148, 8[3]	189 di
m-Brom-benzoe-		156	155	137	126	155	105[2]
m-Chlor-benzoe-		156	134	125	117	154	107[2]
Salicyl-		159	139	136	140	148	136
α-Naphthoe-		162	202	164	136		
Wein-(meso)		166	189 di	194 mono	204		93[2]
2,4-Dinitro-benzoe-		180	203	196	158		142[2]
p-Toluyl-	275	182	167	145	153	165	133
β-Naphthoe-		183	192	167			
Anis-		184	167	169	152	160	132
Bernstein-		188	157 mono 268 di	228	211 di	208	138 mono 206 di
3-Hydroxy-benzoe-		203	170	157	176	146[3]	142
3,5-Dinitro-benzoe-		206	180	239	159	154	157[2]
Wein-(rac.) (wasserfrei)		218	212 mono 240 di	182 mono 235 di	205		148[2] di
4-Hydroxy-benzoe-		216	161	195	191	240, 178[3]	182[2]
3-Nitro-phthal-		219	174	181 mono 233 di	149		
Phthal-		227	148 mono	170 mono 253 di	153 di	169 di	178
Nicotin-		229	121	132			
Diphen-		232	190 mono	181 mono			185[2] di
p-Nitro-benzoe-		241	201	218	134	182	141
p-Chlor-benzoe-		242	180	194	126	160	129[2]

Tabelle E.35 (Fortsetzung)

Säure	Kp[1])	F	Amid	Anilid	p-Brom-phenacyl-ester	p-Phenyl-phenacyl-ester	N-Benzyl-amid
Gallus-		258	243	207	134	195 (Zers.)	141[2])
Fumar-	300[6])	309	238 mono 303 di			198[3])	314
Terephthal-		300 (Subl.)	332 di	313 mono 336 di	225 di	192[3]) di	265
Isonicotin-		316	154				
Isophthal-		348 (Subl.)	280	280	179 di	191[3]) di	202[2])

[1]) Druck in kPa (Torr)
[2]) p-Nitro-benzylester
[3]) Phenacylester
[4]) bei Darstellung Umlagerung zu Fumarsäurediamid möglich
[5]) unscharf, unter Umlagerung in N-Acetyl-salicylamid
[6]) geschlossenes Rohr

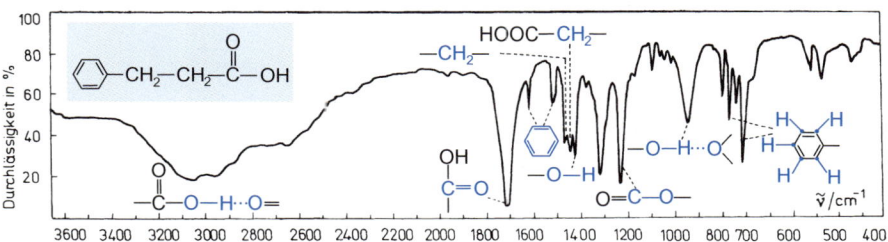

Abb. E.36
IR-Spektrum von 3-Phenyl-propionsäure, fest in KBr

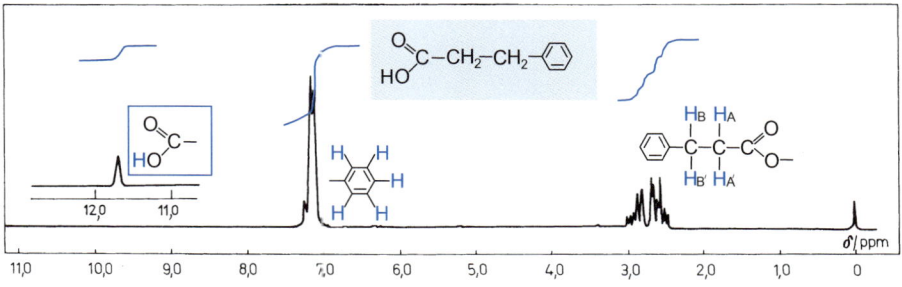

Abb. E.37
^{1}H-NMR-Spektrum von 3-Phenyl-propionsäure in CDCl$_3$
(Spektrum höherer Ordnung im –CH$_2$–CH$_2$-Teil: AA'BB'-Typ)

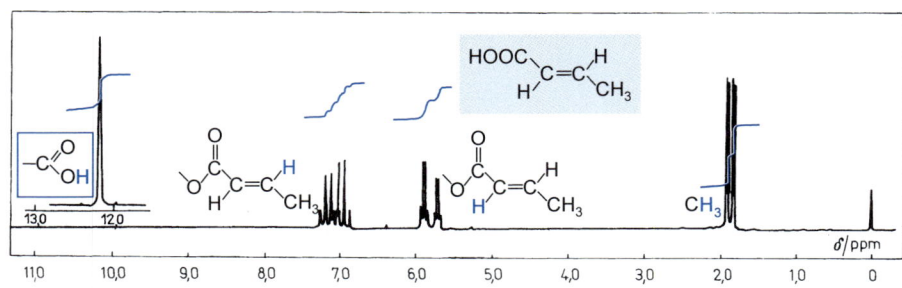

Abb. E.38
^{1}H-NMR-Spektrum von Crotonsäure in CDCl$_3$

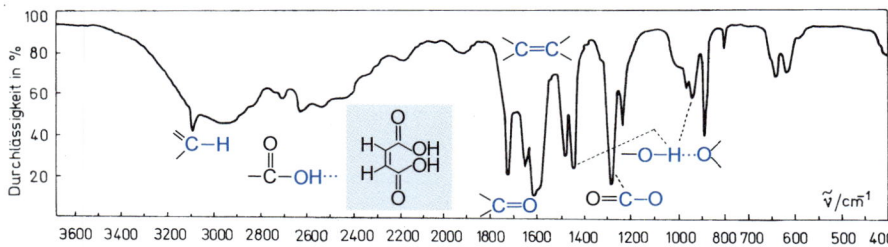

Abb. E.39
IR-Spektrum von Maleinsäure, fest in KBr

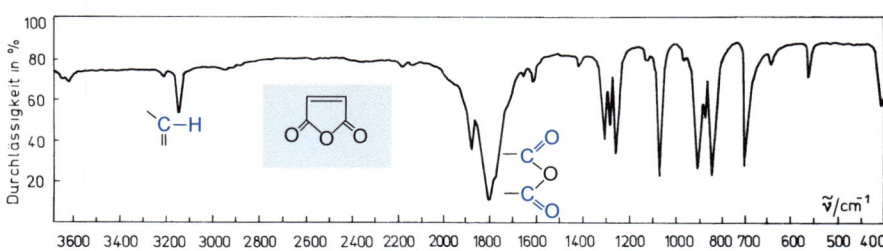

Abb. E.40
IR-Spektrum von Maleinsäureanhydrid, fest in KBr

2.2.6.   Carbonsäureamide und Nitrile

Die Hydrolyse der Nitrile und Amide führt zu den entsprechenden Carbonsäuren oder Carbonsäureamiden. Die Reduktion liefert Amine.

2.2.6.1.   Darstellung der Carbonsäuren

Arbeitsvorschrift (alkalisch) s. D.7.1.5.

Falls die Carbonsäure beim Ansäuern nicht ausfällt, empfiehlt es sich, die alkalische Lösung, wie in D.2.6.3. beschrieben, zum p-Brom-phenacylester aufzuarbeiten.

Grenzen: Amide sind alkalisch meist gut verseifbar, während Nitrile oft nur sehr langsam reagieren. Durch saure Hydrolyse (20%ige Salzsäure; 2 Stunden) ist die Reaktion dann günstiger durchführbar.

2.2.6.2.   Darstellung der Amine (Bouveault-Blanc-Reduktion)

1 g Nitril wird mit 20 ml abs. Alkohol bei 50 bis 60 °C durch portionsweise Zugabe von 1,5 g Natrium reduziert. Nach dem Abkühlen setzt man vorsichtig 10 ml konz. Salzsäure zu und destilliert den Alkohol ab. Der Rückstand wird mit 10 ml 50%iger Natronlauge alkalisch gemacht und das gebildete Amin zusammen mit Wasser überdestilliert. Am besten wird das Amin in wäßriger Lösung mit Benzoylchlorid identifiziert (vgl. E.2.1.1.1.).

Grenzen: Amide werden nicht reduziert. Die entstandenen Amine können auch direkt aus der alkoholischen Lösung in die Phenylthioharnstoffe übergeführt werden (vgl. E.2.1.1.4.).

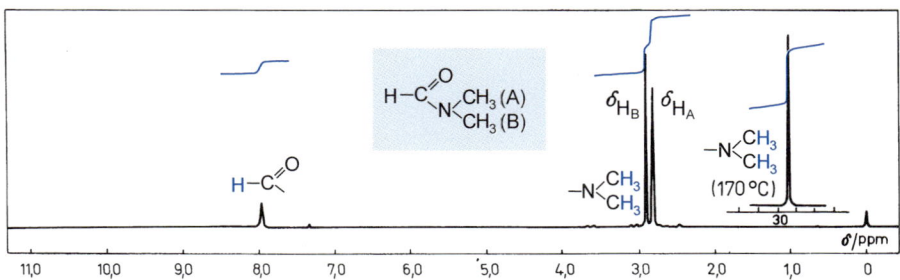

Abb. E.41
^{1}H-NMR-Spektrum von Dimethylformamid

2.2.7.   Carbonsäureester

Man hydrolysiert normalerweise den Ester und weist die beiden Spaltprodukte einzeln nach. In vielen Fällen erhält man durch Aminolyse oder Umesterung entsprechende Derivate.

2.2.7.1.   Darstellung der Carbonsäuren und Alkohole

2 g des Esters werden mit 20 ml 1 N Natronlauge unter Rückfluß gekocht, bis sich alles gelöst hat. Ein Teil dieser Reaktionsmischung wird zur Identifizierung der Carbonsäure benutzt (vgl. E.2.7.2.), vom anderen Teil destilliert man Wasser und Alkohol bis zur Trockne ab, sättigt das Destillat mit Kaliumcarbonat, trennt den abgeschiedenen Alkohol ab, trocknet mit MgSO$_4$ und identifiziert nach E.2.2.5.

Grenzen: Bei Estern von in Wasser unlöslichen Alkoholen wird stets eine ölige Phase bleiben! Bei langkettigen Carbonsäuren enstehen Seifen. Ester, die durch wäßrige Alkalien nicht verseift werden, hydrolysiert man in Gegenwart von etwas Dioxan oder Tetrahydrofuran oder aber mit 10%iger alkoholischer Kalilauge und verzichtet dann auf die Identifizierung des Alkohols.
Verseifungsäquivalent s. D.7.1.4.3.
Grenzen: Ester mehrwertiger Phenole sind schwer bestimmbar, da während der Hydrolyse Oxidation des Phenols eintritt. (Verfärbung und Alkaliverbrauch!) Sterisch stark gehinderte Ester sind alkalisch nicht verseifbar.

2.2.7.2.   Darstellung der 3,5-Dinitro-benzoesäureester

Arbeitsvorschrift s. D.7.1.4.4.
Grenzen: Diese Methode ist für eine große Anzahl einfacher Ester brauchbar. Sie versagt bei Estern, deren Alkohol mit konz. Schwefelsäure reagiert (z. B. tertiäre Alkohole, leicht verharzende olefinische Alkohole). Höhermolekulare Ester reagieren sehr langsam oder gar nicht.

2.2.7.3.   Darstellung der Carbonsäureamide

Arbeitsvorschrift s. D.7.1.4.2.

Grenzen: Diese Reaktion gelingt nur mit Methyl- oder bestenfalls Ethylestern (Ausnahmen sind die sog. aktivierten Ester, s. D.2.2.1.). Ester höherer Alkohole müssen zuvor einer Methanolyse unterworfen werden:

0,6 bis 1 g des Esters werden 30 Minuten mit 10 ml abs. Methanol, in dem zuvor 0,1 g Natrium gelöst wurde, unter Rückfluß erhitzt. Anschließend verdampft man das überschüssige Methanol, der Rückstand wird direkt der Aminolyse unterworfen.

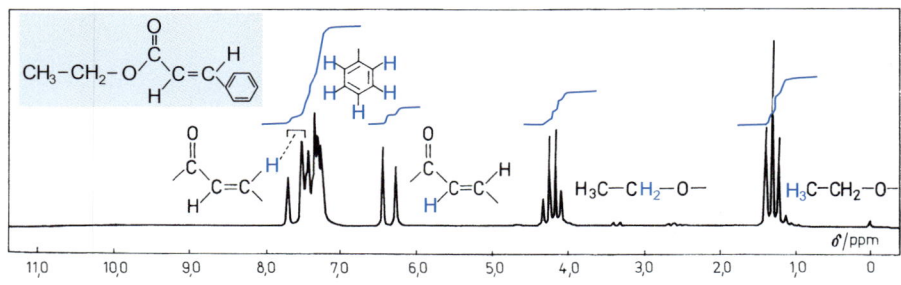

Abb. E.42
^{1}H-NMR-Spektrum von Zimtsäureethylester in CCl$_4$

2.3.   Identifizierung von Ethern

Ether sind im allgemeinen sehr beständige Verbindungen. Die meisten aliphatischen Ether sind unter Oxoniumsalzbildung in konzentrierter Salzsäure löslich. Diese Salze zerfallen beim Verdünnen mit Wasser (Methode zur Abtrennung aus Gemischen). Araliphatische Ether geben die Oxoniumsalze nur mit konzentrierter Schwefelsäure, wobei teilweise Sulfonierung des aromatischen Kerns eintritt.

2.3.1.   Etherspaltung mit Iodwasserstoff- bzw. Bromwasserstoffsäure

Arbeitsvorschrift s. D.2.5.2.

Die destillativ isolierten Alkyliodide bzw. -bromide werden als *S*-Alkyl-thiouroniumpikrate identifiziert (vgl. D.2.6.6.).

2.3.2.   Etherspaltung mit Zinkchlorid/3,5-Dinitro-benzoylchlorid

1 g Substanz, 0,15 g wasserfreies Zinkchlorid und 0,5 g 3,5-Dinitro-benzoylchlorid werden eine Stunde unter Rückfluß gekocht. Nach dem Abkühlen setzt man 10 ml 2 N Sodalösung hinzu und erwärmt auf dem Wasserbad bis 90 °C. Beim Stehen scheidet sich der Dinitrobenzoesäureester aus, der abfiltriert, mit Sodalösung und Wasser gewaschen und anschließend mit 10 ml Tetrachlorkohlenstoff gelöst wird. Entsteht keine klare Lösung, wird heiß filtriert. Sollten in der Kälte keine Kristalle ausfallen, läßt man das Lösungsmittel eindunsten.

Grenzen: Diese Vorschrift ist nur auf symmetrische aliphatische Ether anwendbar (warum?). Störungen sind durch Alkohole, Amine usw. möglich. Diese Stoffe müssen zuvor abgetrennt werden.

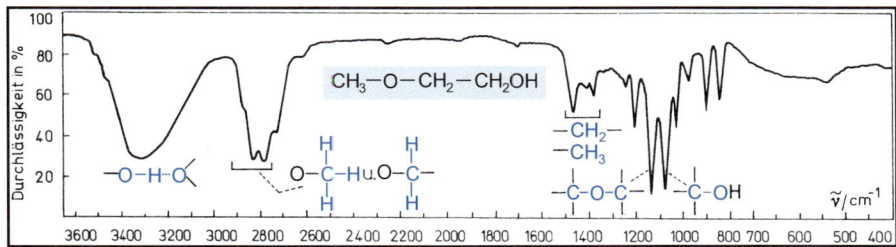

Abb. E.43
IR-Spektrum von Ethylenglycolmonomethylether, flüssig in Substanz

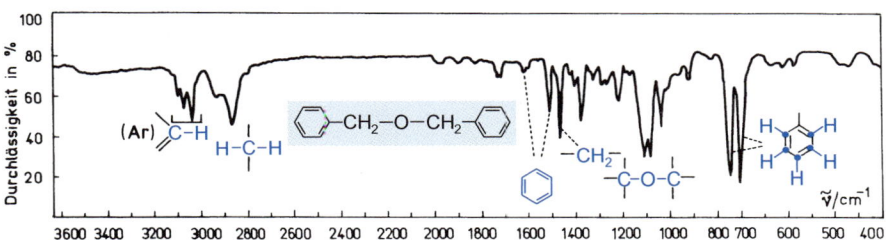

Abb. E.44
IR-Spektrum von Dibenzylether, flüssig in Substanz

2.4. Identifizierung von Halogenverbindungen

Aus E.1.2.10. ist ersichtlich, welche halogenhaltige Substanzklasse vorliegt.

Geminale Di- und Trihalogenide (außer Abkömmlingen des Methans) werden hydrolysiert (vgl. D.2.6.1.) und die Aldehyde bzw. Carbonsäuren wie üblich nachgewiesen. Aromatische Fluoride und Chloride kann man durch Nitrierung bzw. Sulfochlorierung in Derivate überführen (vgl. E.2.6.).

2.4.1. Darstellung der Carbonsäureanilide

0,4 g Magnesiumspäne, die mit Iod aktiviert wurden, werden mit 1,2 g der Halogenverbindung in 5 ml abs. Ether umgesetzt. Nach beendeter Reaktion wird die etherische Lösung dekantiert. Man setzt 3 bis 4 g feste Kohlensäure (→ Carbonsäure) oder 4,5 ml einer 10%igen etherischen Lösung von Phenylisocyanat (→ Anilid) zu. Nach 10 Minuten werden 20 g zerstoßenes Eis und 1 ml konz. Salzsäure zugegeben, gerührt, die abgetrennte etherische Phase getrocknet und der Ether verdampft.

Es reagieren fast alle Alkylhalogenide sowie Arylbromide und -iodide (vgl. D.7.2.2.). Durch Umsetzung der Grignard-Verbindungen mit Dimethylformamid lassen sich Halogenkohlenwasserstoffe auch in Aldehyde überführen, die als 2,4-Dinitro-phenylhydrazone nachgewiesen werden (SHAREFEKIN, J.G.; FORSCHIRM, A., Analyt. Chem. **35** (1963), 1616).

2.4.2. Darstellung der *S*-Alkyl-thiouroniumpikrate

Arbeitsvorschrift und Äquivalentmassebestimmung s. D.2.6.6.
Grenzen: Diese Methode eignet sich nur für aliphatische Halogenkohlenwasserstoffe.

Tabelle E.45

Identifizierung von Alkylhalogeniden

Halogenid	Chlorid Kp[1])	Bromid Kp	Iodid Kp[1])	Thiouro-niumpikrat	Anilid
Methyl-	–24	5	43	224	114
Vinyl-	–14	16	56	104	104
Ethyl-	12	38	72	188	104
Isopropyl-	36	60	89	196	103
Propyl-	46	71	102	177	92
Allyl-	46	71	103	155	114
tert-Butyl-	51	72	98	160	128
sec-Butyl-	67	90	119	166	108
Isobutyl-	68	91	120	167	109
Butyl-	77	100	130	180	63
tert-Pentyl-	86	108	128		92
Isopentyl-	100	118	148	173	108
Pentyl-	107	129	156	154	96
Hexyl-	134	157	180	157	69
Cyclohexyl-	142	165	179	174	146
Heptyl-	159	180	204	142	57
Benzyl-	179	198	F 24	188	117
Octyl-	184	204	225	134	57
β-Phenyl-ethyl-	190	218	116/1,6(12)		97
p-Chlor-benzyl-	214	F 51		194	166
o-Brom-benzyl-	110/2,0(15)	F 31	F 47	222	
m-Brom-benzyl-	F 23	F 41	F 42	205	
p-Brom-benzyl-	F 50	F 62	F 73	219	
p-Nitro-benzyl-	F 71	F 99			

[1]) Druck in kPa (Torr)

Tabelle E.46

Identifizierung von aromatischen Halogenkohlenwasserstoffen

Halogenkohlenwasserstoff	Kp	F	Sulfonamid Position	F	Nitroprodukt Position	F
Fluorbenzen	85		4	125		
Chlorbenzen	132		4	143	2,4	52
Brombenzen	156		4	162	2,4	75
2-Chlor-toluen	159		5	126	3,5	64
3-Chlor-toluen	162		6	185	4,6	91
4-Chlor-toluen	162	7	2	143	2	38
1,3-Dichlor-benzen	173		6	180	4,6	103
1,2-Dichlor-benzen	180		4	135	4,5	110
2-Brom-toluen	181		5	146	3,5	82
3-Brom-toluen	183		6	168	4,6	103
2-Chlor-1,4-dimethyl-benzen	185		5	155	5	77
Iodbenzen	188				4	174
4-Chlor-1,2-dimethyl-benzen	195		5	207	5	63
4-Chlor-1,3-dimethyl-benzen	192		6	195	6	42

Tabelle E.46 (Fortsetzung)

Halogenkohlenwasserstoff	Kp	F	Sulfonamid Position	F	Nitroprodukt Position	F
1,3-Dibrom-benzen	219		6	190	4	61
1,2-Dibrom-benzen	219		4	176	4,5	114
1-Chlor-naphthalen	259		4	186	4,5	180
1-Brom-naphthalen	281		4	193	4	85
4-Brom-toluen	185	28	2	165	2	47
1,4-Dichlor-benzen	174	53	2	180	2	54
2-Brom-naphthalen	281	59	8	208		
2-Chlor-naphthalen	265	61	8	126	1,8	175
1,4-Dichlor-naphthalen	290	68	6	244	8	92
1,4-Dibrom-benzen	219	89	2	195	2,5	84
1,5-Dichlor-naphthalen		107	3	204	8	142

Tabelle E.47

Identifizierung von Polyhalogenkohlenwasserstoffen

Halogenkohlenwasserstoff	Kp	n_D^{20}	D_4^{20}
Methylendichlorid	41	1,4237	1,336
E-1,2-Dichlor-ethylen	48	1,4454	1,257
Z-1,2-Dichlor-ethylen	60	1,4486	1,284
Chloroform	61	1,4462	1,489
2,2-Dichlor-propan	70	1,4093	1,093
Tetrachlorkohlenstoff	77	1,4630	1,595
1,2-Dichlor-ethan	84	1,4443	1,256
Trichlorethylen	87	1,4773	1,464
Methylendibromid	97	1,5419	2,492
Tetrachlorethylen	121	1,5055	1,623
1,2-Dibrom-ethan	132	1,5379	2,179
1,2-Dibrom-propan	142	1,5203	1,933
1,1,2,2-Tetrachlor-ethan	147	1,4944	1,595
Bromoform	151	1,5977	2,887
Pentachlorethan	161	1,5028	1,679
1,3-Dibrom-propan	167	1,5233	1,982
Methylendiiodid	180	1,7405	3,321
Benzylidendichlorid	207	1,5515	1,254
(Trichlormethyl)benzen	221	1,5579	1,374
Styrendibromid	F 74		
Hexachlorethan	F 186		

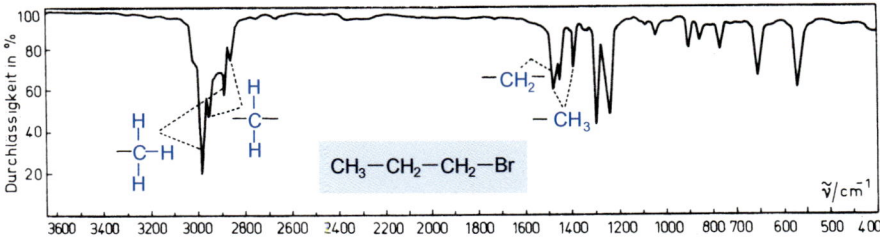

Abb. E.48
IR-Spektrum von Propylbromid in CCl₄

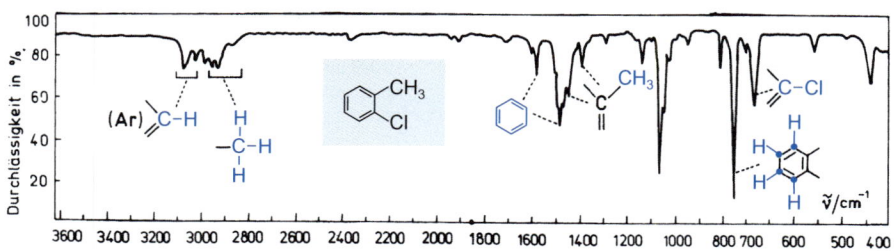

Abb. E.49
IR-Spektrum von *o*-Chlor-toluen, flüssig in Substanz

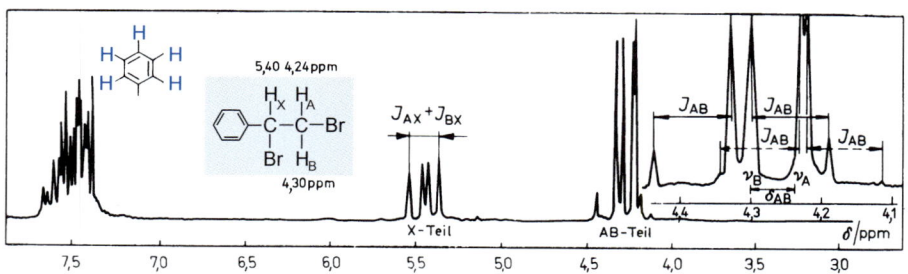

Abb. E.50
^{1}H-NMR-Spektrum von Styrendibromid in perdeuteriertem Aceton
H_A und H_B sind chemisch nicht äquivalent. Es liegt ein Spektrum höherer Ordnung vor, aus dem δ_{AB} (0,06 ppm) sowie J_{AX} (6,09 Hz) und J_{BX} (9,89 Hz) nicht ohne weiteres zu entnehmen sind.

2.5.   Identifizierung von Hydroxyverbindungen

Zur Charakterisierung der Alkohole dienen die Ester der 3,5-Dinitro- und der 4-Nitro-benzoe-säure sowie der 3-Nitro-phthalsäure oder die Phenyl- bzw. Naphthylurethane. Phenole sind ebenfalls durch Umsetzung mit Säurechloriden und Isocyanaten charakterisierbar. Viele Phenole bilden gut kristallisierende Tribromphenole.

2.5.1.   Primäre und secundäre Alkohole

2.5.1.1.   Darstellung der Nitrobenzoesäureester

Arbeitsvorschrift s. D.7.1.4.1.

Grenzen: Phenole, primäre und secundäre Amine und Thiole reagieren ebenfalls. Für wasserlösliche Alkohole, die oftmals Spuren von Wasser enthalten, ist die Darstellung dieser Ester besonders geeignet (vgl. aber Urethane). Bei Glycolen und Polyhydroxyverbindungen sind die Acetate und besonders die Benzoate günstiger (vgl. D.7.1.4.1.). Tertiäre Alkohole sind durch diese Methode nur schwer charakterisierbar.

2.5.1.2. Darstellung der Halbester der 3-Nitro-phthalsäure

Arbeitsvorschrift und Bestimmung der Äquivalentmasse s. D.7.1.4.1.

Grenzen: Tertiäre Alkohole reagieren meist unter Bildung von Olefinen. Wird vorher aus dem *tert*-Alkohol mit Ethylmagnesiumbromid das entsprechende Alkoholat gebildet, so kann daraus mit 3-Nitro-phthalsäureanhydrid der zugehörige Halbester gewonnen werden.[1] Phenole, primäre und secundäre Amine reagieren unter Bildung der entsprechenden Derivate.

2.5.1.3. Darstellung der Urethane

Arbeitsvorschrift s. D.7.1.6.

Grenzen: Analog reagieren Phenole, primäre und secundäre Amine, Thiole. Wasser stört, es bildet sich hierbei der entsprechende disubstituierte Harnstoff, weshalb diese Methode nur zur Identifizierung wasserfreier Verbindungen geeignet ist. Urethane von tertiären Alkoholen bilden sich nur schwer.

2.5.2. Tertiäre Alkohole

Tertiäre Alkohole werden zur Identifizierung in die entsprechenden Halogenkohlenwasserstoffe übergeführt und dann wie diese nachgewiesen.

2.5.2.1. Darstellung der *S*-Alkyl-thiouroniumpikrate

Der tertiäre Alkohol wird mit der 5- bis 6fachen Volumenmenge konz. Salzsäure geschüttelt. Man trennt die organische Phase ab und weist das entstandene Alkylhalogenid als *S*-Alkyl-thiouroniumpikrat nach (vgl. D.2.6.6.).

Grenzen: Secundäre Alkohole sind dieser Reaktion auch zugänglich, wenn man an Stelle von konzentrierter Salzsäure mit Lukas-Reagens arbeitet (vgl. E.1.2.5.4.).

2.5.2.2. Äquivalentmassebestimmung

Arbeitsvorschrift s. D.2.6.6.

Grenzen: Zur Äquivalenztitration müssen die Pikrate gut gereinigt sein, da freie Pikrinsäure die Bestimmung verfälscht. Exaktere Ergebnisse erhält man bei der potentiometrischen Titration (Glaselektrode).

Tabelle E.51

Identifizierung von Alkoholen

Alkohol	F	Kp	*p*-Nitro-benzoat	3,5-Dinitro-benzoat	3-Nitro-hydrogen-phthalat	Phenyl-urethan	α-Naph-thyl-urethan
Methanol		65	96	108	153	47	124
Ethanol		78	57	93	157	52	80
Isopropylalkohol		82	108	122	153	90	105
tert-Butylalkohol	25	82	116	142		136	
Propanol		97	35	40	142	52	80
Allylalkohol		97	30	50	124	70	
Butan-2-ol		99	25	76	131	64	
Isobutylalkohol		108	69	86	179	86	
2-Methyl-butan-2-ol		116	85	118		44	

[1] Vgl. Fessler, W. A.; Shriner, R. L., J. Am. Chem. Soc. **58** (1936), 1384.

Tabelle E.51 (Fortsetzung)

Alkohol	F	Kp	p-Nitro-benzoat	3,5-Dinitro-benzoat	3-Nitro-hydrogen-phthalat	Phenyl-urethan	α-Naph-thyl-urethan
Pentan-3-ol		116	17	101	121	49	72
Butan-1-ol		118	36	63	147	63	72
Pentan-2-ol		120	17	61	103		75
Ethylenglycolmonomethyl-ether		124	61		129		113
1-Chlor-propan-2-ol		127					
2-Chlor-ethanol		129	56			51	101
Isopentylalkohol		132	21	62	166	55	67
Ethylenglycolmonoethyl-ether		135			118[1])		67
Pentan-1-ol		138	11	46	136	46	68
Hexan-2-ol		140		38			61
Cyclopentanol		141	62			132	
2-Brom-ethanol		150		53	172	76	87
2,2,2-Trichlor-ethanol	17	151	71	143		87	120
Hexan-1-ol		158	7	60	124	42	59
Heptan-2-ol		160	fl.			81	54
Cyclohexanol		161	52	113	160	82	129
3-Methyl-cyclohexanol (*trans*)		168	63	111			118
Furfurylalkohol		171		81		46	130
4-Methyl-cyclohexanol (*trans*)		171	65	142	183	124	160
4-Methyl-cylohexanol (*cis*)		171	96	107		104	107
2,3-Dimethyl-butan-2,3-diol (Pinacol)	43[2])	172				215	
3-Methyl-cyclohexanol (*cis*)		173	48	99		88	129
1,3-Dichlor-propan-2-ol		176	58	129		73	
Heptan-1-ol		177	10	47	127	60	59
Octan-2-ol		180	28	32		114	63
2-Ethyl-hexanol		183					59
Propylenglycol		188	127 di			150 di	
Octan-1-ol		195	17	61	128	74	66
Ethylenglycol		198	145 di	169 di		160 di	176 di
Benzylalkohol		205	84		176[3])	77	134
Butan-1,3-diol		208	102			123 di	153 di
Nonan-1-ol		213	19	51	125	60	65
Propan-1,3-diol		214	119	178			
2-Phenyl-ethanol		219	62		123	81	121
Butan-1,4-diol	20	229	175			183	
Decan-1-ol	7	229	30	57	123	61	73
Geraniol		230	35	63		81 di	
Diethylenglycol		245		151 di		117 di	142 di
Glycerol	18	290	188 tri	192 tri		182	192
Laurylalkohol	24	264	29		123	78	80
Zimtalkohol (*trans*)	34	257	78	122		91	114
L-Menthol	43	216	62	153	162	112	126
Neopentylalkohol	55	113				144	100
Stearylalkohol	58		64	74	119	80	
Diphenylmethanol	69	298	132			140	136
Sorbit	92		216[4])				
Benzoin	138		123			163	140
Cholesterol	149		145[5])			168	160
Triphenylmethanol	164	380					

Tabelle E.51 (Fortsetzung)

Alkohol	F	Kp	p-Nitro-benzoat	3,5-Dinitro-benzoat	3-Nitro-hydrogen-phthalat	Phenyl-urethan	α-Naph-thyl-urethan
Mannit	168		150⁴)			303	
D-Borneol	205			154		139	127
Pentaerythrit	260		100⁶)				

¹) wasserfrei; Hydrat F 94 °C
²) wasserfrei; Hydrat F 30 °C
³) 3-Nitro-phthalsäure-1-benzylester neben 3-Nitro-phthalsäure-2-benzylester, F 151 °C
⁴) Hexabenzoat
⁵) Benzoat
⁶) Tetrabenzoat

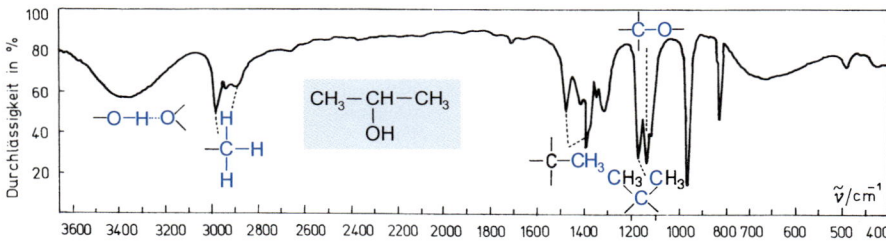

Abb. E.52
IR-Spektrum von Isopropylalkohol, flüssig in Substanz

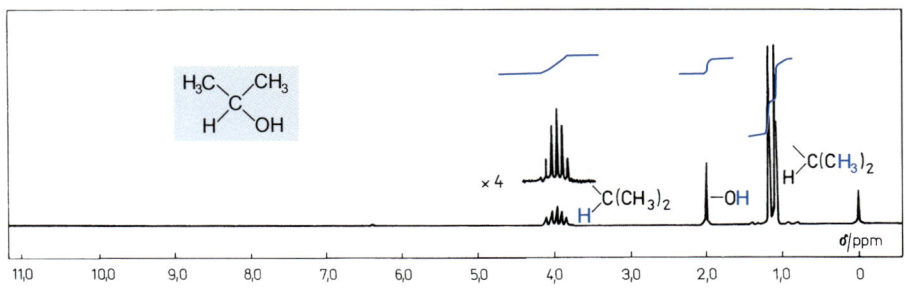

Abb. E.53
¹H-NMR-Spektrum von Isopropylalkohol in CDCl₃

2.5.3. Phenole

2.5.3.1. Darstellung der Benzoate

Arbeitsvorschrift s. D.7.1.4.1.
   Grenzen: Alkohole, Thiole und Amine reagieren ebenfalls.

2.5.3.2. Darstellung der Urethane

Arbeitsvorschrift s. D.7.1.6.
   Grenzen: s. a. E.2.5.1.3. Die α-Naphthylurethane bilden sich meist besser als die Phenylurethane. Die Reaktion wird durch einige Tropfen trockenen Pyridins katalysiert.

2.5.3.3. Darstellung der Bromphenole

Arbeitsvorschrift s. D.5.1.5.

2.5.3.4. Darstellung der Aryloxyessigsäuren

1 g des Phenols wird in 4 ml 10 N Natronlauge gelöst und mit 1,25 g Monochloressigsäure und 1 bis 2 ml Wasser, um eine homogene Lösung herzustellen, versetzt. Nach einstündigem Erhitzen auf dem Wasserbad wird die Lösung abgekühlt, mit 10 bis 15 ml Wasser verdünnt und mit Salzsäure gegen Kongorot angesäuert. Man extrahiert mit 50 ml Ether und schüttelt den Ether mit 10 ml Wasser aus und anschließend nochmals mit 25 ml 5%iger Natriumcarbonatlösung. Die Carbonatlösung wird mit verd. Salzsäure angesäuert (Vorsicht Schäumen!), der entstandene Niederschlag abfiltriert und aus Wasser umkristallisiert.

Grenzen: Elektrophile Substituenten am Kern stören die Reaktion.

Tabelle E.54

Identifizierung von Phenolen

Phenol	F	Kp[1]	Benzoat	Phenyl-urethan	α-Naph-thyl-urethan	Brom-derivat	Aryloxy-essig-säure
Isoeugenol		267	103	118[2] 152[4]	150	94[3]	94
Resorcinolmono-methylether	−17,5	243	133	124	129	104[5]	118
Eugenol	− 9,1	253	69	101	122	118[6]	100
Carvacrol	1	237	83[7]	137	104	46	149
Salicylsäureethylester	1	234	87	98			
o-Brom-phenol	5	194	86		129	95[5]	143
m-Cresol	12	202	56	124	128	84[5]	102
2,4-Dimethyl-phenol	27	211	165[7]	103	135	179[5]	142
o-Cresol	31	192	138[7]	145	142	56[3]	154
m-Brom-phenol	32	236	88				108
p-Cresol	36	200	71	115	146	108[5]	136
2,4-Dibrom-phenol	36	238	98			95[5]	153
Phenol	42	182	71	126	133	95[5]	101
2,4-Dichlor-phenol	43	209	97			68	141
p-Chlor-phenol	43	217	93	148	166	90[3]	156
Salol	42	173/1,6(12)	80	111			
o-Nitro-phenol	45	216	59		113	117[3]	158
2,6-Dimethyl-phenol	49	203	41	133	176	79	
Thymol	51	233	103[7]	107	160	55	149
Hydrochinonmono-methylether	55	244	87			145[5]	111
p-Brom-phenol	64	236	102	144	168	95[3]	154
2,4,6-Trichlor-phenol	67		75				177
2,4,5-Trimethyl-phenol	71	232	63	110		35	132
2,5-Dimethyl-phenol	75	212	61	166	173	79[3]	118
2,3-Dimethyl-phenol	75		58	173			187
Vanillin	80	285	78[5]	116		160	189
α-Naphthol	94	280	257[7]	178	152	105[3]	192
2,4,6-Tribrom-phenol	95		81	168	153		
m-Nitro-phenol	97	194/9,3(70)	95	129	167	91[3]	155
Brenzcatechin	105	245	84[3]	169		192[6]	131
Chlorhydrochinon	106	263	130[3]				
5-Methyl-resorcinol	107	290	88[3]	154[3]	160	104[5]	
Resorcinol	110	276	117[3]	164[3]		117[3]	194

Tabelle E.54 (Fortsetzung)

Phenol	F	Kp[1])	Benzoat	Phenyl-urethan	α-Naph-thyl-urethan	Brom-derivat	Aryloxy-essig-säure
Bromhydrochinon	110					186[3])	
p-Nitro-phenol	114		142	148	151	142	186
2,4-Dinitrophenol	114		132	121		118	148
p-Hydroxy-benzaldehyd	115		72	136		181[3])	198
Pikrinsäure	122		163				
β-Naphthol	123	285	107	158	157	84	155
2,5-Dihydroxy-toluen	125		120[3])				
Pyrogallol	133	293	89[5])	173[5])		158[3])	198
Hydrochinon	169	286	204[3])	224[3])		186[3])	
Phloroglucinol	218		173[5])	190[5])		151[5])	

[1]) Druck in kPa (Torr)
[2]) *cis*-Form
[3]) Di-Derivat
[4]) *trans*-Form
[5]) Tri-Derivat
[6]) Tetra-Derivat
[7]) Dinitrobenzoat

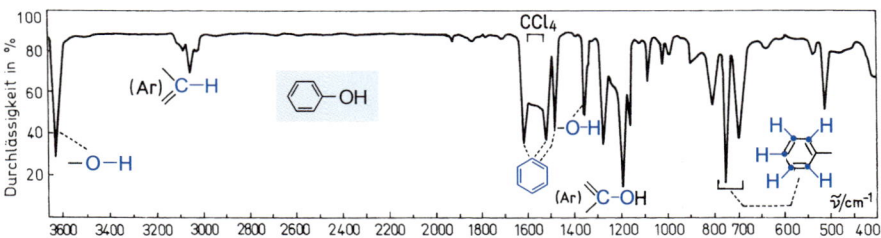

Abb. E.55
IR-Spektrum von Phenol in Lösung (Kombination der Spektren in CS₂ und CCl₄)

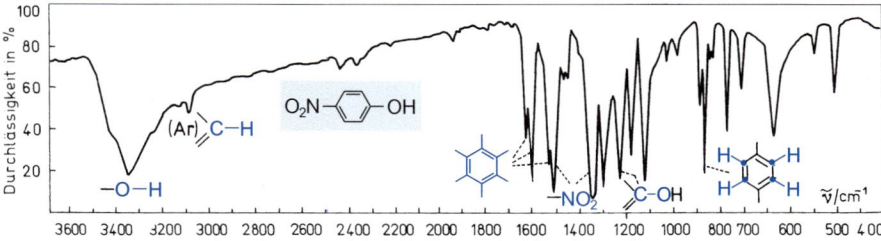

Abb. E.56
IR-Spektrum von *p*-Nitro-phenol, fest in KBr

2.6.   Identifizierung von Kohlenwasserstoffen

2.6.1.   Alkane und Cycloalkane

Gesättigte Kohlenwasserstoffe werden durch ihre chemische Indifferenz bzw. geringe Reaktionsfähigkeit gegenüber den im Labor gebräuchlichen Reagenzien erkannt. In einfachen Fällen kann ihre Identifizierung durch Bestimmung physikalischer Konstanten (Schmelztemperatur, Siedetemperatur, Brechungsindex, Dichte, Molrefraktion) erfolgen.

Tabelle E.57

Identifizierung von Alkanen und Cycloalkanen

Kohlenwasserstoff	Kp	n_D^{20}	D_4^{20}
Isopentan	28	1,3536	0,6196
Pentan	36	1,3574	0,6260
Cyclopentan	50	1,4093	0,7450
2,3-Dimethyl-butan	58	1,3750	0,6615
Hexan	69	1,3750	0,6593
Cyclohexan	80	1,4263	0,7786
Heptan	98	1,3878	0,6837
2,2,4-Trimethyl-pentan	99	1,3914	0,6919
Methylcyclohexan	101	1,4231	0,7694
2,5-Dimethyl-hexan	109	1,3924	0,6942
Octan	125	1,3890	0,7028
Nonan	151	1,4054	0,7176
trans-p-Menthan	170	1,4368	0,7928
cis-p-Menthan	171	1,4431	0,8002
Decan	174	1,4120	0,7300
trans-Decalin	187	1,4695	0,8699
cis-Decalin	195	1,4810	0,8965

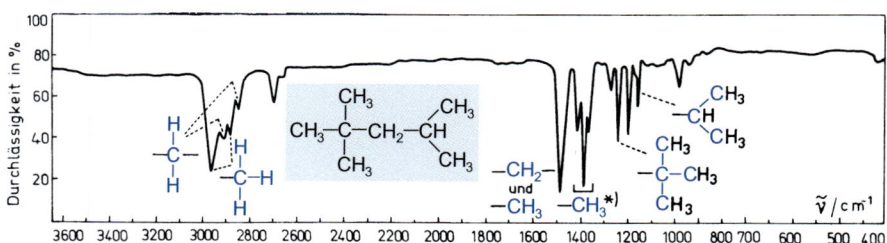

Abb. E.58
IR-Spektrum von 2,2,4-Trimethyl-pentan, flüssig in Substanz
*) typische Aufspaltung bei *tert*-Butyl- und Isopropylgruppen

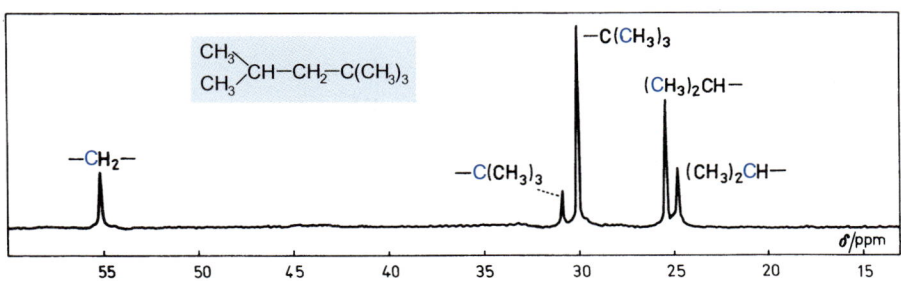

Abb. E.59
^{13}C-NMR-Spektrum von 2,2,4-Trimethyl-pentan in CDCl$_3$

2.6.2.   Aromatische Kohlenwasserstoffe

Aromatische Kohlenwasserstoffe werden durch Substitution am Kern oder durch Oxidation vorhandener Seitenketten identifiziert. Bisweilen ist die Darstellung von Pikraten möglich.

2.6.2.1.   Darstellung der Sulfonamide

Arbeitsvorschrift s. D.5.1.4. und D.8.5. Anmerkungen vgl. auch E.2.9.2.
   Grenzen: Halogentoluene müssen während der Sulfochlorierung 10 Minuten auf 50 °C erhitzt werden. Polyhalogenbenzene benötigen drastischere Bedingungen (100 °C, eine Stunde, kein Lösungsmittel). Die Reaktion ist auch auf Arylether anwendbar.

2.6.2.2.   Darstellung der o-Aroyl-benzoesäuren

Arbeitsvorschrift s. D.5.1.8.1.
   Auch die Arylhalogenide sind auf diese Weise gut charakterisierbar. Falls die Aroylbenzoesäure nicht sofort kristallisiert, läßt man über Nacht stehen.
   Die Äquivalentmassebestimmung der Aroylbenzoesäure erfolgt gemäß E.2.2.5.5.; Umrechnung auf die Molmasse des unbekannten Aromaten:

Molmasse (Aromat) = Äquivalentmasse (Aroylbenzoesäure) – 148,1.   [E.60]

2.6.2.3.   Darstellung der Nitroderivate

Arbeitsvorschrift s. E.1.2.2.1.
   Die erhaltenen Nitroverbindungen werden entsprechend E.2.7. identifiziert.

2.6.2.4.   Darstellung der Pikrinsäureaddukte

Gleiche Mengen Pikrinsäure und Substanz werden bis zum Schmelzen auf dem Wasserbad erhitzt. Nach dem Abkühlen wird das Addukt gepulvert und umkristallisiert. Zersetzt es sich beim Umkristallisieren, wird nur ein- bis zweimal mit Ether gewaschen und getrocknet.

   Analog können Styphnate und Pikrolonate hergestellt werden.

2.6.2.5.   Oxidation mit Permanganat oder Chromsäure

Arbeitsvorschrift s. D.6.2.1.

Grenzen: vgl. auch D.6.2.1. *o*-Dialkyl-benzene sind nur alkalisch oxidierbar, mit Chromsäure in Eisessig tritt Zersetzung ein. Einige mehrkernige Aromaten werden durch die Chromsäure-oxidation in Chinone übergeführt (Anthracen, Phenanthren).

Tabelle E.61

Identifizierung von aromatischen Kohlenwasserstoffen

Kohlenwasserstoff	Kp	F	Sulfon-amid	Aroyl-benzoe-säure	Pikrat	n_D^{20}
Benzen	80	5	148	128[1]	84	1,5011
Toluen	110		137	138[1]	88	1,4969
Ethylbenzen	135		109	122	97	1,4959
p-Xylen	138	13	147	132	90	1,4958
m-Xylen	139		137	126	91	1,4972
o-Xylen	144		144	178	88	1,5054
Cumen	151		107	133		1,4915
Propylbenzen	158		110	126	103	1,4920
Mesitylen	164		141	212	97	1,4994
Pseudocumen	169		181		97	1,5049
p-Cymen	177		115	124		1,4909
Butylbenzen	182			97		1,4898
Duren	193	79	155	264		
Tetralin	207			154		1,5414
Naphthalen	218	80		173	150	
α-Methyl-naphthalen	241			168	141	1,6182
β-Methyl-naphthalen	241	34		190	115	
Biphenyl	255	70		226		
Acenaphthen	278	95		198	162	
Fluoren	294	114		228	84 (79)	
Phenanthren	340	100			143	
Anthracen	351	216			138	

[1]) erst nach Entfernen des Kristallwassers bei 100 °C im Vakuum.

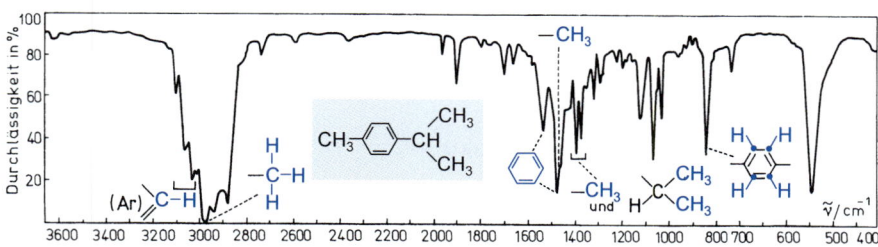

Abb. E.62
IR-Spektrum von *p*-Cymen, flüssig in Substanz

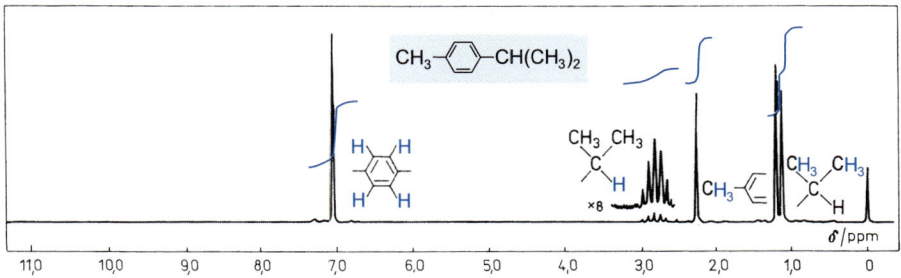

Abb. E.63
^{1}H-NMR-Spektrum von *p*-Cymen in CDCl$_3$

2.6.3. Alkene und Alkine

In vielen Fällen gelingt die Identifizierung über die Bromaddukte (vgl. D.4.1.4.), die Oxidation an der Doppelbindung mit Kaliumpermanganat (vgl. D.6.5.1.), die Ozonierung und Überführung in die Aldehyde (vgl. D.4.1.7.) sowie die Epoxidierung und Umlagerung zu Ketonen bzw. Aldehyden (vgl. D.4.1.6.). Die Ozonierung und die Hydrierung (vgl. D.4.5.) können zur quantitativen Bestimmung der Olefine dienen.

2.6.3.1. Überführung in die Carbonylverbindungen

Allgemeine Arbeitsvorschrift s. D.9.1.1.1. und D.7.1.1.
Die Darstellung der Epoxide kann man auch mit 40%iger Peressigsäure durchführen.[1]
Grenzen: α,β-ungesättigte Carbonsäuren reagieren nicht. Olefine mit mittelständiger Doppelbindung können isomere Ketone ergeben.

2.6.3.2. Hydratation von Acetylenderivaten

Arbeitsvorschrift s. D.4.1.3.
Die entstehenden Ketone werden als 2,4-Dinitro-phenylhydrazone identifiziert.[2]

Tabelle E.64

Identifizierung von Alkenen und Alkinen

Kohlenwasserstoff	Kp	D_4^{20}	n_D^{20}	Dibromderivat	Andere Derivate
Pent-2-en	36	0,651	1,3789		
Pent-1-in	40	0,688	1,4079		
Cyclopentadien	42	0,805	1,4470		
Cyclopenten	46	0,774	1,4223		
Diallyl	59	0,690	1,4010		
Hex-1-in	70	0,712	1,3989		
Cyclohexadien	80	0,840	1,4756		
Cyclohexen	84	0,810	1,4465		Adipinsäure 152
Phenylacetylen	140	0,930	1,5524		
Styren	146	0,925	1,5485	73	
(±)-α-Pinen	156	0,859	1,4656	170	

---

[1] SHAREFKIN, J. G.; SHWERZ, H. E., Analyt. Chem. **33** (1961), 635; vgl. auch D.4.1.6.
[2] Vgl. hierzu: SHAREFKIN, J. G.; BOGHOSIAN, E. M., Analyt. Chem. **33** (1961), 640.

Tabelle E.64 (Fortsetzung)

Kohlenwasserstoff	Kp	D_4^{20}	n_D^{20}	Dibromderivat	Andere Derivate
L-Camphen	160	0,822	1,4621	89	
D- oder L-Limonen	178	0,841	1,4721	104 Tetrabromid	Pikrat 98
DL-Limonen (Dipenten)	178	0,841	1,4728	124 Tetrabromid	Pikrat 94
Inden	180	0,992	1,5710		
Stilben (*E*) *F* 125	306			237	

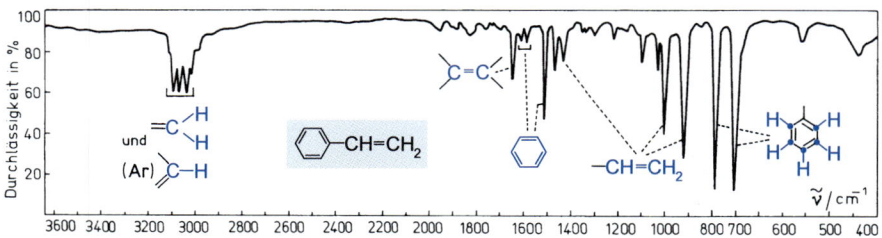

Abb. E.65
IR-Spektrum von Styren, flüssig in Substanz

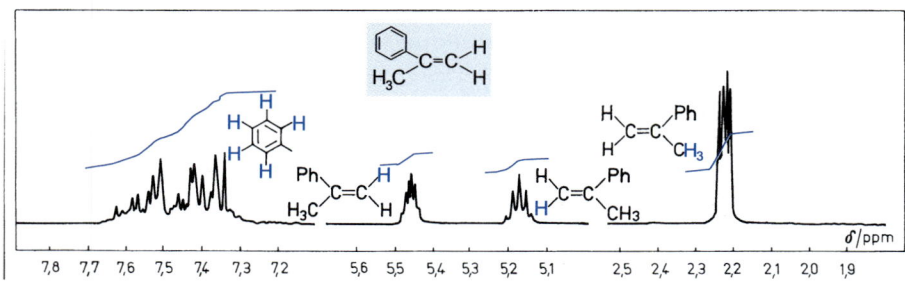

Abb. E.66
^{1}H-NMR-Spektrum von α-Methyl-styren in CDCl$_3$

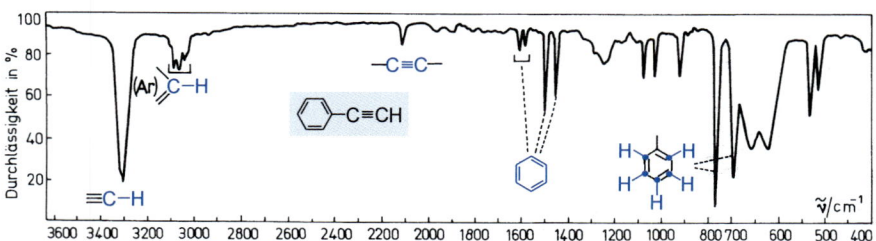

Abb. E.67
IR-Spektrum von Phenylacetylen, flüssig in Substanz

2.7.   Identifizierung von Nitro- und Nitrosoverbindungen

Nitro- und Nitrosoverbindungen werden in saurer Lösung zu den entsprechenden Aminen reduziert und anschließend nach E.2.1. identifiziert.

2.7.1.   Darstellung der Amine mit Zinn/Salzsäure

Arbeitsvorschrift s. D.8.1.
     Grenzen: Nach der Reduktion mit Zinn und Salzsäure fällt beim Alkalisieren oft Zinnsäure aus, die das entstandene Amin adsorptiv bindet. Man versuche dann, das Amin mit Wasserdampf abzutreiben. Auch Azoxy-, Azo- und Hydrazoverbindungen geben die entsprechenden Amine.

2.7.2.   Darstellung der Amine mit Hydrazinhydrat/Raney-Nickel

Arbeitsvorschrift s. D.8.1.

2.8.   Identifizierung von Sulfanylverbindungen

Die Überführung von Thiolen und Thiophenolen in ihre Derivate erfolgt wie bei den Sauerstoffhomologen.

2.8.1.   Darstellung der 3,5-Dinitro-thiobenzoate

Arbeitsvorschrift s. D.7.1.4.1.

2.8.2.   Darstellung der 2,5-Dinitro-phenylsulfide und deren Oxidation zu Sulfonen

Arbeitsvorschrift s. D.5.2.1.
     Oxidation zu Sulfonen:

1 g Sulfid wird in der gerade notwendigen Menge Eisessig gelöst, tropfenweise mit 4 ml 30%igem Wasserstoffperoxid versetzt und anschließend 30 Minuten mit aufgesetztem Rückflußkühler auf dem Wasserbad erhitzt. Nach dem Stehen über Nacht versetzt man mit 20 ml Eiswasser, saugt ab und kristallisiert aus Heptan um.

2.8.3.   Äquivalentmassebestimmung[1])

Etwa 0,2 g des entsprechenden Thiols werden exakt eingewogen, in 50 bis 100 ml 20%igem wäßrigem Ethanol gelöst und mit einer 0,1 N Iodlösung in Kaliumiodid gegen Stärke titriert (Blindprobe!)

---

[1]) Zur komplexometrischen Thiolbestimmung vgl. OELSNER, W., HEUBNER, G., Chem. Tech. **16** (1964), 432.

$$\text{Äquivalentmasse} = \frac{\text{Einwaage in g} \cdot 1000}{\text{ml Iodlösung} \cdot \text{Normalität}} \qquad\qquad [\text{E.68}]$$

Grenzen: Kalium- oder Natriumxanthogenate werden ebenfalls erfaßt.

Tabelle E.69

Identifizierung von Thiolen

Thiol	Kp[1])	F	3,5-Dinitro-benzoat	2,4-Dinitro-phenylsulfid	2,4-Dinitro-phenylsulfon
Methan-	6		62	128	189
Ethan-	36		62	115	160
Propan-2-	56		84	94	140
Propan-1-	67		52	81	128
2-Methyl-propan-1-	88		64	76	105
Butan-1-	97		49	66	92
3-Methyl-butan-1-	117	43	59	95	
Pentan-1-	126		40	80	83
Ethan-1,2-di-	146			248	
Hexan-1-	151			74	97
Cyclohexan-	159			148	172
Thiophenol	169		149	121	161
Propan-1,3-di-	67/2,4(18)			194	
Heptan-1-	176	53	82	101	
Phenylmethan-	194		120	130	182
Octan-1-	199		78	98	
2-Phenyl-ethan-1-	199		89	134	
m-Thiocresol	200			91	145
α-Thionaphthol	209			176	
o-Thiocresol	194	15		101	155
p-Thiocresol	195	43		103	190
p-Chlor-thiophenol		53		123	170
p-Brom-thiophenol		74		142	190
β-Thionaphthol		81		145	

[1]) Druck in kPa (Torr)

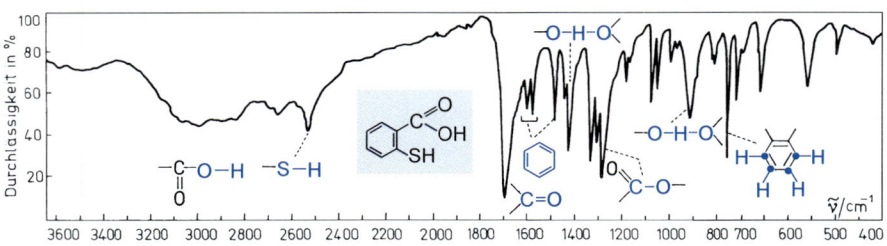

Abb. E.70

IR-Spektrum von *o*-Mercapto-benzoesäure, fest in KBr

2.9.   Identifizierung von Sulfonsäuren

Die Methoden zur Charakterisierung von Sulfonsäuren entsprechen weitgehend denen zur Identifizierung von Carbonsäuren.

2.9.1. Darstellung der *S*-Benzyl-thiouroniumsulfonate

0,2 g Sulfonsäure werden in 2 ml 1 N Natronlauge gelöst. Man setzt 2 Tropfen Methylrot zu und dann tropfenweise 1N Natronlauge bis zum Umschlag des Indikators. Nun wird auf dem siedenden Wasserbad erhitzt und eine heiße Lösung von 0,5 g *S*-Benzyl-thiouroniumchlorid in 5 ml Wasser zugesetzt. Das Gemisch wird mit Eiswasser gekühlt, wobei das gewünschte Salz kristallin ausfällt. Falls nötig, reibt man mit dem Glasstab; Substanzen mit hydrophilen Gruppen werden mit Kochsalz ausgesalzen. Umkristallisiert wird aus Wasser oder verd. Alkohol.

2.9.2.   Darstellung der Sulfonamide[1])

Arbeitsvorschrift zur Darstellung des Sulfochlorids s. D.5.1.4.; Darstellung der Amide s. Arbeitsvorschrift D.8.5.

Zur Darstellung der Anilide muß das Sulfochlorid mit so viel überschüssigem Anilin umgesetzt werden, daß die in Freiheit gesetzte Salzsäure gebunden wird. Das Endprodukt wird mit verdünnter Salzsäure ausgefällt und umkristallisiert.

2.9.3.   Äquivalentmassebestimmung

Die Bestimmung der Äquivalentmasse erfolgt wie bei den Carbonsäuren durch direkte Titration der Säure mit 0,1 N Natronlauge gegen Phenolphthalein.

Grenzen: Man achte bei der Berechnung darauf, daß die meisten Sulfonsäuren Kristallwasser enthalten! Da sie meist hygroskopisch sind, lassen sie sich auch schlecht handhaben.

Tabelle E.71

Identifizierung von Sulfonsäuren

Sulfonsäure	F	Mit x H$_2$O		Amid	Anilid	S-Benzylthio-uroniumsulfonat
		x	F			
p-Toluen-	38	1	106	137	103	182
3-Nitro-benzen-	48			167	126	146
2,5-Dimethyl-benzen-	48	2	86	148		184
Benzen-	51	1	46	153	112	148
o-Toluen-	57	2	(140...150)	156	136	170
3,4-Dimethyl-benzen-	64	2	55	144		208
2,4-Dimethyl-benzen-	68	2	95	138	110	146
4-Chlor-benzen-	68	1	67	144	104	175
Naphthalen-1-		2	90	150	152	137
Naphthalen-2-	91	1	124	217	132	191
4-Brom-benzen-	103			166	119	170
Naphth-6-ol-2-	125			237	161	217
3-Sulfo-benzoesäure	133	2	98	170 di		164
2-Sulfo-benzoesäure	134	3	69		194	206
4-Sulfo-benzoesäure	260	4	94	236 di	252 di	213 di
Sulfanilsäure	290			165	200	185
4-Hydroxy-benzen-				177	141	169

[1]) Spaltung der Sulfonamide s. E.2.1.1.2.

3.   Trennung von Gemischen

Die Trennung von Stoffgemischen ist für den Chemiker eine sich oft wiederholende Aufgabe. Sie ist bisweilen kompliziert und kann im Gegensatz zur konventionellen anorganischen Analyse in der organischen Chemie auf Grund der Verschiedenartigkeit der Reaktionsmöglichkeiten organischer Verbindungen auf vielen Wegen durchgeführt werden. Deshalb ist die Aufstellung eines allgemeingültigen Trennungsverfahren nicht möglich, trotz vielfacher lobenswerter Bemühungen (vgl. auch die Literaturhinweise).

In der Mehrzahl sind Vielstoffgemische leicht durch einfache physikalische Verfahren (fraktionierte Destillation oder Kristallisation (vgl. A.2.3.3. und A.2.2.), Wasserdampfdestillation, Sublimation, Chromatographie usw.) zerlegbar.

In vielen Fällen sind auch chemische Trennverfahren möglich. Beispielsweise lassen sich Phenole und Carbonsäuren mit Natronlauge von anderen Substanzen abtrennen, andererseits sind die schwächer basischen Phenole meist nicht mehr in Soda oder Bicarbonat löslich. Amine sind als etherunlösliche Salze von anderen Stoffen abtrennbar. Die relativ stark basischen aliphatischen Amine kann man aus etherischer Lösung mit CO_2 als Carbamidate ausfällen, was bei aromatischen Aminen nicht gelingt. Auf diese Weise lassen sich sogar zwei *primäre* Amine mit annähernd gleicher Siedetemperatur auf chemischem Wege einfach voneinander trennen.

Eine andere, ebenfalls unkomplizierte Auftrennung gelingt durch die unterschiedliche Löslichkeit der organischen Stoffe in polaren und unpolaren Lösungsmitteln und in Säuren und Basen (vgl. auch E.1.1.5.).

Im allgemeinen können mit diesen Methoden komplexe Gemische schon weitgehend aufgetrennt werden, so daß schließlich im ungünstigen Falle nur 2 bis 3 Stoffe nebeneinander nachgewiesen werden müssen.

Zur Lösung solcher Aufgaben sind dann vornehmlich chromatographischen Verfahren, wie die Dünnschicht- (vgl. A.2.7.2.), Gas- (vgl. A.2.7.4.) und Hochleistungsflüssigchromatographie (vgl. A.2.7.3.) geeignet.

Nach der chromatographischen Trennung werden die Komponenten des Gemisches mit spektroskopischen Methoden charakterisiert und identifiziert.

Direkt im Gemisch sollte man Substanzen nur dann in Derivate überführen, wenn diese leicht isolierbar und eine Trennung des Gemisches sehr schwierig ist.

Natürlich kann für die Trennung über Derivate ebenfalls kein allgemeingültiges Rezept gegeben werden. Die jeweils einzuschlagende Trennmethode muß vom Analysierenden an Hand der Vorproben und der erkannten funktionellen Gruppen selbst gewählt werden.

Im folgenden Abschnitt E.4. sind einige Beispiele angeführt, bei denen oft eine Trennung nur unter Zuhilfenahme chemischer Reaktionen gelingt.

4.   Aufgaben zur Identifizierung und Trennung organisch-chemischer Verbindungen

1.   Was müssen Sie beachten bei der Charakterisierung von:
1.1.   Aminoaldehyden, Aminoketonen
1.2.   Aminosäuren
1.3.   Hydroxycarbonsäuren
1.4.   Dicarbonsäurehalbestern
1.5.   *β*-Oxo-carbonsäureestern?

2.   Beschreiben Sie die Trennung und Identifizierung folgender Substanzgemische:
2.1.   Butylalkohol (*Kp* 116) und Essigsäure (*Kp* 118)
2.2.   Ethanol (*Kp* 78) und Ethylmethylketon (*Kp* 80)
2.3.   Pentylamin (*Kp* 104) und Pyridin (*Kp* 116)
2.4.   Anilin (*Kp* 183) und Benzylamin (*Kp* 184)
2.5.   Ethanol (*Kp* 78), Ethylicdid (*Kp* 72) und Essigsäureethylester (*Kp* 77)
2.6.   Propionaldehyd (*Kp* 50) und Formaldehyddimethylacetal (*Kp* 45)
2.7.   Benzoylchlorid (*Kp* 197) und Benzylidendichlorid (*Kp* 205)
2.8.   Phthalimid, Anthracen und Salicylsäure
2.9.   Hydrochinonmonomethylether und Hydrochinondimethylether
2.10.   Styren (*Kp* 146) und *m*-Xylen (*Kp* 140)
2.11.   Nitromethan (*Kp* 101) und Dipropylether (*Kp* 90)
2.12.   α-Naphthol und Nerolin
2.13.   *tert*-Butylalkohol (*Kp* 83) und Ethanol (*Kp* 78)
2.14.   Phenol, Benzoesäure und Phenetol
2.15.   Benzensulfochlorid und Benzensulfonsäure
2.16.   Butanthiol (*Kp* 98) und Propanol (*Kp* 98)
2.17.   Salicylsäuremethylester (*Kp* 222) und Benzoesäureethylester (*Kp* 213)
2.18.   Benzaldehyd (*Kp* 178), Benzylalkohol (*Kp* 205) und Benzoesäure
2.19.   Dipropylether (*Kp* 98) und Benzen (*Kp* 80)
2.20.   DL-Phenylalanin, DL-Arginin und β-L-Asparaginsäure
2.21.   Glucose, Fructose und Galaktose

5.   Literaturhinweise

VOGEL, A. I.: Practical Organic Chemistry. – Longman Group, London 1966 (mit Schmelztemperaturtabellen).
SHRINER, R. L.; HERMANN, C. K. F.; MORRILL, T. C.; CURTIN, D. Y.; FUSON, R. C.: The Systematic Identification of Organic Compounds. – John Wiley & Sons, New York 1997 (mit Schmelztemperaturtabellen).
WILD, F.; Characterization of Organic Compounds. – University Press, Cambridge 1960 (mit Schmelztemperaturtabellen).
STAUDINGER, H.; KERN, W.; KÄMMERER, H.: Anleitung zur organischen qualitativen Analyse. – Springer–Verlag, Berlin/Heidelberg/New York 1968.
ROTH, H., u. a., in: HOUBEN-WEYL. Bd. 2 (1953).
BAUER, K.H.; MOLL, H.: Die organische Analyse. – Akademische Verlagsgesellschaft Geest & Portig, Leipzig 1967.
FEIGL, F.; Spot Tests in Organic Analysis. – Elsevier, Amsterdam, London, New York, Princeton 1966.
VEIBEL, S.: Analytik organischer Verbindungen. – Akademie-Verlag, Berlin 1960.
KAISER, R.: Quantitative Bestimmung organischer funktioneller Gruppen. Methoden der Analyse in der Chemie. Bd. 4. – Akademische Verlagsgesellschaft, Frankfurt/M. 1966.
UNTERMARK, W.; SCHICKE, W.: Schmelzpunkttabellen organischer Verbindungen. – Akademie-Verlag, Berlin 1963.
FRANKEL, M., u. a.: Tables for Identification of Organic Compounds. – The Chemical Rubber Comp., Cleveland/Ohio 1964.
KEMP, W.: Qualitative Organic Analysis. – McGraw-Hill, London 1979.
FREI, R.; LAWRENCE, J.: Chemical Derivatization in Analytical Chemistry. – Plenum Press, New York 1981 und 1982.
KNAPP, D.: Handbook of Analytical Derivatization Reactions. – John Wiley & Sons, New York 1981.

F Eigenschaften, Reinigung und Darstellung wichtiger Reagenzien, Lösungsmittel und Hilfsstoffe (Reagenzienanhang)

In der Gefahrstoffverordnung ist die Kennzeichnung gefährlicher Stoffe mit Hinweisen auf besondere Gefahren (R-Sätze) und mit Sicherheitsratschlägen (S-Sätze) vorgeschrieben. Diese Kennziffern werden bei jeder Substanz – sofern vorhanden – hier angegeben. Das Fehlen einer solchen Kennzeichnung bedeutet jedoch nicht, daß diese Stoffe ungefährlich sind.

Das Verzeichnis der R- und S-Sätze befindet sich auf dem hinteren inneren Buchdeckel.

Angegeben sind weiterhin die Gefahrklassen für Stoffe entsprechend der Verordnung über brennbare Flüssigkeiten (VbF), vgl. Kopf der Tabelle G.1.

Zur Giftigkeit wichtiger Laborchemikalien vergleiche man auch Kapitel G. Bei einigen Substanzen werden Symptome und Soforthilfe im Falle einer Vergiftung bereits hier erwähnt.

Acetaldehyd (Ethanal) CH_3CHO

Kp 20,8 °C n_D^{20} 1,3316

Darstellung aus Paraldehyd: In einer Destillationsapparatur mit Kolonne wird Paraldehyd mit einem Tropfen konz. Schwefelsäure versetzt und so gelinde erwärmt, daß Acetaldehyd unter 35 °C übergeht. Der Acetaldehyd wird in einer eisgekühlten Vorlage aufgefangen oder direkt in das Reaktionsgemisch destilliert.

Vorsicht! Leichtentzündlich, gesundheitsschädlich. Explosionsgrenzen von Luft-Acetaldehyd-Gemischen: 4 bis 57 Vol.-% Acetaldehyd.

Acetaldehyddämpfe schädigen die Schleimhäute der Atemwege und können Herzklopfen und Magenstörungen hervorrufen. Verdacht auf cancerogene Wirkung.

R-Sätze: 12-36/37-40; *S-Sätze*: 2-16-33-36/37. *VbF*: B

Acetanhydrid (Essigsäureanhydrid) $(CH_3CO)_2O$

Kp 139,6 °C n_D^{20} 1,3904 D_4^{20} 1,082

Acetanhydrid hydrolysiert mit warmem Wasser. Stark exotherme Reaktion (teilweise explosionsartig) mit wässrigen Säuren und Laugen.

Verunreinigung: Essigsäure.

Reinigung: Man kocht mit wasserfreiem Natriumacetat und destilliert anschließend.

Vorsicht! Ätzend. Schon bei kurzer Einwirkung wird die Haut stark angegriffen.

R-Sätze: 10-23; *S-Satz:* 26. *VbF:* AII

Aceton CH_3COCH_3

Kp 56,2 °C n_D^{20} 1,3591 D_4^{20} 0,791

Aceton ist mit Alkohol, Ether und Wasser in jedem Verhältnis mischbar. Mit Wasser bildet es kein Azeotrop.

Reinigung und Trocknung: Käufliches Aceton ist für viele Zwecke rein genug. Man trocknet mit Molekularsieb 3A möglichst nach der dynamischen Methode (vgl. A.1.10.2) oder läßt etwa eine Stunde über Phosphor(V)-oxid stehen, wobei man von Zeit zu Zeit frisches Trockenmittel zusetzt. Für geringe Ansprüche genügt Trocknung über Calciumchlorid. Anschließend wird jeweils destilliert. Es ist zu beachten, daß beim Trocknen mit basischen (in geringem Umfang auch mit sauren) Trockenmitteln Kondensationsprodukte entstehen.

Vorsicht! Leichtentzündlich. Explosionsgrenzen von Luft-Aceton-Gemischen: 1,6 bis 15,3 Vol.-% Aceton.
R-Satz: 11; *S-Sätze:* 9-16-23-33. *VbF:* B

Acetonitril CH₃CN

Kp 81,5 °C n_D^{20} 1,3441 D_4^{20} 0,782
Acetonitril ist mit Wasser, Alkohol und Ether in jedem Verhältnis mischbar. Das Azeotrop mit Wasser siedet bei 76,7 °C und enthält 84,1% Acetonitril.
Technisches Acetonitril enthält meist Acrylnitril, Allylalkohol und Oxazol als Verunreinigungen.
Reinigung und Trocknung: Man erwärmt mit ca. 0,1 g/ l Kaliumpermanganat eine Stunde lang auf 60 °C und destilliert dann über eine wirksame Kolonne. Die ersten 10% werden ohne Rücklauf direkt abgetrieben, dann rektifiziert man. Trocknung mit Molekularsieb 3A.
Vorsicht! Leichtentzündlich, giftig. Eine besondere Gefahr bildet der oft beträchtliche Gehalt an freier Blausäure (s. dort).
R-Sätze: 11-23/24/25; *S-Sätze:* 1/2-16-27-45. *VbF:* B

Acetylen (Ethin) HC≡CH

In 100 g Aceton lösen sich bei 1,3 MPa (13 atm) und 15 °C etwa 30 l Acetylen.
Acetylen ist in Substanz schon unter einem Druck von 0,2 MPa (2 atm) explosiv und wird deshalb in Stahlflaschen in Acetonlösung aufbewahrt. Die Lösung ist von einer porösen Masse (z. B. Kieselgur) aufgesogen. Um das Mitreißen von Aceton zu verhindern, sind Stahlflaschen mit Acetylen stehend zu verwenden. Technisches Acetylen enthält Phosphin (Geruch!).
Reinigung und Trocknung: Zur Abtrennung von Phosphin leitet man das Gas durch einen Trockenturm, der mit einem Kaliumpermanganat-Schwefelsäure-Gemisch getränkte Kieselsäure enthält. Im Gas enthaltenes Aceton läßt sich durch Aktivkohle entfernen. Die Trocknung erfolgt über Phosphor(V)-oxid oder Molekularsieb 3A.
Vorsicht! Leichtentzündlich. Explosionsgrenzen von Luft-Acetylen-Gemischen: 1,5 bis 80 Vol.-% Acetylen. Acetylen darf nicht mit Silber oder Kupfer bzw. ihren Legierungen in Berührung kommen, da sich explosive Acetylide bilden.
Acetylen aus Stahlflaschen ist infolge seines Phosphingehalts giftig.
R-Sätze: 5-6-12; *S-Sätze:* 9-16-33.

Acrylonitril H₂C=CHCN

Kp 77 °C n_D^{20} 1,3910 D_4^{20} 0,806
Acrylonitril ist teilweise wasserlöslich; die Mischungslücke liegt im Konzentrationsbereich von 3 bis 88%. Das Azeotrop mit Wasser siedet bei 70,6 °C und enthält 85,7% Acrylonitril.
Reinigung und Trocknung: Man trocknet über Molekularsieb 4A und destilliert im Vakuum bei möglichst niedriger Temperatur. Im Handel erhältliches Acrylonitril enthält Polymerisationsstabilisatoren, die durch Destillation entfernt werden können.
Vorsicht! Leichtentzündlich, giftig. Verdacht auf cancerogene Wirkung.
Explosionsgrenzen von Luft-Acrylonitril-Gemischen: 3 bis 17 Vol.-% Acrylonitril.
Acrylonitril besitzt 1/30 der Giftigkeit von Blausäure.
R-Sätze: 45-11-23/24/25-38; *R-Sätze:* 53-16-27-44.

Aktivkohle

Verunreinigungen: Zinkchlorid, Schwefelverbindungen.
Reinigung: Man erhitzt die gepulverte Aktivkohle auf dem Wasserbad 2 bis 3 Stunden lang mit der 4fachen Menge 20%iger Salpetersäure, wäscht mit Wasser säurefrei und trocknet bei 100 bis 110 °C.

Alkohole

Trocknung: Vgl. Methanol, Ethanol. Zur Trocknung höherer Alkohole stellt man sich Magnesiummethanolatlösung her, indem man Magnesium mit der 10fachen Menge Methanol (Wassergehalt unter 1%) und etwas Tetrachlorkohlenstoff 2–3 h unter Rückfluß kocht. 50 ml dieser Lösung gibt man zu 1 l des zu trocknenden Alkohols und erhitzt 2–3 h zum Sieden. Dann wird destilliert. So getrockneter Alkohol enthält Methanol. Für Reaktionen, bei denen Methanol stört, müssen die Alkohole nach besonderen Methoden getrocknet werden.

Aluminiumchlorid AlCl₃

Sublimiert ab etwa 180 °C.
Aluminiumchlorid ist sehr feuchtigkeitsempfindlich.

Reinigung: Das Aluminiumchlorid soll ohne Rückstand sublimierbar sein. Schlechte Präparate werden durch Sublimation unter Feuchtigkeitsausschluß gereinigt.
Achtung! Aluminiumchlorid ist ätzend. In trockenem Zustand reagiert es mit Wasser explosionsartig.
R-Satz: 34; *S-Sätze:* 1/2-7/8-28-45.

Aluminiumisopropanolat („Aluminiumisopropylat") [(CH$_3$)$_2$CH–O]$_3$Al [2]

Kp $_{0,9(7)}$ 130–140 °C *F* 118 °C
Darstellung: In einem 1-l-Kolben mit wirksamem Rückflußkühler und Calciumchloridrohr versetzt man 1 mol Aluminiumdraht oder -folie mit 300 ml absolutem Isopropanol[1]) und 0,5 g Quecksilber(II)-chlorid und erhitzt das Gemisch unter Rückfluß. Bei Siedebeginn werden 2 ml Tetrachlorkohlenstoff durch den Kühler zugegeben und das Erhitzen fortgesetzt, bis eine plötzliche Wasserstoffentwicklung einsetzt. Man entfernt die Heizquelle, gelegentlich muß sogar gekühlt werden. Wenn die Hauptreaktion vorüber ist, wird solange weitergekocht, bis sich alles Aluminium aufgelöst hat (etwa 6–12 h). Man entfernt das Lösungsmittel und destilliert den Rückstand im Vakuum unter Verwendung eines Luftkühlers. Gewöhnlich erstarrt das Produkt erst nach 1–2 Tagen. Ausbeute: 90–95%.
Für die MEERWEIN-PONNDORF-VERLEY-Reaktion dient häufig eine 1 M Lösung in abs. Isopropanol, die in einer sorgfältig mit Paraffin abgedichteten Flasche mit Glasstopfen vorrätig gehalten werden kann.
R-Satz: 11; *S-Sätze:* 2-8-16.

Aluminium-*tert*-butanolat („Aluminium-*tert*-butylat") [(CH$_3$)$_3$C–O]$_3$Al [2]

Achtung! Angeätztes Aluminium muß möglichst immer mit Flüssigkeit bedeckt sein, da es an der Luft stürmisch oxidiert wird.
Darstellung: 1 mol Aluminiumdraht, -folie oder -grieß wird in einem Becherglas mit 10%iger Natronlauge angeätzt. Sobald lebhafte Wasserstoffentwicklung einsetzt, gießt man die Lauge ab, wäscht dreimal mit Wasser und bedeckt das Aluminium mit 20%iger Quecksilber(II)-chloridlösung. Nach einer Minute wird abgegossen und der entstandene Schlamm mit Wasser weggespült. Anschließend wäscht man dreimal mit Methanol und zweimal mit abs. Benzen. Man läßt das Benzen gut ablaufen, gibt das Aluminium mit 170 g *tert*-Butylalkohol (über Natrium destilliert) in einen 1-l-Kolben und erhitzt unter Rückfluß (Calciumchloridrohr aufsetzen), bis eine Dunkelfärbung den Beginn der Reaktion anzeigt. Dann läßt man ohne zu heizen stehen. Falls die Reaktion nicht anspringt, fügt man 0,2 g Quecksilber(II)-chlorid oder 2 g Aluminiumisopropylat zu. Nach etwa 15 Stunden ist die Wasserstoffentwicklung beendet. Man versetzt mit 500 ml abs. Benzen, zentrifugiert und dampft im Vakuum ein. Um Lösungsmittelspuren zu entfernen, erhitzt man im Vakuum eine Stunde auf 100 °C. Ausbeute: 85%.
Aluminium-*tert*-butanolat ist unter Feuchtigkeitsausschluß zu verarbeiten und aufzubewahren.

Ammoniak NH$_3$

Kp –33,5 °C
Eine bei 15 °C gesättigte wäßrige Lösung ist 35%ig und enthält im Liter 308 g Ammoniak (*D* = 0,882). Die käufliche konz. Ammoniaklösung ist gewöhnlich 25%ig und enthält im Liter 227 g Ammoniak (*D* = 0,91).
Trocknung: Man trocknet gasförmiges Ammoniak mit Alkalihydroxid oder Natronkalk, bei hohen Ansprüchen zusätzlich mit Calciumspänen oder mit Molekularsieb 3A.
Vorsicht! Giftig. Explosionsgrenzen von Luft-Ammoniak-Gemischen: 15,5 bis 27 Vol.-% Ammoniak.
Gasförmiges Ammoniak reizt die oberen Atemwege und die Augen. In schweren Fällen treten Kreislaufstörungen und Speiseröhrenkrämpfe auf, nachfolgend können sich eine Lungenentzündung oder ein Lungenödem ausbilden. Es ist Atemfilter K (grün) zu verwenden.
Erste Hilfe: Man bringt den Verunglückten an die frische Luft und läßt ihn Kamillentee- oder Essigwasserdämpfe, in bedrohlichen Fällen auch durch 5- bis 7%ige Essigsäure geleiteten Sauerstoff (30 Minuten lang, keine Druckatmung) einatmen. Verätzte Augen sind 15 Minuten lang mit Wasser, dann mit 0,9%iger Kochsalzlösung zu spülen, chemische Gegenmittel vermeide man.
R-Sätze: 10-23-34-50; *S-Sätze:* 7/9-16-26-36/37/39-45-61.

Anilinphthalatlösung

0,93 g Anilin und 1,66 g Phthalsäure werden in 100 ml wassergesättigtem Butylalkohol gelöst.

---

[1]) Käuflichen Isopropanol über 5 Masse-% Natrium destillieren.
[2]) Vgl. auch SCHMIDT, F.; BAYER, E., in HOUBEN-WEYL. Bd. 6/2 (1963) S. 16–21.

Benzaldehyd C₆H₅CHO

Kp 179 °C   *Kp*₁,₆ (12) 65 °C n_D^{20} 1,5448
Benzaldehyd ist mit Wasserdampf flüchtig.
Verunreinigungen: Das käufliche Produkt enthält immer Benzoesäure (Autoxidation, vgl. [1.40]).
Vor jeder Reaktion ist der Aldehyd im Vakuum frisch zu destillieren.
Gesundheitsschädlich.
R-Satz: 22; *S-Satz:* 24. *VbF:* AIII

Benzen C₆H₆

Kp 80 °C   *F* 5,5 °C n_D^{20} 1,5010 D_4^{20} 0,879
Benzen löst bei 20 °C 0,06% Wasser, Wasser bei der gleichen Temperatur 0,07% Benzen. Das azeotrope
Gemisch mit Wasser siedet bei 69,25 °C und enthält 91,17% Benzen. Ternäres azeotropes Gemisch mit
Wasser und Ethanol: s. Ethanol.
Verunreinigungen: Technisches Benzen kann bis zu 0,15% Thiophen enthalten. Prüfung mit Isatin/Schwe-
felsäure (Indopheninreaktion).
Trocknung: Benzen kann durch azeotrope Destillation getrocknet werden; man verwirft dabei etwa die
ersten 10 % des Destillats. Besser wird das Wasser durch Trocknen mit Molekularsieb 4A oder durch Einpressen von Natriumdraht entfernt. Man gibt dabei so oft frisches Natrium zu, bis sich kein Wasserstoff
mehr entwickelt.
Entfernung des Thiophens: Man versetzt 1 l Benzen mit 80 ml konz. Schwefelsäure und rührt das Gemisch
bei Zimmertemperatur 30 Minuten kräftig durch. Die dunkel gefärbte Säureschicht wird abgetrennt und
der Prozeß so oft wiederholt, bis die Säure nur noch schwach gefärbt ist. Das Benzen wird dann sorgfältig
abgetrennt und destilliert.
Vorsicht! Leichtentzündlich, giftig, krebserzeugend.
Explosionsgrenzen von Luft-Benzen-Gemischen: 0,8 bis 8,6 Vol.-% Benzen.
Benzen ist ein starkes Blutgift. Es kann auch durch die Haut aufgenommen werden. Chronische Vergiftungen führen zu Schädigungen der Leber und des Nervensystems.
Alle Arbeiten mit Benzen unter einem gut ziehenden Abzug durchführen!
Erste Hilfe bei Vergiftungen mit aromatischen Kohlenwasserstoffen: Benetzte Kleidung entfernen, benetzte
Haut gründlich mit Wasser und Seife waschen. Falls die Augen betroffen wurden, 10 bis 15 Minuten unter
fließendem Wasser spülen. Wenn das betreffende Lösungsmittel verschluckt wurde, Erbrechen auslösen
oder als Abführmittel 3 ml/kg Körpergewicht Paraffinum liquidum[1]), eventuell auch 1 Eßlöffel Natrium-
sulfat auf 250 ml Wasser geben. Keinesfalls Ricinusöl, Milch oder Alkohol verabfolgen! In schweren Fällen
Sauerstoffbeatmung. Arzt konsultieren.
R-Sätze: 45-11-23/24/25-48; *S-Sätze:* 53-45 *VbF:* AI

Benzin

Kp: ca 80–180 °C
Benzin ist ein Kohlenwasserstoffgemisch (s. auch Ligroin, Petrolether).
Reinigung: s. Hexan.
Achtung! Leichtentzündlich.
Luft-Benzin-Gemische sind explosiv. Benzine brennen nicht ruhig ab, sondern verspritzen.
VbF: AI

Benzoylperoxid C₆H₅CO–O–O–COC₆H₅

F 107 °C
Zur *Reinigung* wird Benzoylperoxid in wenig kaltem Chloroform gelöst und mit Methanol ausgefällt. Das
nasse Handelsprodukt wird im Vakuumexsikkator über Phosphor(V)-oxid getrocknet.
Vorsicht! Explosionsgefahr! Benzoylperoxid darf nicht heiß umkristallisiert werden. *F* nur in Ausnahme-
fällen bestimmen!
R-Sätze: 2-7-36-45; *S-Sätze:* 3/7-14-36/37/39.

Bisulfitlauge

Technische Bisulfitlauge ist eine gesättigte Lösung von Natriumhydrogensulfit und ist zur Darstellung der
meisten Bisulfitadditionsprodukte von Carbonylverbindungen rein genug.

---

[1]) Deutsches Arzneibuch. 9. Ausgabe 1986. – Deutscher Apotheker Verlag Stuttgart; Govi Verlag.

Darstellung von gesättigter Natriumhydrogensulfitlösung: 1 mol Ätznatron wird in 150 ml Wasser gelöst und unter Kühlung Schwefeldioxid bis zur Entfärbung von Phenolphthalein oder bis zur berechneten Massezunahme eingeleitet.

Blausäure (Cyanwasserstoff) HCN

Kp 25 °C

Cyanwasserstoff mischt sich in jedem Verhältnis mit Wasser, Alkohol und Ether. Wasserfreie Blausäure hat bei 0 °C einen Dampfdruck von 35,1 kPa (264 Torr).

Blausäure entsteht häufig beim Arbeiten mit Cyaniden.

Vorsicht! Leichtentzündlich, giftig. Die tödliche Dosis beträgt 50 mg. Blausäure hemmt die intracelluläre Atmung, da sie das Eisen der Atmungsfermente durch Komplexbildung unwirksam macht. Bei der Einatmung größerer Mengen tritt schon nach wenigen Sekunden plötzlich der Tod ein.

Es ist Atemfilter B (grau) zu verwenden.

Wurde die Verbindung in kleineren Mengen aufgenommen, treten neben Reizerscheinungen (insbesondere Rachenreizung) vor allem Wärme- und Schwindelgefühl, Ohrensausen, Sehstörungen, Speichelfluß, Erbrechen und Herzbeschwerden auf. Der Betroffene erholt sich nur schleppend und zeigt möglicherweise Spätschäden. Blausäure kann auch durch die Haut aufgenommen werden.

Erste Hilfe: Alle Maßnahmen sind äußerst rasch durchzuführen! Der Retter muß an Selbstschutz denken, gewöhnliche Gasmaskenfilter sind unwirksam. Der Vergiftete wird an die frische Luft gebracht. Ist er bei Bewußtsein, läßt man Isopentylnitrit einatmen (jeweils 3 bis 6 Tropfen für 10 Sekunden in Abständen von 2 Minuten, ohne ärztliche Anweisung jedoch nicht öfters als 5- bis 6mal, da die Gefahr eines zu starken Blutdruckabfalls besteht). Der Betroffene ist in Horizontallagerung zu belassen.

Auf die Haut gelangte Blausäurespritzer sind mit Seife und Wasser gründlich abzuwaschen. Wurden Blausäure oder Cyanide verschluckt, gibt man sofort als Brechmittel Kochsalzlösung (1 Eßlöffel auf ein Glas Wasser) oder eine Aufschwemmung von 10 g Magnesiumoxid und 2 g Eisen(II)-sulfat in 100 ml Wasser zu trinken und läßt erbrechen. Ohnmächtigen nichts einflößen! In dem Fall ist sofort der Arzt zu benachrichtigen.

Abfallvernichtung: Man versetzt die schwach akalische Lösung mit 20%iger Eisen(II)-sulfatlösung und läßt längere Zeit stehen, oder oxydiert bei pH 10–11 mit Wasserstoffperoxid zum Isocyanat.

R-Sätze: 12-16 *S-Sätze:* 7/9-16-36/37-38-45.

Blei(IV)-acetat (CH₃COO)₄Pb

Darstellung: In einem 2-l-Dreihalskolben mit Rührer und Innenthermometer erwärmt man ein Gemisch von 850 ml Eisessig und 170 ml Acetanhydrid auf 40 °C und trägt unter kräftigem Rühren 0,5 mol (343 g) Mennige so ein, daß die Temperatur nicht über 65 °C ansteigt. Die Temperatur wird danach auf 60 bis 65 °C gehalten, bis eine klare Lösung entstanden ist. Beim Abkühlen kristallisiert das Blei(IV)-acetat aus. Es wird abgesaugt, aus Eisessig umkristallisiert und im Vakuumexsikkator getrocknet. Ausbeute etwa 160 g.

Blei(IV)-acetat hydrolysiert leicht zu Bleidioxid und Essigsäure, deshalb muß bei der Kristallisation und beim Absaugen die Luftfeuchtigkeit ferngehalten werden.

Giftig.

R-Sätze: 61-62-20/22-33; *S-Sätze:* 53-45.

Brom Br₂

Kp 58 °C   *F* –7,3 °C D_4^{20} 3,14

Zur *Trocknung* wird mit konz. Schwefelsäure geschüttelt.

Vorsicht! Brom ist ein sehr starkes Ätz- und Atemgift. Flüssiges Brom bildet auf der Haut bereits nach kurzer Einwirkungsdauer Quaddeln und Blasen, bei längerer Einwirkung schmerzhafte, schwer heilende Geschwüre.

Erste Hilfe: Die Haut wird mit Alkohol, dann mit Wasser und schließlich mit verd. wäßriger Sodalösung gewaschen. Verätzungen der Atmungsorgane werden ähnlich wie bei Chlor behandelt.

R-Sätze: 26-35; *S-Sätze:* 7/9-26-45.

N-Brom-succinimid (NBS)

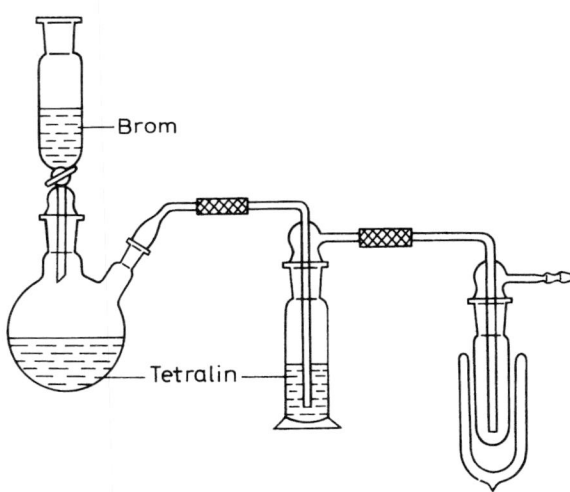

F 173 °C

Darstellung[1]): 1,62 mol (160 g) Succinimid werden in einer Mischung von 1,60 mol (64 g) Natriumhydroxid, 300 g zerstoßendem Eis und 400 ml Wasser gelöst. 85 ml Brom werden unter kräftigem Rühren unter Außenkühlung auf einmal der Reaktionsmischung zugesetzt. Das Rühren wird 1 bis 2 Minuten fortgesetzt, hierauf filtriert man den entstandenen Niederschlag ab. Der Filterrückstand wird mit eiskaltem Wasser bromidfrei gewaschen. Man trocknet 8 Stunden über Phosphor(V)-oxid entweder im Exsikkator bei 0,05 kPa (0,5 Torr) oder in der Trockenpistole bei 40 °C und 1,3 bis 2,7 kPa (10 bis 20 Torr). Die Ausbeute beträgt 75 bis 81 %. Das Produkt ist etwa 97%ig.
R-Sätze: 22-36/37/38; *S-Sätze:*22-36

Bromwasserstoff HBr

Das Azeotrop mit Wasser siedet bei 126 °C, enthält 47,5% Bromwasserstoff und ist 8,8molar (*D* = 1,48).
Darstellung[2]): Man gibt Tetralin (über Natriumsulfat getrocknet und destilliert) und einige Eisenfeilspäne in den Zweihalskolben der Apparatur nach Abbildung F.1. Anfangs wird das Brom unter Kühlung mit Wasser zugetropft. Wenn die Reaktion träger wird, erwärmt man im Wasserbad auf 30 bis 40 °C. Die nachgeschaltete Waschflasche ist mit Tetralin gefüllt und hält Bromdämpfe zurück. In der Gasfalle, die auf –60 °C gekühlt ist, werden Wasser, Tetralin und Bromreste zurückgehalten.

Abb. F.1
Entwicklung von Bromwasserstoff

Verbesserte Apparatur zur Darstellung von Bromwasserstoff: HUDLICKÝ, M., Chem. Listy **56** (1962), 1442. Benötigt man größere Menge Bromwasserstoff, ist die Darstellung aus Brom und rotem Phosphor vorzuziehen [2]).
Vorsicht! Ätzend.
R-Sätze: 35-37; *S-Sätze*: 7/9-26-45.

Butyllithium C₄H₉Li

Löslich in Kohlenwasserstoffen und Ethern.
Herstellung: Unter einem Abzug und hinter einem Schutzschild werden in einem 500 ml-Dreihalskolben mit Rührer, Stickstoffeinleitungsrohr und Thermometer 200 ml absoluter Ether und 8,6 g geraspeltes Lithium durch einen Tropftrichter mit Druckausgleich tropfenweise mit 68,5 g *n*-Butylbromid in 100 ml

[1]) nach ZIEGLER, K., u. a., Liebigs Ann. Chem. **551** (1942), 109.
[2]) HOUBEN-WEYL. Bd. 5/4 (1960), S. 18.

Ether versetzt. Zunächst fügt man nur 30 Tropfen zu und kühlt den Kolben auf –10 °C. Wenn der Kolben-inhalt trübe wird, ist die Reaktion angesprungen. Innerhalb von 30 min wird die gesamte Butylbromid-lösung zugetropft. Danach wird noch 2 h bei 0–10 °C gerührt und durch Glaswolle filtriert.

Aktivitätsbestimmung: 2 ml Lösung werden mit 10 ml Wasser hydrolysiert und mit 0,1 N Salzsäure gegen Phenolphthalein titriert.

Vorsicht! Die Butyllithiumlösungen sind pyrophor, Feuchtigkeit ausschließen und Luftzutritt vermeiden.

Cerammoniumnitrat-Reagens

Darstellung: 1 g Cerammoniumnitrat $(NH_4)_2[Ce(NO_3)_6]$ wird in 2,5 ml 2 N Salpetersäure gelöst. Das Lösen kann durch mildes Erwärmen beschleunigt werden. Nach dem Abkühlen ist das Reagens verwendungs-fähig.

R-Sätze: 8-41; *S-Sätze:* 17-26-39.

Chlor Cl_2

Bei 20 °C lösen sich in 100 g Wasser 1,85 g bzw. in 100 ml Tetrachlorkohlenstoff etwa 17 g Chlor. Chlor greift Gummi an, Gummischläuche werden nach kurzer Zeit brüchig. Als Verbindungsmaterial Teflon ver-wenden.

Trocknung: mit konz. Schwefelsäure.

Vorsicht! Giftig. Chlor reizt Lunge und Schleimhäute sehr stark; Vergiftungserscheinungen ähnlich wie bei Phosgen. Es ist Atemfilter B (grau) zu verwenden.

Erste Hilfe: Siehe Phosgen; in leichteren Fällen lindert das Einatmen von Kamillentee- oder Ethanoldämp-fen den Hustenreiz.

R-Sätze: 23-26/37/38-50; *S-Sätze:* 7/9-45-61.

Chloral (Trichlorethanal) CCl_3CHO

Kp 98 °C

Darstellung aus Chloralhydrat: Chloralhydrat wird mit etwa der 4fachen Menge warmer konz. Schwefel-säure geschüttelt, die sich abscheidende Chloralschicht abgetrennt und destilliert.

Vorsicht! Giftig.

R-Sätze: 25-36/38; *S-Sätze*: 25-45.

Chloroform (Trichlormethan) $CHCl_3$

Kp 61,2 °C n_D^{20} 1,4455 D_4^{20} 1,4985

Das Azeotrop Chloroform-Wasser-Ethanol enthält 3,5% Wasser und 4% Ethanol, es siedet bei 55,5 °C. Käufliches Chloroform enthält Ethanol als Stabilisator, um das durch Zersetzung entstehende Phosgen zu binden.

Zur *Reinigung* schüttelt man mit konz. Schwefelsäure, wäscht mit Wasser, trocknet über Calciumchlorid und destilliert. Anschließend kann noch weiter mit Molekularsieb 4A getrocknet werden. Zur Entfernung größerer Mengen Phosgen s. dort.

Achtung! Chloroform darf wegen Explosionsgefahr nicht mit Natrium in Berührung gebracht werden. Die bei Tetrachlorkohlenstoff angegebenen Gefährdungen gelten auch für Chloroform.

Gesundheitsschädlich. Verdacht auf cancerogene Wirkung. Risiko der Fruchtschädigung wahrscheinlich.

R-Sätze: 22-38-40-48/20/22; *S-Sätze:* 36/37.

Chlorsulfonsäure $ClSO_3H$

Kp 152 °C

Chlorsulfonsäure hydrolysiert sehr leicht!

Reinigung: Man destilliert in einer Schliffapparatur unter Ausschluß von Feuchtigkeit.

Vorsicht! Chlorsulfonsäure reagiert mit Wasser explosionsartig und greift Haut und Kleidung noch stärker als Oleum an; ätzend.

R-Sätze: 14-35-37; *S-Sätze:* 26-45.

Chlorwasserstoff HCl (vgl. auch Salzsäure)

Darstellung: In einer Apparatur nach Abb. F.2 läßt man zu einem dünnen Brei aus Kochsalz und konz. Salzsäure konz. Schwefelsäure zufließen. (Das Rohr des Tropftrichters ist zweckmäßigerweise zu einer Spitze ausgezogen.) Der Chlorwasserstoff wird durch den seitlichen Stutzen entnommen und mit konz. Schwefelsäure getrocknet (Abb. A.11), der Chlorwasserstoffstrom wird durch die Zugabegeschwindigkeit der Schwefelsäure reguliert.

Vorsicht: Ätzend. Chlorwasserstoff schädigt Lungen und Schleimhäute. 0,05% Chlorwasserstoff in der Atemluft können zum Tode führen.
Es ist Atemfilter E (gelb) zu verwenden.
Erste Hilfe: Der Geschädigte wird an die frische Luft gebracht und ruhig gelagert.
R-Sätze: 23-35; *S-Sätze:* 9-26-36/37/39-45.

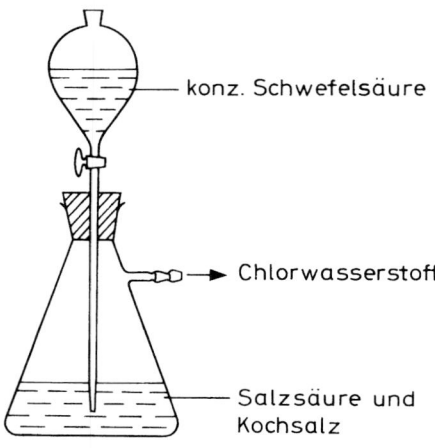

konz. Schwefelsäure

Chlorwasserstoff

Salzsäure und   Abb. F.2
Kochsalz   Entwicklung von Chlorwasserstoff.

Cobaltstearat

6 g Stearinsäure werden in 20 ml abs. Alkohol bei 60 °C gelöst und gegen Phenolphthalein mit 2 N Natronlauge (carbonatfrei) neutralisiert. Das entstandene Gel wird erwärmt und die Lösung langsam unter heftigem Rühren zu einer Lösung von 2,8 g $CoCl_2 \cdot 6H_2O$ in 20 ml 50%igem Alkohol gegeben. Man wäscht zunächst gut mit Wasser aus, dann mit Alkohol und Aceton. Nach dem Abpressen wird bei 100 °C getrocknet und anschließend pulverisiert.
R-Sätze: 22-43; *S-Sätze:* 24-37

Denigès-Reagens

Man löst 5 g Quecksilberoxid und 20 ml konz. Schwefelsäure in 100 ml Wasser.
Sehr giftig!
R-Sätze: 26/27/28-33; *S-Sätze:* 13-28-45.

Di-*tert*-butylperoxid $(CH_3)_3C-O-O-C(CH_3)_3$

$Kp_{5,5(41)}$ 30 °C
Darstellung: Unter kräftigem Rühren werden bei -2 bis -8 °C 1 mol 27%iges Wasserstoffperoxid und 4 mol konz. Schwefelsäure zu einem Gemisch von 3 mol *tert*-Butylalkohol und 1 mol 70%iger Schwefelsäure innerhalb von 90 min zugetropft. Anschließend wird noch 3 h gerührt. Man trennt die organische Phase ab, wäscht mit 60 ml Wasser, dreimal mit je 60 ml 30%iger Natronlauge und zum Schluß noch dreimal mit je 15 ml Wasser.
Nach dem Trocknen mit Magnesiumsulfat ist das Peroxid zur Initiierung von Radikalreaktionen direkt verwendbar.
Achtung! Brandfördernd, reizend. Gefahren im Umgang mit Perverbindungen vgl. D.1.5.
R-Sätze: 7-11; *S-Sätze:* 3/7-14-16-36/37/39.

Diethylenglycol („Diglycol") $HO(CH_2)_2O(CH_2)_2OH$

Kp 244,3 °C $Kp_{1,1(8)}$ 130 °C n_D^{20} 1,4475
Diglycol ist mit Wasser mischbar.
Verunreinigungen: Ethylenglycol, Triethylenglycol. Zur *Reinigung* fraktioniert man im Vakuum.
Diethylenglycol wird als Heizbadflüssigkeit verwendet. Zweckmäßig Bad mit Paraffinöl abdecken.
Achtung! Gesundheitschädlich. Zur Giftigkeit vgl. Ethylenglycol.

Diethylenglycoldimethylether (Diglyme) **$(CH_3OCH_2CH_2)_2O$**

Kp 161 °C   *Kp* $2_{,0(15)}$ 62–63 °C n_D^{20} 1,4073 D_4^{20} 0,937
Trocknung: 1 l Diglyme werden 12 h mit 10 g zerkleinertem Calciumhydrid gerührt, anschließend dekantiert und bei ca 12 Torr im Vakuum destilliert.
Achtung! Fruchtschädigend.
R-Sätze: 60-61-10-19; *S-Sätze*: 53-37-45.

Diethylether („Ether") **$C_2H_5OC_2H_5$**

Kp 34,6 °C n_D^{20} 1,3527 D_4^{15} 0,7193
Bei 15 °C nimmt Ether 1,2% Wasser auf. Wasser löst bei 20 °C 6,5% Ether.
Das Aceotrop mit Wasser enthält 1,26% Wasser und siedet bei 34,15 °C. Das käufliche Produkt enthält wechselnde Mengen Ethanol und Wasser.
Trocknung: Absoluter Ether wird durch mehrtägiges Stehen über Calciumchlorid, Abfiltrieren und Einpressen von Natriumdraht erhalten. Es wird so oft Natrium eingepreßt, bis der Draht blank bleibt.
Beim Trocknen mit Molekularsieb 4A ist zu empfehlen, zur Entfernung von Peroxiden aktives Aluminiumoxid zuzusetzen.
Achtung! Ether bildet an der Luft unter Lichteinwirkung leicht explosible Peroxide (Nachweis s. D.1.5.).
Hydroperoxide werden durch Schütteln mit Eisen(II)-sulfatlösung entfernt (ca 5 g $FeSO_4 \cdot 7H_2O$ in 20 ml Wasser für 1 l Ether).
Ether sollte in einer braunen Flasche über Kaliumhydroxid aufbewahrt werden, das die Hydroperoxide in unlösliche Substanzen überführt und darüber hinaus ein sehr gutes Trockenmittel ist.
Vorsicht! Hochentzündlich. Explosionsgrenzen von Luft-Ether-Gemischen: 1,2–51 Vol-% Ether.
R-Sätze: 12–19; *S-Sätze*: 9-16-29-33 *VbF*: AI

Dimethylformamid (DMF) **$(CH_3)_2NCHO$**

Kp 153,0 °C n_D^{25} 1,4269 D_4^{20} 0,950
Dimethylformamid ist mit den meisten organischen Lösungsmittel und mit Wasser unbegrenzt mischbar, außerdem löst es viele Salze.
Verunreinigungen: Amine, Ammoniak, Formaldehyd, Wasser.
Reinigung und Trocknung: 250 g Dimethylformamid werden mit 30 ml Benzen und 6 ml Wasser fraktioniert destilliert. Zuerst gehen Benzen, Wasser, Amine und Ammoniak über, dann destilliert im Vakuum reines Dimethylformamid, das geruchlos ist und neutral reagiert.
Zur Feinreinigung kann man anschließend noch mit etwa 0,5 g Calciumhydrid 3–4 h unter Rückfluß in einer Inertgasatmosphäre (Reinststickstoff oder Argon) erhitzen. Nach der Destillation im Vakuum bewahrt man das DMF unter Inertgas und vor Licht geschützt auf, da es sich anderenfalls teilweise zu Dimethylamin und Formaldehyd zersetzt.
Unverändertes Calciumhydrid kann zur gleichen Operation erneut verwendet werden; nicht weiter zu verwertende Reste werden mit 70%igem Ethanol zersetzt (einige Stunden stehenlassen, anschließend gibt man aus einem Reagensglas etwas Wasser zu und prüft, ob noch Gasentwicklung auftritt).
Eine Trocknung von DMF ist auch mit Molekularsieb 4A möglich.
Achtung! Fruchtschädigend.
R-Sätze: 61-20/21-36; *S-Sätze*: 53-45.

Dimethylsulfat **$(CH_3)_2SO_4$**

Kp $_{2,0(15)}$ 76 °C n_D^{20} 1,3874 D_4^{25} 1,321
Dimethylsulfat ist unlöslich in kaltem Wasser und wird von diesem nur sehr langsam hydrolysiert.
Zur *Reinigung* destilliert man im Vakuum.
Vorsicht! Sehr giftig, cancerogen im Tierversuch. Dimethylsulfat wird sowohl durch die Lunge als auch durch die Haut aufgenommen und ruft Verätzungen, Krämpfe und Lähmungen hervor. Lungenschädigungen machen sich erst nach Stunden bemerkbar. Nur in gut funktionierenden Abzügen handhaben, Schutzhandschuhe tragen!
Erste Hilfe: Benetzte Hautstellen reibt man mit verd. Ammoniak ab. Benetzte Kleidung muß sofort abgelegt werden.
R-Sätze: 45-25-26-34; *S-Sätze*: 53-45

Dimethylsulfoxid (DMSO) **CH_3SOCH_3**

Kp$_{1,6(12)}$ 72 °C   *F* 18,5 °C n_D^{20} 1,4783 D_4^{20} 1,101
Verunreinigungen: Wasser, Dimethylsulfid, Dimethylsulfon.

Trocknung: 24stündiges Stehen über Molekularsieb 4A oder 2stündiges Erhitzen unter Rückfluß mit Calciumhydrid und anschließende Destillation im Wasserstrahlvakuum unter getrocknetem Reinststickstoff.
R-Sätze: 36/38; *S-Sätze*: 24/25.

1,4-Dioxan

Kp 101 °C   *F* 12 °C n_D^{20} 1,4224 D_4^{20} 1.034
Dioxan ist in jedem Verhältnis mit Wasser mischbar. Das Aceotrop mit Wasser siedet bei 87,8 °C und enthält 81,6 % Dioxan.
Verunreinigungen: Essigsäure, Wasser, Acetaldehydethylenacetal. Zur Peroxidbildung vgl. Diethylether.
Reinigung und Trocknung: Man versetzt vorsichtig unter Rühren und Schwenken mit 5 Vol.-% konz. Schwefelsäure und erhitzt anschließend 2 h unter Rückfluß. Nach dem Abkühlen trägt man unter kräftigem Schütteln festes Kaliumhydroxid ein (zusätzliche Außenkühlung ist normalerweise nicht notwendig), wartet bis die KOH-Plätzchen weitgehend zerfallen sind und wiederholt den Vorgang so oft, bis das zugesetzte KOH auch beim Stehen über Nacht seine Form behält. Man filtriert, gibt metallisches Natrium in kleinen Stücken zu und erhitzt erneut unter Rückfluß, bis die Natriumkügelchen blank bleiben. Nach dem Abdestillieren (Vorsicht! Wasserkühler kann sich durch auskristallisierendes Dioxan zusetzen!) preßt man Natriumdraht ein. Zur Trocknung mit Molekularsieb 4A und Peroxidentfernung vgl. Diethylether.
Vorsicht! Leichtentzündlich, gesundheitsschädlich. Verdacht auf cancerogene Wirkung. Explosionsgrenzen von Luft-Dioxan-Gemischen: 1,97–25 Vol.-% Dioxan.
R-Sätze: 11-19-36/37-40; *S-Sätze*: 16-36/37 *VbF*: B

Essigsäure („Eisessig") CH₃COOH

Kp 118 °C   *F* 16,6 °C n_D^{20} 1,3720 D_4^{20} 1,05
Essigsäure ist mit Wasser mischbar.
Verunreinigungen: Spuren von Acetaldehyd, Wasser.
Reinigung und Trocknung: Für die meisten Zwecke genügt es, die Essigsäure auszufrieren. Man kühlt nicht zu tief, da sonst auch Wasser und andere Verunreinigungen in den Kristallen eingeschlossen werden können. Es wird auf einer Kühlnutsche abgesaugt und gut abgepreßt. Eine weitergehende Reinigung erreicht man durch 2- bis 6-stündiges Kochen mit 2–5% Kaliumpermanganat und anschließender fraktionierter Destillation. Danach schüttelt man längere Zeit mit Phosphor(V)-oxid und fraktioniert erneut.
Achtung: Ätzend. Luft-Essigsäure-Gemische sind ab 4 Vol.-% Essigsäure explosiv. Essigsäure zieht auf der Haut Blasen.
Erste Hilfe: Mit viel Wasser waschen, bei Augenverätzungen etwa 15 min lang mit Wasser spülen.
R-Sätze: 10-35; *S-Sätze*: 2-23-26-45.

Essigsäureethylester (Ethylacetat, „Essigester") CH₃COOC₂H₅

Kp 77,1 °C n_D^{20} 1,3701 D_4^{20} 0,901
Essigsäureethylester bsildet mit Wasser ein Azeotrop, das bei 70,4 °C siedet und 8,1% Wasser enthält.
Verunreinigungen: Wasser, Alkohol, Essigsäure.
Reinigung und Trocknung: Man wäscht mit dem gleichen Volumen 5%iger Sodalösung, trocknet über Calciumchlorid und destilliert. Bei höheren Ansprüchen an die Trockenheit versetzt man portionsweise mit Phosphor(V)-oxid, filtriert ab und destilliert unter Feuchtigkeitsausschluß. Trocknung mit Molekularsieb 4A bis zu einem Wassergehalt von 0,003% ist möglich.
Achtung! Leichtentzündlich. Explosionsgrenzen von Luft-Essigester-Gemischen: 2,2–11,4 Vol.-% Essigester.
R-Satz: 11; *S-Sätze*: 16-23-29-33. *VbF*: AI

Essigsäureanhydrid s. Acetanhydrid

Ethanol (Ethylalkohol) C₂H₅OH

Kp 78,33 °C n_D^{20} 1,3616 D_4^{20} 0,789
Ethanol ist mit Wasser, Ether, Chloroform und Benzen in jedem Verhältnis mischbar. Das Aceotrop mit Wasser siedet bei 78,17 °C und enthält 96% Ethanol. Das ternäre Aceotrop mit Wasser (7,4%) und Benzen (74,1%) siedet bei 64,85 °C.
Verunreinigungen: Synthetischer Alkohol ist durch Acetaldehyd und Aceton, Gärungsalkohol durch höhere Alkohole (Fuselöle) verunreinigt. Als Vergällungsmittel dienen Pyridin, Methanol und Benzin.

Trocknung: Man löst 7 g Natrium in 1 l käuflichem, absolutem Alkohol, gibt 27,5 g Phthalsäurediethylester zu und kocht eine Stunde unter Rückfluß. Dann wird über eine kurze Kolonne abdestilliert. Der übergehende Alkohol enthält weniger als 0,05 % Wasser. Durch dynamische Trocknung mit Molekularsieb 3A (vgl.A.1.10.2.) kann der Restwassergehalt auf 0,003 % gesenkt werden. Aus dem handelsüblichen „absoluten Ethanol" kann man Wasserspuren folgendermaßen entfernen: Man kocht 5 g Magnesium in 50 ml „absolutem Ethanol" mit 1 ml Tetrachlorkohlenstoff 2–3 h unter Rückfluß, setzt 950 ml „absolutes Ethanol" zu und kocht weitere 5 h unter Rückfluß. Anschließend wird destilliert.
Prüfung auf Wasser: Alkohol mit mehr als 0,05 % Wasser fällt aus einer benzenischen Lösung von Aluminiumtriethanolat einen weißen voluminösen Niederschlag.
Achtung! Leichtentzündlich. Explosionsgrenzen von Luft-Ethanol-Mischungen: 2,6–18,9 Vol.-% Ethanol.
R-Satz: 11; *S-Satz*: 7-16 *VbF*: B

Ether s. Diethylether

Ethylendichlorid (1,2-Dichlorethan) **ClCH₂CH₂Cl**

Kp 83,7 °C n_D^{20} 1,4444 D_4^{20} 1,253
Das Azeotrop mit Wasser siedet bei 72 °C und enthält 81,5 % 1,2-Dichlorethan
Reinigung und Trocknung: Man wäscht mit konz. Schwefelsäure, darauf mit Wasser und destilliert über Phosphor(V)-oxid.
Achtung! Leichtentzündlich, giftig, krebserzeugend im Tierversuch.
Ethylendichlorid verursacht Sehstörungen. Weitere Hinweise s. Tetrachlorkohlenstoff.
Wegen Explosionsgefahr darf Ethylendichlorid nicht mit Natrium in Berührung gebracht werden.
Explosionsgrenzen im Gemisch mit Luft: 6,2–15,9 Vol-% Dichlorethan.
R-Sätze: 45-11-22-36/37/38; *S-Sätze*: 53-45 *VbF*: AI

Ethylenglycol (Ethan-1,2-diol, „Glycol") **HOCH₂CH₂OH**

Kp 1,3(10) 92 °C n_D^{20} 1,4318 D_4^{20} 1,113
Verunreinigungen: Diglycol, Triglycol, Propylenglycol, Wasser.
Reinigung und Trocknung: Man destilliert im Vakuum, trocknet die Hauptfraktion längere Zeit mit Natriumsulfat und destilliert im Vakuum über eine gut wirksame Kolonne.
Gesundheitsschädlich. Es treten Übelkeit und Erbrechen ein.
R-Satz: 22; *S-Satz*: 2.

Ethylenoxid (Oxiran)

Kp 10,7 °C
Ethylenoxid wird in Stahlflaschen geliefert.
Vorsicht! Hochentzündlich, giftig. Explosionsgrenzen in Luft: 3–80 Vol.% Ethylenoxid. Mit Alkalien erfolgt explosionsartige Polymerisation.
Bei Hautkontakt oft erst nach Stunden intensive Blasenbildung mit anschließendem Gewebezerfall und sehr schlechter Heilungstendenz. Bei Inhalation schon geringer Mengen Sekretabfluß aus Mund und Nase, langandauerndes Erbrechen, Durchfall, Magendruckgefühl und Erregungszustände. Hohe Konzentrationen rufen auch narkotische Erscheinungen hervor und bedingen Kreislaufgefährdung. In der Folge sind Herz-, Leber- und Nierenschäden möglich. Verdacht auf cancerogene Wirkung.
Erste Hilfe: Benetzte Kleidung sofort entfernen, Haut gründlich abwaschen, Frischluft-, besser Sauerstoffzufuhr und Schutz vor Wärmeverlusten. Nur liegend transportieren.
R-Sätze: 45-46-12-23-36/37/38; *S-Sätze:* 53-45.

Fehlingsche Lösung

Herstellung: Lösung I: In 25 ml Wasser 1,73 g Kupfersulfat (Hydrat) lösen. Lösung II: In der gleichen Menge Wasser 8,5 g Seignette-Salz und 2,5 g Natriumhydroxid lösen. Vor dem Gebrauch mischt man gleiche Volumina beider Lösungen.

Formaldehyd (Methanal) **HCHO**

Kp –21 °C
Die 30- bis 40%ige wässrige Lösung heißt Formalin und enthält etwa 5–15 % Methanol.
Darstellung von trockenem, gasförmigem Formaldehyd: Paraformaldehyd wird mehrere Tage im Vakuum über Phosphor(V)-oxid im Exsikkator getrocknet und durch trockene Destillation depolymerisiert. Man erhitzt so hoch, daß 30 g in etwa 20 min zersetzt werden.

Bei Grignard-Synthesen ist etwa die doppelte molare Menge Paraformaldehyd anzuwenden, da Wasserspuren in den (möglichst kurzen und weiten) Rohrleitungen zum Reaktionsgefäß eine teilweise Rückpolymerisation bewirken.
Gummischläuche werden von Formaldehyd zerstört.
Achtung! Giftig. Formalin ruft auf der Haut Ekzeme hervor und greift die Augen und die Atemwege an. Verdacht auf cancerogene Wirkung.
R-Sätze: 23/24/25-34-40-43; *S-Sätze*: 26-36/37-45-51.

Glycerol (Propan-1,2,3-triol „Glyzerin") $HOCH_2-CHOH-CH_2OH$

$Kp_{1,6(12,5)}$ 180 °C F 20 °C n_D^{20} 1,4745
Glycerol ist hygroskopisch und in jedem Verhältnis mit Wasser und Alkohol mischbar, unlöslich in Ether, Benzen und Chloroform.
Reinigung und Trocknung: Man destilliert im Vakuum.

Glycol s. Ethylenglycol

Hexan C_6H_{14}

Kp 68,7 °C n_D^{20} 1,3751 D_4^{20} 0,661
Das Azeotrop mit Wasser siedet bei 61,6 °C und enthält 94,4% Hexan.
Reinigung und Trocknung: Man schüttelt wiederholt mit kleine Portionen niederprozentigem Oleum bis die Säure höchstens noch schwach gelb gefärbt ist. Dann wäscht man mit konz. Schwefelsäure, Wasser, 2%iger Natronlauge und wieder mit Wasser. Nach dem Trocknen mit Kaliumhydroxid wird destilliert. Feintrocknung durch Einpressen von Natrium oder Zusatz von Calciumhydrid oder über Molekularsieb 4A.
Achtung! Leichtentzündlich. Explosionsgrenzen von Gemischen mit Luft: 1,1–8 Vol.-%.
R-Sätze: 11-48/20; *S-Sätze*: 9-16-24/25-29-51. *VbF*: AI

Hydrazinhydrat $H_2NNH_2 \cdot H_2O$

Kp 118,5 °C
Hydrazinhydrat ist leicht löslich in Wasser und Alkohol, unlöslich in Ether. Es ist hygroskopisch.
Darstellung von 85%igem Hydrazinhydrat[1]): 100 g 30%iges Hydrazinhydrat und 200 g Xylen werden gemischt und das azeotrope Gemisch aus Xylen und Wasser über eine 20-cm-Vigreux-Kolonne abdestilliert. Der Rückstand wird nach der Gehaltsbestimmung weiterverarbeitet.
Darstellung von wasserfreiem Hydrazin und 100%igem Hydrazinhydrat durch Ammonolyse von Hydraziniumsulfat: FISCHER, H., Org. Synth., Coll. Vol. III (1955), S. 515.
Gehaltsbestimmung: Bei der acidimetrischen Titration gegen Methylorange entsteht das Monosalz.
Vorsicht! Giftig, wirkt auf der Haut ätzend. Hydrazinhydrat ist ein Plasmagift und ruft Krämpfe und Herzschäden hervor. Verdacht auf cancerogene Wirkung.
Erste Hilfe: Verätzte Hautstellen werden mit verd. Essigsäure gewaschen. Gegen die Giftwirkung nimmt man Traubenzucker ein.
R-Sätze: 45-23/24/25-34-43; *S-Sätze*: 53-26-36/37/39-45.

Iodwasserstoffsäure HI

Konstant siedende Iodwasserstoffsäure siedet bei 126,5 °C, enthält 56,7% Iodwasserstoff und ist 7,6 molar (D = 1,7).
Im Licht zersetzt sich Iodwasserstoffsäure unter der Einwirkung von Luftsauerstoff. Zur Stabilisierung setzt man je Liter Säure 1 g roten Phosphor zu. Zur Regenerierung erhitzt man iodhaltige Iodwasserstoffsäure bis nahe zum Sieden und tropft 50%ige wäßrige unterphosphorige Säure zu, bis das Gemisch entfärbt ist. Dann wird destilliert.
Achtung! Ätzend. Erste Hilfe s. Chlorwasserstoff
R-Satz: 34; *S-Sätze*: 26-37-39-45.

Ionenaustauscherharze

Ionenaustauscherharze sind unlösliche Kunststoffe mit dissoziationsfähigen sauren oder basischen Gruppen (Sulfon-, Carbonsäuren, bzw. Ammoniumverbindungen). Die durch Ionenbeziehungen mit dem Harz verbundene Gruppe ist austauschbar, z. B.:

---

[1]) Das entspricht 64% N_2H_4 in Wasser.

$$\text{Harz}-SO_3^{\ominus}\,H^{\oplus}\ +\ Na^{\oplus}\ \longrightarrow\ \text{Harz}-SO_3^{\ominus}\,Na^{\oplus}\ +\ H^{\oplus}$$

Bezüglich der einzelnen Sorten und Handelsnamen vgl. z. B. HOUBEN-WEYL, Bd. I/1 (1958), S. 528 und diesbezügliche Firmenschriften.
Die Beladung eines Kationenaustauschers mit Wasserstoffionen soll am Beispiel eines stark sauren Phenolsulfonsäureharzes demonstriert werden: man gibt in eine Chromatographiesäule zuerst etwas Wasser, dann 5 g Austauscher. Die Säule soll zu etwa drei Viertel ihrer Höhe mit dem Ionenaustauscher gefüllt sein. Man läßt das Wasser bis zur Austauscheroberkante ablaufen und gibt dann 150 ml 1 N Salzsäure p.a. durch die Säule. Mit dem Hahn am unteren Ende der Säule wird eine Durchflußgeschwindigkeit von etwa 5 ml pro min eingestellt. Nachdem die Salzsäure abgelaufen ist, schickt man Wasser durch die Säule, bis die abgelaufene Flüssigkeit neutral reagiert. Der feuchte Austauscher ist direkt verwendbar.

Kalium K

Vorsicht! Leichtentzündlich, ätzend. Kalium kann sich an der Luft selbstentzünden, es darf nur in inerten Lösungsmitteln zerkleinert werden (Schutzbrille!). Reste müssen sofort vorsichtig mit *tert*-Butanol vernichtet werden. Falls sich der Alkohol dabei entzündet, deckt man das Gefäß mit einer Keramikplatte ab. Wasser und niedere Alkohole sind fernzuhalten!
R-Sätze: 14/15-34; *S-Sätze*: 5-8-43-45.

Kaliumcyanid KCN

Kaliumcyanid läßt sich fast in jedem Fall durch das billigere Natriumcyanid ersetzen (s. dort).
Achtung! Sehr giftig. Erste Hilfe und Abfallvernichtung s. Blausäure.
R-Sätze: 26/27/28-32; *S-Sätze*: 1/2-7-28-29-45.

Ligroin

Kp 120–135 °C
Kohlenwasserstoffgemisch; s. Benzin und Petrolether.
Reinigung: s. Hexan
Achtung! Leichtentzündlich. Luft-Ligroin-Gemische sind explosiv.
R-Satz: 11; *S-Sätze*: 9-16-29-33. *VbF*: AI

Lithiumaluminiumhydrid (Lithiumalanat) LiAlH₄

Geeignete Lösungsmittel sind Diethylether, Tetrahydrofuran, N-Alkyl-morpholine.. Löst sich das Lithiumaluminiumhydrid nicht vollständig, so setzt man die Suspension ein. Die Lösungsmittel müssen frei von Peroxiden und Wasser sein!
Nach der Durchführung einer Reduktion zersetzt man überschüssiges Lithiumalanat bei kleineren Ansätzen vorsichtig mit Wasser. Bei größeren Ansätzen gibt man besser Essigester zu, bis alles Lithiumaluminiumhydrid verbraucht ist, und fällt dann mit der gerade notwendigen Menge Wasser das Aluminiumhydroxid aus.
Vorsicht! Leichtentzündlich. Lithiumaluminiumhydrid reagiert sehr heftig mit Wasser und kann sich von selbst entzünden. Bei Reaktionen mit Lithiumaluminiumhydrid darf nur mit explosionsgeschützten Motoren gerührt werden, der entstehende Wasserstoff ist abzuleiten.
R-Satz: 15; *S-Sätze*: 7/8-24/25-43.

Lukas-Reagens

Darstellung: 0,5 mol Zinkchlorid werden in 0,5 mol konz. Salzsäure unter Kühlung gelöst.

Methanol CH₃OH

Kp 64,7 °C n_D^{20} 1,3286 D_4^{20} 0,792
Trocknung: Man setzt pro Liter Methanol 5 g Magnesiumspäne zu, läßt nach Abklingen der Wasserstoffentwicklung 2–3 h unter Rückfluß kochen und destilliert. Liegt der Wassergehalt des Methanols höher als 1%, so reagiert das Magnesium nicht. Man behandelt in diesem Fall etwas Magnesium mit reinem Methanol und gibt dieses Gemisch zur Hauptmenge, wenn die Methanolatbildung begonnen hat. Dabei ist insgesamt etwas mehr Magnesium anzuwenden als oben. Durch dynamische Trocknung mit Molekularsieb 3A (vgl. A.1.10.2.) kann der Restwassergehalt auf 0,005% gesenkt werden.
Vorsicht! Leichtentzündlich, giftig. Explosionsgrenzen von Luft-Methanol-Gemischen: 5,5–36,5% Methanol. Methanol ruft Schwindelanfälle, Herzkrämpfe, Nervenschädigungen und Erblindung hervor.
R-Sätze: 11-23/25; *S-Sätze*: 2-7-16-24-45. *VbF*: B

Methylendichlorid (Dichlormethan) **CH₂Cl₂**

Kp 40 °C n_D^{20} 1,4246 D_4^{20} 1,325

Das Azeotop mit Wasser siedet bei 38,1 °C und enthält 98,5% Dichlormethan.

Reinigung: Das Methylenchlorid wird mit Säure, Lauge und Wasser gewaschen, mit Kaliumcarbonat getrocknet und destilliert. Trocknung mit Molekularsieb 4A möglich.

Achtung! Methylenchlorid darf wegen Explosionsgefahr nicht mit Natrium in Berührung kommen. Gesundheitsschädlich. Methylenchlorid schädigt das Nervensystem. Verdacht auf cancerogene Wirkung.

R-Satz: 40; *S-Sätze*: 23-24/25-36/37.

Molekularsiebe

Molekularsiebe sind synthetische Zeolite, die zur effektiven Trocknung von Gasen und Flüssigkeiten und als selektive Adsorptionsmittel dienen. Sie werden ihrem jeweiligen Porendurchmesser (in A) entsprechend numeriert und eingesetzt.

Zur Trocknung von Lösungsmitteln und Gasen werden vorzugsweise die Typen 3A und 4A verwendet. Trocknungsverfahren (und Regenerierung) vgl. A.1.10.2. Mit Molekularsieb 5A lassen sich z.B. auch Verunreinigungen (NH₃, H₂S, Thiole, CO, HCl-Spuren u.a.) aus Gasen entfernen. Molekularsieb 5A adsorbiert auch *n*-Paraffine.

Regenerierung: Das gebrauchte Molekularsieb wird unter dem Abzug in eine größere Wassermenge geschüttet, um mitadsorbiertes Lösungsmittel zu verdrängen. Das ist insbesondere bei brennbaren Lösungsmitteln unerläßlich, um eine Explosion beim Ausheizen zu vermeiden. Man trennt vom Wasser ab und trocknet im Trockenschrank bei 200–250 °C vor. Anschließend wird bei 300–350 °C im Vakuum (mindestens 10⁻² kPa (0,1 Torr) bis zur Gewichtskonstanz erhitzt. Die Belüftung erfolgt jeweils nach dem Abkühlen über ein mit Magnesiumperchlorat gefülltes Trockenrohr.

Natrium

F 97,7 °C D 0,97

Zur Darstellung von Natriumsuspensionen in Toluen bzw. Xylen s. Kap. D.7.2.8 (Esterkondensation).

Vorsicht: Leichtentzündlich, ätzend. Bei allen Arbeiten mit Natrium ist eine Schutzbrille zu tragen. Reaktionsgemische, die metallisches Natrium enthalten, dürfen nicht auf Wasserbädern erhitzt werden.

Vernichtung von Abfällen: Man gibt die Natriumreste in kleinen Anteilen in eine größere Menge Methanol.

R-Sätze: 14/15-34; *S-Sätze*: 5-8-43-45.

Natriumalkoholate[1])

Darstellung: Die benötigte Natriummenge wird in einen Dreihalskolben gegeben, der mit Tropftrichter und Rückflußkühler mit Calciumchloridrohr versehen ist, und die 10fache Menge des betreffenden Alkohols so schnell zugetropft, daß die Lösung in lebhaftem Sieden bleibt. (Es ist nicht zu empfehlen, das Natrium in den Alkohol einzutragen, da die Reaktion dabei leicht außer Kontrolle gerät). In niederen Alkoholen löst sich das Natrium recht schnell auf. Bei höheren Alkoholen ist es notwendig, mehrere Stunden bei 100 °C zu rühren. Aus der gewonnenen Alkoholatlösung kann man alkoholfreies Alkoholat erhalten, in dem man den Alkohol im Vakuum abdestilliert. Zweckmäßiger ist es jedoch, zu einer Natriumsuspension in einem geeigneten Lösungsmittel die äquimolare Menge Alkohol zuzusetzen.

Vorsicht! Ätzend, leicht entzündlich.

R-Sätze: 11-14-34; *S-Sätze*: 8-16-26-43.

Natriumamalgam

Amalgam mit 1,2% Natrium ist bei Zimmertemperatur halbfest und bei 50 °C flüssig. Höher konzentrierte Amalgame sind bei Zimmertemperatur fest und können pulverisiert werden.

Darstellung von 2%igem Amalgam: Unter dem Abzug erwärmt man in einem Hess'schen Tiegel 600 g Quecksilber auf 30–40 °C und trägt 13 g in kleine Würfel geschnittenes Natrium mit Hilfe eines langen, spitzen Glasstabes unter die Quecksilberoberfläche ein. Die Reaktion erfolgt unter Aufflammen. Um Verspritzen zu vermeiden, deckt man das Reaktionsgefäß mit einer Keramikplatte ab. Nachdem das Amalgam erstarrt ist, wird es unter Stickstoff zerkleinert und unter Luftabschluß aufbewahrt.

Darstelung von Natriumamalgam s. auch: FIESER, L.F.; FIESER, M.: Reagents for Organic Synthesis. – John Wiley & Sons, New York 1967, S. 1030.

---

[1]) Vgl. SCHMIDT, F.; BAYER, E., in HOUBEN -WEYL. Bd. 6/2 (1963), S. 6–15.

Vorsicht! Natriumamalgam darf nicht mit den Händen angefaßt werden und auf keinen Fall mit Wasser in Berührung kommen.
R-Sätze: 14/15-21/22-35; *S-Sätze*: 5-7/8-14-24/25-26-29-37.

Natriumamid NaNH₂

Vgl. auch Kap D.5.2.2. Darstellung von 2-Aminopyridin!
Natriumamid wird am besten im trockenen Zustand im Mörser zerkleinert. Man beachte die notwendigen Schutzmaßnahmen (Schutzbrille, Abzug, dicke Schutzhandschuhe)!
Vorsicht! Natriumamid explodiert bei Berührung mit Wasser. Altes Natriumamid kann schon beim Herausnehmen aus dem Vorratsgefäß detonieren!
Vernichten von Abfällen: Das Amid wird unter dem Abzug mit Toluen oder Benzin überdeckt, dann gibt man langsam Alkohol zu.
R-Sätze: 14-34; *S-Sätze*: 6-26-36/37/39-43-45.

Natriumcyanid NaCN

Natriumcyanid ist stark hygroskopisch und bildet ein unter ca 35 °C stabiles Monohydrat.
Verunreinigungen: Natriumcarbonat, Natriumformiat.
Vorsicht! Sehr giftig. Beim Arbeiten mit Natriumcyanid entwickelt sich oft Cyanwasserstoff. Gefahren, Erste Hilfe und Abfallvernichtung s. Blausäure.
R-Sätze: 26/27/28-32; *S-Sätze*:1/2-7-28-29-45.

Natriumhydrid NaH

Vorsicht! Leichtentzündlich. Natriumhydrid nicht mit den Händen berühren, Feuchtigkeit fernhalten.
Darstellung: 1 mol Natrium und 500 ml trockenes Cyclohexan werden in einem Autoklav mit Magnethubrührer (Schüttelautoklaven sind weniger gut geeignet) mit Wasserstoff bei 20 MPa (200 at) 12 h auf 200 °C erhitzt. Man läßt unter weiterem Rühren abkühlen und verwendet die entstandene Natriumhydridsuspension.
R-Sätze: 15-34; *S-Sätze*: 7/8-24/25-43-45.

N-CN-Indikator

Man stellt sich ein Gemisch aus 50 ml 0,2%iger abs. alkoholischer Ninhydrinlösung, 10 ml Eisessig und 2 ml 2,4,6-Collidin (Lösung I) und eine 1%ige Lösung von Kupfer(II)-nitrat-trihydrat (Lösung II) her.
Zum Besprühen von Papierchromatogrammen wird kurz vor Gebrauch eine Mischung von Lösung I und II im Verhältnis 25 : 1 hergestellt.

Nitrose Gase

Als nitrose Gase bezeichnet man Gemische von Stickstoffoxiden, die häufig beim Arbeiten mit Salpetersäure (s. dort) entstehen.
Vorsicht! Sehr giftig. Nitrose Gase sind auch in kleinen Mengen sehr gesundheitsschädlich. Es treten sofort Reizerscheinungen an den Atemwegen und den Augen sowie Schwindel und Kopfschmerzen auf. Die Reizungen klingen nach ¼ bis 1 h zunächst ab, um dann nach einigen Stunden bis 2 Tagen plötzlich wieder mit Hustenreiz (schaumiger, rostroter Auswurf) und Atemnot einzusetzen. Es hat sich ein Lungenödem gebildet, das neben Blutveränderungen (Methämoglobinämie) akute Lebensgefahr bedingt. Nach Einatmen nitroser Gase ist auf jeden Fall der Arzt zu verständigen.
Es sind Atemfilter B (grau) zu verwenden.
Erste Hilfe: s. Phosgen.
R-Sätze: 26-37; *S-Sätze*: 7/9-26-45.

Oleum

Oleum ist eine Lösung von Schwefeltrioxid in Schwefelsäure. Bei einem Gehalt von < 40% und 69–70% Schwefeltrioxid ist Oleum flüssig.
Vorsicht! Ätzend. Oleum darf nicht mit Wasser, sondern nur mit konz. Schwefelsäure verdünnt werden.
R-Sätze: 14-35-37; *S-Sätze*: 26-30-45.

Oxalylchlorid (COCl)₂

Kp 63–64 °C n_D^{20} 1,4305 D_4^{20} 1,476
Oxalylchlorid ist eine farblose, stechend riechende Flüssigkeit, die in aromatischen Kohlenwasserstoffen leicht löslich ist . Reinigung durch Destillation.

Vorsicht! Mit Wasser heftige Reaktion zu HCl, CO_2 und CO. Bei Berührung mit heißen Metalloberflächen sowie bei Zugabe von tertiären Aminen kann durch Fragmentierung Phosgen entstehen. Oxalylchlorid in Glasampullen kann durch partielle Zersetzung unter hohem Druck stehen!
R-Sätze: 14-23/24/25-34; *S-Sätze*: 26-45.

Palladium-Tierkohle

a) Zur Dehydrierung[1])
Man kocht ein Gemisch von 2,5 g Palladiumchlorid, 25 ml destilliertem Wasser und 2,1 ml konz. Salzsäure, bis eine klare Lösung entstanden ist (etwa 2 h), kühlt mit Eis-Kochsalz-Mischung und gibt unter Rühren 25 ml 40%iges Formalin, 10 g Magnesiumoxid p.a. und 15 g gereinigte Aktivkohle (s. dort) zu. Dann wird mit einer Lösung von 25 g Kaliumhydroxid in 25 ml destilliertem Wasser unter Rühren und Kühlen versetzt. Die Temperatur darf dabei nicht über 5 °C steigen. Man wäscht den Katalysator durch siebenmaliges Dekantieren mit destilliertem Wasser aus, zuletzt wird auf einer Fritte mit 1 l heißem destilliertem Wasser nachgewaschen. Die Masse wird nicht völlig trocken gesaugt, in einer Presse zu kleinen Zylindern (Länge 3–4 mm) geformt und bei 90 °C getrocknet.
Steht keine Presse zur Verfügung, kann man mit einem dünnen Glasrohr mehrfach in den feuchten Filterkuchen stechen, die Paste in dem Rohr mit einem Glasstab zusammendrücken und den Strang langsam herausdrücken, zerschneiden und trocknen.

b) Zur Hydrierung[2])
Man kocht 2,5 g Palladiumchlorid, 6 ml konz. Salzsäure p.a. und 15 ml destilliertes Wasser unter Rückfluß, bis eine klare Lösung entstanden ist (ca 2 h), verdünnt mit 43 ml dest. Wasser und gießt auf 28 g gereinigte Aktivkohle (s. dort), die sich in einer flachen Porzellanschale befindet. Man dampft die ganze Masse auf dem Wasserbad ein und trocknet im Trockenschrank bei 100 °C völlig. Die gepulverte Masse wird in einer gut verschlossenen Flasche aufbewahrt. Dieser Katalysator ist sofort verwendbar, falls die bei der Hydrierung entstehende Salzsäure nicht stört. Anderenfalls verfährt man wie folgt: Die erforderliche Menge Palladiumchlorid auf Aktivkohle im gewünschten Lösungsmittel bis zur vollständigen Wasserstoffaufnahme hydriert. Man saugt von einer Glasfritte ab, wäscht mit dem gleichen Lösungsmittel chlorwasserstofffrei und setzt den noch feuchten Katalysator zur Hydrierung ein.
Achtung! Der reduzierte Katalysator ist pyrophor! Stets unter einem Lösungsmittel aufbewahren bzw. feucht halten! Der gebrauchte Katalysator wird gesammelt.

Pentan C_5H_{12}

Kp 36 °C n_D^{20} 1,3577 D_4^{20} 0,626
Das Azeotrop mit Wasser siedet bei 34,6 °C und enthält 1,4% Wasser.
Reinigung: s. Hexan
Achtung! Leichtentzündlich. Explosionsgrenzen von Luft-Pentan-Gemischen 1,35–8 Vol.-% Pentan.
R-Satz: 11; *S-Sätze*: 9-16-29-33 *VbF*: AI

Perchlorsäure[3]) $HClO_4$

Darstellung einer 0,1 N Perchlorsäurelösung in Eisessig: Unter Eiskühlung und gutem Rühren wird zu der berechneten Menge Essigsäureanhydrid so viel 70%ige Perchlorsäurelösung allmählich zugesetzt, daß sich das Anhydrid und das in der Perchlorsäure enthaltene Wasser quantitativ zu Essigsäure umsetzen. *Vorsicht vor eventuellen Reaktionsverzögerungen!* Die abgekühlte Mischung wird mit reinem Eisessig auf eine Konzentration von etwa 0,1 N verdünnt. Essigsäureanhydrid darf nicht im Überschuß vorhanden sein.
Prüfung auf Anwesenheit von Essigsäureanhydrid: Ein aliquoter Teil der Lösung wird unter Rühren mit einem Tropfen Wasser versetzt und die Temperatur beobachtet. Tritt Temperatursteigerung ein, so wird solange Wasser zugesetzt, bis kein Temperaturanstieg mehr zu beobachten ist. Aus der für den aliquoten Teil verbrauchten Wassermenge wird die der gesamten Lösung zuzusetzende Menge Wasser berechnet. Gibt ein Tropfen Wasser keine Temperaturerhöhung, so ist auf Überschuß an Wasser durch tropfenweisen Zusatz von Acetanhydrid in der selben Weise zu prüfen.
Titereinstellung: Der Titer der Lösung wird mit wasserfreiem, bei 300 °C getrocknetem, analysenreinem Natriumcarbonat in Eisessiglösung gegen eine 0,1%ige Eisessiglösung von Kristallviolett oder von α-Naphtholbenzein in Benzen als Indikator ermittelt. Die Lösung wird dann mit Eisessig auf 0,1 N eingestellt.
Achtung! Brandfördernd, ätzend.
R-Sätze: 5-8-35; *S-Sätze*: 23-26-36/37/39-45.

---

[1]) nach Anderson, A. G., J. Am. Chem. Soc. 75 (1953), 4980
[2]) nach Mozingo, R., Org. Synth. 26 (1946), 78
[3]) nach Houben-Weyl. Bd. 2 (1953), S. 661

Petrolether

Gemisch aus Pentan und Hexanen *Kp* 40–70 °C
Reinigung : s. Hexan.
Achtung! Leichtentzüdlich, vgl. Pentan. Luft-Petrolether-Gemische sind explosiv.
R-Satz: 11; *S-Sätze*: 9-16-29-33 *VbF*: AI

Phosgen COCl₂

Kp 7,6 °C
Phosgen ist in Benzen und Toluen leicht, in kaltem Wasser wenig löslich. Durch heißes Wasser wird es hydrolysiert. Phosgen hat einen erstickenden, eigenartigen Geruch (ähnlich faulendem Heu).
Reinigung und Trocknung: Man leitet das Gas durch zwei hintereinander geschaltete Waschflaschen. Die erste wird mit Sonnenblumen-, Sojabohnen- oder Baumwollsamenöl, die zweite mit konz. Schwefelsäure gefüllt.
Vorsicht! Sehr giftig. Phosgen ist eines der giftigsten Gase. Vergiftungserscheinungen wie Schnupfen, Atemnot und Bluthusten treten oft erst nach Stunden auf. Nach Abklingen der Reizerscheinungen kann ein symptomloser Zustand eintreten, währenddessen sich innerhalb weniger Stunden ein Lungenödem entwickelt, das meist infolge Herz-Kreislauf-Versagen zum Tode führt. Chlorierte Kohlenwasserstoffe können zu Phosgen pyrolysieren. (Vorsicht bei Verwendung von Tetralöschern !). Auch bei leichten Phosgenvergiftungen ist unbedingt ein Arzt zu benachrichtigen.
Es sind Atemfilter B (grau) zu verwenden.
Erste Hilfe: Den Geschädigten hinlegen und nur liegend transportieren. Er muß sich auch bei leichter Vergiftung absolut ruhig verhalten. Frischluft-, besser Sauerstoffzufuhr, ist zweckmäßig, künstliche Atmung darf nicht angewendet werden. In Decken einhüllen, um Unterkühlung zu vermeiden.
Überschüssiges Phosgen absorbiert man in 20%iger Natronlauge.
R-Satz: 26; *S-Sätze*: 7/9-24/25-45.

Platin/Aktivkohle-Katalysator (10%ig)

Ein Gemisch von 4,5 g reiner, gepulverter Aktivkohle, 1,33 g Hexachloroplatinsäurehexahydrat und 30 ml Wasser wird mit Natriumhydrogencarbonatlösung neutralisiert, auf 80 °C erhitzt und langsam unter Rühren mit 3 ml Formalinlösung versetzt. Durch gleichzeitige Zugabe von Natriumhydrogencarbonat wird die Lösung stets schwach alkalisch gehalten. Nach 2 h läßt man erkalten, saugt ab, wäscht gründlich aus und trocknet an der Luft.

Platindioxid PtO₂

Einwandfreies Platindioxid ist mittelbraun gefärbt.
Darstellung: Man dampft ein Gemisch von 2 g Hexachloroplatinsäurehexahydrat, 7 g Wasser und 20 g reinem Natriumnitrat in einer Porzellanschale langsam zur Trockene ein und erhitzt auf 400–500 °C (dunkle Rotglut) – Abzug benutzen! Wenn sich aus der Schmelze keine Stickoxide mehr entwickeln, läßt man abkühlen. Der Schmelzkuchen wird mit destilliertem Wasser ausgelaugt, der Niederschlag abgesaugt und mit destilliertem Wasser nitratfrei gewaschen. Man trocknet das Platindioxid im Exsikkator.
Vorsicht! Brandfördern, reizend.
R-Sätze: 8-43; *S-Satz*: 28.

Polyphosphorsäure

Darstellung:
A. Man destilliert aus 85%iger Phosphorsäure im Vakuum (ca 1,5 kPa) das Wasser ab und erhitzt 6 h im Vakuum auf 150 °C. Die zurückbleibende Polyphosphorsäure ist kristallin.
B. In 100 ml Phosphorsäure (*D* = 1,7) werden allmählich unter Rühren und Kühlung 150–210 g P₄O₁₀ eingetragen, anschließend wird einige Stunden auf dem Wasserbad erhitzt. Man erhält so eine Polyphosphorsäure mit einem P₄O₁₀-Gehalt von 80–84%.
Vorsicht: Ätzend.
R-Satz: 34; *S-Sätze*: 26-36.

Pyridin C₅H₅N

Kp 115,6 °C n_D^{20} 1,5100 D_4^{20} 0,982
Pyridin ist hygroskopisch und in jedem Verhältnis mit Wasser, Alkohol und Ether mischbar. Das Azeotrop mit Wasser siedet bei 94 °C und enthält 57% Pyridin. Das Maximum-Azeotrop mit Essigsäure enthält 65% Pyridin und siedet bei 139,7 °C.

Reinigung und Trocknung: Für die meisten Zwecke genügt es, ein bis zwei Wochen über festem Kaliumhydroxid stehen zu lassen und anschließend über eine gut wirksame Kolonne zu destillieren. Man verwendet dabei die bei 114–116 °C übergehende Fraktion. Trocknung über Molekularsieb 4A ist möglich.
Reinigung und Trocknung für höhere Ansprüche (z. B. für die Hydrierung): Man erhitzt Pyridin unter Rückfluß und setzt nach und nach soviel festes Kaliumpermanganat zu, bis die Farbe bestehen bleibt. Nach dem Entfernen des ausgeschiedenen Braunsteins wird destilliert. Man versetzt das Destillat mit etwa der gleichen Menge Eisessig und destilliert aus dem Gemisch ca 10% der Gesamtmenge ab. Das Destillat wird verworfen. Zum Rückstand gibt man nach dem Abkühlen die gleiche Menge Wasser und rektifiziert über eine gut wirksame Kolonne. Das übergehende Wasser-Pyridin-Azeotrop (s.o.) wird aufgefangen und mit Benzen (s. dort) durch Azeotropdestillation getrocknet.
Vorsicht! Leichtentzündlich, gesundheitsschädlich. Explosionsgrenzen von Luft-Pyridin-Gemischen: 1,8–12,5 Vol.-% Pyridin.
Pyridin erzeugt auf der Haut Ekzeme. Eingeatmete Pyridindämpfe rufen Übelkeit, Magenkrämpfe und Nervenschädigungen hervor.
R-Sätze: 11-20/21/22; *S-Sätze*: 26-28 *VbF*: B

Quecksilber[1]) Hg

D_4^{20} 13,55 Dampfdruck bei 20 °C 0,16·10^{-3} kPa (1,22·10^{-3} Torr)
Zur *Reinigung* läßt man Quecksilber durch ein Filter laufen, das an der Spitze mit einer Nadel durchstochen ist. Anschließend läßt man durch verd. Salpetersäure und danach mehrmals durch Wasser tropfen. Zur Entfernung von Wasserspuren wird nochmals filtriert.
Vorsicht! Quecksilber und seine Salze sind stark giftig. Typische Anzeichen einer Quecksilbervergiftung sind beispielsweise starker Speichelfluß, Geschwüre am Zahnfleisch, Nachlassen der Konzentrationsfähigkeit. Bei allen Arbeiten , bei denen Quecksilber umgefüllt werden muß oder ein Verschütten von Quecksilber zu erwarten ist, muß stets über einem wannenartigen Gefäß (z. B. einer Entwicklerschale), das evtl. verschüttetes Quecksilber auffangen kann, gearbeitet werden. Verspritztes Quecksilber mit einer Quecksilberzange sammeln. Die Ritzen von Tischen und Fußböden, in denen sich Quecksilberreste evtl. noch befinden könnten, sind mit Schwefelpuder oder Iodkohle auszufüllen. Kleinste Quecksilbertröpfchen sammelt man durch Berühren mit einem Kupferdraht, der vorher mit Salpetersäure angeätzt und amalgamiert wurde.
Gegen Quecksilber ist Atemfilter HgP$_3$ (blau-weiß) zu verwenden.
Erste Hilfe bei Vergiftungen mit löslichen Quecksilberverbindungen: Man gibt Eiweiß, z. B. rohe Eier und ruft Erbrechen hervor.
R-Sätze: 23-33; *S-Sätze*: 7-45.

Raney-Nickel[2])

Darstellung von alkalischem, hochaktivem Raney-Nickel (Urushibara-Nickel): In einem möglichst großen Gefäß (5 l oder größer) werden 50 g der 30–50% Nickel enthaltenden gepulverten Aluminium-Nickel-Legierung in 500 ml Wasser aufgeschlemmt. Dann wird festes Natriumhydroxid ohne Kühlen so schnell zugegeben, daß die Lösung gerade nicht überschäumt.
Vorsicht! Es tritt bei der sehr stürmisch verlaufenden Reaktion eine Induktionsperiode von ½ bis 1 min auf. Die Mischung kommt zum heftigen Sieden. Wenn bei weiterer Natriumhydroxidzugabe keine nennenswerte Reaktion mehr stattfindet, wozu etwa 80 g NaOH gebraucht werden, läßt man 10 min stehen und hält ½ h auf dem Wasserbad bei 70 °C. Das Nickel setzt sich schwammig zu Boden, die überstehende wäßrige Schicht wird dekantiert, der Kontakt zwei- bis dreimal mit Wasser, danach zwei- bis dreimal mit dem zur Hydrierung zu verwendenden Lösungsmittel unter Durchschütteln und Dekantieren gewaschen. Ist das Lösungsmittel mit Wasser nicht mischbar, so wendet man dazwischen eine geeignete vermittelnde Waschflüssigkeit an.
Obwohl der Katalysator unter einem Lösungsmittel einige Zeit aufbewahrt werden kann, ist es zweckmäßig, ihn stets direkt vor der Verwendung herzustellen, da durch die Lagerung ein starker Aktivitätsabfall eintritt.
Neutrales Raney-Nickel erhält man durch gründliches Auswaschen des wie oben dargestellten Katalysators. Dadurch tritt ein großer Aktivitätsverlust ein (etwa Aktivitätsstufe W 2).

---

[1]) Vgl. auch Merkblatt M 024 „Quecksilber und seine Verbindungen" (Berufsgenossenschaft der chemischen Industrie).
[2]) Bezüglich der Aktivitätsstufen („W-Sorten") vgl. Billica, H. R., Atkins, H., Org. Synth., Coll. Vol. III (1955), 176.

Eine weitere Desaktivierung des Raney-Nickels erreicht man durch Waschen mit 0,1%iger Essigsäure. Dieser Kontakt greift Carbonylgruppen nicht mehr an.
Vorsicht! Der getrocknete Kontakt ist selbstentzündlich. Filter mit Raney-Nickel nicht in den Papierkorb werfen!
Zur *Vernichtung* werden Rückstände an einer geeigneten Stelle verbrannt; das zurückbleibende Nickeloxid wird zur Aufarbeitung gesammelt.
R-Sätze: 40-43; *S-Sätze*: 22-36/37.

Salpetersäure HNO₃

Handelsübliche konzentrierte Salpetersäure ist 65–68%ig (*D* 1,40–1,41), während die sogenannte „rauchende Salpetersäure" annähernd 100%ig ist (*D* 1,52).
Achtung! Ätzend, brandfördernd. Verschüttete Salpetersäure darf nicht durch leicht zu entzündende Stoffe (Lappen, Filterpapier) aufgenommen werden, sondern ist mit Wasser zu verdünnen und zu neutralisieren. Zum Arbeiten mit Salpetersäure vgl. auch Nitrose Gase.
R-Sätze: 8-35; *S-Sätze*: 2-23-26-36/37/39-45.

Salzsäure HCl

Bei 15 °C gesättigte Salzsäure enthält 42,7% Chlorwasserstoff, die handelsübliche konz. Salzsäure der Dichte 1,184 enthält 37% Chlorwasserstoff (12 molar). Das Azeotrop mit Wasser siedet bei 110 °C, enthält 20,24% Chlorwasserstoff und ist 6,1 molar.
Vorsicht! Konzentrierte Säure wirkt ätzend, besonders auf Augen und Schleimhäute.
Erste Hilfe: bei Augenverätzungen mit einem Wasserstrahl etwa 15 min lang ausspülen.
R-Sätze: 34-37; *S-Sätze*: 2-26-36/37/39-45.

Schiffsches Reagens

Darstellung: Man bereitet eine 0,025%ige Fuchsinlösung und entfärbt durch Einleiten von Schwefeldioxid.

Schwefeldioxid SO₂

Kp –10 °C
In 100 g Wasser lösen sich bei 20 °C 10,6 g Schwefeldioxid.
Achtung! Giftig. Schwefeldioxid reizt die Schleimhäute, ist aber erst in verhältnismäßig hohen Konzentrationen gesundheitsschädigend. Die Symptome ähneln denen einer Phosgenvergiftung. Es ist Atemfilter E (gelb) zu verwenden.
Erste Hilfe: s. Phosgen
R-Sätze: 23-36/37; *S-Sätze*: 7/9-45.

Schwefelkohlenstoff CS₂

Kp 46,3 °C n_D^{20} 1,6319 D_4^{20} 1,26
Zur *Trocknung* verwendet man Calciumchlorid, Phosphor(V)-oxid oder Molekularsieb 4A.
Vorsicht! Schwefelkohlenstoffdämpfe können sich schon bei Berührung mit heißen Apparateteilen an der Luft entzünden.
Schwefelkohlenstoff ist giftig; es besteht die Gefahr ernster Gesundheitsschäden bei längerer Exposition.
R-Sätze: 11-36/38-48/23-62-63; *S-Sätze*: 16-33-36/37-45. *VbF*: AI

Schwefelwasserstoff H₂S

Kp –0,4 °C
Schwefelwasserstoff, der im Kippschen Apparat aus Eisen(II)-sulfid entwickelt wurde, enthält beträchtliche Mengen Wasserstoff.
Zur *Trocknung* leitet man über Calciumchlorid.
Vorsicht! Hochentzündlich, sehr giftig. Explosionsgrenzen von Luft-Schwefelwasserstoff-Gemischen: 4–46 Vol.-% Schwefelwasserstoff.
Vergiftungen mit geringen Mengen Schwefelwasserstoff äußern sich in Schwindel, Übelkeit und Kopfschmerzen. In größeren Konzentrationen ruft das Gas augenblicklich Bewußtlosigkeit hervor. Der Geruch warnt nur kurze Zeit und bei geringen Konzentzrationen vor Schwefelwasserstoff, da die Geruchsnerven bald betäubt sind.
Es ist Atemfilter B (grau) zu verwenden.
Erste Hilfe: Man bringt den Verunglückten an die frische Luft und wendet künstliche Atmung an.
R-Sätze: 12-26; *S-Sätze*: 7/9-16-45.

Selendioxid SeO$_2$

Selendioxid sublimiert bei 315 °C. Es ist hygroskopisch.

Darstellung aus Selen: In einer Porzellanschale erwärmt man 50 ml konz. Salpetersäure auf dem Sandbad unter dem Abzug und trägt vorsichtig in kleinen Portionen etwa 30 g Selen ein. Vor jeder neuen Zugabe muß das Ende der Reaktion abgewartet werden. Unter Umrühren dampft man bis zur Trockene ein, läßt abkühlen und pulverisiert.

Aktivierung von Selendioxid [1]): Man bringt rohes Selendioxid in eine Porzellanschale und gießt soviel konz. Salpetersäure zu, bis sich eine dicke Masse gebildet hat. Die Schale wird mit einem umgekehrten Trichter bedeckt. Durch Erhitzen auf dem Sandbad verdampft man zuerst die leichter flüchtigen Bestandteile und sublimiert dann das Selendioxid an die Wand des Trichters. Die Sublimationsgeschwindigkeit ist so einzurichten, daß sich gerade noch kein Selendioxid durch das Trichterrohr verflüchtigt. 40 g Selendioxid sublimieren in etwa 2,5 h.

Achtung! Giftig. Selendioxid kann Schädigungen der Haut hervorrufen, auch vor Inhalation der Dämpfe schützen! Unter dem Abzug arbeiten!

Erste Hilfe: Man wäscht die betroffenen Hautstellen mit Wasser und Seife, anschließend mit 4%iger Natriumhydrogensulfitlösung. Bei Inhalation den Verunglückten an die frische Luft bringen, Milch trinken lassen und Erbrechen verursachen.

R-Sätze: 23/25-33; *S-Sätze*: 20/21-28-45.

Stickstoff und andere Inertgase

Zur Entfernung von Sauerstoffspuren aus Inertgasen (Stickstoff, Argon, Neon, Kohlendioxid) verwendet man spezielle Trägerkatalysatoren auf Nickel- bzw. Kupferbasis. Die Arbeitsweise ist den entsprechenden Firmenprospekten zu entnehmen.

Zur Entfernung geringer Mengen Sauerstoff kann man Stickstoff auch durch eine Frittenwaschflasche leiten, die mit einer Lösung von 2 g Pyrogallol und 6 g Kaliumhydroxid in 50 ml Wasser gefüllt ist. Anschließend muß das Gas getrocknet werden (Natronkalktrockenturm).

Stickstoffwasserstoffsäure HN$_3$

Kp 37 °C

Darstellung einer benzolischen Lösung von Stickstoffwasserstoffsäure [2]): Unter dem Abzug arbeiten! In einem Dreihalskolben mit Tropftrichter, Thermometer, Rührer und Ableitungsrohr wird eine Aufschlämmung aus gleichen Masseteilen Natriumazid (giftig!) und warmen Wasser hergestellt. Man gibt auf 0,1 mol Natriumazid 40 ml Benzen zu, kühlt das Gemisch auf 0 °C und tropft unter Rühren die äquivalente Menge konz. Schwefelsäure zu. Die Temperatur soll dabei nicht über 10 °C steigen. Dann kühlt man wieder auf 0 °C, trennt die benzenische Lösung ab und trocknet sie über Natriumsulfat.

Gehaltsbestimmung: Man schüttelt 3 ml Lösung mit 30 ml dest. Wasser und titriert mit 0,1 N Natronlauge.

Vorsicht! Die reine Säure ist hochexplosiv und sehr giftig. Sie riecht ebenso wie ihre Lösungen unerträglich stechend und ruft Schwindel, Kopfschmerzen und Hautreizung hervor, wirkt blutdrucksenkend und gefäßerweiternd.

R-Sätze: 6/39/26/28; *S-Sätze*: 3-15-20/21-23-38-45.

Sulfolan s. Tetrahydrothiophen

Tetrachlorkohlenstoff (Tetrachlormethan) **CCl$_4$**

Kp 76,8 °C n_D^{20} 1,4603 D_4^{20} 1,594

Das Azeotrop mit Wasser siedet bei 66 °C und enthält 95,9% Tetrachlorkohlenstoff. Das ternäre azeotrope Gemisch mit Wasser (4,3%) und Ethanol (9,7%) siedet bei 61,8 °C.

Reinigung und Trocknung: Meist genügt die Destillation. Das Wasser wird dabei als Azeotrop entfernt, die ersten Anteile des Destillats werden verworfen. Für höhere Ansprüche kocht man 18 h über Phosphor(V)-oxid unter Rückfluß und destilliert über eine Kolonne. Trocknung über Molekularsieb 4A möglich.

Vorsicht! Giftig. Tetrachlorkohlenstoff wirkt narkotisch, ruft Kopfschmerzen, Krämpfe und Ekzeme hervor. Diese Symptome treten mehr oder weniger stark bei allen Vergiftungen mit chlorierten Kohlenwasserstoffen auf.. Man beachte aber besonders, daß diese Verbindungen Leber- und Nierenschäden hervorrufen. Verdacht auf cancerogene Wirkung. Umweltschädigend.

---

[1]) Synthesen organischer Verbindungen. – Verlag Technik, Berlin 1956. Bd. 2, S. 115 (Übers. aus dem Russ.)

[2]) nach BRAUN, J. v., Liebigs Ann. Chem. **490** (1931), 125

Tetrachlorkohlenstoff darf nicht mit Natrium getrocknet werden, Explosionsgefahr!
R-Sätze: 23/24/25-40-48/23-59; *S-Sätze*: 23-36/37-45-59-61.

Tetrahydrofuran

Kp 65,4 °C n_D^{20} 1,4070 D_4^{20} 0,887

Tetrahydrofuran ist häufig mit 0,025% 2,6-Di-*tert*-butyl-cresol stabilisiert. Es ist mit Wasser mischbar. Das Azeotrop mit Wasser siedet bei 63,2 °C und enthält 94,6% Tetrahydrofuran.
Reinigung: vgl. Dioxan. Bei Schwefelsäurezusatz gut kühlen. Zur Reinigung s. auch FIESER, L. F.; FIESER, M.: Reagents for Organic Synthesis.- John Wiley and Sons, New York 1967, S. 1140. Trocknung über Molekularsieb 4A möglich.
Tetrahydrofuran ist über festem Kaliumhydroxid aufzubewahren.
Vorsicht! Leichtentzündlich, reizend. Die Peroxidbildung verläuft wesentlich rascher als bei Diethylether (s.dort). Stark peroxidhaltiges Tetrahydrofuran darf nicht mit Kaliumhydroxid behandelt werden, vgl. Org. Synth. 46 (1966), 105.
R-Sätze: 11-19-36/37; *S-Sätze*: 16-29-33.

Tetrahydrothiophen (Sulfolan)

Kp $_{0,7(5)}$ 118 °C   *F* 28 °C n_D^{20} 1,4820 D_4^{20} 1,261
Reinigung: 1 l Sulfolan wird mit 10 g Natriumhydroxid einige Stunden unter Stickstoff auf 170–180 °C erhitzt und dann im Vakuum destilliert. Die Reinigung ist auch durch Behandlung mit Molekularsieb 13X und anschließender Vakuumdestillation möglich. Im Kühlschrank aufbewahren!
Achtung! Gesundheitsschädlich.
R-Satz: 22; *S-Satz*: 25.

Thionylchlorid $SOCl_2$

Kp 79 °C
Thionylchlorid hydrolysiert sehr leicht.
Reinigung: Das käufliche Thionylchlorid ist nach vorheriger Destillation für die meisten Verwendungszwecke rein genug. Ein farbloses, sehr reines Produkt erhält man durch Destillation über Chinolin und Leinöl.
Vorsicht! Ätzend.
R-Sätze: 14-34; *S-Sätze*: 26-45.

Tollens-Reagens

Darstellung: Man löst 1 g Silbernitrat in 10 ml Wasser und hebt die Lösung im Dunkeln auf. Vor Gebrauch mischt man eine geringe Menge dieser Lösung mit dem gleichen Volumen einer Lösung von 1g Natriumhydroxid in 10 ml Wasser und löst das ausgefallene Silberoxid durch vorsichtige Zugabe von konz. Ammoniak auf.
Vorsicht! Beim Stehen bildet sich hochexplosives Knallsilber, deshalb Reste des Reagens sofort durch Ansäuern vernichten.

Toluen $C_6H_5CH_3$

Kp 110,8 °C n_D^{20} 1,4969 D_4^{20} 0,867
Das Azeotrop mit Wasser siedet bei 84,1 °C und enthält 81,4% Toluen.
Trocknung: s. Benzen.
Vorsicht! Leichtentzündlich, gesundheitsschädlich. Explosionsgrenzen von Luft-Toluen-Gemischen: 1,27–7 Vol.-% Toluen. Vergiftungserscheinungen s. Benzen; Toluen ist jedoch weniger toxisch. Risiko der Fruchtschädigung wahrscheinlich.
R-Sätze: 11-20; *S-Sätze*: 16-25-29-33. *VbF*: AI

Trichlorethylen (Trichlorethen) $ClCH=CCl_2$

Kp 87,2 °C n_D^{20} 1,4778 D_4^{20} 1,462
Das Azeotrop mit Wasser siedet bei 73,6 °C und enthält 94,6% Trichlorethylen.
Verunreinigungen: Durch Autoxidation sammeln sich im Trichlorethylen stark giftige Stoffe wie Chlorwasserstoff, Kohlenmonoxid und Phosgen an.

Reinigung und Trocknung: Man schüttelt zuerst mit Kaliumcarbonat, dann mit Wasser gut durch, trocknet über Calciumchlorid und destilliert über eine Kolonne.
Achtung! Gesundheitsschädlich. Verdacht auf cancerogene Wirkung. Die Dämpfe können Süchtigkeit hervorrufen. Weiter Hinweise s. Tetrachlorkohlenstoff.
Trichlorethylen darf nicht mit Natrium getrocknet werden! Explosionsgefahr!
R-Satz: 40; *S-Sätze:* 23-36/37.

Triethylenglycol („Triglycol") $HO(CH_2)_2O(CH_2)_2O(CH_2)_2OH$

Kp 287 °C *Kp*$_{1,9(14)}$ 165 °C
Vgl. Diethylenglycol.

Wasserstoff H_2

Reinigung und Trocknung: Wasserstoff aus Stahlflaschen ist für die meisten Zwecke rein genug. Bei empfindlichen Hydrierungen wäscht man den Wasserstoff mit gesättigter Permanganatlösung, um Kontaktgifte zu entfernen.
Vorsicht! Leichtentzündlich. Explosionsgrenzen von Luft-Wasserstoff-Gemischen: 4–75 Vol.-% Wasserstoff. Beim Entspannen von Autoklaven ist der Wasserstoff ins Freie zu leiten.
R-Satz: 12; *S-Sätze:* 3-28-36/39-45.

Wasserstoffperoxid H_2O_2

Die 30%ige wässrige Lösung von Wasserstoffperoxid bezeichnet man als Perhydrol.
Vorsicht! Ätzend. Wasserstoffperoxidlösungen können beim Einengen im Vakuum explodieren. Leicht brennbare Stoffe (Watte u. dgl.) können durch Perhydrol entzündet werden.
R-Sätze: 8-34; *S-Sätze:* 3-28-36/39-45.

Xylen

Das käufliche Xylen ist ein Gemisch der drei Isomeren.
Kp 136–144 °C
Das Azeotrop mit Wasser siedet bei 92 °C und enthält 64,2% Xylen.
Gesundheitsschädlich. Vergiftungserscheinungen s. Benzen.
R-Sätze: 10-20/21; *S-Satz:* 25. *VbF:* AII

Zinkcyanid $Zn(CN)_2$

Im Gegensatz zu den Alkalicyaniden ist Zinkcyanid in Wasser schwer löslich.
Darstellung: Man löst 1 mol carbonatfreies Natriumcyanid in 60 ml Wasser und versetzt mit einer gesättigten Lösung von 0,55 mol Zinkchlorid in 50%igem Alkohol. Das ausgefallene Zinkcyanid wird abgesaugt, mit Eiswasser, Alkohol und Ether gewaschen und im Exsikkator getrocknet.
Achtung! Sehr giftig. *Erste Hilfe und Abfallvernichtung* s. Blausäure.
R-Sätze: 26/27/28-32; *S-Sätze:* 1/2-7-28-29-45.

Literaturhinweise

Reagenzien für die Synthese

Fieser, L. F.; Fieser, M.; Reagents for Organic Synthesis. – John Wiley & Sons, New York. Bd. 1ff. (1967ff.).
Encyclopedia of Reagents for Organic Synthesis. Bd. 1–8. Hrsg: L. Paquette. – John Wiley & Sons, New York 1995.
Handbook of Reagents for Organic Synthesis. Bd. 1–4. – Wiley-VCH, Weinheim 1999.

Eigenschaften und Reinigung organischer Lösungsmittel

Bunge, W., in: Houben-Weyl, Bd. 1 /2 (1959), S. 765–868.
Lide, D.: Handbook of Organic Solvents.– CRC Press, Boca Raton 1995.
Perkin, D. D.; Armarego, D. R.; Perrin, D. R.: Purification of Laboratory Chemicals. – Pergamon Press, Oxford 1988.
Riddick, J. A.; Bunger, W. B.; Sakano, T. K.: Organic Solvents. – John Wiley & Sons, New York 1986.
Smallwood, I. M.: Handbook of Organic Solvent Properties. – Arnold, London 1996.

G Eigenschaften gefährlicher Stoffe (Gefahrstoffanhang)

Die meisten Substanzen, mit denen der Chemiker umgeht, sind gefährliche Stoffe. Sie können

- explosionsgefährlich
- brandfördernd
- entzündlich
- giftig (toxisch)
- ätzend
- reizend

- sensibilisieren (allergisierend)
- krebserzeugend (cancerogen)
- fruchtschädigend (teratogen)
- erbgutverändernd (mutagen)
- umweltgefährlich (ökotoxisch)

sein, um einige Merkmale zu nennen, die nach dem Gesetz zum Schutz vor gefährlichen Stoffen (Chemikaliengesetz) für die Einstufung eines Stoffes als gefährlich maßgebend sind.

Der Umgang mit gefährlichen Stoffen ist im Chemikaliengesetz und weiteren gesetzlichen Vorschriften und technischen Regeln, insbesondere in der Verordnung über gefährliche Stoffe (Gefahrstoffverordnung), gesetzlich geregelt. Diese Verordnung verlangt auch die Kennzeichnung solcher Stoffe mit *Gefahrenbezeichnungen* und -symbolen und mit *Hinweisen auf besondere Gefahren* (*R-Sätze*) und *Sicherheitsratschlägen* (*S-Sätze*). Die R- und S-Sätze sind auf dem hinteren inneren Buchdeckel dieses Buches abgedruckt.

In der Tabelle G.1 sind in alphabetischer Reihenfolge die in den Arbeitsvorschriften dieses Buches vorkommenden, wichtigsten gefährlichen Stoffe mit ihre Gefahrenbezeichnungen, Hinweisen auf besondere Gefahren (R-Sätze) und Sicherheitsratschlägen (S-Sätze) aufgeführt. Für giftige Stoffe sind zudem die akut toxische Dosis (bzw. Konzentration) und die maximale Arbeitsplatzkonzentration (MAK-Wert) bzw. technische Richtkonzentration (TRK-Wert) angegeben. Allerdings enthält die Tabelle nur die gefährlichen Stoffe, für die diese Angaben aus der Gefahrstoffverordnung und der TRGS 900 zugänglich sind. Diese Werte werden von den zuständigen Gremien ständig aktualisiert. Hier entsprechen sie dem Stand von März 1999.

Angaben über weitere gefährliche Stoffe findet man in den Katalogen und Sicherheitsdatenblättern der Chemikalienhersteller und in Sicherheitsdatensammlungen und -datenbanken, deren neueste Ausgaben zu beachten sind (vgl. die Literaturhinweise am Ende des Kapitels).

Für viele Stoffe liegen keine oder nur wenige und unvollständige Angaben vor, sie werden von den Chemikalienherstellern oft unterschiedlich gekennzeichnet. Von einem Stoff, der in der Tab. G.1. nicht aufgeführt ist, darf man daher nicht annehmen, daß er ungefährlich wäre.

Vorsorglich sollten alle Stoffe, die in der Tab. G.1. und in den Chemikalienkatalogen nicht vorkommen bzw. über die keine Angaben zu ihrer Gefährlichkeit vorliegen, als gefährlich angesehen und nach den R-Sätzen 22, 23, 24 und 25 behandelt werden.

Zur Giftigkeit von Chemikalien

Die Giftigkeit ist keine absolute Eigenschaft eines Stoffes, sondern sie hängt von vielen sich beeinflussenden Faktoren ab. Besonders wichtig sind hierunter die Menge des Giftes, die Art der Einwirkung (z. B. eingeatmet, verschluckt, injiziert, durch die Haut gedrungen usw.), der physikalische Zustand (z. B. staubförmig, grobkörnig, kristallin, gelöst, suspendiert usw.) und eventuell vorhandene Begleitsubstanzen, die additiv oder potenzierend zu wirken vermögen; schließlich sind der physische und auch der psychische Zustand des vom Gift Betroffenen wesentlich.

Natürlich ist für die Auswirkung eines Giftes auf den Organismus entscheidend, wann die Vergiftung erkannt wird und welche Hilfsmaßnahmen eingeleitet werden. Schnelles, wohlüberlegtes Handeln ist deshalb äußerst wichtig! Man beachte hierzu die Hinweise in den Arbeitsvorschriften, die Angaben im Reagenzienanhang (Kap. F.) und auf den Innenseiten des vorderen Buchdeckels!

Neben der akuten Giftigkeit spielt das Spätschadenpotential einer Chemikalie eine große Rolle. Spätschäden sind insbesondere cancerogene, mutagene und teratogene Krankheitsbilder, aber auch psychopathologisch-neurologische Schäden und – in zunehmendem Maße – allergene Effekte. Vor allem cancerogene und mutagen wirkende Verbindungen können bereits nach kurzzeitiger Einwirkung entsprechende Spätschäden auslösen.

Die Angaben der Literatur über die Giftigkeit einer Substanz beziehen sich in der Mehrzahl der Fälle auf eine bestimmte Versuchstierart und sind an spezielle Versuchsbedingungen geknüpft (z. B. die letale Dosis für 50% der eingesetzten Versuchstiere innerhalb von 30 Tagen bei intravenöser, subkutaner oder intraperitonealer Applikation des in Wasser oder Öl gelösten Giftes). Die Übertragung solcher Toxizitätsangaben auf andere Tiergattungen oder gar auf dem Menschen ist in vielen Fällen nicht ohne weiteres möglich, oftmals sogar unmöglich. Sie können aber zur Gefahrenabschätzung herangezogen werden.

Ausgehend von Labor- und Industrieerfahrungen, ergänzt durch experimentelle Studien an unterschiedlichen Tiergattungen sowie gestützt auf einen umfassenden Vergleich arbeitsmedizinischer und klinischer Befunde, hat man Normwerte für die effektive Gefährdung beim Umgang mit wichtigen Laborchemikalien und chemischen Industrieprodukten aufgestellt. Die **M**aximale **A**rbeitsplatz**k**onzentration (MAK-Wert) ist die höchstzulässige Konzentration eines Stoffes in der Luft am Arbeitsplatz, die nach dem gegenwärtigen Stand der Kenntnisse auch bei wiederholter und langfristiger, in der Regel achtstündiger Exposition in einer 40-Stunden-Arbeitswoche im allgemeinen die Gesundheit nicht beeinträchtigt.

Für eine Reihe krebserzeugender und erbgutverändernder Stoffe können MAK-Werte nicht ermittelt werden. Für diese Stoffe werden **T**echnische **R**icht**k**onzentrationen (*TRK-Werte*) festgelegt, die diejenige Konzentration in der Luft am Arbeitsplatz angeben, die nach dem Stand der Technik erreicht werden kann. Die Einhaltung der TRK-Werte soll das Risiko einer Beeinträchtigung der Gesundheit vermindern, vermag dieses jedoch nicht vollständig auszuschließen. Es ist daher dafür zu sorgen, daß die TRK-Werte unterschritten werden.

Die toxische Potenz, die nahezu jeder Chemikalie innewohnt, ist für den sachkundigen Chemiker kein Grund für einen ängstlichen Umgang mit den Chemikalien, sondern Anlaß zu vorsichtiger und gewissenhafter Handhabung. Das gilt auch, wenn es notwendig ist, Chemikalien zu vernichten (vgl. hierzu die Angaben in Kap. A und im Reagenzienanhang!).

Tabelle G.1

Gefahrenkennzeichnungen, Sicherheitsratschläge, toxische Dosen und MAK-Werte gefährlicher Stoffe

Gefahrensymbole

C ätzend	E explosionsgefährlich	F leichtentzündlich	F+ hochentzündlich
N umweltgefährlich	O brandfördernd	T giftig	T+ sehr giftig
Xi reizend	Xn gesundheitsschädlich		

AI   Flammpunkt unter 21 °C, nicht mit Wasser mischbar
AII Flammpunkt von 21–55 °C, nicht mit Wasser mischbar
AIII Flammpunkt von 55–100 °C, nicht mit Wasser mischbar
B   Flammpunkt unter 21 °C, mit Wasser mischbar bei 15 °C

R- und S-Sätze

Gefahrenhinweise und Sicherheitsratschläge: siehe hinterer innerer Buchdeckel

Krebserzeugend, Kategorie

1 krebserzeugend beim Menschen   2 krebserzeugend im Tierversuch
3 Verdacht auf krebserzeugendes Potential

Toxische Dosis

or   letale Dosis für 50% der Versuchstiere (LD 50; wenn nichts anderes angegeben: Ratten) bei oraler
      Applikation in mg/kg Körpergewicht
      LDLo   niedrigste letale Dosis bei oraler Applikation
inh   letale Konzentration (LC 50) in ml/m³ bei Inhalation innerhalb der angegebenen Versuchszeit
      LCLo   niedrigste letale Konzentration bei Inhalation

MAK

TRK   Technische Richtkonzentration (z. Zt. techn. mögliche erreichbare Konzentration)
A   Alveolengängiger Staub   E einatembare Fraktion

Stoff	Gefahren-symbol	R-Sätze	S-Sätze	Krebs-erzeu-gend	Toxische Dosis	MAK in mg/m³
Acetaldehyd	F+, Xn	12-36/37-40	2-16-33-36/37	3	or 661	90
Acetaldehyddiethylacetal	F, Xi, AI	11-36/38	9-16-33		or 4570	
Acetamid	Xn	40	2-36/37	3	or 7000	
Acetanhydrid s. Essig-säureanhydrid						
Aceton	F, B	11	2-9-16-23-33		or 5800	1 200
Acetoncyanhydrin	T+, N	26/27/28-50	1 /2-7/9-27-45-61			
Acetonitril	F, T, B	11-23/24/25	1 /2-16-27-45		or 570	70
Acetophenon	Xn, AIII	22-36	2-26		or 815	
Acetylaceton	Xn, AII	10-22	21-23-24/25		or 55	
Acetylchlorid	F, C, AI	11-14-34	1 /2-9-16-26-45		or 910	
Acetylen	F+	5-6-12	2-9-16-33			
Acrolein	F, T+, AI	11-25-26-34	3/9/14-26-36/37/39-38-45	3	or 26	0,25
Acrylonitril	F, T, AI	45-11-23/24/25-38	53-45	2	or 78	7 (TRK)
Acrylsäure	C	10-34	1 /2-26-36-45		or 340	
Acrlysäureethylester	F, Xn, AI	11-20/21/22-36/37/38-43	2-9-16-33-36/37		or 800	20
Acrylsäuremethylester	F, Xn, AI	11-20/22-36/37/38	2-9-16-33		or 277	18
Adipinsäure	Xi	36		2	or 11000	
Ätzkali s. Kalium-hydroxid						

Tabelle G.1 (Fortsetzung)

Stoff	Gefahren-symbol	R-Sätze	S-Sätze	Krebs-erzeu-gend	Toxische Dosis	MAK in mg/m^3
Ätznatron s. Natrium-hydroxid						
Alkohol s. Ethanol						
Allylalkohol	T, N	10-23/24/25-36/37/38-50	1 /2-36/37/39-38-45-61		or 64	4,8
Allylchlorid	F, T+, N, AI	11-26-50	1 /2-16-29-33-45-61		or 450	3
Aluminiumchlorid	C	34	1 /2-7/8-28-45		or 3450	6 A
Aluminiumtriisopro-anolat	F	11	2-8-16		or 11300	
Ameisensäure ≧ 90 %	C	35	1 /2-23-26-45		or 1100	9
Ameisensäure 10–90%	C	35	23-26-36/37/39-45			
Ameisensäureethylester	F, AI	11	2-9-16-33		or 1850	300
Ameisensäuremethyl-ester	F+, AI	12	2-9-16-33		or 1500	120
1-Amino-naphthalen s. α-Naphthylamin						
3-Aminophenol	Xn, N	20/22-51/53	28-61		or 924	
2-Aminopyridin	T	25-36/38	36-45		or 200	2
Ammoniak wasserfrei	T, N	10-23-34-50	1 /2-7 /9-16 -26-36/37/39-45-61		or 350	35
Ammoniaklösung ≧ 10 %	C, N	34-50	26-36/37/39-45-61			
Ammoniaklösung 5–10%	Xi	36/37/38	2-36-45			
Ammoniumchlorid	Xn	22-36	22		or 1300 (Maus)	
Anilin	T, N, AIII	20/21/22-40-48/23/24/25-50	28-36/37-45-61	3	or 250	7,7
o-Anisidin	T+, N	45-26/27/28-33-51/53	53-45-61	2	or 1505	0,5 (TRK)
p-Anisidin	T+, N	45-26/27/28-33-50	53-28-36/37-45-61		or 1320	0,51
Azobis-*iso*-butyronitril	E, Xn	2-11-20/22	38-41-47		or 700 (Maus)	
Benzaldehyd	Xn, AIII	22	24		or 1300	
Benzalchlorid s. Benzylidenchlorid						
Benzen (Benzol)	F, T, AI	45-11-48/23/24/25	53-45	1	or 930	3,2 (TRK)
p-Benzochinon	T	23/25-36/37/38	26-28-45		or 130	0,4
Benzoesäurebenzylester	Xn	22	25		or 1900	
Benzol s. Benzen						
Benzotrichlorid s. Tri-chlormethylbenzen						
Benzoylchlorid	C, AIII	34	26-45		or 1900	2,8
Benzoylperoxid	E, Xi	2-7-36-43	3/7-14-36/37/39		or 7710	5 E
Benzylalkohol	Xn	20/22	26		or 1230	
Benzylamin	C	21/22-34	26-36/37/39-45			
Benzylbromid	Xi, AIII	36/37/38	39			
Benzylchlorid	T	22-23-37/38-40-41	36/37-38-45	3	or 1231	0,2
Benzylidenchlorid	T	22-23-37/38-40-41	36/37-38-45	3	or 3249	0,1
Bernsteinsäureanhydrid	Xi	36/37	25		or 1510	

Tabelle G.1 (Fortsetzung)

Stoff	Gefahren-symbol	R-Sätze	S-Sätze	Krebs-erzeu-gend	Toxische Dosis	MAK in mg/m^3
Biphenyl 4,4′-Bis(*N*,*N*-dimethyl-amino)-benzophenon s. Michlers Keton	Xi, N	36/37/38-50/53	23-60-61		or 3280	1
Blausäure	F+, T+	12-26	7/9-16-36/37-38-45		inh 120/1h	11
Bleitetraacetat	T	61-62-20/22-23	53-45			0,1 E ber. als Pb
Braunstein	Xn	20/22	25			0,5 E ber.als Mn
Brenzcatechin	Xn	21/22-36/38	22-36-37		or 358	20 E
Brom	C, T+	26-35	7/9-26-45		or 14 (LDLo Mensch)	0,7
Brombenzen	Xi, N, AII	10-38-51/53	61		or 2699	
Bromessigsäure	T, C	23/24/25-35	36/37/39-45		or 50 (Maus)	
Bromoform	T, N	23-36/38-51/53	28-45-61	3	or 933	
Bromwasserstoff	C	35-37	7/9-26-45		inh 2,4 mg/l 4 h	6,7
Bromwasserstoffsäure ≧ 40 %	C	34-37	7/9-26-36/37/39-45			
Bromwasserstoffsäure 10–40 %	Xi	36/37/38	7/9-26-45			
Buta-1,3-dien	F+, T	45-12	53-45	2	or 5480	11 (TRK)
Butan-1-ol	Xn, AII	10-20	16		or 790	300
Butan-2-ol	Xn, AII	10-20	16		or 6480	300
tert-Butanol	F, Xn, B	11-20	9-16		or 3500	360
Butanon	F, Xi, AI	11-36/37	9-16-25-33		or 2737	600
Butan-1-thiol	F, Xn, AI	11-20/22	16		or 1500	1,5
Buten	F+	12	9-16-23			
But-2-enal	F, T, AI	11-23-36/37/38	29-33-45		or 240 (Maus)	1
But-2-in-1,4-diol	T	25-34	22-36-45		or 104	
Buttersäure	C	34	26-36-45		or 2940	
Butylamin	F, C, B	11-20/21/22-35	3-16-26-29-36/37/39-45		or 366	15
Butylchlorid	F, AI	11	9-16-29		or 2670	95,5
Butyraldehyd	F, AI	11	9-29-33		or 2490	64
Butyronitril	T, AI	10-23/24/25	45		or 140	
Butyrylchlorid	F, C, AI	11-34	16-23-26-36-45		or >1000	
Calciumcarbid	F	15	8-43			
Calciumchlorid	Xi	36	22-24		or 1000	
Calciumhydrid	F	15	7/8-24/25-43			
Calciumoxid	Xi	41	22-24-26-39			5 E
ε-Caprolactam	Xn	20/22-36/37/38			or 660	5 E
Chlor	T, Xn	23-36/37/38-50	9-45-61		inh 430/30min (LDLo Mensch)	1,5
Chloracetonitril	T, AII	23/24/25	45		or 220	
Chloral (-hydrat)	T	25-36/38	25-45		or 479	
Chlorameisensäure-ethylester	F, T+, AI	11-22-26-34	9-16-28-33-36/37/39-45		or 204	4,4

Tabelle G.1 (Fortsetzung)

Stoff	Gefahren-symbol	R-Sätze	S-Sätze	Krebs-erzeu-gend	Toxische Dosis	MAK in mg/m^3
2- und 3-Chlor-anilin	T, N	23/24/25-33-50/53	28-36/37-45-60-61		or 256 (Maus)	
4-Chlor-anilin	T, N	23/24/25-33-50/53	28-36/37-45-60-62		or 310	0,2 E (TRK)
2-Chlor-benzaldehyd	C, AIII	34	26-45		or 2480	
Chlorbenzen	Xn, N, AII	10-20-51/53	24/25-61		or 1100	46
o-Chlor-benzonitril	Xn	21/22-36	23		or 435	
Chlordimethylether (Chlormethyl-methylether)	F, T	45-11-20/21/22	53-45	1		
1-Chlor-2,4-dinitro-benzen	T, N	23/24/25-33-50/53	28-36/37-45-60-61		or 780	
Chloressigsäure	T, N	25-34-50	23-37-45-61		or 55	4
Chloressigsäureethyl-ester	T, N, AII	23/24/25-50	7/9-45-61		or 235	5
1-Chlor-2-nitrobenzen	T	23/24/25-33-52/53	28-36/37-45	3	or 288	
1-Chlor-3-nitrobenzen	T	23/24/25-33	28-37-45		or 470	
1-Chlor-4-nitrobenzen	T	23/24/25-33	28-37-45	3	or 294	0,5 E
Chloroform	Xn	22-38-40-48/20/22	36/37	3	or 908	50
m-Chlor-phenol	Xn	20/21/22	28		or570	
p-Chlor-phenol	Xn	20/21/22	2-28		or 261	
Chlorsulfonsäure	C	14-35-37	26-45			
o-Chlor-toluen	Xn, N, AII	20-51/53	24/25-61		or 3900	
m-Chlor-toluen	Xn, N, AII	20-51/53	24/25-61			
p-Chlor-toluen	Xn, N, AII	20-51/53	24/25-61		or 2100	
Chlorwasserstoff	C, T	23-35	9-36/37/39-26-45		inh 4746/ 1h	8
Chromtrioxid	O, T, C, N	49-8-25-35-43-50/53	53-45-60-61	1	or 80	0,05 E (TRK)
o-Cresol	T, AIII	24/25-34	36/37/39-45		or 121	22
m-Cresol	T, AIII	24/25-34	36/37/39-45		or 242	22
p-Cresol	T, AIII	24/25-34	36/37/39-45		or 207	22
Crotonaldehyd	F, T, AI	11-23-36/37/38	29-33-45	3 erbgut-schäd.	or 240 (Maus)	1
Cumen	Xi, AII	10-37			or 1400	250
Cumylhydroperoxid	C, O, AIII	11-20/22-34	39-45		or 382	250
Cyanwasserstoff s. Blau-säure						
Cyclohexan	F, AI	11	9-16-33		or 12705	700
Cyclohexanol	Xn, AIII	20/22-37/38	24/25		or 2060	200
Cyclohexanon	Xn, AII	10-20	25		or 1620	80
Cyclohexen	F, Xn, AI	11-21/22	16-23-33-36/37		or 1940	1 015
Cyclohexylamin	C, AII	10-21/22-34	36/37/39-45		or 300	40
Cyclopentadien s. Dicyclopentadien						
Cyclopentanon	Xi, AII	10-36/38	23			690
Diacetonalkohol s. 4-Hydroxy-4-methyl pentanon						
2,4-Diamino-toluen	T, N	45-21-25-36-43-50/53	53-45-60-61	2	or 73	0,1 (TRK)
Diazomethan	T	24/25-34-45		2		0,01 (TRK)

Tabelle G.1 (Fortsetzung)

Stoff	Gefahren-symbol	R-Sätze	S-Sätze	Krebs-erzeu-gend	Toxische Dosis	MAK in mg/m^3
1,2-Dibrom-ethan	T, N	45-23/24/25-36/37/38-51/53	53-45-61	2	or 108	0,8 (TRK)
Di-*tert*-butylperoxid	O, F, AI	7-11	3/7-14-16-36/37/39		or 25000	
1,2-Dichlor-benzen	Xn, N, AIII	22-36/37/38-50/53	23-60-61		or 500	300
1,3-Dichlor-benzen	Xn, N, AIII	22-51/53	61		or 580	20
1,4-Dichlor-benzen	Xn, AIII	22-36/38	2-22-24/25-46		or <2000	300
1,2-Dichlor-ethan	F, T, AI	45-11-22-36/37/38	53-45	2	or 670	20 (TRK)
Dichlormethan	Xn	40	23-24/25-36/37	3	or 1600	360
Dicyclohexylamin	C, N, AIII	22-34-50/53	26-36/37/39-45-60-61		or 373	
Dicyclopentadien	F, Xn, N, AI	11-20/22-36/37/38-51/53	36/37-61		or 353	200 (als Mono-meres)
Diethylamin	F, C, B	11-20/21/22-35	3-16-26-29-36/37/39-45		or 540	15
N,N-Diethyl-anilin	T, N	23/24/25-33-51/53	28-37-45-61		or 782	
Diethylenglycol					or 12565	44
Diethylether	F+, AI	12-19	9-16-29-33		or 1215	1 200
Diethylketon	F, AI	11	9-16-33		or 2140	700
Diethylphthalat			24/25		or 8600	3
Diethylsulfat	T	45-46-20/21/22-34	53-45	2	or 880	0,2 (TRK)
Diketen	T, Xn, AII	10-22-23-37/38-41	3-23-26-36/37/39-45		or 540	
Dimethylamin	F+, Xn	12-20-36/37/38-41	16-26-39		or 1000	4
N,N-Dimethyl-anilin	T, N, AIII	23/24/25-40-51/53	28-36/37-45-61	3	or 1410	25
1,4-Dimethyl-cyclohexan	F	11	9-16-33			
Dimethylformamid	T	61-20/21-36	53-45	2 (fort-pflanz. schädi-gend)	or 2800	30
Dimethylnitrosamin	T+	45-25-26-48/25	53-45	2		0,001 (TRK)
Dimethylsulfat	T+, AIII	45-25-26-34	53-45	2	or 205	0,2 (TRK)
Dimethylsufoxid	Xi	36/38	26		or 14500	160
1,3-Dinitro-benzen	T+, N	26/27/28-33-50/53	28-36/37-45-60-61	3	or 59,5	
2,4-Dinitro-toluen	T	23/24/25-33	28-37-45	2	or 268	
1,4-Dioxan	F, Xn, B	11-19-36/37-40	16-36/37	3	or 7120	180
Diphenylamin	T, N	23/24/25-33-50/53	28-36/37-45-60-61		or 2000	5 E
Eisessig s. Essigsäure Essigester s. Essig-säureethylester						
Essigsäure ≧ 90 %	C	10-35	23-26-45		or 3310	25
Essigsäure 25–90%	C	34	23-26-45			
Essigsäureanhydrid	C, AII	10-34	26-45		or 1780	20
Essigsäure-*n*-butylester	AII	10				950

Tabelle G.1 (Fortsetzung)

Stoff	Gefahren-symbol	R-Sätze	S-Sätze	Krebs-erzeu-gend	Toxische Dosis	MAK in mg/m^3
Essigsäure-*tert*-butylester	F, AI	11	16-23-29-33			950
Essisäureethylester	F, AI	11	16-23-29-33		or 5620	1 400
Essigsäureisobutylester	F, AI	11	16-23-29-33		or 13400	480
Essigsäureisopropyl-ester	F, AI	11	16-23-29-33		or 3000	850
Essigsäuremethylester	F, AI	11	16-23-29-33		or5000	610
Essigsäurepropylester	F, AI	11	16-23-29-33		or 9370	840
Ethanol	F	11	7-16		or 7060	1 900
Ethen	F+	12	9-16-33	(3)		
Ether s. Diethylether						
Ethylamin	F+, Xi	12-36/37	16-26-29		or 400	9,4
N-Ethyl-anilin	T	23/24/25-33	28-37-45		or 334	
Ethylbenzen	F, Xn	11-20	16-24/25-29		or 3500	440
Ethylbromid	Xn	20/21/22	28	3	or 1350	
Ethylenglycol	Xn	22	2		or 4700	26
Ethylenoxid	F+, T	45-46-12-23-36/37/38	53-45	2	or 72	2 (TRK)
Ethylmethylketon s. Butanon						
Formaldehyd-Lösung ≧ 37 %	T	23/24/25-34-40-43	23-36/37/39-45	3	or 100	0,6
Fumarsäure	Xi	36	26		or 9300	
Furfural (Furfurol)	T, AIII	23/25	24/25-45	3	or 65	20
Furfurylalkohol	Xn	20/21/22			or 177	40
Guajacol	Xn, AIII	22-36/38	26		or 725	
Heptan	F, AI	11	9-16-23-29-33			2 000
Heptan-2-on	Xn, AII	10-22	23		or 1670	
Heptansäure	C	34	26-28-36/37/39-45		or 7000	
α-Hexachlorcyclohexan	T, N	23/24/25-36/38-50/53	13-45-60-61	3	or 76	0,5 E
Hexamethylendiamin	C	21/22-34-37	22-26-36/37/39-45		or 850	2,3 E
Hexan	F, Xn, AI	11-48/20	9-16-24/25-29-51		or 28710	180
Hexan-1-ol	Xn, AIII	22	24/25		or 720	
Hexan-2-on	F, T, AI	11-48/23	9-16-29-45-51		or 2590	21
Hydrazin	T	45-10-23/24/25-34-43	53-45	2	or 60	0,13 (TRK)
Hydrazinhydrat	T	45-23/24/25-34-43	53-45-26-36/37/39	2	or 129	
Hydraziniumsulfat	T	45-23/24/25-43	53-45	2	or 601	
Hydrochinon	Xn	20/22	24/25-39		or 320	2 E
Iod	Xn	20/21	23-25		or 14000	1
Iodwasserstoffsäure ≧ 25 %	C	34	26-36/37/39-45			
Iodwasserstoffsäure 10–25%	Xi	36/38	26-45			
Isoamyl s. Isopentyl						
Isobutanol	Xn, AII	10-20	16		or 2460	300
Isobuttersäure	Xn, AIII	21/22			or 280	
Isobutylalkohol s. Iso-butanol						

Tabelle G.1 (Fortsetzung)

Stoff	Gefahren-symbol	R-Sätze	S-Sätze	Krebs-erzeu-gend	Toxische Dosis	MAK in mg/m^3
Isopentylalkohol	Xn	10-20	24/25			
Isopentylnitrit	F, Xn, AI	11-20/22	16-24-26		or 505	
Isopren	F+, AI	12	9-16-29-33			
Isopropylalkohol	F, B	11	7-16		or 5045	500
Isopropylbenzen s. Cumen						
Kalium	F, C	14/15-34	5-8-43-45			
Kaliumcyanid	T+	26/27/28-32	7-28-29-45		or 5	5 E (als CN)
Kaliumdichromat	T+, N	49-46-21-25-26-37/38-41-43-50/53	53-45-60-61	1	or 95	0,05 E
Kaliumfluorid	T	23/24/25	26-45			2,5
Kaliumhydroxid	C	35	26-37/39-45		or 273	
Kaliumpermanganat	O, Xn	8-22	2		or 1090	
Kohlenmonoxid	F+, T	61-12-23-48/23	53-45		LC50 inh 2,1 mg/l Ratte	33
Kresol s. Cresol						
Kupfersulfat	Xn	22-36/38	22		or 300	1 E
Lithium	F, C	14/15-34	8-43-45			
Lithiumaluminium-hydrid	F	15	7/8-24/25-43			
Magnesium	F	11-15	7/8-43			
Maleinsäure	Xn	22-36/37/38	26-28-37		or 708	
Maleinsäureanhydrid	Xn	22-36/37/38-42	22-28-39		or 400	0,4
Malononitril	T	23/24/25	23-27-45		or 61	22
Mesityloxid	Xn, AII	10-20/21/22	25		or 1120	100
Methacrylsäure-methylester	F, Xi, AI	11-36/37/38-43	9-16-29-33		or 7872	210
Methanol	F, T	11-23/25	7-16-24-45		or 5628	260
Methanthiol	F+, Xn	12-20	16-25		inh 1,35 mg/l 4 h	1
4-Methoxy-2-nitro-anilin	T+	26/27/28-33-52/53	28-36/37-45-61		or 14100	
Methylamin	F+, Xn	12-20-37/38-41	16-26-39		or 100	12
N-Methyl-anilin	T, N, AIII	23/24/25-33-50/53	28-37-45-60-61		or 360	2
2-Methyl-butan-2-ol	F, Xn, AI	11-20	9-16-24/25		or 1000	360
Methylcyclohexan	F, AI	11	9-16-33			2 000
2-Methyl-cyclohexanol	Xn, AIII	20	24/25			235
2-Methyl-cyclohexanon	Xn, AII	10-20	25		or 2140	230
Methylendichlorid s. Dichlormethan						
Methyliodid	T	21-23/25-37/38-40	36/37-38-45	3	or 76	2
4-Methyl-pent-3-en-2-on	Xn, AII	10-20/21/22	25		or 1120	100
Methylpentylketon	Xn, AII	10-22	23		or 1670	238
Methylpropylketon	F, AI	11	9-16-33		or 3730	700
4-Methyl-pyridin (γ-Picolin)	T	10-20/22-24-36/37/38	26-36-45		or 1290	
α-Methyl-styren	Xi, AII	10-36/37			or 4900	490
Michlers Keton	Xn	36/37/38-40	36/37	3	or 6400	
Morpholin	C	10-20/21/22-34	23-36-45		or 1050	70
Naphthalen	N	50/53	61	3	or >2000	50

Tabelle G.1 (Fortsetzung)

Stoff	Gefahren-symbol	R-Sätze	S-Sätze	Krebs-erzeu-gend	Toxische Dosis	MAK in mg/m^3
α-Naphthol	Xn	21/22-37/38-41	22-26-37/39		or 275 (Maus)	
β-Naphthol	Xn	20/22	24/25		or 240	
α-Naphthyl-amin	Xn, N	22-51/53	24-61		or 779	1 E
β-Naphthyl-amin	T	45-22	53-45	1		
Natrium	F, C	14/15-34	5-8-43-45			
Natriumazid	T+	28-32	28-45		or 27	0,2
Natriumcarbonat	Xi	36	22-26		or 4090	
Natriumchlorat	O, Xn	9-22	2-13-17-46		or 1200	
Natriumcyanid	T+	26/27/28-32	7-28-29-45		or 6,44	5 E (als CN')
Natriumdichromat	T+, N	49-46-21-25-26-37/38-41-43-50/53	53-45-60-61	2		0,05 E
Natriumdithionit	Xn	7-22-31	7/8-26-28-43			
Natriumhydrid	F, C	15-34	7/8-26-36/37/39-43-45			
Natriumhydroxid	C	35	26-37/39-45		or 500 (LDLo Kanin)	2 E
Natriumhypochlorit-lösung	C	31-34	26-28-36/37/39-45			1,5
Natriumnitrit	O, T	8-25	45		or 85	
Natriumsulfid	C	31-34	26-45		or 208	
Natronlauge ≧ 5 %	C	35	26-36/37/39-45			2
Natronlauge 2–5%	C	34	26-37/39-45			
Nitranilin s. Nitroanilin						
Nitriersäure s. Salpeter-säure/Schwefelsäuremi-schung						
o- und *m*-Nitro-anilin	T	23/24/25-33-52/53	28-36/37-45-61		*o*: or 1600 *m*: or 535	
p-Nitro-anilin	T	23/24/25-33-52/53	28-36/37-45-61		or 750	6
2-Nitro-anisol	T	45-22	53-45	2	or 1980	
Nitrobenzen	T, N	23/24/25-40-48-51/52-62	28-36/37-45-61	3	or 640	5
Nitroethan	Xn, AII	10-20/22	9-25-41		or 1100	310
Nitromethan	Xn, AII	5-10-22	41		or 940	250
α-Nitro-naphthalin	T	24/25-40	45	3	or 120	
2-Nitro-phenol	Xn	22-36/38	26-28		or 328	
4-Nitro-phenol	Xn	20/21/22-23	28		or 350	
2-Nitro-propan	T, AII	45-10-20/22	53-45	2	or 725	18 (TRK)
2-Nitro-toluen	T, N, AIII	23/24/25-33-51/53	28-37-45-61		or 891	0,5 (TRK)
4-Nitro-toluen	T, N	23/24/25-33-51/53	28-37-45-61		or 1960	30
Nonansäure	C	34	26-28-36/37/39-45		or 3200	
Oleum	C	14-35-37	26-30-45		or 2140	1
Osmiumtetroxid	T+	26/27/28-34	7/9-26-45		or 15	0,002
Oxalsäure	Xn	21/22	24/25		or 7500	1 E
Oxalsäurediethylester	Xn, AIII	22-36	23		or 400	
Oxalylchlorid	T, C	14-23/24/25-34	26-45			
Ozon				3	inh 4/ 4 h	0,2

Tabelle G.1 (Fortsetzung)

Stoff	Gefahren-symbol	R-Sätze	S-Sätze	Krebs-erzeu-gend	Toxische Dosis	MAK in mg/m^3
Paraldehyd	F, AII	11	9-16-29-33		or 2711	
Pentan	F, AI	11	9-16-29-33			2 950
Pentan-1-ol	Xn, AII	10-20	24/25		or 2200	360
Pentan-2-on	F, AI	11	9-16-33		or 3730	700
Pentan-3-on	F, AI	11	9-16-33		or 2140	700
Pentylchlorid	F, Xn, AI	11-20/21/22	9-29			
Perchlorsäure	O, C	5-8-35	23-26-36/37/39-45		or 1100	
Peressigsäure	O, C	7-10-20/21/22-35	3/7-14-36/37/39-45	3		
Perhydrol s. Wasser-stoffperoxid						
p-Phenitidin	T	23/24/25-33	28-36/37-45		or 850	
Phenol	T	24/25-34	28-45		or 317	19
p-Phenylen-diamin	T, N	23/24/25-43-50/53	28-36/37-45-60-61	3	or 80	0,1 E
α-Phenyl-ethylamin	C, AIII	21/22-34	26-28-36/37/39-45		or 940	
Phenylhydrazin	T, N	23/24/25-36-50	28-45-61	3	or 188	22
Phenylisocyanat	T+, AII	10-22-26-34-42	23-26-36/37/39-45		or 800	0,05
Phosgen	T+	26-34	9-26-36/37/39-45		inh 25/30 min (LCLo Mensch)	0,082
Phosphor, rot	F	11-16	7-43			0,1 E
Phosphor, weiß	F, T+, C	17-26/28-35	5-26-28-45		or 1,4 (LDLo Mensch)	0,1 E
Phosphor(V)-oxid	C	35	22-26-45			1 E
Phosphorpentachlorid	C	34-37	7/8-26-45		or 660	1 E
Phosphorsäure	C	34	26-36/37/39-45		or 1530	
Phosphortrichlorid	C	34-37	7/8-26-45		or 18	3
Phophorylchlorid	C	34-37	7/8-26-45		or 380	1
Phthalsäureanhydrid	Xi	36/37/38			or 4020	1 E
Pikrinsäure	E, T	3-23/24/25	28-35-37-45		or 200	0,1 E
Pikrinsäure, phlegmati-siert	T	1-4-23/24/25	35-36/37-45			
Piperidin	F, T, B	11-23/24-34	16-26-27-45		or 400	
Propanol	F, B	11	7-16		or 1870	
Propan-2-ol s. Isopro-panol						
Propen	F+	12	9-16-33			
Propionaldehyd	F, Xi, AI	11-36/37/38	9-16-29		or 3310	
Propionsäure	C	34	23-36-45		or 2600	31
Propionsäureethylester	F, AI	11	16-23-29-33		or 8732	
Propylbenzen	Xi, AII	10-37			or 6040	
Propylbromid	Xn, AII	10-20	9-24		or >2000	
Propylchlorid	F, Xn	11-20/21/22	9-29			
Pyridin	F, Xn, B	11-20/21/22	26-28		or 891	15
Quecksilber	T	23-33	7-45		inh 29 mg/m^3 (LCLo 30 h)	0,1
Quecksilberacetat	T+	26/27/28-33	13/28-45		or 40,9	0,01
Quecksilber(II)-chlorid	T+	28-34-48/24/25	36/37/39-45		or 1	0,1 E
Quecksilberoxid	T+	26/27/28-33	13/28-45		or 18	0,1 E

Tabelle G.1 (Fortsetzung)

Stoff	Gefahren-symbol	R-Sätze	S-Sätze	Krebs-erzeu-gend	Toxische Dosis	MAK in mg/m^3
Quecksilbersulfat	T+	26/27/28-33	13/28-45		or 57	0,1 E
Resorcinol	Xn, N	22-36/38-50	26-61		or 301	45 E
Salpetersäure ≧ 70 %	O, C	8-35	23-26-36-45			5
Salpetersäure 20–70%	C	35	23-26-36/37/39-45			
Salpetersäure-Schwefel-säure-Mischung.	O, C	8-35	23-26-30-36-45			
Salzsäure ≧ 25 %	C	34-37-26-36/37/39-45				7,6
Salzsäure 10–25%	Xi	36/37/38	26-45			
Schwefeldioxid	T	23-34	9-26-36/37/39-45		inh 2520/ 1 h	5
Schwefelkohlenstoff	F, T, AI	11-36/38-48/23-62-63	16-33-36/37-45	3 (fort-pflanz. gefähr-dend)	or 3188	16
Schwefelsäure ≧ 15 %	C	35	26-30-36/37/39-45		or 2140	1 E
Schwefelsäure 5–15%	Xi	36/38	26-30-45			
Schwefelwasserstoff	F+, T+, N	12-26-50	9-16-28-36/37-45-61		inh 713/ 1 h	15
Selen	T	23/25-33	20/21-28-45		or 6700	0,1 E
Selendioxid	T	23/25-33	20/21-28-45			0,1 E
Sibernitrat	C	34	26-45		or 1173	0,01 E
Stickoxide	T+	26-34	9-26-28-36/37/39-45			9
Styren	Xn, AII	10-20-36/38	23		or 2650	85
Sulfamidsäure	Xi	36/38	26-28		or 3160	
Sulfanilsäure	Xi	36/38-43	24-37		or 12300	
Sulfurylchlorid	C	14-34-37	26-45			
Tetrachlokohlenstoff	T, N	23/24/25-40-48/23-52/53-59	23-36/37-45-59-61	3	or 2350	65
Tetrahydrofuran	F, Xi, B	11-19-36/37	16-29-33		or 1650	590
Tetrahydrofurfuryl-alkohol	Xi	36	39		or 1600	
Tetrahydronaphthalen (Tetralin)	Xi, AIII	19-36/38	26-28		or 2860	
Tetralinhydroperoxid	O, C	7-22-34	3/7-14-36/37/39-45			
Thioharnstoff	Xn, N	22-40-51/53	22-24-36/37-61	3	or 1750	
Thionylchlorid	C	14-34-37	26-45		inh 2700 4 h	
Titantetrachlorid	C	14-34-36/37	7/8-26-45			
Toluen	F, Xn, AI	11-20	16-25-29-33		or 636	190
p-Toluensulfonsäure	Xi	36/37/38	26-37			
o-Toluidin	T, N, AIII	45-23/25-36-50	53-45-61	2	or 670	0,5 (TRK)
m-Toluidin	T, N, AIII	23/24/25-36-50	53-45-61		or 974	9
p-Toluidin	T, N, AIII	23/24/25-33-50	28-36/37-45-61	3	or 656	1 E
1,1,1-Trichlor-2,2-di (4-chlor-phenyl)-ethan (DDT)	T, N	25-40-48/25-50/53	22-36/37-45-60-61	3		1 E
Trichloressigsäure	C	35	24/25-26-45		or 3300	
Trichlorethylen	Xn	40-52/53	23-36/37-61	3	or 5650	270

Tabelle G.1 (Fortsetzung)

Stoff	Gefahren-symbol	R-Sätze	S-Sätze	Krebs-erzeu-gend	Toxische Dosis	MAK in mg/m^3
Trichlormethylbenzen	T	45-22-23-37/38-41	53-45	2	or 6000	0,1 (TRK)
Triethylamin	F, C, B	11-20/21/22-35	3-16-26-29-36/37/39-45		or 460	40
1,3,5-Trimethyl-benzen (Mesitylen)	Xi, AII	10-37			inh 24 / 4 h	40
Valeriansäure	C, AIII	34	26-36-45		or 600 (Maus)	
Vanadiumpentoxid	Xn	20	22		or 400–500	0,05 A
Vinylacetat	F, AI	11	16-23-29-33	3	or 2920	35
Wasserstoff	F+	12	9-16-33			
Wasserstoffperoxid 20–60%	C	34	3-26-36/37/39-45		or 2000 (Maus)	1,4
Wasserstoffperoxid 5–20%	Xi	36/38	3-28-36/39-45			
*o-, m-, p-*Xylen	Xn, AII	10-20/21-38	25		or 4300	440
2,4-Xylidin	T, N	23/24/25-33-51/53	28-36/37-45-61	3	or 467	25
Zinkchlorid	C	34	7/8-28-45		or 350	
Zinkcyanid	T+	26/27/28-32	7-28-29-45			5 E (als CN)
Zinn(II)-chlorid	Xn	22-36/37-38	26		or 700	2 E

Literaturhinweise

Gesetzliche Bestimmungen über den Umgang mit Chemikalien
vgl. Literaturhinweise in Kap.A.6.

Eigenschaften gefährlicher Stoffe; Unfälle beim chemischen Arbeiten; Erste Hilfe

BENDER, H. F.: Sicherer Umgang mit Gefahrstoffen. – Wiley-VCH, Weinheim 2000.
BIA-Report 10/97 Grenzwertliste 1997. Hrsg.: Hauptverband der gewerblichen Berufsgenossenschaften (HVBG), Sankt Augustin.
BRETHERICK, L.: Handbook of Reactive Chemical Hazards. – Butterworths, London, Boston 1985.
Handbook of Laboratory Safety. Hrsg.: N. V. STEERE. – The Chemical Rubber Comp., Cleveland/Ohio 1976.
Hinweise zur Abfallbeseitigung und Recycling.– Handbuch für Verwerterbetriebe für industrielle Abfälle. Hrsg.: Bundesumweltamt. – Erich Schmidt-Verlag, Berlin
HOMMEL, G.: Handbuch der gefährlichen Güter. – Springer-Verlag, Berlin, Heidelberg, New York 1978–1980.
IRPTC – International Register of Potentially Toxic Chemicals. – United Nations, Geneva 1987.
KÜHN, R.; BIRETT, K.: Merkblätter gefährlicher Arbeitsstoffe. – Ecomed Verlagsgemeinschaft, Landsberg/Lech.
List of MAK and BAT Values 1995. Hrsg.: Deutsche Forschungsgemeinschaft. – VCH Verlagsgesellschaft, Weinheim 1995.
LUNN, G.; SANSONE, E. B.: Destruction of Hazardous Chemicals in the Laboartory. – John Wiley & Sons, New York 1994.
LUDEWIG, R.; LOHS. K. H.: Akute Vergiftungen. Ratgeber für toxikologische Notfälle. – Gustav Fischer Verlag, Jena 1988.
MARTINEZ, D.: Immobilisation, Entgiftung und Zerstörung von Chemikalien. – Verlag Harri Deutsch, Thun, Frankfurt/Main 1986.

MOESCHLIN, S.: Klinik und Therapie der Vergiftungen. – Georg Thieme Verlag, Stuttgart, New York 1986.

MÜLLER, R. K.: Die toxikologisch-chemische Analyse. – Verlag Theodor Steinkopff, Dresden 1976.

QUELLMALZ, E.; WETTBACHER, U.; STÖRMANN, R.: Hauptstoffliste, zusammengeführte Informationen zu gefährlichen Stoffen und Zubereitungen,. – WEKA-Fachverlag, Augsburg 1998.

Recycling-Handbuch. Hrsg.: Bundesumweltamt. – Erich Schmidt-Verlag, Berlin.

REICHARD, D.; OCHTERBECK, W.: Abfälle aus chemischen Laboratorien und medizinischen Einrichtungen. – Ecomed Verlagsgesellschaft, Landsberg/Lech 1994.

RICHARDSON, M. L.; GANGOLLI, S.: DOSE – The Dictionary of Substances and their Effects. Bd. 1–8. – The Royal Society of Chemistry – Information Services, Cambridge 1992 ff.

ROTH, L.: Gefahrstoff-Entsorgung. – Ecomed Verlagsgesellschaft, Landsberg/Lech 1995.

ROTH, L.: Chemie-Ratgeber, Sicherheitsdaten, MAK-Werte. – Ecomed Verlagsgesellschaft, Landsberg/Lech.

ROTH, L.; DAUNDERER, M.: Giftliste – Ecomed-Verlagsgesellschaft, Landsberg/Lech.

SORBE, G.: Sicherheitstechnische Kenndaten – Ecomed Verlagsgesellschaft, Landsberg/Lech 1983.

WELZBACHER, U.: Neue Datenblätter für gefährliche Arbeitsstoffe nach der Gefahrstoffverordnung. – WEKA-Fachverlag, Augsburg.

Datenbanken

GESTIS-Stoffdatenbank. – Berufsgenossenschaftliches Institut für Arbeitssicherheit (BIA), Sankt Augustin. http://www.hvbg.de/bia/stoffdatenbank.

Hazardous Chemical Database. – University of Akron, USA. http://ull.chemistry.uakron.edu/erd/

Hazardous Substance Release and Health Effects Database. – Agency for Toxic Substances and Disease Registry (ATSDR), USA. http://www.atsdr.cdc.gov/hazdat.html.

Merck Sicherheitsdatenblätter auf CD-ROM. – Merck KGaA, Darmstadt.

MSDS-OHS (OHS Material Safety Data Sheets). – MDL Information Systems, USA (Online-Datenbank über STN International zugänglich).

Register

Das Register umfaßt Sach-, Substanz- und Methodenregister.

Schließt ein Registerschlagwort mehrere Sachverhalte ein, so sind sie nach folgendem Schema geordnet:

D   präparativ und technisch wichtige **D**arstellungen

G   **G**efahrenhinweise und Sicherheitsratschläge

I   Sachverhalte zur **I**dentifizierung

R   allgemeine **R**eaktionsmöglichkeiten

U   **U**msetzungen (mit Angaben der Vorschrift)

Danach folgen allgemeine Sachverhalte, z. B. Reinigung, Toxizität

Die angegebenen Seitenzahlen werden z. T. näher charakterisiert:

AAV   **A**llgemeine **A**rbeits**v**orschrift

B   **B**ildung, meist ohne präparativen Wert

L   **L**iteraturzitat

T   **T**echnik; es wird ein technischer Sachverhalt (Darstellung, Verwendung u. a.) beschrieben.

V   **V**orschrift; die Darstellung der Verbindung ist konkret beschrieben.

Man beachte, daß im Text und in den Tabellen die Verbindungen unter anderen gebräuchlichen Namen als im Register angegeben erscheinen können.

Im Register werden übliche Abkürzungen (auch in Zusammensetzungen) verwendet; Verdoppelung des letzten Buchstabers bedeutet Mehrzahl.

Die Umlaute ä, ö und ü werden wie a, o und u behandelt.

Hinweise auf besondere Gefahren (R-Sätze)

R 1 In trockenem Zustand explosions-gefährlich

R 2 Durch Schlag, Reibung, Feuer oder andere Zündquellen explosions-gefährlich

R 3 Durch Schlag, Reibung, Feuer oder andere Zündquellen besonders explosionsgefährlich

R 4 Bildet hochempfindliche explosions-gefährliche Metallverbindungen

R 5 Beim Erwärmen explosionsfähig

R 6 Mit und ohne Luft explosionsfähig

R 7 Kann Brand verursachen

R 8 Feuergefahr bei Berührung mit brennbaren Stoffen

R 9 Explosionsgefahr bei Mischung mit brennbaren Stoffen

R 10 Entzündlich

R 11 Leichtentzündlich

R 12 Hochentzündlich

R 14 Reagiert heftig mit Wasser

R 15 Reagiert mit Wasser unter Bildung hochentzündlicher Gase

R 16 Explosionsgefährlich in Mischung mit brandfördernden Stoffen

R 17 Selbstentzündlich an der Luft

R 18 Bei Gebrauch Bildung explosions-fähiger/leichtentzündlicher Dampf-Luftgemische möglich

R 19 Kann explosionsfähige Peroxide bilden

R 20 Gesundheitsschädlich beim Einatmen

R 21 Gesundheitsschädlich bei Berührung mit Haut

R 22 Gesundheitsschädlich beim Verschlucken

R 23 Giftig beim Einatmen

R 24 Giftig beim Berühren mit der Haut

R 25 Giftig beim Verschlucken

R 26 Sehr giftig beim Einatmen

R 27 Sehr giftig bei Berührung mit der Haut

R 28 Sehr giftig beim Verschlucken

R 29 Entwickelt bei Berührung mit Wasser giftige Gase

R 30 Kann bei Gebrauch leichtentzündlich werden

R 31 Entwickelt bei Berührung mit Säure giftige Gase

R 32 Entwickelt bei Berührung mit Säure sehr giftige Gase

R 33 Gefahr kumulativer Wirkungen

R 34 Verursacht Verätzungen

R 35 Verursacht schwere Verätzungen

R 36 Reizt die Augen

R 37 Reizt die Atmungsorgane

R 38 Reizt die Haut

R 39 Ernste Gefahr irreversiblen Schadens

R 40 Irreversibler Schaden möglich

R 41 Gefahr ernster Augenschäden

R 42 Sensibilisierung durch Einatmen möglich

R 43 Sensibilisierung durch Hautkontakt möglich

R 44 Explosionsgefahr bei Erhitzen unter Einschluß

R 45 Kann Krebs erzeugen

R 46 Kann vererbbare Schäden verursachen

R 48 Gefahr ernster Gesundheitsschäden bei längerer Exposition

R 49 Kann Krebs erzeugen beim Einatmen

R 50 Sehr giftig für Wasserorganismen

R 51 Giftig für Wasserorganismen

R 52 Schädlich für Wasserorganismen

R 53 Kann in Gewässern längerfristige schädliche Wirkungen haben

R 54 Giftig für Pflanzen

R 55 Giftig für Tiere

R 56 Giftig für Bodenorganismen

R 57 Giftig für Bienen

R 58 Kann längerfristig schädliche Wirkungen auf die Umwelt haben

R 59 Gefährlich für die Ozonschicht

R 60 Kann die Fortpflanzungsfähigkeit beeinträchtigen

R 61 Kann das Kind im Mutterleib schädigen

R 62 Kann möglicherweise die Fort-pflanzungsfähigkeit beeinträchtigen

R 63 Kann das Kind im Mutterleib möglicherweise schädigen

R 64 Kann Säuglinge über die Muttermilch schädigen